THE RAY SOCIETY

INSTITUTED 1844

This volume is No. 148 of the series

LONDON

JOHN RAY

SYNOPSIS METHODICA

STIRPIUM

BRITANNICARUM

EDITIO TERTIA

1724

CARL LINNAEUS

FLORA ANGLICA

1754 & 1759

Facsimiles with an Introduction

by

WILLIAM T. STEARN

LONDON

THE RAY SOCIETY

1973

MADE AND PRINTED IN GREAT BRITAIN
BY WILLIAM CLOWES & SONS, LIMITED
LONDON, BECCLES AND COLCHESTER

DESIGNED FOR THE RAY SOCIETY
BY RUARI MCLEAN

SET IN 'MONOTYPE' BEMBO

ISBN 0 903874 00 8

TO

JAMES EDGAR DANDY

M.A., F.L.S.

from 1956 to 1966 Keeper of Botany
British Museum (Natural History)
London

A WORTHY SUCCESSOR

OF

JOHN RAY

IN DILIGENT AND SCHOLARLY

RESEARCH ON THE

NOMENCLATURE AND TAXONOMY

OF

BRITISH PLANTS

Contents

Ray, Dillenius, Linnaeus and the *Synopsis methodica Stirpium Britannicarum*, by William T. Stearn   1

Importance of Ray's *Synopsis*   3

John Ray's career   5

Editions of the *Synopsis*   19

Preparation and publication of the third edition of the *Synopsis*   23

Dillenius's preface to the third edition of the *Synopsis*   29

Contributors to the *Synopsis*   34

Linnaeus's *Flora Anglica*   42

Linnaean specific names based on *Synopsis* entries   63

Modern nomenclature for plants of the *Synopsis*   69

Illustrations of the *Synopsis*   71

Latin ecological words   75

Abbreviations and signs in the third edition of the *Synopsis*   82

Sources of further information   89

Synopsis methodica Stirpium Britannicarum (1724), by John Ray, Facsimile

Flora Anglica (1754), by Carl Linnaeus, Facsimile

Flora Anglica (1759), by Carl Linnaeus, Facsimile

Preface

In 1846, two years after its founding, the Ray Society issued as its third publication a volume entitled *Memorials of John Ray* which brought together previously published but inconveniently scattered biographical notices on Ray by various authors. In 1848 the Society followed this with *The Correspondence of John Ray*, its fourteenth publication. Thereafter it published nothing specifically about Ray or by him until 1928 when it issued *Further Correspondence of John Ray*, edited by R. W. T. Gunther, making available many letters never before printed in full. The Society's early failure to produce a detailed life of Ray was thus counter-balanced by the issue of this basic material, of which C. E. Raven made good use in his monumental biography *John Ray, Naturalist* (1942). More recently the Society has published a facsimile of the *Libellus* (1538) and *The Names of Herbes* (1548) by William Turner, Ray's predecessor in the study of British plants, and a facsimile of the *Species Plantarum* (1753) by Carl Linnaeus, Ray's successor in the study of the World's flora as a whole. The present volume containing the Society's first facsimile of a work by Ray associates fittingly with these, since Ray's *Synopsis methodica Stirpium Britannicarum* was for many years the most consulted book on British plants, the pocket companion of British apothecaries, physicians, clergymen and country gentlemen on their 'moss-cropping' and 'simpling journeys', and from its 1724 edition, the one edited by Linnaeus's contemporary J. J. Dillenius and reproduced here, Linnaeus gained most of his knowledge of the British flora. Linnaeus's introduction of consistent binomial nomenclature for species in 1753 made its nomenclature archaic and obsolete; botanists nevertheless continued to consult the *Synopsis* for information over a further fifty years or so and, by citing it in association with new nomenclature, gave it lasting scientific importance, particularly for cryptogamists.

To the modern British floristic botanist, this standard handbook of his predecessors has a sentimental and often a sad interest. It records the plants of a vanished England, before enclosure of common land and before industrial and urban development, a country with appallingly bad roads and in some areas no roads at all, across which enthusiasts for plants wended their way on foot or horseback, journeying out of London through fields and copses and across heaths now obliterated by buildings, finding marsh plants in areas now drained, stopping at villages in agricultural settings which now have become virtually indistinguishable suburbs of a continuous Greater London. The experience of discovering hitherto unrecorded species was often theirs. A zest for botanical travel, despite its discomforts and dangers, took them also into places which fortunately have suffered little environmental change and in these, notably on mountains and seashores, a lover of plants may still have the pleasure of finding certain species where the pioneers first saw them. Equipped, however, with a standard Flora, giving keys, such as Clapham, Tutin & Warburg's *Excursion Flora of the British Isles*, and a set of illustrations, such as Keble Martin's *Concise British Flora in Colour* or McClintock & Fitter's *Pocket Guide to Wild Flowers*, he can have little appreciation of the difficulties of classification, nomenclature and identification which Ray and Ray's associates had to tackle until he tries his hand with Ray's *Synopsis*; then he will be grateful indeed for the progress in botanical methodology as well as for the increase of information stemming from their efforts. For writers of local Floras, Ray's *Synopsis* is often a primary source of early records. The introduction to this facsimile of a forgotten classic aims to aid its consultation by providing a background of information about Ray, Dillenius and their helpers, the publication of the work, its use by Linnaeus, the Latin words indicative of habitats, and cognate matters.

Grateful acknowledgment is made here to the Linnean Society of London for the loan of the copy of Ray's *Synopsis* from which the facsimile has been prepared, as also to Mr N. Douglas Simpson for the earlier loan of his private copy; to Sir Geoffrey Keynes and Messrs Faber and Faber for permission to reproduce verbatim his bibliographical descriptions of the editions; to Bodley's Librarian, Bodleian Library, Oxford, for the opportunity of consulting and quoting the Richardson Correspondence; to Mr Ronald E. Latham for his translation of Dillenius's Latin preface; to Mr E. B. Bangerter, Mr J. A. Crabbe, Dr A. Melderis, Mr J. H. Price and Dr D. Reid for help in identifying plants of the *Synopsis*; to Mr J. E. Dandy for a critical revision of the nomenclature of Linnaeus's *Flora Anglica* and other help;

to Imperial Chemical Industries Ltd, Courtaulds Ltd and the Worshipful Company of Armourers and Brasiers for donations towards the cost of publishing this and other Ray Society publications.

W. T. STEARN

Department of Botany
British Museum (Natural History)
London SW7
England

Ray, Dillenius, Linnaeus and the *Synopsis methodica Stirpium Britannicarum*

By William T. Stearn

British Museum (Natural History)
London

Importance of Ray's *Synopsis*

JOHN RAY (1627–1705), the erudite many-sided English naturalist and scholar from whom the Ray Society derives its name and standards, began his study of plants in 1650 at the age of twenty-two after illness had made him rest temporarily from other studies and had given him leisure to contemplate the diversity and beauty of the plants growing around Cambridge. Out of his joy in *polydaedala artificis naturae opera*, 'the cunning craftsmanship of nature', his diligent observation of the shapes and colours of particular plants and his excursions in search for them came in 1660 his *Catalogus Plantarum circa Cantabrigiam nascentium*, evidently modelled upon C. Bauhin's *Catalogus Plantarum circa Basileam sponte nascentium* (1622). Both are humble little octavo works but, as Raven (1942) remarked, 'few books of such compass have contained so great a store of information and learning or exerted so great an influence upon the future' of floristic studies and, as regards Ray's *Catalogus*, 'no book has so evidently initiated a new era in British botany'. His subsequent travels in Britain, which extended to Cornwall, Wales, the Isle of Man, and southern Scotland, together with the help of zealous correspondents, provided the material for his *Catalogus Plantarum Angliae et Insularum adjacentium, tum indigenas, tum in Agris passim cultas complectens* (1670; 2nd ed. 1677) and his *Synopsis methodica Stirpium Britannicarum* (1690; 2nd ed. 1696; 3rd ed. 1724). The *Synopsis* differs from its predecessors in being arranged not alphabetically according to the names of the genera but systematically according to Ray's classification of the plant kingdom into taxonomic groups and it includes many more plants. For British botanists of the late seventeenth and early eighteenth centuries this had the same merit and utility as have had the Floras of Bentham and Hooker and of Clapham, Tutin and Warburg for later generations. As stated by Pulteney (1790), 'from this time the *Synopsis* became the pocket companion of every English botanist'. Indeed it remained unrivalled and not superseded until William Hudson published in 1762 his *Flora Anglica* which applied to British plants the binomial nomenclature for

3

species introduced by Linnaeus in 1753. This period of use extending so long beyond the death of Ray was largely due to the publication in 1724 of the third edition, revised, enlarged, and provided with illustrations by Johann Jacob Dillenius (1684–1747), whose services as editor are nowhere acknowledged in the work itself. He improved the book throughout by incorporating later knowledge, especially regarding the cryptogams. As his *Catalogus Plantarum sponte circa Gissam nascentium* (1719) and his *Historia Muscorum* (1741) demonstrate, Dillenius was specially interested in cryptogams and many species then new to science were first recorded by him in this third edition of Ray's *Synopsis*. It provided Linnaeus with most of his knowledge of the British flora. Hudson gave binomials to several species of the larger British algae with direct citation of Dillenius's work here. Among other early post-Linnaean authors who refer to this third edition are Goodenough, Woodward, Lightfoot, Roth, Dawson Turner and Withering. It thus has a dual interest. To students of the British flora in general it provides a host of records from definite localities, often of great historic value in view of changes and extinctions brought about by later land use. To cryptogamists it has nomenclatural importance on account of its relevance to the typification and application of names of algae, etc., e.g. those of twenty of Hudson's new species of *Fucus*. Thus, despite the passage of time and its own antiquated pre-Linnaean nomenclature, the third edition of Ray's *Synopsis* has acquired a permanent value for the study of the British and indeed the north European flora; it can always be consulted with interest; in matters of typification it must sometimes be consulted from necessity.

John Ray's career

John Ray was the supreme naturalist of the seventeenth century, the author of numerous books, an internationally esteemed scientist whose works and activities remain of interest even in the twentieth century. He became all these through circumstances completely unpredictable and highly improbable when he was born on 29 November 1627 at the smithy of an unimportant Essex village, Black Notley, in the east of England. His father, Roger Ray (1594–1655), was the local blacksmith, his mother, Elizabeth (died 1679), 'a very religious and good Woman and of great Use in her Neighbourhood, particularly to her Neighbours that were lame or sick, among whom she did great Good especially in Chirurgical Matters', as stated by Derham, which implies that she had a sound practical knowledge of medicinal plants. Both would have been persons of consequence within their small isolated rural community, both skilled, he as an essential craftsman in iron, she as a herbwoman; neither would have had much social standing outside it.

With such a background in those days, young Ray's expected career as he watched his father at the forge would have been to follow him as an artisan. He went, however, to the grammar school in Braintree, probably through the influence of the rector of Black Notley, and thence to the University of Cambridge, certainly through the influence of the rector of Braintree. There existed a scholarship arising out of Braintree rents for the maintenance of 'two or three hopeful poor scholars, students in the University of Cambridge, namely in Catharine Hall and Emmanuel College', and for this aid Ray qualified. Obviously he was 'of sober and Christian conversation', had become a good Latinist and gave promise of great academic achievement. Accordingly on 28 June 1644 he entered Catharine Hall (now St Catharine's College) as a scholar, having earlier been admitted to Trinity College; on 21 November 1646 he transferred to Trinity, receiving a sizarship (a fixed allowance of food from the college buttery made to poor students), and at Trinity he spent the next twelve years of his life. His own unpretentiousness and the recognition by others of his ability apparently saved him from much of the humiliation inflicted in Cambridge upon the scholar of humble origin who had to eat the bitter bread of charity. For Europe in general these were troubled years; the Thirty Years War on the Continent continued to devastate Central Europe, and was followed by other wars and by the threat of Turkish conquest; in the British Isles there was first the Civil War, then the tyrannical Protectorate and war with Holland. Cambridge, strongly Protestant and Parliamentarian in spirit and within the Eastern Counties whose men provided the backbone of Parliament's New Model Army under Cromwell, himself a one-time Cambridge student, did not suffer siege as Oxford did, but political and religious disputes and the intrigues and insecurity associated with them inevitably affected life there. However, to quote Raven (1942), 'on the whole the University stood for a genuine tolerance, and even at the worst there were men who cared for learning rather than politics, for educational ability more than for dogma. On the whole its atmosphere enabled Roundhead and Cavalier to live together and appreciate one another . . . Ray and Barrow, the one temperamentally of the puritans, the other a royalist and churchman, would find their common interest in religion and scholarship a bond that such differences would not too seriously strain.' In 1647/8 Ray graduated B.A., in 1651 M.A., and was appointed Greek Lecturer in 1651, Mathematical Lecturer in 1653, Humanities Lecturer in 1655, Praelector in 1657; he was ordained in the Church of England in 1660. Thus up to 1662 there seemingly lay before him an increasingly successful career within the University of Cambridge as a teacher and administrator or elsewhere as a clergyman, ending probably as a bishop. In 1662 dictates of conscience made him forfeit all this, apparently then to his distress, actually to the great benefit of science and learning and indeed to his own happiness and lasting repute.

Natural history then had no place in Cambridge university teaching but was the private interest of a group of friends which included Ray. In 1654 Francis Willughby became his pupil. Willughby, of aristocratic birth, the heir to a baronetcy and to estates in Warwickshire and Northamptonshire, had a background very different from a village blacksmith's son but came to share his enthusiasm for learning, his diligent industry, his enquiring spirit. The acquaintance of tutor and student ripened into a lasting friendship, which ultimately, thanks to Willughby's wealth and generosity, enabled Ray to devote himself wholly to scientific pursuits. His study of the plants around Cambridge begun in 1650 resulted in the publication of his *Catalogus Plantarum circa Cantabrigiam nascentium* (1660), in the final preparation of which Willughby helped him. This work has a long Latin preface (much of it translated in Raven, 1942: 81–83) with many pregnant sentences. One is to the effect that it may excite others to study the wild plants of their own localities and so lead to the preparation of a *Phytologia Britannica* including them all. By now Ray had himself begun to plan such a work, a successor to William How's inadequate *Phytologia Britannica* (1650). Thus he wrote to Willughby in 1660 that 'My intention is now to carry on and perfect that design; to which purpose I am now writing to all my friends and acquaintance who are skilful in Herbary to request them this summer to search diligently his country for plants, and to send me a catalogue of such as they find, together with the places where they grow'. His further remark, that 'in divers counties I have such as are skilful and industrious', indicates the existence of an interest in plants seemingly widespread in England and deserving stimulus. Ten years later there resulted his *Catalogus Plantarum Angliae et Insularum adjacentium* (1670), thirty years later his *Synopsis methodica Stirpium Britannicarum* (1690).

In 1660 he and Willughby made a journey into the North of England and across to the Isle of Man which contributed towards these works. That year saw the return of Charles II to London and a violent reaction to the puritanism of the Protectorate, with consequent ejection of many Cambridge dons from their fellowships, and Ray assumed that he too would be expelled, but Trinity wished him to stay, a remarkable tribute to his geniality and efficiency. In 1661 he made a journey of some 700 miles with a former pupil, Philip Skippon, which took them, by way of Lincoln, Hull, Leeds, Harrogate, Ripon, York, Scarborough, Whitby, Newcastle, Berwick, Dunbar, the Bass Rock, to Edinburgh, Stirling and Glasgow, then 'fair, large and well built, cross-wise, somewhat like unto Oxford', and by way of Hamilton, Dumfries, Carlisle, Penrith, and Shap back to Cambridge. In 1662 he made his third long British journey, this time with Skippon and Willughby, the three going from Willughby's home at Middleton, Warwickshire, to Stafford, Chester, Wrexham, Holywell, Denbigh,

Conway, Bangor, Caernarvon, Llanberis, Snowdon, Harlech, Aber-
dovey, Cardigan, Fishguard, Haverfordwest, Pembroke, Tenby,
Tintern and Gloucester; then Willughby went to Malvern, and Ray
and Skippon to Bristol, Bath, Wells, Glastonbury, Taunton, Welling-
ton, Barnstaple, Bideford, Truro, St Ives, Land's End, Falmouth, St
Neots, Plymouth, Totnes, Exeter, Sherborne, Salisbury, Winchester
and Windsor. Thus by 1663 Ray had certainly seen more of the
vegetation of England, southern Scotland, the Isle of Man, and Wales
than any previous botanist. This journey with Willughby had one
particularly important outcome, as related by Ray himself in 1704, the
year before his death, to his biographer William Derham: 'These two
Gentlemen, finding the History of Nature very imperfect, had agreed
between themselves, before their Travels beyond Sea, to reduce the
several Tribes of Things to a Method and to give accurate Descriptions
of the several Species from a strict View of them. And forasmuch as
Mr. Willughby's genius lay chiefly to Animals, therefore he undertook
the Birds, Beasts, Fishes and Insects, as Mr. Ray did the Vegetables'.
After Willughby's premature death this agreement and ambition led
Ray to edit and partially write Willughby's *Ornithologiae Libri tres*
(1676), *The Ornithology of Francis Willughby* (1678), and *De Historia
Piscium* (1687) as well as to prepare his own *Historia Plantarum* (1686–
1704), *Methodus Plantarum nova* (1682), *Synopsis methodica Animalium
Quadrupedum et Serpentina Generis* (1693), *Methodus Insectorum* (1705),
and the posthumously published *Historia Insectorum* (1710) and *Synopsis
methodica Avium et Piscium* (1713). Years later, between 1729 and 1734,
two Uppsala students, Carl Linnaeus (1707–1778) and Petrus Artedi
(1705–1735), fired by a like ambition to reduce to order the realm of
nature, made a like agreement. Its outcome paralleled that of Ray and
Willughby in tragedy, for after Artedi's death by drowning in an
Amsterdam canal it fell to Linnaeus to edit and publish his dead
friend's *Ichthyologia* (1738) and in his own laboriously compiled works
to survey the animals and plants which Artedi had intended to cover
systematically.

In 1662 enforcement of the pernicious Act of Uniformity faced
honest and conscientious men in the English universities and in the
Church of England with a difficult heart-searching choice. They had
either to accept the Act with its general implication that a person taking
an oath assumed no obligation to keep it, or to reject this and thereby

forfeit office in university and church. Some 2000 clergymen of the Church of England, about a fifth of the clergy, lost their livings rather than give complete assent to the Prayer-book as required by the Act. To quote J. R. Green, 'the rectors and vicars who were driven out were among the most learned and active of their order ... men whose zeal and labour had diffused throughout the country a greater appearance of piety and religion than it had ever displayed before'. The more fortunate became tutors or private chaplains in the country houses of landed gentry with Puritan sympathies; Ray was among these. He resigned his offices at Trinity College and, to quote Raven, 'he found himself free and unemployed, a teacher without pupils, a cleric without a charge, debarred by his profession from secular employment, debarred by the law from his profession'. There might have been extreme poverty and frustration ahead. In fact his friends, Willughby above all, came to his aid and this decision, painful as it was at the time, by freeing him from university duties, gave him greater opportunities for scientific work. He was now thirty-five.

Ray spent the winter of 1662–63 as a tutor at Friston Hall, Suffolk, then set out in April 1663 with Willughby and Skippon on a tour of the Continent which lasted until the spring of 1666. Detailed accounts of this will be found in Ray's *Observations topographical, moral and physiological, made in a Journey through Part of the Low-Countries, Germany, Italy and France* (1673) and Skippon's *A Journey through Part of the Low Countries, Germany, Italy and France* (1732). He and Skippon even visited Sicily and Malta.

As stated by Raven, 'the return from his three years on the Continent may be said to mark the close of Ray's apprenticeship in his work in science. The tour had given him a great range of material, larger perhaps than that of any previous botanist except De l'Ecluse, and including a knowledge of animals, birds, reptiles, and fishes such as no other Englishman had ever acquired ... In some sense the rest of his life was the examination and exposition of the data thus obtained.' At first he had no fixed abode but much of his time from 1666 to 1672 was spent with Willughby at Middleton. Willughby, whose constitution seems never to have been robust, died on 3 July 1672 at the age of thirty-seven. His will left Ray an annuity of £60 a year, then an adequate sum for modest independence, and the care of the education of his two sons Francis and Thomas. Ray accordingly remained at Middleton

9

for the next three and a half years. Meanwhile in 1670 he had published his *Catalogus Plantarum Angliae et Insularum adjacentium* and *Collection of English Proverbs*. In 1673 came a further publication, his *Observations topographical, moral and physiological*, above mentioned. That year he married Margaret Oakeley, then apparently governess to the Willughby children, 'a young Gentlewoman (then in the family he was in) of about Twenty Years of Age; whose Piety, Discretion, and Virtues recommended her to him, as well as her Person', according to Derham. When Willughby's mother, Lady Cassandra Willughby, died in 1675, the Rays had to leave Middleton, for Willughby's widow did not share her late husband's scientific interests, although she may have paid for engraving plates illustrating Willughby's *Ornithologia* (1676). Ray and his wife moved first to Coleshill, then to Sutton Coldfield, then to Faulkbridge Hall, Essex, and then finally, in June 1679, to his birthplace, Black Notley, making their home in the house, Dewlands, where his mother had lived. Ray's life thereafter is essentially a record of the births of his daughters, Margaret and Mary in 1684, Catharine in 1687, Jane in 1689, of the preparation and publication of his works, of the coming and going of visitors, such as John Aubrey, Sir Tancred Robinson, James Petiver, Adam Buddle, Sir Thomas Millington and Sir Hans Sloane, and of the infirmities of his later years. All these matters are well covered by Raven's biography.

Although Ray's quiet life at Black Notley had nothing in common with the busy social life of London, he was by no means isolated from the scientific activity of his times, as is evident from his extensive correspondence, the visits of his friends and his acquaintance with current literature. Thus Sir Hans Sloane, to whom he wrote a farewell letter on his death-bed as the 'Best of Friends', continually lent him books and specimens, as did others, and over the years he built up a good working library of his own, amounting at his death to some 1500 volumes. The extent of this much appreciated co-operation is made evident, for example, in a letter of 30 April 1701 to Edward Lhwyd: 'Dr. Sherard very friendly gives me all the assistance he can. I believe in the collection of Plants he hath sent me there are not lesse than 1000 new & non-descript species, & besides he hath sent me notes & observations with Additions to and upon my whole *History*; so that he takes as much pains in the Work as if it were his own. The like doth Mr. Petiver, though a person much inferior to the other both for parts & learning. He hath the greatest correspondence both in East & West Indies of any man in Europe; I think I may say, than all Europe besides. Dr. Sloane hath also contributed greatly, viz. His whole History of non-descript Jamaica plants; a Collection of Mariland Plants by Mr. Vernon & Dr. Kreig; a collection of Plants from about the Magellane Straits. From Father Camelli a Learned Jesuit, living in Manilia the Metropolis of the Philippine Islands I have received 170 descriptions & figures of Plants growing in those Islands, with a promise of as many more of trees & shrubs . . . Your samples of Irish plants I shall be glad to see'. He possessed, moreover, his own observations, made upon living plants in the course of his extensive travels, to serve as a foundation for the study of this further material. The years at Black Notley thus brought to fruition the projects which had budded many years earlier at Cambridge and Middleton.

In 1682 he published his *Methodus Plantarum nova* with short introductory chapters on methods of classifying plants and on terminology, followed by tables or keys distinguishing major groups and genera. Here he noted that seeds and seedlings could be divided into two groups, those with two seed leaves or cotyledons and those with the seedling analogous to the adult plant, i.e. with one cotyledon, and that this was the best general division. He also used the term *petalum*. This little work was the forerunner to his vast undertaking the folio *Historia Plantarum* (vol. 1, 1686; vol. 2, 1688; vol. 3, 1701), concerning which there is a reference in a letter of Robinson to Lister of 15 March 1682/3: 'Mr. Ray is about writing a Generall Herball, which must needs be very accurate'. Meanwhile since 1676 or earlier he had been putting in order for publication his deceased friend Willughby's notes on fishes, to which over the years he added so much material of his own as to become virtually the author of the whole work published in 1686 as *Francisci Willughbeii De Historia Piscium Libri*. The first volume of the *Historia Plantarum* came out the same year, followed by the second volume in 1688. The aim of the work was to describe all the plants then known, as well as those new to science which came to Ray's notice, arranging them into major systematic groups and then into genera and providing tables or synopses which would serve as a guide to their identification, as well as synonymy. It became a mine of information but was too cumbersome and elaborate to have much practical value in the absence of illustrations which Ray wished to have but for which there was no money then available.

Far more useful to most of his contemporaries and their immediate successors was his *Synopsis methodica Stirpium Britannicarum* published in May 1690. In 1676 he had brought out a second edition of his *Catalogus Plantarum Angliae* and in 1688 a supplement entitled *Fasciculus Stirpium Britannicarum*, in the preface of which he announced his intention of publishing next spring a *Synopsis* with brief diagnostic notes not only of the genera but also the individual species of British plants. The importance of this and the editions of 1696 and 1724 is indicated elsewhere in the present introduction. According to Derham, writing not long after Ray's death, it 'was very acceptable among all the Botanists, and is to this Day made their Pocket Companion on all their Simpling Occasions.'

Of Ray's other publications the most popular by far was *The Wisdom of God manifested in the Works of the Creation*, the first edition of which appeared in 1691; based upon some morning divinity exercises 'delivered in Trinity-College Chappel, when I was Fellow of that Society', i.e. before 1662 when Ray resigned his fellowship, it had clearly been long kept in mind.

In 1685, if not earlier, Ray began to suffer from ill-health, with attacks of diarrhoea and increasing ulcers on his legs which made walking painful and an attack of pneumonia which seems to have weakened him permanently. In a letter of 22 March 1693 he remarked that his ulcerated legs gave him 'very little respite from pain night and day'. He continued, however, with his correspondence, his literary work and his research on insects, struggling to complete his *History of Insects* but in vain. He wrote a grateful farewell letter to Sloane, praying that 'God requite your kindness expressed anyways towards me an hundredfold, bless you with a confluence of all good things in this world and eternal life and happiness hereafter', on 7 January 1705 and died on 17 January 1705, the blacksmith's son who had become an internationally honoured scholar and one of the greatest naturalists of all time, in the village where he had been born.

Full bibliographical details of Ray's publications are given in Sir Geoffrey Keynes, *John Ray, a Bibliography* (1951). Summaries of their contents, with many translations from the Latin which Ray wrote so fluently but which restricts their comprehension to-day, will be found in C. E. Raven's equally elaborate and scholarly *John Ray, Naturalist, his Life and Works* (1942).

The following epitome of Ray's career is a slightly modified version of the one compiled by Raven, with inserted references to the numbered entries in Keynes's bibliography.

1627   29 Nov.   Born at the smithy, Black Notley, Essex, England.

       6 Dec.   Christened at Black Notley church.

1638   Went to Braintree grammar school.

1644   12 May   Admitted to Trinity College, Cambridge.

1644   28 June   Entered Catharine Hall, Cambridge.

1646   21 Nov.   Transferred to Trinity College.

1647/8   Graduated B.A., Cambridge.

1649   8 Sept.   Elected Minor Fellow.

1650   Illness; began study of botany.

1651   1 Oct.   Appointed Greek Lecturer.
       M.A. degree.

1653   1 Oct.   Appointed Mathematical Lecturer and Tutor.

1655   2 Oct.   Appointed Humanities Lecturer.

1656   31 Aug.   Death of his father:
       'Dewlands', Black Notley, built for his mother.

       ? Again appointed Greek Lecturer.

1657   1 Oct.   Appointed Praelector.

1658   9 Aug.–18 Sept.   Journey to Derbyshire and North Wales, alone.

       2 Oct.   Appointed Junior Dean.

1659   26 Dec.   Appointed Steward.

1660   Published *Catalogus Plantarum circa Cantabrigiam nascentiun* (Keynes no. 1).

       June–July   Journey to North England and Isle of Man with Francis Willughby.

16 Dec.   Appointed Steward, second year.

23 Dec.   Ordained in London.

1661   26 July–7 Sept.   Journey to York, Edinburgh, Glasgow, Carlisle with Philip Skippon.

1662   Jan.–April   In Sussex with Peter Courthope and Timothy Burrell.

April   Visited London; saw Morison's and Morgan's gardens.

April   Cambridge, last botanizing there.

8 May–16 June   Journey round Wales with Willughby and Skippon: sea-birds studied; Prestholm, Barsey, Caldey.

16 June–24 July   Journey continued to Land's End with Skippon.

24 July–30 Aug.   At Black Notley; explored Essex.

24 Aug.   Forfeited Trinity College Fellowship under Act of Uniformity.

? 13 Oct.   At Friston as tutor with Thomas Bacon.

1663   19 March   Left Friston for Black Notley.

Published *Appendix ad Catalogum Plantarum circa Cantabrigiam nascentium* (Keynes no. 3).

1 April   Met Skippon in Kent.

18 April   Left Dover for Calais.
Journey through Low Countries and up the Rhine, thence to Vienna and Venice.

1664   Winter   At Padua, studying anatomy.

Spring   At Genoa, Leghorn (Livorno), Naples; Willughby left for Spain.

Summer   Went with Skippon to Sicily, Malta, Florence and Rome.

1 Sept.–24 Jan.   At Rome studying birds and fishes in markets.

1665   24 Jan.–June. To Rimini, Venice, Bolzano, and across Switzerland.

Summer   At Geneva botanizing.

Autumn   At Montpellier with Skippon and Martin Lister.

1666   Spring   From Montpellier to Paris, Calais and Essex.

Winter   At Middleton with Willughby.

Composed Tables for John Wilkin's *Essay towards a Real Character* (Keynes no. 6).

1667   June   Cambridge (passing) and Black Notley.

25 June–13 Sept. Journey to Worcester, Gloucester, Cornwall, Dorset, Hants, with Willughby.

13 Sept. At Black Notley seriously ill.

7 Nov. Admitted Fellow, Royal Society of London.

1668   May–June   Much travel, London, Essex, Haslingfield.

July   Fortnight's journey in Yorkshire and Westmorland alone.

26 July–Sept. At Broomhall near Sheffield with Francis Jessop.

Nov.–Dec. At Middleton with Willughby.

1669   Jan.   At Chester with Wilkins.

Feb.–March   At Middleton, experiments with sap.

April   At Chester, dissects porpoise.

May   At Middleton; visits to Dorking, Oxford, Dartford.

14 Oct.   Journey to Wharton, Salop.

1670   28 April–29 June   At Wollaton with Willughby.

22 Aug.   Changed spelling of name from Wray back to Ray.

Published *Catalogus Plantarum Angliae* (Keynes no. 7) and *Collection of English Proverbs* (Keynes no. 10).

1671   3 July   Journey to Settle, Berwick, Brignall with Thomas Willisel.

Autumn   At Middleton.

9 Nov.–7 Dec.   In London at Royal Society.

Dec.–Feb.   At Chester with Wilkins.

1672   Feb.–Nov.   Mostly at Middleton.

3 July   Death of Willughby.

19 Nov.   Death of Wilkins: returned to Middleton.

1673   ? Feb.   Published *Observations topographical, moral, and physiological made in Journey* (Keynes no. 21), and *Catalogus Stirpium in exteris Regionibus* (Keynes no. 22a).

5 June   Married Margaret Oakeley at Middleton.

? Nov.   Published *Collection of English Words not generally used* (Keynes no. 23).

1675   ? March   Published *Dictionariolum trilingue* (Keynes no. 26). Left Middleton for Coleshill.

1676   ? 4 April   Moved to Sutton Coldfield.

Summer   Visited Essex.

? Jan.   Published Willughby's *Ornithologiae Libri tres* (Keynes no. 38).

1677   28 Sept.   Refused Secretaryship of Royal Society.

Nov.   Left Sutton Coldfield for Faulkbourne Hall near Black Notley. Published *Catalogus Plantarum Angliae*, second edition (Keynes no. 8).

1678   Published English version of *Ornithology* (Keynes no. 39) and *Collection of Proverbs*, second edition (Keynes no. 11).

1679   15 March   Death of his mother.

24 June   Moved to Dewlands, Black Notley.

1682 Published *Methodus Plantarum nova* (Keynes no. 40).

1684 12 Aug. Birth of twin daughters, Margaret and Mary.

1685 Published *Appendix ad Catalogum Plantarum circa Cantabrigiam*, second edition (Keynes no. 4).

1686 Published Willughby's *Historia Piscium* (Keynes no. 46) and *Historia Plantarum* vol. 1 (Keynes no. 48).

1687 3 April Birth of daughter Catharine.

1688 Published *Historia Plantarum*, vol. 2 (Keynes no. 49) and *Fasciculus Stirpium Britannicarum* (Keynes no. 9).

1689 10 Feb. Birth of daughter Jane.

1690 March Attack of pneumonia.

       May Published *Synopsis methodica Stirpium Britannicarum* (Keynes no. 54). Began collecting insects.

1691 Visited Bishop Compton at Fulham.

       Published *The Wisdom of God manifested in the Works of the Creation* (Keynes no. 58).

1692 Published *Miscellaneous Discourses, concerning the Dissolution and Changes of the World* (Keynes no. 84) and *Wisdom of God*, second edition (Keynes no. 60).

1693 Published *Synopsis methodica Animalium Quadrupedum et Serpentini Generis* (Keynes no. 91), *Collection of Curious Travels and Voyages* (Keynes no. 92), *Three Physico-Theological Discourses*, being a second edition of *Miscellaneous Discourses* (Keynes no. 82).

1694 ? Dec. Published *Stirpium Europaearum extra Britannias nascentium Sylloge* (Keynes no. 97).

1695 Published county lists of rare and local plants in *Camden's Britannia* (Keynes no. 98).

1696 Published *De variis Plantarum Methodis Dissertatio brevis* (Keynes no. 99), *Synopsis methodica Stirpium Britannicarum*, second edition (Keynes no. 55), *Nomenclator classicus sive Dictionariolum trilingue*, third edition (Keynes no. 28).

1698   ? 29 Jan.   Death of daughter Mary.

        July   Illness of wife and Margaret.

1700   ? Sept.   Published *Persuasive to a Holy Life* (Keynes no. 100).

1701   Published *Wisdom of God*, third edition (Keynes no. 61).

1703   Jan.   Published *Methodus Plantarum emendata et aucta* (Keynes no. 42), *Nomenclator classicus*, fourth edition (Keynes no. 30).

1704   March   Seriously ill.

        Published *Historia Plantarum* vol. 3 (Keynes no. 51) and *Wisdom of God*, fourth edition (Keynes no. 62).

1705   17 Jan.   Died at Dewlands.

        Publication of *Methodus Insectorum* (Keynes no. 103).

1710   Spring   Publication of *Historia Insectorum* (Keynes no. 104).

1713   Publication of *Synopsis methodica Avium et Piscium* (Keynes no. 105) and *Three Physico-Theological Discourses*, third edition (Keynes no. 85).

1718   Publication of *Philosophical Letters between the late learned Mr. Ray and several of his ingenious correspondents* by W. Derham (Keynes no. 109).

1724   Publication of *Synopsis methodica Stirpium Britannicarum*, third edition, edited by J. J. Dillenius (Keynes no. 56).

1760   Publication of *Select Remains of the learned John Ray, with his Life by the late William Derham* by G. Scott (Keynes no. 110).

Editions of the *Synopsis*

All the works of John Ray are described exhaustively in Geoffrey Keynes, *John Ray, a Bibliography* (1951) and from this the following accounts of the three editions of the *Synopsis* are quoted below by gracious permission of the author and his publishers Messrs Faber & Faber.

Abbreviations for libraries holding copies of these are:

AUL (University Library, Aberdeen), BLO (Bodleian Library, Oxford), BM (British Museum, Bloomsbury, London), BMN (British Museum (Natural History), South Kensington, London), BSC (Botany School, Cambridge), EUL (University Library, Edinburgh), LSL (Linnean Society, London), NLI (National Library, Dublin), NLS (National Library, Edinburgh), RBG (Royal Botanic Gardens, Kew), RCS (Royal College of Surgeons, London), RHS (Lindley Library, Royal Horticultural Society, London), TCC (Trinity College, Cambridge), ULC (University Library, Cambridge), ULL (University Library, Leeds).

54. SYNOPSIS METHODICA   8° 1690

Title: Synopsis Methodica Stirpium Britannicarum, in qua Tum Notæ Generum Characteristicæ traduntur, tum Species singulæ breviter describuntur: Ducentæ quinquaginta plus minus novæ Species partim suis locis inseruntur, partim in Appendice seorsim exhibentur. Cum Indice & Virium Epitome. [*rule*] Auctore Joanne Raio, E Societate Regio. [*rule*]
    Londini: Prostant apud Sam. Smith ad Insignia Principis in Cœmeterio D. Pauli. M DC XC.

Collation: [A]⁴ (a)⁸ B–X⁸; 172 leaves.

Contents: [A] 1*a* blank; [A] 1*b* *Imprimatur, John Hoskyns, V.P.R.S.,* 22. *die Januarii,* 1689; [A] 2 title; [A] 3*a*–[A] 4*a* dedication to Sir Thomas Willughby; [A] 4*b* blank; (a)1*a*–(a)7*a* *Præfatio*; (a)7*b* blank; (a)8*a*–*b*

Explicatio Nominum Abbreviatorum; B1a–Q5a (pp. 1–233) *Synopsis Methodica*; Q5b blank; Q6a–R3b (pp. 235–46) *Appendix* of observations by James Bobart, William Sherard, Leonard Plukenet, Samuel Doody; R4a–R5a (pp. 247–9) *Emendanda & Supplenda* by Tancred Robinson; R5b–R6b (pp. 250–2) *Catalogus Plantarum in Insula Jamaica spontè nascentium, quæetiam Angliæ Indigenæ sunt*, by Hans Sloane; R7a–X5b (pp. 253–314) *Index*; X6a–X7a (pp. 315–17) *Emendanda*; X7b *Appendicis Index*; X8a *Errata*; X8b *Books printed for S. Smith*.

Note: The copy in the library of the Natural History Museum, inscribed *Ex dono authoris*, belonged to Samuel Dale and contains his signature and notes.

Illustrations: Two engraved plates facing pp. 26 and 210, figuring (1) *Cistus ledon palustris* and *Hemionitis pumila trifolia*, (2) *Subularia lacustris*.

Copies: BM (968.f.11, 988.e.13), BMN, BLO, ULC, TCC, BCS, LSL, AUL, RCS, ULL, RBG.

55. SYNOPSIS METHODICA   Second Edition. 8° 1696

Title: Joannis Raii Synopsis Methodica Stirpium Britannicarum, Tum Indigenis, tum in agris cultis, locis suis dispositis, Additis Generum Characteristicis, Specierum descriptionibus, & Virium Epitome. [*rule*] Editio Secunda: [*rule*] In qua Præter multas Stirpes & Observationes curiosas spar-sim insertas; Muscorum Historia negligenter hactenus & perfunctoriè tradita plurimùm illustratur & augetur, Additis & descriptis centum circiter speciebus (totidémq; Fucorum atque etiam Fungorum) novis & indictis. [*rule*] Accessit Clariss. Viri D. Aug. Rivini Epistola ad Joan. Raium de Methodo: cum Ejusdem Responsoria, in qua D. Tournefort Elementa Botanica tanguntur. [*rule*].

   Londini: Impensis S. Smith & B. Walford, Regiæ Societatis Typograph. ad insignia Principis in Cœmeterio D. Pauli. MDCXCVI.

Collation: A⁴ (a)–(b)⁸ B–Z⁸ Aa⁸ A–C⁸ D⁴; 232 leaves.

Contents: A1a blank; A1b *Imprimatur*; A2 title; A3a–A4a dedication; A4b blank; (1)1a–(a)7a *Præfatio*; (a)7b blank; (a)8a–b *Explicatio Nominum Abbreviatorum*; (b) 1a–(b)6b *Præfatio ad Secundam Editionem*; (b)7a–(b)8a *Fasciculus* of additions; (b)8b blank; B1a–Z5b (pp. 1–346) *Synopsis methodica*; Z6a–Aa7a *Index*; Aa7b–Aa8b *Emendanda*; A1 sub-title to *De Methodo Plantarum . . . D. Augusti Quirini Rivini, . . . Epistola ad Joan*

Raium, Cum ejusdem Responsoria: . . .; A2*a*–D4*a* (pp. 3–55) letters and
Postscriptum; D4*b Vires transpositæ*, and *Errata*, with note on *errata*
pasted in at the bottom.

Note: The illustrations added to the first edition are here omitted.

An interleaved and annotated copy in the BM (969.f.21) has on the
title-page the signatures of John Doody and of James Petiver as second
owner. The notes are by the former. Another copy (969.f.15) has
marginal notes by Petiver, and a third (969.f.20) has notes probably
by the same.

Copies: BM (5 copies, 987.d.6, 969.f.18, 969.f.19, 969.f.20, 969.f.21),
BMN, BLO, ULC, TCC, BSC, EUL, LSL, NLI, RBG.

56. SYNOPSIS METHODICA   Third Edition. 8° 1724

Title: Joannis Raii Synopsis Methodica Stirpium Britannicarum: Tum
Indigenis, tum in Agris cultis Locis suis dispositis; Additis Generum
Characteristicis, Specierum De-scriptionibus & Virium Epitome. [*rule*]
Editio Tertia Multis locis Emendata, & quadringentis quinquaginta
circiter Speciebus noviter detectis aucta. Cum Iconibus. [*rule*]
Londini: Impensis Gulielmi & Joannis Innys Regiæ Societatis Typo-
graphorum, in Area Occidentali D. Pauli. [*short rule*] MDCCXXIV.

Collation: A–T⁸*T⁴ U–Z Aa–Kk⁸; 268 leaves.

Contents: A1*a* title; A1*b Imprimatur* signed *Is. Newton, P.R.S. June 25
1724*; A2*a* dedication *Fautoribus et Amicis* φιλοβοτανοις; A2*b* blank;
A3*a*–A6*b Præfatio*; A7*a*–A8*b Explicatio Nominum Abbreviatorum; Adden-
dis addatur* at bottom of A8*b*; B1*a*–T8*b* (pp. 1–288) *T1*a*–*T4*b* (pp.
*281–*288) U1*a*–Hh6*a* (pp. 289–475) *Synopsis Methodica*; Hh6*b*–Hh8*a*
(pp. 476–9) *Addenda & Emendanda*; Hh8*b*–Ii1*b* (pp. 480–2) *Catalogus
Plantarum in Insula Jamaica Communicatus ab D. Hans Sloane; Errata* on
Ii1*b*; Ii2*a*–Ii7*b Index*; Ii8*a*–Kk8*b Indiculus Plantarum Dubiarum*.

Illustrations: Engraved plates Tab. I–XXIV facing pp. 28, 60, 128, 150,
160, 168, 188, 209, 228, 231, 279 (folding), 326, 328, 332, 348, 358,
374, 377 (folding), 379, 397, 406, 408, 477, 479.

Note: One of the copies in the BM (969.f.22) has at the end four leaves
headed *Books printed for and Sold by William and John Innys*, but these
have separate signatures, A⁴, and they are not part of the book.

Another volume in the BM (969.f.23) contains the plates only coloured by hand. This is inscribed on the fly-leaf: *The Figures of the third Edition of Joannis Raii Synopsis methodica Stirpium Britannicarum. Illuminated by the Editor, Joh: Jac: Dillenius, M.D. &c.*

Copies: BM (4 copies, 969.f.22, 452.e.11, 872.k.27, 236.l.24), BMN, BLO, ULC, TCC, BSC, NLS, GUL, LSL, RHS, NLI, RCS, RBG.

57. SYNOPSIS METHODICA   Third Edition, second issue.
8° 1724

Title: Joannis Raii Synopsis Methodica Stirpium Britannicarum: . . . Cum Iconibus. [*rule*] Tom. I. [II.] [*rule*]

Londini: Impensis Gulielmi & Joannis Innys, in Area Occidentali D. Pauli, & S. Tooke & B. Motte, ad Medii Templi Portam, Fleet-street. MDCCXXIV.

Collation, contents, illustrations: The same sheets as no 56. with two new title-pages, the first added before the original title-page with sheets A–T *T, the second inserted before sheets U–Z, Aa–Kk. The book is thus divided into two volumes.

Note: This is probably the second issue of the book. The names of two publishers, Tooke and Motte, have been added in the imprint, and the sheets have been divided into two volumes. It seems possible that this was done for the convenience of purchasers who wished to inter-leave their copies with blank leaves for annotation. A single volume interleaved would be inconveniently bulky.

Copies: RBG, S. Savage.

Preparation and publication of the third edition
of the *Synopsis*

The second edition of the *Synopsis* (1696) was so useful a book that it became outdated by the enquiry into the British flora which it stimulated and assisted. During the ten years after Ray's death in 1705, British botanists obviously felt even more keenly the need for a third edition as they annotated their treasured copies of the second one. A prime mover for such an edition was William Sherard (1658–1728), who returned in 1717 to England from Turkey, where he had resided since 1703, and who in 1721 induced Johann Jacob Dillenius (1687–1747) to come to England and help him with the preparation of his continuation of C. Bauhin's *Pinax*. First, however, he allotted Dillenius the task of preparing a third edition of the *Synopsis*.

J. J. Dillenius was born on 22 December 1684 in Darmstadt, western Germany, the family name being changed in the course of several generations from Dill to Dillen and then to Dillenius. The appointment in 1688 of his father, Justus Dillenius, as a professor of medicine at the university of Giessen in Upper Hesse (Oberhessen) led to the removal of the family to Giessen, where in due course he studied medicine and botany, entering the university as a student in 1702. Herborising expeditions made him very well acquainted with the flora of Hessen (cf. esp. Spilger, 1933), particularly the cryptogams, and enabled him in 1718 to publish his *Catalogus Plantarum circa Gissam sponte nascentium* (reissued in 1719 with an Appendix). His interest in cryptogams brought him to William Sherard's notice. 'He was recommended to me', Sherard wrote to Richard Richardson on 28 February 1719, 'as a person very curious in mushrooms and mosses, as I perceive he is; he inclosed a moss he thought new and very curious'. On 28 July 1719 he told Richardson 'Dr Dillenius has sent me a new edition of his catalogue about Giessen, with 30 mosses he has named in it, which are English all but two or three. The book has many curious and judicious observations in it'.

Meanwhile it had become customary among British botanists to

23

supplement Ray's *Synopsis* with their own records of new localities, and many of the surviving copies are annotated. Thus James Sherard (1666–1737), brother of William Sherard, wrote to Richardson on 7 October 1718: 'I am making what additions I can to Mr Ray's *Synopsis*. I have all Mr Doody's, Buddle's and Stonestreets' and some from Mr Bobart, (not with design printing a new edition, but in order to preserve them). Be pleased at your leisure to communicate yours: perhaps my brother [i.e. W. Sherard] may, when settled, undertake it, wherein I shall assist him all I can'. A little later (13 Dec. 1718), Richardson's observations having come to hand, William Sherard wrote to him: 'Your additions to Mr Ray's *Synopsis* are very curious and considerable: when we are settled, tis probable you may see a new edition of it; besides yours I have Mr Doody's, Rands, Petivers, Buddles and my brothers observations, and am promised some from Mr Manningham'.

In 1721 William Sherard visited Giessen and persuaded Dillenius to come to England. He arrived in August 1721 and evidently Sherard soon put him to work on a new edition of the *Synopsis*. Correspondence with Richardson reveals the progress of revision. Thus on 13 October 1722 William Sherard wrote to Richardson: 'Dr Dillenius works after candle light on the Synopsis, I woud willingly have this genus grav'd, before tis publishd, he has designd several of Mr Rays new plants in order to it'. On 6 April 1723 he again referred to it: 'I shou'd be very glad Cheviot hills were search'd before the new edition of Ray's synopsis is printed. . . . I am confident several additions might be made in a journey to Cheviot hills never having been search'd but superficially. . . . I have enter'd yours, my Brothers and Mr Doody's, I design to do the same by Mr. Buddles, Petivers, Plukenet's etc. next week. My Brother [i.e. J. Sherard] copied Mr Doodys observations on the synopsis, for his own use'. On 7 May 1723 he reported to Richardson: 'We shall have done with the synopsis in a week's time; I hope this summer to have some of Mr Doody's queries about plants growing near us, clear'd up and to see the flower and fructification of the Subularia aquatica'. A letter of 24 September 1723 indicates that this was too optimistic; however 'Everybody expects the new edition of Mr Ray and Dr Dillenius's thoughts are wholly bent on it, and publishing his dook of mosses . . . if you please deduct the five Guineas you were so generous to send towards the new edition of Mr Ray. I dont think it reasonable you shoud be at that charge, who have contributed so much in adding plants to it; the bookseller shall pay the graving of the plates'. By the end of 1723 the work of revision and addition must have been almost completed but an unpleasant situation seems to have arisen, which deprived Dillenius of the due credit for his labours. On 26 December 1723 Sherard informed Richardson: 'I know nothing further Dr Dillenius has to do to the Synopsis, but the getting grav'd a few more plates, which may be done whilst 'tis printing. But our people can't agree about an editor: they are unwilling a foreigner shoud put his name to it and none of them will, tho tis ready done to their hands. Mr Rand is the properest person, but refuses: for my part I see no necessity of any body's name to it'. On 29 February 1724 Sherard told Richardson: 'Dr Dillenius has put the Synopsis into the press, the first sheet is corrected; there will be twenty plates'. On 24 April 1724 he gave the news that 'The synopsis will be printed, I hope, next month, there are 2 presses at work on it' and on 30 June 1724 'The synopsis will be finishd in a weeks time'. It was published in July 1724, but Dillenius's name did not appear on it. According to Druce (1907) he had added to the *Synopsis* 'about 40 Fungi, 40 Algae, more than 150 mosses and about 200 phanerogams and ferns', the whole number of species in the edition amounting to 2000.

In a letter of 1 August 1724 to Richardson, Dillenius himself confirmed William Sherard's reason, a very unworthy one, for the anonymity of this edition, to which Dillenius had contributed so much and on which he had worked so assiduously: 'Honoured Sir! The Synopsis Stirpium Britannicae being lately finished, I intended to send you a couple of books, but Consul Sherard having some other things to send you I defer and leave the sending of them to him. I was resolved, to do me the honour of dedicating it to you and to Mr Sherard, two persons that have contributed the most to its perfection but some apprehension (me being a foreigner) of making natives uneasy, if I should publicate it in my name, and considering that a Dedication without putting down the name, could not be very acceptable, I must deprive meself of that honour; however under the name of Editor by way of inscription, I dedicated it to all those Lovers of Botany, who contributed the most to the edition and augmentation of the Book, in hopes the two chief men would take it not less kind, than if it had been directly dedicated to them'.

T. 47. f. 11. J. R. H. 570. Mufcus marinus denticulatus procumbens, caule tenuiffimo, denticellis bijugis *Raj. H. I. 79. Syn. II. 8. 4. H. Ox. III. 650. S. 15. T. 9. f. 3.* item Corallina marina minima lendigera *J. R. H. 571.* Mufcus marinus lendiginofus minimus, arenacei coloris *H. Ox. III. 650. S. 15. T. 9. f. 2.* Ambæ enim una eademque planta funt. Found by *Mr. Newton.*

19. Corallina pumila repens, minus ramofa. Mufcus coralloides pumilus, denticellis bijugis *Doody Syn. II. App.* 330.

Quercui marinæ aliifve Fucis frequenter adnafcitur, & fuper eorum folia repit, unciam, fi finguli fpectentur ramuli, longitudine non fuperans, cauliculi autem, qui denticulis orbi obfervari folent & e quibus ramuli egrediuntur, longius protenduntur.

20. Corallina pumila erecta, ramofior. Mufcus coralloides pumilus ramofus *Doody Syn. II. App.* 330. Fucis variis adhæret. Figuram vid. Tab. 2. fig. 1.

21. Mufcus coralloides fetaceus non ramofus *Doody Syn. II. App.* 330.

Tabulis, inquit, navium adnafcentem vidi, Mufco marino Equifetiformi non ramofo *Synopf.* fimilem, verum non geniculatum, fed alternatim denticulatum.

VII. *FUCOIDES.*

FUcoides eft plantæ genus in aquis nafcens, mediæ inter Confervam, Corallinam & Fucum naturæ, tenuiter non raro divifum & Mufcis terreftribus fæpe fimile, fubftantiæ, quam in Fucis, tenerioris, nullis nec geniculis, nec articulis, ut in Conferva & Corallina, diftinctum.

1. Fucoides rubens varie diffectum. Mufcus marinus folio multifido n. d. *Johnf. Merc. Bot. P. II. p. 27. Ph. Br.* 78. marinus rubens pennatus noftras *Raj. Hift. I. 78. 14. Syn. II. 8.* 1. maritimus tenuiffime diffectus ruber *C. B. Pin.* 363. 4. pelagicus pennatus rubens, ramulis numerofis mollibus latius fe fpargentibus *Pluk. Alm.* 258. *T. 48. f. 2.* Ex cujus & *Doodii in Ann. Mfcr.* fententia huic idem eft: Mufcus marinus purpureus parvus, foliis oblongis Millefolii fere divifura *Raj. H. T. 79.* 25. Mire enim ludit perelegans hæc planta incifuris & divifuris, nec ab hoc differt: Mufcus maritimus Neapolitanus *Park.* 1289. marinus *Cluf. Hift. CCL.* cujus figura omnium

D 3

Huic folia modo rubra, modo alba, longitudine dodrantali vel pedali, latitudine unciali aut majore, aliquando bifurca, ex uno communi pediculo vel margine alterius folii plura pullulant, pedunculo breviffimo & tenui affixa; *S. Dood.* (Frioris varietas vel junior faltem planta videtur.)

33. Fucus membranaceus rubens anguftifolius, marginibus ligulis armatis *Doody Syn. II. App.* 329. humilis membranaceus acaulos elegantiffimus ruber, capillis longis fimbriatus *H. Ox. III. p.* 646. 10.

Latitudo, obfervante *Doody,* huic femiuncialis, longitudo trium vel quatuor unciarum, raro divifus, folia tamen fecundaria lateraliter protrudit. Margines ligulis feu fpinulis innoxiis denfe funt obfiti. Cum *Dulefh* Hiberni communiter efitant, cui proxime accedit. Inter Oftreas Londini non raro invenitur. Ceterum Hiberni *Dulefh* exficcatum folummodo edunt per fe fine additione falis alcalifati, ut nos certiores fecit *D. Sherard LL. D.* cum in Hibernia degeret.

* 34. Fucus membranaceus purpureus latifolius pinnatus.

Altitudine eft palmari & dodrantali, latitudine unciali & fefquiunciali, crebras e margine fecundum longitudinem pinnas, tanquam totidem novas plantas emittens, quæ, ut & primarium folium perbrevi infident pediculo & Phyllitidis folia figura fua non male referunt. Pinnæ vero feu marginalia folia multo quam prioris majora funt, ab unciali ad duarum unciarum longitudinem protenfa, latitudine plerumque femiunciali, quibus notis a priori abunde differt. In littore Infulæ *Selfey* Rev. vir *D. Mannigham* obfervavit.

35. Fucus five Alga folio membranaceo purpureo, Lapathi fanguinei figura & magnitudine *H. Ox. III. p.* 645. S. 15. T. 8. f. 6. *Syn. II. 4.* 8. Found by *Dr. Sherard* upon the Shores of *Jerfey*; the fame was fhewn him by *Mr. Newton* gathered in Ireland by *Dr. Moulins. Walter Moyl Efq*; an ingenious young Gentleman of *Cornwal,* in Company with *Mr. Stevens,* a learned Clergyman, and skillful in Botanicks, found the fame lately on the Coaft of that County. In *Hift. Ox.* non ramofus exhibetur, plerumque vero cauliculis infident ramofis folia ipfius.

* 36. Fucus membranaceus purpureus, variè ramofus. Alga crifpa Scabiofa rubra & pallida *J. B. III.* 795. In littoribus Infulæ hujus collectum *H. S. Buddlejanus teftatur Vol. I. fol.* 27.

* 37. Fu-

Despite this, Dillenius did not lose interest in the work. He intended to prepare a fourth edition, then an appendix to the third edition instead, but published neither, although he annotated copiously with further records a copy now belonging to Mr N. Douglas Simpson. The minuteness of his handwriting and the consequent high cost of reproducing the whole of this copy in legible facsimile have prohibited its use on the present occasion but two specimen pages are reproduced on pp. 26 and 27.

In a letter of 28 December 1727 to Samuel Brewer (cited by Druce & Vines, 1907: lxv), after referring to the proposed *Appendix*, Dillenius then commented on errors in the *Synopsis*, third edition: 'There is mistakes especially about places, but is not my fault, for the notes have been so delivered to me as I can testify with the manuscript still by me. One that you know very well hath communicated me observations by word of mouth, now he knows nothing of them, likewise will he tell now quite contrarie places than is printed in the *Synopsis* which places were either taken from the specimens of Dr. Sherard or from the notes entred by another hand in the Manuscripts. But for the future I shall know how to manage it better. I design to put the Time of flowering to all the plants in the *Synopsis*'.

William Sherard died in 1728, bequeathing his library, herbarium and £3000, which was unfortunately invested in South-Sea stock, to the University of Oxford for a maintenance of a Professor of Botany and nominating Dillenius as the first Sherardian Professor. Not, however, until 1734 was Dillenius able to take up residence in Oxford; meanwhile he worked at the preparation of the *Hortus Elthamensis* for William's avaricious and mean-spirited brother James. At Oxford he divided his time between preparation of his *Historia Muscorum* (1741) and continuation of work on Sherard's *Pinax*, which nevertheless was still unfinished when he died on 2 April 1747 at the age of sixty-three.

Dillenius's preface to the third edition of the *Synopsis*

[Dillenius's unsigned preface to the third edition is particularly valuable for its indication not only of the revisions made by him but also of his sources of information. James Newton's annotated copy of Ray's *Catalogus Plantarum Angliae*, 2nd ed. (1677), used by Dillenius and later by Trimen and Dyer for their *Flora of Middlesex* (1869), is now in the British Museum (Natural History), as is Adam Buddle's herbarium. Sherard's herbarium and Dillenius's own herbarium are at Oxford. Mr Ronald E. Latham of the Medieval Latin Dictionary Committee has kindly made the following translation.]

Since for many years past the *Synopsis Stirpium Britannicarum* has been such a rarity that no copies of it have been obtainable by students of botany except with great difficulty, two benefactors of the world of letters, William and John Innys, have decided to put in hand a new edition of it. A few words are needed to indicate what this edition has to offer that is new.

First then, in this revision of the *Synopsis*, Samuel Dale's *Fasciculus* and the two *Appendices* supplied by Doody and Petiver, which were appended to the last edition [1696], have been incorporated in the appropriate places. The dissertations in letter form on the various classifications of plants, written by our author and by A. Q. Rivinus [i.e. *De Methodo Plantarum Viri clarissimi A. Q. Rivini Epistola ad J. Raium*, 1696], have been omitted, partly because they have been thought unnecessary here, partly not to add to the bulk of a volume intended for use as a handbook, especially in view of the inevitable increase caused by the many new species observed since the last edition.

Next, since the absence of the author or carelessness in production led to many misplaced items, so that not only were certain plants listed in completely wrong places but their characters were often transposed and even, astonishingly enough, incorporated in the index, we have

29

taken pains to restore all these to their right places. Examples of the former error are *Erica supina maritima Anglica*, which is a species of *Lychnis; Ledum palustre Arbuti flore*, which is either a species of *Erica* or a plant *sui generis; Portulaca aquatica*, a herb *sui generis; Millefolium aquaticum pennatum spicatum* C.B., which belongs to *Potamogiton; Gramen junceum, sive Holosteum minimum palustre capitulis quatuor longissimis staminibus donatis*, which is to be assigned to the genus *Plantago*, and others. Examples of the second occur in the properties of *Linaria* on p. 99 wrongly attached to *Linaria adulterina;* in *Verbascum*, whose properties were put on p. 223 under *Primula veris;* in *Erysimum, Millefolium* and *Sambucus* whose virtues are wrongly assigned on pp. 170, 280 and 304 to *Sophia, Millefolium equisetifolium* and *Sambucus aquatilis;* and in *Lenticula* p. 282, *Nasturtium* species 5 p. 174 and *Erica baccifera* p. 308 whose properties should have been referred to *Balsamine lutea, Nasturtium aquaticum supinum* C.B. and *Erica vulgaris.*

It had also happened that some plants were noted twice under different names: e.g. *Gramen minimum spica brevi habitiore* p. 253 and *Gramen parvum praecox, panicula (potius spica) laxa canescente* p. 260; *Gramen pumilum loliaceo simile* p. 250 and *Gramen exile duriusculum maritimum* p. 259; *Juncellus capitulis Equiseti minor et fluitans* C.B. p. 274 and *Gramen junceum clavatum minimum, seu Holosteum palustre repens, foliis, capitulis et seminibus Psyllii* p. 276, not to mention certain mosses and other more imperfect plants, which have now been ranked together to fight under one banner.

As regards synonyms and citations from herbals, it has seemed prudent to follow the author's lead very closely, not because they were the best but because the herbals of these authors, namely Gerard and Parkinson, being written in English, are in common use and thumbed by every hand; to these have been added, however, synonyms from the *Historia Oxoniensis* and Plukenet's *Phytographia*, whenever a plant was illustrated by a drawing, and also from the *Phytologia Britannica* and Merret's *Pinax*, so far as there is certainty, doubtful cases being relegated to the end. (Two that have been expunged and relegated are *Anemone tuberosa radice* and *Gentiana altera dubia Anglica, punctato medio flore.*) Care has also been taken to add the author's page numbers, so that others may be relieved of the tedious task of leafing through indexes. Petiver's works are less relevant, since these miscellaneous pieces intended for private convenience have never been published, and there is no hope of their publication. Nevertheless, since some copies are circulating through not a few hands and some have been sent to subscribers abroad, and since they record some plants overlooked by others which merit further examination, to avoid any possible omission even in this case we have inserted his synonyms and new species in their proper places.

The task over which we have taken most pains has been to emend certain slips and blunders in identification, of which you will find examples under *Fucus ferulaceus* Lob. (p. 4 no. 9 of the later or 2nd edition), which belongs to *Potamogiton maritimum alterum, seminibus singulis longis pediculis insidentibus* (see p. 135 of this [third] edition); under *Hieracium* no. 8 (p. 75 of ed. 2; p. 169 no. 10 of this ed.); under *Pulmonaria seu Hieracium fruticosum* no. 2 (ed. 2, p. 74; this ed., p. 168 no. 2); in *Veronica prima* (ed. 2, p. 177; ed. 3, p. 278) and *Pulsatilla*, which, however it may have appeared to our author in ed. 2, seems rather to be the common species; and under *Leucojum marinum* (ed. 2, p. 164; ed. 3, p. 291), under which two different species had been mingled.

The author's doubtful synonyms, where certainty is possible, we have freed from doubt; examples occur *inter alia* in *Orchis purpurea spica congesta pyramidali* (ed. 2, p. 236; ed. 3, p. 377); *Orchis palmata minor flore luteo-viridi* (ed. 2, p. 239; ed. 3, p. 381); *Gramen caninum* no. 1 (ed. 2, p. 247; ed. 3, p. 390); *Gramen paniceum* no. 1 (ed. 2, p. 249; ed. 3, p. 393); *Gramen vernum spica brevi laxa* (ed. 2, p. 252; ed. 3, p. 398); *Gramen nemorosum hirsutum* no. 2 (ed. 2 p. 263; ed. 3, p. 416), likewise in third and fourth, *Rosa sylvestris altera minor, flore albo nostras* (ed. 2, p. 297; ed. 3, p. 455). To others, which were proposed as new, but which had been in fact already observed by previous writers on botany, we have added identifications, e.g. *Hieracium parvum in arenosis nascens, seminum pappis densius radiatis* (ed. 2, p. 73; ed. 3, p. 166); *Hieracium montanum Cichorei folio nostras* (ed. 2, p. 72; ed. 3, p. 166); *Euphrasia rubra Westmorlandica* (ed. 2, p. 162; ed. 3, p. *285); *Mentha augustifolia spicata glabra, folio rugosiore, odore graviore* (ed. 2, p. 123; ed. 3, p. 233), species 7 and 11 of *Myosotis* (ed. 2, p. 208, 209; ed. 3, p. 349); no. 5 and 6 *Sedum minus Alpinum luteum nostras* (ed. 2, p. 212; ed. 3, p. 353); *Gramen pumilum hirsutum, spica purpuro-argentea molli* (ed. 2, p. 250; ed. 3, p. 396) and *Gramen parvum montanum spica crassiore, purpuro-caerulea brevi* (ed. 2, p. 253; ed. 3, p. 399).

In the classification, apart from the more imperfect plants, or rather, the plants of a lower order, and a few others, almost nothing has been changed, except in so far as change was approved by the author himself in his *Methodus emendata et aucta* [1703], whose remains have been read studiously and last emended opinions followed, so far as the laborious task of transcription permitted.

It remains to indicate briefly what additional matter this edition has received and to whom it is chiefly due. In the first place, acknowledgment is due to the labours of the late Adam Buddle, Samuel Doody, Thomas Lawson, Edward Lhwyd, James Newton and Mr Stonestreet. From Newton's observation it has been possible to add certain specific localities of plants, which he had noted down in his working copy of the *Catalogus Plantarum Angliae* [1677]. The observations made by Thomas Lawson, Lhwyd and Stonestreet since the last edition of the *Synopsis* have either been taken direct from their own notes or extracted from the last edition of Camden's *Britannia* or from Nicholson and Robinson's *Natural History of Westmorland*. Doody's observations have been supplied from the annotations he left written with his own hand in the *Synopsis*. Those of Buddle, which were of great value for the more imperfect plants, have been derived from his own Hortus Siccus, kindly made available to us by Sir Hans Sloane, M.D., Bart.

Among the living, we gratefully acknowledge Messrs DuBois, Dale, Manningham and Rand, whose names have always been appended to plants and observations communicated by them. But pride of place in this company falls to two men, our honoured friends Mr Richardson and Mr James Sherard, who, by numerous botanical excursions purposely undertaken, have greatly enlarged the family of the plants of England, have confirmed doubtful records and uncertain localities and have themselves discovered not a few new and hitherto undescribed plants. Specimens of all these, carefully collected down to the smallest mosses, are preserved, some in so-called *Herbaria viva*, some in the extensive *Hortus Siccus* which Mr William Sherard has formed of English natives as well as of exotics of every kind.

In conclusion it is fitting to point out that in cases of doubt or disagreement the distinguished master of the arts [i.e. Wm Sherard] has always been consulted; to his advice this edition in particular owes its corrections of errors and synonyms.

As a further indication of the additions and supplements made to this edition, new observations and localities of plants are enclosed in parentheses and new plants not noted in previous editions are distinguished from the rest by a prefixed asterisk.

Contributors to the *Synopsis*

The 1724 edition of Ray's *Synopsis* summarizes the results of about sixty years of floristic work on the British flora by Ray and his correspondents and their immediate successors. Dillenius had little opportunity during its preparation to do much fieldwork himself but he made good use of the herbaria of William Sherard and Adam Buddle and the information supplied him by Sherard and others. Ray's own travels in the years 1658 and 1671 extended from Cambridge northward to Edinburgh and Stirling, eastward to the Suffolk coast and westward to Land's End, Cornwall, the west coast of Wales and the Isle of Man; he went into the hilly and mountainous parts of England and Wales as well as their lowland areas. As Gilmour (1954) has said, 'a reading of his own detailed diaries (Lankester, 1846) helps us to picture him and Willughby riding their twenty to thirty miles daily side by side over the rough seventeenth-century tracks, resting at night at inns or an occasional country-house, absorbing the architectural beauties, local customs and dialects of the country through which they passed, and above all, peering over to right and left for the unfamiliar plant that would tempt them from the saddle on to their knees by the roadside'. His residence first in Cambridgeshire (*ager Cantabrigiensis*), later in Warwickshire (*ager Warwicensis*) and finally in Essex (*Essexia*) gave him opportunities for more intensive botanical survey of these counties. Thus Ray became acquainted with the major part of the British vascular plant flora. Nevertheless, although this personal botanizing supplied a sound foundation for the *Synopsis*, that work would have been much less comprehensive, particularly as regards localities, had not Ray and later Dillenius received the help of many diligent and knowledgeable correspondents with like interests, almost all of them clergymen, apothecaries or physicians, well-educated men to whom Ray's use of Latin in his publications gave no inconvenience. Their records naturally centre on their places of residence. Thus the Rev. Thomas Manningham, Rector of Slinfold in West Sussex, provided much information about plants of Sussex (*Sussexia*).

34

From the Rev. Lewis Stephens (or Stevens), Rector of Menheniot in southeast Cornwall (*Cornubia*), came specimens and notes on Cornish plants. From Dr Richard Richardson of North Brierley near Bradford in the West Riding of Yorkshire, a noted physician who, in his youth, had lived with and studied under Paul Hermann at Leiden for three years, similarly came information about the plants of Yorkshire (*ager Eboracensis*). The younger Bobart, superintendent of the Oxford Botanic Garden, contributed records from Oxfordshire (*ager Oxoniensis*). Thomas Lawson, 'father of Lakeland botany', first an Anglican clergyman at Rampside, then a Quaker schoolmaster at Great Strickland, made available his great knowledge of the plants of Westmorland (*Westmorlandia*). The London area, including the then uncultivated and unenclosed 6000 acres of the now vanished Hounslow Heath (*ericetum Hounslejanum*)*, as well as the 240 acres of Hampstead Heath (*ericetum Hamstedianum*), naturally received most attention because here or nearby lived or came many of the country's botanists, among them Adam Buddle, Joseph Dandridge, J. J. Dillenius, Matthew Dodsworth, Samuel Doody, Charles Du Bois, John Martyn, James Newton, James Petiver, Isaac Rand, James Sherard, William Sherard, Hans Sloane, William Stonestreet and William Vernon.

Extensive travel, despite the badness of roads, notably by Richardson, Edward Lhwyd and the Sherard brothers, produced further phytogeographical data and led to the finding of species then new to science. Thus the enthusiastic Welsh antiquary and geologist Edward Lhwyd (whose surname was at first rendered as Lloyd) in traversing the

---

* Hounslow Heath, mentioned in 1548 by William Turner, *The Names of Herbes*, as 'Hundsley heth' on which chamomile grew in great plenty, and often visited by seventeenth- and eighteenth-century London botanists, occupied formerly between 5000 and 6600 acres extending from Hounslow and Whitton westward over Heathrow towards Stanwell and Staines and was notorious as the haunt of highwaymen who robbed travellers on the road from Staines to Hounslow; some account of their activities will be found in Gordon S. Maxwell, *Highwayman's Heath, the Story in Fact and Fiction of Hounslow Heath in Middlesex* (1935) as also in J. Parkes, *Travel in England in the seventeenth Century* (1925). All that remains as an open space is a marginal area of some 300 acres at Hounslow, formerly preserved for military exercises, now (1970) mainly used for the excavation of sand and gravel and the dumping and scattering of rubbish, though of high potential value for recreational purposes. Its thorntrees, elders, gorse, broom, etc. give some indication of the vegetation here and there on the former Great Heath.

mountains of his native Wales (*Wallia, Cambria*), notably Caernarvon (*Arvornia*), discovered *Lloydia serotina* upon Snowdon; the Rev. William Stonestreet discovered *Euphorbia portlandica* on Portland Bill, Dorset (*Dorcestria*), Dr James Newton *Arabis scabra* (*A. stricta*) on St Vincent's Rocks, Bristol, Dr Luke Eales *Mentha piperita* in Hertfordshire, and so on. From county (*comitatus*) after county, among them also Bedfordshire (*ager Bedfordiensis*) and the Isle of Ely (*insula Eliensis*), Cheshire (*Cestria*), Derbyshire (*Derbia*), Durham (*Episcopatus Dunelmensis*), Fife (*Fifa*), Kent (*Cantium*), Lancaster (*Lancastria, ager Lancastriensis*), Leicester (*comitatus Leicestriae*), Norfolk (*Norfolcia*), Northamptonshire (*ager Northamp.*), Somerset (*Somersetia*), Suffolk (*Suffolcia*), and Westmorland (*Westmorlandia*) as well as around London (*Londinum*), these enthusiastic botanists, almost all, of course, amateurs, contributed records which made Britain, for the period covered by the three editions of the *Synopsis*, i.e. 1690–1724, botanically the best explored and recorded area of the world. This caused Linnaeus to remark in his *Flora Anglica* that the English, who early in the seventeenth century had seemed little suited, indeed alien, to the study of botany, had produced on the contrary at the end of the century as many botanists as the whole of the rest of Europe.

The assembling and correlation of information on the ecology and distribution of British plants by keen and well-informed amateurs, thus fostered by Ray and William Sherard in the seventeenth and eighteenth centuries, established in Britain a tradition of diligent fieldwork and of co-operation in floristic studies which culminated in the nineteenth century in the publication of H. C. Watson's *Topographical Botany* (1873) and in the twentieth century in F. H. Perring and S. M. Walters, *Atlas of the British Flora* (1962) and F. H. Perring and P. D. Sell, *Critical Supplement to the Atlas* (1968), sponsored by the Botanical Society of the British Isles, for which some 1500 British botanists, mostly amateurs, collaborated between 1954 and 1966. According to contemporary opinion, two of the very best botanists of the period were Samuel Doody and Adam Buddle. 'If to any man in his day, not professedly an author on the subject, extraordinary praise is due, for discoveries in the indigenous botany', Pulteney wrote in 1796, 'it must belong to Mr Samuel Doody . . . He struck out a new path in botany, by leading to that tribe, which comprehended the imperfect plants, now called the Cryptogamia. In this branch he made the most numerous discoveries of any man in that age, and in the knowledge of it stood clearly unrivalled. The early editions of Ray's *Synopsis* were much amplified by his labours, and he is represented by Mr Ray, as a man of uncommon sagacity in discovering and discriminating plants in general'. Buddle, who appears to have lived successively in Suffolk, Essex and Middlesex, formed perhaps the most accurately named herbarium of the time (now in the British Museum (Natural History), London as Herb. Sloane vols. 114–126) and gave particular attention to mosses. Some time before 1708 he even wrote a new British Flora entitled *Hortus siccus Buddleanus sive Methodus nova Stirpium Britannicarum*, the manuscript of which, together with his herbarium, passed to Sir Hans Sloane but was never published.

A web of correspondence, strengthened by occasional visits, held these scattered enthusiasts together in common interest. It covered, of course, a diversity of topics, many of them personal and not botanical, but ensured much sharing of information and also the acquisition of relevant books. A surprising amount of this has survived in the letters of Ray and Richardson and is printed in E. Lankester, *Correspondence of John Ray* (1848), R. W. T. Gunther, *Further Correspondence of John Ray* (1928), R. W. T. Gunther, *Early Science in Cambridge* (1937) and D. Turner, *Extracts from the literary and scientific Correspondence of Richard Richardson* (1835); Richardson's extant correspondence is now in the Bodleian Library, Oxford. The contributions of these pioneer British botanists, though now purely of historic interest, were not ignored by their successors but incorporated into a bigger scheme of knowledge stimulated by Linnaeus's work, and in the naming of genera they have received due recognition. Thus the names *Bobartia, Buddleja, Dalea, Dillenia, Doodia, Duboisia, Knowltonia, Lloydia, Martynia, Petiveria, Plukenetia, Rajania, Randia, Richardia (Richardsonia), Sherardia, Sibbaldia, Sloanea* and *Vernonia* commemorate them.

The following list provides a guide to further information about these men. The abbreviation 'B & B' refers to J. Britten and J. S. Boulger, *Biographical Index of deceased British and Irish Botanists* (2nd ed., 1931); 'Clokie' to H. N. Clokie, *An Account of the Herbaria . . . of Oxford* (1964) and 'Dandy' to J. E. Dandy, *The Sloane Herbarium* (1958).

AUBREY, John (1626–1696); biographer, historian and miscellaneous writer chiefly renowned for his *Brief Lives*; B & B 11; Powell, A., *John Aubrey and his Friends* (1948).

BOBART, Jacob (1599–1680); gardener; born in Brunswick; appointed curator (*Horti Praefectus*) of the Oxford botanic garden about 1640; B & B 36; Clokie 2, 134.

BOBART, Jacob, the younger (1641–1719); son of the above and his successor from 1679 onwards as curator of the Oxford botanic garden; from 1693 onwards acted as professor of botany at Oxford and edited third volume of Morison's *Plant. Hist. Univ. Oxoniensis* (1699); B & B 37; Clokie, 3, 54, 134; Dandy 91; Vines, S. H. & Druce, G. C., *Morisonian Herbarium* (1914).

BONAVERT, i.e. BONNIVERT, Gedeon (fl. 1673–1703); soldier in the army of King William III; B & B 38; Dandy 93; Britten, J., 'Gedeon Bonnivert', *J. Bot.* (*London*) 53: 107–112 (1915).

BUDDLE, Adam (c. 1650–1715); clergyman; undoubtedly among the most expert British botanists of his period, described by a contemporary, William Vernon, as 'the top of all the moss-croppers'; B & B 52; Clokie 140; Dandy 102.

DALE, Samuel (1659–1739); apothecary and physician; B & B 82; Clokie 153; Dandy 122; Boulger, G. S., 'Samuel Dale', *J. Bot.* (*London*) 21: 193–197, 225–231 (1883); *Essex Nat.* 29: 311–314 (1956).

DANDRIDGE, Joseph (1664–1746); merchant tailor ('silk pattern-drawer'); B & B 83; Allen, D. E., 'Joseph Dandridge and the first Aurelian Society'. *Entomologist's Rec.* 78: 89–94 (1966); Rothstein, Natalie, 'Joseph Dandridge, naturalist and silk designer', *East London Papers* 9: 101–118 (1966); Bristowe, W. S., 'The life and work of a great English naturalist, Joseph Dandridge (1664–1746)', *Entomologist's Gaz.* 18: 73–89 (1967); Bristowe, W. S., 'More about Joseph Dandridge and his friends James Petiver and Eleazar Albin', *Entomologist's Gaz.* 18: 197–201 (1967).

DEERING, G. C. *See* DOERING, G. C.

DILLENIUS, Johann Jacob, later John James (1684–1749); physician and botanist; born at Darmstadt; educated at Giessen; emigrated to England in 1721; worked for William Sherard and James Sherard; appointed first Sherardian Professor of Botany at Oxford in 1728; died at Oxford; Clokie (1964); Druce (1886);

Druce (1897); Druce (1926); Druce & Vines (1709); Möbius (1921); Schilling (1888); Spilger (1933); Turner (1835); Allen (1967).

DODSWORTH, Matthew (1654–1697); clergyman; B & B 92; Clokie 156; Dandy 126; Britten, J., 'A seventeenth century English botanist', *J. Bot.* (*London*) 47: 99–104 (1909).

DOERING (or DEERING), George Charles (c. 1690–1749), physician; B & B 88; Clokie 155; Allen (1967).

DOODY, Samuel (1656–1706), apothecary; B & B 93; Clokie 157; Dandy 126.

DOUGLAS, James (1675–1742); physician; B & B 94.

DU BOIS, Charles (1656–1740); merchant; treasurer to Hon. East India Company 1702–37; B & B 96; Clokie 30, 81, 159; Dandy 128.

EALES, Luke (fl. 1661–1696); physician; B & B 99; Clokie 160; Dandy 129.

FITZ-ROBERTS, John. *See* Robinson, John.

JONES, Hugh (d. 1701); clergyman; B & B 169; Dandy 142.

KNOWLTON, Thomas (1692–1782); gardener; B & B 177.

LAWSON, Thomas (1630–1691); clergyman; B & B 182; Clokie 198; Dandy 154; Raven, C. E., 'Thomas Lawson's notebook', *Proc. Linn. Soc. London* 169 (sess. 1947–48): 3–12 (1948).

LHWYD, Edward (1660–1709); antiquary; Keeper of Ashmolean Museum, Oxford, 1690–1709; B & B 187; Clokie 199; Dandy 155; Gunther, R. T., *Life and Letters of Edward Lhwyd* (*Early Science in Oxford*, vol. 14; 1945).

MANNINGHAM, Thomas (1684–1750); clergyman; B & B 205; Clokie 206; Dandy 161.

MARTYN, John (1699–1768); physician; Professor of Botany at Cambridge 1733–1761; B & B 208; Clokie 207.

MASSEY, Richard Middleton (1678?–1743); physician; B & B 209; Dandy 161.

MORISON, Robert (1620–1683); physician; first Professor of Botany at Oxford 1669–1683; B & B 221; Clokie 215; Vines, S. H. & Druce, G. C., *Account of the Morisonian Herbarium* (1914).

MORTON, John (1671–1726); clergyman; B & B 222; Clokie 215.

NEWTON, James (1639–1718); physician; B & B 228; Clokie 217; Dandy 170.

PETIVER, James (c. 1663–1718); apothecary; B & B 242; Clokie 223;

Dandy 175; Stearns, R. P., 'James Petiver, promoter of natural science, c. 1663–1718', *Proc. Amer. Antiquarian Soc.* 62: 239–365 (1952).

PLOT, Robert (1640–1696); antiquary; B & B 245; Dandy 182; Baker, D., 'A Kentish pioneer in natural history: Robert Plot of Borden, 1640–96', *Trans. Kent Field Club (Maidstone)* 3: 213–224 (1971).

PLUKENET, Leonard (1642–1706); physician; B & B 246; Clokie 225; Dandy 183.

POOL, Thomas; B & B 188; Dandy, 188.

PRESTON, Charles (1660–1711); physician; B & B 248; Dandy 188; Cowan, J. M., 'The history of the Royal Botanic Garden, Edinburgh: the Prestons', *Notes R. Bot. Gdn. Edinburgh* 19: 63–134 (1935); Fletcher, H. R. & Brown, W. H. *The Royal Botanic Garden, Edinburgh* 26–36 (1970).

RAND, Isaac (d. 1743); apothecary; superintendent of Chelsea Physic Garden, 1724–1743; B & B 252; Clokie 229; Dandy 188.

RICHARDSON, Richard (1663–1741); physician; one of the best-known naturalists of the period, with an extensive British and foreign correspondence; B & B 256; Clokie 232; Dandy 194; Turner, D. (1835).

ROBINSON, (*or* FITZ-ROBERTS), John (fl. 1695–1710); B & B 259; Clokie 233; Dandy 195.

ROBINSON, Tancred (d. 1748), physician; knighted 1714; B & B 259; Dandy 196

ROUSE, William (fl. 1696–1706); apothecary; B & B 262; Dandy 196.

SHERARD, James (1666–1738); apothecary and physician, who became very wealthy and acquired a country estate at Eltham, Kent; the rare plants of his well-stocked garden were described and illustrated by Dillenius in his *Hortus Elthamensis* (1732); B & B 274; Clokie 242 ; Dandy 202.

SHERARD, William (1659–1728); tutor, consul and diplomatist; brother of James Sherard; collector of a vast herbarium of about 12,000 sheets bequeathed to the University of Oxford; esteemed as among the best botanists of his day, he never succeeded in completing the great index (*pinax*) of plant names to which he devoted so much industry and this remained unpublished; B & B 274; Clokie 17, 58, 243; Dandy 202; Jackson, B.D., 'A sketch of the life of William Sherard', *J. Bot. (London)* 12: 129–134 (1874); Ewan, J. & Ewan, N., *John Banister* 11–17 (1970).

SIBBALD, Robert (1641–1722); physician; appointed first Professor of Medicine, University of Edinburgh, in 1685; knighted in 1682; B & B 275.

SLOANE, Hans (1660–1753); physician; journeyed to Jamaica 1687–1689; knighted 1716; President of the Royal Society 1727–1740; the acquisition of his huge private collections by the British Government led to the founding of the British Museum; B & B 278; Clokie 245; Dandy 15, 204; de Beer, G. R., *Sir Hans Sloane and the British Museum* (1953); Brooks, E. St. J., *Sir Hans Sloane, the great Collector and his Circle* (1954).

STEVENS (or STEPHENS), Lewis (1654?–1724); clergyman; B & B 287; Clokie 248; Dandy 216.

STONESTREET, William (d. 1716); clergyman; B & B 290; Clokie 250; Dandy 217.

VERNON, William (fl. 1688–1711); B & B 311; Clokie 259; Dandy 226.

WILLISEL, Thomas (d. 1675?); soldier, gardener and plant-collector; B & B 329; Dandy 230.

WOODWARD, John (1665–1728); physician; B & B 335; Clokie 267.

Linnaeus's *Flora Anglica*

In the *Species Plantarum* (1753) Linnaeus occasionally cited the third edition of Ray's *Synopsis* (1724), designating it either as '*Raj. syn.* 3' or '*Raj. angl.* 3'. Thus under *Veronica hybrida* (Sp. Pl. 1: 11) he gave as a synonym 'Veronica spicata cambrobritannica, bugulae subhirsuto folio. *Raj. syn.* 3. *p.* 278. *t.* 11. *f.* 1', under *Phalaris arundinacea* (Sp. Pl. 1: 55) 'Gramen arundinaceum, acerosa gluma, jerse[r]ianum. *Raj. angl.* 3. *p.* 400', under *Euphorbia portlandica* (Sp. Pl. 1: 458) 'Tithymalus maritimus minor. *Raj. syn.* 3. *p.* 313. *t.* 24. *f.* 6', under *Bulbocodium serotinum* (Sp. Pl. 1: 294) 'Bulbocodium alpinum juncifolium, flore unico: intus albo extus squalide rubente. *Raj. angl.* 3. *p.* 374. *t.* 17. *f.* 1', under *Linum perenne* (Sp. Pl. 1: 277) 'Linum sylvestre caeruleum perenne erectius, flore & capitulo majore. *Raj. angl.* 3. *p.* 362, and under *Ulva lactuca* (Sp. Pl. 2: 1163) 'Ulva marina lactucae similis. *Raj. angl.* 3. *p.* 62'.

In April 1754 Linnaeus published a dissertation *Flora Anglica . . . offert Isaacus Olai Grufberg*, in which an attempt was made to aid comparison of the Swedish and British floras by providing names under the Linnaean binomial system for the British species listed under pre-Linnaean phrase-names in the third edition of Ray's *Synopsis*. A second edition of this *Flora Anglica*, containing some additions and corrections, was published in the fourth volume of Linnaeus's *Amoenitates academicae*, pp. 88–111, in November 1759. For this *Flora Anglica*, after associating each entry in the *Synopsis* (indicated by page and species number) with a binomial (or varietal trinomial), Linnaeus, probably helped by Grufberg, then arranged the names according to the 'sexual system' adopted in his *Species Plantarum*. Linnaeus's 'sexual system' of classification differed greatly from Ray's more natural but less immediately convenient classification, and the sequence of the *Flora Anglica* is thus entirely different from that of the third edition of the *Synopsis* on which it is based. Of Dillenius's responsibility for this edition Linnaeus was, of course, well aware, having stayed with Dillenius at Oxford in 1736, and he accordingly credited it to him: 'Post obitum

Raji, edita fuit haec *Flora Britannica* tertia vice, opera *Joh. Jac. Dillenii* sub nomine: *Synopsis methodicae stirpium Britannicarum editionis 3:iae. Lond. 1724* in 8:*vo* Tabulis 24; aucta 450 speciebus'. He then went on to state that this Flora, which was of all Floras published up to then the most perfect, owed its excellence not only to the unwearied toil of Ray himself but also to observations of '*Petiverus, Plukenetius, Morisonus, Bobartus, Sloane, Sherardus, Dillenius, Dale, Rand, Buddle, Doody, Lawson, Lhwyd, Newton, Stonestreet, Camden, Brown, Vernon, Nicholson, Robinson, DuBois, Manningham, Richardson, Sibbald*', among whom Plukenet, Sherard, Richardson and Dillenius merited the first place.

Linnaeus's first section of the *Flora Anglica* dealt with Floras in general, the introduction of *nomina trivialia* in his *Species Plantarum*, and the re-arrangement of the plants of Ray's *Synopsis* according to his own *systema sexuale*, omitting, however, the mosses and fungi.

His second section stated that the name *Britannia* covered '*Anglia, Scothia* atque *Hibernia*' and noted that, because of the long coastline of these islands, their flora had more marine and maritime plants than any other part of Europe. England consisted partly of woods and groves, partly of plains and open places, particularly notable being its chalk plains and downs ('monticuli cretacei') inhabited by plants which utterly spurned damp conditions, such as *Hedysarum* (i.e. *Onobrychis*), *Hippocrepis, Reseda* and *Asperula* ('*Rubia*') *cynanchica*. There were, however, very high mountains which, on account of their altitude and perpetual snow, produced species proper to the Alps, such as Wales with Snowdon and Cader Idris, Yorkshire with Ingleborough and Hardknott (i.e. Hardknott Pass, actually in Cumberland), Westmorland, Scotland with '*Betaik*' and Ireland with '*Mangarton*' and Sligo. The region also stood out for its multitude of species of *Mentha* and many of *Euphorbia*, and in it occurred plants rare elsewhere in Europe such as *Potentilla fruticosa, Sibthorpia europaea*, etc.

In his third section Linnaeus briefly compared the Swedish and British floras, noting (I) that many more alpine plants occurred in Swedish Lapland than in the mountains of Britain; (II) that more woodland species occurred in Sweden than in England, among them being *Acer platanoides, Anemone hepatica, Pulmonaria officinalis* and *Orobus vernus* (i.e. *Lathyrus vernus*); (III) that more plants of dry and sandy plains occurred in Sweden than in England; (IV) that fewer maritime and marine plants had been found in Sweden than in

England; (V) that plants of chalky soil were banished from Sweden, where chalk rarely occurred, the reverse being true of England, where chalk hills were very frequent.

Linnaeus's fourth section outlined the remarkable growth of botanical studies in England during the seventeenth and early eighteenth centuries, with particular reference to the work of Ray and Dillenius as mentioned above.

The fifth and largest section applied binomials (and varietal trinomials) to as many of the plants listed in the third edition of Ray's *Synopsis* as Linnaeus could reasonably associate with those of the *Species Plantarum* (1753). The descriptive notes in the *Synopsis* are brief and Linnaeus lacked access to a reference herbarium of British plants; consequently he had to be guided largely by those names and synonyms, particularly those cited from Caspar Bauhin, which referred also to Continental plants that he already knew. Despite these handicaps, of which he was well aware, Linnaeus made a correlation which in general proved successful. According to Pulteney (1790; 2: 348), 'this little tract was immediately transmitted to the Royal Society, and excited much attention among those professed students, and lovers of English botany, who obtained the perusal of it'. Certainly it helped British botanists, among them William Hudson, the future author of another and influential *Flora Anglica* (1762), to become familiar with Linnaeus's revolutionary nomenclature, even though, as stated by Druce (1912), 'when he [Linnaeus] attempted to name the new plants inserted in this edition by Dillenius he often made the most appalling errors, not only of species, but even of genera'. As regards the more critical species Druce found 'upwards of a hundred wrong identifications, some necessarily trivial, but others of a serious nature'. Druce's list of these has a certain value not so much for correcting the *Flora Anglica* as for supplying relatively modern identifications of plants included in the *Synopsis* itself. His list, however, is incomplete and contains some errors due to his having been misled by faulty references given in the *Flora Anglica* to plants of the *Synopsis*. There are many typographical errors in Linnaeus's references, and further confusion can arise from the fact that he did not distinguish between Ray's genera in his references. Thus he cited '255–1' for both *Potentilla reptans* and *P. rupestris*, the first being *Pentaphyllum* 1 on p. 255, the second *Pentaphylloides* 1 on the same page of the *Synopsis*.

Despite the errors mentioned by Druce, the nomenclature of the *Flora Anglica* is remarkably accurate in view of the circumstances in which Linnaeus had to apply the names. A detailed comparison of the names used in the second edition (1759) with those adopted in a modern British list (J. E. Dandy, *List of British Vascular Plants* (1958); supplement in *Watsonia* 7: 157–178 (1969)) reveals that out of 1094 identifications made by Linnaeus more than sixty per cent of the names are exactly those still in use (allowing for a few orthographical adjustments); and that a further twenty-five per cent were accurately applied, though now transferred to other genera or reduced to synonymy. Only fifteen per cent are errors by modern standards, and many of these were originally correct according to the different specific limits adopted in Linnaeus's time.

Following is a list[*] of all the names in Linnaeus's *Flora Anglica* (1754 and 1759 editions) which differ for one reason or another from those used in the modern *List of British Vascular Plants*.

Reference to *Synopsis* (precised and corrected where necessary)	Name in *Flora Anglica* (both editions unless otherwise indicated) ('H' = the name was adopted in the same sense by Hudson, *Flora Anglica*, 1762)	Modern name
136–1	*Salicornia europaea* [var.] *herbacea*	= *S. europaea* L.
136–2	*Salicornia europaea* [var.] *fruticosa*	= *S. perennis* Mill.
278 ('279')–1	*Veronica hybrida* (H)	= *V. spicata* subsp. *hybrida* (L.) E. F. Warb.
*281–2 ('1')	*Pinguicula villosa*	= *P. lusitanica* L.
237–Horm. [1]	*Salvia verbenaca* (H)	= *S. horminoides* Pourr.
201–1 (Val.)	*Valeriana Locusta* (H)	= *Valerianella locusta* (L.) Betcke
426–4	*Schoenus Mariscus* (H)	= *Cladium mariscus* (L.) Pohl
430–sub 9	*Schoenus ferrugineus* (H) (not in 1754 ed.)	= *Eleocharis quinqueflora* (F. X. Hartmann) Schwarz (*Scirpus pauciflorus* Lightf.)

[*] This list is entirely the work of Mr J. E. Dandy to whom grateful acknowledgment is made not only for this but for much other nomenclatural help.

45

425–14	*Schoenus compressus* (H) (not in 1754 ed.)	= *Blysmus compressus* (L.) Panz. ex Link
427–6	*Schoenus albus* (H)	= *Rhynchospora alba* (L.) Vahl
429–7	*Scirpus palustris* (H)	= *Eleocharis palustris* (L.) Roem. & Schult.
429–8	*Scirpus acicularis* (H)	= *Eleocharis acicularis* (L.) Roem. & Schult.
429–5	*Scirpus mucronatus* (H)	= *S. americanus* Pers.
435–1	*Eriophorum polystachion* (H)	= *E. angustifolium* Honck.
395–3	*Nardus articulata* (not in 1759 ed.)	= *Parapholis strigosa* (Dumort.) C. E. Hubbard
393–1 (Gram. pan.)	*Panicum glaucum*	= *Setaria viridis* (L.) Beauv.
399–2	*Panicum sanguinale* (H)	= *Digitaria sanguinalis* (L.) Scop.
394–2	*Panicum Crus galli* (H)	= *Echinochloa crus-galli* (L.) Beauv.
399–1	*Panicum Dactylon* (H)	= *Cynodon dactylon* (L.) Pers.
398–2 (Gram. typh.)	*Phalaris phleoides*	= *Phleum pratense* L.
398–3	*Phleum nodosum* (H) (not in 1754 ed.)	= *P. bertolonii* DC.?
405–17	*Agrostis Spica venti* (H)	= *Apera spica-venti* (L.) Beauv.
394–4	*Agrostis rubra* (H)	= *Gastridium ventricosum* (Gouan) Schinz. & Thell. (*G. lendigerum* (L.) Desv.)
404–8	*Aira caerulea* (H)	= *Molinia caerulea* (L.) Moench
396–3	*Aira cristata* (H)	= *Koeleria cristata* (L.) Pers.
402–3	*Aira aquatica* (H)	= *Catabrosa aquatica* (L.) Beauv.
403–5	*Aira cespitosa* (H)	= *Deschampsia cespitosa* (L.) Beauv.
405–16	*Aira canescens* (H)	= *Corynephorus canescens* (L.) Beauv.
407–9	*Aira flexuosa*	= *Poa nemoralis* L.
403–6	*Melica nutans* (H)	= *M. uniflora* Retz.
411–13	*Poa aquatica* (H)	= *Glyceria maxima* (Hartm.) Holmberg
409–3	*Poa pratensis* (H)	= *P. trivialis* L.
409–4	*Poa angustifolia* (H)	= *P. nemoralis* L.

409–2	*Poa trivialis* (H)	= *P. pratensis* L.
410–8	*Poa rigida* (H)	= *Catapodium rigidum* (L.) C. E. Hubbard
393–4	*Dactylis cynosuroides* (H)	= *Spartina maritima* (Curt.) Fernald
399–4	*Cynosurus caeruleus* (H)	= *Sesleria caerulea* subsp. *calcarea* (Čelak.) Hegi
394–3	*Cynosurus paniceus*	= *Setaria verticillata* (L.) Beauv.
413–4	*Festuca duriuscula* (H)	= *F. rubra* L.
408–11	*Festuca decumbens* (H)	= *Sieglingia decumbens* (L.) Bernh.
412–17	*Festuca fluitans* (H)	= *Glyceria fluitans* (L.) R. Br.
395–4	*Festuca marina* (not in 1754 ed.)	= *Catapodium marinum* (L.) C. E. Hubbard (*Demazeria loliacea* Nyman)
411–16	*Festuca amethystina*	= *F. pratensis* Huds.
415–12	*Festuca myuros* ('*myurus*') (H)	= *Vulpia myuros* (L.) C. C. Gmel.
415–13	*Festuca bromoides* (H)	= *Vulpia bromoides* (L.) Gray
413–5	*Bromus arvensis*	= *B. mollis* L. (*B. hordeaceus* L.)
414–7	*Bromus tectorum*	= *B. racemosus* L.
392-Gram. spica [1]	*Bromus pinnatus* (H)	= *Brachypodium pinnatum* (L.) Beauv.
415–11	*Bromus giganteus* (H)	= *Festuca gigantea* (L.) Vill.
393–3	*Stipa pennata* (H)	= quid?
405–1	*Avena spicata*	= *Helictotrichon pratense* (L.) Pilg. (*A. pratensis* L.)
407–5	*Avena flavescens* (H)	= *Trisetum flavescens* (L). Beauv.
406–3, 4	*Avena elatior* (H)	= *Arrhenatherum elatius* (L.) Beauv. ex J. & C. Presl
401–1	*Arundo phragmites* (H)	= *Phragmites australis* (Cav.) Trin. ex Steud. (*P. communis* Trin.)
401–2	*Arundo calamagrostis* (H)	= *Calamagrostis canescens* (Weber) Roth
393–1 (Gram. spart.)	*Arundo arenaria* (H)	= *Ammophila arenaria* (L.) Link
395–1	*Lolium annuum* (*L. temulentum* in 1759 ed., H)	= *L. temulentum* L.
390–1	*Triticum repens* (H)	= *Agropyron repens* (L.) Beauv.
390–2	*Triticum caninum* (H)	= *Agropyron caninum* (L.) Beauv.

47

192–1	*Dipsacus fullonum* (H)	= *D. sativus* (L.) Honck.
191–1	*Scabiosa arvensis* (H)	= *Knautia arvensis* (L.) Coult.
191–3	*Scabiosa Succisa* (H)	= *Succisa pratensis* Moench
224-Asp. [1]	*Asperula odorata* (H)	= *Galium odoratum* (L.) Scop.
223–1	*Rubia tinctorum*	= *R. peregrina* L.
316–10	*Plantago ? Loeflingii*	= *P. maritima* L.
316–11	*Plantago uniflora* (H)	= *Littorella uniflora* (L.) Aschers.
460-Corn. [1]	*Cornus sanguinea* (H)	= *Swida sanguinea* (L.) Opiz (*Thelycrania sanguinea* (L.) Fourr.)
261-Chamaep. [1]	*Cornus herbacea* (H) (*C. suecica* in 1759 ed.)	= *Chamaepericlymenum suecicum* (L.) Aschers. & Graebn.
149–6	*Potamogeton serratum* (H)	= *Groenlandia densa* (L.) Fourr. (*P. densus* L.)
150–13	*Potamogeton marinum* (H) (not in 1754 ed.)	= *P. pectinatus* L.
149–9	*Potamogeton gramineum* (H)	= *P. compressus* L.
149–10	*Potamogeton gramineum* (H)	= *P. obtusifolius* Mert. & Koch + *P. acutifolius* Link
150–15	*Potamogeton pusillum* (H)	= *P. berchtoldii* Fieb.
344-Als. [1]	*Sagina erecta* (H)	= *Moenchia erecta* (L.) Gaertn., Meyer & Scherb.
229–1	*Myosotis scorpioides* (H)	= *M. arvensis* (L.) Hill
227–2 (Bugl.)	*Anchusa sempervirens* (H)	= *Pentaglottis sempervirens* (L.) Tausch ex L. H. Bailey
226-Pulm. [1]	*Pulmonaria angustifolia*	= *P. longifolia* (Bast.) Bor.
228–4	*Pulmonaria maritima* (H)	= *Mertensia maritima* (L.) Gray
228-Borr. [1]	*Borago hortensis* (*B. officinalis* in 1759 ed., H)	= *B. officinalis* L.
227–2 (Lyc.)	*Echium Lycopsis*	= *E. plantagineum* L. (*E. lycopsis* L. pro parte)
284–3	*Primula veris* [var.] *officinalis*	= *P. veris* L.
284–2	*Primula veris* [var.] *elatior*	= *P. veris* × *vulgaris* (*P. variabilis* Goupil, non Bast.)
284–1	*Primula veris* [var.] *acaulis*	= *P. vulgaris* Huds.
368–2	*Menyanthes Nymphoides* (H)	= *Nymphoides peltata* (S. G. Gmel.) Kuntze
275–1	*Convolvulus sepium* (H)	= *Calystegia sepium* (L.) R.Br.
276 ('275')–5	*Convolvulus Soldanella* (H)	= *Calystegia soldanella* (L.) R.Br.

48

277–4	*Campanula patula*	= *C. rapunculus* L.
277–7	*Campanula hederacea* (H)	= *Wahlenbergia hederacea* (L.) Reichenb.
278-Camp. [1]	*Campanula Speculum* ♀	= *Legousia hybrida* (L.) Delarb.
278–1 (Rap.)	*Phyteuma orbicularis* (H)	= *P. tenerum* R. Schulz
287–2	*Verbascum phlomoides* (not in 1754 ed.)	= *V. pulverulentum* Vill.
274-Hyosc. [1]	*Hyoscyamus vulgaris*	= *H. niger* L.
465-Frang. [1]	*Rhamnus Frangula* (H)	= *Frangula alnus* Mill.
202-Lin. [1]	*Thesium Linophyllon* ('*Linophyllum*') (H)	= *T. humifusum* DC.
161-Pol. [1]	*Herniaria lenticulata* (H)	= *H. glabra* L.?
154–2	*Chenopodium murale* (H)	= *C. album* L.
155–9	*Chenopodium serotinum* (H) (not in 1754 ed.)	= *C. ficifolium* Smith
155–12	*Chenopodium viride* (H) (not in 1754 ed.)	= *C. album* L.
156–14	*Chenopodium maritimum* (H) (*Salsola sedoides* in 1759 ed.)	= *Suaeda maritima* (L.) Dumort. (*Dondia maritima* (L.) Druce)
156–16	*Chenopodium fruticosum* (H)	= *Suaeda vera* J. F. Gmel. (*S. fruticosa* auct.)
468–1	*Ulmus campestris* (H)	= *U. procera* Salisb.
275–2, 3	*Gentiana amarella* (H)	= *Gentianella amarella* (L.) Börner
275–4	*Gentiana campestris* (H)	= *Gentianella campestris* (L.) Börner
286-Cent. [1]	*Gentiana Centaurium* (H)	= *Centaurium erythraea* Rafn
287-Cent. [1]	*Gentiana perfoliata*	= *Blackstonia perfoliata* (L.) Huds.
219–2	*Tordylium latifolium* (H)	= *Caucalis latifolia* L.
206 ('219')–2	*Tordylium officinale*	= *T. maximum* L.
219–4	*Tordylium Anthriscus* (H)	= *Torilis japonica* (Houtt.) DC.
220–6	*Tordylium nodosum* (H)	= *Torilis nodosa* (L.) Gaertn.
219–1	*Caucalis leptophylla* (H)	= *C. platycarpos* L. (*C. daucoides* L.)
207-Meum [1]	*Athamanta Meum* (H)	= *Meum athamanticum* Jacq.
218-Ap. [1]	*Athamanta Libanotis* (H)	= *Seseli libanotis* (L.) Koch
216-Ses. [0]	*Peucedanum Silaus* (not in 1754 ed.)	= *Silaum silaus* (L.) Schinz & Thell.

49

209–2	*Ligusticum cornubiense* (H) (not in 1754 ed.)	= *Physospermum cornubiense* (L.) DC.
211–5	*Sium nodiflorum* (H)	= *Apium nodiflorum* (L.) Lag.
211–2	*Sison segetum* (H)	= *Petroselinum segetum* (L.) Koch
212–6	*Sison inundatum* (H)	= *Apium inundatum* (L.) Reichenb.f.
210-Oen. [1]	*Oenanthe fistulosa* (H)	= *O. silaifolia* Bieb.
210–4	*Oenanthe pimpinelloides* (H)	= *O. lachenalii* C. C. Gmel.
215-Phell. [1]	*Phellandrium aquaticum* (H)	= *Oenanthe aquatica* (L.) Poir.
220–7	*Scandix Anthriscus* (H)	= *Anthriscus caucalis* Bieb.
207-Cic. [1]	*Chaerophyllum sylvestre* (H)	= *Anthriscus sylvestris* (L.) Hoffm.
217-Foen. [1]	*Anethum Foeniculum* (H)	= *Foeniculum vulgare* Mill.
213–1	*Pimpinella saxifraga*	= *P. major* (L.) Huds.
461–3	*Sambucus nigra* [var.] *laciniata*	= *S. nigra* L.
347–6	*Alsine media* (H)	= *Stellaria media* (L.) Vill.
203-Stat. [1]	*Statice Armeria* (H)	= *Armeria maritima* (Mill.) Willd. (*S. maritima* Mill.)
201–1 (Lim.)	*Statice Limonium* (H)	= *Limonium vulgare* Mill.
362–3	*Linum perenne* (H)	= *L. anglicum* Mill.
362–5	*Linum tenuifolium* (H)	= *L. bienne* Mill. (*L. angustifolium* Huds.)
345-Rad. [1]	*Linum Radiola* (H)	= *Radiola linoides* Roth
356–2	*Drosera longifolia* (H)	= *D. intermedia* Hayne
371–2	*Narcissus ? poeticus* (H)	= *N.* × *medioluteus* Mill. (*N. biflorus* Curt.)
374-Bulb. [1]	*Bulbocodium autumnale*	= *Lloydia serotina* (L.) Reichenb. (Druce's determination as *Crocus sativus* L. refers to 374-Croc. 1)
372–3	*Ornithogalum luteum* (H)	= *Gagea lutea* (L.) Ker-Gawl.
372–1 ('373–2') (Hyac.)	*Scilla bifolia* (H)	= *S. verna* Huds. (Druce's determination as *S. nonscripta* (L.) Hoffmanns. & Link is due to the erroneous reference in *Fl. Angl.*)
375–1	*Anthericum ossifragum*	= *Narthecium ossifragum* (L.) Huds.

375–2 (Phal.)	*Anthericum calyculatum* (H)	= *Tofieldia pusilla* (Michaux) Pers. (Druce's determination as *Narthecium ossifragum* (L.) Huds. is an error)
263–1	*Convallaria Polygonatum*	= *Polygonatum multiflorum* (L.) All.
263–2	*Convallaria Polygonatum* (H)	= *Polygonatum odoratum* (Mill.) Druce
263–3	*Convallaria multiflora*	= *Polygonatum odoratum* (Mill.) Druce
373–2	*Hyacinthus non scriptus* (H)	= *Endymion non-scriptus* (L.) Garcke
432–5	*Juncus conglomeratus* (H)	= *J. conglomeratus* L. (*J. subuliflorus* Drejer)
427-sub 6	*Juncus stygius* (not in 1754 ed.)	= *Rhynchospora fusca* (L.) Aiton f.
416–1	*Juncus campestris* (H)	= *Luzula campestris* (L). DC.
416–2	*Juncus campestris* (H)	= *Luzula multiflora* (Retz.) Lejeune (*Juncoides multiflora* (Retz.) Druce)
416–3	*Juncus pilosus* (H)	= *Luzula pilosa* (L.) Willd.
140–1	*Rumex aquaticus*	= *R. hydrolapathum* Huds.
142–7	*Rumex acutus* (H)	= *R. conglomeratus* Murr.
142–9	*Rumex persicarioides* (not in 1754 ed.)	= *R. maritimus* L.
143–14	*Rumex digynus* (H)	= *Oxyria digyna* (L.) Hill
272-Dam. [1]	*Alisma Damasonium* (H)	= *Damasonium alisma* Mill.
257–2 (Plant.)	*Alisma ranunculoides* (H)	= *Baldellia ranunculoides* (L.) Parl.
311–7	*Epilobium ? alpinum* (H)	= *E. alsinifolium* Vill.
470–1	*Erica vulgaris* (H)	= *Calluna vulgaris* (L.) Hull
471–5	*Erica multiflora* (H)	= *E. vagans* L.
147–5	*Polygonum maritimum* (H)	= *P. raii* Bab.
145–6	*Polygonum pensylvanicum* (H)	= *P. lapathifolium* L.
345–3	*Moehringia muscosa*	= *Sagina apetala* Ard.
346-Alsinast. [1]	*Elatine Alsinastrum* (H)	= *Montia fontana* L.?
457–4 ('1')	*Arbutus alpina* (H)	= *Arctostaphylos uva-ursi* (L.) Spreng.
363–3	*Pyrola secunda* (H)	= *Orthilia secunda* (L.) House

355–2	*Saxifraga autumnalis* (H)	= *S. hirculus* L.
336–2	*Dianthus glaucus*	= *D. gratianopolitanus* Vill.
337–5	*Dianthus prolifer* (H)	= *Petrorhagia nanteuilii* (Burnat) Ball & Heywood (*Kohlrauschia prolifera* auct.)
337–2	*Cucubalus Behen* (H)	= *Silene vulgaris* (Moench) Garcke
337–1	*Cucubalus Behen* (also as *Silene amoena* in 1759 ed., H)	= *Silene maritima* With.
340–12	*Cucubalus ? viscosus* (H) ('*viscaria*' in 1759 ed.)	= *Silene nutans* L.
340–15	*Cucubalus Otites* (H)	= *Silene otites* (L.) Wibel
341–16	*Cucubalus acaulis* (H)	= *Silene acaulis* (L.) Jacq.
339–10	*Silene anglica* (H)	= *S. gallica* L.
351–12	*Arenaria peploides* (H)	= *Honkenya peploides* (L.) Ehrh.
349–2	*Arenaria trinervia* (H)	= *Moehringia trinervia* (L.) Clairv.
350–4	*Arenaria saxatilis* (H)	= *Minuartia verna* (L.) Hiern (*A. verna* L.)
350–3	*Arenaria tenuifolia* (H)	= *Minuartia hybrida* (Vill.) Schischk.
351–9	*Arenaria rubra* (H)	= *Spergularia rubra* (L.) J. & C. Presl
351–10	*Arenaria rubra*	= *Spergularia media* (L.) C. Presl
351–11	*Arenaria rubra* (H)	= *Spergularia marina* (L.) Griseb.
271-Cot. [1]	*Cotyledon Umbilicus* [♀] (H)	= *Umbilicus rupestris* (Salisb.) Dandy
269–1, [270]–2	*Sedum rupestre*	= *S. reflexum* L.
339–8	*Lychnis dioica*	= *Silene alba* (Mill.) E. H. L. Krause
340–14	*Lychnis viscosa* (recte *Viscaria*) (H)	= *L. viscaria* L.
349–6	*Cerastium tomentosum* (H)	= *C. arcticum* Lange
349–4	*Cerastium vulgatum* (H) (not in 1754 ed.)	= *C. holosteoides* Fries
349–5	*Cerastium latifolium* (*C. alpinum* in 1759 ed., H)	= *C. alpinum* L.
348–3	*Cerastium viscosum* (H)	= *C. glomeratum* Thuill.
347–4	*Cerastium aquaticum* (H)	= *Myosoton aquaticum* (L.) Moench

52

351–8	*Spergula pentandra* (H)	= *S. arvensis* L.
350–5	*Spergula nodosa* (H)	= *Sagina nodosa* (L.) Fenzl
312–3	*Euphorbia verrucosa* (H)	= *E. platyphyllos* L. (*E. paralias* L. fide Druce)
312-An. 5	*Euphorbia segetalis* (H)	= *E. exigua* L.
453–1	*Crataegus Aria* (H)	= *Sorbus aria* (L.) Crantz
453–2	*Crataegus torminalis* (H)	= *Sorbus torminalis* (L.) Crantz
453–3	*Crataegus Oxyacantha* (H)	= *C. monogyna* Jacq.
451–1	*Pyrus Malus* (H)	= *Malus sylvestris* subsp. *mitis* (Wallr.) Mansf.
452 ('451')–2 (Mal.)	*Pyrus Malus* (H)	= *Malus sylvestris* Mill.
259-Fil. [1]	*Spiraea Filipendula* (H)	= *Filipendula vulgaris* Moench
259-Ulm. [1]	*Spiraea Ulmaria* (H)	= *Filipendula ulmaria* (L.) Maxim.
454–3	*Rosa eglanteria* (H)	= *R. rubiginosa* L.
455–5	*Rosa spinosissima* (H)	= *R. pimpinellifolia* L.
254–3	*Fragaria sterilis* (H)	= *Potentilla sterilis* (L.) Garcke
255–3	*Potentilla opaca* (H) (not in 1754 ed.)	= *P. tabernaemontani* Aschers. (*P. verna* auct.)
257-Torm. [1]	*Tormentilla erecta* (H)	= *Potentilla erecta* (L.) Räusch.
257–2	*Tormentilla reptans* (H)	= *Potentilla anglica* Laichard.
253–2	*Geum urbanum* (H)	= *Geum* × *intermedium* Ehrh.
254–5	*Dryas ? pentapetala* (H)	= quid ?
256–2 ('1')	*Comarum palustre* (H)	= *Potentilla palustris* (L.) Scop.
309–8	*Chelidonium hybridum* (H)	= *Roemeria hybrida* (L.) DC.
309–7	*Chelidonium Glaucium* (H)	= *Glaucium flavum* Crantz
309–5	*Papaver medium* (*P. dubium* in 1759 ed., H)	= *P. dubium* L.
309–6	*Papaver cambricum* (H)	= *Meconopsis cambrica* (L.) Vig.
368–1	*Nymphaea lutea* (H)	= *Nuphar lutea* (L.) Smith
473–1	*Tilia europaea* (H)	= *T.* × *vulgaris* Hayne (*T. europaea* auct.)
473–2	*Tilia europaea* (H)	= *T. cordata* Mill. (*T. ulmifolia* Scop.)
473–3	*Tilia europaea* (H)	= *T. platyphyllos* Scop.
341–1	*Cistus Helianthemum* (H)	= *Helianthemum chamaecistus* Mill.
341–2	*Cistus surrejanus* (H)	= *Helianthemum chamaecistus* Mill.

53

342 ('341')-Cist. [1]	*Cistus guttatus* (H)	= *Tuberaria guttata* (L.) Fourr.
273-Delph. [1]	*Delphinium Consolida* (H)	= *D. ambiguum* L. (*D. ajacis* auct.)
260-Puls. [1]	*Anemone Pulsatilla* (H)	= *Pulsatilla vulgaris* Mill.
251-Flos [1]	*Adonis annua* [var.] *atro-rubens*	= *A. annua* L.
247-1	*Ranunculus repens* (H) (*R. reptans* in 1759 ed.)	= *R. repens* L.
248-5	*Ranunculus muricatus* (*R. parviflorus* in 1759 ed., H)	= *R. parviflorus* L.
249-4	*Ranunculus aquatilis* (H)	= *R. trichophyllus* Chaix
249-5	*Ranunculus aquatilis* (H)	= *R. circinatus* Sibth.
244-Cham. [1]	*Teucrium Chamaepitys* (H)	= *Ajuga chamaepitys* (L.) Schreb.
245-2	*Ajuga pyramidalis* (H)	= *A. reptans* L.
232-2	*Mentha exigua* (H) (not in 1754 ed.)	= *M. arvensis* L.
242-2	*Glechoma arvensis* (H)	= *Stachys arvensis* (L.) L.
240-5	*Galeopsis Galeobdolon* (H)	= *Lamiastrum galeobdolon* (L.) Ehrend. & Polatsch. (*Galeobdolon luteum* Huds.)
230-1	*Thymus Serpyllum* (H)	= *T. drucei* Ronn.
238-Acin. [1]	*Thymus Acinos* (H)	= *Acinos arvensis* (Lam.) Dandy
243-1	*Melissa Calamintha* (H)	= *Calamintha ascendens* Jord.
243-2	*Melissa Nepeta* (H)	= *Calamintha nepeta* (L.) Savi
*285-4	*Bartsia viscosa* (H)	= *Parentucellia viscosa* (L.) Caruel
*284-1 (Ped.)	*Rhinanthus Crista galli* (H)	= *R. minor* L.
*284-2 ('4')	*Euphrasia Odontites* (H)	= *Odontites verna* subsp. *serotina* Corbière
*286-2	*Melampyrum sylvaticum* (H)	= *M. pratense* L.
*288-Anb. [1]	*Lathraea Anblatum* (*L. Squamaria* in 1759 ed., H)	= *L. squamaria* L.
*281-1 (Lin.)	*Antirrhinum Linaria* (H)	= *Linaria vulgaris* Mill.
*282-2	*Antirrhinum monspessulanum* (H)	= *Linaria repens* (L.) Mill.
*282-3	*Antirrhinum arvense* (H)	= *Linaria repens* (L.) Mill.

54

*282–4	*Antirrhinum Cymbalaria* (H)	= *Cymbalaria muralis* Gaertn., Meyer & Scherb.
*282–5	*Antirrhinum Elatine* (H)	= *Kickxia elatine* (L.) Dumort.
*282–6	*Antirrhinum hybridum*	= *Kickxia spuria* (L.) Dumort. (*Linaria spuria* (L.) Mill.)
*283–7	*Antirrhinum minus* (H)	= *Chaenorhinum minus* (L.) Lange
*283-Ant. [1]	*Antirrhinum Orontium* (H)	= *Misopates orontium* (L.) Raf.
*283–1	*Scrophularia aquatica* (H)	= *S. auriculata* L. (*S. aquatica* auct.)
*288–1	*Orobanche major* (H)	= *O. rapum-genistae* Thuill.
302-Myag. [1]	*Myagrum sativum* (H)	= *Camelina sativa* (L.) Crantz
304–3	*Vella annua* (H)	= *Carrichtera annua* (L.) DC.
292–1	*Draba verna* (H)	= *Erophila verna* (L.) Chevall.
304–5	*Lepidium petraeum* (H)	= *Hornungia petraea* (L.) Reichenb.
305–1	*Thlaspi campestre* (H)	= *Lepidium campestre* (L.) R.Br.
305–2	*Thlaspi hirsutum* (recte *hirtum*) (H)	= *Lepidium heterophyllum* Benth. (*L. smithii* Hook.)
305–4	*Thlaspi montanum* (H)	= *T. alpestre* L.
306-Bursa [1]	*Thlaspi Bursa pastoris* (H)	= *Capsella bursa-pastoris* (L.) Medic.
302–2	*Cochlearia groenlandica* (H)	= *C. alpina* (Bab.) H. C. Wats.
304–6	*Cochlearia Coronopus* (H)	= *Coronopus squamatus* (Forsk.) Aschers.
301-Raph. rust. [1]	*Cochlearia Armoracia* (H)	= *Armoracia rusticana* Gaertn., Meyer & Scherb.
303–2	*Iberis nudicaulis* (H)	= *Teesdalia nudicaulis* (L.) R.Br.
—	*Dentaria bulbifera* (H) (not in 1754 ed.)	= *Cardamine bulbifera* (L.) Crantz
300–4	*Cardamine hirsuta* (H)	= *C. flexuosa* With.
300–6	*Cardamine petraea* (H)	= *Cardaminopsis petraea* (L.) Hiit.
300–5	*Cardamine bellidifolia* (H)	= *Arabis scabra* All. (*A. stricta* Huds.)
300–1	*Sisymbrium Nasturtium* ▽ (H)	= *Rorippa nasturtium-aquaticum* (L.) Hayek
301–1, 2 (Raph.)	*Sisymbrium amphibium* (H)	= *Rorippa amphibia* (L.) Bess.
297–1	*Sisymbrium sylvestre* (H)	= *Rorippa sylvestris* (L.) Bess.
297–2 (Er. Mon.)	*Sisymbrium monense* (H)	= *Rhynchosinapis monensis* (L.) Dandy

298–3	*Sisymbrium Sophia* (H)	= *Descurainia sophia* (L.) Webb ex Prantl
298–4	*Erysimum officinale* (H)	= *Sisymbrium officinale* (L.) Scop.
297–2 (Er. lut.)	*Erysimum Barbarea* (H)	= *Barbarea vulgaris* R.Br.
293–2 (Hesp.)	*Erysimum Alliaria* (H)	= *Alliaria petiolata* (Bieb.) Cavara & Grande
294–3	*Arabis thaliana* (H)	= *Arabidopsis thaliana* (L.) Heynh.
291–1 (Leuc.)	*Cheiranthus sinuatus* (not in 1754 ed.)	= *Matthiola sinuata* (L.) R.Br.
294–2	*Turritis hirsuta* (H)	= *Arabis hirsuta* (L.) Scop.
293–2	*Brassica orientalis* (H)	= *Conringia orientalis* (L.) Dumort.
296 ('297')–1 (Er.)	*Brassica Erucastrum* (H)	= *Diplotaxis tenuifolia* (L.) DC.
295–1	*Sinapis nigra* (H)	= *Brassica nigra* (L.) Koch
307-Cak. [1]	*Bunias Cakile* (H)	= *Cakile maritima* Scop.
359–10	*Geranium pusillum* (not in 1754 ed.)	= *G. molle* L.
359–11	*Geranium molle*	= *G. dissectum* L.
357–2, 3	*Geranium cicutarium* (H)	= *Erodium cicutarium* (L.) L'Hérit.
358–4	*Geranium cicutarium* [var.] *moschatum*	= *Erodium moschatum* (L.) L'Hérit.
356–1 (Ger.)	*Geranium Malacoides* (*G. maritimum* in 1759 ed., H)	= *Erodium maritimum* (L.) L'Hérit.
251–2	*Malva rotundifolia* (H)	= *M. neglecta* Wallr.
251–3	*Malva parviflora* (H) (not in 1754 ed.)	= *M. pusilla* Smith (*M. borealis* Wallm.)
252-Alc. [1]	*Malva Alcea* (H)	= *M. moschata* L.
335-Fum. [1]	*Fumaria claviculata* (H)	= *Corydalis claviculata* (L.) DC.
474-Genista [1]	*Spartium scoparium* (H)	= *Sarothamnus scoparius* (L.) Wimm. ex Koch
319–6	*Pisum maritimum* (H)	= *Lathyrus japonicus* Willd.
321–7	*Lathyrus angulatus* (*Ervum soloniense* in 1759 ed., H)	= *Vicia lathyroides* L.
320–2	*Vicia dumetorum*	= *V. sepium* L.
321–6	*Vicia lutea* (H)	= *V. hybrida* L.
322–2	*Ervum tetraspermum* (H)	= *Vicia tetrasperma* (L.) Schreb.

322–1	*Ervum hirsutum* (H)	= *Vicia hirsuta* (L.) Gray
324–2	*Orobus tuberosus* (H)	= *Lathyrus montanus* Bernh.
324–1	*Orobus sylvaticus* (H)	= *Vicia orobus* DC.
326-Orn. [1]	*Ornithopus pusillus* (recte *perpusillus*) (H)	= *O. perpusillus* L.
327–Onob. [1]	*Hedysarum Onobrychis* (H)	= *Onobrychis viciifolia* Scop.
326–2	*Astragalus arenarius* (H)	= *A. danicus* Retz.
331–1	*Trifolium Melilotus officinalis* (H)	= *Melilotus altissima* Thuill.
330–16	*Trifolium agrarium* (H)	= *T. campestre* Schreb. (*T. procumbens* L.)
330–17	*Trifolium procumbens* (H)	= *T. dubium* Sibth.
331 ('330')–★ (Trif.)	*Trifolium filiforme* (H)	= *T. micranthum* Viv.
334–6 ('5')	*Lotus tetragonolobus*	= *Tetragonolobus purpureus* Moench
333 ('331')–1	*Medicago polymorpha* [var.] *arabica*	= *M. arabica* (L.) Huds.
333–2	*Medicago polymorpha* [var.] *minima*	= *M. minima* (L.) Bartal.
344–7	*Hypericum quadrangulum* (H)	= *H. maculatum* Crantz
343–5	*Hypericum hirsutum* (also as *H. montanum* in 1759 ed., H)	= *H. montanum* L.
163 ('162')–3, 4	*Sonchus oleraceus* (H)	= *S. asper* (L.) Hill
161–2	*Lactuca virosa* (H) (*L. serriola* ('*seriola*') in 1759 ed.)	= *L. serriola* L.
162–5	*Prenanthes muralis* (H)	= *Mycelis muralis* (L.) Dumort.
170–1	*Leontodon Taraxacum* (H)	= *Taraxacum officinale* Weber
169–10	*Hieracium alpinum* (H)	= ⎫
166–11	*Hieracium paludosum* (H) (not in 1754 ed.)	= ⎪
169–11	*Hieracium murorum* [var.] *sylvaticum* (not in 1759 ed.)	= ⎬ *H. murorum* L. sensu lato
168–3	*Hieracium umbellatum* (H)	= ⎪
167–1	*Hieracium sabaudum* (H)	= ⎭
165–9	*Crepis tectorum* (H)	= *C. capillaris* (L.) Wallr.

173-Hier. [1]	*Hyoseris minima* (H)	= *Arnoseris minima* (L.) Schweigg. & Koerte
194–6 ('3')	*Serratula arvensis* (H)	= *Cirsium arvense* (L.) Scop.
193–3	*Serratula alpina* (H)	= *Saussurea alpina* (L.) DC.
195 ('194')–12	*Carduus marianus* (H)	= *Silybum marianum* (L.) Gaertn.
195 ('194')–8	*Carduus lanceolatus* (H)	= *Cirsium vulgare* (Savi) Ten.
195 ('194')–11	*Carduus eriophorus* (H)	= *Cirsium eriophorum* (L.) Scop.
193–1 (Cirs.)	*Carduus heterophyllus* (*C. dissectus* in 1759 ed., H)	= *Cirsium dissectum* (L.) Hill (*C. anglicum* (Lam.) DC.)
193–2	*Carduus helenioides* (H)	= *Cirsium heterophyllum* (L.) Hill
194–2	*Carduus crispus* (H)	= *C. acanthoides* L.
194–3	*Carduus acanthoides* (H)	= *C. tenuiflorus* Curt.
194–4	*Carduus palustris* (H)	= *Cirsium palustre* (L.) Scop.
195 ('194')–7	*Carduus acaulos* ('acaulis') (H)	= *Cirsium acaule* Scop.
181–1	*Gnaphalium dioicum* (H)	= *Antennaria dioica* (L.) Gaertn.
182–2	*Gnaphalium margaritaceum* (H)	= *Anaphalis margaritacea* (L.) Benth.
179-Bacc. [1]	*Conyza squarrosa* (H)	= *Inula conyza* DC.
175-Con. [1]	*Erigeron canadense* (H)	= *Conyza canadensis* (L.) Cronq.
179–1	*Tussilago Petasites* (H)	= *Petasites hybridus* (L.) Gaertn., Meyer & Scherb.
179–2	*Tussilago hybrida* (H)	= *Petasites hybridus* (L.) Gaertn., Meyer & Scherb.
178–3	*Senecio montanus*	= *S. sylvaticus* L.
177–2	*Senecio sylvaticus*	= *S. erucifolius* L.
176–2	*Senecio palustris* (recte paludosus, 1759 ed.) (H)	= *S. paludosus* L.
177–5	*Senecio sarracenicus* ('sarracenus') (H)	= *S. fluviatilis* Wallr.
174–1 (Con.)	*Inula dysenterica* (H)	= *Pulicaria dysenterica* (L.) Bernh.
174–2	*Inula Pulicaria* (H)	= *Pulicaria vulgaris* Gaertn.
184-Leuc. [1]	*Chrysanthemum Leucanthemum* (H)	= *Leucanthemum vulgare* Lam. (*C. leucanthemum* L.)
187-Mat. [1]	*Matricaria Parthenium* (H)	= *Tanacetum parthenium* (L.) Schultz Bip. (*Chrysanthemum parthenium* (L.) Bernh.)

184–1	*Matricaria Chamomilla* (H)	= *M. recutita* L.
186–6	*Matricaria inodora* (H) (not in 1754 ed.)	= *Tripleurospermum maritimum* subsp. *inodorum* (L.) Hyland. ex Vaarama
186–7	*Matricaria maritima* (H)	= *Tripleurospermum maritimum* (L.) Koch
185–2	*Anthemis nobilis* (H)	= *Chamaemelum nobile* (L.) All.
186–8	*Anthemis maritima* (H) (not in 1754 ed.)	= *A. arvensis* L.
185–4	*Anthemis ? arvensis* (H)	= *Tripleurospermum maritimum* subsp. *inodorum* (L.) Hyland. ex Vaarama
198–2	*Centaurea Jacea* (H) (*C. nigra* in 1759 ed.)	= *C. nigra* L.
174–3	*Othonna palustris* (H)	= *Senecio palustris* (L.) Hook.
178–4	*Othonna integrifolia* (H)	= *Senecio integrifolius* (L.) Clairv.
180–1	*Filago maritima* (H)	= *Otanthus maritimus* (L.) Hoffmanns. & Link
180–3	*Filago pyramidata*	= *F. vulgaris* Lam. (*F. germanica* L., non Huds.)
181–4	*Filago montana* (H)	= *F. minima* (Smith) Pers.
364–3	*Viola canina* (H)	= *V. riviniana* Reichenb.
376–3	*Orchis morio* (*O. mascula* in 1759 ed., H)	= *O. mascula* (L.) L.
378–10	*Orchis militaris* (H)	= *O. simia* Lam.
377–6	*Orchis pyramidalis* (H)	= *Anacamptis pyramidalis* (L.) Rich.
380–18	*Orchis bifolia* (H)	= *Platanthera bifolia* (L.) Rich.
381–21	*Orchis conopsea* (H)	= *Gymnadenia conopsea* (L.) R.Br.
380–19	*Orchis latifolia* (H)	= *Dactylorhiza incarnata* (L.) Soó (*Dactylorchis incarnata* (L.) Vermeul.)
381–20	*Orchis maculata* (H)	= *Dactylorhiza fuchsii* (Druce) Soó (*Dactylorchis fuchsii* (Druce) Vermeul.)
383-Lim. [1]	*Orchis abortiva* (H)	= quid? *Epipactis*? *Orobanche*?
376–1	*Satyrium hircinum* (H)	= *Himantoglossum hircinum* (L.) Spreng.

381–22	*Satyrium viride* (H)	= *Coeloglossum viride* (L.) Hartm.
385–1	*Ophrys ovata* (H)	= *Listera ovata* (L.) R.Br.
385–2	*Ophrys cordata* (H)	= *Listera cordata* (L.) R.Br.
378–9	*Ophrys paludosa* (H) (not in 1754 ed.)	= *Hammarbya paludosa* (L.) Kuntze
382-Pseud. [1]	*Ophrys lilifolia* (H)	= *Liparis loeselii* (L.) Rich.
378–7	*Ophrys Monorchis* (H)	= *Herminium monorchis* (L.) R.Br.
378–8	*Ophrys spiralis* (H)	= *Spiranthes spiralis* (L.) Chevall.
379–12	*Ophrys anthropophora* ('*antropophora*') (H)	= *Aceras anthropophorum* (L.) Aiton f.
380–16	*Ophrys insectifera* [var.] *arachnites*	= *O. sphegodes* Mill.
382–Nid. [1]	*Ophrys Nidus avis* (H)	= *Neottia nidus-avis* (L.) Rich.
383–1	*Serapias Helleborine* [var.] *latifolia*	= *Epipactis helleborine* (L.) Crantz
384–5	*Serapias Helleborine* [var.] *longifolia*	= *Cephalanthera longifolia* (L.) Fritsch
384–6	*Serapias Helleborine* [var.] *palustris*	= *Epipactis palustris* (L.) Crantz
289–1	*Callitriche palustris* (*C. verna* in 1759 ed., H)	= *C. platycarpa* Kütz.
289–2	*Callitriche palustris* (not in 1759 ed.)	= *C. stagnalis* Scop.
290–3	*Callitriche palustris* (*C. autumnalis* in 1759 ed., H)	= *C. intermedia* Hoffm.
425–15	*Carex dioica* (also as *C. capitata* in 1759 ed., H)	= *C. dioica* L.
422–2	*Carex leporina* (H)	= *C. ovalis* Gooden.
423 ('422')–8	*Carex vulpina* (H)	= *C. otrubae* Podp.
424–10	*Carex canescens* (H)	= *C. divulsa* Stokes
424–12 ('13')	*Carex muricata* (H)	= *C. echinata* Murr.
423–6	*Carex brizoides* (H) (not in 1754 ed.)	= *C. curta* Gooden. (*C. canescens* auct.)
421–18	*Carex flava* (H)	= *C. lepidocarpa* Tausch
417–1	*Carex acuta* (H)	= *C. riparia* Curt.
424–11	*Carex remota* (H) (*C. axillaris* in 1759 ed.)	= *C. remota* L.

437–3	*Sparganium natans* (H)	= *S. minimum* Wallr.
443-Bet. [1]	*Betula alba* (H)	= *B. pubescens* Ehrh.
442–1, 2	*Betula Alnus* (H)	= *Alnus glutinosa* (L.) Gaertn.
140-Xan. [1]	*Xanthium strumosum* (recte *strumarium*) (H)	= *X. strumarium* L.
157-Blit. [1]	*Amaranthus Blitum* (H)	= *A. lividus* L.
135–2	*Ceratophyllum demersum* (H)	= *C. submersum* L.
441–2	*Pinus Abies* (H)	= *Picea abies* (L.) Karst.
441–1	*Pinus ? Picea* (H)	= *Abies alba* Mill.
261–1, 2 (Bry.)	*Bryonia alba* (H)	= *B. dioica* Jacq.
447–3	*Salix arenaria* (H)	= *S. repens* subsp. *argentea* (Smith) G. & A. Camus
448–9	*Salix amygdaloides* (recte *amygdalina*) (H)	= *S. triandra* L.
447–2	*Salix rosmarinifolia* (H)	= *S. viminalis* L.
449–13	*Salix reticulata* (H)	= *S. herbacea* L.
269–2 ('4')	*Rhodiola Rosea* (H)	= *Sedum rosea* (L.) Scop.
444-Sab. [1]	*Juniperus Sabina*	= *J. communis* L. ?
223-Cruc. [1]	*Valantia Cruciata* (H)	= *Cruciata laevipes* Opiz (*C. chersonensis* auct.)
225–2	*Valantia Aparine*	= *Galium tricornutum* Dandy (*G. tricorne* auct.)
158-Par. [1]	*Parietaria officinarum* (recte *officinalis*) (H)	= *P. judaica* L. (*P. diffusa* Mert. & Koch)
152–8	*Atriplex maritima*	= *A. laciniata* L.
153–10	*Atriplex pedunculata* (H)	= *Halimione pedunculata* (L.) Aellen
153–11	*Atriplex portulacoides* (H)	= *Halimione portulacoides* (L.) Aellen
130–1	*Equisetum fluviatile* (H)	= *E. telmateia* Ehrh.
131–10	*Equisetum limosum* (H)	= *E. fluviatile* L.
128-Lun. [1]	*Osmunda Lunaria* (H)	= *Botrychium lunaria* (L.) Swartz
118–1 (Lonch.)	*Osmunda Spicant* (H)	= *Blechnum spicant* (L.) Roth
120-Fil.sax. [1]	*Acrostichum septentrionale* (H)	= *Asplenium septentrionale* (L.) Hoffm.
118–1 (Fil.)	*Acrostichum ilvense* (H)	= *Woodsia alpina* (Bolton) Gray
121–6	*Acrostichum Thelypteris*	= *Athyrium filix-femina* (L.) Roth

124–1	*Pteris aquilina* (H)	= *Pteridium aquilinum* (L.) Kuhn
116-Phyll. [1]	*Asplenium Scolopendrium* (H)	= *Phyllitis scolopendrium* (L.) Newm.
118-Aspl. [1]	*Asplenium Ceterach* (H)	= *Ceterach officinarum* DC.
119–2 (Trich.)	*Asplenium Trichomanes ramosum*	= *A. viride* Huds.
117–3	*Polypodium cambricum* (H)	= *P. vulgare* L.
118–2	*Polypodium Lonchitis* (H)	= *Polystichum lonchitis* (L.) Roth
120–1	*Polypodium Filix mas* (H)	= *Dryopteris filix-mas* (L.) Schott
121–2	*Polypodium aculeatum* (H)	= *Polystichum setiferum* (Forsk.) Woynar
122–8	*Polypodium Phegopteris* (H)	= *Thelypteris phegopteris* (L.) Slosson
125–6	*Polypodium Dryopteris* (H)	= *Gymnocarpium dryopteris* (L.) Newm. (*Thelypteris dryopteris* (L.) Slosson)
125–7	*Polypodium fragile* (H)	= *Cystopteris fragilis* (L.) Bernh.
123–2 (Ad. petr.)	*Trichomanes tunbrigensis* (H)	= *Hymenophyllum tunbrigense* (L.) Smith
106-Selagin. [1]	*Lycopodium Selaginoides* (H)	= *Selaginella selaginoides* (L.) Link
108-Lycopodioid. [1]	*Lycopodium denticulatum*	= *Selaginella helvetica* (L.) Link

Linnaean specific names based on *Synopsis* entries

Although the nomenclature of Linnaeus's *Flora Anglica* (1754) follows closely that of his *Species Plantarum* (1753) it contains a number of specific names not included in that earlier work, and these must be regarded as new names validly published by reference to the previously published descriptive information given in the cited entries of Ray's *Synopsis*, third edition (1724). The same applies to a few more new names added in the second version of *Flora Anglica* which appeared in Linnaeus's *Amoenitates academicae* 4: 88–111 (1759). To typify these names and determine their application, reference must accordingly be made to Ray's *Synopsis*.

A Linnaean dissertation such as the *Flora Anglica* was printed and distributed as an independent pamphlet available on or before the day appointed for its public disputation by the student named on the title-page, with Linnaeus, its actual or main author, as praeses or moderator. When Linnaeus reprinted such a dissertation in his *Amoenitates academicae* he often made enough modifications to justify regarding the *Amoenitates* version as a second, revised edition (cf. Stearn, 1966b: 10–13), and for nomenclatural purposes both versions should be consulted, because a name adopted in the one may not be used in the other. Comparison of the original *Flora Anglica* dissertation (1754) and the version in the *Amoenitates* (1759) reveals, for example, that in 1759 Linnaeus suppressed the new names *Borago hortensis*, *Cornus herbacea*, *Lolium annuum* and *Papaver medium* of 1754 and replaced them by his 1753 names *Borago officinalis*, *Cornus suecica*, *Lolium temulentum* and *Papaver dubium*; and that he also substituted the new but superfluous name *Carex axillaris* for his *C. remota* of 1754. Of the names published in 1754, *C. remota* stands as correct; *Atriplex pedunculata* is the basionym of *Halimione pedunculata* (L.) Aellen, and *Poa rigida* that of *Catapodium rigidum* (L.) C. E. Hubbard. The 1759 version added six legitimate new names: *Festuca marina*, basionym of *Catapodium marinum* (L.) C. E. Hubbard; *Hypericum elodes*; *Salsola sedoides*, now reduced to *Suaeda maritima* (L.) Dumort.; *Trifolium medium; T. squamosum; Vicia augustifolia*.

The reprint of *Flora Anglica* in *J. Bot.* (*London*) 47: Supplement (1909) correlates the two versions.

The new names directly based on citations of Ray's *Synopsis*, third edition, are as follows:

Antirrhinum hybridum L., Fl. Angl. 19 (1754); Amoen. Acad. 4: 103 (1759).

  Linaria Elatine dicta folio subrotundo Ray, Syn. 105 (1690); ed. 2, 160 (1696); ed. 3, *282 n. 6 (1724).

The name *Elatine folio subrotundo* C. Bauhin cited as a synonym by Ray was cited by Linnaeus in *Sp. Pl.* 2: 613 (1753) under *Antirrhinum spurium* L.

The correct name for this species is now *Kickxia spuria* (L.) Dumort.

Atriplex maritima L., Fl. Angl. 25 (1754); Amoen. Acad. 4: 108 (1759).

  Atriplex maritima Ray., Syn. 36 (1690); ed. 2, 63 (1696); ed. 3, 152 n. 8 (1724).

The name *Atriplex maritima laciniata* C. Bauhin cited by Ray was cited by Linnaeus in *Sp. Pl.* 2: 1053 (1753) under *Atriplex laciniata* L., still the accepted name for this species.

Atriplex pedunculata L., Fl. Angl. 25 (1754); Amoen. Acad. 4: 108 (1759).

  Atriplex maritima fruticosa etc. Ray, Syn. ed. 2, 63 (1696).

  Atriplex marina semine lato Ray, Syn. ed. 3, 153 n. 10 (1724).

The name *Atriplex pedunculata* was also published later by Linnaeus in *Cent. I. Pl.* 34 (1755), with a description based on material but with references to Ray's *Synopsis* (ed. 3) and to Plukenet's *Almag.* 61, *Phytogr.* t. 36 f. 1 (1691) which was cited by Dillenius in the *Synopsis* (1724).

The correct name for this species is now *Halimione pedunculata* (L.) Aellen.

Borago hortensis L., Fl. Angl. 12 (1754).

  Borrago hortensis Ray, Syn. ed. 3, 228 (1724).

Linnaeus in *Amoen. Acad.* 4: 97 (1759) replaced this by *Borago officinalis* L. (1753), of which it is certainly a synonym.

Bulbocodium autumnale L., Fl. Angl. 14 (1754); Amoen. Acad. 4: 99 (1759).

Bulbosa Alpina juncifolia etc. Ray, Syn. ed. 2, 233 (1696); ed. 3, 374, t. 17 f. 1 (1724).

Linnaeus in *Sp. Pl.* 1: 294 (1753) correctly included this plant from Snowdon, together with C. Bauhin's *Pseudo-Narcissus gramineo folio* from Switzerland, in *Bulbocodium serotinum* L.

The correct name for this species is now *Lloydia serotina* (L.) Reichenb.

Carex remota L., Fl. Angl. 24 (1754) = **Carex axillaris** L., Amoen. Acad. 4: 107 (1759).

Gramen cyperoides augustifolium, spicis parvis sessilibus in foliorum alis Ray, Syn. 197 (1690); ed. 2, 267 (1696); ed. 3, 424 n. 11 (1724).

The name *Carex remota* was also published later by Linnaeus in *Cent. I. Pl.* 31 (1755), with a definition and synonymy. In *Amoen. Acad.* (1759), however, he replaced the name *C. remota* by *C. axillaris*, which he adopted in *Sp. Pl.* ed. 2, 2: 1382 (1763). The name *C. axillaris* L., though an illegitimate substitute, invalidates the later *C. axillaris* Gooden. (1795) which has been in frequent use for quite another sedge.

The correct name for this species remains *Carex remota* L.

Cornus herbacea L., Fl. Angl. 11 (1754).

Chamaepericlymenum Ray, Syn. ed. 3, 261 (1724).

Linnaeus in *Amoen. Acad.* 4: 97 (1759) replaced this by *Cornus suecica* L. (1753), of which it is certainly a synonym.

If the genus *Cornus* is divided into segregate genera the correct name for this species is *Chamaepericlymenum suecicum* (L.) Aschers. & Graebn.

Echium lycopsis L., Fl. Angl. 12 (1754); Amoen. Acad. 4: 97 (1759).

Lycopsis Ray, Syn. ed. 3, 227 (1724).

Linnaeus in *Sp. Pl.* 1: 139 (1753) treated *Lycopsis* C. Bauhin as *Echium italicum* var. β.

Ray's plant, from St Helier in Jersey, is referable to *Echium plantagineum* L. (1771), and the name *E. lycopsis* L. has therefore been used for this species by some authors. Ray, however, did not give any description of the Jersey plant; instead, he referred it to *Lycopsis* C. Bauhin and cited synonyms from other authors, one of which ('Echii altera species *Dod.* p. 680' [*recte* 620]) he said well represented his plant. The name *E. lycopsis* is thus to be lectotypified by the figure of *Echii altera species* Dodonaeus, Stirp. Hist. Pempt. 620 (1583). This figure is an exact reproduction of one published earlier to illustrate *Lycopsis altera Anglica* Lobelius, Pl. Stirp. Hist. 312, Advers. 249 (1576), based on a British plant growing between Bristol and London. Lobelius's figure (and therefore Dodonaeus's) appears to represent *E. vulgare* L., as indicated by the four exserted stamens and the provenance of the plant.

Ray seems not to have realized that the Dodonaeus and Lobelius figures are identical, for he goes on to mention Lobelius's plant and concludes that it was nothing but the common *Echium* (i.e. *E. vulgare*).

Festuca marina L., Amoen. Acad. 4: 96 (1759).

> *Gramen exile duriusculum maritimum* Ray, Hist. Pl. 2: 1287 (1688).
>
> *Gramen pumilum Loliaceo simile* Ray, Syn. ed. 2, 250 (1696); ed. 3, 395 n. 4 (1724).

The same species was later referred to *Triticum maritimum* L., Sp. Pl. ed. 2, 1: 128 (1762) without reference to Ray.

The correct name for this species is now *Catapodium marinum* (L.) C. E. Hubbard.

Hyoscyamus vulgaris L., Fl. Angl. 12 (1754); Amoen. Acad. 4: 98 (1759).

> *Hyoscyamus vulgaris* Ray, Syn. 101 (1690); ed. 2, 155 (1696); ed. 3, 274 (1724).

This species is the same as *Hyoscyamus niger* L. (1753), which is the correct name.

Hypericum elodes L., Amoen. Acad. 4: 105 (1759).

> *Ascyron supinum villosum palustre* Ray, Syn. 144 (1690); ed. 2, 205 (1696); ed. 3, 344 n. 8 (1724).

The name *Hypericum elodes* was later adopted by Linnaeus in *Sp. Pl.* ed. 2, 2: 1106 (1763). It is the correct name for this species.

Lolium annuum L., Fl. Angl. 11 (1754).

> *Lolium album* Ray, Syn. ed. 2, 249 (1696); ed. 3, 395 n. 1 (1724).

Linnaeus in *Amoen. Acad.* 4: 97 (1759) replaced this by *Lolium temulentum* L. (1753), which is the correct name for the species.

Orobus sylvaticus L., Fl. Angl. 21 (1754); Amoen. Acad. 4: 105 (1759).

> *Orobus sylvaticus nostras* Ray, Syn. ed. 2, 191 (1696); ed. 3, 324 n. 1 (1724).

The name *Orobus sylvaticus* was also published later by Linnaeus in *Cent. I. Pl.* 23 (1755), with a definition and reference to Ray's *Synopsis* (ed. 3).

The correct name for this species is now *Vicia orobus* DC. (1815), published as a new name for *Orobus sylvaticus* L. on account of the already existing name *V. sylvatica* L. (1753).

Papaver medium L., Fl. Angl. 17 (1754).

Papaver laciniato folio, capitulo longiore glabro etc. Ray, Syn. ed. 3, 309 n. 5 (1724).

Linnaeus in *Amoen. Acad.* 4: 102 (1759) replaced this name by *Papaver dubium* L., under which, in *Sp. Pl.* 2: 1196 (1753), he had already cited the Morison synonym and figure quoted in Ray's *Synopsis* (1724). *P. dubium* L. (1753) is the correct name for this species.

Poa rigida L., Fl. Angl. 10 (1754); Amoen. Acad. 4: 96 (1759).

Gramen exile duriusculum in miris & aridis proveniens Ray, Hist. Pl. 2: 1287 (1688); Syn. ed. 2, 259 (1696); ed. 3, 410 n. 8 (1724).

The name *Poa rigida* was also published later by Linnaeus in *Cent. I. Pl.* 5 (1755) with a definition from van Royen and a reference to Ray's *Synopsis* (ed. 3).

The correct name for this species is now *Catapodium rigidum* (L.) C. E. Hubbard.

Salsola sedoides L., Amoen. Acad. 4: 98 (1759).

Blitum Kali minus album dictum Ray, Syn. 37 (1690); ed. 2, 65 (1696); ed. 3, 156 n. 14 (1724).

Linnaeus in *Fl. Angl.* 13 (1754) named this *Chenopodium maritimum*, but in *Amoen. Acad.* (1759) he gave it the name *Salsola sedoides*, which is now regarded as a synonym of *C. maritimum* L. (1753).

The correct name for this species is *Suaeda maritima* (L.) Dumort., based on *Chenopodium maritimum* L.

Senecio montanus L., Fl. Angl. 22 (1754); Amoen. Acad. 4: 106 (1759).

Senecio minor latiore folio, sive montana Ray, Syn. ed. 3, 178 n. 3 (1724).

The name *Senecio montanus* is a synonym of the earlier *S. sylvaticus* L. (1753).

Trifolium medium L., Amoen. Acad. 4: 105 (1759).

Trifolium purpureum majus, foliis longioribus & augustioribus, floribus saturioribus Ray, Syn. ed. 2, 194 (1696); ed. 3, 328 n. 7 (1724).

Trifolium medium L. stands as the correct name for this species.

Trifolium squamosum L., Amoen. Acad. 4: 105 (1759).

Trifolium stellatum glabrum Ray, Syn. 134 (1690); ed. 2, 194 (1696); ed. 3, 329 n. 8 (1724).

The name *Trifolium squamosum* L. antedates *T. maritimum* Huds. (1762) and is now the accepted name of this species.

Vicia angustifolia L., Amoen, Acad. 4: 105 (1759).

Vicia sylvestris flore ruberrimo, siliqua longa nigra Ray, Syn. ed. 2, 188 (1969); ed. 3, 321 n. 5 (1724) (mis-cited by Linnaeus as '327–5').

The name *Vicia angustifolia* L. antedates *V. bobartii* E. Forst. (1830) referring to the same taxon. The type-locality is Shotover Hill near Oxford where the plant was found by the younger Bobart. *V. angustifolia* L. is the correct name if the taxon is treated as a species distinct from *V. sativa* L. (1753); but it is included within *V. sativa* subsp. *nigra* (L.) Ehrh. by P. W. Ball in *Fl. Europaea* 2: 134 (1968).

In addition to the new names listed above, *Flora Anglica* contains some entries which may be mistaken for new names but which, as is evident from the citations involved, are obvious slips of the pen or typographical errors. These are as follows:

Adoxa moschatella (for *moschatellina*; correct in 1759 ed.), *Cardamine bellifolia* (for *bellidifolia*; correct in 1759 ed.), *Cucubalus viscaria* (for *viscosus*; correct in 1754 ed.), *Linum usitatum* (for *usitatissimum*), *Lychnis viscosa* (for *viscaria*), *Ornithopus pusillus* (for *perpusillus*), *Parietaria officinarum* (for *officinalis*), *Salix amygdaloides* (for *amygdalina*), *Senecio palustris* (for *paludosus*; correct in 1759 ed.), *Senecio sarracenus* (for *sarracenicus*), *Thlaspi hirsutum* (for *hirtum*), *Xanthium strumosum* (for *strumarium*).

Rothmaler (in Fedde, Repert. Sp. Nov. 49: 280; 1941), who regarded Grufberg as the author of this Linnaean dissertation (cf., however, Stearn, 1957: 51–55; Stearn, 1966b: 10–13), attributed to the *Flora Anglica* the publication of a number of binomials, e.g. '*Primula elatior* (L.) Grufb.', '*Primula acaulis* (L.) Grufb.', '*Serapias longifolia* (L.) Grufb.', '*Serapias palustris* (L.) Grufb.' In the *Species Plantarum* (1753) Linnaeus had divided *Primula veris* into three named varieties: *officinalis*, *elatior* and *acaulis*. He likewise divided *Serapias helleborine* into three named varieties: *latifolia*, *longifolia* and *palustris*. He repeated this treatment in the *Species Plantarum*, 2nd ed. (1762–63). Thus it was not his intention to raise these varieties to specific rank in the intervening *Flora Anglica* and his entries *Primula veris officin.* and *Serapias helleborine lat.* there indicate that the epithets *elatior*, *acaulis*, *longifolia* are being used simply as varietal designations.

Modern nomenclature for plants of the *Synopsis*

The gradual but eventually universal adoption of consistent binomial nomenclature for species during the quarter of a century following Linnaeus's publication of the *Species Plantarum* in 1753 made obsolete as regards names all the botanical works published before 1753, including Linnaeus's own such as his *Hortus Cliffortianus* (1738,) *Flora Lapponica* (1737), *Flora Suecica* (1745) and *Flora Zeylanica* (1747). The information in these pre-Linnaean books retained its value but was made less accessible by the consequent substitution of new names for old ones. Linnaeus and his immediate successors met this difficulty by citing the pre-Linnaean names in synonymy and so maintained for nearly 50 years a continuity with past literature. Their publications accordingly provide a half-way stage between pre-Linnaean works, with polynomial nomenclature, such as Ray's *Synopsis*, and the nineteenth-century *Index Kewensis* (1893–95), which in turn leads on to twentieth-century works with nomenclature based on acceptance of the International Code of Botanical Nomenclature, such as J. E. Dandy, *List of British Vascular Plants* (1958).

The first work to attempt a concordance between the nomenclature of Ray's *Synopsis*, third edition, and the *Species Plantarum* was Linnaeus's *Flora Anglica* (1754), which, however, suffered gravely from lack of firsthand acquaintance with British plants; see p. 44. In 1762, however, William Hudson published his *Flora Anglica, exhibens Plantas per Regnum Angliae sponte crescentes, distributas secundum Systema sexuale* which was a work of real scholarship applying Linnaean method, classification and nomenclature comprehensively to the British flora. Hudson based this on Ray's *Synopsis*, as he made clear in his preface, and he cited Ray's names in synonymy throughout. He indexed them, however, only generically. By far the most useful work for correlating Ray's and Dillenius's nomenclature with later binomial nomenclature is J. E. Smith, *The English Flora* (4 vols., London, 1824–28), each volume of which is equipped with an excellent index including pre-Linnaean synonyms. Thus, for example, the identity of the *Sclarea pratensis foliis*

69

serratis, flore coeruleo of Dillenius in Ray, *Syn.* 3rd ed. 237 (1724), can be easily ascertained by reference to the index of Smith's *English Flora* vol. 1, where it is listed, and to p. 35 there indicated, which cites it as a synonym of *Salvia pratensis* L. Smith's *English Flora* is indeed the best guide to the pre-Linnaean synonymy of British plants.

There exists no modern concordance to Ray's *Synopsis*, but modern equivalents for most of the plant-names of the third edition are given in G. C. Druce and S. H. Vines, *The Dillenian Herbaria* 3–155 (1907). Unfortunately this has no index of the numerous pre-Linnaean names cited in the text. Reference to the entries on *Salvia* (p. 78) confirms Smith's correlation above, the specimen named *Sclarea pratensis foliis serratis* in Dillenius's herbarium being here identified with *Salvia pratensis*. Many critical identifications of Ray's plants are scattered through Raven's *John Ray* (1942).

Illustrations of the *Synopsis*

The first edition (1690) of the *Synopsis* had two engraved plates figuring *Cistus ledon palustris Rosmarini folio* (i.e. *Andromeda polifolia*), *Hemionitis pumila trifolia* (possibly a juvenile form of *Asplenium marinum*) and *Subularia lacustris* (i.e. *Isoetes lacustris*), the last collected on Snowdon by Edward Lhwyd in 1689. These were omitted from the second edition (1696) which has no illustrations. To the third edition (1724) Dillenius, who was a competent draughtsman, added 24 plates which were published uncoloured. The Bodleian Library, Oxford, however, possesses a copy with plates coloured by Dillenius himself and the British Museum, London, possesses a set of these plates (969 f. 23) without text but coloured by hand, apparently also by Dillenius himself. A figure of particular interest is Plate III, fig. 1, portraying the mysterious 'Conjurer of Chalgrave's Fern' (p. 124), which is not indeed a fern but a leaf of *Anemone nemorosa* with fructifications of *Tranzschelia anemones* (*Puccinia anemones*) scattered over its lower surface, as M. C. Cooke demonstrated in a paper read in 1864 to the Society of Amateur Botanists (cf. Ramsbottom in *J. Quekett Microsc. Club* II, 16: 215–230, esp. 224: 1932). The Department of Botany, British Museum (Natural History) has a large collection of beautifully executed original drawings by Dillenius, including some used in the *Synopsis*.

These plates, with modern nomenclature for the plants and animals figured, are as follows:

Plate I (p. 28)

    fig. 1   *Geaster limbatus* Fries

    fig. 2   a. *Mycena tenella* Fries, b. *Cyathus vernicosus* DC.

    fig. 3   *Onygena equina* Fries

    fig. 4   *Radulum quercinum* Fries

    fig. 5   *Radulum quercinum* Fries

Plate II (p. 60)

fig. 1 *Scrupocellaria reptans* L.

fig. 2 *Obelia* sp.?

fig. 3 *Ceramium* sp., prob. *C. diaphanum* (Lightf.) Roth

fig. 4 *Sertularia* or *Sertularella*?

fig. 5 *Plumaria elegans* (Bonnem.) Schmitz

fig. 6 *Bostrychia scorpioides* (Huds.) Mont.

Plate III (p. 128)

fig. 1 Leaf of *Anemone nemorosa* L. with clustered sori of *Tranz-schelia anemones* (Pers.) Nannf.

fig. 2 *Splachnum ovatum* Hedw.

fig. 3 *Trichomanes speciosum* Willd.

fig. 4 A young plant of *Osmunda regalis* L.

Plate IV (p. 150)

fig. 1 *Lemna minor* L.

fig. 2 *Lemna polyrhiza* L.

fig. 3 *Potamogeton obtusifolius* Mert. & Koch + *P. acutifolius* Link 'The original material in Herb. Buddle is a mixture of the two species' (J. E. Dandy).

Plate V (p. 160)

fig. 1 *Scleranthus perennis* L.

fig. 2 *Equisetum fluviatile* L.

fig. 3 *Equisetum palustre* L.

Plate VI (p. 168)

fig. 1 *Ruppia maritima* L.

fig. 2 *Hieracium holosericeum* Backh.

Plate VII (p. 188)

fig. 1 *Tripleurospermum maritimum* (L.) Koch subsp. *maritimum*

fig. 2 *Bidens cernua* L.

Plate VIII (p. 209)

fig. 1 *Physospermum cornubiense* (L.) DC.

Plate IX (p. 231)

fig. 1 *Galium parisiense* L. subsp. *anglicum* (Huds.) Clapham

fig. 2 *Myosotis sylvatica* Hoffm.

Plate X (p. 228)
  fig. 1 *Mentha aquatica* L.
  fig. 2 *Mentha × piperita* L.

Plate XI (p. 279)
  fig. 1 *Veronica spicata* L. subsp. *hybrida* (L.) E. F. Warb.

Plate XII (p. 326)
  fig. 1 *Ranunculus sardous* Crantz
  fig. 2 *Sedum anglicum* Huds.
  fig. 3 *Astragalus danicus* L.

Plate XIII (p. 328)
  fig. 1 *Trifolium pratense* L.
  fig. 2 *Trifolium subterraneum* L.
  fig. 3 *Trifolium striatum* L.

Plate XIV (p. 332)
  fig. 1 *Trifolium ornithopodiodes* L.
  fig. 2 *Trifolium arvense* L.
  fig. 3 *Trifolium dubium* Sibth.
  fig. 4 *Trifolium micranthum* Viv.

Plate XV (p. 348)
  fig. 1 *Cerastium glomeratum* Thuill.
  fig. 2 *Cerastium holosteoides* Fries
  fig. 3 *Radiola linoides* Roth
  fig. 4 *Minuartia verna* (L.) Hiern

Plate XVI (p. 355)
  fig. 1 *Saxifraga nivalis* L.
  fig. 2 *Geranium pusillum* L.

Plate XVII (p. 374)
  fig. 1 *Lloydia serotina* (L.) Reichenb.
  fig. 2 *Vulpia membranacea* (L.) Dumort.

Plate XVIII (p. 377)
  fig. 1 *Anacamptis pyramidalis* (L.) Rich.

Plate XIX (p. 379)
  fig. 1 *Festuca rubra* L.

73

fig. 2 *Orchis purpurea* Huds.

fig. 3 *Salix repens* L.

Plate XX (p. 397)

fig. 1 *Hordeum murinum* L.

fig. 2 *Alopecurus myosuroides* Huds.

Plate XXI (p. 406)

fig. 1 *Helictotrichon pratense* (L.) Pilg.

fig. 2 *Helictotrichon pubescens* (Huds.) Pilg.

Plate XXII (p. 408)

fig. 1 *Festuca vivipara* (L.) Smith

fig. 2 *Aira praecox* L.

Plate XXIII (p. 477)

Marine hydroid?

Plate XXIV (p. 479)

fig. 1 *Viola canina* L.

fig. 2 *Coprobia granulata* (Fries) Boudier?

fig. 3 *Cheilymenia vitellina* (Fries) Dennis?

fig. 4 *Pustularia cupularis* (Fries) Fuckel?

fig. 5 *Clavulinopsis corniculata* (Fries) Corner?

fig. 6 *Euphorbia portlandica* L.

fig. 7 *Calocera viscosa* (Fries) Fries?

Latin ecological words

The main interest of Ray's *Synopsis* now is to be found in its statements of localities and habitats. These may be expressed either in English or Latin. Since very few botanists can nowadays read and write Latin with the ease of Ray and his contemporaries, the following basic vocabulary of the more important words used may serve as a time-saving guide to this geographical and ecological information. The nouns and adjectives listed below in the nominative singular were mostly used by Ray in the ablative plural, less often in the accusative or genitive, as is indicated by examples. For further information, reference must be made to standard grammars and dictionaries of classical Latin or to Stearn, *Botanical Latin* (1973). The same words were used, of course, in other botanical works, among them J. E. Smith, *Flora Britannica* (1800–04).

acclivis-e: sloping upwards, steep: *loco acclivi saxoso*, at a steep rocky place.

adhaerens: clinging to; *saxis adhaerens*, clinging to rocks.

Aedes (f): building, dwelling.

Aestuarium (n): estuary; *in Sabrinae aestuario*, in the estuary of the Severn.

Ager (m): field, district, shire; *in agro Cantabrigiensi*, in Cambridgeshire; *in agris Chelsejanis*, in Chelsea fields.

Agger (m): mound, earthwork or rampart heaped up in digging a trench; *in aggere fossae famosae* the Devil's Ditch *vocatur*, on the rampart of the celebrated dyke called 'the Devil's Ditch'.

Alluvio (f): alluvial land.

Ambulacrum (n): walk planted with trees, avenue.

apricus-a-um: open, sunny.

Aqua (f): water.

aquaticus-a-um: watery, aquatic.

Aquosum (n): watery place; *in aquosis*, in watery places.

Area (f): open space, vacant lot; *in areis et ambulacris hortorum*, in open spaces and walks of gardens.

Arbor (f): tree; *arborum*, of trees; *arboribus adhaerens*, clinging to trees.
Arenosum (n): sandy place; *in arenosis maritimis*, on maritime sands.
aridus-a-um: dry.
Arvum (n): arable land, ploughed field.
asper-a-um: rough, rugged, uneven.

Cacumen (n): peak, summit.
caeduus-a-um: fit for cutting.
calcareus-a-um: lime, limy; *in rupibus calcareis juxta stagnum* Malham-Tarne *dictum*, on limestone rocks near the piece of standing water called 'Malham Tarn'.
Campus (m): flat area, plain.
Caudex (m): trunk of a tree.
Cella (f): store-room, cellar, vault; *cellarum vinariarum*, of wine vaults.
circa: about, around; *circa Londinum*, around London.
Clivus (m): slope, steep place; *in clivis maritimis Cambriae*, on steep maritime slopes of Wales.
Collis (m): hill, high ground; *in collibus siccioribus et sterilibus praesertim cretaceis*, on the drier and barren hills particularly chalk ones.
Comitatus (m): county, shire; *in Comitatu Eboracensi*, in Yorkshire: *in plerisque Angliae Comitatibus*, in most counties of England; *in Comitatu Montis Gomerici Walliae*, in the county of Montgomery in Wales.
Compitum (n): cross-roads.
conterminus-a-um: bordering upon.
copiose: plentifully, abundantly.
Crepido (f): bank; *in saxorum crepidinibus et antiquis muris*, on banks of stones (i.e. stone or dry walls) and old walls.
Creta (f): chalk.
cretaceus-a-um: chalky, chalk; *in collibus cretaceis*, on chalk hills.
Cultum (n): cultivated place, tilled land.
cultus-a-um: cultivated, tilled.

dictus-a-um: called.
Dumetum (n): thicket; *in dumetis*, in thickets.

emortuus-a-um: dead.
Ericetum (n): heath, moor; *in ericeto Hamstediano*, on Hampstead Heath.

Excelsum (n): height, very high place.
excelsus-a-um: high, lofty.
extra: outside.

famosus-a-um: famed, celebrated.
Fimetum (n): dung-hill, manure heap.
Fimus (m): dung; *e fimo bubulo vel equino*, from ox or horse dung.
Fissura (f): cleft, fissure.
Fluentum (n): flowing water, stream.
Fluvius (m): river.
Fons (m): spring, fountain; *fontium*, of springs.
Fossa (f): ditch, dyke; *in fossis prope Westmonasterium*, in ditches near Westminster.
frequens: frequent, common.
Fundus (m): the bottom of anything; *in fundis piscinarum*, at the bottoms of pools.

gelidus-a-um: cold; *aqua gelida*, cold water.
Glareosum (n): gravelly place; *in glareosis et sterilibus*, in gravelly and barren places.

Hortus (m): garden: *in horto nostro*, in our garden; *hortorum*, of gardens; *extra hortos*, outside gardens.
humectus-a-um: moist, damp.
Humidum (n): moist or damp place.
humidus-a-um: moist, damp.
Hyems (f): winter; *per hyemem*, through the winter.

ibi: in that place, there.
Incultum (n): untilled or wild place.
Insula (f): island, isle; *in Scotiae insulis, praecipue in insula Mull*, on the islands of Scotland, especially on the island of Mull.
interdum: sometimes, occasionally.

juxta: near.

Lacus (m): lake; *prope lacum*, near the lake.

Lapillus (m): pebble, small stone.

Lapis (m): stone, usually one quarried and cut; *lapidibus adnascitur*, it is growing upon stones.

Latus (n): side; *ad latera montium*, on the sides of mountains.

Lignum (n): wood, fire-wood, timber: *in ligno putrescente*, on rotting wood.

Limes (m): boundary, limit; *agrorum limites*, boundaries of fields.

Littus (n): sea-shore, coast; *in littore Suffolciae*, on the coast of Suffolk.

Locus (m or f): place, locality; *loco declivo udo sub Alnis*, at a moist sloping place beneath alders; *locis palustribus in ericetis*, at boggy places on heaths.

Lucus (m): wood, thicket.

Lupuletum (n): hop garden; *juxta lupuletum Parfieldiae*, next to the hop garden of Parfield.

Maceria (f): wall, particularly a clay one.

Mare (n): sea; *e mari prope Lizard Point expiscatum*, fished out of the sea near Lizard Point.

Margo (m): margin, brink, edge; *in marginibus agrorum*, at the edges of fields.

marinus-a-um: marine; *in rupibus marinis*, on marine rocks.

maritimus-a-um: maritime.

Medium (n): the middle.

Moenia (n. pl.): city walls, fortifications; *circa moenia Nordovici urbis*, about the walls of the city of Norwich.

Mola (f): mill.

Mons (m): mountain; *in montibus Cambrobritannicis abundat*, it abounds in the Welsh mountains; *in montibus Walliae vulgatissima*, very common in the mountains of Wales; *in excelsis rupibus montis Snowdon*, on high rocks of mount Snowdon.

montosus-a-um: mountainous; *in pratis montosis*, in mountain meadows.

Murus (m): wall; *in muris antiquis*, on old walls.

muscosus-a-um: mossy.

Muscus (m): moss; *inter muscos*, among mosses.

oleraceus-a-um: relating to potherbs and vegetables; *in hortis oleraceis*, in kitchen gardens.

Opacum (n): shady place; *in opacis ad radices arborum et fruticum*, in shady places at the roots of trees and shrubs.

Oppidulum (n): small town.

Oppidum (n): town; *ad Buriam oppidum*, at the town of Bury St Edmunds.

Ora (f): coast.

paludosus-a-um: marshy, swampy.

Palus (f): marsh, swamp, fen.

palustris-e: marshy, swampy.

Pascuum (n): pasture, grazing land; *in pascuis*, in pastures.

passim: here and there.

petra (f): rock, stone; *in petrarum fissuris*, in clefts of rocks.

Petrosum (n): rocky place.

pinguis-e: rich, fertile, in good condition.

Piscina (f): pond, pool.

Pomarium (n): orchard.

praecipue: especially, particularly.

praesertim: especially, particularly.

Pratum (n): meadow; *in pratis humidis*, in damp meadows.

prope: near; *prope Abbatiam Tinternensem*, near Tintern Abbey.

putrescens: rotting, decaying.

putridus-a-um: rotten, decayed.

Radix (f): root; *ad arborum radices*, at the roots of trees.

Ramus (m): branch, twig; *Corylorum ramis aridis et emortuis adnascitur*, it grows upon dry and dead twigs of hazels.

repertus-a-um: discovered, found.

requietus-a-um: rested, fallow; *in requietis agris*, in fallow fields.

residuus-a-um: residuary, standing still; *in aquis residuis*, in standing water.

Riguum (n): well-watered place.

riguus-a-um: irrigated, well-watered.

Ripa (f): bank of stream or river; *ad fluviorum ripas*, at the banks of rivers; *ad ripam Thamesis in muris ad palatium Archiepiscopi Cantuariensis*, on the bank of the Thames on walls at the palace of the Archbishop of Canterbury.

Rivulus (m): small brook, rivulet, rill.

79

Rivus (m): brook, small stream.

Ruderatum (n): rubbish heap, waste ground; *in ruderatis*, in waste places.

Rupes (f): rock; *in rupibus Arvorniae*, on rocks of Caernarvon.

saepe: often.

Saepes (f): hedge.

salicetum (n): osier-bed, collection of willows (*Salix*).

Salsum (n): brackish or salty place; *in salsis palustribus mari conterminis*, in salt marshes adjoining the sea.

satus-a-um: planted, sown; *an spontaneam an olim ibi satam nescimus*, whether spontaneous or whether formerly planted there we do not know.

saxosus-a-um: rocky.

Saxum (n): detached rock, stone.

Scaturigines (f): spring, gushing water.

Scobis (m): ditch, dyke, trench.

secus: along; *secus viam*, along the road.

Seges (f): corn-field, standing corn; *inter segetes*, among corn.

Semita (f): footpath, lane.

Sepes (f): hedge, hedgerow; *ad sepes*, at hedges.

siccus-a-um: dry.

Solum (n): soil; *in solo putrido*, in rotted soil, i.e. peat or leaf-mould; *in solo arenoso*, on sandy soil.

Spelunca (f): cave, cavern.

spongiosus-a-um: spongy, porous.

Stagnum (n): piece of standing water, pond.

sterilis-e: barren, infertile.

Sylva (f): wood, woodland; *in sylvis sub arboribus*, in woods beneath trees.

Sylvula (f): copse, small wood.

ubique: everywhere.

udus-a-um: wet, moist, samp.

uliginosus-a-um: marshy, swampy.

umbrosus-a-um: shady; *in locis umbrosis*, in shady places.

vadosus-a-um: shallow.

Vadum (n): shallow water, ford.

Vallecula (f): little valley, glen.

Vallis (f): valley.

Vepres (m): thorn-bush, bramble; *inter vepres*, among thorn-bushes.

versus: towards; *in ericeto Hounslejano versus Hampton*, on Hounslow Heath towards Hampton.

Via (f): road, highway.

Vicus (m): village; *inter Swafham et Burwel vicos*, between the villages of Swaffham and Burwell.

Viridarium (n): pleasure garden.

vocatus-a-um: called; *in sylvula* Pancretch *vocata*, in the little wood called 'Pancretch'.

Abbreviations and signs in the third edition
of the *Synopsis*

In preparing the third edition of the *Synopsis* Dillenius made a diligent survey not only of the British but also of the relevant Continental literature, thereby helping to keep the study of the British flora within the study of the European flora as a whole. To facilitate reference he added page-numbers for the works cited, a bibliographical innovation which must have cost him very much time and labour, Ray having been content merely to indicate the work concerned without such exactness. The abbreviations for cited literature are listed in the 'Explicatio Nominum abbreviatorum' at the beginning of the book, but these explanations, though presumably intelligible enough to Dillenius and his contemporaries, themselves now require explanation in order that the books concerned may be found with the aid of modern library catalogues. For example, it is not immediately evident that the abbreviation *Gundelsh.* explained as 'Andreas Gundelsheimer apud Johrenium in Hodego Botanico' refers to M. D. Johren, *Vademecum botanicum* (c. 1710), to which Gundelsheimer contributed information. In the following list of abbreviations, references are given to the relevant entries in Pritzel, G. A., *Thesaurus Literaturae botanicae*, 2nd ed. (1872), for further information.

§   is placed at the beginning of the account of each genus, e.g. § Viciae characteristicae sunt.

★   indicates a plant first noted in this edition, i.e. not included in the 1690 and 1696 editions, e.g. ★ 5. Trifolium pratense purpureum minus foliis cordatis.

( )   are used to enclose new text added by Dillenius and not in the 1690 and 1696 editions, e.g. (In ericeto Hamstediano *Merr.* In *Charlton wood*, the lower part plentifully—*Mr. J. Sherard*).

An.	*means* Annual plant, e.g. An. 4 Gentianella fugax Autumnalis.
Barr.	BARRELIER, J. Plantae per Galliam, Hispaniam, et Italiam observatae. folio. Paris, 1714. (Pritzel 423).
Bocc.	BOCCONE, P. Icones et Descriptiones rariorum Plantarum Siciliae, Melitae, Galliae et Italiae. 4to. Oxford, 1674. (Pritzel 859). —— Museo di Piante rare. 4to. Venice, 1697. (Pritzel 862)
Bot. Par.	*See* Corn. Ench. (below).
Buddl.	Herbarium of Adam Buddle, now forming vols. 114–126 of the Sloane Herbarium in the British Museum (Natural History), London; cf. Dandy, *Sloane Herb.* 41, 102–106 (1958).
C.B.	BAUHIN, C. Pinax Theatri botanici. 4to. Basel, 1623; reprinted 1671. (Pritzel 509). —— Prodromos Theatri botanici. 2nd ed. 4to. Basel, 1671. (Pritzel 507). —— Theatri botanici sive Historiae Plantarum Liber. folio. Basel, 1658. (Pritzel 510).
Caesalp.	CESALPINO (CAESALPINUS), A. De Plantis Libri. 4to. Florence, 1583. (Pritzel 1640).
Cam.	CAMERARIUS, J. Hortus medicus et philosophicus. Cum THALII Sylva Hercynia. 4to. Frankfurt am Main, 1588. (Pritzel 1439).
Cat. Alt.	HOFFMANN, M. Florae Altdorfinae Deliciae sylvestres. 4to. Altdorf, 1662 (Pritzel 4157). —— Florae Altdorfinae Deliciae hortenses. 4to. Altdorf, 1660. (Pritzel 4155).
Cat. Cant.	RAY, J. Catalogus Plantarum circa Cantabrigiam nascentium. 8vo. Cambridge, 1660. (Pritzel 7431).
Cat. Giss.	DILLENIUS, J. J. Catalogus Plantarum sponte circa Gissam nascentium. 8vo. Frankfurt am Main, 1719. (Pritzel 2284).

83

Cat. Pl. Angl.   RAY, J. Catalogus Plantarum Angliae. 8vo. London, 1670; 2nd ed., London, 1677. (Pritzel 7434).

Chabr.   CHABREY (CHABRAEUS), D. Stirpium Icones. folio. Geneva, 1666. (Pritzel 1650).

Clus.   DE L'ESCLUSE (CLUSIUS), C. Rariorum Plantarum Historia. folio. Antwerp, 1601. (Pritzel 1759).

Col.   COLONNA (COLUMNA), F. Minus cognitarum rariorumque Stirpium Ecphrasis. 4to. Rome, 1616. (Pritzel 1823).

Comm.   COMMELIN, J. Catalogus Plantarum indigenae Hollandiae. 12mo. Amsterdam, 1683. (Pritzel 1831).

Comm. Ac. R. Sc.   PARIS. ACADÉMIE ROYALE DES SCIENCES. Histoire avec les Mémoires, 1699–. 4to. Paris, 1702–.

Corn. Ench.   CORNUT, J. P. Canadensium Plantarum aliarumque
Bot. Par.   nondum editarum Historia. Cui adjectum est calcem Enchiridion botanicum Parisiense. 4to. Paris, 1635. (Pritzel 1894).

Dodon.   DODOENS (DODONAEUS), R. Stirpium Historiae Pemptades sex. 2nd ed. folio. Antwerp, 1616. (Pritzel 2350).
—— Florum et coronariarum odoratarumque nonnullarum Herbarum Historia. 8v. Antwerp, 1568; reprinted 1569. (Pritzel 2347).

Don.   DONATI, A. Trattato de Semplici, Pietre e Pesci marini. 4to. Venice, 1631. (Pritzel 2368).

Eph. Germ.   ACADEMIA CAESAREA LEOPOLDINO-CAROLINA GERMANICA NATURAE CURIOSORUM. Ephemerides (*also entitled* Miscellanea curiosa). Centuria I–X. 4to. Frankfurt am Main, etc., 1712–22. Dillenius's five papers were published in *Miscellanea Curiosa*, centuries III, IV, VIII, IX (1715–22).

Eyst.   BESLER, B. Hortus Eystettensis. folio. Nürnberg, 1613. (Pritzel 745).

84

Fl. Jen.	RUPPIUS, H. B. Flora Jenensis. 8vo. Frankfurt am Main and Leipzig, 1718. (Pritzel 7913).
Fuchs.	FUCHS, L. De Historia Stirpium. folio. Basel, 1542. (Pritzel 3138).
Ger.	GERARD, J. The Herball or general Historie of Plantes. folio. London, 1597. (Pritzel 3282).
Ger. Em.	—— The Herball. 2nd ed., 'very much enlarged and amended by Thomas Johnson'. folio. London 1633; reprinted 1636. (Pritzel 3282).
Gundelsh.	JOHREN, M. D. Vademecum botanicum seu Hodegus botanicus. 8vo. Colberg, [c. 1710]. (Pritzel 4461). Contains observations by Andreas Gundelsheimer including description of the genus *Stratiotes*.
Herm.	HERMANN, P. Horti Academici Lugduno-Batavi Catalogus. 8vo. Leiden, 1687. (Pritzel 3991). —— Paradisus Batavus. 4to. Leiden, 1698. (Pritzel 3994).
Hist. Ox.	MORISON, R. Plantarum Historiae universalis Oxoniensis Pars. folio. Oxford, 1680. (Pritzel 6464).
Hist. Pl. Par.	TOURNEFORT, J. P. DE. Histoire des Plantes qui naissent aux Environs de Paris. 8vo. Paris, 1698. (Pritzel 9424).
Hort. Reg. Bles.	MORISON, R. Praeludia botanica. 12mo. London, 1669. (Pritzel 6462).
Hort. Reg. Par.	VALLET, P. Le Jardin du Roy tres Chrestien Henry IV. folio. Paris, 1608. (Pritzel 9671).
Inst. R. Herb.	TOURNEFORT, J. D. DE. Institutiones Rei Herbariae. 4to. Paris, 1700. (Pritzel 9427).
J.B.	BAUHIN, J., CHERLER, J. H. and CHABREY, D. Historia Plantarum universalis. folio. Yverdun, 1650–51. (Pritzel 504).
Johns.	JOHNSON, T. Descriptio Itineris Plantarum Investigationis. 8vo. London, 1632 (Pritzel 4454). —— Mercurius botanicus. 8vo. London, 1634. (Pritzel 4455).

85

Lob. L'OBEL (LOBELIUS), M. DE. Plantarum seu Stirpium seu Icones. 4to. Antwerp, 1581. (Pritzel 5549).
—— Stirpium Illustrationes. 4to. London, 1655. (Pritzel 5550).

PENA, P. and L'OBEL, M. DE. Stirpium Adversaria nova. folio. London, 1570; reprinted 1605 with new title. (Pritzel 7029).

Loes. LOESEL, J. Flora Prussica. 4to. Kaliningrad (Königsberg), 1703. (Pritzel 5576).

Lugd. DALECHAMPS, J. Historia generalis Plantarum. folio. Lyon (Lugdunum), 1587. *French translation:* Histoire générale des Plantes. folio. Lyon, 1615; reprinted 1653. (Pritzel 2035).

Magn. MAGNOL, P. Botanicum Monspeliense. 8vo. Montpellier, 1686. (Pritzel 5739).

Matth. MATTIOLI (MATTHIOLUS), P. A. Commentarii in sex Libros Pedacii Dioscoridis de Materia medica. folio Venice, 1583. (Pritzel 5985).

Mentz. MENTZEL, C. Index Nominum Plantarum universalis multilinguis. folio. Berlin, 1682; reprinted 1696. (Pritzel 6093).

Merr. MERRETT, C. Pinax Rerum naturalium Britannicarum. 8vo. London, 1666; 2nd ed. 1667.

Munt. MUNTING, A. De vera Antiquorum Herba Britannica. 4to. Amsterdam, 1681. (Pritzel 6557).

Park. PARKINSON, J. Theatrum botanicum. folio. London, 1640. (Pritzel 6934).
—— Paradisi in Sole Paradisus terrestris. folio. London, 1629. (Pritzel 6933).

Petit. PETIT, F. P. DU. Lettres d'un Médecin des Hospitaux du Roy. 4to. Namur, 1710. (Pritzel 7083).

Petiv. PETIVER, J. Herbarii Britannici Raji Catalogus. folio. London [before 1700].
—— Graminum, Muscorum etc. Concordia. folio. London, [before 1700].
—— Musei Petiveriani Centuria. 8vo. London, 1695–1703.

	—— Gazophylacii Naturae et Artis Decas. 8vo. London, 1702–09. (Pritzel 7088).
Ph. Br.	HOW, W. Phytologia Britannica. 8vo. London, 1650. (Pritzel 4293).
Plot	PLOT, R. The Natural History of Oxfordshire. folio. Oxford, 1677.
	—— The Natural History of Staffordshire. folio. Oxford, 1686.
Pluk.	PLUKENET, L. Phytographia. 4to. London, 1691–96. (Pritzel 7212).
	—— Almagestum botanicum. 4to. London, 1696. (Pritzel 7212).
	—— Almatheum botanicum. 4to. London, 1705. (Pritzel 7212).
Pont.	PONTEDERA, G. Anthologia. Accedunt ejusdem Dissertationes. 4to Padua, 1720 (Pritzel 7265).
Ray	RAY (RAJUS), J. Historia Plantarum. folio. London, 1686–1704. (Pritzel 7436).
	—— Methodus Plantarum emendata et aucta. 8vo. London, 1703. (Pritzel 7435).
Rivin.	RIVINUS, A. Q. Ordo Plantarum Flore irregulari monopetalo. folio. Leipzig, 1690. (Pritzel 7652).
	—— Ordo Plantarum Flore irregulari tetrapetalo. folio. Leipzig, 1691. (Pritzel 7653).
	—— Ordo Plantarum Flore irregulari pentapetalo. folio. Leipzig, 1699. (Pritzel 7654).
Robin	ROBIN, J. Catalogus Stirpium. Paris, 1601. (Pritzel 7670).
Sch. Bot.	WARTON, S. (SHERARD, W.) Schola botanica. 8vo. Amsterdam, 1689. (Pritzel 10000).
Scheuchz.	SCHEUCHZER, J. Agrostographia. 4to. Zürich, 1719. (Pritzel 8172).
	—— Agrostographiae Helveticae Prodromus. folio. Zürich, 1708. (Pritzel 8170).
Schwenckf.	SCHWENCKFELT, C. Stirpium et Fossilium Silesiae Catalogus. 4to. Leipzig, 1600. (Pritzel 8542).

87

Sibb.	SIBBALD, R. Scotia illustrata seu Prodromus Historiae naturalis Scotiae. folio. Edinburgh, 1684. (Pritzel 8656).
Syn.	RAY, J. Synopsis methodica Stirpium Britannicarum. 8vo. London, 1690; 2nd ed., 1696. (Pritzel 7438).
Tab.	TABERNAEMONTANUS, J. T. Eicones Plantarum. 4to. Frankfurt am Main, 1590. (Pritzel 9094).
Thal.	THAL (THALIUS), J. Sylva Hercynia. 4to. Frankfurt am Main. 1588. (Pritzel 9175; cf. *Cam.* above).
Trag.	BOCK (TRAGUS), H. De Stirpium. 4to. Strasbourg, 1552. (Pritzel 867).
Turn.	TURNER, W. A new Herball. folio. Cologne, 1568. (Pritzel 9570).

Sources of further information

ALLEN, D. E. 1967. John Martyn's Botanical Society; a bibliographical analysis of the membership. *Proc.
Bot. Soc. Brit. Isles* 6: 305–324.

ARBER, A. 1943. A seventeenth-century naturalist: John Ray. *Isis* 34:
319–324.

BRITTEN, J. 1909. Linnaeus's 'Flora Anglica'. *J. Bot. (London)* 47,
Suppl.: 1–23.

BRITTEN, J. and BOULGER, G. S. 1931. *A Biographical Index of deceased
British and Irish Botanists*. 2nd
ed.,London (Taylor & Francis).

CLARKE, W. A. 1900. *First Records of British Flowering Plants*. 2nd ed.
London.

CLOKIE, H. N. 1964. *An Account of the Herbaria of the Department of
Botany in the University of Oxford*. London
(Oxford University Press).

CROWTHER, J. G. 1960. *Founders of British Science*. London (Cresset
Press).

DANDY, J. E. *Ed.* 1958. *The Sloane Herbarium*. London (British Museum
(Natural History)).

DERHAM, W. 1760. *See* SCOTT, G. 1760. *Select Remains.*

DRUCE, G. C. 1886. *Flora of Oxfordshire*. Oxford and London.

DRUCE, G. C. 1897. *Flora of Berkshire*. Oxford.

DRUCE, G. C. 1912. Linnaeus' 'Flora Anglica'. *Scottish Bot. Review*, 1:
154–161.

DRUCE, G. C. 1926. *Flora of Buckinghamshire*. Arbroath.

DRUCE, G. C. and VINES, S. H. 1907. *The Dillenian Herbaria*. Oxford.

EWAN, J. and EWAN, N. 1970. *John Banister and his Natural History
of Virginia, 1678–1692*. Urbana,
Chicago, London (University of
Illinois Press).

GILMOUR, J. S. L. and WALTERS, M. 1954. *Wild Flowers: Botanising in
Britain*. London (Collins)

GUNTHER, R. W. T. 1928. *Further Correspondence of John Ray*. London.

JACKSON, B. D. 1874. A sketch of the life of William Sherard. *J. Bot.* (*London*) 12: 129–134.

KEYNES, G. 1951. *John Ray: a Bibliography.* London (Faber & Faber).

LANKESTER, E. 1845. *The Correspondence of John Ray.* London.

LANKESTER, E. 1847. *Memorials of John Ray.* London.

MÖBIUS, M. 1921. Die Frankfurter Floristen. *Ber. Senckenberg. Naturf. Ges. Frankfurt am Main* 51: 154–166, esp. 156.

PARKES, J. 1925. *Travel in England in the seventeenth Century.* London.

PASTI, G. 1960. *Consul Sherard: amateur Botanist and Patron of Learning,* 1659–1728. Ph.D. Thesis, University of Illinois, Urbana, Illinois.

PRYOR, R. A. 1881. Notes on the herbarium of Abbot. *J. Bot.* (*London*) 19: 67–75.

PULTENEY, R. 1790. *Historical and biographical Sketches of the Progress of Botany in England.* 2 vols. London.

RAVEN, C. E. 1942. *John Ray, Naturalist, his Life and Works.* Cambridge (Cambridge University Press).

SCHILLING, A. J. 1888. Johann Jakob Dillenius (1687–1747), sein Leben und Wirken. *Samml. Gemeinverstandl. Wiss. Vortrage* III No. 66: 34 pp. Hamburg.

SCOTT, G. Ed. 1760. *Select Remains of the learned John Ray, with his life by the late William Derham.* London.

SPILGER, L. 1933. Dillenius als Erforscher des hessischen Pflanzenwelt. *Ber. Oberhess. Ges. Natur-u. Heilkunde zu Giessen,* N. F. Naturw. Abt. 15: 49–102.

STEARN, W. T. 1957. *An Introduction to the Species Plantarum and cognate botanical Works of Carl Linnaeus.* Prefixed to Ray Society facsimile of Linnaeus, *Species Plantarum,* vol. 1. London (Ray Society).

STEARN, W. T. 1966. The use of bibliography in natural history. *Bibliography and Natural History, Essays* (*Univ. Kansas Publ., Library Series,* no. 27): 1–26.

STEARN, W. T. 1973. *Botanical Latin.* 2nd. ed., Newton Abbot (David & Charles).

TURNER, D. Ed. 1835. *Extracts from the literary and scientific Correspondence of Richard Richardson, M.D., F.R.S., of Brierley, Yorkshire.* Yarmouth.

VINES, S. H. 1907. See DRUCE, G. C. and VINES, S. H.

WARD, B. T. 1956. Some Essex naturalists. *Essex Naturalist* 29: 306–326.

Synopsis methodica Stirpium Britannicarum (1724),
by John Ray
Facsimile

JOANNIS RAII

SYNOPSIS

METHODICA

STIRPIUM

BRITANNICARUM:

Tum Indigenis, tum in Agris cultis

Locis ſuis diſpoſitis;

Additis Generum Characteriſticis, Specierum De-
ſcriptionibus & Virium Epitome.

EDITIO TERTIA

Multis locis Emendata, & quadringentis quinquaginta
circiter Speciebus noviter detectis aucta.

Cum ICONIBUS.

LONDINI:

Impenſis GULIELMI & JOANNIS INNYS
Regiæ Societatis Typographorum, in Area
Occidentali D. Pauli.

MDCCXXIV.

Imprimatur.

JUNE 25.
1724.

IS. NEWTON *P.R.S.*

Fautoribus et Amicis

ΦΙΛΟΒΟΤΑΝΟΙΣ,

Qui Observationibus commu-
nicatis Opusculi hujus
Editionem promovere
dignati sunt;

Auctoris
Causa
Et ut publicas pro iis Gra-
tias Habeat, Agat,
Referat,
D. D. D.

Editor.

PRÆFATIO.

 YNOPSEOS Stirpium Britannicarum *cum a pluribus retro an-*
nis tanta effet raritas, ut nulla
ejus exemplaria, nifi ægre, a Rei
Herbariæ ftudiofis comparari po-
tuerint, Viri de Re literaria optime merentes,
Gulielmus & Joannes Innys *novam ejus Edi-*
tionem inftituere in animum induxerunt. Qua
in Editione quid de novo præftitum fit, pau-
cis indicare neceffarium fuit vifum.

PRIMUM *igitur in hac nova* Synopfeos
adornatione tum Fafciculus Sam. Dale, *tum*
Appendices *illæ duæ, quæ ex* Petiveri &
Doodii *communicatione pofteriori ejus Editio-*
ni fubnexæ erant, fuis locis infertæ funt, re-
cifis Differtationibus Epiftolaribus de Variis
Plantarum Methodis *tum ab* Auctore *noftro,*
tum ab A. Q. Rivino *confcriptis, partim quod*
hic non neceffariæ fuerint vifæ, partim ne
mole augerent Librum portatili ufui deftina-
tum, præfertim cum obfervatis ab ultima ejus

A 3 *Editione*

PRÆFATIO.

Editione tot novis speciebus incrementum ipsius nullo modo impediri posset.

DEINDE *cum vel ob Auctoris absentiam, vel Operarum incuriam multa alienis recensita essent locis, ita ut non tantum plantæ quædam locis valde impropriis fuerint enumeratæ, sed & vires ipsarum persæpe transpositæ, Indicique, quod mirum, fuerint insertæ, ut omnia suis & propriis restituerentur locis curavimus. Prioris generis exempla dant, Erica supina maritima Anglica, quæ Lychnidis species, Ledum palustre Arbuti flore, quod vel Ericæ species, vel sui generis planta est, Portulaca aquatica, sui generis herba Millefolium aquaticum pennatum spicatum C. B. quod ad Potamogiton pertinet, Gramen junceum, sive Holosteum minimum palustre, capitulis quatuor longissimis staminibus donatis, quod Plantaginis generi annumerandum, & aliæ. Posterioris generis documenta occurrunt in Linariæ viribus, quæ pag. 99. Linariæ adulterinæ perperam subjunctæ erant, in Verbasco, cujus vires Primulæ Veris p. 223. subscriptæ erant, in Erysimo, Millefolio & Sambuco, quorum virtutes p. 170, 280 & 304. Sophiæ, Millefolio Equisetifolio & Sambuco aquaticæ perperam adscriptæ erant, in Lenticula item p. 282. Nasturtii quinta specie p. 174. & Erica baccifera p. 308. quorum vires ad Balsaminen luteam, Nasturtium aquaticum supin-*
num

PRÆFATIO.

num C. B. *& Ericam vulgarem referendæ erant.*

CONTIGERAT *etiam ut plantæ quædam sub diversis nominibus bis fuerint recensitæ, nempe Gramen minimum spica brevi habitiore p.* 253. *& Gramen parvum præcox, panicula (potius spica) laxa canescente p.* 260. *item Gramen pumilum Loliaceo simile p.* 250. *& Gramen exile duriusculum maritimum p.* 259. *ut & Juncellus capitulis Equiseti minor & fluitans* C. B. *p.* 274. *& Gramen junceum clavatum minimum, seu Holosteum palustre repens, foliis, capitulis & seminibus Psyllii p.* 276. *ut Muscos quosdam & alias Imperfectiores plantas taceam, quæ nunc conjunctæ sub uno militant vexillo.*

SYNONYMA *quod attinet & Herbariorum citationes, Auctoris ductum presse sequi consultum fuit visum, non quod optima essent, sed quod istorum Auctorum,* Gerardi *nempe &* Parkinsoni Herbaria *lingua* Anglica *conscripta vulgari usu omnium terantur manibus, additis tamen Synonymis ex* Historia Oxoniensi *&* Plukenetii Phytographia, *si quando icone aliqua illustrata erat planta, ex* Phytologia *autem* Britannica *&* Merreti Pinace *iis saltem, de quibus certo constabat, reliquis incertis ad calcem rejectis, (expunctis & eo etiam relatis* Anemone tuberosa radice, *&*

A 4 Gentia-

PRÆFATIO.

Gentiana altera dubia Anglica, punctato medio flore, &c.) *adscriptis semper non sine labore Auctorum paginis, quo tædioso Indices evolvendi onere levarentur alii.* Petiveriani *labores quamvis non ita multum referant, cum Rhapsodiæ illæ privato commodo destinatæ nunquam fuerint publicatæ, nec eas unquam publicatum iri spes sit, tamen cum eæ in nonnullorum versentur manibus, quin & in exteras regiones subscriptionum causa fuerint transmissæ, cumque plantæ quædam ab aliis prætermissæ ibi recenseantur, quæ ulteriore examinatione dignæ sunt, ne & hac in re desit aliquid, Synonyma ipsius & novas species suis locis inseruimus.*

I D *vero præcipue dedimus operam, ut lapsus aliqui & errores in Synonymiis quibusdam commissi emendarentur, cujus rei exempla invenies in Fuco ferulaceo* Lob. *Editionis posterioris seu secundæ pag.* 4. *num.* 9. *qui ad Potamogiton maritimum alterum, seminibus singulis longis pediculis insidentibus pertinet,* vid. Editionis hujus p. 135, *in Hieracio octavo* p. 75. Editionis II. p. 169. num. 10. Edit. hujus: *in Pulmonaria seu Hieracio fruticoso* 2. p. 74. Edit. II. *hujus vero* p. 168. num. 2. *In Veronica prima* p. 177. Edit. II. p. 278. Edit. III. & *Pulsatilla, quæ, quicquid in* Editione II. *visum fuerit Auctori, nostro, vulgaris potius species videtur: in Leucojo porro marino*

PRÆFATIO.

marino p. 164. Edit. II. p. vero 291. Editionis III. *sub quo duæ distinctæ plantæ commixtæ erant.*

SYNONYMA *dubia, ubi de re certo constabat, a dubitatione liberavimus, cujus rei exempla præter alia occurrunt, in Orchide purpurea spica congesta pyramidali* Edit. II. p. 236. Edit. III. p. 377. *Orchide palmata minori flore luteo-viridi* Edit. II. p. 239. Edit. III. p. 381. *in Gramine canino primo* Edit. II. p. 247. Edit. III. p. 390. *in Gramine paniceo primo* Edit. II. p. 249. Edit. III. p. 393. *in Gramine verno spica brevi laxa* Edit. II. p. 252. Edit III. p. 398. *in Gramine nemoroso hirsuto* 2. Edit. II. p. 263. Edit. III. p. 416. *item in tertio & quarto* Ibid. *in Rosa sylvestri altera minore, flore albo nostrati* Edit. II. p. 297. Edit. III. p. 455.

ALIIS *quæ pro novis propositæ, a priscis vero Rei Herbariæ Scriptoribus jam observatæ erant, Synonyma addidimus, cujusmodi sunt: Hieracium parvum in arenosis nascens, seminum pappis densius radiatis* Edit. II. p. 73. Edit. III. p. 166. *Hieracium montanum Cichorei folio nostras* Edit. II. p. 72. Edit. III. p. 166. *Euphrasia rubra Westmorlandica* Edit. II. p. 162. Edit. III. p. * 285. *Mentha angustifolia spicata glabra, folio rugosiore, odore graviore* Edit. II. p. 123. Edit. III. p. 233. *Myositidis species* 7. & 11. Edit.

PRÆFATIO.

Edit. II. p. 208. 209. Edit. III. p. 349. *num.* 5. *& 6. Sedum minus Alpinum luteum nostras* Edit. II. p. 212. Edit. III. p. 353. *Gramen pumilum hirsutum, spica purpuro-argentea molli* Edit. II. p. 250. Edit. III. p. 396. *& Gramen parvum montanum spica crassiore, purpuro-cœrulea brevi* Edit. II. p. 253. Edit. III. p. 399.

IN *Methodo, exceptis Imperfectioribus, seu potius inferioris ordinis plantis & paucis quibusdam aliis, nihil fere mutatum est, nisi quantum visum fuit Auctori ipsi in* Methodo emendata & aucta, *cujus vestigia legere & ultimas cogitationes emendatas sequi lubuit, quantum quidem ob tædiosum transcribendi laborem licuit.*

RESTAT *ut paucis indicemus, quænam additamenta acceperit hæc Editio & quibusnam ea præcipue debeantur. Quo in loco primum nobis enumerandi sunt defunctorum* Ad. Buddle, Sam. Doody, Thom. Lawson, Ed. Lhwyd, Jac. Newton *&* D. Stonestreet *labores. Ex* Newtoni *quidem observatione peculiaria quædam plantarum loca addere licuit, quæ ipse* Catalogi Plantarum Angliæ *exemplari, quo utebatur, adscripserat; quæ vero a* Th. Lawson, D. Lhwyd *&* D. Stonestreet *post ultimam Editionem* Synopseos *observata sunt, ea vel e schedis ipsorum Auctorum*

PRÆFATIO.

rum lecta habemus, vel e Camdeni Britannia
Editionis ultimæ, *vel* Nicholsoni & Robin-
soni Historia Naturali Westmorlandiæ *deprom-
psimus.* Doodianas *observationes suppedita-
vere ipsius Annotationes, quas manu sua ad
Synopsin scriptas reliquit,* Buddlejanas *vero,
quæ quoad Imperfectiores plantas multo fuere
usui, nacti sumus ex* Horto *ipsius* Sicco, *cujus usum benevole concessit* D. Hans Sloane
M. D. *Baronettus. E vivis laudamus* D. Du-
Bois, D. Dale, D. Manningham & D. Rand,
& *siqui sunt alii, quorum nomina ad plantas
& observationes communicatas semper ad-
scripta sunt. Præcipuas vero in hoc Opere
partes occupant* Duumviri, D. Richardson &
D. Jac. Sherardus, *Amici nostri honoratissimi,
qui de industria crebris institutis itineribus
botanicis plantarum Angliæ familiam plurimum auxerunt, plantas dubias earumque loca minus certa restituerunt, & species demum non paucas novas necdum descriptas
ipsi invenerunt. Quarum omnium specimina in Herbariis, quæ vocant, vivis tum
apud Ipsos, tum in* Horto Sicco, *quem de
Angliæ Indigenis non minus, quam Exoti-
cis omnius generis amplissimum comparavit*
D. Gulielmus Sherardus, *studiose ad Muscos
minimos usque collecta conservantur.*

AD *extremum id monere oportet, in re
dubia, & ubi de ea certo non constabat, sum-*

mum

Præfatio.

mum in *Arte Magiftrum*, quem modo nomi-
navimus confultum femper fuiffe, cujus con-
filio eæ præcipue mendarum & Synonymorum
correctiones, quæ in hac Editione occurrunt,
acceptæ referendæ.

Ceterum quo conftet, quænam Additamenta & Supplementa Editioni huic ac-
cefferint, obfervationes & loca plantarum nova parenthefi inclufa funt, novæ autem plantæ & quæ in prioribus Editionibus non recenfitæ erant, afterifco præfixo a reliquis diftinctæ notantur.

EXPLI.

EXPLICATIO

Nominum Abbreviatorum.

B*Arr.* Jacobi Barrelieri Plantæ per Galliam, Hifpaniam & Italiam obfervatæ. Parif. 1614. in fol.

Bocc. Pauli Boccone Plantarum rariorum Siciliæ icones & defcriptiones. Oxon. 1674. Ejufdem Mufeum Plantarum Rariorum. Venet. 1697. in 4to.

Buddl. Adami Buddle Hortus Siccus.

C. B. Cafpari Bauhini Pinax & Prodromus Theatri Botanici. Bafil. 1671. in 4to. Ejufdem Theatrum Botanicum Ibid. 1658. in fol.

Cæfalp. Andreas Cæfalpinus de Plantis. Florent.. 1583. in 4to.

Cam. Joachimi Camerarii Hortus Medicus & Philofophicus, cum Thalii Sylva Hercinia Francof. 1588. in 4to.

Cat. Alt. Mauritii Hoffmanni Floræ Altorffinæ Deliciæ fylveftres & hortenfes. Altorffii 1662. in 4to.

Cat. Cant. & Cat. Pl. Angl. Joannis Raii Catalogus Plantarum circa Cantabrigiam nafcentium. Cantab. 1660 in 8vo. *Ejufd.* Catalogus Plantarum Angliæ. Lond. 1670. & 1677. in 8vo. Ejufdem Synopfis Methodica Stirpium Britannicarum, Editio Prima 1690. & fecunda 1696. in 8vo.

Cat. Giff. Joannis Jacobi Dillenii Catalogus Plantarum circa Giffam nafcentium. Giffæ 1719. in 8vo.

Chabr. Dominici Chabræi Stirpium Icones. Genevæ. 1666. in fol.

Cluf. Caroli Clufii Rariorum Plantarum Hiftoria. Antw. 1601. in fol.

Col. Fabii Columnæ Ecphrafis minus cognitarum rariorumque Stirpium Romæ 1616. in 4to.

Comm.

Explicatio

Comm. Joannis Commelini Catalogus Plantarum Indigenarum Hollandiæ. Amftel. 1685. in 12mo.

Comm. Ac. R. Sc. Hiftoria & Commentarii Academiæ Regiæ Scientiarum. Paris. in 4to.

Corn. Ench. Bot. Par. Jacobi Cornuti Enchiridion Botanicum Parifienfe ad calcem Hiftoriæ Plantarum Canadenfium. Parif. 1635. in 4to.

Dodon. Remberti Dodonæi Stirpium Hiftoriæ Pemptates VI. Antw. 1616. in fol. Idem de Floribus Ibid. 1569. in 8vo.

Don. Antonii Donati Tractatus de Plantis marinis. Venet. 1631. in 4to.

Eph. Germ. Ephemerides Germanicæ Naturæ Curioforum, in 4to.

Eyft. Hortus Eyftettenfis. Noribergæ 1613. in fol.

Fl. Jen. Henrici Bernhardi Ruppii Flora Jenenfis. Francof. & Lipfiæ 1718. in 8vo.

Fuchf. Leonardi Fuchfii de Stirpium Hiftoria Commentarii. Bafil. 1542. in fol.

Ger. & Ger. Em. Joannis Gerardi Hiftoria Plantarum Anglica. Lond. 1597. Eadem a Thoma Johnfon Emaculata. Ibid. 1633. & 1636. in fol.

Gundelfh. Andreas Gundelfheimer apud Johrenium in Hodego Botanico. Franc in. 8vo.

Herm. Pauli Hermanni Hortus Lugduno-Batavus. Lugd. Bat. 1687. in 8vo. Ejufd. Paradifus Batavus. Ibid. 1695. in 4to.

Hift. Ox. Hiftoria Plantarum Oxonienfis, auctoribus Roberto Morifon & Jacobo Bobarto. Oxonii, 1680. in fol.

Hift. Pl. Par. Pitton Tournefort Hiftoire des Plantes, qui naiffent aux environs de Paris. A Paris, 1698. in 8vo.

Hort. Reg. Blef. Roberti Morifon Hortus Regius Blefenfis. Londini, 1699. in 8vo.

Hort. Reg. Par. Pierre Vallet Hortus Regius Parifienfis, 1608. & 1648. in fol.

Inft. R. Herb. Jofephi Pitton Tournefortii Inftitutiones Rei Herbariæ Parif. 1700. in 4to.

J. B. Joannis Bauhini Hiftoria Plantarum Univerfalis, tribus Tomis exhibita. Ebrod. 1650. in fol.

Johnf. Thomæ Johnfoni Itinera Botanica. Lond. 1632. 1634. in 8vo.

Lob.

Lob. Matthiæ Lobelii Icones Plantarum. Antw. 1581. in 4to. Ejufdem Stirpium Illuftrationes. Lond. 1655. in 4to. Obfervationes & Adverfaria. Lond. 1605. in fol.

Loef. Joannis Loefelii Flora Pruffica. Regiomont. 1703. in 4to.

Lugd. Hiftoria Plantarum Lugdunenfis. Ludg. 1653. in fol.

Magn. Petri Magnol Botanicum Monfpelienfe. 1686. in 8vo.

Matth. Petri Andreæ Matthioli Commentarii in Libros VI. Diofcoridis de Materia Medica. Venet. 1583. in fol.

Mentz. Chriftiani Mentzelii Index Plantarum, & Pugillus. Berol. 1696. in fol.

Merr. Chriftophori Merret Pinax Rerum Naturalium Britannicarum. Lond. 1667. in 8vo.

Munt. Abraham Muntingius de Vera Herba Britannica. Amftel. 1681. in 4to.

Park. Joannis Parkinfoni Theatrum Botanicum. Lond. 1640. Ejufdem Paradifus Terreftris. Lond. 1629. in fol.

Petit. Petit Epiftolæ tres. Namur. 1710. in 4to.

Petiv. Jacobi Petiveri Herbarium Britannicum. in fol. Concordia Graminum. in fol. Mufeum. in 8vo. & Gazophylaceum Naturæ & Artis. in fol.

Ph. Br. Phytologia Britannica. Lond. 1650. in 8vo.

Plot. Roberti Plot Hiftoria Naturalis Oxonienfis & Staffordienfis. in fol.

Pluk. Leonhardi Plukenetii Almageftum Botanicum, Phytographia & Amaltheum. Londin. diverfo tempore edita. in fol.

Pont. Julii Pontederæ Anthologia & Differtationes Botanicæ. Patavii 1720. in 4to.

Raj. Joannis Raii Hiftoria Plantarum tribus Tomis comprehenfa. Lond. 1686. in fol. Ejufd. Methodus emendata & aucta. Ibid. 1703. in 8vo.

Rivin. Augufti Quirini Rivini Ordines Plantarum Flore Irregulari Monopetalo, Tetrapetalo, Pentapetalo. Lipfiæ 1690. in fol.

Robin. Joannis Robini Catalogus Stirpium. Parif. 1601. in 12mo.

Sch.

EXPLICATIO, &c.

Sch. Bot. Schola Botanica. Amſtel. 1699. in 8vo.
Scheuchz. Joannis Scheuchzeri Agroſtographia. Tiguri
1719. in 4to. Ejuſdem Prodromus. Ibid. 1708. in fol.
Schwenckf. Caſpari Schwenckfeld Catalogus Stirpium & Foſſilium Sileſiæ. Lipſiæ 1600. in 4to.
Sibb. Roberti Sibbaldi Scotia Illuſtrata, ſeu Prodromus Hiſtoriæ Naturalis Scotiæ. Edinb. 1684. in fol.
Tab. Jacobi Theodori Tabernæmontani Icones Plantarum. Francof. 1590. in 4to.
Thal. Joannis Thalii Sylva Hercinia, cum Camerarii Horto excuſa. Francof. 1588. in 4to.
Trag. Hieronymi Tragi Stirpium Hiſtoria. Argen-
tor. 1552. in 4to.
Turn. Wilhelmi Turneri Hiſtoria Plantarum. Co-
lon. 1568. in fol.

ADDENDIS addatur.

* **C**Entunculus *Cat. Giſſ. p.* 161. & *App. p.* 111. *Tab. 5.*
Alſine paluſtris minima, floſculis albis, fructu Coriandri exiguo *Mentz. Pug. icon.* Abſoluta jam ad hanc uſque pla-
gulam Opuſculi hujus impreſſione, dicta planta in paſcuo ante
vicum *Chiſſelhurſt* loco ſubudo (in a Dale juſt before the Common) obviam venit, quam valde probabile, eſſe Alſinen montanam minimam, Acini effigie, rotundifoliam *Pluk.* quæ *Syn. II.*
210. *III.* 350. recenſetur, nam hæc ſimilibus locis, elatis nempe ſubudis plerunque naſcitur, & nomen *Plukenetii* ipſi magis
quam alii cuicunque reſpondet. Eſt vero ſui generis planta
nec cum Alſines genere ullo modo convenit, niſi rudiore quadam externa ſimilitudine.

SYNO-

SYNOPSIS

METHODICA

STIRPIUM

BRITANNICARUM.

❧❧❧❧❧❧❧❧❧❧❧❧❧❧❧❧❧❧❧❧❧❧❧❧❧❧❧❧❧❧❧❧❧

GENUS PRIMUM.

F U N G I.

UNGUS eft plantæ genus infimum & valde imperfectum, nullo nec femine, nec flore, quantum hactenus certo conftat, confpicuum, a reliquis plantis in eo notabiliter recedens, quod nec color ipfis herbaceus aut folium proprie dictum, ut nec reliqua textura analoga adfit. Breviffimo temporis fpatio plerique oriuntur & in putredinem, e quaorti funt, citiffime relabuntur.

I. *Fungi pileati lamellati.*

1. FUngus campeftris albus fuperne, inferne rubens *J. B. T. III. P.* 2. *p.* 824. efculentus 13. five pileolo lato & rotundo livido, *C. B. Pin. p.* 370. parum rubens inferne, pileo albo plano, quandoque umbilicato, *Sterb. Th. F. p.* 28. *Tab.* 1. *Fig.* A. efculentus 12 *Park. Th. p.* 1317. *Champignon.* In pafcuis fterilioribus fub finem æftatis.

Hujus varietas occurrit in pratis circa Camberwell, pileo minore, colore fuperne tincto flavicante; lamellæ alias, ut in priori, rubent.

2. Fungus efculentus pileo & lamellis albis *Doody Syn. Ed. II. App.* 334. Cum priori circa Londinum, cui guftu parum cedit.

* 3. Fungus magnus viridis *Sterb. p.* 67. *T.* 5. *C.*! fylvarum afper efculentus 1. feu ex albo virefcens, *J. B. III.* 2. 827. Fungi umbilicum referentis variegati 3. fpecies *C. B. Pin.* 370. *n.* 8. In Hornfey Wood obfervavit *Dr. Dillenius.*

* 4. Fungus ovinus, *Sterb. p.* 64, 65. *T.* 4. *D. E. F.* planus orbiculatus aureus *C. B. Pin.* 371. *n.* 23. Fungi lutei magni, dicti Laferas fpeciofi, *J. B. III.* 2. 831. Ibidem ab eodem obfervatus.   Efculenti & optimi faporis funt hi duo, ut & fequens.

5. Fungus luteus feu pallidus, Chanterelle dictus, fe contorquens efculentus, *J. B. III.* 832. angulofus & velut in lacinias fectus *C. B. Pin.* 371. *n.* 20. Auricula leporis lutea, de Geilhafenoor, oft beter Seeme-leire Fungi *Sterb. p.* 59, 60, 61. *T.* 4. *B. B.* Fungi lethales, *Ger.* 1384. (fed male, funt enim innoxii, quin optimi.)   In fylvis fub arboribus.

Variat magnitudine & colore : nunc enim major eft, nunc minor occurrit.   Colore eft plerumque pallidiore, non raro tamen faturatiore & croceo ubique tinctus obfervatur.

6. Fungi efculenti decimi quarti generis fpecies fecunda Clufii, aut ei fimilis *D. Dale Fafc. Syn. II.* Clufiano major effe videtur, pediculo breviffimo craffo, capitulo furfum reflexo, ut coni inverfi feu infundibuli fpeciem referat, margine non exacte circulari, fed in angulos excurrente.   Color luteus & in adultis rubefcens.   In fylvis aut fylvofis a *D. Dale* obfervatus.   (Prioris varietas eft, ni idem videatur.)

*

7. Fun-

7. Fungus magnus rubentis feu incarnati coloris, *Syn.*
Ed. II. p. 14. *n.* 22.

8. Fungus minor pileolo lato, fuperne candido, lamellis fubtus creberrimis pallide rubentibus, feu incarnati, ut vocant, coloris *S. Dale. Fafc. Syn.* II. Pediculus
brevis & modice craffus. In fylvis *D. Dale* obfervavit.
An a prima fpecie diverfus?

* 9. Fungus minor campeftris rotundus, lamellatus,
inferne albus, fuperne purpureus. Ovi columbini magnitudinem raro fuperat. Capitula nunquam expanfa vidi.
Pediculi breves craffi. De Efculentorum familia eft. In
pafcuis ficcis circa initium Novembris aliquando apparet;
Dr. Richardfon.

10. Fungus pileolo lato, longiffimo pediculo variegato,
C. B. Pin. 371 *n.* 24. Fungi longiffimo pediculo can-
dicantes, fed maculati efculenti, *J. B. III.* 826. efculenti 18 genus. *Cluf. Hift. CCLXXIV.* Fungus quercinus,
διψακοειδης *Col.* ex fententia *D. Lifter*, quamvis *C. Baubinus*
in *Pin.* diverfum faciat, quem nos in Hiftoria fequuti fumus; notis tamen diligenter collatis cum *D. Lifter* fentimus. Obferved frequently in *England* by the forena-
med worthy Perfon; as in *Chefterton.* Clofe near Cambridge, and in the Woods in Lincolnfhire; who alfo
experienced it in eating to be more favoury than the
Champignon.

11. Fungus quercinus διψακοειδης *Col. Ec. P. I. p.* 336.
bulbofus fufcus duplici pileolo *C. B. Pin.* 371. 25. Ex
obfervatione *D. Dale*, (Vid. *Fafcic. Syn. Ed. II. præ-
fix.)* qui utrumque invenit, fpecie diverfus eft a Fungo
efculento 18 *Cluf.* i. e. Fungo pileolo lato longiffimo
pediculo variegato *C. B.* ideoque ab illo feparandus.

12. Fungus pediculo in bulbi formam excrefcente
C. B. Pin. 373. 22. bulbofo pediculo, pallidus maculatus *J. B. III.* 843. fphæricus parvus perniciofus *Sterb.
p.* 192. *T.* 18. *G.* Among the *Fern* in *Middleton-Park*,
Warwickfhire.

* 13. Fungus pileo magno, orbiculari, fublivido, lamellis albis, pediculo brevi bulbiformi violaceo. Pileus
magnus, latus, craffus, ab initio pulvinatus, mox leviter concavus, oris leviter reflexis. Lamellæ crebræ ita
verfus pediculum contrahuntur, ut fequentis inftar quadantenus pyramidatus appareat Fungus. Pediculus brevis,
craffus, verfus bafin intumefcens, & velut bulbofus, coloris

loris pallide violacei. Lamellæ prorſus candidæ, pilei
vero membrana nunc palleſcit, nunc ex livido in ſubfuſcum vergit colorem. In pratis circa *Newington* Decembri menſe obſervavit *D. Dillenius*.

14. Fungus piperatus albus lacteo ſucco turgens, *J. B.
III.* 2. 825. F. 10. five pileolo lato orbiculari candicante, *C. B. Pin.* 370. *it.* F. 27. five albus acris *Ejuſd. Pin.*
371. Found by Dr. *Liſter* in *Marton Woods* under *Pin-
no-Moor* in *Craven*, Yorkſhire, plentifully. Hujus deſcriptionem & obſervationes de ſucco lacteo factas ab
ingenioſiſſimo ſimul & eruditiſſimo *D. Liſter*, vide vel
in *Catal. Pl. Angl.* vel in *Hiſtoria T. I. p.* 88.

15. Fungus lacteſcens non acris, *Doody Syn. II. App.*
334. Capitellum habet duas uncias latum, fuſcum, pediculum brevem. Apud *Belbar* non procul ab aquis me-
dicatis Northallenſibus, ubi etiam obſervavi Fungum
bulboſum obſcure fuſci coloris, capitello minore, cujus diameter craſſitiem pediculi non æquabat; *S. Doody*.

16. Fungus major rubeſcens pediculo brevi craſſo,
lamellis crebris albentibus *Syn. II.* 12. 7. Colore eſt
exterius vel rubente, vel fulvo, pulpa candidiſſima. Sub
Quercubus menſe Auguſto. Piperis ſaporem habet.

17. Fungus pileatus major, ſuperne coloris caſtanei,
lamellis candidis, caule maculato *D. Sherard. Syn. II.*
12. 5. In the County of *Down*, Ireland.

18. Fungus major pediculo longo, modice craſſo,
lamellis albis creberrimis, ſuperne ad margines apparentibus *S. Dal. Faſc. Syn. II.*

Pediculus in majoribus ſeſquipalmari eſt altitudine, minimi
digiti propemodum craſſitie: Pileus palmum latus non admodum craſſus, lamellis ſubtus candidis, creberrimis, quæ hoc peculiare habent, quod a margine ad pediculum omnes extendan-
tur, ut non plures ſint ad marginem, quam ad pediculum. Lamellæ etiam ad margines ſuperne apparent, ita ut margo ſtriata ſeu pectinata videatur. In ſylvis. *D. Dale* attulit.

19. Fungus ſordide fulvus capitulo in conum faſtigia-
to, pediculo longiſſimo firmo ſtriato *S. Dal. Ib.*

Capitulum e cinereo obſcure fulveſcit, & in conum, non tamen acutum aſſurgit. Lamellæ albæ, non omnes a margine ad
pediculum extenduntur, ſed quarta quæque, nec valde crebræ
ſunt. Pediculus in majoribus duos fere palmos longus eſt, gracilis ſed firmus, ſtriatus, hirſutus, obſcure fulvus. Capitulum
ſeu pileolus ad unum latus plerumque inclinat. Fungus eſt pul-
cherrimus. Iiſdem in locis ab eodem inventus.

20. Fun-

20. Fungus pafcuorum majufculus, capitulo conico, lamellis fubtus creberrimis, exteriore medietate rubentibus, interiore nigris *S. Dal. Ib.*

Per exteriorem medietatem eam intelligimus quæ ad marginem eft, per interiorem eam quæ ad pediculum. Hæc nota nulli alii Fungi fpeciei nobis hactenus cognitæ conveniens, ab aliis hanc facile diftinguit.

21. Fungus fuperficie murini coloris, lamellis albicantibus *Doody Syn. II. App.* 335.

Capitellum habet circinatum, tres uncias latum, lubricum; colorem muris domeftici, modicum carnis, lamellas fatis profundas, pediculum craffum & brevem. Per maturitatem capitellum parum invertitur. In agris Chelfejanis. *S. Dood.*

22. Fungus albus ovum referens *Doody Ibid.*

Figura & magnitudo ovi gallinacei, cujus oræ fphinctere coactæ caulem, qui fatis longus eft, amplectuntur, & non ante ab eo feparantur, quam juftam magnitudinem affequutus fuerit. Tunc vero ftatim putrefcit, ejufque liquor ftillatitius niger atramenti loco infervire poteft. Iifdem in locis cum priori. *Idem.*

Huic proculdubio idem eft Fungus oviformis *Merr. Pin.* On a Moor betwixt *Rood-lane* and *Somerfet-bridge* in Hampfhire.

* 23. Amanita dura, ex fufco rubens quercina *Cat. Gifs.* 181.

Pileo eft orbiculari, plano & æquali quandoque, non raro vero tortuofo & inæquali, a duabus ad tres & quatuor uncias extenfo, pediculus digitum craffus, duas trefve uncias altus, coloris ex rufo & fufco pallidi, quo colore & lamellæ præditæ funt, pilei vero membrana obfcurioris eft coloris. Caro pauca. Subftantia eft minus ac alii terreftres molli, & materno odore locoque natali facile cognofcitur, nam e Quercuum plerumque radicibus enafcitur, & quercini quid diffractus fpirare folet. Oritur plerumque folitarie, quandoque tamen plures juxta fe prodeunt. In fylvula *Cane-wood*, prope Highgate Octobri; *Dr. Dillenius.*

24. Fungus arboreus mollis multiformis *Doody Syn. II. App.* 335. In vivario & arboreto *S. Jacobi.*

Arboribus femper adnafcitur. Subftantia terreftrium eft. Colore, magnitudine & forma multum ludit. Communiter capitellum lamellatum infidet pediculo ad latus; aliquando fine pediculo eft, vel eo præbrevi, qui raro ejus centro inferitur ad modum terreftrium. Color albidus, & aliquando, ut *Clufius* loquitur, fuligine tinctus.

* 25. Amanita orbicularis fublivida, lamellis fubfufcis, pilei oris leviter purpurafcentibus, *C. Gifs.* 185.

Pedi-

Pediculus tres plerumque uncias altus, albus, fibrofus, culmum craffus, cavus. Pileus duas & tres uncias in diametro habet, oris plerumque laceris. Caro nulla, Prope *Camberwell* Augufto. *Dr. Dillenius.*

* 26. Fungus fimetarius in plano orbicularis, candidus *C. B. Pin. p.* 372. *n.* 11. Fungi quilinii albi perniciofi, *J. B. III.*845. Fungorum noxiorum 3. genus *Cluf. Hift. CCLXXVII.* Pileo orbiculari plano, candido, & veluti farina confperfo ab aliis omnibus facile diftinguitur. In Anglia provenit recenfente *Merreto,* nec dubium, cum locus natalis ei nullibi deeffe queat.

27. Fungus lamellatus, pileolo lato, tenui, coriaceo, compreffo, umbilicato, *Syn. II.* 13. 9. *Scotch Bonnets.* Frequent about *Hyde-Park,* towards the latter end of October; *Dr. Tancred Robinfon.*

28. Fungus parvus ex luteo fufcus, pileo per maturitatem inverfo *Doody Syn. II. App.* 337. Amanita parva luteo-fufca, orbicularis *C. Gifs.* 187. it. Amanita pileo ex livido fufco, lamellis magis albicantibus *Ib.* 183.

(Ab initio conicum capitulum habet hic Fungus, dein explicatur & orbicularis fit, per vetuftatem vero excavatur, & veluti inverfus apparet. Lamellæ albicant, pilei autem membrana & pediculus ex luteo fufci coloris funt. Locis humidis tum verno, tum autumnali tempore oritur. *Doodio* inter Mufcos in horto Chelfejano & ædes Lambethanas obfervatus. Plerumque vero locis ericetorum paluftribus, & e Mufco paluftri *Dodon.* putrefcente oritur.)

29. Fungus fordide fulvus in acutum conum faftigiatus *Syn. II.* 14. 23. Hujus iconem (inquit *Rajus*) vide apud *Parkinfonum Th.* 1321.

(Enimvero figura *Parkinfoni* originem debet eademque eft cum *Clufiana Hift. CCLXXXI.* Fungorum nempe pernicioforum 15 genere, quod a *C. Bauhino Pin.* 373. 22. Fungus pediculo in bulbi formam excrefcente nominatur, qui fuperius n. 12. recenfitus & ab hoc diverfus eft. Ceteroquin nomen hujus Fungi tam fimile eft fpeciei 19. ut ni *D. Dale* hac de re quæfitus diverfum monuiffet, uterque idem videri queat. Differt autem ab eo pediculo breviore & teneriore, lamellis ex livido nigricantibus.)

30. Fungus medius pileo muco æruginei coloris obducto *Doody Syn. II. App.* 335. Hunc nomen fatis a reliquis difcriminat. In Horto Societatis Pharmaceuticæ Londinenfis, & in Arboreto Regio S. Jacobi; *S. Dood.* *(Mr. Dandridge* obferved it in a Gravel-pit in the middle of September.)

32. Fun-

31. Fungi albi venenati viscidi *J. B. III.* 826. *Syn. II.* 12. 2. A prima specie, qua cum figura quadantenus conveniunt, differunt pediculis longioribus tenuioribusque, capitulis latioribus minusque crassis & carnosis; odore viroso & ingrato.

32. Fungi pratenses minores, externe viscidi, albi & lutei, pediculis brevibus *Syn. II.* 13. 10. Augusto & Septembri mensibus in pascuis frequenter proveniunt, præsertim tempestate humida.

33. Fungi pratenses minores, externe viscidi rubentes *Syn. II.* 13. 11. Cum prioribus.

Lamellæ in his raræ sunt: pileoli cum inveterascunt, marginibus sursum elatis, coni inversi, aut infundibuli formam referunt.

* 34. Fungus hæmorrhoidalis, purpureus, minimus, viscidus.

Sesquiuncialem altitudinem attingit, tubulosus & ferme cylindraceus est, externe ex purpureo livescens, interne albidus, venis hæmorrhoidalibus tumentibus haud dissimilis. Capitulum nunquam expansum vidi, diffractum autem lamellas albidas ostendit. Ex arboribus dejectis & lignis putridis enascitur; *Dr. Richardson.*

* 35. Fungus parvus parvi galeri formam exprimens, rufus *C. B. Pin.* 373. 27. vaccinus *Sterb. p.* 210. *T.* 21. *C.*

Pileo est semper demisso, nunquam expanso, multo minus sursum elato; qua ratione, ut & lamellarum colore a penultimo evidenter distinguitur. Lamellæ autem colore flavo conspicuæ sunt. Elegans est Fungi species; & pileo galericulato superne ex rufo rubente, inferne eleganter lutescente facile cognoscitur. Per vetustatem niger fit. In ericetis circa Highgate Octobri & Novembri; *Dr. Dillenius.*

* 36. Fungus parvus lethalis galericulatus *Lob. Ic. T.* *II.* 272. *C. Pl. Angl. II.* 120. parvus galericulatus alter flavus *C. B. Pin.* 373. 28. Sed plerumque colore est fuliginoso, striis subtus nigris, ad pilei usque membranam pertingentibus. In tabum cito resolvitur. A priori plurimum differt. In pascuis ad sepes viasque passim sub Autumnum frequens est. Hi duo viscidi non sunt; *Idem.*

37. Fungus parvus pediculo oblongo, pileolo hemisphærico, ex albido subluteus, *Syn. II.* 13. 13. parvus albus, cum luteola parte in summitate capituli, visco nitente resplendens *J. B. III.* 2. 847. In pascuis e fimo bubulo

B 4

bulo aut equino plerumque exit, Septembri & Octobri menfibus.

Parvitate fua & lamellis crebris fublividis, veluti tot radiis a pediculo ad circumferentiam pileoli recta extenfis, ut nulla fit interior cavitas, ab aliis fpeciebus diftinguitur. Pediculus tenuis lentus, tres quatuorve uncias longus, capitulum gerit fubrotundum, fublividi coloris fuperne, inferne autem nigricantis: Lamellæ planæ, non fornicatæ: pediculi albent, & ad radicem fæpe craffiores & veluti bulbofi funt, plurefque aliquando ex eodem principio nafcuntur.

38. Fungus pratenfis minor, externe vifcidus, capitulo præcedentis, ftriis fubtus fulvis feu croceis *Dal. Fafc. Syn. II.*

Pileoli figura priorem refert, ftriarum raritate, pediculi brevitate, & vifco nitente pratenfes imitatur. Colore lamellarum fulvo ab utrifque differt.

39. Fungus terreftris pediculo ftriato & cavernofo, capitello plicatili fubtus plano *Doody Fafc. Syn. II.*

Totus Fungus albus & tener. Capitellum tenue raro expanfum ultra dimenfiones pediculi, qui craffitie faltem pollicari eft, longitudine vero duarum vel trium unciarum. Found about the end of October 1691, in the *Mount-Walk* between the Hazel-Hedge and the Wall next the Thames, in the Bifhop of London's Garden at *Fulham*.

40. Fungus parvus pediculo oblongo, galericulatus, ftriis lividis aut nigris *Syn. II.* 13. 14. F. 7. feu bufonii prima fpecies *Cluf. Hift. CCLXXVIII.* In pafcuis e fimo bubulo aut equino plerumque exit, Septembri & Octobri menfibus.

Cum antepenultimo convenit longitudine & tenuitate pediculi, & pileoli parvitate, ab eodem colore exterius fublivido, fuperficie ficca nec muco oblita, pileolo magis turbinato & interius concavo, ftriis nigrioribus differt.

41. Fungus parvus, pediculo oblongo, firmo, lento, pileolo in medio faftigiato, ftriis exterius apparentibus *Syn. II.* 13. 15. Septembri menfe in pafcuis.

42. Fungus perpufillus, pediculo oblongo, pileolo tenui, utrinque ftriato, feu flabelli in modum plicatili *Syn. II.* 13. 16. Color huic murinus. In pafcuis autumno reperitur.

* 43. Amanita parva verna, utrinque ftriata, fufca, pileo obtufe coniformi, Mufco paluftri ramofo majori, foliis membranaceis acutis *Vern* innafcens *C. Giff.* 184.

Colo-

Colore ubivis eft fufco; pediculus tenuis, cavus & fragilis. Caro nulla; ftriæ exterius apparent. Capitulum obtufius quam præcedentium. In Charlton Bog; *Dr. Dillenius.*

44. Fungus minimus, capitulo conico, rufefcens, lamellis fubtus paucis *Syn. II.* 13. 18. In ædium tectis inter Mufcos. Parvitate fua & lamellarum raritate ab aliis diftinguitur. Huic fimilem fi non eundem in locis paluftribus obfervavi.

45. Fungus minimus e cinereo albicans, tenui & prælongo pediculo, paucis fubtus ftriis *Syn. II.* 14. 19. E furculorum ligneorum fractorum fubftantia ipfa emergit. *D. Dale* obfervavit & attulit.

46. Fungus parvus candidiffimus lamellatus, pediculo longo gracili *D. Vernon Syn. II.* 14. 29. In fylvis fub finem autumni foliis vel lignis putridis adnafcitur. (Priori idem vel varietas faltem ejus videtur.)

47. Fungus minor tenerrimus farina refperfus, pileolo fuperne cinereo, lamellis fubtus tenuiffimis creberrimis, nigris *Syn. II.* 13. 12. Pediculo eft brevi, pileolo in acutum apicem faftigiato. In pafcuis Septembri & Octobri menfibus, fed rarius occurrit.

48. Fungus minimus, pediculo longo tenuiffimo, lactefcens *Syn. II.* 13. 17. In pafcuis inter Gramina folitarius exit.

49. Fungus minimus Adianti aurei capitulis, an Mithridaticus Mentzelii *Syn. II.* 20. 49. caule nigro capillari, Androfaces capitulo *Bocc. Muf. P.* 1. *p.* 143. *T.* 104. On rotten Sticks in the Bottoms of old Lakes. The fame hath been found by *Dr. Richardfon* in Yorkfhire; *Dr. Sherard.*

50. Fungi plures ex uno pede e Prunorum radicibus enati *Syn. II.* 14. 24. multi ex uno pede pernicioli *J. B. III.* 835. dumetorum ex uno pede prodeuntes *C. B Pin.* 375. 35. Nodi aurei *Sterb.* 223. *T.* 4. *M.* Sub dumetis ad arborum radices.

* 51. Fungus fafciculofus, pileo orbiculari lutefcente, pediculo fufco tenerrime villofo, lamellis ex flavo candicantibus. Pilei parvi, uncialis & femiuncialis funt latitudinis, coloris ex luteo fubfufci, pediculi vero plane fufci, & quod præcipue notabile, tenerrime villofi funt. Lamellæ crebræ, caro pauca. Pediculi culmi craffitiem habent, & duas plerumque uncias altitudine attingunt:

Quatuor

Quatuor aut quinque juxta se nafcuntur.   In Ericeto
Hamftediano obfervavit *D. Martyn* Decembri menfe.

* 52. Fungus fafciculofus pileo orbiculari lutefcente,
pediculo purpureo.   Pileus ab unciali ad biuncialem latitudinem extenfus, fuperne coloris eft fufci, inferne ex
fufco pallidi, pediculi vero purpureo donantur colore,
quo ab omnibus aliis facile diftinguitur.   E ligno putrefcente nafcentem obfervavit *D. Dandridge*.

53. Fungi minores plurimi fimul nafcentes turbinati,
exterius cinerei aut fubfulvi, ftriis nigricantibus *Syn.II.*
14. 25.   Ad fepes & fub dumetis.   Horum defcriptionem vide *Hift.I.* 100.

* 54. Fungi plures juxta fe nafcentes, parvi, turbinati,
candidi ubivis coloris.

A præcedenti fpecie differt pileo obtufiore, coloris ubique
candidi, lamellis fornicatis & pilei membrana lævi & æquali, feu
minime, ut in priori, ftriata.   Cæterum laminæ ad pilei ufque
membranam, ut in priori fpecie, pertingunt.   Pediculi valde tenues funt.   E ramis lignifque putridis nafcentem obfervavit
D. Car. Du Bois Novembri menfe. *Vid. Tab.* 1. *Fig.* 2. *lit. aa.*

* 55. Fungi plures, fimul albi, ad arborum radices,
efculenti *J.B.III.* 834. umbilicum exprimentes, plures
fimul albi, *C.B.Pin.* 370. 7. Fungorum unus, five Fungus racemus *Sterb.* 103. *T.* 12. *B.*   Ad Ulmorum radices verfus Camberwell; *Dr. Dillenius.*

* 56. Fungi multi ex uno pede clypeiformes variorum
colorum, per oras crenati vel non *J. B. III.* 836.   In
rufticorum tuguriolis vetuftis putrefcentibus; *Merret.*
Pin.

57. Fungus mediæ magnitudinis, pileolo fuperne e
rufo flavicante, lamellis fubtus fordide virentibus *Syn.*
II. 12. 6.

Plurimi ex eodem pede feu fundo exeunt, pediculo palmari fere, non admodum craffo, pallido, pileo rotundo, duarum circiter unciarum in diametro, fuperne e rufo flavicante, circa cen-
trum fubinde rubente, ac fi uftulatus effet, lamellis fubtus
crebris, fordide viridibus.   Septembri menfe exit.   Invenit
D. Dale.

II. *Fungi pileati lamellis carentes.*

* 1. BOletus luteus *C. G.* 188. Pediculo eft digitum craffo, uncias duas alto, pileo fefquiunciali & duarum unciarum in diametro, coloris fuperne
e lu-

e luteo fufci, inferne lutei, crebris poris, fed quam in
fequenti majoribus, licet totus Fungus multo minor
fit, pertufus. Obferved by *Mr. Dandridge* in Bifhops
Wood.

2. Fungus porofus craffus *Syn. II.* 14. 1. An F. porofus magnus craffus *J. B. III.* 833? Augufto & Septembri menfibus invenitur.

Ab aliis omnibus Fungis facile diftinguitur fubftantia inferiore,
non in lamellas divifa, fed crebris foraminibus pertufa, ejufque
colore e luteo virente. Color in hoc genere tum capitelli, tum
pediculi interdum ruber eft.

3. Fungus coriaceus, pileolo latiffimo atro rubente,
pediculo breviffimo *D. Dale Syn. II.* 15. 2.

Pileolus tenuis eft, fed admodum lentus; duplici fubftantia, ut
reliqui, conftat, exteriore tenuiffima, interiore non in lamellas
digefta, fed fibris cum rumpitur ligni pectines æmulantibus compofita, unde tenuiffimis & vix confpicuis foraminulis punctatus eft.

4. Fungus maximus arboreus porofus, pediculo limbo affixo *Doody Syn. II. App.* 336.

Capitellum fubrotundum pede latiore fultum, fubtus foraminibus oblongis, obliquis, fuperficialibus infignitum, quod fufti-
net margini affixus pediculus, brevis, craffus, tenax. Ex caudicibus ulmorum putrefcentium duo vel tres ab eadem radice
nafcuntur; *Dood.* (Idem cum fequenti fpecie.)

* 5. Fungus angulofus pediculo exiguo *C. B. Pin.*
370. *n.* 5. Fungorum efculentorum 5. genus *Cluf. H.*
CCLXV. Fungi fere fine pediculo, coloris ex rufo fufci,
efculenti, in arborum caudicibus nafci foliti *J. B. III.*
831. Auricula flammea Malchi *Sterb. Th. p.* 105.
n. 82. *T.* 13. *A. A. B.* Plurimæ hujus varietates funt,
quas *Sterbeeckius n.* 83, 84, 85, 86 & 87. minus bene pro
diverfis fpeciebus exhibuit. Tres jam fuo tempore animadvertit *Clufius*, cujus fecunda fpecies vel potius
varietas, quæ magis orbiculari pileo eft, obfervata
fuit a *D. Dandridge* in arbore quadam prope *Charlton.*
Tertiam præterea obfervatam refert *Merr. in Pin.* On a
decay'd Willow on the North of *St. Neots* near the
Mill.

6. Fungus pæne candidus, prona parte erinaceus
J. B. III. 828. In fylva quadam prope *Middleton* vicum in agro Warwicenfi.

7. Fungus favaginofus *Park.* 1317. rugofus vel ca-
vernofus, five merulius *J. B. III.* 836. efcul. 1. feu porofus,

rosus *C.B.Pin.* 370. In pratis & pascuis, inque dumetis verno tempore.

8. Fungus phalloides *J. B. III.* 843. *Cat. Pl. Angl.
Ed. II.* 122. *ic.* fœtidus, penis imaginem referens, *C. B.*
374. 38. virilis penis arrecti facie *Ger.* 1385. penis effigie albus fœtidus *Merr. Pin.*   Phallus Hollandicus
Park. 1322.

Fungi hi late sub terram radicibus seu filis longissimis albis
varie implexis repunt; radicibus hisce subinde accrescunt globuli Volvæ dicti.   *Middletoni* agri Warwicensis in Viridario
D. Franc. Willughbeij, e Fraxinorum quarundam dejectarum radicibus enatos observavimus plurimos.   (This is known to all
our Country People by the Name of Stinkhorns; *Dr. Richardson.*
In *Lancashire,* sed raro invenitur: maturum devorat muscac arni-
vora; *Merr. Pin.* At *Bentley,* in the Park and Lanes thereabout,
at *Oldfallings,* and almost any where within three or four Miles
of *Wolverhampton,* in old dry Ditch Banks, about July and August, and sometimes later; *D. Plot. H. N. St. C.* 6. §. 5. p. 200.)

9. Fungus fontanus, purpureus elegans *D. Vernon
Syn. II.* 18. 28.

Tota planta videtur formari ex uno tereti pediculo; (specimina quæ a *D. Vernon* accepta in *H. Sicc. Buddlejano* servantur,
capitula habebant, sed parva & uniformia, nec lamellata nimirum,
nec porosa.)   In hoc quoque singulare est, quod Graminibus
aquis innatantibus semper adnascatur.   At *Gamlingay* in Cam-
bridgshire, where the Filix florida grows.

10. Fungus minimus infundibuliformis, superne nigris
punctis notatus *Syn. II.* 17. 25. *Hist. III.* 21. minimus
lignosus disco punctato *Bocc. Muf. P.II.* 149. *T.* 107.
Ic. bon. On old Cow-dung.   The same hath been observed by *Dr. Richardson.*   Disco potius est plano, vel leviter saltem concavo, nec laminas nec poros habet.
Dr. Sherard.

11. Fungus minimus candidus absque lamellis *Syn.
II.* 20. 50.   Found in the Inside of hollow Oaks, near
the Bottom, where they are moist.   It is about an Inch
high, the pileus about a Quarter of an Inch over, without
any visible lamellæ.   Huic eive similem observavit
D. Dale in Hederæ foliis aridis, pediculo longo tenui rubente, capitulo non lamellato, verum 5. velut nervis a
pediculo ad ejus circumferentiam excurrentibus.

* 12. Fungus pileatus minimus, pediculo tenui capillaceo *D. Richardson.*

Omnium

Omnium, quotquot vidi, Fungorum minimus eft, & qui vix
difcerni poteft, nifi cum rore madidus. Capitellum parvum
tenue, membranaceum, coloris obfcuri. Pediculi capilli inftar
tenues & pellucidi plurimi fimul nafcuntur, quadrante unciæ vix
altiores, qui tactu evanefcunt. I have obferv'd feveral times
upon dead Sticks in Hedges. It feems to come neareft to the
Fungus (ex ftercore equino) capillaceus, &c. *Pluk. Dr. Richardfon.*

13. Fungus (ex ftercore equino) capillaceus, capitulo rorido, nigro punctulo in fummitate notato, *Pluk.
Ph. T.* 116.*f.* 7. *Mr. Banifter's* Virginia Mufhroom with
dewy Heads in Catal. Virginienfium *D. Banifter Hift.
noft. p.* 1928. exhibito. This I have obferved on Horfe-
dung about *London; Petiv. Syn. II. App.* 322.

Hujus porro loci videntur.

* 14. Fungi ex putrefcentibus carnibus &c. enati
plurimorum generum, Anglice Mouldinefs *Merr. Pin.*
Hos Fungos detexit fagaciffimus vir *D. Hook* in fuo fingulari libro micrographico, ibidemque belle depinxit.

* 15. Fungi parvi globofi, ex ungue equino putrefcente
enati. Capitula 4. præcedentium inftar uniformia habe-
bat, nullis nec laminis, nec poris diftincta, verum ea
majora multo erant, pediculi vero breviores & modice
craffi. Capitula cæterum duriufcula erant, coloris ex livido rubefcentis, pediculi vere albefcebant. Figuram vid.
Tab. I. Fig. 3. Obfervavit *D. Wilmer* Decembri menfe,
Accedit plurimum ad Fungulos incarnati coloris minu-
tos Mufco innatos *Mentz.*

16. Fungus bombycinus murini coloris, e fimo feli-
no, tenuiffimis capillis, *Pluk. Alm.* 16. *D. Doody &
D. Gidley* obfervavere.

17. Fungus fimofus, niveus, ramofiffimus, mollis *Pet.
Syn. II.* 322. Tender-branched Cats-dung Mufhroom.
Found in Cellars on Cats-dung in Autumn; *Petiv.*

III. *Fungi pileis deftituti.*

I. *FUNGOIDES.*

FUngoides eft Fungi genus pileo deftitutum, cujus
pediculi vel caules varia figura & divifura conftant,
fubftantia vero gaudet uniformi, ita ut nec in lamellas,
nec poros divifum obfervetur.

1. Fun-

1. Fungoides clavatum minus *C. Giff.* 189. Fungus clavatus *Merr. Pin.* parvus luteus ad Ophiogloffoidem nigrum accedens *Syn. II.* 16. 13. In vivario Middletoniano *D. Fr. Willughby*, & alibi in pafcuis copiofe. *D. Dale* in pafcuis glareofis circa *Bocking* vicum in Effexia obfervavit. (On Hamftead Heath near the Spaniards; *Mr. Dandridge.*)

* 2. Fungus clavatus minimus *Dr. Sherard. Ray Hift. III.* 24. A priori fpecies diftinctaj eft, ceu quo multo eft gracilior & aliquanto longior. In fylvis prope *Badmington* in agro Gloceftrenfi menfe Octobri copiofe.

* 3. Fungoides clavatum incurvum in acutum mucronem productum. Fungus digitatus citrinus minor *Merr. Pin.* Colore & fubftantia cum penultima fpecie convenit, differt caule incurvo & inflexo, inque acutum mucronem producto. In ericeto Hamftediano obfervavit *D. Dandridge.*

4. Fungus parvus denticulatus *Park.* 1321. *Syn. II.* 17. 22. Small toothed Mufhroom. I have obferved in the Paftures of Warwickfhire a Mufhroom fpringing out of dry Horfe-dung or Cow-dung, which *Parkinfon's* Figure doth nearly refemble.

5. Fungus Ophiogloffoides *Ph. Br.* defcr. *Merr. Pin.* Ophiogloffoides niger *Syn. II.* 16. 12. In montofis pratis agri Weftmorlandici. (On graffy Ant-hills, in a Clofe next *Hamplewood*; *Mr. Stonehoufe:* and at *Comb-Park* in the way to Kingfton; *Merr.* Hujus fpeciem albam & mollem invenit *D. Reynolds* in fodinis prope Woolwich; *Mr. Doody:* quæ proculdubio ad primam pertinet fpeciem.)

6. Fungus Piperi Æthiopico fimilis, vel digitatus niger *Merr. Pin.* 43. Hypoxylon, excrementum ligni putridi fungofum, digitatum *Mentz Pug. T.* 6. *Syn. II.* 19. 43. Lythophyton terreftre digitatum nigrum *Comm. Ac. R. Sc. An.* 1711. Colore eft nigricante. Found by *Mr. Dale*, and by *Dr. Sherard*, on old Planks in England.

* 7. Fungoides humile ex albo livefcens, apicibus tenuiffime crenatis. Obferved by *Mr. Wilmer* growing out of rotten Boards in November and December.

Ecrufta plana, lævi & fungofa, varia oriuntur tubercula, quæ mox magnitudine aucta ad culmi & duorum culmorum altitudinem extenduntur, & velut totidem cauliculi vel columellæ apparent, nunc folitariæ, nunc plures juxtą fe pofitæ, vel connatæ etiam, non ramofæ,

fæ, nunc tenuiores, nunc crassiores, apicibus terminatæ obtusis &
tenuissimis crenis divisis. Tam crusta, quam styli obsoleti, & ex
albo livescentis coloris sunt. *Vid. Tab.* 1. *Fig.* 4.

8. Fungus ramosus, niger, compressus, parvus, apicibus
albidis *Syn. II.* 15. 11. An Fungus digitatus niger velut cornua exprimens *J. B.*? cujus meminit *T. III.
L.* 40. *C.* 40. Ligno, præsertim radicibus adnascitur.

Durus est & tenax, digiti longitudine, summa parte velut in
cornua divisus. Pulverulenta quadam materia nigra obducitur,
holoserici nigri instar splendentis, quæ non facile detergitur ;
farina autem alba, qua apices asperguntur, facile detergitur;
Dr. Sherard. (Variat apicibus, nunc simplicibus, nunc plus minusve divisis. Apices ejus nunc teretes sunt, nunc plus minusve compressi; quandoque summitates planæ latiusculæ observantur, in plurimos denticulos superius divisæ, ut galli cristam belle
referant, qualem *Dr. Richardson* sub nomine Fungi lignosi minoris
dentati cinerei communicavit.)

Fungus niger subularis, apicibus albidis *Doody Syn.
II. App.* 333.

In omnibus cum præcedenti convenit, præterquam summitate, quæ in illo palmata est & digitata, in hoc subrotunda &
acuta subulæ instar, simplex & aliquando duplex, ab inferiore
parte divisus. *D. Carolus Du Bois* communicavit in horto suo
apud Mitcham collectum; *D. Dood.* (Nonnisi præcedentis varietas est.)

9. Fungus niger compressus, varie divaricatus & im-
plexus inter lignum & corticem *Doody Syn. II. App.* 333.

Substantia eadem est cum superiore, externe niger, interne
albus, vix quadrantem unciæ latus, tenuis, compressus. Mirifice quidem insinuabat se inter corticem & lignum Ulmi emor-
tuæ in arboreto *Regio S. Jacobi,* ad pedes minimum duos in longitudinem, neque minus in latitudinem.

D. Bonavert ex Hibernia attulit Fungum prædicto fere similem, inter stipites & folia decidua se insinuantem. ramuli vero
subrotundi & fragiles nonnunquam coalescunt, quod præcedenti
etiam commune est. Id quod nunquam a me hucusque observatum fuit in alia quacunque planta terrestri; in pelagicis vero
exempla non raro occurrunt; *Doody.*

10. Fungus tenuis niger ramosus *Doody Syn. II.
App.* 334. Substantia priorum est : ad palmarem longitudinem excrescit, ramosus, crassitudinis fili emporetici
minoris. In cellulis arcuatis Londinensibus; *Idem.*

11. Fungus niger minimus ramosus capillaceus *Ejusd.
Ibid.* Corallinæ affinem seu Muscum marinum, tenui
capillo *J. B.* simulat. In cella arcuata domus meæ;
Idem. 12. Fun-

12. Fungus ramosus flavus & albidus *J. B. III.* 837.
ramosus & Imperati *C. B. Pin.* 371. 29. Barba caprina
Sterb. p. 96, 97, 98, *T.* 11. *C. D.* Corolloides flava &
albida *Inst. R. H.* 564. *T.* 332. *B.* In ericetis quibusdam observavit *D. Willughby.* (At *Fulham* Towns-end
in the way to Hammersmith; *Merr. Pin.*)

* 13. Fungoides ramosum maximum, Brassicæ caulifloræ facie & magnitudine *D. Richards.* Florum fasciculus *Sterb. Th* p. 269. *n.* 130. *T.* 28. *A.*

A pediculo brevi crasso in multos dividitur ramulos, qui in
capitula rotunda irregularia desinunt, in summitate conjuncta &
in glomerulos & viridi lutescentes, Brassicæ caulifloræ similes
terminata. Nonnulli duos tresve libras pendent. I observed
several of these 1703 (and only that Year) in a Meadow nigh
my House, they were full grown; *Dr. Richardson.*

14. Fungus ramosus minor, colore sordide flavicante, *Syn. II.* 15. 7. Observed and communicated to me
by *Mr. Dale.*

Altitudinem palmarem vix assequitur, inque ramulos crebros
ab imo statim dividitur & subdivitur, non semper dichotoma
divisione, nam rami plerumque latescunt, & plures emittunt
ramulos: summi tamen surculi persæpe bifurci sunt.

15. Fungus parvus luteus ramosus D. Sherard. *Syn.*
II. 15. 8. 'Tis not above an Inch high, common in
the Pastures in *Leicestershire.* (On Dartmouth Heath;
Mr. Doody.)

16. Fungus ramosus minimus coloris aurantii D. Sherard *Syn. II.* 15. 9. On the Bark of Beech, very common in England.

17. Fungus ramosus candidissimus ceranoides, seu digitatus minimus *D. Plot. Hist. Nat. Stafford. Cap.* 6. § 3.
p. 200 *T.* 14. *f.* 2. *Syn.* 2. 15. 10.

Ad hunc proxime accedit, si non prorsus idem
sit, Fungus digitatus candidissimus a nobis observatus &
descriptus *Hist. I. p.* 104. figuræ Fungi digitati *Park.*
p. 1318. respondens. In pascuis Autumno.

18. Fungus gelatinus dentatus, Sabinæ adnascens,
fulvi coloris *Doody Syn. II. App.* 336. In horto Societatis Pharmaceuticæ Londinensis.

19. Fungoides quercinum peltatum nigrum *C. Giss*
190. Fungus quercinus niger *Syn. II.* 18. 36. Caudicibus & ramis Quercuum dejectarum adnascitur.

20. Fungus fraxineus niger, durus, orbiculatus *Syn. II.*
18. 35. Fraxinis marcescentibus & tabidis adnascitur &

qui-

quidem folis, quod haétenus obfervavimus. Vide defcriptionem *Hift. noftr. I.* 109.

21. Fungus rotundus planus ligno putrido adnafcens
gelatinæ inftar *Dr. Sherard Syn. II.* 19. 45.

22. Fúngus fpongiofus maximus aqueus, e Fraxinorum truncis exfudans *Syn. II.* 19. 44. Obferved at
Rocliff near York, and in Surrey by *Dr. Tancr. Robinfon.* (An hujus proprie loci fit dubium eft ; videtur potius ad Agarici genus pertinere.)

II. *PEZIZA.*

PEziza eft Fungi genus modo pediculo carens, modo
eo donatum, cujus oræ plerumque diduétæ obfervantur, ut cavitas inter eas notabilis fæpe efformetur.
Subftantia vero prioris inftar generis uniformis eft, nullis nec lamellis, nec poris diftinéta.

1. Fungi Pezizæ Plinii *Col. Ec. I.* 335. ic. & defcr.
Syn. II. 17. 23. Fungus noxius 5. feu acetabulorum mo-
do cavus, radice carens *C. B. Pin.* 372. *Cup Mufhroom.*
This fprang out of the Clefts of the Ground in that dry
Year of the Sicknefs continued in *Cambridge* 1666 in
the Woodridings at *Burwell* in Lancafhire ; *Dr. Lifter.*
Found alfo in a fhady Lane near *Belchamp S. Paul* in
Effex, by *Mr. Dale.* *Mr. Doody* fhewed me the fame
fpringing up in his own Garden in the Strand, Lond.
It is hollow, refembling little Cups or Boxes, and holds
Water, being of a pale livid Colour.

★ 2. Peziza fubfufca major *C. Gifs.* 194. Obferved on
Mr. Du Bois's hot Beds at *Mitcham,* and in *Mr. Fair-
child*'s Back Garden.

Colore erat externe fordide cinereo, interne fubfufco. Ca-
licem vel patellam refert & figura cum fequenti magis, quam
cum præcedenti convenit. Subftantia fragilis eft. *Dr. G. Sherard.*

3. Peziza miniata major *C. Giff.* 194. Fungus fcarlatinus calice amplo, ex Abfynthio marino poft olei Chy-
mici extraétionem projeéto in hortum Coll. Med. Lond.
& ibidem fepulto ortus *Merr. Pin.* Fungi Pezizæ fpecies,
oris non commiffis, faturo mali aurantii colore *Raii
Hift. I.* 106. F. Pezizæ altera fpecies *Ejufd. Syn. II.* 17. 24.
Ad radices arborum dejeétarum Middletoni agri Warwicenfis in vivario ferarum *D. Franc. Willughby.*

Similis erat membranæ craffæ aut corio crudo, fragilis tamen,
faturo Aurantii mali colore. This fprang from one Point, and

so dilating turned round almost like several Cups or Funnels, yet were not the Edges joyn'd so as to hold Water, like that of *Columna*. This may easily be distinguished from all others of this kind, in that it is the only Earth-mushroom I yet know of, that imitates Leaves without any Stem, being all of one similar Substance.

4. Peziza miniata minor *C. Giff.* 194. Fungus minimus scutellatus coloris aurantii *Syn. II.* 17. 26. Common on old Cow-dung; *Dr. Sherard.*

5. Fungus membranaceus seu coriaceus, acetabuli modo concavus, colore intus coccineo seu cremesino saturo *S. Dale Syn. II.* 19. 39. Fungi perniciosi Gen. 24. Species secunda *Cluf. Hist. CCLXXXVII.* Parva concha marina colore coccineo *Sterb.* 242. *T.* 26. *D.* Very common on rotten Sticks in England and Ireland. Variat colore purpureo; *Dr. Sherard* and *Mr. Dale.*

* 6. Peziza lenticularis parva miniata. Fungus fimosus bracteolatus croceus *Petiv. Syn. II. App.* 322. Qui in fimo vaccino tempore autumnali, *Dn. Dandridge* autem in ericeto Hamstediano solo arenoso observavit. A penultima specie differt, quod planus sit & minime excavatus, seminis Lentis minoris figura.

* 7. Peziza lutea parva marginibus pilosis. Observ'd in June in a Lane near Chichester, Southgate by *Dr. Dillenius.*

* 8. Peziza lutea parva, marginibus levibus. In *Charlton Wood* Decembri; *Idem.* Pediculo est brevissimo, calice fere plano, levissime excavato.

9. Peziza auriculam referens *C. Giff.* 195. Fungus membranaceus auriculam referens, sive sambucinus *C. B. Pin.* 372. 1. *Syn. II.* 18. 29. F. Auricula Judæ, coloris ex cinereo nigricantis, perniciosus, in Sambuci caudice nascens *J. B. III.* 840. sambucinus, seu Auricula Judæ *Ger.* 1385. *Park.* 1320. Sambuci, vel Auricula Judæ *Sterb. p.* 256. *T.* 27. *H. Jews-Ear.*

In lacte decoctus aut aceto maceratus, in Angina aliisque oris aut gutturis tumoribus exhiberi solet hic Fungus, ad gargarisandum aut guttur eluendum.

10. Fungus membranaceus expansus *Doody Syn. II. App.* 334.

Ejusdem Substantiæ est cum Sambucino: verum ille in pyxides corrugatas formatur, hic autem expanditur ad palmarem formam, scilicet pro ratione loci ubi crescit: ubique corrugatus. Oræ universæ subtus holosericeæ videntur in Horto Societatis Pharmaceuticæ Londinensis; *S. Doody.*

* 11. Fun-

* 11. Fungus collyricus, in putrefcente Salice natus
Pluk. Amalth. 102. Ita dictus, quod Collyræ *Judæorum*
noftratium pafchali valde affimiletur; *Pluk.* An hujus
proprie loci fit, ex defcriptionis defectu non conftat.

Hi omnes nullo pediculo donantur, fequentes vero
pediculo plus minufve longo infident.

* 12. Peziza acetabuliformis fubfufca *C. Giff.* 194.
Fungus caliciformis caftanei coloris vernus *D. Richards.*
rotundus, fuperne concavus & tranflucidus, coloris fuccini *Merr. Pin.*

Pediculus unciam & fefquiunciam altus, folidus & non cavus, in pyxidem unciam latam expanditur, coloris extus & intus fubflavi vel fubfufci etiam. Cutis vel fubftantia craffiufcula,
tenera tamen & fragilis. Tum e terra, tum e lignis putridis
oritur.

* 13. Peziza acetabuliformis, coccinei intus coloris
C. Giff. 194. Fungus caliciformis, vernus, foris ex albo rubens, intus coccineus *Dr. Richards.* Fungus rotundus, fuperne concavus & tranflucidus, coloris coccinei *Merret. Pin.*

Pediculo infidet femiunciali & unciali, folido, qui fuperne in
pyxidem vel acetabulum femiuncialis & uncialis diametri expanditur, coloris interne elegantiffimi cremefini, externe albidi, vel
ex albo rubentis. Oræ æquales & leves, neque crifpatæ neque
pilofæ funt. Lignis fubputridis plerumque innafcitur.

14. Peziza acetabuliformis coccinea marginibus pilofis *C. Giff.* 195. Fungus arboreus acetabuli modo cavus,
coccineus, marginibus pilofis *D. Sherard Syn. II.* 19. 41.

This is not above half an Inch over; all Scarlet, with black
ftiff Hairs on the Brim. I found it in *June* on rotten Oaks in
Kilwarlin near *Hilsborough* in Ireland; *Dr. G. Sherard.*

15. Fungus membranaceus acetabuli modo cavus,
coccineus crifpatus *Doody Syn. II. App.* 340.

Similis eft Fungo membranaceo feu coriaceo, acetabuli modo concavo, colore intus coccineo feu cremefino *D. Dal.* pediculatus, intus coccineus, levis, extra pallidus, verum multo major, crifpatus, corrugatus & aliquando laciniatus. *S. Doody.*
(Forte ultimo vel penultimo idem, vel ejus faltem varietas.)

16. Fungus maximus pileolo pyxidato *Doody Syn. II.
App.* 337.

Quem ego vidi pediculum habuit fere femipedalem, capitulum quatuor uncias plus minus latum, furfum pyxidis inftar
contractum. *Guil. Chaplin* invenit non procul *Cantabrigia,* &
refert majores plus femipinta continere. Idem infuper Fungum
arboreum aureum nulla fuperius membrana tectum mihi imper-

C 2 tivit,

tivit, a Fraxino in vivario Regio, *Hyde Park* dicto, decerptum. Postea 1695, ipse eundem obfervavi in eadem arbore apud *Silk-stead* proxime Wintoniam; *S. Doody.*

17. Peziza tubæ Fallopianæ æmula *C. Giff.* 194. Fungus tubæ Fallopianæ æmulus *Syn. II.* 20. 51. membranaceus argenteo cinereus, cavus, infundibuli expanfione finuofa tubæ extremum five florem Daturæ repræfentans *Cat. Alt. Sylv.* Found by *Mr. Vernon* in *Mr. Wingate's* Wood in *Hertfordfhire.*

18. Fungus arboreus pyxidatus coloris intus ferruginei *Dr. Sherard Syn. II.* 19. 47.

* 19. Fungus minor calyciformis, vernus, craffior, nigricans *D. Richards.*

Tertiam unciæ partem longus erat, brevi pediculo, fuperius calycis inftar expanfi, nafcens, craffiufculus, nigricans, per ficcitatem ftriatus, nulla, quantum ex ficcis fpeciminibus conftare poterat, femina, fiquidem ea talia cenferi debeant, ferens.

20. Fungi calyciformes feminiferi *Mentz. Pugill. Ic.* Fungus minimus ἀνώνυμ⌀ *Cluf. H. CCLXXXVII. defcr.* minimus ligneis tabellis areolarum hortorum adnafcens *C. B. Pin.* 374. 39. minimus fine petiolo, perniciofus *J. B. III.* 847. campaniformis niger parvus, multa femina plana in fe continens *Merr. Pin. Pluk. Ph. T.* 184. *f.* 9. (Call'd in *Worcefterfhire* Cornbells, where it grows plentifully; *Merr.*)

Obfervavit & ad me tranfmifit *D. Sloane. Mr. Dale* obferved it in a Barley Eddifh near *Braintree* in Effex, growing to the Stalks of Barley, trodden into the Ground, plentifully. Ab aliis omnibus Fungis abunde diftinguitur, quod femine prægnans fit. Defcriptionem vide in *Hift. noftr. I.* 105. (Ligna putrida plerumque pro radice habet. Oræ ab initio claufæ funt & mucilagine alba involuta femina claudunt, poftea ubi diducuntur, ficca fiunt corpufcula illa lenticularia, fingula fingulam radicem feu filum tenue in bafin patellæ demittentia.)

21. Fungus feminifer minor, fere hemifphæricus *Doody Syn. II. App.* 333.

Hujus oræ dum junior exiftit, non ut in ceteris fuæ fortis contrahuntur, fed operculo membranaceo obducuntur. In horto Societatis Pharmaceuticæ Londinenfis, & in area *D. Plukenet* M. D. *Dood.* (Lignis putridis plerumque nafcitur. Vid. Tab. I. Fig. 2. lit. b. & c. femina feorfim exhibita, quæ tenui filo bafi Fungi adnafcuntur.)

22. Fungus feminifer externe hirfutus, interne ftriatus *Ejufd. ibid.* Vulgari longior eft & anguftior. In horto Socie-

Societatis prædictæ observavi, & ab occidentali plaga etiam accepi.

Goedartius in Tractatu de Insectis affirmat, hujus semina seu grana in terræ rimas delapsa revivifcere & tridui spatio aranea- rum justam magnitudinem nancisci. Super ea re sententiam fer- re impræsentiarum supersedeo, donec periculum faciendo res penitus innotescat; Doody.

III. AGARICUS.

AGaricus est Fungi genus non tantum capitulo vel pileo, sed pediculo etiam destitutum, de latere & horizontali situ ex arboribus plerumque nascens, infe- rius quandoque læve, ut plurimum autem vel in lamellas, vel in poros divisum.

* 1. Agaricus digitatus maximus, ex luteo, coccineo & nigro colore eleganter variegatus.

Decem & plures juxta se ex eadem velut radice oriuntur, palmari & bipalmari longitudine, latitudine vero unciali, bi & triunciali, coloris superne ex luteo & coccineo variegat, nigro hinc inde ad latera adsperso. Lævis est & nec in lamellas, nec poros dividitur; substantia satis crassa constat, & inter Fungoides & Agaricum ambigere videtur, quoniam tamen inferior superficies a superiori distincta est, Agarici potius, quam Fungoidis gene- ri adjungendus videtur. Maii mensis fine ad stipitem Taxi pro- pe Boxhill observavit D. Dandridge. Fungus 4. Park. 1321. descr. F. Corallii rubri colore, multis lineis nigricantibus maculisque luteis insignitus Merr. Pin. huic idem videtur.

2. Agaricus villosus tenuis, inferne lævis C. Giss. 193. Fungus arboreus villosus, inferne planus Doody Syn. II. App. 335.

Horizontaliter arboribus & lignis adnascitur, marginibus un- cialibus extantibus, & imbricatim dispositis. Color inferne & superne multum variat, (nunc enim lutescere, nunc vero purpu- rascere solet, plerumque autem inferne colore saturatiore, vel luteo, vel purpureo, superne vero vel ex luteo & albo, vel ex purpureo & albo pictus observatur. Basis quidem colore dilu- tiore & albicante, margines vero saturatiore tincti sunt. Nullis nec lamellis nec poris distinguitur.)

3. Agaricus membranaceus sinuosus, substantia gela- tinæ C. Giss. 194. Fungus membranaceus parvus aureus Sterb. p. 242. Spec. 113. T. 26. luteus Sambucino similis, colore suo manus inficiens, Genistæ vulgari spinosæ ad- nascens Merr. Pin. putridus arborum ramis inhærens, plurimis simul cohærentibus C. B. Pin. 372. 2. Fungi

dicti

dicti Spongiæ lignorum perniciosi *J. B. III.* 841. F. per-
niciosi Gen. 24. Species 3. *Cluf. H. CCLXXXVII. Syn.
II.* 19. 40. On rotten Wood in England and Ireland.
Obferved by *Dr. Sherard* and *Mr. Dale.*

(Subftantia conftat uniformi, plus minufve finuofa & fæpe
mefenterii inftar convoluta, lineam circiter craffa, tenera & gelatinæ inftar tremula, coloris pallide lutei.)

4. Agaricus mefentericus violacei coloris *C. Giff.* 194.
Fungus arboreus purpureus corrugatus *Doody Syn. II.
App.* 336.

*(*Subftantia eft inter gelatinofam & coriaceam media, varie
finuofus & rugofus, inferne lævis & plana fuperficie lignis &
ftipitibus putrefcentibus innafcens: color violaceus obfcurior:
odor non ingratus, ad Merulium Fungum accedens.)

5. Fungus arboreus major aureus, nulla membrana
fuperne tectus *Dood. Syn. II. App.* 336.

Sex circiter uncias latus, duas craffus eft, fuperne pulchre rubri coloris, Tageti minori fere fimilis, nulla membrana tectus.
Fibrillæ fericum levidenfe pilofum, *Velvet* dictum, adamuffim
referentes cernuntur. Infra non foraminofus, fed punctatus eft,
citrini coloris, fubftantia molli, quæ defecta Rhabarbarum repræfentat; *S. Doody.*

6. Agaricus Lichenis facie variegatus *Inft. R. H.* 562.
Fungus falignus Lichenis forma variegatus *C. B. Pin.*
372. 7. quartus perniciofus *Cluf. H. CCLXXVII.* depictus *Sterb.* 240. *T.* 26. *A.* Fungi Salicum, colore varii,
perniciofi *J. B. III.* 842. Nec lamellatus, nec porofus
eft. A *D. Sherard* obfervatus.

Pulvis de Fungo Salicis rufæ cum facchari candiana, in phthifi
inveterata utilis eft; *Ephem. Germ. Ann. II. Obf.* 121. *Welfchius*
infuper ex *Prævotio* in pulmonibus exulceratis corticem medium
tenellæ Salicis commendat.

7. Agaricus pedis equini facie *Inft. R. H.* 562. Fungus durus five igniarius *Park.* 1323. (fig. mal.) in caudicibus nafcens, unguis equini figura *C. B. Pin.* 372. 3.
F. arborei ad ellychnia *J. B. III.* 840. *Touchwood or
Spunk.* Fraxino aliisque arboribus adnafcitur. (Ubique fibi fimilis, & nec lamellatus, nec porofus eft.)

Fungos hofce in lixivio decoquunt, & ficcatos fundunt, rur-
fufque nitro coquunt, ut igni concipiendo aptiores reddantur;
Trag.

8. Fungus albus minimus trilobatus, fine pediculo,
foliis quercinis adnafcens *D. Vernon Syn. II.* 18. 27.
In *Madingly Wood* near Cambridge.

9. Fun-

9. Fungus arboreus lobis rubellis, diverfimode figuratis & punctatis *Syn.II.*20. 52. Obferved on the Stumps of old Elms by *Dr. Tancred Robinfon*. An lamellati vel porofi fint hi duo pofteriores Fungi, non conftat, videntur autem iis carere.

10. Agaricus intybaceus *Inft. R. H.* 562. Fungus intybaceus *J. B. III.* 839. *Syn. II.* 14.21. arboreus maximus porofus, diverfimode fe dividens & protrudens *Doody Syn. II. App.* 336.

Memorabilis eft magnitudinis, ex foliis totus, aliis fubeuntibus, aliis incumbentibus confarcinatus, obfervante *J. Bauhino*, apud quem reliquam defcriptionem vide.

Fungus foraminofus arboreus lævis albiffimus *Doody Syn. II. App.* 340.

Hunc fubftantia & color ab aliis fatis diftinguunt. Albiffimus enim eft, lævis, friabilis, exfuccus, externe dilute rufefcens, frequenter in varios lobos divifus imbricatim difpofitos. In fome Woods in Surrey ; *S. Doody.*

(Non nifi ætate a præcedente differt, utpote qui per vetuftatem ficcus valde & lævis, albus interne, externe vero rufefcens evadit.)

11. Agaricus officinali fimilis *C. Giff.* 192. Agarico fimilis Fungus diverfarum arborum caudicibus adhærens *C. B. Pin.* 375. 2. Fungus arboreus albidus maximus, feu Agaricus fpurius *Doody Syn. II. App.* 335.

Irregulariter Agarici modo crefcit & ad magnam molem fæpe extenditur, ita ut *Doodio* ficcati fruftum, quod e Salicis trunco prope *Baterfea* collegerat, libras tres pondere æquaverit. Pori quam in præcedenti fpecie majores funt & finuofi.

12. Agaricus porofus rubens carnofus, hepatis facie *C. Giff.* 192. Fungus hepatis facie & colore *Merr. Pin.* arboreus rubens carnofus, hepatis facie *Dood. Syn. II. App.* 340. I firft found it near *Hally* in Kent, and fince I received it very fair from *Mr. Chaplin*, gathered in *Suffolk*; Mr. Dood. As you go from Sir *Robert Dillington*'s Houfe to the new Church in the Ifle of *Wight*; Merr. Pin.

Caudicibus adnafcitur, nunc fimplex, nunc in duos vel tres lobos divifus. Extra obfcure rubefcit, intus albus, rubedine nunc faturatiore, nunc dilutiore tinctus, fubftantiæ mollis & non nigrati faporis; *S. Dood.*

* 13. Agaricus multiplex porofus *C. G.* 193. Fungus circulum gradatim perficiens, cujus diameter quandoque triginta vel plures pedes conficit *Merr. Pin.* In montofis pafcuis non infrequens, referente *Merret.* Memo-

C 4   rabilis

rabilis est magnitudinis & plures juxta se oriri solent,
qui satis latum spatium ambitu suo complectuntur.

14. Agaricus porosus igniarius Fagi, superne candicans, inferne fuscus *C. Giss.* 193. Fungus pedem equinum referens, subtus foraminosus *Dood. Syn. II. App.* 336.
Ad arbores. Ignarius dicitur, quod caro ejus in fomi-
tem igni concipiendo idoneum præparari queat.

15. Agaricus porosus igniarius Carpini *C. Giss.* 193.
Fungus arboreus maximus fuscus, subtus planus *Dood.
Syn. II. App.* 335. Lateraliter Ulmo adhærentem pro-
pe *Epsom* invenit *D. Plukenet.*

Latitudo pedalis, duas circiter uncias crassus, superficie inæquali & lineis semicircularibus notatus. A pedem equinum referente plane differt. Observavi autem multo minorem, quem
distinguere non potui; *S. Doody* (Colore ubivis est eodem &
superficiem inæqualem habet, secus ac præcedens.)

16. Agaricus varii coloris squamosus *Inst. R. H.* 562.
Fungus arborum & lignorum putrescentium, coloris varii *Syn. II.* 18. 31. Cerasorum imbricatim alter alteri innatus variegatus *C. B. Pin.* 372. 8. Fungi Cerasorum
coloris varii perniciosi *J. B. III.* 842. Fungus semicircularis durus, multos durans per annos *Merr Pin.* ho-
losericeus iridiformis quasi, colorum alternatione variegatus *Cat. Alt.* Inferne foraminulentus est, non lamellatus, colore albicante. Non Ceraso tantum, sed &
aliis passim arboribus adnascitur.

17. Agaricus villosus & porosus, substantiæ coriaceæ
C. Giss. 193. Fungus arboreus variegato illi Cerasorum
&c. *C. B.* similis, sed hirsutior, foraminulis etiam majoribus *Doody Syn. II. App.* 336. Arboribus junioribus
plerumque adnascitur.

18. Fungus arboreus porosus minor absque pediculo,
semicircularis *Doody Syn. II.* 336.

Tres circiter uncias latus est, semunciam crassus, semicircularis & foraminibus pluribus subrotundis insculptus; *S. Doody.*

19. Agaricus villosus, lamellis sinuosis & invicem implexis *C. Giss.* 192. Fungus arboreus villosus albus, foraminibus oblongis, semicircularis *Doody Syn. II. App.* 336.

Quatuor uncias latus, plus semiuncia crassus, nullo pediculo
affixus. *D. Woodward M. D.* nobis communicavit; *S. Dood.*

20. Agaricus quernus lamellatus, coriaceus albus
C. Giss. 191. Fungus arboreus inferne foraminibus lon-
gis & rotundis insculptus *Doody Syn. II.* 18. 33. Hic a
D. Dale pariter observatus.

21. Agari-

21. Agaricus quernus lamellatus coriaceus villofus
C. Giff. 191. Fungus arboreus holofericeus, inferne lamellatus *Syn. II.* 14. 26.

Fungum Ceraforum dictum refert, & confimilibus coloribus
striatus est ; lamellis fubtus confpicuis ab eodem differt. *D. Doody*
& nobis etiam obfervatus.

22. Fungus parvus arboreus villofus albus, inferne
lamellatus *Doody Syn. II.* 18. 32.

(Quæritur an a præcedenti fpecie aliter quam magnitudine
differat ?)

23. Agaricus parvus lamellatus, pectunculi forma
elegans *C. Giff.* 192. Fungus parvus lamellatus, pectunculi forma Alno adnafcens *Syn. II.* 14. 27. Common in
Woods in Ireland; *Dr. Sherard.* In the Woods near
Dulwich and many other Places; *Mr. Doody.*

24. Fungus arboreus albus durus, lamellis inftar la-
pidis Hæmatitis *Syn. II.* 14. 28. Malo fylveftri adnafcitur ; *Dr. Sherard.*

* 25. Agaricus parvus lamellatus croceus, e Corylorum ramulis dependens. Undulatus est & figura fua
lobum nucis Juglandis non male refert. Croceo colore manus inficit. Corylorum ramis aridis & emortuis
plerumque adnafcitur.

* 26. Agaricus coriaceus longiffimus, pectinatim inferne divifus.

Hic ex cute coriacea, corium bubalinum colore & confiftentia, nifi quod aliquanto mollior effet, referente conftabat, ex
qua inferne numerofiffimæ dependebant lamellæ, non contiguæ
invicem, fed feparatæ, ideoque pectines potius, quam lamellæ
dicendi. Erant ii femunciam longi, femiculmum & culmum
lati, denfiffime ftipati, colore ad margines tincti cœruleo. In
cella quadam fubterranea in vico Wimbleton trabibus de inferna fuperficie longe lateque adnafcentem obfervavit fpeciofum
hunc Fungum *D. Jac. Sherard.* Vid. Tab. I. Fig. 5.

27. Fungus coriaceus quercinus hæmatodes *Breyn.
Eph. Germ. D. I. A.* 4. & 5. *O.* 150. *Oak-Leather* Hibernis.

In fiffuris Quercuum putridarum reperitur in Hibernia. Hunc
ruftici colligunt & reponunt ad ulcera fananda, fruftulo loco
affecto impofito ; *Dr. G. Sherard,* qui eundem etiam in Anglia
reperiri fibi perfuadet: immo a *Dr. Eales* ex Hartfordiæ Com.
ad me miffus est. (In Fraxinis præterea obfervavit *Dr. Richardfon.* In Virginia huic Fungo non male fuperinducunt emplaftra,
præterquam enim quod mollis fit, & partem affectam non gra-
vet, fanandi virtute pollet. Cæterum Anomalus est hic Fungus
& intra

& intra lignum nafcendi modo a reliquis omnibus differt, Agarico tamen propius, quam alii cuicunque generi accedit.)

28. Fungus niveus aqueus, lignis cellarum vinariarum
adhærens, *Syn. II.* 19. 38.

Obferved by Dr. *Tancr. Robinfon*, in Mr. Sory's cellar at York,
where he fays they hang down from the Beams and Timber
only, like great Flakes of Snow, or Fleeces of the whiteft Wool.
Upon diffolving and drying them by Heat, they leave a Subftance
like Touchwood, which crackles in the Fire, firft running or
melting into a tough membranaceous Matter of a fungiofe
Smell. (Common in moft Wine Vaults in London. Ex fubftantia uniformi floccorum inftar congefta conftat. Anomalus eft
Fungus, ut & fequens.)

IV. *Fungi Pulverulenti.*

BOvifta, Crepitus Lupi, vel ut *Tournefortius* græce vocat, Lycoperdon, eft Fungi genus, cujus fubftantia interior per maturitatem in pulverem refolvitur, & per medium foramen in auras evolat. Hujus generis fpecies
quædam pediculo donantur, aliæ vero eo carent; omnes
autem neque laminas, neque poros, fed uniformia capitula habent.

1. Crepitus Lupi five Fungus ovatus *Park.* 1323. Fungus pulverulentus dictus Crepitus Lupi *J. B. III.* 848.
rotundus orbicularis *C. B. Pin.* 374. 42. tertius feu orbicularis *Ger.* 1385. F. noxiorum 26. Generis 1. Species
Cluf. Sterb. p. 273. *T.* 29. F. *Puff-balls*, *dufty Mufh-
rooms*, *Bull-fifts.* In pafcuis ubique fere Autumno invenitur.

2. Fungus orbicularis per totum pulvere repletus
Dood. Syn. II. App. 333.

3. Fungus Lupi crepitus dictus in fummitate folum
pulverulentus *Ejufd. ibid.* Fungus femiorbicularis niger
Dodon. Pempt. 485. *Syn. II.* 19. 46. niger calycis figuram
referens *C. B. Pin.* 375. 44. calyciformis magnus ex genere Crepitus Lupi *Mentz. Pug.* 10. Semiplanus Crepitus Lupi *Sterb.* 274. *T.* 29. *G.*

Uterque a *Doodio* obfervatus, & pofterior quidem vifus ipfi
fuit vulgatiffimus, ab Auctoribus rei Herbariæ paffim defcriptus.

4. Fungus maximus rotundus pulverulentus, dictus
Germanis Bofift *J. B. III.* 848. cucurbitiformis, magnitudine capitis humani & ponderofus candidufque inftar
nivis *Merr. Pin.* Fungi rotundi orbicularis 2. Species
C. B.

C. B. Pin. 371. 42. F. noxiorum 26. generis 2. Species Cluf. *Sterb.* 270. *T.* 28. *C.* In pinguioribus pafcuis & ad fimeta.

Caput humanum magnitudine interdum æquat: ima ejus pars fubftantia conftat cohærente, fed rara, Fungorum eorum inftar, quos excipiendis filice chalybeque excuffis fcintillis præparatos vendunt. Hæc fubftantia vulneribus, ubi ficcata fuit, imponi folet pro fanguinis fluxu cohibendo.

5. Fungus pulverulentus cute membranacea, fubftantia intus fpongiofa, pediculo brevi craffiore in oras fere ducto *D. Plot Hift. Nat. Stafford. Cap.* 6. §. 4. *p.* 200. *T.*14. *f.* 3. *Syn. II.*17. 20. Obferved by *Mr. Walter Afhmore* of Tamworth, near *Pakington,* and in *Alrewas Hays* near the deep Spring by *Fran. Wolferfton,* Efq;.

6. Fungus pulverulentus compreffus pediculatus, cortice craffiore *Dood. Syn. II. App.* 333.

Eft illi pediculus breviffimus, vix femiunciam longus. Latitudo craffitiem fuperat: cortex non lævis, craffus & tenax: per totum pulvere refertus ; *S. Dood.*

* 7. Fungus pyriformis *Merr. Pin.* lupinus pyriformis cineraceus *Bocc. Muf. P. I. T.* 301. *f.* 7. In old Paftures not far from *Yarmouth,* on the North of the Ifle of Wight.

8. Fungus pulverulentus, Crepitus Lupi dictus major, pediculo longiore ventricofo *Dr. Sherard Syn. II.* 16. 16. In feveral Places of the North of Ireland: as in Sir *Arthur Rawdon*'s Orchard in the County of Down at Moyra. Defcriptionem vid. *Hift. III.* 19.

9. Fungus pulverulentus, Crepitus Lupi dictus, pediculo longiori fcabro *Dr. Sherard Syn. II.* 16. 17. Found under the Pine Trees in *Warings Town,* in the County of Down in Ireland. Recens veftibus adhærefcit.

10. Fungus pulverulentus minimus, pediculo longo infidens *Syn. II.* 16. 18. Lycoperdon Parifienfe minimum pediculo donatum *Inft. R. H.* 563. *T.* 331. *Fig. E. F.* In agris circa Londinum; *Dr. Robinfon.*

11. Fungus pulverulentus, Crepitus Lupi dictus, coronatus & inferne ftellatus *Syn. II.* 16. 19. In the fandy Ground, near the Shore, on the Eaft Side of *Jerfey*-Ifland; *Dr. Sherard* (On a Bog in the Warren near *Charlton* in Kent; *Mr. Rand.*)

Perelegans fane Fungi Species eft. (Calix tenerior eft quam fequentis, vefica autem fuperius in collum breve contrahitur, & per maturitatem in tenuiffimas lacinias divifa rumpitur, qua

I   nota

nota a fequenti abunde diftinguitur.   Vid. Fig. 1. Tab. I. ubi
figura fuperiore *a.* cum volva ftellata & vefica nondum aperta
inferiore autem *b.* abfque volva cum vefica difrupta exhibetur.)

12. Fungus pulverulentus coli inftar perforatus, cum
volva ftellata *Doody Syn. II. App.* 340. ftelliformis *Merr.
Pin.* Lycoperdon veficarium ftellatum *Inft. R. H.* 564.
T. 331. *fig. G. H.*

Per maturitatem difcinditur in plures partes & humi ftratus
ftellam repræfentat, in cujus centro ipfe Fungus orbiculatus, variis foraminibus pertufus, e quibus pulvis exfilit.   This elegant
Fungus I found this September 1695. in the *Lane* that leads
from *Crayford* to *Bexley-Common* in Kent; *S. Doody.*   At *Hampton Court* below the Houfe, near King Henry's Gate; *Merr.*

* 13. Tubera perniciofa terreftria feu cervina *Sterb.
p.* 315. *T.* 32. *B. B. B.* cervina *C. B. Pin.* 376. 2. *Park.*
1319, 1320. Tuberum genus, quibufdam Cervi Boletus
J. B. III. 851.

Ad Lupi crepitum referenda videtur hæc Species; quamvis
enim iftius inftar fe non aperiat, pulvere tamen fimili repletur.
In *Cane Wood* prope Highgate Octobri; *Dr. Dillenius.*

Huic idem videtur:

Fungus difciformis tuberis fpecie *Merr. Pin.* Betwixt
Highgate and *Hampfted* in the Valley, and on the Downs
of Suffex and Surrey; *Merr.*

V. *Fungi Subterranei.*

TUbera *J. B. III.* 849. *C. B. Pin.* 376. 1. terræ *Ger.*
1385. terræ edulia *Park.* 1319. *Trubs or Trufles.*
Difcovered at *Rufhton* in Northamptonfhire, by that
learned Phyfician *D. Hatton* of Harborough in Leicefterfhire.   Vid. *Philofoph Tranfact. n.* 202. *p.* 824.

* Dantur minima nucis magnitudine, coloris purpurei, in *Hampton Court* Park; *Merr. Pin.* 42. it. Tubera
terræ majora fimbriata caliciformia, from *Lancafhire*
Idem p. 122.

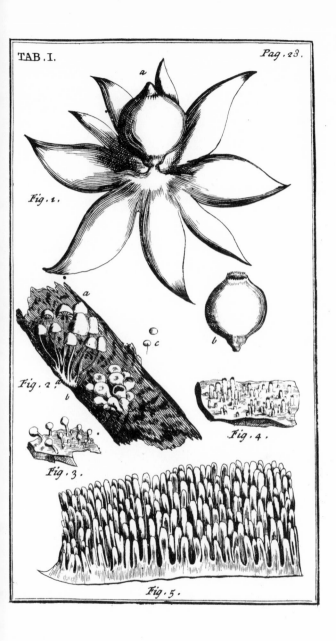

Fig . 1.

Fig . 2.

Fig . 3.

Fig . 4.

Fig . 5.

GENUS SECUNDUM.

PLANTÆ SUBMARINÆ.

I. *SPONGIA.*

SPONGIA Fungis proxima eſt, planta in aquis naſcens, craſſa; ſubſtantia molli, foraminulenta & velut lanoſa, vi elaſtica prædita, quæ aquam aliumve humorem facile combibit & retinet.

1. Spongia ramoſa *C. B. Pin.* 368. 6. ramoſa Britannica *Park.* 1304. Conſervæ marinæ genus *Lob. lc. T.* 2. 257. *Branched Sponge.* Found by *Lobel* on the Coaſt of *Portland* Iſland among the Sea-Wrack. Of this kind *Mr. Newton* alſo ſhewed me Specimens found by himſelf on the Britiſh Shores.

Variat hæc Species, & nunc ramulis eſt oblongis & teretibus, de qua *Lobelius* & *Ger. Em. p.* 1577. quæ inſula Sheppy pone Sheerneſs ſubinde obſervatur: vel ſummitatibus planis latiſve, caulibus vero vel ramis auguſtioribus obſervatur: vel ſummitatibus eſt acuminatis, caulibus autem latiuſculis, crebris ſecundum longitudinem ramulis acutis, cornuum inſtar enaſcentibus, quæ Spongiæ ramoſæ alterius Anglicæ nomine a *Parkinſono p.* 1304. exhibetur, quæ varietates ſpecie forte diſtingui merentur.

* 2. Spongia parva ſordidior ex Oſtrearum conchis *Pluk. Alm.* 356.

Ex cauliculis anguſtis clavatis, unciam & duas uncias longis, non ramoſis, conſtat, qui modo leviter compreſſi, modo teretes, levi & ſordidiore cruſta ſpongioſa, fuſca obſeſſi obſervantur. Variis adnaſcitur Fucis aliiſve rebus marinis, & in littore Suſſexiano ſæpe occurrit.

3. Spongia dichotomos teretifolia viridis. Fucus teretifolius ſpongioſus parvus *Syn. II.* 4. 11. ſpongioſus teres ramoſior viridis erectus *D. Stevens H. Ox. III. p.* 647. *S.* 15. *T.* 8. *f.* 7. On the Coaſt of Cornwal.

Altitudo palmaris, Ramuli & folia craſſa, teretia & veluti holoſericea, aquam Spongiæ inſtar imbibunt, unde facile exprimitur.

* 4. Spongia dichotomos compreſſa, ex viridi ſplendens *D. Stevens.* Alga Spongoides Monſpeſſulana viridis

ridis *Petiv. Gaz. Tab.* 4. *f.* 12. On the Coaſt of Cornwal. Differentiam titulus indicat.

5. Spongia ramoſa fluvitialis *Faſc.* 20. *Hiſt. I.* 81. *Syn.
I.* 7. 2. *II.* 11. 2. *Branched River Sponge.* In fluvio Hiera
(Yare) prope Nordovicum urbem a *D. Newton* inventa
eſt. (*Dr. Richardſon* retibus involutam & piſcando ex-
tractam ſæpius obſervavit in lacu *New Millerdam* dicto,
prope *Wakefield* agri Eboracenſis oppidum.)

6. Spongia fluviatilis ramoſa fragilis *Syn. II.* 11. 3. fluviatilis anfractuoſa perfragilis ramoſiſſima noſtras *Pluk.
Alm.* 356. *T.* 112. *f.* 3. Muſcus aquaticus ceratoides
Kylling. Vid. Dan. p. 106. *Fl. Pr. p.* 172. *lc.* 52. *Brittle
branched River-Sponge.*

In the River *Thames by Swythens Wyars* near Oxford ; *Mr. Bobart.* In fluvio *Camo* inter Cantabrigiam & Cheſterton ; *D. Morton.* (In the River by *Waltham Abby* in Eſſex. It is ſometimes
white. The Seeds are very conſpicuous thro' the whole Body
of the Sponge. It does not always branch, but ſpreads itſelf
on Stones, Wood or Ground, and ſometimes the Branches riſe
from theſe Subſtances ; *Mr. Doody in his Notes.*)

* 7. Spongia informis durior, compreſſa.

Non ramoſa, nec erecta eſt, ſed plana & ſeſſilis. Color eſt albidus, ſubſtantia duriuſcula, innumeris foraminibus parvis per-
tuſa, quibus intermixta obſervantur hinc inde eminentiæ quæ
dam, foramine majuſculo in medio donatæ. Petris, Bognor-rocks
dictis, in litore Suſſexiano adnaſcitur ; *Dr. Dillenius.*

8. Pſeudo Spongia coralloides *Doody Syn. II. App.*
346.

Ex multis fibris tenuibus, albis micis cryſtallinis inæqualibus,
hinc inde ramulis tranſverſis coaleſcentibus corpus gibboſum
conſtituitur : externe in apicibus terminantur fibræ, adeo ut totum echinatum appareat. Haud fragile eſt, guſtanti autem ſcru-
poſum videtur. E qualo ſubmarinarum ad ſalinas non procul a
Portersfield in agro Hamptonienſi lectarum ; *Doody.* Found alſo
Portſea Iſland at *Galhamhaven* ; *Id. Ann. Manuſcr.*

II. *ALCYONIUM.*

A Lcyonium eſt plantæ genus in aquis naſcens, fungiforme, variæ figuræ, cruſta in quibuſdam ſcrupoſa,
in aliis calloſa tectum, ſubſtantiæ intus ſpongioſæ, in aliis
ſpeciebus quaſi carnoſæ ; *D. Breynius Eph. N. Cur. Cent.
VII. & VIII. App. p.* 158.

1. Alcyo-

1. Alcyonium ramofum molle, medullæ panis intus fimile. Spongia ramofa fiftulofa Veneta *Park.* 1305. *lc.* Fucus marinus nofter, fimilis medullæ panis *Ant. Donati* 112. *lc. bon.* Inter alia maris purgamenta ad pagum *Borth* in agro Cereticenfi *D. Lloyd* legit. Prope *Sheernefs* quandoque etiam reperitur. Nomen *Donati* aptius competit huic plantæ, quam *Parkinfoni.*

* 2. Alcyonium ramofo-digitatum molle, afterifcis undiquaque ornatum *Breyn. Eph. Germ. Cent. VII. & VIII. App. p.* 159. ubi defcriptio. An Palma five manus marina *J. B. III.* 797? E mari prope Lizard Point expifcatum.

3. Burfa marina & Alcyonii genus 4. *Cæf. C. B. Pin.* 368. 12. Algæ pomum Monfpelienfium *J. B. III.* 795. Pila feu Sphæra marina, Burfa marina, Algæ pomum *Chabr. fig.* 570. Pulmo marinus alter *Rondel.* 132. Corpus quoddam rotundum, Pilæ marinæ modo &c. *Gefn. lc. Anim. p.* 266. *Pet. Syn. II. App.* 321.

Hujus figuræ una cum defcriptione Burfæ marinæ a *Rajo* inventæ in litoribus Siciliæ & defcriptæ *Hift. Pl. T. I. p.* 83. bene convenire videntur cum fœtu illo marino mihi exhibito a *D. Williams,* quem prope littus noftrum invenit, cum Algas indagaret; *Petiv. Syn. II.* 321.

* 4. Adianti aurei minimi facie planta marina.

Tota planta coloris eft ftraminei. Caules feu potius culmi funt cavi, liquore craffo rubeo repleti, cruorem potius referente, quam plantarum fuccum, unde forte ad Zoophyta referenda. Si culmi inferius digito premantur, liquor rubens furfum tendit, & flores feu capitula reflexa erecta reddit; *D. Lloyd Act. Phil. Vol. XXVIII. An.* 1713. *p.* 275. *lc. Tab.* 81.

III. *ESCHARA.*

ESchara eft plantæ genus fere lapideum, telam textura fua quodammodo referens; *Inft. R. Herb.* 576.

* 1. Efchara retiformis. Reticulum marinum *J. B. III.* 809. Conchis teftifve adnafcitur & circa *Cockbufh* in Suffexia fæpe reperitur.

* Millepora arenofa Anglica *Muf. Pet. n.* 271.

Anomala eft planta nec cum Efchara, nec cum Madrepora, aliove genere exacte conveniens. Found at Deal by Mr. *Cunningham.* Mr. *Buddle* receiv'd it from Mr. *Thorne,* who collected it near *Haftings.*

IV. CO-

IV. CORALLIUM.

COrallium eſt plantæ genus fere lapideum, ramoſum, arbuſculæ aut fruticis aphylli figura, nullis foraminibus conſpicuis pervium.

1. Corallium album pumilum noſtras *Syn. II.* 1. 1. *Small white Coral.* A Corallio albo *Lob. Ger. Park.* differt.

It is found plentifully in the *Ouze dredged* out of *Falmouth Haven,* to manure their Lands in *Cornwal.* It is not unlikely that it may alſo grow on the Rocks about *St. Michael's Mount,* though we obſerved it not there. Variat colore e luteo virefcente.

2. Corallium minimum calcariis rupibus adnaſcens *Syn. II.* 2. 2. minimum Armoricum & Cambrobritannicum, rupibus adnaſcens *Pluk. Amalth.* 64.

In rupibus Arvorniæ, cum in monte *Snowdon* prope *Lhan-Berys,* tum præcipue circa *Lhan-Didno* Conovio non procul. Hanc ſpeciem, quamvis terreſtris ſit, ob cognationem huc retulimus ; *D. Lhwyd.* (Quomodo differt a præcedenti? *Doody Not. Mſcr. ad Syn.*)

V. LITHOPHYTON.

LIthophyton eſt plantæ genus, ſubſtantiæ velut corneæ & lapidem inter ac lignum mediæ, cui plerumque adhærefcit cortex vel fibris contextus, vel tartari æmulus; *Inſt. R. Herb.* 173. Keratophyti nomine aptius hoc genus diſtinguit *D. Boerhaave.*

1. Keratophyton flabelliforme, cortice verucoſo obductum. Coralloides granuloſa alba *J. B. III.* 809. Frutex marinus flabelliformis, cortice verrucoſo obductus *Doody Syn. II. App.* 327.

Deſcriptio, inquit *Doody,* Arbuſculæ marinæ coralloidis *Cluſii* huc plurimum convenit, colore tamen non miniaceus eſt, ſed albidus, & altitudine ſemipedem vix ſuperat. *D. Woodward* M. D. & in Collegio Greſhamenſi Prælector Medicinæ, hunc accepit a *D. Cole* Briſtolienſi, qui retulit ſe majores inveniſſe in littore Cornubienſi; *Doody.* (Ejuſmodi ſpecimen pedem longitudine æquans in Inſula *St. Georgii* prope *Weſtlow* comitatus *Cornub.* collectum in *H. S. Buddl. Vol. I. fol.* 2. aſſervatur.)

* 2. Keratophyton dichotomum ; caule & ramulis leviter compreſſis. Found by *Mr. Dale* growing near *Margate.*

VI. *CO-*

VI. *CORALLINA*.

COrallina eft plantæ genus in aquis nafcens, tenuiffime divifum, ex partibus conftans articulatione
quadam veluti conjunctis; *Inft. R. Herb.* 570.

I. *Corallinæ per gomphofin articulatæ,*

SEU quarum articuli fuperior pars craffior, inferior
autem anguftior in latiorem incumbentis partem clavi inftar infigitur.

1. Corallina *J. B. III.* 810. Anglica *Ger.* 1379. pennata longior *Ph. Br.* 31. Mufcus coralloides fqua-
mulis loricatus *C. B. Pin.* 364. 2. candidus coralloides
fquamatus *Lob. Ic. T. II.* 249. *Sea-Coralline.* Rupibus marinis, interdum etiam conchis aut teftis ac-
crefcit ubique fere apud nos. Variat colore albo, purpureo, luteo aut virente. Cauliculo eft & ramulis
pyxidatim articulatis.

Huic eadem vel ejus faltem varietas eft : Corallina
magis erecta pennata, eburneo nitore candicans *Pluk.*
Alm. 118. Mufcus marinus geniculatus, eburneo nitore
candicans erectus, cauliculis pennatis *Ej. Ph. T.* 48. *f.* 4.
quæ figura minus bona ac *Gerardi & Tabernæmontani*
figuræ. Nam nonnifi pluviis & infolatui ortum debere
videtur.

Corallinæ craffiufculæ contritæ pulvis in vino, lacte aut Caffia
exhibitus, pueris ad drachmam dimidiam, adultioribus ad
drachmam unam interaneorum vermes enecat & expellit.

2. Corallina ramofa parva *Ph. Br.* 31. mufcofa, feu
Mufcus marinus tenui capillo, fpermophoros *Pluk. Alm.*
119. *T.* 168. *f.* 3. *H. O. P. III. p.* 651. *S.* 15. *T.* 9. *f.* 9.
Mufcus coralloides ramofiffimus polyfpermus *D. Ro-*
binfon Syn. II. 9. 11. Common about the *Buoy of the*
Nore, efpecially beyond *Sheernefs. Petiver* obferv'd it
near *Leigh* in *Effex.* Vafcula feminalia fecundum ramulos creberrima, fubrotunda.

* 3. Corallina parva tenuiffima, eburnei nitoris, plu-
mofa *Pluk. Amalth.* 64. Mufcus marinus plumiformis,
ramulis & foliis denfiffimis capillaceis *Cat. Jam.* 6. *Raj.*
Hift. III. 15. Ad oras noftras maritimas fponte nafcitur,
affirmante *Plukenetio.*

D 4. Co-

4. Corallina capillaceo multifido folio albido *Inft. R.* *H.* 571. Corallinæ affinis, feu Mufcus marinus tenui capillo *J. B. III.* 811. defcr. Mufcus capillaceus multifido folio albidus *C. B. Pin.* 363. 1. marinus, five Corallina rubra *Ger.* 1379. marinus rubens, five Corallina rubens *Park.* 1296. *Fine leaved Coralline Mofs.* Saxis, teftis, Algæ, aliifque plantis marinis adnafcitur. Variat colore rubente, viridante, cinereo, nigro, albicante. (Figuræ Botanicorum vel non exprimunt, minufque bonæ funt, vel aliam defignant plantam.)

5. Corallina capillaceo folio tenerior, candidiffima & nodulis afperfa. Fucus minimus capillaceus ramofiffimus, per ficcitatem albicans *Syn. II.* 8. 11. Found by *Dr. Robinfon* amongft *Oyfters.*

6. Corallina geniculata mollis, internodiis rotundis brevioribus noftras *Pluk. Mant.* 56. Mufcus coralloides mollis elatior ramofiffimus Doody *Syn. II. App.* 330. Pone *Sheernefs.*

Ab initio viret, per ficcitatem vero & in littus diu ejecta albicat. In crebros ramulos, hique in minores brevefque glomeratim dividuntur.

* 7. Corallina confervoides gelatinofa alba, geniculis craffiufculis pellucidis.

Lubrica eft & valde tenera. Per dichotomiam femper dividitur. Lapillis adnafcitur in littore Suffexiano prope Cockbufh. *Dr. Dillenius.*

* 8. Corallina confervoides gelatinofa rubens, ramulis & geniculis peranguftis. Mufcus marinus capillaris rubens non ramofus *D. Dale M. P.* 274. fed vere ramofus eft, fi attente examinetur, quamvis minus crebro. Ad *Cockbufh* & pone *Sheernefs.*

9. Corallina lenta purpurea compreffa. Fucus purpureus humilis tenuiter divifus geniculatus *D. Stevens H. Ox. III. p.* 646. *S.* 15. *T.* 8. *f.* 14. In Cornwalliæ littore collecta eft hæc fpecies.

II. *Corallinæ vel denticulatim divifæ, vel capillamentis pilifve obfitæ.*

10. COrallina Aftaci corniculorum æmula *J. R. H.* 571. Corallinæ affinis non ramofa arenacei coloris, Aftacorum corniculi inftar geniculata *Pluk. Alm.* 119. Mufcus marinus feu Coralloides non ramofus

mofus erectus, arenacei coloris, Aftacorum corniculi
adinftar geniculatus *Ej. Ph. T.* 48. *f.* 6. M. marinus equi-
fetiformis non ramofus *Syn. II. 9. 6. Horfe-tail Sea-mofs.*

Plurimi ab eadem radice exeunt fcapi, feta equina craffiores,
intus concavi, creberrimis geniculis, & ad fingula breviffimis
fetarum velut rudimentis, in ambitu quinis, obfiti. Found on
the Rocks by *Mrs. Ward,* an ingenious Gentlewoman of Gif-
burgh in Cleveland, Yorkfhire, and by her named *Sea-beard*; I
fuppofe from its growing in a thick Tuft; *Mr. Lawfon.*

11. Corallina ramofa cirris obfita. Fruticulus elegans geniculatus, cirris obfitus *Doody Syn. II. App.* 331.

Palmaris, inquit, eft, ramofus, albus, craffitie culmum triticeum æquans, fubftantiæ Coralloidis, parte inferiore corneus &
tenax, fuperiore eleganter geniculatus, vertebrarum pifciculo-
rum æmulus. In littore Dubrenfi collegit *D. Dare* Pharmacopœus Londinenfis. (Cauliculi prioris inftar formati funt & abra-
fis cirris vel pilis ejufdem ubivis ftructuræ obfervantur, qua de
caufa priori proxime hic jungitur.)

12. Corallina marina Abietis forma *J. R. H.* 571.
Corallinæ affinis, Abies marina dicta *Pluk. Alm.* 119.
Mufcus marinus major argute denticulatus Raj. Hift.
Ejufd. Ph. T. 48. *f.* 5. Mufcus coralloides marinus den-
ticulatus major *Syn. II.* 8. 2. maritimus Filicis folio *C. B.
H. Ox. III. p.* 650. *S.* 15. *T.* 9. *f.* 1. (bona, fed perperam
C. B.) Mufci marini genus foliis pinnatis, & Abies Clu-
fii Belgica *J. B. III.* 799. Abieti fimilis maritima *C. B.
Pin.* 365. 13. Abies marina Belgica *Cluf. H.* 35. ex fen-
tentia *D. Plukenet*; & revera icon hanc exacte refert, nifi
quod caulis lævis abfque denticulis pictus fit. *Toothed
Coralline-mofs the greater.* Fuco phafganoidi adnatum
obfervavi in mari Britannico.

13. Corallina minus ramofa, alterna vice denticulata.
Mufcus marinus denticulatus minor, denticellis alternis
Syn. II. 8. 3. Found on the Sea-fhores by *Mr. Newton.*
(Oftrearum teftis non raro adhærens obfervatur. Lenticulæ, quæ e denticulorum alis enafcuntur, vacuæ
funt, lineis tranfverfis externe ftriatæ. Vid. Tab. 2.
fig. 4.)

Cum fequenti eundem facit *D. Doody in Ann. Manfcr. ad Syn.*
fed planta ipfa plane repugnat, & verifimilius videtur fequentem
potius ad Mufcum pennatum ramulis & capillamentis falcatis
pertinere.

14. Corallina mufcofa denticulis bijugis, unum latus
fpectantibus *Pluk. Alm.* 119. Mufcus marinus denticula-

tus,

tus, denticulis bijugis unum latus spectantibus *Syn. II.*
8. 5. Found by *Mr. Newton.*

15. Corallina scruposa pennata, cauliculis crassiusculis rigidis *Pluk. Alm.* 119. Fruticulus marinus, cauliculis crassiusculis teretibus rigidis, pennatus *Syn. II. 2.*
Found by *Mr. Newton.*

(Ostrearum testis sæpe adhæret.   Ramuli vel pennæ alternatim denticulatæ sunt. A *D. Vernon,* fidem faciente *Hort. Sicc. Budd-*
lejano Vol. I. f. 1. in aquis dulcibus prope *Cantabrigiam* etiam
reperta est hæc species, verum aliquanto tenerior & minor, quæ
sub nomine Fruticuli fluviatilis viticulis illis præcedentis tenuioribus in dicto *H. S.* agglutinata est.   Hanc speciem detritis
per vetustatem ramulis, pro Fuco minimo hirsuto fibrillis herbaceis simili habet *Buddle H. S. Vol. I. f.* 16. Verum verosimi-
lius est, Muscum marinum capillarem rubentem geniculatum
ramosissimum ipsius *Buddl.* qui per vetustatem Fuco radicibus
arborum fibrosis valde similis, nisi quod minor sit, a *Doodio* in-
tellectum fuisse.)

16. Corallina muscosa pennata, ramulis & capillamentis falcatis *Pluk. Alm.* 119. *T.* 47. *f.* 12. Muscus pennatus, ramulis & capillamentis falcatis *Syn. II. 9. 7. H.*
Ox. III. p. 650. *S.* 15. *T. 9. f.* 2. marinus spiralis pennatus n. d. *Johnf. Merc. Bot. P. II. p.* 26. *Ph. Br.* 78. *Merr.*
Pin. 81. *Sickle-feathered Sea-mofs.*

Plantula est perelegans.   Ramuli & capillamenta reflexa sunt,
falcis aut pennarum in cauda Galli gallinacei in modum. Muscum
hunc ipsum eidemve valde similem & affinem ad me transmisit *D. Lhwyd* titulo, Cupressi marinæ Belgicæ *Cluf.* Fuci Equiseti facie *Sibbald Pr. Hist. Nat. Scot. Tab.* 12. quem Fucis adnafcentem in maritimis *Venedotia* & *Demetia* obfervavit. (Pone
Sheernefs in littore sæpe observatur.)

17. Corallina muscosa, alterna vice denticulata, ramulis in creberrima capillamenta sparsis *Pluk. Alm.* 119.
T. 48. *f.* 3. Muscus marinus erectior, ramulis in innu-
mera & tenuissima capillamenta divisis *Syn. II. 9. 8.* marinus argenteus coralloides ramosus erectus *Bocc. Muf.*
P. I. p. 259. *T. 6. f.* 6. marinus minor denticulis alternis
Raj. Hist. & Syn. *H. Ox. III.* 650. *S.* 15. *T. 9. f.* 4.

Figura *Bobarti* bona est & melior, quam *Plukenetii,* sed male
pro alternatim denticulato proponitur, quin potius hujus denti-
culi ex adverso locantur, licet id ob eorum exilitatem minus
conspicuum sit.   Ad littus maris juxta *Sheernefs* sæpe copiose obfervatur. Variat & subinde cum ramulis brevioribus reperitur.

18. Corallina muscosa denticulata procumbens, caule tenuissimo, denticellis ex adverso sitis *Pluk. Alm.* 119.
T. 47.

T. 47. f. 11. *J. R. H.* 570. Mufcus marinus denticulatus procumbens, caule tenuiffimo, denticellis bijugis *Raj.Fa̶s̶c̶.*
H. l. 79. *Syn. II.* 8. 4. *H. Ox. III.* 650. *S.* 15. *T.* 9. *f.* 3.
item Corallina marina minima lendigera *J. R. H.* 571.
Mufcus marinus lendiginofus minimus, arenacei coloris
H. Ox. III. 650. *S.* 15. *T.* 9. *f.* 2. Ambæ enim una eademque planta funt. Found by *Mr. Newton.*

19. Corallina pumila repens, minus ramofa. Mufcus coralloides pumilus, denticellis bijugis *Doody Syn. II.*
App. 330.

Quercui marinæ aliifve Fucis frequenter adnafcitur, & fuper eorum folia repit, unciam, fi finguli fpectentur ramuli, longitudine non fuperans, cauliculi autem, qui denticulis orbi obfervari folent & e quibus ramuli egrediuntur, longius protenduntur.

20. Corallina pumila erecta, ramofior. Mufcus coralloides pumilus ramofus *Doody Syn. II. App.* 330. Fucis variis adhæret. Figuram vid. Tab. 2. fig. 1.⸱⸱⸱

21. Mufcus coralloides fetaceus non ramofus *Doody Syn. II. App.* 330.

Tabulis, inquit, navium adnafcentem vidi, Mufco marino Equifetiformi non ramofo *Synopf.* fimilem, verum non geniculatum, fed alternatim denticulatum.

VII. *FUCOIDES.*

FUcoides eft plantæ genus in aquis nafcens, mediæ inter Confervam, Corallinam & Fucum naturæ, tenuiter non raro divifum & Mufcis terreftribus fæpe fimile, fubftantiæ, quam in Fucis, tenerioris, nullis nec geniculis, nec articulis, ut in Conferva & Corallina, diftinctum.

1. Fucoides rubens varie diffectum. Mufcus marinus folio multifido n. d. *Johnf. Merc. Bot. P. II. p.* 27.
Ph. Br. 78. marinus rubens pennatus noftras *Raj. Hift.*
I. 78. 14. *Syn. II.* 8. 1. maritimus tenuiffime diffectus ruber *C. B. Pin.* 363. 4. pelagicus pennatus rubens, ramulis numerofis mollibus latius fe fpargentibus *Pluk. Alm.* 258. *T.* 48. *f.* 2. Ex cujus & *Doodii in Ann. Mfcr.* fententia huic idem eft: Mufcus marinus purpureus parvus, foliis oblongis Millefolii fere divifura *Raj. H.T.* 79.
25. Mire enim ludit pereleganś hæc planta incifuris & divifuris, nec ab hoc differt: Mufcus maritimus Neapolitanus *Park.* 1289. marinus *Cluf. Hift. CCL.* cujus figura

omnium optime ræprefentat hanc plantam, & globulos etiam, quibus fubinde donatur, oftendit. Multum autem ab hoc differt, Coralloides lenta fœniculacea *J. B. III.* 797. quæ ipfi minus bene jungitur *Syn. II.* 9. 12. anfam errandi fuppeditante *Plukenetio Syn. I. App.* 241. On the Shore near *Berwick* plentifully. Obferved alfo by *Mr. Dale* in *Maldon River*, over againft *Tolesbury*, Effex; as alfo by *Mr. Moyle* and *Mr. Stevens* in Company on the Coaft of *Cornwal.*

* 2. Fucoides purpureum eleganter plumofum. Mufcus marinus eleganter plumofus, obfcure purpurafcens *Buddl. H. S. Vol. I. f.* 29.   A *D. Rand* prope *Dover* collectus.   Figuram vid. Tab. 2. fig. 5.

3. Fucoides lendigerum capillamentis Cufcutæ inftar implexis.   Fucus confervoides lendiginofus, feu Cufcuta marina *Doody Syn. II. App.* 330. Capillacea eft & ramofa hæc fpecies, crebris nodulis lendium figura interftincta.   Fucos majores implicat adinftar Cufcutæ; *Dood.*

* 4. Fucoides erectum fruticuli fpecie, fummitatibus inflexis.

Mufcum quendam terreftrem fimulat, ab unciali ad fefquiuncialem longitudinem affurgens, in varios ramulos per tenues divifum & fubdivifum, quorum fuperiores caudæ Scorpii in modum inflexi & convoluti funt.   Colore eft livido & obfcuro, ex fufco in fubvirentem tendente.   Figura Fuci fœniculacei colore livido *Pluk. Ph. T.* 47. *f.* 13. huic fatis accedit, nifi quod fummitates non fimiliter inflexas exprimat. Ceterum nec Mufcus maritimus Neapolitanus *Park.* nec Coralloides lenta fœniculacea *J. B.* quas huic *Plukenetius Syn. I. App. p.* 241. *& Alm. p.* 160. jungit, cum ipfius planta convenire videntur.   In the Marfhes at *Selfey Ifland*, Suffex, plentifully; *Dr. Dillenius.* Vid. Tab. 2. fig. 6.

* 5. Fucoides erectum fpinarum Halecum æmulum. Fruticulus parvus nigricans, vertebrarum Halecum æmulum *Buddl. H. S Vol. I. f.* 2.   Verum fpinas potius, quam vertebras Halecum, quodammodo refert, minime enim articulatus eft cauliculus medius.   Found on the Coaft of *Cornwal* by *Mr. More.*

* 6. Fucoides fetaceum tenuiffime alatum.   Mufcus marinus non ramofus, fetis minimis vix confpicuis obfitus *Doody Syn. II. App.* 340.   Quo defcribente biuncialis eft, nec geniculatus, nec dentatus, fetæ porcinæ craffitudine.   Fig. vid. Tab. 2. fig. 2. lit. *h.*

, * 7 Fu-

* 7. Fucoides fetis minimis indivifis conftans.

Ex fetis exilibus, a femiunciali ad uncialem longitudinem pro-
tenfis, nec ramofis, nec alatis conftat. Lapillis conchifve innafcitur cum priore, & licet utrumque tenerrimum fit, erecta tamen, quamdiu fub aqua funt, obfervantur. In littore maris pone Sheernefs; *D. Dillenius.* Figuram vid. Tab. 2. fig. 2. lit. *a.*

* 8. Fucus Dealenfis fiftulofus Laringæ fimilis *Muf.
Pet.* 406. Found about Deal by *Mr. Hugh Jones* and
Mr. James Cunningham. Hujus loci videtur cum fequenti, qui hujus varietas, vel junior faltem planta videtur. Cauliculi lævibus incifuris, laringæ inftar dividuntur.

* 9. Fucus fiftulofus nudus, fetas erinaceas æmulans
Pluk. Alm. 160.

VIII. *F U C U S.*

FUcus eft plantæ genus in aquis nafcens, foliis & caulibus varia figura donatis præditum, fubftantiæ plerumque lentæ & coriaceæ, veficulis fubinde aere plenis
& ad fluitandum efformatis hinc inde innafcentibus, circa
extremitates vero tuberculis non raro, quæ feminale
quid fovere videntur, donatum.

I. *Fuci non ramofi.*

1. FUcus folio fingulari, longiffimo, lato, in medio
rugofo, qui balteiformis dici poteft *Syn II.* 6. 1.
Sea-Belt. In littore *Eboracenfi* necnon *Cornubienfi.*
Pediculo eft brevi, nec craffo, quamvis folio fit lato &
longiffimo, cum Fucus arboreus polyfchides pediculo
feu potius caule longo craffoque fit, antequam in folium
multifidum dilatetur.

* Fucus longiffimo, latiffimo, craffoque folio *C. B.
Pr.* 154. 3. Alga longiffimo, lato, craffoque folio *Ejufd.
Pin.* 364. 5. Lapidibus adnafcitur prope *Sheernefs.* Ra-
dix fibrofa feu digitata eft, qua lapillos amplectitur.
Prioris varietas eft, ut &

* Fucus latiffimus & longiffimus, oris crifpis: *The
curled Sea-belt. H.Ox. III. p.* 646.

* Huc etiam referri debet Fucus phafganoides, foliis indivifis *Merr. Pin.* Penes me, inquit, eft magna
varietas hujus Fuci, quoad foliorum magnitudinem,
craffitiem & colorem. Quorundam infuper folia ferrata,

aliorum

aliorum integra, quandoque crifpa vel plana. Nec nifi ætate differt, juniorve faltem planta eft :

* Fucus Phyllitidis folio *D. Lhw.* Found in *Angle-fea.* This in Welch is called *Mor-dowys,* the poor People eat the fmall Leaves and Clufters, as they do *De-lefh :* the larger are found fometimes two Foot long; *D. Lhwyd.*

2. Fucus longiffimo, latiffimo, tenuique folio *C. B. Pr.* 154. 4. Alga longiffimo, lato, tenuique folio *Ejufd. Pin.* 364. 4. *J. B. III. L.* 39. *p.* 801. De hoc *S. Doody* intelligendus, dum *Syn. II. App. p.* 329. Fucum, inquit, pede longiorem mihi dedit *D. Adaire,* in omnibus parem & fimilem præcedenti *(*1. fpeciei;) craffitudine excepta, quæ Lactucam marinam non excedit. Huic perfimilem in memoriam revoco me obfervaffe in littore infulæ *Shepey.* (Eam, vel ipfius varietatem in *H. S. Buddl. Vol. I. fol.* 33. videre licuit, fub nomine Fuci membranacei purpurafcentis, folio tenuiffimo tranfparenti, Phyllitidis undulatæ facie, a *D. Rand* prope *Doveram* collectam.)

3. Fucus chordam referens teres prælongus *Syn. II.* 6.
4. marinus rotundus *Ph. Br. Merr. Pin.* marinus rotundis tenuibus longiffimifque loris *Cat. Ang. I.* 119. *II.* 114. Alga nigro capillaceo folio *C. B. Pin.* 364. 2. Filum maritimum Germanicum *Ej. Pr.* 155 8. Fucus five Filum maritimum Germanicum *Boc. Muf. P. I. p.* 271. *T.* 7. *f.* 9. Fucus fetaceus niger longiffimus non ramofus *H. O. III.* 644. 13. Ligula marina alba Suffexiana *Pet. Gaz. Nat. Tab.* 91. *f.* 5. *Sea-laces.* In littore Angliæ occidentali circa *Weymouth, Portlandiam* Infulam & alibi, v. g. in littore *Eboracenfi* prope *Whitby,* & *Suffexiano* prope *Brakelfham,* inque *Cornubia* faxis adnafcitur.

Ligulæ teretes funt, ab initio teneriores, poftea firmiores, cavæ, diaphragmatis tamen crebris interceptæ, ulnam dimidiam longæ, utraque extremitate tenuiores (Per ficcitatem fufcus & niger? evadit, ubi vero in littore aliquandiu jacuerit, albefcit. Veficulæ & feminalia tubercula in hac & priori fpecie defunt.)

II. *Fuci ramofi.*

1. *Dichotomi.*

A. *Foliis planis donati.*

a. *Opacis.*

4. Fucus five Alga marina latifolia vulgatiffima *Raj. Syn. II.* 2. 1. Fucus maritimus vel Quercus maritima veficulas

culas habens *C. B. Pin.* 365. 3. Quercus marina *Lob. Ic.*
II. 255. *Ger.* 1378. marina herbacea & varietas *Park.*1293.
The most common broad-leaved Sea-wrack.   In faxis, rupibus & littorious marinis petrofis, quoufque aquæ fingulis æftuum acceffibus ea inundant, ubique fere invenitur.

(Hujus fpeciem minorem, alias fimilem, nifi quod minus
profunde & ad margines aquarum nafcatur, obfervavit *Rajus,*
quæ id peculiare habet, quod in latum magis extendi foleat.   Ea
vero differentia non nifi loci conditioni & aquæ defectui debetur ;
nec nifi varietas vulgaris videtur :   Fucus feu Quercus marina
latifolia humilis fine veficulis *Doody Syn. II. App.* 328. cujus fynonyma : F. maritimus vel Quercus maritima, foliorum extremis
tumidis, quam aliqui glandiferam vocant *C. B. Pin.* 365. *n.* 4.
palmaris latioribus foliis in binas ternafve veficulas verrucofas
terminatis *H. Ox. III.* 647. *S.* 15. *T.* 8. *f.* 10.   Quercus marina
altera *Cluf. H.* 21. item, Quercus marina humilior, crebris veficulis & tuberculis feminalibus fere rotundis dotata *Doody Syn. II.*
App. 327. & Fucus maritimus foliis tumidis barbatis *C. B. Pin.*
365. 5. Quercus maritima barbata *Ej. Pr.* 154. 3. marina foliis
inferioribus fimbricatis fœniculaceis *Merr. Pin.* quæ non nifi planta eft prolifera, plurimis plantis novis e veteri enafcantibus.
Præter quas differentias plures aliæ obfervantur, quoad foliorum
longitudinem & latitudinem, veficularum item & tuberculo-
rum conftitutionem.   Quo referri debent fequentes varietates,
nempe Fucus feu Quercus marina anguftiori folio, raro veficulas habens *Doody Syn. II.* 327. qui in *H. Ox. p.* 647. dicitur,
Fucus palmaris anguftifolius ad extrema veficulis rugofis bi-
furcatus, cujus fig. extat *S.* 15. *T.* 8. *n.* 12. Nam in hoc in eodem caule non raro utriufque generis folia, minora quidem cum
tuberculis feminalibus, majora vero cum veficulis vulgari fimilibus obfervantur.   Tum & fummitates feminiferæ variant, &
majores minorefve (quæ magis frequentes) in eodem caule reperiuntur.   Eæ vero plerumque binatim nafcuntur, fubinde vero folitariæ obfervantur. Fucus porro feu Quercus marina minima anguftifolia *Doody Syn. II.* 328. in qua is perraro bullas obfervavit, fummitates autem feminiferas, ut in reliquis.   Palmaris
plerumque, raro dodrantali eft longitudine, latitudine quadrantem unciæ haud æquat eidem.   It. Quercus marina longiore &
latiore folio *Merr. Pin.* & Quercus marina anguftifolia in extremitate referens chelas cancrorum *Ej. Ib.* Ineffabilis fane eft in
hoc genere varietas, ratione ætatis & loci, aliorumque accidentium.)

·5· Fucus fpiralis maritimus major *Inft. R. H.* 568. Alga fpiralis maritima major *Syn.* 2. 5. 22. Saxis aqua immerfis

merfis innafcitur in littore *Monenfi* & *Arvonienfi* obfervatione *D. Lhwyd:* in æftuario *Camalodunenfi*, & in mari *Merfejam* infulam alluente copiofe, notante *D. Dale:* copiofe item in æftuario Ciceftrienfi, *Delkey* vocato, provenit & littus omne operit.

Præcedenti proxime accedit, foliis anguftioribus, dichotomis, intortis, dodrantem aut pedem longis. Veficulis caret, extremitates vero feminales, quam in priori, breviores funt & tumidiores.

Hujus varietas videtur: Alga fpiralis ramofa maritima minor *Petiv. Syn. II. App.* 321. medium inter hanc & fequentem locum occupans, priori tamen quam fequenti fimilior.

  * 6. Fucus fpiralis maritimus minor *Inft. R. H.* 568. Alga fpiralis maritima *Bocc. Rar. Pl. p.* 70. *ic.*

Folia, quam prior, habet multo anguftiora & breviora, fummitates feminales autem longiores & compreffas: Tota etiam facie a præcedente recedit, ut merito pro differente fpecie habeatur. Tum fumma folia, tum cauliculi ejus, hinc inde barbati feu novis foliis vel plantulis donati fubinde obfervantur. Satis copiofe cum priori in æftuario *Ciceftrienfi* nafcitur.

  7. Fucus five Alga latifolia major dentata *Syn. II.* 3. 2. *H. Ox. III. p.* 648. *S.* 15. *T.* 9. *f.* 1. Quercus marina foliis dentatis *Johnf. lt. Cant. Broad-leaved indented Seawrack.*

Veficulæ in hac fpecie nondum obfervatæ. Tubercula feminalia nunc crebrius funt congefta verfus fummitates, nunc rarius hinc inde per foliorum longitudinem fparguntur. In profundioribus nafcitur: in Sabrinæ æftuario, circa *Margate*, in fcopulis oræ Suffexianæ, *Bagnor-rocks* vocatis, & alibi copiofe.

  8. Quercus marina humilis, latifoliæ ferratæ fimilis *Doody Syn. II. App.* 328.

Pedalis, inquit, erat latifoliæ ferratæ fimilis, latitudine autem fuperans, quæ uncia non minor eft; margines inæquales funt, minus confpicue ferrati. Seminalia nondum vidi, ideoque an fpecies ab ea diftincta fit necne, temere judicare nolo *Dood.* idque non immerito, cum præcedentis faltem varietas fit.

  9. Fucus telam lineam fericeamve textura fua æmulans *Syn. II.* 5. 16. *Inft. R. H.* 568. *T.* 334. marinus fcrupofus albidus, telam fericeam textura fua æmulans *H. Ox. III. p.* 646. *S.* 15. *T.* 8. *f.* 16. Alga marina platyceros porofa *J. B. III.* 809. Porus cervinus Imperati *C. B. Pin.* 367. 7. *Broad-leav'd horned Wrack.* In littus ejectus hinc inde reperitur. Virentem nemo adhuc obfervavit,

fervavit, unde conjicere licet in profundioribus eum nafci.

10. Fucus marinus fcrupofus albidus anguftior com-preffus, extremitatibus quafi abfciffis *H. Ox. III. p.* 646. *S.* 15. *T.* 8. *f.* 17. Fuci telam lineam fericeamve textura fua æmulantis altera fpecies anguftior *Syn. II.* 5. 16. In littoribus maris hinc inde, fed minus quam prior frequens, a qua diftincta omnino fpecies eft.

11. Fucus longo angufto craffoque folio *C. B. Pin.* 364. 3. *Pr.* 155. 5. marinus fecundus *Dod. Pempt.* 479. *Park.* 1293. Quercus marina 2. *Ger. Em.* 1568. *Sea-Thongs.*

Craffitudine foliorum corii equini lora referentium, eorum-que longitudine a reliquis hujus generis differt; quin & rotula latiufcula caulem prope radicem velut axem ambiente. In littoribus marinis non raro invenitur.

12. Fucus pumilus dichotomus, fegmentis ex una parte gibbofis, ex altera excavatis *Doody Syn. II. App.* 328. F. Kali Arabum divifura, angulis ad divaricationem rotundiufculis *Pluk. Alm.* 160. dichotomus membranaceus ex viridi flavefcens ceranoides, angulos rotundiufculos efformans *H. Ox. III. p.* 648. dichotomus ceranoides, angulos rotundiufculos efformans *lb. S.* 15. *T.* 8. *f.* 11.

Crebro, inquit *Doody*, ramofus, carnofus, tenax, tuberculis feminalibus pro ratione magnitudinis, quæ vix biuncialis eft, craffioribus & longioribus. Acceptum, inquit idem, refero *D. Adaire*, prope *Gofport* repertum. (Colore eft ex gilvo virefcente, & copiofe nafcitur fecundum *Delkey*, prope *Chichefter*. An cum fequenti idem fit, non immerito quærunt *Bobartus* & *Plukenet*.)

13. Fucus Kali geniculato fimilis, non tamen geniculatus *Syn. II.* 4. 15. *Small Wrack refembling Glafs-wort.* Hujus ramuli cum caule angulos rotundiufculos efformant. Rupibus adnafcitur ad *S. Ives* oppidum.

14. Fucus maritimus Gallo pavonis pennas referens *C. B. Pr.* 155. 7. *H. Ox. III. p.* 645. *T.* 8. *f.* 7. Alga maritima Gallopavonis plumas referens *Ej. Pin.* 364. 9. it. Fungus auricularis Cæf. *Ej. Pin.* 368. 11. (ex fententia *Raj. Syn. II.* 10. 3.) Ex Infula *Anglefey* & littore *Cornubienfi* accepit *Bobartus:* prope *Harwicum* collegit *D. Buddle:* in rupibus marinis prope *Exmouth* Devoniæ oppidum copiofe nafcentem obfervavit *D. Stevens.*

15. Fucus Fungis affinis *C. B. Pin.* 364. 4. *Syn. II.* 8. 13. Fuci fungiformes *J. B. III.* 813. Found among
Mr.

Mr. Newton's dried Plants by *Mr. Dale*. An hujus proprie loci fit, dubium.

b. *Pellucidis.*

16. Fucus membranaceus ceranoides varie diſſectus, Fucus five Alga membranacea purpurea parva *Syn. II.* 3. 5. Altitudine eſt palmari & minori, colore partim vireſcente, partim obſcure purpuraſcente, ſubſtantiæ tenuioris, lentæ & membranaceæ. Per ſiccitatem & in littus ejectus (pluvia nempe, rore & inſolatu) albeſcit. Erectus lapillis adnaſcitur in maris littoribus, v.gr.inter *Sheerneſs* & *Munſter*, alibique.

(Plurimæ hujus varietates obſervantur, latitudine, figura, colore & diviſura foliorum ludentes, quas *D. Buddle in Horto Sicc. Vol. I, p.* 10. nomine Fuci membranacei ſegmentis in multa cornicula acutiora diviſis, Algæ membranaceæ purpureæ parvæ ſegmentis latis multum laciniatis & criſpatis, & Algæ membranaceæ purpureæ parvæ, ſegmentis latis verrucoſis, paululum ſectis, quo pertinet Fucus humilis dichotomus membranaceus ceranoides, latioribus foliis ut plurimum verrucoſis *H. Ox. III. p.* 646. *S.* 15. *T.* 6. *f.* 13. indigitat.)

* 17. Fucus membranaceus ceranoides ramoſus, per ſiccitatem obſolete vireſcens *Pluk. Alm.* 161. In littoribus Süſſexiæ ad *Brakelſham*, *Cockbuſh* & alibi. Ramuli ſunt ex tereti plani.

* 18. Fucus ceranoides albidus, ramulorum apicibus ſtellatis *Pluk. Ib.*

Priori plurimum accedit, nec niſi inſolatu albus factus videtur. Obſtare tamen videtur, quod valde gelatinoſus ſit, & facillime in mucorem reſolvatur, ni id aeris & tempeſtatis effectus videatur. In maris littoribus poſt ejus receſſum plerumque invenitur, iiſdem cum priori locis. Variat corniculis brevioribus & latioribus, longioribus idem & anguſtioribus.

19. Fucus parvus cauliculis teretibus, ſummitatibus membranaceis dilatatis & laceratis *Buddle H. S. Vol. I. fol.* 27. humilis dichotomus, membranaceus ceranoides, latioribus foliis, ut plurimum verrucoſis *H. Ox. III. p.* 646. *S.* 15. *T.* 8. *f.* 13. Paſſim in littoribus marinis.

* 20. Fucus dichotomus parvus coſtatus & membranaceus *Budd. H. S. Vol. I. fol.* 12. purpureus tenuiter diviſus non geniculatus *D. Stevens H. Ox. III. p.* 646. 15. On the Coaſt of *Cornwal*. Poſſet & ad Fucoides referri hæc ſpecies, eſtque Muſco marino rubenti pennato *Raij* valde ſimilis.

* 21. Fu-

* 21. Fucus marinus nigricans longus foliofus *Syn.*
II. 5. 23. frutefcens parvus purpureus, foliolis in fummitatibus paululum dilatatis *Buddl. H. S. Vol. I. fol.* 12.
fruticefcens foliis ex anguftis fe fenfim ad extrema dila-
tantibus *H. Ox. III. p.* 648. *S.* 15. *T.* 9. *f.* 2.

A præcedenti foliis vel cauliculis purpureis, minus teneris,
nec alatis nec coftatis, fed æquabili fuperficie conftantibus differt. Præcipue, obfervatione *Raij*, notabilia funt foliola rarius
exorientia, unciam propemodum longa, vix quartam unciæ partem lata, a pediculo fenfim dilatata, & in obtufum mucronem
definentia.

22. Fucus membranaceus dichotomus gramineus
Doody Syn. II. App. 329. Per totum ejufdem fere eft latitudinis, quæ Gramen pratenfe æquat. (An penultimo
idem?)

* 23. Fucus Coronopi facie *D. Stevens Buddle H. S.*
Vol. I. fol. 12. Extremitates ejus congeftæ, crifpæ & afperæ funt, quibus ab aliis facile dignofci poteft. Caules
duriufculi. Found on the Coaft of *Cornwal.*

B. *Foliis vel fi mavis cauliculis teretibus conftantes.*

24. Fucus parvus fegmentis prælongis teretibus acu-
tis *Syn. II.* 4. 14. *H. Ox. III. p.* 648. *S.* 15. *Tab.* 9. *f.* 4.
Fucus (ex fententia *Bobarti*) forcellata lumbricalis, fpecies *C. B. Pin.* 366. 8. marinus Forcellata, Lumbricariæ
fpecies *J. B. III.* 800. About *Brakelfham* and *Cockbufh.*
Hanc fpeciem cum nodulis folidis per intervalla mediis
cauliculis & ramulis innafcentibus obfervavit Rever.
vir *D. Mannigham.*

25. Fucus five Alga exigua dichotomos, foliorum
fegmentis longiufculis, craffis & fubrotundis *Syn. II.* 4.
9. marinus πολιχιδης *Fl. Pr. p.* 77. *lc.* 15. palmaris tenuis
in orbem expanfus, in fegmenta bifida vel trifida breviora teretia divifus *H. Ox. III. p.* 649. parvus in orbem
expanfus, in fegmenta bifida vel trifida breviora teretia
divifus *Ib. S.* 15. *T.* 9. *f.* 9. parvus plurimis ab eadem radice cauliculis, fegmentis teretibus, in fummo apice bifidis vel trifidis *Pluk. Alm.* 160. Segmenta quam prioris
breviora & acutiora funt.

26. Fucus trichoides noftras aurei coloris, ramulorum
apicibus furcatis *Pluk. Alm.* 160. *T.* 184. *f.* 2. Alga exigua dichotomos arenacei coloris *Syn. II.* 4. 10. Fucus
ceranoides ramofus tenuiffime divifus *Dood. Syn. II. App.*
329. Palmaris eft, corneus tenax, albus, per ficcitatem
rigidus,

rigidus, ubique ejufdem fere craffitudinis, quæ filum parvum fuperat. In littore *Effexiano*, *Suffexiano* & alibi.

27. Fucus teretifolius fpongiofus pilofiffimus *D. Harrifon Syn. II.* 4. 12. teres villis quaquaverfum obductus, *Doody Syn. II. App.* 330. Mufcus marinus hirfutus, flagellis longis ramofis fubviridibus *H. Ox. III. p. 650. S. 15. T. 9. f. 6.*

Ex obfervatione Doodiana a Fuco teretifolio fpongiofo parvo *Raij* differt, quod carnofus fit & externe folummodo villis, qui facile deterguntur, obducatur, cum ille per totum ejufdem fit fubftantiæ & Spongiis affinis videatur.

Hujus varietas videtur: Mufcus marinus hirfutus, flagellis longioribus, rarius divifis, ruber *H. Ox. III. p. 650. S. 15. T. 9. f. 7.*

28. Fucus fpongiofus ramofus compreffus perforatus, marginibus pilofiffimis *D. Harrifon Syn. II.* 4. 13. Ambo in ora maritima hujus infulæ reperiuntur, v. gr. in littore *Suffexiano* & *Cornubienfi.*

2. Non dichotomi.
A. Foliis planis.

29. Fucus membranaceus ceranoides *C. B. Pr.* 155. 6. Alga membranacea ceranoides *Ej. Pin.* 364. 8. Fucus foliaceus humilis, palmam humanam referens *H. Ox. III.* 646. *S.* 15. *T.* 8. *f.* 1. *Dils* Scotis, *Dulefh* Hibernis.

Varie & inordinatim, fed minus crebro dividitur, rariufque dichotomiam obfervat. Folia modice longa & lata, poft exficcationem aquæ infufa fatis validum violæ odorem fpirant. Hunc Hiberni Scotique apud quos copiofe invenitur, ftudiofe exficcatum & convolutum affidue in ore habent & mafticant. Vid. *Append. Hift. p.* 1849. An non Hiberni falis alcali in exficcatione hujus Fuci momentum adjiciant, inquirendum: hoc enim obfervante *Imperato,* Fuco tinctorio additum colorem pariter odoremque violæ producit.

30. Fucus Scoticus latiffimus edulis dulcis *Sibb. Pr. p.* 26. alatus five phafganoides *C. B. Pin.* 364. 2. *Pr.* 154. 1. Ex Aberdonia ad *Bauhinum* tranfmifit *Cargillus.*

31. Fucus arboreus polyfchides edulis *C. B. Pin.* 364. 1. *Pr.* 154. 2. maximus polyfchides *Park.* 1292. phafganoides & polyfchides *Ger. Em.* 1570. *Sea-girdle and Hangers.* In littus crebro rejicitur. Vidimus etiam rupibus marinis aqua pleno mari inundantis copiofiffime adnafcentem circa *Monam* infulam & alibi.

32. Fucus membranaceus polyphyllos major *Doody Syn. II. App.* 329.

Huic

Huic folia modo rubra, modo alba, longitudine dodrantali vel
pedali, latitudine unciali aut majore, aliquando bifurca, ex uno
communi pediculo vel margine alterius folii plura pullulant, pedunculo breviſſimo & tenui affixa; *S. Dood.* (Prioris varietas
vel junior ſaltem planta videtur.)

33. Fucus membranaceus rubens anguſtifolius, marginibus ligulis armatis *Doody Syn. II. App.* 329. humilis
membranaceus acaulos elegantiſſimus ruber, capillis longis fimbriatus *H. Ox. III. p.* 646. 10.

Latitudo, obſervante *Doody,* huic ſemiuncialis, longitudo trium vel quatuor unciarum, raro diviſus, folia tamen ſecundaria
lateraliter protrudit. Margines ligulis ſeu ſpinulis innoxiis denſe ſunt obſiti. Cum *Duleſh* Hiberni communiter eſitant, cui
proxime accedit. Inter Oſtreas Londini non raro invenitur.
Ceterum Hiberni *Duleſh* exſiccatum ſolummodo edunt per ſe
ſine additione ſalis alcaliſati, ut nos certiores fecit *D. Sherard
LL. D.* cum in Hibernia degeret.

* 34. Fucus membranaceus purpureus latifolius pinnatus.

Altitudine eſt palmari & dodrantali, latitudine unciali & ſeſ-
quiunciali, crebras e margine ſecundum longitudinem pinnas,
tanquam totidem novas plantas emittens, quæ, ut & primarium
folium perbrevi inſident pediculo & Phyllitidis folia figura ſua non
male referunt. Pinnæ vero ſeu marginalia folia multo quam
prioris majora ſunt, ab unciali ad duarum unciarum longitudinem protenſa, latitudine plerumque ſemiunciali, quibus notis
a priori abunde differt. In littore Inſulæ *Selſey* Rev. vir *D. Mannigham* obſervavit. *Non multum differt à priori.*

35. Fucus ſive Alga folio membranaceo purpureo,
Lapathi ſanguinei figura & magnitudine *H. Ox. III. p.* 645.
S. 15. *T.* 8. *f.* 6. *Syn. II.* 4. 8. Found by *Dr. Sherard*
upon the Shores of *Jerſey;* the ſame was ſhewn him
by *Mr. Newton* gathered in Ireland by *Dr. Moulins.*
Walter Moyl Eſq; an ingenious young Gentleman of
Cornwal, in Company with *Mr. Stevens,* a learned
Clergyman, and skillful in Botanicks, found the ſame
lately on the Coaſt of that County. In *Hiſt. Ox.* non
ramoſus exhibetur, plerumque vero cauliculis inſident
ramoſis folia ipſius.

* 36. Fucus membranaceus purpureus, variæ ramoſus.
Alga criſpa Scabioſa rubra & pallida *J. B. III.* 795. In lit-
toribus Inſulæ hujus collectum *H. S. Buddlejanus teſtatur
Vol. I. fol.* 27.

* 37. Fucus Dealenſis Pedicularis rubrifolio *Muſ.*
Pet. 405. Alga Cervi cornu diviſura *J. B. III.* 797.
Found about *Deal* by *Mr. Dandridge*, *Mr. Bonavert*,
and *Mr. John Lufkin.*

Nec veſiculas nec tubercula ſeminalia ullus ex præcedentibus
oſtendit Fucis.   Omnes etiam membranacei & pellucidi ſunt.

B.   *Foliis vel leviter compreſſis, vel teretibus.*

38. Fucus anguſtifolius foliis dentatis *Syn. II.* 3. 4. tenuifolius foliis dentatis *H. Ox. III. p.* 648. 4. *T.* 9. *f.* 4.
In littore *Cornubienſi* inter alia maris rejeƈtamenta.

39. Fucus anguſtifolius veſiculis longis ſiliquarum
æmulis *Syn. II.* 5. 17. marinus quartus *Dod. Pempt.* 480.
Quercus marina quarta *Ger. Em.* 1569. (ubi in Figuris veſiculæ minus bene exprimuntur). Fucus maritimus alter tuberculis pauciſſimis *C. B. Pin.* 368. 2.   In littore
Eſſexiano, *Suſſexiano* & alibi.   Longitudo ei ſeſquicubitalis: veſiculæ crebris diaphragmatis interceptæ. Fucus cum ſiliquis longis minor *S. Dale Raj. Hiſt. III.* 11.
prope *Harwicum* colleƈtus, hujus varietas eſt, vel
junior ſaltem planta.

40. Fucus folio tenuiſſime diviſo ſiliquatus *Syn. II.* 5.
18. pumilus anguſtifolio veſiculis longis ſiliquarum æmulis *Synopſ.* divaricationibus non diſſimilis, at vero in
omnibus partibus decies minor *Doody Syn. II. App.* 328.
folliculaceus foliis Abrotani *C. B. Pin.* 365. 8. marinus
foliis Abrotani maris *Lob. lc. II. p.* 254. *Ed.* 1691. & *Ed.*
1681. *ibid. fig. alter.* Muſcus marinus Abrotonoides *Park.*
1290. Cremenei Iſtris Abrotani vel Thymi foliis *J. B.*
III. 798. it. Fruticoſa marina planta, quibuſdam Conferva lignoſa *Ej. III.* 798. On the Coaſt of *Cornwal* and
Suſſex plentifully.

41. Fucus maritimus nodoſus *C. B. Pin.* 365. 1. marinus veſiculis majoribus ſingularibus per intervalla diſpoſitis *H. Ox. III. p.* 647. *S.* 15. *T.* 8. *f.* 2. ſive Alga marina anguſtifolia veſiculas habens *Syn. II.* 3. 3. Quercus
marina tertia *Ger. Em.* 1568. Variat foliis & nodis minoribus & majoribus, quo pertinet, Fuci maritimi no-
doſi ſpecies major *Doody Syn. II. App.* 328.   Paſſim ad
ſcopulos in mari cum Quercu marina oritur, minus tamen frequens eſt.

42. Fucus marinus teretifolius ramoſus parvus oliva-
ceus *Syn. II.* 7. 6.   In mari circa *Camalodunum* a
D. Vernon inventus.   Ereƈtus eſt.

* 43. Fu-

* 43. Fucus tener gelatinofus, per ficcitatem fpiralis. F. gramineus parvus ramofiffimus fufcus *Buddl. H. S. Vol. I. fol.* 2.

Plerumque vero non valde ramofus eft, nifi ad bafin, nec planus ubi viget & viret, fed fubteres potius, leviter intortus, fubftantiæve ab initio non gramineæ, fed gelatinofæ & pinguis, per ficcitatem autem plane compreffus & gramineus apparet. Quibus notis differt a Fuco fpirali maritimo minori *Inft. R. H.* ut & quod dichotomiam non obfervet, quod fummitates ejus indivifæ fint, & quod leviter rariufque contorqueatur. Nec veficulas nec fummitates feminiferas obtinet. Lapillis adnafcentem in littore maris prope *Sheernefs* obfervavit *Dr. Dillenius.* Variat colore fubvirente. Forte huic idem fuerit Fucus gramineus, foliis minoribus majoribus adnatis D. *Newton H. Ox. III.* 648. 5. Licet enim ibi fub dichotomis locetur Fucis, tamen dichotomus ex defcriptione non videtur, nec Fucus tenuifolius foliis dentatis *Raj.* qui eodem loco recenfetur, vere dichotomus eft.

42. Fucus fpongiofus nodofus *Johnf. It. Cant. p.* 3. *f.* 3. *Ger. Em.* 1570. Spongia ramofa altera Anglica *Park.* 1304. *Sea-ragged Staff.* Prope *Margate* in Infula *Thanet* Cantio adjacente primum obfervavit *Johnfonus*, poftea D. *Dale* in Infula *Merfey*, & D. *Doody* in Infula *Shepey.*

(Satis copiofe reperitur in pofteriore infula, fed longe copiofius obfervatur in infula Thamefis oftio altius adjacente, *Grain* vocata. Male vero dicitur fpongiofus, cum fubftantiæ potius fit gelatinofæ. Figura ejus varia, nam nunc comprimitur, nunc fubrotundam vel teretem figuram obtinet, nunc ramofior, nunc minus ramofus obfervatur, nunc æqualis eft, nunc in multa tubercula vel nodos definit. Craffities etiam diverfa, modo enim pollice craffior eft, modo digitum minorem craffitudine vix æquat. Ceterum a palmari ad pedalem & amplius longitudinem protendi folet, ubique lævis, pellucidus & colore pallido vel ex luteo albicante donatus.)

44. Fucus foliis Ericæ feu Tamarifci *Syn. II.* 8. 10. Erica marina quibufdam *J. B. III.* 799. Tamarifco fimilis maritima *C. B. Pin.* 365. 14. Obferved by *Mr. Newton*, *Mr. Moyle and Mr. Stevens* on the Coaft of *Cornwal.* Figura *J. Bauhini* non bene exprimit hanc plantam.

45. Fucus radicibus arborum fibrofis fimilis *Syn. II.* 5. 19.

Longitudinis eft palmaris aut femipedalis, caulibus craffis teretibus, ramulos hinc inde nullo ordine creberrimos emittentibus, in alios fubinde minores divifos & fubdivifos, donec ad

E   capil-

capillares velut fibras ventum fit. Summæ comæ feu furculi extremi fæpius teretes, nonnunquam etiam plani & compreſſi, in quibus (ut & fecundum caules & ramulos) non raro veſiculæ tumidæ & concavæ, quales in aliis Fucis, cernuntur.

46. Pinus maritima five Fucus teres, cujus ramuli fetis furfum tendentibus funt obſiti *Doody Syn. II. App.* 329.

Dodrantalis eſt, ramofus, fetis femiuncialibus, verſus unam partem, furfum fcilicet, tendentibus; ex omni parte teres & tenax, per ficcitatem fulvi vel nigrefcentis coloris. *S. Dood.*

* 47. Fucus Equiſeti facie, Oſtreæ teſtæ adnatus *Sibb. Scot. Ill. P. II. L.* 1. *p.* ʃ6. *Tab.* 12. Caulis, inquit, nodoſus eſt, albicans, e cujus fummitate plurima erumpunt folia fœniculacea, albicantia quoque, in gyrum plurimis ordinibus difpofita.

48. Fucus flavicans teretifolius mediæ magnitudinis *Syn. II.* ʃ. 21. Brought by *Mr. Vernon.*

Ramuli mediæ magnitudinis in innumeros tenuiſſimos ramulos abfque ordine dividuntur. Sunt autem ii verſus extremitates crebriores, qua nota a fequentibus differt.

* 49. Fucus flavicans teretifolius, ramulis pennatim enafcentibus. Fruticulus parvus pennatus flavicans, corneus & tenax *Buddl. H. Sicc. Vol. I. fol.* 2.

Ejufdem eſt magnitudinis & confiſtentiæ cum Alga exigua dichotoma arenacei coloris *Raj.* ut ni diverfam obtineret ramificationem, idem cenferi queat. A *D. Miller* in ora maritima inventus.

ʃo. Fucus marinus purpurafcens parvus, caule & ramulis feu foliolis teretibus *Raj. Syn. II.* 6. ʃ.

Folia & ramuli crebra e cauliculo exeunt, nullo ordine & angulos rotundiufculos cum caule efficiunt. Ramuli in nonnullis tuberculis crebris veluti verrucofa funt, (id quod in figura fuperiori ad Coralloidem lentam fœniculaceam *J. B. III.* 797. fatis bene exprimitur, quæ ideo ad hanc fpeciem referenda eſt.)

ʃ1. Fucus teres albus tenuiſſime divifus *Doody Syn. II. App.* 329.. Caulis teres ad pedem extenditur, fili emporetici majoris craſſitudine, ex quo undique ramulos emittit, crebris divifionibus in capillaceas tandem extremitates definentes.

(Lapidibus in littore fparfis adnafcitur in littore *Suffexiano* ubi Rever. vir *D. Mannigham* & *D. Dillenius* obfervavere. Cauliculi fparfi protenfique funt, fecundum quorum longitudinem ramuli breviores per intervalla egrediuntur. Colore eſt plerumque albente, nonnunquam ex luteo virefcente vel rubente. Crebris fæpe nodulis donatur, quæ non ad latus hærent, fed ab ipfis cauliculis tranfadiguntur ?

ʃ2. Fu-

52. Fucus teres rubens ramosissimus *Doody Syn. II. App.* 329.

Caulis fili emporetici crassitudine est, qui divisus & subdivisus in capillaceos ramulos tandem definit, & palmarem vel dodrantalem altitudinem assequitur. Differt a priori, quod medius caulis statim in alios minores plurifariam dividatur, cum in illo primarius caulis ad extremitatem usque percurrat, & laterales saltem ramulos emittat; *S. Dood.*

* 53. Fucus teres rubens minus ramosus in longum protensus.

Colore est, ubi viret, obscure purpureo, per siccitatem vero nigro. Caulis fili emporetici crassitudine minus quam praecedens inque multo longiores ramos dividitur absque ordine. A pedali ad cubitalem & bicubitalem longitudinem protenditur, & tubercula non raro adnascentia habet. Aquae ductum sequitur & lapillis adnascitur ad canales & introitus maris pone *Sheerness,* ubi a *D. Dillenio* & *D. Doering* fuit observatus.

54. Fucus seu Alga tinctoria *Lugd. T. II.* 1372. *Syn. II.* 4. 7. Coralloides lenta foeniculacea *J. B. III.* 297. *Dyers Wrack.* On the Shore near *Bridlington* observed by *Mr. Stonehouse.*

Bambergae Northumbriae cum essem, narrarunt mihi (*Rajo*) piscatores speciem quandam Algae tinctoriae in mari oram alluente copiose provenire, quae piscium etiam transnatantium tergora colore suo inficiat. Plantam ipsam non vidimus, sed ex eorum relatione Algae tinctoriae *J. B.* affinem esse suspicabamur.

* 55. Fucus ramosus piperis sapore *Dr. Martin.* *Pepper-dulse,* in Irish called *Faminkiren.* Common in some Parts of *Scotland,* where 'tis chew'd. Rotundus est, crassitudinis pennae gallinaceae.

56. Fucus parvus ramulis brevioribus capillaceis regularibus *Doody Syn. II. App.* 340. Qui inter herbas siccas *D. Newton,* inquit, primum conspexi, nuper vero eundem mihi impertivit *D. Moyle* ab Occidentalibus Angliae allatum.

57. Fucus coralloides erectus *Doody Syn. II. App.* 330.

Palmaris est, erectus, albidus, corneus & tenax. Ramuli crassitiem fili minoris aequant, hinc inde nullo ordine siti, ejusdem substantiae & fere crassitudinis cum ramulis; *Doody.* (An hujus proprie loci sit, non constat, ut & de praecedenti, qui potius ad dichotomos pertinere videtur.)

Fucus marinus per se, ut est a mari advectus, pro pinguissimo laetamine habetur, estque in frequenti usu ad agros emaciatos reficiendos non apud Scotos tantum, sed & Narbonenses Gallos.

VIII. *ALGA.*

ALga eſt plantæ genus in aquis naſcens, foliis tenuibus oblongis gramineis, ſemine quam in Fuco
perfectiore conſpicuum, cujus vaſcula per maturitatem
dehiſcunt, & ſemen, ceu in perfectioribus plantis, ef-
funduntʼ.

1. Alga *Ger. Em.* 1569. anguſtifolia vitriariorum *J.
B. III.* 794. *C. B. Pin.* 364. 5. Fucus marinus ſive Alga marina graminea *Park.* 1242. Potamogeiton gramineum marinum, imo caule geniculatum *Pluk. Mant.* 155.
Graſs-Wrack. In littoribus marinis ubique. Ubi in
littore aliquandiu jecerit, pluviis & in ſolatu albeſcit.

2. Fucus marinus ſeu Alga marina graminea minor
Syn. II. 78. Potamogeiton gramineum marinum, imo
caule geniculatum minus *Pluk. Mant.* 155. *The leſſer
Graſs-wrack.* Præcedente ſpecie omnibus ſuis partibus
minor eſt, & vix pedem alta. In mari *Merſeiam* inſulam
alluente copioſiſſime a *D. Dale* obſervata. (Hæc non
differt a ſequenti, vel eadem eſt cum Potamogeitone
marino in utriculis &c. noſtro in *App. II. S. Dood.Ann.
Mnſcr.*)

3. Fucus ſive Alga marina graminea anguſtifolia ſe-
minifera ramoſior *Syn. II.* 7.9. Potamogeiton marinum
Vitriariorum æmulum, ad foliorum planitiem folliculaceum & ſeminiferum *Pluk. Mant.* 155. *Branched Graſs-
leaved ſeeding Sea-wrack.* In æſtuario Camalodunenſi
ex ejuſdem *Dalæi* obſervatione.

Ulnas duas longitudine æquat vel etiam ſuperat: *Cauliculo*
tenui, compreſſo, geniculato, & ad genicula foliis cincto, ra-
moſo, ramulis e foliorum ſinubus exeuntibus. *Folia* anguſta,
vix ſemiunciam lata, longitudine interdum ſemipedali, plerunque breviora; quæ verſus ſummos caules ſunt pediculo cuidam
inſident, ima parte a pediculo ad duas treſve uncias concava,
ſupina ſuperficie quouſque cavitas extenditur in angulum aſſurgente. Cavitas hæc ceu theca foliolum alterum a pediculo enaſ-
cens, & facile exemptile, intus continet, cui adnaſcuntur breviſſimis pediculis, duplici ordine *folliculi* deorſum dependentes,
quorum unuſquiſque unicum intus *ſemen* continet teres oblongum
cœruleo-viride. Cum ſemen maturuit, cavitas ſeu theca modo dicta, ſecundum angulum per longum dehiſcit, ſingulique
folliculi ſponte aperiuntur, & ſemen effundunt.

Hanc plantam curioſius deſcribere placuit, quoniam a nemi-
ne antehac hic ſemina producendi modus vel in hac, vel in alia
quavis

quavis fpecie plantæ marinæ vel defcriptus vel obfervatus fuerit:
cujus obfervationis laus *D. Dalæo* debetur.

This fame Plant, together with the manner of its producing
its Seed, hath been lately obferved by that ingenious Gentleman
Mr. *Walter Moyle* before-mentioned, in Company with Mr. *Stevens*, on the Coaft of *Cornwal*, not knowing that it was before
difcovered by Mr. *Dale*.

4 Potamogeiton marinum in utriculis epiphyllofper-
mon minus *Dood. Syn. Ed. II. App.* 346.

Radix geniculata, folia inferiora juxta radicem paria circiter
duo, fecundum longitudinem ftriata, mucronibus obtufis; caulis minus ramofus, pedem raro fuperat: in omnibus *Fuco five
Alga marinæ graminifoliæ feminiferæ ramofiori* Raii *in Syn.* fimillimum, verum multo minus. (Found in *Port-fea* Ifland at *Gatham*
Haven; *Dood. Ann. Mnfcr.*)

5. Alga anguftifolia vitrariorum *Dood. Syn. II.* 346.

In littoribus marinis Anglicis ubique proveniens, radices
obtinet geniculatas ad modum præcedentis, quod antequam caules emittit non habet diffimilem crefcendi morem, magnitudine
tantum excepta, quocirca non temere fufpicor utrafque effe con-
generes. Hæc autem noftra vitrariorum mihi videtur effe fpecies diftincta ab illa *Park.* & *Lob.* quæ radice fquamofa nodofa
depingitur, & eandem, ni fallor, in *Mufæo Courteniano*, & apud
D. Petiverum vidi, ait *Dood. Syn. App.* (Quæritur an a Fuco
marino feu Alga marina graminea minore *Dal.* differat? Found
with the former in *Portfea* Ifland at *Gatham* Haven. *Dood. Ann.
Mnfcr.*)

GENUS

GENUS TERTIUM.

M U S C I.

MUSCUS eft plantæ genus femine perfectiori prorfus carens, floris vero loco in plerifque fpeciebus cernuntur capitula farinam floridam continentia, cujus beneficio vel gemmæ e foliorum alis quotannis deciduæ, vel ramuli & foliola extrema germinandi & fe propagandi facultatem acquirere videntur; cui eximie favent ramuli & folia perennantia & humore quovis revivifcentia. Quibus notis adde, fubftantiam aridam & exfuccam, non raro decolorem, & loca fqualida & fterilia, quibus aliæ perfectiores plantæ vel non omnino, vel ægre faltem provenire & durare poffunt. Licet vero exfucci fint plerique Mufci & aridis proveniant locis, bona tamen eorum pars paluftri & fpongiofo gaudet folo, omnes vero humore delectantur; unde eft quod Anglia præ aliis regionibus abundet hoc plantarum genere. Nam, quod de Infula, temperatiore climate fita, facile conjectare licet, molliore ea & magis humido gaudet aere, tempeftatum autem viciffitudines tam longa intervalla non habent, quam in mediterraneis regionibus, fed crebrioribus pluviis & copiofiore rore irrigatur tellus, nebulæ autem craffiores funt, & quantum ad folum attinet, maxima ejus varietas obfervatur, omni tam plantarum perfectiorum, quam imperfectiorum productioni egregie favens, ubi Ericeta maxime laudo, quorum hinc planities, inde aggeres & foffæ, alibi vero paludes, & putrida ac fpongiofa loca, quæ Angli *Boggs* vocant, Mufcorum proventum mire augent. Cum vero Mufcorum familia admodum numerofa fit, multitudo autem, ni bene digeratur, confufionem pariat, eos in genera & fpecies diftinguere & convenienti ordine recenfere expedit.

MUSCI *funt vel*

Capitulis floridis deftituti,
  Non peltati, nec tuberculis donati,
    Lanuginofi & pulverulenti : BYSSUS.
    Filamentofi : CONFERVA.
    Foliofi : ULVA.
  Peltis aut tuberculis prædti : LICHENOIDES.
Capitulis floridis aut feminalibus, fi ea talia cenfenda
  fint, donati,
  Difformibus : MNION.
  Uniformibus,
    Capitello donatis,
      Calyptratis,
        Nullis aut breviffimis pediculis innafcentibus :
          FONTINALIS.
        Pediculis plerumque longioribus infidentibus,
          E foliorum alis fecundum ramulos exeunti-
            bus,& ad imam partem fquamofo involu-
            cro, a foliis diverfo, cinctis : HYPNON.
          E fummis cauliculis aut ramulis, vel ex
            radicibus & furculis annotinis, qui pri-
            ori anno fummi cauliculi fuere, pro-
            deuntibus, nec iftiufmodi fquamofo in-
            volucro cinctis, Calyptra
            Villofa : POLYTRICHON.
            Lævi : BRYON.
      Non calyptratis & feffilibus, abfque pediculis, ma-
        nifeftis faltem & confpicuis : SPHAGNUM.
    Capitello carentibus,
      A florum figura diverfis & nullis omnino pe-
        diculis infidentibus,
        Sparfis & folitariis,
          Monococcis : SELAGO.
          Polycoccis : SELAGINOIDES.
        Aggregatis & in clavam digeftis,
          Monococcis : LYCOPODIUM.
          Polycoccis : LYCOPODIOIDES.
      Flores per maturitatem & quando aperiuntur re-
        ferentibus, ac pediculis plus minufve lon-
        gis innafcentibus, capitulis
        Simplicibus & monococcis : LICHE-
          NASTRUM.
        Compofitis & polycoccis : LICHEN.

E 4   I. BYS-

I. *BYSSUS*.

BYſſus eſt Muſci genus infimum & ſterile, ex tenuiſſimo & nudis oculis imperceptibili vellere
conflatum, nunc pulveris ſubtiliſſimi, nunc lanuginis
tenerrimæ formæ variis rebus innaſcens & diu plerumque durans, qua ratione diſtinguitur a Fungis, ut &
quod capitulo omni deſtituatur, nec ullam reliquis
l ungis figuram ſimilem obtineat.

* 1. Byſſus tenerrima viridis velutum referens. Conſerva minima viridis terreſtris *Buddl. Hort. Sicc. Vol. II.*
fol. 17. ubi annotaverat ; this I find lying like green *Sa-*
tin on Gravel-Walks. Tomenti enim inſtar naſcitur
e terra hyberno tempore, quam viridiſſimo holoſericeo
velut tapete operit. Februario in ſylvula prope *Charlton*
obviam venit.

* 2. Byſſus pulverulenta incana farinæ inſtar ſtrata. Super terram Muſcoſve putreſcentes farinæ inſtar ſternitur.
Autumno & hyeme paſſim locis uliginoſis, quo radii
ſolares minus pertingunt, comparet.

3. Byſſus pulverulenta violacea lignis adnaſcens. Fungus violaceus herpetis modo lignis irrepens *Doody Syn.*
Ed. II. App. 337. Pulveris ſubtiliſſimi inſtar e lignis
vetuſtis naſcitur.

* 4. Byſſus pulverulenta flava lignis adnaſcens.
Aſſeribus vetuſtis ædium tempeſtati expoſitarum adnaſcitur pulveris vel tomenti inſtar, variis circa *Londinum*
locis, trans Thameſin præſertim. At firſt I took it for
Muſcus cruſtæ modo arboribus petriſve adnaſcens flavus, whilſt young, but it continues the ſame many
Years. M. *Du Bois.* Locis umbroſis colore eſt ſub-
virente.

* 5. Byſſus botryoides ſaturate virens. Ad ſcrobes
& viarum loca excavata, quo radii ſolares non pertingunt in ericeto Hamſtedienſi, æſtate.

6. Byſſus aureus Derbienſis humifuſus *Pet. Cat. Gaz.*
Vol. I. n. 122. *T.* 13. *f.* 3. Muſcus croceus ſaxigena
holoſericum referens, ſeu Byſſus petræa *D. Lhwyd*
Syn. II. 40. 2. *Saffron coloured ſilken ſtone Moſs.* Ca-
meratis *Arvorniæ* rupibus lanuginis inſtar glomeratim
hinc inde adnaſcitur. Per ſiccitatem coloris fit cinerei.

* 7. Fun-

* 7. Byssus arborea crocea fibrosa *D. Richards*. Per siccitatem colorem retinet & ex lana rigidiore quam præcedens constat.

* 8. Byssus petræa nigerrima *Ejusd.* In comitatu Eboracensi cum antecedenti observata ab eodem.

9. Byssus arborea barbata, fulvi coloris. Pseudospongia fungoides fulva, lignis adnascens *Dood. Syn.* II. *App.* 334. Fungus, inquit, barbatus fœtidus a *D. Banister* e Virginia missus, & a *D. Plukenet* sculptus *T.* 184. *f.* 10. cum jam dicto idem est, vel illi proxime affinis. Fibræ a centro parum contortæ tendunt & terminantur. An, quærit, Fungus spongiosus maximus aqueus e Fraxinorum truncis exsudans *D. Tancr. Robinson Synops.* (quod non videtur, idem vero cum *Plukenetiano* videtur, Fungus setaceus *Bocc. Mus. P. 1. T.* 303. *f.* 6.)

10. Fungus spongiosus niger reticulatus, doliolis vinosis adnascens *Syn.* II. 18. 37. spongiosus niger, pannum laneum textura simulans, doliolis vinosis adnascens *Pluk. Alm.* 164. Observed by Mr. *Doody*. 'Tis so like Spunk, that at first Sight it is scarce to be distinguished from it.

* 11. Fungus vel potius Spongia viridis, doliolis adnascenti similis. Tabulis ligneis adnascitur in fluvio Thamesi prope *Greenwich* & *Woolwich* ; Mr. *Dood. Not. Mscr.*

* 12. Byssus latissima papyri instar super aquam expansa.

Verno tempore stagnantibus aquis tota obducitur, easque tenuissima & æquabili crusta latissime obducit, nullis nec filis, ut Conferva, nec nudis oculis perceptibili tomento, sed ex tenui saltem lamina viridi constans.

II. CONFERVA.

CONferva est Musci genus sterile & capitulis floridis destitutum, immo nec peltis & tuberculis, quæ horum loco aliqui gerunt, donatum, ex meris foliis teretibus & uniformibus, seu mavis cauliculis, in tenuia capillamenta divisis, constans.

Species ejus vel *simplices* sunt & æquabili filo protensæ, vel crebris intersectionibus, lumbricorum annulos referentibus, quas vulgo *geniculatas* vocare solent, divi-

dividuntur vel e crebris globulis proxime sibi adjunctis,
constant, quæ *nodosæ* vocari possunt.

I. *Confervæ simplices & æquabili filo protensæ.*

1. Conferva Plinii *Lob. Ic. T.* II. 257. *Ger. Em.*
1570. *Syn. Ed.* II. 24. 1. Alga viridis capillaceo folio
C. B. Pin. 364. 1. aquatilis capillacea, five Conferva
Plinii, aliis Linum aquaticum *Park.* 1261. *Hairy Ri-*
ver-weed, Crow-Silk. Reperitur omni tempore, præcipue tamen vere & autumni initio in rivulis & aquis
fluentibus, quarum ductum sequendo longe protenditur.

* 2. Conferva fontalis fusca omnium minima mollis.
Tum ad fontium scaturigines, tum in rivo *New River*
dicto lapillis & lignis adnascentem vidi.

3. Conferva rivulorum nostras bicornis, filamentis
tenuissimis *Pluk. Am.* 63. Found on Hampsted-Heath
by Mr. *Rand.*

* 4. Conferva fluviatilis brevis extremis ramulis creberrime & tenuissime divisis. Lapillis adnascitur in
flumine *Hackney* river vocato.

* 5. Conferva Plinii setis porcinis similis *Merr. P.*
Below *Charlton* in Kent, in the Marsh Ditches near
the Thames; *Merr.* In omnibus nempe fossis inter
Greenwich & *Woolwich* satis copiose.

* 6. Conferva rivulorum capillacea, densissime congestis ramulis. Alga in tubulis aquam fontanam deducentibus *C. B. Pin.* 364. 4. In rivulis & ad molas.
Hæc procul dubio est species illa a *Rajo* observata, in the
Cistern at Leeds-Abby in Kent, belonging to Sir *William Meredith,*
& alibi in tubulis aquam fontanam deducentibus, cujus meminit
Syn. II. 24. 2. quæ species revera differt ab Alga fontali tri-
chode *C. B.* cui minus bene eadem habetur in *Hist. I.* 118.
Ramulis brevibus dense congestis, mollibus & herbaceis ab initio, per siccitatem vero cum limo adhærente in lapideam fere
densitatem indurescentibus, locoque natali, in rivulis nempe
purioribus & tubulis aquas ad moles ducentibus ab aliis facile
dignoscitur. Ceteroquin
Alga fontalis trichodes *C. B. Pin.* 364. 3. Alga seu Conferva fontalis trichodes *Park.* 1261. Trichomanes aquaticum
Dalechampii *J. B. III. L.* 37. *p.* 784. planta videtur fictitia,
radicibus fibrisque plantarum emortuarum in aqua dependentibus, quibus in *Hist. Lugd. p.* 1022. aliæ veræ radices appin-

*
guntur,

guntur, ortum debens. Exiftimat autem *Jac. Gargillus* apud *J. Bauhnum* effe radices Reginæ pratorum. Nec minus

Fucus ramofus ligneus fluviatilis *D. Richardfon. Raj. Hift. III.* 30. & *Syn. II. App.* 332. e plantarum familia expungi debet. Auctore enim monente & fpeciminibus teftantibus funt fibræ & nervi Fontinalis aqua diffolutæ & foliis orbatæ, ficuti folia hinc inde refidua monftrabant.

* 7. Conferva terreftris exilis fibrillofa. Autumno & Hyeme oritur & in ver ufque durat. Locis udis ad foffas & muros reperitur.

* 8. Conferva fontalis ramofiffima glomeratim congefta. Conferva viridis capillacea brevioribus fetis, ramofior *H. Ox.* III. 644. 2. minor ramofa *lb. S.* 15. *T.* 4. *f.* 2. Non fit mentio loci in dicta Hiftoria, mihi vero ea fatis copiofe in fontibus vici *Godalmin* Provinciæ Suffexienfis obfervata eft.

9. Conferva marina capillacea longa, ramofiffima mollis: Corallina viridis tenuiffima & ramofiffima mollis *Doody Syn.* II. *App.* 330. Saxis adnafcitur in foffa pone *Sheernefs*, quam mare fingulis æftibus replere folet, fatis copiofe.

10. Conferva reticulata *Doody Raj.* II. *App.* 1852. *Syn.* II. 24. 4. reticulata crifpa *Doody Pluk. Alm.* 113. *T.* 24. *f.* 2. *H. Ox.* III. 644. *S.* 15. *T.* 4. *f.* 4. In foffis prope *Weftmonafterium* & in ericeto *Hounflejano.*

* 11. Conferva marina cancellata. Lapillis & conchis in ora maritima prope *Sheernefs* adnafcitur.

* 12. Conferva paluftris tenuiffima tomentofa. Inter Mufcos paluftres prope *Charlton* vere, & poftea etiam in foffis fummis aquis innatantem obfervavi.

* 13. Conferva marina tomentofa tenerior & albicans. Mufcus maritimus Goffypio fimilis *C. B. Pin.* 363. *n.* 9. In foffis & lacubus infulæ *Selfey* æftate.

* 14. Conferva marina pennata. Corallina comis ad inftar caudæ vulpinæ fparfis *Merr. Pin.* Found caft upon the Beach between *Margate* and *Dover Caftle*; Merr.

* 15. Conferva marina tomentofa minus tenera & ferruginea. Ad rupes prope Bognor.

* 16. Conferva marina lubrica & mucofa. In littore maris prope *Bognor* & *Cockbufh*, comitatus Suffexiæ.

* 17. Con-

* 17. Conferva gelatinofa damæ cornua repræfentans. In foffulis prati cujufdam prope *Chichefter* ante portam orientalem.

* 18. Conferva gelatinofa tenerrima & viridiffima, Mufcum quendam filicifolium repræfentans. Eodem in loco a *D. Manningham* obfervata.

II. *Confervæ geniculatæ.*

16. Conferva paluftris feu Filum marinum Anglicum *Syn. I.* 15. 3. *II.* 24. 3. fluitans filamentis geniculatis *Pluk. Alm.* 113. geniculata minima *Ej. Ph. T.* 84. *f.* 9. *H. Ox. III. p.* 644. *S.* 15. *T.* 4. *f.* 4. *Raj. H. III.* 30. *Doody Syn. II. App.* 332. *Marfh-thread.* In foffis paluftribus circa *Camalodunum, Shepey* & *Selfey* Ifland alibique reperitur. Variat fi non diverfa fpecies fit; locis enim maritimis major, ut in *Hift. Ox.* exprimitur, quamvis minime ramofa fit, in aquis dulcibus minor occurrit, cui *Plukenetii* figura accedit.

* 17. Conferva marina trichoides lanæ inftar expanfa. In paludibus maritimis Infulæ *Selfey* fluitat, ubi eam mihi commonftravit Rev. vir *D. Mannigham.* In ramulis fuperioribus ob eorum tenuitatem nulla genicula obfervari poffunt, quæ in inferioribus & aliquanto craffioribus oculo armato adverti poffunt.

* 18. Conferva paluftris bombycina. Alga bombycinia *C. B. Pin.* 363. 10. *Pr.* 155. Mufcus aquaticus bombycinus, tenuiffimis filamentis *Fl. Pr. p.* 173. *ic.* 55. Paffim in foffis & aquis ftagnantibus, quarum medio innatat æftate & autumno ; hyeme difparet.

* 19. Conferva marina trichoides, feu Mufcus marinus virens tenuifolius *Pluk. Mant.* 53. *T.* 182. *f.* 6. On *Bognor-rocks* plentifully. Interfectiones in hac & fequentibus duabus fpeciebus ob tenuitatem vix confpicuæ funt, oculo tamen armato revera tales apparent.

* 20. Conferva marina trichoides, ramofiffima, fparfa. In ora maritima prope *Sheernefs* lapillis adnafcitur.

* 21. Conferva marina trichoides, ramulis virgatis longioribus glabris. In littore eodem copiofe provenit.

22. Conferva marina geniculata albicans, diaphragmatis diftincta. Corallina elatior ramofiffima mollis *Doody Syn. II. App.* 330. Ex cujus obfervatione palmaris eft vel

dodran-

TAB.II.   Pag.60

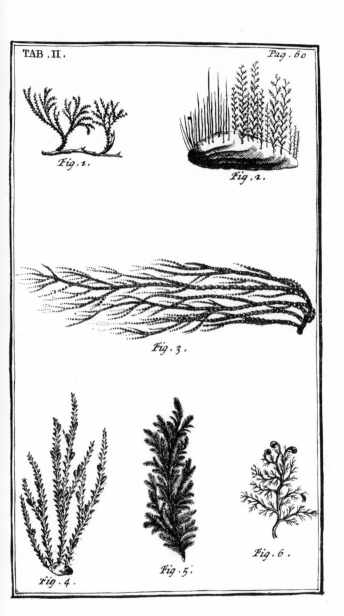

Fig.1.

Fig.2.

Fig.3.

Fig.4.

Fig.5.

Fig.6.

dodrantalis, in plurimos ramos divifa, quos ramuli regulares, folia minutiffime incifa imitantes, circumdant. Prope *Brakelſham* & *Cockbuſh* in *Suſſexia* obfervavi.

* 23. Conferva marina geniculata ramofiffima lubrica, longis fparfifve ramulis. Mufcus marinus capillaris rubens geniculatus ramofiffimus *Buddle Hort. Sicc.* Sent to him by *Mr. Stevens* from, *Cornwal.* It is elfe common enough at *Cockbuſh, Suſſex,* and about *Sheerneſs.* Per vetuftatem durior fit, & nigrefcit, ramulorumve partem amittit, fub qua forma Fuci fpeciem mentitur, & Fucus minimus hirfutus fibrillis herbaceis fimilis vocatus fuit *Doodio Syn. II. App.* 330.

* 24. Conferva marina geniculata ramofiffima lubrica, brevibus & palmatim congeftis ramulis.

Ab initio penitus rubet hæc fpecies, mox in fubfufcum vergit colorem, dein vero penitus nigrefcit & aliam figuram acquirit, intermedios enim inferiorefve ramulos plerofque dimittit, fuperiores vero retinet, qui cum incremento peracto æqualis tunc longitudinis fint, inftar palmæ quafi, in ficca præfertim planta, explicantur, quem ftatum figura *Plukenetii* præcipue repræfentat. Ejus Synonyma funt: Corallinæ affinis feu Mufcus coralloides multifido capillaceo folio, Palmites pelagica nigra *Pluk. Alm.* 119. *T.* 47. *f.* 10. Mufcus capillaceus multifidus niger *C. B. Pin.* 363. 2. marinus niger capillaceus ramofiffimus *Doody Syn. II. App.* 330. ubi Corallinæ affini, inquit, feu Mufco marino tenui capillo *J. B.* crefcendi modo exacte quadrat, minime tamen fcrupofus eft, & colore nigerrimo. Verum fi armato oculo uterque infpiciatur, manifefta præterea in ftructura differentia apparebit, ille enim Corallinæ inftar articulatus, hic vero geniculatus faltem eft. Frequens eft in variis littoribus, pone *Sheerneſs, Cockbuſh* & alibi.

III. *Conferva nodoſæ.*

24. Conferva marina nodofa ex albo rubefcens mollis, fed minus lubrica. Mufcus marinus Corallinæ in modum articulatus, ex albo rubefcens *Syn. II.* 9. 10. *Hiſt. I.* 79. 22. Longitudo ei vix palmaris, color arenæ marinæ æmulus in ficca, in recenti ex viridi flavicans. In ramulos plurimos nullo ordine dividitur & fubdividitur. Mollis eft, non ut Corallina fcrupofa, fapore falfo, & ut videbatur fubacido. *Penſantiæ* Cornubiæ in littore inter alia maris rejectamenta obfervata *Rajo,* prope *Brackelſham* & *Cockbuſh,* mihi.

* 25. Conferva marina nodofa, lubrica, ramofiffima & elegantiffima rubens. In ora maritima provinciæ Suffexienfis a *D. Mannigham* & me obfervata valde elegans hæc Confervæ fpecies. Figuram vide Tab. 2. Fig. 3.

* 26. Conferva fontana nodofa, fpermatis ranarum inftar lubrica, major & fufca. Aquis purioribus & limpidis gaudet, inque fontibus præftantioribus, vel non procul ab eorum fcaturigine in rivulis per faxa delabentibus nafci amat fpeciofa hæc Conferva, quam antehac in Germania obfervatam in Anglia poftea etiam obfervavi, in fonte quodam amplo pagi *Godalmin* pone viam, inque fonte quodam prope *Chichefter* in Suffexia. Hujus figura fatis bona, nifi quod loco punctorum cufpidulis male prædita fit, proftat in *Eph. Nat. Cur. Cent. V. & VI. App. p.* 60. *T.* 13. *f.* 3.

III. *U L V A.*

ULva eft Mufci genus fterile a Conferva in eo diverfum, quod e planis & valde tenuibus, modo latis, modo anguftis, quandoque tubulofis foliis conftet.

1. Ulva marina Lactucæ fimilis. Mufcus marinus Lactucæ folio *C. B. Pin.* 364. Fucus marinus, Lactuca marina dictus *Park. Th.* 1293. Lactuca marina five intybacea *J. B. III.* 801. Lichen marinus *Ger.* 1377. *Oyfter-Green.* Petris, fcopulis ipfifque teftis adnafcitur & Lichenis in modum fe diffundit, quamvis folia non procumbant, fed magis erecta obferventur.

* 2. Ulva marina umbilicata. Lichen marinus *Lob. Ic. II.* 247. *J. B. III.* 813. *C. B. Pin.* 364. 2. A priori, præter differentiam in titulo notatam differt folio plano, leviter concavo, feffili & umbilicato, minus tenero, coris obfcuri & fuliginofi, fplendentis. Ceterum *Lobelii* figura naturali magnitudine multo minorem exhibet plantam. Pone *Sheernefs.*

* 3. Ulva marina fafciata. Hæc ex lamina complicata, in dorfo vel pofteriori parte conjuncta & æquali, anterius aperta & finuofa crifpaque conftat & ab aliis differt. Pone *Sheernefs* in littore marino.

4. Ulva marina tubulofa, inteftinorum figuram referens. Lichen marinus tubulofus in cellulas divifus *Syn. II.* 10. 2. Fucus cavus *C. B. Pin.* 364. 5. *J. B. III.* 803.

tumefcens,

In foffis paluftribus & fluviis, quos mare fingulis æftuum
acceffibus influit, variis & pluribus in locis, quin & in
foffis fatis a mari remotis, ut prope *Redriffe* occurrit.

In fummis aquis plerumque fluitat, quandoque tamen lapidibus adnafcens in littoribus marinis reperitur. Plerumque non
ramofa eft, nonnunquam vero ramofa reperitur, cujus loci eft,
Fucus herbaceus cavus fluitans ramofus, calami anferini fere
craffitudine *Doody Syn. II. App.* 340. Porro valde rugofa fubinde obfervatur, quam *Sea-Chitterling* & Lichenem marinum tubulofum in nodulos elegantiffime crifpatum *D. Stoneftreet* vocare
folebat, in littore *Pool Bay* verfus *Litchet* repertum. Eadem cum
vulgari fatis copiofe occurrit in foffis inter *Greenwich* & *Woolwich.*

5. Ulva marina tenuiffima & compreffa. Conferva
platyphyllos *Syn. II.* 24. 3. Lichen marinus tenuiffimus
Doody Syn. II. App. 329. It grows plentifully on *Bognor-rocks* in Suffex, on the Boards of the Dock at *Sheernefs*, as alfo on the Pebbles at the Sea-fhore, in Brooks
and Inlets thereabouts. as alfo on the Wall of the
Thames about *Woolwich*. Variat ramulis capillaceis fere
& teretibus, latioribus, planis æqualibus & minus finuofis.

* 6. Ulva paluftris Lactucæ marinæ fimilis, fed multo minor & tenerior. In pratorum aquis ftagnantibus
pone *Newington* primo præcipue vere obfervatur.

* 7. Ulva paluftris ramofa & foliofa. Rami longi
& angufti, plani & pellucidi funt, tuberculis hinc inde
foliofis ornati. Invenit *D. Jac. Sherard.*

8. Ulva faxatilis furcata latiufculis & tenerioribus
fegmentis. Lichen terreftris fupinus minimus dichotomus, oblongis fegmentis inter Mufcos reptans, a
D. Sherard in Hibernia obfervatus *Syn. II.* 41. 9. parvus
repens, foliolis anguftis non fquamofis, ceranoides *Buddl.
H. S. Vol. II. f.* 17. a quo circa *Tunbrigiam* & propius
circa *Hamftedium* fuit obfervata hæc fpecies.

Si libere & minus confertim nafcatur, repit, ubi vero denfius provenit, erigitur. Locis udis faxofis delectatur, tamen ad
arbores inter alios Mufcos reptans fubinde etiam obfervatur.

* 9. Ulva paluftris furcata, anguftioribus & firmioribus fegmentis. Lactuca aquatica tenuifolia, fegmentis
bifidis *M. P.* 253. *lc.* Foliis anguftioribus, firmioribus
& obfcure virentibus a præcedente differt. Found by
Mr. Petiver in a Ditch near *Deptford Dock. Mr. Mannigham* and I obferved it plentifully in the Ditches about
Chichefter.

* 10. Ulva

* 10. Ulva paluſtris foliis Ivæ moſchatæ inſtar ⁣diviſis. Obſerv'd and ſent by *Dr. Richardſon.*

* 11. Ulva terreſtris pinguis & fugax. Muſcus fugax membranaceus pinguis *B. Monſp.* Lichen humiditate intumeſcens, ſiccitate evaneſcens *Merr. Pin.* Noſtoch Ciniſlonum & Paracelſi *Geoffr. Comm. Ac. R. Sc. An.* 1708. *p.* 293. Fungus in terram ſtratus gelatinæ inſtar & fugax *Buddl. H. S. Vol. I. fol.* 49. Locis herbidis poſt pluvias.

12. Ulva terreſtris tenerrima, viridis criſpa. Lichen minimus terreſtris criſpus virens, Lactucæ marinæ accedens *Dood. Syn. II. App.* 332. Loco umbroſo horti Hoſpitii Lincolnienſis *Doody,* in Cœmiterio Iſlingtonienſi *Petiver* obſervarunt. Provenit etiam copioſe in ericeto *Black Heath* prope viam, ad ædes quaſdam juxta palos ad dextram, via quæ ad Eltham ducit. Januario & Februario præcipue viget. Leviſſime terræ inhæret.

III. *LICHENOIDES.*

Lichenoides peltis & tuberculis a Conferva & Ulva differt, a Lichene, Lichenaſtro & aliis tum his, tum quod capitulis floridis deſtituatur, & ſubſtantia duriore, inter Fungos & Muſcos media (unde Muſco-Fungi multis multæ ejus ſpecies dictæ fuerunt) conſtet. Alia Lichenoide ſunt *caulifera,* alia *folioſa,* alia *cruſtacea* ſeu *leproſa* obſervantur.

I. *Lichenoide caulifera.*

1. *Capillacea, & non tubuloſa, ſcutellata.*

1. Muſcus arboreus, Uſnea Offic. *C. B. Pin* 361. *n.* 1. arboreus villoſus *J. B. III. L.* 37. *p.* 763. quernus *Ger.* 1369. arboreus vulgaris & quercinus *Park.* 1312. *Common Hairy Tree-Moſs.* In Anglia rarior eſt, quod ſylvis denſioribus, quas amat, deſtituatur. Muſcus arboreus trichophyllos major, ramulis craſſioribus *Doody Syn. App.* 340. qui in *Woodcot-wood in Hampſhire* repertus, huic idem eſt. Annotandum enim illius figuram, qualis a rei herbariæ Auctoribus paſſim proponitur, juſto minorem, & ſicut eminus de arboribus pendens apparet, exhiberi.

Pulve-

Pulveris cyprii odorati vulgo bafis eft, feu corpus, quamvis aptior fit fpecies 81. Zythogalæ aut Cerevifiæ incoctus gravedines & deftillationes fiftit.

2. Mufcus caule rigido inftar fili chalibei *Merr. Pin.* Hic eft Mufcus ille, quem *Dr. Sherard* obfervabat, on the old Pales of *Sir* *Wilborham*'s Park in *Shropfhire*, de quo mentio fit *Syn. II. 22. ad n. 1.* Palis lignifque vetuftis plerumque adhæret.

* 3. Mufcus coralloides lanæ nigræ inftar faxis adhærens *D. Stevens.* Obferv'd by him in *Cornwal*, and communicated to *Mr. Du-Bois.* Præcedenti ramofior & majus expanfus, minus vero rigidus.

4. Mufcus arboreus nodofus *C. B. Pin.* 361. *n.* 6. arboreus nodofus five geniculatus *Park.* 1311. 1312. Dendrobryon geniculatum five nodofum *Col. Ec. II.* 83. 84. *Knotted or Kneed Tree-Mofs.* In Lancaftria prope *Burnley* pagum e Corylo dependentem invenit *Th. Willifell.* In fylva ad villam *Stokenchurch* pertinente *Bobartus* reperit.

5. Mufcus ramofus *Ger.* 1372. A fequenti fpecie, qua cum vulgo conjungitur, diverfus videtur.

6. Mufcus arboreus cum orbiculis *C. B. Pin.* 361. *n.* 3. arboreus peltatus & fcutellaris *J. B. III. L.* 37. *p.* 764. ramofus floridus *Ger.* 1372. quercinus fœniculaceus *Park.* 1312. it. M. quernus fruticofus capitulis cavis *Ej. Ib. ic. Tree-Mofs, with Rundles.* Ad arbores & virgulta, arida præfertim, paffim cum priori.

7. Mufcus corallinus faxatilis fœniculaceus *M. P.* 78. *Syn. II. App.* 322. Mufco-fungus trichoides e nigredine cinereus, jubæ adinftar e faxis & arboribus dependens *D. Richards H. Ox. III. p. 633. n. 15. Rock Hair.* On the higheft Rocks in *Charley Foreft* Leicefterfhire.

* 8. Mufcus aureus tenuiffimus *Merr. Pin.* arboreus aureus, fegmentis capillaceis brevibus *Doody H. S. Buddl. Vol. II. fol.* 9. In Anglia collectus a *Doodio*, quo vero loco non memoratur in dicto *Herbario.* Four Miles from *Bafingftoke* in the Way through the Wood leading to *Salisbury*; *Merr.*

2. *Coralliformia, tuberculofa plerumque.*
A. *Solida & non tubulofa.*

9. Lichenoides non tubulofum ramofiffimum, fruticuli fpecie, cinereo-fufcum. Corallina montana fruticofior

F

color *Lhwyd. Syn. II.* 21. 8. *Shrubby Coralline Moss.*
Ad fummitatem montis *Carnedh Lhewelyn* in Arvornia copiofe.

10. Lichenoides non tubulofum ramoffimum fruticuli fpecie, rufo-nigrefcens *C. G.* 202. Mufcus montanus fufcus ramofiffimus folidus, feu non tubulofus *Vern. Syn. II.* 21. 7. coralloides ramofiffimus minor fufcus *M. P. Syn. II. App.* 322. Mufco-fungus coralloides montanus tenuis ramofiffimus, non tubulofus *H. Ox. III. S. XV. T.* 7. *f.* 11. *p.* 633. *Small Brown Coralline Moss.* In ericetis, fed rarius; frequentius on *Gogmagog Hills,* and *Newmarket Heath.*

11. Lichenoides non tubulofum cinereum ramofum, totum cruftaceum. Corallina montana fruticofior fpermatophora *Doodio Hort. S. Buddl. f.* 2. Alpina valde crifpa *Pet. Gaz. Vol. II. n.* 158. *T.* 65. *f.* 7. Mufco-fungus coralloides fruticofior & lignofior *H. Ox. III. S. XV. T.* 7. *f.* 12. *p.* 633. De loco non conftat.

12. Lichenoides non tubulofum πλαȷυδασύφυλλον, tuberculis pulverulentis donatum. Mufcus coralloides πλαȷυδασύφυλλℴ, tuberculis pulverulentis donatus *Dood. Syn. II. App.* 332.

Ad unciam duafve altitudine affurgit; ramuli modo latiores, rotundiores modo, femper autem compreffi, hinc inde tuberculis pulverulentis notati, cinericei coloris, intus fungofi albi; *D. Adaire* M. D. ex agro Hamptonienfi attulit. Eadem vel minor fpecies in ericetis montofis prope Londinum *Doodio* obfervata.

* 13. Lichenoides non tubulofum, ramulis fcutellis nigris terminatis. Mufcus coralloides Tunbringenfis, bracteolis nigerrimis *Muf. Pet. num.* 437. Found by *M. Petiver* on the Rocks near *Tunbridge,* as alfo by *Dr. Richardfon* in *Yorkfhire.*

B. *Tubulofa.*

14. Lichenoides tubulofum ramofiffimum fruticuli fpecie candicans *C. G.* 202. Mufcus tubulofus ramofiffimus fruticuli fpecie *Syn. I.* 13. 6. *II.* 21. 5. coralloides *J. B. III. L.* 37. *p.* 764. coralloides, five cornutus montanus *C. B. Pin.* 361. *n.* 3. corallinus, five Corallina montana *Ger.* 1380. corallinus montanus *Park.* 1310. coralloides, feu Corallina montana *Ger. Em.* 1572. *Branched Coralline Moss.* In ericetis & alibi locis ficcis copiofe.

* 15. Li-

* 15. Lichenoides tubulofum ramofiffimum fruticuli fpecie candicans, corniculis rufefcentibus *C. G.* 203. Mufcus terreftris coralloides erectus, cornibus rufefcentibus *C. B. Pin.* 361. *n.* 2. *Pr.* 152. *n.* 11. Paffim in ericetis, v. gr. On *Blackheath* & circa *Woolwich.*

16. Lichenoides tubulofum ramofum rigidius, majus & craffius, cinereo-fufcum *C. G.* 203. Corallina montana tubulofa ramulis inordinate expanfis *Dood. Syn. II. App.* 332. Mufcus montanus coriaceus, ramulis inordinate difpofitis *Vern. Syn. II.* 21. 6. coralloides faxatilis, cervi cornua referens *C. B. Pin.* 361. *n.* 4. coralloides faxatilis *Park.* 1310. 1311. Lithobryon coralloides *Col. Ec. II.* 83. 84. Concavus eft, obfervante *Vernon* & maturefcens facile abfcedit & ventorum flatibus difpergitur.

17. Lichenoides tubulofum cinereum, minus cruftaceum minufque ramofum *C. G.* 203. Mufcus corniculatus *Ger.* 1372. *J. B. III. L.* 37. *p.* 767. *Park.* 1308. *Horned Mofs.* In ericetis paffim.

18. Lichenoides tubulofum cinereum, ramofius & cruftaceum *C. G.* 203. Mufcus licheniformis cornu ramofo *Dood. Syn. II. App.* 332.

Cum priori, a quo corniculis in breves acutafque lacinias divifis differt. Variat & cum ramulis plus minufve cruftofis reperitur, quin & totum foliofis & crufta putrefcente obfitum vidi circa *Woolwich,* quod a *Petivero in Gaz. Vol. I. T.* 10. *f.* 10. *n.* 130. nomine Mufci Scotici Corallio incruftati repræfentatum videtur.

* 19. Lichenoides tubulofum virefcens, ramofius & foliofum, fummitatibus arcuatis. Coralloides craffior ramulis arcuatis eleganter foliatis *Buxb. En. Pl. H. p.* 82. In tumulis quibufdam verfus *Hornfey* hyeme.

20. Lichenoides tubulofum, cauliculis mollioribus & craffioribus, majus. Corallina montana tubulofa, ramulis craffioribus *Dood. Syn. II. App.* 332. Mufcofungus ceranoides mollior & elatior, albidus, tubulofus *H. Ox. III. S. XV. T.* 7. *f.* 7. *p.* 633. Obfervatione Doodiana vulgari duplo vel triplo craffior eft & minus ramofus. Iifdem cum vulgari locis non infrequenter.

* 21. Lichenoides tubulofum, cauliculis mollioribus & craffioribus, minus. Mufcus ceranoides minor, totus incanus *C. B. Buddl. H. S. f.* 1. A præcedente parvitate & quod magis ramofus fit, differt. Locus ignotus.

22. Lichenoides tubulofum minus ramofum, cauliculis craffioribus difformibus. Corallina montana difformis *Dood. Syn. II. App.* 332. Pennæ anferinæ craffitudine eft, cava, raro ramofa, tuberculis feu apophyfibus pluribus fine ordine inftructa. *D. Vernon* in montibus Cantabrigienfibus collegit.

*23. Lichenoides tubulofum magis ramofum, maxime difforme. In *Herb. Buddlejano* pro præcedente fpecie agglutinatum vidi, a qua glabritie & colore cinereo, cauliculis & ramulis invicem valde inæqualibus, tortuofis & nodofis differre videbatur.

24. Lichenoides coralliforme, apicibus coccineis. Mufcus coralloides apicibus coccineis *Syn. I.* 13. 4. *II.* 21. 4. *Scarlet-headed Mofs.* Ad radices arborum dejectarum putrefcentes.

*25. Lichenoides tubulofum cinereum, pulverulentum & cruftaceum, ramulis ex acetabulis enafcentibus minus copiofis *C. G.* 203. Lichen pyxidatus difformis ramofus, ramulis obtufis pyxidatim definentibus *Dr. Richardf.* qui hoc nomine in Comitatu Eboracenfi repertum mifit.

* 26. Lichenoides tubulofum cinereum, valde cruftaceum, ramulis brevioribus & crebrioribus ex acetabulis enafcentibus *C. G.* 203. Lichen pyxidatus ramofus cinereus & rugofus, craffior & elatior *Dr. Richardf.* qui ibidem reperit.

27. Lichenoides tubulofum cinereum non ramofum *C. G.* 204. Mufcus licheniformis cornu fimplici *Doody Syn. II. App.* 332. fiftulofus corniculatus *Barr. Obf.* 1286. *T.* 1277. *f.* 1. Lichen tubulatus *Merr. Pin.* Paffim in ericetis. Figura & magnitudine plurimum variat. In fummis Walliæ montibus prælongum & valde gracilem obfervavit *Dr. Sherard*, quem Mufco-fungum petræum corniculatum, cornibus indivifis & incurvatis vocat *Bob. H. Ox. III. S. XV. T.* 7. *f.* 4. *p.* 633. *n.* 4. Variat porro & cum fummitatibus nunc integris, nunc divifis occurrit.

3. *Pyxidata.*

28. Lichenoides tubulofum pyxidatum cinereum *C. G.* 204. Lichen pyxidatus major *J. R. H.* 549. *Tab.* 325. *fig. D.* Mufcus pyxioides terreftris *C. B. Pin.* 361. *n.* 13. *Pr.* 152. *n.* 16. pyxidatus *J. B. III. L.* 37. *p.* 767. *Park.* 1308. *Ger. Em.* 1560. Cup or Calice Mofs *Ger.* 1371.

In

In ericetis & aridioribus e corio terreo faxis inftrato oritur.

Auctore *Gerardo* & *Willifio* in tuffi convulfiva puerorum deco-ctum ejus fpecificam habet efficaciam.

* 29. Lichenoides tubulofum pyxidatum proliferum *C. G.* 204. Mufcus pyxidatus major rugofus *M. P.* 172. Mufco-fungus pyxidatus, calice altero alteri innato, apicibus nonnunquam coccineis *H. Ox. III. p.* 632. *S. XV. T.* 7. *f.* 4. Paffim in ericetis, quamvis minus fre-quenter.

Ad tertium quartumve ufque gradum prolifer eft, nec apices coccinei unquam mihi vifi funt in hac fpecie, fi modo diftincta fpecies & non potius varietas faltem præcedentis fit.

* 30. Lichenoides tubulofum pyxidatum, marginibus ferratis *C. G.* 204. Mufco-fungus pyxidatus gracilior & lævis, calycibus ferratis *Pluk. Alm.* 149. In ericetis paffim.

* 31. Lichenoides pyxidatum proliferum, marginibus ferratis. Mufcus pyxioides *Barr. O.* 1284. *T.* 1278. *f.* 2. iifdem in locis. Varietas potius quam diftincta a priori fpecies eft.

* 32. Lichenoides pyxidatum cinereum elatius, ra-mulis pyxidatim definentibus *D. Richards.* Mufco-fun-gus gracilior ramofus, calycibus ferratis *H. Ox. III. p.* 632. *S. XV. T.* 7. *f.* 6. it. Mufco-fungus pyxidatus Nor-wegicus tubulo longiore *Ib. n.* 5. qui non nifi prioris varietas eft tuberculis donata, ad quam figura proprie pertinet. Utramque varietatem *Dr. Richardfon* in Co-mitatu Eboracenfi obfervavit.

* 33. Lichenoides pyxidatum, marginibus eleganter foliatis. Mufcus pyxioides *Barr. Icon.* 1278. *n.* 2. In ericeto Hamftedienfi obfervavit *Dr. Horfmann.*

* 34. Lichenoides tubulofum pyxidatum, tuberculis fufco-nigris, proliferum *C. G.* 204. Hoc fubinde totum foliolis obfidetur, ut ægre dignofci queat, quale fub Mufco pyxidato difformi, calycibus fimbriatis ad *Dr. Sherardum* mifit *Dr. Richardfon.*

35. Lichenoides tubulofum pyxidatum, tuberculis amœne coccineis *C. G.* 204. Mufcus multiformiter pyxidatus, capitibus five apicibus purpureis *Plot. Hift. N. Staff. p.* 199. *T.* 14. *f.* 1. *Syn.* II. 21. 9. In ericetis paf-fim. Variat apicibus coccineis obfervatione *Raij*, & lu-teis obfervatione *D. Richardfon*, qui eft Mufcus pyxida-tus, labellis faturate croceis *Bocc. Muf. II. p.* 142. *T.* 104.

F 3

36. Li-

* 36. Lichenoides tubulosum pyxidatum, tuberculis amœne coccineis, proliferum *C. G.* 205. Hoc ad alterum saltem gradum proliferum est & varietas potius, quam distincta a præcedente species videtur.

37. Lichenoides tubulosum pyxidatum exiguum, fusco-virens *C. G.* 204. erectum terrestre, crusta foliosa cinereo-virescente ubique *Ejusd.* 206. Musco-fungus terrestris minor crispus, foliis superne e flavo-virescentibus, subtus albicantibus *H. Ox. III. S. XV. T.* 7. *f.* 3. *p.* 632. Muscus foliis crispis licheniformis, superne e flavo-viridescens, subtus albicans *Vernon Syn. II.* 23. 7. In ericetis passim.

* 38. Lichenoides cartilaginosum, tubulis & pyxidulis exiguis. On *Black Heath.*

3. *Fungiformia.*

* 39. Lichenoides fungiforme terrestre, capitulis fuscis. On *Hamstead Heath.*

* 40. Lichenoides fungiforme, crusta leprosa candida, capitulis & pediculis incarnatis *C. G.* 205. Fungus coccineus minimus, capitulo sphærico, liquore flavescente repleto *D. Richards. Syn. II. App.* 336. Fungilli incarnati coloris minuti, Musco innati March. Br. *Mentz. Pug. ic.* In borealibus Angliæ.

* 41. Lichenoides fungiforme, capitulis vel vesiculis sphæricis aqueo humore repletis. Ad margines fossarum, inque fossis exsiccatis prope Londinum versus *Newington* & *Hackney.*

II. *Lichenoide cauliculis destituta.*

1. *Mere crustacea.*

42. Lichenoides crustaceum & leprosum, scutellare, cinereum *C. G.* 205. Muscus crustaceus leprosus, scutellaris, cinereus *M. P.* 79. *ic.* Petris saxis ac muris passim adnascitur. Hujus synonymon est, Musco-fungus tartaricus leprosus, scutellaris cinereus *H. Ox. III. S. XV. p.* 634. cujus varietates sunt, Musco-fungus tartaricus albescens rugosus farinaceus *Ej. lb.* it. Fungis congener Acetabulum petræum, sive Fungus minimus petræus, orbiculata crusta compositus *Lhwyd Syn. II.* 10. 4. & *App.* 331. cujus altera species, scyphulo nigro, priori minor *Ib.* ad sequentem pertinet.

*   * 43. Li-

* 43. Lichenoides cruftaceum & leprofum, fcutellis nigricantibus majoribus & minoribus *C. G.* 205. Mufcus cruftaceus leprofus, fcutis nigricantibus *M. P.* 80. In muris paffim variis circa *Londinum* locis.

* 44. Lichenoides cruftaceum & leprofum, fcutellis cinereo-virefcentibus. Ad arbores & muros paffim.

* 45. Lichenoides cruftaceum & leprofum, fcutellis fubfufcis *C. G.* 205. Mufcus cruftaceus leprofus, fcutis fufcis *Buddl. Herb. Vol. II. f.* 7. On the Walls upon *Black Heath, and in other Places. As alfo on Trees.*

* 46. Lichenoides cruftaceum & leprofum, acetabulis majoribus luteis, limbis argenteis *D. Richardf.* qui e comitatu Eboracenfi mifit.

* 47. Lichenoides cinereum mere cruftaceum, eleganter expanfum. Mufcus licheniformis cinereus, cruftæ modo fe expandens & arcte adhærens *Doody Syn. II. App.* 331. Corticibus arborum & murorum lateribus arcte adhæret. Scutellæ rariores vifu parvæ funt, coloris modo fufci, modo plumbei, margine cinereo cinctæ.

* 48. Lichenoides crufta tenuiffima, peregrinis velut litteris infcripta. Found by *Dr. Doering* at *Wefterham* a little beyond the School-houfe on a Tree in the Lane, that leadeth to *Querrys* in *Kent.*

* 49. Lichenoides crufta tenuiffima, fulcis cochleæformibus infignita. Upon the Walls about *Cranbury-Houfe; Idem.*

* 50. Lichenoides tuberculofum amœne purpureum *C. G.* 206. Mufco-fungus leprofus ruber, corticibus arborum adhærens *Buddle H. S. Vol. II. f.* 7. Fungus cruftaceus ex albo rufefcens *S. Doody Fafc. Syn. II. præmiff.* minimus miliaceus coccineus, variolarum confluentium more arborum corticibus adhærens *Dr. Richardf.* E Juglandis Prunive putridis ramulis nafcitur.

* 51. Lichenoides tuberculofum compreffum nigrum, lignis putridis adnafcens *D. Richardf.* Tubercula firmiora & majora quam prioris, nunc oblonga nunc rotunda funt.

* 52. Lichenoides leprofum, crufta cinereo virefcente, tuberculis nigerrimis *Cat. Giff.* 200. In muris circa *Greenwich* & alibi hyeme reperitur. Variat crufta viridi & tuberculis majoribus & minoribus.

2. *Crufta foliofa, fcutellata, feu foliis fcutellatis arɛte adnafcentibus.*
A. *Subftantiæ gelatinofæ.*

* 53. Lichenoides faxatile membranaceum gelatinofum, tenue nigrefcens *C. G.* 209. Mufcus licheniformis
membranaceus nigricans pellucidus, braɛteolis innumeris conglomeratis *Buddl. H. S. Vol. II. ƒ. 6.* a quo ut &
D. Dale obfervatus.

54. Lichenoides gelatinofum tenerius laciniatum, ex
fufco purpurafcens. Lichen terreftris minimus fufcus
Dood. Syn. II. App. 331. Folia ei femiuncialia funt,
finuata, crifpa, fufca, pellucida, fimul quafi in cefpitem
congefta. Inter Mufcos reptat. On *Hampftead Heath.*

* 55. Lichenoides gelatinofum tenerius laciniatum,
ex plumbeo colore cœrulefcens, fcutellis fufcis *Hort.*
Sicc. Dr. Sherard. Locus memoria excidit.

* 56. Lichenoides faxatile membranaceum gelatinofum, tenuiffimum ereɛtum, Brafficam crifpam æmulans
C. G. 209. Antehac plerumque e teneriore terra faxis
leviter fuperinftrata, poftea vero fine difcrimine hinc inde provenire vidi. In fylva quadam poft vicum *Foots-*
cray in Cantio, ubi & aliam minorem adhuc & tenuius
divifam fpeciem obfervavi Februario menfe, quæ vocari
poteft

* 57. Lichenoides gelatinofum tenuiffimum ereɛtum
Brafficam crifpam æmulans, foliolis tenuiffime aculeatis.

* 58. Lichenoides gelatinofum opuntioides. Lichen
aquaticus cinereus minor crifpus *D. Richardf.* qui in rivulo e fpelunca *Mafham-cove* erumpente, faxis adnafcentem reperit elegantem hanc fpeciem.

B. *Subftantiæ durioris & exfucca.*

59. Lichenoides crufta foliofa fcutellata, flavefcens
C. G. 206. Mufcus cruftæ aut Lichenis modo arboribus
adnafcens flavus *Syn. I.* 14. 2. *II.* 23. 2. Lichen Diofcoridis & Plinii 2. colore flavefcente *Col. Ec. I.*
331. *ic.* Corticibus arborum, teɛtis, lignis, fubinde muris arɛte adnafcitur & rofacee plerumque expanditur.
Scutellæ parvæ.

60. Lichenoides crufta foliofa fcutellata, pullum
C. G. 206. Mufcus cruftæ aut Lichenis modo arboribus adnafcens *Syn. I.* 14. 3. *II.* 23. 3. Ad arbores.

61. Lichenoides crufta foliofa, fuperne cinereo glauca, inferne nigra & cirrofa, fcutellis nigricantibus *C. G.*
206.

206. Muſcus cruſtæ aut Lichenis modo arboribus adnaſcens cinereus *Syn. I.* 14. 1. *II.* 23. 1. cruſtæ modo
arboribus adnaſcens *C. B. Pin.* 361. 8. Muſco-fungus
lichenoides minor cinereus vulgatiſſimus *H. Ox. III.
S. XV. T.* 7. *f.* 6. *p.* 634. Arboribus, ſaxis & lignis vetuſtis copioſis ſuis cirris nigris arcte adhæret, & variat
ſubinde foliis minoribus & magis denſe naſcentibus, ut
penitus criſpus appareat, quo ſtatu orbiculos plerumque
acquirit.

62. Lichenoides cruſta folioſa, ex cinereo & luteo-vi-
reſcente ſuperne, inferne nigra & lævi *C. G.* 207. Muſco-
fungus lichenoides arborum criſpus cinereus, ſubtus nigricans *H. Ox. III. S. XV. T.* 7. *f.* 4. *p.* 633. Muſcus
pulmonarius *Panc. Ic.* 24. Saxis arboribuſque, minus
quam antecedens, arcte adnaſcitur, & roſacee plerumque expanditur. Pulvere ſubinde totus conſperſus cer-
nitur, qui eſt Muſcus licheniformis albidus pulverulentus *Dood. Syn. II. App.* 331.

* 63. Lichenoides cruſta folioſa cinereo plumbei coloris ſuperne, inferne cum ſcutellis ſubfuſcum & ſca-
brum. Found by *Mr. Rand* upon the Rocks near
Wakehurſt Place in Suſſex.

64. Lichenoides arboreum cinereo virens, tenue &
læve ubique, ſcutellis minoribus. Muſcus arboreus licheniformis ſcutellatus, ex cinereo viridis *D. Sherard.
Syn. II.* 23. 6. Ad Fraxinos in *Hibernia.*

65. Lichenoides arboreum purpuraſcens tenue & læve,
ſcutellis majoribus. Muſcus arboreus licheniformis
purpuraſcens *Syn. II.* 23. 8. It grows chiefly upon rotten and moiſt Branches and Twigs.

* 66. Lichenoides ſaxatile foliis minus diviſis, cine-
reo-fuſcis. Lichen pulmonarius ſaxatilis, e cinereo-
fuſcis minimus *J. R. H.* 540. & *H. Pl. Par.* 483. Superne cinereus eſt, inferne nigricat plerumque, ſubinde
cineraſcit, cujuſmodi in *Hort. Sicc. Buddl. Vol. II. f.* 36.
nomine Lichenis petræi cinerei Anglici habetur. Found
on St. Vincent's Park by *Mr. Daire,* Apothecary.

67. Lichenoides arboreum folioſum cinereum, ſcutellis nigris, foliorum extremitatibus hiſpidis & piloſis
C. G. 207. Lichen latifolius ramoſus minor hirſutus
J. R. H. 550. *T.* 325. *fig.* C. cinereus arboreus, marginibus fimbriatis *Ibid.* It. Lichen cinereus latifolius aculeatus, umbilicis nigricantibus *Ib.* 549. Muſcus arboreus
ſupi-

supinus, marginibus pilosis *Syn. I.* 14. 5. *II.* 23. 5. !arboreus capitulis cavis *C. B. Pin.* 361. 4. alter πλαιυπυκνοδασύφυλλ☉ *Col. Ec. I.* 334. 335. arboreus umbilicatus *Merr. Pin.* Musco-fungus arboreus cinereus scutellatus, marginibus pilosis *H. Ox. III. S. XV. T.* 7. *f.* 6. *p.* 634. In Malo, Fraxino, Juglande, Quercu, &c. nascitur.

  * 68. Lichenoides foliolis pilosis crassioribus, obscure virentibus, scutellis fuscis. Lichen perpusillus nigricans, crispus, succulentus, bracteolis fuscis *Buddl. H. S. Vol. I!. f.* 6. Terræ, saxis & arboribus sine fibrillis arcte adhæret. A *D. Bouchier* in Occidentalibus Angliæ collectus.

  * 69. Lichenoides saxatile & arboreum tenerius, foliis pilosis, scutellis in aversa foliorum superficie apparentibus *C. G.* 207. Musco-fungus arboreus cinereus minor, marginibus pilosis *H. Ox. III.* 634. *n.* 9. Saxis & arboribus, præsertim Pruno sylvestri adnascitur.

  * 70. Lichenoides saxatile, tinctorium foliis pilosis purpureis. Muscus tinctorius crustæ modo petris adnascens *Syn. I.* 14. 6. *II.* 23. 9. *Hist. I.* 116. Lichen petræus purpureus Derbiensis *Merr. Pin. Park.* 1315. *descr. sin. fig. Cork or Arcell*; Wallis *Kenkerig.*

  * 71. Lichenoides saxatile tinctorium, foliis latioribus non pilosis, vesiculas proferens. Muscus tinctorius crustæ modo petris adnascens, cum vesiculis marginibus adnatis *D. Richards.* qui elegantem & raram hanc speciem ad *D. Sherardum* misit.

  72. Lichenoides arboreum crusta foliosa albo-cinerea, tenuiter & eleganter dissecta, scutellis nigris *C. G.* 207. Muscus crustæ modo arboribus aut saxis adnascens cinereus, argutioribus segmentis *Syn. I.* 14. 4. *II.* 23. 4. Radicibus suis cirrosis variis arboribus arcte adhæret.

  73. Lichenoides arboreum, crusta foliosa virescente, tenuiter & eleganter dissecta, scutellis nigris *C. G.* 207. Muscus licheniformis viridis, scyphulis seu bracteolis nigris *Doody Syn. II. App.* 331. Scutellæ nunc majores, nunc minores reperiuntur. Copiosis suis cirris nigris arctissime arboribus adhæret.

  * 74. Lichenoides arboreum & saxatile, crusta foliosa tenui, fusco-virenti, in segmenta latiora plerumque divisa *C. Giss.* 207. Lichen arboreus cinereus arctissime arboribus adhærens *Dr. Richards.* qui in comitatu Eboracensi repertum misit

  * 75. Li-

* 75. Lichenoides arboreum, crufta foliofa informi, fcutellis fubnigris, limbo cinereo crifpo cinctis. Found by *Dr. Doering* in Cane-wood.

76. Fungus fcutellatus niger punctatus *D. Sherard Syn. II.* το. 48. Common on the Bark of old Willow.

3. *Foliis magis liberis, nec tam arcte adnafcentibus.*

A. *Scutellatis & tuberculatis.*

* 77. Lichenoides arboreum foliofum cinereum & finuatum, inferne fcabrum. Mufco-fungus lichenoides, cruftæ modo adnafcens , major cinereus *H. Ox. III. p.* 633. *n.* 1. *S. XV. T.* 7. *f.* 1. Briftoliam tendens lapidibus & herciis adhærentem obfervavit *Bobartus*, mihi ad Quercus annofiores plerumque obfervatus. Folia lata lacunulis excavata funt & tubercula habent valde exilia. Obferv'd alfo by *Mr. Rand* among the Pebbles at *Cockbufh*, about fix or feven Miles from *Chichefter*, on the Coaft of *Suffex*.

* 78. Mufcus coralloides terreftris quafi fcutellatus *Petivero Raj. H. III.* 30. Mufco-fungus fruticofior tenuior, nodulis afperfus *H. Ox. III. p.* 633. *n.* 14. *S. XV. T.* 7. *f.* 14. Locus non additur, nec qualis fit, conftat. Figura tubercula exigua monftrat.

79. Lichenoides arboreum ramofum fcutellatum majus & rigidius, colore virefcente *C. G.* 707. Lichen pulmonarius cinereus mollior, in amplas lacinias divifus *J. R. H. p.* 549. *T.* 325. *A. B. B.* Mufco-fungus arborum anguftior peltatus & fcutellatus *H. Ox. III. p.* 634. *n.* 3. *S. XV. T.* 7. *f.* 3. Hujus varietas eft, Mufco-fungus arboreus tenuior, fcutellis vel capitulis cavis *Ibid. n.* 4. Mufcus arboreus Anglicus capitulis cavis *Petiv. Ibid.* Cætera fynonyma quæ tum huic, tum priori tribuuntur ibi, erronea funt.

80. Lichenoides arboreum ramofum majus & mollius, colore candicante. Mufcus arboreus ramofus *J. B. III. L.* 37. *p.* 764. *Syn. II.* 22. 2. Lichen arborum *Ger.* 1377. *fig. non defcr.* arboreus albefcens, fegmentis cornigeris *Pet. Gaz. Vol. I. n.* 123. *T.* 14. *f.* 6. In omnibus fere arboribus & lignis aridis reperitur. Ubi fcutellas profert, minor & brevior effe folet, magis vero glaber & aliquando durior.

81. Lichenoides arboreum ramofum, anguftioribus cinereo virentibus ramulis. Mufcus arboreus ramofus,
coral-

coralloides *C. B. Pin.* 361. 5. alter quernus latifolius coralloides ἄφυλλ☉ *Col. I.* 335. *ic.* alter quernus latifolius coralloides *Park.* 1311. 1312. arboreus coralloides πλα|υδασύφυλλ☉ cum orbiculis *Dood. Syn. II. A.* 333.

Hæc ſpecies quoniam tritura facile in pulverem abit & odoris expers eſt, præ reliquis pulveris cyprii compoſitioni inſervit. Præcedenti rarior eſt, & non niſi in vaſtioribus reperitur ſylvis. *D. Lhwyd* in Wallia invenit.

82. Lichenoides arboreum ramoſum cinereo-candicans, ſegmentis anguſtioribus. Muſcus arboreus πλα-*ῖ*ύφυλλ☉, ſegmentis argutioribus *Doody Syn. II. A.* 332. Paſſim ad arbores. Semper ſibi conſtat & diſtincta ſpecies eſt ab aliis.

* 83. Lichenoides arboreum ramoſum cinereo-vireſcens, extremitatibus criſpis & conglobatis *C. G.* 208. Ad arbores.

* 84. Lichenoides arboreum ramoſum, cinereo-vireſcens, ſegmentis anguſtioribus, circa margines criſpis. Muſco-fungus arborum tenuior, ſcutis in marginibus foliorum donatus *H. Ox. III. p.* 634. *n.* 8. Cum priori.

85. Lichenoides ceratophyllon obtuſius & minus ramoſum. Muſcus montanus ramoſus cinereus Muſci cruſtacei arborum non diſpar Vernon *Syn. II.* 23. inter 4. & 5.

Varie & eleganter in orbem ſpargitur, lævis ubique & facile per maturitatem abſcedit, unde huc illuc ventis agitatus fluctuare ſolet. Tum ex ipſa terra, tum e corio terreo truncis ſuperſtrato oriri ſolet.

B. *Peltatis.*

86. Lichenoides peltatum arboreum maximum *C. G.* 208. Lichen pulmonarius, ſive Pulmonaria arborea *J. B. III. L.* 37. *p.* 759. Muſcus pulmonarius *C. B. P. Pin.* 361. *n.* 7. pulmonarius, ſive Lichen arborum *Park.* 1311. *deſcr.* Lichen ſive Hepatica vulgaris *Ej.* 1315. *fig.* Hepatica terreſtris *Ger.* 1375. *Ic. Lungwoort Ej.* 1377. *deſcr.* Arboribus, præſertim Quercui adnaſcitur.

Leniter adſtringit & ſiccat, unde vulnera atque ulcera ſanat, inque hæmoptöe & phthiſi uſurpatur.

87. Lichenoides peltatum terreſtre cinereum majus, foliis diviſis *C. G.* 208. Lichen terreſtris cinereus *Syn. I.* 14. 1. *II.* 23. 1. Muſco-fungus terreſtris latifolius cinereus, Hepaticæ facie *H. Ox. III. p.* 632. *n.* 1. *S. XV. T.* 7. *f.* 1. *Aſh-colour'd Ground Liverwort.* In paſcuis ſiccioribus frequentiſſime occurrit.

Adver-

Adverſus morſum canis rabidi tanquam ſpecificum celebratur medicamentum. Vid. *Tranſ. Phil. Num.* 237. *p.* 49. & *S. Dale Pharmac.*

88. Lichenoides peltatum terreſtre rufeſcens *C. G.* 208. Lichen terreſtris foliis anguſtioribus vireſcens *Syn. I.* 15. 2. *II.* 23. 2. Ab initio vireſcit, poſtea rufeſcit. Venæ in hac ſpecie rubentes, aut ex rubro nigricantes cernuntur. In humidis & uliginoſis, in ſtagnorum exſiccatorum fundis.

* 89. Lichenoides ſaxatile tenue rufeſcens. Muſcofungus terreſtris minor fuſcus, foliis e latitudine crenatis, Muſco innaſcens *H. Ox. III. p.* 632. *n.* 4. *S. XV. T.* 7. *f.* 4. In montoſis ſiccioribus inter Muſcos & Gramina legit *Bobartus.* Peltæ in hac ſpecie nondum obſervatæ.

90. Lichenoides rigidum, Eryngii folia referens. Muſcus Iſlandicus purgans Bartholini *Syn. II. App.* 333. pulmonarius terreſtris ſanguineus *Breyn. Eph. N. Cur. Dec. I. A.* 3. *O.* 289. *lc. &. deſcr.* Iſlandicus Bartholini *Sibb. Pr. Hiſt. N. Sc.* In marginibus ſpinulis ciliaribus ornatur. *D. Newton* in montibus Walliæ reperit.

Iſlandi referente *Bartholino Act. Haffu. A.* 1671. 1672. *O.* 66. primo vere utuntur hoc Muſco, ad expurgandos humores corporis noxios.

91. Lichenoides ſaxatile fuſcum, peltis in averſa foliorum ſuperficie locatis. Qua nota ab omnibus aliis facile diſtinguitur. Prope oram maritimam inſulæ *Selſey*, comitatus Suſſexiæ, lapillis, *Pebbles* Anglis vocatis innaſcens reperi.

V. *M N I U M.*

MNium eſt Muſci genus fertile, ſeu capitulis floridis vel ſeminalibus, ſi ea quidem talia cenſenda ſint, donatum, ſed duplicis generis; alia enim nuda & pulverulenta ſunt, nulla nec capſula, nec calyptra, immo nec membrana cincta, alia vero reliquis floriferis Muſcis, Hypnis præſertim ac Bryis ſimilia obſervantur. Qui diverſus florendi modus hoc genus ab omnibus aliis evidentiſſime diſtinguit. Ceterum varia hæc capitula nunc in iiſdem, nunc diverſis numero plantis naſci ſolent, ac pediculi, qui membranacea gerunt capitula, longiores ſunt & nudi, nuda vero proferentes iis multo breviores & foliolis exiguis ſæpe cincti obſervantur.

1. *Mnion*

I. Mnion capitulis in eadem planta conjunctis.

1. Mnium peranguſtis & brevibus foliis *C. G.* 214. & *App.* 84. Muſcus trichoides parvus, capitulo conglomerato ſeu botryoide *Dood. Syn. II.* 33. 31. & *App.* 323. it. M. capillaris omnium minimis foliis, pediculis, capitulis *Syn. II.* 30. 10. coronatus minimus, foliolis, pediculis & capitulis minimis erectis *H. Ox. III. p.* 631. *S. XV. T.* 7. *f.* 20. *Cluſter-headed Goldilocks.*

Variis circa *Londinum* locis, ſed præſertim ad aggeres ericetorum, copioſe provenit. Februario & Martio præcipue viget. Pulverulenta primum comparent capitula; altera quæ ſequuntur membranacea & calyptrata, ſed minus ac illa obvia. Locis aggerum ſuperioribus & ſiccioribus, inter dumeta pone *Woolwich,* Orientem verſus, nec alibi reperire licuit cum hiſce capitulis. Variat, & nunc majus, nunc minus reperitur, plerumque vero ramoſum eſt.

II. Mnia capitulis tota planta remotis.

2. Mnium majus, ramulis longioribus bifurcatis. Muſcus capillaris paluſtris, flagellis longioribus bifurcatis *M. P.* 75. *Syn. II. A.* 374. trichoides major paluſtris citrini coloris *Dood. Syn. II. A.* 338. paluſtris flagellis erectis luteolis, raro diviſis, capitulis oblongis Adianti *H. Ox. III. p.* 629. *S. XV. T.* 6. *f.* 9. In Hibernia a *D. Sherard,* prope Redingam a *D. Bobart.* & in agro Lancaſtrienſi a *D. Brotherton* obſervatum.

* 3. Mnium majus minus ramoſum, capitulis pulverulentis crebrioribus. Muſcus pulverulentis (forſitan variis) capitulis Vernon *H. S. Buddl. Vol.* II. *f.* 32. Alia præter pulverulenta capitula in hac ſpecie nondum obſervata, nec de loco conſtat.

* 4. Mnium minus non ramoſum, anguſtioribus & pellucidis foliis. Muſcus capillaris ſurculis tenuibus, capitulis variis, aliis videlicet tenuiſſimis in pediculis oblongis, aliis autem pulverulentis in ſurculorum ſummitatibus nullo fere pediculo *H. S. Buddl. Vol.* II. *f.* 32. ubi locus deeſt, verum conſiſtentia & figura paluſtrem eſſe dictitabant.

* 5. Mnium minimum non ramoſum, anguſtiſſimis & pellucidis foliis. Diverſa a præcedenti ſpecies. In ericetis juxta *Woolwich* Martio menſe.

* 6. Mni-

* 6. Mnium Trichomanis facie, foliolis integris. Lichen minimus capitulis pulverulentis *Dood. Ann. Mnſcr. ad Syn.* Locis udis & umbroſis circa *Eltham, Woolwich* & *Hampſted* hyeme & primo vere. Alia præter pulverulenta in hac & ſequenti ſpecie, capitula nondum comparuere, quæ mihi viſa fuerunt in ultima & penultima ſpecie, anguſta, calyptrata, erecta.

* 7. Mnium Trichomanis facie, foliolis bifidis. On *Shooters Hill* and about *Highgate,* Februario Martio & Aprili.

VI. *FONTINALIS.*

CApitula uniformia feſſilia, nullis aut breviſſimis pediculis innaſcentia, per maturitatem ſuperiori parte tranſverſim ſe aperientia & capitellum dimittentia huic pro characteriſtica nota ſufficiunt.

1. Fontinalis major foliis triangularibus complicatis, capitulis in foliorum alis feſſilibus. Muſcus triangularis aquaticus *Cat. Cant. App.* aquaticus terreſtri vulgari ſimilis, ſed major *C. Pl. A.* 208. *Syn. I.* 17. 7. *II.* 37. 3. aquaticus viticulis longis minus ramoſis lucidis, foliis acutis triangularibus cinctis *H. Ox. III. p.* 626. *S. XV. T.* 6. *f.* 32. *Triangular Water-Moſs.* In *Hackney-river,* prope Londinum copioſe, aliiſque plurimis Angliæ fluminibus & ſtagnantibus aquis.

* 2. Fontinalis minor foliis triangularibus minus complicatis, capitulis in ſummis ramulis feſſilibus. Fontalis minor lucens *J. B. III. L.* 38. *p.* 779. *fig. & deſcr.* Muſcus Fontalis minor lucens J. Bauhini Doodio *H. S. Buddl. Vol. II. f* 21. Muſco triangulari aquatico Raij ſimilis, furculis tenuioribus *Buddl. Hort. Sicc. Mannigh.* Ad ripam Thameſis in muris ad palatium Archiepiſcopi Cantuarienſis. A priore non tantum parvitate, foliis & capitulorum ſitu, ſed & quod ea nulla vagina includantur, differt.

VII. *HYPNUM.*

HYpnum eſt Muſci genus, fertile capitulis uniformibus calyptratis donatum, quorum calyptræ oblique plerumque iis inſident, capitella vero nunc dentatim, nunc æquati margine tranſverſim abſcedunt; pediculis plerumque longioribus, e foliorum alis ſecundum cauliculos

los & ramulos egredientibus, & ad imam partem fquamofo involucro, a foliis diverfo, cinctis. Quibus notis adde, cauliculos plerumque fparfos & late diffufos,
magifque quam in Bryo ramofos.

I. *Hypna capitulis erectis, vel paulum faltem inclinatis.*

1. *Foliis triangularibus.*
A. *Latioribus,*

1. Hypnum repens triangularibus majoribus & pallidioribus foliis *C. G.* 219. Mufcus terreftris maximus ramofus erectior, latioribus & pallidioribus foliis *Syn. II.* 36.
1. terreftris candidus ramofus *C. B. Pin.* 361. 3. In
fylvis & fepibus frequens eft hæc fpecies, fed capitula
in ea inventu rariora funt.

2. Hypnum repens triangularibus anguftioribus (potius minoribus) foliis *C. G.* 219. Mufcus terreftris latioribus foliis major feu vulgaris *C. Pl. A.* 208. *Syn. I.*
17. 6. terreftris minor præcedenti fimilis, omnium vulgatiffimus *Syn. II.* 36. 2. terreftris vulgaris *Ger.* 1370.
Mufco denticulato fimilis *C. B. Pin.* 360. 9. *Common
Ground Mofs.* In pafcuis fterilioribus, in fylvis & fepibus
ad arborum & fruticum radices ubique nimis frequens.
Capitula hyeme & vere cum præcedenti fpecie producit.

* 3. Hypnum repens triangularibus minoribus foliis,
pediculis & capitulis brevioribus & tumidioribus, majus.
Mufcus terreftris tenuifolius repens autumnalis, capitulis
majoribus *D. Richar.* qui in Comitatu Eboracenfi reperit.

4. Hypnum repens triangularibus minoribus foliis,
pediculis & capitulis brevioribus & tumidioribus,
minus. Mufcus terreftris repens primæ fpeciei fimilis, fed multo minor *Syn. II.* 38. 8. Autumno ca
pitula producit, quæ Decembri & Januario maturat. In
muris Hampftedienfibus.

5. Hypnum repens filicinum, triangularibus parvis
foliis, prælongum *C. G.* 219. Mufcus terreftris parvus
fupinus prælongus, Filicis modo interdum pennatus
Syn. II. 38. 9. vulgaris flagellis tenuibus, foliis minimis
Doody Syn. I. App. 244. Autumno capitula producit, &
faxis lignifque putridis adhærens reperitur. Folia licet
parva fint, pro magnitudinis tamen ratione fatis lata obfervantur. Variat colore lutefcente, foliis majoribus
& ramulis crebrioribus, qui fub nomine Mufci terreftris

*

filici-

filicifolii lutei tenuiter divisi, arctissime saxis adhærentis à *D. Richardson* missus fuit.

6. Hypnum ramosum fluitans pennatum. Muscus pennatus aquaticus *Doody Syn. II. App.* 338. Muscus denticulatus lucens fluviatilis maximus, ad ramulorum apices Adianti capitulis ornatus *H. Ox. III. p. 626. S. XV. T. 6. f. 33.* In *Hackney* River and the *Thames.* Cum extra aquas & in ripa nascitur, folia cauliculos undique cingunt, ut teretes fere appareant, cujusmodi in *H. Ox.* designatur, sed ubi aquis perpetuo immergitur, rariora & pennatim divisa sunt folia.

7. Hypnum terrestre erectum, ramulis teretibus, foliis inter rotunda & acuta medio modo se habentibus *C. G.* 220. Muscus trichoides medius ramosus, foliis albis mollibus denticulatim dispositis *Syn. II.* 39. 20. it. M. terrestris vulgaris Cupressi foliis *M. P.* 81. *Syn. II. App.* 324. In pascuis & sylvis humidioribus. Capitula ab initio subrotunda, postea oblonga fiunt. Nota, qua ab aliis facile distingui potest, est nervus medius rubens per folia admodum conspicuus & transparens.

Hypnum] terrestre erectum, ramulis teretibus foliis subrotundis albo virentibus cinctis *C. G.* 220. Muscus terrestris cauliculis Kali geniculati aut Illecebræ æmulis, foliolis subrotundis squamatim incumbentibus *Syn. II.* 37. 6. Varietas est prioris, nec aliter nisi ætate ab eo differt, in juniore enim planta ramuli magis teretes sunt & foliolis rotundioribus vestiuntur.

8. Hypnum palustre erectum arbusculam referens, ramulis subrotundis *C. G.* 220. Muscus dendroides sylvarum erectus, ramulis Kali æmulis, radice repente *Syn. II.* 32. 22. *H. Ox. III. p. 626. S. XV. T. 5. f.* 30. ramosus repens velut spicatus *C. B. Pin.* 361. 4. *Pr.* 151. 4.

Cauliculum obtinet erectum, firmum, e rubro nigricantem, arbusculæ instar ramosum. E ramulis pediculi unciales exeunt, subrotunda, vel oblonga potius, capitula sustinentes. In sylvis humidis ad arborum dejectarum stipites & radices.

9. Hypnum erectum arbusculam referens, ramulis subrotundis confertim nascentibus. Muscus dendroides elatior, ramulis crebris minus surculosis, capitulis pediculis brevibus insidentibus *Syn. II.* 32. 23. *H. Ox. III. p.* 626. *S. XV. T. 5. f.* 31. squamosus dendroides, surculis velut in capitulum congestis *J. R. H.* 554. it. M. squamosus ramosus erectus Alopecuroides *Ibid. & ic. T.* 326. f. B.

Folia quam prioris aliquantum latiora & longiora funt pallidiora, ramuli ex eodem principio crebriores, pediculi breviores & capitula magis rotunda.   Ad Gamlingay a *D.Vernon* primum obfervatus; poftea copiofe repertus a *D. Richardfon* in Comitatu Eboracenfi.

B.   *Anguftioribus.*

10. Hypnum repens triangularibus reflexis foliis majus.   Mufcus erectus foliis reflexis *Doody Syn. II. App.* 337. terreftris erectior, foliis reflexis Raij Syn. *H. Ox. III. p. 624. S. XV. T. 5. f.* 2.   Locis udis.   Capitula rariffime producit.

* 11. Hypnum repens triangularibus reflexis foliis minus.   A *D. Richardfon* in Comitatu Eboracenfi obfervatum.   *D. Doering* in fylvula *Canewood* vocata reperit.

12. Hypnum repens furculis magis erectis, foliis reflexis longioribus cinctis, operculo capituli magno. Mufcus erectus major, foliis anguftioribus acutis D. Sherard. *Doody Syn. II. App.* 337. repens major, foliis & flagellis longis & tenuibus donatus D. Sherard. *H. Ox. III. p. 626. S. XV. T. 5. f.* 24.   On the Mountains in *Crevetenan Ballina-hinch,* in the County of Down, Ireland.

13. Hypnum erectum aut fluitans aquaticum, foliis oblongis peranguftis acutis *C. G.* 219.   Mufcus paluftris valde ramofus furculis erectioribus, foliolis in tenues & longos mucrones productis *Syn. II.* 39. 14. fluitans, foliis & flagellis longis tenuibufque D. Sherard. *Dood. Syn. II. App.* 338.   In the *Pits of the fhaking Bogs* in Ireland. *Mr. Bobart,* as he affirms in his *Hort. Sicc.* found it in the Ditch of Water almoft at the fartheft End of *Marfton-lane,* near the turning up the Backfide of *Heddington-hill.*

14. Hypnum repens paluftre, foliis triangularibus per caules expanfis, extremitatibus convolutis & acuminatis *C. G.* 219.   Mufcus ramofus paluftris major, foliis membranaceis acutis Vern. *Syn. II.* 39. 19. paluftris furculis quafi pungentibus, capitulis ferrum equinum referentibus *Buddl. H. S. Vol. II. f.* 26. On *Hinton-moor,* in the *Bog near Charlton,* and other the like Places.   Martio & Aprili floret.

15. Hypnum paluftre erectum, fummitatibus aduncis. Mufcus paluftris fcorpioides ramofus erectus Doodio *Buddl. H. S. Vol. II. f.* 22. paluftris terreftri fimilis, foliolis

liolis craffis obfcure virentibus, mucronibus aduncis
unam partem fpectantibus *Syn. II.* 38. 13.

Pediculi longi e cauliculis fuperioribus enafcuntur. Extra
aquas flavicat aut rufefcit. Variis Angliæ paluftribus, in ericetis nafcitur. Copiofiffime in the Bogs by *Weſt-Wickam* and
Addington near Croyden.

* 16. Hypnum repens triangularibus anguftis foliis,
ramulis fubrotundis. Mufcus denticulatus minor fericeus noftras, capitulis Adianti *H. Ox. III. p. 626. S. XV.
T. 6. f.* 35. it. M. trichoides humilis ramofus, capitulis
oblongis tumidiufculis donatus *Ej. lb. f.* 3. *p.* 628. arboreus Cupreffi foliis ramofior & erectior, capitulis plurimis *D. Richardſ.* Ad foffas & locis uliginofis *Bobartus*, ad arborum radices *D. Richardſon* obfervavit.

* 17. Hypnum polyanthon, triangularibus anguftis
foliis. Mufcus terreftris tenuifolius polyanthos *D. Richardſ.* it. Mufcus arboreus tenuifolius, flagellis longioribus, capitulis parvis erectis *Ejuſd.* Diverfo tempore
fub his nominibus mittebatur hic Mufcus ex comitatu
Eboracenfi, qui non longe a Londino etiam reperitur
in fylvula colli *Shooters-hill*, prope Eltham.

* 18. Hypnum paluftre erectum breve, foliis brevioribus anguftis tenuibus confertis *C. G.* 219. Mufcus
terreftris major albicans erectus, foliolis acutiffimis
Buddl. H. S. Vol. II. f. 25. Locis paluftribus.

* 19. Hypnum terreftre erectum humidius albicans,
ramulis teretibus. Mufcus terreftris parvus albicans
erectus, foliolis caulibus appreffis *Buddl. H. S. Vol. II.
fol.* 25. Priore minor eft & foliola habet caulibus undique appreffa, ut ramuli teretes efficiantur.

20. Hypnum longum erectum, foliis anguftis caulibus appreffis. Mufcus erectus foliis anguftis caulibus
appreffis *Doody Syn. II. App.* 337. Cauliculis longis, ramulis brevioribus acutis ab aliis differt. Ex luteo viret,
& per ficcitatem fplendet. Ramuli minus teretes quam
prioris. Capitula nondum in hac fpecie obfervata funt.

* 21. Hypnum paluftre erectum coma lutea, bafi ni-
grefcente *D. Richardſ.* Cui capitula nondum compa·
ruere, quamvis diligenter in ea inquifiverit.

2. *Foliis tenuiſſimis, trichoide & fericea inde dicta.*

22. Hypnum trichoides erectum, ramulis recurvis,
obfcuri coloris. Mufcus terreftris major nigricans, arborum truncis adnafcens *Syn. II.* 39. 16. it. M. repens
ferici

ferici modo lucens, viticulis longioribus erectis *Ej. App.*
338. aureus minor, flagellis clavifque brevioribus *H. Ox.*
III. p. 624. *S. XV. T. 5. f.* 8.   Capitula erecta funt. Cauliculi erecti, craffiores quam in reliquis hujus fortis &
obfcurioris coloris.   Arborum caudicibus adnafcitur.

23. Hypnum repens trichoides terreftre luteo virens
vulgare majus, capitulis erectis *C. G.* 215. Mufcus terreftris luteo viridis, fericeus repens *Syn II.* 38. 12. repens
virore fplendens *Merr. Pin.* muralis repens fericeus, foliis
fplendentibus *M. P.* 83. *Syn. II. App.* 324. vulgatiffimus
C. B. Pin. 360. *n.* 1. terreftris & hortenfis *J. B. III.*
764. it. M. arboreus, Pennachio Imperato *Ejufd. ib.*

Ramuli muris, tegulis, afferibus, aut cuicunque alii corpori
innafcentes arcte adhaerent, reptant & fe diffundunt, cauliculof-
que emittunt ramofos, foliolis tenuiffimis mollibus & fplendentibus cinctos. Varietas hujus locis montofis occurrit, furculis
donata longioribus minus ramofis & minus denfe nafcentibus,
quem *D. Buddle H. S. Vol. II. fol.* 23. vocat, Mufcum terreftrem
fplendide lutefcentem, furculis & foliis praelongis tenuibufque.
Priori enim pallidior eft, & magis fplendet faltemve e terra
nafcitur, locis apricis, v. gr. inter *Northfleet* & *Gravefend* in collibus cretaceis copiofe. Hic pro diverfa fpecie haberi poteft.

24. Hypnum repens trichoides terreftre viridius minus, capitulis tumidioribus cernuis *C. G.* 216. Mufcus
terreftris vulgaris minor, Adianti aurei capitulis *Cat. Pl.*
A. 208. *Syn. I.* 18. 8. velutinus, Velvet-Mofs *Merr. Pin.*
In pafcuis fterilioribus, inque fylvis ad arborum praecipue & fruticum radices, Autumno capitula producit,
quae Februario & Martio perficiuntur.

25. Hypnum repens trichoides terreftre minimum &
breve, capitulis tumidioribus cernuis. Mufcus terreftris repens parvus, capitulis brevibus tumidis, nonnihil
incurvis & nutantibus *Syn. II.* 38. 10. terreftris fericeus
minimus, pediculo brevi, capitulo magno recurvo
D. Richardf. Decembri menfe aut etiam maturius capitula promit, quae pediculis vix femiuncialibus, ad imum
velut bulbofis, e cauliculis egreffis infident.

26. Hypnum repens trichoides terreftre viridius minus,
capitulis cernuis, minus tumidis *C. G.* 216. Ufnea feu
Mufcus cranio humano innatus *Doody Syn. I. App.* 244.
Ed. II. 36. *inter* 2. *&* 3. ex Maxilla inferiore ovilla,
quem a Mufco cranii humani diftinguere nequeo *Merr.*
Pin. terreftris minor omnium vulgatiffimus *Raj. H. III.*
43. trichoides terreftris minimus, capitulis recurvis
                                H. Ox.

*H. Ox. III. p.*629. *S. XV.T.* 6.*f.*16. Paſſim in paſcuis ſterilioribus, in ſylvis & ſepibus ad arborum & fruticum radices, quin & oſſa lignaque putreſcentia.

27. Hypnum repens trichoides terreſtre minimum, capitulis majuſculis oblongis erectis *C. G.* 216. Muſcus terreſtris omnium minimus, capitulis majuſculis oblongis erectis *Syn. II.* 38. 11. terreſtris omnium minimus, capitulis majuſculis erectis *H. Ox. III. p.* 625. *S. XV. T.* 5. *f.* 14. In tectis & ad ſaxa.

* 28. Hypnum repens trichoides paluſtre vernum fuſcum, capitulis oblongis incurvis. Muſcus paluſtris vernus fuſcus, capitulis majoribus nutantibus *D. Richardſ.* qui ex comitatu Eboracenſi miſit.

* 29. Hypnum repens trichoides terreſtre, foliolis uno verſu diſpoſitis. Muſcus foliis caulibus appreſſis uno verſu diſpoſitis, viticulis minoribus *Buddl. H. S. Vol. II. f.* 24. abſque loci mentione.

30. Hypnum repens trichoides arboreum majus, capitulis & ſurculis erectis, minus ramoſis *C. G.* 216. Muſcus terreſtris arborum ſtipitibus adnaſcens major & erectior *Syn. II.* 39. 15. montanus gracilis ramoſus, viticulis longioribus glabris *Pluk. Alm.* 225. *T.* 47. *f.* 4. *Syn. II. App.* 338. montanus flagellis longis tenuibus cupreſſinis, ut plurimum indiviſis *H. Ox. III. p.* 624. *S. XV. T.* 5. *f.* 7. quæ figura accuratior eſt Plukenetiana. Arborum ſtipitibus annoſis plerumque adnaſcitur, nonnunquam tamen e terra naſcitur, qualem in collibus cretaceis inter *Northfleet* & *Graveſend* obſervavi. Ceterum hirſutus potius quam glaber dici meretur.

3. *Vel Ramulis & eorum diſpoſitione Filices æmulantibus, quæ filicina dici poſſunt, vel ipſis præterea foliis ad Filicum folia accedentibus, quæ filicifolia & pennata nominantur.*

* 31. Hypnum repens filicinum trichoides paluſtre *C. G.* 218. Muſcus paluſtris terreſtris facie vernus, capitulis majoribus nutantibus *D. Richardſ.* Non tantum in Septentrionalibus Angliæ, ſed variis etiam circa Londinum Ericetorum locis paludoſis provenit.

32. Hypnum repens filicinum criſpum. Muſcus pennatus minor cauliculis ramoſis, in ſummitate velut ſpicatus *Fl. Pruſſ. p.* 167. *ic. n.* 43. Muſcus terreſtris filicifolius minor alter *D. Richardſ.*

Plurimum variat hic Muſcus, ubi enim repit & libere locis nec nimis ſiccis, nec valde udis naſcitur, egregie viret & Fi-

licis

licis inſtar expanditur, qualis exhibetur in *Flora Pruſſicâ*, (de qua tamen figura notandum, quod a ſpecimine ſicco deſumpta ſit) ubi vero confertim naſcitur, quod valde paluſtribus locis contingit, viret quidem, ſed minime tam ramoſus eſt & erectus pæne naſcitur. Locis porro ſiccioribus aliam plane induit faciem, nam folia & ramuli ejus magis confertim naſcuntur & colore dilutiore ſunt, ſub quo ſtatu pro diverſa ſpecie fuit deſcriptus & depictus, nomine Muſci criſtam caſtrenſem repræſentantis flaveſcentis nemoroſi ramoſi Caſſubici Breyn. Vir. Pruſſ. *H.Ox.III. p. 625. S.XV. T.5. f.* 8. cujus ſynonyma ſuut, M. ſcorpioides paluſtris, foliis criſpis pyramidalibus *Raj. Syn. II.* 32. 26. pennatus major, cauliculis ramoſis, in ſummitate velut ſpicatus *Fl. Pr. p.* 167. *ic. n.* 42. filicifolius luteus, folio craſſo & undulato *D. Richardſ.* Cui adjungi debet Muſcus terreſtris repens ſubflavus, foliolis criſpis minoribus, ramuliſque denſius confertis *H. Ox. III. p. 625. S. XV. T. 5. f.* 12. licet figura non bene reſpondeat. *D. Richardſon* utramque varietatem in comitatu *Eboracenſi* reperit. Ea quæ caulibus erectis minus ramoſis naſcitur, provenit in pratis paluſtribus prope *Chiſſelhurſt* inter Pinguiculam & alias paluſtres plantas. Criſpum & criſtam caſtrenſem ræpreſentantem vidi in collibus cretaceis inter *Northfleet* & *Graveſend*, ubi Orchides naſcuntur. *J. Bobartus* ad muros Coenobii *Godſlow* prope *Oxonium* obſervavit.

* 33. Hypnum repens filicinum plumoſum (pennatum minus bene) *C. G.* 218. arboreus terreſtri ſimilis, arborum truncis arcte adhærens *D. Richardſ.* In muris ad *Newington* & alibi circa Londinum. Ramulis plumoſis arctiſſime adhærentibus, & capitulis ſubrotundis perbrevibus pediculis inſidentibus ab aliis facile diſtingui poteſt. Hyeme capitula producit.

* 34. Hypnum repens filicinum trichoides montanum, ramulis teretibus luteſcentibus non diviſis *C. G.* 218. Muſcus terreſtris ſurculis filamentoſis tenacibus abietinis, ſemel tantum diviſis *H.Ox. III. p.626. S. XV. T. 5. f.* 22. (fig. vitioſ.) it. M. terreſtris repens veluti ſpicatus 4. C. B. Pr. *H. Ox. III. p.625. S. XV. T. 5. f.* 6. (fig. bon.) Locis montoſis.

35. Hypnum repens filicinum, veluti ſpicatum *C.G.* 217. Muſcus filicinus major *C. B. Pin.* 360. 4. *J. R. H.* 556. *T.* 326. *f. C.* filicinus *Ger.* 1372. *J. B. III. L.* 37. *p.* 764. 765. *Park.* 1309. 1310. *Syn. II.* 21. 1. In ſylvis umbroſis valde familiaris eſt, & Muſcus foliis Myricæ vulgo in Anglia nominatur.

36. Hypnum repens filicinum minus, luteo-virens *C. G.* 217. Muſcus filicinus minor floridus *C. B. Pin.* 360.

360. 5. *Pr.* 151. 2. *H. Ox. III. p.* 625. *S. XV. T.* 5. *f.* 21.
filicinus minor repens *Fl. Pr. p.* 167. *ic.* 44. Æſta-
tis fine capitula producit, quæ hyeme dein matura
fiunt. Paſſim in ſylvis ad arborum radices, locis humidioribus.

* 37. Hypnum repens filicifolium ramoſum, ramulis
ſurrectis & minus complanatis *C. G.* 218. Muſcus
aquaticus fruteſcens pennatus *H. Ox. III. p.* 626. *S. XV.*
T. 5. *f.* 23. vulgaris pennatus minor *C. B. Pin.* 360. 3.
Pr. 151. *poſt.* 1. Locis udis & paluſtribus in Septentrionalibus Angliæ a *D. Richardſon* obſervatus. Provenit
etiam ſatis copioſe ad ripam Thameſis prope *Baterſeam*
& alibi.

38. Hypnum repens filicifolium ramoſum, ramulis
appreſſis & magis complanatis *C. G.* 218. Muſcus terreſtris ſurculis compreſſis, tenuior & minor *Syn. II.* 39.
18. vulgaris minor cauliculis compreſſis *Doody ibid. &*
Syn. I. 244. terreſtris repens primæ ſpeciei ſimilis, ſed
multo minor 8. Raj. *Syn. H. Ox. III. p.* 625. *S. XV.*
T. 5. *f.* 5. vulgaris pennatus major *C. B. Pin.* 360. 2.
pennatus *Ej. Pr.* 151. 1.

Arborum truncis firmiter adnaſcitur, locis tamen ſaxoſis &
udis etiam reperitur, quibus præcipue capitula, aliis locis rariſſi-
ma, veris initio producit, e foliorum alis, non ſummis ramulis,
ut in *H. Ox.* perperam pingitur, exeuntia. Folia autem plana
ſunt, pennatim coſtæ mediæ adnaſcentia. Variat, & cum ramulis foliiſque latioribus reperitur, quo ſpectat Muſcus vulgaris minor cauliculis compreſſis foliis majoribus rotundioribus
Doody Syn. I. App. 244. Hujuſmodi vidi Februario cum capitulis ad marginem foſſæ cujuſdam per ſylvam ductæ inter *Highgate* & *Hampſted.*

39. Hypnum erectum filicifolium ramoſum, pinnulis acutis. Muſcus filicifolius ſeu pennatus aquaticus
maximus *Syn. II.* 35. 2.

Ad 15. paria in eodem folio ſeu mavis ſurculo pinnæ nume-
rantur. Ex ima foliorum parte alia emergunt folia. Ex ſupe-
riorum vero coſta media pediculi tenues rubentes exeunt, capitula ſuſtinentes perbrevia, minima, fuſca, ſplendentia. Prope
aquas exit.

* 40. Hypnum erectum filicifolium ramoſum, pinnulis
obtuſis. Muſcus trichomanoides ramoſus minor, capitulis erectis *D. Richardſ.* Præcedenti minor, ſed magis
ramoſus eſt, & pinnulas obtuſiores, capitula vero rotundiora habet.

41. Hypnum

41. Hypnum repens filicifolium non ramosum, pediculis brevioribus ad radicem egredientibus. Muscus filicifolius seu pennatus minor, pinnulis plurimis ad mediam costam annexis, latiusculis crebris *Syn.* II. 35. 3. *H. Ox.* III. *p.* 627. 37.

Pediculi vix semiunciales e radice exeunt, capitula parva, brevia, incurva, nutantia sustinentes. Perelegans est plantula & Filiculam quandam cum sequenti simulat. In uliginosis non raro.

42. Hypnum repens filicifolium non ramosum, pediculis brevioribus versus foliorum summitatem egredientibus. Muscus polytrichoides exiguus, capitulis in extremis cauliculis seu foliis subrotundis erectis *Syn.* II. 35. 4. *H. Ox.* III. *p.* 629. *S. XV. T.* 6. *f.* 11.

Cauliculi seu mavis folia composita reclinata foliolis crebris sublongis in acutum definentibus composita, ad sex & septem in singulis paria, ut folia parvæ cujusdam Filicis aut Taxi æmulari videantur, e quorum radice summa exeunt pediculi vix tertiam digiti partem longi, pili instar tenues, capitula sustinentes parva, subrotunda erecta.

43. Hypnum repens filicifolium non ramosum, pediculis & capitulis longioribus ad radicem egredientibus, foliolis utrinque duplicatis *C. G.* 218. Muscus pennatus capitulis Adianti Bob. *Syn.* I. *App.* 236. *H. Ox.* III. *p.* 626. *S. XV. T.* 6. *f.* 36. Martio & Aprili capitula profert. Provenit autem locis udis circa *Woolwich* & in colle *Shootershill* dicto.

* 44. Hypnum repens filicifolium ramosum, pediculis & capitulis longioribus e foliorum alis egredientibus, foliolis utrinque simplicibus. Muscus pennatus sylvaticus *Buddl. H. S. Vol.* II. *f.* 22. pennatus aquaticus ramosus *D. Richardf.* In sylvis ad arborum radices, locis humidioribus.

* 45. Hypnum repens filicifolium ramosum, foliolis majoribus magisque crebris. Muscus denticulatus lucens major, ad ramulorum apices Adianti capitulis ornatus *Buddl. H. S. Vol.* II. *f.* 28. pennatus aquaticus pinnulis latis lucidis & fere membranaceis, capitulis nigris aduncis *D. Richardf.* Variis Angliæ locis palustribus, præcipue Septentrionalibus nascitur.

46. Hypnum repens crispum, cauliculis compressis, Lycopodii in morem per terram sparsis. Muscus terrestris repens, Lycopodii ferme facie D. Sherard. *Doody Syn.* II. *App.* 337. M. Adianti capitulis, Lycopodii in modum

modum per terram fe fpargens D. Richardf. *Bob. &*
Raj. pennatus longo latoque folio *Merr. Pin.* Plantam
hanc minus accurate intuentes *Bobartus* & *Rajus*, cum
6. Hypni fpecie confuderunt, ille *H. Ox.* III. 626. *S. XV.*
T. 6. *f.* 33. hic *Hift.* III. 44. Non tantum in Hibernia
& in Comitatu Eboracenfi, fed & non procul Londino in fylvula collis *Shooterfhill* nafcitur. Amat loca
non nimis humida, & juxta femitas libenter provenit.
Mr. Buddle obferv'd it in the moift fhady Ditches in
Bifhops-wood at *Hampfted.*

47. Hypnum repens crifpum, ramulis compreffis, filici-
norum more difpofitis *C. G.* 217. Mufcus terreftris major, ramulis compreffis, foliis fuperficie crifpis, D. Sherardi *H. Ox.* III. *p.* 625. *S. XV. T.* 5. *f.* 10. terreftris
major, ramulis compreffis, foliis fuperficie crifpis *Dood.*
Syn. II. *App.* 337. In *Hibernia D. Sherard* primum,
poftea in Cantio non procul a *Gravefend D. Doody* in-
venere. Provenit autem ibi fatis copiofe in collibus
cretaceis, & ad ripam Thamefis, littore elato, quod
æftus nunquam alluit, loco quo Orchides nafcuntur. A
præcedente foliis magis crifpis, colore obfcuriore, capitulis rotundioribus & pediculis multo brevioribus
differt.

3. *Ramulis & foliolis crifpis, Cupreffique folia referentibus.*

48. Hypnum repens crifpum cupreffiforme *C. G.* 217.
Mufcus terreftris medius fupinus & repens, foliis crebris in acutos mucrones productis *Syn.* II. 37. 7. lutefcens
foliis convolutis *Merr. Pin.* parvus crifpatis foliolis noftras *Pluk. Am.* 148. *T.* 447. *f.* 6. (mal.) In fylvis ad
arborum radices, inque tectis ftramineis.

II. *Hypnum unicum capitulis reflexis.*

* 49. Hypnum arboreum repens, capitulis reflexis,
brevibus pediculis infidentibus *C. G.* 220. Mufcus do-
mefticus noftras, furculis erectis rigidis, capitulis in pediculis perbrevibus *Buddl. H. S. Vol.* II. *f.* 20. Angliæ
indigenum effe hunc Mufcum dictum modo Herbarium
fidem facit, fed quibus locis proveniat, non conftat.
In Germaniæ pluribus locis ad arborum ftipites frequentiffimus eft.

VIII. P O-

VIII. *POLYTRICHUM.*

POlytrichum eft Mufci genus fertile, cujus capitellum æquali plerumque margine tranfverfim abfcedit, calyptra cum capitulo tectum recta & villofa, qua
nota diftinguitur a Bryo, ab Hypno vero differt præter
calyptræ differentiam, cauliculis erectis, minus ramofis,
e fumma eorum parte vel furculis annotinis pediculos
nudos, nullo fquamofo ad radicem involucro cinctos
emittentibus.

I. *Polytricha capfula quadrangulari.*

1. Polytrichum vulgare & majus capfula quadrangulari *C. G.* 221. aureum majus *C. B. Pin.* 356. 1. *Park.*
1052. Apuleij & majus quibufdam *J. B. III. L.* 37.
760. capillaris five Adiantum aureum majus *Ger.* 1371.
Great Golden Maiden-hair or Goldilocks. In paludofis
fpongiofo & putrido folo. Copiofiffime in montofis
Derbienfibus, Eboracenfibus, Weftmorlandicis &c.

Decoctum ejus capillorum radices firmat & eorum defluvio
medetur. Interne craffos & vifcofos humores attenuat eorum-
que execretionem e pulmone & renibus promovet. Strumofis
etiam conferre creditur.

2. Polytrichum montanum & minus, capfula quadrangulari *C. G.* 221. aureum medium *C. B. Pin.* 356.
2. Mufcus capillaris five Adiantum aureum minus
Gerr. 1371. Adiantum aureum pileolo villofo medium
Syn. II. 28. 2. aureum medium in ericetis proveniens
M. P. 23. *Syn. II. App.* 323. Mufcus coronatus medius, pileolo villofo tenuiore *H. Ox. III. p.* 630. *S. XV.*
T. 7. *f.* 6. it. M. coronatus humilis rigidior, capitulis
longis acutis feffilibus erectis *Ibid. f.* 8. Hæc enim figura
non nifi de planta juniore, ubi foliis magis luxuriat,
pediculum brevem, calyptram vero longiorem habet,
defumpta eft. Per vetuftatem folia arefcunt & pæne
evanefcunt, capitula vero nutant, fub quo ftatu figura
Gerardiana utcunque repræfentat hanc plantam.

Foliis eft oblongis tenuibus, in longum & tenuem mucronem definentibus, non recta extantibus, fed plerumque incurvis.
Capitula & calyptram hyemis initio producit oblongam, ad capituli augmentum poftea decrefcentem. Ceterum æftate capitula matura fiunt, ficut & præcedentis fpeciei.

II. *Poly-*

II. *Polytricha capsula subrotunda.*

3. Polytrichum minus capsulis subrotundis, calyptra quasi lacera coronatis *C.G.* 221. Adiantum aureum minus capitulis rotundis Bob. *Syn. I. A.* 237. pileolo villoso minimum *Syn. II.* 28. 3. aureum minus, foliis rigidis, capitulis coronatis *M. P.* 22. *ic. Syn. II. App.* 323. Muscus coronatus rigidus minor & humilior, capitulis villosis brevioribus *H. Ox. III. p.* 630. *S. XV. T.* 7. *f.* 7. Passim in ericetis. Capitula mature, Martio nempe maturescunt. Folia pro magnitudinis ratione latiora quam prioris, nec incurva sunt.

4. Polytrichum capsulis subrotundis pediculis brevissimis insidentibus, calyptra striata, arboreum ramosum, majus *C. G.* 222. Muscus apocarpos arboreus ramosus *D. Sherardi Raj. H. III.* 40. In Hibernia primum, postea Badmingtoniæ etiam observavit *D. Sherard.* Capitula profert hyeme.

5. Polytrichum capsulis subrotundis, pediculis brevissimis insidentibus, calyptra striata, arboreum & terrestre, minus ramosum & breve *C. G.* 222. Adiantum aureum acaulon, pileis striatis *M. P.* 24. *Syn. II. A.* 323. Muscus humilis tectorum subfuscus, capitulis brevibus pileatis erectis, pediculis curtis *H. Ox. III. p.* 629. *S. XV. T.* 6. *f.* 13. Ad arbores, ædium tegulas & muros.

6. Polytrichum capsulis oblongo-rotundis, calyptris pilosissimis. Muscus capitulis longis acutis pilosissimis *D.* Sherardi *Syn. II.* 33. 32. Adiantum aureum minimum, pediculis brevibus, foliis capillaceis *M. P.* 25. *Syn. II. App.* 323. Observ'd in Ireland by *Dr. Sherard*, and on Hawthorn in England by *Mr. Glover.* In a Wood a little beyond *Westerham* in *Kent* by *Dr. Doering.*

IX. *BRYUM.*

BRyum est Musci genus fertile, quod calyptra lævi a Polytricho differt, ab Hypno vero pediculorum ortu potissimum distinguitur, ceu qui e summis cauliculis & ramulis, vel ex radicibus & surculis annotinis, qui priori anno summi cauliculi fuere, egrediuntur, nec ejusmodi squamoso ad basin involucro Hypnorum instar cinguntur. Quibus notis adde cauliculos plerumque
erectos,

erectos, minus quam Hypni ramosos, nec provolutos &
repentes. Ceterum calyptræ modo recta, modo oblique
capitulis insident, & capitella eorum nunc æquali, nunc
dentato margine transverfim abscedere solent.

I. *Brya capitulis erectis.*

1. *Foliis latiufculis.*

1. Bryum roseum majus, foliis oblongis. Muscus
stellaris roseus *C. B. Pin.* 361. 12. *Pr.* 151. 8. *J. B. III.*
L. 37. *p.* 765. *Merr. Pin.* coronatus humilis, foliolis
latioribus stellatim nascentibus donatus *H. Ox. III.*
p. 630. *S. XV. T.* 7. *f.* 9. parvus stellaris Gerardi *Bobart.*
Syn. I. App. 237. (sed perperam.) Variis locis udis nascitur hic Muscus, v. gr. on *Shootershill* near *Eltham:*
on *Coleman's Moor* near *Reading*, observante *Bobarto:*
half a Mile from *Crediton* in *Devonshire*, at a Bridge in
the Way to *Exon*, referente *Merreto in Pinace.*

Capitula hujus Musci ignota sunt, quæ enim *Bobartus* in *Syn. I.*
App. describit, & in *Hist. Ox.* ipsi appingit, erronea sunt, ad speciem nempe 15. (licet ea revera, quam is describit & depingit,
longiora sint) pertinentia, quod *Hort. Sicc. Bobartianus* mihi confirmavit, in quo utriusque speciei specimina, hujus quidem capitulis carentia, illius vero ipsis prædita, commixta reperi, unde
per errorem illius capitula ad hunc translata fuere.

2. Bryum roseum minus, foliis subrotundis. Muscus
parvus stellaris *C. B. Pin.* 361. 11. *Ger. Em.* 1563. *Merr.*
Pin. Park. 1308. in ericetis proveniens *Lob. Ic. II.* 243.
J. B. III. L. 38. *p.* 765.

Surculi hujus plerumque plures ex annotino cauliculo egrediuntur, & foliolis crebrioribus & magis conspicuis cinguntur,
summitate excepta, quæ ea non æque numerosa obtinet. Ceterum
utriusque folia in pilum desinere solent. *Dr. Richardson* in Comitatu Eboracensi observavit hanc speciem.

3. Bryum erectis longis & acutis falcatis capitulis,
calyptra subfusca, foliis Serpilli pellucidis *C. G.* 223.
Muscus capillaris, corniculis longissimis incurvis *Syn. II.*
29. 3. trichoides minor capitulis longissimis *Doody Syn. I.*
App. 243. In aggeribus terrenis humidioribus primo
vere & citius capitula producit, quæ deinde circa æstatis
initium matura fiunt.

4. Bryum erectis capitulis, calyptra laxa conica, foliis
Serpilli pellucidis angustioribus *C. G.* 223. Muscus trichoides

choides minor, pileis magnis acutis *M. P.* 89. *Syn. II.*
A. 324. coronatus humilis tenuifolius, pileolo magno
acuto infra aperto, extinctorium referente *H. Ox. III.*
p. 630. *S. XV. T.* 7. *f.* 12. Adiantum aureum perpufillum, foliis congeftis acutis, pileolo extinctorii figura
Syn. II. 32. 24. *The Extinguifher-Mofs.* Obferv'd by
Mr. Pool about *Nottingham,* and *Mr. Vernon* in *Effex,*
at Sir *Th. Middleton*'s Houfe.

Figura *Petiveri* a fpecimine arido defumpta folia capillacea
fingit, cum planta viva latiufcula obtineat. *Bobarti* figura duos
confundit Mufcos, nam hujus capitula alii cuidam, nempe Mufco
capillari parvo, ftellulæ in modum fe aperienti *D. Buddl.* quem
ipfi intermixtum *Hort. Sicc. Bob.* monftrabat, appingit.

* 5. Bryum erectis gigartinis capitulis, foliis Serpilli
pellucidis obtufis. Mufcus trichoides paluftris æftivus,
capitulis nigris erectis, collo luteo fimbriato *D. Richardf.*
qui in borealibus Angliæ elegantem hanc & raram fpeciem invenit. Vid. Tab. 3. fig. 2.

6. Bryum erectis gigartinis capitulis, foliis Serpilli
pellucidis acutis. Adiantum aureum minus paluftre,
capitulis erectis coronatis *D.* Sherard *Syn. I. A.* 237. *II.*
30. 12. Mufcus aureus capillaris minor, capitulis geminatis, mutuo incubitu adnatis *H. Ox. III. p.* 629.
S. XV. T. 6. *f.* 10. *Dr. Sherard* firft found this elegant
Mofs in the Bogs about *Hitchin-Ferry* near *Southampton,*
and afterwards plentifully in the Bogs by *Weft-Wick-
ham* and *Addington* near Croyden. Aprili & Majo capitula profert & ea cito perficit.

7. Bryum parvum erectis piriformibus majufculis capitulis, foliolis Serpilli pellucidis *C. G.* 223. Mufcus
capillaris parvus, capitulis magnis piriformibus erectis,
in pediculis brevibus *Syn. II.* 29. 7. trichoides humilior,
capitulis piriformibus erectis *Dood. Syn. I. Ap.* 243. coronatus humilis ftellaris, foliis latiufculis, capitulis piriformibus erectis turgidiufculis *H. Ox. III. p.* 631. *S. XV.*
T. 7. *f.* 16. Ad fepes & foffarum aggeres Martio & Aprili. Locis humidioribus folia, pediculos & capitula altero tanto prope majora acquirit.

* 8. Bryum parvum erectis fubrotundis majufculis
capitulis fubfufcis, foliis Serpilli pellucidis *C. G.* 223.
Mufcus trichoides minimus, operculo magno donatus
Dood. Ann. Mfcr. ad Syn. perpufillus pilofus & veluti bulbofus *Buddl. H. S. V. II. f.* 31. Ad foffarum aggeres hyeme.

9. Bryum

* 9. Bryum exiguum erectis parvis fubrotundis creberrimis capitulis rufis, foliolis Serpilli anguftis pellucidis *C.G.*223. Mufcus trichoides minimus, capitulis creberrimis parvis rufis brevibus, in pediculis breviffimis Vernon *Syn. II.* 33. *inter* 30. *&* 31. *it.* M. capillaris minimus, capitulis fubrotundis erectis in pediculis breviffimis *Syn. II.* 30. 8. In pratis, ad fepes & foffarum aggeres hyeme & primo vere.

10. Bryum majus erectis falcatis capitulis, foliis latiufculis extantibus, in pilum canefcentem definentibus. Mufcus capillaris tectorum denfis cefpitibus nafcens, capitulis oblongis, foliis in pilum oblongum definentibus *Syn. II.* 28. 2. erectus hirfutus capitulis longis acutis, unguiculis avicularum fimilibus vulgatiffimus *H. Ox. III. p.* 628. *S. XV. T.* 6. *f.* 1. In ædium tectis denfis & elatis cefpitibus frequentiffime oritur.

A fequenti differt foliorum latitudine, eorumque pilis productioribus, quodque elatior & ramofior fit, cefpitibus majoribus & denfioribus, pediculis non e fummis ramulis & foliorum medio exeuntibus, fed inferius e veteribus aut annotinis furculis.

11. Bryum minus erectis minus falcatis capitulis, foliis latiufculis congeftis, in pilum canefcentem definentibus. Mufcus capillaris minor, capitulis erectis vulgatiffimus *Syn. II.* 28. 1. it. M. trichoides parvus capitula creberrima oblonga erecta habitiora, per ficcitatem atrorubentia producens Vernon *Syn. II.* 33. 30. In murorum rimis, inque tectis & tegularum interftitiis frequentiffimus eft. Capitula autumno producit & per totam hyemem retinet, non raro etiam vere cornicula exferit.

* 12. Bryum hypnoides erectum montanum, erectis capitulis acutis. Mufcus trichoides montanus obfcure virens, foliis confertim in caule ramofo pofitis, capitulis erectis acutis *D. Richardf.* Capitula in hac fpecie e foliorum alis, velut in Hypnis egrediuntur, verum nulla ad radicem fquamofa vagina cincta funt.

13. Bryum hypnoides repens aquaticum, erectis capitulis acutis. Mufcus aquaticus pileis acutis *M. P.* 74. *ic. Syn. II. App.* 323. Obferv'd by Mr. *John Scampton* on the large Stones that lye in the Rivulets amongft the *Peak-Moors* in *Derbyfhire.*

2. *Foliis*

2. *Foliis angustioribus, oblongis.*

14. Bryum erectis capitulis angustifolium, caule re-
clinato *C. G.* 222. Muscus trichoides minor, foliis oblongis angustis obscure viridibus, in longum & præte-
nuem mucronem desinentibus *Syn. II.* 29. 5. Adiantum
aureum medium, foliis tenuissimis, capitulis erectis acutis Bobarti *Syn. I. App.* 237. Muscus coronatus medius,
foliis tenuissimis pallidis longioribus, capitulis erectis
acutis *H. Ox. III. p.* 630. *S. XV. T.* 7. *f.* 11. it. M. coronatus humilis, corniculis longissimis & acutissimis *ibid.*
f. 13. In montosis ericetis ubique fere reperitur. Martio
& Aprili profert capitula, quæ æstate deinde maturantur.
   Caulibus oblongis in alterutrum latus reclinatis, foliis oblongis, angustis, mollibus, coloris pallidi (non obscuri) pediculis
oblongis ad inclinationem caulis exeuntibus facile cognoscitur.

15. Bryum capitulis oblongis rubentibus, foliis oblongis angustis pellucidis rugosis *C. G.* 222. Muscus capitulis nutantibus, calyptris sursum tendentibus *Dood.*
Ann. Mscr. ad Syn. capillaris majusculus, foliis longis
cum aliqua latitudine, viridibus acutis rugosis *Syn. II.*
29. 6. Adiantum seu Polytrichum aureum medium
Syn. I. 19. 2. In aggeribus umbrosis satis frequens est.
Augusto & Septembri capitula comparent, quæ Januario & Februario perficiuntur & per maturitatem nutare
solent, cum ab initio magis erecta essent.

16. Bryum erectis capitulis oblongis minus rubentibus, foliis oblongis angustis nitidis pellucidis, valde tenuibus & dilute virentibus, cauliculis rubentibus *C. G.*
223. Muscus capillaris surculis erectis, foliis oblongis
tenuissimis acutis cinctis *Syn. II.* 29. 4. capillaris Gallii
lutei aut Molluginis minimæ primum erumpentis facie,
capitulis erectis oblongis *Ib.* 31. 15. In ædium tectis
& nonnunquam supra terram oritur. Capitula autumno
& hyeme producit.

17. Muscus capillaris humilis graminifolius minor
capitulis oblongis erectis *Syn. II.* 31. 17.
   Folia huic angusta oblonga, in acutum mucronem sensim desinentia, graminea, nisi breviora essent, humi jacentia. Pediculi
semiunciales capitula in summo gestant longiuscula, erecta. Januario mense capitula producit. An idem præcedenti? sed illius
folia humi non jacent.

18. Bryum erectis capitulis brevibus, foliis reflexis.
Muscus trichoides palustris, capitulis erectis, foliis reflexis

flexis D. Richardf. *Doody Syn. II. App.* 338. qui prope
ædes fuas in agro Eboracenfi, *North-Bierly* nominatas
detexit. Poftea D. *Sherard* in Hibernia, & D. *Lhwyd*
in montibus Walliæ invenerunt.

19. Bryum erectis capitulis fubrotundis fufcis, foliis
minoribus pellucidis rugofis. Mufcus trichoides paluftris major, capitulis erectis nigricantibus D. *Richardf.*
polytrichoides elatior, foliis anguftis pellucidis & fere
membranaceis Plukenetio *Syn. I. App.* 240. *Pluk. Alm.*
257. *T.* 47. *f.* 7. Locis fylvofis.

Hujus varietas eft, Mufcus polytrichoides anguftifolius pellucidus ramofus Plukenetio *Syn. I. App.* 241. *II.*
32. 21. *Pluk. Alm.* 297. *T.* 49. *f.* 1.

3. *Foliis anguſtiſſimis.*

* 20. Bryum trichoides erectis capitulis fufco-nigris.
Mufcus trichoides paluftris minor, capitulis erectis nigricantibus D. *Richardf.* a quo in comitatu Eboracenfi
obfervatus.

* 21. Bryum anguftis viridibus foliis, capitulis erectis,
brevibus pediculis infidentibus, calyptra falcata vel avium
unguiculas referente *C. G.* 225. Mufcus trichoides minor vulgaris facie, foliis capillaceis *M. P.* 88. *Syn. II.*
App. 324. Paffim in muris & aliis locis circa Londinum. Februario capitula oftendit.

* 22. Bryum parvum trichoides ramofum, erectis capitulis fubfufcis in pediculis obfcure rubris *C. G.* 224.
Paffim ad fepes in hortis murifque Februario Martioque
floret.

23. Bryum trichoides reclinatis cauliculis, capitulis
erectis acutis. Mufcus trichoides foliis capillaceis, capitulis minoribus *Doody Syn. I. App.* 243. On the Side
of the Bogs on *Hampſted Heath*, about *Woolwich* and
in other Places. Februario & Martio floret.

24. Bryum trichoides exile pallidum, erectis capitulis
e furculis annotinis egredientibus. Mufcus minimus
pallidus, foliis anguftiffimis acutis, corniculis tenuiffimis
Syn. II. 30. 9.

Licet valde parvus fit hic Mufcus, in ramulos tamen aliquot
dividitur, ad quorum bafin pediculi tenues femiunciales, capitula tenuia gerentes, egrediuntur. Colore eft e viridi luteo, late
fe diffundens, denfis cefpitibus terram tapetis inftar operiens.
Ad foffarum aggeres & fepes hyeme & vere capitula oftendit.

* 25. Bry-

* 25. Bryum trichoides exile, erectis capitulis in pediculis longioribus rubris *C. G.* 224. Mufcus coronatus minimus, capillaceis foliis, capitulis oblongis *H. Ox. III. p. 631. S. XV. T.* 7. *f.* 19. Iifdem locis & in fylvis.

* 26. Bryum trichoides exile, erectis capitulis in pediculis breviffimis *C. G.* 224. Mufcus coronatus minimus, foliolis & capitulis oblongis in pediculis breviffimis *H. Ox. III. p. 631. S. XV. T.* 7. *f.* 18. trichoides omnium minimus paluftris capitulis plurimis acutis *D. Richardf.* Hyeme capitula producit, quæ circa ver maturantur. Nunc ad fepes & aggeres foffarum, nunc paluftribus locis provenit.

27. Bryum trichoides erectis capitulis, lanuginofum *C. G.* 224. Mufcus trichoides lanuginofus Alpinus *M. P.* 85. *Syn. II. App.* 324. trichoides montanus Ericæ hirfuto folio, capitulis erectis acutis *D. Richardf.* capillaris lanugine canefcens, pediculis tenuibus oblongis, capitulis in mucrones longos recta furfum exporrectis Vern. *Syn. II.* 31. 16. On *Black-Heath* and *Dartford-Heath.* Capitula rarius producit. *Petiverus* in rupibus quibufdam Comitatus *Leiceftriæ* invenit.

28. Bryum hypnoides capitulis plurimis erectis, lanuginofum. Mufcus terreftris vulgari fimilis lanuginofus Lhwyd *Syn. I.* 18. 11. *II.* 37. 5. *H. Ox. III. p.* 625. *S. XV. T.* 5. *f.* 7. Alpinus ramofior erectus, flagellis brevioribus lanuginofis *Pluk. Alm.* 255. *T.* 47. *f.* 5. hirfutus capillaceus *Merr. Pin.* In montofis Cambriæ nimis frequens.

29. Bryum trichoides erectis capitulis, albidum fragile *C. G.* 225. Mufcus trichoides montanus albidus fragilis *Doody Syn. II. App.* 339. *H. Ox. III. p.* 630. *S. XV. T.* 6. *f.* 22. e viridi albicans longifolius, capitulis parvis brevibus *D. Robinf. Syn. II.* 31. 13. In ericetis & montofis frequens, ubi denfis cefpitibus oritur, caulibus hebetioribus, uncia longioribus. Capitula rariora vifu funt, ea vero æftate profert, brevia, pediculis modice longis infidentia.

30. Bryum trichoides capitulis erectis, pediculis intortis tenuibus virentibus *C. G.* 225 Mufcus trichoides pediculo contorto D. Sherardi *Dood. Syn. II. App.* 339. In Hibernia.

31. Bryum trichoides virefcens, erectis majufculis capitulis maliformibus *C. G.* 224. Mufcus trichoides

H   medius,

medius, capitulis fphæricis *Doody Syn. I. App.* 243. *II.*
30. 11. trichoides minimus fericeus capillaceus, capitulis fphæricis *H. Ox. III. p.* 628. *S. XV. T.* 6. *f.* 6. On
the Ditch Banks, a little on this Side Mother *Huff*'s,
on *Hampſtead-Heath*, about *Woolwich, Shooterſhill* and
other Places.

32. Muſcus paluſtris Adianto aureo affinis, ſcapis tenuibus, foliolis brevibus *Syn. I.* 19. 4. paluſtris cinereo-
viridis, ſcapis longis tenuibus, foliolis breviffimis *Hiſt.
I. p.* 124. *Syn. II.* 32. 19. ſtellaris ramoſus paluſtris, pediculo aureo erecto, capitulo magno fphærico Vern.
Syn. II. 33. 28. trichoides paluſtris erectus coronatus,
capitulis fphæricis amplioribus *H. Ox. III. p.* 628. *S. XV.
T.* 6. *f.* 8. *Gray Marſh-moſs.*

Pediculi non e foliorum alis vel e`radice, ut in *Hiſt. Ox.* &
Synopſi afferitur, ſed e ramulorum ſtellatorum medio egrediuntur,
e quibus cum ad capitulorum ortum unus alterve plurimum excre-
ſcat, pediculi non ſatis attente examinati, velut acſi e radice egre-
diantur videri poſſunt. An non pulverulenta etiam proferat capitula, adeoque Mnii ſpecies ſit hic Muſcus, obſervatione dignum
eſt. Locis paluſtribus, præſertim ubi aquæ ſcaturiunt.

33. Bryum trichoides erectis ſublongis capitulis, extremitatibus per ſiccitatem ſtellatis. Muſcus muralis
minimus roſeus ſtellaris, capitulis longiuſculis acutis
erectis *H. Ox. III. p.* 629. *S. XV. T.* 6. *f.* 12. Quæ figura plantam ſiccam & compreſſam ſatis bene repræſentat,
vivæ autem & virenti minime convenit, nec, ut in figura,
capitula ſunt reflexa, ſed erecta. In muris ædium tectis,
inque palis antiquis.

* 34. Bryum peranguſtis & breviffimis foliis, extremitatibus ſtellatis *C. G.* 226. Muſcus capillaris parvus,
cum madefactus ſtellulæ modo ſe aperiens *Buddl. H. S.
Vol. II. f.* 31. Folia quam præcedentis multo minora
ſunt, & ſummitates non per ſiccitatem, ſed ubi viret &
madefit ſtellatæ apparent. Denſo oritur ceſpite.

* 35. Bryum trichoides longifolium craffiuſculis cauliculis, capitulis erectis aduncis acutis. Muſcus trichoides medius, capitulis aduncis acutis *D. Richardſon.*

* 36. Bryum trichoides brevifolium anguſtis cauliculis, capitulis erectis parvis & minus aduncis. Muſcus
trichoides aquaticus minimus, capitulis parvis erectis
D. Richardſon qui in Comitatu Eboracenſi collectum
miſit cum priori.

* 37. Bry-

* 37. Bryum perangustis crebrioribus foliis, capitulis erectis longiusculis pediculis e surculis annotinis innascentibus. Muscus polytrichoides palustris major, cauliculis & pediculis sericeis *D. Richardson.*

Folia licet valde angusta sint in hac & sequentibus speciebus, ea tamen trichoide, quae peculiarem & velut subhirsutam ac saepius implexam faciem repraesentant, dici non merentur, cum sint superficiei magis aequabilis & laevis, & per microscopium, quin & nudis oculis transparentia appareant.

* 38. Bryum angustissimis foliis crebrioribus, capitulis erectis brevibus, pediculis e surculis novis & longis enascentibus. Muscus palustris aestivus, capitulis parvis erectis, foliis dense stipatus *D. Richards.* Cujus industriae & benevolae communicationi hae & aliae plures species novae debentur.

39. Bryum perangustis foliis & cauliculis, foliis rarioribus cinctis, capitulis erectis e surculis annotinis egredientibus *C. G.* 225. Muscus capillaris parvus, cauliculis tenuibus longiusculis, foliolis brevibus angustis acutis rarioribus cinctis *Syn. II.* 31. 18. Primo vere floret & solo laxiore arenoso gaudet. Capitula non reflexa, ut in descriptione *Rajus* asserit, sed erecta sunt, quare etiam bene sub iis qui erecta gerunt capitula, locatur ab ipso.

40. Bryum perangustis foliis & cauliculis, foliis crebrioribus & circa extremitates magis congestis, capitulis erectis ad summitatem magis egredientibus *C. G.* 225. Muscus Adiantum aureum dictus assurgens, foliolis tenuissimis, capitulis parvis erectis in oblongis pedicellis *Syn. II.* 31. 14. Locis gramineis ad sepes & in muris subinde, autumno & hyeme passim.

41. Bryum perangustis foliis & cauliculis, foliis crebrioribus & circa summitates magis congestis, capitulis erectis e surculis annotinis egredientibus, pediculis purpureis *C. G.* 226. Muscus trichoides parvus foliis Musci vulgaris, capitulis longis acutis *Doody Syn. I. App.* 243. *Redshank* vulgo, a pediculorum rubore, quo vel solo facile cognosci potest hic Muscus. Primo vere capitula perficit, vulgarisque est ad vias & semitas, inque ericetis. Denso oritur cespite, & pediculos creberrimos producit. Ceterum nec descriptio *Doodij* in *Synopsi,* nec figura *Bobarti* in *H. Ox. III. p.* 628. *S. XV. T.* 6. *f.* 4. exacte respondet ipsi plantae.

II. *Brya capitulis reflexis.*

* 42. Bryum trichoides obfcure virefcens, capitulis cernuis *C. G.* 226. A *Dr. Richardfon* in comitatu Eboracenfi obfervatum. Provenit & circa Londinum.

43. Bryum trichoides læte virens, capitulis cernuis oblongis. Mufcus trichoides fontanus minor, foliis capillaceis viridiffimis *Syn. II.* 32. 27. trichoides paluftris fericeus, capitulis majoribus nutantibus *D. Richardf.* Pediculum emittit aureum, capitulum oblongum carnei coloris fuftinentem. Æftate floret. In a Fountain at the Earl of *Peterborough*'s at *Drayton* in *Northamptonfhire*, and by *D. Richardfon* obferved in *Torkfhire*. Provenit & circa Londinum verfus *Newington.*

44. Bryum trichoides capitulis reflexis, pediculis ima medietate rubris, fumma luteo virentibus *C. G.* 226. Mufcus trichoides capitulo parvo reflexo, pediculo ima medietate rubro, fumma luteo-viridi *Syn. II.* 34. 2. *H. Ox. III. p.* 629. *S. XV. T.* 6. *f.* 15. Januario & Februario capitula producit in tectis & muris.

45. Bryum capitulis reflexis, foliolis latiufculis congeftis *C. G.* 227. Mufcus capillaris foliolis latiufculis congeftis, capitulis oblongis reflexis *Syn. II.* 33. 1. *H. Ox. III. p.* 629. *S. XV. T.* 6. *f.* 19. trichoides capitulis oblongis reflexis *Doody Syn. I. App.* 243. In ædium tectis inque muris Februario & Martio capitula oftendit.

An a præcedenti aliter quam ætate differat, merito ambigitur. Pediculi enim ab initio luteo virent, poftea ubivis rubent, & capitula quæ ab initio fubrotunda erant, poftea oblonga fiunt. Folia tamen aliquantum latiora funt.

46. Bryum trichoides hirfutie canefcens, capitulis fubrotundis reflexis, in perbrevibus pediculis *C. G.* 226. Mufcus trichoides hirfutus, capitulis oblongis reflexis, pediculis brevibus infidentibus *Doody Syn. I. App.* 243. *H. Ox. III. p.* 629. *S. XV. T.* 6. *f.* 21. trichoides hirfutie canefcens, capitulis fubrotundis reflexis in perbrevibus pediculis *Syn. II.* 34. 3. In muris antiquis & tectis oritur, denfo & fubrotundo cefpite canefcente, ut procul etiam poffit dignofci. Novembri capitula producit.

47. Bryum capitulis fubrotundis reflexis, cauliculis teretibus argenteis *C. G.* 226. Mufcus argenteus capitulis reflexis *Syn. II.* 34. 5. minimus e viridi argenteus,

capitu-

capitulis oblongis cernuis *H. Ox. III. p.* 629. *S. XV.*
T. 6. *f.* 17. Capitula Novembri mense producit, quæ
dein veris initio maturat. Ab initio viret, procedente
vero tempore argenteum colorem, quem per siccitatem
præcipue ostendit, acquirit, quo solo colore ab omnibus
aliis Muscis facile distinguitur. In tectis & alibi locis
apertis & apricis.

* 48. Bryum capitulis reflexis, foliis congestis latioribus & pellucidis. Bryum nitidum foliis Serpilli pellucidis, capitulis reflexis e surculis annotinis & marcidis
egredientibus *C. G.* 227. Muscus trichoides latioribus
foliis, capitulis oblongis reflexis *Dood. Ann. Mscr. ad
Syn.* In sylvis prope *Hampsted,* & in colle *Shootershill*
vocato, hyeme & vere capitula profert. A 45. specie,
cui similem nascendi modum habet, differt foliis pellucidis & latioribus, cauliculis longioribus & capitulis majoribus.

49. Bryum aureum capitulis reflexis piriformibus, calyptra quadrangulari, foliis in bulbi formam congestis
C. G. 227. Polytrichum Apuleij minus quorundam
J. III. L. 37. *p.* 760. aureum minus *C. B. Pin.* 356. 3.
Park. 1052. Muscus coronatus minor, foliolis latiusculis ad caulem convolutis, capitulis cernuis & obtusis
aureis *H. Ox. III. p.* 631. *S. XV. T.* 7. *f.* 17. trichoides
minor, foliis ad caulem convolutis, capitulis subrotundis
reflexis *Doody Syn. I. App.* 244. capillaris pediculis bul-
bosis uncialibus pallidis, capitula oblonga reflexa sustinentibus *Syn. II.* 34. 4. Adiantum aureum minus, foliis bulbi in modum dispositis Vern. *Syn. II.* 33. 29. aureum minimum *Merr. Pin. Little Goldilocks or Golden
Maiden-hair.* Passim in sylvis, hortis & ad vias; capitula hyeme producit, quæ vere & sub æstatis initium
maturat.

Adiantum medium palustre, foliis bulbi in modum se
amplexantibus, capitulis erectis Davies *Syn. II.* 32. 25.
non nisi varietas præcedentis est.

50. Bryum nitidum capitulis reflexis, calyptra sursum
vergente, præaltis pediculis e cauliculis novis egredientibus *C. G.* 227. Muscus capillaris major & elatior,
capitulis longis obtusis deorsum reflexis & veluti pendulis,
præaltis pediculis rubris *Syn. II.* 34. 6. *H. Ox. III. p.* 629.
S. XV. T. 6. *f.* 20. On *Hinton* and *Teversham-moors.*
Estate floret.

51. Bry-

51. Bryum nitidum capitulis majoribus reflexis, calyptra imum vergente, pediculis oblongis e cauliculis
novis egredientibus. Mufcus ftellaris fylvarum, capitulis magnis nutantibus Vernon *Syn. II.* 35. 8. In fylvula
prope *Charlton*, & in aggeribus ericetorum vicinorum
copiofe. Capitula hyeme & primo vere producit.

* 52. Bryum nitidum peranguftis Serpillinis pellucidis foliis, reflexis capitulis fubrotundis virentibus, longioribus pediculis nafcentibus. Mufcus trichoides paluftris tenuifolius lucidus, capitulis tumidis nutantibus
D. Richardf. In Comitatu Eboracenfi.

* 53. Bryum nitidum foliis Serpilli pellucidis anguftioribus, reflexis capitulis fubrotundis, carnei coloris, in
pediculis brevioribus. Mufcus trichoides fontanus minor, capitulis turgidis reflexis carnei coloris Vernon
Buddl. H. S. Vol. II. f. 33.

* 54. Bryum nitidum foliis Serpilli pellucidis anguftis,
capitulis tumidis nutantibus, præaltis pediculis e furculis
annotinis egredientibus. Mufcus trichoides paluftris
elatior tenuifolius pellucidus, capitulis magnis nutantibus incurvis *D. Richardf.* In Comitatu Eboracenfi.

* 55. Bryum nitidum rubens, capitulis reflexis, foliis
anguftis pellucidis, cauliculis proliferis. Mufcus capillaris
paluftris rubens, capitulis reflexis Doody *Buddl. H. S. Vol.
II. f.* 33. trichoides paluftris, capitulis pendulis, coma
rubra *D. Richardf.* On *Shooterfhill* vere & æftate.

* 56. Bryum nitidum foliis Serpilli anguftioribus majus *C. G.* 228. On *Shooterfhill* vere & æftate. Capitulis magis quam aliæ fpecies luxuriat.

57. Bryum nitidum Serpilli rotundis & minoribus pellucidis foliis, majus. Mufcus trichoides foliis Serpilli
rotundis Doody *Syn. II. App.* 338. polytrichoides paluftris
major, Serpilli latioris folio pellucido *H. Ox. III. p.* 627.
S. XV. T. 6. *f.* 39. polytrichoides humilior, foliis latis
fubrotundis *Pluk. Alm.* 247. *T.* 45. *f.* 7. Locis paluftribus & opacis variis Angliæ regionibus, præfertim Septentrionalibus provenit. Capitula primo vere oftendit.

Plurimum variat hic Mufcus; modo enim longius fuccrefcit
non ramofus, foliis ubique æqualibus, qui eft Bryum nitidum
foliis Serpilli pellucidis fubrotundis elatius *C. G.* 228. modo in ramulos aliquot abit, foliis anguftioribus cinctos, qui eft Bryum nitidum foliis inferioribus Serpilli, fuperioribus magis anguftis & oblongis *Ibid.* Tum & frequentiffime procumbit, ramulis undique
fparfis & luxuriantibus, fub quo ftatu nulla unquam producit capitula,

tula, cujus omnino loci eſt, Muſcus Trichomanis facie, foliis
utrinque rotundis ſplendentibus Cat. Alt. *Syn. II.* 35. 1. polytrichoides aquaticus, foliolis crebris, extremis obtuſis & ſubrotundis *Syn. I.* 36. 5. Trichomanis facie, foliis utrinque ſplendentibus rotundis Jungerm. *H. Ox. IH. p.* 627. *S. XV. T.* 6. *f.* 41.
Atque hujus porro varietas vel junior planta eſt, Lichenaſtrum
Trichomanis facie minus *C.|G.* 213. Muſcus trichomanoides ſu-
pinus noſtras elegans minor *Pluk. Alm.* 257.

58. Bryum nitidum Serpilli rotundis & minoribus pellucidis foliis, minus. Muſcus polytrichoides humilior,
alternis foliis pellucidis ſubrotundis *H. Ox. III. p.* 627.
S. XV. T. 6. *f.* 40. Locis humidis & paluſtribus.

59. Bryum nitidum Serpilli rotundis & latioribus foliis pellucidis. Adiantum aureum humilius, foliis latis
ſubrotundis *Cat. Pl. Angl.* 8. Muſcus polytrichoides
foliis latis ſubrotundis *Syn. II.* 35. 1. Foliis latis ſubrotundis, in caule rarioribus, in ſummitate vero crebrioribus & in orbem diſpoſitis ab ultima & penultima ſpecie
differt. Paluſtribus & opacis gaudet. Vere capitula
perficit. Plerumque humilior, ſubinde tamen altior
obſervatur, quo pertinere videtur, Muſcus palmaris 4.
geſtans in ſummitate folia adinſtar Tormentillæ *Merr.*
Pin. Betwixt *Plumſtreet* and *Crayford* in a dark Lane
leading to the Moor in *Kent.*

60. Bryum nitidum foliis oblongis undatis, capitulis
cernuis arbuſculam referens *C. G.* 227. Muſcus ad po-
lytrichoidem accedens arbuſculam referens, foliis longis
& veluti criſpis *Syn. II.* 36. 6. trichoides ramoſus, foliis
longis lucidis & veluti criſpis Doody *Ibid. & Ed. I. App.*
243. Polygoni folio *J. R. H.* 555. *T.* 326. *fig.* E. ad Polytri-
choidem accedens ramoſus, foliis longis lucidis & veluti
criſpis *H. Ox. III. p.* 630. *S. XV. T.* 6. *f.* 1. In humidis
& uliginoſis frequens reperitur. Auĉtumno compatet,
& capitula vere maturat. Subinde vero plura ex eodem
centro capitula producere ſolet.

Hujus varietas non ramoſa eſt, Muſcus polytrichoides elatior,
foliis anguſtis pellucidis & fere membranaceis 20. Raj. Syn. Pluk.
Tab. 44. 7. *H. Ox. III. p.* 630. *S. XV. T.* 6. *f.* 2. Obſervandum
autem alienum & diverſum a Plukenetiano *Bobartum* hic exhibere Muſcum. Vid. ſpec. 19.

61. Bryum nitidum foliis Serpilli anguſtioribus medium *C. G.* 228. Muſcus polytrichoides humilior, foliis brevioribus raris, pallide viridantibus & vix pellucidis *H. Ox. III. p.* 630. *S. XV. T.* 6. *f.* 3.

Ab

Ab hoc parum differt, Muscus polytrichoides angustifolius, caule folioso tenui reclinante *H. Ox. III. p. 630. S. XV. T. 6. f. 4.* Uterque autem cum capitulis nondum obfervatus eft, videturque ad quempiam e præcedentibus fpectare & non nifi ipfius varietas repens effe. Species quidem 54. proxime accedit huic fpeciei.

X. *SPHAGNUM.*

SPhagnum eft Mufci genus fertile, capitulis capitello inftructis, figura quidem quatuor antecedentibus fimilibus, fed in eo ab iis diverfis, quod nuda fint & calyptra careant, tum & quod nullis, aut breviffimis faltem pediculis ea infidere foleant, unde *Mufci apocarpi* antehac dictæ fuere hujus generis fpecies.

1. Sphagnum cauliferum & ramofum paluftre molle candicans, reflexis ramulis, foliolis latioribus *C. G.* 229. Mufcus paluftris terreftri fimilis *C. Pl. Angl.* 208. *Syn. I.* 18. 9. paluftris albicans terreftri fimilis, capitulis erectis brevibus, pediculis etiam breviffimis infidentibus *Syn. II.* 37. 4. paluftris in ericetis nafcens floridus Plukenetii *Syn. I. App.* 241. *Pluk. Phyt. T.* 101. *f.* 1. terreftris vulgatiffimus *Park.* 1306.

Mufcus hic nulli ex terreftribus fimilis eft, fed faciem habet propriam, nec alibi quam in udis & paludofis nafcitur. Figura *Plukenetii* minus bene repræfentat plantam, quam *Dodonæi* & *Parkinfoni*, qui Dodonæanam figuram tranfumfit. Maio, Junio & Julio menfibus capitula profert, eaque non alibi facile, quam locis valde paluftribus confpiciuntur.

2. Sphagnum cauliferum & ramofum paluftre molle candicans, reflexis ramulis, foliolis anguftioribus *C. G.* 229. Mufcus erectus paluftris albus, foliis capillaceis *Doody Syn. II. App.* 338.

Diverfa a præcedente fpecies eft, & non tantum foliis multo anguftioribus fed & capitulis minoribus differt. In agro Lancaftrienfi a *D. Brotheron,* in Eboracenfi a *D. Richardfon* obfervata eft, nec dubium, quin pluribus aliis proveniat locis, cum & non procul a Londino, juxta fylvulam *Charlton* vico adjacentem in ericeti paluftribus reperiatur, idque fummitatibus plerumque rubefcentibus, quibus & fuperior fpecies variare folet. Quo pertinere videtur Mufcus incurvatus ruber nondum defcriptus *Ph. Br.* 77.

3. Sphagnum cauliferum & ramofum faxatile hirfutum virefcens, capitulis obfcure rubris *C. G.* 229. Mufcus apocarpos hirfutus faxis adnafcens, capitulis obfcure

rubris

rubris D. Sherardi *Raj. Hift. III.* 40. 10. *Badmingto-*
niæ & aliis locis obfervavit *Dr. Sherard.* Non tantum
faxis, fed & arboribus adnafcitur, eftque nunc foliis &
capitulis majoribus, nunc utrifque minoribus, quo pertinet Mufcus trichoides capitulis apodibus, foliis anguftioribus *Doody Syn. II. App.* 339. Januario & Februario capitula producit.

4. Sphagnum cauliferum & ramofum faxatile hirfutum incanum, capitulis virentibus *C. G.* 229. Mufcus
terreftris cupreffinus nanus Stirienfis *Bocc. Muf. II. p.* 161.
T. 108. Novembri, Decembri & Januario capitula profert, quo tempore virefcit magis, poftea vero totus incanus evadit, ut de longinquo etiam cognofci queat.
A *D. Richardfon* in Comitatu Eboracenfi obfervatus.

5. Sphagnum cauliferum & ramofum minus hirfutum, capitulis crebris pilofis per ramulorum longitudinem adnafcentibus. Mufcus apocarpos arboribus adnafcens polyfpermos D. Sherardi *Raj. Hift. III.* 39. 7.

Colore eft faturate viridi, in varios ramulos divifus, fecundum quorum longitudinem capitula crebra enafcuntur, quæ veluti vagina quadam pilofa, quæ nonnifi foliolorum continuatio
eft (unde Polytrichis accenferi minus bene poteft) tecta funt.
Octobri & Novembri ea profert, & *Badmingtoniæ* in agro Glo-
ceftrienfi primo obfervatori fæpe obviam venit.

6. Sphagnum acaulon trichoides *C. G.* 229. Mufcus
trichoides minor acaulos, capillaceis foliis Doody *M. P.*
87. *ic. Syn. II. App.* 324. Ad vias & femitas humidiores,
in ericetis præfertim, Martio & Aprili capitula profert
in foliorum medio feffilia, quæ per æftatem omnem retinet, rutilantia & lutefcentia, donec fub auctumnum
ea matura facta fufca fiant & aperiantur.

7. Sphagnum acaulon foliis in bulbi formam congeftis majus *C. G.* 230. Mufcus trichoides acaulos minor
latifolius Doody *M. P.* 86. *Syn. II. App.* 324. Ad fepes paffim & in aggeribus prope Londinum, Februario
& Martio.

* 8. Sphagnum acaulon foliis in bulbi formam congeftis minus *C. G.* 230. Iifdem locis ac tempore provenit.

XI. *S E L A G O.*

SElago eft Mufci genus fertile pediculis & capitello
deftitutum; capitula enim in foliorum alis fedent
reniformia bivalvia, feu per maturitatem in duas partes
fecun-

secundum longitudinem se aperientia & farinam effun-
dentia, nullamque capituli partem dimittentia.

§. Selago foliis & facie Abietis *Fl. Jen.* 330. tertia Thalii *J. Breyn. Eph. N. C. Dec. I. An.* 4. & 5. *Obs.* 149.
p. 116. *ic.* Muscus erectus ramosus saturate viridis
C. B. Pin. 360. 1. terrestris rectus *J. B. III. L.* 38. *p.* 767.
erectus abietiformis *Syn. I.* 17. 4. *II.* 27. 2. *H. Ox. III.*
p. 624. *S. XV. T.* 5. *f.* 9. Chamæpeuce *Turn. Part. I.*
p. 129. *Upright Firr-moss.* On *Snowdon, Caderidris,*
and the other high Mountains in *Wales,* as also the
Mountains of the *Peak* in *Derbyshire, Ingleborough* in
Yorkshire &c. (In ericetis inter *Godalmin* & *Wakehurst,*
Comitatus Suffexiæ; *D. Mannigham.*)

Vomitum ciet vehementissimum, meretricibus ad infantici-
dia usitatus. Vulgus in aqua decoquit, qua ad abigendos pediculos caput lavant, quod tamen turbare dicitur. Vid. *Eph. Nat.*
Cur.

XII. *SELAGINOIDES.*

SElaginoides est Musci genus cum Selagine in omnibus conveniens, præterquam capitulis, quæ e tribus
quatuorve granis composita sunt, & per maturitatem in
totidem velut capsulas se aperiunt. Hujus una saltem
species in Anglia, quantum adhuc notum est, provenit. Nimirum

§. Selaginoides foliis spinosis. Muscus terrestris erectus polyspermos *C. Pl. Angl.* 206. *Syn. I.* 17. 5. terrestris erectus minor polyspermos *Syn. II.* 27. 3. *Pluk. Alm.*
257. *T.* 47. *f.* 7. polyspermos *Merr. Pin. Seeding Moun-*
tain-moss. Loca montium humida & scaturigines aquarum sectatur, *Snowdon, Ingleborough* &c. *(*on *Towyn-*
Trewan, Anglesea; *Mr. Lhwyd.* By the Head of a
Spring above *Orton-fields,* on the left Hand at the Foot
of a Hill towards Appleby; *Mr. Newton.)*

E foliorum alis nascuntur vascula quadrangularia & quadrival-
via, quatuor granula albicantia & quasi miliacea fundentia, quæ
an vera semina sint, vel farinam saltem fundant, accuratius observari meretur. Figura quæ de hac planta exhibetur in *H. Ox.*
III. p. 624. *S. XV. T.* 5. *f.* 10. minime bene eam repræsentat &
magis convenit cum Selaginis quadam specie foliis reflexis donata, *fig.* autem 11. magis huic competit, quamvis non exacte
satis & in eo vitiosa, quod cauliculorum summitates nimis cras-
sas & foliosas exhibeat. *Plukenetius* veram quidem designat plantam, sed icon minus accurata est.

XIII. *LY-*

XIII. *LYCOPODIUM.*

Lycopodium eft Mufci genus fertile, pediculis & ca-pitello deftitutum inftar Selaginis, a qua tamen dif-fert, quod capitula vel capfulæ, non in foliorum alis fparfim nafcantur, fed in clavam denfe congerantur; fub fingulis nempe ejus fquamis fingulæ latent capfulæ reniformes & bivalves, nullam per maturitatem capfulæ partem dimittentes.

1. Lycopodium *Tabern. lc.* 814. Mufcus terreftris clavatus *C. B. Pin.* 360. 10. terreftris repens a Trago depictus *J. B. III. L.* 37. *p.* 766. clavatus five Lycopo-dium *Ger.* 1374. *Park.* 1307. *Syn. II.* 25. 1. *Club-mofs,* or *Wolfs-claw.* In ericeto *Hampftedienfi* prope Londi-num, inque montibus *Wallicis, Derbienfibus, Staffordi-enfibus, Eboracenfibus,* aliifque *Septentrionalibus,* nec-non *Scoticis* copiofe.

Apud Ruthenos & Lithuanos ad Plicam, morbum gentibus illis endemium, adhibetur hic Mufcus, unde Plicarium & Cin-gularium eum nominant. Flores pulverem exhibent fubtiliffi-mum flavum, qui vi fulminante gaudet, de quo vid. *Hift. Raj. p.* 120. Huic pulveri in calculo & urinæ fuppreffione, inque epilepfia & torminibus vires egregiæ tribuuntur a Recentioribus. Herba in vino decocta fluxum alvi aut dyfenteriam cohibet: cinguli modo corpori circumligata nimium menfium fluxum reprimit.

Lycopodium clavarum pediculis foliofis *C. G.* 230. Mufcus terreftris five Lycopodium *Dodon. Pempt.* 472. terreftris repens pediculis foliaceis, binis clavis in altum fe erigentibus *Pluk. Alm.* 258. *T.* 47. *f.* 8. Non eft diverfa a priori fpecies, ut innuit & aliis errandi anfam fuppeditavit *Plukenetius,* fed omnino eadem, nec aliter ab ea differt nifi figuris, quam priori fpeciei minus ac-curatam, pro temporum ratione adhibuere prifci Botanici, *Tragus, Tabernæmontanus, Gerardus, Parkinfonus* & alii, fpicarum nempe pediculos abfque foliaceis iftis parvis fquamis defignantes, fine quibus nufpiam fuit ab eorum tempore repertus hic Mufcus. *Dodonæi* & *Hift. Lugd.* figuræ accuratiores funt & Plukenetianam fere præftant.

2. Lycopodium elatius juniperinum, clavis fingulari-bus fine pediculis, nondum defcriptum *Syn. I.* 16. ela-tius Abietiforme julo fingulari apode *Ib.* 18. 10. *& II.* 26. 2. Lycopodii alia fpecies *Syn. I.* 18. 10. *II.* 26. 2. Mufcus terreftris foliis retro reflexis *J. B. III. L.* 37. *p.* 767.

p. 767. clavatus Juniperinis foliis reflexis, clavis fingularibus fine pediculis *H. Ox. III. p.* 624. *S. XV. T. 5. f. 3.*
Club-mofs with reflected Leaves, and fingle Heads with-
out Foot-ftalks. Nafcitur una cum Mufco cupreffiformi in
Alpibus Arvorniæ, fed multo rarius: copiofum obfervavimus in monte *Rhiwr Glyder* fupra Lacum *Lhyn y own,*
prope ecclefiam *S. Perifii,* nec rarius in depreffis ejufdem montis *y Glyder,* qua rupem *y Trivan* fpectat;
D. Lhwyd. (In ericetis inter *Godalmin* & *Wackhurft,*
comitatus Suffexiæ, *D. Mannigham* obfervavit.)

3. Lycopodium Sabinæ facie *Fl. Jen.* 328. Mufcus
clavatus foliis Cupreffi *C. B. Pin.* 360. 11. *Ger. Em.*
1562. terreftris ramofus pulcher *J. B. III. L.* 37. *p.* 767.
clavatus cupreffiformis *Park.* 1309. 1310. *Cyprefs-mofs,*
or Heath Cyprefs. On the Mountains of *Snowdon* and
Caderidris in *Wales, Ingleborough* in *Yorkfhire, Anderkin*
in *Scotland,* &c. plentifully.

4. Mufcus terreftris repens, clavis fingularibus foliofis erectis *C. Pl. Angl.* 205. *Syn. I.* 17. 3. *II.* 27. 1.
Creeping Club-mofs with erect Heads. On *Hampfted*
and *Bagfhot Heaths,* on the *Common* before you come
to *Chifelhurft,* and on the *Northern Mountains;* locis
uliginofis. Figuræ *Plukenetii* & *Bobarti* minime cum
ipfa planta conveniunt, & hujus quidem figura partim e
Selaginoide, partim ex hac planta confarcinata eft, illius
vero ad Lycopodii 2. fpeciem pertinet, licet folia reflexa
non exhibeat.

XIV. *LYCOPODIOIDES.*

L Ycopodioides fimili ratione differt a Lycopodio,
qua Selaginoides a Selagine.

Hujus una tantum fpecies adhuc innotuit, nempe
Mufcus denticulatus major *C. B.* cum quo idem eft
Mufcus denticulatus minor *Ejufd.* Quem licet *Lobe-*
lius Somerfetiæ fterilibus montibus, *Mendip* vocatis, ubi
plumbum effoditur, nonnunquam magna copia provenire memoriæ proditum reliquerit, nemo tamen poft
eum nec ibi, nec aliis locis hunc Mufcum in Anglia
adhuc obfervavit. Nec loca a *Merreto in Pin. p.* 80. memorata huic Mufco competunt, fed alii procul dubio
fpeciei, quam pro hac perperam habuit. Herbariun
fane ipfius nullum hujus Mufci fpecimen continet.

XV. *LI-*

XV. *LICHENASTRUM.*

L Ichenaſtrum eſt Muſci genus fertile, vel ſi placet,
floribus inſigne, cujus capitula longiuſculis pediculis innaſcentia per maturitatem in quatuor plerumque
æquales partes, cruciformem florem referentes, ad baſin
uſque dividuntur, & farinam emittunt tenuiſſimam, api-
cum in floribus perfectioribus pollini reſpondentem, licet hic uſus nec reliquis Muſcis denegari queat, cum
capitulorum pulvis ſimilem prorſus figuram & ſtructu-
ram obtineat, ſi armato oculo examinetur. Ceterum
ſimplicia & nuda ſunt capitula, ſingula nempe ſingulis
pediculis plus minuſve longis inſidentia, e vagina nunc
ſimplici, nunc bivalvi, nunc in plures partes per ſummitatem diviſa egredientibus, quibus a Lichene clariſſime
diſtinguitur hoc genus.

I. *Lichenaſtrum capitulis bifariam ſe ape-
rientibus.*

* 1. Lichenaſtrum gramineo pediculo & capitulo,
oblongo, bifurco. Lichen capillaceus ex plurimis capillamentis nigricantibus conſtans *Merr. Pin.* Capitula &
pediculi Martii initio e foliis ſurriguntur crebra, tenuia,
acicularum inſtar, quæ poſtea ubi aliquantum craſſiora
facta ad ejuſdem ubivis figuræ, ut pediculi a capitulis
diſtingui nequeant, biuncialem & triuncialem longitudinem excreverunt, a ſummo dehiſcunt inque duas partes uncialis longitudinis dividuntur, ideoque non parum
a reliquorum Lichenaſtrorum figura recedunt capitula,
ut peculiare genus planta hæc mereri videatur, præcipue quod pediculi & capitula eandem habeant figuram,
nec his ab invicem diſcerni queant, antequam ea rupta
fuerint. Tamen quoniam nec Lichenum flores eodem
ſemper modo dividuntur, ſub reliquorum cenſu hoc genus militare patiamur. In ericeto prope *Woolwich* ad
aggeres, locis opacis ſubudis, ſed parce, a Martio in
Julium uſque viget. Poſtea longe copioſius mihi &
D. Mannigham obviam venit prope *Farnhurſt* in Suſſexia
juxta viam, loco uliginoſo & umbroſo, vocato *Farn-
hurſt-Lane,* ubi Graminis inſtar, recens erumpentis denſe pullulabat, æſtate. Invenit & *D. Dale.* At *Middle-
ton-tire,*

ton-tire, and in a Lane a Mile from Heptamſtall at *Greenwood-Lee* in Yorkſhire. *Merr.*

* 2. Lichenaſtrum capitulo oroboide. Lichen petræus minimus fructu Orobi *C. B. Pin.* 362. 7. alter acaulis ὑποφυλλόκαρπ☉ *Col. Ec. I.* 333. petræus minimus acaulis *Park.* 1315. Angliæ indigena eſt & erronee pro Lichene ſive Hepatica lunulata epiphyllocarpa *Dal.* ab Amico quodam miſſa fuit hæc ſpecies. Capitula in ſicca & compreſſa planta bifariam ſaltem dehiſcunt, an in recenti in plures per maturitatem aperiantur partes & pediculos reliquorum inſtar longiores acquirant, mihi non conſtat.

II. *Lichenaſtra capitulis in quatuor ſegmenta florida, tanquam totidem petala ſe aperientia.*

1. *Foliis varie & minus determinate diviſis.*

3. Lichenaſtrum capitulis rotundis e foliorum medio enaſcentibus. Lichen petræus cauliculo calceato *C. B. Pin.* 362. 6. *Syn. II.* 41. 4. alter minor caule ὑποδεμ̱ψ́ῳ *Col. Ec. I.* 332. alter minor folio calceato *Park.* 1314. it. L. minimus foliolis laciniatis *Raj. Faſc.* 14. *Syn. I.* 20. 6. ex ſententia *Auctoris Syn. II.* 41. *inter* 4. & 5. *Small Liverwort with crumplet Leaves.* In ericeto *Hamſtedienſi* & circa *Woolwich* locis declivibus, umbroſis & udis ſatis copioſe provenit.

Capitula tota hyeme ſeſſilia & veluti nuda in foliorum medio apparent, quæ dein calore vernali e folliculo brevi membranaceo ſubrotundo longis pediculis repente aſſurgunt, & in quatuor partes floridas aperiuntur.

* 4. Lichenaſtrum capitulis oblongis juxta foliorum diviſuras enaſcentibus. In a Bog next *Charlton*, on the Eaſt ſide of the Wood.

Capitula Aprili profert oblonga, pediculis modice craſſis e vagina oblonga ſimplici egreſſis inſidentia. Plantæ quæ capitula proferunt, reliquis minores & magis laciniatæ ſunt, quæ iis deſtituuntur, majores, & hæ ſæpe adeo confertim naſcuntur, ut mutua preſſione ſe ſuſtentent erectæque naſcantur, quo pertinet Lichen parvus erectus, foliis profunde laciniatis *Pluk. Alm.* 216. *T.* 42. *f.* 2.

* 5. Lichenaſtrum minimum, capitulis nigris lucidis. Viis umbroſis & aggerum locis udis in ericetis prope *Woolwich* Martio capitula ſphærica profert, in quatuor ſubrotundas partes per maturitatem ſe aperientia.

* 6. Li-

* 6. Lichenaſtrum Ambroſiæ diviſura. Lichen minimus foliis tenuiter diſſectis *Dood. Ann. Mnſcr. ad Syn.* Cui in *Cane-wood* prope Highgate fuit obſervatus, copioſius autem provenit in ericeto prope *Charlton* juxta ſylvam, e boreali ejus parte, loco declivi udo ſub Alnis. Martio floret & Aprili.

* 7. Lichenaſtrum filicinum criſpum. Muſcus paluſtris Abſinthii folio inſipidus *J. R. H. 555. Hiſt. Pl. c. Par. naſc. 505.* filicinus pereleganter criſpatus *M. P.* 438. Obſerv'd plentifully in *Yorkſhire* by *Dr. Richardſon*, about *Chicheſter* in *Suſſex* by *Mr. Mannigham*, and near *London* firſt of all by *Mr. Dandridge* in a ſmall Current of Water, which runs through a Wood called *Old Fall*, that lyes between *Highgate* and *Muſcle Hill.*

Capitula in hac ſpecie nondum fuere viſa, Lichenaſtrum tamen ſuadet naſcendi modus, & ſapor, qui aliquantum acris eſt & lichenoſus, aliorum inſtar.

2. *Foliis figuræ magis determinatæ.*

10. Lichenaſtrum imbricatum majus *C. G. Suppl.* 172. 174. *ic.* Lichen parvus in corticibus arborum humidis repens, foliolis ſubrotundis ſquamatim incumbentibus *Syn. II.* 41. 10. *it.* Muſcus terreſtris ſquamoſus elegans in humidis naſcens, ſurculis & foliis Thuyiæ inſtar compreſſis *Syn. II.* 39. 17. muralis platyphyllos, an denticulatus major Bobarti *Syn. I. App.* 237. muralis floridus foliis ſubrotundis, creberrime imbricatim diſpoſitis, ſive Muſcus muralis platyphyllos *H. Ox. III. p.* 627. *S. XV. T. 6. f.* 44. Locis umbroſis ad arborum radices, ſaxa & muros humidos, Martio & Aprili floret.

11. Lichenaſtrum imbricatum minus. Muſcus lichenoides foliis cauli ſquamatim incumbentibus anguſtior *Doody Syn. II. App.* 339. Ad arbores & ſaxa. Foliis minoribus, cauliculis anguſtioribus & longioribus a præcedenti differt.

* 12. Lichenaſtrum capitulis nudis, Trichomanis facie, foliolis denſius congeſtis majus *C. G.* 211. In *Herbarii Buddlejani Vol. II.* agglutinatum vidi, ut Angliæ indigenum eſſe non ſit dubium.

Capitula ad cauliculi vel folii totalis baſin egrediuntur, quæ nuda quidem ab initio videntur, folliculum tamen quendam poſtea obſervabilem habere dubium non eſt. Februario & Martio floret.

* 13. Lichenaſtrum capitulis nudis, Trichomanis facie, foliolis denſius congeſtis minus *C. G.* 212. Muſcus
lichenoides omnium minimus, pediculo & capitulo
ſphærico *D. Richardſ.* Octobri, Novembri & Decembri capitula producit e ſummis cauliculis vel ramulis
prodeuntia, nuda ab initio, poſtea e vagina quadam procul dubio egredientia.

* 14. Lichenaſtrum Trichomanis facie, capitulis e
foliorum ſummitate enaſcentibus, minus. Lichen terreſtris minor planifolius anguſtior *D. Richardſ.* a quo in
comitatu Eboracenſi, mihi vero poſtea in colle *Shootershill* prope vicum *Eltham* in Cantio, ſeptem milliaribus
Londino diſtantem obſervata eſt hæc ſpecies. Decembri, Januario & Februario floret.

* 15. Lichenaſtrum Trichomanis facie, capitulis e
foliorum ſummitate enaſcentibus, medium. Muſcus
Trichomanis facie, foliolis criſpis e rupium fiſſuris denſo ceſpite proveniens D. Richardſon *H. Ox. III. p.* 627.
n. 43. Variis Angliæ Septentrionalibus naſcitur locis.

* 16. Lichenaſtrum Trichomanis facie, capitulis e
foliorum ſummitate enaſcentibus, majus. Muſcus trichomanoides foliis rotundioribus pellucidis, ſquamatim
conjuncte ſibi incumbentibus *H. Ox. III. p.* 627. *S. XV.
T.* 6. *f.* 42. Locis, advertente *Bobarto,* ſylvaticis & umbroſis, v. gr. in aſcenſu montis via publica a villa
Wickham dicta ad Oxonium ducente ad arborum radices
copioſe reperitur. Aliis præterea locis procul dubio
naſcitur.

17. Lichenaſtrum Trichomanis facie, prælongum,
foliis concavis unam partem ſpectantibus. Muſcus
Trichomanoides purpureus, Alpinis rivulis innatans
Lhwyd *Syn. I.* 18. 12. *II.* 40. 1. *Purple Mountain Water-moſs reſembling Trichomanes.* In rivulis montanis
Cambriæ. Variat, & nunc ramoſus, nunc non ramoſus reperitur, quin & multo minor, brevior nempe obſervatur; tum & colore variat, in aqua enim purpuraſcit,
extra eam & ſolaribus radiis expoſitus albeſcit & mollior
ac tenerior evadit.

* 18. Lichenaſtrum trichomanoides aquaticum odoratum fontis S. Winifridæ *D. Richardſ.* Muſcus aquaticus Cornubienſis plurimum capillaceus, foliolis exiguis alternis, per totam capillorum longitudinem adnatis *H. Ox. III. p.* 627. *S. XV. T.* 6. & 9. *f.* 48. Duplex
ibi

ibi figura exhibetur, altera *Tab. 6.* non ramofa, altera *Tab.* 9. ramofa. *Bobartus* ex ftagno Dartmore accepit: e fonte S. Winifridæ *D. Richardfon* colle&um mifit. Capitula nemo adhuc obfervavit, nec an vere diverfa ab aliis fpecies fit, fatis conftat.

19. Lichenaftrum Trichomanis facie, foliolis bifidis majus *C. G.* 212. Mufcus lichenoides, foliis pennatis bifidis major *Doody Syn. II. App.* 339. Lichen viridis foliis denfe ftipatis *Pet. Cat. Gaz. N. n.* 124. *T.* 13. *f.* 4. O&obri & Novembri menfibus floret, inque ericetis, ad aggeres humidos variis circa Londinum locis reperitur.

20. Lichenaftrum Trichomanis facie, foliolis bifidis minimum *C. G.* 212. Mufcus lichenoides foliis pennatis bifidis minor *Doody Syn. II. App.* 339. Foliis minoribus, pediculis vero & capitulis longioribus, temporeque florendi a priori differt. Martio autem floret, iifdem ceteroquin ac præcedens locis gaudens.

* 21. Lichenaftrum Trichomanis facie, foliolis multifidis, capitulis e fummis ramulis nafcentibus. Mufcus Trichomanis facie ramofus repens, radiculas e ramulorum divifuris agens *D. Richardf.* qui in comitatu Eboracenfi obfervavit. Variat & nunc ramofus, nunc non ramofus occurrit. Capitula autumno protrudit, vere perficit.

22. Lichenaftrum Trichomanis facie, foliolis multifidis, capitulis ex imis cauliculis nafcentibus. Lichen minimus albefcens cauliculis repens, foliis pinnatis, capitulis nigris lucidis *Syn. II.* 41. 5.

Priori ramofius eft & folia rariora, alternatim magis difpofita obtinet. Per ficcitatem albefcit & foliis fibi invicem approximantibus imbricatum apparet, qua de caufa in *C. G.* 212. di&um fuit, Lichenaftrum imbricatum, capitula in folliculis ad radicem proferens. In ericetorum aggeribus udis & umbrofis circa *Woolwich* ortum verfus, Martio & Aprili capitula profert. Provenit & circa *Hampfted* viarum locis umbrofis.

* 23. Lichenaftrum foliis variis. Lichen polytrichoides minor non ramofus, pinnulis anguftis acutis *D. Richardf.* Mufcus lichenoides pennatus non bifidus ere&us, capitulis quadripartitis e fummitate exeuntibus *Buddl. H. S. Vol. II. f.* 17.

Cauliculi capitulis carentes repunt & Trichomanis inftar foliolis fubrotundis utrinque cinguntur, cauliculi autem capitula proferentes ere&i funt, & ferpillinis anguftis foliis undique ambiuntur.

XVI. *LICHEN.*

L Ichen eft Mufci genus floriferum æque ac feminife-
rum, cujus florida capitula polycocca funt, varia
figura donata, plures per maturitatem flofculos monopetalos varie divifos emittentia; femina vero peculiaribus aliis capfulis patulis, in foliorum plano feffilibus,
nunc in iifdem cum capitulis his, nunc in aliis ejufdem
fpeciei plantis nafcuntur, parva, compreffa, orbicularia.
Præter hæc autem florifera capitula in quibufdam fpeciebus diverfæ figuræ obfervantur capitula umbellata, nec
floribus, nec feminibus donata, quæ in aliis ejufdem
fpeciei plantis nafci folent. Utriufque generis pediculi
plerumque nudi funt, & e nullo vaginaceo involucro
egrediuntur. His notis, licet evidentiffimis, ad reliquam
Mufcorum tribum facilius diftinguendam, addi poffunt
folia confiftentiæ herbaceæ & figuræ indeterminatæ, late
fe diffundentia, & radices e foliorum averfa parte nu-
merofas agentia.

I. *Lichenes pileati.*

1. Lichen petræus pileatus *Park.*1314. 1315. petræus
cauliculo pileolum fuftinente *C. B. Pin.* 362. 5. Plinii
primus, pileatus *Col. Ec.I.* 330. 331. verrucofus Doody
Syn. II. 41. 7. ex fententia ipfius *Doody in Ann. Mfcr.
ad Syn. Liverwort.* Variis locis umbrofis & rivulofis
circa *Londinum.*
Capitula primo vere longis pediculis innafcuntur pileiformia.
A Lichene petræo latifolio five Hepatica fontana *C. B.* plurimum differt. Cæterum hæc fpecies vulgo officinis inferri folet, nec immerito, cum reliquis magis odorata & veluti aromatica fit. Commendatur plurimum in hectica, obftructione hepatis & veficæ, in ictero, fcabie, lichenibus & gonorrhœa.

* 2. Lichen pileatus parvus, foliis crenatis. Lichen
petræus cauliculo pileum parvum fuftinente *Budd. H. S.
Vol. II. f.* 13. Capitulum in quinque partes per marginem leviter divifum, flofculos emittit globofos, denticulatim incifos. Aprilis fine & Maij initio floret. Found
by *Mr. Andrews* of *Sudbury* in *Suffolk*, fent by *Mr. Dale.
Mr. Dandridge* obferv'd it in a fmall Water-courfe near
Dulwich Wells, towards *Northwood.*

3. Li-

* 3. Lichen pileatus parvus, capitulo crucis inſtar ſe expandente. Capitulum per maturitatem in quatuor partes crucis inſtar expanditur, e ſingulis radiis ſingulos plerumque emittens floſculos tetrapetaloides. Lunulæ ſeminales in aliis naſcuntur plantis. Julio floret. In *Horto Chelſejano* obſervatus a *D. Dale.* Hujus figuram habet *D. Micheli* in Tabulis ſuis propediem eden‑ dis. Forte Lichen petræus muſcoſus racemoſus *C. B. Pin.* 362. 4. Muſcus fontanus capitulis racemoſis *Ej. Pr.* 152. 15.

II. *Lichenes ſtellati.*

4. Lichen petræus latifolius, ſive Hepatica fontana *C. B. Pin.* 362. 1. ſive Hepatica fontana *J. B. III.* 758. Lichen *Fuchſ.* 476. Jecoraria ſive Hepatica *Trag.* 523. *Stone-Liverwort.* Ad fontium ſcaturigines & rivulos primo vere floret.

Foliis majoribus, non ſquamoſis vel punctatis, ſed, ſi curio‑ ſius aſpiciantur, ſtriatis, nervo majore per medium diſcurrente, capitulis & pediculis majoribus locoque natali a ſequenti ſpecie differt.

5. Lichen petræus ſtellatus *C. B. Pin.* 362. 2. it. Lichen petræus umbellatus *Ej. lb.* 3. Lichen ſeu Hepatica minor ſtellaris, & umbellata *Park.* 1314. (ubi fig. tranſpoſitæ) Hepatica altera *Ger.* 1375. Lichen ſeminifer pyxide folio adnaſcente, julo pediculo longo inſidente D. Robinſ. *Syn. II.* 41. 11. (ex ſententia *Doody* in *Not. Mſcr. ad Syn.*) Lichen ſive Hepatica lunulata ἐπιφυλλόκαρπ☉ D. Dale *Syn. I.* 20. *II.* 41. 6. In uliginoſis & umbroſis areis & ambulacris hortorum glareoſis aut ſaxoſis, & ad baſin murorum humidiorum quovis fere tempore reperitur. Julio vero & Auguſto floret, quandoque etiam media hyeme circa natalitia Chriſti denuo.

Lunulæ ſeminiferæ cum capitulis ſtellatis ſolent primo comparere, ſequuntur dein umbellata, nullum nec floris, nec ſeminis veſtigium exhibentia. Tum umbellata, tum ſtellata capitula, tum ſemina peculiaribus naſcuntur plantulis, omnia vero promiſcue proveniunt, & una eademque planta ſunt.

* 5. Lichen omnium minimus, foliolis ſciſſis, ſuper terram expanſis *C. Giſſ.* 210. In ericeto *Black Heath* dicto, autumno. Capitula in hoc nondum obſervavi, unde an hujus proprie loci ſit, incertus ſum.

Lichen

Lichenes aut Lichenaftra dubia duo.

1. Lichen five Hepatica foliis craffis, Rutæ murariæ, aut Chamædryos foliis laciniatis quodammodo fimilibus *Raj. Hift. III.* 48.   Lichen minimus foliis venofis, bifariam vel trifariam fe dividendo progredientibus *Syn. II.* 41. 8. In fummis, inquit, aquis perfæpe copiofe fluitat, ut cum primum viderim, Hederulam aquaticam trifulcam, aut aliam herbam putridam aut nigricantem aquis immerfam crederem.   Quin & extra aquas in hortis oritur.   Fructum nondum vidi.   Mihi vero ipfa planta incognita eft, nifi eadem fit cum Lichenaftri fpecie 4.

2. Lichen parvus vernus cordiformis, ima parte fimbriatus, Lentis paluftris modo aquæ innatans *Buddl. H. S. Vol. II. fol.* 15.   Lens paluftris Roris Solis foliis cordatis *M. P.* 652.   Lenticula aquatica trichoides, ad margines foliorum longioribus pilis fimbriata *Pluk. Mant.* 116.   In ftagnis circa *Henley* comitatus Suffolciæ obfervavit *Budlejus,* & Lichenem ex fapore, qui fubacris, fufpicatus fuit.   Semel vero tantum ipfi obviam factus eft, ut de flore & fructu certus effe non potuerit.   Ab infectis vel anatibus devoratum fufpicabatur.

GENUS QUARTUM.

HERBÆ CAPILLARES & AFFINES.

I. *Foliis integris & indivifis.*

PLANTÆ hujus generis omnes perennes funt. Phyllitidis notas characterifticas vid. *Meth. Em. p.* 11.   Polypodii & Lonchitidis *p.* 12.   Afplenii & Trichomanis *p.* 13.

§. Phyllitis *Ger.* 976. feu Lingua cervina vulgo *J. B. III.* 756. feu Lingua cervina vulgaris *Park.* 1046.   Lingua cervina officinarum *C. B. Pin.* 353. *Harts-tongue.*

In

In umbrofis faxofis & uliginofis, præfertim montanis, inque puteis & muris antiquis, in plerifque Angliæ co-mitatibus.

Hujus varietates funt : 1. Phyllitis multifida *Ger.* po-lyfchides *J. B. Jagged or finger'd Harts-tongue*; 2. Phyl-litis polyfchides laciniis fingulis cruciatim decuffatis, in fylvis a *Jac. Bobarto* reperta: 3. Phyllitis minima An-glica Bobarti *Herm. Cat. Leyd.*

Ufus hujus præcipue eft in liene tumido, fluxu alvi, expui-tione fanguinis. Extrinfecus mundificat vulnera & ulcera. Ex-ficcatæ pulvis in vehiculo convenienti exhibitus, aut Conferva e foliis virentibus in fuffocatione uterina & motibus convulfivis mira præftat.

II. *Foliis laciniatis aut pinnatis.*

§. 1. Polypodium *J. B. III.* 746. *Ger.* 972. vulgare *C. B. Pin.* 359. *Park.* 1039. *Polypody.* In muris anti-quis & ædium tectis, inque aggeribus terrenis umbrofis ad radices aut truncos arborum. Quercinum reliquis in medicina præfertur.

* 2. Polypodium murale, pinnulis ferratis *Petiv. Bot. Hort.* 11. *pl.* 1. Polypodium majus, ferrato folio *Barrel. Obf.* 12. 64. *Icon. N.* 38. *J. R. Herb.* 540. Found on the Walls of *Windfor-Caftle*, by the Rev. *Mr. Man-ningham.* Prioris varietas eft.

3. Polypodium Cambrobritannicum, pinnulis ad mar-gines laciniatis. Filix ampliffima lobis foliorum lacinia-tis Cambrica *Pluk. Alm.* 153. *T.* 30. *f.* 1. *Laciniated Polypody* of *Wales.* On a Rock in a Wood near *Dennys Powys* Caftle, not far from *Caerdiff* in *Glamorganfhire, Wales.* Ad nos fæpius miffum eft pro planta Indica & nonnullis Polypodium plumofum, nefcio quam ob caufam, dictum eft.

4. An. Polypodium Ilvenfe *Lugd II.* 1230. *J. B. III.* 740. pro 748. *Park.* 1039. *A fmall Fern refembling* Lugdu-nenfis *his Polypody of Elba.* In fummis rupibus *Hyfvae* dictis prope Ecclefiam D. Peryfii in Arvornia; *D. Lhwyd.* (Hanc plantam loco indigitato poftea incaffum quæfivit *D. Lhwyd* me comite; *D. Richardfon.*)

Purgat bilem aduftam & pituitam lentam, fed fegniter admo-dum, ideoque in decoctis & infufionibus plerumque, raro in aliis formis exhibetur. *D. Bowle* pulverem radicum aliquot dies exhibitum ad lienem tumidum, icterum & hydropem commendat.

§. 1. Lon-

§. 1. Lonchitis aspera *Ger.* 978. aspera minor *C. B. Pin.* 359. *Park.* 1042. altera folio Polypodii *J. B. II.* 2. 744. *Rough Spleen-wort.* In humidioribus nemorosis asperis & ericetis. Angustia & longitudine foliorum, ut & loco natali a Polypodio differt. Adde & duo huic esse foliorum genera.

2. Lonchitis aspera major *Ger. Em.* 1140. aspera *C. B. Pin.* 359. aspera major Matthiolo *Park.* 1042. altera cum folio denticulato, sive Lonchitis altera Matthioli *J. B. III.* 2. 744. *Rough Spleen-wort with indented Leaves.* E rupium fissuris emergit in summis jugis Arvorniæ, v. g. *Clogwyn, y Garnedh y Grib Gôch Trygvylchau;* D. Lhwyd. (Præter loca a *D. Lhwyd* nominata, nullibi frequentius reperitur quam in rupibus *Phainon-vellon* imminentibus, prope ecclesiam Divi Perysii; *D. Richardson.* Dr. *Plukenet* makes two kinds of this, which *Mr. Lhwyd* says differ only according to Age and Place of Growth; *Mr. Doody* in his Notes.)

§. Asplenium sive Ceterach *J. B. III.* 749. *Ger.* 978. *Park.* 1046. Ceterach Officinarum *C. B. Pin.* 354. *Spleenwort or Miltwast.* In saxorum crepidinibus & antiquis muris in Occidentalibus Angliæ partibus abundat; as on the Walls about *Bristol,* and among the Stones on St. *Vincent*'s Rock. (Non tantum in Occidentali Angliæ parte reperitur, sed etiam in Boreali, præcipue in rupibus calcariis juxta stagnum *Malham-Tarne* dictum, orientem versus sat copiose. *D. Lhwyd* in Walliæ observavit comitatu Pembrochiensi; *Dr. Richardson.)*

Asplenium dicitur quia lienem absumere creditur, Scolopendria a similitudine Scolopendræ infecti. Parvitate sua & foliorum laciniis, quæ breves sunt & obtusæ, non conjugatim sed alternatim dispositæ, a congeneribus differt. Seminales efflorescentiæ in aversa foliorum parte non in punctula seu lineolas divisæ sunt, sed continuæ per totam superficiem.

Usus præcipue est in liene tumido, expuitione sanguinis, fluxu alvi: extrinsecus mundificat vulnera & ulcera; *Schrod.*

§. 1. Filix Alpina, Pedicularis rubræ foliis subtus villosis *D. Lhwyd.* pumila, Lonchitidis Maranthæ species Cambrobritannica; an Lonchitis aspera Ilvensis Lugd. ? *D. Plukenet Alm.* 150. *T.* 89. *f.* 8. *Stone-Fern with red-rattle Leaves, hairy underneath.* Nusquam vidimus quam udis scopulis *Clogwyn y Garnedh* dictis, juxta summitatem montis Gwydvæ totius Cambriæ altissimi. E petrarum rimis emergit, non erecta, sed aliquantulum procumbens,

cumbens, Ceterach aut Trichomanis adinſtar, foliis ſex circiter digitos longis. It is a very rare Plant even at *Snowden*; *Mr. Lhwyd.* (It grows on a moiſt black Rock almoſt at the top of *Clogwyn y Garnedh*, facing Northweſt, directly above the lower Lake; *Dr. Richardſon.*)

2. Chamæfilix marina Anglica *J. B. III.* 2. 737. Filix marina Anglica *Park.* 1045. Filicula petræa fœmina, ſeu Chamæfilix marina Anglica *Ger. Em.* 1143. Filicula maritima ex inſulis Stœchadibus *C. B. Pin.* 358. *Dwarf Sea-fern.* On the Rocks about *Preſtholm* Iſland near *Beaumaris*, and at *Llandwyn* in the Iſle of *Angleſea*; about the Caſtle of *Haſtings* in *Suſſex*, and elſewhere on the Rocks of the Southern Coaſt. Folia pinnata ſunt, conſiſtentia foliorum Dryopteridis.

Hujus uſus eſt in obſtructionibus viſcerum, imprimis lienis & uteri. Extrinſecus commendatur ad ambuſta [extracta mucilago] ubi reliqua omnia medicamenta auxilium negant.

§. Trichomanes *Park.* 1051. mas *Ger.* 985. Trich. ſeu Polytrichum *J. B. III.* 754. Trichom. ſive Polytrichum Officinarum *C. B. Pin.* 356. *Engliſh Black Maidenhair.* In petris umbroſis & roſcidis, inque aggeribus umbroſis & muris antiquis magnus ejus per totam Angliam eſt proventus.

Parvitate ſua & foliis Viciæ aut Securidacæ æmulis a reliquis diſtinguitur.

Adianto viribus reſpondet, unde & ejus in Officinis noſtris ſuccedaneum eſt: vitiis thoracis & pulmonum auxiliatur: Calculo renum & urinæ ſtillicidio ſubvenit.

2. Trichomanes ramoſum *J. B. III.* 755. ramoſum majus & minus *C. B. Pin.* 356. fœmina *Ger.* 985. *Branched Engliſh black Maiden-hair.* In ſummis rupibus Arvorniæ copioſe oritur. Muris ſaxeis innatum conſpexit *D. Plukenet* in horto *D. Owen* apud Maidſtoniam in agro Cantiano. Vid. *Almag. p.* 9. (In omnibus Arvoniæ rupibus excelſis planta eſt vulgatiſſima, ubi Trichomanes *Park.* non reperitur. In rupibus calcariis Cravoniæ, cum vulgari aliquando reperitur, ſed rarius; *Dr. Richardſon.*) Eſt autem me judice a vulgari Trichomane ſpecie diverſum. Nobis antequam deſcriptum comperimus, Trichomanes coſta viridi quandoque bifida, foliis lenticularibus crenatis dictum eſt; *D. Lhwyd.*

I 4   * 3. Tri-

* 3. Trichomanes foliis eleganter incisis *Inst.R. H.* 539.
T. 350. *fig. I.C.* foliis mucronatis profunde incisis Sibbald.
Pr. Scot. *H. Ox. III. S. XIV. T.* 3. *f.* 13. minus alis fo-
liorum triangularibus integris dentatis *Ibid. p.* 591 . *n.* 13.
Adiantum maritimum fegmentis rotundioribus Sch. Bot.
Pluk. Alm. 9. *T.* 73. *f.* 6. (fed perperam.) Varietas eft vul-
garis Trichomanis, a quo nec antecedens fpecie differt.

* 4. Adiantum nigrum foliis Lunariæ minoris D. Prefton *Raj. Hift. III.* 61. Folia multo latiora funt, parum
dentata, juniora Lunariæ minoris folia nonnihil referunt: feminalia exanthemata Linguam cervinam referunt. In maritimis prope *Fifenefs* in comitatu Fifa invenit *D. Prefton.* An hujus vel fequentis tribus fit, non
conftat.

§. Filix faxatilis Tragi *J. B. III.* 2. 755. *Park.* 1045.
Adiantum ἀκρόςιχον feu furcatum *Thal.* 5. Filix faxat.
V. feu corniculata *C. B. Pin.* 358. *Horned or forked*
Maiden-hair. Obferved by *Tho. Willifell* upon the
Rocks in *Edinburgh* Park. Ad cacumen montis *Car-*
nedh-Lhewelyn prope *Lhan-Lhechyd* in agro Arvonienfi
invenit *D. Lhwyd.* (In muris antiquis *Lhan-Dethylæ*
uno circiter milliari a *Lhan-Rhooft* aquilonem verfus;
D. Richardf.)

III.   *Herbæ Capillares foliis femel fubdivifis.*

§. 1. Filix mas vulgaris *Park.* 1036. Fil. non ramofa dentata *C. B. Pin.* 358. vulgo mas dicta, feu non
ramofa *J. B. III.* 737. mas non ramofa, pinnulis latis
denfis minutim dentatis *Ger. Em.* 1129. *Common Male-*
Fern. In aggeribus fæpium, præfertim umbrofis, paffim.
(In horto Chelfeano & alibi in fylvis, v. gr. *Canewood*
invenitur cum pinnulis non ferratis; *D. Doody.* quam
pro diftincta fpecie, nomine Filicis maris pinnulis anguftioribus non crenatis, punctis ferrugineis duplici ferie
juxta nervum difpofitis minus bene recenfet *Pluk.*
Amalth. 91.)

Filicis maris vulgaris radix rachitidi morbo dicto medetur,
mulieribus inimica cenfetur, fterilitatem enim facit, conceptio-
nem impedit & abortum caufat; *Theophr. Diofcor. Plin.* Floridæ
feu Ofmundæ radix ad hernias & ulcera exploratiffimi commo-
di eft. Rachitidi morbo remedium præftantiffimum & quafi
proprium aut fpecificum cenfetur, cui percurandæ vel fola fuf-
ficiat. Conferva hujus Afparagorum in hoc morbo uti folitus
eft *D. Bowle* medicus infignis.

2. Filix

2. Filix mas non ramofa, pinnulis latis auriculatis fpinofis *Ger. Em.* 1130. *Pluk. Alm.* 152. *T.* 179. *f.* 6. mas aculeata major *C. B. Pin.* 358. *Pr.* 151. F. Lonchitidi affinis *J. B. III.* 739. *defc. Prickly auriculate Male-Fern.* Variat cum & fine auriculis. (Species eft revera diftincta, & nominari debet, Filix major non ramofa, pinnulis latis auriculatis; *Dood. Ann.)*

3. Filix aculeata major, pinnulis auriculatis crebrioribus, foliis integris anguftioribus. *Prickly Male-Fern with narrower Leaves.* In aggeribus fæpium umbrofis frequens eft in hac parte Effexiæ, ubi nos degimus.

Folia hujus integra præcedentis folia longitudine interdum æquant, latitudine tamen iis cedunt. Tarfi utrinque feu furculi mediæ coftæ feu rachi adnafcentes in hac breviores funt, crebriores & fibi invicem propiores quam in illa, pinnulæ itidem crebriores funt & plerunque contiguæ, majores etiam & acutiores, texturæ denfioris & folidioris, unde non ita fubito flaccefcunt, pallidiores porro, nec adeo obfcure virides, glabriores denique & velut politæ. Surculorum in uno folio 35 & plura numeravimus paria, pinnularum in uno furculo 15 aut 16.

4. Filix Lonchitidi affinis *Syn. II.* 48. 4. aculeata minor *C. B. Pin.* 358. *Pr.* 151. aculeata Lonchitidis æmula noftras *Pluk. Alm.* 151. *T.* 180. *f.* 3. Hoc titulo plantam ad me mifit *D. Lhwyd* præcedenti fimilem, pinnulis tamen rotundioribus, & longioribus aculeis obfitis, in montofis Cambro-Britannicis collectam. (Priori eadem, nec nifi junior planta videtur.)

* 5. Filix mas aculeata noftras, alis expanfis, mufcofa lanugine afperfa *Pluk. Alm.* 151. *T.* 180. *f.* 1.

6. Filix mas non ramofa, pinnulis anguftis raris profunde dentatis *Ger. Em.* 1130. *Pluk. Alm.* 151. *T.* 180. *f.* 4. mollis feu glabra, vulgari mari non ramofæ accedens *J. B. III.* 738 *defcr. Male Fern with thin-fet deeply indented leaves.* In paluftribus humidis & umbrofis non raro invenitur.

Filix minor non ramofa, alis foliorum alternatim pofitis, bifidis & multifidis *Syn. II.* 48. F. Staffordienfis elegans, foliorum apicibus multifciffis *Pluk. Alm.* 151. *T.* 284. *f.* 3. *Small tufted Fern.* Found on *Litchfield-Minfter* by Sir *Th. Willughby.* Ex fententia *Doody Syn. II. App.* 341. lufus eft Filicis maris non ramofæ pinnulis raris anguftis profunde dentatis, vel ad eam proxime accedit. Nota, quod hujus nomen in *Syn. II.* 48. 6. in eodem cum Filice minore non ramofa *J. B.* paragrapho errore typographico ponatur, unde videri queat, ac fi ejus fynonymon effet, cum feorfim ante eam poni debuiffet.

7. Filix

7. Filix minor paluſtris repens *Syn. II.* 48. 6. minor
non ramoſa *J. B. III.* 740. Dryopteris *Lob. lc.* 814. *Ger.*
Em. 1135. five Filix querna repens *Park. Th.* 1041.
Creeping Water-Fern, or the *leſſer Marſh-Fern.* Locis
paluſtribus putridis pluries obſervavimus.

Varietas illa Filicis maris vulgaris a *Petivero* obſervata in ericeto *Dunſmore* agri Warwicenſis prope *Rugby,* cujus mentionem
facit *Doody in Syn. Ed. II. App.* 341. cujuſque pinnulas rigidio-
res & acutiores dicit, marginibus lineis ſeminalibus ex frequentioribus tuberculis pulverulentis notatis, cum in vulgari tubercula ſeu maculæ pulverulentæ pauciores, duplici ordine pinnulas
occupare conſpiciantur, pertinere ad hanc ſpeciem, immo cum
ea eadem videtur. Vocatur a Plukenetio *Amalth. p.* 91. Filix
non ramoſa noſtras, pinnulis brevibus acutioribus integris,
nonnihil falcatis, punctis ferrugineis ad oras pulverulentis.

Hujus etiam loci eſt, nam puncta ſeminalia ſimili modo diſponuntur, ni quidem diſtincta potius ſit ſpecies:

* 8. Filix minor Britannica pediculo pallidiore, alis
inferioribus deorſum ſpectantibus *H. Ox. III. p. 575. n.*
17. quam ſe a *Th. Lawſon* & *D. Lhwyd* in borealibus
Angliæ lectam accepiſſe *Bobartus* teſtatur, qua in Angliæ parte ea etiam a *D. Jac. Sherardo* obſervata eſt.
Hujus deſcriptionem æque ac figuram habet *Petit. Epiſt.*
3. *p.* 50. nomine Filicis non ramoſæ minoris & ſylveſtris.

9. Filix pumila ſaxatilis altera Cluſii *Park.* 1043.
ſaxatilis non ramoſa, nigris maculis punctata *C. B.*
Pin. 358. *Male Stone-Fern.* In montoſis ſaxoſis Derbienſibus, Eboracenſibus, Weſtmorlandicis copioſe. A
pennltima ſpecie loco natali & magnitudine præcipue differt: neutrius pinnulæ dentatæ ſunt. (In montibus Cambrobritannicis prope *Lhanberys*; *Dr. Richardſon.* Hæc
vere ramoſa eſt, cujus duæ habentur ſpecies; *Dood.*
Ann.)

§. 1. Ruta muraria *C. B. Pin.* 356. *J. B. III.* 753.
Ger. 983. muraria five Salvia vitæ *Park.* 1050. Adiantum album *Tab. lc.* 796. *White Maiden-hair, Wall-rue,*
Tentwort. In muris & pontibus lapideis, inque petrarum
fiſſuris multis Angliæ in locis invenitur. Lateribus co-
ctis immoritur. Parvitate ſua & foliorum craſſitie, e
pinnulis paucis iiſque obtuſis compoſitorum, ab aliis hujus generis differt. Vires vid. *Hiſt. noſtr. T. 1. p.* 147.

2. Adi-

2. Adiantum, an album tenuifolium, Rutæ murariæ accedens J. B? *Syn. II.* 49. 2. *Fine-leaved white Maiden-hair, refembling Wall-rue.* It grows in a Cave above a Lake called *Lhyn Dú*, as we afcend *Snowdon* from *Lhanberys*; *D. Lhwyd. Mr. Vernon* found the fame at *Wambrife.* (Sufpicor hanc plantam nil aliud effe, quam plantulas feminales Adianti nigri pinnulis Cicutariæ divifura Bobart *Syn. II.* 50. Planta a *D. Vernon* Wambrifiæ collecta, Rutæ murariæ fuit fpecies, vel varietas tantum infignis, vulgari paulo major, foliis anguftioribus & acuminatis, cujus fpecimen mecum communicavit curiofus inventor; *Dr. Richardfon.*)

* §. 1. Capillus Veneris verus *Ger.* 982. Adiantum foliis Coriandri *C. B. Pin.* 355. five Capillus Veneris *J. B. III.* 751. verum five Capillus Veneris verus *Park.* 1049. (fig. mal.) *True Maiden-hair.* Found by *Mr. Lhwyd* at *Barry Ifland* and *Porth Kirig* in *Glamorganfhire.* Vires vid. *Hift. T. I. p.* 147. 148.

2. Adiantum petræum perpufillum Anglicum, foliis bifidis vel trifidis *Syn. II.* 47. trichoides inter Mufcos & capillares herbas ambigens *D. Lhwyd Ibid.* radicofum humifparfum, feu Filicula pellucida noftras, Coriandri foliolis mollicellis, globuliferum *Pluk. Alm.* 10. *T.* 3. *f.* 5. it. Ad. radicofum erectius, foliolis imis bifectis, ceteris vero integris tenuiffime crenatis *Ejufd. Ib. f.* 6. Utrumque enim idem eft, & non tam diftincta fpecies, quam varietas faltem eft, ætati, loco & accidentibus inde ortis differentiam debens. Eft vero genuina Capillaris planta, non Mufcus, pertinetque ad genus Capilli Veneris, cum fimilia feminalia puncta, pellicula rotunda tecta, ad foliorum incifuras locata obtineat. This was firft fhewn *Mr. Ray* by *Mr. Newton*, who in Company with *Mr. Lawfon*, found it on *Buzzard* rough Cragg near *Wrenofe*, *Weftmorland*, among the Mofs. *Mr. Dare* found it near *Tunbridge.* Upon the moift Rocks in *Wales*, and near *Settle*, *Yorkfhire*; *Dr. Richardfon.* It grows on the left Hand as foon as you enter the Mountains to go to the old *Caftle*, near *Lhanperis.* Found alfo plentifully by *Mr. Rand*, in Company with *Mr. Sherard*, amongft the Pebbles at *Cockbufh*, fix or feven Miles from *Chichefter*, on the Coaft of *Suffex.*

3. Adi-

3. Adiantum majus Coriandri folio, Adianto vero affine, pediculo pallide rubente *Sibbald. Pr. Scot.* 7. In Scotia.

4. Adianto vero affinis minor Scotica, folio obtuſo ſaturate viridi &c. *Sibbald. Prod. Scot.* 8. Ibidem.

* §. Filix lobata, globulis pulverulentis undique aſperſa. Singularem hanc Filicem in *Horto Sicco Bobartiano* obſervavit *D. Dillenius,* cui *Bobartus* ſua manu ſubſcripſerat: This Capillary was gathered by the Conjurer of *Chalgrave.* Vicus eſt 7. circiter milliaribus diſtans *Oxonio.* An tota planta vel ramulus ſaltem eſſet, conjeſtari non licebat. Tali autem plane erat figura donata, qualis exhibetur *Tab. III. fig.* 3. Pediculus ad folia uſque leviter piloſus erat.

IV. *Herbæ Capillares foliis bis ſubdiviſis ſeu ramoſis.*

§. 1. Filix fœmina *Ger.* 969. fœmina vulgaris *Park.* 1037. major & prior Trago, ſeu ramoſa repens *J.B.III.* 735. ramoſa major pinnulis obtuſis non dentatis *C. B. Pin.* 357. *Female Fern or common Brakes.* In paſcuis ſterilioribus ubique fere luxuriat, agricolis maxime exoſa. Magnitudo ei inſignis, radix repens.

Radix hujus ſecretum eſt adverſus lumbricos. Vid. Hiſt. noſtr. I. p. 149. Aremorici in frugum inopia e radice Filicis, maris præcipue, panem conficiunt; *Dalechamp.* Ex exuſtis Filicum cineribus globulos lixiviales ad pannos eluendos parant noſtrates.

2. Filix mas ramoſa, pinnulis dentatis *Ger. Em.* 1129. *Pluk. Alm.* 185. *T.* 181. *f.* 2. *Great branched Fern with indented Leaves.* In umbroſis, ſabuloſis præſertim aut petræis, ubi aquæ ſcaturiunt, inque paludoſis ad ſtipites Quercuum putridarum.

3. Filix montana ramoſa minor argute denticulata *D. Lhwyd.* Alpina Myrrhidis facie Cambrobritannica *Pluk. Alm.* 155. *T.* 89. *f.* 4. *Small branched Mountain Fern with finely indented Leaves.* Ad ſummitatem montis Glyder, qua Lacui *Lhyn Ogwan* imminet. (Viviradices prope *Phainon Vellon* quondam eradicavi, quæ jam in horto noſtro vigent. Loco natali planta eſt admodum rara; *Dr. Richardſon.*) Singulare quid in hac ſpecie eſſe videtur, quod in alis ſeu ramulis infimis ſurculi ad alæ coſtam inferiores oppoſitis longiores

ſunt,

funt, præfertim fcapo proximi, notabili differentia; *D. Lhwyd.*

4. Filix ramofa non dentata florida *C. B. Pin.* 357. florida feu Ofmunda regalis *Ger. Em.* 1131. Ofmunda regalis, fex Filix florida *Park.* 1038. Filix floribus infignis *J. B. III.* 736. *Water-Fern or flowering Fern, or Ofmund Royal.* Nafcitur locis riguis & paluftribus putridis, in humidis etiam fylvis, fed præcipue in montofis Septentrionalibus & Cambricis. In infula Mona, in clivis maritimis & rupium interveniis udis copiofam obfervavimus. (*Doody* obfervavit eam in ericeto *Bagfhot. Londino* vicinior locus, quo provenit, eft ericetum *Woolwicenfe.*) Folia prima erumpentia funt trifoliata & quinquefolia fubrotunda Hemionitidis fpeciem referentia, (unde in *Syn.* priori *Edit.* dicta fuit Hemionitis pumila trifolia vel quinquefolia maritima *p.* 26. & figura illuftrantur folia ifta feminalia. Vid. & *Pluk. Ph. T.* 36. *f.* 6.)

5. Filicula faxatilis ramofa maritima noftras *Syn. II.* 50. 5. *Pluk. Alm.* 155. *T.* 182. *f.* 1. Filix faxatilis crifpa Parkinfoni *D. Merret.* in *Pinace. Small branched Stone-Fern.* Ad littus Angliæ Occidentale rupibus maritimis adnafcentem obfervavimus. It hath been found on fome Walls at *Weftminfter*, and in *Grays-Inn* Walls by *Mr. Dale.* (In horto medico Chelfeano in muro confita, poft annum unum aut alterum radices in terram fixit, quæ Filicem fœminam *Ger.* produxere, adeoque ejus faltem varietas eft.)

6. Filix ramofa minor *J. B. III.* 741. faxatilis ramofa nigris maculis punctata *C. B. Pin.* 358. pumila faxatilis prima Clufii *Park.* 1043. 1044. Dryopteris Tragi *Ger. Em.* 1135. *The leffer Branched-Fern.* Foliis mollibus, quoad figuram tamen majorum Filicum æmulis, a reliquis Filiculis petræis differt. In opacis ad latera montium: In Anglia prope Abbatiam Tinternenfem, in agro Monumethenfi. (In locis umbrofis prope ædes noftras & aliis ejufmodi locis in noftra vicinia fat copiofe; *D. Richardfon.*)

7. Filix faxatilis caule tenui fragili *Syn. II.* 50. 7. *Pluk. Alm.* 150. *T.* 180. *f.* 5. Adiantum album folio Filicis *J. B. III.* 741. (cujus figura minime convenit cum Plukenetiana) *Fine-cut Stone-Fern, with flender and brittle Stalks.* On old Stone Walls and Rocks in the Mountains of the *Peak* in *Derbyfhire*, and in the Weft-riding
of

of *Yorkſhire*, and in *Weſtmoreland* plentifully. Parvitate & raritate ſegmentorum in quæ folia dividuntur, te-
nuitateque & fragilitate cauliculorum a congeneribus diſtinguitur. *Dr. Tancred Robinſon* found this Fern on
the dropping Rock at *Knaresborough*, from which the
petrifying Water diſtills.

8. Adiantum nigrum pinnulis Cicutariæ diviſura *D.
Bobart. Syn. II.* 50. 8. Filicula Cambrobritannica, pinnulis Cicutariæ diviſuris donata *H. Ox. III.* 581. 31.
An Adiantum album tenuifolium Rutæ murariæ accedens *J. B ?* *Fine-leav'd white Maiden-hair, with Leaves
divided like baſtard Hemlock.* On *Snowdon*; *D. Lhwyd.*
Præcedente minor eſt, foliis in longiores & tenuiores lacinias diviſis. (*Pinnulis Cicutariæ diviſura*; Filici ſaxa-
tili caule tenui fragili *Raj.* magis convenit, quam huic
ſpeciei, ſiquidem hæc planta, quæ in montibus Cambro-
britannicis abundat, folia obtinet multo latiora, pinnulas rotundiores, craſſiores & ex luteo virentes, Ambæ
ſpecies horti noſtri diu fuere alumnæ; *D. Richardſon.)*

9. Adiantum album criſpum Alpinum *Schwenckf.
Cat.* 10. *Syn. II.* 49. 3. album floridum ſeu Filicula petræa criſpa perelegans *Syn. II.* 51. 10. *Pluk. Alm.* 9. *T.* 3.
f. 2. Rutæ murariæ forte affinis, Adiantum album
criſpum Alpinum Schwenckf. *J. B. III.* 753. *Small
flowering Stone-Fern.* Deſcriptionem vid. *Hiſt. n. I.* 153.
At the bottom of Stone Walls made up with Earth in
Orton Pariſh and other Places of *Weſtmoreland* plentifully; and likewiſe on *Snowdon* Hill in *Carnarvonſhire* on
the moiſt Rocks. *D. Sutherlandus* in montibus Piſtlandi-
cis Scotiæ invenit. (In montibus Walliæ planta eſt vulgatiſſima, ſed nullibi in majori copia, quam ſupra lacum
Phainon-vrech eundo ad ſummitatem montis *Widica:*
In agro Eboracenſi nuper mihi obviam venit loco vulgo
vocato *Knotty-lane* prope lapidum fodinam in vico *Sad-
dlenorth* copioſe; *Dr. Richardſon.)*

10. Adiantum nigrum Officinarum *J. B. III.* 742.
nigrum vulgare *Park.* 1049. foliis longioribus, pulverulentis, pediculo nigro *C. B. Pin.* 355. Onopteris mas
Ger. Em. 1137. *Common black Maiden-hair, or Oak-
Fern.* In opacis ad radices arborum & fruticum, inque
aggeribus umbroſis & muris antiquis paſſim.

Variat foliorum ſegmentis latioribus & anguſtioribus. Quæ
ſegmentis eſt anguſtioribus Adianti, albi tenuifolii Rutæ murariæ

accedentis *J. B. III.* 743. iconi bene refpondet, ut me monuit *D. Dale.* Varietas illa quæ folia habet rotundiora feu latiora, *Gerardo* Onopteris fœmina dicitur, Adiantum mas *Tab. Ic.* 797. *C. B. Pin.* 355. 5. Dryopteris alba *Dod.* feu Adiantum album Filicis folio *C. B.* quæ planta fit (fi modo ab hac diverfa) mihi nondum conftat. Quæ a *J. Bauhino* fub titulo Adianti albi folio Filicis defcribitur, Filix noftra faxatilis caule tenui fragili nobis effe videtur.

In tuffi, afthmate, pleuritide, ictero, obftructionibus lienis prodeffe creditur: quin & ad renum & veficæ dolores valere, urinam clementer movendo, calculofque & arenulas expellendo: Matthiolus ad puerorum enterocelas pulverifatum propinat: Hoffmannus in fcorbuticis affectibus commendat.

11. Filix elegans, Adianto nigro accedens, fegmentis rotundioribus *Syn. II.* 51. 11. Filicula maritima faxatilis, fegmentis rotundioribus *Inft. R. H.* 542. On the Rocks on the North Side of the Ifle of *Jerfey*; *Dr. Sherard.* (Et poftea a *D. Bobarto* inventa eft in porticu Ecclefiæ Adderburienfis, Comitatus Oxonienfis, qua feptentrionem fpectat. Found alfo in *England* by *Dr. Woodward*; *Mr. Dood.*)

* 12. Filix pumila petræa noftras, Adianti nigri foliorum æmula, faxorum interveniis prorumpens *Pluken. Am.* 91. In montofis Suffexiæ obfervavere *D. Mannigham* & *D. Dillenius.* Videtur ad Adiantum nigrum officinarum pertinere, & hujus faltem junior planta effe.

13. Filix minor longifolia, tarfis raris, pinnulis longis, tenuiffimis & oblongis laciniis fimbriatis *D. Sherard. Syn. II.* 51. 12. non ramofa tenerior, pinnulis vere capillaceis, feu Filicis genus ex Hibernia molliufculum, foliis tenuiffime pennatis *Pluk. Alm.* 150. *Mant.* 78. *T.* 282. *f.* 3. On the Mountains of *Mourn*, in the County of *Down*, in *Ireland.* (In hac planta feminalia nulla obfervare contigit, unde an fpecies vere diftincta fit, dubium videtur. Forfitan non nifi varietas eft, Adianti nigri officinarum *J. B.* loci umbrofitati originem debens, nam in fpelunca, quam radii folares nunquam illuftrabant, nafcebatur. Sane vero fi varietas fit, fingularis ea eft & valde fpeciofa.)

* 14. Filix humilis repens, foliis pellucidis & fplendentibus, caule alato *D. Richardf.* An Onopteris major *Tab. Ic.* 796? mas *Ger.* 975? Caules fingulari huic plantæ alati funt & virides, nifi inferius, ubi ex fufco nigrefcunt.

grefcunt. Radix villofa eft & hirfuta, repens, quod non
exprimitur in figura *Tabernæmontani*, ipfam alias plantam fatis bene referente. Seminalia nondum comparuere, quo minus conftat, an eadem fit hæc planta cum
Filicula pyxidifera *Plum. Fil. Amer. Tab.* 50. cui fane
fimillima eft. Folia tenuia, pellucida & fplendentia,
coloris faturate virentis. Found by *Dr. Richardfon* at
Belbank, fcarce half a Mile from *Bingley*, at the Head
of a remarkable Spring, and no where elfe that he knows
of. Figuram vid. Tab. 3. f. 3 & 4. quæ pofterior juniorem defignat plantam.

(Plantæ quidem Capillares rarius obfervantur foliis variegatis;
D. Merret tamen in *Pin. p.* 2. recenfet Adiantum album five
Rutam murariam foliis variegatis in muro ad ædes *D. Wades*
apud *Kilnfey* in Cravonia repertam: & *D. Richardfon* eandem
varietatem ex comitatu Derbienfi in hortum fuum intulit, ubi
per plures annos viguit. *Idem* Filicem fœminam vulgarem invenit, foliis ex albo & viridi variegatis donatam prope *Tong* : &
D. J. Sherard Adiantum nigrum foliis variegatis prope *Nottin-*
gham Caftle obfervavit.)

HERBÆ CAPILLARIBUS AFFI-
NES.

§. OPhiogloffum *J. B. III.* 708. *Ger.* 327. feu Lingua
ferpentina *Park.* 506. primum feu vulgatum *C.*
B. Pin. 354. *Adders-tongue.* In pratis & pafcuis humidis. *(*In a Meadow near the Mill by *Bow, Hackney-*
Marfh; *Mr. Newton.)* · Planta eft fingularis & fui generis, unifolia, fpica linguam ferpentinam imitante, e
medio folio egreffa, plerumque fimplici, interdum gemina.

Vulnerarium eft infigne tum intus fumptum, tum extrinfecus applicatum. Conficitur ex eo oleum, foliis cum oleo
olivarum diutius maceratis, ad omnia vulnera & ulcera com-
mendatiffimum. Pulvis ad ramices valet.

§. Lunaria minor *Ger.* 328. *Park.* 507. botrytis *J. B.*
III. 709. racemofa minor vel vulgaris *C. B. Pin.* 354.
Moonwort. In montibus Eboracenfibus prope *Settle*
oppidum copiofiffime provenit, alibi etiam in montofis
non raro. It is found alfo in cold Paftures and old
Gravel-pits. In *Scadbury* Park, *Kent,* and on *Chifel-*
burft Common; *Mr. Sherard.*

3   Notæ

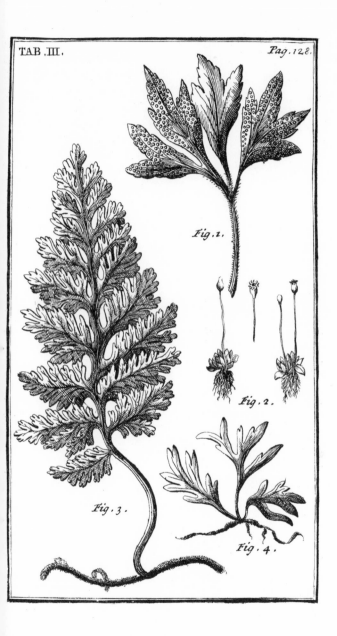

TAB.III.

Pag.128.

Fig.1.

Fig.2.

Fig.3.

Fig.4.

Notæ hujus funt folium fingulare pinnatum, adnatum cauliculo racemulis flofculorum & feminum onufto.

Ex Lunaria Walli unguentum conficiunt, quod regioni re-. num illitum habetur inter certiffima dyfenteriæ remedia; *D. Needham.*

Lunariam minorem ramofam, & Lunariam min. fol. diffeêtis Weftmorland. *D. Lawfon* hujus plantæ varietates effe; non diftinêtas fpecies opinatur. (*D. Doody Syn. II. App.* 340. Lunariam minorem foliis diffeêtis revera diftinêtam fpeciem vult, cum fegmenta feu lunulæ non folum eminenter fint feêtæ, fed planta etiam elatior fit & botrus racemofior. Eft Lunaria botrytis minor pinnulis laciniatis, in Borealibus noftris *Pluk. Alm.* 288. *Mr. Doody* received it from Sir *Th. Willughby,* but hath fince feen it feveral times gathered by our Herb-women.)

§. 1. Lens paluftris *Ger.* 680. *J. B. III.* 784. paluftris vulgaris *C. B. Pin.* 362. paluftris feu aquatica vulgaris *Park.* 1262. *Ducks-meat.* Aquarum ftagnantium fuperficiei innatat, & perfæpe eas totas operit. Notiffima eft planta, nec defcriptione indiget, figura vero nondum proftat nifi in *Cam. Ep.* 852. Vid. Tab. 4. fig. 1.

* 2. Lenticula paluftris major *Commel. Cat. Pl. Holl.* Non tantum multo major eft præcedente, fed in eo etiam differt, quod tenuior fit, fubtus rubeat & fibrillas breviores plures emittat, cum illa vireat, craffior fit & unum folummodo filamentum longius pro radice emittat. In foffis & aquis purioribus paffim occurrit. Vid. Tab. 4. fig. 2.

(*D. Doody* priorem fpeciem annuam dicit, & per totam æftatem incrementum habere per foboles, novis plantulis e majori & veteri enafcentibus, fe enim oculatiffima obfervatione feminalia obfervare non potuiffe. At vero ea in Belgio olim fubtus adnafcentia obfervata *D. Sherardo,* ut videre eft in *Hiftoria Raj. III.* 48. fuffragante *D. Vallifnerio;* Vid. Eph. Germ.)

3. Lenticula aquatica trifulca *C. B. Pin.* 362. *J. B. III.* 786. Hederula aquatica *Ger.* 681. Ranunculus hederaceus aquaticus *Park.* 1216. In aquis cœnofis, quibus ut plurimum immergitur.

Lenti paluftri vis refrigerans, unde in inflammationibus, podagra & ignibus facris convenit. Agglutinat etiam in pueris hernias inteftinorum. *D. Bates* quidem pro fecreto infallibili ad iêterum communicavit infufionem Lentis paluftris in vino albo.

K   §. Equi-

§. Equifetum folia habet fetis fimilia, rotatim circa caules ad genicula nafcentia : tum caulis tum folia pyxidatim articulantur.

1. Equifetum majus *Ger.* 951. majus paluftre *Park.* 1200. majus aquaticum *J. B. III.* 728. paluftre longioribus foliis *C. B. Pin.* 15. *Great Marſh or Water Horſetail.* In paluftribus & aquofis paffim provenit. Scaporum non ramoforum magnitudine altitudineque, necnon prælongis & numerofis circa articulos fetis ab aliis fpeciebus differt.

(Huc referri debet Equifetum paluftre majus foliis longioribus, a *Pet. Conc. Gr. n.* 241. pro nova fpecie præter rationem propofitum.)

2. Equifetum arvenfe longioribus fetis *C. B. Pin.* 16. *Park.* 1202. fegetale *Ger.* 952. minus terreftre *J. B. III.* 730. *Corn Horſe-tail.* Inter fegetes folo humidiore crebro invenitur. Nulla in hujus foliis nobis tractantibus afperitas fentitur. Folia e geniculis interdum folia feu fetas fecundarias emittunt.

* 3. Equifetum nudum minus variegatum Bafileenfe *C. B. Pin.* 16. *Pr.* 25. *J. B. III.* 730. This was firft fhew'd to *Mr. Lawſon* at *Great Salkeld*, but grows in fo great plenty there, and every where on the Banks of the River *Eden*, that he could not but wonder that this was the firft time of its being obferv'd in *England.* 'Tis an early and quickly fading Vernal Plant, which might probably be the Occafion of its not being hitherto taken notice of by thofe curious Gentlemen, who commonly began their Circuits too late in the Year for fuch a Difcovery ; *Th. Robinſon Eſſ. towards a Nat. Hiſt. of Weſtm. and Cumberl. p.* 92. Quibus licet memorata adire loca, confiderent an hoc Equifetum revera conveniat cum defcriptione *C. Bauhini*, vel an non potius fit julus prioris fpecie, qui menfis pæne intervallo caulem ejus antevertit.

4. Equifetum fylvaticum *Tab. Ic.* 253. *Ger.* 953. fylvaticum tenuiffimis fetis *C. B. Pin.* 16. omnium minus tenuifolium *Park.* 1201. *Lob. illuſtr.* 143. Equifetum feu Hippuris tenuiffima non afpera *J. B. III.* 730. *Wood Horſe-tail.* Setas habet omnium tenuiffimas & maxime ramofas, quibus notis ut & lævore fuo a reliquis fuæ fortis facile diftinguitur. In locis humidis fylvarum & umbro-

umbrofis ad rivulos, inque paludofis oritur, non tamen adeo frequens.

* 5. Equifetum fylvaticum, procumbens, fetis uno verfu difpofitis. An prioris varietas? Found by *Mr. Stoneftreet* and *Mr. J. Sherard* in the Wood near *Chiffelhurft.*

* 6. Equifetum paluftre, tenuiffimis & longiffimis fetis *C. B. Pin.* 16. *Prod.* 24. *Buddle H. S.*

* 7. Equifetum paluftre, minus, polyftachion *C. B. Pin.* 16. *Prod.* 24. *Buddle H. S.* Vid. Tab. 5. fig. 3.

* 8. Equifetum pratenfe, longiffimis fetis *C. B. Pin.* 16. *Theat.* 246. *Buddle H. Sicc.* Betwixt *Wandfor* and *Wimbleton,* in the Midway in the Meadows; *Merr. Pin.*

9. Equifetum paluftre *Lob. Ic.* 795. *Ger.* 952. paluftre minus *Park.* 1200. paluftre brevioribus fetis *C. B. Pin.* 15. *The leffer Marfh Horfe-tail.* In paluftribus folo putrido & fpongiofo. Ab Equifeto fegetali differt capitulis feu julis floriferis fummos caules terminantibus, quæ in illo feorfim veluti Afparagi quidam Vere exeunt, antequam caules foliofi oriuntur.

10. Equifetum nudum lævius noftras. *Smooth naked Horfe-tail.* Hæc fpecies apud nos in Anglia vulgo provenit in fluviorum alveis ad ripas, inque rivulis & foffis paluftribus; a fequente autem, ab exteris regionibus ad nos delata, quæ non tantum ligna & offa, fed etiam metalla ipfa velut lima rodit, longe differt. Vid. Tab. 5. fig. 2. lit. *a.* & *b.*

11. Equifetum nudum *Ger.* 951. junceum feu nudum *Park.* 1201. foliis nudum non ramofum feu junceum *C. B. Pin.* 16. *Naked Horfe-tail.* In paluftribus & aquofis. Afperior eft reliquis pallidiorque, & perpetuo etiam viret. Hæc præcipue fpecies eft, cujus junceis virgis materiarii fabri multorum minutorum operum veluti pectinum & manubriorum fcabritiem in lævorem & nitorem expoliunt, unde Anglis non minus quam Germanis *Shave-grafs* dicitur.

In Anglia minus frequens eft hæc fpecies: eam tamen nobis oftendit *Tho. Willifellus* in quadam foffa humida Middletoni in agro Warwicenfi verfus *Drayton* vicum: nuperrime etiam per literas ad me datas ab Amico honorando D. *Joanne Aubrey* certior factus fum, inveniri hoc genus in rivulo quodam prope *Broad-ftitch Abbey* in Comitatu *Wiltonia* copiofe. (At *Stippon* and *Craven* in *Lancafhire,* and in *Rigby* Woods; *Merr. P.*)

* Equifetum læve pæne nudum *Pet. Conc. Gr.* 238. An Equifetum nudum *Tab. Ic.* 251. *Ger.* 955. *Ger. Em.* 1113. *Park.* 1201?

Thefe

Thefe Figures pretty well refemble this Plant. Found by the Rev. *Mr. Buddle* on a new dug Bog on *Hounflow Heath*. *Pet.* Enimvero hæc fynonyma pertinent ad præcedentem fpeciem, nec in *Horto Sicc. Buddl.* alia præter priorem, quæ huc referri queat, fpecies occurrit, ut *Petiverus* novam præter rationem fpeciem commemoraffe videatur.

12. Equifetum foliis nudum ramofum *C. B. Pin.* 16. junceum ramofum *Park.* 1207. *Branched naked Horfetail.* In *Bocking* River plentifully. *Mr. Dale.*

Adftringit valide: hinc in hæmorrhagiis fiftendis, profluvio muliebri, dyfenteria, reliquifque alvi fluxibus, exulceratione renum, veficæ & inteftinorum tenuium, ftrenuum & generofum eft remedium.

(Quæ nunc fequuntur plantæ pro Equifeti fpeciebus hactenus habitæ, in tantum ab iis recedunt, ut merito fejungi & fub peculiari genere tradi mereantur. Si cui ufitatum hactenus Hippuridis, ob fimilem, quamvis non eandem plane cum Equifeto fignificationem difpliceat, is Charæ nomen a *Clar. Vaillantio* inditum eligat.)

§. 1. Chara vulgaris fœtida *Comm. Acad. R. Sc. Ann.* 1719. *p.* 17. *n.* 1. *T.* 3. *f.* 1. Equifetum fœtidum fub aqua repens *J. B. III.* 731. *C. B. Pin.* 16. *Pr.* 25. *Ger. Em.* 1115. *Park.* 1201. In aquis cœnofis frequens. Incana eft & fragilis aqua extracta. (In *St. George's* Fields in all the Ditches ; *Merr. Pin.*)

2. Chara major fubcinerea fragilis *Comm. Acad. R. Sc. A.* 1719. *p.* 18. *n.* 2. Equifetum fragile majus fubcinereum aquis immerfum *H. Ox. III. p.* 621. *T.* 4. *S.* 15. *f.* 9. feu Hippuris coralloides *Ger. Em.* 1115. feu Hippuris lacuftris foliis manfu arenofis Gefnero *Pluk. Alm.* 135. *T.* 29. *f.* 4. Valde fragilis eft & fub dentibus fcrupofa, Corallinæ inftar. On a *Bog* by *Smockhall*, a Wood nigh *Bath* ; near *Chiffelhurft* in *Kent* ; and alfo at *Evanfham-Ferry* three Miles from *Oxford.* (In pifcina prope molendinum haud longe a villa Beforfleigh ; *Bobart.*)

(In aqua longius excrefcit & erigitur, ut a *Bobarto* exhibetur, locis paluftribus & ubi aqua minus abundat, humilior eft & repit, cujufmodi prope *Chiffelhurft* obfervari folet. Setæ ad genicula nunc nudæ funt, nunc fpinulis exafperantur, præfertim fuperiora verfus.)

3. Chara major caulibus fpinofis *Comm. Ac. R. Sc. Ann.* 1719. *p.* 18. *n.* 3. *T.* 3. *f.* 3. Equifetum mufcofum fub aquis repens femine Lithofpermi D. Sherard. *Syn. II.* 43. 11. feu Hippuris mufcofus fub aqua repens

in

in Hibernia *Pluk. Alm.* 135. *T.* 193. *f.* 6. In the Turf-Bogs in *Ireland.* Caulis huic contortus, crebris fpinulis obfitus.

4. Chara minor caulibus & foliis tenuiffimis *Comm. Ac. R. Sc. A.* 1719. *p.* 18. *n.* 6. Equifetum minus fub aqua repens ad genicula polyfpermon D. Sherard. *Syn. II.* 43. 10. Elegans eft plantula, ramulis & foliis tenuibus. In Sir *Phil. Carteret's* Fifhponds in the Ifle of *Jerfey.* (Found in *Peckham* Fields, (not in the great Ditches) with fmall brown fhining Seeds lying naked upon the Joints of the Leaves, in a Gutter; *D. Doody Ann.* Forte Equifeti fœtidi fecunda fpecies D. Prefton *Raj. Hift. III.* 104.)

* 5. Chara tranflucens minor flexilis. Equifetum minus aquis immerfum polyfpermon *Buddl. H. S. Vol. IV. fol.* 10. Frequent in the Ponds about *Henly* not far from *Ipfwich*; *Buddl.* In a Bog where the ftinking Spaw empties it felf nigh *Knaisborow*; *Dr. Richardf.* Forte Equifetum non fœtens fub aquis repens D. Prefton *Raj. Hift. III.* 104.

K 3   GENUS

Genus Quintum.

HERBÆ FLORE IMPER-
FECTO SEU STAMINEO,
(VEL APETALO POTIUS.)

HERBÆ quarum femina non adeo minuta funt ut
fingula vifum fugiant, vel funt plantula feminali binis foliis feu lobis anomalis, feminalibus
dictis, donata; vel eadem foliis feu lobis ejufmodi feminalibus carente, primaque germinatione folia fequentibus fimilia efferente. [*Seu lobis*] addidi, quia femina
nonnulla lobos fuos feminales foliorum fpecie fupra
terram non efferunt, ut v. g. Pifa, quæ tamen ad primum genus pertinent. Priores vel funt flore imperfecto
ftamineove, de quibus hoc in loco agimus, vel perfecto.

Herbæ flore imperfecto nobis dictæ funt, quæ foliis
illis tenellis, fugacibus, coloratis, Petala nobis dici fo-
litis, carent : ut earum flores folis ftaminibus (vel apicibus etiam folis) cum perianthio conftent.

Cum ergo petala multarum ftirpium floribus defint, ftamina cum apicibus paucilfimarum, hinc colligitur ftamina non effe partem otiofam & fuperfluam, fed potius
valde utilem & neceffariam. Hinc etiam confirmatur
fententia opinantium pulverem in apicibus ftaminum
contentum, Spermatis mafculini vicem præftare.

I. *Herbæ flore imperfecto feu Apetalo, fta-*
minibus carente.

§. Potamogiton maritimum gramineis longioribus foliis, fructu fere umbellato *Pluk. Alm.* 305. maritimum
pufillum alterum *Raj. Hift. I.* 190. 10. maritimum pufillum alterum, feminibus fingulis longis pediculis infidentibus *Ejufd. Syn. II.* 62. 10. *Pluk. Ph. T.* 248. *f.* 4.
comofum *Pet. H. B.* 6. 1.

(Eft

(Est novum plantæ genus, cujus flores, quantum discernere licuit, a fructu remoti nascuntur; namque infra hunc e foliorum alis ex peculiari vagina prodit pediculus oblongus, glomeratim, velut in julo parvo, congestos apices vid. Tab. 6. fig. 1. a. b. (absque staminibus & calycibus) gerens, duplici versu, quaternis plerumque in unoquoque latere congestis, dispositos, qui per maturitatem extra aquæ superficiem attolluntur & bifariam d. rumpi solent. In aliis vero ejusdem plantæ locis & plerumque supra flores ante horum ortum disposita hinc inde conspiciuntur semina e. f. g. nuda, oblongo-rotunda, pediculis oblongis insidentia, quæ ad basin connexa uno pediculo communi sustentantur. Ceterum observari meretur tum ad apices hinc inde h. i. tum ad semina ad pediculorum basin K. corpuscula velut styliformia c. terna & quaterna conjuncta reperiri, quæ non nisi semina fatua & embryones steriles videntur, cum mox marcescere & decidere soleant. Variat foliis brevioribus & longioribus. Id quod foliis est longioribus, vocatur a *Rajo in Hist. I. p. 190. n. 9. & Syn. II. 62. 9.* Potamogeton pusillum maritimum folio gramineo, quod cum accidentali saltem ratione a descripto differat, minime ab eo sejungi debet. Ejus ex veteri herbaria doctrina synonyma sunt: Fucus ferulaceus *Lob. lc. T. II. 255.* (fig. bon.) folliculaceus Fœniculi folio longiore *C. B. Pin. 365. n. 6.* it. Gramen marinum fluitans cornutum *Ej. Pr. p. 7. n. 17.* Gr. aquæ innatans cum utriculis, seu Fœniculacea marina *J. B. III. 784.* In fossis palustribus via quæ a Camaloduno ad *Goldhanger* ducit invenit *Rajus,* aliisque similibus locis nasci existimat, viditque eam copiose nascentem in Insulæ *Shepey* fossis observationis auctor *D. Dillenius.*

1. Hydroceratophyllon folio aspero, quatuor cornibus armato *Comm. Ac. R. Sc. An. 1719. p. 16. n. 1. T. 2. f. 21.* Millefolium aquaticum Equisetifolium, seu Equisetum ramosum aquis immersum *Cat. Cant. Syn. II. 280.* Equisetum sub aqua repens foliis bifurcis *Fl. Pr. 67. lc. 12.* Potamogeito affinis, Equiseti facie τριχόφυλλ☉ *Pluk. Amalth. 177.* In aquis pigrioribus, præsertim circa Cantabrigiam frequens.

* 2. Hydroceratophyllon folio lævi, octo cornibus armato *Comm. Ac. R. Sc. A. 1719. p. 16. n. 1. T. 2. f. 2.* Huic semen læve non spinosum, cum prioris aculeatum sit, folia lævia tenuiora, crebrius divisa. In fossis juxta viam quæ ab urbe *Chichester* ad Insulam *Selsey* ducit observavere *D. Manningham* & *D. Dillenius.*

§. Aponogeton aquaticum graminifolium, staminibus singularibus *Ponted. Anth.* 117. Algoides vulgaris *Comm. Ac. R. Sc. A.* 1719. *p.* 12. *T.* 1. *f.* 1. Potamogiton cornu-

cornutum *Pet. H. Br.* 6. 2. Potamogitoni fimilis graminifolia aquatica *Raj. H. I.* 190. *Syn. II.* 281. Pota-
mogito fimilis graminifolia ramofa & ad genicula poly-
ceratos *Pluk Alm.* 305. *T.* 102. *f.* 7. Potamogeton capillaceum capitulis ad alas trifidis *C. B. Pin.* 193. *Pr.*
101. Corniculis recurvis, tribus quatuorve fimul in foliorum alis feffilibus, foliifque gramineis a reliquis difcretu facilis eft. Paffim in paluftribus, ut v. gr. ad templum
Divi Pancratii prope Londinum.

§. Limnopeuce *Cord. Hift.* 150. vulgaris *Comm. Ac.
R. Sc. A.* 1719. *p.* 15. *T.* 1. *f.* 3. Equifetum paluftre
brevioribus foliis polyfpermon *C. B. Pin.* 15. *Th.* 242.
paluftre alterum brevioribus fetis *Park.* 1200. Equifeti
facie Polygonum fœmina *J. B. III.* 732. Cauda equina
fœmina *Ger.* 953. In lacubus & ftagnis, & ad fluviorum ripas in aquis aut limo oritur, fed rarius.

* Equifetum paluftre Linariæ fcopariæ folio *C. B. Pin.*
15. *Pr.* 24. Prioris infignis varietas. Found by *Mr.
Dandridge.*

§. Graminifolia paluftris repens, vafculis granorum
Piperis æmulis *Syn. II.* 281. Mufcus aureus capillaris
paluftris inter foliola folliculis rotundis (ex fententia
D. Doody) quadripartitis *Pluk. Alm.* 256. *T.* 48. *f.* 1.
Gramen piperinum *Merr. Pin.* Perexigua hæc plantula
per terram repit foliis capillaceis. In alis foliorum globulos feffiles profert granorum Piperis magnitudine fere, feminibus albis refertos.

Vafcula quadripartita funt, multa femina minuta continentia:
flores nondum obfervavi ; *D. Doody* ; cui a *D. Plukenet* oftenfa
eft in puteis, ubi per hyemem aquæ ftagnarant, prope fontes
medicatos *Strethamenfes.* Poftea ipfe etiam in ericeto *Hounflejano* verfus *Hampton* invenit ; *Syn. II. App.* 344. (An hujus
proprie loci fit dubium. Character fane ipfius diligentius examinari meretur.)

II. Herbæ flore Apetalo, staminibus donato.

1. *Calyce vel nullo (fecundum* Tournefortium) *vel monophyllo & indivifo.*

1. Salicornia *Cor. Inft. R. H.* 51. feu Kali genicula-
tum *Ger. Em.* 535. *Park.* 280. *C. B. Pin.* 289. *Jointed
Glafswort or Saltwort.* In falfis maritimis copiofiffime.
(Eft vel elatius & viride, vel humilius & rubefcens.)

2. Kali geniculatum perenne fruticofius procumbens
Syn. II. 67. 2. geniculatum lignofum *Pet. H. Br.* 9. 4.

Prope

Prope Infulam *Shepey* a *D. Hans Sloane* Angl. Bar.
inventum. (Copiofius provenit in Infula Thamefis
Grain vocata. Defcriptio Kali geniculati five Salicorniæ
J. B. III. 704. huic quadrat, figura autem pagina antece-
dente habetur.)

Præter has duas fpecies aliæ tres, vel notabiles faltem varietates obfervatæ a *D. Stoneftreet*, nempe

* 3. Salicornia myofuroides procumbens, furculis longiffimis. Found on a little Salt-marfh on the Eaft Side
of *Pool.*

* 4. Salicornia ramofior procumbens, foliis brevibus
purpurafcentibus. Ibidem reperta.

* 5. Salicornia erecta, foliis brevibus, cupreffiforme.
Ibid.

Salicornia quod foliis careat, quodque furculis fit
teretibus, viridibus fucculentis, e quibufdam velut fquamis pyxidatim geniculatis compofitis, fub quibus femina
occultantur, ab aliis plantis facile diftinguitur.

Noftrates furculis admodum Crithmi præparatis & muria
conditis ad acuendum appetitum utuntur hyberno tempore in
acetariis & condimentis, & *Marfh-Sampire*, i. e. Crithmum
paluftre nuncupant.

Modum conficiendi Salis Alkali e Kali vel Salicornia ufta vide apud *J. Bauhinum*. Noftrates circa Whitby oppidum in littore Eboracenfi ex Alga & Fuco marino aggefto & incenfo,
raftro ferreo inter urendum materiam agitantes, *Kelp* dictum
falis Alkali genus parant, ad vitra conficienda idoneum.

2. *Calyce donatæ in plures lacinias divifo.*

A. *Flore a femine fejuncto vel totis plantis, qua fexu differre dicuntur, vel in eadem.*

§. Lupulus mas & fœmina *J. B. II.* 151. *C. B. Pin.*
298. non enim fpecie differunt. 1. feu fativus & 2. feu
fylveftris *Park.* 176. cum non aliter quam magnitudine
difcrepent. Lupus falictarius *Ger.* 737. *Hops the male
and female.* In fepibus ad margines pratorum humen-
tium. Non ante Julium menfem floret. Hinc rhyth-
mus ille Anglicus:

    'Till St. James's *Day be come and gone,*
    You may have Hops, or you may have none.

Fructus initio Septembris maturi funt.

Notæ Lupuli charateristicæ funt caules volubiles,
fructus fquamofi in racemis laxis. Ufus ad condiendam
cerevifiam ne cito acefcat, &c. vid. *Meth. Em. p.* 18.

De ufu fructuum hujus herbæ ad cerevifiam condiendam, quo diutius incorrupta ætatem ferat, agere, effet lucernam foli accendere. Quod ad vires eorundem in medicina, menfes & urinam ciere, proinde & calculum pellere, quanquam nonnulli repugnant, ictero & hypochondriacis affectibus conducere creduntur, confule *Hift. noft.*

Turiones Lupuli Afparagorum more verno tempore coquuntur, menfifque adhibentur: quorum efu fanguis purgatur, alvus folvitur, hepar & lien obftructionibus liberantur.

An. §. Cannabis fativa *C. B. Pin.* 320. mas & fœmina *J. B. III.* 447. I. feu mas & II. feu fœmina *Ger. Em.* 708. fativa mas & fœmina *Park.* 597. *Hemp the male and female, or Winter and Summer Hemp.* Sponte quod fciam, apud nos non exit, fed vulgo feritur in agris & hortis.

Notæ hujus Characterifticæ funt folia digitata, corticis filamenta valida & tenacia, ad funes & linteamina texenda idonea, atque hic præcipuus eft herbæ ufus.

Semen, fi copiofius fumatur, extinguere genituram a Veteribus eofque fecutis recentiorum multis traditur. At *Olearius* in Itinerario Cannabis tum femen tum herbam apud Perfas aliofque populos Orientales in frequenti ufu effe afferit ad Venerem excitandam. Qu. annon Olearius *Bangue* herbam Cannabi quidem fimilem fed diverfam, qua Indos & Perfas ad Venerem irritandam uti notum eft, per errorem pro Cannabe habuerit. Lacte decoctum tuffi opitulatur & ictericos fanat. Ab aviculis appetitur, quas mirum in modum faginat: gallinas etiam fi parca manu præbeatur ovorum feraciores reddit. Vid. *Hift. noft. p.* 158.

§. 1. Mercurialis perennis repens Cynocrambe dicta. Cynocrambe mas & fœmina *Ger. Em.* 333. mas & fœmina feu Mercurialis repens *J. B. II.* 979. Mercur. fylveftris Cynocrambe dicta vulgaris, mas & fœmina *Park.* 295. Merc. montana tefticulata, & Mercur. montana fpicata *C. B. Pin.* 122. *Dogs-Mercury.* In fylvis & fepibus.

Mercurialis notæ genericæ funt folia in caule bina adverfa: femina bina, vafculis inclufa, tefticulos imitantibus.

Olerum more coctam, & oleo ac fale conditam inter medicamenta ferofitates benigne evacuantia enumerat *Prævotius in Lib. de Medicina Pauperum.*

Herbæ hujufce intra corpus liberalius affumptæ malignam & venenatam vim trifti experimento nuper didicimus. Siquidem a muliere quadam *Salopienfi* in agris collecta, & una cum lardo

do feu porcina falita & infumata, (*Bacon* noftrates vocant,) frixa,
& pro cœnâ a feipfa cum marito & tribus liberis comefa, fu-
nefta fymptomata excitavit. Nam liberi poftquam decubuif-
fent, & duas circiter horas in lecto dormiiffent exporrecti, gra-
viter ægrotarunt; igni autem a parentibus admoti per vomitum
& fedem aliquoties purgati funt, & poft femihoram iterum ob-
dormierunt; omnibufque gravi fopore oppreffis unus non ante
triduum exactum evigilans & tum oculos tantum leviter aperiens, convulfus illico exfpiravit. Reliqui duo poft 24 horas
exporrecti, ἄνω κỳ κάτω iterum purgati evaferunt. Vir, utpote robuftior, & firmiore vifcerum conftitutione veneni vim
haud difficulter eluctatus, poft fomnum duntaxat folito longiorem ad confuetum laborem & quotidiana munia egreffus, non
aliud incommodum fenfit, quam igneum in mento ardorem,
cui leniendo per totum diem mentum aquæ frigidæ fubinde im-
mergere coactus eft. Mulier poft fomnum diuturniorem male
aliquantum fe habuit, & ægre tandem poft multos dies conva-
luit; *D. Sloane Syn. II. Indic.*

2. Mercurialis annua glabra vulgaris. Mercurialis
mas & fœmina *J. B. II.* 977. vulgaris mas & fœmina
Park. 295. Merc. mas & Merc. fœmina *Ger.* 332. Merc.
tefticulata feu mas Diofcoridis & Plinii, & Merc. fpicata feu fœmina Eorundem *C. B. Pin.* 121. *French Mercury
the male and female.* On the Sea Beach near *Ryde* in
the Ifle of *Wight* plentifully.

Emollit & abftergit, unde in enematis frequentiffima. Succus illitus verrucas tollit. Semen cum Abfinthio decoctum
ictericos mirifice juvat.

§. Urticæ notæ funt folia in caulibus bina, ex adverfo fita; flofculorum & feminum ad fingulos nodos racemuli quatuor in crucis formam difpofiti; femina folitaria binis valvulis conniventibus inclufa; fpinulæ morda-
ces, pungendo urentes, toti plantæ fuperficiei innatæ.

In eadem planta racemuli nonnulli & globuli feminiferi funt, alii floriferi; unde Urticæ fexu diftinctæ non funt.

1. Urtica racemifera major perennis. Urtica major
vulgaris *J. B. III.* 445. major vulgaris & media fylveftris *Park.* 440. urens *Ger.* 570. urens I. & II. feu urens
maxima & altera urens *C. B. Pin.* 232. *Common fling-
ing Nettle.* Ad fepes & in locis ruderatis.

Quomodo Urticarum fpinulæ pruriginem hanc excitent oftendit *D. Hookius* in *Micrographia.* Spinulæ fc. intus concavæ funt
& fiftulofæ, mucronibus acutis, unde tactu lævi cutem facile
perforant. Singulæ autem folliculo cuidam liquore venenofo
repleto innafcuntur; qui ad fpinularum tactum compreffus per
earun-

earundem cava liquorem ſuum in cutem perforatam ſeu carnem transfundit, qui cum ſanguine ejuſve ſero miſtus & ebulliens, pruriginem illam moleſtam & puſtulas excitat.

2. Urtica minor *Ger.* 570. minor annua *J. B. III.* 446. urens minor *C. B. Pin.* 232. racemifera minor annua. *The leſſer ſtinging Nettle.*

3. Urtica pilulifera folio profundius Urticæ majoris in modum ſerrato, ſemine magno lini. Urtica romana *Ger.* 570. *Park.* 440. Romana ſeu mas cum globulis *J. B. III.* 445. urens, pilulas ferens, prima Dioſcoridis, ſemine Lini *C. B. Pin.* 232. *Common* Roman *Nettle.* I found it plentifully in *Great Yarmouth* in *Norfolk* near the Key; as alſo about *Aldborough* in *Suffolk*, and elſewhere on that Coaſt. *Parkinſon* ſaith it hath been found growing of old at *Lidde* by *Romney*, and in the Streets of *Romney* in *Kent.*

Diuretica eſt & lithontriptica, peculiariterque Cicutæ adverſari dicitur ut & Hyoſcyamo ac Mandragoræ. Radix Urticæ majoris commendatur maximopere ad icterum.

§. Xanthium ſeu Lappa minor *J. B. III.* 572. *Park.* 1222. Lappa minor Xanthium Dioſcoridis *C. B. Pin.* 198. Bardana minor *Ger.* 664. *The leſſer Burdock.* Apud nos rarius occurrit. I found it once in the Road from *Portſmouth* to *London*, ſome three Miles from *Portſmouth*, *Tho. Williſel* at *Dulwich* near *London.* (In a Bog beyond Peckham; *Merr. Pin.* In the Road at *Dulwich* a little on this Side the College juſt by the Stile going the Foot-way from thence to London; *Mr. Newton.*) Gaudet ſolo læto ac pingui: In tranſmarinis ad rivulos & in aquoſis ſcrobibus ſæpius obſervavi. Planta eſt annua.

Notæ ejus ſunt præter flores ſtamineos a fructu remotos, fructus durus echinatus binis cellulis bina ſemina continens.

B. *Herba flore imperfecto quarum ſemina floribus contigua, & primo ſemine triquetro.*

§. 1. Lapathum maximum aquaticum ſive Hydrolapathum *J. B. II.* 986. Hydrol. magnum *Ger.* 312. majus *Park.* 1225. Lapathum aquaticum folio cubitali *C. B. Pin.* 116. Lapathum longifolium nigrum paluſtre, ſive Britannica antiquorum vera, vel Hydrolapathum nigrum *Munting.* *Great Water-Dock.* In aquoſis, paluſtribus

ac

ac ftagnantibus locis, rivis & foffis majoribus, in ipfis aquis vadofis, raro extra eas. Magnitudine fua & loco natali a reliquis Lapathis differt.

Muntingius integrum librum fcripfit de Britannica Antiquorum vera, (h. e. Hydrolapatho magno, ut nobis videtur) deque ejus viribus & ufu ad Scorbutum præcipue, quem confule, vel *Hift. noft. p.* 172.

2. Lapathum vulgare folio obtufo *J. B. II.* 984. fylv. folio fubrotundo *C. B. Pin.* 115. fylv. vulgatius *Park.* 1225. fylv. folio minus acuto *Ger. Em.* 388. *The moft common broad-leaved wild Dock.* In locis humidioribus, in areis pagorum ad ftabula plerumque oriri folet.

In hoc genere flores & femina, caules & ramulos verticillatim ambiunt. Foliola illa quæ vafculum feminale efficiunt, quofdam quafi dentes in marginibus obtinent; Semen pallidius eft quam Oxylapathi crifpi. Hydrolapatho magnitudine proximum eft, & figura fimile.

3. Lapathum folio acuto crifpo *C. B. Pin.* 115. acutum crifpum *J. B. II.* 988. acutum minus *Park.* 226. male; acuti varietas folio crifpo *Ger. Em.* 387. *Sharp-pointed Dock with curled Leaves.* Cum priore, nec eo minus frequens.

Folia hujus anguftiora funt quam præcedentis, longiora, faturatius viridia, nonnihil acida. Semen adeo confertim nafcitur, ut caules penitus contegat & occultet, præcedenti magnitudine par fed rubicundius: Vafcula infuper feminalia præcedentis æmula, verum ad margines plana nec ullis denticellis prædita.

* 4. Lapathum acutum anguftifolium, non crifpum, tertio perfimile. Invenitur in aquofis. q. an diftinɛta fit fpecies? *D. Doody.*

* 5. Lapathum acutum minimum *Ger.* 311. *Park.* 1224. *J. B. III.* 984. *Pet. H. Br. T.* 3. f. 4. minimum *C. B. Pin.* 115. A 7. fpecie in eo differt, quod magis tortuofum fit Bononienfis prope inftar, verticillis crebrioribus & denfioribus, foliolis verticillis fubjeɛtis brevioribus. Paffim locis humidis.

* 6. Lapathum viride *Pet. H. Br. T.* 2. f. 6. fylvaticum acutum, foliolis ad fingulos verticillos non appofitis *Buddle H. S. Vol. IV. fol.* 14. Simile eft Lapatho folio acuto rubente *C. B.* nifi quod folia fanguineis venis non diftinɛta fint.

7. Lapathum acutum *Ger.* 311. *defcr.* acutum feu Oxy-lapathum *J. B. II.* 983. acutum majus *Park.* 1224. folio acuto, plano *C. B. Pin.* 115. acutum in aquofis naf-cens, foliolis ad fingulos verticillos appofitis *Buddle H. S. Vol. IV. fol.* 14. acutum planum *Pet. H. Br. T.* 2. *f.* 3. *Sharp-pointed Dock.* In incultis & aquofis paffim.

Hujus flores ad intervalla verticillatim nafcuntur, fingulis fe-re verticillis appofito foliolo ligulæ inftar : Semen plus duplo minus quam præcedentium.

8. Lapathum pulchrum Bononienfe finuatum *J. B. II.* 288. *Fiddle-Dock.* In *St. James's* Fields at *Weſtmin-ſter*, all over *St. George's* Fields in *Southwark*, and elfe-where. Oxylapatho non multum diffimile eft, præter-quam foliorum figura utrinque finuata.

Ex Obfervatione *Doody* humilius eft priori, & peculiari modo ramulos incurvatos brachiorum inftar lateraliter protru-dit ; quin & femina majora funt, & eorum involucra marginibus fuis dentata ; *Syn. II. App.* 343.

9. Lapathum folio acuto, flore aureo *C. B. Pin.* 115. Anthoxanthon *J. B. II.* 988. (fig. mal.) angu-ſtifolium, polyfpermon *Merr. Pin.* aureum glomeru-lis denfis *Pet. H. Br. T.* 2. *f.* 8. *Golden-Dock.* In pa-luftribus aliquoties vidi & collegi. v. gr. circa *Crowland* oppidum in Com. Lincoln. ad Trentam fluvium prope *Swarſton* vicum in Derbia, &c. (betwixt *Hithe* and the Sea in a Pond ; *Mr. J. Sherard.*)

Hujus femina perexigua funt & pallidiora quam cæterorum, folia etiam pallidiora & anguftiora.

* 10. Lapathum aureum *Pet. H. Br. T.* 2. *f.* 7. lon-go anguftoque folio, Anthoxantho plurimum accedens, verticillis rarioribus caulem cingentibus, femine majori *Pluk. Mant.* 112. Hydrolapathum minus *Lob. Ic.* 286. *Park.* 1225. In *St. George's-Fields*, by *Lamb's-Conduit*, and many Places about London ; *Mr. Doody.* Ad *Annifyclear*, in the Ditch by the Road, on the left Hand before you go to *Hoxton* Square ; *Mr. J. Sherard.* In *Tothill-fields* ; *Mr. Rand.*

11. Lapathum folio acuto rubente *C. B. Pin.* 115. Vulgo Lapathum fanguineum. Sicubi occurrat in viis publicis & ad femitas, hortorum rejeĉtamentis originem fuam debere fufpicor. (*Merretus* tamen in *Pin.* locis fylvofis circa Hamftedium provenire ait.)

Lapathi fanguinei 1 *fcrup.* vel *drachm. fem.* leviter in mortario tufi, in vino Canarienfi leniter calefaĉtum & per linteum ex-

preffum

preſſum atrocem alvi fluxum ſopire experimentum eſt *Volcka-*
meri Ephem. Germ. Ann. 11. *Obſ.* 180. *p.* 411.

Ceterum Lapathi notæ genericæ ſunt calyx ſex foliolis
conſtans, quorum tria interiora magnitudine aucta &
conniventia ſemen triquetrum, ſplendens, & plerumque
ſpadiceum aut nigricans, amplectuntur.

12. Lapathum acetoſum vulgare. Acetoſa vulgaris
Park. 742. pratenſis *C. B. Pin.* 114. Oxalis vulgaris
folio longo *J. B. II.* 989. Ox. ſeu acetoſa *Ger.* 319.
Common Sorrel. In pratis & paſcuis.

* 12. Acetoſa montana maxima *C. B. Pin.* 114. Oxalis ſylvatica maxima *J. B. II.* 990. In rupibus maritimis prope *Harlech* in Comitatu Merionethenſi collegit
D. Lhwyd.

13. Lapathum acetoſum repens lanceolatum. Acetoſa arvenſis lanceolata *C. B. Pin.* 114. minor lanceolata *Park.* 744. Oxalis tenuifolia *Ger.* 320. parva auriculata repens *J. B. II.* 992. *Sheeps Sorrel.* In arenoſis &
ſiccioribus. (Hujus duæ ſunt ſpecies ; *D. Doody.* Vel potius ſexu differentes plantæ, mas nempe & fœmina :
Acetoſa lanceolata & Acetoſa lanceolata mas *Pet. H.*
Br. T. 3. *f.* 2. 3. Vid. *Cat. Giſſ.* 52.)

Oxalida minorem *Ger.* 321. ad hoc caput refero ; nec
enim ſpecie, ſed accidentibus tantum ratione loci differre
exiſtimo.

Semen exhibitum [in pulv.] alvi fluxus quoſcunque ſiſtit.
Folia e contra alvum ſubducunt. Radix uſus crebri eſt in ſcabie extergenda & ſiccanda idque extrinſecus potiſſimum in lotionibus ; *Schrod.* Aqua Oxylapathi deſtillata puſtulas, alphos,
ionthos, vitiligines, lichenas, omneſque cutis maculas delere creditur. Radix cereviſiæ infuſa laudatiſſimum antiſcorbuticum
habetur ; *Willis de Scorbuto.* Decocta in ictero ſanando uſus eſt
eximii.

14. Acetoſa rotundifolia repens Eboracenſis, folio
in medio deliquium patiente *Moriſ. H. Ox.* 583.
10. *S. V. App. T.* 36. repens Weſtmorlandica, Cochleariæ foliis apicibus nonnihil ſinuatis *Pluk. Alm.* 8. *T.* 252.
f. 2. Cambro-britannica montana *Park.* 745. *Round-*
leafed Mountain Sorrel. Copioſe provenit juxta ſcaturigines aquarum, in cautibus clivoſis montis *Snowdon*
ſupra vicum *Lhandberis*, necnon ad rivulos in confrago-
ſis rupibus montis *Cader-Idris*, ſupra lacum quendam
noſtratibus *Lliny cau* dictum ; *D. Lhwyd*, qui Acetoſam
Cochleariæ folio montanam eam vocat. Eandem in
Weſt-

Weftmorlandiæ & Cumberlandiæ montofis obfervavit
D. Lawfon, & nos etiam olim; verum obiter & incu-
riofius fpectatam proAcetofa Romana rotundifolia habuimus.

Acetofa Cambrobritannica a Generofo quodam in hortum
tranflata poft duos trefve annos cultura faciem mutavit, & Acetofæ Rom. vulgaris rotundifoliæ vultum & formam induit, ut
ab ea dignofci amplius nequiret: ut fibi narratum *D. Lhwyd* ad
nos fcripfit: unde a Weftmorlandica fpecie diftinctam fufpicor.
Siquidem Weftmorlandica illa fpeciem in hortos tranflata nunquam mutat, fed per multos annos invariata perfeverat, ut a
D. Joan. Fitz-roberts certior factus fum.   In *Longfledale* near
Buckbarrow-well, and all along the Rivulet that runs by the
Well, for a Mile or more.   *Idem*.   (Plantam hanc non tantum
in Weftmorlandia, fed etiam Cambriæ montibus collectam, in
hortum fuum tranftulit *D. Richardfon*, ubi diu floruit, nec faciem mutavit.)

Refrig. & ficc. appetitum excitat, fitim fedat, choleram reprimit, putredini refiftit, unde in febribus biliofis fimplicibus
ac peftilentibus utiliffima habetur, feu fuccum expreffum jufculis & forbitionibus immifcere, feu folia iifdem incoquere ma-
lueris. Aqua deftillata eifdem ufibus inferviet hyemis tempore,
quamvis debilior fit.   Herba æftivis menfibus acetariis & condimentis infervit.

An §. 1. Fegopyrum *Dod. Pemp.* 511. Tragopyrum
Ger. Em. 89. *Park.* 1141. Fagotriticum *J. B. II.* 993.
Eryfimum Theophrafti, folio hederaceo *C. B. Pin.* 27.
Buck-wheat or Brank.   Seritur in agris.

Ufus hujus ad pultes, ac panem etiam pro plebeiis, ad pullos
faginandos: quin e feminibus oleum exprimitur in Belgio.

An. 2. Fegopyrum fcandens fylveftre. Convolvulus
minor Atriplicis folio *Park.* 171. 172. Volubilis nigra
Ger. 713. Convolvulus minor femine triangulo *C. B.
Pin.* 295. Helxine femine triangulo *J. B. II.* 157. *Black
Bindweed*. Inter fegetes, inque hortis & vineis, locifque
cultis.

Hujus notæ characterifticæ funt calyces, in illa præfertim fpecie pentaphylli fpeciofi, in fpicis e foliorum
alis egreffis.   Semine triquetro cum congeneribus convenit, ejus tamen colore fordidiore & farina efculenta
ab iifdem differt.

An. §. 1. Perficaria vulgaris acris feu Hydropiper
J. B. III. 780. vulg. acris feu minor *Park.* 856. urens
feu Hydropiper *C. B. Pin.* 101. Hydropiper *Ger.* 361.

Water-

Water-pepper, Lakeweed or Arſmart. In aquoſis naſcitur ad rivulos & foſſas.

An. 2. Perſicaria puſilla repens *Ger. Em.* 446. *Park.*
857. minor *C. B. Pin.* 101. *H. Ox. II. S. V. T.* 29.
Small creeping Arſmart. In pratis humidis & aquoſis.

3. Perſicaria anguſtifolia ex ſingulis geniculis florens
M. P. 90. Perſicaria anguſtifolia *C. B. Pin.* 101. *Pr.* 43.
Narrow-leaved Lakeweed. This I found the laſt Autumn with the common Arſmart on the Ditch-banks
in the Meadows beyond the Lord *Peterborough*'s Houſe
at *Weſtminſter*; *Petiv. Syn. II. App.* 324.

An. 4. Perſicaria maculoſa *Ger.* 361. mitis *J. B. III.*
779. vulgaris mitis ſeu maculoſa *Park.* 856. mitis maculoſa & non maculoſa *C. B. Pin.* 101. *Dead or ſpot-
ted Arſmart.* In rivulis & ad aquas, non raro & inter
ſegetes, locis humidioribus. Folia macula nigra ſæpius notantur, interdum ea carent. Florum ſpicæ breviores, denſiores & habitiores ſunt quam Perſ. urentis, plerunque dilute rubent, interdum albicant.

* 5. Perſicaria folio ſubtus incano *Inſt. R. H.* 510.
maculoſa incana *Pet. H. Br.* 3. 8. Paſſim circa Londinum.

6. Perſicaria mitis major, foliis pallidioribus *D. Bobarti. Dead Arſmart the greater with pale Leaves.*

Planta eſt erecta, tripedalis, caule digiti craſſitudine, geniculis
protuberantibus, in arbuſculam quaſi fruteſcens. Folia pal-
maria & dodrantalia, binas uncias lata, pallida, albedine aſperſa,
nunc maculata, nunc immaculata, Spicæ quam vulgari craſſiores,
ponderoſæ frequenter dependent: Semina quoque majora. In
the Lands and Furrows of *Hedington* Field, above St. *Bartholo-
mew*'s Hoſpital, half a Mile from *Oxford*, ſufficiently plentiful.
A *D. Jacobo Bobarto* obſervata & deſcripta eſt.

* 7. Perſicaria foliis Salicis albæ vulgaris *Buddl. Hort.
Sicc. Vol. IV. f.* 20. argentea *Pet. H. Br.* 3. 9.

* 8. Perſicaria latifolia geniculata, caulibus maculatis
D. Rand. Paſſim circa Londinum.

9. Perſicaria Salicis folio perennis, Potamogiton anguſtifolium dicta. Potamogiton anguſtifolium *Ger.* 675.
Pot. 2. ſeu Salicis folio *C. B. Pin.* 139. Potamogiton
ſeu Fontalis Perſicariæ foliis *J. B. III.* 777. Fontalis
major longifolia *Park.* 1254. *Perennial Willow-leaved
Arſmart, commonly called narrow-leaved Pondweed.*

L   Aquis

Aquis plerumque innatat : interdum tamen extra aquas crefcit, (vel aquis exficcatis eam deferentibus, vel ipfius radicibus in fof-farum aggeres ejectis) & tunc folia obtinet hirfuta, afpera & Perficariæ in modum maculofa : unde a nonnullis pro nova Per-ficariæ fpecie a Potamogitone anguftifolia diverfa habita eft, & recte quidem pro Perficariæ fpecie eam habent; verum male a Potamogitone vulgo dicta feparant : nos etenim vidimus in ea-dem planta folia extra aquas nafcentia, afpera & hirfuta, aquis innatantia, lævia & lucida. Q. annon hæc fit Perficaria acida peculiaris *Cat. Altdorf.* Perficaria hirfuta radice perenni *Cat. Lugd. Bat.* Perfic. longiffimo & angufto folio, & Perfic. foliis falicinis *D. Merret.*

* 10. Perficaria maculofa procumbens foliis fubtus in-canis. About *London. Mr. Doody Not.* Perf. mitis maculofa repens, foliis fubtus incanis ad genicula flo-rens *Buddl. H. S. Vol. IV. fol.* 20. albida ramofa *Pet. H. Br. T.* 3. 10.

Perficaria flofculis tetraphyllis in fpicis fummos cau-les terminantibus a reliquis hujus familiæ diftinguitur. Forma quoque feminis a reliquis non parum differt, quod non adeo concinne & exacte triquetrum eft, uno latere reliquis duobus fere pari, adeo ut angulus iis com-prehenfus valde obtufus fit, reliqui duo acuti.

Calida eft & acris, ut & fapor convincit, unde & Hydropi-per dicta. Pueris ludicrum familiare eft, folium ut lingua fran-gant fociis fuadere, quod membrum hoc valde urit & compun-git. Extrinfecus utilis effe dicitur in vulneribus, tumoribus induratis, ulceribus inveteratis, *&c. Schrod.* Aqua ftillatitia ad comminuendum calculum veficæ commendatur; *D. Boyle de Utilit. Philof. Natur. ad Medicinam,* p. 65. Expellendis mufcis vix quicquam efficacius reperias ; *Trag.*

An. §. 1. Polygonum mas vulgare *Ger.* 451. mas vulgare majus *Park.* 443. latifolium *C. B. Pin.* 281. Po-lygonum feu Centinodia *J. B. III.* 374. *Common Knot-grafs.* In locis incultis juxta & cultis, præfertim glare-ofis, vias & femitas late fubinde occupat.

An. 2 Polygonum brevi anguftoque folio *C. B. Pin.* 281. fecundum *Tab. Ic.* 833. mas minus *Ger.* 451. folio brevi *Pet. H. Br.* 10. 3. Paffim locis glareofis & ad vias.

3. Polygonum oblongo anguftoque folio *C. B. Pin.* 281. folio angufto *Pet. H. Br.* 10. 4. fecundum *Tab. Ic.* 833. vulgare noftras anguftiffimo Graminis folio *Pluk. Alm.* 301. vulgare folio oblongo angufto acuto *Dood.*

Dood. Ann. About *Camberwell*, and amongſt the Corn in *Houndfield* by *Pounderſend* plentifully.

* An. 4. Polygonum folio rotundo *Pet. H. Br.* 10. 2. foliis crebrioribus Serpylli *Dood. Ann.* foliis rotundis denſiſſime ſtipatis *Buddle H. S. Vol. IV. fol.* 23. In incultis.

5. Polygonum marinum *J. B. III.* 376. marinum maximum *Ger. Em.* 564. marinum majus *Park.* 444. majus V. ſeu maritimum latifolium *C. B. Pin.* 281. *Great Sea Knot-graſs.* In arenoſis maris littoribus, ut v. g. prope oppidum *Penſans* in *Cornubia.* (Between *Abermeney* and *Llhandwyn*; *Mr. Lhwyd.* At *Brakelſham* in *Suſſex*; *D. Dillenius.*)

Polygonum eſt planta exigua, caule provoluto & crebris geniculis nodoſo, flore pentaphyllo, ſemine triquetro in foliorum alis.

Siccat & aſtringit, vulnerarium eſt. Uſus præcipuus in ſiſtendis fluxibus quibuſcunque, diarrhœa, dyſenteria, fluxu uterino, vomitu, hœmorragia narium. Extrinſecus prodeſt in vulneribus, ulceribus, inflammationibus oculorum, &c. *Schrod.*

§. 1. Biſtorta major *Ger.* 322. major vulgaris *Park.* 391. major rugoſioribus foliis *J. B. III.* 538. radice minus intorta *C. B. Pin.* 192. *The greater Biſtort or Snakeweed.* In pratis humidis ſed rarius. It is frequent about *Sheffield* in *Yorkſhire*; plentifully alſo in the Meadows at *Tamworth* and *Faſely* in *Warwickſhire*, and in divers other Parts of *England.* (In occidentali parte agri Eboracenſis in pratis præcipue humidis, nimis copioſe, v. g. prope *Hallifax, Bradford,* alibique provenit; *Dr. Richardſ.*)

2. Biſtorta minor *Ger.* 322. minor noſtras *Park.* 392. Alpina minor *C. B. Pin.* 192. minima *J. B. III.* 539. *Small Biſtort or Snakeweed.* In ſeveral Places of *Weſtmorland,* as at *Crosby Ravenſworth*; *Mr. Lawſon.* It was ſhewn me by *Tho. Williſel* in a mountainous Paſture about a Mile and half from a Village called *Wherf,* not far from the Foot-way leading thence to *Settle* in *Yorkſhire.*

Hæc ſpecies revera diverſa eſt a Biſtorta media Alpina, non eadam ut aliquando ſuſpicabar; nam & ipſe (ut in notis meis invenio) Biſtortam mediam in Alpibus obſervavi; quamvis id oblitus fueram.

3. Biſtorta minima Alpina, foliis imis ſubrotundis & minutiſſime ſerratis *D. Lhwyd.* Biſtorta Alpina pumila varia *Park.* 392. pumila foliis variis rotundis & longis *H. Ox.*

H. Ox. II. 585. 4. The leaſt Mountain Biſtort with round and long Leaves. In paſcuis clivoſis excelſæ rupis *y Grib Goch* dictæ ſupra lacum *Phynon bhrech* prope *Lhan-berys.* Perpuſilla eſt planta, 4 unciarum altitudine, an vero ſpecie diſtinguenda ſit a Weſtmorlandica aliorum judicio relinquo ; *D. Lhwyd.*

Poſteriores duæ ſpecies a prima forma ſeminis rotunda differunt, unde & genere differre videntur.

Biſtorta calyce pentaphyllo, cum Perſicaria tetraphyllos ſit, ſeminiſque figura exacte triquetra, angulis omnibus acutis, cum illi minus concinnum ſit, uno angulo obtuſo reliquis valde acutis, a Perſicaria differt.

Radix aſtringit valide, unde ad omnes affectus valet in quibus adſtrictione opus eſt, ut v. g. urinæ incontinentiam, menſes nimios, ſanguinem e vulneribus manantem, bilioſas vomitiones, hæmoptyſin, dyſenteriam aliaſque ventris fluxiones, deſtillationes in dentes, gingivas, tonſillas & fauces, vel in vino decocta, vel in pulvere cum conſerva roſarum aſſumpta, vel aqua ejus deſtillata. Quin etiam Alexipharmaca cenſetur & ſudorifera; ſumma eiſdem cum Tormentilla viribus pollere.

§. 1. Potamogiton rotundifolium *C. B. Pin.* 193. rotundiore folio *J. B. III.* 776. latifolium *Ger.* 675. Fontalis major latifolia vulgaris *Park.* 1254. *Broad-leaved Pond-weed.* In aquis ſtagnantibus & piſcinis, interdum & in rivulis. Hujus folia quæ aquis immerguntur longa ſunt, anguſta & graminea, ab iis quæ aquas ſuperant longe diverſa.

2. Potamogiton aquis immerſum folio pellucido, lato, oblongo, acuto. Potam. foliis anguſtis ſplendentibus *C. B. Pin.* 193. longis acutis foliis *Ger. Em.* 822. alterum *Dod. Belg.* & poſt 582. *Long-leaved great Pondweed with pellucid Leaves.* In fluviis majoribus leniter fluentibus. (Variat foliis latioribus & anguſtioribus, cui figura *Dodonæi* optime convenit. Huc forte pertinet Potamogiton lucidum, Lapathi foliis longiſſimis *Pluk. Amalth.* 177.)

3. Potamogiton folio anguſto pellucido fere gramineo *Dood. Syn. Ed. II. App.* 341. Simillimum eſt priori, ſed omnibus partibus minus. Folia quadrantem unciæ non ſuperant. Nobis amice communicavit *D. Morton* de *Oxendon* in agro *Northamptonienſi.* (Hoc vel illi ſimillimum obſervavi in monte *Jack Straw's Caſtle* dicto, & in foſſis agri *Sti. Georgii.* Folia ſuperiora ſolummodo appoſita ſunt, inferiora alterna ; *D. Doody Ann.)*

4. Pota-

4. Potamogiton perfoliatum *Raj. H. I.* 188. *Pet. H. Br.* 5. 6. Potam. foliis latis, fplendentibus *C. B. Pin.* 193. Potamogiton 3. *Dodonæi Ger. Em.* 822. eft autem revera Potamogiton altera *Dodonæi*, ut recte *J. B. III.* 778. *Perfoliate Pondweed.* Aquis plerumque immergitur hæc fpecies, eminente tantum cacumine. Nullæ in hac fpecie membranulæ obfervantur in caulibus & ramulis eos obvolventes, ut in Potam. latifolia.

* 5. Potamogiton rotundifolium, alterum *Læfelii Fl. Pruff. ico bona p.* 205. *n.* 65. folio cordato *Pet. H. Br.* 5. 7.

6. Potamogiton feu Fontalis media lucens *J. B. III.* 777. Potam. foliis crifpis feu Lactuca ranarum *C. B.* 193. qui hanc fpeciem non feparat a fequente. Tribulus aquaticus minor Mufcatellæ floribus *Ger. Em.* 823. aquat. minor alter *Park.* 1248. *The leffer Water Caltrops or Frogs-Lettuce.* In rivulis aquæ præfertim puræ & limpidæ non raro invenitur. Hæc planta (fi modo recte defcribitur) a reliquis fui generis infigni nota differt, nimirum foliorum in caule conjugatim difpofitorum fitu.

In *Hift. noftr.* p. 189. lin. 17. pro *fingulis feminibus* lege *fingulis floribus femina.*

7. Potamogiton feu Fontalis crifpa *J. B. III.* 778. Potam. foliis crifpis feu Lactuca ranarum *C. B. Pin.* 193. Tribulus aquaticus minor Quercûs floribus *Ger. Em.* 824. aquat. minor prior *Park.* 1248. *The greater Water-Caltrops.*

Cauliculis planis & compreffis cum fequente fpecie convenit, a reliquis differt. Aquis immergitur, eftque in rivulis præfertim tardius fluentibus frequentiffimum.

8. Potamogiton caule compreffo, folio Graminis canini *Hift. noft. Syn. II.* 61. 6. ramofum caule compreffo, folio Graminis canini *Merr. Pin.* perpulchrum noftras lucens, anguftiffimis longis & obtufis foliis pallide virentibus *Pluk. Alm.* 304. *Small-branched Pondweed with a flat Stalk.* In *Cambridge* and many other Rivers. Defcriptionem vide in *Hift. noft. p.* 189.

* 9. Potamogiton gramineum latifolium *Fl. Pr. p.* 206. *ic.* 66. gramineum latum *Pet. H. Br.* 5. 10. Folia quam prioris aliquantum latiora funt. Forte varietas potius quam diftincta a priori fpecies eft.

* 10. Potamogiton gramineum latiufculum, foliis & ramificationibus denfiffime ftipatis *Buddl. H. S. Vol.*

IV. f. 27. In foſſis prope *Deptford.* Vid. Tab. IV. fig. 3.

* 11. Potamogeiton alterum noſtras, longis & obtuſis ſplendentibus foliis, minutiſſime crenatis *Pluk. Am.* 177. Quid ſit non conſtat.

* 12. Potamogiton fluviatile longiſſimo gramineo folio noſtras *Pluk. Mant.* 155. *Amalth.* 177. gramiñeum majus fluviatile *Dood. Ann* In the *Thames* and *Hackney* River. Caules majores, folia longiora, latiora & rigidiora quam ſequentium.

* 13. Potamogiton maritimum ramoſiſſimum grandiuſculis capitulis, capillaceo folio noſtras *Pluk. Alm.* 305. *T.* 216. *f.* 5. fœniculaceum *Pet. H. Br.* 5. 13. Foliis tenuioribus & capitulis majoribus a ſequenti differt. In foſſis pone *Sheerneſs* abunde.

14. Potamogiton millefolium, ſeu foliis gramineis ramoſum, an gramineum ramoſum *C. B*? *J. B*? *Park*? Millefolium tenuifolium *Ger. Em.* 828. *ic.* Potamogiton anguſtifolium *Ph. Br.* tenuifolium *Pet. H. B.* 5. 12. *Fine, or Fennel-leaved Pondweed.* In *Cambridge* and other Rivers. Hujus etiam deſcriptionem v. loco citato. Planta eſt valde ramoſa, foliis longis anguſtis.

15. Potamogiton puſillum, gramineo folio, caule tereti *Hiſt. noſt.* p. 190. *Merr. Pin.* 97. gramineum tenuifolium *Fl. Pr. p.* 296. *ic.* 67. minimum capillaceo folio *C. B. Pin.* 193. *Pr.* 101. gramineum anguſtifolium *Pet. H. Br.* 5. 11. pumilum nondum deſcriptum *Ph. Br. Small graſs-leaved Pondweed.* In rivis & foſſis paluſtribus. Foliis eſt mollioribus & brevioribus quam præcedens; florum etiam ſpicæ ex aquis eminent; tota inſuper planta minor eſt.

* 16. Potamogitonis (forte) ſpecies foliis tenuibus & pellucidis, Lapathi minoris forma. Hanc plantam a ſe non antea viſam, in lacu *Lhyn Savadhan* ſatis amplo, inveniſſe ſcribit *D. Lhwyd* ad *D. Richardſon, Act. Phil. n.* 337. *pag.* 96. folia habet valde tenuia & pellucida, Lapathi minoribus foliis non diſſimilia, quorum nervus medius ultra extremitatem extenditur, adeo ut unumquodque folium in ſpinulam inermem deſinat.

17. Potamogiton foliis pennatis *Inſt. R. H.* 233. Millefolium aquaticum pennatum ſpicatum *C. B. Pin.* 141. *Pr.* 73. *Park.* 1257. *Syn. II.* 279. 4. pennatum aquaticum *J. B. III.* 783. *Feathered Water Mill-foil.* In

aquis

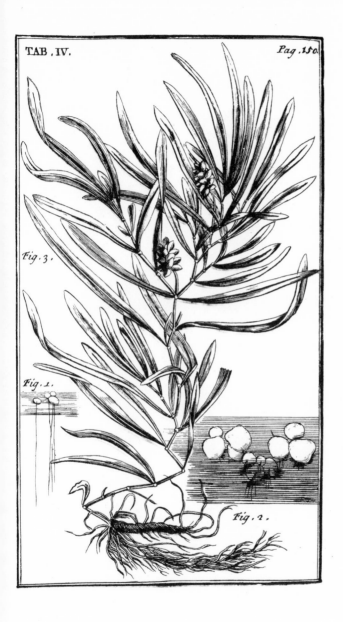

TAB. IV.   Pag. 150.

Fig. 3.

Fig. 1.

Fig. 2.

aquis paffim Maio floret.   Pennatum dicitur a foliorum fimilitudine.

* 18. Millefolium aquaticum pennatum minus, foliolis fingularibus latiufculis flofculis fubjectis donatum
H. Ox. III. 622. *S. XV. T.* 4. *f.* 7. Potamogiton pennis
tenuiffimis *Pet. H. B. 6. 6.* In foffa prope *Lodden-
Bridge,* haud procul a *Reading* J. Bobart obfervavit.   In
the River on *Hounflow-heath.* It is more branch'd, and
the Spikes fmaller ; *Mr. Doody Ann.*

Potamogitonis notæ funt in aquis nafci ; flores fpicati,
quadrifolii, quorum fingulis quaterna continentur femina ; Florum fpicæ pediculis oblongis infidentes &c.
vid. M. Em. 22.

Herbam refrigerare & aftringere fimiliter Polygono tradit
Galenus, cui & nos facile affentimur.

C. *Herba flore imperfecto fructui contiguo, feminibus rotundis.*

§. Atriplicis notæ funt femina folitaria, vafculis feu
folliculis e duabus valvulis conniventibus tantum [non
cohærentibus] compofitis inclufa.

An. 1. Atriplex fylveftris folio haftato feu deltoide
Syn. II. 62. 1. fylveftris annua folio deltoide triangulari finuato & mucronato, haftæ cufpidi fimili *H. Ox. II.*
607. *S. V. T.* 32. *f.* 14. folio deltoide *Pet. H. Br.* 7. 1.
An Atriplex fylv. altera *Ger. Em. C. B.*? *Wild Orache,
with a fpear-pointed Leaf.* In hortis oleraceis, inque
fimetis & ruderibus.   Folia in latum & triangulum mucronem haftæ cufpidi aut Spinachiæ aut Chenopodii
fimilem (inferiora præcipue) exeunt.

Hujus duas varietates obfervavit *D. Buddle,* quarum alteram
H. S. Vol. IV. fol. 31. vocavit Atriplicem folio deltoide humi-
lem, fpicis feminalibus denfiffime ftipatis, alteram autem *fol.* 32.
Atriplicem fylveftrem Polygoni folio fimilem, fpicis feminalibus
denfe ftipatis nuncupavit.   Illa foliis erat vulgari plane fimilibus,
hæc oblongis & rarius dentatis conftabat.

An. 2. Atriplex fylveftris anguftifolia *Ger. Em.* 326.
Park. 748. angufto oblongo folio *C. B. Pin.* 119. fylv.
Polygoni aut Helxines folio *Lob. Ic.* 257. (qua nota a
præcedenti diftinguitur) vulgaris anguftifolia cum folliculis *J. B. II.* 973. *Narrow-leaved wild Orache.* Cum
priore. (An duæ fpecies? una caule erecto, altera pro-
cumbente ; *D. Doody.*)

An. 3.

An. 3. Atriplex angustifolia marit. dentata *Hist. nost.* *p.* 193. maritima angustifolia *C. B. Prod.* 58. *Pin.* 120. angustifolia dentata *Pet. Herb. Brit. Tab.* 7. *N.* 4. An Atr. angustif. laciniata minor *J. B. II.* 972? *Narrow-leaved indented Sea Orache.* It grows plentifully by the River, and on the Banks of the Marshes about *Maldon* in *Essex*, and elsewhere doubtless in the like Places.

* An. 4. Atriplex angustifolia laciniata *Raj. Hist. I.* 192. Ubi bene describitur. Caulibus firmioribus & crassioribus, foliis longis angustis, laciniatis ab aliis differre videtur. On the Entrance into *Battersea* Field from *Nine Elms*; *Mr. Martyn.*

An. 5. Atriplex marit. perennis folio deltoide seu triangulari minus incano *H. Ox. II.* 607. 19. Atrip. maritima nostras *Cat. Ang. Perennial Sea-Orache.* Hæc Atriplici sylvestri folio hastato annuæ adeo similis est, ut dubitaverim aliquando an eadem esset necne. Verum si hæc perennis sit, ut Morisonus affirmat, diversam concedo. (Enimvero cum non perennis sit ex observatione Doodiana *Syn. Ed. II. App.* 341. merito dubitatur an specie differat a vulgari terrestri.)

* An. 6. Atriplex maritima nostras procerior, foliis angulosis incanis, admodum sinuatis *Pluk. Alm.* 60. Ab Atriplice, inquit, maritima *J. B.* plurimum differt, an vero præcedenti eadem sit dubitat & quærit. Sed illa incana non est.

* An. 7. Atriplex maritima ad foliorum basin auriculata procumbens & ne vix sinuata *Pluk. Alm.* 61. Atriplicis marinæ species Valerandi *J. B. II.* 974. marinæ species alia Valerandi *Chabr.* 306. Atriplex maritima in fimetis circa Londinum, plurimum diversa a vulgari folio hastato, nempe non sinuato *Dood. Ann.* On the Banks of the Sea Marshes near *Maldon* in *Essex*. *Mr. Ray* refers this to our common *Sea Orache*, but not rightly in my Judgment, as doth also *Mr. Petiver*; *Mr. S. Dale*. Not only about *London*, but also on the Sea-side in *Selsey* in *Shepey* Island.

An 8. Atriplex maritima *J. B. II.* 974. maritima laciniata *C. B. Pin.* 120. marina *Ger.* 257. marina repens *Lob. Ic.* 255. *Park.* 758. *Jagged Sea-Orache.* On the Sea-shore near *Little Holland* in *Essex*. Found also by *Mr. Dale* in the Isle of *Mersey*, not far from *Colchester* plentifully. Parvitate sua, quodque tota incana

eaua foliis latis laciniatis fit, a reliquis congeneribus dignofcitur.

An. 9. Atriplex marit. noftras Ocimi minoris folio. Prope *Lynn* Norfolciæ oppidum eam invenit *D. Plukenet*.

10. Atriplex marina femine lato *Ph. B. Merr. Pin.* maritima Halimus dicta, humilis erecta, femine folliculis membranaceis bivalvibus, in latitudinem expanfis, & utrinque recurvis, longo pediculo infidentibus, claufo *Pluk. Alm.* 61. *T.* 36. *f.* 1. (bon.) Prope *Scirbeck* vicum unum milliare a Boftonia diftantem copiofe provenit; *D. Plukenet.* (Found in the Ifle of *Thanet* near the Ferry in great plenty by *Mr. J. Sherard.*)

11. Atriplex maritima fruticofa, Halimus & Portulaca marina dicta, anguftifolia. Halimus feu Portulaca marina *C. B. Pin.* 120. vulgaris feu Portulaca marina *Ger. Em.* 523. Portulaca marina noftras *Park.* 724. marina fruticofa, quæ Halimus 2 Clufii *J. B. I. P.* 2. 228. *Common Sea-Purflane.* In paluftribus maritimis ad aquarum ilices, & in aggeribus ubique.

* 12. An. Atriplex maritima, Scopariæ folio *D. Dale.* minima anguftifolia maritima *Bocc. Plant. rar.* 29. *R. Hift.* 194. *Inft. R. Herb.* 505. *H. Ox. III. S. V. T.* 32. maritima altera, Ofyridis aut Scopariæ folio, five minima *Lob. Illuftr.* 85. graminea maritima *Pet. H. Br.* 7. 6. maritima, folio integro anguftiffimo *H. L. Bat.* 79. *Pluk. Almag.* 61. Obferv'd at *Dover* by *Mr. Dale. Lobelius* circa *Portfmouth* obfervavit. Huc forte etiam fpectat

* Atriplex anguftiffimo & longiffimo folio *H. L. Bat.* 79. *Inft. R. herb.* 505. Atriplex maritima folio longiffimo *D. Buddle.* By the Peer at *Ramfgate* in *Kent. Mr. Dale.* Et

* Atriplex maritima anguftifolia, obtufiore folio. Found in the fame Place by *Mr. Dale.* Probably a Variety of *Mr. Petiver*'s laft.

Atriplex cocta editur ut olus, & in alvo folvenda celebris eft, unde a nonnullis 5 herbis emollientibus annumeratur. Ufus officinalis præcipue externus eft in clyfteribus & epithemat. paregoricis *Schrod.* Semen vi purgatrice & emetica vehementi pollet.

§. Bliti fylveftris nobis, Chenopodii *Tourn.* notæ funt femina folitaria rotunda, globofa aliàs, aliàs compreffa. nullo præter perianthium vafculo excepta; folia in caulibus alterna. Vafcula interdum arctius connivent, interdum laxiůs hiant.

An. 9.

An. 1. Blitum Atriplex fylveſtris dictum. Atrip. ſylv.
J. B. II. 972 vulgaris *Ger. Em.* 326. ſylv. vulgatior
ſinuata major *Park.* 748. folio ſinuato candicante *C. B.
Pin.* 119. *Common wild Orache.* In fimetis & ruderibus
locifque ſimilibus. Vaſculum ſeminale cum clauditur
ſtellam quinque radiorum repræſentat, unicum autem
ſemen continet, parvum nigrum, ſplendens, compreſſum. (Hujus duæ dantur ſpecies, una fructu racemoſo,
altera breviſſimo vel fine pediculis congeſto, quaſi ſpicam conſtituente *D. Doody.* Illa vocatur a *D. Buddle H. S. Vol. IV. fol.* 36. Atriplex ſylveſtris major ramoſiſſima, folio multum ſinuato, ſemine multo ſpicato, nunc majore nunc minore.)

An. 2. Blitum *Pes anſerinus* dictum. Atriplex ſylveſtris latifolia *C. B. Pin.* 119. ſylv. latifolia five Pes
Anſerinus *Ger. Em.* 328. *Park.* 749. Artiplex dicta Pes
Anſerinus *J. B. II.* 975. *Goofe-foot or Sow-bane.* In
fimetis. (Fructum habet ramofiſſimum ; *D. Doody.*)

An. 3. Blitum *Pes anſerinus* dictum acutiore folio.
Atriplex ſylveſtris latifolia altera *Ger. Em.* 328. ſylv.
latifolia acutiore folio *C. B. Pin.* 119. dicta Pes anſerinus alter five ramofior *J. B. II.* 976. *The other Goofe-foot.*
Cum priore. (Glomeralis fructus ad caulem ; *Mr. Doody.*)

An. 4. Blito *Pes anſerinus* dicto ſimilis. Atriplex vulg.
ſinuata ſpicata *D. Plot. Hiſt. Oxon. C.* 6. §. 11. *p.* 147.
Huic ſpeciei ſemina in globulos congeſta caulibus arcte
adhærent, quo a præcedente differt. (Datur alia ſpecies
ſpicis foliaceis *D. Doody.* Semina minutiſſima. Variat colore rubro, quæ Atriplex ſylveſtris tota rubra
Merr. Pin.

* An. 5. Chenopodium Stramonii folio. Chenopodio
affinis, folio lato, laciniato, in longiſſimum mucronem
procurrente, florum ramulis ſparſis *R. Hiſt. III.* 123. Blitum Aceris folio *Pet. H. Br.* 8. 7. Blit. ſeu Atriplex Pes
Anſerinus dicta, Stramonii acutiore folio, racemoſum
Pluk. Mantiſſ. 32. Atriplex odore & folio Stramonii,
minori tamen *Læl. Triumf. apud fratrem.* On the Banks
of ſome watry Pits beyond *Ely* ; *Mr. J. Sherard.* Circa
Colceſtriam inventa eſt etiam a *D. Dale.*

An. 6. Blitum, Moriſono Atriplex procumbens folio
ſinuato lucido craſſo dictum *Hiſt. & Hort. Blæſ.* Blitum folio lucido craſſo *Pet. H. Br.* 8. 5. *Procumbent
Blite with a thick ſhining waved Leaf.* Obſerved by
Mr. Dale

Mr. Dale in *Booking-ſtreet* in *Eſſex*, and in *Jeſus-College* Lane in *Cambridge*, and other Places plentifully.

*An. 7. Chenopodium anguſtifolium laciniatum minus *Inſt. R. H.* 506. Atriplex anguſtifolia laciniata minor *J. B. II.* 972. (ex ſententia *Tournef.*) Blitum Quercus folio *Pet. H. Br.* 8. 1. procumbens folio botryoide ſubtus incano D. Rand *Buddl. H. S. Vol. IV. fol.* 43. Paſſim circa Londinum. Figura J. B. non valde bene exprimit plantam hanc, melius quadrat figura Atriplicis ſylveſtris 2. *Tab. Ic.* 427. Quæ vero circa Pariſios naſcitur planta, eadem eſt cum Anglica.

* An. 8. Chenopodium erectum Chryſanthemi ſegetum folio. This Plant I have found by *Tilbury-Fort* in *Eſſex*, afterwards at *Reculver* in *Kent*, and between *Feverſham* and *Nayden*; *Mr. Dale.* Near *Chicheſter* at *Delkey*; *Dr. Dillenius.*

* An. 9. Blitum Ficus folio *Pet. H. Br.* 8. 3. Atriplex ſylveſtris ſecunda *Matth. P. I. p.* 419. Valgr. ſylveſtris folio oblongo anguſto, magno utrinque ſinu donato, fructu multo racemoſo *Buddl. H. S. Vol. IV. fol.* 38. Folio profunde ſinuato, fructu magis racemoſo a præcedente differt. In fimetis.

* An. 10. Blitum folio ſubrotundo *Pet. H. Br.* 8. 4. Atriplex ſylveſtris folio breviore lato in rotunditatem tendente, per marginem leviter ſinuato, fructu racemoſo *Buddl. H. S. Vol. IV. fol.* 39. qui a D. *Rand* accepit.

* Ann. 11. Chenopodium erectum foliis triangularibus dentatis, ſpicis e foliorum alis plurimis longis erectis, tenuibus. Blitum latiore folio *Pet. H. B.* 8. 8. (fig. vit.) Nomine ipſo ab aliis abunde diſtinguitur. Folia Atriplici ſylveſtri folio haſtato ſeu deltoide ſimilia ſunt. In fimetis & ad margines foſſarum ſecundum vias publicas paſſim Auguſto & Septembri floret.

* An. 12. Chenopodium foliis integris racemoſum *D. Dale* folio oblongo integro *C. Giſſ.* 62. Atriplex ſylveſtris 3. *Cam. Ep.* 243. ſylveſtris foliis integris racemoſa *J. B. II.* 973. *Chabr.* 305. ſylveſtris folio integro anguſtiore & acutiore, fructu magno racemoſo *Buddl. H. S. Vol. IV. fol.* 37. Found by *Mr. Dale* and D. *Dillenius* in the Ditches on the Road beyond *Kent-ſtreet*, and ſeveral other Places.

Variat fructu rariore & foliis ſubinde dentatis, quæ varietates ſub Atriplice folio paululum ſinuato, fructu magno rariore ſpi-

3   cato

cato & Atriplicis fylveftris majoris, folio multum finuato, fructu magno racemofo notantur in *H. S. Budlejano fol.* 37. 38.

* An. 13. Chenopodium craffo & obtufo Oleæ folio.
Erecta eft hæc fpecies, dodrantalis & pedalis, foliis donata craffis virentibus, breviori, quam præcedens pediculo infidentibus, extremitatibus non ut in illa acuminatis, fed obtufis. Fructus racemofus eft. Inter *Step-*
ney & *Hackney* loco ruderato obfervavit *D. Dillenius*;
Augufto & Septembri menfibus floret.

An. 13. Blitum fœtidum *Vulvaria* dictum. Atrip. olida *Ger.* 258. olida five fylveftris fœtida *Park.* 749. fœtida *J. B. II.* 974. fylv. 8. five fœtida *C. B. P.* 119. *Stink-*
ing Orache. In locis ruderatis fed rarius.

An. 14. Blitum Kali minus album dictum. Kali minus
Ger. Em. 535. minus album *Park.* 279. minus album femine fplendente *C. B. Pin.* 289. minus, five Sedum minus arborefcens vermiculatum *J. B. III. P.* 2. 703.
defcr. Sea-Blite called white Glafswort. In falfis paluftribus, & ad maris littus frequentiffimum. An excellent boil'd Sallet; *Doody Syn. II. App.*

15. Blitum perenne *Bonus Henricus* dictum. Bonus
Henricus *J. B. II.* 965. *Ger. Em.* 329. Lapathum un-
ctuofum *Park.* 1225. fylveftre latifolium I. feu unctuo-
fum folio triangulo *C. B. Pin.* 115. *Common Englifh*
Mercury, or All good. In areis & compitis, inque locis
ruderatis ad femitas, atque etiam in oleraceis. Aprili
& Maio menfibus floret.

A reliquis dignofcitur quod perennis fit, foliaque Ari
aut Spinachiæ fimilia obtineat.

Mercurialis Anglica noftratibus dicta eft hæc herba, ejufque
turiones, germina novella & florum thyrfos, in aqua aut carnium jure decocta, & cum butyro ac fale condita efitant, Spinachiæ, Lupulorum & Afparagi modo, quibus faporis fuavitate
non multum cedunt, facultate deterforia præferuntur. Ulcera
fordida purgat & glutinat herba; podagricos dolores cataplafmatis modo impofita mitigat.

16. Blitum fruticofum maritimum, Vermicularis frutex dictum. Sedum minus fruticofum *C. B. Pin.* 284.
Vermicularis frutex minor *Ger. Em.* 523. fruticofa altera *Park.* 731 An Kali fpecies feu Vermicularis marina
arborefcens *J. B. III.* 2. 704. *Shrub Stone-crop or ra-*
ther Glafs-wort.

In finus Briftolienfis Anglici Oceani infulis vocatis *Homs* fe
copiofum avulfiffe dicit Lobelius in *Adv.* Nos in ifthmo illa
infulam

insulam Portlandiam & littus Dorcestriæ interjacente abunde provenientem multis abhinc annis obfervavimus. Idem antea oftendit nobis Cl. Vir D. *Tho. Brown*, Norvicenfis medicus in littore
Norfolciæ collectum.

17. Vermicularis frutex major *Ger. Em.* 524. arborefcens *Park.* 731. Sedum minus fruticofum alterum
C. B. Pin. 284. Kali fpecies, feu Vermiculati fruticis
varietas major *J. B. III.* 2. 704. *Tree Stone-Crop*, or
Glafs-wort. Afferit Lobelius in *Adv.* hanc in maritimis
littoribus & infulis Angliæ fruticare. Nobis nondum
inventa.

An. 18. Chenopodium Betæ folio *Inft. R. H.* 506. 18.
Blitum erectius feu 3. Tragi *J. B. II.* 967. minus *Dod.*
617. polyfpermon *C. B. Pin.* 118. *Park.* 753. *Upright
Blite*, *or All-feed.* In fimetis, lupuletis, hortis & arvis pinguioribus. *Vid. Cat. Ang.*

Sapor huic fatuus; refrigerat & emollit: Folia Majoranæ
fylv. aut Prunellæ aut Ocymi æmula: Semina in fingulis flofculis fingula, rubentia, non occultantur, fed vifui patent. Florum
mufcoforum coma Botryi non diffimilis eft.

* §. Blitum rubrum minus *C. B. Pin.* 118. *Cam. Ep.*
235. Amaranthus fylveftris & vulgaris *H. Pl. Par.* 385.
Hæc planta in *Cat. Cant.* recenfita, nefcio qua de caufa in *Synop.* omiffa eft. Sponte paffim in hortis & fimetis provenit. Blito calyx triphyllos, ftamina tria & vafculum tenue membranaceum horizontaliter per maturitatem fe aperiens, quibus notis ab Atriplice & Chenopodio non minus quam Amarantho differt.

§. Beta fylveftris maritima *C. B. Pin.* 118. *Park.* 750.
item communis feu viridis *C. B. Sea-Beet.* In paluftribus falfis & ad maris littora frequens eft. (Plentifully
about *Nottingham*; *Mr. J. Sherard.*) Radice perenni
a reliquis Betæ fpeciebus differt.

Beta fructu verrucofo offeo, cui flos infidet, a reliquis
hujus claffis differt.

Beta eftur ut olus, eaque nihil in culina ufitatius. Martialis
fatuitatem ei exprobrat:

> *Ut fapiant fatuæ fabrorum prandia Betæ,*
> *O quam fæpe petet vina piperque coquus!*

Laxat alvum ob nitrofitatem. Errhinum eft, præcipue radix,
nam fuccus ejus aut herbæ naribus exceptus fternutamenta prori-
tat, & humores pituitofos e cerebro elicit, adeoque cephalalgiam
etiam inveteratam compefcit & fanat. Nonnulla tamen medicamentum hoc improbant & damnant. Plantulæ recentes cum
radici-

radicibus leviter bullitæ, & ex aceto postea devoratæ cibi appetentiam afferunt, sitim compescunt, choleram reprimunt. Veteres tamen fatuitatem iis exprobrant.

§. Parietaria *Ger.* 261. *J. B. II.* 976. vulgaris *Park.*
437. Officinarum & Dioscoridis *C. B. Pin.* 121. *Pelli-
tory of the Wall.* In muris & ruderibus.

Calycum & totius comæ hirsutie vestium tenaci, seminibus splendentibus, quibus flosculi sunt pro vasculis,
& loco natali a reliquis hujus generis distinguitur.

Salem nitro-sulphureum præbet hæc planta non secus quam
Borrago aut Buglossum; *D. Boyle de Utilit. Philos. Natur.* Quod
sale nitroso abundet vis ejus detersoria, in Urceolis vitreisque
vasis emundandis efficax, ostendit; unde Urceolaris dicta est.
Inde abstergit, leviter adstringit & vulneraria est. Usus ejus
frequens, in enematis ad ventris dolores. Herbæ exsiccatæ pulvis vel melle exceptus, vel in cerevisia aut Zythogalo potus ad
tussim inveteratam & tabem experientia & veterum testimonio
suffragante, mirifice conducit.

§. 1. Saxifraga aurea *Ger.* 693. *Park.* 425. rotundifolia aurea *C. B. Pin.* 309. aurea Dodonæi *J. B. III.* 707.
Golden Saxifrage. Ad rivulos, inque humidis umbrosis, palustribus & muscosis locis. Aprili floret.

2. Saxifraga aurea foliis pediculis oblongis insidentibus. *Golden Saxifrage with Leaves standing upon long
Foot-stalks.* Cum priore. Icon *J. Bauhini* huic respondet, ut & *H. Eyst.*

Saxifr. aurea flore flavicante tetrapetalo, vasculo seminali bifido, plurimis minutissimis seminibus repleto,
& loco natali a reliquis hujus Classis generibus differt.

* §. Asarum *C. B. Pin.* 197. *J. B. III.* 548. *Ger.*
688. vulgare *Park.* 266. *Ger. Em.* 836. *Asarabacca.* In
a Hedge on the left Hand as soon as you are in the
Gate, the first Field from *Chernell's-Green*, going to
Sir *Th. Seabright's* Beachwood; *Th. Knowlton.* In
several Woods of Lancashire; *D. Leigh Nat. Hist.
Book I. Ch.* 5. *p.* 96. 97. Vires vid. in *Hist. I.* 208.

§. 1. Alchimilla *Ger.* 802. vulgaris *C. B. Pin.* 319.
major vulgaris *Park.* 538. Pes leonis seu Alchimilla
J. B. II. L. 17. 598. *Ladies Mantle*, & in Septentrionalibus *Bears-foot.* In pratis & pascuis, præsertim
montosis.

2. Alchimilla Alpina pentaphyllos. Pentaphyllum
sive potius Heptaphyllum argenteum flore muscoso
J. B. II. L. 17. 598. Pentaphyllum petrosum, Hepta-
                                                    phyllum

phyllum Clufii *Ger.* 837. Tormentilla Alpina folio feri-
ceo *C. B. Pin.* 326. argentea *Park.* 393. *Cinquefoil,*
Ladies Mantle.

Hæc eft planta illa quam in rupibus juxta ftagnum
Hulfwater di&um inveni, non longe a *Pereth* Cumberlandiæ oppido, & per errorem pro Alchimilla Alpina
quinquefolia habui. Alibi etiam in montibus Eboracenfibus obfervatam audio: in montibus etiam Scoticis
invenit *D. Sutherland.* (Non procul a *Kendall* in Weftmorlandia, in vallicula umbrofa *Longfledale* di&a *D. Richardfon* monftravit *T. Lawfon.*) Notæ hujus genericæ
funt flofculi in fummis caulibus, umbellatim congefti,
o&o foliis herbaceis compofiti, vafculis feminalibus fingulis bina femina continentibus infidentes.

Siccat & aftringit, unde fanguinem & menfes fiftit. Folia
& fummitates atque etiam radix vulnerariis potionibus, pulve-
ribus, emplaftris atque unguentis adiiciuntur. Ramices intefli-
norum fanat, præfertim in pueris.

§. Percepier Anglorum *Lob.* 727. *Ger. Em.* 1594.
Anglorum quibufdam *J. B. III.* 2. 74. Polygonum fe-
linoides *Park.* 449. Chærephyllo nonnihil fimilis *C. B.*
Pin. 152. Alchimilla minima montana *Col. Ec. P. I.*
C. 44. *Purfley-Piert.* Inter fegetes & in folo reftibili
fteriliore.

Flofculi ad fingula genicula pediculis brevibus in duos ordines difpofiti fedent, tetraphylli, quibus fingulis
finguli utriculi fubfunt, femina fingula intus continentes.

Vehementer & repente urinas ciere & calculum comminuere creditur. Crudum eftur ut olus, tum muria conditum affer-
vatur, & ex eo aqua ftillatitia ad hos ufus elicitur.

§. 1. Kali fpinofum cochleatum *C. B. Pin.* 289. Tragus feu Tragum Matthioli *Park.* 1034. Tragon Matthioli feu potius Tragus improbus Matthioli *Ger.* 959.
Tragus fpinofus Matthioli feu Kali fpinofum *J. B. III.*
706. *Prickly Glafwort.* In arenofis maris littoribus
frequens. In tranfmarinis invenimus non longe a Vienna Auftriæ, procul a mari.

Kali fpinofum cochleatum vel nomine folo fatis innotefcit. Semen feu potius plantula feminalis in cochleæ
formam convolvitur.

An. §. 1. Knawel *Trag.* 393. Polygonum Germanicum vel *Knawel* Germanorum *Park.* 747. felinoi-
des five *Knawel Ger.* 453. Dodonæi feu tenuifolium
J. B. III. 377. anguftiffimo & acuto vel gramineo folio

minus

minus repens *C. B. Pin.* 281. an potius gramineo folio
majus erectum *Ejusdem*? *German Knotgrass or Knawel.*
In agris sterilioribus, præsertim arenosis, ubique fere.

Calyces stellati pentaphylli singuli singulis seminibus
insident umbilici instar, in divaricationibus ramulorum
sessiles.

2. Knawel incanum flore majore perenne *R. Hist. I.*
213. Polygonum Germanicum incanum flore majori perenne *Syn. II.* 68. *Hoary Knawel with a large Flower.* In
the sandy Grounds and Balks of Corn-fields about *Elden*
in *Suffolk* plentifully. Vid. Tab. V. f. 1. *a.* calyx, *b.* semen.

An. §. Corrigiola *C. Giss. App. Suppl.* 169. Polygonum Serpylli folium verticillatum *Syn. II.* 160. parvum
flore albo verticillato *J. B. III.* 378. An Polygala repens
nuperorum *Lob. lc.* 416. Polygala repens *Park.* 1333.
repens nivea *C. B. Pin.* 215. *Verticillate Knotgrass,
with Thyme-like Leaves.* In palustribus udis & humidioribus pascuis circa *Pensans* oppidum & alibi versus
extremum Cornubiæ angulum.

Hanc plantam Polygalam repentem nuperorum *Lobelii* esse
conjectabar, quod & Descriptio Polygalæ illius apud Lobelium
in *Adv.* & locus ei convenire videbantur, necdum sententiam
muto, quamvis iconem omni ex parte non respondere agnoscam.
D. Plukenet pro Polygono minore supino candicante *Bot. Monsp.*
Polygalam repentem nuperorum *Lobelii* habet, *Phytograph.*
Tab. 52. Fig. 7. Verum Polygonum illud minus cand. &c.
eadem est cum Paronychia Hispanica *Clus.* quæ calidiorum regionum incola est, neque circa Antverpiam aut Gandavum reperitur.

Forte ergo vel error Typographicus est, vel ἁμάρτημα μνημο-
νικὸν, & pro polygono minore candicante supino legendum Po-
lyg. minus candicans capitulis surrectis *Bot. Monf.* Verum has
duas eandem plantam esse affirmat Lobelius, nec fidenter distin-
guit *P. Magnol.* Sive autem eædem sint, sive distinctæ, Lobelius eumque secuti omnes Botanici Polygalam repentem nuperorum ab utraque distinctam faciunt.

An. §. Herniaria *Ger.* 454. glabra *J. B. III.* 378.
Millegrana major seu Herniaria vulgaris *Park.* 446.
Polygonum minus seu Millegrana major *C. B. Pin.*
281. *Rupture-wort.* In promontorio Cornubiensi, *The
Lizard-point* dicto Herniariam glabram copiosam inveni. Folia huic adversa, Serpylli minora; cauliculi humi sparsi, flosculis herbaceis & seminibus numerosissimis
onusti.

                                          * 2. Her-

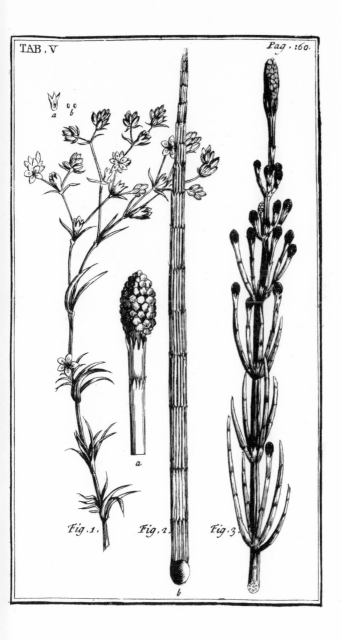

Fig . 1.   Fig . 2.   Fig . 3.

* An. 2. Herniaria hirfuta *J. B. III.* 379. *Pet. H. Br.*
10. 10. In H. S. Buddlejano tanquam planta Angliæ indigena habetur, fed locus non additur ; *Petiver* in arenofis nafci ait, ubi vero, tacet.

* §. Polygonum maritimum longius radicatum noftras; Serpylli folio circinato craffo nitente, forte Polygonum minus lentifolium *C. B.* 282. & *Prod.* 131. Polygonum minus Monfpelienfe *Park.* 446. *D. Plukenet. Ph. T.* 53. *f.* 3. *Alm.* 302. Polygonum folio circinato *Pet. H. B.* 10. 6.

Hæc eft planta quam in priore editione hujus Synopfeos pro Polygono altero, pufillo vermiculato Serpylli folio *Lob.* habui ; verum cum ego ficcatam tantum, & quidem femel apud *D. Newton* viderim ; Dominus autem *Plukenet* virentem collegerit in littore Sabriniano, non procul a *Wefton* fupra mare, oportet ut illius potius fententiæ accedam, qui ab illa diverfam judicat.

Genus Sextum.

HERBÆ FLORE COMPOSITO, NATURA PLENO LACTESCENTES.

I. *Semine pappofo.*

An. §. 1. **L**ACTUCA fylveftris major odore Opii *Ger. Em.* 309. *ic.* fylv. odore virofo *C. B. Pin.* 123. Endiviæ foliis, odore virofo *Park.* 813. fylv. lato folio, fucco virofo *J. B. II.* 1002. *The greater ftrong-fented wild Lettuce.* In aggeribus foffarum faxofifque locis. Prima feu inferiora hujus folia integra funt, non laciniata.

An. 2. Lactuca fylveftris cofta fpinofa *C. B. Pin.* 123. fylv. laciniata *Park.* 814. fylv. foliis diffectis *Ger. Em.* 309. fylv. feu Endivia multis dicta, folio laciniato, dorfo fpinofo *J. B. II.* 1003. *Milder-fented, cut-leaved wild Lettuce.* Ad fepes & agrorum margines, inque vineis & hortis, præfertim faxofis. Hæc precedente aliquanto minor eft, ejufque ima etiam folia finuata.

M

An. 3.

An. 3. Lactuca fylv. folio non laciniato *Syn. II.* 70.
3. fylveftris altera folio non laciniato, odore minus ve-
hemente *Merr. P.* fylveftris latifolia *Pet. H. B.* 15. 1.
fylv. 2. *Ger. Em.* 309. *Endive-leav'd wild Lettuce.*
Cum priore, cujus varietas eft, fed rarius.

An. 4. Lactuca fylveftris minima *Cat. Cant.* Chondrilla vifcofa humilis *C. B. Pin.* 130. *Pr.* 68. *ic. &*
defor. Park. 783. *Ger. Em.* 287. *The leaft wild Lettuce,*
or Dwarf-Gum Succory. On a Bank and in a Ditch by
the fide of a fmall Lane or Grove, leading from *Lon-*
don Road to *Cambridge* River, juft at a Water-brook
croffing the Road about a Quarter of a Mile from the
Spittle-houfe End. *Tho. Willifel* obferved and fhew'd
it about *Pancras* Church near *London.* (By the Path
on the left Hand in the Clofe next this Side *Pancras*;
and by the Road Side in the fame Clofe; *Mr. Newton.*)
By *Mr. Dale* it was found in *Eriffe* Marfhes in *Kent.*

5. Lactuca fylveftris murorum flore luteo *J. B. II.*
1004. Sonchus lævis muralis *Ger.* 293. lævis alter parvis
floribus *Park.* 805.. lævis laciniatus muralis parvis floribus *C. B. Pin.* 124. Sonchus Hederæ folio vulgo. Sonchus folio finuato, hederaceo *Merret. Pin. Ivy-leaved*
Sowthiftle or wild Lettuce. In muris & aggeribus umbrofis. Hujus notæ funt folia mollia hederacea, locus
umbrofus.

Lactucæ notæ characterifticæ funt femina brevia, latiufcula, compreffa & utrinque acuminata, caules graciliores, firmiores & minus concavi quam Sonchi, capitula minora.

Primam fpec. narcoticam effe & foporiferam Opii vehemens
& virofus odor abunde convincit; unde appetitus Venereos irritat potius quam extinguit, faltem moderate fumpta, contra
quam tradiderunt Veteres. Lactucam tamen fativam dum adhuc in herba eft, necdum in caulem abiit, frequentius & copiofius fumptam Venerem extinguere ut quod maxime concedi-
mus, nec immerito Eunuchion & Aftulida Veteribus dictam;
ideoque iis qui liberis operam dare vellent fugiendam.

§. Sonchus a Lactuca (quicum in multis convenit)
diftinguitur capitulis grandioribus, caulibus tenerioribus
& fiftulofioribus, quibus etiam ab Hieracio differt, ut &
femine compreffo.

An. 1. Sonchus lævis *Ger.* 229. lævis laciniatus latifolius *C. B. Pin.* 124. lævis vulgaris *Park.* 805. (cujus
tamen icon non refpondet) laciniatus non fpinofus
J. B.

J.B.II. 1015. *Smooth or unprickly Sow-thiſtle or Hares
Lettuce.* In cultis hortis, vineis, &c. præſertim lætiori
ſolo. (Q. an Sonchus lævis, ſegmentis anguſtioribus,
purpuraſcens, a cæteris diſtinguatur ? *D. Doody.*)

An. 2. Sonchus lævis minor paucioribus laciniis *C. B.
Pin.* 124. lævis latifolius *Ger.* 230. minus laciniofus mitior ſive minus ſpinoſus *J. B. II.* 1014. *Smooth Sow-
thiſtle with fewer Jaggs.* Cum priore.

An. 3. Sonchus aſper laciniatus *Park.* 804. *C. B. Pin.*
124. lacin. ſpinoſus *J. B. II.* 1016. aſperior *Ger. Em.*
291. *Prickly Sow-thiſtle with jagged Leaves.*

An. 4. Sonchus aſper non laciniatus *C. B. Pin.* 123.
aſper *Ger. Em.* 291. aſper major non laciniatus *Park.*
803. minus laciniofus aſperior ſive ſpinoſior *J. B. II.*
1014. *Prickly Sow-thiſtle with leſs jagged Leaves.* Promiſcue naſcuntur præcedentes omnes Sonchi ſpecies,
unde eas revera ſpecie differre non auſim affirmare, at
neque negare. Cui vacat & animus eſt experiatur an ex
eodem ſemine oriantur.

* An. 5. Sonchus ſubrotundo folio noſtras, læviſſi-
mis ſpinulis circa foliorum oras exaſperatus *Pluk. Alm.*
354. *T.* 61. *f.* 5. rotundo folio *Pet. H. B.* 14. 1. Inter
ſegetes circa Londinum.

* An. 6. Sonchus ἀφυλλόκαυλ☉ anguſto & oblongo
folio noſtras, per foliorum ambitum creberrimis ſpinulis aſperatus *Pluk. Alm.* 354. *T.* 62. *f.* 4. anguſtifolius
Pet. H. B. 14. 3.

7. Sonchus repens, multis Hieracium majus *J. B. II.*
1017. arboreſcens *Ger. Em.* 294. Hieracium majus folio
Sonchi *C. B. Pin.* 126. *Tree Sow-thiſtle.* C. Bauhinus ex una hac ſpecie duas, ni fallor, facit.

8. Sonchus tricubitalis, folio cuſpidato *Merr. Pin.*
arboreſcens alter *Ger. Em.* 294. lævis altiſſimus, vel
Sonchus lævior Auſtriacus 5. altiſſimus *Cluſ. Hiſt.*
CXLVII. Sonchus aſper arboreſcens *C. B. Pin.* 124.
Ed. II. Hieracium arboreſcens paluſtre *Ejuſd. Ed. I.*
The greateſt Marſh Tree Sow-thiſtle. Ad ripas Thame-
ſis fluvii non procul Greenvico, & circa *Blackwall.*
Hic a præcedente altitudine inſigni, floribus tamen mi-
noribus differt ; uterque a reliquis radice repente.

* An. 9. Sonchus aſper dentatus *Pet. H. B.* 14. 4.
tertius aſperior *Dod. Pempt.* 643. *fig.* 3 Circa *Londinum* in arvis incultis Julio & Auguſto.

* An.

* An. 10. Sonchus lævis laceratus *Pet. H. B.* 14. 10. In hortis & locis incultis circa *Londinum* Julio & Augusto. A prima specie parum aut non differre videtur.

Soncho nonnulli in hyeme dum viridis est & tener pro olere & in acetariis utuntur. Nos cuniculis & leporibus eum commanducandum relinquimus. Iisdem cum Lactuca viribus pollere existimamus, juniorem scil. & tenerum refrigerare, adultum & caulescentem potius excalfacere.

§. Hieracium a Soncho differt caulibus gracilioribus, minus teneris & fistulosis; seminibus longioribus pro magnitudinis ratione, non compressis, sed teretiusculis aut angulosis.

Hieracii duo genera constitui possunt. *Alterum* semine est longiore plerunque & majore, diversi a nigro coloris. Hujus generis plantæ caulium respectu dividi possunt in caule folioso, ramoso, cum pluribus floribus; & in caule nudo non ramoso, unico in summo flore, donatas: illas *Hieracia* simpliciter, has *Dentes leonis* denominamus. *Alterum* semine brevi, parvo, nigro; estque vel caulibus tántum erectis, non reptans, Pulmonaria dictum; vel caulibus præter rectos flores gestantes etiam reptatricibus, *Pilosella* denominatum.

Hieracium simpliciter dictum.

1. Hieracium minus præmorsa radice *Park.* 794. minus præmorsa radice, sive Fuchsii *J. B. II.* 1031. minus sive leporinum *Ger. Em.* 296. Chondrillæ folio glabro, radice succisa majus *C. B. Pin.* 127. *Hawk-weed with bitten Roots, yellow Devils-bit.* In pascuis frequens, Julio & Augusto mensibus floret. Variat magnitudine & foliorum hirsutie.

* 2. Hieracium præmorsum laciniatum *Pet. H. B.* 12. 2. In pascuis circa *Londinum* Julio & Augusto. (Observed also by *Mr. Bacon.*)

* 3. Hieracium folio acuto minus *Pet. H. B.* 12. 3. Ad sepes circa *Londinum* Julio & Augusto.

* An. 4. Hieracium folio obtuso minus *Pet. H. B.* 12. 4. Ibidem eodem tempore.

* 5. Hieracium Lactucæ folio *Pet. H. B.* 12. 5. In pascuis circa *Londinum.*

Hæ Hieracii species omnes novæ non sunt, sed quoniam de iis an Angliæ indigenæ sint non prorsus constat, synonyma addere noluimus.

6. Hiera-

6. Hieracium longius radicatum *Ger. Em.* 298. *Park.*
790. Dentis leonis folio obtufo majus *C. B. Pin.* 127:
macrocaulon junceum five minus, primum Dodonæi
J. B. II. 1031. *Long rooted Hawkweed.* Junio, Julio & per totam æftatem floret, in pafcuis ubique. Semina rufa in longos & tenues mucrones exeunt; caules
junceus & fere aphylli.

An. 7. Hieracium Caftorei odore Monfpelienfium.
Hieracium Cichorei vel potius Stœbes folio hirfutum
Cat. Cant. Caftorei odore *Pet. H. B.* 12. 8. In pafcuis
circa *Cantabrigiam* & alibi, fed rarius. I found it laft
Summer [1690] plentifully in a Field near my Houfe,
called *Stanfield*, which had lain a while fince it was
plowed. (In *Charlton* Chalk-pits Julio & Augufto; *Pet.*)
Convenit odore cum Hieracio Apulo flore fuave-ruben-
ti *Col.* item incano propendente a flore delapfo barbitio;
floris colore differt. Capitula in hac fpecie antequam
aperiuntur deorfum nutant.

* Bien. 8. Hieracium Cichorei folio minus *Pet. H. B.*
12. 9. In pafcuis circa *Charlton* & *Greenwich.* Priori
fimile, nec multum ab eo, quantum figura monftrat,
differre videtur.

An. 9. Hieracium luteum glabrum five minus hirfutum *J. B. II.* 1024. Cichoreum pratenfe luteum lævius
C. B. Pin. 126. *Park.* 778. Item, ex fententia *J. B.*
Hieracium foliis & facie Chondrillæ *Lob. Ic.* 239. *Park.*
794. necnon Hieracium Aphacoides *Tab. Ic.* 182. *Ger.*
234. *C. Bauhinus* has plantas feparat, & tres fpecies
facit. Cæterum quæ nobis hoc titulo intelligitur, in
Anglia paffim provenit, eftque femper glabra, quantum
hactenus obfervavimus.

Eandem pro Hieracio foliis & facie Chondrillæ *Lobelii* habet
D. *Johnfonus* in *Ger. Em.* ut & Hier. Aphacoide *Tab.* Caulis
tamen noftræ firmior eft & robuftior quam in icone *Lobelii* pingitur, ftriatus infuper, nec adeo æqualiter teres. Duas hoc anno [1691.] fpecies obfervavi, alteram majorem robuftiorem,
caule firmiore & elatiore, quæ vulgaris; alteram minorem, hu-
miliorem, foliis minus fectis feu laciniatis. *Smooth Succory Hawk-*
weed. In pafcuis frequens occurrit, & æftate floret. Hujus
flores, capitula, & femina omnium quæ in Anglia fponte exeunt Hieraciorum minima funt, Hyoferide excepta; caulis autem
major fere & firmior reliquis.

M 3 * An.

* An. 10. Hieracium aphacoides acutum *Pet. H. B.* 12. 7. In pafcuis circa *Londinum* Julio & Augufto. A priori parum differre videtur.

An. 11. Hieracium montanum Cichorei folio noftras. An Hieracium Britannicum *Clufii*? *Succory-leaved mountain Hawkweed.* In montofis Septentrionalibus, locis udis & humectis, præfertim fylvofis. (In pratis humidis & juxta rivulos *Cravoniæ* montofos abundat ; *D. Richardfon.*) Ad Hieracium fruticofum latifolium accedit, in multis tamen ab eo differt, ut v. g. quod caulis concavus fit, quem folia bafi fua amplectuntur, quod femen citrinum. Hæc fpecies eft, quam pro Hieracio montano latifolio glabro minore in *Cat. Ang.* habui. (Hieracium montanum latifolium glabrum minus *C. B. Pin.* 129. montanum minus latifolium *J. B. II.* 1032. *Tab. Ic.* 186. huic idem eft.)

An. 12. Hieracium maximum Chondrillæ folio afperum *C. B. Pin.* 127. *Pr.* 64. *defcr.* Hier. Cichorei folio majus *Pet. H. B.* 12. 10. *The greateft rough Succory-leaved Hawkweed.*. Alicubi in Cantio invenit *D. Newton.* (Very plentifully in the Road from *Sittingburn* to *Rochefter*; *Mr. J. Sherard.*)

An. 13. Hieracium echioides capitulis Cardui benedicti *C. B. Pin.* 128. capitulis Cardui benedicti maximum, Bugloffum echioides quibufdam *J. B. II.* 1028. Bugloffum luteum *Ger.* 655. Bugloffum luteum feu Lingua bovis *Park.* 800. *Lang de bœuf.* Ad agrorum margines, non raro & in fylvis cæduis ac fepium aggeribus. A noftratibus ufurpatur pro olere in cibis. Folia huic integra, capitula Cardui benedicti.

An. 14. Hieracium parvum in arenofis nafcens, feminum pappis denfius radiatis *Syn. Ed. II.* 73. 8. minimum *Col. Ec. I.* 27. *ic.* alterum lævius minimum *Ejufd. lb.* 28. *defcr.* Found on the gravelly Grounds near *Middleton* in *Warwickfhire.* Hanc fpeciem in Hiftoria omifi, quia mihi non conftabat an fpecies fit a reliquis diftincta, an varietas tantum præcedentium alicujus.

Variat & fubinde ramofum invenitur hoc Hieracium, quod nomine Hieracii annui ramofi, caule aphyllo *Doody Syn. Ed. II. App.* 341. defignavit, cujus obfervatione folia gerit biuncialia, angufta, mollia, finuata, 8. vel 9. circa radicem, quæ fimplex & tenuis eft, unum alterumve vel plures emittens caules aphyllos, in tres quatuorve ramos divifos, quorum finguli fingulos fuftinent

nent flores, petalis vix longioribus quam funt fquamæ calicis, qui fatis longus & gracilis eft more Chondrillarum. Semen & ejus pappus longus pro magnitudine plantæ. Affinis eft Hieracio longius radicato. *In the Fields between* Kingfton *and* Richmond; *Dood.*

An. 15. Hieracium afperum majori flore in agrorum limitibus *J. B. II.* 1029. Cichoreum pratenfe luteum afperum *Park.* 777. Cichoreum pratenfe luteum hirfutie afperum, vel Hieracium hirfutum foliis caulem ambientibus *C. B. Pin.* 126. & Cichoreum montanum anguftifolium hirfutie afperum *Ejufdem* ex fententia fratris J. Bauhini. Hierac. afperum *Ger.* 214. *Rough Hawkweed, with a large Flower, yellow Succory.* In agrorum marginibus. Foliorum finuatorum afperitate cum Hierac. echioide capitulis Cardui benedicti convenit, capitulorum forma ab eodem differt.

16. Hieracium pumilum faxatile afperum præmorfa radice *C. B. Pin.* 128. *Pr.* 66. *ic.* & *defcr.* montanum faxatile *Col. Ec. I.* 243. *Dwarf rough Stone Hawkweed with bitten Roots* On the Banks of new Parks, and divers other Places about *Oxford*; *Mr. Bobart.*

17. Hieracium primum latifolium *Cluf. Pann. & Hift.* CXXXIX. Pannonicum latifolium 1. Clufio, Pilofellæ majori vel Pulmonariæ luteæ accedens, maculofum & non maculofum *J. B. II.* 1026. Alpinum latifolium, hirfutie incanum, magno flore *C. B. Pin.* 128. *Broadleaved* Hungarian *Hawkweed.* Found on the Banks of the Devil's Ditch near *Reche,* not far from *Newmarket*; alfo on *Bernuk-Heath* in *Northamptonfhire.*

Hæc eft illa fpecies quam in *Cat. Ang.* Hieracium montanum non ramofum caule aphyllo, flore pallidiore denominavi, minus recte, nam caulis unum plerumque emittit ramulum. In *Hift. Plant.* pro Dentis leonis fpecie habui ab Hieracio Pannonico diverfa; verum cum in horto *D. Dale* cultum viderim, genuinam Dentis leonis fpeciem non effe agnovi; fed Hier. Pannon. 1 *Cluf.* plane eandem.

Hieracium Pulmonaria dictum, ab aliis Hieraciis feminibus parvis brevibus nigris differt.

1. Hieracium fruticofum latifolium hirfutum *C. B. Pin.* 129. *Park.* 802. Hieracii Sabaudi varietas duplex *J. B. II.* 1030. *Bufhy Hawkweed with broad rough*

M 4 *Leaves,*

Leaves. This is very common in Woods and Groves, as about *Hampſted* and *Highgate* near *London.*

Altius aſſurgit quam Pulmonaria Gallorum : Caulis quoque major eſt & rigidior, pluribus foliis veſtitus.

2. Hieracium fruticoſum latifolium glabrum *Park.* 801. frut. latif. foliis dentatis glabrum *C. B. Pin.* 129. fruticoſum latifolium glabrum *Ejuſd. Pr.* 67. majus latifolium, Pannonicum 2. Cluſii *J. B. II.* 1027. *The ſmoother broad-leaved buſhy Hawkweed.* Prope ſtagnum *Hulſwater* dictum in Weſtmorlandia.

Hoc a præcedente differt foliis brevi & vix conſpica lanugine obductis; deinde maturius floret.

3. Hieracium fruticoſum anguſtifolium majus *C. B. Pin.* 129. *Park.* 801. Intybaceum *Ger.* 234. rectum rigidum, quibuſdam Sabaudum *J. B. II.* 1030. Pulmonaria fruticoſa longifolia hirſuta *Pet. H. B.* 13. 8. it. Pulm. anguſtifolia hirſuta *Ej. Ib.* 10. In ſylvis circa *Hamſtedium. Narrow leaved buſhy Hawkweed.* In locis ſabuloſis & petræis inter frutices. Quantum memini Opii non obſcurum odorem exſpirat.

* 4. Pulmonaria anguſtifolia glabra *Pet. H. B.* 13. 11. In ſylvulis circa *Hamſtedium* Julio & Auguſto.

* 5. Pulmonaria graminea *Pet. H. B.* 13. 12. Circa Londinum, ſed rarius, Julio & Auguſto floret. Foliis plane integris, glabris, obſcure viridibus ab aliis differt.

6. Hieracium murorum folio piloſiſſimo *C. B. Pin.* 129. murorum Bauhini, quod eſt Pulmonaria Gallorum Lobelii *Park.* 801. Pulmonaria Gallica ſeu aurea latifolia *Ger. Em.* 304. Piloſella major quibuſdam, aliis Pulmonaria flore luteo *J. B. II.* 1033. *French or Golden Lungwort.* In ſylvis, muris antiquis, & aggeribus umbroſis. Prope *Cuckfield* Suſſexiæ vicum in dumetis foliis maculis & lituris atro-rubentibus pulchre variegatis obſervavimus.

7. Hieracium Pulmonaria dictum anguſtifolium. Pulmonaria Gallica ſeu aurea anguſtifolia *Ger. Em.* 304. *Narrow-leaved golden Lungwort.* Found in an old *Roman* Camp at *Sidmonton* not far from *Newberry. Dr. Johnſon* tells us that *Lobel* and *C. Bauhin* confound this with the former. Vide *Ger. Em.* (In rupibus occidentem verſus, juxta lacum *Lhyn y cwin,* prope Divi Periſii eccleſiam *D. Richardſon.*)

8. Hie-

TAB. VI.

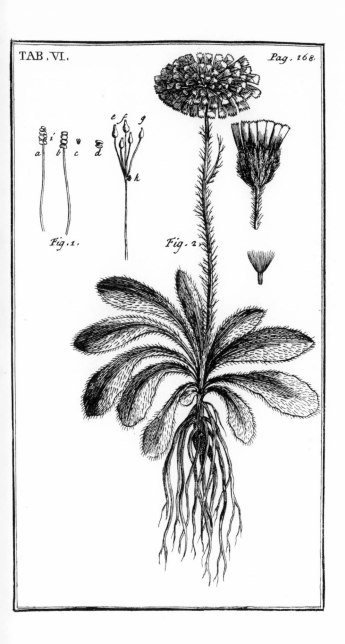

Fig. 1.

Fig. 2.

8. Hieracium macrocaulon hirfutum folio rotundiore *D. Lawfon*. An Hieracium fruticofum folio fubrotundo *C. B. Pin.* 129. *Pr.* 67. *Round-leaved rough Hawk-weed with a tall Stalk.* Found by *Mr. Newton* in *Edinburgh Park* in *Scotland*; by *Mr. Lawfon* near *Buckbarrow Well* in *Langfledale*, *Weftmorland.* (In loco declivi *Gordil* dicto prope Malham Cravoniæ vicum ; *Dr. Richardf.* Hieracii murorum folio pilofiffimo *C. B.* varietatem facit *D. Vaillant. Comm. Ac. R. Sc. A.* 1721. *p.* 185. quo etiam refert fequentem fpeciem.)

9. Hierac. λεπτόκαυλον hirfutum folio longiore *D. Lawfon.* On the Rocks by the Rivulet between *Shap* and *Anna* Well, *Weftmorland.* Folia huic in caule, quantum memini, nulla, fed ad imum tantum caulem e radice exeunt. Caulis fatis procerus gracilis, prope fummitatem in ramulos aliquot divifus, flores fuftinens majores fpeciofos.

10. Hieracium villofum Alpinum flore magno fingulari, caule nudo. Pro Hieracio 5. villofo *Cluf. H. CXLI.* recenfetur in *Syn. prior. Edit.* a quo differt novaque planta ideo eft, quod caules ipfius (una alterave ligula excepta) foliis deftituantur, quod unus faltem in eodem caule flos femper appareat, quodque folia quæ ad radicem plura locantur, obtufiora fint. Folia ceterum inferiora raris quibufdam & vix confpicuis incifuris per margines notantur. Radix ex medio defcendit & fpargitur tuberculo. Proxime accedit ad Hieracium pumilum 2. *Col. Ec. P. II. p.* 29. 30. idemque videri queat, ni flos major effet & calix totaque planta pilofior. Examinent alii & conferant *Col.* plantam cum noftra icone, quæ accurate & ad vivum depicta exhibetur Tab. VI. fig. 2. In editioribus Venedotiæ & Provifiæ rupibus paffim nafcitur, ubi a *D. Lhwyd* primum obfervata eft hæc fpecies. Cultura & in hortis plurimum variat, ligulas in caule plures, folio vero multo longiora & acutiora acquirit.

11. Pilofellæ majoris feu Pulmonariæ luteæ fpecies anguftifolia *J. B. II.* 1034. Hieracium murorum laciniatum minus pilofum *C. B. Pin.* 129. *Golden Lungwort with more jagged Leaves.* Saxis grandioribus & collapfis rupibus vallis Perifianæ innafcitur ; *Idem.* (Non differt a Pulmonaria Gallica Lobelii ; *D. Richardfon.*)

12. Hie-

13. Hieracium fruticofum Alpinum latifolium minus, uno vel altero flore. On the higher Rocks about *Lhanberys* plentifully; *Idem.* Hujus fpecimen ad me miffum caule erat dodrantali, tereti, pluribus foliis Hieracii fruticofi vulgaris fimilibus, fed multo minoribus veftito, unico alterove in fummo flore luteo, mediocri. (Returning from *Mr. Evans*'s at *Lhanberis*, we found it on a Rock called the *Old Woman's Cave*; *Dr. G. & J. Sherard.*)

14. Hieracii feu Pilofellæ majoris fpecies humilis, foliis longioribus rarius dentatis plurimis fimul, flore fingulari noftras *Syn. II.* 75. 11. Hieracium feu Pilofellæ majoris fpecies, foliis rarius dentatis, flore fingulari noftras *Pluk. Alm.* 183. *T.* 37. *f.* 3. On a dry Bank at the edge of a Wood in a Lane leading from *Hornhill* to *Rickmanfworth* in *Hertfordfhire.*

§. Pilofella repens *Ger.* 573. minor vulgaris repens *Park.* 690. major repens hirfuta *C. B. Pin.* 262. majori flore, feu vulgaris repens *J. B. II.* 1039. *Common creeping Moufe-ear.* In pafcuis ficcioribus ubique Junio & Julio menfibus floret. Foliis integris, pilis rigidiufculis obfitis, Flagellis reptatricibus a Pulmonaria Gal. (quacum femine parvo nigro convenit) reliquifque Hieraciis diftinguitur. Floribus in fingulis cauliculis nudis fingulis cum Dente leonis concordat, ut nifi tota facie ad reliquas Pilofellas accederet, pro repente Dentis leonis fpecie haberi poffet.

Aftringit & ficcat vehementer, hinc dyfenteriam aliofque alvi & uteri fluxus fiftit, bilem æftuantem fedat, hernias curat, Sunt qui ad Regium morbum & incipientem hydropem commendant. Vulneraria eft, additurque utiliter tum potionibus vulnerariis, tum emplaftris & unguentis. Succus herbæ illitus herpetem miliarem efficaciter compefcit & fanat. Ob adftrictoriam facultatem ovium gregibus noxia cenfetur.

§. Dens leonis ab Hieracio floribus in fingulis caulibus fingulis differt.

1. Dens leonis *Ger.* 228. vulgaris *Park.* 780. latiore folio *C.B. Pin.* 126. Hedypnois feu Dens leonis Fuchfii *J.B. II.* 1035. Aphaca ex olerum genere Theophrafti 7. Hift. 10. *C. B. Jo. Bod.* Urinaria, Gallis pueris Lectiminga *Ad. Lob. Dandelion.* In pafcuis frequentiffimus eft & primo vere floret.

2. Dens

2. Dens leonis anguſtioribus foliis *Park.* 780. leonis anguſtiore folio *C. B. Pin.* 126. leonis anguſtifolius *Pet. H. B.* 11. 8. *Narrow-leaved Dandelion.* Cum priore, a quo differt foliis paucioribus & anguſtioribus, profundius laciniatis, femine etiam rufo, cum illius citrinum ſit.

3. Dens leonis hirſutus λεπτόκαυλ☉, Hieracium dictus. Hieracium caule aphyllo hirſutum *J. B. II.* 1038. Dentis leonis folio hirſutum *Ger. Em.* 303. aſperum flore magno Dentis leonis *C. B. Pin.* 127. aſperum foliis & floribus Dentis leonis bulboſi *Park.* 788. *Rough Dandelion, commonly called Dandelion Hawkweed.* Floret omnium quæ apud nos ſponte oriuntur Hieraciorum primum, menſe ſcil. Maio, eſtque in pratis & paſcuis ubique frequens. Icon quam adhibent hujus plantæ *Ger.* & *Park.* nimirum Hieracii foliis & floribus Dentis leonis bulboſi *Lob. ic.* ei minime convenit.

4. Dens leonis montanus anguſtifolius. Hieracium montanum anguſtifolium *Park.* 799. montan. anguſtifol, nonnihil incanum *C. B. Pin.* 129. montanum 6. Cluſii *Ger. Em.* 302. mont. 6. Cluſio anguſtifolium *J. B. II.* 1038. *Narrow-leaved Mountain Dandelion or Hawkweed.* Ad ſummitatem montis *y Glyder* prope *Lhan Berys* ; *D. Lhwyd.*

* An. 5. Dens leonis ramoſus glaber *Pet. H. B.* 11. 12. In paſcuis.

Epaticum eſt cum Endivia conveniens, qua tamen potentjus operatur. Uſus præcip. in febribus putridis inveteratis ; *Schrod.* Cocta herba Stomachum diſſolutum aſtringit, cruda alvum ſiſtit. Radices & folia decocta in vino aut juſculo, in phthiſi, tabe, cachexia commendat *Parkinſonus.* Cruda in acetariis ſumpta diuretica eſt, & lotium copioſum ad veſicam derivat, unde & vulgo *Piſs-a-bed,* i. e. Lectiminga dicitur.

§. Tragopogon inſigni nota a reliquis pappoſis lacteſcentibus differt, quod calycis floris radii ipſius folia ſeu petala longitudine excedant : folia herbæ graminea imitantur.

An. Tragopogon luteum *Ger.* 595. *Park. Parad.* 514. flore luteo *J. B. II.* 1058. pratenſe luteum majus *C. B. Pin.* 274. *Yellow Goats-beard, Go to Bed at Noon.* In pratis & paſcuis.

Tragopogon purpureum in Anglia ſponte provenire nobis affirmavit *D. Fitz-Roberts.* (Idem obſervavit

vavit *D. J. Sherard. Gerard* p. 596. tells us that
it grows in *Lancashire* upon the Banks of the River
Chalden, near unto my Lady *Hesketh* her House, two
Miles from *Whawley.* Tragopogon purpureum *Ger.*
595. *Park.* 412. *ic.* flore purpureo *J. B. II.* 1059. pur-
puro-cœruleum Porrifolio, quod Artifi vulgo *C. B. Pin.*
274. In many Places of *Cornwal* ; *Dr. Gunthorp* ; Merr.
Pin. In the Fields about *Carlisle* and *Rose-Castle, Cumberland* ; *Mr. Nicholson.* Cambd. Br. Ed. Gibs. *p.* 846.)

Radices in deliciis habentur tum coctæ, tum crudæ in acetariis ;
valde nutriunt, unde tabidis & macilentis conducunt. Tussi,
respirationi difficili, necnon pleurisi mederi dicuntur ; urinæ
quoque stillicidio subvenire & calculum expellere.

II. *Herbæ flore planifolio natura pleno lactes-*
centes seminibus solidis, seu flore e flosculis
irregularibus tantum composito, ut cum Rivino *loquar.*

§. Cichorium Græcis varie scribitur, vel κιχόρειον cum
ει diphthongo, quod secutus est Horatius in versu illo
Alcmanico *Me Cichorea levesque Malvæ :* vel κιχόριον cum
simplici ι, unde latine varie potest efferri, penultima vel
producta, vel correpta. Nota qua a reliquis planifoliis
lactescentibus differt, sunt flores e lateribus caulium &
ramorum exeuntes velut spicatim, non ut in aliis eos-
dem terminantes.

Cichoreum sylvestre *Ger. Em.* 284. *Park.* 776. *Sec.*
i. e. sylvestre sive Officinarum *C. B. Pin.* 125. Cichoreum sylvestre & sativum *J. B. II.* 1007. qui asserit hoc
ab illo non aliter differre quam cultura ; & sativum si
non colatur fieri sylvestre. *Wild Succory.* Secus vias
& semitas locis incultis, & in agrorum limitibus.

Cichoreum plerisque Botanicis frigidum censetur, unde & in
febribus commendatur ; quod nobis non probatur : nam sapor
amarus caliditatem arguit. Diureticum esse, attenuare, abster-
gere scribit Schroderus cui assentimur ; unde in obstructionibus
hepatis utile esse potest. Notat Spigelius Cichorei sylv. herbam podagricis valde conferre. Vide *Hist. nost.* p. 255. Aqua
e floribus destillata inflammationibus & caligini oculorum mederi dicitur.

§. Lampsana floribus caules & ramulos terminantibus
cum Hieracio convenit, a Cichorio differt : seminibus
solidis

folidis feu pappo deftitutis cum hoc convenit, ab illo diverfum eft.

An. Lampfana *Ger. Em.* 255. vulgaris *Park.* 810. Lampfana Dodonæi *J. B. II.* 1028. Soncho affinis Lamp. domeftica *C. B. Pin.* 124. *Nipplewort.* In hortis & cultis frequentiffima eft, Junio ac Julio florens.

An. Hieracium minimum Clufii, Hyoferis Tabernamontani & Gerardi *Park.* 791. Hieracium minus folio fubrotundo *C. B. Pin.* 127. Hyoferis *Cat. G. App.* 144. *Tab.* 8. mafcula *Ger.* 227. *Small Swines Succory or Hawkweed.* Provenit inter fegetes locis arenofis aut terra friabili. Hanc herbam femina folida & pappo deftituta producere nos monuit *D. Doody* (qui eam circa *Hampton-Court* copiofe obfervavit.)

In hoc petala floris extima feu marginalia calycis folia quibus incumbunt longitudine vix excedunt.

Genus Septimum.

HERBÆ FLORE COMPOSITO, SEMINE PAPPOSO NON LACTESCENTES, FLORE DISCOIDE.

TUssilago *Ger.* 666. *J. B. III.* 563. *Park.* 1220. vulgaris *C. B. Pin.* 197. Chamæluce Plinii *Bod. à Stapel in Theoph. Hift.* 877. quod folia fubtus albicent. Bechion *Common Coltsfoot.* In locis humidis & ubi aquæ fubfunt.

Notæ Tuffilaginis funt flores folia antevertentes & brevi marcefcentes, in fingulis cauliculis finguli, radiati: folia fubrotunda, fubtus incana.

Lanuginem pronæ foliorum fuperficiei adnafcentem abradunt Hiberni, & affervant pro fomite ad ignem concipiendum; *D. Sherard.*

Thoracica eft infignis. Folia recentia temperatis proxima funt, unde extrinfecus impofita, ulceribus, calidis inflammationibus, ut & Eryfipelati profunt, ficcata vero modice acria & calida

3   eva-

evadunt. Eorum fumus ore hauſtus admodum Nicotianæ tuſſi,
orthopnœæ, vomiciſque pectoris conducit. Ad eoſdem affectus
paratur Syrupus ex ſucco foliorum recentium, conſerva, tabel-
læ & eclegmata.

§. Conyza eſt Herba odorata, hirſuta & glutinoſa,
foliis integris flore radiato.

1. Conyza media *Ger. Em.* 482. media Aſteris flore
luteo, vel tertia Dioſcoridis *C. B. Pin.* 265. media Matthioli, flore magno luteo, humidis locis proveniens
J. B. II. 1050. Herba dyſenterica *Cat. Altdorf. Middle
Fleabane.* In aquoſis & ad rivos.

Loco natali, floris amplitudine, odore ſaponis a reliquis Conyzis diſtinguitur.

An. 2. Conyza minor *Matth. P. II.* 223. *Valg.* minima *Ger. Em.* 482. mediæ minor ſpecies, flore vix radiato *J. B. II.* 1050. minore flore globoſo *C. B. Pin.* 266.
Small Fleabane. In locis ubi per hyemem aquæ ſtagnarant. Parvitate ſua & floribus vix radiatis a præcedente
facile diſtinguitur, cum qua convenit floribus poſt-natis
ſupra primigenios eminentibus, ramulis ſcil. quorum
faſtigiis inſident medio caule altius aſſurgentibus, ut in
Gnao, alio vulgari.

An. q. 3. Conyza foliis laciniatis *Ger. Em.* 483. aqua-
tica laciniata *C. B. Pin.* 266. helenitis foliis laciniatis
Park. Th. 126. *Jagged Marſh Fleabane.* In the Fen
Ditches about *Marſh* and *Chattereſs* in the Iſle of *Ely:*
Alſo in the Ditches about *Pillin-moſs* in *Lancaſhire* plen-
tifully; and in the marſhy Places about *Aberavon* in *Me-
rionethſhire* in *Wales.* (In the Way from *Norwich* to
Yarmouth, a little before you come to *Oaklybridge,* and
at the firſt Town after you come into *Lovingland*;
Mr. J. Sherard.)

Variat interdum foliis integris ſeu non laciniatis, quæ fortaſſe Conyza helenitis mellita incana Lobelii. Vid. *Hiſt. noſt.*
p. 263. Foliis laciniatis a reliquis Conyzis differt, & ad Jacobæam accedit.

§. After nobis cenſetur Herba flore compoſito in pappos abeunte, inodora, foliis integris & indiviſis.

1. After maritimus flavus, Crithmum Chryſanthemum
dictus. Crithmum chryſanthemum *Park.* 1287. *Ger.
Em.* 533. maritimum flore Aſteris Attici *C. B. Pin.* 288.
marinum tertium Matthiolo, flore luteo Buphthalmi
J. B. III. 106. *Golden-flowered Sampire.* In maritimis, ſed non ita frequens. I have obſerved it in a Marſh

near

3

near *Hurſt-Caſtle* over againſt the Iſle of *Wight* plentifully; on the Rocks at *Llandwyn* in *Angleſea*; and on
the Bank of the River juſt above *Fulbridge* at *Maldon*
in *Eſſex* found by *Mr. Newton.* (It grows alſo near
Sheerneſs in *Shepey* Iſland) ; *Mr. J. Sherard.* Folia huic
craſſa, in extremo inciſa.

2. Aſter maritimus cœruleus Tripolium dictus. Tripolium majus & minus *J. B. II.* 1064. vulgare majus
& minus *Ger.* 333. majus five vulgare, & minus *Park.*
673. majus cœruleum & minus *C. B. Pin.* 267. cum
enim non aliter quam magnitudine differant, non eſt cur
ſeparem. *Sea-Starwort, the greater and leſſer.* In ſal-
ſis maritimis ubique. Tripolium flore nudo circa Briſtolium copioſum obſervavi. *(*Tripolium folio latiore,
ramoſius. Collegit *D. Lhwyd* in agro Pembrokienſi
D. Richardſon.)

3. Aſter arvenſis cœruleus acris *J. R. H.* 481. Conyza cœrulea acris *C. B. Pin.* 265. *Ger. Em.* 484. odorata cœrulea *Park.* 126. Senecio five Erigeron cœruleus,
aliis Conyza cœrulea *J. B. II.* 1043. *Blue-flowered
ſweet Fleabane.* In ſterilioribus & ſiccioribus paſcuis
frequens oritur. Ad Aſteres vel Conyzas referri poteſt.

(This Plant flowers ſometimes in *April,* and is of a different
Figure from that which flowers the latter End of the Year.
In *April* the Branches lye on the Ground, or are but little erect.
Obſerv'd on the Banks of the Limekills at the Foot of *Black-
heath,* ſeveral Years by *Mr. J. Sherard.*)

§. Conyza Canadenſis annua, acris, alba, Linariæ foliis
Boccon. Pl. rar. Tab. 46. acris annua alba *Mor. Præl.* 256.
acris flore albo *Merr. P.* Conyzella *Cat. Giſſ.* 160. *&
App.* 142. *Tab.* 8. Circa Londinum, & aliis in locis frequens occurrit, ſed certe non indigena; hoc copiæ ſeminis pappeſcentis debetur, quod facile vento huc illuc im-
pellitur. Ex obſervatione *D. Tancr. Robinſon* M. D.

An. §. Carlina ſylveſtris quibuſdam aliis Atractylis
J. B. III. 81. ſylv. maj. *Ger.* 997. Cnicus ſylveſtris
ſpinoſior *C. B. Pin.* 378. *The Common wild Carline-
Thiſtle.* In paſcuis ſiccioribus & ericetis frequens habetur.

Annua eſt, caule ſingulari hirſuto, florum ſtaminibus
fuſcis.

Q. An & quomodo Cnicus ſylv. ſpinoſior alter flore aureo
perennis *Hort. Reg. Pariſ.* differat ab Acarna five Acorna altera
Apu-

Apula *Col?* Nos in Gallia Narbonensi, Italia & Sicilia non lon+
ge a mari copiose provenientem observavimus Carlinæ sylv.
speciem radice perenni; caule multiplici, rubente, glabro; floris disco luteo, barbulis aureis; quam pro Cnico sylv. spinosiore altero flore aureo, perenni *Cat. Parif.* prædicto habemus; eundem etiam fuisse cum Acarna altera Apula *Col.* in Historia nostra suspicati sumus: verum multitudo caulium in nostra florés-
que majores contrarium suadent.. *D. Plukenet* Carlinam sylv.
Cluf. pro Carlina nostra sylvestri spontanea habet, quamvis icon
plantæ non bene respondeat: nostrum autem Cnicum sylv. spi-
nosiorem aureum perennem pro Heracantha. *Tab.* Ic. 697. He-
racantham *Tab.* pro Cnico sylv. spinosiore polycephalo *C. B.*
Pin. 379.

§. Helenium *Ger.* 649. vulgare *C. B. Pin.* 276. Helenium five Enula campana *Park.* 674. *J. B. III.* 108.
Elecampane. In pratis & pascuis humidioribus, sed rarius. Partium omnium magnitudine, radicis etiam sapore amaro & aromatico a reliquis papposis integrifoliis
differt.

Radix saccharo condita, vel siccatæ pulvis cum saccharo aut
melle mixtus, plurimum prodest adversus respirandi difficulta-
tem, orthopnœam, asthma, veteremque tussim, unanimi Medicorum consensu & experientia suffragante. Ventriculo insuper
commoda est ad coctionem promovendam a cibo sumpta. Commendatur præterea ut peculiare præservativum pestis tempore
mane sumpta. Vinum quod in Germania ex radicibus passim
paratur, visum acuit. Vinum Gallicum album in quo radices
per triduum infusæ, mane dimidii Sextarii mensura sumptum
virginum chlorosin sanat. Decoctum radicis a nonnullis ad
spasmum, convulsiones & dolorem Ischiaticum laudatur.

§. Virga aurea *Ger.* 348. aurea vulgaris *Park.* 542.
aurea 4. sive angustifolia minus serrata *C. B. Pin.* 268.
aurea vulgaris latifolia *J. B. II.* 1062. *Golden Rod.* In
ericetis & montosis sylvis ac saltubus.

2. Virgæ aureæ sive Solidagini angustifoliæ affinis,
Lingua avis Dalechampii *J. B. II.* 1063. Conyza palustris *Park.* 1232. palustris serratifolia *C. B. Pin.* 266.
Marsh golden Rod or Confound; by some *Marsh Fleabane*
or Birds-tongue. In fossis palustribus earumque aggeribus
in insula Elienti, sed rarius. We observed it near *Stre-*
tham-Ferry.

3. Virga aurea vulgari humilior. Virga aurea humilis, a vulgari distincta D. Sherard. *R. Syn. App.* 341.
Foliis est angustioribus leviter serratis, longis pediculis
insiden-

infidentibus, floribus majoribus, e foliorum alis, in fpicam quafi congeftis. Collecta in Hibernia.

4. Virga aurea montana, folio angufto fubincano, flofculis conglobatis *Syn. II.* 81. 3. aurea Cambriæ *Pet. H. B.* 16. 11. *Narrow-leaved Mountain Golden-Rod, with a hoary Leaf and conglobate Flowers.* In pafcuis ad fummitatem montis *y Glydder* copiofe. An vero fpecies diftincta fit a vulgari, an potius ejufdem varietas ulteriori examini relinquimus, *D. Lhwyd;* (An Virga aurea montana, biuncialis, pumila, foliorum apicibus obtufis *Pluk. Alm.* 390. *Tab.* 235. *fig.* 8.? In hortis culta ad pedalem affurgit altitudinem.)

5. Virga aurea maxima radice repente D. Bobart. *Syn. II.* 81. 4. aurea maxima radice repente, five Doria major repens *H. Ox. III.* 123. 1. Solidago Saracenica *Dod. Pempt.* 141. Virga aurea anguftifolia ferrata *C. B. Pin.* 268. aurea anguftifolia ferrata, five Solidago Saracenica *J. B. II. L.* 24. *p.* 1063. *Broad-leaved indented Golden-Rod.* Found plentifully growing by the Side of a fmall River between *Wells* and *Glaftenbury* by *Mr. Bobart.* (In the Road about a Quarter of a Mile from *Hallifax* towards *Kichlay* on the left Hand; *Mr. Newton.*) It grows as plentifully in our Fields at *Salkeld,* as the *vulgaris,* which is as common as any Plant we have; *Mr. Nicholfon.* Vid. Cambd. Brit. Ed. Gibf. p. 846.)

Vulneraria eft celeberrima intrinfecus & extrinfecus adhibita, ipfi etiam Solidagini Saracenicæ præferenda : lithontriptica diureticaque non e poftremis omnium confenfu. Aftringit infuper, proinde diarrhœæ, dyfenteriæ & fanguinis expuitioni medetur.

§. Jacobæa a cæteris pappofis non lactefcentibus foliis laciniatis, floribus flavis radiatis, in umbellas digeftis differt.

1. Jacobæa vulgaris *J. B. II.* 1057. vulgaris major *Park.* 668. vulgaris laciniata *C. B. Pin.* 131. Jacobæa *Ger.* 218. *Common Ragwort, Seggrum.* In pafcuis, præfertim humidioribus, inque incultis & ad vias paffim. Flore nudo copiofiffime nafcens in fabulofis prope littus, tribus vel quatuor milliaribus a *Drogheda* occurrit ; adeo ut e mille plantis vix unam flore radiato reperias, *D. Sherard.* Eft Senecio Jacobææ folio *Mor. Præl.* 309.

2. Jacobæa Senecionis folio incano perennis *Syn. II.* 82. 2. Jac. Senecionis folio *Pet. H. Br.* 17. 3. An Jacobæa

N   vulgaris

vulgaris minor *Park.* 668. *defcr.. Hoary perennial Rag-wort, with Groundfel Leaves.* In pafcuis, præfertim inter vepres, inque fæpium aggeribus.

3. Jacobæa latifolia paluftris five aquatica *Syn. II.* 82. 3. Jac. Barbareæ inftar laciniata *Fl. Pr.* 129. *ic.* 35. An Jacobæa latifolia *J. B.*? An Pannonica latifolia *Ejufd.*? i.e. latifolia *Ger. Em.*? latifolia Pannonica prima *Park.*? Alpina laciniata flore Buphthalmi *C. B.*? *Broad-leaved Marfh,* or *Water Ragwort.* Ad foffas & in aquofis ubique.

Foliis latioribus & pæne integris; floribus in fummis caulibus paucioribus & magis fparfis, locoque natali a præcedentibus differt.

4. Jacobæa Pannonica folio non laciniato *J. B. II.* 1056. anguftifolia *Ger. Em.* 280. anguftifolia Pannonica non laciniata *Park.* 668. montana lanuginofa anguftifolia non laciniata *C. B. Pin.* 131. *Mountain Ragwort with an undivided Leaf.* On *Gog-Magog* Hills, *New-market* Heath, the *Devil's Ditch,* and other like Places. In *Hift. noft.* Jacobæam montanam non laciniatam noftratem a Pannon. folio non laciniato feparavimus, fed male.

Ad vulnera & ulcera fordida & inveterata a recentioribus commendatur. Ad dolorem ifchiadicum aliofque inveteratos in unguentis ufurpatur. *Ger.* Alii in tumoribus inflammatoriis & Angina commendant. Verum noftro tempore ejus ufus exolevit.

§. Senecio a Jacobæa, quacum foliis laciniatis convenit, floribus nudis feu non radiatis diftinguitur.

An. 1. Senecio vulgaris *Park.* 671. minor vulgaris *C. B. Pin.* 131. vulgaris five Erigeron *J. B. II.* 1041. Erigeron *Ger.* 217. *Common Groundfel,* or *Simfon.* In locis cultis, arvis, hortis, areis ubique. Vires vide *Hift. noft.* p. 290.

An. 2. Senecio hirfutus vifcidus major odoratus *J. B. II.* 1042. incanus pinguis *C. B. Pin.* 131. fœtidus *Park.* 671. Erigeron tomentofum *Ger.* 217. *Em.* 278. *Cotton Groundfel,* or *ftrong-fcented Groundfel.* In arenofis paffim. On the Fen Banks in the Ifle of *Ely* plentifully.

* 3. Senecio minor latiore folio, five montana *C. B. Pin.* 131. Senecium montanum *Tab. Ic.* 169. Erigerum *Ger.* 217. Jacobæa annua Senecionis folio, parvo flore *Comm. Ac. R. Sc. A.* 1720. *p.* 298. *n.* 19. Folia non tomen-

tomentofa, nec vifcida aut graveolentia funt; capitula
parva gracilia, femifloculorum exilium corona cinguntur, quo non obftante Senecionis potius, cui tota facie
accedit, quam Jacobææ fpecies videtur. Near *Hornfey*, and on *Blackheath* along the Road to *Charlton*
plentifully; *D. Dillenius.*
Succus vel decoctum cum uvis Corinthiacis leniter purgat per
vomitum. Ufus ejus eft in cholera, ictero, intemperie calida
hepatis, lumbricis, ifchiadico dolore, febre tertiana, &c. Extrinfecus in mammis inflammatis, fcabie capitis, ftrumis, dolore ventriculi, urina remorata, arthritide, vulneribus; *Schrod.*

1. Petafites *Ger.* 668. vulgaris *Park.* 419. major &
vulgaris *C. B. Pin.* 197. vulgaris rubens, rotundiore
folio *J. B. III.* 566. *Butter-bur*, *Peftilent-wort.* In
humidis prope fluminum & lacuum ripas.

(Hujus varietatem flore albo ad ripam fluminis infra Brad-
fordiam aliquando obfervavit *D. Richardfon.*)

* 2. Petafites major, floribus pediculis longis infidentibus. Found by *Mr. J. Bobart*, and fent to the Phy-
fick-Garden at *Chelfea.*

Notæ hujus funt flores folia antevertentes in eodem caule
plures in thyrfum difpofiti, nudi, brevi cum caulibus exaref-
centes. Folia fubrotunda Bechii, fed majora. Radix infigniter
amara eft, fudorifica & alexipharmica in pefte, unde Germanis
Peftilent Wurtz dicitur. Commendatur etiam in Lipothymia
uterina, fpiritus difficultate, tuffi, afthmate. Extrinfecus ad
bubones & ulcera maligna.

§. Baccharis Monfpelienfium *Ger. Em.* 792. *Park.*
114. Conyza major Matthioli, Baccharis quibufdam
J. B. II. 1051. Conyza major vulgaris *C. B. Pin.* 265.
Great Fleabane, or *Plowman's Spikenard.* In montofis
& ficcioribus fecus vias & in aggeribus. Serius & fub
Autumnum floret femenque maturat.

Floribus nudis, foliis integris, odoratis, fapore acri & amaro,
necnon magnitudine fua a reliquis hujus generis diftinguitur.
De hujus viribus nihil certi traditur. *D. Hawfe* retulit *Doodio*
infigne effe lithontripticum; *Syn. Ed. II. App.* 345.

§. Eupatorium Cannabinum *Park.* 595. *C. B. Pin.*
320. cannabinum mas *Ger. Em.* 711. adulterinum *J. B.*
II. 1065. Avicennæ creditum *Gefn. Hort.* 258. Herba
S. Kunigundis *Trag.* 491. *lat. Common Hemp-Agrimony*,
or *Dutch-Agrimony.* Ad fluminum & rivulorum ripas,
fcrobium & ftagnantium aquarum margines. Foliis
digitatis, floribus nudis purpureis a congeneribus differt.

* Eupa-

* Eupatorium cannabinum folio integro, feu non digitato. Found by *Mr. Martyn*, and by *Dr. Dillenius* before you come to *Lee* in the Road to *Eltham*. Varietas prioris; folia fuperiora folummodo funt indivifa, inferiora trifida.

Epaticum eft ac vulnerarium. Ufus præcipuus in cachexia, catarrhis & tuffi, inque urina & menfibus retentis. Radicibus vim purgativam ineffe fatis validam experimento proprio didicit Gefnerus. Vid. *Hift. noft. p.* 293.

§. Gnaphalio folia tomento obducta, ut nomen indicat, flores nudi, flofculis eos componentibus præ parvitate vix confpicuis.

1. Gnaphalium maritimum *C. B. Pin.* 263. maritimum multis *J. B. III.* 157. marinum *Ger.* 516. marinum feu Cotonaria *Park.* 687. *Sea-cudweed or Cottonweed.* We found it plentifully on the Sand near *Abermeney-Ferry* in the Ifle of *Anglefea*, where the common People call it *Calamus aromaticus*; alfo on the gravelly Shore between *Penfans* and *St. Michael's Mount* in *Cornwal*. Foliis latis in rotundum definentibus, floribus fpeciofis, odore aromatico, & loco natali a reliquis Gnaphaliis abunde diftinguitur. I am informed by my honoured Friend *Dr. Plukenet*, that *Jac. Breynius* in his *Prodromus*, affirms this Plant to have folid Seed, fo that it doth not properly belong to this Place, but is to be removed to the Corymbiferous Tribe. (Vid. *J. R. H.* 461.)

2. Gnaphalium Anglicum *Ger.* 515. Anglicum vulgare majus *Park.* 685. ejufdemque majus Germanicum. Gnaph. majus angufto oblongo folio, & majus angufto oblongo folio alterum *C. B. Pin.* 263. Nam & ipfe hoc, inquit, cum a priore parum differat, qui voluerit idem dicat. Gnaphalium rectum *J. B. III.* 160. *Long-leaved upright Cudweed.* In pafcuis folo arenofo & inter Geniftas non infrequens eft. Statura elatiore, caulibus rectis, foliis longis, capitulis fecundum caules e foliorum alis exeuntibus ab aliis difcretu facile eft.

An. 3. Gnaphalium minus feu Herba impia *Park.* 685. vulgare majus *C. B. Pin.* 263. Germanicum *J. B. III.* 158. Filago feu Herba impia *Ger.* 517. *Common Cudweed.* In ficcioribus, fterilioribus & viis publicis paffim. Globulis e pluribus floribus coaggeftis, iifque quæ in
fummis

summis ramulis funt supra medium, quod in supremo caule est, altius ascendentibus a reliquis distinguitur.

Minus; *Herba impia* dictum, Anglis *Cudweed*, quod ruminantibus rumen amissum revocet: Northumbris *Chafeweed*, quod ad intertrigines valeat. Astringit & siccat, unde hæmorrhagiæ cuicunque, diarrhœæ & fluxui omni alvi, uteri, &c. medetur: contusa & oleo cocta ad livores, contusiones, cæsa & verbera utilis est. Aqua destillata ad cancrum præcipue mammarum commendat *Dodonæus.*

Montani seu Pedis cati syrupus peculiari proprietate pulmonum exulcerationi & sanguinis expuitioni conferre statuitur.

An. 4. Gnaphalium minimum *J. B. III.* 159. item Gnaphalium vulgare tenuifolium *Ejusd.* Filago minor *Ger. Em.* 641. Gnaphalium minus repens *C. B. Pin.* 263. male, non enim repit, sed erigitur. *The least Cudweed.* In arenosis & glareosis, nec raro inter segetes. Parvitate sua, & florum globulis minoribus, eque paucioribus flosculis compositis a præcedente differt.

An. 5. Gnaphalium parvum ramosissimum foliis angustissimis polyspermon *Hist. nost. I.* 296. minimum alterum nostras, Stœchadis citrinæ foliis tenuissimis, a *D. Samuele Dale* acceptum *Pluk. Alm.* 172. *T.* 298. *f.* 2. *Small narrow-leaved Cudweed, very much branched, and full of Seed.* Among Corn in sandy Grounds about *Castle-Heveningham* in *Essex* plentifully; *Mr. Dale.*

An. 6. Gnaphalium longifolium humile ramosum, capitulis nigris *Nobis.* Gnaphalio vulgari similis *J. B. III.* 159. medium *C. B. Pin.* 263. Filago minor *Park.* 686. *Lob. Ic.* 481. *Dod. Pempt.* 66. *Black-headed, long-leaved, low, branched Cudweed.* In scrobibus siccis & locis ubi per hyemem aquæ stagnarant.

* 7. Gnaphalium Germanicum *Pet. H. B.* 18. 8. In arenosis, sed raro.

§. 1. Gnaphalium montanum album *Ger.* 516. montanum sive Pes cati *Park.* 690. montanum flore rotundiore *C. B. Pin.* 263. montanum flore rubro & purpurascente *Merr. Pin.* Pilosella major & minor quibusdam, aliis Gnaphalii genus *J. B. III.* 162. *Mountain Cudweed, or Catsfoot.* On *Newmarket-Heath,* not far from *Bottesham-Beacon* plentifully: also on *Bernak-Heath* in *Lincolnshire, Ingleborough-Hill* in *Yorkshire, Plimllimon* in *Wales,* and many others. Vid. *Merr. Pin.*

* 2. Gna-

* Gnaphalium longiore tolio & flore *C. B. Pin.* 263. Cum non fpecie fed fexu tantum differat, (vid. *C. G. p.* 60.) iifdem cum antecedenti locis reperiri nullum dubium eft.

2. Gnaphalium Americanum *J. B. III.* 162. *Ger. Em.* 641. Americanum latifolium *C. B. Pin.* 263. Argyrocome feu Gnaphalium Americanum *Park. Parad.* 374. *American Cudweed or Live-ever.* In prato prope *Bocking* vicum agri Effexienfis a *D. Dale* copiofe nafcens, & per multos annos durans obfervatum; fpontaneum tamen ob loci natalis diftantiam non aufim affeverare. (On the Banks of *Rymny* River, for the Space of at leaft twelve Miles; *Mr. Lhwyd.*)

3. Elichryfum fylveftre latifolium capitulis conglobatis *C. B. Pin.* 264. it. Gnaphalium majus lato oblongo folio *Ej. Pin.* 263. *Pluk. Alm.* 171. *T.* 31. *f.* 6. Chryfocome & Heliochryfos fylveftris *Lob. Ic.* 485. Gnaphalium ad Stœchadem citrinam accedens *J. B. III.* 160. Gnaphalium Plateau fecundum *Cluf. Hift.* 329. In the Ifle of *Jerfey*, on dry Banks and Walls very common; *Dr. Sherard.*

Tres plantæ præcedentes quamvis Gnaphalia vulgo dici foleant, Helyochryfi potius fpecies cenfendæ funt; quibufcum foliis florum marginalibus exfuccis & lucentibus conveniunt.

Genus Octavum.

HERBÆ FLORE COMPOSITO DISCOIDE, SEMINIBUS PAPPO DESTITUTIS, CORYMBIFERÆ DICTÆ.

An. §. 1.   CHRYSANTHEMUM fegetum *Ger. Em.* 743. fegetum noftras *Park.* 1370. folio minus fecto, glauco *J. B. III.* 105. Bellis lutea foliis profunde incifis major *C. B. Pin.* 262. *Corn Marigold.* Inter fegetes frigidiorum regionum frequens, æftuofis tractibus rarius.

*

An.

An. 2. Chryfanthemum fegetum noftras, folio glauco multi-fciffo majus, flore minore. The Leaf almoft as much cut, and as varioufly as the firft Cretick kind of *Clufius*, but glaucous, and the Flowers not half fo big. In Corn Fields near *Glaftenbury*, but very rarely; *D. Plukenet. Alm.* 102.

Forte hæc fpecies eft quam intelligit *D. Hermannus* titulo Chryfanthemi fegetum, facie Bellidis fylveftris, foliis glauci*. Papaveris hortenfis inftar, profunde incifis, majus *Cat. Hort. Lugd. Bat.*

* An. 3. Chryfanthemum fegetum noftras, Calen-dulæ folio glauco, neque fecto, neque ferrato *Pluk. Alm.* 102.

§. Buphthalmum vulgare *Ger. Em.* 747. Tanaceti mi-noris foliis *C. B. Pin.* 134. Matthioli, five vulgare Mil-lefolii foliis *Park.* 1370. Chamæmelum Chryfanthemum quorundam *J. B. III.* 122. *Common Ox-eye.* I found this on a Bank near the River *Tees*, not far from *Sog-burn* in the Bifhoprick of *Durefm.* Folia huic Mille-folii fere, flos Chryfanthemi.

§. Ptarmica *Ger.* 483. vulgaris *Park.* 859. vulgaris folio longo ferrato, flore albo *J. B. III.* 147. Dracun-culus ferrato folio pratenfis *C. B. Pin.* 198. *Sneeze-wort, Baftard-Pellitory*, nonnullis *Goofe-tongue* i. e. Lingua An-ferina, a foliorum forma. Florum barbulæ medio dif-co concolores funt: color autem albus : locus paluftris aut pratenfis humidior. Invenitur flore pleno. (Ob-ferv'd in one of the little Iflands call'd *Small Holme*, in the great Lake of *Winander-Meer*, by *Th. Lawfon. Robinf. Nat. Hift. of Weftm.* By *Chilmark* in *Wilts*; *Merr. Pin.*)

§. Millefolium vulgare *Park.* 693. vulgare album *C. B. Pin.* 140. terreftre vulgare *Ger.* 914. Mill. Strati-otes pennatum terreftre *J. B. III.* 136. *Common Yarrow or Milfoil*, and in fome Places *Nofebleed.* Ubique in pafcuis.

Millefolium vulgare purpureum in pafcuis frequens folo floris colore a præcedente differt, ideoque fpecies diverfa cenfenda non eft. (In omni parte minus effe videtur eo quod eft flore albo; *Mr. Doody.*)

* Millefolium majus, Tanaceti odore. In planitie intra lacum *Lhwyn Dû* & rupes eminentes ut & in afcenfu montis *Widhna* copiofe; *D. Richardfon.* Prioris varietas.

Mille-

Millefolii notæ sunt flores in umbellæ formam dis-positi, barbulis medio disco concoloribus; folia tenuissime dissecta.

Vis hujus ad sanguinem sistendum. Usu itaque interno convenit in hæmorrhagiis & fluxionibus omnis generis, narium, uteri, alvi, vulnerum, screatu sanguinolento, vomitu, urina retenta, calculo, mictione sanguinolenta, gonorrhœa, hæmorrhoidibus, fluore uterino, mariscis, &c. Extrinsecus adhibetur utiliter cephalalgiæ, hæmorrhagiæ narium & vulnerum, vulneribus consolidandis, tumoribus hæmorrhoidum, herniæ; ictibus venenatis, tumori penis, &c. *Schrod.* Naribus indita & affricta folia sanguinem facile & satis copiose eliciunt; unde nomen Anglicum *Nosebleed.*

§. Bellis sylv. minor *C. B. Pin.* 261. minor sylv. simplex *Park.* 530. minor 4. seu sylvestris, & 5. seu sylvestris altera *Ger. Em.* 635. minor sylvestris spontanea *J. B. III.* 111. *Common wild Daisie.* In pratis & pascuis per totum annum floret.

Florum barbulæ diversi a medio disco coloris; caules nudi monanthes hanc a reliquis distinguunt.

* Bellis flore herbaceo globoso; *Merr. Pin.* Prioris varietas est. In *Mr. Selden's* Copse near his House in Worcestershire ; *Mr. Morgan.*

Vulnerarium est insigne seu exterius in emplastris & fomentis, sive interius vulnerariis potionibus succo immisto. Radices exterius ad strumas & scrophulas optimo successu usurpantur : in lacte decoctæ & catellis exhibitæ impediunt ne crescant. Mulierculis nostratibus usitatum est herbam cum floribus ad alvum laxandam exhibere; *Schrod.*

§. Leucanthemum vulgare *Inst. R. H.* 492. Bellis major *J. B. III.* 114. *Ger.* 509. major vulgaris seu sylvestris *Park.* 528. sylv. caule folioso major *C. B. Pin.* 261. *The great Daisie or Ox-eye.* In pratis & pascuis, non raro & inter segetes.

Caules huic foliosi, ramosi, flores speciosi, albi, disco medio luteo, folia non laciniata, serrata.

Herba integra [caules, folia & flores] in Zythogalo decocta & pota adversus asthma, phthisin, orthopnœam insigne remedium censetur. In vulneribus & rupturis utilis est, in potu bibita, vel emplastri modo imposita. (Min. Bell. hæ vires magis competunt.)

§. Chamæmeli notæ sunt, folia tenuiter incisa; flores sparsi, ampli, barbulis albis discum luteum ambientibus.

An. 1. Chamæmelum *Ger.* 615. [quoad iconem, nam descriptio est Chamæmeli nobilis seu Romani] vulgare
Park.

*

Park. 85. [qui vulgare cum nobili confundit] vulgare, Leucanthemum Dioſcoridis *C. B. Pin.* 135. vulgare amarum *J. B. III.* 116. In locis cultis & inter ſegetes.

A Cotula fœtida differt, quod odore careat, quodque caule elatiore & majore ſit, foliis viridioribus & in tenuiora ſegmenta diſſectis: a Chamæmelo Romano odoratiſſimo, quod recto caule aſſurgat, quodque annuum ſit & odore careat.

2. Chamæmelum odoratiſſimum repens flore ſimplici *J. B. III.* 118. nobile ſeu Leucanthemum odoratius *C. B. Pin.* 135. Romanum *Ger.* 616. *Sweet-ſcented creeping Camomile.* In paſcuis uliginoſis. In *Cornwal* ſo plentifully that you may ſcent it all along as you ride.

Parkinſonus Chamæmelum odoratius ſeu Romanum in hortis noſtris cultum, & *Chamomile* vulgo dictum pro Chamæmelo vulgari habet, cum tamen *Turnerus* eum docere potuiſſet, Chamæmelum illud, quod in Anglia tam frequens habetur, ut non ſolum hortenſe ſit, verum etiam ſupra Londinum ſponte exeat in planitie Richmondiana & Branfordiana, omniumque copioſiſſime in Hounſleiana, Romanum eſſe, non vulgare.

* Chamæmelum luteum capitulo aphyllo *C. B. Pin.* 135. aureum peregrinum capitulo ſine foliis *J. B. II.* 1. 219. nudum odoratum *Ger.* 616. Præcedentis varietas eſt, in Anglia referente *Bobarto H. Ox. III. p.* 35. obſervata.

An. 3. Chamæmelum fætidum *C. B. Pin.* 135. fœtidum ſeu Cotula fœtida *J. B. III.* 120. Cotula alba *Dod. Pemp.* 258. *Stinking May-weed* Chamæmelum inodorum ſeu Cotulam non fœtidam *J. B.* & aliorum, cum ſolo narium judicio a Cotula fœtida diſcernenda ſit, ut affirmat *J. B.* non eſt cur diverſam ſpeciem ſtatuamus. Cæterum varietatem hanc in Anglia nondum obſervavi; nam quam pro ea olim habui, Chamæmelum vulgare amarum eſſe poſtea deprehendi.

* Cotula fœtida flore pleno. Varietas prioris. Found by *Th. Knowlton* in the Fields between *Hitchin* and *Bald-Oak.* In the Iſle of *Thanet,* and betwixt *Gillingham* and *Chatham,* in a Cloſe adjoining to the Marſh; *Merr. Pin.*

* 4. An. Chamæmelum inodorum *C. B. Pin.* 135. inodorum ſive Cotula non fœtida *J. B. III.* 120. Cotula *Tab. Ic.* 21. Buphthalmum album *Pet. H. B.* 19. 8. Huic flos major & aliæ quædam notæ ſunt, in viva potius planta percipiendæ oculis, quam verbis exprimendæ, quibus a priori diverſam eſſe ſpeciem conſtat. Found in the Gravel-pits in *Peckham* Fields, and in the barren
ſtubble

ſtubble Fields betwixt *Eltham* and *Shooterſhill*, before you come to the *Katherine-wheel*, by *Mr. J. Sherard.* *D. Plukenetius* hanc ſpeciem vocat, Chamæmelum elatius, foliis obſcure virentibus, ſemine nigro *Alm. p.* 27. Prout ſemina ſe habeant, incertum, at folia obſcure viridia non ſunt; forte is hoc nomine 6. ſpeciem indigitavit, quæ tamen minus erecta eſſe ſolet.

* Cotula non fœtida flore pleno. In *St. James's* Field, on the upper Side near the Highway; *Merr. Pin.* At *Great Strickland*; Th. Lawſon; *Robinſ. N. Hiſt. of Weſtm. p.* 91. Prioris varietas.

* 5. An. Chamæmelum majus folio tenuiſſimo, caule rubente *H. R. Monſp.* 53. Paſſim circa Londinum, v. g. *Baterſea* & *Putney* prima æſtate. Tum deſcriptio tum figura Chamæmeli fœtidi marini *J. B. III.* 121. huic convenit.

* 6. Chamæmelum inodorum annuum humilius, foliis obſcure virentibus *H. Ox. III.* 36. 15. Hoc a reliquis differt ramis patulis reclinatis, floribus ſparſis amplis, diſco e lata baſi in acutiorem mucronem definente, & ſemine, quod per maturitatem nigrum fit. Flores & ſemina nulla foliola interpoſita habent. Obſerved by *Mr. Rand* along the Way to *Chelſea.*

* 7. Chamæmelum maritimum perenne humilius, foliis brevibus craſſis, obſcure virentibus.

Flos figura & magnitudine nobili ſimilis, ſemifloſculis integris, odor autem licet illi quadantenus accedat, valde eſt remiſſus, folia autem craſſiora & breviora, obſcuro virore ſplendentia, caules firmiores obſcure purpuraſcunt & glabri ſunt, totaque planta robuſtior eſt, & per ceſpites magis naſcitur nec tam late ſe ſpargit repitve, aliorum vero inſtar minime erigitur, ſed prioris inſtar reſupinatos nabet cauliculos, a quo & aliis quod perenne ſit, & folia habeat valde brevia, ſplendentia, abunde differt. Radix lignoſa profunde deſcendit, qua nota & quod caules annotini in eadem planta reſtent, perennem eam eſſe abunde comparet. Ceterum plures uno in eodem cauliculo flores plerumque comparent, quod in nobili non æque obſervatur. Floret Julio, & naſcitur in ora maritima Suſſexiæ, ubi loco *Cockbuſh* vocato, ſeptem milliaribus Ciceſtria diſtante, ſatis copioſe obſervavit *D. Dillenius.* Figuram vide Tab. VII. Fig. 1.

* An. 8. Chamæmelum maritimum latifolium ramoſiſſimum, flore albo *Pluk. Alm.* 97. marinum *J. B. III.* 122. Matricaria maritima *C. B. Pin.* 134. Angliæ noſtræ alumna eſt; *Dr. Plukenet.* Foliis quam in aliis

ſpeciefpeciebus latioribus in tantum ab iis diftinguitur, ut alias notas commemorare non fit opus.

Digerit, laxat, emollit, mitigat dolorem, menfes & urinam ciet: eapropter ufus infignis eft in dolore colico, in cruciatibus fpafmi flatulenti, & convulfionibus. Extrinfecus ejus ufus in paregoricis, emollientibus, maturantibus, cataplafmatis, clyfteribus, &c. *Schrod.* Inter omnes plantas quotquot in balnea contra calculum recipiuntur, nihil floribus Chamæmeli efficacius: quin & decoctum intro affumptum adverfus eum commendatur. Vid. *Simon Paulli Quadrip. Botan.*

Chamæmelum nobile potentius calefacit & attenuat, digerit etiam & rarefacit; remiffius vero emollit ac dolores mitigat. Succi hujus cochlearia duo vel tria cum guttulis aliquot fpiritus vitrioli in jufculo exhibita, in febre intermittente cujufcunque generis paroxyfmum plerumque auferunt.

§. Matricaria *Ger.* 256. vulgaris *Park.* 83. Matricaria vulgo, minus Parthenium *J. B. III.* 129. Matric. vulgaris, feu fativa *C. B. Pin.* 133. *Fever-few.* Ad fepes & in locis ruderatis.

Matricariæ notæ funt flores velut in umbella, barbulis albis difcum medium luteum ambientibus: Odor gravis.

* Variat & flore nudo plenoque (i. e. femiflofculis numerofioribus donata) fubinde reperitur.

Ad uterinos affectus (menfes, fœtum & fecundinas remorantes, fuffocationem uteri &c.) non parum confert decoctum & potum, ut vel nomen arguit. Ventris tineas expellit non fecus ac Centaurium & Abfinthium; immo quæcunque amara poffunt, utiliter præftat.

An. §. 1. Verbefina feu Cannabina aquatica flore minus pulchro, elatior & magis frequens *J. B. II.* 1073. Cannabina aquatica folio tripartito divifo *C. B. Pin.* 321. Eupatorium Cannabinum fœmina *Ger. Em.* 711. aquaticum duorum generum *Park.* 595. *Water-Hemp Agrimony with a divided Leaf.* In paluftribus & aquofis, ubi aqua ftat aut refidet.

An. 2. Verbefina pulchriore flore luteo *J. B. II.* 1074. Cannabina aquatica folio non divifo *C. B. Pin.* 321. Eupatorium cannabinum *Ger.* 574. aquaticum folio integro *Park.* 596. Eupat. Cannabinæ fœminæ varietas altera *Ger. Em.* 711. *Water-Hemp Agrimony with an undivided Leaf.* Cum priore: verum quæ apud nos frequentiffime oritur flore eft nudo, nec ullis barbulis cincto. ut eam defcribunt Botanici. Reperiri tamen non raro in Anglia eam quæ flore eft radiato, ab amicis

certior

certior factus sum. In Hibernia certe frequentissime occurrit; *D. Sherard.*

* An. 3. Verbesina minima *Cat. Giss.* 167. & *App.* 66. Eupatorium cannabinum palmare & angustifolium *Merr.* In *Surrey* near to *Somerset-bridge*, in the Fishpond upon the Moor. Vid. Tab. VII. F. 2. lit. *a.* semen cum flosculo.

Verbesinæ notæ sunt semen cornutum seu bidens, folia in caule bijuga, flores nudi.

§. 1. Tanacetum *Ger.* 525. vulgare *Park.* 81. vulgare luteum *C. B. Pin.* 132. vulgare flore luteo *J. B. III.* 131. *Common Tansy.* In montosis Angliæ Borealibus plurimum oritur; alibi etiam secus vias & in agrorum marginibus non infrequens.

* Tanacetum foliis crispis *C. B. Pin.* 132. crispum flore luteo *J. B. III.* 132. crispum *Park.* 81. crispum Anglicum *Ger.* 525. *Curled Tansy.* Varietas est præcedentis in Anglia primum observata.

Ejus Characteristicæ sunt flores nudi, flavi, in umbellæ formam digesti, folia laciniata.

Vulnerarium, uterinum ac nephriticum est. Usus præcip. in lumbricis [Corymbor. & sem.] quos efficaciter expellit, flatibus & torminibus ventris, calculo renum & vesicæ, mensibus obstructis, hydrope, &c. Succus manuum pedumque rimas sanat.

§. Absinthii notæ sunt flores nudi, caulis indeterminatus, folia incana, amaror insignis.

1. Absinthium vulgare *Park.* 98. vulgare majus *J. B. III.* 168. latifolium seu Ponticum *Ger.* 937. Ponticum seu Romanum Officinarum seu Dioscoridis *C. B. Pin.* 138. *Common Wormwood.* In incultis & ruderatis locis secus vias publicas passim.

2. Absinthium marinum album *Ger.* 940. Abs. Seriphium Belgicum *J. B. III.* 178. *C. B. Pin.* 139. *English Sea-Wormwood.* In maritimis. Londino olim accepimus nomine Absinthii Romani, unde Officinis pro eo habitum suspicamur. Locus natalis, & folia valde incana, & in tenues lacinias dissecta, statura etiam minor & caules non perennantes hanc speciem a vulgari satis distinguunt.

3. Absinthium maritimum Seriphio Belgico simile, latiore folio, odoris grati *D. Plukenet.* Seriphii Belgici varietas major nobis videtur. Ad oras maritimas Angliæ nostræ invenimus; *D. Plukenet.* (Et prope *Sheerness*

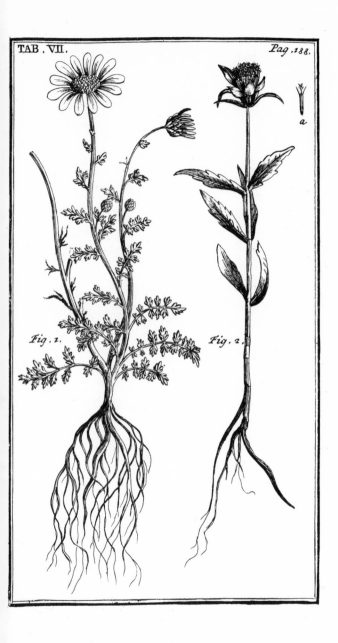

a

Fig . 1.

Fig . 2.

nefs in infula *Shepey D. J. Sherard.*) Ab aliis differt foliis incanis lanuginofis, ramis expanfis, capitulis minoribus, non erectis ut in quinta fpecie, fed pendulis ceu in vulgari. Hoc *Petiverus* nomine marini Gallici *H. Br. T.* 20. *f.* 3. exhibuiffe videtur.

4. Abfinthii maritimi latiore folio fpeciem quondam in infula Merfeia prope Colceftriam invenit *D. Dale.* An Plukenetianæ prædictæ eadem fit, an potius Abfinthio Seriphio Gallico *C. B. i. e.* Seriphio Narbonenfi *Park.* Seriphio tenuifolio maritimo Narbonenfi *J. B.* dubitat. (Eandem *D. Jac. Sherard* prope *Sheernefs* in infula *Shepey* obfervavit. Ex fententia *D. Dale* eadem eft cum Abfinthio Seriphio Germanico *C. B. Pin.* 139. marino Mifnenfi *Cluf. H.* 339. *defcr.* Seriphio Germanico fucculento folio, five Mifnico *J. B. III.* 178. An autem a vulgari maritimo fpecie differat, merito dubium videtur.)

(In Abfinthio fane maritimo maxima eft varietas, tum quoad folia, tum quoad caules ramofque & corymbos, dum folia modo latiora, modo anguftiora, coloris nunc fubvirentis, nunc magis candidi obfervantur; caules autem & rami modo craffiores magifque fparfi, modo ftrictiores & magis congefti effe folent. Corymbi etiam vel capitula nunc craffiora, nunc anguftiora funt, eaque vel fparfa & diffufa, vel propius admota & in fpicas congefta, pendula alias & nutantia, alias vero erecta magis. quæ omnes differentiæ ætati, loci conditioni & aliis accidentibus ortum præcipue debere videntur. Ideoque ne fpecies præter neceffitatem multiplicemus, eas communi varietatis titulo complecti, quam peculiaribus nominibus indigitare fatius duximus.)

* 5. Abfinthium Seriphium tenuifolium marinum Narbonenfe *J. B. III.* 177. minus tenuifolium alte incifis foliis, cinereum, falfum Hifpanicum *Barr. O.* 1008. *Ic.* 460. Found by *Mr. Dale* at *Harwich,* on the Marfh-banks on the Weft Side of the Town, and in *Merfey* Ifland. Alfo by *Mr. J. Sherard* near *Sheernefs* in *Shepey* Ifland. Capitulis anguftis, erectis, fpicatim digeftis & foliis anguftis a prioribus differt.

* 6. Abfinthium maritimum noftras D. Prefton *Raj. Hift. III.* 231. ubi defcriptionem vide. In maritimis variis in locis oritur, fpeciatim in faxis & rupibus prope *Fifenefs* in Scotia.

Calfacit & ficcat, ventriculum ac hepar roborat; appetentiam excitat, obftructiones referat, & inde natos affectus tollit, ut Icterum, Hydropem, &c. Febribus putridis etiam diuturnis
confert;

confert; vitiofos humores per urinam expurgat: pellit præ
terea interaneorum vermes; tandemque veftes a tineis confer-
vat. In ufu funt fuccus ejus expreffus, aqua deftillata, fal fixus,
fyrupus, oleum, quodque reliquis præftare videtur, Cerevifia feu
vinum Abfinthites, quod tamen concitationem ad Venerem inhibere creditur. D. Bowle in hyftericis & hypochondriacis affectibus cerevifiæ aut vino aquam Abfinthiten parva quantitate a
prandio aut cœna fumptam præfert, quia caput non tentat aut
vaporibus replet. Radicem Abfinthii præftantiffimis ftomachi-
cis annumerat D. Grevius. Vid. Hift. noft. p. 367. Frequens
Abfinthii ufus oculis noxius effe dicitur.

§. Abrotanum campeftre C. B. Pin. 136. Park. 94.
Ger. 944. Artemifia tenuifolia feu leptophyllos, aliis
Abrotanum fylv. J. B. III. 194. Fine-leaved Mugwort,
by fome Southern Wood.

Duplex eft, aliud cauliculis albicantibus, aliud rubentibus.
At a Place called Elden in Suffolk, twelve Miles beyond Newmarket, in the Way towards Lynne, on the Balks of the Corn Fields,
and by the Way-fides abundantly, for a Mile in Length and
Breadth; alfo a Mile from Barton Mills, where a fmall Stone
ftandeth in the Way to Lynne, to direct Paffengers; and in
the Furze-bufhes under the Hill plentifully, obferved by Tho.
Willifell.

Eft autem Abrotanum herba corymbifera, caule in-
determinato, flore nudo, fruticofa, foliorum laciniis
anguftioribus, longioribus, minufque incanis quam Abfinthii.

§. Artemifia vulgaris J. B. III. 184. Park. 90. vulgaris major C. B. Pin. 137. Artem. mater herbarum Ger.
945. Mugwort. · Ad fepes & agrorum margines. Non
aliter differunt Artemifia 1. & 2. Ger. h. e. alba & rubra
Park. quam caulis & florum colore, teftibus J. B. C. B.
& Johnfono apud Gerardum, unde pro diverfis fpeciebus
neutiquam funt habendæ.

Artemifiæ notæ funt caulis indeterminatus; folia diffecta, fubtus incana, fuperne viridia; odor & fapor re-
miffior quam Abfinthio, flores purpurafcentes, non ut
in illo deorfum nutantes.

Uterina eft, menfes, fœtum & fecundinas pellit, unde mulierculis in ufu eft creberrimo. Decocto Artemifiæ, fi id cum
Saccharo & Melle temperetur, tuffis mitigatur, calculus commi-
nuitur; Schrod. Siccatæ pulvis 3 drachm. pondere fumptus
optimum eft doloris ifchiadici remedium; Park. De præftantia
hujus plantæ contra laffitudinem multa dicuntur. Vid. Hift. noft.

p. 373.

p. 373. Sunt qui carbonem S. Jo. Baptiftæ die fub hujus radice effoffum ad epilepfiam commendant vel de collo fufpenfum vel in pulvere exhibitum ; *Schrod.* Pharm. l. 4. c. 6. *Fernel. Bod.* a *Stapel. J. B.* qui hujufmodi fuperftitiofas & magicas vanitates merito reprehendit & damnat.

HERBÆ CORYMBIFERIS AFFINES.

§. 1. SCabiofa major communior folio laciniato *J. B. III.* 2. major vulgaris *Ger.* 582. vulgaris pratenfis *Park.* 484. pratenfis hirfuta, quæ Officinarum *C. B. Pin.* 269. *Common Field Scabious. Double-flowered Scabious.* In pafcuis frequens, nec minus inter fegetes.

Scabiofa a reliquis florem compofitum obtinentibus herbis diftinguitur, quod flofculi florem totalem componentes, fuis finguli calycibus, a flore delapfo refiduis. donantur.

Scabiofam flore pleno dicimus, quæ flofculos interiores ejufdem figuræ & longitudinis habet cum exterioribus ; cujufmodi in pafcuis non raro occurrit. Scabiofa flore pleno *Cat. Angl.*

2. Scabiofa minor vulgaris *J. B. III.* 3. minor five Columbaria *Ger.* 582. minor campeftris *Park.* 484. capitulo globofo major & minor *C. B. Pin.* 270. *The leſſer Field Scabious.* In pafcuis ficcioribus & montofis. Variat floris colore carneo & albo, (ut & capitulis, quæ aliquando prolifera obfervantur.)

3. Scabiofa radice fuccifa, flore globofo. Succifa five Morfus Diaboli *J. B. III.* 11. Morfus Diaboli *Ger.* 587. Diaboli vulgaris, flore purpureo *Park.* 491. Succifa glabra & hirfuta *C. B. Pin.* 269. *Devil's-bit.* In pratis & pafcuis. Serius & fub Autumnum floret. Variat florum colore carneo & albo ; interdum etiam foliis hirfutis invenitur. Folia huic integra ; flores globofi ; radix fuccifa.

Sudorifera, alexipharmaca ac pulmonica eft. Ufus præcip. in apoftematibus, pleurifi, angina, tuffi, afthmate, pefte, fiftulofis feu manantibus ulceribus. Extrinfecus in fcabie, pruritu, impetigine, in achoribus ac tinea capitis, inque furfuribus ac lendibus ejufdem, in fugillatis & maculis faciei, doloribus hæmorrhoidum [in fuffitu vaporofo] *Schrod.*

§. Dipfaci notæ funt caules fpinofi, flofculi fquamis difjuncti, finguli fingulis feminibus infidentes, in capitula congefti flores compofitos imitantia ; folia perianthiorum æmula, capitulorum bafes cingentia.

An. 1.

An. 1. Dipſacus ſativus *J. B. III.* 73. *C. B. Pin.* 385. *Ger.* 1005. *Park.* 983. Carduus fullonum *Lob. Ic.* 17. *Manured Teaſel.* Seritur apud nos frequens, nec vulgari diligentia colitur ad lanificia. Junio ac Julio floret, echinata capitula Auguſto colligenda ſunt.

Capitulorum ſquamis aduncis a ſylveſtri diſtinguitur.

An. 2. Dipſacus ſylveſtris ſeu Labrum Veneris *J. B. III.* 74. ſylv. aut Virga paſtoris major *C. B. Pin.* 385. Dipſacus ſylveſtris *Ger.* 1005. *Park.* 984. *Wild Teaſel.* In incultis, præſertim humidis, & ad ſepes.

Capitulorum forma cum præcedente convenit, ſquamis ea componentibus in longos rectos & molles mucrones deſinentibus ab eodem differt.

An. 3. Dipſacus minor ſeu Virga paſtoris *Ger. Em.* 1168. ſylv. capitulo minore, vel Virga paſtoris minor *C. B. Pin.* 385. Virga paſtoris *Park.* 984. Paſtoris vulgaris *J. B. III.* 75. *Small wild Teaſel, or Shepherd's Rod.* In humidis & aquoſis, ad ſepes & rivulos.

In hac ſpecie foliorum in caule adverſorum baſes disjunctæ ſunt ſeu diſcretæ, capitula parva, globoſa.

Radicis in vino decoctæ uſus eſt in rhagadibus ani conſolidandis: commendatur & ad verrucas abigendas, ut & aqua foliorum cavo excepta, quæ & oculis caliginoſis prodeſt, & maculas faciei exterit. Capitulorum ſativi uſum eſſe ad pannos depectendos vulgo notum, unde *Cardui fullonum* nomen.

GENUS NONUM.

HERBÆ FLORE EX FLOSCULIS FISTULARIBUS COMPOSITO, SIVE CAPITATÆ.

§ CARDUUS foliis aculeatis ſeu ſpinoſis a reliquis capitatis differt. Eſt vel foliis integris, ſpinulis mitioribus & minus pungentibus, Cirſium dictus, cujus duæ in Anglia ſpecies habentur, a nobis

nobis obfervatæ, alias duas *D. Lhwyd* adjecit, vel foliis laciniatis, fpinulis crebrioribus & rigidioribus obfitis.

1. Cirfium Anglicum *Ger. Em.* 1183. *Lob. lc.* 583. Anglicum primum *Park.* 961. Anglicum radice Hellebori nigri modo fibrofa, folio longo *J. B. III.* 45. majus fingulari capitulo magno, vel incanum varie diffectum *C. B. Pin.* 377. (perperam, cum nec capitulo magno fit, nec foliis varie diffectis) *The Englifh foft or gentle Thiftle.* In paluftribus frequens Junio menfe floret. Radice eft reptatrice.

2. Cirfium Britannicum Clufii repens *J. B. III.* 46. aliud Anglicum *Park.* 961. fingulari capitulo fquamato, vel incanum alterum *C. B. Pin.* 377. altiffimum, foliis latioribus & albidioribus *Merr. Pin. The great Englifh foft or gentle Thiftle, or melancholy Thiftle.* Folia huic fuperne virent, fubtus albicant. Magnitudine fua a præcedente differt. In montofis agri Eboracenfis & Weftmorlandici reperitur; necnon in monte *Snowdon* Cambriæ. (In feveral Places of *Wales*, and on a Moor two Miles Eaft from *Croydon*; *Merr. P.* On Hounflow-Heath; *Mr. Doody* Not.)

3. Cirfium humile montanum Cynogloffi folio, polyanthemum. Carduus mollis, flore cœruleo *Merret. Pin.* In fummis rupibus Arvoniæ, v. g. *Clogwyn y Carnedh yfcolion duon,* &c. (On the higheft Rock of *Snowdon,* and in *Brearcliff,* near *Brunly,* Lancafhire; *Merr. Pin.*) Carduus mollis folio Lapathi *Clufii* huic perfimilis eft, nifi quod folia fint fubtus incana & ad bafin latiora; *D. Lhwyd.*

4. Cirfium montanum polyanthemum Salicis folio angufto denticulato. Hanc prioris varietatem potius quam fpeciem diftinctam tantum non fufpicor : alii diligentius conferant. Juxta rivulum in rupe *Rhiw'r Glyder,* fupra lacum *Lhyn y Cwn,* prope *Lhan-berys* in Ar vonia. *Idem.* (Præcedentis tantum varietas; *D. Richardfon.*)

Cardui fpinis crebrioribus & rigidioribus.

An. 1. Carduus nutans *J. B. III.* 56. mofchatus *Pet. H. B.* 21. 1. Cirfium tertium, tota fua ftirpe magis fpinofum *Dod. Pempt.* 737. defcr. *Cluf. Hift. CL.* majus fingulari capitulo magno *C. B. Pin.* 377. Carduus mofcha-

tus

tus capite nutante magno. *Musk-thistle with a bending Head.* In incultis & requietis agris. (Quamvis vulgatissima ubique nascatur hæc Cardui species, figura tamen bona ipsius nondum prostat, accuratam ceterum descriptionem videsis *Hist. Raj. I.* 308.)

An. 2. Carduus caule crispo *J. B. III.* 59. spinosissimus angustifolius vulgaris *C. B. Pin.* 385. polyacanthos *Park.* 982. polyacanthos primus *Ger. Em.* 1173. Aculeosa Gazæ *Ad.* 374. & Polyacantha *Tab. Ic.* 701. ex sententia *Johnsoni, Thistle upon Thistle.* In aggeribus fossarum ad sepes & inter vepres. Caule elatiore, & capitulis minoribus vix nutantibus a præcedente distinguitur.

An. 3. Carduus spinosissimus capitulis minoribus *P. B.* Carduus Acanthoides *J. B. III.* 56. *Welted Thistle with small Flowers.* In aggeribus fossarum & locis ruderatis, non tamen valde frequens. Folia ad radicem primo erumpentia Cardui lactei aliquatenus similia sunt: Flores parvi, pallide purpurei, in summo caule conferti.

An. 4. Carduus palustris *C. B. Pin.* 377. *Pr.* 156. *Pet. H. B.* 21. 4. *Park.* 983. An Onopyxos alter *Lugd.*? *Marsh-thistle.* In palustribus & pratis humidis oritur, humanam altitudinem superans, quibus notis a congeneribus satis distinguitur.

* An. 5. Carduus palustris mitior, Bardanæ capitulo in summo caule singulari *Pluk. Alm.* 82. qui in palustribus Eliensibus eum invenit & quærit an non sit, Carduus mollis latifolius, Lappæ capitulis *C. B.*

6. Carduus vulgatissimus viarum *Ger. Em.* 1173. ceanothos sive viarum & vinearum repens *Park.* 959. vinearum repens folio Sonchi *C. B. Pin.* 377. item Carduus in avena proveniens *Ejusdem Ib.* serpens lævicaulis *J. B. III.* 59. *Common Way-thistle, or rather creeping Thistle.* In arvis nimis frequens, nec rarus in pascuis & ad vias. Profunde sub terra repit; qua nota ab aliis congeneribus facile distinguitur. (Hujus invenitur varietas foliis lævioribus, vix spinosis non sinuatis nec tam profunde divisis. Amongst the Corn in *Battersea* Fields, over-against *Chelsea*, cui examussim respondet figura Cardui arvensis *Tabernæmontani Ic. p.* 700. quem Carduum in avena provenientem vocat *C. Bauhinus*, quemque priori plerique Botanici eundem faciunt; sed si non, quod probabile

babile videtur, species diversa sit, insignem saltem varietatem esse, nemo qui plantam viderit, negaverit.)

7. Carlina acaulis minore purpureo flore *C. B. Pin.*
380. acaulis minor purpureo flore *Ger. Em.* 1158. acaulis Septentrionalium *Park.* 969. Chamæleon exiguus
Tragi *J. B. III.* 62. *Dwarf Carline-thistle.* In montosis siccioribus & petrosis locis. Caulis brevitate satis
innotescit.

An. 8. Carduus lanceatus *Ger.* 1011. lanceatus latifolius *C. B. Pin.* 385. lanceatus latifolius seu major
Park. 982. lanceolatus seu sylvestris Dodonæi *J. B.*
III. 58. *Spear-thistle.* In incultis & ad sepes ubique
fere. Hujus notæ capitula magna, foliorum laciniæ
extremæ in longos mucrones productæ.

* 9. Carduus lanceatus flore & capite minoribus
Merr. Pin. This I have obferv'd about the Walls of
York. 'Tis a less Plant, and bears a great Number of
smaller Heads on one Stalk; *Dr. Richardson.* On the
Ditch-sides beyond St. James's; *Merr.*

* 10. Carduus lanceatus major : an Carduus lanceolatus ferocior *J. B. III.* 58.? Humanam altitudinem non
raro superat, capitulis vulgari lanceolato duplo majoribus, floribus purpureis patulis. Folia læte virent. Planta est elegantissima. Ad vias publicas ab Eboraco Maltonam versus frequens occurrit; *Dr. Richardson.*

An. 11. Carduus tomentosus Corona fratrum dictus
Park. 978. item Carduus tomentosus Anglicus *Ejusdem*
979. Carduus capite tomentoso *J. B. III.* 57. erioce-
phalus *Ger. Em.* 1152. ejusdemque Card. globosus capitulo latiore 1151. Carduus capite rotundo tomentoso
C. B. Pin. 382. ejusdemque Carduus tomentosus capitulo majore. *Woolly-headed Thistle.* In montosis, interdum & campestribus. Concinna foliorum divisura
& capitulis tomentosis a priore differt, quo etiam multo
rarior est.

An. 12. Carduus Mariæ *Ger.* 989. Mariæ vulgaris
Park. 976. Marianus seu lacteis maculis & lineis notatus *J. B. III.* 52. Carduus albis maculis notatus vulgaris *C. B. Pin.* 381. *Common Milk-thistle,* or *Ladies-thistle.*
Ad agrorum margines & in aggeribus fossarum.

An. 13. Carduus Mariæ hirsutus non maculatus, n.
d. *P. B. Merr. Pin.* Carduus Mariæ non maculatus
Mor. Prælud. 245. *Ladies-thistle without Spots.* Shewn

me

me near *Clerkenwell* by *Mr. George Horfenell*. (In a
Ditch near my Lord *Southampton*'s Houfe, and about
Iflington; *Merr. P.* On a Bank juft beyond a Garden-
Wall on the left Hand, in the Road a little beyond
Shoreditch, to *Hackney*; *Mr. J. Sherard.*)

An. 14. Carduus tomentofus, Acanthium dictus,
vulgaris. Acanthium vulgare *Park.* 979. album *Ger.*
988. (inepte, fi a floris colore, qui plerunque purpureus
eft.) Spina alba fylveftris Fuchfio *J. B. III.* 54. Spina alba tomentofa latifolia fylveftris *C. B. Pin.* 382.
Common Cotton-thiftle. Ad vias & in incultis. Tomento candicante, quo tota planta obducta eft, a reliquis
Carduis noftratibus fatis diftinguitur.

An. 15. Carduus ftellatus *Ger.* 1003. *Dod. P.* 733.
ftellatus feu Calcitrapa *J. B. III.* 84. ftellaris, feu Calcitrapa vulg. *Park.* 989. ftellatus foliis Papaveris erratici
C. B. Pin. 387. *Star-thiftle.* Juxta vias publicas & in
fterilioribus.

An. 16. Carduus ftellatus luteus foliis Cyani *C. B.
Pin.* 387. Solftitialis *Ger.* 1003. Solftitialis Dodonæi
Park. 989. Spina Solftitialis *J. B. III.* 90. *S.* Barnaby's
Thiftle. By the Hedges not far from *Cirencefter* in *Glo-
cefterfhire*; D. Bobart. Jaceæ potius quam Cardui
fpecies cenfenda eft tum hæc, tum præcedens planta.

Folia tenera demptis aculeis oleribus non incommode addun-
tur. Decoctum foliorum confert hydropicis, ictericis & nephriticis; *Matth.* aqua deftillata pleuriticis; *Trag.* Semen in
emulfionibus ufus eft crebri ad pleuritidem & lateris punctiones.
Cardui cujufcunque femen diureticum eft.

An. §. Carthamus five Cnicus *J. B. III.* 79. *Ger.*
1007. Cnic. fativus five Carthamum officin. *C. B. Pin.*
378. *Baftard-faffron, or Saf-flower.* In agris feritur.

§. Serratula *J. B. III.* 23. *C. B. Pin.* 235. purpurea
Ger. 576. vulgaris flore purpureo *Park.* 474. *Saw-wort.*
In fylvis & pratis frequens. Foliis non fpinofis a Car-
duo, iifdem ferratis a Jacea differt. (Variat flore albo,
ut & foliis, quæ plus minufve divifa funt, & aliquando
ad fummitatem ufque indivifa obfervantur; vid. *Cambd.
Brit. Ed. Gibf. p.* 846.

Vulneraria eft, ulcera mundat & carne replet, hæmorrhoidum dolores mulcet, enterocelas fanat.

* 1. Lappa major capitulo glabro maximo. Hujus
capitula penitus glabra & omnium maxima funt, in bafi

I   latiora,

latiora, pollicem in diametro æquantia, colore femper
virente, flos purpurafcens. Tota planta etiam reliquis
altior eft. Common before you come to *New-Crofs*
in *Kent*; *Mr. J. Sherard.*

2. Lappa major Arcium Diofcoridis *C. B. Pin.* 198.
Perfonata five Lappa major aut Bardana *J. B. III.* 570.
Bardana major *Ger.* 664. vulgaris major *Park.* 1222.
Great Burdock, Clot-burr. Hujus capitula inter penitus
glabra & villofa medio fe habent, tum quoad figuram,
i. e. nec bafis ita lata eft, nec villoforum inftar tam rotunda funt, tum quoad lanuginem, quæ rara & vix per-
ceptibilis eft. Flos purpureus. Omnium eft vulgatiffima,
& ad vias fepefque copiofe nafcitur.

* Lappa vulgaris major capitulis foliofis *Pluk. Alm.* 205. rofea
C. B. Pr. 210. Prioris varietas eft. Obferv'd by *Mr. J. Sherard.*

* 3. Lappa major capitulis parvis glabris. Lappa
major capitulis minoribus *Cæfalp.* 537. Bardana capite
minore *Pet. H. B.* 23. 3. Capitula nucis avellanæ magnitudine ex bafi latiufcula fenfim anguftantur, & non
tam ac villofarum rotunda funt, colore donata fpadiceo.
Flos purpureus. Found by *Mr. J. Sherard.*

4. Lappa major montana, capitulis tomentofis five
Arctium Diofcoridis *C. B. Pin.* 198. Perfonata vulgaris capitulis minus tomentofis *Raj. Syn. II.* 88. Bardana
major lanuginofis capitulis *Park.* 1222. major altera
Ger. Em. 810. capite majore incano *Pet. H. B.* 23. 5.
Hujus capitula fubrotunda funt & majufcula, coloris
ex fpadiceo purpurafcentis, tomento albicante obducta;
flos purpureus; caulis obfcure rubet. Paffim ad vias
locis ruderatis.

5. Lappa major montana, capitulis minoribus, rotundioribus & magis tomentofis *Inft. R. H.* 450. Perfonata montana capitulis magis tomentofis *Syn. II.* 88.
altera cum capitulis villofis *J. B. III.* 571. Bardana
capite minore incano *Pet. H. B.* 23. 4. Juxta *Hallifax.*
Capitula ejufdem cum 3. fpecie magnitudinis & coloris, fed rotundiora & copiofo araneofo tomento obducta
funt.

* 6. Lappa major ex omni parte minor, capitulis
parvis eleganter reticulatis *Pluk. Alm.* 205. Bardana
capite araneofo *Pet. H. B.* 23. 6. Capitula quam prioris aliquantum minora, minus copiofa, fed tenerius in-
tertexta lanugine obfita funt, colore non fpadiceo, vel,

ut

ut in priore, purpurafcente, fed ex albo virente. Found by *M. J. Sherard.*

Lappæ notæ funt, capitula fquamata, lappacea, ob fquamarum fcilicet mucrones aduncos; folia ampliffima, unde & Perfonata dicta eft.

Radix pulmonica cenfetur, diuretica, diaphoretica, ficcat, exterget, fubaftringit. Hinc convenit in afthmate, calculo, expuitione fanguinis, vulneribus inveteratis, tumore lienis, inque Arthriticis morbis, quibus peculiari proprietate conferre ftatuitur; *Schrod.* Folia extrinfecus imponuntur vulneribus inveteratis, articulis luxatis, ambuftis, &c. Caules derafo cortice antequam lappæ gignantur crudi coctique mandi cœpere; *P. Lauremberg.* qui validam vim calculum frangendi, augendi femen, excitandi Venerem eis attribuit. Semen infigne lithontripticum habetur in pulverem comminutum, & in Zythogalo potum.

§. Cyani notæ funt folia non fpinofa, capitula lævia, flofculi marginales minus profunde diffecti, ore in latum expanfo, ut infundibulum fere imitentur.

An. Cyanus *J. B. III.* 21. vulgaris *Lob. Icon.* 546. *Ger.* 592. *Em.* 732. *Park.* 482. Cyanus fegetum *C. B. Pin.* 273. *Blue-bottles.* Inter fegetes.

Cyanus in hortis fatus & cultus non folum flores edet cœruleos aut albos, fed & purpureos & carneos, & varios feu albos, medio purpureo aut cœruleo aut carneo.

Flos ejufque aqua deftillata utilis eft in oculorum inflammationibus, rubedine, lippitudine: eorundem [florum] fuccus inftillatus valet ad putrida ulcera; pulvis affumptus ad morbum regium; quod verifimile eft, cum partium tenuium fint, & tincturam facile communicent infufi in quocunque liquore, ut v. g. aqua communi, fpiritu vini, &c.

§. Jacea a Cyano differt figura flofculorum ex quibus totalis flos componitur, profundius fcil. in longas & anguftas lacinias divifis.

1. Jacea major *Ger.* 588. itemque Scabiofa flore purpureo *Ejufdem* 583. Jacea nigra vulgaris laciniata *Park.* 470. Scabiofa major fquamatis capitulis *C. B. Pin.* 269. item Scab. major altera fquamatis capitulis, feu Jacea rubra latifolia laciniata *Ejufdem. Ib.* Centaurium collinum Gefneri flore purpureo *J. B. III.* 32. *Great Knapweed or Matfellon.* Inter fegetes. Variat interdum floris colore albo.

2. Jacea nigra *Ger.* 588. nigra vulgaris *Park.* 468. nigra vulgaris capitata & fquamofa *J. B. III.* 27. nigra pratenfis latifolia *C. B. Pin.* 271. *Knap-weed or Matfellon.*

fellon. Poft mediam plerunque æftatem floret; eftque in pafcuis nimis frequens. (Variat foliis integris & laciniatis.)

(Sola *Parkinfoni* figura plantæ in Anglia nafcenti competit, obfervandumque eft, eam quæ in Germaniæ pratis nafcitur, diverfam ab hac effe. Illius enim calycis fquamæ exfuccæ magis funt, & attactu fonoræ, integræ vel paucis incifuris divifæ, colore pallidiore fubfufco plerumque donatæ; cum hujus plane nigræ funt, & copiofis tenuibus ciliaribus fibris terminentur. Flos etiam in hac fpecie uniformis eft, cum illius difformis fit, & ex diverfæ figuræ & magnitudinis flofculis componatur. Jacea cum fquamis cilii inftar pilofis *J. B. III.* 2. 8. huic in Anglia nafcenti eadem eft, femina nuda feu non pappofa funt; *Dr. Dillenius.*)

In occidentali Angliæ parte hujus varietas occurrit, nec minus frequens quam vulgaris, flore Jaceæ majoris, hoc eft cum limbo feu circulo flofculorum majorum & longiorum in margine, Cyani in modum. (Hæc etiam non longe ab Oxonio inter *Blaiden* & *Yarrenton* copiofe obfervata fuit *D. Dillenio.*)

Hujus varietatis aliam adhuc varietatem obfervavit nobifque oftendit *Tho. Willifellus* cum flore pleno, cujus flos totus componitur ex ejufmodi flofculis fpeciofis. Hæc etiam variat interdum floris colore albo.

* 3. Jacea nigra minor, tomentofa, laciniata. Pedalem raro fuperat altitudinem, folia ima laciniata, capitula quam pro plantæ modulo majora, flores dilute rubent. Tota planta tomentofa & quafi cinerea. Quatuor milliaribus cis *Maltonam* eundo ad Eboracum, loco acclivi faxofo juxta rivulum; *Dr. Richardf.*

Scabiofæ ut figura fic viribus affinis videtur.

GENUS DECIMUM.

HERBÆ FLORE PERFE-CTO SIMPLICI, SEMINI-BUS NUDIS SOLITARIIS SEU AD SINGULOS FLO-RES SINGULIS.

§. VALERIANA fylveſtris major *Ger.* 917. *C. B. Pin.* 164. *Park.* 122. fylv. magna aquatica *J. B. III.* 2. 211. *Great wild Valerian.* In humectis locis & prope aquas, inque fylvis & dumetis.

Valerianæ notæ funt folia in caule bina adverfa, flores monopetali velut in umbella, femina ad fingulos flores fingula, pappo innafcente velut alata; quo a Lactuca agnina feu Valerianella differt.

* 2. Valeriana fylveſtris major montana *C. B. Pin.* 164. folio anguſtiore *Riv. Irr. Mon. Ic.* In pafcuis humidis juxta Balneum Buxtonienfe agri Derbienfis, fupra locum faxis & fpinis horridum *Aſhwood* dictum; *D. Richardfon.* In Mr. *Currance's* Grounds at *Parnham* going from *Brindiſh* to *Orford*; *Mr. J. Sherard.* On the Common near *Ilford*; *Dr. Douglas* and *Mr. Wilmer.*

3. Valeriana fylveſtris minor *Park.* 122. *Lob.* 715. minor *Ger.* 3. *Riv. Irr. M. ic.* paluſtris minor *C. B. Pin.* 164. minor pratenfis vel aquatica *J. B. III.* 2. 211. paluſtris foliis fubrotundis *Fl. Pr.* 279. *ic. Small wild Valerian or Marſh Valerian.* In pratis humidis.

4. Valeriana fylveſtris feu paluſtris minor altera. *The other fmall wild or Marſh Valerian.* Cum priore, quâ omnibus fuis partibus major eſt, exceptis floribus, qui quintuplo minores funt & denfius ſtipati quam illius.

(In *Cat. Giſſ.* 47. obfervatur fexus differentia in hac fpecie. Unde liquet, alteram hanc Rajanam paluſtrem minorem Valerianam fpeciem diſtinctam non effe, fed ad ſtiliferam & feminiferam pertinere. In Iconibus Rivinianis nomine Valerianæ minoris flore exiguo ea defignatur.)

Pulvis radicis Phu magni antequam caulem edat coch. ſſ. menfura, in idoneo vehiculo fumptus Epilepſia correptos libe-
rat.

rat. Valeriana ruptis, convulfis, ex alto præcipitatis utilis cenfetur: Sed & folia ad uris & gingivarum cum inflammatione
exulcerationes.

An. §. 1. Valerianella arvenfis præcox humilis femi-
ne compreffo *Mor. Umb.* Lactuca agnina *Ger.* 242.
Park. 812. Valeriana campeftris inodora major *C. B.*
Pin. 165. Locufta herba prior *J. B. III.* 323. *Lambs-*
Lettuce or Corn-Sallet. Inter fegetes, inque agris &
hortis.

An. 2. Lactuca agnina feu Valerianella foliis ferratis. Locufta altera foliis ferratis *J. B. III.* 324. An
Valeriana fylveftris foliis tenuiffime divifis *C. B.*? An
Valeriana minor annua *Park.* 122? *Small Corn Sallet,*
or *Valerian with jagged Leaves.* Inter fegetes.

3 Valerianellæ vulgaris fpecies major, ferotina *Mor.*
Prælud. 319. Valerianeila arvenfis ferotina, altior, fe-
mine turgidiore *Mor. Umb. Inft. R. Herb.* 132. Pfeudo-
Valeriana annua ferotina, procerior, femine turgidiore
Hift. Ox. III. 105. Valerianella ferotina, elatior, femi-
ne turgidiore *Ejufd. Sect.* 7. *Tab.* 16. *N°* 37. In the
Corn Fields between *Ore* and the Foot Ferry to *Shepey*
Ifle in *Kent.* Alfo in the third or fourth Field on the
right Hand of the Road going from *London-Coney*
towards *St. Albans* in *Hertfordfhire* ; *Mr. Dale.* Junio
& Julio floret.

Valerianella a Valeriana differt caule dichotomo
feu in binos ramos femper divaricato, feminibus non
pappofis.

Veris initio antequam aliæ herbæ germinant cum aceto, fale,
& oleo, editur in acetariis Lactucæ modo, unde & nomen obtinuit, gratia etiam pari.

§. 1. Limonium *Ger.* 332. majus vulgatius *Park.* 1234.
maritimum majus *C. B. Pin.* 192. majus multis, aliis
Behen rubrum *J. B. III. App.* 876. *Sea-Lavender.* In
falfis paluftribus, inque clivis maritimis.

Ab aliis diftinguitur loco natali, & caulibus nudis,
ramofis.

Aliam fpeciem Limonii a Lobelio inventam in agris Colce-
ftrenfibus prope mare memorat *Parkinfonus: Gerardus* quoque
Limonium minus a fe obfervatum fcribit in clivis maritimis
infulæ *Thanet* prope *Margate.* Nos unicam duntaxat fpeciem
in Anglia fpontaneam obfervavimus, quæ tamen magnitudine
infigniter variat ratione loci in quo oritur; major fcilicet quæ
in paluftribus falfis, minor quæ in clivis & rupium fiffuris.

2. Limo-

2. Limonium minus a D. D^re. *Plukenet* in Anglia repertum & collectum hoc anno florens a me conspectum in Horto Regio *S. Jacobi*, a vulgari majore manifeste distinctum esse agnovi, non solum quod minus sit, sed quod folia alis continuentur usque ad radicem, adeo ut folia pediculis carere dici possint; *Dood. Syn. II.* 342. Prope *Harwich*. Limonium minus maritimum nostras *Pluk. Alm.* 220. Limonium parvum *Ger.* 332. *Em.* 411. At *Ramsgate* in *Kent. Mr. Dale*.

* 3. Limonium Anglicum minus, caulibus ramosioribus, floribus in spicis rarius sitis *R. Hist. III.* 247. I found this on the Sea-banks, by the Tide-Mill at *Walton* in *Essex*, and the same (only larger) on the Seabanks, of the Marsh on the left Hand of the Road from *Heybridge* to *Maldon* in the same County; *Mr. Dale*. Found also by *Mr. Sherard* and *Mr. Rand*, at the Mouth of the River that runs from *Chichester*. Folia longiora sunt & magis acuminata, serius etiam floret. Cæteris speciebus flores magis umbellatim dispositi sunt & densius stipati; *D. Doody*.

Semen astringit, proinde diarrhœæ, hæmorrhagiæ, & fluxui menstruo nimio medetur.

§. Linaria adulterina *Ger. Em.* 555. montana flosculis albicantibus *C. B. Pin.* 213. Linariæ similis *J. B. III.* 461. Pseudolinaria montana alba *Park.* 459. Anonymos Lini folio *Cluf. H.* 324. *Bastard Toad-flax*. In montosis cretaceis, as upon *Gogmagog* Hills and *Newmarket-Heath*. Notæ hujus sunt folia Linariæ pallida, flores in summis ramulis pentapetali, summo fructui insidentes.

(Quos *Rajus* flores dicit, calycis potius folia censenda sunt, & cum reliquis notis cum Knawl conveniat, ad ejus genus referri & Knawl montanum calyce speciofo lacteo dici poterit.)

§. Agrimonia *Ger.* 575. vulgaris *Park.* 594. Agrim. seu Eupatorium *J. B. II.* 398. Eupatorium Veterum seu Agrimonia *C. B. Pin.* 321. *Agrimony*. In agrorum marginibus & in pascuis ad sepes passim.

Hujus notæ sunt folia pinnata, flores hexapetali fructui lappaceo insidentes cui bini intus nuclei.

Hepatica nobilissima imprimis audit, unde in Hydrope, Cachexia, Ictero usus est creberrimi, in usu etiam est in catarrhis, tussi mensibusque retentis. Vulneraria insuper censetur. Extrinsecus adhibetur sæpissime in balneis & lotionibus. Siccatæ pulvis in vehiculo idoneo exhibitus a *Riverio* plurimum commendatur

mendatur in mictu involuntario, nec præter rationem, fiquidem aftringat fatis valide.

§. Statice montana minor *Inft. R. H.* 341. Caryophyllus montanus minor *C. B. Pin.* 211. marinus minimus Lobelii *Ger.* 482. Gramen marinum minus *Park.*
1279. Caryophylleus flos aphyllocaulos, vel junceus
minor *J. B. III.* 336. *Thrift, Sea Gilly-flower.* In paluftribus maritimis inque fcopulis frequens.

Flores pentapetali, in capitulum Scabiofæ æmulum
congefti, caulis aphyllos, folia graminea fufficiunt huic
ad diftinctionem.

Non abs re Caryophyllum hunc montanum appellat *C. Bau-*
binus; nam & nos prope *Moguntiam* Germaniæ urbem eum invenimus; & *D. Lawfon* in Angliæ etiam mediterraneis prope montem *Hincklehaugh.* In *Bleaberrygill,* at the Head of *Stockdale-*
fields, non longe a *Settle* oppido Eboracenfi: In plerifque etiam
montibus & rupibus altioribus circa *Snowdon* in Cambria invenit
D. Lhwyd.

§. 1. Sanguiforba minor *J.B.III.* 2.113. Pimpinella
vulgaris feu minor *Park.* 582. hortenfis *Ger.* 889. fept.
feu fanguiforba minor hirfuta, & 8. feu minor lævis
C. B. Pin. 160 *Burnet.* In montofis pratis & pafcuis,
præfertim folo cretaceo, frequens invenitur.

2. Sanguiforba major flore fpadiceo *J. B.III.* 2.120.
Pimpinella major vulgaris *Park.* 582. fylveftris *Ger.* 889.
fanguiforba major *C. B. Pin.* 160. *Great Burnet.* In
paluftribus & pratis humidioribus.

Pimpinellæ folia pinnata, flores fpicati, femina quadrata, quibus infident flores tetrapetali, ftaminofi.

Cardiaca eft & alexipharmica; hinc virens vino injicitur ad
cor exhilarandum, faporemque & odorem aromaticum melonis
æmulum communicandum. Præfervat a pefte & morbis contagiofis. Aftringit valide: hinc in profluvio menfium, fluxu
alvi, hæmorrhagia quacunque, in vulneribus & ulceribus ficcan-
dis, glutinandis & fanandis ufus eft eximii.

§. 1. Thalictrum feu Thalietrum majus *Ger.* 1067.
majus vulgare *Park.* 263. majus filiqua angulofa aut
ftriata *C. B. Pin.* 336. nigrius caule & femine ftriato
J. B. III. 486. *Meadow Rue.* In pratis, locis humidis
& ad rivos.

2. Thalictrum minus *Ger.* 1067. *Park.* 264. *C. B.*
Pin. 337. minus feu Rutæ pratenfis genus minus femine
ftriato *J. B. III.* 487. *The leffer Meadow-Rue.* On the
chalky Grounds about *Newmarket, Linton,* and elfewhere

where on the Borders of *Gogmagog* Hills; alfo abundantly on the Mountains near *Malham* and *Settle* in
Yorkſhire.

3. Thaliⱪrum montanum minus foliis latioribus
D.Lhwyd. The leſſer Meadow-Rue with broader Leaves.
In declivibus montis Caderidris ex ipſis rupium fiſſuris
emergit. (Idem cum priore, ut patet ex radicibus ex
Cambria delatis, & in horto noſtro jam aliquot annis
cultis ; *D. Richardſon.*)

4. Thaliⱪrum minimum montanum atro-rubens fo-
liis ſplendentibus. *Syn. II.* 100. *Boerh. Ind. Alt. I.* 44.
Ic. montanum minimum præcox, foliis ſplendentibus
H. Ox. III. 325. *S. IX. T.* 20. *f.* 14. *The leaſt mountainous Meadow-Rue with ſhining Leaves and dark red Flowers.* In udis ſcopulis & ad rivulos in Alpibus in Arvoniæ planta eſt vulgatiſſima ; *D. Lhwyd.*

Duas hujus feu ſpecies feu varietates obſervavit inventor, alteram foliis latioribus, alteram anguſtioribus.

Thaliⱪri Characteriſticæ ſunt folia umbellatarum in
modum diviſa, flores ſtaminoſi, ſemina ut in umbelliferis ſtriata. In *Meth. Em.* p. 130. Anomalis annumeratur plantis, ut & ſequens genus.

Folia oleribus admixta alvum nonnihil commovent. Radicis
decoctum idem ſed potentius præſtat. Thaliⱪris quibuſdam Ita-
liæ in locis utuntur contra peſtem, in Saxonia contra icteritiam
Camer.

An. §. 1. Fumaria vulgaris *J. B. III.* 201. *Park.* 287.
Officinarum & Dioſcoridis *C. B. Pin.* 143. purpurea
Ger. 927. Capnos *Lob. Ic.* 757. Herba melancholifuga
Cat. Ald. Fumitory. In ſatis & aggeribus terrenis frequens.

An. 2. Fumaria major ſcandens flore pallidiore. Fumaria altera *Cæſ. The greater ramping Fumitory.* In
ſatis, hortis & ad muros cum præcedente.

Fumariæ notæ ſunt folia umbellatarum in modum
diviſa: flores ſpicati ad papilionaceos accedentes, in
calcar quoddam retrorſum producti, pediculo e media
parte egreſſo hærentes.

Purgat bilem & humores adustos, clarum ob id & purum efficit ſanguinem. [Noſtrates in hunc uſum verno tempore herbam in ſero lactis decoquunt & decoctum propinant.] Conducit igitur morbis omnibus hos humores ſequentibus, ut Le-
præ, Scabiei, pruritui, impetigini & ſimilibus cutis vitiis; necnon Scorbuto & Lui Venereæ. Succus ejus vel aqua deſtillata
oculis indita caliginem eorum diſcutit.

GENUS

GENUS UNDECIMUM.

UMBELLIFERÆ HERBÆ.

Nota generalis umbellatarum eft flos pentapetalos & ad fingulos flores bina femina nuda fimul juncta, quibus calyx exiguus & in plerifque fpeciebus vix vifibilis, in quinque exiles lacinias divifus, infidet.

I. *Umbelliferæ femine lato compreffo, feu foliaceo, aut ala foliacea cincto.*

§. 1. SPHONDYLIUM *Ger. Em.* 1009. vulgare *Park.* 953. vulgare hirfutum *C. B. Pin.* 157. Sphondylium quibufdam vel Branca urfina Germanica *J. B. III.* 2. 160. *Cow-Parfnep.* In pafcuis & ad agrorum margines, inque pratis & ad rivulos; humidioribus enim gaudet.

Hujus notæ funt folia latiffima, flores albi petalis cordatis.

2. Sphondylium majus aliud laciniatis foliis *Park.* 953. Sphond. hirfutum foliis anguftioribus *C. B. Pin.* 157. *Pr.* 83. An Sphondylium crifpum *J. B.?* *Tab.?* *Jagged Cow-Parfnep.* Found by *Dr. Bowles* in *Shropfhire*; *Park.* By *Dr. Plukenet* near *S. Giles's Chalfont* in the mountainous Meadows, *Buckinghamfhire*, who entitles it Sphondylium montanum minus anguftifolium, tenuiter laciniatum & Sph. hirfutum minus, foliis tenuiter laciniatis femine lato *Alm.* 355. *T.* 63. *f.* 3. and efteems it fpecifically diftinct from the precedent. By *Mr. Doody* in *Hartfordfhire* near *Tring*; (by *Mr. J. Sherard* in the Woods near *Kingfton* in the way to *Gamlinggay*, and at the Town's-end at *Settle* in our Return.) Nos varietatem potius præcedentis effe quam ab eo fpecie diverfum fufpicamur.

Herbis emollientibus Sphondylium accenfet *Schroderus.* *Tragus* ad emolliendos & deprimendos tumores radicem commendat. Gratus cibus funt Sphond. folia cuniculis: vaccæ etiam eis libenter vefcuntur, unde *Cow-Parfnep* noftratibus dicitur.

An. §.

An. §. 1. Paſtinaca ſylveſtris latifolia *C.B. Pin.* 155. latifolia ſylveſtris *Park.* 944. *Ger* 870. Germanica ſylv. quibuſdam Elaphoboſcum *J. B. III.* 2. 149. *Wild Par-ſnep.* In agrorum marginibus. Non aliter quam cultu a Sativa differre exiſtimat *J. Bauhinus.*

An. 2. Paſtinaca latifolia ſativa *Ger.* 870. *Park.* 944, *C. B. Pin.* 155. ſativa latifolia Germanica flore luteo *J. B. III.* 2. 150. *Common Garden Parſnep.* Seritur in agris & hortis.

Hujus notæ ſunt radices carnoſæ eſculentæ, folia pinnata, potius triangulata, flores lutei.

Radix palato gratiſſima eſt, multum nutriens & corpus pin-guefaciens; nonnihil tamen flatulenta eſt, unde & Veneri amica.

An. §. Tordylium maximum *Inſt. R. H.* 320. ſive Seſeli Creticum majus *Park.* 906. Seſeli Creticum ma-jus *C. B. Pin.* 161. Caucalis major *Cluſ. H. CCI. J.B. III.* 2. 85. & Cauc. major, ſemine minus pulchro hir-ſuto *J. B. III.* 2. 85. Found by *Mr. Doody* about *Thiſtleworth.* Ejus folia per conjugationes longo pedi-culo adnexa, ſubrotunda, ferrata, aſpera, piloſa. Se-mina peltata, fimbria candida criſpa vel granulata am-biente.

Hanc plantam hoc in loco hortorum rejeÿamentis originem ſuum debuiſſe ſuſpicor; cum in calidioribus tantum regionibus proveniat, nec ſit ibi admodum vulgaris.

*An. 2. Tordylium Narbonenſe minus *Inſt. R. H.* 320. ſive Seſeli Creticum minus *Park.* 906. Seſeli Creticum minus *C. B. Pin.* 161. Caucalis minor pulchro ſemine ſive Bellonii *J. B. III.* 2. 84. Plentifully on the Banks of the Road to *Heddington,* about half a Mile from *Oxford; Mr. J. Sherard.* Forte e ſeminibus e horto quodam eo projeÿis orta fuit hæc planta.

§. Peucedanum *Ger.* 896. Germanicum *C. B. Pin.* 149. minus Germanicum *J. B. III.* 2. 36. vulgare *Park.* 880. *Hogs-Fennel, Sulphur-wort, Hareſtrong.* In foſ-ſis paluſtribus prope *Shoreham* in Suſſexia. Ad Thame-ſim etiam fluvium copioſe provenire aiunt, inque foſſis paluſtribus maritimis prope *Walton* vicum non procul Harvico in Eſſexia. About a quarter of a Mile below *Feverſham,* by the River Side; *Mr. J. Sherard.*)

Hujus notæ ſunt folia in tenues lacinias tripartito di-viſa & ſubdiviſa, latiores & longiores quam Anethi.

Radix in affectibus pectoris, tuffi, inflammationibus utilis
effe dicitur, necnon in obftructionibus hepatis, lienis, renum, unde urinam ciet, & calculofis prodeft. Extrinfecus
in hemicrania aliifque generibus cephalalgiæ a catarrhis ortum
ducentibus, in tumoribus renitentibus, ulceribus inveteratis
mundificandis convenit. Veteres cerebri & nervorum affectibus,
Lethargo, Phrenefi, Epilepfiæ, Vertigini, Paralyfi conducere
aiunt.

II. *Umbelliferæ femine & tumidiore & longiore.*

An. §. Scandix femine roftrato vulgaris *C. B. Pin.*
152. Pecten Veneris *J. B. III.* 2. 71. Veneris, feu Scandix *Ger.* 884. Scandix vulgaris, feu Pecten Veneris *Park.*
916. *Shepherds-Needle, or Venus-Comb.* Inter fegetes
paffim.

Seminibus in roftrum productis, Geranii mofchati
roftra referentibus ab aliis umbelliferis abunde diftinguitur.

§. Cicutaria vulgaris *J. B. III.* 2. 181. Myrrhis fylveftris *Park.* 935. fylv. feminibus lævibus *C. B. Pin.* 160.
Cicutaria alba Lugdunenfis *Ger. Em.* 1038. *Wild Cicely*,
Cow-weed. Ad fepes, inque pomariis & paffim fub arboribus. Vere primo exit & Maio menfe floret.

Notæ hujus funt femina longa, glabra, per maturitatem nigra, folia magnæ Cicutæ fed latiora.

An. §. Cerefolium fylveftre *Ger. Em.* 1038. *Park.*
915. Chærophyllum fylveftre *C. B. Pin.* 152. Anthrifcus
Plinii quibufdam, femine longo Cicutariæ aut Chæro-
phylli *J. B. III.* 2. 70. *Wild Chervil.* Ad fepes.

Caulis medulla repletus cavitatem non habet: cum
floret planta caules infra genicula in nodos infignes in-
tumefcunt: femen oblongum, tenue, fulcatum.

§. Meum *Ger.* 895. vulgatius *Park.* 888. foliis Anethi *C. B. Pin.* 148. Meum vulgare feu Radix urfina
J. B. III. 2 11. *Common Spignel or Meu.* In *Weftmorland* about two Miles from *Sedberg* in the Way to *Orton*
abundantly in the Meadows and Paftures, where it is
known to all the Country People by the Name of *Bald-
Money*, or (as they pronounce it) *Bawd-Money*: It is
found alfo near *Dolgehle* in *Merionethfhire.* (In via
prope *Scholefield-Hall* non procul a *Roachdale* agri Lan-

I   caftrenfis

castrensis oppido; it. in aggeribus terrenis prati cujufdam humidi prope ædes D^{ni}. *Denton de Scamonden* agri
Eboracensis; *D. Richardson.*) Foliis constat omnium
herbarum tenuissimis, quibus ut & femine magno oblongo striato ab aliis congeneribus distinguitur. Vide *Hist.*
nost. p. 432.

Flatus discutit. Usus præcipuus in inflatione ac ructu ventriculi, in mensibus ac urina ciendis, in uteri suffocatione, in
torminibus ventris, in catarrhis tartaroque pulmonum expecto-
rando; *Schrod.* Multas ingreditur compositiones & ipsam The-
riacam.

III. *Umbelliferæ femine breviore.*

* 1. Angelica sativa *C. B. Pin.* 155. *J. B. III. Part.* 2.
140. Circa turrim Londinensem & ad ripas fossarum
frequenter occurrit; *D. Doody Ann. Manscr.*

An. 2. §. Angelica sylvestris *Ger.* 846. *Park.* 940. sylv.
major *C. B. Pin.* 145. sylv. magna vulgatior *J. B. III.*
2. 144. *Wild Angelica.* In aquosis & ad rivulos passim,
unde rectius Angelica aquatica diceretur.

Foliorum alis maximis, & segmentis seu partialibus
foliis latissimis ab aliis plerisque umbelliferis; floribus
albis ab Angelica sativa distinguitur.

Archangelica seu Angelica Tabernamontani seu Scandiaca
Hort. Bat. ab hac diversa est, siquidem flores luteoli sunt.   Archangelica *Dod. Clus.* huic eadem videtur, siquidem Angelica
sylvestris in montosis nascens longe major evadit.

3. Angelica sylvestris minor seu erratica *C. B. Pin.*
155. sylv. repens *J. B. III.* 2. 145. Herba Gerardi *Ger.*
848. Podagraria vulgaris *Park.* 943. *Herb Gerard,*
Gout-weed or Ashweed. Ad sepes, præcipue hortorum,
ubi reptatu suo odiosa est, nec facile extirpari potest.

Foliis & odore Angelicæ, & insigni reptandi licentia
ab aliis umbelliferis discretu facilis est.

Eisdem cum sativa viribus pollere creditur, quamvis langui-
dior sit.   Erratica seu Herba Gerardi ab effectu Podagraria
dicitur.

§. I. Smyrnium *Matth.* 773. Hipposelinum *Ger. Em.*
1019. Hipposelinum seu Smyrnium vulgare *Park.* 930.
Macerone, quibusdam Smyrnium, femine magno nigro
J. B. III. 2. 126. Hipposelinum Theophrasti vel Smyrnium Dioscoridis *C. B. Pin.* 154. *Alexanders.* In rupibus maritimis, v. g. in insula *Prestholm* prope Bellum
Mariscum primarium Anglesiæ seu Monæ insulæ Ta-
citi

TAB. VIII.

citî oppidum : item in Scotiæ littoreis rupibus non procul Bervico. About *Scarborough* Caſtle. (Near *Deptford* and *Batterſea*; about *Nottingham* plentifully; *Mr.
J. Sherard.*) Officinis noſtris Olus Atrum dicitur; in
tranſmarinis vulgo ſed falſo Petroſelinum Macedonicum: noſtratibus *Alexanders*, vulgo etiam in Italia &
Germania Herba Alexandrina dicta eſt, vel quia ab
Alexandria Ægypti urbe ad nos advehi ſolitum eſt, vel
quia id vulgo creditum.

Foliis latiſſimis, ſemine per maturitatem nigro, ſtriato,
tumido, magno, a reliquis Umbelliferis diſtinguitur.

Venit in cibum cruda & cocta tum radix conciſa, tum folia
tenella & caulis, vel in juſculis, vel in intinctibus cum aceto
& oleo ad ſanguinem depurandum verno tempore.

* 2. Smyrnium tenuifolium, noſtras *Raj. Hiſt. III.*
254. Pimpinella ſaxifraga hircina maxima, Cornubienſis
D. Stevens. Tragoſelinum maximum Cornubienſe,
umbella maxima *D. Buddle.* Saxifraga Cornubiæ *Pet.
H. B.* 26. 9. Accuratiorem quam *Petiveri* hujus figuram
vid. Tab. VIII.

IV. *Umbelliferæ radice tuberoſa.*

§. Bulbocaſtanum *J. B. III.* 2. 30. majus & minus
Ger. Em. 1065. majus folio Apii *C. B. Pin.* 162. Nu-
cula terreſtris major *Park.* 893. *Earth-nut*, or *Kipper-
nut*, and by the Vulgar *Pignuts*, quia a ſuibus appetun-
tur; and in ſome Places *Hawknut*, cujus nominis rationem non aſſequor. In paſcuis ſolo arenoſo aut glareoſo frequentiſſima habetur. *D. Magnol.* in Botan. Monſp.
duas ſpecies diſtinguit, majorem & minorem; nos in
Anglia unam hactenus duntaxat obſervavimus.

Radice tuberoſa eſculenta, foliis tenuius inciſis, ſemine longiuſculo glabro ab aliis Umbellatarum generibus
facile diſtinguitur.

(Bulbocaſtanum majus & minus ſpecie differre videntur. Minus frequens occurrit, majus autem rarius.
Bene diſtinxiſſe videtur *Johnſonus* in *Ger.* ſuo *Em.* Majus: In a Field between *Hornſey Wood* and *Old-Fall*,
near the Foot-path; *Mr. Martyn.*)

Radices eſculentæ ſunt, etiam crudæ; verum excorticatæ &
cum modico pipere in carnium jure coctæ, ſuavis admodum
cibus ſunt, multum nutriunt & Venerem ſtimulant. Medicamentis additæ cruenta mingentibus & etiam ſpuentibus auxili-
antur; *Trall.*

P   §. Oenan-

§. Oenanthe aquatica *C. B. Pin.* 162. paluſtris ſeu aquatica *Park.* 895. item aquatica major *Ejuſdem* p. 1233. Filipendula aquatica *Ger. Em.* 1060. Oenanthe ſeu Filipendula aquatica *J. B. III.* 2. 191. *Water Dropwort.* In pratis humidis & ad rivulos ubique fere.

Oenanthe aquatica radicibus tuberoſis, e multis glandulis compoſitis & loco natali, paluſtri ſcil. & aquoſo, ab aliis Umbellatarum ſpeciebus facile diſtinguitur. Hæc ſpecies caulibus velut junceis, foliis in prætenues & longas lacinias diviſis, & umbellis disjunctis a congeneribus differt.

2. Oenanthe aquatica triflora, caulibus fiſtuloſis *H. Ox. III.* 289. *S.* 9. *T.* 7. *f.* 8. aquatica minor juncoides, trianthophoros *Pluk. Alm.* 268. aquatica minor *Park.* 1233. item Oenanthe juncoides minima *Ejuſdem* p. 895. Juncus odoratus aquatilis *Dod. Pempt.* 590. *The leſſer Water Dropwort.* Cum priore. Auctor Parkinſonus. In the Ditches about *Medley* and *Binſey-Common*, and almoſt every where about *Oxford*; *D.* Plot *Hiſt. Nat. Oxon.* p. 147. A priore parvitate ſua præcipue differt, ut & modo florendi.

3. Oenanthe Cicutæ facie Lobelii *Park.* 894. Chærephylli foliis *C. B. Pin.* 162. ſucco viroſo, Cicutæ facie Lobelio *J. B. III.* 2. 193. Filipendula Cicutæ facie *Ger. Em.* 1059. *Hemlock Dropwort.* Non in Septentrionalibus duntaxat Angliæ, Weſtmorlandia ſcil. & Eboracenſi comitatu, ſed & in Meridionalibus, Surreia, Suſſexia, &c. (In ſalicetis circa *Windſoriam, Bathoniam,* ad ripam Thameſis alibique circa *Londinum* naſcitur. Junio menſe floret, Auguſto ſemen perficit.) Quin venenoſæ & malignæ ſint hujus plantæ radices, nullus jam relinquitur dubitandi locus. Vid. *Ephem. German.* & *Stalp. vander Wiel Obſ.*

Folia in hac planta ad Petroſelini propius quam ad Cicutæ folia nobis accedere videntur.

4. Oenanthe Staphylini folio aliquatenus accedens *J. B. III.* 2. 191. aquatica Pimpinellæ ſaxifragæ diviſura noſtras *Pluk. Alm.* 268. *T.* 49. *f.* 4. In fluentis pigriobus & paluſtribus foſſis in parochia *Quaplod* agri Lincolnienſis non procul ab oppido *Spalding*; *D. Plukenet.*

Oenanthes Cicutæ facie radices venenoſas eſſe contendit *Lobelius* ex relatione Septentrionalium quorundam Angliæ populorum. Alii dubitant. (Sed vide *Stalpart vander Wiel Obſ.*)

Nonnulli

Nonnulli (teste *Johnsono*) inexcusabili errore hujus radices pro Pæoniæ radicibus divendunt; alii, *viz.* mulierculæ rhizotomæ Londinenses easdem sub nomine *Levistici aquatici* distrahunt.

V. Umbelliferæ femine striato minore.

An. §. 1. Sium aromaticum Sison Off. *Inst. R. H.* 308. Sison seu officinarum Amomum *J. B. III.* 2. 107. Sison quod Amomum Officinis nostris *C. B. Pin.* 154. vulgare, vel Amomum Germanicum *Park.* 914. Petroselinum Macedonicum Fuchsii *Ger. Em.* 1016. *Bastard Stone-Parsley.* Locis humectis & lutosis nascitur, unde & in fossarum aggeribus recentioribus.

An. 2. Sium arvense sive segetum *Inst. R. H.* 308. Selinum Sii foliis *Ger. Em.* 1018. *ic.* Selinum segetale *Park.* 932. *Honewort or Corn-Parsley.* Inter segetes solo præsertim humido aut lutoso.

Sii minoris species est, foliis ex pluribus pinnarum conjugationibus compositis, umbellis parvis in summis caulibus & ramulis: Præcedens major est, foliis e paucioribus pinnarum latiorum conjugationibus compositis, umbellis perexiguis pro plantæ modo & inæqualibus.

3. Sium latifolium foliis variis *Merr. P.* latifolium *C. B. Pin.* 154. majus latifolium *Ger. Em.* 256. maximum latifolium *J. B. III.* 2. 175. Sium Dioscoridis seu Pastinaca aquatica major *Park.* 1240. *Great Water-Parsnep.* In fluviis majoribus, locis vadosis & ad ripas. Magnitudine sua & cum Pastinaca latifolia sat. similitudine locoque natali, & semine parvo striato ab aliis congeneribus abunde distinguitur. (Sium majus latifolium, in summitate umbelliferum nobis. In the Ditches between *Rotherhithe* and *Deptford. Mr. Doody.*)

4. Sium sive Apium palustre foliis oblongis *C. B. Pin.* 154. umbelliferum *J. B. III.* 2. 172. it. medium *Ej.* 173. minus alterum *Park.* 1241. majus angustifolium *Ger. Em.* 256. Nasturtium aquaticum *Ger.* 200. *Ic.* 3. Sium erectum, foliis serratis, nobis; *D. Doody. Common upright Water-Parsnep.* In rivulis & ad fluviorum ripas. Parvitate sua a præcedente satis distinguitur.

Pro specifico habetur in scrophulis, ubi succus præcipue usurpandus est, ut refert *Doody Syn. Ed. II. App.* 345.

5. Sium umbellatum repens *Ger. Em.* 256. 258. umbellis ad caulium nodos *Merr. P.* aquaticum procum-

bens

bens ad alas floridum *H. Ox. III.* 283. *S.* 9. *T. 5. f.* 3.
Creeping Water-Parfnep. In rivulis & ad fluviorum ripas ubique.

A præcedente, cui magnitudine non cedit, umbellarum fitu differt, quæ non ut in illa fummos caules & ramulos terminant, fed fecundum caules ex adverfo foliorum oriuntur brevibus pediculis: caules etiam in hoc procumbunt.

6. Sium pufillum foliis variis N. D. *Ph. Br.* pufillum foliis variis & *S.* vernum foliis fœniculaceis *Merr. P.* minimum umbellatum foliis variis *Pluk Alm.* 348. *T.* 61. *f.* 3. minimum foliis imis ferulaceis *H. Ox. III.* 283. aquaticum pumilum, foliis inferne fœniculaceis, fuperne lobatis *Ib. S.* 9. *T. 5. f. 5.* Sium minimum *Hift noft.* 444. *The leaft Water-Parfnep.* In paluftribus & aquofis frequens Maio menfe floret (v. gr. in ericeto *Putnejano* & *Hounflejano* verfus *Hampton.)*

Notatu dignum eft in hac plantula, inque Sio maximo, quod folia primò erumpentia, & quæ aquis immerguntur, minutim incifa funt, & in multas lacinias fecta; pofteriora & quæ extra aquas funt, integra & Paftinacæ latifoliæ foliorum æmula: Idem accidit Ranunculo aquatico folio rotundo & capillaceo *C. B.* cujus accidentis ratio nos fugit. Quin & obfervavimus in Sio latifolio maximo in fictili fato extra aquas, radicem primo vere ejufmodi folia tenuiter diffecta & Oenanthes vulgaris foliorum æmula edidiffe, poftea lata & Paftinacæ latifoliæ fimilia. In aliis etiam aquaticis folia aquis merfa differunt figura ab iis quæ aquas fuperant, ut v. g. in Sagittaria & Potamogitone latifolio. Confule *Hift. noft. Append. in Emendandis.*

7. Sium alterum Olufatri facie *Lob. Ic.* 208. *Ger. Em.* 256. majus alterum anguftifolium *Park.* 1241. Erucæ folio *C. B. Pin.* 154. Cicuta aquatica Gefneri *J. B. III.* 2. 175 *Long-leaved Water Hemlock.* Circa paludes & ftagnorum majorum margines v. g. *Brereton-Mere* in *Chefhire*; the great Water in *Lovingland* in *Suffolk*; the River *Trent* near *Abbots Bromley*; in a fhallow Pool of Water on *Hounflow-Heath* by the Road-fide near the Town; and in fome Pools of Water at *Thiftleworth.* Magnitudine fua, foliis in longas lacinias ferratas tripartito divifis, & loco natali ab aliis hujus generis diftinguitur. (De vi virulenta & deleteria hujus fpeciei confule *Wepferum*, qui integrum de ea Librum confcripfit, titulo, *Cicutæ aquat. Hift. & Noxæ.)*

Herbam Sii crudam ineunte vere in acetariis comedunt Hifpanicæ mulieres. Eft autem ftomacho grata, urinas evocat & vefi-

cæ

cæ calculos expellit; *Amat.* apud *J. B.* Vulgus etiam noftras fpeciem repentem pro Nafturtio aquatico habet & utitur.

Sium aquaticum quodcunque egregium eft medicamentum in
tumoribus mammarum fcrofulofis extrinfecus adhibitum.

§. 1. Pimpinella faxifraga *Ger. Em.* 1044. faxifr. hircina major *Park.* 947. faxif. major umbella candida
C. B. Pin. 159. Saxifraga hircina major *J. B. III.* 2.
109. *Great Burnet-Saxifrage.* In fylvis agro Cantabrigienfi & Bedfordienfi, Cantiano quoque & alibi in
Anglia. In hoc genere folia interdum in lacinias divifa nos quoque poft *Clufium* obfervavimus.

* Pimpinella faxifraga major, degener, feu foliis diffectis
Hift. Oxon. III. 284. By the Hedges every where near *Maid-*
ftone in *Kent.* Obferv'd by *Mr. J. Sherard* in Company with
Mr. Rand. Prioris varietas.

Pimpinellæ faxifragæ notæ funt femen ftriatum minus, folia Pimpinellæ pinnata, radix fervida. Hæc autem fpecies magnitudine fua & loco natali a reliquis
difcretu facilis eft.

2. Pimpinella faxifraga minor foliis Sanguiforbæ.
Saxifraga hircina minor foliis Sanguiforbæ *J. B. III.* 2.
111. Pimp. faxifragá major altera *C. B. Pin.* 159. Pimp.
faxifraga major noftras *Park.* 946. Præter rationem
major dicitur. *The leffer round-leaved Burnet Saxifrage.*
In pafcuis ficcioribus, folo præfertim glareofo.

3. Pimpinella faxifraga minor *C. B. Pin.* 160. faxifraga hircina minor *Park.* 947. (an faxifraga minor noftras *Ejufd.?* 946.) Pimpinella feu faxifraga minor *Ger.*
Em. 1044. Saxifraga hircina minima, Pimpinella crifpa
Tragi *J. B. III.* 2. 113. *Small Burnet-Saxifrage with*
divided Leaves. Cum priore, a qua non aliter differre
videtur, quam foliis in tenues lacinias divifis.

Lithontriptica, fudorifera & vulneraria habetur. Ufus in
præcavendis ac curandis venenis & morbis contagiofis; in refe-
randis obftructionibus hepatis, renum, pulmonum, menfium;
in arena, calculo ac ftranguria; in colicis doloribus; in tuffi,
afthmate, Peripneumonia. *Vix mihi perfuaferint* (inquit J. Bauhinus) *adeo acrem ac fervidam radicem phthificis convenire, ut ne-*
que tuffi, afthmati, peripneumoniæ; aut vulnerariam effe: in cruditate & imbecillitate ventriculi, in lue Venerea. Eft etiam
Antidotus argenti vivi. Extrinfecus valet in maculis faciei extergendis, in odontalgia, &c.

An. §. Carum feu Careum *Ger.* 879. Carum vulgare
Park. 910. Caros *J. B. III.* 2. 69. Cuminum pratenfe,

Carui

Carui Officinarum *C. B. Pin.* 158. *Caraways.* In paluſtribus Lincolnienſibus, inque paſcuis depreſſis & pinguibus prope *Hull* oppidum in Comit. Eboracenſi copioſe, & alibi etiam in pratis. (In *Norfolk,* & in *Chriſt-
College* Meadows in *Cambridge*; *Mr. J. Sherard.*) Foliis pinnatis, pinnis in multas lacinias diſſeƈtis, abſque
pediculorum interventu rachi mediæ adhærentibus, ſeminibus parvis, oblongis, ſtriatis, aromaticis, radice dulci
eſculenta innoteſcit.

Semen ſtomachicum eſt ac diureticum, ſiquidem flatus diſcutit, concoƈtionem promovet, urinam ciet, laƈtis abundantiam
præbet. Hinc uſus ejus inſignis eſt in colica, vertigine, epilepſia præcavenda. Ad hos uſus cum panibus, quos biſcoƈtos
vocant, compinſitur, & caſeis adjicitur [in Germania] placentis
& artomelis, aliiſque ferculis incoquitur, & in Officinis Saccharo obducitur, ad ventoſitatem ſcil. corrigendam. Radix dum
adhuc tenera eſt, non minus efficax habetur quam ſemen; eſtque in cibis ipſa etiam Paſtinaca delicatior, teſte *Parkinſono.*

§. Liguſticum Scoticum Apii folio *Inſt. R. H.* 324.
Apium Scoticum & Apium marinum quibuſdam *Newton Syn. II.* 109. Imperatoriæ affinis Umbellifera maritima Scotica *Sibbald. Prod. P. II. L.* 1. *p.* 32. Apium
marinum quibuſdam *Ej. T.* 12. *& Suth. H. Ed. App.*
Seſeli maritimum Scoticum humile foliis Imperatoriæ
Par. B. 227. Liguſticum humilius Scoticum a maritimis, ſeu Apium maritimum dulce Scoticum *Pluk. Alm.*
217. *T.* 96. *f.* 2. *Scottiſh Sea-Parſley.* In tumulo quodam ſaxoſo & arenoſo ad mare ſex ab Edinburgo milliaribus verſus *Queens-ferry,* i. e. Reginæ trajeƈtum.

Folia Apii mont. aut Leviſtici, ſed ramoſiora, tripartito diviſa & ſubdiviſa, flores albi, ſemen fœniculaceum, odor & ſapor aromaticus ad Apium accedens. (It is ſaid, that the *High-
landers,* among whom it grows, eat this firſt in the Morning
to keep them from Infeƈtion the reſt of the Day; *Mr. Newton.*)

An. §. Apium paluſtre & Officinarum *C. B. Pin.* 154.
vulgare ingratius *J. B. III.* 2. 100. paluſtre ſeu Eleoſelinum Veteribus *Ejuſd. Ibid.* vulgare ſive paluſtre *Park.*
926. Eleoſelinum ſeu Paludapium *Ger.* 862. *Smallage.*
In paludoſis rivulis & foſſis majoribus, præſertim ad
mare.

Folia Petroſelini majora, umbellæ in divaricatione
caulis & ramorum brevibus pediculis inſidentes, ſemina Petroſelini minora, odor vehementior & ingratior,
locus paluſtris ab aliis hanc diſtinguunt.

3   Radix

Radix 5 radicibus aperientibus accenfetur; femen 4 feminibus calidis minoribus. Rad. urinam & menfes movet, calculum pellit, regium morbum folvit. Semen efficacius eft quam
radix; ejus tamen ufus minus tutus eft, quia comitiali morbo
obnoxii ab eo offenduntur.

§. 1. Cicuta *Lob. Ic.* 732. *Ger.* 903. major *C. B. Pin.*
160. vulgaris major *Park.* 933. Cicuta veteribus & neo-
tericis *J. B. III.* 2. 175. *Hemlock.* Circa pagos &
oppida, locis umbrofis & pinguibus prope foffas aggeref-
ve agrorum. Magnitudine fua, caule maculato, & cavo; femine ftriato minore tumido, foliis multifariam
divifis in minutas particulas, qualitate noxia & deleteria ab aliis congeneribus diftinguitur.

An. 2. Cicutaria tenuifolia *Ger.* 905. Cicuta minor
feu fatua *Park.* 933. minor, Petrofelino fimilis *C. B.
Pin.* 160. Cicuta Apii folio *J. B. III.* 2. 179. *The
leffer Hemlock or Fool's Parfley.* In hortis oleraceis,
arvis pinguioribus, aliifque locis cultis. A Cicuta differt
quod minor fit, quod caule non maculofo, radice annua, odore non ingrato, quodque ad bafes umbellarum
partialium, ex quibus totales componuntur, foliola tria
aut quatuor oblonga oriantur.

Cicuta fumme frigida & venenata cenfetur, & Socratis fup-
plicio odiofa. Verum peritiores Medici Cicutam calidam effe
affirmant, & minime frigidam. Extrinfecus ejus ufus frequens
eft in tumore & inflammatione lienis [fuccus emplaftro fple-
nico incoctus:] tumores duros & ganglia potenter difcutit in
cataplafmatis vel in emplaftro de Cicuta cum Ammoniaco. De
noxis Cicutæ vide longam Epiftolam *Ephem. German. An.* 13.
Obferv. 115.

Cicuta in plerifque, ne dicam omnibus, qui de Plantis fcripfe-
runt Medicis & Botanicis, herbis venenofis & malignis accenfetur: quod tamen de Cicuta in his terris nafcente non videtur
effe verum: fiquidem *D. Henley* ingeniofus Amicus & Vicinus
meus, cum nuper unà effemus, me fpectante radicum Cicutæ tres
quatuorve uncias impune devoravit, abfque ullo nocumento aut
incommodo. Quo vifo & ipfe eafdem guftavi & femiunciam
circiter comedi. Sapore erant fatis grato Apii dulcis *Seleri* vulgo dicti non abfimili, nec ullum exinde pravum effectum fenfi,
Hæc *Petiver Syn. Ed. II. App.* 326. Verum experimentum hoc
ulteriori confirmatione opus habet.

§. Phellandrium vel Cicutaria aquatica quorundam
J. B. III. 2. 183. Cicutaria paluftris *Lob. Ic.* 735. *Ger.*
905. paluftris tenuifolia *Park.* 933. *C. B. Pin.* 161.
Water Hemlock. In aquofis, præfertim cœnofis, & rivis

nigriopigrioribus. Caule crassissimo, foliis amplissimis & multifariam in minutas particulas divisis, seminibus parvis oblongis striatis, locoque natali haud difficulter innotescit.

* Millefolium aquaticum *Matth. Ed. Valgr. in fol. P. II. p.* 484. aquaticum umbellatum Coriandri folio *C. B. Pin.* 141. aquaticum foliis Coriandri Matthioli *J. B. III.* 2. 9. A præcedenti planta eadem ratione differt, qua Gramen bulbosum aquaticum *C. B.* a Sagitta. Caules graciliores, radix tenuior, fibrosa magis, folia obtusiora & latiora, longiora per summitatem saltem dentata & pellucida sunt, aquis perpetuo immersa vel iis supernatantia. Quæ proprietates aquarum conditioni fluminique debentur, tractu suo caulis incrementum & perpendicularem erectionem impedienti, & potius ejusdem in longum protractioni inservienti. Id quod dictum Gramen bulbosum, similibus leniter fluentibus aquis proveniens, probat, ceu cujus folia longissime solent protrahi & diversam plane hoc modo a Sagitta figuram acquirunt. Sub hoc statu ambæ hæ plantæ steriles ut plurimum sunt, Millefolium tamen hoc caules aquis efferens & Phellandrii faciem induens floribusque proferendis se accingens observatum fuit *D. Dillenio* in rivulo inter *Woodstock* & celebrem illum pontem *Ducis Marlborugii* juxta *Blenheim.* Quo in loco dictum Millefolium adeo dense nascebatur, ut aquæ cursum notabiliter infringeret, caulisque in altum excretionem promoveret, foliis aquæ immersis pellucidis latis, superioribus extra aquam opacis, tenuiter incisis, Phellandrii instar, constans. Ceterum absque hujusmodi caulibus & in aqua fluitans prope Londinum in flumine *Hackney-River* dicto, satis copiose observatur. *Matthiolus* huic plantæ caules Millefolii aquatici pennati spicati *C. B.* non Equiseti olidi ut *C. Bauhinus* in *Not. ad Matth.* existimat, flores autem vel Phellandrii, vel Millefolii aquatici umbellati affinxit.

§. Seseli pratense nostras *Park.* 905. Saxifraga Anglica facie Seseli pratensis *Ger. Em.* 1047. Saxifraga Anglorum, foliis Fœniculi latioribus, radice nigra, flore candido, semine Fœniculi, similis Silao *J. B. III.* 2. 171. *Meadow Saxifrage.* In pratis & pascuis humidioribus. Hæc planta non dico similis est Silao seu Seseli pratensi Montpeliensium, sed ipsissima Silaus, ut nobis olim visum est; qua in sententia a *D. Tancr. Robinsono* confirmabar, qui data opera plantas utrobique collectas inter se contulit. Nostræ autem Saxifragæ prat. flos non candidus est, ut scribit *J. Bauhinus,* sed luteolus.

Notæ

Notæ hujus funt foliorum fegmenta angufta acuta, flores ex luteo pallidi, femina brevia, ftriata per maturitatem rufefcentia.

Hujus plantæ fuccus, decoctum, aqua deftillata, vel femen in pulvere efficax eft, vulgi experimento, in urina cienda; calculo atterendo & expellendo, flatibus difcutiendis, &c.

§. Crithmum marinum *Ger.* 427. *Dod. p.* 705. marinum vulgare *Park.* 1286. Crithmum multis feu Fœniculum marinum *J. B. III.* 2. 194. Crithmum five Fœniculum marinum minus *C. B. Pin.* 288. *Sampire,* a Gallico *Sainct Pierre.* Galli enim & Itali Herbam S. Petri vocant. In clivis maritimis paffim.

Folia craffa, acuta, quam Fœniculi multo latiora & breviora. Planta etiam longe humilior.

§. Fœniculum vulgare *Ger.* 877. *Park.* 884. vulgare minus, nigriore & acriore femine *J. B. III.* 2. 2. vulgare Germanicum *C. B. Pin.* 147. item vulg. Italicum, femine oblongo, guftu acuto *Ejufdem.* item Fœniculum fylv. *Ejufdem.* Hæc enim tria non aliter differunt quam accidentibus a loco & cultura ortis. *Common Fennel or Finckle.* In aggeribus maritimis & clivis cretaceis in extremo Cornubiæ receffu, inque Suffexia ad occidentalem terminum paludis Pevenfeiæ (ut & inter Londinum & Gravefend variis locis obfervatione *Doody.)*

Fœniculi notæ funt folia obfcure viridia in longa & capillacea fegmenta divifa, femina ftriata parva oblonga.

Semen vifum acuit, ventriculum roborat, flatus difcutit, afthmaticos juvat. Folia lac nutricibus augent; eorundem aut feminis decoctum urinam movet & calculum pellit. Eorundem fuccus aut aqua deftillata oculis indita, vifum etiam acuit & oculos illuftrat. Radices menfes provocare, obftructiones hepatis & lienis referare, ictero mederi dicuntur. Herba tota jufculis & forbitionibus incocta ad corpus obefum extenuandum utilis effe perhibetur.

An. §. Peucedanum minus *Park.* 880. *C. B. Pin.* 149. pumilum *Ger. Em.* 1054. Peucedani facie pufilla planta *Lob. Ic.* 745. Selinum montanum pumilum Clufii, foliis Fœniculi aut Peucedani, flore albo, femine Selini *J. B. III.* 2. 17. *Rock-Parfley.* On *St. Vincent's Rock* near *Briftol.* Vid. *Hift. noft.* p. 461. Icon *Clufii* perbelle repræfentat caulem floribus onuftum. Planta eft humilis, foliolis glaucis tenuiter diffectis.

VI. *Umbel-*

VI. *Umbelliferæ femine hirfuto, hifpido, aut echinato.*

§. Apium petræum feu montanum album *J. B. III.* 2. 105. An Daucus montanus Apii folio minor a C. Bauhino in Prod. depictus? Pimpinella faxifraga hircina media Herbariis noſtratibus, feu Daucus Selinoides *Cordi. Mountain Stone-Parſley, or a middle fort of Burnet-Saxifrage.* On *Gog-magog* Hills in *Cambridgſhire.* Notæ hujus folia in alas oppofitas, integra Pimpinellæ Saxifragæ folia imitantes, divifa; caulis caniculatus magis quam in ulla nobis hactenus animadverfa umbellifera, femina ſtriata, hirfuta, fumma parte rubentia.

An. §. 1. Daucus fativus radice lutea & alba *Inſt. R. H.* 307. Paſtinaca fativa tenuifolia *Ger.* 872. tenuifolia fativa lutea *Park.* 902. tenuifolia fativa, radice lutea vel alba *C. B. Pin.* 151. fativa feu Carota lutea & alba *J. B. III.* 2. 64. *Yellow and white-rooted Carrot.* Seritur in agris.

An. Daucus fativus radice atro-rubente *Inſt. R. H.* 307 Paſtinaca fativa atro-rubens *Ger. Em.* 1027. fativa altera atro-rubens *Park.* 901. tenuifolia fativa radice atro-rubente *C. B. Pin.* 151. fativa feu Carota rubra *J. B. III.* 2. 64. *Red-rooted Carrot.* Cum priore: a quo non crediderim eum differre fpecie.

An. 2. Daucus vulgaris *Cluf. H. CXCVIII.* Paſtinaca fylveſtris five Staphylinus Græcorum *J. B. III.* 2. 62. fylv. tenuifolia *Ger.* 873. *Park.* 902. fylv. tenuifolia Diofcoridis, vel Daucus Officinarum *C. B. Pin.* 151. *Wild Carrot or Birdfneſt.* In pafcuis ubique. Folio lucido invenit *Tho. Williſel* inter *Dubrin* & *Margate* in clivis maritimis, quem tamen a vulgari accidentaliter potius quam fpecie diſtinctum arbitror.

ˣ 3. Daucus maritimus lucidus *Inſt. R. H.* 307. Paſtinaca tenuifolia marina, foliis obfcure virentibus & quafi lucidis *Bot. Monſp.* Found near *Dover* by *Mr. J. Sherard* and *Mr. Rand.*

Paſtinaca tenuifolia feminibus hifpidis feu villofis, umbellis a flore delapfo claufis, feu in nidi avis formam contractis, radice carnofa, ab aliis Umbelliferis differt.

Radices culinariæ funt; decoctæ condimenti loco cum carnibus elixis eſitantur, quin & feorfum pro ferculo habentur teſſelatim

incifæ

incisæ cumque butyro, pipere & sale conditæ. Nonnihil flatulentæ sunt, ventrem emollire creduntur & tussi conferre.

Pastinacæ sylvestris tenuifol. seu Dauci *Officin.* Semina vel in
Cerevisia infusa, vel decocta, insignem vim obtinent in strangu-
ria inque calculo renum & vesicæ, ad paroxysmos vel præcaven-
dos, vel leniendos & auferendos. Vid. *Charletonum & Helmon-
tium.* Eadem ad uterinos affectus commendantur, menses,
molas, suffocationes, &c. necnon ad tussim & pleuritim.

An. §. 1. Caucalis tenuifolia, flosculis subrubentibus
Hist. nost. 967. arvensis echinata parvo flore & fructu
C. B. Pin. 152. Lappula canaria flore minore seu tenui-
folia *J. B. III.* 2. 80. Cauc. tenuifolia purpurea *Park.* 920.
Echinophora tertia λεπτόφυλλ◌ purpurea *Col. Ec. I.* 97.
Fine-leaved Bastard Parsley with a small purplish Flower.
Inter segetes tum alibi in Anglia, tum circa *Kingston*
vicum agri Cantabrigiensis copiose. Varietatem hujus
cum spinulis echinorum purpureis *J. B.* observavi inter
segetes circa Genevam.

Ab aliis Echinophoris semine magno distinguitur, foliis tenuius incisis subtus hirsutis, floribus minoribus subrubentibus,
radiis umbellæ tribus, tres singulis fructus sustinentibus.

An. 2. Caucalis arvensis echinata latifolia *C. B. Pin.*
152. item Caucalis lato Apii folio *Ejusdem,* ut nobis
videtur. Lappula canaria latifolia seu Caucalis *J. B.
III.* 2. 80. Caucalis Apii foliis, flore rubro *Ger. Em.*
1021. Echinophora quarta major πλατύφυλλ◌ purpurea
Col. Ec. I. 97. arvensis latifolia purpurea *Park.* 920. item
Caucalis Anglica flore rubente *Ejusd. Ib.* Item Caucalis major sature rubente flore *Ejusd* 919. & *Clus. Hist.*
CCI. Purple-flowered great Bastard Parsley. Inter
segetes in agro Cantabrigiensi & alibi.

Ab aliis Echinophoris semine magno differt flore magno ru-
bicundiore quam in ulla alia Umbelliferæ specie hactenus ob-
servasse meminimus, foliis etiam in majores lacinias sectis &
velut pinnatis.

* An. 3. Echinophora laciniata *Pet. H. B.* 27. 7.
Inter segetes raro.

An. 4. Caucalis minor flosculis rubentibus *Ger. Em.*
1022. minor flore rubente *Park.* 921. semine aspero,
flosculis rubentibus *C. B. Pin.* 153. *Pr.* 80. Anthriscus
quorundam semine aspero hispido *J. B. III.* 2 83.
Hedge-Parsley. In dumetis & ad sepes: Julio & Augusto floret.

Parvi-

Parvitate fructuum a præcedentibus differt, qui potius hirsuti & hispidi sunt quam aculeati, vestibus tamen pertinacius adhærescunt.

An. 5. Caucalis segetum minor, Anthrisco hispido similis *Hist. nost. I.* 468. Caucalis pumila segetum Goodyero *Ger.Em. Small Corn-Parsley.* Inter segetes.

Statura humiliore, cauliculis & ramulis tortuosis magisque sparsis, flore pallidulo, semine majore, aliisque accidentibus in Historia nostra recensitis, a præcedente differt.

An. 6. Caucalis nodosa echinato semine *C. B. Pin.* 153. *Pr.* 80. *Ger. Em.* 1022. *Park.* 921. nodoso echinato semine, Anthrisco hispido affinis, si non ejus varietas *J. B. III.* 2. 83. perperam, longe etenim differt ab Anthrisco hispido. *Knotted Parsley.* Ad agrorum margines, & in aggeribus terrenis, maritimis præsertim, plurima.

Umbellæ ad caulium nodos ex adverso foliorum brevissimo pediculo insident, ut eisdem adhærere videantur: cauliculi in terram plerunque strati.

An. 7. Myrrhis sylvestris seminibus asperis *C. B. Pin.* 160. sylv. Neapolitana atque etiam Anglicana *Park.* 935. Cerefolium sive Myrrhis nova Æquicolorum Columnæ *Ger. Em.* 1038. Cicutariæ quodammodo similis vel Chærephyllo accedens *J. B. III.* 2. 181. *Small Hemlock-Chervil with rough Seeds.* In aggeribus & muris terrenis locisque ruderatis.

Folia huic mollia, Cicutæ fere divisura, pallidiora; Caulis Cicutæ, umbellæ secus foliorum alas Paludapii modo sedent. Flores albi; semina oblonga teretia, aspera, cacumine oblongo.

Cæterum Caucalis femine aculeato echinato aut hispido ab aliis Umbelliferis abunde distinguitur, ut alias notas conquirere non sit opus.

§. Echinophora maritima spinosa *Inst. R. H. App.* 656. Crithmum spinosum *Ger.* 427. maritimum spinosum *C. B. Pin.* 288. maritimum spinosum seu Pastinaca marina *Park.* 1286. Pastinaca marina, quibusdam Seacacul & Crithmum spinosum *J. B. III.* 2. 196. *Prickly Sampire or Sea Parsnep.* Observed by *Mr. Lawson* at Roosbeck in *Low-Fourneis, Lancashire.*

Folia spinosa & locus maritimus, si aliæ notæ deessent, huic ad distinctionem sufficerent.

§. Coriandrum seminum striatorum figura perfecte sphærica ab aliis omnibus Umbelliferarum generibus distinguitur.

An. Co-

An. Coriandrum *J. B. III.* 2. 89. *Ger.* 859. majus *C. B. Pin.* 158. vulgare *Park.* 918. *Coriander.* Circa *Coggeſhall, Tolesbury,* & alibi in agro Eſſexienſi copioſe ſeritur.

Seminum globuli in hac ſpecie ſingulis floſculis ſinguli ſuccedunt. Duo autem ſemina in unum globulum coaleſcere videntur.

Muria conditi uſus eſt in intinctibus, & acetariis; ventriculo gratum eſt, appetitum excitat, obſtructiones reſerat, urinam provocat.

VII. *Umbelliferæ foliis integris.*

An. §. 1. Bupleurum perfoliatum rotundifolium annuum *J. R. H.* 310. Perfoliata vulgaris *Ger.* 430. *Park.* 580. vulgatiſſima ſeu arvenſis *C. B. Pin.* 277. Perfoliata ſimpliciter dicta, vulgaris annua *J. B. III.* 2. 198. *Thorow-wax.* Inter ſegetes. Hujus plantæ ſolius ex nobis cognitis folia a caule perforantur, intellige folia ſingularia, nam in aliis folia bina adverſa continua caulis tranſadigit, ut v. g. Dipſaco & Centaureo luteo.

Inter eas numeratur quibus ſolidandi ac ferruminandi vis ineſt. Uſus præcipuus in vulneribus recentibus, enterocelis [inprimis umbilici] tumidis artubus, ſtrumis, ſive intrinſecus ſive extrinſecus adhibere volupe ſit; *Schrod.*

An. 2. Bupleurum minimum *Col. Ec. I.* 247. *Park.* 587. anguſtiſſimo folio *C. B. Pin.* 278. Auricula leporis minima *J. B. III.* 2. 201. *The leaſt Hares-ear.* I have obſerved this in divers Places, as near *Elleſley* in the Road from *Cambridge* to *S. Neots.* On a Bank by the Northern Road a little beyond *Huntington.* At *Maldon* in *Eſſex,* in the Marſhes by the River's Side plentifully: At *Haſtings* in *Suſſex,* beſide the little Brook that runs by the Caſtle and elſewhere. (Found there alſo, and near *Pett* on the Seaſhore, as alſo near the Ferry in the Iſle of *Thanet,* by *Mr. J. Sherard.*) Folia huic anguſta Caryophylleorum æmula.

§. Sanicula ſive Diapenſia *Ger.* 801. vulgaris ſeu Diapenſia *Park.* 532. Sanicula Officinarum *C. B. Pin.* 319. mas Fuchſii ſeu Diapenſia *J. B. III.* 2. 639. *Sanicle.* In ſylvis & ſepibus paſſim ſub finem Maii floret.

Flores in faſtigio caulis nudi velut in Corymbum diſpoſiti, cujus radiis inſident floſculi in globulum congeſti; ſemina lappulata; folia circumſcriptione ſubrotunda, in quinque lacinias altius inciſa.

Vulne-

Vulneraria eft e præcipuis. Internis & externis vulneribus, fanguinis eruptionibus, ulceribus, dyfenteriis, ruptis & vulfis auxiliatur decocta pota & impofita.

§. Hydrocotyle vulgaris *Inft. R. H.* 328. Cotyledon aquatica *J. B. III.* 781. *Syn. II.* 280. aquatica acris Septentrionalium *Lob. Ic.* 387. paluftris *Ger.* 424. *Park.* 1214. Ranunculus aquaticus, Cotylodonis folio *C. B. Pin.* 180. *Marſh Pennywort., White Rot.* In paluftribus frequentiffima. Maii fine & Junio floret. Foliis circinnatæ rotunditatis in pediculis eorum centra occupantibus cum Colytedone vera convenit: flofculis exiguis, pentapetalis dilute purpureis, in infirmis tenuibus digitalibus cauliculis, eifdemque femini infidentibus, ab eadem longiffime diftat.

§. 1. Eryngium vulgare *J. B. III.* 85. vulgare Camerarii *C. B. Pin.* 386. mediterraneum *Ger.* 999. mediterraneum feu campeftre *Park.* 986. *Common Eryngo.* On a Rock which you defcend to the Ferry from *Plymouth* over into *Cornwal.* It was alfo fent me by *Mr. Thornton*, who obferved it not far from *Daventry* in *Northamptonſhire*, befide the old *Roman* Way called *Watling-ſtreet*, near a Village called *Brookhall.* Obferved by *Mr. Lawſon* on the Shore called *Friar-Gooſe* near *Newcaſtle* upon *Tine.*

Foliis magis laciniatis & minus glaucis, locoque natali ab Eryngio maritimo diftinguitur.

2. Eryngium marinum *Ger.* 999. *Park.* 986. *J. B. III.* 86. *Dod. P.* 730. *Lob. Obſ.* 489. cui & Acanos Plinii. maritimum & Gefn. Hort. *C. B. Pin.* 386. *Sea-Holly or Eryngo.* In littoribus arenofis.

Eryngii notæ funt folia fpinofa; flores in fummis caulibus & ramulis in capitula congefti, quibus radiata fubfunt folia, caules folidi & minime fpinofi.

Epaticum nephritic. & alexipharm. eft. Ufus præcip. in obftructis menfibus, urina, hepate, vefica biliaria, &c. hinc & in ictero. Marini radix Saccharo condita Venerem irritat: Adverfus peftem & aeris contagionem, mane jejuno ventriculo commanducata prodeft: tabidis & macilentis apprime conducit. Valet infuper & ad luem Veneream.

GENUS

GENUS DUODECIMUM.

HERBÆ STELLATÆ.

Herbæ ſtellatæ, ſic dictæ quia folia caules ad intervalla
ſtellæ radiantis in modum ambiunt. Floribus ſunt
monopetalis in quatuor ſegmenta totidem folia imitantia partitis, quorum ſingulis bina naturaliter ſuccedunt & ſubſunt ſemina.

§. CRUCIATA *Ger.* 965. vulgaris *Park.* 566. hirſuta *C. B. Pin.* 335. Gallium latifolium, Cruciata quibuſdam, flore luteo *J. B. III.* 2. 717.
Croſwort or Mugweed. Ad ſepes & in dumetis.
Flores huic flavi, velut verticillatim ad caulium nodos e foliorum ſinubus exeunt: Folia lata, hirſuta, quaterna ſimul.
Siccat & aſtringit: vulneraria eſt e præcipuis interne & externe; valet & ad ramices in vino pota.
§. 1. Rubia ſylveſtris aſpera, quæ ſylveſtris Dioſcoridis *C. B. Pin.* 333. ſylveſtris Monſpeſſulana major
J. B. III. 2. 715. ſylveſtris *Park.* 274. *Wild Madder.*
Non tantum in rupe S. Vincentii prope *Briſtolium* oritur, ſed etiam in rupibus prope *Bedifordiam* Devoniæ
oppidum, & per totam fere Devoniam in ſepibus copioſe.
Omnibus ſuis partibus minor eſt ſativa, foliis atro-virenti-
bus, ad ſingulos nodos plerumque ſex, (unde nonnullis Rubia
hexaphyllos dicitur) ſuperficie perenni.
2. Rubia tinctorum *Ger.* 957. ſativa *J. B. III.* 2. 714.
tinctorum ſativa *C. B. Pin.* 333. major ſativa ſive hortenſis *Park.* 274. *Madder.* In agris ſeritur ad uſum
tinctorum. Hujus ſuperficies quotannis emoritur.
Vulnerariis potionibus admiſcetur radix: partium tenuium
eſt, ut alia tinctoria: ſapor acerbus aſtrictoriam eſſe arguit. A
tinctoribus ad coloris rubri præparationem adhibetur.
§. 1. Mollugo vulgatior *Park.* 565. Rubia anguloſa
aſpera *J. B. III.* 2. 715. ſylveſtris lævis *C. B. Pin.* 333.
An Rubia ſylveſtris *Ger.* 957? Mollugo montana anguſtifolia,

guftifolia, vel Gallium album latifolium *C. B. Pin.* 334.?
Wild Madder, *or great Baftard Madder*. Ad fepes &
in dumetis frequens.

Planta hæc mollior eft & minus afpera quam præcedens; flores albi numerofiffimi: magnitudine & caulium longitudine &
ramulorum frequentia infignis eft.

2. Molluginis vulgatioris varietas minor *Park.* 565.
Gallium album *Ger.* 967. *J. B. III.* 2. 721. paluftre album *C. B. Pin.* 335. *White Ladies Bedftraw.* In locis humidis & ad rivulos. (Quadrifolia eft; *D. Doody
Ann.*)

Folia in caulibus fuperiora afpera funt, non lævia, quo a
proxime fequenti differt. Flofculi plures fimul conferti quafdam quafi umbellulas efficiunt, ut in Rubia cynanchica.

3. Mollugo montana erecta quadrifolia. Rubia erecta
quadrifolia *J. B. III.* 2. 716. *Crofswort-Madder*, *or
four-leaved mountainous Baftard-Madder.* Prope *Orton*,
Winandermere, & alibi in Weftmorlandia (v. g. ad ripam
fluminis *Lune* paulo fupra pontem, oppidum *Kirkby* verfus. In montibus altiffimis Cambriæ, e rupium fiffuris,
ubique fere provenit; *D. Richardfon.*)

Floribus in cacumine caulis & ramorum confertis albis, cum
Mollugine convenit, a Cruciata differt.

4. Mollugo montana minor Gallio albo fimilis *Hift.
noft.* 482. Gallium album minus *Pet. H. B.* 30. 6. An
Gallium album minus *C. B. Pin.* 338.? Rubia quædam
minor *J. B. III.* 2. 716. *Small Mountain Baftard Madder.*

Provenit hæc non in paluftribus tantum, fed & in montofis
magna copia. Parvitate autem fua, glabritie caulium & foliorum, locoque natali a præcedente diftinguitur.

* 5. Gallium album fupinum multicaule *Fl. Jen.* 4.
In ericetis montofis a *D. Rand* obfervatum.

§. Gallium luteum *C. B. Pin.* 335. *Ger.* 967. *Park.*
564. Gallion verum *J. B. III.* 2. 720 *Yellow Ladies
Bedftraw*, *or Cheefe-Rening.* In pafcuis ficcioribus &
colliculis ad agrorum margines.

Ab effectu lac coagulandi nomen adeptum Gallion, foliis tenuibus obfcurius virentibus, floribus luteis parvis a congeneribus differt. Lutei coma coaguli modo lac condenfat. Acetum
ex eadem deftillando elicitur: modum vide in *Hift. noft.* p. 482.
Acetofæ fummitates deftillatæ ejufmodi acidum non reddunt,
fed infipidum phlegma.

§. Afperula *Ger.* 966. feu Rubeola montana odora
C. B. Pin. 334. Afperula aut Afpergula odorata *Park.*
563.

563. Rubiis accedens Asperula quibusdam sive Hepatica stellaris *J. B. III.* 2. 718. *Woodroof or Woodruffe.* In sylvis & dumetis, præsertim montosis, Maio mense floret.

Flores summos cauliculos occupant velut in umbella, candidi, odorati.

Usus hujus præcip. in obstructo hepate ac meatu bilario, & hinc in ictero; in hepate calidiore refrigerando; etiam extrinsecus in cataplasm. Fertur in vinum conjecta hilaritatem efficere, & saporem ei gratissimum conciliare, unde Germanis in frequenti usu est. Rustici ad tumores calidos & vulnera recentia ea utuntur tusa & imposita.

An. §. Rubeola arvensis repens cœrulea *C. B. Pin.* 334. *Pr.* 145. minor pratensis cœrulea *Park.* 276. Rubeola parvo flore cœrulea se spargens *J. B. III.* 719. *Little Field Madder.* In arvis, præsertim requietis.

An. §. 1. Aparine *Ger.* 963. *J. B. III.* 713. vulgaris *Park.* 567. *C. B. Pin.* 334. *Cleavers or Goose-grass.* Ad sepes, interdum & inter segetes.

Asperitate vestium tenaci satis nota est hæc herba. Aqua destillata ad morbum regium commendatur; item ad pectoris & hypochondriorum dolores. Eadem vel herba ipsa minutim concisa, inque vini albi q. s. decocta & pota in calculo & arenulis insigne est remedium, ut & in gonorrhœa simplici. Reliquas vires vide *Hist. p.* 484.

An. 2. Aparine semine læviore. Aparine lævis *Park.* 567. descr. sin. ic. *Goose-grass with smoother Seed.* Inter segetes. Minor est & humilior præcedente.

* An. 3. Aparine palustris minor Parisiensis, flore albo *Inst. R. H.* 114. *Hist. Pl. Par.* 390. On the *Lower Bog* at Chisselhurst; *Mr. J. Sherard.*

An. 4. Aparine minima Dr. Sherard *Syn. II.* 118. Aparine minima *Bot. Monsp. The least Goose-grass.* Found at *Hackney* on a Wall. (At *Eltham* on a Wall going to the Court, and in many other Places; *Mr. J. Sherard.*) Flos herbaceus, semen parvum, subrotundum, minus asperum quam in aliis speciebus. Figuram hujus vid. Tab. IX. fig. 1.

§. Rubeola vulgaris quadrifolia lævis, floribus purpurantibus *J. R. Herb.* 130. Rubia cynanchica *J. B. III.* 723. *C. B. Pin.* 333. Synanchica Lugd. p. 1185. *Ger. Em.* 1120. Asperula repens Gesneri seu Saxifraga altera Cæsalpini *Park.* 453. *Squinancy-wort.* In sterilibus

Q   Soli

Soli expofitis cretaceis collibus, v. g. *Gogmagog* Hills, *Newmarket* Heath, *Suffex* Downs, &c.

Floribus velut umbellatis cum Afperula convenit, eorundem colore rubente, ut & parvitate fua, ab eadem differt.

GENUS DECIMUM TERTIUM.

HERBÆ ASPERIFOLIÆ.

QUIBUS folia in caulibus alterno aut nullo ordine fita, flores monopetali marginibus quinque-partitis, incifuris aliàs profundioribus, aliàs levioribus, fingulis autem floribus quatuor plerunque fuccedunt femina.

§. Pulmonaria foliis Echii *Ger. Em.* 808. rubro flore, foliis Echii *J. B. III.* 597. anguftifolia rubente cœruleo flore *C. B. Pin.* 260. anguftifolia *Park. Parad.* 248. *Buglofs-Cowflips, or long-leaved Sage of* Jerufalem. In a Wood by *Holbury-Houfe*, in the New Foreft in *Hampfhire*. Perianthium oblongum integrum, folia maculofa Pulmonariæ charafterifticæ funt.

Pulmonariæ in Cerevifia fecundaria decoftæ, & ad 13. cochlearia mane & vefperi potæ vim in iftero fanando multi experti funt. *Vid. Ephem.Germ. Ann. III. Obf.* 290.

§. Cynogloffæ notæ funt femina afpera lappacea, compreffa, extremitatibus acutis furfum ad ftylum directis.

An. 1. Cynogloffum *Ger.* 659. vulgare *J. B. III.* 598. majus vulgare *C. B. Pin.* 257. *Ger. Em.* 804. *Park.* 511. *Great Hounds tongue.* In incultis, locis ruderatis & ad vias.

An. 2. Cynogloffa folio virenti *J.B.III.*600. Cynogloffum minus folio virente *Ger. Em.* 805. femper virens *C. B. Pin.* 257. *Park.* 512. An Cynogloffa media altera virente folio, rubro flore montana frigidarum regionum *Col. Ec. I.* 176. 177? *The leffer green-leaved Hounds-tongue.* In *London* Road, between *Kelvedon* and *Witham* in *Effex*, but more plentifully about *Braxted* by the Way-fides. It hath alfo been obferved in fome fhady Lanes about *Worcefter*, by *Mr. Pitts.* (At *Southend* by *Eltham* plentifully; *Mr. J. Sherard.* By
the

the Road-fide about a Mile beyond *Waltham Abbey* towards *Harlow* ; *Mr. Newton.* At *Norbury* in *Surrey*, a Mile from *Letherhead* plentifully; *Merr. Pin.* In a Hedge facing the Road on *Stamford-Hill* between *Newington* and *Toddenham*; Cambd. Br. Ed. Gibf. 338.)

Ufus hujus in fiftendo fluxu alvi, gonorrhœa & catarrhis exficcandis: Sanguini etiam fiftendo, & ad omnis generis vulnera & ulcera conducit. In ftrumis & fcrophulis Cynoglofſæ radicem tum intus in decoſto, tum extra in cataplafmatis forma fummo cum fucceffu adhiberi folitam audivimus; *D. Hulfe.*

An. §. Bugloffa fylveftris minor *Ger. Em.* 799. Bugloffum fylveftre minus *C. B. Pin.* 256. *Park.* 765. Echium Fuchfii feu Borrago fylveftris *J. B. III.* 581. *Small wild Buglofs.* Inter fegetes & in arvis requietis paffim.

Bugloffæ notæ funt femina rugofa, flores in quinque fegmenta obtufa feu orbiculata expanfi.

* 2. Bugloffum latifolium femper virens *C. B. Pin.* 256. folio Borraginis Hifpanicum *J. B. III.* 577. Borrago femper virens *Ger.* 653. Near *Horns-place* near *Rochefter* in *Kent*; *Mr. J. Sherard.*

An. 3. Bugloffum arvenfe annuum Lithofpermi folio *Inft. R. H.* 134. Lithofpermum arvenfe radice rubra *C. B. Pin.* 258. arvenfe radice rubente *Park.* 432. nigrum quibufdam, flore albo femine Echii *J. B. III.* 592. Anchufa degener facie Milii folis *Ger. Em.* 610. *Baftard Alkanet.* Inter fegetes ubique fere Maio floret.

An. §. 1. Echium vulgare *J. B. III.* 586. *C. B. Pin.* 254. *Park.* 414. *Ger. Em.* 802. *Vipers Buglofs.* Secus vias & femitas, inque muris non raro & arvis fterilioribus nimis etiam frequens.

Flore corniculato feu incurvo, & ex angufto principio in latum expanfo, fuperiore parte longius excurrente, inferiore breviore a reliquis Afperifoliis diftinguitur.

An. 2. Lycopfis *C. B. Pin.* 255. *Park.* 519. Lyc. Diofcoridis quibufdam *J. B. III.* 584. Echii altera fpecies *Dod.* p. 680. cujus icon hanc noftram bene repræfentat. *Wall Buglofs.* In the Ifle of *Jerfey* on the fandy Grounds near *S. Hilary* plentifully Lobel mentions another fort, which he calls *Lycopfis Anglica*, to be found plentifully among the Corn by the Way between *Briftol* and *London*; which no Man fince him hath been able to difcover; fo that I conclude what he obferved there was nothing but the common *Echium.*

An. 3.

*An. 3. Echium alterum five Lycopfis Anglica *Merr.*
We have two to be met with in the North as well as
the South; the *alterum* differs from the *vulgare J. B.*
chiefly in the Smallnefs of the Flower, and being
thicker fet in the Spike. 'Tis probable this may be
Lycopfis Anglica Lobelii ; *Dr. Richardfon.*

An. 4. Echium marinum *P. B. Cat. Ang. Sibb. Sc.
Ill. P. II. L.* 3. *p.* 55. *Tab.* 12. Bugloffum marinum
Pet. H. B. 29. 3. Cynogloffum procumbens glauco-
phyllon maritimum noftras, floribus purpuro-cœruleis,
feminibus lævibus *Pluk. Alm. p.* 126. *T.* 172. *f.* 3. An
Bugloffum dulce ex infulis Lancaftriæ *Park.* 765? *Sea-
Buglofs.* At *Scrammerfton* Mill between the Salt-pans
and *Berwick* on the Sea Beach, about a Mile and half
from *Berwick* ; alfo near *Whitehaven* in *Cumberland,*
and againft *Bigger* in the Ifle of *Walney* in *Lancafhire*
plentifully; *Mr. Lawfon.* (Near *Trefarthen* in *Angle-
fea,* and in Abundance by the River *Uyfni* in the way
from *Dinardinlle* to *Clynog* in *Carnarvonfhire* ; *Mr.
Lhwyd.* In feveral Places along the South Side of the
Firth of *Forth* ; *R. Sibbald.*)

An. §. Afperugo vulgaris *J. R. H.* 135. Bugloffum
fylveftre caulibus procumbentibus *C. B. Pin.* 257. Borrago minor fylveftris *Park.* 765. Cynogloffa forte topiaria Plinii, & Echium lappulatum quibufdam *J. B. III.*
590. Aparine major Plinii *Ger.* 963. Alyffon Germanicum Echioides *Lob. Ic.* 803. *Small wild Buglofs,*
by fome *Great Goofe-grafs,* and *German Madwort.*
Near *Newmarket,* where I hear it is now loft: By
Boxley in *Suffex,* and in the *Holy Ifland.*

Caulibus afperis & ad veftes adhærentibus, floribus ad foliorum alas, foliis interdum tribus quatuorve fimul, feminibus
parvis compreffis in vafculis bivalvibus compreffis dentatis ab
aliis hujus generis diftinguitur.

§. Borrago hortenfis *Ger.* 653. floribus cœruleis & albis *J. B. III.* 574. Bugloffum latifolium, Borrago *C. B.
Pin.* 256. In hortis, viis & muris frequens.

§. 1. Lithofpermum feu Milium Solis *J. B. III.*
590. Lithofpermum majus erectum *C. B. Pin.* 258.
minus *Ger.* 486. vulgare minus *Park.* 432. *Gromwell,*
or rather *Gromill,* vel *Graymill, i. e.* Milium grifeum.
In agrorum marginibus ficcioribus, inque dumetis & ad
vias publicas.

2. Litho-

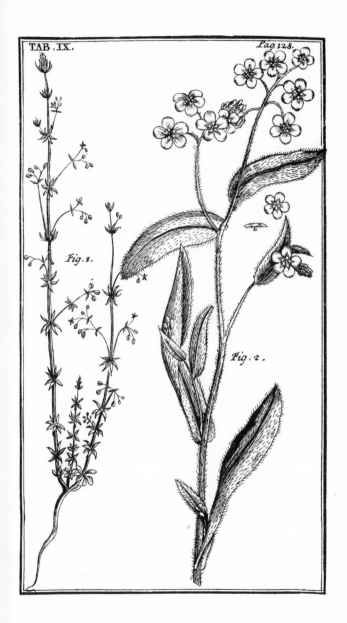

TAB. IX.

Pag. 128.

Fig. 1.

Fig. 2.

2. Lithospermum majus Dodonæi, flore purpureo, semine Anchusæ *J. B. III.* 572. majus *Ger.* 486. vulgare majus *Park.* 431. minus repens latifolium *C. B. Pin.* 258. *The lesser creeping Gromwel.* On the top of a bushy Hill near *Denbigh* Town in *Wales*, on the North Side of the Town: Also in *Somersetshire*, not far from *Taunton.*

In hac specie, reliquis prociduis & repentibus, caulis ille qui flores sustinet erigitur, & foliis longioribus pallidius virentibus amicitur.

Lithospermi notæ sunt semen lapideum splendens, flores in quinque segmenta expansi.

Semen renes abstergit, urinam ciet, calculum insigniter comminuit & expellit, idque specifica proprietate, cum qualitas nulla calorem inducens sensibilis in eo superet.

Calculum jam concretum a quovis medicamento frangi negant medici nonnulli percelebres.

An. §. 1. Myosotis scorpioides hirsuta *Park.* 691. scorpioides arvensis hirsuta *Ger. Em.* 337. Echium scorpioides arvense *C. B. Pin.* 254. scorpioides solisequuum flore minore *J. B. III.* 589. *Mouse-ear Scorpion-Grass.* In arvis & hortis passim, præsertim sterilioribus & requietis.

* An. 2. Myosotis scorpioides latifolia hirsuta *Merr. Pin.* In the Ditch Banks the West of *Charlton* Wood; *Mr. J. Sherard.* Also observed by *Mr. Dale* between *Redgwell* and *Batham-end* in *Essex*, by the Road-side. Priori maturius floret, flores majores habet, saltemque locis sylvosis nascitur. Vid. Tab. IX. fig. 2.

An. 3. Myosotis scorpioides hirta minor *Merr. Pin.* scorpioides minor, flosculis luteis *Park.* 692. Echium scorpioides minus flosculis luteis *C. B. Pin.* 254. *Pr.* 119. *Small yellow-flowered Scorpion-Grass.* In muris & pascuis siccioribus & arenosis, Aprili floret.

4. Myosotis scorpioides palustris *Ger. Em.* 337. scorpioides repens *Park.* 691. Echium scorpioides palustre *C. B. Pin.* 254. scorpioides solisequuum aliud, flore majore cœruleo & albo *J. B. III.* 589. *Water Scorpion-Grass.* Ad rivulos & in fossis palustribus: Circa finem Maii florere incipit.

Echium Scorpioides dicitur a spicis florum longis, recurvis, & antequam flores aperiantur caudæ Scorpii in modum contortis. Spicis florum prælongis cum Heliotropio convenit, seminibus splendentibus, foliis oblongis ab eodem differt.

§. Sym-

§. Symphytum magnum *J. B. III. 593.* majus vulgare *Park. 523.* Symphytum, Confolida major *C. B. Pin. 259.* Confolida major *Ger. 660. Comfrey.* In aquofis ad rivos & foffas: Maio menfe floret.

Floribus cylindraceis pendulis cum Cerinthe convenit; feminibus ad fingulos flores quaternis, iifque lucidis, ab eadem differt.

Variat floris colore purpureo; quam varietatem *D. Plukenet* copiofam obfervavit prope *Eaton:* Nos ad *Falburniam* in agro Effexienfi. In exteris regionibus non minus frequens habetur cum flore purpureo, quam cum albo. (Flore cineritio; every where about *Reading;* Merr. P.)

Vulnerarium eft celeberrimum, mucilaginofum, incraffans, humorum acrimoniam retundens. Ufus præcipuus in fluxionibus quibufcunque, imprimis alvi, in erofione pulmonum ac phthifi. Extrinfecus fanguinem fiftit, & fracturas offium confolidat. Radices in mortario tufæ donec in maffam redigantur, fuper alutam extenfæ & impofitæ ad dolores podagricos leniendos, ad ulcera ferpentia aut etiam gangrænas compefcendas plurimum valent.

GENUS DECIMUM QUARTUM.

SUFFRUTICES ET HERBÆ VERTICILLATÆ.

NOTÆ certiores quibus Verticillatæ a reliquis Plantarum generibus diftinguuntur, funt folia in caule ex adverfo bina, flores monopetali, labiati plurimum aut galeati; femina ad fingulos flores quaterna, quibus perianthium pro vafculo infervit; non enim in omnibus hujus generis flores & femina ad articulos verticillorum in modum caulem ambiunt.

§. 1. Serpyllum vulgare *Ger. 455. J. B. III. 2. 269.* vulgare minus *Park.* 8. *C.B. Pin. 220. Common Mother of Thyme.* In montofis & pafcuis ficcioribus, inque formicarum tumulis ubique. (Flore albo. Plentifully betwixt *Tuddington* and *Hampton-Court.*)

2. Serpylli vulgaris fecundum genus *J. B. III. 2. 269.* Serpyllum vulg. flore amplo. *Common Mother of Thyme*
with

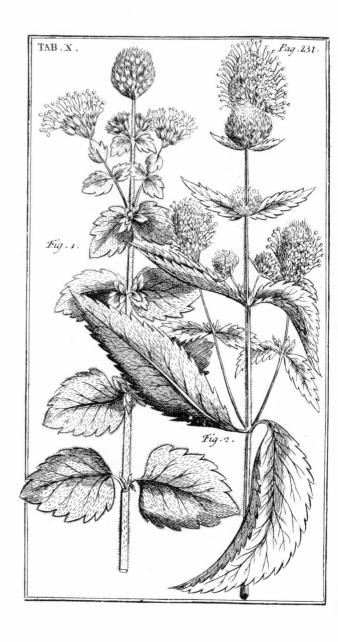

Fig . 1 .

Fig . 2 .

with large Flowers. Cum præcedente, cujus varietas duntaxat esse videtur.

* 3. Serpyllum vulgare majus *C. B. Pin.* 220. majus flore purpureo & albo *Ger.* 456. latifolium *Pet. H. B.* 31. 3. ubi male pro Thymo vulgari latiori *C. B. Raj. H.* 521. 2. proponitur. In *Okey Hole,* Somersetshire, referente *Petivero.*

4. Serpyllum citratum *Ger. Em.* 571. *Park.* 8. Citrei odore *J. B. III.* 2. 270. foliis Citri odore *C. B. Pin.* 220. *Lemon-Thyme.* In montosis, agro præsertim Cantiano, sed rarius.

* 5. Serpyllum angustifolium glabrum *C. B. Pin.* 220. odore Juglandis *J. B. III.* 2. 270. angusto glabroque folio *Cluf. H.* 359. Pannonicum Clusii *Park.* 8. Observed on *Boxly-Hill* by *Kitt's* Coffee-house by *Mr. J. Sherard.*

6. Serpyllum vulgare hirsutum. *Hoary wild Thyme.* On *Gogmagog* Hills, and the like barrren Places. Vix alia in re quam foliorum hirsutie a prima specie differre videtur.

7. Serpyllum villosum fruticosius floribus dilute rubentibus. Serp. latifolium hirsutum *C. B. Pin.* 220. *Prod.* 108. *The more shrubby hairy Mother of Thyme, with pale red Flowers.* In pascuis ad summitatem montis y Wydhva prope Ecclesiam S. Perisii in Arvonia. *D. Lhwyd.* (At Snowdon; *Mr. J. Sherard*)

* 8. Serpyllum hirsutum, minus, repens, inodorum *Pluk. Alm.* 344. Qui ex Hibernia a *D. Bonavert,* accepit.

Serpyllo folia brevia & latiuscula, flores in summis cauliculis & ramulis in capitula laxa & habitiora congesti; ramuli procidui.

Cephalicum est, uterinum ac Stomachicum. Menses & urinas movet, utile est in spasmo & expuitione cruenta, torminibus ventris, &c. Extrinsecus arcet vigilias, cephalalgias, vertigines, &c. *Schrod.*

Chamædryn vulgarem seu sativam, quamvis aliquoties invenimus in marginibus agrorum satis remotam ab aliquo ædificio, sponte tamen provenire non audemus afferere. (Plentifully on the Ruines of *Winchelsea* Castle; *Mr. J. Sherard.*)

Partium est tenuium, potenter urinam ac sudores movet. Hinc confert in febribus, scorbuto, ictero, & imprimis in Arthritide. Decoctum in vino arcanum est antipodagricum a

Q 4

Medicis

Medicis Genuenſibus Carolo V. Imperatori olim commendatum. *Veſal*. Mulierculæ noſtrates in menſium ſuppreſſione ejus decocto utuntur. C. Hofmannus idem poſſe opinatur quod Betonica, & recte indi decoctis deobſtruentibus.

§. Menthæ notæ ſunt Flos quadripartitus ſegmentis lateralibus a galea & labello vix diſcernendis; odor ſuavis, unde & Græcis 'Ηδύοσμ☉ dicitur : radices reptatrices.

Menthæ verticillatæ.

1. Mentha ſeu Calamintha aquatica *Ger. Em.* 684. Cal. arvenſis verticillata *C. B. Pin.* 229. Mentha arvenſis verticillata hirſuta *J. B. III.* 2. 217. *Water-Mint with whorled Coronets.* In locis humidis & ubi per hyemem aquæ ſtagnarant.

* 2. Mentha aquatica exigua *Trag. Lib. I. C.* 6. *ic.* hortenſis 4. *Fuchſ.* 291. *ic.* Calamintha aquatica Belgarum & Matthioli *Lob. Ic.* 505. arvenſis verticillata, ſive aquatica Belgarum Lobelii *Park.* 36. 37. In the Hop-ground at *Bocking* plentifully; *Mr. S. Dale.* Obſerved alſo by *Mr. Buddle* in Company with *Mr. Franc. Dale* by the Side of the New River near the upper End of *Stoke Newington.* Foliis glabris & anguſtioribus a priori differt.

3. Mentha arvenſis verticillata folio rotundiore, odore aromatico *D. Vernon.* Found by *Mr. Wigmores* at *Shelford* in *Cambridgſhire.*

4. Mentha verticillata *Riv. Irr. Mon. Ic.* criſpa verticillata *C. B. Pin.* 227. criſpa verticillata, folio rotundiore *J. B. III. P.* 2. 215. criſpa *Park.* 31. ſativa rubra *Ger.* 552. Aliquot cubitos alta eſt, folia glabra leviter rugoſa ſunt. In *Peckham-fields*, and on *Hackney River* near the Ferry-houſe. Huic ſimilem, hirſutie tamen foliorum diſcrepantem invenit *D. Tillem. Bobart* juxta rivulos quoſdam ad latera montis *Shot over* prope Oxonium.

5. Mentha fuſca ſive vulgaris *Park.* 31. cardiaca *Ger.* 553. *Em.* 680. forte hortenſis verticillata Ocymi odore *C. B. Pin.* 227. verticillata minor, acuta, non criſpa odore Ocymi *J. B. III.* 2. 216. *Red Mint.*

Minus hirſuta eſt quam 3. ſpecies, folia longiora, acutiora, & obſcurius viridia. (This is a Common Mint, but has no Scent ob Baſil ; *Mr. S. Dale.*)

† 6. Men-

6. Mentha aquatica feu Sifymbrium *J. B. III.* 2. 223. *Ger. Em.* 684. aquatica rubra *Park.* 1243. rotundifolia paluſtris feu aquatica major *C. B. Pin.* 227. *Water-Mint.* Paſſim fecundum rivos & in humidioribus.

Flores in fummis caulibus in capitula craſſiora fub-rotunda congeſti: odor ad Pulegium accedit, (fapor acris, piperatæ Menthæ æmulus.)

7. Sifymbrium hirfutum *Dood Syn. Ed. II. App.* 341. Sifymbria Mentha *Ger.* 555. Mentha aquatica five Si-fymbrium hirfutius *J. B. III.* 2. 224. aquatica hirfuta, five Sifymbrium hirfutum *Chabr. Ic.fol.* 115. Non mi-nus, inquit *Doody* loco citato, frequens, & eodem mo-do flores in glomerulos coactos in fummis duntaxat caulibus & ramulis profert, quod Sifymbrii characterif-mus eſt. Folia minora funt & acutiora; *Dood.*

* 8. Mentha Sifymbrium dicta hirfuta, glomerulis ac foliis minoribus ac rotundioribus. A priori, cui proxi-me accedit, differt glomerulis ac foliis minoribus, ro-tundioribus & obtufioribus, flore minore, & quod mul-to minus ac illa ramofa fit. Quibus notis addi poteſt, odor valde gratus & aromaticus, mala aurantia plane æmulans. Obferved by *Mr. Manningham* in the Parifh of *Eaſt-Borne* by the Road-fide to *Pevenfoy.* Vid. T. X. f. 1.

Menthæ ſpicatæ.

1. Mentha anguftifolia fpicata, glabra, folio rugofio-re, odore graviore. Mentha fpicata noſtras, Cardiacæ fativæ forma & odore æmula, folio rugofiore *Pluk. Mantiſſ.* 129. Mentha fpicata, folio longiore acuto, glabro, nigriore *J. B. III.* 220. *Spear-mint with a rugged Leaf and ſtronger Scent.* Found by *Mr. Dale* in *Eſſex*, by *Bocking* River Side, below the Fulling-Mill in two or three Places. (On the River *Medway* in *Kent* near *Maidſtone*; *D. Plukenet.*)

Foliis nigrioribus, pro latitudine brevioribus, nec in mucro-nem tam longum productis, ut obtufiora videantur, rugofiori-bus, venulis tranſverfis pluribus magifque confpicuis; dentibus minus concinnis incifis. Caulibus rubris, majoribus & firmio-ribus, in fummo ramofioribus, inque plures florum fpicas divi-fis: Flofculis minoribus & pallidioribus; odore denique gravi-ore & ingratiore a Mentha cardiaca fativa differt.

* 2. Mentha fpicata anguftifolia, glabra, fpica latio-re *D. Dale.* At *Bocking* in *Eſſex*, in a Meadow on the right Hand of the Way going from the Fulling-Mill

Mill to *Harries*-Mill.   Differt a priori fpica latiore &
hirfuta.

* 3. Mentha fpicata glabra, latiore folio *D. Dal.* An
Mentha fpicata longifolia, glabra five rubra *Hift. Ox
III.* 367? This I obferv'd in a Meadow on the right
Hand of *Marwood* Bridge, leading from *Merfey* Ifland
towards *Colchefter.*

4. Menthaftri aquatici genus hirfutum fpica latiore
J. B. III. 2. 222. Mentha paluftris folio oblongo *C. B.
Pin.* 228. Menthaftrum minus *Ger. Em* 685. Menthaftrum hirfutum *Park.* 34. *Spiked Horfe-Mint,* or *Water-Mint with a groffer Spike.* Found by the fame Perfon by *Bocking* River Side, a little above the Fulling-
Mill, and in a Ditch near the Water-Mill.

5. Menthaftrum fpicatum folio longiore candicante
J. B. III. 2. 221. Mentha fylveftris folio longiore
C. B. Pin. 227 *Long-leaved Horfe-Mint.* Found by
Dr. Lifter, growing by *Burwelbeck* in *Lincolnfhire* plentifully ; lately alfo by *Mr. Dale,* in a Meadow behind
the Alms houfes, at *Great Yeldham* in *Effex,* with the
following plentifully.

Hujus loci videtur Mentha illa candicans in Cantio reperta,
foliis, fpicis & odore vulgari fativæ fimilis *Dood. Syn. II. App.*
341. quæ prioris potius varietas, quam diftincta fpecies eft.

6. Menthaftrum folio rugofo rotundiore fpontaneum,
flore fpicato, odore gravi *J. B. III.* 2. 219. Mentha fyl-
veftris rotundiore folio *C. B. Pin.* 227. Menthaftrum
Ger. Em. 683. defcr. *Horfe-Mint* or *round-leaved wild
Mint.* I obferved it growing by the River's Side at
Lydbrook near *Rofs* in *Herefordfhire*; alfo in a moift
Place of a little Clofe or Meadow adjoining to *Faalk-
burn-Hall* in *Effex,* the Seat of my honoured Friend
Edward Bullock, Efq;. (*Mr. Doody* obferved it plenti-
fully at Sir *Franc. Leigh*'s Houfe near *Hally* in *Kent;
Syn. II. App.* 342.)

7. Mentha fpicis brevioribus & habitioribus, foliis
Menthæ fufcæ, fapore fervido Piperis *Syn. II.* 124. 5.
M. faxifraga anguftiore folio fpicata, fapore acri fervido
Pluk. Alm. 129 piperata acuta *Pet. H. B.* 31. 10. *Pepper-
Mint.* Found by *Dr. Eales* in *Hertfordfhire,* and com-
municated to us; fince by *Mr. Dale* in *Effex.*

Folia Menthæ fufcæ five vulgaris *Park.* folia valde
referunt, majora tamen funt & brevi lanugine hirfuta,
fpicæ

fpicæ in fummis caulibus & ramulis breves, laxiores, rubentes. Tota planta fapore eft acri & fervido Piperis.

(Variat folio latiore & anguftiore, quæque anguftiore folio eft, ei præcipue nomen *Plukenetii* convenit. Ceterum hæc fpecies Sifymbriis potius quam fpicatis annumeranda Menthis. Figuram hujus vide Tab. X. fig. 2.)

(Mentharum valde ferax eft Anglia noftra, nam præter fpecies de novo hic additas, quatuor aliæ peculiaribus nominibus recenfentur a *Merreto* in *Pin.* & plures præter has tum a *D. Buddle*, tum a *D. Rand* obfervatæ funt. Sed cum de iis nobis nondum fatis conftet, ulteriori eas obfervationi relinquere neceffe habuimus.)

Menthæ ufus præcipuus eft in ventriculi imbecillitate, cruditate, fingultu, vomitu, flatibus, ardore, hepatis obftructione, inteftinorum dolore, capitis vertigine. Menfes & album mulierum profluvium compefcit. Extrinfecus duritiem mammarum, lactifque coagulationem tollit, achores fanat; *Schrod.* Aqua deftillata ad vomitum reprimendum, & tormina inteftinorum in infantibus ufus eft creberrimi.

(Quæ vires tum omni Menthæ, tum ultimæ præ aliis fpeciei competunt. Singulares namque & præcipuas vires obtinet Mentha piperata in ventriculi languore & diarrhœa fimplici inde dependente, tum herba ipfius fimplex, tum aqua deftillata ufurpata. Sed oportet eam ob partium volatilitatem igne valde leni & in balneo vaporis vel Mariæ deftillare; alias enim infipida prope prodit. Id unum Mentharum encomio detrahere videtur, quod genituram extinguere auctores non vani tradiderint.)

§. Pulegium *J. B. III.* 2. 256. vulgare *Park.* 29. regium *Ger.* 545. latifolium *C. B. Pin.* 222. *Penny-royal or Pudding-grafs.* Locis paluftribus & aquofis ubi per hyemem aquæ ftagnârant..

Pulegium a Mentha, obfervante *Rivino*, in eo differt, quod galea Pulegii ubique integra fit, cum Menthæ galea ordinarie divifa deprehendatur. Parvitate fua, florum denfis verticillis, fapore & odore acriore a Mentha differt.

Ufus ejus præcipuus eft in menfibus ciendis, fluore albo, fœtu ejiciendo. Confert hepaticis ac pulmoniacis, naufeam & tormina ventris difcutit, calculum & urinam pellit, ictero ac hydropi medetur. Extrinfecus prodeft capiti, fomnum arcet, doloribus arthriticis convenit, dentes abfterget, pruritum cutis curat, &c. *Schrod.* Viribus cum Mentha convenit, fed vehementior eft, & ad multa efficacior. Succus expreffus ad Cochl. 1. menfuram cum tantillo Sacchari candi exhibitus tuffim puerorum convulfivam feu catarrhum ferinum lenire & curare folet; *D. Boyle.*

§. Lyco-

§. Lycopus paluſtris glaber *J. R. H.* 191. Marrubium aquaticum *Ger. Em.* 700. aquat. vulgare *Park.* 1230. aquaticum quorundam *J. B. III.* 318. paluſtre glabrum *C. B. Pin* 230. *Water Horehound.* In aquoſis & ad rivulos paſſim. Hirſutum in Hibernia ſæpius obſervavit *D. Sherard.*

Foliis rugoſis, ad baſin laciniatis, & odore carentibus a Mentha differt.

§. Verbena vulgaris *J. B. III.* 443. mas, ſeu recta & vulgaris *Park.* 674. communis *Ger.* 580. communis cœruleo flore *C. B. Pin.* 269. *Vervain.* In areis & ſecundum vias publicas.

A congeneribus differt foliis rugoſis laciniatis, & floribus in ſpicis longiſſimis anguſtis, nullis intermiſtis foliolis.

Cephalica ac vulneraria eſt. Uſus præcipuus in dolore aliiſque affectibus capitis a frigidis humoribus, in affectibus oculorum & pectoris, tuſſi inveterata: in obſtructione hepatis ac lienis, ictero, torminibus ventris, dyſenteria: imprimis atterit & expellit calculum, libidinem coercet, febrim tertianam fugat, arthritidem mitigat, vulnera ſanat, partum facilitat. Extrinſecus in cephalalgia, odontalgia, alopecia, melancholia, in oculorum lippitudine, imbecillitate, rubore: in angina, raucedine (collo circumplaſmatizata) in tumore glandularum in faucibus (gargariſ.) in dolore lienis (cum axung. porci) ac podagrico mitigando, in vulneribus adſtringendis, ac putridis abſtergendis, in procidentia ani, mariſcis, &c. Hæc omnia *Schroderus.* Mirum tot viribus pollere plantam nulla inſigni qualitate ſenſibili dotatam.

§. 1. Origanum vulgare ſpontaneum *J. B. III.* 236. Anglicum *Ger.* 541. ſylveſtre, Cunila bubula Plinii *C. B. Pin.* 223. Majorana ſylveſtris *Park.* 12. *Wild Marjoram.* Ad ſepes & in dumetis.

Hujus capitula ſingularia ſquamoſa ex pluribus foliolorum conjugationibus ſquamatim ob proximitatem incumbentibus componuntur; e ſingulorum autem ſinubus ſinguli flores exeunt; foliola iſthæc figura ſua & lævitate, parvitateque a reliquis quæ in caule diverſa. Notæ hæ quamvis reliquis hujus generis conveniunt, quoniam tamen nulla præter hanc & ſequentem ſpecies Majoranæ aut Origani in Anglia ſponte provenit, ad diſtinctionem ſufficiunt.

* 2. Origanum Onites *C. B. Pin.* 223. Majorana major Anglica *Ger. Em.* 664. Majorana latifolia, ſive major Anglica *Park.* 12. *Pot-marjoram.* On the left Hand

Hand of the Road from *Braintree* to *Raine*, beyond
the Bridge; *Mr. Dale.*

Abſterget & aſtringit. Uſus præcipuus in obſtructione pulmonum, hepatis ac uteri, & hinc in tuſſi, aſthmate, ictero. Auget
lac, ichoroſa excrementa per ſudorem expellit, extrinſecus venit
uſu crebriore, eoque in balneis uterinis, cephalicis, totius corporis contra ſcabiem; *Schrod.* Hæc de Origano Officinarum præcipue accipienda ſunt.

* §. Sclarea pratenſis foliis ſerratis, flore cœruleo
Inſt. R. H. 179. Horminum pratenſe foliis ſerratis *C. B.
Pin.* 238. ſylveſtre vulgare *Park.* 55. ſylveſtre Fuchſii
Ger. Em. 769. Gallitrichum ſylveſtre vulgo, five ſylveſtris Sclarea flore purpureo cœruleove magno *J. B. III.*
311. An in Anglia ſponte naſcatur, dubitat *Rajus* in
Hiſt. I. 544. 545. *J. Bobartus* tamen *H. Ox.* III. 393.
10. in ſepto *Cobhamiano* in Eſſexia a *D. Watſio* obſervatum refert.

§. Horminum ſylveſtre Lavendulæ flore *C. B. Pin.*
239. *Park.* 57. ſylveſtre *Ger.* 628. Gallitrichis affine Ma-
ru, ſi non genus aliquod, Sclaræa Hiſpanica *Tab. J. B.*
III. 313. Hormini ſylveſtris quarti quinta ſpecies *Cluſ.
Hiſt.* XXXI. *Common* Engliſh *wild Clary.* In glareoſis frequens.

Hæc proculdubio eſt quam *Cluſius* Greenvici prope Londinum
ad arcis Regiæ hippodromum ſe inveniſſe ſcribit; nulla enim
præter hanc Hormini ſpecies in Anglia ſponte oritur. Hanc
Parkinſonus erroneè pro Hormino pratenſi foliis ſerratis *C. B.*
habet, non *Gerardus,* cui nos in *Hiſtoria Plant.* & *Cat. Ang.* hac
in re injurios fuiſſe fatemur. Flores reliquis ſpeciebus longe
minores, in ſpicis laxis : Odor ſatis vehemens.

Ut facie ſic viribus cum Hormino ſativo convenit. Semen
oculis inditum eos purgat & mundificat, ruboremque & inflammationes mitigat & tollit; *Ger.* ob figuram ſcil. & lævorem
ſuum.

§. Galeopſis legitima Dioſcoridis *Park.* 908. vera *Ger.
Em.* 709. Galeopſis five Urtica iners magna fœtidiſſima
J. B. III. 853. Lamium maximum ſylvaticum fœtidum
C. B. Pin. 231. *Hedge-Nettle.* Ad ſepes æſtate floret.

Foliis Urticæ, odore fœtido, ſeminibus minoribus
nigris ab Hormino differt.

*. 2. Lamium ſylvaticum ſpicatum fœtidum, folio
anguloſo minus *Pluk. Am.* 128. Angliæ ſylvicola eſt.

§. Nepeta major vulgaris *Park.* 38. Mentha cattaria
J. B. III. 2. 225. felina ſeu cattaria *Ger.* 554. cattaria
vulga-

vulgaris & major *C. B. Pin.* 228. *Nep or Cat-Mint.*
Floret Junio & Julio, eftque in agro Cantabrigienfi in
aggeribus fepium frequens. Vires vid. *Hift.* p. 549.

Foliis Urticæ incanis, odore Menthæ graviore, floribus in fpicas habitiores digeftis a congeneribus differt.

§. Betonica *Ger.* 577. purpurea *C. B. Pin.* 235. vulgaris purpurea *J. B.* III. 301. vulgaris flore purpureo
Park. 614. *Wood-Betony.* In fylvis & dumetis.

Betonicæ notæ funt flores in fpicas habitiores digefti,
caules non ramofi, folia crenata cum longis pediculis.
Variat floris colore albo & carneo.

Quamplurimæ huic herbæ virtutes attribuuntur quoquo modo fumptæ.   Hinc Itali aliquem laudaturi inquiunt, *Tu hai piu
de virtu che non ha Betonica.* Plures habes virtutes quam Betonica; & proverbialiter jubent, *Vende la tonica, & compra la Betonica,* Vende tunicam, & eme Betonicam.   Cephalica imprimis
eft & hepatica, fplenetica, thoracica, uterina, & demum trau-
matica.   Hinc ufu interno & externo creberrima venit, maxime
in morbis capitis : in quem ufum fumus foliorum exficcatorum
in tubis hauritur ad modum Nicotianæ.

Pfeudo-Thea e foliis Betonicæ, Scorodoniæ & Chamæpi-
tyos confecta, edulcorata & calida pota in Podagra, Cephalalgia
& nervorum affectibus mirifice prodeft & dolores lenit ; *D. Bowle.*
Radices hujus herbæ, contra quam folia & flores, ori ftoma-
choque ingratæ naufeam, rugitus & tandem vomitum cient.

§. Prunella *Ger.* 507. vulgaris *Park.* 1680. flore minore vulgaris *J. B.* III. 428. Prunella major folio non
diffecto *C. B. Pin.* 260. *Common Self-heal.* In pafcuis
ubique.   (Variat flore carneo prope *Crediton* in *Devonia*; *Merr. P.*)

Spicis brevibus habitioribus cum Betonica convenit,
parvitate & humilitate fua, foliifque circum oras æqualibus & non crenatis ab eadem differt.

Vulneraria eft, cum Bugula viribus conveniens.   Intrinfecus
in vulnerariis potionibus : extrinfecus etiam in recentibus vulneribus ufurpatur, creberrime in angina, aliifque affectibus oris
& faucium, quorum ardorem extinguit, quem Germani *Die
Breune* vocant : unde Brunellæ nomen herbæ inditum.

An. §. Acinos multis *J. B. III.* 2. 259. Ocymum
fylveftre *Ger.* 548. Clinopodium minus feu vulgare
Park. 21. arvenfe Ocymi facie *C. B. Pin.* 225. *Wild
Bafil.* In montofis cretaceis aridis & glareofis locis.
Acinos Anglicum *Cluf.* nobis nihil aliud effe videtur
quam hujus varietas foliis ludens non crenatis.

Acinos

Acinos foliis eſt· Serpylli aut Ocymi minoris; floribus in verticillis ad caulium nodos foliis intermixtis, calyculis oblongis ſtriatis, collo anguſto, ventre turgidiore, quo cum verticillatis fruticoſis convenit. Mulierculis botanopolis Londinenſibus Polium montanum olim dicta eſt hæc herba, quo nomine Londino ad nos miſſa.

§. Stachys Fuchſii *J. B.* III. 319. *Ger.* 563. major Germanica *C. B. Pin.* 236. *Park.* 48. *Baſe Horehound.* Nigh *Witney* Park in *Oxfordſhire*, and thereabout plentifully.

Marrubio, quocum verticillis denſis & canitie ſua convenit, elatior eſt & erectior, foliis longioribus & acutioribus.

§. Marrubium album *J. B.* III. 316. *Ger.* 561. album vulgare *C. B. Pin.* 230. *Park.* 44. *White Horehound.* Ad vias publicas & in locis ruderatis.

Marrubium flore albo apud *Tunbridge* hoc anno invenit *D. Dare* Pharmacopœus Londin. Odorem ſed languidum Ballotes ſpirat. Folia pallidiora & minora ſunt. An ſpecies diſtincta ſit necne mihi nondum plane conſtat: verum cum in hortum tranſtulerim brevi patebit; *Dood. Syn. II. App.* 342.

Marrubii notæ ſunt flores in verticillis denſis circa caulium nodos, totius plantæ canities, odor vehemens & gravis; folia obtuſa ſerrata rugoſa: verum ſingulari & inſigni nota ab aliis verticillatis differt, quod calyculorum ſtriatorum margines non ut in aliis in quinque ſegmenta acuta dividantur, ſed in totidem ſpinulas quot ſunt in ſingulis ſtriæ, decem nimirum aut duodecim.

Pneumonicum eſt inſigne. Succus expreſſus cum melle (ut præſcribit *Dioſcorides*) aut potius Syrupus e Praſſio aſthmaticis, tuſſientibus & tabidis opitulatur; verum ob caliditatem inſignem ſenibus potius & frigidis, quam juvenibus & calidis exhibendus eſt. Idem cum oleo tartari per deliquium medicamentum eſt ad icterum nulli ſecundum. Pulvis foliorum interaneorum vermes necat: valere dicitur & in partu difficili lochiiſque retentis.

An. §. Cardiaca *J. B.* III. 320. *Park.* 41. 42. Marrubium Cardiaca dictum, forte I. Theophraſti *C. B. Pin.* 230. *Mother-wort.* In fimetis & extra hortos. Folia ejus ſubrotunda & profunde laciniata.

Cardialgiæ conferre argumento eſt nomen: decoctum herbæ aut pulverem cum ſaccharo mixtum in palpitatione cordis, lienis morbis & affectibus hyſtericis admirandæ virtutis & efficaciæ medicamentum eſſe affirmat *D. Bowle.*

§. Clinopodium Origano ſimile *C. B. Pin.* 224. quorundam Origani facie *J. B.* III. 2. 250. Acinos *Ger.*
548.

548. five Clonopodium majus *Park.* 22. *Great wild Bafil.* Ad fepes & in vepretis paffim.

Foliis eft Majoranæ fylveft. feu Origani, verticillis denfis circa caulium nodos; Florum tubis quam in Origano longioribus; calycibus in quinque fpinulas terminatis, quo a Marrubio differt.

§. 1. Lamium album *Ger.* 567. vulgare album feu Archangelicum flore albo *Park.* 604. album non fœtens, folio oblongo *C. B. Pin.* 231. Galeopfis feu Urtica iners floribus albis *J. B. III.* 322. *White Archangel or dead Nettle.* Ad fepes, & in dumetis.

An. 2. Lamium rubrum *Ger.* 568. vulgare folio fubrotundo, flore rubro *Park.* 604. purpureum fœtidum folio fubrotundo, five Galeopfis Diofcoridis *C. B. Pin.* 230. Galeopfis feu Urtica iners folio & flore minore *J.B.III.* 323. *Small dead Nettle, or red Archangel.* Ad fepes & macerias, inque locis ruderatis & hortorum areis.

An. 3. Lamium rubrum minus, foliis profunde incifis *Syn. II.* 129. *Pluk. Alm.* 204. *T.* 41. *f.* 3. rubrum foliis incifis *Pet. H. B.* 33. 3. *Small cut-leaved red Archangel.* In hortis oleraceis inque arvis requietis non raro invenitur.

An. 4. Lamium folio caulem ambiente majus & minus *C. B. Pin.* 231. Galeopfis feu Urtica iners minor folio caulem ambiente *J. B. III.* 853. Alfine hederula altera *Ger.* 493. hederulæ folio major *Park.* 762. *Great Henbit.* In arvis & hortis.

5. Lamium luteum *Ger.* 567. *Park.* 606. folio oblongo luteum *C. B. Pin.* 231. Galeopfis feu Urtica iners flore luteo *J. B. III.* 323. *Yellow Archangel or dead Nettle.* In fylvis dumetis & umbrofis.

* 6. Lamium luteum, foliis anguftiffimis, noftras *Pluk. Alm.* 203.

An. 7. Lamium cannabino folio vulgare. Cannabis fpuria *Ger.* 573. 1. *Park.* 599. fylveftris quorundam, Urticæ inerti affinis *J. B. III.* 854 Urtica aculeata foliis ferratis *C. B. Pin.* 232. *Nettle-Hemp, or rather Hemp-leaved dead Nettle.* In arvis. Variat floris colore, qui communiter purpureus eft, rarius albus.

* 8. Cannabis fpuria flore albo magno, eleganti *Merr. Pin.* I have obferv'd *Cannabis fpuria* in feveral Places with a larger Flower than ufual, but took it only for a Varie-

Variety; *D. Richardfon. D. Merret* obferv'd it along
the Ditches from *Scrooby* to *Sherwood* Foreft, and
Mr. Lawfon plentifully on the Skirts of *Crofs-Fell* and
other Places of *Weftmorland* and *Cumberland*; *T. Robinfon N. Hift. of Weftm.* 90.

An. 9. Lamium cannabino folio, flore amplo luteo, labio purpureo *Syn. II.* 129. 8. cannabinum aculeatum, flore fpeciofo luteo, labiis purpureis *Pluk. Alm.*
204. *T.* 41. *f.* 4. Cannabis fpuria flore pallido, labro
purpureo elegante *Merr. Pin.* An Cannabis fpuria altera *Park.* 599? *Fair-flower'd Nettle-Hemp, or rather
Hemp-leaved dead Nettle with a parti-coloured Flower.*
Segetes frigidiorum & humidiorum tractuum hâc fca-
tent; ut Septentrionales montofæ. (Inter Segetes prope *Kighley*, & per totum Cravoniæ tractum; *Dr. Richardfon.*)

Lamium cannabinum floribus albis, verticillis purpurafcentibus *Dood. Syn. II. App.* 342.

Caulem habet bipedalem, eminenter nodofum, hirfutum.
Singuli ramuli (qui plures funt) in 4, 5, vel 6 vertic.llos terminantur, velut totidem fpicas ex floribus albis majoribus, e
calycibus purpurafcentibus, qui in 5 fpinulas concolores longif-
fimas definunt, exeuntibus, compofitas. Flores, fi cautè afpi-
ciuntur, levi rubedine tincti apparent, & labium luteo notatum.
Genicula rubent: folia anguftiora faturate virent, & toto habitu
a vulgari differre videtur. Cum vulgari flore albo diligenter
contuli, & differentia plane patuit. Per multos annos obfervavi prope *Neat-houfes*, & via quæ illinc ducit ad *Chelfea*, ubi alia
fpecies non invenitur; *Dood.*

Lamium floribus in verticillis ad caulium nodos, foliis Urticæ; feminibus majufculis, e calycibus brevibus
patulis maturitate illico decidentibus, & odore fœtido
ab aliis Verticillatis differt.

Planta quam pro Urtica aculeata foliis ferratis altera *C. B.*
oftenderunt Parifienfes, quæque defcriptioni Bauhinianæ fatis
apte refpondet, ab hac fpecie diverfa eft; prout me certiorem
fecit; *D. Sherard.*

Herba tufa & impofita valere creditur ad tumores quofcunque
difcutiendos, necnon ad inflammationes, plagas, ulcera putrida
& vulnera. Speciatim ad fcrophulas commendatur. Flores
Lamii albi ad fluorem mulierum album, rubri ad rubrum fpecifice celebrantur. Decoctum hujus ad dyfenteriam valere creditur.

R   §. Meliffa

§. Melissa Fuchsii *Lob. Ic.* 515. *Ger. Em.* 690. adulterina quorundam, amplis foliis & floribus, non grati odoris *J. B. III.* 233. Melyssophyllon Fuchsii *Park.* 41. Lamium montanum Melissæ folio *C. B. Pin.* 231. *Baulm-leaved Archangel, Bastard-Baulm.* In several Woods in the West of *England,* as about *Totness* in *Devonshire,* and *Haverfordwest* in *Pembrokeshire.*

§. 1. Sideritis Anglica strumosa radice *Park.* 587. Panax coloni & Marrubium aquaticum acutum *Ger.* 565. & 852. Stachys palustris fœtida *C. B. Pin.* 236. Galeopsis angustifolia fœtida *J. B. III.* 854. palustris Betonicæ folio, flore variegato *J. R. H.* 185. *Clowns Allheal.* Ad fluvios & in aquosis passim.

An. 2. Sideritis humilis lato obtuso folio *Ger. Em.* 699. Sid. Hederulæ folio *Park.* 587. Sid. Alsines Trissaginis folio *Ejusd.* & *C. B. Pin.* 233. *Pr.* 111. Marrubiastrum vulgare *J. R. H.* 190. Stachys arvensis minima *Riv. Irr. Mon.* icon. Inter segetes, præsertim in Septentrionalibus.

Parva est & annua, foliis brevibus obtusis, hirsutis, floribus parvis, pallide purpureis, ad cauliculorum nodos foliis intermixtis, seminibus nigris.

An. 3. Sideritis arvensis latifolia hirsuta lutea *Syn. II.* 130. 3. lutea *Pet. Herb. B.* 33. 10. *Yellow-flowered Field-Ironwort.* In the West-Riding of *Yorkshire,* about *Wakefield, Darfield, Sheffield,* &c. among the Corn plentifully. Floris colore luteo, foliisque latioribus a sequenti differt. Hanc a Sideritide arvensi latifolia *Ger. C. B. Park.* jam diversam agnosco. Miror interim nullam ejus (cum in exteris regionibus satis frequens sit) a Botanicis mentionem factam.

An. 4. Sideritis arvensis rubra *Park.* 587. arvensis, angustifolia rubra *C. B. Pin.* 233. Sid. 7. *Ger. Em.* 699. Ladanum segetum quorundam, flore rubro & albo *J. B. III.* 855. *Narrow-leav'd Allheal or Ironwort.* Inter segetes ubique fere; floret a media æstate in Autumnum. Flos pro plantæ modo amplus est & pulcher. Folia rugosa seu nervosa.

Sideritidis nomine complectimur plantas nonnullas diverforum generum ab effectu vulnera ferro inflicta sanandi ita denominatas, quæ odore cum Lamio conveniunt, sed folia Urticæ non habent.

Vulne-

Vulneraria eſt, ut nomen arguit, intus & extra, præcipue in herniis.

§. Calaminthæ notæ ſunt flores galeati, tubo oblongo, cum Menthæ flores tubo ſint breviſſimo, pediculis oblongis, e foliorum ſinubus egreſſis inſidentes, rari & ſparſi; cum Menthæ flores in verticillis denſis, nullis fere pediculis, ad caulium nodos ſedeant. Folia, odor & ſapor Menthæ.

1. Calamintha vulgaris *Park.* 36. vulgaris Officinarum *Ger. Em.* 687. vulgaris, vel Officinarum Germaniæ *C. B. Pin.* 228. flore magno vulgaris *J. B. III.* 2. 228. vel potius exiguo flore *Ejuſdem. Common Calamint.* In viis publicis & ad aggeres ſepium & foſſarum, ſed rarius.

Hujus folia majora ſunt, latiora & pro magnitudine breviora quam illius, quæ odore eſt Pulegii. Duplex eſt, flore magno, & flore parvo, ſeu quinta *C. B.* quæ apud nos reperitur.

2. Calamintha odore Pulegii *Ger. Em.* 687. Pulegii odore ſeu Nepeta *C. B. Pin.* 228. altera odore Pulegii, foliis maculoſis *Park.* 36. flore minore, odore Pulegii *J. B. III.* 2. 229. *Field Calamint.* Ad vias publicas, in aggeribus ſepium & agrorum marginibus. Autumno floret.

Foliis minoribus, odore Pulegii ſeu Siſymbrii, caulibus in terram magis reclinatis a præcedente diſtinguitur.

Calidior eſt & acrior quam Mentha, partium tenuium; ſtomachica & uterina imprimis: menſes ciet, urinam movet, hepar reſerat, tuſſi medetur; *Schrod.*

3. Calamintha humilior, folio rotundiore *Inſt. R. H.* 194. Hedera terreſtris *Ger.* 705. terreſtris vulgaris *Park.* 676. *C. B. Pin.* 306. Chamæciſſus ſeu Hedera terreſtris *J. B. III.* 855. *Ground-Ivy, Gill-goeby-ground, Alehoof or Tunhoof.* Ad ſepes & macerias: Aprili menſe floret. (Variat ſubinde foliis eleganter diſſectis, ut & cauliculis erectioribus, brevioribus, & foliis minoribus, quam elegantioris titulo notavit *C. Bauhinus* in *Pin.* quæ in collibus circa *Green-Hithe* in Cantio alibique naſcitur paſſim.)

* 4. Hedera terreſtris montana *C. B. Pin.* 306. *Park.* 677. Hederæ terreſtris ſpecies montana *Cam. Epit.* 401. In ericetis inter *Charlton* & *Woolwich* pone ſylvam obſervata a *D. Dillenio.* At *Wigleſworth* near *Settle* in *Yorkſhire*, inter ſegetes; *Merr. P.*

R 2   Foliis

Foliis fubrotundis, flagellis reptatricibus, odore fœtido, florum labio fuperiore bifido & reflexo, ab aliis Verticillatis diftinguitur.

Vulneraria eft tum intro affumpta, tum extus adhibita, diuretica, emmenagoga; ufus creberrimi in Tartaro pulmonum & renum refolvendo : ictero etiam conferre dicitur, & ad dolores colicos conducere in clyfteribus. Pulvis fummitatum contufarum & in fole exficcatarum in tuffi gravi & pertinace, inque phthifi fummopere prodeft, &c. V. *Willis Pharmaceut. Rational. Part. II. Sect.* 1. *Cap.* 6. Succus herbæ naribus attractus cephalalgiam etiam vehementiffimam & inveteratam non lenit tantum, fed & penitus aufert, autore *Joan. Oldacros* ludimagiftro olim Tamworthenfi. Angli olim (& nunc etiam) doliis immiffa uti foliti funt ad depurandam feu clarificandam cerevifiam.

§. Ballote *Matth.* 825. Marrubium nigrum *Ger. Em.* 701. nigrum feu Ballotte *J. B. III.* 318. nigrum fœtidum, Ballotte dictum *Park.* 1230. nigrum fœtidum, Ballotte Diofcoridis *C. B. Pin.* 230. *Stinking Horehound.* In ruderatis & ad fepes.

Odore fœtido Lamium refert, a quo differt floribus in fingulis pediculis e fingulis foliorum alis egreffis pluribus confertis, calycibus minus patulis & longioribus.

Herbæ decoctum præftantiffimum eft remedium in affectibus hypochondriacis, itemque in hyftericis; *D. Bowle.*

§. 1. Caffida paluftris vulgatior, flore cœruleo *Inft. R. H.* 182. Lyfimachia cœrulea galericulata feu Gratiola cœrulea *C. B. Pin.* 246. Tertianaria, aliis Lyfimachia galericulata *J. B. III.* 435. Lyfimachia galericulata *Ger. Em.* 477. cœrulea, feu latifolia major *Park.* 221. *Hooded Willow-herb.* In aquofis ad fluvios & foffas.

2. Caffida paluftris minima, flore purpurafcente *Inft. R. H.* 182. Lyfimachia galericulata minor *Syn. II.* 132. 2. Gratiola latifolia *Ger.* 466. latifolia feu noftras minor *Park.* 221. *The leffer hooded Loofeftrife.* In paluftribus Julio & Augufto menfibus. Parvitate fua, florum colore carneo, & foliis brevioribus a præcedente differt.

Utriufque communes notæ funt flofculi oblongi in fingulis foliorum alis finguli; calyx claufus feu operculatus, crepidæ aut calceamenti calcaneum referens.

An. §. Chamæpitys vulgaris *Park.* 283. vulgaris odorata flore luteo *J. B. III.* 295. lutea vulgaris feu folio trifido *C. B. Pin.* 249. Chamæp. mas *Ger.* 421. *Common Ground-Pine.* In agris reftibilibus, fed rarius; v. g.

✳

On

On the Lays about the Borders of *Triplow* Heath in *Cambridgeſhire*, and in ſeveral Places of *Kent* about *Rocheſter*, *Dartford*, &c. *(*In the barren Fields on the South Side of *Roehill*; Mr. *J. Sherard*.)

Foliis Pineorum æmulis, odore reſinoſo, floribus galea ſeu labio ſuperiore carentibus a reliquis Verticillatis differt.

Nervoſum genus roborat, unde pilulæ ex ea parantur contra Paralyſin; diuretica etiam eſt & emmenagoga; fœtum mortuum & ſecundinas pellit; adeoque potenter operatur, ut uſus ejus utero geſtantibus omnino interdicatur, quoniam abortum facit. Verum in iſchiadicis & arthriticis affectibus præcipuæ æſtimationis eſt, unde & Iva arthritica dicitur. Ex herba in pulverem redacta cum Hermodactylis & Terebinthina Veneta pilulæ fiunt; quæ etiam adverſus Hydropem utiles eſſe perhibentur. Ab Hermodactylis cavendum *J. B.*

§. 1. Bugula *Dod. P.* 135. *Ger.* 506. vulgaris *Park.* 525. Conſolida media pratenſis cœrulea *C.B.Pin.*260. Conſolida media, quibuſdam Bugula *J. B. III.* 430. *Bugle.* In ſylvis & pratis humidis frequentiſſima.

* Bugula flore rubro. Plentifully amongſt the *flore cœruleo*, in the ſecond Field on the left Hand going from *Weſton-Green* to *Eltham*, & Bugula flore albo in *Charlton* Wood; *Mr. J. Sherard*.

Bugulæ vulgaris notæ ſunt flores galea carentes, caules duum generum, alii teretes & repentes, alii quadrati & erecti, flores ſuſtinentes in ſpicam laxam diſpoſitos. *Rivinus* flores galea carere negat, iiſque galeam attribuit, adeo tamen exiguam, ut viſum pæne ſubterfugiat.

2. Bugula cœrulea Alpina *Park.* 525. *Pluk. Alm.* 73. *T.* 18. *f.* 3. Conſolida media cœrulea Alpina *C.B.Pin.* 260. *Pr.* 120. Conſolida media Genevenſis *J. B. III.* 432. *Mountain Bugle or Sicklewort.* Found on *Carnedh Lhewellyn* in *Carnarvonſhire* by *Dr. Johnſon.* A præcedente differt caulibus ab una radice pluribus erectis, foliis minoribus, longioribus & profundius in caule crenatis, quodque clematis careat.

Viribus cum Prunella convenit. Vulneraria eſt tam intrinſecus quam extrinſecus adhibita. Confert etiam ictero, hepatis obſtructioni, urinæ retentioni, &c. *Schrod.*

§. Scorodonia ſeu Salvia agreſtis *Ger.* 536. Scordium alterum ſeu Salvia agreſtis *C. B. Pin.* 247. Scorodonia ſeu Scordium alterum quibuſdam & Salvia agreſtis *Park.* 111. Scordotis ſeu Scordium folio Salviæ *J. B. III.* 293. *Wood-Sage.* In ſylvis & dumetis.

R 3   Odore

Odore Allii & Salviæ foliis, quodque flos galea careat ab aliis hujus generis diftinguitur.

Vulneraria eft e præcipuis, intus & extra. Decoctum menfes & urinam ciet, & Lui Venereæ prodefle creditur: ut odore, fic viribus cum Scordio convenit.

§. Scordium *J. B. III.* 292. *C. B. Pin.* 247. majus & minus *Ger.* 534. legitimum *Park.* 111. *Water-Germander.* In paluftribus Elienfis infulæ copiofe provenit.

Odore Allii, foliis & facie Chamædryos, loco paluftri, & reptatu fuo ab aliis Verticillatis facile dignofcitur, ut de communi nota, quod fcil. flos ejus galea careat, nihil dicam.

Alexipharmacum ac fudoriferum eft. Ufus præcipuus in pefte & peftilentialibus morbis, febribufque malignis tam præfervando quam curando; in obftructionibus hepatis ac lienis, in pulmonibus purulentis ac mucilagine refertis. Extrinfecus mundificat vulnera ac ulcera, lenit dolores podagricos: Succus ejus feu pulvis valet ad lumbricos ventris.

GENUS DECIMUM QUINTUM.

HERBÆ SEMINE NUDO POLYSPERMÆ.

Hoc eft, in quibus fingulis floribus plura quatuor fuccedunt femina.

§. CHELIDONIUM minus *Ger.* 669. *Park.* 617. Chelidonia rotundifolia minor *C. B. Pin.* 309. Scrophularia minor feu Chelidonium minus vulgo dictum *J. B. III.* 468. *Pilewort, or the leffer Celandine.* In pratis & ad fepes. Primo vere exit, & Aprili, nonnunquam etiam Martio, florere incipit. Maio flores & folia evanefcunt, radicibus in terra ad ver ufque proximum latitantibus.

Calyce

Calyce triphyllo cum Hepatica trifolia convenit, ut
& flore polypetalo: ab eadem differt calyce cum flore
deciduo, ut in Ranunculis, & foliis integris fubrotundis. Cum jam defloruerat & marcefcere inciperet in
ipfis foliorum alis bulbulos Tritici granorum forma
fuccrefcentes obfervavimus.

Refrigerat & humeſtat autore Schrodero: [Aſt D. Hermannus calidam & acrem effe afferit, cum aqua deſtillata acris fit,
& fale acri polleat]. Ufus præcip. in iſtero, fcorbuto & hæmorrhoidum fluxu. Extrinfecus fpecifice marifcas feu ficos
ani curat, quorum fignaturam radices gerunt, dentiumque putredini maximopere fubvenit.

§. Ranunculi notæ communes funt flores pentapetali una cum calyce pentaphyllo decidui; femina unicuique plurima fuccedentia in globulum aut fpicam &
plerumque afperum & velut echinatum congeſta.

Ranunculi pratenfes & arvenfes.

1. Ranunculus pratenfis repens *Park.* 329. prat. repens hirfutus *C. B. Pin.* 179. pratenfis etiamque hortenfis *Ger.* 804. repens, flore luteo fimplici *J. B. III.* 419.
Common creeping Crowfoot or Butter-cups. In pratis &
pafcuis, locis humidioribus.

Ranunculus repens major *Pet. H. B.* 38. 8. Priori
idem eſt.

2. Ranunculus bulbofus *Ger.* 806. *Park.* 329. tuberofus major *J. B. III.* 417. pratenfis radice Verticilli
modo rotunda *C. B. Pin.* 179. *Round-rooted or bulbous
Crowfoot.* In pafcuis ubique. Vires vid. *Hiſt. noſt.*
p. 581. (Multum variat foliorum incifuris; femper
trilobatus eſt fine pediculis; *D. Dood. Ann.* Huc ergo
pertinet, nec nifi varietas eſt: Ranunculus trifidus
Doody's trifid Crowfoot Pet. H. B. 38. 6. licet annuum
faciat *Petiverus* & radicis bulbum omittat. Flore pleno: Betwixt the two *Chemes* in a hollow Place on the
lower Side of *Banſtead* Downs; *Merr. P.*)

An. 3. Ranunculus rectus foliis pallidioribus hirfutus
J. B. III. 417. *Upright pale-leaved Crowfoot.* In locis
humidis & lutofis ubi per hyemem aquæ ſtagnarant.
(In the Salt-marfhes near *Gravefend*; *Mr. Doody.* 1. 2.
& 3. trilobatos nominavi; *Idem.*)

Pallido foliorum colore, quodque nec flagellis nec radicibus
reptat, locoque natali, a Ranunculo pratenfi repente, cui foliorum figura non multum diffimilis eſt, differt.

4. Ranun-

4. Ranunculus pratenfis erectus acris *C. B. Pin.* 178. pratenfis erectus acris vulgaris *Park.* 329. rectus non repens, flore fimplici luteo *J. B. III.* 416. furrectis cauliculis *Ger.* 804. *Upright Meadow Crowfoot.* In pratis & pafcuis vulgaris.

Hujus folia Napelli aut potius Aconiti lutei foliis fimilia, purpureis interdum maculis notata : Caulis ad fefquicubitalem altitudinem affurgit. Interdum dulcis reperitur. (Hujus duæ habentur diverfitates, una hirfutior eft, & fegmentis latioribus, altera minus hirfuta & plurimum divifa, & claffem conftituunt, quam Aconiti foliis oenominavimus ; *D. Doody Ann.*)

An. 5. Ranunculus hirfutus annuus flore minimo *Syn. Ed. II.* 135. *Pluk. Alm.* 311. *T.* 55. *f.* 1. (vitiof.) *Pet. H. B.* 38. 9. fig. med. arvenfis annuus hirfutus, flore omnium minimo *H. Ox. II.* 440. *S. IV. T.* 28. *f.* 21. hirfutus annuus, folio Geranii columbini *Merr. P. Field Crowfoot with a very fmall Flower.* (Prope *Camberwell* aliifque paffim locis.)

Radice eft annua, foliis parvis ad Ceranii columbini figuram accedentibus, flore luteo minimo & non raro mutilo. (Flore parvo, foliis minus profunde divifis, & quod annuus fit, a Ranunculo minimo Apulo *Col. Ec. I.* 314. aliifve differt. Semen per maturitatem rugofum eft. Cum nec *Morifoni,* multo minus *Plukenetii* figura, plantam hanc bene referat, nec *Petiveriana* valde bona fit, meliorem & perfectiorem Tab. XII. fig. 1. exhibere vifum fuit.)

Ranunculi nemorofi.

Ranunculus nemorofus dulcis, fecundus Tragi *Park.* 326. nemorofus vel fylvaticus folio rotundo *C. B. Pin.* 178. auricomus *Ger.* 807. rotundifolius vernus fylvaticus *J. B. III.* 857. *Sweet Wood-Crowfoot or Goldilocks.* In fylvis & dumetis Aprili floret, & ubi femen dederit fuperficies marcefcit, radice reftibili.

Folia prima quæ e radice exeunt integra funt & rotunda, fequentia & quæ in caule, manente rotunditate in quinque aut plures lacinias divifa.

Ranunculi echinati.

An. Ranunculus arvorum *Park.* 328. *Ger.* 805. arvenfis echinatus *J. B. III.* 859. *C. B. Pin.* 179. *Corn Crowfoot.* Inter fegetes Maio menfe floret. Foliis laciniatis, & capitulis feu feminibus echinatis ab aliis Ranunculis differt.

Ranun-

Ranunculi paluſtres & aquatici.

An. 1. Ranunculus paluſtris *Ger.* 814. paluſtris rotundifolius *Ger. Em.* 962. paluſtris Sardonius lævis *Park.* 1215. paluſtris Apii folio lævis *C. B. Pin.* 180. paluſtris flore minimo *J. B. III.* 858. *Round-leaved Water-Crowfoot.* In aquoſis, inque ipſis aquis.

Capitula huic in longam ſpicam producuntur, ſeminibus parvis & lævibus compoſita, flores minimi pro plantæ magnitudine.

2. Ranunculus aquatilis hederaceus albus: quocum præterquam floris colore convenire videtur Ranunc. aquaticus hederaceus luteus *C. B. Pin.* 180. hederaceus rivulorum ſe extendens, atra macula notatus *J. B. III.* 782. Ranunculi aquatilis varietas altera *Ger. Em.* 830. hederaceus aquaticus *Park.* 1216. quoad deſcr. nam figura & ſynonyma ſunt Lenticulæ aquaticæ triſulcæ. *Ivy-leaved Water-Crowfoot.* In rivulis & aquis vadoſis frequens.

3. Ranunculus aquatilis *Ger. Em.* 829. aquaticus Hepaticæ facie *Park.* 1216. aquaticus folio rotundo & capillaceo *C. B. Pin.* 180. aquatilis albus tenuifolius *J. B. III.* 781. *Water-Crowfoot with various Leaves.* In foſſis aquas habentibus, & lente decurrentibus rivulis.

Folia quæ aquas ſuperant integra ſunt Ranunculi, quæ iis immerguntur in innumeras capillaceæ tenuitatis lacinias diviſa; flores albi ſpecioſi. (Petala habet alba, majora, unguibus luteis, cujus coloris apices ſunt & ſtamina; ad ſingula genicula unum ſolummodo folium & flos appoſitus. Hujus varietas, ſi non ſpecies diſtincta, flore minore, foliis pluribus ſubrotundis; *D. Doody.*)

4. Ranunculus aquatilis omnino tenuifolius *J. B. III.* 781. Millefolium aquaticum Ranunculi flore & capitulo *Park.* 1256. Millefolium ſeu Maratriphyllum flore & ſemine Ranunculi aquatici Hepaticæ facie *Ger. Em.* 827. Millefolium aquaticum foliis Abrotani, Ranunculi flore & capitulo *C. B. Pin.* 141. item Ranunculus aquaticus capillaceus *Ejuſd. Pin.* 180. *Fine-leaved Water-Crowfoot,* or *Water-Milfoil.* Cum priore a quo non aliter differt quam quod folia integra non habeat, ſed omnia tenuiſſime laciniata.

5. Ranunculus aquaticus albus, circinatis tenuiſſime diviſis foliis, floribus ex alis longis pediculis innixis
D. Pluke-

D. Plukenet Alm. 311. *T.* 55. *f.* 2. Millefolium aquaticum cornutum *C. B. Pin.* 141. *Prod.* 73. quamvis nec
figura nec defcriptio ei in omnibus conveniant. Eandem figuram adhibet *J. Bauhinus T.* 3. *L.* 38. 784. verum defcriptio iconi non refpondet, faltem in florum
fitu; nec defcriptioni *C. Bauhino* in eorundem colore.
Provenit in aquis cœnofis frequentiffime, & longiffime
differt a Millefolio aquatico equifetifolio in *Catal. Cantab.* defcripto; *D. Plukenet.* Hanc plantam nos a præcedente non diftinguimus: certe eandem effe cum Millefolio aquatico cornuto *C. Bauhino* in Prodromo defcripto *D. Plukenet* minime confentimus: Ei nempe
flores parvos quadrifolios attribuit, cum huic noftræ fatis ampli fint & quinquefoliii, ut alias notas omittam.

(Planta *Plukenetiana* eadem eft cum Millefolio aquatico cornuto *C. B.* cui alienam accommodat defcriptionem *J. B.* differt
autem a præcedenti fpecie; differentiam videfis in *Cat. Giff. App.
p.* 9. 10.)

(Hujus duæ occurrunt fpecies; una floribus majoribus & pediculis longioribus a *D. Plukenet* depicta; altera floribus minoribus, pediculis brevioribus, & folia majora non adeo manifefte
circinata; *D. Doody Ann.*)

6. Ranunculo five Polyanthemo aquatili albo affine
Millefolium Maratriphyllum fluitans *J. B. III.* 782.
Millefol. Maratriphyllum Ranunculi flore *Park.* 1257.
Millefol. aquatic. foliis Fœniculi, Ranunculi flore &
capitulo *C. B. Pin.* 141. *Fennel-leaved Water-Crowfoot.*
In fluvio *Thame* & rivulis eum influentibus circa *Tam-
worth*, *Middleton*, &c. In agro Warwicenfi: obferva-
vimus etiam in fluvio Ifide Oxonium præterfluente.

Foliis eft Fœniculi, fed multo longioribus, flagellis longiffimis, prociduis, aquæ impetum fequentibus.

7. Ranunculus flammeus minor *Ger.* 814. item flammeus ferratus *Ejufem* & *Park.* 1214. paluftris flammeus
minor five anguftifolius *Park.* 1214. longifolius paluftris
minor, item paluftris ferratus *C. B. Pin.* 180. longifolius, aliis Flammula *J. B. III.* 864. *The leffer Spearwort.* In pratis uliginofis & ad rivulos.

Foliis integris oblongis, vi acri & cauftica ab aliis congeneribus differt.

8. Ranunculus flammeus major *Ger.* 814. paluftris
flammeus major *Park.* 1215. longifolius paluftris major
C. B. Pin. 180. folio longo maximus, Lingua Plinii
J. B.

J. B. III. 865. *Great Spearwort.* In foſſis paluſtribus Elienſibus aliiſque aquis vadoſis plurimus.

* 9. Ranunculus flammeus, latiori Plantaginis folio, marginibus piloſis *Pluk. Almag.* 312. qui ex Hibernia ab ornatiſſimo viro *D. Gideon Bonavert,* accepit.

Ranunculorum fere omnium, paucis exceptis, folia, caules & radices vim habent cauſticam, impoſita cutim exulcerant, & cruſtam cum dolore inducunt, ſtigmata delent, verrucas & perniones tollunt.

An. ℔. Flos Adonis *Park. Par.* 293. Flos Adonis flore rubro *Ger.* 310. Flos Adonis vulgo, aliis Eranthemum *J. B. III.* 125. Adonis hortenſis flore minore atro-rubente *C. B. Pin.* 178. *Adonis Flower, red Maithes.* In Anglia ſponte provenire dicitur ſed rarius, inter ſegetes. (In the Cloſes betwixt *Stonechurch* and *Queenhithe* in great Plenty; *Mr. J. Sherard.*)

Capitulum Ranunculi, ut & floris calyx; flos ipſe polypetalos; folia in tenues & acutas lacinias ſecta Chamæmelinorum ritu, hujus notæ ſunt.

℔. Myoſuros *J. B. III.* 512. *Syn. II.* 282. Holoſteo affinis, Cauda muris *C. B. Pin.* 190. Hol. Loniceri, Cauda muris vocatum *Park.* 500. Cauda muris *Ger.* 345. *Mouſe-tail.* In arvis, hortis, ad vias & inter ſegetes, ſed rarius. Maio floret. (On *Weſton-green* a little on this Side *Eltham,* abundantly; *Mr. J. Sherard.*)

Flores herbacei pentapetali. Semina in ſpicam oblongam, caudæ muris æmulam excurrunt.

℔. Malvæ notæ ſunt flores monopetali pentapetaloides, calyx geminus, exterior in tres, interior in quinque lacinias diviſus, folia integra, ſemina in rotulæ aut caſeoli formam circumacta.

1. Malva vulgaris *Park.* 299. ſylveſtris *Ger.* 785. ſylv. folio ſinuato *C. B. Pin.* 314. vulgaris flore majore, folio ſinuato *J. B. II.* 949. *Common Mallow.* Ad ſepes & ſemitas inque locis ruderatis.

2. Malva ſylveſtris minor *Park.* 299. ſylv. pumila *Ger.* 785. ſylv. folio rotundo *C. B. Pin.* 314. vulgaris flore minore, folio rotundo *J. B. II.* 949. *Small wild Mallow, or Dwarf-Mallow.* Cum priore. Flores huic ex pallida purpura albicant.

* 3. Malva minor, flore parvo cœruleo. Malva ſylveſtris, foliis ſinuatis minoribus, floſculis minimis, Anglica *Boerh. Ind. Alt. P. I. p.* 268. Found by *Mr. J.*
She-

Sherard in Company with *Mr. Raud*, at *Hithe* in *Kent.* Semina rugofa, fecus ac in prioribus fpeciebus, funt.

4. Malva arborea marina noftras *Merr. P. Park.* 301. fine Icon. *Englifh Sea-tree Mallow* I have obferved it in many Places by the Sea-fide, as at *Hurft-Caftle* over-againft the Ifle of *Wight*; in *Portland* Ifland; on the Rocks of *Caldey* Ifland; and on the *Baffe* Ifland near *Edinburgh* in *Scotland.*

Magnitudine & ftatura fua, foliis lanuginofis, floribus tamen parvis a vulgari Malva diftinguitur, ut de loco fileam.

Herba humectat, emollit, lenit dolores, laxat alvum, urinæ ardorem & acrimoniam mitigat [decocti vel aquæ deftillatæ tres unciæ cum Syr. Violacei uncia una & dimidia] illico prima dofi expert. Ad tumores maturandos dolorefque fedandos extrinfecus adhibetur in cataplafmatis & in clyfteribus ad alvum leniendam.

§. Althæa vulgaris *Park.* 303. Althæa Ibifcus *Ger.* 787. Alth. Diofcoridis & Plinii *C. B. Pin.* 315. Althæa five Bifmalva *J. B. II.* 954. *Marfh-Mallow.* In paluftribus maritimis frequens.

Malvæ revera fpecies eft, a vulgari tamen Malva differt folio productiore minufque rotundo, item molliore & magis incano, locoque natali in paluftribus & maritimis.

Althæa vulgari fimilis folio retufo brevi. Alth. folio rotundiore feu minus acuminato *Hort. Edinburg. Rounder leaved Marfh-Mallow.* In paluftribus Elienfibus nobis occurrit ; *D. Plukenet. Alm. p.* 24.

Ad quatuor præcipue utilis eft : 1. Ad affectus renum & veficæ, calculum, ftranguriam, &c. [tum fyrupus ejus, tum decoctum foliorum, fed præcipue radicum, feu ore tenus affumptum, feu in clyfteribus, tum denique femen quovis modo præparatum.] 2. Ad affectus pulmonum, afthma, tuffim, phthifin, pleuritidem. 3. Ad inteftinorum erofiones, dyfenteriam, &c. [Decoctum radicum & mucilago feminis præcipue.] 4. Ad tumores duros emolliendos aut maturandos [cataplafma foliorum aut radicum.]

§. Alcea vulgaris *J. B. II.* 953. vulgaris major *C. B. Pin.* 316. vulgaris feu Malva verbenacea *Park.* 301. Malva verbenaca *Ger.* 785. *Vervain-Mallow.* Ad agrorum margines, inque vepretis & fepibus frequens. (Invenitur fegmentis anguftioribus & latioribus ; *D. Doody Ann.*)

＊ 2. Al-

* 2. Alcea tenuifolia crispa *J. B. II. App.* 1067. Circa Cicestriam frequens, significante *D. Manningham.* An specie a præcedente differat, vel solius naturæ lusus sit, non immerito dubitasse videtur *J. Bauhinus.*

A Malva foliis laciniatis differt, ejusque species est.

§. Caryophyllata seminibus caudatis, foliis pinnatis, radice aromatica, a congeneribus differt.

1. Caryophyllata *Ger.* 842. vulgaris *Park.* 136. *C. B. Pin.* 321. vulgaris flore parvo luteo *J. B. II.* 398. *descr. Avens, Herb-Bennet.* Ad sepes & in dumetis, Maio & Junio floret.

2. Caryophyllata vulgaris majore flore *C. B. Pin.* 321. vulgaris major *Park.* 135. *Avens with a larger Flower.* In *Tedford-Wood* in the Welds, *Lincolnshire.* Found by *Dr. Lister.* We found it also in *Cambridgeshire,* but remember not the Place.

(Varietas forte potius quam diversa a præcedente species.)

3. Caryophyllata montana purpurea *Ger. Em.* 995. montana seu palustris purpurea *Park.* 136. aquatica nutante flore *C. B. Pin.* 321. aquatica flore rubro striato *J. B. II.* 398. *Purple Mountain Avens,* or *Water-Avens.* In montosis Septentrionalibus Angliæ circa *Settle, Ingleton,* &c. also in *Wales* about *Snowdon-Hill,* &c. and in divers other Places. (Found in a Bog, about a Mile from *Sudbury* in *Essex,* by *Mr. Allen* Apothecary there.)

Caryophyllatam flore amplo purpureo, quadruplici aut quintuplici serie petalorum observavit *D. Lawson* prope *Strickland* magnum in Com. Westmorland. (Caryophyllata montana flore pleno *Merr. P.* At *Brearcliff* in a Wood of *Mr. Brearcliff,* below his House.)

4. Caryophyllata Alpina Chamædryos folio *Hist. Ox. II.* 432. Chamædrys spuria montana Cisti flore *Park.* 106. Alpina Cisti flore *C. B. Pin.* 248. Alpina flore Fragariæ albo *J. B. III.* 290. Teucrium Alpinum Cisti flore *Ger.* 533. *Mountain Avens with Germander Leaves.* Found by *Mr. Heaton* in *Ireland,* on the Mountains between *Gort* and *Galloway.* (Hujus plantæ speciminibus me ditavit *D. Lhwyd,* in montibus Hibernicis juxta *Sligo* collectis, quæ & in omnibus altissimis Scotiæ occidentalis montibus abundat, ut mihi retulit idem.)

§. Pen-

5. Caryophyllata Pentaphyllæa *J. B. II.* 398. *Park.*
137. Alpina pentaphyllæa *Ger.* 843. Alpina quinquefolia *C. B. Pin.* 322. *Cinquefoil-Avens.* In the Den of
Bethaick in *Scotland*; *D. Sibbald.*

Radix Caryophyllum aromaticum olet, unde ei nomen; vinum cui infunditur jucundiſſimo odore & ſapore commendat,
eoque cor exhilarat, & dolorem a frigiditate aut flatibus ortum
ſedat, cumque manifeſtæ adſtrictionis particeps ſit, veriſimile
eſt diarrhœam, hæmorrhagiam, aliaſque omnes alvi & uteri
fluxiones compeſcere. Cephalica etiam & cardiaca cenſetur atque alexipharmica; *D. Hulſe.*

§. Fragariæ notæ ſunt folia venoſa in ſingulis pediculis terna: Fructus molli eſculenta pulpa conſtans, ſeminibus exterius adnaſcentibus, odore fragranti; cauliculi
reptatrices.

1. Fragaria *Ger.* 844. vulgaris *Park.* 758. *C. B. Pin.*
326. Fragaria ferens fraga alba ac rubra *J. B. II.* 394.
Common Strawberry. In ſylvis & dumetis. Maio menſe floret & brevi ſemen maturat.

2. Fragaria fructu hiſpido *Ger. Em.* 998. *Rough
Strawberry.* Found by *Jo. Tradeſcant* the Elder in a
Woman's Garden about *Plymouth*, whoſe Daughter
gathered it abroad, and planted it there. (In *Hyde Park*
and *Hampſted* Woods; *Merr. P.*) Pro luſu potius
naturæ hanc habeo, quam pro ſpecie diſtincta.

3. Fragaria ſterilis *C. B. Pin.* 327. minime veſca
Park. 758. minime veſca ſeu ſterilis *Ger. Em.* 998. non
fragifera, vel non veſca *J. B. II.* 395. *Barren Strawberry.* In paſcuis ſterilioribus ubique. Foliis cum Fragaria, fructu cum Pentaphyllo convenit; non reptat
flagellis ut Fragaria.

Fraga refrigerant & humectant, venenis reſiſtunt, picrocho-
lis & ſiticuloſis conveniunt; verum, obſervante Cæſalpino co-
pioſiore cibo caput tentant & inebriant, quod nos nunquam ſenſi-
mus: iis tamen moderate utendum, quoniam in ventriculo pu-
treſcere apta ſunt; nec ſola comedenda, ſed cum ſaccharo &
vino, ut ſolent noſtrates. Aqua Fragorum deſtillata cor con-
fortat, vitia thoracis expurgat, morbum arquatum diſcutit, ulceribus oris & anginæ auxiliatur gargariſatu, faciei ruborem &
maculas tollit collutu, calculum denique renum comminuit.
Herba diuretica eſt, uſuſque crebri in ictero, ut & in gargariſ-
mis & balneis, cataplaſmatis, &c. ad ſiſtendos ſanguinis fluxus,
ad dyſenteriam, ulcera ſordida purganda, catarrhos & deſtillationes cohibendas: quomodo in ictero præſcribatur vide in
Hiſt. noſt. p. 610.

§. Pen-

§. Pentaphyllum foliis venofis, in fingulis pediculis quinis, aut interdum feptenis, flore pentapetalo a congeneribus difcernitur.

1. Pentaphyllum vulgatiffimum *Park.* 398. Pentaphyllum five Quinquefolium vulgare repens *J. B. II.* 397. Quinquefolium majus *Ger.* 836. majus repens *C. B. Pin.* 325. *Common Cinquefoil*, *or five-leaved Grafs.* Ad femitas paffim.
Cauliculis radices ad intervalla agentibus Fragariæ in modum fe propagat.

2. Pentaphyllum erectum, foliis profunde fectis, fubtus argenteis, flore luteo *J. B. II.* 398. rectum minus *Park.* 400. Quinquefolium folio argenteo *C. B. Pin.* 325. Quinquefolium Tormentillæ facie *Ger.* 838. *Tormentil-Cinquefoil.* In arenofis aut glareofis pafcuis, fed rarius.

3. Pentaphyllum parvum hirfutum *J. B. II.* 598. minus repens lanuginofum *Park.* 399. Quinquefolium minus repens aureum *C. B. Pin.* 325. Quinquefolii quarti fecunda fpecies *Cluf. Hift. CVI.* Pentaphyllum incanum minus repens *Ger. Em.* 989. *Small rough Cinquefoil.* Obfervavit & ad nos attulit *Tho. Willifellus* Pentaphylli parvam fpeciem circa *Kippax* agri Eboracenfis vicum 3 millia paffuum a Pontefracto remotum in pafcuis collectam, huic non diffimilem, præterquam quod non reperet.

*4. Pentaphyllum aureum minus, fylvaticum, noftras, foliis tripartito divifis ex cauliculorum geniculis radicefcens *Pluk. Alm.* 285. Sub exitum Autumni floret.

Vulnerarium eft & aftringens; fiftit fluxus alvi, & hæmorrhoidum nariumque hæmorrhagiam. Utile eft in hæmoptyfi & tuffi: commendatur etiam ad paralyfin, phthifin, arthritidem, icterum. Prodeffe dicitur & in calculo & erofione renum, inque hernia & febribus intermittentibus. Extrinfecus in oculis inflammatis [fuccus inftillatus] in oris putredine, laxitate dentium. Abftergit etiam ulcera maligna; *Schrod.* Præcipue notanda eft vis ejus adftrictoria, qua mediante agit quicquid agit.

§. 1. Pentaphylloides erectum *J. B. II.* 398. Pentaphyllum fragiferum *Ger. Em.* 991. *Park.* 397. *Cluf. Hift. CVII.* Quinquefolium fragiferum *C. B. Pin.* 326. *Upright Baftard Cinquefoil.* Ad latera montis cujufdam *Craig Wreidhin* dicti in comitatu Montis Gomerici Walliæ; *D. Lhwyd.*

A Pen-

A Pentaphyllo, cum quo in aliis plerifque convenit, foliis lobatis Agrimoniæ fere æmulis differt.

2. Pentaphylloides paluftre rubrum *Inft. R. H.* 298. Pentaphyllum rubrum paluftre *Ger.* 836. Pentaphyllum vel potius Heptaphyllum flore rubro *J. B. II.* 398. Quinquefolium paluftre rubrum *C. B. Pin.* 326. *Purple Marfh-Cinquefoil.* In paluftribus putridis & cœnofis non infrequens eft.

Folia quina & non raro feptena in eodem pediculo, non ut in Pentaphyllo vulg. ab eodem omnia punƈto orta, fed bina adverfa velut in alam difpofita cum impari in extremo.

3. Pentaphyllum paluftre rubrum craffis & villofis foliis Suecicum & Hibernicum *Pluk. Alm.* 284. *Tab.* 212. *f.* 2. 'Tis common in all the Bogs in *Ireland. Dr. Sherard.* Relatu *Dr. Robinfon* in Borealibus Angliæ invenitur, & inde etiam a Reverendo viro *D. Nicholfon,* Archidiacono Carleolenfi accepit *D. Doody,* qui id circa *Carleolum* obfervaverat; *Syn. Ed. II. App.* 342.

4. Pentaphylloides fruticofa. *Shrub Cinquefoil.* Ad ripam meridionalem Tefæ fluvii infra vicum *Thorp* diƈtum variis in locis, necnon infra cœnobium Athelftani vulgo *Egglefton-Abbey,* in agro Eboracenfi. Hanc plantam primus obfervavit nobifque oftendit *D. Johnfon* de Brignal prope pontem Gretæ in Com. Eboracenfi. Defcriptionem vide *Hift. noft.* p. 616. Iconem *Cat. Pl. Angl. Ed. II.* 228. *Mr. Lawfon* obferved thoufands of thefe Plants by *Mickle Force* in *Teefdale.*

5. Pentaphylloides Argentina diƈta. Argentina *Ger.* 841. Potentilla *Park.* 593. *C. B. Pin.* 321. Potentilla feu Argentina *J. B. II.* 398. *Wild Tanfey, Silverweed.* Amat loca aquofa, & ubi per hyemem aquæ ftagnarant. Folia ad Agrimoniæ accedunt, nifi quod argentea funt.

(Variat foliis, quæ nunc infra fupraque argentea funt, nunc ex altera parte tantum, inferne nempe argentea, fuperne virentia obfervantur.)

6. Pentaphylloides pumila foliis ternis ad extremitates trifidis *Syn. II.* 142. fruticofum minimum procumbens, flore luteo, foliis fericeis Fragariæ ternis *Pluk. Alm.* 284. *T.* 212. *f.* 3. Fragariæ fylveftri affinis planta flore luteo *Sibbald. Prodrom. Hift. Natur. Scot. P. II. L. I. p.* 25. *T.* 6. *f.* 1. An Quinquefolium Alpinum

Fraga-

Fragariæ facie *Schol. Botan*? In ſylvis regionis Jernen-
ſis Scotiæ ſponte provenit.

Argentina adſtringit valide. Hinc expuitioni ſanguinis, diarrhœæ, dyſenteriæ, reliquiſque tum alvi, tum uteri fluxibus
medetur. Renum calculum inſigniter atterit; vulneribus inſuper & ulceribus conducit, Calceis indita dyſenteriam, & infi-
mi ventris omne genus præter naturam fluxiones ſiſtit. Externe famoſa eſt in doloribus dentium mitigandis, putredine gingivarum arcenda, æſtu febrili ſopiendo [cum ſale & aceto con-
tuſa & plantis pedum ſuppoſita.]

§. Tormentilla *Ger*. 840. *J. B. II.* 598. vulgaris
Park. 394. ſylveſtris *C. B. Pin*. 326. *Tormentil, Sept-
foil*. In paſcuis ubique fere, præſertim montoſis.

A Pentaphyllo diſtinguitur foliis ſeptenis in eodem pediculo, quod & Pentaphyllis nonnullis dictis commune
eſt, ſed præcipue flore tetrapetalo, quod huic proprium.

2. Tormentilla reptans *Pet. H. B*. 41. 10. Pentaphyllum reptans alatum foliis profundius ſerratis *D. Plot
H. N. Ox. C. 6.* §. 7. *T.* 9. *f.* 5. Pentaphyllum minus
viride flore aureo tetrapetalo, radiculas in terram e geniculis demittens *Hiſt Ox. II.* 190. 12. *Creeping Tormentil, with deeply indented Leaves*. In the Borders of
the Corn-fields between *Hockley* and *Shotover* Woods,
and elſewhere in *Oxfordſhire*. Found alſo in *Braintree*
Pariſh in *Eſſex*. (In a Ditch between the Boarded-Ri-
ver and *Iſlington* Road; *Cambd. Br. Ed. Gibſ.* 338.)

Siccat & potenter aſtringit. Hinc in fluxionibus quibuſcunque alvi, uteri, &c. non aliud remedium uſitatius quam Tormentillæ radix quomodocunque exhibita; præterea diaphoretica
eſt & alexipharmica, unde medicamentis adverſus venena &
morbos contagioſos admiſcetur: tandem vulnerariis potionibus
& emplaſtris adjungi ſolet.

§. 1. Plantago aquatica *J. B. III.* 2. 787. aquatica latifolia *C. B. Pin*. 190. aquatica major *Ger. Em*. 417.
Park. 1245. *Great Water-Plantain*. In & juxta aquas
ubique fere. Loco natali & flore tripetalo cum Sagitta
convenit, foliis Plantagineis ab eadem differt: Flos tamen in hac, & capitula minora, & ſpica magis diffuſa.

* Plantago aquatica longifolia *Pet. H. B* 43. 7. Prioris varietas eſt.

2. Plantago aquatica minor *Park*. 1245. aquatica
humilis *Ger. Em*. 417. aquatica anguſtifolia *C. B. Pin*.
190. aquatica humilis anguſtifolia *J. B. III.* 2. 788. *The
leſſer Water-Plantain*. Cum priore. Capitula huic ſub-
S   rotunda

rotunda echinata Ranunculi : Flores velut in Umbella
aut Corymbo.

* 3. Plantago aquatica minor, Ranunculi flammei
majoris folio, noſtras *Pluk. Amalth.* 175.

* 4. Plantago aquatica, λεπτομακρϙφυλλℨ *Fl. Pr.*
p. 199. *ic.* 62. Found by *Mr. Andrews* in a Bog about
a Mile from *Sudbury* in *Eſſex.*

Plantago aquatica refrigerare & ſiccare dicitur: Succus ejus
ad lac in mamillis conſumendum & ſiccandum pro ſecreto
habetur.

§. 1. Sagitta *J. B. III.* 2. 789. aquatica minor latifolia
C. B. Pin. 194. minor latifolia *Park.* 1247. *Arrow-*
head. In aquis floret Maio & Junio menſibus. Hujus
tres ſpecies ſeu varietates conſtituunt Botanici ; nimirum,
1. majorem: 2. minorem latifoliam : 3. minorem
anguſtifoliam: quæ omnes, ut puto, apud nos inveniuntur.

2. Sagitta aquatica omnium minima *D. Plukenet. Syn.*
II. 143. *Alm.* 326. minor *Pet. H. B.* 43. 12. A minore anguſtifolia *J. B.* ſpecie differre videtur, quia nunquam a parvitate ſua variat. On the *Thames*-Shore by
Lambeth Bridge, over againſt the Archbiſhop of *Canter-*
bury's Palace, and plentifully before the Earl of *Peter-*
borough's Houſe above the Horſe-Ferry on *Weſtminſter*
Side, before the Gaining on the *Thames* for an Enlarge-
ment to the Court-Yard ; and I never obſerved it elſewhere ; *D. Plukenet.* (Ex piſcinis noſtris anno elapſo
primum mihi innotuit, puſilla eſt planta ; *D. Richardſ.*)

Facile dignoſcitur foliis alatæ ſagittæ ſpeciem referentibus.
Gramen bulboſum aquaticum a *C. Bauhino* in Prodromo deſcriptum nihil aliud eſt quam hujus plantæ radix & folia primo
erumpentia & aquis merſa antequam in caulem abeat, ut obſervavit & me monuit *D. Dale.* Idem poſtea accepi a *D. Doody,*
qui in omnibus Sagittariæ plantis bulbum ſeu tuber, qualis a
C. Bauhino depingitur, infra limum in ipſam terram ſolidam
defixum inveniri mihi affirmavit. Vid. *Merr. Pin* 49. 107.

§. Clematis latifolia ſeu Atragene quibuſdam *J. B.*
II. 125. Clematis ſylveſtris latifolia *C. B. Pin.* 300 Clematis ſylveſtris latifol. ſeu Viorna *Park.* 380. Viorna *Ger.*
739. *Great wild Climber,* or *Travellers Joy.* In ſepibus.
Flore, cortice, ſemine & radice vim urendi habet.

* Viorna folio integro *Pet. H. B.* 40. 12. varietas, non
diverſa ſpecies eſt, cum in eadem planta folia integra
& diviſa reperiantur.

Clema-

Clematidis notæ funt Flos nudus quadrifolius feu cruciatus, femina plumulis longis villofis innafcentibus cincinnata: fapor fervidus.

§. Filipendula *J. B. III.* 2. 189. *Ger.* 900. *Park.* 434. vulgaris, an Molon Plinii *C. B. Pin.* 163. *Common Dropwort.* In pratis & pafcuis montofis.

Hujus notæ funt Flores polypetali, radices tuberofæ, glandulis oblongis ab extremis fibrarum filamentis pendulis, femina in circulo difpofita.

Radicis decoctum urinam & calculos pellit, dyfuriæ & urinæ ftillicidio fubvenit. Pulverem ejus fuccumve ad Epilepfiam commendant; medetur & anhelofis & fufpiriofis. In albo mulierum profluvio, inque nimio lochiorum fluxu ufus eft eximii : utendi modum vide *Hift. noft.* p. 623.

§. Ulmaria *J. B. III.* 488. vulgaris *Park.* 592. Regina prati *Ger.* 886. Barba capri floribus compactis *C. B. Pin.* 164. *Meadow-fweet.* In pratis humidis & ad rivulorum ripas paffim.

A Filipendula differt radicibus fibrofis, magnitudine qua illam excellit, & feminibus intortis in globulum congeftis.

Sudorifera eft & alexipharmaca, proin convenit in fluxibus omnis generis, diarrhœa, dyfenteria, fluxu menftruo, expuitione fanguinis, refiftit pefti. Folia vino aut cerevifiæ injecta gratum ei faporem & odorem conciliant non fecus ac Pimpinellæ. Ob odorem florum gratum nec tamen caput gravantem conclavibus & tricliniis fternendis convenit.

§. 1. Anemone nemorum alba *Ger.* 306. nemorofa flore majore *C. B. Pin.* 176. Ranunculus nemorofus albus fimplex *Park.* 325. Ranunc. phragmites albus & purpureus vernus *J. B. III.* 412. *Wood-Anemony.* In fylvis & dumetis, præfertim locis udis. Floret circa finem Martii & Aprilis initio. Flos nudus, calyce carens. (Variat flore toto rubro, in Devonia ; *Merr. Pin.*)

* 2. Ranunculus nemorofus, flore purpureo-cœruleo *Park. Theat.* 325. Ranunculus nemorofus, flore cœruleo, foliis majoribus, Apennini montis *Mentz. Pug. Tab.* VIII. *Inft. R. Herb.* 285. In *Wimbleton* Woods ; *Mr. Rand.* Near *Harrow on the Hill* ; *Mr. Dubois.* In a Wood near *Lutton Hoe* in *Bedfordfhire* ; *Mr. T. Knowlton.*

Anemones in genere notæ funt caulis determinatè foliatus feu ex una diftinctione, ubi terna hærent folia ; flores in fingulis caulibus finguli: fylveftris charaĉtei, femina Ranunculi in capitulum congefta, nullo pappo lanugineve vel adhærente, vel involvente.

§ Pulfatilla folio craffiore & majore flore *C. B. Pin.* 177. purpurea cœruleave *J. B. III.* 409. vulgaris *Park.* 341. *Ger.* 314. *Pafque-Flower.* On *Gogmagog* Hills, on the left Hand of the High-way leading from *Cambridge* to *Haveril,* juft on the top of the Hill; alfo about *Hilderſham,* fix Miles from *Cambridge*; and on *Bernak-Heath,* not far from *Stamford,* in great Plenty; and on *Southrop-Common* adjoining thereto. But of that fort with a red Flower, mentioned by *Gerard,* and *Phyt. Brit.* we found none there. (Pafcuis montofis & ficcis juxta *Ledſtone-hall,* fupra lacum loco *The Cloſe* diĉto abunde prope Pontemfraĉtum; *D. Richardſon.* Martio & Aprili floret.)

Eft autem Pulfatilla nihil aliud quam Anemones genus feminibus cincinnatis feu plumulis adhærentibus caudatis.

Acris eft & calida.

Genus Decimum Sextum.

HERBÆ BACCIFERÆ.

B**Accas** voco fruĉtus herbarum quofcunque membrana tenuiore veftitos, pericarpio feu pulpa intus per maturitatem humida aut molli femina ambiente, eifdemve intermixta.

§. 1. Chamæmorus *Cluſ. H.* 118. *Ger.* 1090. *Em.* 1273. cui & Vaccinium nubis dicitur, & pro diverfa fpecie habetur *p.* 1630. *Em.* 1420. Anglica *Park.* 1014. ejufdemque Chamæmorus Cambro-Britannica *Ibid.* Rubo Idæo minori affinis Chamæmorus *J. B. II.* 62. Chamærubus foliis Ribes Anglica *C. B. Pin.* 480. *Cloud-berries, Knot-berries, or Knout-berries.*

Qui cum *Parkinſono* opinantur Chamæmorum Anglicam, & Chamæmorum Cambro-Britannicam feu Lancaftrenfe Vaccinium nubis diverfas effe plantas, oftendant nobis differentiam. In fummitatibus montium altiffimorum *Pendle* & *Ingleborough,* fo

lo

lo putrido & paluſtri oritur, inter Ericas. Anno 1668. Circa finem Julii in ſummitate montis *Hincklehaugh* prope *Settle* oppidum agri Eborac. copioſam cum fructu maturo inveni. Deſcriptionem & vires vid. *Hiſt.* p. 654.

Folia hujus & fructus ad Rubum accedunt potius, quam ad Morum.

2. Chamærubus ſaxatilis *C. B. Pin.* 479. Rubus ſaxatilis *Ger.* 1090. Alpinus ſaxatilis *Park.* 1014. Alpinus humilis *J. B. II.* 61. An Rubus tricoccos *Park?* *The Stone-Bramble or Raſpis.* In the Northweſt Part of *Yorkſhire,* and in divers other Places on the Sides of the Mountains.

Rubo Idæo ſimilis eſt, ſed minor, nec ſpinoſa. Baccæ e paucioribus acinis, nimirum binis, ternis, quaternis, aut ad ſummum quinis, componuntur.

In Scorbuto perſanando nihil hujus moris efficacius, ſive cruda ad ſatietatem comedantur, ſive electuarium ex iis præparatum ſumatur.

§. Chamæpericlymenum *Park.* 1461. *Ger.* 1113. Periclymenum parvum Prutenicum Cluſii *J. B. II.* 108. Periclymenum 3. ſeu humile *C. B. Pin.* 302. *Dwarf Honey-Suckle.* In Northumbriæ montibus Chevioticis dictis, in latere occidentali Septentrionalis partis montis altiſſimi copioſiſſime. (At *Pentland-Hills* five Miles from *Edinburgh* plentifully; *Mr. Wood.*)

Flos huic tetrapetalos, cui ſuccedunt plures acini, non in unam baccam conſtipati, ſed ſuis ſinguli disjunctis petiolis hærentes.

§. 1. Bryonia alba *Ger.* 720. alba vulgaris *Park.* 178. aſpera, ſeu alba baccis rubris *C. B. Pin.* 297. Vitis alba ſeu Bryonia *J. B. III.* 143. *White Briony.* Ad ſepes. Vires vid. *Hiſt. noſt. p.* 659. Duplex eſt, mas & fœmina. Mas ſterilis floribus eſt majoribus communi pediculo palmum longo inſidentibus.

* 2. Bryonia alba baccis nigris *C. B. Pin.* 297. nigra *Dod. Pempt.* 400. vitis ſeu Bryonia baccis nigris *J. B. II.* 146. Circa Cantabrigiam haud infrequens; *D. Plukenet. Amalth.* 45.

Hujus notæ ſunt capreoli ad ſcandendum, caules non ſpinoſi, folia vitiginea, vis cathartica vehementior. Purgat valide ſeroſos & pituitoſos humores. Hydropicorum aquas per vomitum ac ſeceſſum educit, menſes ciet, fœtum ejicit, ſuffocationes uteri arcet, aſthmata ſanat, podagricis convenit intus & extus; *Schrod.*

Agyrtæ

Agyrtæ ex hujus radicibus Mandragoras quas vocant efficiunt, quibus vulgo illudunt. Afparagis qui prima germinatione exeunt folebant Veteres vefci. Vid. *Hift. noft.* p. 659.

§. Tamnus racemofa, flore minore luteo pallefcente *J. R. H.* 103. Bryonia nigra *Ger.* 721. fylveftris nigra *Park.* 178. lævis feu nigra racemofa *C. B. Pin.* 297. Vitis nigra quibufdam, feu Tamnus Plinii, folio Cyclamini *J. B. II.* 147. Sigillum B. Mariæ *Offic. Black Briony.* Ad fepes & in dumetis.

Caules huic volubiles, folia Convolvuli majoris, fructus in racemis per maturitatem rubentes, flores hexapetaloides, cum Bryoniæ albæ pentapetaloides fint.

Radix urinam renumque fabulum, mentiumque faburram impellit potu; incidit & attenuat lentam pituitam in thoracis affectibus; *Lobel.* De vi purgatrice nihil dum comperi; *C. Hoffman.* cui fuffragatur *D. Lifter.* *Gefnerus* radici exulcerantem vim ineffe dicit. De hujus Afparagis accipit *Dodonæus,* quæ Veteres de Bryoniæ Afparagis tradunt, efui fcil. aptos effe.

§. Chriftophoriana *Ger.* 829. vulgaris *Park.* 379. Aconitum racemofum, Actæa quibufdam *J. B. III.* 660. Acon. racemofum, an Actæa Plinii lib. 27. c. 7. *C. B. Pin.* 183. *Herb Chriftopher,* or *Bane-berries. Mr. Witham* fhew'd it me growing in *Hafelwood* Woods near *Sir Walter Vavafor's* Park-pale, *Yorkfhire,* but not plentifully. *Mr. Newton* and *Mr. Lawfon* found it among the Shrubs by *Malhamcove* in *Yorkfhire.* (In dumetis infra *Malhamcove,* juxta murum aquilonem verfus, prope rupes ubi Fraxini juniores crefcunt, reperiuntur hujus plantæ nonnullæ; *D. Richardfon.*) No News of it in *Weftmorland.*

Folia compofita velut Umbelliferæ cujufdam, v. g. Imperatoriæ, Fructus racemofus malignus hanc a cæteris diftinguunt.

§. Rufcus *J. B. I.* 579. *C. B. Pin.* 470 *Park.* 253. Rufcus five Brufcus *Ger.* 759. Oxymyrfine quibufdam *Knee Holly,* or *Butchers Broom.* In fepibus & dumetis, fed rarior. In the Parifh of *Black Notley, Effex,* where I now live, it grows in the Hedges of a Croft called *Lords-Acre,* belonging to *Plum-Trees,* the Houfe of *Mr. James Coker,* my very good Friend and Neighbour. (In fylvis comitatus Bercherienfis & Oxonienfis haud longe a *Redinga* oppido obfervante *Bobarto,* tum & in ericetis circa *Woolwich* fatis eft vulgaris.)

Planta

Planta eft epiphyllofpermos, foliis Myrti æmulis, mucrone acuto & fpinofo: nefcio an ad frutices potius referenda.

Radix hujus recenfetur inter quinque aperientes. Ufus præcipuus in obftructione hepatis [ictero] urinæ [ftranguria] menfium. Alii de his qualitatibus dubitant, æiuntque in offibus fractis confolidandis non minus efficacem effe Polygono aut Symphyto majore. In hydrope mira præftat. Vid. *J. B.* & *Hift. noft.*

§. 1. Polygonatum *Ger. Em.* 903. vulgare *Park.* 696. latifolium vulgare *C. B. Pin.* 303. Polygonatum, vulgo Sigillum Solomonis *J. B. III.* 529. *Solomon's Seal.* In fylvis quibufdam in Occidentali Angliæ parte. In a Field adjoining to the Wafh at *Newberry*, and in divers other Places of *Berkfhire*. Obfcrved by my worthy Friend *Mr. George Horfnell*, Chirurgion in *London*. (By *Mr. Doody* in the Woods by *Bramdean* in *Hampfhire*, and by *Mr. J. Sherard* on *Roehill* in *Kent*.)

Polygonatum foliis nervofis cum Lilio convallium & Monophyllo convenit, magnitudine fua, caule multis foliis veftito, floribus cylindraceis e foliorum finubus exeuntibus, & deorfum dependentibus, ab iifdem differt.

2. Polygonatum floribus ex fingularibus pediculis *J. B. III.* 529. latifolium flore majore odoro *C. B. Pin.* 303. majus flore majore *Park.* 696. latifolium 2. Clufii *Ger. Em.* 904. bacca nigra, fimplici & flore unico fimbriato & viridi *Merret. Pin. Sweet-fmelling Solomon's Seal, with Flowers on fingle Footftalks.* Found by *Tho. Willifel* growing on the Ledges of the Scars or Cliffs near *Wherf* and *Settle* in *Torkfhire*.

3. Polygonatum Hellebori albi folio, caule purpurafcente. *Solomon's Seal with white Hellebore Leaves, and a purplifh Stalk.* In the Woods on the North Side of *Mendip* Hills; *Mr. Bobart.*

4. Polygonatum humile Anglicum. *Dwarf* Englifh *Solomon's Seal.* Found by *Mr. Philip More* Gardener of *Grays-Inn*, in the Woods of *Wiltfhire*; Idem.

Vulnerarium eft & adftringens, fluxiones quafcunque fiftit; offa fracta confolidat. Radix in vino decocta & pota mira præftat in contufionibus & fracturis offium, in herniis, &c. Extrinfecus maculas faciei obftergit, cutim dealbat. Baccæ pituitam mucilaginofam per vomitum ac feceffum educunt. Dofis n. 14. aut 15. *Schrod.*

S 4 §. 1. Li-

§. 1. Lilium convallium *Ger.* 331. convallium vulgo *J. B. III.* 531. convallium album *C. B. Pin.* 304.
convallium flore albo *Park. Par.* 349. *Lily-convally,*
or May Lily. In ericeto Hampstediensi prope Londinum copiose provenit, item in umbrosis ad latera montis *Ingleborough,* & alibi in Septentrionalibus. (On the
hilly Heaths betwixt *Shootershill* and *Woolwich,* and in
the Wood the left Hand of the Heath before you come
to *Chiffelhurst* plentifully; *Mr. J. Sherard.*)

2. Lilium convallium angustifolium. *Narrow-leaved*
Lily-convally. Ad pontem *Waterfall,* & alibi in Westmorlandia invenit, & ad me misit *D. Lawson.* (Prope
Levens Westmorlandiæ, in sylvis saxosis, sterilioribus
mihi indigitavit *D. Lawson,* ubi tenuitate partium a vulgari tunc tantum differre videbatur, radicibus autem illinc in hortum nostrum remotis, brevi vulgaris magnitudinem adeptum est; *D. Richardson.*)

Notæ Lil. convall. sunt caulis nudus, flores parvi
campanulati, baccæ rubræ, folia nervosa, bina ternave.

Flores ut & folia adversus Apoplexiam, Epilepsiam, Paraly-
sin, vertiginem, aliosque morbos capitis frigidos auxiliares esse
feruntur. Insigne itidem errhinon exhibent pulverisati flores,
ut & radices.

§. Herba Paris *Ger.* 328. *Park.* 390. *J. B. III.* 613.
Solanum quadrifolium bacciferum *C. B. Pin.* 167.
Herb Paris, True-Love, One-Berry. In sylvis umbrosis, non tamen admodum frequens. (In the long Spring
by *Petsesbogs* at Chiffelhurst; *Mr. Newton.*) Here at
Notley in *Lampit-Grove* belonging to the Hall. Aprili
mense e terra exit, & Maio aut Junio baccam perficit.

Caulibus non ramosis, determinate seu ex una distin-
ctione foliatis, quatuor plerunque foliis; unico in singulis flore & bacca, ab aliis bacciferis facile discernitur.

Baccæ & folia refrigerant & siccant. Usus baccarum internus est alexipharmacus in peste, venenatis morbis, venenisque
assumptis (ex. gr. Arsenico) Extrinsecus foliorum usus est in
paronychia, in inveteratis ulceribus, in bubonibus pestilentiali-
bus aliisque calidis tumoribus; *Schrod.* An tutum sit pestilen-
tialibus tumoribus applicare narcotica merito controvertitur;
J. B. Matthiolus adversus veneficia commendat, seque quosdam
novisse ait veneficiis semistultos factos hujus plantæ semine ad
20 usque diem hausto 1. Drachmæ pondere pristinæ sanitati
omnino restitutos esse. Nos (inquit *J. B.*) contra pronuncia-
mus eos semistultos vel plane stultos esse, qui credunt veneficia

a sagis

a fagis illata (fi tamen intulerint) tolli poffe per herbas, verba
aut ejufmodi præftigias. Quod ad verba attinet nos cum Bauhino fentimus: non videmus tamen cur herbæ non poffint cor-
rigere & fanare morbos, quos fpiritus mali humores corporis
depravando intulerint.

§. 1. Solanum lignofum feu Dulcamara *Park.* 350.
Solanum fcandens feu Dulcamara *C. B. Pin.* 167.
Amara dulcis *Ger.* 279. Glycypicros, feu Amara dulcis *J. B. II.* 109. *Woody Nightſhade, or Bitter-ſweet.*
Aquofa & rigua amat, atque hinc circa fcrobes & foſ-
fas reperitur. Junio & Julio floret. Vires vide *Hiſt.*
noſt. p. 672.

Solani notæ genericæ funt, Flores monopetali quin-
quepartiti act ftellati, apicibus in umbilico oblongis,
erectis, coitu fuo umbonem componentibus; femina
parva compreffa.

2. Solanum lignofum feu Dulcamara marina. *Sea*
Bitter-ſweet, or Woody Nightſhade. On the Southern
Coafts in many Places. (On the Sea Side near *Uyſni*
River in *Carnarvonſhire*; *Mr. Lhwyd.*) Hanc plantam
toto habitu fuo & omnino fpecie a priore diverfam effe
nobis confirmavit peritiffimus Botanicus, & Socius dum
viveret Coll. Magdal. Oxonii, *D. Brown*, S.T.D.

Contra hydropem valere dicitur, & morbo regio conferre.
Herbæ & foliorum fuccus fatis violenter purgant, experimento
Parkinſoni; & *Prævotius* ligni decocto inter bilem benigne eva-
cuantia principem locum tribuit.

* 3. Solanum tuberofum efculentum *C. B. Pin.* 167.
Pr. 89. Papas Americanum *J. B. III.* 621. Battata flore
rubro albo & cinericeo *Merr. Pin. Battatas.* Pro ufu
culinari paffim circa *Londinum* copiofe, fed longe
copiofius in Wallia & Irlandia colitur.

An. 4. Solanum vulgare *Park.* 346. hortenfe *Ger.*
268. hortenfe feu vulgare *J. B. III.* 608. bacciferum l.
feu Officinarum *C. B. Pin.* 166. *Common Nightſhade.*
In fimetis & ruderibus. Augufto & Septembri menfibus floret, & femen perficit, deinde primis ftatim prui-
nis corrumpitur. A primo multis modis differt, quod
non lignofum fit, non volubile, at neque perenne.

Refrigerat valide; unde in Eryfipelate, in dolore capitis, pa-
rotidibus, mammarum tumoribus adhibetur. Ufum ejus in
Eryfipelate vehementer improbat Dodonæus, quod repellat.

§. Belladonna *Cluſ. Pann.* 504. Solanum lethale
Park. 346. *Ger.* 269. melanocerafos *C. B. Pin.* 166.

3   Solan.

Solan. manicum multis, feu Bella Donna *J. B. III* 611. *Deadly Nightfhade*, *Dwale*. In the Churchyard and Lanes about *Fulborn* in *Cambridgefhire*; *Sutton Co-field* in *Warwickfhire*, and many other Places. (It is very common in the *Downs*, where it is very rare to fee a Plant fix Inches high; *Mr. Doody*. In a Ditch at the End of *Gofwell-ftreet* in the Road to *Iflington*; in *Cuchftone* near *Rochefter* in *Kent* all the Yards and Backfides are over-run with it; *Mr. Miller Bot. Offic.*)

Flores habet campaniformes concavos & tubulofos, fructum magnum nigrum. Totius herbæ triftis afpectus qualitatem malignam arguit.

§. Solanum pomo fpinofo oblongo, flore calathoide, Stramonium vulgo dictum. In ruderibus & fimetis frequens occurrit; fed Hortorum rejectamentis originem certe debet.

Somniferum eft & malignum. Baccas pueris efitantibus fæpius mortiferas fuifle legimus & audivimus. In calidis inflammationibus fine periculo adhiberi poffunt ejus tum radices, tum etiam baccæ & folia. Folia recentia mammis impofita, earum duritias & tumores emolliunt, difcutiunt & fanant, etiam cancrofos.

Nobilis quædam Domina ulcufculo juxta oculum, quod cancrofum effe fufpicabatur, folii recentis particulam impofuit, quæ noctis fpatio uveam oculi tunicam adeo relaxavit, ut omnem pupillam contrahendi facultatem ei adimeret: adeo ut pupilla, oculo etiam clariffimo lumini obverfo, alterius oculi pupilla plus quadruplo amplior effe perfifteret, donec emoto folio uvea mufculofam fuam vim & tonum paulatim recuperaret. Atque hoc ne quis cafui imputet tribus vicibus experta eft eadem Domina.

§. Ari notæ funt, flos monopetalos nudus linguæ-formis, convolutus, bafi fructus cohærens, fructus autem e baccis coacervatis intra pulpam humidam unum vel duo femina continentibus conftat: ftylus in piftillum nudum terminatur.

Arum *J. B. II.* 783. vulgare *Ger. Em.* 834. vulgare maculatum & non maculatum *Park.* 373. maculatum maculis candidis vel nigris, & non maculatum *C B. Pin.* 195. *Wake-Robin, Cuckow-pint*. Ad fepes & in umbrofis primo vere exit ubique fere.

Radix recens tufa & 1. drachmæ pondere fumpta remedium eft præfentiffimum & minime fallax, adverfus venenum & peftem; *Trag*. Folia recentia impofita ad anthracem. Radix decocta melle excepta medetur pectoris morbis omnibus pituitofis.

Hernias

Hernias curat & urinas ciet: ad arthritidem contufa & cum ftercore vaccino calide applicata conducit; *Matth.* Siccata ad Scorbutum valere dicitur. Verum *D. Grevius* exficcatam, præfertim fi diutius aſſervetur, plane infipidam evadere affirmat, proinde, ut verifimile eſt, prorfus inefficacem & nullarum virium. Aqua ejus deftillata vel fuccus expreſſus infigne cofmeticum cenfetur.

 * §. Cucubalus Plinii *Lugd.* 1429. *Inft. R . Herb.* 339. Cucubalum quibufdam, vel Alfine baccifera *J.B.* II. 175. Alfine fcandens baccifera *C. B. Pin.* 250. In fepibus infulæ *Monæ* collegit & mecum communicavit *D. Fowlkes* de *Lhanheder* prope Ruthin ; *D. Richardſon.*

 §. Afparagus *Park.* 454. *Par.* 503. *Ger.* 949. hortenſis & pratenſis *J.B. III.* 725. ſativa *C.B. Pin.* 489. *Manured Sparagus or Sperage,* corruptè *Sparrowgraſs.* Ad promontorium diĉtum *The Lizard-Point* invenimus. Said alſo to be found in the Marſhes near *Briſtol* ; about *Harwich* in *Eſſex,* and divers other Places. (By the *Thames* near *Gravefend* ; *Mr. J. Sherard.*)

 * 2. Afparagus maritimus, craſſiore folio *C. B. Pin.* 490. Afparagus marinus *Cluſ. Hiſt. CLXXVII.* paluftris *Ger.* 949. On the ſandy Banks by the Sea-fide between *Langwyfan* and *Llanfaelog* ; *Mr. Lhwyd.* Below *Looks Folly,* two Miles from *Briſtol* ; *Mr. Newton.*

Notæ ejus funt folia tenuiſſima capillacea, turiones craſſi efculenti.

Afparagus paluftris feu maritimus a fativo mihi non videtur fpecie, fed duntaxat accidentibus a loco natali ortis differre.

Turiones verno tempore, leviter decoĉti & butyro conditi in deliciis habentur: Urinæ tamen mirum fœtorem conciliant. Radix diuretica eſt, lithontriptica & ex aperitivis 5; iĉtericis, nephriticis & ifchiadicis opitulatur [decoĉta.]

 §. Oxycoccus feu Vaccinia paluftria *J. B. I.* 525. Vitis Idæa paluftris *C. B. Pin.* 471. Vaccinia paluftria *Ger.* 1367. Vaccinium paluftre *Park.* 1229. *Marſh Whortle-berries, Moſs-berries,* or *Moor-berries.* On moorifh Grounds and Quagmires, as in *Sutton Cofield* Park, *Warwickſhire,* &c.

Viticuli tenues fupini, folia Serpylli, floſculi tetrapetali, locus paluftris, baccæ interdum fublongæ, hanc herbam a reliquis bacciferis diftinguunt.

 §. Mofchatellina foliis Fumariæ bulbofæ, de qua Cordus *J. B. III.* 206. Ranunculus nemorofus Mofcha-

‡   tella

tella dictus *Park.* 226. nemorum Mofchatellina dictus *C. B. Pin.* 178. Radix cava minima viridi flore *Ger.* 933. *Tuberous Mofcatell.* Martio meune exeunte & initio Aprilis apud nos floret, in umbrofis fepibus & lenticetis, aut etiam fub arboribus folo laxo aut arenofo.

Capitulo cubico e quinque flofculis compofito (quibus totidem fuccedunt baccæ) in uno caule unico, radice denticulos imitata, folio ad Fumariam accedente abunde diftinguitur tum a congeneribus, tum ab omnibus aliis plantis.

GENUS DECIMUM SEPTIMUM.

HERBÆ MULTISILIQUÆ SEU CORNICULATÆ,

Quæ ad fingulos flores producunt filiquas feu cornicula disjuncta.

§ 1. VINCA Pervinca minor *Ger. Em.* 894. vulgaris *Park.* 380. Clematis daphnoides minor *J. B. II.* 130. *C. B. Pin.* 301. *Periwinckle.* Ad fepes & in aggeribus foffarum fed rarius.

2. Clematis daphnoides major *C. B. Pin.* 302. daphnoides major flore cœruleo & albo *J. B. II.* 132. daphnoid. latifolia, five Vinca Pervinca major *Park.* 380. daphn. five Pervinca major *Ger. Em.* 894. *The greater Periwinckle.* In the Highways between *Wolverton* and *Yarnton,* and in feveral Hedges thereabout; *Dr. Plot.* Found alfo near *Colchefter* by *Dr. Richardfon.* (In the way from *Knowlton* to *Deal,* and in a Lane before you come to *Foots Gray* from *Roebill; Mr. J. Sherard.*)

Hujus notæ funt farmenta longa, repentia; folia glabra, colore & confiftentia Hederaceorum. Flores ampli; filiquæ ad fingulos flores geminæ, non lanigeræ.

Vulneraria infignis eft. Ufus præcipuus in fluxionibus alvi. dyfenteria, hæmorrhoidibus, expuitione fanguinis, hæmorrhagia narium, vulneribus ferofo liquore manantibus. Extrinfecus in profluvio menfium, narium; in laxitate ac dolore dentium: Lac extinctum revocat; *Schrod.*

§. Sem-

§. Sempervivum majus *Ger.* 411. Sedum majus vulgare *C. B. Pin.* 283. *J. B. III.* 687. *Park.* 730. *House-leek.* Hanc plantam in Anglia fponte oriri non aufim fidenter affirmare: ubique tamen in domorum teƈtis, muris & maceriis vetuftis & imbricamentis feritur.

Hujus notæ funt folia in globulos oculi bovini æmulos congefta, lata & fucculenta, flores in furculis reflexis in fummis caulibus ftellati : folia caules veftientia ab inferioribus multum differunt.

Sedum majus refrigerat valide & aftringit. Succus propinatur in febribus Zythogalo mixtus cum fucceffu. Extrinfecus ambuftis, inflammationibus oculorum, anginæ, ulceribus cancrofis & podagræ conducit.

§. 1. Anacampferos, vulgo Faba craffa *J. B. III.* 681. Telephium vulgare *C. B. Pin.* 287. Telephium feu craffula major vulgaris *Park.* 726. Craffula feu Faba inverfa *Ger.* 416. *Orpine or Live-long.* In umbrofis maxime & ad fepes, non raro tamen in agris & pafcuis. Duplex eft, flore purpureo & albo.

Folia in Telephio non conglobantur in capitula ut in Sedo majori, nam a prima ftatim germinatione excaulefcit.

Vulneraria eft & aftringens, præcipui ufus in confolidanda inteftinorum erofione per dyfenteriam introduƈta, in curanda hernia, in ambuftis medendis fub cineribus tofta herba & fuillo adipe mixta & impofita paronychias egregie fanat. Radix recens dorfo inter fcapulas appenfa hæmorrhoidum dolores illico levat; *Ephem. Germ.*

2. Anacampferos radice rofam fpirante major *J. R. H.* 264. Rhodia radix *J. B. III.* 683. *C. B. Pin.* 286. *Ger.* 426. *Park.* 729. Telephium rofeum *Morifon. Rofewort.* On the Rocks of the high Mountains of *Snowdon* and *Caderidris* in Wales; *Ingleborough* and *Hardknot* in Yorkfhire, &c. plentifully.

Radice odorata, foliorum colore glauco, & loco natali a præcedenti differt.

§. 1. Sedum minus hæmatoides *Ger.* 413. minus flore luteo *J. B. III.* 692. minus luteum folio acuto *C. B. Pin.* 283. Vermicularis & Craffula minor vulgaris, feu Illecebra major *Park.* 733. defcr. non ic. *The moft ordinary yellow Prickmadam, or Stonecrop.* In muris & teƈtis paffim. Folia huic angufta, teretiufcula, acuta, flores lutei.

2. Sedum

2. Sedum minus luteum ramulis reflexis *C. B. Pin.* 283. minus luteum flore se circumflectente *J. B. III.* 693. Aizoon scorpioides *Ger. Em.* 513. Vermicularis scorpioides *Park.* 733. *Yellow Stonecrop with reflected Flowers.* Cum priore, cujus varietas esse videtur.

3. Sedum minus a rupe S. Vincentii *Syn. II.* 152. 3. minus Vincentii *Pet. H. B.* 41. 8. minus e rupe Divi Vincentii, N. D. *Merr. Pin. Stonecrop of St.* Vincent's *Rock.* Præcedente minus est, foliis densius stipatis. (In rupibus *Hisvae* valleculæ *Nant-phraucon* imminentibus, *D. Lhwyd* comite observavi; *D. Richardson.*)

An. 4. Sedum purpureum pratense *J. B. III.* 692. minus palustre *Ger. Em.* 515. arvense seu palustre flore rubente *Park.* 734. palustre subhirsutum purpureum *C. B. Pin.* 285. sive Illecebra foliis oblongis *Merr. P. Small Marsh Sengreen.* On the moist Rocks about *Ingleborough-Hill,* as you go from the Hill towards *Horton* in *Ribbles-Dale,* in a Ground where Peat is got in great plenty; also on *Hartside-Hill* near *Gamblesby* in the way to *Osten, Cumberland,* and elsewhere. (In & juxta montem *Hinklehaw* prope Settle; *D. Richardson.*)

Primo pullulatu Sedum minimum acre foliis æmulatur, verum cum excaulescit, folia quæ in cauliculis longiora & rubicundiora sunt. Junio mense in semen abit, deinde emoritur, & semine deciduo se renovat.

5. Sedum parvum acre flore luteo *J. B. III.* 694. Sempervivum minus vermiculatum acre *C. B. Pin.* 283. Vermicularis seu Illecebra minor acris *Ger. Em.* 517. Illecebra minor seu Sedum tertium Dioscoridis *Park.* 735. Herba Arthritico-Scorbutica *Cat. Altd. Wall-pepper or Stone-crop.* Flores ei pro parvitate plantulæ speciosi: Foliorum latitudo longitudini propemodum par.

Foris admotum rubificat, vesicas excitat & tandem exulcerat, Stupendas ejus vires in Scorbuto castrensi expertus est *D. Below,* interne in decocto, & etiam externe applicati in contracturis membrorum, in ulceribus & gingivis corruptis; *Ephem. Germ. Ann. 6. & 7. Obs.* 22.

6. Sedum minimum non acre flore albo *Syn. II.* 153. 6. Illecebra alba mitis *Pet. H. B.* 42. 10. Sedum minimum, flore mixto ex albo & rubro *Merr. Pin. Small white-flower'd Stonecrop not biting.* In sterilioribus Suffolciæ, itinere a *Yarmouth* ad *Donewich,* plurimum observavimus: item in rupibus Lancastrensibus & Westmorlandicis ad *Winandermere.* (In tectis & muris Cambriæ,

briæ, præcipue montofis abunde; *D. Richardfon.* In littore marino prope *Brakelfham* copiofe; *D. Dillenius.* Cum *Petiveri* figura vitiofa fit, meliorem Tab. XII. fig. 2. exhibere voluimus; lit. *a. b. a.* femina & filiquæ feorfim exhibentur.)

 * 7. Sedum minus teretifolium album *C. B. Pin.* 283. minus, folio longiufculo tereti, flore candido *J. B.* III. 690. minus Officinarum *Ger.* 413. *Em.* 512. Vermicularis flore albo *Park.* 733. *defcr.* Verm. five Craffula minor vulgaris *Ej.* 734. *Icon. White-flowered Stonecrop, with round pointed Leaves.* In veteribus muris & tectis.

 * 8. Sedum minus circinato folio *C. B. Pin.* 283. parvum folio circinato *J. B.* III. 691. minus 7. *Cluf. H. LX.* Aizoon dafyphyllon *Lugd.* 1133. Grows plentifully upon the Houfe and all the Walls at *Market Eit* near *Market-ftreet; Mr. Th. Knowlton.*

 §. Cotyledon vera radice tuberofa *J. B.* III. 683. Cotyl. major *C. B. Pin.* 285. Umbilicus Veneris *Ger.* 423. Veneris vulg. *Park.* 740. *Wall Penny-wort, Navelwort, Kidney-wort.* In faxis & vetuftis parietibus. Folia in imo caule non funt ut reliqua circularia, neque in eorum umbilicum inferitur pediculus, fed ad latus. Flos oblongus cylindraceus in fpica longa, cui fuccedunt quinque theculæ feu filiculæ disjunctæ.

Iifdem facultatibus pollere videtur quibus reliqua Seda. Refrigerat, repercutit & abftergit. Quæ in fpecie de ejus viribus tradunt *Diofcorides* & *Galenus,* apud ipfos vide.

§. 1. Helleborus niger hortenfis flore viridi *C. B. Pin.* 185. Helleboraftrum *Ger.* 825. Helleborafter minor, flore viridante *Park.* 212. Elleborus niger vulgaris flore viridi vel herbaceo, radice diuturna *J. B.* III. 636. *Bears-foot, or wild black Hellebore.* In *Bigwin* Clofes near *Cambridge.* It is faid alfo to grow plentifully about *Arundel-Caftle* in *Suffex.* An fponte oriatur locis prædictis, an olim ibi fatum fuerit vel cafu, vel de induftria, dubito. (In Sir *Thomas D'Aeth's* Woods at *Knowlton* in Eaft *Kent,* on the right Hand the Walk by the Parfonage Houfe; *Mr. J. Sherard:* And in the Woods near *Stoken-Church, Oxfordfhire; Mr. J. Bobart.*) Planta humilior eft quam fequens, at folia latiora. Superficies quotannis emoritur.

2. Helleborafter maximus *Ger.* 826. maximus feu Confiligo *Park.* 212. Helleborus niger fœtidus, Enneaphyllon

phyllon Plinii l. 27. c. 9. *C. B. Pin.* 185. Elleborus
niger fylveftris adulterinus, etiam hyeme virens *J. B.
III.* 880. *Great baftard black Hellebore or Bears-foot,
Setter-wort.* In the Hedges of fome Clofes about
Cherry-Hinton near *Cambridge.* Cafu quodam ibi ali-
quando fatum fuiffe fufpicor. (In feveral Places of the
Parifh of *Brundifh* in *Suffolk*; *Mr. J. Sherard.* Upon
the Downs in *Suffex* towards *Chichefter* along the Road;
D. Dillenius.)

Hellebori notæ funt folia digitata, flores non decidui,
radices catharticæ.

Hellebor. nigri minoris flo. viridi folia cerevifiæ per duas aut
tres horas infufa & pota jejuno ventriculo tribus matutinis infigne prophylacticum cenfentur adverfus Variolas aliofque morbos contagiofos; *D. Johnfon.* At *Parkinfonus* experientia pro-
pria purgandi validam vim eis attribuit, vehementiorem quam
Hellebori nigri veri apud nos non nafcentis. Pulverem foliorum
exficcatorum pauca quantitate verminantibus pueris exhibent
noftræ vel in potu aut jufculo, vel ficu aut melle exceptum.

Confiliginis feu Enneaphylli radicis particulam in pecoribus
medendis, auriculæ perforatæ inferere foliti funt veterinarii antiqui; moderni eofdem imitati boum non auriculis tantum fed
& palearibus & equorum cruribus, in quovis fere morbo nec
plerunque fine fucceffu.

§. Populago *Tab. Ic.* 750. Caltha paluftris *J. B. III.*
470. paluftris vulgaris fimplex *Park.* 1213. paluftris flore fimplici *C. B. Pin.* 276. paluftris major *Ger.* 670.
Marfh-Marigold. In aquofis & ad fluviorum ripas.

Hujus notæ funt flores lutei, Ranunculorum æmuli,
abfque perianthio, folia integra, locus paluftris. Hanc
flore pleno fpontaneam invenit *D. Lawfon.*

§. Ranunculus globofus *Ger.* 809. *Park. Parad.* 218.
flore globofo, quibufdem Trollius flos *J. B. III.* 419.
montanus, Aconiti folio, flore globofo *C. B. Pin.* 182.
The Globe-flower or Locker-gowlons. Ad latera montium, inque pratis montofis in Septentrionalibus Angliæ
& Cambriæ copiofiffime.

Flores non expanduntur, fed petalis concavis &
introrfum modice reflexis globum imitantur; folia A-
coniti.

§. Damafonium ftellatum Dalechampii *J. B. III.* 789.
Plantago aquatica ftellata *C. B. Pin.* 190. aquatica minor
ftellata *Ger. Em.* 417. aquat. minor muricata *Park.* 1245.
Star-headed Water-Plantain. In aquis ftagnantibus fed
rarius;

tarius; as in a Pond at *Rumford* Town End towards *London* plentifully. (Before you come to *Ilford* in *Effex*; *Mr. J. Sherard.* In *Larymer's-Pond* on the left Hand of Newington-buts; *Mr. Fyfher.*)

Foliis & floribus tripetalis cum plantagine aquatica minore convenit, filiculis membranaceis ftellatim difpofitis, plurimis unicuique flori fuccedentibus ab eadem differt.

§. Aquilegia flore fimplici *J. B. III.* 484. vulgaris fimplex *Park.* 1367. fylveftris *C. B. Pin.* 144. flore cœruleo *Ger.* 935. *Columbines:* ita dicta quia partes florum incurvatam Columbæ cervicem & roftellum referunt. In fylvis & dumetis.

Aquilegiæ notæ funt folia Umbelliferarum modo divifa, flores penduli cum pluribus corniculis recurvis. Semina nigra lucida.

Seminum pulvis icterum fanat; partum promovet, urinam & menfes ciet; variolas & mozbillos expellit. Folia in ufu funt in collufionibus & gargarifmis contra affectus faucium & afperæ arteriæ calidos.

* §. Delphinium fegetum, flore cœruleo *Inft. R. Herb.* 426. Confolida regalis arvenfis, flore cœruleo *C. B. Pin.* 142. regalis flore minore *J. B. III.* 210. regalis fylveftris *Ger.* 923. Found in great plenty by *Mr. J. Sherard* amongft the Corn in *Swafham* Field in *Cambridgefhire.*

§. Butomus *Cæf.* 553. Juncus floridus *J. B. II.* 524. *Park.* 1197. floridus major *C. B. Pin.* 12. Gladiolus paluftris Cordi *Ger.* 27. *The flowering Rufh, or Water-Gladiole.* Hujus notæ funt folia graminea triangula, caules nudi, flores in umbellam in fummo caule difpofiti. Planta eft fingularis & fui generis, bulbofis affinis effe videtur, ad Moly accedens. Nafcitur in fluviorum alveis, foffis pinguibus & limofis.

T   G E N U S

GENUS DECIMUM OCTAVUM.

HERBÆ FRUCTU SICCO SINGULARI, FLORE MO-NOPETALO.

I. *Regulari.*

1. *Integro aut minus profunde diviso.*

HÆ PRÆTER floris calycem vafculum feu con-ceptaculum obtinent cui femen includitur, ad fingulos flores unicum feu fingulare, quamvis interdum in plures cellulas divifum; florem monopeta-lon, feu uniformem, five difformem.

An. §. Hyofcyamus vulgaris *J. B. III.* 627. niger *Ger.* 283. niger vel vulgaris *C. B. Pin.* 169. *Park.* 362. *Common Henbane.* In incultis, ruderatis & pinguibus locis.

Notæ hujus funt folia in caule alternatim fita, vafcu-la feminalia bicapfularia, operculo tecta, quod per ma-turitatem abfcedit, calyx in denticulos acuminatos quin-quepartitus, vis narcotica & virofa.

Somnum inducit, dolores fedat, acrimoniam mitigat, at ra-tionem perturbat, unde internus ejus ufus rariffimus eft. Ad-verfus acres calidafque oculorum defluxiones prodeft: fanguinis defluxiones muliebriaque profluvia compefcit, & ad teftium aliarumque partium inflammationes adhibetur, necnon ad po-dagram & dolorem ifchiadicum in fomentis. Manuum pedum-que pruriginem a frigore hyberno ortam fedat fumus cytino-rum carbonibus infperforum.

§. 1. Gentiana paluftris anguftifolia *C. B. Pin.* 188. Pneumonanthe *Ger.* 355. Gentianella autumnalis Pneu-monanthe dicta *Park.* 406. Gentianæ fpecies, Calathia-na quibufdam, radice perpetua feu paluftris *J. B. III.* 524. *Marfh Gentian or Calathian Violet.* In agro Lin-colnienfi & Eboracenfi, in ericetis humidioribus paffim; as in *Tatterfhal-Park.* (A quarter of a Mile beyond *Clapham* in the Field going the middle Way to *Engle-ton*; *Mr. Newton.*)

An. 2.

An. 2. Gentiana pratensis flore lanuginoso *C. B. Pin.*
188. Gentianellæ species quibusdam, an Cordo Pneu-
monanthe aut Gentiana fugax altera Clusii *J. B. III.*
526. *Dwarf Autumnal Gentian or Fellwort.* In montosis cretaceis & pascuis siccioribus. Variat magnitudine.

Est hæc Gentianella fugax 2. *Cluf. Hift.* 315. cujus nota characteriftica eft, quod fingulæ floris laciniæ infimâ internâ parte
purpurea lanugine pubescant.

An. 3. Gentianella fugax Autumnalis elatior, Cen-
taurii minoris foliis. An Gentianella fugax 4 *Cluf?*
The taller Autumnal Gentian, with Centaury-like Leaves.
Found first by *Dr. Eales* near *Welling* in *Hartforshire*;
then by *Mr. Dale*, in some barren Layes at *Belchamp
S. Paul, Essex. Mr. Doody* received it from *Mr. Stonestreet*, as is mentioned in his Notes in the Appendix of
the first Edition. *(*Eadem cum priore.)

An. 4. Gentianella fugax verna seu præcox *Syn. II.*
156. 4. forte Gentianella purpurea minima *Col. I.* 223.
fig. 221. *Vernal dwarf Gentian.* Found by *Mr. Fitz-
Roberts* on the Backside of *Halse-fellnab* near *Kendal*;
as also in the Parks on the other Side of *Kendal*, on
the Back of *Birk-hag.* Aprili mense floret & ad Junium usque durat.

Gentianæ notæ genericæ sunt folia nervosa, in caulibus ex adverso bina, flores calathoides, margine in lacinias aliquot totidem folia imitantes plerunque diviso,
sapor amarus.

Gentianellæ quamvis in usum medicum non veniant, iisdem
tamen facultatibus cum majoribus Gentianis pollere creduntur.

§. Convolvuli notæ sunt cauliculi perticis aut plantis
vicinis se circumvolvendo scandentes; Vasculum seminale in terna loculamenta, quorum unumquodque semina bina majuscula angulosa continet, divisum; Flos
campanulatus margine integro; succus lacteus.

1. Convolvulus major *J. B. II.* 154. major albus
C. B. Pin. 294. *Park.* 163. Smilax lævis seu lenis major *Ger.* 712. *Great Bindweed.* Ad sepes locis humectis frequens est. (Variat flore carneo & roseo;
Vid. *Merr. Pin.* Convolvulus vulgaris major flore amplo dilute purpureo *Pluk. Alm.* 213.)

2. Convolvulus minor vulgaris *Park.* 171. [qui perperam album & purpureum diversas species facit.] Conv.
minor arvensis *C. B. Pin.* 294. Helxine cissampelos mul-

tis

tis feu Convolvulus minor *J. B. II.* 157. Smilax lenis minor *Ger.* 712. *Small Bindweed.* In arvis & ad femitas.

3. Convolvulus arvenfis minimus *D. Dent Syn. II.* 157. 3. Convolvulus anguftiffimo folio, noftras, cum auriculis *Pluk. Almag.* 116. *Tab.* 24. *fig.* 3. *The leaft Bindweed.* Cum priore inter fegetes, *Harlefton* inter & *Everfden* parvam in agro Cantabr. Folia habet angufta, cufpidata Sagittariæ fere in modum, præcedentis foliis multo minora, flores etiam minores.

* 4. Convolvulus flore minimo, ad unguem fere fecto. Prope *Maidftone* invenit *D. Rand.*

5. Convolvulus maritimus Soldanella dictus. Soldanella marina *Ger.* 690. maritima minor *C. B. Pin.* 295. vulgaris *Park.* 161. Braffica marina feu Soldanella *J. B. II.* 166. *Sea Bindweed, by fome improperly called Sea Colewort*, Scottifh *Scurvygrafs*. In arenofis maris littoribus frequens.

Convolvuli majoris radicem inter benigne bilem evacuantia recenfet Prævotius (*Medic. Pauper.*) Cat. Altdorf. *Hofmanni* Scammonium Germanicum appellat. Mirum ergo J. Bauhinum fcribere gratum & utile porcis alimentum præbere.

§. Campanulæ notæ funt, capfulam feminalem habere in terna loculamenta divifam, feminibus plurimis lucidis rufis repletam, florem fructui infidentem; fucco lacteo fcatere.

Campanula folio hirfuto Trachelium *dicta.*

1. Campanula maxima foliis latiffimis *C. B. Pin.* 94. pulchra a Toffano Carolo miffa *J. B. II.* 807. item Trachelium candidum Anglicum majus, foliis fere Digitalis vel Campanulæ *Ejufd. Ibid.* Trachelium majus Belgarum *Park.* 643. majus Belgarum five Giganteum *Ger. Em.* 448. *Giant Throatwort.* In the mountainous Parts of *Derbyfhire, Staffordfhire, Yorkfhire*, and elfewhere in the North of *England* plentifully. (At *Malham* on the Rocks by the *Whern.*)

2. Campanula vulgatior foliis Urticæ vel major & afperior *C. B. Pin.* 94. major & afperior folio Urticæ *J. B. II.* 805. Trachelium majus *Ger.* 364. majus flore purpureo *Park. Par.* 354. *Great Throatwort or* Canterbury *Bells.* In fylvofis & ad fepes. Variat interdum floris colore albo.

3. Cam-

3. Campanula pratenfis flore conglomerato *C. B. Pin.* 94. Trachelium minus *Park.* 644. *Ger. Em.* 449. minus multis *J. B. II.* 800. item Trachelium feu Viola Calathiana herba Anglica *Ejufd.* 802. Bis defcripfit & depinxit hanc plantam *Gerardus* noftras, unde *J. Bauhi-nus,* qui (ut ipfemet ingenue fatetur) linguam Anglicanam non intellexit, mala figura deceptus eft. *Little Throatwort or* Canterbury-*Bells.* In pafcuis montofis & cretaceis. (Eadem flore albo. Variis in locis occurrit, præcipue juxta *Bramham*; *D. Richardfon.*)

Campanula folio glabro, Rapunculus *dicta.*

An. 4. Rapunculus efculentus *C. B. Pin.* 92. efculentus vulgaris *Park.* 648. vulgaris campanulatus *J. B. II.* 795. Rapuntium parvum *Ger.* 369. *Rampions.* In aggeribus foffarum & arvis requietis.

5. Campanula rotundifolia *Ger.* 367. minor fylveftris rotundifolia *Park.* 651. minor rotundifolia vulgaris *C. B. Pin.* 93. parva Anguillaræ Cantabrica *J. B. II.* 796. *The leffer round-leaved Bell-flower.* In agrorum marginibus, inque dumetis & ad fepes, præfertim in montofis.

Folia ima fubrotunda funt, quæ in caulibus longa. Floris color cœruleus, qui interdum variat. (Purpurei mentionem facit *Merr.* in *Pin.* At *Effaton* a Mile from *Wigmore, Herefordfhire.*)

6. Campanula minor Alpina, rotundioribus imis foliis *Cluf. Hift.* CLXXIII. minor rotundifolia Alpina *C. B. Pin.* 93. *Pr.* 34. *The leffer Mountain Bell-flower, with the lower Leaves round.* In excelfis rupibus montis *Snowdon* copiofe; *D. Lhwyd.* *Dr. Plukenet* found the fame about *Rickmanfworth* in *Hartfordfhire* in a dry Gravel-pit, and in fuch like Places about *Croydon* in *Surrey.* Figura Clufiana eft prioris fpeciei ex fententia *C. B.*

An. 7. Campanula Cymbalariæ foliis *Ger. Em.* 452. *Park.* 652. Cymbalariæ foliis, vel folio hederaceo *C. B. Pin.* 93. Camp. folio hederaceo, fpecies Cantabricæ Anguillaræ *J. B. II.* 797. *Tender Ivy-leaved Bell-flower.* On many moift and watery Banks in the Weft of *England,* efpecially in *Cornwal.* I have found it alfo in the North, as about *Sheffield* in *Yorkfhire. Mr. Lawfon* in *Bagley* Wood near *Oxford.* (In fyl-

vula

Vula *Pancretch* vocata, medio itinere a *Lhan-rhooft* ad *Capel Kerigh* secus viam, *Dr. Richardson.*) Tenella est plantula, humi fusa, foliis quasi hederaceis, ejusdem formæ omnibus, in humidis & juxta aquas natales ejus.

Campanula flore expanso, vasculo in siliquam producto, Speculum Veneris *dicta.*

An. Campanula arvensis erecta, vel Speculum Veneris minus *Ger. Em.* 439. *Park.* 1331. *The lesser Venus Looking-glass, or codded Corn-Violet.* Inter segetes. Speculum Veneris vasculo seminali oblongo in siliquam producto, & seminibus præ reliquis lucidis & splendentibus a cæteris Campanulis differt.

1. Rapunculus corniculatus montanus *Ger. Em.* 455. flore globoso purpureo *J. B. II.* 810. folio oblongo, spica orbiculari *C. B. Pin.* 92. alopecuroides orbiculatus *Park.* 648. *Horned Rampions with a round Head or Spike of Flowers.* On the Downs of *Sussex* and *Hampshire* in many Places.

An. 2. Rapunculus Scabiosæ capitulo cœruleo *C. B. Pin.* 22. *Park.* 646. Scabiosa globularis, quam ovinam vocant *J. B. III.* 12. Scab. minima hirsuta *Ger. Em.* 723. *Hairy Sheeps Scabious, or rather Rampions with Scabious Heads.* In arenosis & sterilioribus requietis agris & pascuis.

Flosculi corniculati, plurimi in unum capitulum seu florem totalem congesti Rapunculum corniculatum a reliquis hujus generis distinguunt. Secunda species a priore facile discernitur loco natali, magnitudine qua eam superat, foliis angustis hirsutis non crenatis, florum colore cœruleo.

Vulgaris radix estur cruda vel cocta in acetariis, Rapo aut Raphano sapore præferenda.

An. §. Plantaginella palustris *C. B. Pin.* 190. Plantago aquatica minima Clusii *Park.* 1244. Alsine palustris repens, foliis lanceolatis, floribus albis perexiguis *Pluk. Alm.* 20. *T.* 74. *f.* 4. In fundis piscinarum aquis æstate exsiccatis, aut alibi, ubi per hyemem aquæ stagnarunt, v. gr. in ericeto *Hounslejano* versus *Hampton.* Characterem hujus generis vid. *C. Giss. App.* 113.

2. *Flore Tetrapetalum referente seu Tetrapetaloide.*

§. Veronicæ notas vid. *Meth. Em. p.* 83.

1. Veronica spicata Cambro-Britannica, Bugulæ subhirsuto folio. Ad latera montis cujusdam, *Craig Wreid-*

Wreidhin dicti in comitatu Montis Gomerici Walliæ *D. Lhwyd* invenit.

(Nova hujus generis fpecies eft, & a Veronica fpicata latifolia *C. B.* pro qua in *Syn. Ed.* prioribus fuit habita, differt caulibus minus foliofis, minufque altis, foliis fubhirfutis & obtufioribus, nec tam crebro acuteque ferratis. Sed præcipue notabilis eft differentia in feminibus, quæ in hac altera parte convexa, altera cava obfervantur, cum in illa magis plana, minora & magis copiofa fint. Ceteroquin vafcula & flores utriufque tantam invicem fimilitudinem habent, ut vix diftingui queant. Figura ad plantam quæ in horto Elthamenfi nafcebatur, efformata fuit, unde conjicere licet, eam fpontanea planta aliquanto majorem effe. Id etiam animadverfum fuit, in horto plures eam fpicas proferre folere, quam in fylveftribus locis, ubi monoftachya plerumque obfervatur. Figuram vid. Tab. XI. ubi lit. *a.* & *b.* flores aliquot feorfim, *c.* vafculum, ad *d.* vero femina exhibentur.)

2. Veronica fpicata recta minor *J.B.III.* 282 fpicata minor *C. B. Pin.* 247. it. fpicata anguftifolia *Ejufd.* erecta anguftifolia *Park.* 550. recta minima *Ger.* 503. & *Em.* 627. affurgens feu fpicata *Ej. Em.* 628. *Upright fpiked male Speedwell or Fluellin.* In feveral Clofes adjoining to *Newmarket-Heath* beyond *Botteſham.*

3. Veronica pratenfis minor *Park.* 551. minor *Ger.* 503. pratenfis Serpyllifolia *C. B. Pin.* 247. fœmina quibufdam, aliis Betonica Pauli Serpyllifolia *J. B. III.* 285. *Little or fmooth Fluellin or* Paul's *Betony.* In pratis & pafcuis.

Flores pallide cœrulei in fpicas quafdam laxas excurrere videntur e fingulis foliorum alis finguli exeuntes.

An. 4. Veronica floribus fingularibus, in oblongis pediculis, Chamædryfolia. Alfine foliis Triffaginis *Ger. Em.* 616. *Park.* 764. Chamædryfolia flofculis pediculis oblongis infidentibus *C. B. Pin.* 250. ferrato folio glabro *J.B.III.* 366. *Germander-Speedwell or Chickweed.* In hortis & areis locifque cultis tota æftate floret.

An. 5. Veronica flofculis fingularibus, cauliculis adhærentibus. Alfine foliis Veronicæ *Ger.* 489. foliis fubrotundis Veronicæ *Park.* 762. Veron. foliis, flofculis cauliculis adhærentibus *C. B. Pin.* 250. ferrato folio hirfutiore, floribus & loculis cauliculis adhærentibus *J. B. III.* 367. *Speedwell Chickweed.* Ad margines agrorum ficciores, non raro & in muris antiquis & lo cis ruderatis.

An. 6.

An. 6. Veronica flosculis singularibus, foliis laciniatis, erecta. Alsine parva recta, folio Alsines hederaceæ, Rutæ modo diviso *Lob. Ic.* 464. triphyllos sive laciniata *Park.* 760. triphyllos cœrulea *C. B. Pin.* 250. recta *Ger.* 489. folio profunde secto, flore purpureo seu violaceo *J. B. III.* 367. *Upright Speedwell with divided Leaves.* At *Rowton* in *Norfolk* betwixt the Town and the Highway, twelve Miles before you come to *Norwich*; and at *Mewel* in *Suffolk*, between the two Wind-Mills and the Warren Lodge; and in Gravel-pits two Miles beyond *Barton* Mills, on the Ridge of the Hill, where a small Cart-way crosseth the Road to *Lynne*, and in the Grass thereabout plentifully; *T. Willisel.*

An. 7. Veronica flosculis singularibus, Hederulæ folio, Morsus gallinæ minor dicta. Alsine hederacea *Ger. Em.* 616. Hederulæ folio *C. B. Pin.* 250. Hederulæ folio minor *Park.* 762. Alsines genus Fuchsio, folio Hederulæ hirsuto *J. B. III.* 368. *Ivy-leaved Speedwell, or small Henbit.* In arvis inter sata, primo vere floret.

8. Veronica aquatica rotundifolia, Becabunga dicta, minor. Anagallis aquatica minor, folio subrotundo *C. B. Pin.* 252. aquat. flore cœruleo, folio rotundiore minor *J. B. III.* 790. aquat. vulgaris, sive Becabunga *Park.* 1236. Anagallis sive Becabunga *Ger.* 496. *Emac.* 620. *Common Brooklime.* In rivulis. Observed with a white Flower about *Shap* in *Westmorland*, by *Mr. Lawson.* *Mr. Bobart* also found the same by the Side of *Heddington* Hill near *Oxford.*

9. Veronica aquatica longifolia media. Anagallis aquatica minor *Ger.* 496. aquatica minor folio oblongo *C. B. Pin.* 252. aquatica folio oblongo crenata *Park.* 1237. aquat. flore purpurascente, folio oblongo minor *J. B. III.* 791. *The middle long-leaved Water-Speedwell or Brooklime.* Cum priore. Flore albo, about *Shap* in *Westmorland*; *Mr. Lawson.*

10. Veronica aquatica angustifolia minor. Anagallis aquatica angustifolia scutellata *C. B. Pin.* 252. *Pr.* 119. aquatica angustifolia *J. B. III.* 791. *Narrow-leaved Water Speedwell or Brooklime.* Hæc ni fallor Anagallis aquatica 4. *Lob. Ic.* 467. quamvis minus recte picta sit cum floribus & vasculis in summis ramulis: exeunt enim ex alis foliorum, præcedentium in morem. (On *Kirby* Moor; *Mr. Newton.*)

11. Ve-

11. Veronica Chamædrys fylveſtris dicta. Chamæ-
drys fylveſtris *Ger.* 530. ſpuria ſylveſtris *Park.* 107. ſpuria latifolia *J. B.* III. 286. ſpuria minor rotundifolia
C. B. Pin. 249. *Wild Germander.* In paſcuis vere
floret.

12. Veronica Chamædryoides, foliis pediculis oblongis infidentibus *Syn. II.* 179. 12. Chamædryi ſpuriæ affinis rotundifolia ſcutellata *C. B. Pin.* 249. Alyſſon
Dioſcoridis montanum *Col. Ec. I.* 286. *Wild German-*
der with Leaves ſtanding on long Foot-ſtalks. In ſylvis
humidis & ad ſepes ſolo humido. (In ericeto Hamſte-
diano *Merr.* In *Charlton wood,* the lower Part plentifully ; *Mr. J. Sherard.*)

13. Veronica mas ſupina & vulgatiſſima *C. B. Pin.*
246. mas vulgaris ſupina *Park.* 550. vulgatior folio rotundiore *J. B. III.* 282. vera & major *Ger.* 502. *The*
male Speedwell or Fluellin. In paſcuis ſiccioribus & ericetis. Tota hirſuta eſt, viticulis ſeu cauliculis radices
ſubinde agentibus reptat.

Decoctum hujus ad calculum valet. Vulneraria inſignis eſt
ac ſudorifera. Intus ſumpta adverſus tuſſim & vitia pulmonum
conducit, item adverſus peſtem & morbos contagioſos. Extrinſecus ad vulnera, ulcera, ſcabiem, cutis vitia commendatur.

Ceterum Veronicæ in triplici ſunt differentia. (1.) Aliæ, ut
prima & ſecunda ſpecies, flores ſpicatos producunt, ſpicis ſummos caules & ramulos occupantibus. (2.) Aliæ, ut 5. ſequen-
tes ſpecies, e foliorum ſinubus, ſecundum caules flores ſingulares
& ſolitarios proferunt, quæ Alſinæ ſpuriæ vocatæ. (3.) Aliæ
denique, ut 6. ultimæ ſpecies, e foliorum ſinubus ſecundum
caules flores promunt, verum non ſingulares, ſed plures velut
ſpicatim, quæ variis nominibus Veronicæ, Anagallidis, Teucrii
ſeu Chamædryos ſpuriæ appellantur.

§. Cuſcuta major *C. B. Pin.* 219. Cuſcuta ſive Caſſutha *Ger.* 462. *Park.* 10. Caſſutha ſive Cuſcuta *J. B.*
III. 266. *Dodder.* In Ericetis & inter Legumina.
Longiſſimis filamentis aphyllis conſtat, poſtquam ſuc-
creverit, contiguis plantis ſe circumvolvens, alimentum
inde exugit; unde *Hellweed* & *Devil's Guts,* i. e. herba
inferni, & Diaboli inteſtina, vulgo audit. Foliis plane deſtituitur, quo ab aliis omnibus nobis hactenus
cognitis plantis differt. Notas ejus characteriſticas vid.
Metth. Em. p. 83.

Humorem melancholicum purgat, unde utilis eſt in ſcabie,
ictero nigro, obſtructionibus hepatis & lienis. Plantarum, quibus

bus innafcitur temperamentum aliquatenus participare creditur.

3. Flore Pentapetaloide.

a. Unicapfulares.

An. §. 1. Anagallis flore phœniceo *C. B. Pin.* 252. *Park.* 558. phœnicea mas *J B. III.* 369. mas *Ger.* 494. *Male Pimpernel.* In arvis & hortis ferius & circa mediam æſtatem floret.

An. 2. Anagallis phœnicea foliis amplioribus ex adverfo quaternis *Pluk. Alm.* 29. Inter fegetes fed rarius.

3. Anagallis fœmina *Ger.* 494. cœrulea fœmina *J. B. III.* 369. cœruleo flore *C. B. Pin.* 252. *Park.* 558. *Female or blue-flower'd Pimpernel.* Inter fegetes fed rarius in Anglia. In exteris regionibus non minus frequens eſt quam mas. Præcedentis varietas potius eſt, quam fpecies diſtincta.

4. Anagallis terreſtris flore albo. *White-flower'd Pimpernel.* Found in Cowley-Field; *Mr. Bobart.*

5. Anagallis lutea *Ger.* 495. flore luteo *Park.* 558. lutea nemorum *C. B. Pin.* 252. lutea Nummulariæ fimilis *J. B. III.* 370. *Yellow Pimpernel of the Woods.* In fylvis & umbrofis humidioribus.

Anagallidis notas characteriſticas vid. *Meth. Em. p.* 83.

Vulneraria cenfetur & alexipharmica; peſti conducit. Commendatur etiam ad phthiſin & tabem pulmonum, ad tormina recens natorum; ad epilepſiam, (aqua deſtillata) ad maniam.

Lyſimachiæ & Nummulariæ notas characteriſticas vid. *Meth. Em. p.* 84.

§. 1. Lyſimachia lutea *J. B. II.* 901. *Ger.* 386. lutea major quæ Diofcoridis *C. B. Pin.* 245. lutea major vulgaris *Park.* 544. *Yellow Willow-Herb or Loofeſtrife.* In aquofis & ad rivos, fed rarius. (In foſſis ſtagnantibus juxta *Carleolum* abunde; *Dr. Richardfon.*)

* 2. Lyſimachia lutea foliis brevioribus & obtufis, floribus in fummitate congeſtis. Caule & foliis eſt hirfutis, duas uncias longis, unciam & fefquiunciam longis, binis ternis & quaternis fubinde ex eodem geniculo nafcentibus. Summus caulis in fpicam latam & obtufam definit, ex pluribus floribus congeſtis & minus quam in vulgari fparfis conſtantem. A *D. J. Sherard* obfervata. Differt a vulgari foliis duplo brevioribus & floribus minus fparfis, in fummo magis caule enafcentibus.

3. Lyſi-

3. Lysimachia lutea flore globoso *Ger. Em.* 475. *Park.* 544. bifolia flore globoso luteo *C. B. Pin.* 245. altera lutea Lobelii, flore quasi spicato *J. B. II.* 902. *Yellow Loosestrife with a globular Spike or Tuft of Flowers.* Found by *Mr. Dodsworth* in the East Riding of *Yorkshire.* (In *Nynnechytched*, Anglesea; *Mr. Lhwyd.* By *Kings-Langley* in Hartfordshire; *Ph. Br.*) Globuli seu spicæ florum ex alis foliorum exeunt.

§. 1. Nummularia *Ger.* 505. vulgaris *Park.* 555. major lutea *C. B. Pin.* 309. sive Centimorbia *J. B. III.* 370. *Money-wort or Herb Two-pence.* Juxta scrobes & fluenta, aliaque rigua loca.

2. Nummularia minor flore purpurascente *C. B. Pin.* 310. *Park.* 555. *Ger. Em.* 630. rubra *J. B. III.* 371. *Purple-flower'd Money-wort.* Locis palustribus in ericetis.

Vulneraria est e præcipuis. Usus in pulmonum exulcerationibus, venis ruptis, fluxu quocunque, diarrhœa, dysenteria, hæmoptysi, mensibus, &c. Commendatur & in Scorbuto, herniisque omnis generis; *Schrod.*

§. Samolus Valerandi *J. B. III.* 791. Anagallis aquatica rotundo folio non crenato *C. B. Pin.* 252. aquatica rotundifolia *Ger. Em.* 620. aquatica 3. Lob. folio subrotundo non crenato *Park.* 1237. *Round-leaved Water-Pimpernel.* In locis paludosis Junio mense floret.

Notas characteristicas vid. *Meth. Em. p.* 84.

(Planta heteroclita rotundifolia minus crenata, Beccabungæ foliis pentapetala, capsula Alsines quinquefida *H. Ox. II.* 324. 5. 3. *T.* 24. *f.* 28. Alsine aquatica foliis rotundis Beccabungæ *Ibid.* Sub quibus nominibus designatur a *Morisono* nova & inaudita planta, quam *J. Bobart* ipsi primum invenit & detexit in fossis prope Ptochodochium *D. Bartholomæi* & prope pagum *Cowly* prope Oxonium. Sed meminisse debebat *Morisonus*, hanc novam & inauditam plantam eandem plane esse cum Samolo, quem pag. antecedenti sub nomine Veronicæ aquaticæ folio subrotundo non crenato ex *J. Bauhino* descripserat, quamvis ipsius descriptionem imaginariis suis interpolationibus non parum corruperat. Alioquin descriptio ipsius posterior, quam sub hujus nomine recitat, satis bona est.)

§. Primulæ veris dictæ, quæ & Paralysis, caules foliis nudi sunt, flores e tubo oblongo in folia seu potius lacinias quinque bifidas expansi, eorumque calyces oblongi, concavi, laxi, striati. Folia rugosa, molliora, minus crassa seu spissa.

Primula

1. Primula veris vulgaris *Park.* 535. veris minor *Ger.*
636. veris, floribus ex fingularibus pediculis pallidis majoribus, fimplicibus *J. B. III.* 497. Verbafculum fylvarum majus fingulari flore *C. B. Pin.* 241. *Common
Primrofe.* In fylvis, fepibus & dumetis verno tempore ubique.

Hujus multiplex habetur varietas. 1. Flore niveo. 2. Flore viridi fimplici. 3. Flore viridante & albo fimplici *Park.* 4.
Flore viridi duplici. 5. Flore multiplici feparatim divifo *Park.*
quæ Primula veris *Hesketi.* 6. Flore duplici, feu altero alteri
innato. 7. Flore pleno feu multiplici omnium Auctorum.
8. Floris calycum fegmentis viridante margine foliaceo fimbriatis; vid. *Park. Par.*

2. Primula pratenfis inodora lutea *Ger.* 635. veris caulifera, pallido flore inodoro aut vix odoro *J. B. III.*
496. Verbafculum pratenfe aut fylvaticum inodorum
C. B. Pin. 241. Paralyfis altera odorata flore pallido polyanthos *Park. Par.* 244. *Great Cowflips or Oxflips.* In
fylvis & ad fepes non admodum infrequens; interdum
& in pafcua defcendit.

P. Renealmo fignificanter dicitur Φλομίσκος σκιαδῖἔχℰ-, διασ-
κόπιℰ-, ἐρυθρόζονℰ-, i. e. Verbafculum umbellatum, floribus in
omnem partem diffufis, zona rubra ad petiolorum bafin cinctum.

3. Primula veris major *Ger.* 635. veris odorata flore
luteo fimplici *J. B. III.* 495. Verbafculum pratenfe
odoratum *C. B. Pin.* 241. Paralyfis vulgaris pratenfis,
flore flavo fimplici odorato *Park. Par.* 244. *Common
Pagils or Cowflips.* In pafcuis frequens Aprili menfe
floret.

P. Renealmo Φλομίσκℰ- σκιαδῖἔχℰ-, χρυσάνθης, μακρόςυλℰ-
infcribitur, i. e. Verbafculum umbellatum flore aureo, ftylo
longo : non tamen folo colore, fed & parvitate florum & odore eorundem a præcedente differt. Non pauciores hujus, quam
Primulæ vulgaris varietates habentur in hortis cultæ, de quibus
confule fi placeat *Hift. noft. p.* 1082.

Folia & flores in olere, placentulis & acetariis fumuntur,
funtque admodum amica & utilia capiti ac nervofo generi.
Adhibentur in Apoplexia, Paralyfi, unde herba denominationem
fumit, & articulorum doloribus. Aqua florum deftillata, eorundem Conferva & Syrupus, infufa, decocta & extracta, ano-
dyna funt & hypnotica, benigna & innoxia, iis qui tenerioris
funt ætatis aut conftitutionis apprime idonea. Decoctum radicum in Zythogalo fumptum commendatur ad vertiginem.

§. Auriculæ Urfi notæ funt, folia denfiora, fucculen-
tiora & læviora quam Primulæ verfs, florum calyces

I   brevio-

breviores, ut tubi florum fere nudi appareant, foliorum quædam rudimenta in caulis vertice e quibus florum pediculi exeunt.

Verbafculum umbellatum Alpinum minus *C. B. Pin.* 247. Primula veris flore rubro *Ger.* 639. *Cluf. H.* 300. veris minor purpurafcens *J. B. III.* 498. Paralyfis minor flore rubro *Park. Par.* 246. *Birds-eye.* In montofis pratis agri Weſtmorlandici & Eboracenfis copiofe locis udis & paluftribus provenit. (On *Shooterſhill* near *Eltham,* where it hath been planted by *Mr. J. Sherard.*)

Ad Auriculam Urfi accedit, cujus & fpecies nobis cenfetur. Folia fubtus incana & veluti farina afperfa; flores in umbella hilari purpura nitent, umbilico flavo. Primulam veris flore rubro, ab ea quæ flore eſt candido, non aliter quam floris colore diſtinguit *Clufius.*

An. §. Glaux maritima *C. B. Pin.* 215. maritima minor *Park.* 1283. exigua maritima *Ger.* 448. *J. B. III.* 373. *Sea Milk-wort, or black Salt-wort.* In falfis paluſtribus mari conterminis ubique.

Notas vid. *Meth. Em. p.* 84.

§. Menianthes paluftre triphyllum latifolium & anguſtifolium *Inſt. R. H.* 117. Trifolium paluftre *J. B. II.* 389. *C. B. Pin.* 327. paludofum *Ger.* 1024. *Park.* 1212. fibrinum *Tabern. & Germanorum. Marſh-Trefoil, Buckbeans.* In paluſtribus & aquofis frequens.

Foliis forma & magnitudine fabaceorum, tribus in eodem pediculo, floribus in thyrfo fpeciofis, interius candidis filamentis crifpis pubefcentibus, locoque natali ab aliis congeneribus diftinguitur.

Herba hæc *Germanorum* amafia, nuperis annis magna in exiſtimatione effe cœpit. Nonnulli ad morbum articularem, alii ad fcorbuticos affectus, ad febres intermittentes & catarrhos eam commendant, & in hydropicis affectibus valde proficuam effe exiftimant; *Dr. Tancr. Robinfon.*

§. Hottonia *Boerh. Ind. Alt. P. I. p.* 207. Millefolium aquaticum, dictum Viola aquatica *J. B. III.* 782. aquaticum feu Viola aquatica caule nudo *C. B. Pin* 141. aquaticum floridum feu Viola aquatica *Park* 1256. Viola paluftris *Ger* 678. *Water-Violet.* In aquis refiduis ut & tardius fluentibus vadofis.

Foliis pennatis, aquis plurimum immerfis, caulibus nudis, cum floribus plurimis fpeciofis Leucoii, monopetalis, in quinque tamen folia ad unguem ufque fiffis, ut pentapetali videantur, ab aliis facile diftinguitur.

§. 1. Al-

§. 1. Alfinanthemos *Thal. Sylv.* 15. *defcr.* Pyrola Alfines flore Europæa *C. B. Pin.* 191. *Park.* 509. Pyr. Alfines flore major *C. B. Pr.* 100. Herba trientalis *J. B.
III.* 536. Invenit *T. Willifel* ad orientalem extremitatem *Rumbles-Meer* prope *Helwick* in comitatu Eboracenfi, loco paludofo inter Juncos, inque Northumbria
trans murum Pictorum 5. m. p. ultra *Hexam* oppidum
Boream verfus; necnon inter Ericas in montofis paluftribus non longe ab oppidulo *Harbottle* ad occidentem.

E foliorum velut umbella in fummo cauliculo gracili exeunt
in pedicellis oblongis tenuiffimis flores pulchelli albi duo trefve,
pentapetalos fimulantes, (vel polypetalos aut hexapetalos potius,
nam hic numerus magis regularis videtur, cum vafculo refpon-
deat trivalvi. Calyx in totidem lacinias, quot flos fegmenta
habet, nimirum in 6. 7. & 8. dividitur. Semina angulofa
funt & ordinario plura quam tria vel quatuor, quem numerum
Floræ Jen. auctor adfcribit, in capfula fphærica, tribus ut dictum
carinis dehifcente continentur. An vero ea, ut ibidem afferitur, calyptra membranacea obvolvantur, nondum detegere licuit.
E quibus conftat peculiare huic plantæ tribuendum effe genus,
nec cum Anagallidis, ut quidam fecit, confundendum.)

2. Pyrola Alfines flore Brafiliana *C. B. Pin.* 191. *Pr.*
100 Found near *Gisbury* in *Cleveland; Mr. Lawfon.*
(No News fince of this Plant.)

b. *Bicapfulares.*

An. §. Centaurium minus *C. B. Pin.* 278. minus vulgare *Park.* 272. minus flore purpureo & albo *J. B. III.*
353. parvum *Ger.* 437. *Small Purple Centory.* In
pafcuis ficcioribus & fterilioribus frequens Julio menfe
floret. Found with a white Flower nigh *Cartmal* medicinal Well, *Lancafhire,* by *Mr. Lawfon.* (This is
common enough here and there in *Kent,* as alfo in
Shepey Ifland.)

Notæ funt flores fplendidi purpurei, e tubo oblongo
in quinque fegmenta acuta expanfi, in fummis caulibus
crebri umbellam mentientes, femina minutiffima, amaror infignis.

An. 2. Centaurium paluftre luteum minimum noftras
Catal. Plant. Ang. I found it towards the End of *Cornwal* in rotten marfhy Ground.

Spleneticum eft & hepaticum, amarum citra mordacitatem,
unde & leviter aftringens, extergens, aperiens, vulnerarium. Utile
I   eft

eft in ictero, menfibus fuppreffis, fcorbuto, arthritide, lumbricis, & fpecifice in morfu canis rabidi. Datur ejus decoctum
utiliter tertianariis, quod bilem per inferna dejicere dicatur, quo
factum eft ut quidam hanc herbam *Febrifugam* denominaverint;
Schrod. Hanc herbam per alvum purgare negat Dodonæus
contra veterum & recentiorum doctrinam. Cafp. Hoffmannus
affirmat, fi modo debita quantitas detur.

An. §. Centaurium luteum perfoliatum *C. B. Pin.*
278. *J. B. III.* 355. minus luteum & perfoliatum non
ramofum *Park.* 271. parvum luteum Lobelii *Ger.* 437.
Yellow Centory. In montofis & ficcioribus pratis.

Hujus notæ funt folia in caule adverfa in unum co-
alefcentia ut in Dipfaco, colore glauco. Flores flavi in
octo lacinias totidem folia imitantes, divifi.

§. Verbafci characteriſticæ funt folia in caulibus alterno ordine fita; flores in thyrfis oblongis conferti, non
horizontaliter expanfi, fed potius fitu ad horizontem per-
pendiculari; capfulæ bivalves conicæ aut turbinatæ.

An. 1. Verbafcum mas latifolium luteum *C. B. Pin.*
239. vulgare flore luteo magno, folio maximo *J. B. III.*
871. Verbafcum album vulgare, five Thapfus barbatus
communis *Park.* 60. Thapfus barbatus *Ger.* 629. *Great
white Mullein, High-taper, Cows Lungwort.* Ad agrorum margines & in aggeribus foffarum, nonnunquam
& in muris ac ruderibus.

Folia molli & incana lanugine utrinque hirfuta; flores in longo
thyrfo clavi figura conferti.

An. 2. Verbafcum pulverulentum flore luteo parvo
J. B. III. 872. mas foliis anguſtioribus, floribus palli-
dis *C. B. Pin.* 239. Folia lata funt, ideoque non placet
quod *C. Bauhinus* anguſtiora vocat. *Hoary Mullein.*
Circa mœnia *Nordovici* urbis, & ad *Buriam* oppidum.
Sponte etiam oritur circa ædes *D. Thomæ Willughby*,
Baronetti, *Wollertoni* prope Nottinghamiam.

Omnium nobis cognitarum Verbafci fpecierum altiſſima eft,
caule foliis creberrimis obfito, pulvere candicante (qui facile detergitur) una cum floribus obducto. Flores pallidi & multo
minores funt quam præcedentis.

An. 3. Verbafcum flore albo parvo *J. B.* III. 873.
Lychnitis flore albo parvo *C. B. Pin.* 240. Verb. Lychni-
te Matthioli *Ger. Em.* 775. mas foliis longioribus *Park.*
60. *White-flower'd Mullein.* In agro Cantiano ad vias
frequens.

An 4.

An. 4. Verbafcum nigrum flore parvo, apicibus pur
pureis *J. B. III.* 873. nigr. flore ex luteo purpurafcente *C. B. Pin.* 240. nigrum *Ger.* 631. *defcr.* nigrum vulgare *Park.* 61. *defcr.* nigrum falvifolium luteo flore *Lob.
Ad.* 241. 466. *Sage-leaved black Mullein.* In agro Cantabrigienfi pluribus locis, & alibi etiam in Anglia.

Folia viridia figura ad Salviam accedentia fed longe majora,
ftamina purpurantia villofa, caules tenuiores, rarioribus foliis
cincti, hanc fpeciem ab aliis difcriminant.

* §. Blattaria lutea *J. B. III. App.* 874. lutea folio
longo laciniato *C. B. Pin.* 240. Blatt. Plinii *Ger.* 633.
flore luteo *Park.* 64. In the Lane betwixt *Mitcham*
Common and *Cafalton*, and near *Horns-place* by Rochefter; *Mr. J. Sherard.* Between *Deptford* and *Greenwich*; *Merr. Pin.*

Blattaria a Verbafco præcipue differt capfulæ figura
fphærica.

Verbafcum utile eft in morbis pectoris, tuffi, expuitione
fanguinolenta, torminibus ventris; *Schrod.* Extrinfecus folia
& flores præcipuæ æftimationis funt in fopiendis doloribus quibufcunque, in primis in affectibus & tumoribus ani, hæmorrhoidibus, in capillis luteo colore tingendis; *Idem.*

c. *Multicapfulares.*

§. Polemonium vulgare cæruleum & album *Inft. R.
H.* 146. Valeriana cærulea *C. B. Pin.* 164. Græca *Ger.*
918. *Park.* 122. Græca quorundam, colore cæruleo &
albo *J. B. III.* 2 212. *Greek Valerian*, called by the
Vulgar, *Ladder to Heaven*, and *Jacob's Ladder.* Found
by *Dr. Lifter* in *Carleton-beck*, in the falling of it into
the River *Air:* but more plentifully both with a blue
Flower and a white about *Malham-Cove*, a Place fo
remarkable, that it's efteemed one of the Wonders of
Craven. It grows there in a Wood on the left Hand
of the Water, as you go to the *Cove* from *Malham*
plentifully; and alfo at *Cordil* or the *Wern*, a remarkable Cove, where comes out a great Stream of Water,
near the faid *Malham.* (In dumetis infra *Malham-
Cove*, eundo ab oppido ad *Malham-Cove* dextrorfum, ad
finiftram enim nè una invenitur planta; *Dr. Richardfon.*)

Foliis eft longis pinnatis Viciæ in modum, floribus amplis
deorfum nutantibus, vafculis turbinati & in terna loculamenta
divifis.

§. 1. Oxys

§. 1. Oxys alba *Ger.* 1030. feu Trifolium acidum flore albo & purpurafcente *J. B. II.* 387. Trifolium acetofum vulgare *Park.* 746. *C B. Pin.* 330. Acetofella &
Lujula feu Alleluja *Offic. Wood-Sorrel.* Opacis & uliginofis plurimum provenit, in fylvis & ad arborum radices. Martio & Aprili floret. Not. vid. *Meth. Em. p.* 86.

* 2. Trifolium acetofum vulgare, flore purpureo
Merr. Pin. In a hollow Lane betwixt *North Owram*
and *Hallifax* in plenty. 'Tis a lefs Plant than the common, and flowers later; *Dr. Richardfon.*

Cardiaca eft & epatica fingularis, Acetofæ vires fi non fuperans, faltem æmulans, adeoque æftum febrilem mitigat, fitim
fedat &c. *Schrod.* Fit ex ea fyrupus, conferva & aqua deftillata
ad hos ufus.

II. *Flore irregulari.*

§. Pinguiculæ notas vid. *Meth. Em. p.* 90.
1. Pinguicula Gefneri *J. B.* III. 546. Pinguicula
feu Sanicula Eboracenfis *Ger.* 644. *Park.* 532. Sanicula
montana flore calcari donato *C. B. Pin.* 243. *Butterwort, or* Yorkfhire *Sanicle* In locis humidis, uliginofis & paluftribus, præfertim montanis. (On *Petsbog* at
Chiffelhurft, planted there formerly by *D. Bowles*; Merr.
Pin. On *Shooterfhill* and the little Bog near *Charlton,*
where it was fowed by *Mr. J. Sherard.*)
2. Pinguicula flore minore carneo *Syn.* II. 160. 2.
Cornubienfis, flore minore carneo *R. Hift.* I. 752. minima flore albo *Merr. P. Butterwort with a fmall
flefh-colour'd Flower* In Cornubia locis paluftribus circa *Kilkhampton* & alibi. (In the Mid-way betwixt *Oakhampton* and *Lancefton,* Cornwal, betwixt a great Wood
and the River in boggy Meadows; *Merr. P.*) Folia
huic circa margines reflexa, pellucida fere & venis rubentibus ftriata; flores quam in vulgari minores, pallidiores & ad colorem incarnarum dictum accedentes.

Vulnera recentia & plagas curant folia trita & impofita: ejufque fucco pingui & butyrofo tumores & fiffuras in vaccarum
uberibus ruftici fanant. Cambrobritanni (tefte Parkinfono) ex
herba fyrupum conficiunt, quo feipfos purgant.

§. Linariæ character genericus eft flos rictum exprimens, calcari donatus, cui fuccedit vafculum bivalve.
1. Linaria lutea vulgaris *Ger. Em.* 550. *J. B. III.* 456.
vulgaris noftras *Park.* 458. vulgaris lutea flore majore

* T   *C. B.*

C. B. Pin. 212. *Common yellow Toadflax.* Ad agrorum margines & vias publicas, inque pafcuis fterilioribus.

Urinam potenter movet, unde hydropicis conducit, morbum regium efficaciter difcutit, vel decoctum herbæ in vino, vel ejufdem aqua deftillata. Extrinfecus ano impofita fanat incredibiles hæmorrhoidum dolores. Modum utendi vid. *Hift. noft.* I. 754. Herba plantis pedum intra calceos fuppofita, febrim quartanam fugare dicitur.

2. Linaria odorata Monfpeffulana *J. B. III.* 459. capillaceo folio erecta, flore odoro *C. B. Pr.* 106. capillaceo folio, odora *Ejufd. Pin.* 213. caryophyllata albicans *Park.* 458. *Blue fweet-fmelling Toad-flax.* In Cornubia non longe ab oppido *Peryn* Occidentem verfus, in fepibus.

Floribus pallide cœruleis ftriatis a præcedente fatis diftinguitur.

3. Linaria cœrulea foliis brevioribus & anguftioribus. *Blue Toadflax with fhort and narrow Leaves.* Found by that learned and eminent Phyfician *Dr. Eales* in *Hartfordfhire.* (Found alfo by *Mr. Dandridge* on the Side of a Hill called *Marvell-Hill*, by *Henley* Townfide, and by *Mr. J. Sherard* on the Church Walls at *Henley*, and in a Field on the left Hand the Road from *London*, on a fteep Bank a little before you come to the Town plentifully. Foliis brevioribus & anguftioribus dicitur refpectu Linariæ vulgaris, funt enim modice longa lataque; flores fparfi dilute cœrulei. Linaria montana odorata flore cinericeo *Broff. Cat.* 67. Linaria Ofyris flore cinericeo *Robin. Cat.* Linofyris purpuro-cœrulea *Corn. Ench. Bot. Par.* 221. huic eadem videtur.)

* 4. Linaria hederaceo folio glabro, feu Cymbalaria vulgaris *Inft. R. H.* 169. Cymbalaria *C. B. Pin.* 306. flofculis purpurafcentibus *J. B. III.* 685. Italica folio hederaceo *Lob. Ic.* 615. In fodinis Darfordienfibus, agri Eboracenfis ubique reperitur ; *Dr. Richardfon.* Ad muros horti Chelfejani locifque vicinis, abunde etiam nafcitur, ortum tamen dubio procul feminibus e dicto horto fparfis debens.

An. 5. Linaria Elatine dicta folio acuminato. Elatine folio acuminato *Park.* 553. fœmina folio angulofo *J. B. III.* 372. altera *Ger.* 501. fol. acum. in bafi auriculato, flore luteo *C B. Pin.* 253. *Sharp-pointed Fluellin.* Inter fegetes & in arvis demeffa fegete.

An. 6. Linaria Elatine dicta folio fubrotundo. Elatine folio fubrotundo *C. B. Pin.* 252. *Park.* 553. mas

I   folio

folio fubrotundo *J. B. III.* 372. Veronica fœmina
Fuchfii feu Elatine *Ger.* 501. *Round-leaved female Fluellin.* Cum priore, a qua parum differt.

Elatine parvitate fua, flagellis tenuibus per terram fparfis,
foliis hirfutis, hederaceis, a reliquis Linariis abunde diftinguitur.

Succus herbæ expreffus ejufve aqua deftillata, tum intro affumpta, tum exterius applicata, ulcera ferpentia & cancrofa
cohibet & perfecte fanat. Vid. *Adv. Lobel. p.* 197.

An. 7. Linaria Antirrhinum dicta. Antirrhinum arvenfe minus *C. B. Pin.* 212. minimum *J. B. III.* 465.
minimum repens *Ger. Em.* 549. fylveftre minimum
Park. 1334. *The leaft Calf's Snout, or Snapdragon.*

Parvitate fua, foliis anguftis, Antirrhini colore & craffitie,
rarius difpofitis a reliquis Linariis differt.

An. §. Antirrhinum anguftifolium fylveftre *J. B.
III.* 464. arvenfe majus *C. B. Pin.* 212. fylveftre me-
dium *Park.* 1334. minus *Ger.* 439. *The leffer wild Calf's
Snout, or Snapdragon.* In arvis folo arenofo.

Notas Antirrhini vid. *Meth. Em. p.* 90.

§. 1. Scrophularia aquatica major *C. B. Pin.* 235. maxima radice fibrofa *J. B. III.* 421. Betonica aquatica *Ger.*
579. aquat. major *Park.* 613. *Water-Betony, but more
truly Water-Figwort.* Ad ripas fluviorum in ipfis aquis.

2. Scrophularia major *Ger.* 579. vulgaris *Park.* 610.
vulgaris & major *J. B.* III. 421. nodofa fœtida *C. B.
Pin.* 235. *Common knobby-rooted Figwort.* In fylvis, dumetis & fepibus. Vires vide *Hift. noft. p.* 765.

3. Scrophularia Scorodoniæ folio *H. R. Bl. & Hift.
Ox. II.* 482. *Pet. H. B.* 35. 11. By the Rivulets Sides
betwixt the Port and *S. Hilary* in the Ifle of *Jerfey;
Dr. Sherard,* (and fince by *Mr. Edward Lhwyd,* near
the Sea-fhore about *St. Ives* in *Cornwal.*)

4. Scrophularia major, caulibus, foliis & floribus viridibus *D. Bobart. Figwort with green Leaves and Flowers.* Found near *Cumner.* Common Figwort is called
Brownwort from its remarkable brown Colour. This
hath nothing of Brownnefs in it.

Scrophulariæ notas vid. *Meth. Em. p.* 89.

§. Digitalis purpurea *J. B. II.* 812. *Ger.* 647. purp.
vulgaris *Park.* 653. purp. folio afpero *C. B. Pin.* 243.
Purple Fox-glove. Variat interdum floris colore albo,
fed rarius. Notas vid. *Meth. Em. p.* 89.

Emetica eft valida, robuftioribus tantum conveniens. *Parkinfonus* efficacem effe contra Epilepfiam affirmat, fi duo ejus ma-

nipuli

nipuli cum quatuor unciis Polypodii quercini in cerevifia decoquatur, & decoctum propinetur. Strumofis conducere tritam & impofitam, ejufve fuccum in unguento experientia compertum effe fcribit idem. Verum elegantiores floribus utuntur vel in butyro Maiali vel in adipe porcino diu infufis. Vid. *Hift. noft. p.* 767.

An. §. 1. Pedicularis feu Crifta galli lutea *Park.* 713. pratenfis lutea vel Crifta galli *C. B. Pin.* 163. Crifta galli *Ger.* 912. galli fœmina *J. B. III.* 436. *Yellow Rattle or Cocks-comb.* In pafcuis fterilioribus.

* An. 2. Pedicularis major anguftifolia ramofiffima, flore minore luteo, labello purpureo *D. Richardfon.* Crifta galli anguftifolia montana *C. B. Pin.* 163. *Pr.* 86. *defcr.* The firft time I met with this Plant, was within a Mile of *Burrowbridge* amongft the Corn in the Way-fide from *Knaresborough* thither; afterwards I found it in very great Plenty in the large Corn-fields betwixt *Wetherby* and *Catall* (both thefe Places are within ten Miles of *York.*) I alfo obferved it this Year 1723, amongft the Corn nigh *Weftnewton* in *Northumberland*, upon the Borders of *Scotland.*

An. 3. Pedicularis pratenfis rubra vulgaris *Park.* 713. prat. purpurea *C. B. Pin.* 163. Pedicularis *Ger. Em.* 1071. Pedicularis, quibufdam Crifta galli flore rubro *J. B.* III. 437. *Red-rattle.* In pafcuis & ericetis humidioribus.

An. 4. Pedicularis paluftris rubra elatior *Syn. II.* 162. 3. Pedicularis *Ger.* 913. Pediculariæ campeftris prior fpecies *Trag.* 249. 250. *Great Marfh Red-rattle or Loufewort.* In paluftribus. Invenitur interdum flore albo; *D. Lawfon;* as near the Foot of *Long Sleddal*, by the Side of the common Road, leading towards *Kendal*, pretty plentifully; *Th. Robinf. Nat. Hift.* 93. (In the Ditches between *Bow* and *Blackwall*, near to Blackwall; *Mr. Newton.*)

Pedicularis notas vid. *Meth. Em. p.* 91. Euphrafiæ *Ibid.*

§. An. 1. Euphrafia *J. B. III.* 432. *Ger.* 537. vulgaris *Park.* 1329. Officinarum *C. B. Pin.* 233. *Eye-bright.* In pafcuis poft mediam æftatem in Autumnum ufque floret.

An. 2. Euphrafia pratenfis rubra *C. B. Pin.* 234. pratenfis rubra major *Park.* 1329. parva purpurea *J. B. III.* 433. Cratæogonon Euphrofine *Ger.* 85. *Eye-bright, Cow wheat.* In pratis & inter fegetes paffim. Floris color variat, nunc intenfius ruber, nunc dilutius, & fere

carneus,

carneus, interdum etiam albet. Apud nos palmarem altitudinem, quam ei Jo. Bauhinus attribuit, multum superat.

3. Euphrasia rubra Westmorlandica, foliis brevibus
obtusis *Syn. II.* 162. Teucrium Alpinum coma purpu-
ro-coerulea *C. B. Pin.* 247. Clinopodium Alpinum *Ponæ Ital.* 179. Chamædry vulgari falsæ aliquatenus affinis Alpina & Clinopodium Alpinum Ponæ *J. B. III.*
289. *Eye-bright, Cow-wheat with short blunt Leaves.*

Radix ei alba, dura, & (ut mihi videbatur) repens, fibris majusculis prædita. Caules semipedales, graciles, erecti, rigidi,
non ramosi, nonnihil hirsuti, fragiles. Folia per paria sine pediculis cauli adnascuntur, figura & magnitudine Alsines Chamæ-
drifoliæ, rugosa, per margines dentata, viroris ad cinereum
tendentis, & nonnihil splendentia. Flores in summis cauliculis
ex alis foliorum exeunt, brevibus pediculis nixi, tubo longo,
figurâ (quantum e marcescentibus conjicere potui) florum Cristæ galli, colore purpureo obsoleto, e calyce quadripartito : quibus succedunt vascula ventricosa, in binas partes impressâ lineâ
divisa. Semina albicantia Cratæogoni. Sapor plantæ acris nonnihil & amarus. Prope *Orton* vicum in Westmorlandia, juxta
rivulum qui decurrit secus viam qua inde Crosbeiam itur.

An. 4. Euphrasia major lutea latifolia palustris *Syn. II.*
163. 4. lutea latifolia palustris *Pluk. Alm.* 142. *T.* 27.
f. 5. An Cristæ galli affinis planta Romana, seu Crista
galli major Italica *J. B* ? *Great yellow Marsh Eye-bright.*
Euphr. latifol. viscata serrata *H. R. Blæs.*

Cratæogono Euphrosynes facie aut Cristæ galli non admodum
dissimilis est. Radix ei simplex, alba, sapore nullo insigni.
Caulis pedalis, teres, hirsutus. Folia in caulibus nunc bina ex
adverso, nunc alternatim adnata absque pediculis, e lata basi in
tenuem mucronem sensim desinentia, sesquiunciam longa, per
margines dentata, rugosa. Ex alis foliorum emergunt flores
Fistulariæ, galeati, flavi (galea indivisa) labello latiusculo, in tres
lacinias diviso, e calyce oblongo, striato, in quatuor segmenta
expanso. Vasculum seminale oblongum, in binas cellulas divisum, gestans in apice stylum prælongum a flore residuum. Semen exiguum, rotundum, rufum. In boggy and watery Places toward the further End of *Cornwal.* Observed by *Dr. Sherard* in the Isle of *Jersey* in moist Places near the Port.

Hæc planta figura & colore seminum ab Euphrasia differt,
suumque & proprium genus constituere videtur.

Euphrasia vulg. suffusionibus & caligini oculorum
conducit quoquo modo sumpta. Herba ipsa, sive intus
sicca in pulvere, sive recens contusa & imposita ; ejusve
succus expressus, aut aqua destillata.

§. Melam-

§. Melampyri notæ funt femina magna, Tritici granorum æmula, folium breve laciniatum & canaliculatum pericarpium finu fuo excipiens, flores galeati.

An. 1. Melampyrum criftatum, flore albo & purpureo *J. B.* III. 440. luteum anguftifolium *C. B. Pin.* 234. luteum Linariæ folio *Ej. Pr.* 112. *Crefted Cowwheat.* In fylvis Cantabrigienfibus & Bedfordienfibus copiofe. (In *Walton-field* near *Wakefield*, amongft the Corn; *Dr. Richardfon.*)

Spicæ huic craffæ, quadratæ, ex foliis criftatis compofitæ, quorum unumquodque florem & filiquam finu fuo feu alveolo excipit.

An. 2. Melampyrum fylvaticum flore luteo, five Satureia lutea fylveftris *J. B. III.* 441. luteum latifolium *C. B. Pin.* 234. Cratæogonum vulgare *Park.* 1326. Cratæogonon album *Ger.* 84. *Common wild Cow-wheat.* In fylvis & dumetis, & ad vetuftarum Quercuum radices.

* Melampyrum latifolium flore albo, labio inferiore duabus maculis luteis diftincto *Hift. Pl. Par.* Varietas prioris. In the Wood by *Dr. Richardfon*'s Houfe at *North Bierley*, Yorkfhire.

* 3. Melampyrum purpurafcente coma *C. B. Pin.* 234. Triticum vaccinum *J. B. III.* 439. In the Corn on the right Hand juft before you come to *Lycham* in Norfolk; *Mr. J. Sherard.*

§. 1. Lentibularia *Riv. Irr. Mon. Ic.* Millefolium paluftre galericulatum *Ger. Em.* 828. aquaticum flore luteo galericulato *J. B. III.* 783. *Park.* 1258. aquaticum lenticulatum *C. B. Pin.* 141. In foffis paluftribus *Lincolnienfibus* & *Elienfibus*, inque pifcinis invenitur.

Folia ramofa, caules etiam ramofi, aqua profunde immerfi, e quorum divaricationum angulis eriguntur caules alii, nudi, firmi, aquas fuperantes, in quorum faftigio flores fex feptemve, in duo fegmenta divifi, quorum fuperius galeam, inferius labellum refert. (Vafculum feminale fimplex, numerofis repletum exiguis feminibus; Vid. *C. G. App.* 115.)

2. Lentibularia minor *Pet. H. B.* 36. 12. Millefolium paluftre galericulatum minus, flore minore *Syn. II.* 279. 3. *Pluk. Alm.* 251. *T.* 99. *f.* 6. Aparine aquis innatans Trevifana foliis Percepier, capreolis donata, five Aparine fluitans capreolis donata *Bocc. Muf. P. II. p.* 23. *T.* 4. Found by *Mr. Dent* on *Teverfham-Moor* in *Cambridgefhire*, and in *Yorkfhire* by *Mr. Dodfworth.* Both forts obferved by *Mr. Lawfon* in the Ditches by the

Cauffey

Cauffey over the Mofs to the *Fell-End* near *Witherflack*, Weftmorland. (In the River on *Hounflow-Heath* by *Mr. Dandridge.*) Flores huic multo pallidiores quam præcedenti.

§. Gladiolus lacuftris Dortmanni *Cluf. Cur. poft. fol.* 40. lacuftris Clufii, five Leucojum paluftre, flore fubcœruleo Bauhini *Park.* 1250. Leucojum paluftre flore fubcœruleo *C. B. Pin.* 41. *Water-Gladiole.* In a Pool called *Huls-water* that divides *Weftmorland* from *Cumberland.* Obferved by *Mr. Lawfon* in *Winander-mere* plentifully, and *Grayfon Tarne* near *Cockermouth* in *Cumberland.* (In omnibus Cambriæ montibus occurrit; *Dr. Richardfon.*)

Folia duas uncias longa, angufta, extremo reflexa, duplici intus tubo per longum excavata: caulis unicus pedalis, teres, concavus, raris foliis. Flores 8. aut 10. pentapetaloides, pallide purpurei, ad Gladiolum accedentes. Aquis profunde immergitur. (Rapuntii fpecies eft; flos enim Rapuntio fimilis, ut & vafculum calyxque, qui cum eo conjunctus in fructum abit Rapuntio plane fimilem, nifi in eo faltem diverfum, quod is noftra obfervatione in duo faltem loculamenta dividatur.)

§. 1. Polygala *Ger.* 448. minor *Park.* 1332. vulgaris *C. B. Pin.* 215. Polygalon multis *J. B. III.* 386. *Milkwort.* In pafcuis ficcioribus & montofis ubique Maio & Junio floret.

Vafcula feminalia Thlafpeos, compreffa, didyma, bina intus femina claudentia: Flores in fpicis labiati & quodammodo galeati. Florum alæ non defluunt, fed paulatim auctæ in colorem viridem degenerant & vafculum & feminale utrinque obtegunt. Flores plerumque cœrulei; interdum albi, carnei aut varii. (Procumbit & flos naturaliter cœruleus; *D. Doody*)

* 2. Polygala major *C. B. Pin.* 215. *Park.* 1332. vulgaris major *J. B. III.* 387. Magis erigitur & femper purpurafcit; *D. Doody.*

* 3. Polygala Myrtifolia paluftris humilis & ramofior.

Cauliculos habet duarum, trium & quatuor unciarum, procumbentes & fparfos, foliis veftitos parvis, brevibus, Myrti folia referentibus, e quorum fummitatibus fpica brevis & rarior, paucioribus videlicet floribus compofita exit, qui quam in vulgari aliquanto minores funt, & colore faturatiore, alæ præfertim, tincti obfervantur. Flores autem colore plerumque cœruleo, rarius candido donantur. Provenit ericetorum locis udis & paluftribus, v. gr. in the Bog beyond the Wood going from *John Coals* to *Croyden* Bogs; *D. Sherard.*

Si ma-

Si manipulus Polygalæ per noctem in vino maceretur, idque bibatur, bilem per alvum mire dejicit, nullo periculo, experientia *Gefneri*.

§. 1. Orobanche major Garyophyllum olens *C. B. Pin.* 87. flore majore *J. B. II.* 780. Rapum Geniftæ *Ger.* 1130. *Park.* 229. *Broom-rape.* Geniftæ radicibus frequentiffime adnafcitur, invenimus tamen inter fegetes. Maio menfe floret. Caulis cum florum thyrfo initio flavicat, poft fubrufum papyri aut lintei uftulati colorem acquirit. Notas ejus characteriflicas vid. in *Meth. Em. p.* 92.

* 2. Orobanche flore minore *J. B. II.* 781. prima *Tab. Ic.* 684. Found by *Mr. Rand* in a Field of Oats two Miles beyond *Rochefter*, on the left Hand going towards *Horns-place.*

* 3. Orobanche ramofa *C. B. Pin.* 88. *Park.* 1363. minor purpureis floribus, five ramofa *J. B. II.* 781. tertia πολύκλων☉ *Cluf. H.* 271. Found in *Suffolk* near *Beckles* by *Mr. J. Sherard.*

§. Anblatum Cordi five Aphyllon *J. B. II.* 783. Orobanche radice dentata major *C. B. Pin.* 88. radice dentata, feu Dentaria major Matthiolo *Ger.* 1387. *Toothwort.* In umbrofis fepium aggeribus & fub arboribus folo friabili, Aprilis fine & Maji initio floret. *Th. Willifell* fhewed it me in a fhady Lane not far from *Darking* in *Surrey*, growing plentifully. I found it alfo on a Ditch Bank at *Bredgate* near *Sittingburn* in *Kent*, and in fome of the Places which *Gerard* mentions. (In the Wood South from *Chiffelhurft* Bog, the End towards the Bog on the left Hand, as alfo in the Woods about *Maidftone* in *Kent* pretty plentifully; *Mr. J. Sherard.* In vallecula umbrofa fpinis obfita prope *Dalfton* in Weftmorlandia mihi primum monftravit *D. Lawfon*, poftea prope *Heptonftal* agri Eboracenfis oppidum ipfe etiam inveni; *Dr. Richardfon.* Notas characteriflicas vid. *Meth. Em. p.* 92.

Præftans eft ad rupturas, interna vulnera, variofque affectus a defluxione ortos in pollinem redacta, & 40 diebus continuis duarum drachmarum pondere fumpta in jufculo; *Camer.*

GENUS

GENUS DECIMUM NONUM ET VIGESIMUM.

HERBÆ VASCULIFERÆ FLORE DIPETALO ET TRIPETALO.

§. CIRCÆA Lutetiana *Lob lc.* 266. *Ger.* 280. Lutetiana major *Park* 351. Solanifolia Circæa dicta major *C. B. Pin.* 168. Ocymaftrum verrucarium *J. B. II.* 977. *Enchanters Nightfhade.* In umbrofis humidis, in fylvis & ad fepes. Notas characterifticas vid. *Meth. Em. p.* 93.

§. 1. Stellaria *C.G. App.* 119. *T.* 6. aquatica, *Park.* 1228. *C.B. Pin.* 141. *n.* 13. Alfine aquis innatans, foliis longiufculis *J. B. III.* 786. paluftris ferpillifolia *Ger. Em.* 614. *Water-wort, or Star-headet Water Chickweed.* Flofculi huic dipetali e fingulis foliorum aliis finguli. Nam folia latiufcula velut ftellatim in aquæ fuperficie expanfa flores non funt; vid. *Cat. Cant. & Meth. Em.* 93.

2. Stellaria minor & repens, *C. Gifs.* 120. Lenticula paluftris bifolia, fructu tetragono *C. B. Pin.* 362. aquatica bifolia Neapolitana *Park.* 1263. Callitriche Plinii *Col. Ec. l.* 315. Found on *Wimbleton-Common* by Sir *Hans Sloane,* Bar. *Syn. II.* 282. (It grows alfo on *Putney-heath,* and feveral other Places, where the Water ftands in Winter.)

(An a priori aliter quam ratione loci in quo crefcit, (nimirum in paludofis exficcatis) differat, dubitavit *Doody in Syn. II. App.* 343. Quæ dubitatio ron improbabil s vifa fuit *Rajo*; & fane cum aquaticæ plantæ pro loci & aquarum conditione tantum varient, ut diligentius etiam animadvertenti non raro imponant, hæ duæ non nifi una forte fpecies fuerint, licet altera multo minor fit & radiculis in terram demiffis femper repat. Sed nec hæc fola differentia eft, cum & Stellaria vulgaris in ipfis aquis foliis variet, fub:otundis nempe & oblongis; quin & cum majufcuiis craffis Alfine formibus foliis in fofiis paffim circa urbem obfervatur, ut forte non immerito dubium videatur, an fequens etiam fpecies revera fpecie diftincta fit.)

U   3. Stellaria

3. Stellaria aquatica foliis longis tenuiſſimis *Syn. II.* 280. aquatica longifolia *Pet. H. B.* 6. 4. Lenticula paluſtris anguſtifolia, folio in apice diſſecto *Fl. Pr. p.* 140. *i c.* 38. Obſerved and ſhewn me by Mr. *Petiver.* I remember to have ſeen it among Mr. *Newton's* dried Plants.

§. 1. Stratiotes foliis Aloes ſemine, longo *Gundelſh ap. Johren.* ſive Militaris aizoides *Park.* 1249. Militaris aizoides, *Ger.* 677. Aloe paluſtris, *C. B. Pin.* 286. ſive Aizoon paluſtre *J. B. III.* 787. *Water Alöe, or freſh Water Soldier.* In fluentis pigrioribus & paluſtribus foſſis in inſula Elienſi copioſe.

2. Stratiotes foliis Aſari, ſemine rotundo *Gundelſh ap. Johren.* Nymphæa alba minima *C. B. Pin.* 193. alba minima, ſive Morſus ranæ *Park.* 1252. minor, ſive Morſus ranæ *J. B. III.* 773. Morſus ranæ *Ger. Em.* 818. *The leaſt white Water Lilly, or Frog-bit.* In agris pigrioribus, Maio floret. Flos tripetalus. Vaſculum in ſex loculamenta diviſum plura continet ſemina.

Hujus varietas eſt :

Morſus ranæ flore pleno odoratiſſimo nondum deſcriptus *Cat. Cant.* 101. Nymphæa alba minima, flore pleno odoratiſſimo *Syn. II.* 279. *Double-flower'd ſweet Frog-bit.* In foſſa paluſtri ad latus aggeris ſeu calceti, *Audrey Cauſey* dicti, prope pontem ligneum in inſula Elienſi.

GENUS

GENUS VIGESIMUM PRIMUM.

HERBÆ TETRAPETA-
LÆ SILIQUOSÆ & SI-
LICULOSÆ.

I. *Siliquosæ.*

§. 1. LEUCOJUM marinum majus *Park.* 622. maritimum magnum latifolium *J. B. II.* 875. maritimum finuato folio *C. B. Pin.* 201. marinum
majus *Clus Hist.* 298. *Great Sea-Stock Gilly-Flower with a fi-
nuated Leaf.* In maritimis Cambriæ littoribus arenofis, as about *Abermeney-Ferry* in the Ifle of *Anglefey,* at
Aberdaren in *Carnarvanfhire,* and alfo on the Coaft of
Cornwall.

Leucoji notæ funt, flos major, odoratus, filiquæ longæ
compreffæ, bivalves, membrana intergerina fecundum longitudinem in bina loculamenta divifæ, femina itidem compreffa.

2. Leucojum luteum, vulgo Cheiri flore fimplici *J.
B. II.* 872. luteum vulgare *C. B. Pin.* 202. Keiri five Leu-
cojum vulgare luteum *Park.* 625. Viola lutea *Ger.* 371.
Wall-flower or Wild Cheir. In muris antiquis & tectis.

Foliorum colore viridi & forma acuminata, fed præcipue florum colore luteo, a Leucojo maritimo differt.

Tum herba, tum præcipue flores cordiales funt, dolores mitigant, menfes cient, fecundinas proritant; *Schroed.* In ufu funt
conferva ex floribus, aqua deftillata & oleum ex floribus infufis
quod præfervat ab apoplexia & paralyticis juvat.

An. §. 1. Lunaria contorta major *Pet. H. Br.* 48. 3. Leucojum five Lunaria vafculo fublongo intorto *Syn. II.* 164.
Pluk. Alm. 215. 42. *f.* 1. Paronychia Gnaphalii facie *Merr.
Pin.* In *Catal. Plant. Angl.* Thlafpi nobis infcribitur, verum
cum vafculum feminale fublongum fit, & membrana intergerina ad ejufdem latitudinem parallela, Lunariis Violis ad-
jungendam

U 2

jungendam duximus. *Lunar Violet with a wreathen Cod.*
In udis prope fcaturigines aquarum ad latera montium *Ingle-*
borough & *Hincklehaugh.* Antequam excaulefcit Paronychiæ vulgari non diffimilis eft. The fame hath been obferved by Mr. *Lhwyd* on the Mountains of *North-Wales.*

(Non tantum antequam caulefcit, fed etiam florentem in locis
prædictis, etiamque in rupibus juxta *Wharfe* & *Aftnike* copiose aliquando reperi, co,or ei cæfius; Paronychia triplomajor & antequam
flores procrudit, Gnaphalio majori *C. B.* haud diffimilis. Hanc
Plantam in Cambria nunquam obfervare contigit; *D. Richardfon.*)

2. Paronychiæ fimilis fed major, perennis Alpina repens *Syn. II.* 165. 2. In fummis rupibus *Hyfvae* dictis,
Nant Phrancon valleculæ imminentibus, In agro Arvonienfi. Seminium non vidit *D. Lhwyd,* proinde dubitavit annon fortè Thlafpi vel Lunaria vafculo oblongo intorto
nobis dicta fuerit.

(In rupibus humidis *Phainon vellan* imminentibus quondam mihi vifum fuit, unde in hortum noftrum tranftuli,
ubi vere fequente floruit & femina perfecit. Hanc planam florentem nunquam vidit *D. Lhwyd.* fed autopfia edoc-
tus ei nomen fequens tribui: Leucojum lunatum minus
vernum, Cambro-britannicum, atro virens, vafculo fublongo, intorto. *D. Richardfon.* Lunaria contorta minor.
Pet. H. B. 48. 4.)

An. §. 1 Paronychia vulgaris *Ger.* 499. vulgaris Alfines folio
Park. 556. Burfa paftoris minor loculo oblongo *C. B.*
Pin. 108. paftoria minima oblongis filiquis, verna, loculo
oblongo *J. B. II.* 937. *Common Whitlow-grafs.* Ubique
fere in ficcioribus, Martio menfe floret.

(Eadem foliis dentatis. Varietas priores, fi non fpecies diverfa,
qua non minus vulgaris occurrit.)

An. 2. Burfa paftoris major loculo oblongo *C. B. Pin.*
108. *Pr.* 50. Burfæ paftoriæ loculo fublongo affinis pulchra planta *J. B. II.* 938. Thlafpi Veronicæ folio *Park.* 843.
Th. Robinf. H. of W. 95. *Great Shepherd's-purfe with long Pou-*
ches. On the fides of the Mountains, in feveral Parts of
Craven, Yorkfhire. (Eundo a vico *Malham* dicto ad *Mal-*
ham Cove, inter faxa juxta rivulum, ad dextram; *D. Richard-*
fon.)

Duæ præcedentes plantæ filiquas habent breves latiufculas, Violæ
Lunaria dictæ in modum, membranâ valvulas diffipiente filiquæ
plano parallelâ.

*§. 1.

* §. 1. Hefperis fylveftris inodora *C. B. Pin.* 202. Pannonica inodora *J. B.|II.* 878. *Park.* 628. *defcr.* 1682. *icon.* tertia *Cluf. H.* 297. On the Banks of the Rivulets about *Dale-head* in *Cumberland,* and *Graffmire* in *Weftmorland;* Mr. *Nicolfon.* vid. *Camb. Brit. p.* 846. *Ed. Gibfon.*

Hefperidis notas characteriíticas vid. *Meth. Em.* 95.

An. 2. Hefperis'Allium redolens *H. Ox. II.* 252. *J. R. H.* 222. Alliaria *Ger.* 650. *Park.* 112. *J. B. II.* 883. *C. B. Pin.* 110. *Jack by the Hedge, Sawce alone.* In aggeribus foffarum. Foliis fubrotundis, odore Allii, femine fublongo ab aliis Tetrapetalis filiquofis diftinguitur.

Ufus hujus eft ad embammata. Ruftici cum butyro & pane comedunt. Recens urinam ciere dicitur; ficca veneno adverfari. Scordium legitimum ut odore, ita & viribus refert. Succus in Gangrænis ulceribufque putridis ac fordidis magnarum eft virium. Vid. *Hift. noft.* p. 792.

§. 1. Braffica maritima arborea feu procerior ramofa *H. Ox. II.* 208. 15. maritima *Pet. H. B.* 45. 6. An Braffica rubra vulgaris *J. B* ? *Sea Colewort or Cabbage.* On *Dover* Cliffs and divers other the like places.

Brafficæ notæ funt folia in hoc genere maxima, glauca feu fubcærulea, carnofa; femina rotunda, minus acria.

Leviter coéta alvum folvit, ut & ejus jus: diutius aut fæpius effufo fubinde jure, adftringit. Succus illius verrucas abigit. Braffica rubra potui ordinario infufa Scabiei medetur.

* An. 2. Braffica campeftris perfoliata flore albo *C. B. Pin.* 112. perfoliata alba *Pet.* 45. 5. Perfoliata filiquofa *J. B. II.* 835. *Ger.* 430. filiquofa vulgaris, feu Braffica campeftris *Park.* 580. napifolia Anglorum filiquofa *Lob. Ic.* 396: Refert *Raius in Hift. I.* 791. fibi in Anglia nondum obfervatam hanc plantam. *Petiverus* in Effexia, fed rarius reperiri tradit. *Raius* poftea *Hift. III.* 410. nuperrime inventam ait in clivis maritimis prope *Harvicum* oppidum in Effexia & in clivis juxta *Bardfey* prope *Orford* in *Suffolcia* a D. *Dale.*

§. Turritis *Ger.* 212. vulgatior *J. B. II.* 836. *Park.* 852. Braffica fylveftris foliis integris & hifpidis *C. B.* 112. *Ed.* 1. fylveftris hifpida non ramofa *Ej. Pin.* 112: *Ed.* 2. *Tower-muftard.* In agro Norwicenfi, via inter Nardovicum urbem & *Yarmouth* oppidum mediâ in fepibus; item circa *slough* vicum viâ regiâ Londinum ducente, in aggeribus fepium; in colle *Dorfthill* non longe a *Tamworth* oppido in

U 3 agro

agro Warwicenſi: alſo on the Banks by the High-way-ſide, as you go up the Hill from *Lexden* to *Colcheſter.*

Foliis imis hiſpidis, quæ caulem veſtiunt glabris, glaucis; ſiliquis teretibus erectis, cauli approximantibus & fere parallelis, ab aliis hujus generis nullo negotio diſtinguitur.

2. Turritis muralis minor *Pet. H. B.* 47. 12. Barbarea muralis *J. B. II.* 869. Eryſimo ſimilis hirſuta planta *Park.* 834. Eryſimo ſimilis hirſuta, non laciniata alba *C. B. Pin.* 101. *Pr.* 42. *icon. Wall-Creſs, or Tower-muſtard, with Daiſie-Laves.* In rupibus & muris antiquis, inque paſcuis ſiccioribus montoſis, in Occidentalibus & Borealibus Angliæ regionibus. (On the Banks beyond *Midhurſt* in *Suſſex* ; Mr. *Dood.*)

Oſtenſa eſt nobis aliquando pro Turriti minore, & revera magnam habet cum Turriti vulgari convenientiam, ut non inepte ita denominari poſſet. Folia ima ad Bellidem accedunt, verum hirſuta ſunt, colore viridi.

3. An. Turritis vulgaris ramoſa *J. R. H.* 224. Braſſica ſpuria minima, foliis hirſutis & glabris *Syn. II.* 166. Burſa paſtoria ſeu Piloſella ſiliquoſa *J. B. II.* 870. Piloſella ſiliquoſa *Thal. Tab.* 7. Burſæ paſtoriæ ſimilis ſiliquoſa major & minor *C. B. Pin.* 108. Paronychia major & altera minor *Park.* 556. *Codded Mouſe-ear.* In arenoſis & ſiccioribus, ut formicarum cumulis.

4. Turritis minor folioſa *Pet. H. B.* 48. 2. Braſſica ſpuria caule magis folioſo hirſutior *Syn. II.* 166. Piloſellæ ſiliquatæ ſpecies eſt, ſed ab utraque *Thalii* diverſa. I found it upon a Stone-wall not far from *Axbridge* in Somerſetſhire. D. *Plukenetio* dicitur, Braſſica ſpuria exilis non laciniata hirſutior, ſubrotundis foliis, caule magis folioſo *Alm. p.* 70. *T.* 80. *f.* 2.

Folia ima hirſuta, quæ in caule glabra : parvitate ſua, flore lacteo, ſiliquis tenuibus, ſparſis, & a caule abſcedentibus a Turriti prima differt ſatis.

An. §. Rapa ſativa rotunda *C. B. Pin.* 89. Rapum majus *Ger.*177. *Em.* 232. Rapum ſativum rotundum *J. B. II.* 838. *Round Turneps.* In agris ſeruntur radicum causâ, tum hæc, tum ſativa oblonga.

An. 2. Rapa ſativa oblonga, ſeu fœmina *C. B. Pm.* 90. Rapum ſativum oblongum *J. B. II.* 838. radice oblonga *Ger. Em.* 232. *Long rooted Turneps.*

Radices modice nutriunt, inflant tamen nonnihil; noſtratibus ſalubriores habentur aliis quibuſcunque culinaribus radicibus, Paſtinacis, Carotis,&c. Earundem ſuccus & juſculum in quo decoquuntur,

tur, ad febrem quartanam abigendam commendantur. Rapæ cru
dæ comeftæ ad Scorbutum fanandum efficaces funt, [Scorb. ex
ufu carnium falitarum, & aura marina contractum.] Rapum extrinfecus adhibetur in ulceribus crurum, &c. optimo cum fucceffu, ut & in mammarum tumoribus, inque fcrophulofis & fcorbuticis; D. *Needham.*

An. §. Napus fylveftris *J. B. II.* 843. *C. B. Pin.* 95. Bunias feu Napus fylveftris noftras *Park* 865. Bunias fylveftris
Lobelli *Ger.* 181. *Wild Navew.* Inter fegetes in aggeribus foffarum.

Eft hæc fortaffe Rapum fylveftre non bulbofum *Lobelii Adv.*
66. Certe planta illa quæ in infula Elienfi feritur, unde oleum *Rape
Oil* dictum exprimitur, huic eadem videtur; proinde Rapum fylveftre & Napus fylveftris una eademque fortaffe planta funt; quod
fi diverfæ fuerint, quam pro Napo fylveftri hactenus habuimus,
Rapum potius fylveftre cenfenda eft: fiquidem Napus fativa nobis
peregrina eft; quidni & fylveftris?

§. Sinapeos notæ funt, fapor foliorum, fed præcipue feminum, fervidus & acerrimus; folia, tam quæ in caulibus,
quam quæ ad radicem, afpera, quamvis in aliis fpeciebus
magis, in aliis minus, ut in Sinapi vulgari fere glabra videantur, flores lutei, quorum calyces, quamprimum flores aperiuntur, dehifcunt & fe aliquantulum expandunt.

An. 1. Sinapi fativum fecundum *Ger. emac.* 243. *defcr.*
Sinapi filiquâ latiufculâ glabra, femine ruffo, five vulgare *J.
B. II.* 855. *Common Muftard.* In hortis & areis, inque
foffarum aggeribus & terra recens effofsâ.

Cæteris fpeciebus, Rapiftris dictis, elatius eft, fupremo caule &
ramis glabris, filiquis brevibus, cauli appreffis & fere quadrangulis,
feminibus minimis in hoc genere.

An. 2. Rapiftrum arvorum *Ger.* 179. *Park.* 862. flore
luteo *J. B. II.* 844. *C. B. Pin.* 95. *Charlock,* or *Wild-
Muftard.* Inter fegetes nimis frequens.

Statura humiliore, filiquis longioribus, majoribus, non quadratis à caule aliquantulum extantibus, femine etiam majore, nigriore à præcedente differt.

An. 3. Sinapi album filiqua hirfuta, femine albo vel ruffo
J. B. II. 856. Sinapi album *Ger. Em.* 244. Apii folio *C. B.
Pin.* 99. Aft folia Apii non habet hoc genus, fed Rapi.
White Muftard.

Foliis profundius & crebrius laciniatis, filiquis a caule extantibus,
hirfutis, feminibus protuberantibus velut nodofis in latum tenuem & oblongum feu ξιφοειδῆ mucronem definentibus, feminibus
maximis à præcedentibus fpeciebus differt.

U 4   Appetitum

Appetitum excitat, caput purgat, lachrymas elicit, fternutamenta movet, Venerem irritat, acceffus febriles arcet, comitialibus & lethargicis auxiliatur, paralyticis quoque & apoplecticis, naribus inditum, vel finapifmo adhibitum : menfes & urinam ciet.
Ad calculum renum nonnulli commendant feminis Sinapeos co-
chleare unum in Cerevifæ q. f. deglutitum.

§. Raphani notæ funt filiquæ craffæ fungofæ, nec mani-
feftè bivalves, duas feminum feries, membrana tenui fe-
paratas continentes.

An. 1. Raphanus *J. B. II.* 846. fativus *Ger.* 183. vulgaris
Park. 861. minor oblongus *C. B. Pin.* 96. *Radifh.* Inter
Paftinacas tenuifolias non raro feritur. Vires vid. *Hift. noft.*
p. 805.

§. Raphaniftrum a Raphano differt filiquis articulatis, in
fingulis internodiis fingula fubrotunda femina continentibus.

An. 1. Raphaniftrum filiqua articulata glabra, majore & minore *H. Ox.* 265. Raphanus fylveftris *Ger.* 185. Rapiftrum
flore albo *Merr. P.* album articulatum *Park.* 863. flore albo,
filiqua articulata *C. B. Pin.* 95. flore albo ftriato, Sinapi album agrefte Trago *J. B. II.* 851. *White flower'd Charlock
with a jointed Cod.* Inter fegetes paffim & copiosè.

Siliquæ huic glabræ, cum reliqua planta hirta fit, nodis inftar
caudæ Scorpionis diftinctæ; flores Leucoii, è calyce exeuntes eorum inftar, nec enim in hac fpecie, ut in reliquis Rapiftris dictis,
flore fe aperiente dehifcunt calyces.

An. 2. Rapiftrum flore luteo, filiquâ glabrâ articulata, folo floris colosè à præcedente differt, & eodem in loco reperitur. (Lampfanæ flore melino *Tab. Ic.* 408. huic convenit.)

3. Raphanus maritimus flore luteo, filiquis articulatis, fecundum longitudinem eminenter ftriatis D. *Stoneftreet. Syn. II.
App.* 342. Radix alba craffa. *Folia* Raphani vulgaris æmula. *Caules* fere tripedales, valde ramofi. *Siliquæ* craffæ, per
maturitatem fere lignofæ, duabus tribufve articulis conftant,
quarum fingulis fingula infunt femina, Raphani vulgaris fimilia, fed aliquantulum minora. Mr. *Stoneftreet* found it
under the Cliffs by the Sea-fide, about half a Mile of the
Fifher-houfes at *Bourn* in *Suffex.*

§. Erucæ notæ funt, folia laciniata-glabra, filiquæ angu-
lofæ, odor fœtidus.

1. Eruca fylveftris *Ger.* 191. fylveftris vulgatior *Park.*
818. major lutea, caule afpero *C. B. Pin.* 98. tenuifolia perennis

ennis flore luteo *J. B. II* 861. *Wild Rocket.* Circa muros, inque ipſis muris & ruderibus multis in locis : as on the Walls of *Cheſter, Taunton-Caſtle, Yarmouth, Lichfield-Cloſe, Berwick,* &c.

Non medicorum tantum, ſed & poetarum teſtimonio ſtimulandæ veneri nata videtur. Uſus etiam eſt eximii in Apoplexia præcavenda; vid. *Camer.* Extrinſecus impoſita radix extrahit oſſicula fiſſa. Pituitam e cerebro prolicit in apophlegmatiſmis.

An 2. Eruca Monenſis laciniata lutea *Syn. II.* 169. 2. Monenſis *Pet. H. B.* 46.7. ſylveſtris minor lutea,Burſæ paſtoris folio *C. B. Pin.* 98. *Pr.* 39. *Pluk. Alm.* 136. *T.* 86. *f.* 7. Sicula Burſæ paſtoris folio *Bocc. R. Pl.* 18. *Jagged yellow Rocket of the Iſle of Man.* Between the landing place at *Ramſey* and the Town plentifully. Found by Mr. *Lawſon,* in *Sella* Fields, *Seabank, Cumberland*; alſo between *Marſhgrainge* and the Iſle of *Walney,* but not plentifully. (Near *Abermeney-ferry* in *Angleſea*; Mr. *Lhwyd.* Figura *Plukenetii,* ve! alius plantæ, vel admodum vitioſa eſt ; multo melior eſt, quam *Bocconus* exhibuit.)

§. Erucæ ſpuriæ folia, ut in reliquis laciniata ſunt, verum flores minores, ſiliquæ breviores & ſtrictiores, odor & ſapor Naſturtii.

1. Eruca aquatica *Ger. emac.* 248. *Park.* 1242. Eruca quibuſdam ſylveſtris repens, floſculo parvo luteo *J. B. II.* 866. Eruca ſylveſtris minor, luteo parvoque flore *C. B. Pin.* 98. It. Er. paluſtris & Naſturtii folio ſiliqua oblonga *Ejuſd.* Sium alterum aquaticum luteum, vel Cardamine tenuifolia montana *Col. Ec.* I. 266. Naſturtium montanum luteum *C.B. Pin.* 104. *Water Rocket.* Ad fluvios & foſſas, necnon in alveis torrentum ſiccatis arenoſis & ſaxoſis. Vide quæ de ſynonymis hujus plantæ adnotavimus *Hiſt. noſt.* p. 808.

An. 2. Eruca lutea ſeu Barbarea *C. B. Pin.* 98. Barbarea *J. B. II.* 868. *Ger.* 188. flore ſimplici *Park.* 819. Naſturtium hybernum *Thal.* 80. *Winter-Creſſes, or Rocket.* In muris, aggeribus juxta rivulos & aquas fluentes, non raro etiam in campeſtribus cultis.

Tota planta glabra eſt, folia atro-viridia, flores in longas ſpicas excurrunt, ſiliquæ tenues, cauli appreſſæ ſeu proximæ.

* An. 3. Barbarea foliis minoribus & frequentius ſinuatis, *Raj. Hiſt. I.* 809. *ſub ſpec.* 8. præcox *Petiv. H. B.* 46. 2. Aprili in foſſis floret, referente *Petivero.*

Barbarea Naſturtio facultate ſimilis videtur. Vulneraria eſt, ulcera purgat & ſiccat : Semen diureticum eſt & arenulas expellit.

An. 4

An. 4. Eruca hirfuta, filiqua cauli appreffa, Eryfimum dicta. Eryfimum vulgare *C. B. Pin.* 100. Eryfim. Diofridis Lobelio *Ger.* 198. Eryf. Tragi, flofculis luteis, juxta muros proveniens *J. B. II.* 863. Irio five Eryfimum vulgare *Park.* 833. *Hedge-Muftard,* by fome *Scrambling-Rocket.* Ad fepes & muros, inque locis ruderatis.

Flores huic lutei, qui cum fuceffivè aperiantur, & filiquæ breves caulibus apprimantur, in fpicas prætenues & prælongas excurrunt: femina parva fublonga.

Lobelius tantas ei attribuit dotes, quæ afthmaticis, fractui pulmonum, vocique raucæ etiam diuturnæ & prope invictæ præfenti funt præfidio, ut fidem pæne fuperent ; vid. *Adv. Lob. p.* 69. Ufus præcipuus in mucilagine contumaci pulmonum & tuffi chronica: extrinfecus in cancro non exulcerato & tumoribus remittentibus.

§. Eryfimi nomine donamus plantas filiquis longis & tenuibus, ftrictioribus quam Erucæ, flore luteo.

An. 1. Myagro affinis planta filiquis longis *J. B. II.* 894 Camelina *Ger.* 213. Camelina five Myagrum alterum amarum *Park.* 867. Myagrum filiqua longa *C. B. Pin.* 109. *Treacle-wormfeed.* In infula Elienfi in falicetis propeurbem *Ely* copiofam obfervavimus: item prope *Afhburn* oppidum in Pecco Derbienfi dicto. (In the Corn-fields about *Elden*; Mr. *Newton.*)

Folia huic integra funt, angufta oblonga; filiquæ quadratæ tenues, a caule extantes, femina fulva, oblonga, amara.

An. 2. Eryfimum latifolium Neapolitanum *Park.* 834. latifolium majus glabrum *C. B. Pin.* 101. Irio lævis Apulus Erucæ folio *Col. Ec. l.* 264. *Smoother broad-leaved Hedge-Muftard.* Circa Londinum variis in locis ; as between the City and *Kenfington* in great plenty, alfo about *Chelfey.* After the great Fire in *London,* in the Years 1667, 1668. it came up abundantly among the Rubbifh in the Ruines. I have alfo obferved it elfewhere, as about the Houfe of my honoured Friend *Edward Bullock,* Efq; at *Faulkbourn* in *Effex* ; alfo on the Walls of *Berwick* upon *Tweed.*

This hath fmall yellow Flowers, and Cods longer by much than thofe of the common *Eryfimum,* not clapping clofe to the Stalk, as in that, but ftanding out from it ; it's alfo a much leffer and lower Plant.

An. 3. Eryfimum Sophia dictum. Sophia chirurgorum *Ger.* 910. *Park.* 830. Nafturtium fylveftre tenuiffime divifum *C. B. Pin.* 105. Seriphium Germanicum feu Sophia
· quibufdam

quibufdam *J. B. II.* 886. *Flix-weed.* In locis ruderatis, lapidofis & arenofis, inque veteribus maceriis.

(An datur alia fpecies foliis latioribus glabra? in the Lane to *Black-heath*, a little beyond the Stile that goes to *Charlton* the upper Way; Mr. *Dood. Not.*)
Folia tenuiffime divifa,flofculi minimi, filiquæ prætenues ad hanc a reliquis difcriminandum fufficiunt.

§. Cardamines nomine nobis cenfentur plantæ flore tetrapetalo albo, filiquis anguftis, valvulis per maturitatem revolutis, diffilientibus, & femina cum impetu ejaculantibus, foliis in plerifque fpeciebus pinnatis.

An. 1. Cardamine flore majore elatior *Inft. R.H.* 224. Nafturtium aquaticum amarum *Park.* 1239. aquat. majus & amarum *C. B. Pin.* 104. Sifymbrium Cardamine feu Nafturtium aquaticum flore majore elatius *J. B. II.* 885. *Bitter Creffes.* It is common in boggy and watery Places. I have obferved it near *Darking* in *Surrey, Braintree* in *Effex, Middleton* in *Warwickfhire,* and elfewhere. Vere floret.

2. Cardamine *Ger.* 201. Nafturtium pratenfe majus feu Cardamine latifolia *Park.* 825. pratenfe magno flore *C. B. Pin.* 104. Iberis Fuchfii feu Nafturtium prat. fylveftre *J. B. II.* 889. *Ladies Smock or Cuckow-flower.* In pratis, locis humidis & ad rivulos paffim.

Folia ima ex pinnulis latis & fubrotundis componuntur, quæ in caulibus in tenues & oblongas portiunculas feu pinnulas divifa: Flores ampli, ex albo purpurafcentes, petalis venofis. Mr. *Lawfon* obferved it flore pleno in *Little-Strickland*-Paftures in Weftmorland.

An. 3. Cardamine impatiens, vulgo Sium minus impatiens *Ger. Em.*260. Sium minimum, *Noli me tangere* dictum, five impatiens Nafturtii fylveftris folio *Park.* 1241. Sifymbrii Cardamines fpecies quædam infipida *J. B. II.* 886. *Impatient Ladies Smock.* Among the Stones under the Scars near *Wherf,* a Village fome three Miles diftant from *Settle, Yorkfhire.* (In Rills and Ditch-banks about *Bath, Merr. P.* Inter faxa e rupibus imminentibus delapfa *Giglafwicka* quondam inveni. Maio floret; *D. Richardfon.*) Hujus defcriptionem v. *Hift. noft.* p. 815. Sufpicamur autem plantam nobis hoc in loco vifam & defcriptam non fuiffe Sium minimum *Alpini,* fed Sium Matthioli & Italorum *Lob. Ic.*209. Nafturtium aquaticum Italicum *Park.* 1239. aquat. erectum folio longiore *C. B. Pin.* 104.

An. 4. Cardamine impatiens altera hirſutior *Syn. II.*171, 4. quarta Dalech. *Lugd.*654. Naſturtium aquaticum minus *C.B. Pin.* 104. Siſymbrium Cardamine hirſutum minus flore albo *J. B. II.* 888. Male imprimitur purpureo,ut patetex deſcriptione. An Cardamine minor arvenſis D. *Lhwyd,* quam inter ſegetes & in hortis paſſim provenire ait, tum in agro Salopienſi prope *Oſwaldſtry,* tum montis Gomerici prope *Lhanvylhin. The leſſer hairy impatient Cuckow-Flower, or Ladies Smock.* This is very common in *Warwickſhire,* in Gardens and moiſt Places, flowering in the beginniug of the Spring. *(*In the Ditch between *Cainwood* and the *Cloſe* newly ſtubb'd up, by the Water a little beyond *Pancras,* towards *Kentiſh-town,* Mr. *Newton.)*

Folia huic hirſutiora ſordidius virent, pauciores habent pinnulas ad mediam coſtam, [tres plerumque conjugationes.] Caules humiliores ſunt, nec adeo rigidi & erecti.

5. Cardamine pumila Bellidis folio, Alpina *Ger. Emac.* 260. Plantula Cardamines alterius æmula Cluſii *Park.* 828. Naſturtium Alpinum Bellidis folio minus *C. B. Pin.* 105. Sinapi pumilum Alpinum Bellidis folio Cluſio *J. B. II.*870. *Daiſie-leaved Ladies Smock.* Found by Mr. *Newton* on S. *Vincent*'s Rock near *Briſtol.* (On the Rock near the Quarry by *Bath;* in variis locis juxta *Rippon* ad monaſterium ejus & in Denbighſhire; *Merr. P.)*

6. Naſturtium petræum Johnſoni *Merr. Bot. Part. Alt. Pluk. Alm.* 261. *T.* 101. *f.* 3 Paſſim in excelſis rupibus *Arvoniæ* & *Merviniæ,* v. g. *Moelyn rhudh* juxta *Pheſtiniog, y Glogvvyn, du y yr Ardhn Glogvvyn y Carnedh* prope Lhanberys; D. *Lhwyd.* (Nullibi mihi copioſius occurrit,quam in rupibus udis ſupra lacum *Layn-dü.* Figura Plukenetiana, ut nec Petiveriana non admodum bene exprimit hanc plantam. Flos ei albus, pro plantulæ modo magnus tetrapetalus; petala non cruciatim, ſed ex adverſo bina locantur. Siliquæ ſuccedunt tenues oblongæ quæ an Cardamines, vel Siſymbrii inſtar rumpantur, nondum obſervavi; Dr. *Richardſon.)*

§. 1. Siſymbrium Cardamine, ſeu Naſturtium aquaticum *J. B. II.*884. Naſturtium aquaticum vulgare *Park.* 1239. aquaticum ſupinum *C. B. Pin.* 104. aquaticum ſeu Cratevæ Sium *Ger. Em.* 257. *Water-Creſſes.* In aquis vadoſis circa piſcinas & rivulos frequens, Junio & Julio menſibus floret.

Siliquæ

Siliquæ huic breves habitiores a caule extantes, per maturitatem tactu non diffiliunt ut in præcedentibus.

2. Nasturtium aquaticum foliis minoribus præcocius *Syn.* II. 172. aquaticum præcox *Pet. H. B.* 47. 3. *Early flowering Water-Cresses, with smaller Leaves.* Observed by Mr. *Dale,* together with the precedent in the same Places.

3. Nasturtium aquaticum pinnulis paucioribus *Dood. Ann.* Near the *Back-Jack* near Peckham-fields. (An priorum varietas vel species diversa?)

Nasturtium aquaticum specificum est ad scorbutum : in acetariis & jusculis utuntur foliis & germinibus primo erumpentibus in hunc usum. Urinam ciet, calculum pellit, Menses educit, Hydropicos juvat.

II. *Siliculosæ.*

§. 1. **R** Adicula sylvestris seu palustris *J. B. II.* 866. Rhaphanus aquaticus alter *Park.* 1229. *C. B Pin. Ed.* 1. 97. *Pr.* 38. aquaticus Rapistri folio *Ej. Pin. Ed.* 2. 97. Rapistrum aquaticum *Ger.* 180. *Water Radish.* In aquis fluentibus & rivis.

* 2. Raphanus aquaticus foliis in profundas lacinias divisis *C. B. Pin.* 97. *Pr.* 38. aquaticus *Ger.* 185. aquaticus Bauhino *Park.* 1228. Cum priori.

Siliquis curtis cum Raphano rusticano convenit; floribus luteis, foliis minoribus & ad pediculum laciniatis ab eodem differt.

§. Raphanus rusticanus *Ger.* 187. *Park.* 860. *C. B. Pin.* 96. sylvestris seu Armoracia multis *J. B. II.* 851. Cochlearia folio cubitali *J. R. H.* 215. *Horse-Radish.* We found it plentifully about *Alnwick,* and elsewhere in *Northumberland* in the Ditches and by the Waters-sides; and Dr. *Lister* upon the Banks of *Skiptonbeck,* and elsewhere in *Bolland* in *Craven.*

Floribus albis, foliis magnis integris oblongis, radice reptatrice vivaci, Raphani sapore acri, siliquis parvis curtis ab aliis plantis distinguitur.

(Plurimum foliis ludit, & sæpe in eadem planta, folia integra & eleganter dissecta observantur.)

In condimentis appetitum facit, sed caput lædit. Urinam & arenulas vehementer pellit. Commendatur ad tussim & phthisin. Specifice Scorbuticis prodest. Ciet vomitum si succus vel infusio in aceto cum melle assumatur, & aqua tepida superbibatur; *Schrod.* In

In doloribus tumoribusque artuum folia recentia, parum contusa levamen mirifice conferunt. Eadem ad tumorem eryfipelatodem valent; *Ephem. German.* An. 14. Obferv. 90. Vid *Hift. noft.* 920.

An. §. Myagrum *Ger.* 213. fativum *C. B. Pin.* 109. Myagrum dictum Camelina *J. B. II.* 892. fylveftre feu Pfeudomyagrum *Park.* 868. item Myagrum fativum *Ejufdem* 867. Sefamum *Trag. II.* 655. *Gold of Pleafure.* Inter fegetes Lini non raro invenitur.

Myagrum vocamus herbam Tetrapetalam filiculofam capfulis tumidioribus, floribus luteis, feminibus ruffis. Ex femine oleum exprimitur ad lucernas ; quo & pauperiores in condimentis utuntur.

§. Cochleariæ notæ funt, ftatura humilis, vafcula fem. modicè tumida, folia fubrotunda, craffa, fucculenta, femina globofa; locus maritimus; flores albi.

An. 1. Cochlearia *J. B. II.* 942. rotundifolia *Ger.* 324. five Batavorum *Park.* 285. folio fubrotundo *C. B. Pin.* 110. *Common round-leaved Scurvy-grafs, or Garden Scurvygrafs.* Ad littus maris variis in locis, præfertim in Cumberlandia & Lancaftria, ubi in ipfis etiam fcopulis è faxorum fiffuris exit. We have alfo found it near little Rills of Water, running down the Sides of the Hills, at a great diftance from the Sea, as near *Caftleton* in the *Peak* of *Derby*, upon *Penigent* and *Ingleborongh*-Hills, and upon *Stanemore* in *Yorkfhire*, near the *Spittle*. Hujus autem quæ in montibus oritur folia multo minora funt & rotundiora, planioraque foliis ejus quæ ad mare & Cotyledonis foliis fimilia ; ut dubitaverim aliquando annon media quædam Cochleariæ fpecies effet. Verum femine in hortis fato quæ exoritur fpeciem mutat & ad maritimæ magnitudinem & formam accedit.

*An. 2. Cochlearia rotundifolia *Merret. Pin.* Cochlearia minima ex montibus *Walliæ Boerh. Ind. Alt. II.* 10. to which we may add, Cochlearia rotundifolia 1. Batavica *Lobelii* (if that be to be met with in the *Peak* of *Derbyfhire*) for I am fatisfied that 'tis the fame Cochlearia that grows upon the Mountains of *Wales, Derbyfhire, Yorkfhire*, and *Weftmorland*, of which I have now Plants from *Wales* and *Craven* in my Garden, which yearly fow themfelves, and have continued the fame for above ten Years, notwithftanding what Mr. *Ray* has been informed to the contrary ; Dr. *Richardfon*. The fame is confirm'd in Mr. *Sherard's* Garden at *Eltham*.

An. 3.

An. 3. Cochlearia folio finuato *C. B. Pin.* 110. vulgaris *Park.* 285. Britannica *Ger.* 324. *English or common Sea-Scurvy-grass.* In falfis maritimis plurimis in locis. Foliis, imis etiam, angulofis aut finuatis a præcedente differt.

An. 4. Cochlearia minor rotundifolia noftras & *Park.* 286. *The lesser round-leaved Scurvy-grass.* Primæ fpeciei fimilis eft fed minor, folia angulofa, præfertim quæ in caulibus. On the Coaft of *Anglefey* about *Beaumaris,* as alfo on the Coaft of *Carnarvanshire.*

An. 5. Cochlearia marina folio angulofo parvo D. *Lawfon. Small Sea-Scurvy-grass with corner'd Leaves.* In *Walney* Lancaftriæ Infula (near *Llanbadrick*-Church. Mr. *Lhwyd.*) Hanc plantam cum Thlafpi hederaceo *Lob. lc.* 615. *Ger. Em.* 271. *Park.* 848. eandem plane effe, collata diligenter cum icone *Lobelii* herba ipfa virente, obfervavit D. *Dale.*

Acris eft & calida, fale volatili abundans, unde morbis illis qui a fale fixo nimis copiofo originem ducunt, imprimis autem Scorbuto medetur. Ob partium volatilitatem præftat eam cerevifia vel vino infufam, quam decoctam fumere. In ufu etiam funt fuccus expreffus, conferva, fpiritus, tinctura liquida. Vide *Hift. noft.* p. 833. Succus cum herba contufa impofita faciei maculas fex horarum fpatio tollit. Sed poftea facies decocto furfuris eft abluenda. *Herm.*

§. 1. Nafturtium fylveftre Ofyridis folio *C. B.* 105. *Park.* 829. Thlafpi anguftifolium Fuchfii, Nafturftium fylveftre *J. B. II.* 914. Thlafpi minus *Ger.* 204. *Narrow leaved wild Cresse.* Near the Sea in many Places, v. g. at *Maldon* in Effex, *Lynne* in Norfolk, *Truro* in Cornwall, &c.

Foliiis e radice laciniatis, quæ caules occupant integris anguftis oblongis; flofculis minimis, Nafturtii fapore & odore valido ejufdemque capfulis facile innotefcit hæc herba.

An. 2. Nafturtium petræum *Tab. lc.* 451. *Ger.* 194. petræum foliis Burfæ Paftoris *C. B. Pin.* 104. Burfa paftoris minor *Park.* 866. minor, foliis incifis & Thalii *C. B. Pin.* 108. Burfa paftoria minima *Ger.* 214. paftoris parva folio glabro fpiffo *J. B II.* 937. *The lesser Shepherds purfe or Rock-Cresse.* In arenofis nonnunquam & petrofis (Near Hampton-court, Richmond and Barnes-Common ; *Mr. Doody, & Not.*

Parvitate fua, foliis glabris, craffis, Burfæ paft. cauliculis plurimis, non rare foliis viduis, capfulis, Nafturtii, ab aliis hujus generis diftinguitur.

(Confiderandum an non a *Jo. Bauhino, Turnefortio* & a *Raio* duæ diverfæ plantæ fub his Synonymis comprehendantur. Figura quidem

dem *Tabernamontani*, a Burfa paftoria minima *Lob.* quam affumit
J. Bauchinus, *Johnfonus* & *Parkinfonus* non leviter recedit, &
Burfa paftoria minima *Ger.* ad Thlafpi fatuum pertinet.)

3. Nafturtium fylveftre Erucæ affine *C. B. Pin.* 105. fylv.
Valentinum Clufio *J. B. II.* 920. *Park.* 830. Eruca Na-
fturtio cognata tenuifolia *Ger. Em.* 247. *Creffe-Rocket.*
Found by Mr. *Lawfon* on *Salisbury*-Plain, not far from
Stonehenge.

An. 5. Nafturtiolum montanum annuum tenuiffime divifum D. *Bobert.* Brought him by *Richard Kayle* from St.
Vincent's Rock near *Goram*'s Chair, in the Parifh of *Henbury*,
three Miles from *Briftol.* (Nafturtium petræum annuum
noftras *Pluk. Alm.* 262. *T.* 206. *f.* 4. pumilum vernum
C. B. Pin. 105. *Ed.* 1. Cardamine pufilla faxatilis montana δισκοιδης *Col. Ec.* I. 273. *Goram*'s Chair is about five
Miles from *Briftol*; it grows on the low Rocks juft over-
againft the Chair. *Mr. J. Sherard.* Flos regularis, petalis
conftans æqualibus & integris : vafculum bicapfulare, binis
in fingulis loculamentis feminibus.)

6. Nafturtium fupinum capfulis verrucofis *Meth. Em.*
98. Coronopus Ruellii *Ger.* 346. recta vel repens Ruellii
Park. 502. Ruellii feu Nafturtium verrucofum *J. B.* 919.
Ambrofia campeftris repens *C. B. Pin.* 138. *Swines Creffes.*
In uliginofis & ad vias.

Capfulæ verrucofæ & velut echinatæ, difpermæ feminibus
in fingulis loculamentis fingulis.) Cauliculi refupini; folia Nafturtii in modum divifa. Cruda, inquit *Ruellius*, teftur in acetariis
& cocta, & cum aceto manditur; *Dod.*

§. Lepidium latifolium *C. B. Pin.* 97. Lepid. Pauli *J. B.*
II. 940. Piperitis feu Lepidium vulgare *Park.* 855. Raphanus fylveftris Officinarum, Lepidium Æginetæ Lobelio *Ger.*
187. *Dittander, Pepperwort.* In a Clofe adjoyning to the
Coat-yard and the River. Near the Hythe at *Colchefter*, and
at *Heybridge* near *Maldon* by the Water-fide plentifully; as
alfo near *Fulbridge* at *Maldon* Town's end. (Plentifully in the
Corn betwixt *Beningbrough* and *Miton*, in the North Riding, *Yorkfhire*; *D. Richardfon.*)

Notæ hujus funt folia integra magna, flofculi parvi albi,
filiquæ itidem parvæ, radix reptatrix, odor & fapor piperis.

Herba acris eft : cum axungia trita & impofita dolori ifchiadico & podagræ auxiliatur. Mulierculæ Burienfes decoctam in cere-

vifia

vifia ad partum facilitandum propinant; *Park.* Commanducata
pituitam elicit, & ad fcrophulas conducit.

§. Thlafpeos notæ funt vafcula feminalia compreffa;
membrana cellulas difterminahs ad latitudinem feu planum filiquæ tranfverfa, femen acre.

An. 1. Thlafpi vulgatius *J. B. II.* 921. vulgatiffimum
Ger. 204. Mithridaticum feu vulgatiffimum, Vaccariæ folio
Park. 835. arvenfe, Vaccariæ incano folio majus *C. B. Pin.*
106. *Mithridate Muftard, Baftard-Creffes.* Inter fegetes
variis in locis.

2. Thlafpi Vaccariæ incano folio perenne. An Thlafpi
capfulis hirfutis *J. B. II.* 922. villofum, capfulis hirfutis *C. B.*
Pin. 106. Pr. 47. *Perennial Mithridate Muftard.* In montofis Cambro-britanniæ & alibi obfervavi.

Flores triplo etiam majores quam præcedentis, capfulæ
longiores & hirfutiores.

An. 3. Thlafpi Diofcoridis *Ger.* 204. Drabæ folio *Park.*
836. cum filiquis latis *J. B. II.* 923. arvenfe filiquis latis
C. B. Pin. 105. *Treacle-Muftard, Penny-Crefs.* I have found
it in many Places, as in the Fields about *Wormingford* in *Effex* plentifully; as alfo at St. *Ofyth,* in *Tendring*-Hundred;
at *Stone* in *Staffordfhire,* and *Saxmundham* in *Suffolk.*

Siliquarum magnitudine ab omnibus hujus generis noftratibus a-
bunde diftinguitur: tota planta glabra eft.

4. Thlafpi foliis Globulariæ *J. B. II.* 926. montanum
Glafti folio minus *Park.* 842. *C. B. Pin.* 106. Thlafpeos
albi fupini varietas *Ger. emac.* 268. Thlafpi Alpinum Bellidis cæruleæ folio *C. B. Pin.* 106. *Treacle-Muftard with Leaves
like Globularia.* In the Paftures about the ebbing and flowing Well, a Mile from *Settle* in *Yorkfhire* toward *Ingleborough;*
as alfo in many Places of the mountainous Paftures between
Settle and *Malham.* Radice eft reptatrice, præcedentibus
minor & humilior.

An. 5. Thlafpi Vaccariæ folio glabrum *Syn. II.* 175. 5.
glabrum *Pet. H. B.* 50. 8. *Smooth Mithridate Muftard.* Tum
folia, tum filiquæ glabræ funt. Found by Mr. *Lawfon.*
(And by Mr. *J. Sherard* in the Way from *Backley* to Bun-
gay in Suffolk; folia latiora funt quam incano, nec adeo
acuminata.)

An. 6. Thlafpi perfoliatum minus *C. B. Pin.* 106. perfoliatum minus *Park.* 837. Thlafpi minus Clufii *Ger.* 210. *The
leffer perfoliate Treacle Muftard.* Among the Stone-Pits between *Witney* and *Burford* in *Oxfordfhire;* D. *Bobart;* (In the

X   Paftures

Paſtures above the ebbing and flowing Well, two Miles from *Griſlewick* in ſtony Ground amongſt the Graſs, York-ſhire; *Merr. Pin.* On moſt Limeſtone Paſtures in Weſt-morland and Cumberland; D. *Nicolſon.* vid. Cambd. Bri-tann. Ed. Gibſon p. 846. Q. An. aliter quam magnitu-dine & ratione loci differat a majori ſpecie?

Semen Thlaſpeos acre eſt, & viribus ad Sinapi accedit. Uſus præcip. in abſceſſibus internis rumpendis, menſibus ciendis, iſ-chiadicis affectibus curandis. Extrinſecus abſtergit ulcera ma-nantia, inſuperque ptarmicum eſt, ſed minus vulgare; *Schrod.*

An. §. Burſa paſtoria *J. B. 936. Ger.* 214. major vulgaris *Park.* 866. paſtoris major folio ſinuato *C. B. Pin.* 108. Thlaſpi fatuum, Burſa paſtoris dictum *Syn. II.* 176.7. *Shep-herd's purſe.* Secus vias, locis deſertis & incultis, inque areis compitis & ruderibus paſſim. A Thlaſpi differt cap-ſulis quæ burſam vel trianguli iſocelis figuram referunt.

Variat plurimum foliis & eorum inciſuris, nec niſi hujus vari-etates videntur: Burſa paſtoris major folio non ſinuato *C. B. it.* Burſa paſtoris media *Ej.* & Burſa paſtoris eleganti folio, inſtar Coronopi repentis *Cam. H.* 32. quæ omnes varietates in Angulia etiam reperiuntur.

Burſa paſtoris adſtringit & conſtipat, hinc valet in hæmorrhagia narium [ſi peſſum e cotone factum & ejus ſucco intinctum nari-bus indatur; *Brunf.*] diarrhœa, dyſenteria, mictione cruenta, fluxu nimio mulierum. Externe vulneribus ſolidandis a plebeiis adhi-betur, nec ſine ſucceſſu. Quinimo additur ſæpius cataplaſmatis febrifugis, quæ carpis imponuntur, nec ſine ſucceſſu; *Sohrod.*

§. 1. Subularia vulgaris erecta folio rigidiſſimo. Subu-laria lacuſtris ſeu Calamiſtrum herba aquatico-Alpina *Syn. I.* 210. *ic. II.* 283. Aizoides fuſiforme Alpinorum lacuum; D. *Lloyd Ibid.* In fundo lacus exigui prope ſummitatem mon-tis Snowdon *Phynon-vrech* dicti. Hujus plantæ nihil præter folia & radices vidit D. *Lhoyd,* (nec ab eo tempore alius quis quicquam præterea obſervavit, & quamvis Dr. *Richardſon* in piſcinis ſuis plantaverit, ibique læte vigeat planta, flo-res tamen & ſemina nondum proferre voluit. Probabile autem eam ejuſdem cum ultima ſpecie generis eſſe.)

*2. Subularia repens folio minus rigido. In the Lake and by the River-ſide near Mr. *Evans*'s Houſe in *Wales.* Folia priori ſimilia, ſed minus rigida, e quorum baſi caulis egreditur palmaris & longior reſupinus, novas per intervalla aliquot plantulas emittens; Dr. *Richardſon.*

*3. Subu-

*3. Subularia fragilis, folio longiore &tenuiore. Eodem naf-
citur loco, vulgari altero tanto & bis etiam longior, erecta, foliis anguftioribus & acutioribus, valde fragilibus, coloris traf-
parentis & multis minutiffimis poris pertufis; Dr. *Richardfon.*

4. Subularia erecta Juncifoliis acutis, mollibus. Juncifolia fub aquis nafcens, Cochleariæ capfulis *Syn. II.* 281.
Graminifolia aquatica Thlafpeos capitulis rotundis, fepto
medio filiculam dirimente *Pluk. Alm.* 180. *T.* 188. *f.* 5. Folia virida, fubtus convexa funt, fuperne plana medulla juncea
repleta. Flos albus parvus, tetrapetalus. Capfula Cochleariæ bipartita, feminibus luteis repleta. Sub aquis nafcitur
fabulofo folo inter Gladiolum lacuftrem *Cluf.* in lacu Hiber-
nico *Lough Neagh,* qua territorium oppidi *Kilmore* alluit
prope Moyra; Dr. *Sherard.*

2. *Tetrapetalæ filiculofæ monofpermæ.*

§. Crambe maritima Braffcæ folio *J. R. H.* 211. Braffica marina monofpermos *Park.* 270. marina Anglica *Ger.*
248. monofpermos Anglica *J. B. II.* 830. maritima monofpermos *C. B. Pin.* 112. *Sea-Colewort.* In arenofis maris
littoribus circa Angliam ubique fere.

Foliis carnofis cæfiis cum Braffica convenit, floribus albis
capfulis fubrotundis, monofpermis ab eadem differt.

An. §. Cakile quibufdam, aliis Eruca marina & Raphanus marinus *J. B. II.* 867. Eruca marina *Ger. Em.* 248.
marina Anglica *Park.* 821. Eruca maritima Italica, filiqua
haftæ cufpidi fimili *C. B. Pin.* 99. *Sea-Rocket.* On fandy
Shores in many Places. *Parkinfonus* Erucam maritimam Ita-
licam ab Anglica diftinguit: idem faciunt P. *Hermannus* &
Morifonus. vid *Hift. noft. Append.* Folia Erucæ, flores purpureo-cærulei, in filiquis curtis femina fingula.

An. §. Glaftum fativum *Ger.* 394. *Park* 600. Ifatis fativa
vel latifolia *C. B. Pin.* 113. Ifatis feu Glaftum fativum *J. B.*
II. 909. *Woad.* In Angliæ Mediterraneis feritur. Sylvef-
tris a fativo nonnifi cultura differre videtur.

Glafti notæ funt folia glauca, ad tingendum utilia; filiquæ compreffæ, latæ, pendulæ, Linguam avis dictam, referentes: Flores minimi lutei, non tamen octapetali, ut
nonnulli volunt, fed tetrapetali; quamvis quatuor calycis
folia dehifcant & floris petala colore referant, quod J. Bauhino aliifque impofuit.

Siccat & aftringit ac proinde utile eft ad quemcunque fanguinis
fluxum cohibendum; ulcera purganda, vulnera, præfertim recentia, fananda. Verum præcipuus ejus ufus eft ad pannos cæ-
rulео

ruleo colore tingendos: nec tantum cæruleum colorem de se præbet, sed aliorum fere omnium colorum colorum basis & fundamentum
est. Britanni antiqui succo ad corpora sua cœruleo co or infici-
enda uti solebant, quo terribiliores hostibus viderentur in prælio, ut
refert *Cæsar Com. de Bell. Gall. L. 5.*

GENUS VIGESIMUM SECUNDUM.

HERBÆ VASCULIFERÆ, FLORE TETRAPETA-LO ANOMALÆ.

PAPAVERIS notæ sunt, florum petala ampla, tenuia, fugacia, succus lacteus aut flavus, acer;
calyx floris bifolius, seu bivalvis, caducus; vis
narcotica.

Papaveris autem duo sunt genera, Alterum conceptaculo seminis breviore & majore, in plurimas cellulas diviso & operculo
stellato tecto, seu foliis integris in Papavere vulgari, sive dissectis in
Papavere erratico : Alterum siliquosum, Papaver corniculatum
dictum.

An. 1. Papaver sylvestre *Ger. emac.* 370. vulgare, cujus
capitula foraminibus hiant, semine incano, ἀγριώτερον Di-
oscordi *C. B. Pin.* 170. *Wild Poppy* Flores ex albo purpu-
rascunt. In hortis incultis & neglectis.

An. 2. Papaver laciniato folio, capitulo breviore glabro
annuum, Rhœas dictum. Papaver rhœas *Ger.* 299. erraticum rhœas sive sylvestre *Park* 367. erraticum rubrum campestre *J. B. III.* 395. erraticum majus ᾽Ροιὰς Dioscor. Theophr. & Plinio *C. B. Pin.* 171. Flos antipleuriticus *Cat.
Ald. Red Poppy or Corn Rose.* Inter segetes. (Variat aliquando flore albo & purpureo saturo, *it.* variegato.

An. 3. Papaver laciniato folio, capitulo hispido longiore.
Argemone capit. longiore *C. B. Pin.* 172. *Ger* 300. *Park.*
370. capit. longiore spinoso *J. B. III.* 396. *Long rough-headed bastard-Poppy.* Inter segetes & ad agrorum margines.

An. 4. Papaver laciniato folio, capitulo hispido rotundiore. Argemone capit. rotundiore *Park* 369. capit. breviore *C. B. Pin.* 172. capit. breviore hispido *J. B. III.* 396.
capit.

capit. torulo *Ger.* 300. *Round rough-headed Baſtard-Poppy.*
Cum priore (Variat colore purpureo ſaturo *Merr. P.*)

An. 5. Papaver laciniato folio, capitulo longiore glabro,
ſeu Argemone capit. longiore glabro. *Mor. H. R. Bl. H.*
Ox. II.279. S. III. T. 14. f. 11. Smooth-headed baſtard-
Poppy. This was ſent me by Mr. *Dent* out of *Cambridge-*
ſhire: Found alſo by Mr. *Dale* at *Bocking.* Floribus minoribus cum Argemone convenit, capitulis cum Rhœade.

6. Papaver luteum perenne, laciniato folio, Cambro-
britannicum. Argemone lutea Cambro-britannico *Park.*
369. *Yellow wild baſtard-Poppy.* On the back of *Snowdon*
going from *Carnarvan* to *Llanberris*, not far from the ſaid
Village of *Llanberris.* Obſerved alſo by Mr. *Lhwyd*, on
Clogwyn y Garnedh yſcolion duon Trigvylche, as you aſcend the
Glyder from *Llanberris*, and ſeveral other Places, moſt
commonly by Rivulets, or on moiſt Rocks: alſo beyond
Pont vawr very near the Bridge amongſt the Stones.

7. Papaver corniculatum luteum *Park.* 261. *J. B. III.*
398. cornutum flore luteo *Ger.* 294. corniculatum luteum
κερατίτης, Dioſc. Theophr. ſylv. ceratitis Plinio *C. B. Pin.*
171. *Yellow horned Poppy.* In littoribus maris arenoſis.
(Inter ſaxa juxta ſummitatem *Gribgogn* montis excelſi prope
Llanberris una cum Lychnide marina Anglica *Lob.* D.
Richardſon.) Perenne eſt: Folia per ambitum profunde inciſa, ſinuata & veluti criſpa ſunt. De viribus hujus de-
mentatoriis vid. *Tranſ. Phil. N.* 242. *p.* 263.

An. 8. Papaver corniculatum violaceum *J. B. III.*
393. *C. B. Pin.* 172. cornutum flore violaceo *Ger.* 294.
corniculatum flore violaceo *Park.* 262. *Violet coloured*
Horned Poppy. In agro Cantabrigienſi inter ſegetes, inter
Swaſham & *Burwel* vicos.

9. Papaver corniculatum luteum, Chelidonia dictum.
Chelidonium majus *Ger.* 911. majus vulgare *Park.* 616.
C. B. Pin. 144. Chelidonia *J. B. III.* 482. *The*
greater Celandine. In locis ruderatis & aſperis umbroſis.

* Chelidonium majus foliis quernis *C. B. Pin.* 144. fo-
lio laciniato *J. B. III.* 483. majus laciniato flore *Cluſ.*
H. CCIII majus laciniatum *Park.* 616. majus foliis magis
diſſectis *Ger. Em.* 1069. Obſerv'd plentifully among the
Ruins of the Duke of Leeds's Seat at *Wimbleton* by Mr.
Martyn. Prioris varietas eſt.

Flores

Flores crocei tetrapetali, decidui, calyce bivalvi deciduo tecti; siliquæ non disseptæ; semina nigra splendentia; folia laciniata; succus croceus acer hanc a reliquis distinguunt.

Chel. bilem per alvum & urinam educit; hinc conducit in ictero [syrupus e succo cum toto] visum acuit,oculorum maculis, ulceribus aliisque affectibus medetur,vel aqua destillata eis indita,vel herbæ succus; verum hic, cum acerrimus sit, adhibendus non est nisi additis eis quæ acrimoniam ejus retundant, ut lacte muliebri & simil. Succus hic illitus herpetem miliarem compescit & sanat; D. *Hulse*. Chelidonium majus in curanda tabe magnopere celebrari nos monuit D. *Tanc. Robinson*.

Succus Papaveris, qui e vulnere in capite facto sponte emanat, inspissatus *Opium* dicitur. Est autem tum aqua Papaveris destillata, tum Syrupus,tum maxime Opium narcoticum & anodynum, soporem utique conciliat, & sensum doloris aufert. Usus est eximii in sedando humorum orgasmo, in diarrhœa, dysenteria, catarrhis, tussi. Opium Turcis, Persis, aliisque gentibus Orientalibus in usu frequentissimo est ad spiritus recreandos, addendos animos, audaciamque in bellicis conflictibus augendam præcipue vero, quamvis id dissimulant, ad appetitus Venereos excitandos; eadem quippe efficit quæ Vinum & alii generosi liquores.

Papaveris Rhœadis flores usus sunt eximii in Pleuritide, cui specifice prosunt, in angina, aliisque morbis (præcipue pectoris) refrigeratione opus habentibus. In usu sunt pulvis, aqua stillatitia, syrupus & conserva eorundem.

§. Lysimachiæ notæ sunt siliquæ flores antevertentes,quæ per maturitatem quadrifariam partitæ & dehiscentes quatuor seminum series ostendunt. Flores summis siliquis insident, & integri una cum calycibus decidunt. Omnium præter Virginianas siliquæ lanigeræ sunt.

1. Lysimachia speciosa, quibusdam Onagra dicta, siliquosa *J. B. II.* 906. Lys. Chamænerion dicta, latifolia *C. B. Pin.* 245. Chamænerion flore Delphinii *Park. Par.* 270. *Rosebay Willow-herb.* In the Meadows near *Sheffield* in *Yorkshire,* and in several other places of the North plentifully. (About two Miles before you come to Alton, from *Ashton,* by the Hedge of a Copse; Mr. *Sherard* and Mr. *Rand* in Company.)

(Lysimachia Chamenærium dicta, flore Delphinii *Park.* plantam folio angustiore, in summitate montis *Hysvae* quondam mihi videre contigit, omnibus partibus minorem, sed forsan specie non diversam; D. *Richardson.*)

Proceritate eximia, glabritie, foliis & floribus Nerium æmulantibus, importuna reptandi licentia, ab aliis speciebus distinguitur.

2. Lysima-

2. Lysimachia siliquosa hirsuta magno flore *C. B. Pin.* 245. siliquosa hirsuta majore flore purpureo *J. B. II.* 905. Lysim. siliquosa *Ger.* 386. *Great hairy codded Loosestrife or Willow-herb, called also Codlings and Cream.* Juxta scrobium, fossarum, fluviorum rivulorumque margines post mediam æstatem floret. Foliorum paululum compressorum odor suavis, poma elixa flori lactis commixta refert.

3. Lysimachia siliquosa hirsuta parvo flore *C. B. Pin.* 245. *Pr.* 116. siliquosa hirsuta flore minore *J. B. II.* 906. sylvatica *Ger.* 387. Lysimachia siliquosa sylvestris hirsuta *Park.* 549. *The lesser hairy codded Loosestrif or Willow-herb wth sma ll Flowers.* In aquosis & ad rivulos. Planta ipsa non minus quam flores, præcedente minor est & humilior folia etiam minus rugosa sunt, flores pallidiores.

4. Lysimachia campestris *Ger.* 387. siliquosa major *Park.* 548. siliquosa glabra major *C. B. Pin.* 245. lævis *J. B. II.* 907. *The greater smooth-leaved Willow-herb or Loose-strife.* In humidis & uliginosis saxosis, hortis, areis, sylvis.

Foliorum latitudine & figura ad Asclepiadem fere accedente; item statura sua & loco natali ab aliis Lysimachiis glabris differt.

5. Lysimachia siliquosa glabra media sive minor *Ger. E-mac.* 479. fil. glabra minor *C. B. Pin.* 245. lævis *J.B.* quoad iconem. *Middle smooth-leaved codded Willow-herb or Loose-strife.* Ad fossas & rivulos. Folia quam præcedentis angustiora sunt & longiora ; caulis humilior, ramosior.

6. Lysimachia siliquosa glabra minor angustifoila *Ger. E-mac.* 479. siliquosa glabra angustifolia *C. B. Pin.* 245. Chamænerion *Ger. Icon.* 386. *The least smooth codded Loosestrife or Willow-herb.* In palustribus.

Hæc humilior est præcedente, foliis minoribus, obscurius virentibus & vix serratis, ad exortum angustioribus, medio latioribus, deinde in tenuem mucronem paulatim definentibus.

7. Lysimachia siliquosa glabra minor latifolia. *The lesser smooth broad leaved codded Willow-herb.* In the Rivulets on the sides of *Cheviot*-Hills in *Northumberland.*

Folia huic glabra atro-virentia, magnitudine & figura fere Ocymi aut Origani. Caules infirmi, bipalmares: siliquæ longæ nutantes.

§. Tithymali notæ sunt vasculum seminale tricoccum in summo stylo, succus lacteus acer.

1. Tithyma-

1. Tithymalus characias Amygdaloides *Ger.* 403. *Emac.* 500. *C. B. Pin.* 290. Characias vulgaris *Park* 186. Tithymal. fylvaticus toto anno folia retinens *J. B. III.* 671. *Wood-Spurge.* In fylvis & dumetis copiofe.

Radice & fuperficie etiam perenni, foliis lanuginofis & loco natali a fequentibus difcretu facilis.

2. Tithymalus characias Monfpelienfium *Ger.* 403. *Park.* 186. Characias rubens peregrinus *C. B. Pin.* 290. Amygdaloides feu characias *J.B. III.* 672. *On the Paper-mill Pool-dam* in *Heywood-*Park in *Staffordfhire*; Dr. *Plot.* Sufpicor hanc plantam ibi vel forte, vel induftria aliquando fatam.

3. Tithymalus verrucofus *J. B. III.* 673. verrucofus Dalechampii *Park* 187. Myrfinitesfructu verrucæ fimili *C. B. Pin.* 291. *Rough-fruited Spurge.* Found by Mr. *Dale* in *Effex,* and by Dr. *Robinfon* near *York.*

4. Tithymalus paralius *J. B. III* 674. *Ger.* 498. paralius five martiimus *Park.* 184. maritimus *C. B. Pin.* 291. *Sea-Spurge.* In arenofis maris littoribus frequens.

Et hic radice eft perenni, glaber, foliis crebris, cæfiis anguftis,ad Lini accedentibus, altitudine cubitali, & minori.

5. Tithymalus Hibernicus *Merr.* P. *Syn. II.* 183. *Makinboy, Knotty-rooted Spurge, Cat. Oxon.* In Hibernia. (Amongft the Corn near *Twittenham-*Park, againft *Richmond,* and near *Otterfpool* ; Mr. *Doody Not.*)

Folia latiufcula, obtufa, non crenata, in caule crebra, qui pedalis eft, faftigio in multos pediculos, feu radios floriferos umbellam quandam componentes,divifo. Vid. *Hift. noftr. II.* 1888. & *III.*666.

An. 4. Tithymalus platyphyllos Fuchfii *J. B. III.* 670. arvenfis latifolius Germanicus *C. B. Pin.* 291. Tithymalus peregrinus & platyphyllos *Cluf. Hift.* clxxxix. *Broad-leaved Spurge.* Inter fegetes, fed rarius. It comes up fpontaneoufly here in my own Orchard at *Black Notley.*

Radice eft non vivaci, foliis oblongis latiufculis, dilutius virentibus; reliquis annuis Tithymalis noftratibus major.

An 5. Tithymalus fegetum longifolius *Cat. Cant. App. Long-leaved Corn Spurge.* In the Corn about *Kingfton* and *Comberton* in *Cambridgefhire,* by the Way that leads from *Cambridge* to *Gamlingay.* An Efula minor five Pityufa *Ger. emac.* (Idem cum priori.)

Altitudinem dodrantalem vix affequitur. Folia oblonga in acumen definunt. Tota planta colore eft luteo-viridi,præter caulis partem terræ proximam, quæ rubefcit. Summa, fequenti fpeciei feu Efulæ exiguæ Tragi perfimilis eft, fed major.

* Tithymalus

* 6. Tithymalus maritimus minor, Portlandicus. Foliis est parvis, e viridi albicantibus, summitate subrotunda, vel obtuse mucronata. Ramuli floriferi in latum sparguntur. Found by the Reverend Mr. *Stonestreet* in the narrow Neck of Land which joyns *Portland* to *Devonshire*, 1711.

An. 7. Tithymalus leptophyllos *Park.* 193. minimus angustifolius annuus *J. B. III.* 664. Esula exigua· Tragi *Ger. Emac.* 503. Tithymalus,seu Esula exigua *C. B. Pin.* 291. *Dwarf-Spurge or small annual Spurge.*

Inter segetes. Parvitate sua & foliis oblongis angustis acutis ab aliis speciebus differt.

An. 8. Tithymalus helioscopius *Ger.* 401. *Park.* 189. *C. B. Pin.* 291. helioscopius sive solisequus *J. B. III.* 669. *Sun-Spurge or Wart-wort,* In hortis oleraceis & arvis pinguioribus, inque vineis & agris neglectis.

Foliis Portulacæ, extremis subrotundis, marginibus crenatis, ab aliis speciebus distinguitur.

An. 9. Tithymalus parvus annuus, foliis subrotundis non crenatis, Peplus dictus. Peplus sive Esula rotunda *C. B. Pin.* 292. *Ger.* 406. *J. B. III.* 669. Præcedenti persimilis est sed minor, & foliis non crenatis. *Petty-Spurge.* Cum priore.

An. 10. Tithymalus maritimus supinus annuus, Peplis dictus. Peplis *J. B. III.* 668. *Ger.* 406. *Park.* 194. maritima folio obtuso *C. B. Pin.* 293. *Small Purple Sea-Spurge.* In littore maris arenoso inter Pensantiam & Marketjeu oppida Cornubiæ copiose.

Caules & folia plerunque rubent. Flores & fructus in hoc non ut in aliis plerisque in summis caulibus & ramulis velut umbelatim nascuntur, sed secundum caules & ramos.

Tithymali fere omnes acres sunt & maligni : extrinsecus cutem exulcerant: intro assumpti non minus noxii sunt : violenter admodum purgant, ventriculum & intestina excoriant & visceribus inimici sunt.

§. Plantaginis notæ genericæ sunt flores staminosi in spicas congesti, Flosculorum tubi in vascula seminalia elliptica (quæ per maturitatem horizontali sectione in medio diffiliunt) intumescentes, semina intus bina puliciformia.[1]

Harum quæ foliis sunt latioribus & nervis aliquot insignibus, *Plantagines* simpliciter dicuntur, quæ angustis nec ita nervosis, seu æqualibus, sive dentatis aut laciniatis, *Coronopi* & *Holostea* appellantur.

1. Plan-

1. Plantago latifolia vulgaris *Park*. 493. latifolia finuata
C. *B. Pin*. 139. latifolia *Ger*. 338. major folio glabro non
laciniato utplurimum *J. B. III*. 502. *Great Plantain or
Waybread*. Ad vias ubique.

'Επτάπλευρ⊙ dicitur hæc ipecies quod folia feptem nervis inftructa fint (Andetur hujus fpecies hirfuta a Plantagine majore incana longe diverfa; in pafcuis humidioribus ac etiam ficcioribus.
Sane diftinctæ videntur; *Dood. Annot.*)

* 2. Plantago latifolia glabra minor *C. B*. 189. latifolia
minor *Tab. Ic*. 731. *Ger*. 339. *J. B III*. 505. In pafcuis locis
fubudis; D. *J. Sherard*. Plantaginem latifoliam minorem annuam memorat *D. Doody in Ann. ad Syn*. a fe in ericeto
Hounflejano obfervatam, quæ an huic eadem fit inquiri meretur.

3. Plantago major incana *Park*. 493. incana *Ger*. 338.
latifolia incana *C. B. Pin*. 189. major hirfuta, media a nonnullis cognominata *J. B. III* 504. *Hoary Plaintain or
Lamb's tongue*. In glariofis & ad vias paffim. Folia denfa lanugine utrinque hirfuta brevioribus infident pediculis
quam primæ fpeciei.

*Plantago noftras latifolia minor incana trinervis *Pluk. Amalth*.
174. Prioris varietas eft non diftincta fpecies, ut nobis retullt inventor *D. Rand*. qui in ericeto Hounflejano obfervavit & loci fte-
rilitati differentiam adfcribit.

4. Plantago major panicula fparfa *J. B. III*. 503. latifolia fpica multiplici fparfa *C. B. Pin*. 189. latifolia fpiralis *Park*. 494. paniculis hirfutis fparfis *Ger. Emac*. 420. *Be-
fome Plantain, or Plantain with fpoky Tufts*. Found by
Dr. *Johnfon* in the Ifle of *Thanet*, and by *Tho. Willifell* at
Reculver there (In a Meadow near a Chalk-dell going from
Hitchin to *Prefton*; *Th. Knowlton*. By the Path that goes
from the Ford and Bridge of the firft River, to the Ford of
the greater River in *Enfield* Marfh; Mr. *Doody*.

5. Plantago quinquenervia *Ger*. 341, quinquenervia major *Park*. 495. lanceolata *J. B. III*. 505. major anguftifolia *C. B. Pin*. 189. *Ribwort or Ribwort-Plantain*. In
pafcuis ubique. Plantaginis quiquenerviæ duas fpecies
conftituunt, majorem & minorem : nos non diftinguimus.

(Plantaginem quinquenerviam *Ger*. fpica multiplici, inter
pifa juxta ædesnoftras, anno elapfo, mihi obfervare contigit : D.
Richardfon.)

* 6.

* 6.Plantago angustifolia minor *Tab. Ic.* 732. *Ger.* 339. Ab hac differre videtur Plantaginis lanceolatæ species minima *J. B. III.* 505. in eo quod folia obtineat angustiora. Figura *Tabernæmontani* bene exprimit plantam nostram, nisi quod glabra exhibeat folia, nostra vero pilosa habet. In pratis mari vicinis in insula *Selsey* non procul ab ædibus parochi alibus copiose nascentem observavit D. *Dillenius.*

*Plantago angustifolia minor, summo caule foliosa seu prolifera nostras *Pluk. Alm.* 298. a D. *Newton* in insula *Thanet* inventa varietas videtur præcedentis speciei.

7. Plantago marina *Ger.* 343. marina vulgaris *Park.*498. Coronopus maritima nostras *J. B. III.* 511. maritima major *C. B. Pin.* 190. *Sea-Plantain.* In palustribus maritimis passim, ubi luxuriat valde, foliis prælongis, obiter dentatis ; spicis etiam, longis. In Cornubia & Episcopatu Dunelmensi etiam longe a mari provenire observavimus, ubi foliis est angustioribus & brevioribus, ut minus attentis facile possit imponere pro diversa specie.

An. 8. Plantago foliis laciniatis, Coronopus dicta. Coronopus vulgaris sive Cornu cervinum *Park.* 502. Coronopus sylvestris hirsutior *C. B. Pin.* 190. Cornu cervinum *Ger.* 340. Coronopus seu Cornu cervinum, vulgo spica Plantaginis *J. B. III.* 509. *Buckshorn Plantain.* In arenosis & maritimis

Hæc planta est quam *stellam terræ* seu *terrestrem* vocant nostrates & ad morsum canis rabidi efficacem esse experentia didicerunt.

9. Plantago, an Alpina angustifolia *J. B. III.* 506? *Narrow-leaved Mountain-Plantain.* In rupibus *Trivylcaugh* supra lacum *Lhyn Bochlyn* prope Ecclesiam S. Parisii ; D. *Lhwyd.* (Plantam hanc e rupibus *Trigvylcaugh*, orientem spectantibus in hortum nostrum intuli, ubi jam viret ; D. *Richardson.* Plantagini marinæ *Ger.* tam similis est ut distingui nequeat. Spica saltem gracilior est, quod loci conditioni procul dubio debetur.)

Vulneraria est, usus præcip. in fluxionibus cujuscunque generis v. g. alvi, expuitione sanguinolenta, gonorrhœa, mictione involuntaria, mensium profluvio, &c. Extrinsecus in mundandis consolidandisque vulneribus & ulceribus; *Schrod.* Electuarium ad hæmoptysin, e Symphyti majoris radicibus cum succo Plantaginis & Sacchari q. s. contusis paratum, vide apud D. *Boyle, de Utilitate Philosoph. Nat.* part 2. pag. 150. Succus Plantag. vel merus vel cum succo limonum mixtus insigne est diureticum ; D. *Needham.* Usualis est tum 1. tum 5. præcipue species.

* 10. Plantago

* 10 Plantago gramineo folio hirſuto, minor, capitulo rotundo brevi. Found by Mr. *J. Sherard* on the Banks of the River near *Yarmouth*, betwixt the Town and Peer, alſo near *Shernefs* in *Shippey*. Accedit ad Serpentariam omnium minimam *Lob. Ico.* 439. Sed folia ſunt hirſuta, & capitula parva, rotunda. Folia non laciniata ſunt, ut in Coronopo, quod etiam nomen innuit.

11. Plantago paluſtris gramineo folio monanthos, Pariſien-ſis *Inſt. R. H.* 128. Holoſteum aquaticum, alſinanthemum *H. R. Par. App.* Gramen junceum ſive Holoſteum minimum paluſtre, capitulis quatuor longiſſimis ſtaminibus donotis *Raj. Syn. II.* 276. 8. *H. Ox. III. S.* 8. *T.* 9. *f.* 30. *Pluk. Alm.* 180. *T.* 35. *f.* 2. In paluſtribus. (Ad Hoſeley Lough in Northumberland; Dr. *Richardſon.*)

Folio!a ad radicem in orbem ſpargit anguſta, graminea, craſ-ſa, cauiiculi plures vix digitum alti nudi, capitulum ſeu floſculum in ſummo geſtant exiguum compreſſum, unde exeunt qua-tuor longiſſima filamenta apicibus donata : unicum ſuccedit ſemen majuſculum.

(Animadvertendum eſt Tithymalum & Plantaginem melius ad Monopetalas Vaſculiferas referri. Hujus autem loci eſt :)

§. Pentapterophyllon aquaticum floſculis ad foliorum no-dos *Cat. Gifs.* 112. & *App.* 178. *T.* 7. Millefolium aquaticum minus *Park.* 1257. *J. B. III.* 783. *Syn. II.* 279. aquaticum floſculis ad foliorum nodos *C. B. Pin.* 141. Myriophyllum aquaticum minus *Ger.* 828. In rivulis prope Cantabrigiam circa *Hinton* & *Teverſham*, & pontem Sturæ.

Quinæ huic in caule (obſervante *Cluſio*) ad ſingulos nodos foliorum alæ. Floſculi in faſtigio Octopetali, (vel Tetrapetali potius) vix ſe aperientes, e ſingulis foliorum alatorum ſinubus ſinguli.

* Millefolium aquaticum denſioribus verſus ſummitatem pennis, colore rubro ; *Mer. Pin.* In *Putney*-Common, near *Wandſor*, in ſtanding Pits near the Road-ſide ; *Merr.* Prioris ſaltem varietas videtur.

§. Balſamine lutea, ſive Noli me tangere *C. B. Pin.* 306. Noli me tangere *J. B. II.* 908. Perſicaria ſiliquoſa *Ger.* 361. *Syn. II.* 282. Mercurialis ſylveſtris, Noli me tangere dicta, ſive Perſicaria ſiliquoſa *Park.* 296. *Quick in Hand. Touch me not.* On the Banks of *Winandermere*

near

near *Amblefide.* By the Cloth-Mill in *Saterthwait Pa-rifh,*Lancafhire, and in many Places of *Weftmorland;* Mr. *Lawfon.* Juxta Bingley Dr. *Richardfon,* Dr.*Lhwyd* in Cambria invenierunt.

Caulis flavicans pellucidus, folia Mercurialis ; flores flavi penduli, calcari,donati. Siliquæ breves, per maturitatem vel digito tactæ, vel vento concuffæ cum impetu diffiliunt, & femina in omnem partem projiciunt.

Vi diuretica infigni pollet quoque modo fumpta, ut aqua deftillata copiofius affumpta vel Diabetem inducat. Cuti impofita herba Φωνίσϵι, quod & aliis diureticis commune eft. Facultate fertur perniciofa & deleteria; *Dodon.*

§. Hypopitys lutea *C. Gifs.* 99. & *App.* 134. T. 7. Orobanche hypopitys *C. B. Pin.* 88. *Pr.* 31. hypopitys lutea *Mentz. Pug. T.* 3. *f.* 2. Verbafculi odore *D. Plot. Hift. Nat. Ox. C.* 6. §. 8. *p.* 146. *T.* 9. *f.* 6. *Syn. II.* 240,*H. II.* 1229. *Pluk. Alm.* 273. *T.* 209. *f.* 5. At the Roots of Trees in the Woods near *Stoken-Church.* (In fagetis Suffexiæ; Mr. *Manningham*: Prope *Tring* in *Hartfordfhire;* Mr. *Dood. Syn. II.* 344.) Tota planta cum florere incipit, colore eft pallide luteo feu ftramineo, (mox ubi marcefcit in fubfufcum & nigrum mutatur, eoque præcipue tempore odorata percipitur, nam ab initio prope inodora eft.)

GENUS

GENUS VIGESIMUM TERTIUM.

HERBÆ FLORE PAPI-LIONACEO seu LEGU-MINOSÆ.

FLORES hi Papilionacei dicuntur, quia Papilionem a-lis expansis quadantenus referunt. Folia seu |petala his difformia sunt, nec figura, nec situ inter se convenientia, numero quatuor, in plerisque speciebus; vid. *Meth. Em.* 101.

I. *Papilionaceæ seu leguminosæ scandentes.*

§. Pisi notæ genericæ sunt folia glabra, glauca, pinnis amplissimis caulem adeo arcte amplectentia, ut ab iis transadigi videatur, e paucioribus & majoribus in hoc genere lobis composita, caulis quam congeneribus major & fistulosior.

An. 1. Pisum sylvestre primum *Park.* 1059. arvense flore candido, fructu rotundo albo *C. B.* 342. minus *Ger.* 1045. Pisa potissimum vulgaria parva alba sive hortensia *J. B. II.* 297. *Common white Pease.*

An. 2. Pisum arvense flore roseo, fructu ex cinereo nigricante. An Pisum minus fructu subnigro *Matth. Gray-Pease.* (Hujus flores duplo fere minores, quam sequentis.)

*An. 3. Pisum arvense flore roseo, fructu variegato. An Pisa minora rubra variegata *J. B. II.* 298. *Maple-Peafe.* Hæ tres species in agris vulgo seruntur.

4. Pisum umbellatum *Ger.* 1045. *C. B. Pin.* 342. Pisum proliferum *Tab. Ico.* 495. erectius comosum *J. B. II.* 299. *Rose Peafe.* Seritur in agris comitatus *Dorcestriensis;* Mr. *Dubois.*

*5 Pisum arvense fructu e luteo virescente *C. B. Pin.* 342. Pisum minus e luteo virescens *Lob. Ico.* 66. Seritur in agro *Dorcestrienfi,* ubi *Pig-peafe* dicitur; *Idem.*

An. 6.

6. Pifum marinum *Ger. Em.* 1250. fpontaneum maritimum. Anglicum *Park.* 1059, 1600. item Pifum aliud maritimum Britannicum *Ejufdem. Ibid. & Ph. B.* Hæc enim duo
non feparo. Englifh *Sea-Peafe.* On the long baich of
Stones running from *Aldburgh* toward *Orford* in *Suffolk,* on
the end next *Orford* abundantly. We found it alfo near
Haftings in *Suffex. Cambden* in his *Britannia* tells us, that
it grows among the Stones on the Weft-fide of *Denge-
nefs* near *Lyd* in *Kent,* in great plenty.

A Pifo differt foliis minoribus pluribus ad mediam coftam annexis, fructu minore, pluribus in furculo filiquis aggregatis feminibus minoribns amaricantibus, ut diverfum genus conftituere
videatur.

Pifa flatulenta funt, minus tamen quam Fabæ, abftergent quoque & ventrem laxant.

§. Lathyri notæ funt, caules membranulis fecundum longitudinem extantibus aucti, compreffi & angulofi. Folia
ex unica tantum pinnarum mediæ coftæ adnexarum conju-
gatione compofita.

1. Lathyrus major latifolius *Ger.Emac.*1229. major perennis *Park.* 1061. latifolius *C. B. Pin.* 344. major latifolius flore
majore purpureo fpeciofior, *J. B. II.* 303 Clymenum *Matth.
P. II.* 320. *Ed. Valgr. Peafe everlafting.* In fylvis apud
nos invenitur, fed rarius, as in *Madingley,* and other Woods
near *Cambridge.* Mr. *Lawfon* obferved it on the Rocks
by Red *Neefe* by *Whitehaven* cop. *Cumberland.*

2. Lathyri majoris fpecies flore rubente & albido minore
dumetorum, five Germanicus *J. B. II.* 302. Lath. fylveftris *Dod. P.* 522. anguftifolius Clufii ex fententia *J. B.*
303. fylv. major *C. B. Pin.* 344. fylv. Dodonæi *Park.*
1061. *The other great wild* Lathyrus *or everlafting Peafe.*
This, or another like it, with a fmaller or paler Flower
than the precedent, I found near *Poynings,* a Village on
the *Downs* in *Suffex.* The fame Mr. *Dale* obferved near
Caftle-Campes, in the Hedges by the Way that leads thence
to *Bartlow* in *Cambridgefhire.* (In a rifing Meadow as you
go to the Oak of *Honourhill,* from *Peckham,* on the right
Hand towards the Hedge, and at the fide of a Meadow,
as you go down the back-fide of that Hill, at the Eaft-end of
the Wood; Mr. *Rand,* & Mr. *Doody.* By *Comb-park-gate*
in the Hedge by the Road-fide, going to *Mitcham* in Surry; Mr. *Dubois.*

3. Lathyrus

3. Lathyrus luteus fylveftris dumetorum *J. B. II.* 304. fylv. flore luteo *Park.* 1062. *Ger. emac.* 1231. fylv. luteus, foliis Viciæ *C. B. Pin.* 344. Nefcio cur Viciæ folia ei attribuit. *Tare everlafting, common yellow baftard-Vetchling.* In dumetis & fepibus, non raro etiam in pratis & pafcuis.

An. 4. Lathyrus filiqua hirfuta *J. B. II.* 305. Lathyrus anguftifolius filiqua hirfuta *C. B. Pin.* 344. *Rough codded Chichling.* In the Fields about *Hockley* and *Raleghe*, and elfewhere in *Rochford* Hundred in *Effex.* (Forte Lathyrus perennis filiqua hirfuta *Merr. P.* At Hadley Caftle 2 Miles from *Lee* in *Effex.*)

§. Lathyrus viciæformis, feu Vicia Lathyroides noftras. *Chichling-Vetch.* Lathyrus ex cæruleo & rubro mixtus *Merret. Pin.* Vicia Lathyroides noftras, feu Lathyrus Viciæ formis Raji *Pluk. Alm.* 387. *T.* 71. *f.* 2. Hujus folia compofita funt ex tribus aut quatuor pinnularum medio nervo adnexarum conjugationibus, claviculis donata, glauca. Flores in communi pediculo prælongo e foliorum finubus exeunt tres aut quatuor, aut quinque ampli, purpureo-cærulei. Found by *Tho. Willifel* in *Peckham*-Field, on the back of *Southwark,* in a fqualid watery place.

An. §. Aphaca *Park.* 1067. *Ger. emac.* 1250. Vicia quæ Pitine Anguillaræ, lata filiqua, flore luteo *J. B. II.* 316. Vicia lutea foliis Convolvuli minoris *C. B. Pin.* 345. *Yellow Vetching.* Inter fegetes.

Foliis fimplicibus, integris, triangulis & ex adverfo binis a Pifo & Lathyro diftinguitur.

§. Viciæ characterifticæ funt, folia non cæfia feu glauca, ut in Pifo & Lathyro, fed viridiora & plerunque hirfuta, e minoribus & pluribus pinnis compofita; v. *Meth. Em.* p. 103.

An. 1. Vicia *Ger.* 1052. vulgaris fativa *Park.* 1072. *J. II.* 310. fativa vulgaris, femine nigro *C. B. Pin.* 344. *Common Vetch or Tare.* Seritur in agris. Semina huic non exacte fphærica, fed paululum compreffa; fufca: Flores hilari purpura nitent.

2. Vicia fepium perenis *J. B. II.* 713. maxima dumetorum *C. B.* 345. *Ger. emac.* 1727. *Park.* 1072. *Bufh-Vetch.* In dumetis & fepibus Maio menfe florens ubique reperitur.

Flores

Flores in unico pediculo rubenti hærent plures, ad fex ufque. Siliquæ quam fativæ minores breviorefque, compreffæ, glabræ,per maturitatem nigræ. Florum petala omnia unius & ejufdem funt coloris, faturatioribus lineis ftriata.

3. Vicia folio fubrotundo, brevi, obtufe mucronato, pediculo brevi infidente, flore Viciæ fepium feu dumetorum vulgaris. *The other Bufh-Vetch with a fhorter and blunter Leaf.* In agro Eboracenfi a D. *Robinfon* inventa.

An. 4. Vicia fylveftris five Cracca major *Ger. Em.* 1227. Aracus feu Cracca major *Park.* 1070. 1071. Vicia vulgaris fylveftris femine parvo & nigro frugum *J. B. II.* 312. Vicia femine rotundo nigro *C. B. Pin.* 345. *Strangle Tare or wild Vetch.* Non inter fegetes tantum apud nos occurrit, fed etiam ad fepes & in aggeribus, præfertim locis arenofis. Maio menfe floret.

Hujus fpeciem feu varietatem majorem obfervavimus, [ego & D. *Dale*] in marginibus agrorum quorundam fupra molam fullonicam Bockingæ in Effexia.

Viciæ fativæ fimilis eft,flores habet pulchre purpureos, umbilico albo,ad fingulas foliorum alas plerunque binos raro ternos, in folo fteriliore fingulos duntaxat ; filiquas longas, teretiufculas, rectas, femina octo aut decem continentes, ex fufco & luteo-viridi varia, non penitus nigra, prout ea defcribit J. Bauhinus, Variat ergo feminum colore.

5. Vicia fylveftris flore ruberrimo, filiqua longa nigra, D. *Bobart.* Vicia vulgaris acutiore folio, femine parvo nigro *C. B. Pin.* 345. On *Shotover* and divers other places. An eadem præcedentis fpeciei Varietati fecundæ ?

6. Vicia luteo flore fylveftris *J. B. II.* 313. fylveftris lutea filiqua hirfuta N. D. *C. B. Pin.* 345. *Yellow Vetch with a rough Pod.* On Glaftenbury *Torne-hill.*

* 7. Vicia minima præcox Parifienfium *H. R. Par. J. R. H.* 397. minima *Riv. Ir. Tetr. Ic.* pratenfis verna, feu præcox Solonienfis femine cubico feu hexaedron referente *H. Ox. II.* 63. *S.* 2. *T.* 4. *f.* 14. Forte Pufillum Pifum aliud fylveftre fpontaneum *Lob. Illuftr.* 164. Found by Mr. *J. Sherard* and Mr. *Rand* on the Chalky banks near *Green-hithe* in Kent. Eodem in loco & trans Thamefin etiam in Effexiæ campis elatioribus fe reperiffe *Lobelius* fcribit, fi modo eandem intelligat plantam. Primo vere floret. Flos rubicundus. Figura hujus plantæ apud *Rivinum* accuratior eft quam apud *Morifonum.*

§. Cracca a Vicia diftinguitur filiquis longioribus pediculis infidentibus, iifque pendulis plerumque & pluribus
conjunctim nafcentibus.

An. 1. Cracca minor *Riv. Ir. Tetr. Ic.* Vicia fegetum 'cum
filiquis plurimis hirfutis *C. B. Pin.* 345. parva feu Cracca
minor cum multis filiquis hirfutis *J. B. II.* 315. fylveftris
Ger 1052. fylveftris feu Cracca minima *Ger. Em.* 1028. Aracus feu Cracca minor *Park.* 1070. *Small Wild Tare or
Tine-Tare.* Segetum peftis eft.

Floribus ex cœruleo albentibus in communi pediculo plurimis,
quibus fuccedunt totidem filiquæ hirfutæ, femina continentes ni-
gricantia rotunda, ut & parvitate fua a reliquis facile diftinguitur.

An. 2. Cracca minor filiquis fingularibus, flofculis cœ-
rulefcentibus *Hoffin. C. H. Alt.* Viciæ feu Craccæ minimæ
fpecies cum filiquis glabris *J. B. II.* 315. Vicia fegetum
fingularibus filiquis glabris *C. B. Pin.* 345. *Tine-Tare with
fmooth Pods.* Inter fegetes non raro & in locis humidioribus. A priore differt glabritie fua, paucioribus in eodem
pediculo, eoque tenuiore, floribus pallide cæruleis, ftriatis.

3 Cracca *Riv. Ir. Tetr. Ic.* Aracus *Tab. Ic.* 506. feu Cracca
minor *Merr. Pin.* Vicia multiflora *C. B. Pin.* 345. Vicia multiflora feu fpicata *Park.* 1072. multiflora nemorenfis perennis feu dumetorum *J. B. II.* 314. fylveftris fpicata *C. B.
Pin.* 345. *Tufted Vetches.* In dumetis & fepibus, non raro
etiam in pratis. Florum in eodem pediculo in fpicas fatis
longas excurrentium purpureo-cæruleorum multitudine ab
aliis fpeciebus diftinguitur. (Folia plerumque glauca; non
nunquam cum foliis viridibus invenitur; *Dood. Not.*)

4. Vicia fylvatica multiflora maxima *P. B.* perennis multiflora fpicata major *Morif. Hift. II.* 61. *inter* 1. *& 2.* multiflora maxima perennis, tetro odore, floribus albentibus,
lineis cæruleis ftriatis *Pluk. Alm.* 387. *T.* 71. *f.* 1. Batho-
nienfis, vel maxima fylvatica *Merr. P. Great tufted
Wood-Vetch.* I obferved it in a Wood near *Caerwent* in
Monmouthfhire, and in other places of the *Weft.* Mr. *Johnfon* hath obferved it growing plentifully in the Woods a-
bout *Greta-*Bridge in *Yorkfhire.* (In *Smoakhall* Wood by
the *Bath,* and at the *Devices,* Wiltfhire, Mr. *Goodyer; Merr.
P.* Supra pontem *Kerby Lunefdale* Weftmorlandiæ in du-
matis mihi primum oftendit D. *Lawfon;* ex quo mihi vifa fuit prope *Hacknefs,* oppidum, quatuor milliaria Scar-
burgo diftans ; D. *Richardfon.*)

Præcedent

Præcedenti fimilis, verum elatior & ramofior, floribus dilute cærulefcentibus, faturatioribus lineis cæruleis ftriatis; cum illius purpureo faturatiore imbuantur.

§. Lens a Viciis diftinguitur femine compreffo & pro plantulæ modo grandi, filiquis latis brevibus cum binis pletunque duntaxat feminibus.

An. Lens *J. B. II.* 317 minor *Ger.* 1049. *Park.* 1068. vulgaris *C. B. Pin.* 346. *Lentils.* Seritur in agris Cantabrigienfibus, Huntingtonienfibus, &c. fola, & hordeo mixta.

Lens major a minore magnitudine omnium partium præcipue differt; alicubi apud nos feri aiunt.

Alvum fiftit fi cum cortice edatur, aqua tamen in qua decoquitur ventrem folvit. Decorticata vim adftringendi amittit, fi veteribus fides. Ufus ergo ejus internus ad fluxus alvi quofcunque, externus in cataplafmatis ad duritias & tumores. Vifum hebetat ventriculum inflat, gravia fomnia inducit, pulmoni, capiti & nervofo generi incommoda cenfetur.

II. *Papilionaceæ feu leguminofæ, non trifoliatæ claviculis carentes.*

§. Fabæ notæ funt filiquæ erectæ craffæ; femen maximum, ad latera compreffum cum hilo magno in extremo; caules angulofi, firmi, concavi.

An. 1. Faba *C. B. Pin.* 338. Faba, Cyamos leguminofa *J. B. II.* 278. major hortenfis *Ger.* 1036. *Garden-Beans.* Color feminis plerunque albus eft, interdum tamen ruber.

An. 2. Faba minor feu equina *C. B. Pin.* 338. minor fylveftris *Park,* 1054. five communis *Ger. emac.* 1210. *Field Beans or Horfe Beans.*

Farina fabarum non tantum intra corpus utilis eft in diarrhœa & dyfenteria, lienteria, &c fed & extra in maculis a Sole contractis aliifque cutis fordibus extergendis (fi illa fricentur) in fugillatis difcutiendis. Aqua deftillata ex floribus diuretica eft, maximique ufus in maculis faciei extergendis eaque fucanda; *Schrod.* Fabæ flatulentæ quidem funt, non tamen magis quam alia legumina, ideoque in cibis minime damnandæ.

§. Glycyrrhizæ notæ funt radices dulces, repentes, luteæ; filiquæ breves, compreffæ, erectæ.

Glycyr-

Glycyrrhiza vulgaris *Ger. Emac.*1302. vulg. filiquofa *Park.* 1098.filiquofa vel Germanica *C. B. Pin.* 352.radice repente vulgaris Germanica *J. B.* 328. *Liquorice.* It is planted for Sale about *Pontefract* in *Yorkfhire,* and *Workfop* in *Notinghamfhire.*

Caliditate & frigiditate temperata eft, in reliquis ad humiditatem inclinat, pulmonica ac nephritica, acrimoniam mitigans, expectorationem promovens, afperitatem leniens, alvum infantum leniter emolliens. Ufus præcip. in tufli, raucedine, phthifi, pleuritide, veficæ erofione, urinæ acrimonia; *Schrod.* Succus infpif. fatus ad hæc mala præcipuæ eft æftimationis.

Adipfos nonnullis dicitur, quod famem fitimque fedet; *Columel,* unde nonnulli hydropicis eam dedere auctore *Galeno,* ne fitirent, infigni ægrorum levamine. *Theophrafto* Scythica radix dicta eft, quia Scythæ hac & Hippace, i. e. cafeo equino, ad 12. dies durare poffe dicuntur in fame & fiti.

§. 1. Orobus fylvaticus noftras *Syn. II.* 191. *Comm. Ac. R. Sc. An.* 1706. *p.* 87, & 90. *ic.* & *defcr.* Englifh *Wildwood, or bitter Vetch.* At *Gamlesby* in *Cumberland,* about fix Miles from *Pereth,* in the Way to *Newcaftle,* in the Hedges and Paftures plentifully. Obferved alfo by *Tho. Willifel* below *Brecknock*-Hills in the Way to *Caerdyff,* and in *Merionethfhire* not far from *Bala.* The fame Mr. *Sutherland* hath found plentifully in *Scotland.* Dr. *Sherard* near *Rofs-trevor* in *Ireland,* as alfo in the upper part of *Merley*-Wood, near *Oxford.*

Radice nititur craffa, lignofa, perenni, fapore leguminofo; unde *Caules* exoriuntur numerofi, pedales aut cubitales, hirfuti, ftriati, ramofi, in terram reclinati, quamvis fatis rigidi fint. Folia Viciæ vulgaris minora, ad eandem coftam adnexa ad feptem aut octo paria, nullo in extremo neque impari folio, neque clavicula, fuperne obfcure viridia, inferne glabra. Flores fex aut feptem, aut etiam plures in eodem communi pediculo, figura fua ad Viciæ fylv. multifloræ aut Glycyrrhizæ fylv. flores accedunt, e tenui pediculo pariter dependentes, colore exterius fubrubente, interius albo-purpureis lineis ftriato. Siliquæ breves, latæ, glabræ, duo vel tria, rarius plura, femina compreffa, parva, viridiufcula continent.

2. Orobus fylvaticus foliis oblongis glabris *J. R. H.* 393. Aftragulus fylvaticus *Ger. Em.* 1237. fylv. foliis oblongis glabris *C. B. Pin* 351. Aftragaloides feu Aftragalus fylvaticus, Aftragalo magno Fuchfii feu Chamæbalano leguminofæ affinis planta *J. B. II.* 334. Lathyrus fylveftris lignofior *Park.* 1072. *Wood-Peafe, or Heath-Peafe* In fylvofis & dumetis, Aprili floret & Maio femen perficit.

Saporem

Saporem habent radicis tubera ad Glycyrrhizam accedentem. Folia duobus tribufve pinnarum oblongarum paribus conftant : Flores in furculo non longo duo trefve, pallide purpurei; Siliquæ rectæ, longæ, teretes, propendentes, feminibus octo aut pluribus fubrotundis repletæ. Hujus tuberibus utuntur Scoti montani ad eofdem affectus quibus Glycyrrhiza convenit; ad quam fapore accedunt. Vid. *Hift. noft.* P. 916.

An. §. Catanance leguminofa quorundam *J. B. II.*309. Ervum fylveftre *Ger. Em.* 1249. fylveftre feu Catanance *Park.* 1079. Lathyrus fylveftris minor *C. B. Pin.* 344. Vicia folio gramineo, filiqua porrectiffima *Merr. P. Crimfon-grafs Vetch.* In agrorum marginibus & inter vepres non raro invenitur cum floret menfe Maio; alias ob folia graminea inventu non ita facilis. Mr. *Lawfon* obferved it between the Glafs-houfes and *Dent's*-hole near the North-fhore-houfe by *Newcaftle* upon *Tine* plentifully. (On the Border of the Field going to *Pancrafs*-Church and the *Tile-Hill,* in a Clofe on the right Hand on the fide of a Houfe that's about half Mile on this fide *Chiffelhurft:* Alfo in a Clofe, the Foot-way from *Dulwich*-Green to the Wells; Mr. *Newton.*)

Foliis integris gramineis, caulibus erectis firmis teretibus, floribus pulchris fanguineo colore micantibus, primo ftatim afpectu dignofcitur.

§. 1. Vulneraria ruftica *J. B. II.*362. Anthyllis leguminofa *Ger.* 1060. leguminofa vulgaris *Park.* 1393. Loto affinis Vulneraria pratenfis *C. B. Pin* 332. *Kidney-Vetch, Ladies Finger.* In pafcuis ficcioribus, præfertim cretaceis & arenofis.

* 2. Vulneraria fupina, flore coccineo. Hujus notitiam debeo D. *Lhwyd,* qui in agro Pembrochienfi illam invenit; D. *Richardfon.*

Hujus notæ funt Flores in capitulum conglomerati; filiquæ in veficulis feu folliculis laxis latitantes.

§. Ferrum equinum Germanicum filiquis in fummitate *C. B. Pin.* 349. equinum comofum *Park.* 1091. Ornithopodio affinis, vel potius Soleæ aut Ferro equino herba *J. B. II.* 348. Hedyfarum glyzyrrhizatum *Ger.* 1056. *Ic. Tufted Horfe-fhooe Vetch.* On the chalky Grounds about *Gogmagog*-Hills, and elfewhere in *Cambridgefhire*; alfo on the Northern Mountains. (In rupibus calcariis prope *Malham, Settle & Wharf* copiofe; D. *Richardfon.* In collibus cretaceis inter Northflied & Gravefend; D. *Dillenius.*

Flores

Flores in fummis furculis radiatim penduli velut in corolla. Semina figura arcuata foleam equinam referentia
hujus notæ funt.

An. §. Ornithopodium radice nodofa *Park*. 1093. radice
tuberculis nodofa *C. B. Pin*. 350. item Ornithopodium majus *C. B. Ibid. Park. Ib.* ut & Ornithopodium minus *Eorundem
& Ger. Em*. 1241. Ornithopodium flore flavefcente *J. B. II*.
350. & Ornithop. tuberofum Dalechampii *Enufdem* 351.
Birds-foot. In arenofis & glarcofis plurimis in locis occurrit, æftate florens. Flofculi purpurafcunt, filiquæ arti-
culatæ recurvæ funt. (Etiamfi filiquas non producat, fe
tamen obfervatione *Doodiana* propagat granulis feu tuberculis fibris radicum interfperfis, quare radice nodofa denominatur.

§.1. Aftragalus luteus perennis procumbens, vulgaris five
fylveftris *Hift. Ox. II*. 107. Glaux vulgaris leguminofa feu
Glycyrrhiza fylveftris *Park*. 1098. *defcr*, non *Ic*. ceu quæ A-
ftralagi Monfpeffulani *J. B*: Glycyrrhiza fylveftris floribus luteo pallefcentibus *C. B. Pin*. 352. Fœnum Græcum
fylveftre feu Glycyrrhiza fylveftris quibufdam *J. B. II*. 330.
Hedyfarum Glycyrrhizatum *Ger. Emac*. 1233. *Wild Liquorice or Liquorice-Vetch*. In dumetis, ad latera montium,
inque pratorum marginibus non raro occurrit.

Siliquis geminatis, feminibus talum aut Aftragalum imi-
tatis, guftu herbæ dulci Glycyrrhizæ, tum magnitudine fua,
ab aliis leguminibus disjungitur.

2. Aftragalus incanus parvus purpureus noftras *Pluk. Alm*.
p. 59. Glaux exigua montana purpurea noftras *Syn. II*.
192. *Purple Mountain Milk-wort*. On *Gogmagog*-Hills, *New-
market* Heath, *Royfton*-Heath, &c. The fame we obferved
in the like Grounds about *Hafelwood* in *Yorkfhire* (Nullibi copiofius quam fecus viam agrorum *Pigburnenfium*, non procul *Doncaftria* agri Eboracenfis; D. *Richardfon*. On the
fide of the Hill going up from the River *Leath*, a little
beyond *Allfworth*; Mr. *Sherard* and Mr. *Rand*. Vid. Tab.
XII. F. 3. ubi litera *a*. vafculum feminale diffectum feorfim exhibetur.)

Spicis florum purpureorum pro plantulæ modo amplo-
rum, filiquis brevibus hirfutis in duo loculamenta partitis, a reliquis hujus generis haud difficulter diftinguitur.
Defcriptionem vid. *Hift. noft. I*. 939.

§. Onobrychis

TAB. XII.

Fig. 1.

Fig. 2.

Fig. 3.

a b a

a

§. Onobrychis feu Caput gallinaceum *Ger.* 1063. vulgaris *Park.* 1082. foliis Viciæ, fructu echinato major *C. B.*
Pin. 350. Polygalon Gefneri *J. B. II.* 335. *Medick-Vetch-*
ling or Cock's-head, commonly, but falfly called *St.·Foin.* On
*Gogmagog-*Hills and the Balks of the Corn fields thereabouts plentifully; alfo on *Newmarket-*Heath and *Salisbury-*
Plain, in cretaceis.

Notæ hujus funt flores fpicati in longiffimis pediculis; filiquæ aculeatæ feu echinatæ monococcæ.

III. *Herbæ papilionaceo flore, feu Legumi-*
nofæ trifoliatæ.

§. 1. Trifolium pratenfe album *C. B. Pin.* 327. *Park.*
1110. minus pratenfe, flore albo, feu 2. *Ger. Em.* 1185.
pratenfe flore albo minus & fœmina glabrum *J. B. II.*
380. *White-flower'd Meadow Trefoil.* In pratis & pafcuis.

Floribus minoribus in longis pediculis, filiquis parvis curtis
quatuor aut quinque intus feminibus a Trifolio purpureo vulg.
differt.

An. 2. Trifolium pumilum fupinum, flofculis longis albis *P. B.* parvum Monfpeffulanum album cum paucis floribus *J. B. II.* 380. Trifol. album tricoccum fubterraneum
reticulatum *Morifon H. Ox. II.* 138. *S. II. T.* 14. *f.* 5. (vitiof.) Trifol. fubterraneum feu folliculos fub terram con-
dens *Magnol. Botan. Monfp.* 265. Multis in locis folo arenofo aut glareofo, as at *Gamlingay* not far from the Wind-
mills: in the Road from *Eltham* to *Deptford* in *Kent:* In the
Road between *Burntwood* and *Brookftreet* in *Effex* plentifully. On *Blackheath;* in *Tuttle-fields,* and on *Richmond-*
Common very plentifully; Dr. *Robinfon.*

(Calices flofculis exaridis deorfum tendunt, radicefque extremitatibus fuis agere videntur, mox vero laciniis eorum furfum verfis peculiaribus fibris humo affiguntur, quo tempore unum alterumve femen terreni humoris beneficio intumefcit, novæque plantæ productioni infervit. Ceterum femen nigricat, cortice cinereo glabro, vel a calice, vel a membrana filiculam involvente fta-
minaque ferente producto, obvolutum, unde an reticulatum illud
Morifoni idem cum hoc fit, merito dubium videtur. Vid. Tab.
x ii. Fig. 2 quæ ad fpontaneam plantam facta eft, & non parum tum a *Morifoni,* tum a *Rivini* figuris Trifolii fubterranei recedit.

cedit.

cedit Lit. *a.* Calices, quando primum terræ approximantur,femen
que adhuc extra terram politum continent,*b,* ubi jam peculiares radices egerint, laciniis calycis furfum verfis, femine veroin terra in-
tumefcente & huic immerfo, Lit. *c.* vero eadem femina feorfum
& a calyce liberata exhibentur : *d. d.* funt folia exarida.)

3. Trifolium pratenfe hirfutum majus,flore albo-fulphu-
reo, feu ὠχρολευκν *Syn. II.* 193. 3. lagopoides annuum
hirfutum pallide luteum feu ochroleucum *H. Ox. II.*
141. *S. II. T.* 12. *f.* 12. montanum majus, flore albo-ful-
phureo *Merr. P. The great white or yellowifh Meadow-Tre-
foil.* In pafcuis ficcioribus & dumetis frequens. (Betwixt
Northfleet and *Gad's-*Hill in Kent; *Merr. P.*)

Florum fpica quod ad figuram non valde diffimile eft Trifolii
pratenfis purpurei fpicæ, aft florum color ochroleucos; folia non
crenata, ima minora, fumma majora, a reliquis congeneribus hanc
fpeciem diftinguunt.

4. Trifolium pratenfe purpureum *C. B. Pin.* 327. prat.
purp. vulg. *Park.* 1110. prat. *Ger.* 1017. purp. vulgate *J.
B. II.* 374. *Common purple Trefoil, or Honey-Suckle Trefoil.* In pratis & pafcuis ubique.

* 5. Trifolium pratenfe purpureum minus, foliis cordatis. Priori minus eft, foliis parvis cordatis, leviter pilofis, floribus pro plantulæ magnitudine majufculis, capitulo
nudo, petiolo modice longo infidente. Folia ad fuperio-
rem caulis partem plerumque ex adverfo nafcuntur, quod
fingulare in hac fpecie. Obferv'd by Mr. *Rand* betwixt *Peckham* and *Camberwell.* Vid Tab. xiii. Fig. 1.

6. Trifolium purpureum majus fativum, pratenfi fimile.
Clover-grafs. In agris feritur pro jumentorum pabulo.

A penultimo differt quod omnibus fuis partibus majus fit &
erectius, foliis aliquanto pallidioribus, tenerius, nec adeo vivax &
durabile, nec feipfum ferat ut præcedens: Flores etiam quam illius
nonnihil pallidiores videntur.

7. Trifolium purpureum majus, foliis longioribus & anguftioribus,floribus faturatioribus *Syn. II.* 194 6.montanum
purpureum majus *C. B. Pin.* 328. majus Cluf. 2. non album
fed rubrum *J. B. II.* 375. *Long leaved purple Trefoil with
deeper coloured Flowers.* In pafcuis & ad fepes.

Eft hoc genus majus præcedente vulgari purpureo. Folia pro
magnitudine plantæ anguftiora funt, longiora, magifque venofa.
Flores faturatius purpurei, in fpicas feu capitula majora brevio-
raque coaggefti. Serius etiam floret quam præcedens.

An. 8.

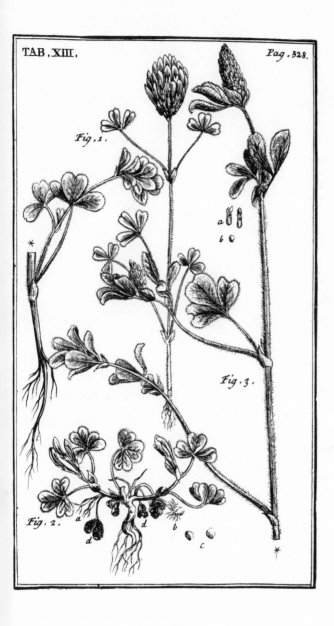

Fig , 1 .

Fig , 3 .

Fig , 2 .

An. 8. Trifolium ftellatum glabrum *Ger. Em* 1208. *Pluk Alm.* 376. *T.* 113. *f.* 4. capitulis Dipfaci quorundam. *Smooth Star-headed Trefoil, or Teafel-headed Trefoil.* Obferved by Dr. *Johnfon* in *Dartford Saltmarfh.* I found it by the Water fide at *Lighe* in *Effex,* and at little *Holland* in the fame County!plentifully, alfo in *Somerfetfhir* : (Found alfo about Tilbury-Fort by Mr. *Petiver.* Plentifully about *Sheernefs*; Mr. *Doody.*) It feemeth to affect Salt Waters.

In fummis caulibus & ramulis capitula Dipfaci aut Eryngii fimilia, quibus fubfunt duo folia adverfa, hanc fpeciem a reliquis diftinguunt.

An. 9. Trifolium parvum hirfutum floribus parvis dilute purpureis in glomerulis mollioribus & oblongis, femine magno. *Knotted Trefoil with fofter Heads, and large Seed.* In pafcuis præfertim fterilioribus, frequens.

Hæc fpecies eft, ne quis decipiatur, quam in *Cat. Pl. Cant.* Trifolium dilute purpureum glomerulis florum oblongis, fine pediculis caulibus adnatis denominavimus. In *Catal. Plant. Angl.* Trif. nodiflorum glomerulis mollioribus & rotundioribus. (Defcriptionem vid. in *Hift.* I. 945. & in *Cat. Cant.*I Iconem Tab. XII. Fig. 3. ubi Lit. *a* Flos, *b* vero femen feorfim exhibetur)

An. 10. Trifolium cum glomerulis ad caulium nodos rotundis *Syn. Ed. II.* 194. 9. nodiflorum, vel juxta folia floriudm N. D. *Ph. Br.* parvum rectum, flore glomerato cum unguiculis *J. B. II.* 378. *Knotted Trefoil with round Heads.* I found it about *Saxmundam* in *Suffolk. Tho. Willifel* found it about *London.* (About *Blackheath* and near *Green hithe*; Mr. *Doody.*) Folia crenata, Globuli feffiles ad alas foliorum non fpinofi fed molles, flofculi pallide purpurei.

An. 11. Trifolium flofculis albis, in glomerulis oblongis afperis, cauliculis proxime adnatis *Syn. II.* 194. 10. cujus caules ex geniculis glomerculos oblongos proferunt *J. B. II.* 378. *Knotted Trefoil with oblong Heads.* At *Newmarket* where the *Sefamoides Salamanticum* grows, and divers other Places. (In collibus cretaceis juxta Thamefin inter Northflied & Gravefend. Maio floret'; Dr. *Dillenius.*)

Calyces flofculorum fummo margine in denticulos 5 rigidos dividuntur, unde nonnihil afpera fentiuntur capitula. Flores albi.

12. Trifolium fragiferum *Ger. Emac.* 1208. fragiferum Frificum *C. B. Pin.* 329. *Cluf. Cur. poft. in fol.* 39. *Park.* 1109. *Strawberry-Trefoil.* Julio & Augufto menfibus

fibus floret in locis aquofis ubi per hyemem aquæ ftagnarunt.

Capitula, fl orum calycibus in veficulas turgidas hirfutas deorfum flexas bicornes extumefcentibus, Fragi figuram imitantur. Flofculi exigui pallide purpurei, gradatim fe aperientes, evanidi.

   * 13. Trifolium fragiferum noftras purpureum, folio oblongo *Hift. Oxon. II.* 144. Folia hujus in extremo minime bifida feu cranata funt, quo a Trifolio fragifero *Clufii* differt (ni id accidentalis potius varietas fit, ejufmodi enim folia non raro in *Clufiana* planta, dum junior eft obfervantur.

   An. 14. Trifolium arvenfe humile fpicatum feu Lagopus *C. B. Pin.* 328. Lagopus vulgaris *Park.* 1107. trifolius quorundam *J. B. II* 377. Lagopodiuu five Pesleporis *Ger.* 1023. *Haresfoot, or Haresfoot Trefoil.* Inter fegetes.

Foliis anguftis, mollibus incanis, fed præcipue fpica molli & villofa leporinos pedes imitata innotefcit.

   * 15. Lagopus perpufillus fupinus perelegans maritimus Lobelii *Ph. Br.* perpufillus fupinus elegantiffimus Anglicus *Lob. Illuftr.* 158. Prope caftrum maritimum, *South-Sea-Caftle,* milliari Anglico a *Portfmouth* diftante ad lævam fe invenife *Lobelius* fcribit, cujus fidem liberavit D. *Dillenius,* qui eandem plantam in'ora maritima Suffexiæ prope *Brackelfham* præterita æftate obfervavit. Cauliculis eft prociduis uncialibus, bi & triuncialibus, e quorum alis breviffi ‹ mis pediculis nafcuntur numerofa capitula fubrotunda, mollia & fplendentia, flofculis donata albis vel dilute carneis. Folia angufta mollia : Radix oblonga profunde defcendit. Perennis videtur planta, de quo tamen certi quid affirmare nondum licet. Vid. Tab. XIV. Fig. 2.

   An. 16. Trifolium pratenfe luteum capitulo Lupuli, vel agrarium *C. B. Pin.* 328. pratenfe luteum fœmina flore pulchriore five Lupulino, *J. B. II.* 381. luteum minimum *Ger. Emac.* 1186. *Lob. lc.* 29. *Park.* 111. *Hop-Trefoil.* Inter fegetes & alibi in arenofis.

Capitula Lupuli flores imitata, cum floribus luteis huic ad diftinctionem fufficiunt.

   An. 17. Trifolium Lupulinum alterum minus *Syn. II.* 195. 14. Trifolium luteum flore lupulino minus *J. B. II.* 381. in defcr. antec. *The leffer Hop-Trefoil.* In pafcuis. Capitula huic minora minufque fpeciofa ; folia etiam minora,

Caules

Caules infirmiores, paris cum præcedente longitudinis aut etiam majores, & ramosiores; Vid. Tab. XIV. Fig. 3. ubi *a* femen, *b* flos feorfim exhibetur.

* An. Trifolium lupulinum minimum *H. Ox. II.* 142. *Inft. R. H.* 404. Omnium minimum eft, cauliculis magis procumbentibus, foliis parvis glabris, floribus exiguis caducis, ternis faltem, quaternis & quinis in eodem brevi pediculo nafcentibus, quo a priori differt. Locis arenofis fubhumidis circa *Putney*, *Blackheath* & alibi. Maio & Junio floret. Vid. Tab. XIV. Fig. 4.

An. §. 1. Melilotus vulgaris *Park.* 719. Germanica *Ger. Emac.* 1205. *defcr.* Officinarum Germaniæ *C. B. Pin.* 331. Trifolium odoratum five Melilotus vulgaris flore luteo *J. B. II.* 370. *Common Melilot.* Ad fepes & in vepretis, interdum & inter fegetes.

Meliloti notæ funt Flores penduli in fpicis e foliorum alis egreffis, filiquæ feu folliculi breves, fcabri rugofive. Folia ab infectis plerumque circumrofa funt.

Leniter refolvit, digerit, emollit, dolores fedat. Hinc emplaf-tris & cataplafmatis digerentibus ac refolventibus, nec non conco-quentibus, tum & acopis omnibus utiliter admifcetur. Empaf-trum de Meliloto Mefues egregium eft anodynum.

An. 2. Trifolium luteum lupulinum *Ger. Emac.* 1186. montanum lupulinum *Park.* 1105. pratenfe luteum, capi-tulo breviore *C. B. Pin.* 328. prat. luteum mas flore mi-nore, femine multo *J. B. II.* 380. Melilotus minor a *Trago*, &' recte infcribitur ; eft enim Meliloti genuina fpe-cies. *Melilot Trefoil.* In pafcuis fterilioribus frequentiffi-mum.

§. Fœnugræcum humile repens, Ornithopodii filiquis brevibus erectis. Trifolium filiquis Ornithopodii noftras *Syn. II.* 195.17. filiquofum Loto affine filiquis Ornithopodii *Pluk. Alm.* 375. *T.* 68. *f.* 1. *Fenugreek with Birdsfoot Tre-foil-pot.* Found by *Th. Willifel* among the Corn, half a Mile on this fide *Tadcafter* toward *Sherborn*, as one goeth up the Hill ; alfo near *Oxford* in the like Grounds. Mr. *Newton*, in our Company, found it on the fandy Banks by the Sea-fide at *Tolesbury* in *Effex* plentifully. Mr. *Doody* in *Tuthill-fields*, *Weftminfter*.

E radice alba fimplici multos emittit cauliculos, in terram re-clinatos, in humidiore aut pinguiore folo palmares aut fefquipal-mares, alias vix quadrantales, fatis craffos pro plantulæ modulo, fo-lidos. ramofos. Folia perexigua e membranea appendice cauliculolos amplectente exeunt, pediculis praelongis, circa margines velut spinulis dentata, obtusa aut extremis subrotunda. E foliorum finubus exeunt pediculi semunciales aut breviores, tres plerunque flosculos pallide purpureos sustinentes, interdum binos, vel etiam unicum; quibus succedunt totidem siliquae crassiusculae, curtae, recurvae, seminibus majusculis arcte stipatis ad octo aut decem, per maturitatem pallentibus, farctae. Vid. Tab. Xiv. Fig. 1. ubi ad lit. a. semina seorsim exhibentur.

(Fœnugraeci notam statuit *Tournefortius* siliquam nonnihil planam, corniformem, seminibus fœtam plerumque rhomboi-diformibus, aut reniformibus. Enim vero praeter vulgarem speciem, nulla ex iis, quae adhuc notae sunt, speciebus siliquas habet corniformes, certior autem distinctionis nota sumi potest a siliquarum dehiscendi modo; Fœnugraeci enim siliquae univalves sunt, Anonidis autem, cui proxime accedit hoc genus, bivalves. Hujus vero speciei siliquae ex observatione D. *Rand* sunt univalves, estque genuina Fœnugraeci species, & nec Trifolii nec Anonidis generi aeque bene, ac Fœnugraeci accenseri potest. Caeterum ea differt a Fœnugraeco Siculo siliquis Ornithopodii *J. R. H.* 409. in eo quod procumbat, & humilior planta sit, quodque siliquas obtineat plures, breviores, turgidiores & erectas, cum in illa pendulae eae sint & longiores, depressae, & plerumque solitariae,)

§. Anonis floribus sparsis, siliquis brevioribus seminibus deliquium passis, a reliquis Trifoliis differt.

1. Anonis spinosa flore purpureo *C. B. Pin.* 389. *Park.* 994. An. sive Resta bovis *Ger.* 1141. An. sive Resta bovis vulgaris purpurea & alba spinosa *J. B. II.* 391. descr. *Restharrow, Cammock, Petty Whin.* In pascuis sterilioribus passim. Variat interdum floris colore albo.

2. Anonis non spinosa purpurea *Ger.* 1142. non spinosa flore purpureo *Park.* 993. *J. B. II.* 393. spinis carens purpurea *C. B. Pin.* 389. *Purple Rest-harrow without Prickles.* In agrorum marginibus & pascuis sterilioribus passim. Hircum olet haec planta.

3. Anonis procumbens maritima nostras foliis hirsutie pubescentibus. Ad maritimas arenosas Cornubiae oras reperta &ad nosdelata est; D. *Plukenet Alm.* 33. (In a Field by *Charleton*-Church, and Mr.*Phelps* betwixt the Gravelpits and *Woolwich,* and towards *Gravesend*; Mr. *Doody.* Near on *Sand-downs* by *Deal,* and near *Yarmouth.* Mr. *J. Sherard.*)

Radicis cortici vix suppar remedium invenitur in renum & vesicae calculo; carnosum ramicem absumit, dentium dolores mulcet, icteritiae confert.

§ Medica

TAB. XIV.

Fig. 1.

Fig. 2.

Fig. 3.

Fig. 4.

§. Medica fylveſtris *J. B. II.* 383. frutefcens flavo flore Cluſii *Park.* 1114. Trifolium luteum ſiliqua cornuta *Ger. Emac.* 1191. Trifolium luteum fylveſtre, ſiliqua cornuta, vel Medica frutefcens *C. B. Pin.* 330. *Yellow Medick with flat wreathed Cods.* In montoſis & campis patentibus inter fegetes, &c. (Betwixt *Watford* and *Buſhyhill*, the Footway; Mr. *Doody*.)

Radice perenni, ſiliquis paucioribus volutis intortis, iiſque non contiguis ſibi invicem a Medica annua differt.

Vel variat florum colore purpuraſcente, vel quam confpeximus itinere a *Lenna* Norfolciæ oppido ad *Nordvicum* urbem copiofe nafcentem non procul *Nordvico*, Trifolium Burgundiacum dicta erat feu Medica legitima, *Saint Foine* dicta. (Medica major erectior, flore purpurafcente *J. B. II.* 382. which Mr. *Buddle* fays differs not only in the colour of the Flower, but in the Shape of the Leaf from this, which is bifide; Mr. *Doody*.)

§. Trifolii ſiliqua cochleata feu Medicæ tres obfervavimus fpecies fponte apud nos nafcentes ; D. *Newton* quartam in maritimis arenofis circa *Chriſt-Church* oppidum in Hantonia.

An. 1. Trifolium cochleatum folio cordato maculato *C. B. Pin.* 329. cordatum *Ger.* 1021. Medica Arabica Camerarii, ſive Trifolium cordatum *Park.* 1115. Medica echinata glabra cum maculis nigricantibus *J. II.* 384. *Heart Trefoil or Claver.* In pafcuis ficcioribus & arenofis, maritimis præfertim frequens eſt.

An. 2. Medica echinata minima *J. B. II.* 386. fpinofa globofa *Merr. P.* echinata parva recta *Park.* 1115. fed male, non enim erigitur, fed procumbit. Trifolium echinatum arvenfe fructu minore *C. B Pin.* 330. *The fmalleſt Hedgehog Trefoil.* In arenofis fed rarius.

An. 3. Trifolium cochleatum modiolis fpinofis *Syn. II.* 197. '3. Medicaminor orbiculato compreſſo fructu, circum orasfpinis molliufculis echinato *Pluk. Alm.* 243 *T.* 113. *f.* 6. *Hedghog Trefoil, with a fmall Fruit like the Segment of a Cone, or Nave of a Cart-Wheel.* At *Orford* in *Suffolk* on the Sea Bank, clofe by the Sea plentifully.

An. 4. Medica polycarpos fructu minore compreſſo fcabro *Dood. Syn. Ed. II. App.* 348. cochleata minor polycarpos annua, capfula nigra minus hifpida *H. Ox. II. p.* 154. *n.* 19. *S. II. T.* 15. *f.* 14. Trifolium cochleatum polycarpon ſive Medica racemofa *Park.* 1114. defcr. Fructus feu Cochleæ 10. circiter in uno pediculo, minores, leviter

viter compreffæ, non echinatæ, verum tuberculis plurimis fpinularum loco fcabræ. In *Peckham*-Fields among
the Corn plentifully, (In the Corn-fields near *Paddington*,
and behind *Pindar's end* near *Endfield.*)

* 5. Medica marina fupina noftras, foliis viridibus ad
fummos ramulos villofis *D. Plukn. Almag.* 245. Forte Medicæ marinæ fpinofæ fpecies *Ger. Emac.* 1200. Medica marina major & minor fpinofa *Park. Theat.* 1115.

§. 1. Lotus corniculata glabra minor *J. II.* 356. Lotus
feu Melilotus pentaphyllos minor glabra *C. B. Pin.* 332.
Trifolium filiquofum minus *Ger.* 1022. *Bird's foot Trefoil
or fmall ftreight-codded Trefoil.* In pafcuis ubique.

2. Lotus pentaphyllos minor anguftioribus foliis'fruticofior. Trifolium corniculatum glabrum furrectum anguftifolium N. D. *Ph. Br.* An Lotus pentaphyllos frutefcens tenuiffimis glabris foliis *C. B. The leffer bufhy narrow-leaved
Bird's foot Trefoil.* Inter fegetes & in locis humidioribus.

3. Loti corniculatæ major fpecies *J. B. II.* 355.
Lotus pentaphyllos flore majore luteo fplendente *C. B.
Pin.* 332. Trifolium corniculatum majus hirfutum *Ph.
Br. Merr. P.* Trifolii filiquofi varietas major *Ger. Emac.*
1190. *The greater Bird's foot Trefoil.* In pratis humidis
& ad fepes.

Folia huic, fed præcipue capitula antequam flores aperiuntur,
valde lanuginofa plerunque funt.

*4. Lotus pentaphyllos medics, pilofus *N. D.* vel potius
Lotus corniculata major, minus hirfuta. Found in the
Fields behind *Mother-huffs.* Mr. *Doody.*

* 5. Lotus corniculata minor, foliis fubtus incanis *N.
D.* In the Chalk-pits at *Greenhithe* ; Mr. *Doody.*

* An. 6. Lotus ruber filiqua angulofa *C. B. Pin.* 332.
filiquofa, flore fufco, tetragonolobus *J. B II.* 365. fili-
quaquadrata *Ger. Em.* 1198. quadripinnatis filiquis *Park.*
1101. In hortis vulgo colunt in Septentrionalibus Angliæ pro ufu culinari, ubi filiquas juniores Afparagorum inftar, quos fapore æmulantur, coquunt.

Loti a reliquis leguminibus trifoliatis diftinguuntur, quod
præter folia terna in extremo pediculo, bina habeant ad ejus
exortum cauli adnata, ut quodammodo Pentaphyllæ dici
poffent.

§. Siliquofa

§. Siliquosa anomala Leguminosis affinis, foliis pinnatis, floribus etiam ad Papilionaceos accedentibus.

An. Fumaria alba latifolia *Park.* 288. alba latifolia claviculata *Ger. Emac.* 1088. claviculis donata *C. B. Pin.* 143.
Fumaria cum capreolis *J. B. III.* 204. *Climbing Fumitory.* In uliginosis saxosis arenosisve, & ad ripas lacuum flu-
viorumque reperitur, sed rarius: As on the Banks of the
River *Trent,* not far from *Ouseley* in *Staffordshire*; in the
Hedges, as you go from *Bala* in *Merionethshire* down to
Pimble-mear; and in many other Places. Dr. *Tancred Robinson* observ'd it near *Greenwich*, on the Top of the Hill
where they dig Ballast. (On *Blackheath*, and in the Fields
going from *Greenwich* to *Charlton*, the upper Road, as
also in a Road leading from *Charlton* to *Woolwich*; Mr.
J. Sherard. Planta satis vulgaris nobiscum ad sepes &
juxta vias. Vere & æstate floret; D. *Richardson.*)

GENUS VIGESIMUM QUARTUM.

*HERBÆ PENTAPETA-
LÆ VASCULIFERÆ.*

I. *Pentapetalæ foliis in caule ex adverso
binis.*

§. **C**ARYOPHYLLI notæ characteristicæ sunt Calyx
floris oblongus, cylindraceus, lævis, integer, in margine duntaxat summo dentatus, vasculum itidem continens
oblongum, cylindraceum; petala in plerisque' speciebus in-
isa aut laciniata; femina compressa rugosa, per maturitatem nigra.

1. Caryophyllus minor repens nostras. An Virgineus
Ger. 477. Betonica coronaria sive Caryophyllata repens
rubra *J. B. III.* 328? *Maiden Pinks.* By the Road-
sides on the sandy Hill you ascend going from *Lenton* to
Nottingham

Nottingham, plentifully : On *Sandy-Hills* in *Bedfordshire*; on *Mantham*-Hill near *Slough*, about a Mile and half from *Windsor*. Found also by Mr. *Dent* near *Hildersham* in *Cambridgeshire*, on a little Hill where Furze grows next to *Juniper*-Hill; and by Mr. *Fran. Willughby* near *Bridgenorth* in *Shropshire* ; by Mr. *Lawson*, on a sandy Hill a little below *Common-Holm*-Bridge, where the Water is crossed near *Great Strickland, Westmorland*. (By Mr. *Doody* in *Hampton-Court*-Park abundantly, and in the Fields thereabouts.)

Reptatrix est, foliis peranguftis: Cauliculi duos trefve flores geftant rubellos cum corolla punctorum faturatiorum circa umbilicum. Serius florere incipit & ad Autumnum ufque perfeverat. (Synonyma illa *Ger.* & *J. B.* non videntur convenire Anglicæ fpeciei.)

2. Armeriæ fpecies flore in fummo caule fingulari *Syn. II.* 199. Armeria fylveftris humilis, flore unico rubello *Merr. Pin.* Caryophyllus fylveftris, Alfines holofteæ arvenfis glabræ foliis, flore unico, calyce barbato *Pluk. Alm.* 87. *T.* 83. *f.* 3. Forte Caryophyllus fylveftris humilis flore unico *C. B. Pin.* 209. It is very different from the Maiden Pink, and more truly anfwering the Name, having but one fingle Flower on the top of the Stalk. It grows in *England*, as Mr. *Doody* informs. (And hath fince been found in the North of *England* by Mr. *Du-Bois.* On *Chidderroks* in Somerfetfhire; by Mr. *Brewer*.)

(Caryophyllus fylveftris humilis flore unico *C. B.* differt ab Anglico foliis congeftis, quam in Anglico multo anguftioribus & acutioribus, cauliculifque brevioribus.)

3. Caryophyllus fimplex flore minore pallide rubente *C. B. Pin.* 208. fylveftris 3 flore pallido fuave rubente *Lob. Ic.* 443. *Common Pinks.* In muris lapideis & lateritiis eodemfere modo oritur quo Keiri feu Leucoium luteum. I have obferved it in many Places; whether originally a Native or no, I cannot fay. (On Rochefter Caftle-walls *; Merr. Pin.* Hujus varietas eft apud *Twitenham*. Speciem illam hirfutam, quæ in *Cantio* frequenter occurrit, & alibi etiam obfervatur a vulgari diftinctam effe haud dubito; D. *Doody*.)

An. 4. Caryo-

An. 4. Caryophyllus latifolius barbatus minor annuus, flore minore. Armeria fylveftris altera, caliculo foliolis faftigiatis cincto *Lob. lc.* 448. Caryophyllus pratenfis *Ger. Em.* 594. pratenfis nofter major & minor *Park.* 1338. Viola barbata anguftifolia Dalechampii *J. B. III.* 335. Caryophyllus barbatus fylveftr s *C. B. Pin.* 209. *Deptford Pink.* In pratis & pafcuis folo arenofo aut glareofo, non tamen admodum frequens. Flores parvi purpurei, fubinde albi. (In a little Wood cut down on the right Hand of the Road, a little beyond the Bottom of the Hill beyond Highgate; Mr. *Newton.* In the Meadow on this fide *Deptford,* and in a Lane near *Early*-Heath by *Redding,* and in *Tuddington*-field; *Merr. P.*)

*5. Caryophyllus fylveftris, prolifer *C. B. Pin.* 209. *Park.* 1338. Betonica coronaria fquamofa fylveftris *J. B. III.* 335. Vifcaria *Ger.* 481. Found by the Reverend Mr. *Manningham* in *Selfey* Ifland, *Suffex. Merret* relates it to grow in the Meadows betwixt *Hampton-Court* and *Tuddington.*

Flores Caryophylli cephalici funt & cordiales ; unde ufus eorum in Vertigine, Apoplexia, Epilepfia, Paralyfi, aliifque nervorum affectibus; in fyncope & palpitatione cordis ; in ventriculi imbecillitate, cardialgia, &c. in febribus peftilentibus [decoctum florum.] In ufu funt fuccus infpiffatus ; conferva ex floribus ; aqua ftillatitia, Syrupus ex infufione, item acetum.

§. Lychnidis notæ funt calyx floris integer, ftriatus plerunque & tumidior; vafculum feminale plurimum pyriforme, fumma parte fe aperiente in oras dentatas, feminibus turgidioribus, non latis compreffis & rugofis, ut in Caryophyllis, repletum.

1. Lychnis maritima repens *C. B. Pin.* 205. marina repens alba *Park.* 638. marina Anglica *Ger.* 382. marina Anglicana *J. B. III.* 357. *Englifh Sea-Campion.* In toto littore Meridionali Angliæ, nonnifi inter filices & Brafficas marinas, qua fere undæ alluunt, enafci obfervavit *Lobelius* (Juxta Shernefs & aliis in locis abunde,)

Primo pullulatu folia valde incana funt : flores majores & fpeciofiores funt quam in Ben albo vulgari: cui alias valde fimilis eft.

2. Lychnis fylveftris, quæ Ben album vulgo *C. B. Pin.* 205, Behen album Officin. *Ger.* 550. Been album Officinarum *J. B. III.* 356. Papaver fpumeum five Ben album vulgo *Park.* 263. *Spatling-Poppy, white Bottel,* rectius *Bladder Campion, or white Corn-Campion.* Inter fegetes.

Z   Hæc

Hæc planta foliis eft ut plurimum glabris,nonnunquam tamen hirfutis; ftaminum quoque apicibus plerunque albis,interdum purpureis reperitur. (Varietates hæ a D. *Merr. in Pinace* notantur,his titulis:
Behen album hifpidum : Behen album flore amplo, ftaminibus purpureis, foliis magis hirtis : Behen flore albo, elegantiore : Lychnis
marina floribus albis pendulis, foliifque inferioribus hirfutis Variat etiam foliis eleganter auratis, ut annotatur in *Ph. Br.* 87.)
Calyculis membranaceis laxis tumidis & velut inflatis ab aliis
Lychnidibus facile diftinguitur.

3. Lychnis fupina maritima Ericæ facie.   Erica fupina
maritima *Ph. Br.* fupina maritima Anglica *Park.* 1484.
Syn. II. 314. maritima *Pet. H. Br.* 10. 11. (fig. vitios)
Polygonum pufillo vermiculato Serpylli folio Lobelii *Ger.*
Em. 567. maritimum minus, foliolis Serpylli *C. B. Pin.*
281. Cali feu Vermiculari marinæ non diffimilis planta *J.*
B. III. 703. Anthyllis perennis fupina flore purpurafcente
H. R. Monfp. In maritimis paluftribus & arenofis pluribus
in locis.   In *Lovingland,* juft over the Water at *Yarmouth*;
in the Marfhes about *Thurrington* in Effex, on the fandy
Ditch-Banks by the Way-fide going from *Maldon* to *Gold-*
hanger. (In *Selfey* Ifland, Suffex plentifully. Nullam
folia ejus cum Serpyllo habent fimilitudnem, nec ulla quæ
adhuc extat, figura plantam hanc bene exprimit.   Veram
autem eam Lychnidis fpeciem effe tum flos, qui Caryophylleus eft,tum vafculum feminale,quod pyriforme, licet leviter
angulofum, demonftrant)

4. Lychnis plumaria fylveftris fimplex *Park. Par.* 253.
Armerius pratenfis mas & fœmina *Ger.* 480.   Caryophyllus pratenfis laciniato flore fimplici, five Flos cuculi *C. B.*
Pin. 210. Flos cuculi, Odontis quibufdam *J. B. III.* 347.
Meadow-Pink, Wild Williams, Cuckow-Flower. In pratis
humidis & ad rivos. Flos in longas lacinias diffectus
hujus nota characteriftica eft. Variat interdum flore albo:
(Item pleno, quas varietates fub Armoraria, five Lychnide
plumaria mare & fœmina flore albido elegantiori, & Armoraria pratenfi flore pleno ex *Ph. Br.* notavit *Merret. in*
Pin.)

An. 5. Lychnis fegetum major *C. B,* 204. Lychnoides
fegetum five Nigellaftrum *Park.* 632. Pfeudomelanthium
Ger. J. B. III. 341. *Cockle.* Inter fegetes.

Planta quam in fuperiore editione pro Lychnide fegetum parva
vifcofa habuimus, nihil aliud erat quam Lychnis noctiflora, ut nos
monuit D. *Dale,* qui integram apud D. *Newton* vidit.

                                        6. Lychnis

6. Lychnis Saponaria dicta. Saponaria *Ger.* 360 vulgaris *Park.* 641. *J. B. III.* 346. major lævis *C. B. Pin.* 206. *Common Sopewort.* Ad fluvios in Cambriæ & Angliæ Occidentalibus fæpius obfervavimns. Cum flore pleno, at *Carnforth* in *Lancafhire,* found by Mr. *Lawfon.* (In the Road from *Sittingbourn* to *Rochefter* plentifully ; by Mr. *J. Sherard*)

Saponaria radice reptatrice ; foliis glabris Plantagineis, florum petalis integris, h. e. nec bifidis, neque laciniatis, loco natali in aquofis, a reliquis Lychnidibus differt.

7. Lychnis Saponaria dicta folio convoluto. Saponaria concava Anglica *C. B. Pin.* 206. Pr. 103. Anglica convoluto folio *Park.* 641. Gentiana concava *Ger.* 353. folio convoluto *J. B. III.* 521 *Hollow leaved Sopewort.* This was found by Mr. *Gerard,* in a fmall Grove of a Wood, called the *Spiney* near *Lichbarrow* in *Northamptonfhire.* (In loco a *Gerardo* nominato, jam non amplius reperitur, affirmante D. *Morton Hift. Natur. Agri Northampt.* Non nifi varietas præcedentis eft. Ifte naturæ folia unientis lufus ad florem ufque fe extendit, ita ut petala juncta & in mono-petalum florem abiiffe videantur.)

8. Lychnis fylveftris albo flore *Ger. Emac.* 468. *Park.* 630. inter 1. & 2. fylveftris alba fimplex *C. B. Pin.* 204. Ocymoides album multis *J. B. III.* 342. *Wild white Campion.* In pafcuis & ad fepes paffim. Quæ flore pleno in hortis colitur *White Batchelors Buttons* dicitur. Folia lata, flos candidus [petalis bifidis, noctu odoratus.

9. Lychnis fylveftris rubello flore *Ger. Em.* 469. fylveft. flore rubio *Park.* 631. fylv. five aquatica purpurea fimplex *C. B. Pin.* 204. Ocymoides purpureum multis *J. B. III.* 343, *Red flower'd wild Campion.* Ad fepes & foffas, inque fylvis humidioribus paffim. Quæ flore pleno in hortis frequens eft *Red Batchelors Buttons* dicitur.

Loco natali in aquofis, caulibus infirmioribus, foliis mollioribus & flaccidioribus, floribus rubellis a præcedente differt.

An. 10. Lychnis fylveftris flore albo minimo *Hift. noft. II.* p. 996. fylveft. annua anguftifolia flore rubente *Cat. Ang.* fylv. alba fpica reflexa *Botan. Monfp.* hirta minima, flore albicante *Plukn. Almag.* 230. *Small Corn Campion with a very fmall white Flower.* Found by Mr. *Dent* among Corn near the *Devil's-ditch* in *Cambridgefhire* ; alfo by Mr. *Dale* in *Effex.*

Non

Non multum differt a Lychnide fylv. 6. *Cluf.* ut neque aLych-nide fegetum Meridionalium annua hirta, floribus albis uno ver-fu difpofitis. D. *Dale* eandem effe conjectatur cum Lychnide ar-venfi minore Anglica *Park.* 638.*Lob.Illuftr.* 97. quam in arvis pro-pe Colceftriam oriri tradit. Quin & exceptis floribus fi-milis eft Lychnidi hirfutæ flore eleganter variegato *Hift. noft.*

11. Lychnis fylveftris alba 9. Clufii *Ger. Emac.* 470. montana vifcofa alba latifolia *C. B. Pin.* 205. fylv. alba, five Ocymoides minus album *Park.* 631. Polemonium petræum Gefneri *J. B. III.* 351. *Wild white Catchfly.* On the Walls of *Nottingham*-Caftle, and thereabout ; fhewn us firft by *Tho. Willifel.* I fufpect the Plant growing about *Nottingham*-Caftle, to be the fame with the following,and different from the Polemonium petræum *Gefneri.*

Caule breviore, flore evanido, petalis profunde fiffis, caulibus fubter flores vifcofis a Lychnide fylv. alba diftinguitur.

12. Lychnis major noctiflora Dubrenfis perennis *Hift. noft. II.* p. 995. ubi vide defcriptionem. *Great night-flow-ering Campion of* Dover-*Cliffs.* Found by Mr. *Newton,* who affirms it to be different from the precedent, being nothing fo vifcous as that, indeed fome Years hardly difcernable to be fo at all.

An. 13. Lychnis noctiflora *C. B. Pin.* 205. *Park.* 632. Ocymoides non fpeciofum *J. B. III.* 344. *Night-flow-ering Campion;* Found by Mr. *Dale* among Corn, on the left Hand ot the Road leading from *Newmarket* to *Can-vafs-hall* in Wood-ditton. Ab Ocymoide albo differt flo-re minus pulchro, rubore diluto, inter-noctu tantum fe a-periente, quod vifcofa fit, quodque radice annua.

An. 14. Lychnis fylveftris vifcofa rubra anguftifolia *C. B. Pin.* 205. *Park.* 636. Odontidi five Flori cuculi affinis Lychnis fylv. 1. Clufii in Pannon. 4. in Hift. poft *J. B.III.* 348. Mufcipula anguftifolia *Ger. Emac.* 601. *Red German Catchfly.* Found by *Tho. Willifell* upon the Rocks in *E-dinburg* Park: by Mr. *Lhwyd* on the fides of *Craig Wreid-bin-*Hill in *Montgomeryfhire* in *Wales.*

15. Lychnis vifcofa flore mufcofo *C. B. Pin.* 206. Se-famoides Salamanticum magnum *Ger.* 396. Mufcipula Sa-lamantica major *Park.* 636. Mufcipula mufcofo flore, feu Ocymoides Belliforme *J. B. III.* 350. *Spanifh Catchfly.* In and about the Gravel-Pits on the North-fide of *New-market* Town : alfo by the Way-fides all along from *Bar-ten,*

ton-Mills to *Thetford* in *Norfolk*. Vid. *Hift. noft. App.* p. 1895.

Floribus luteo-herbaceis perexiguis cum pluribus intus ftaminibus præ!ongis ; caulibus fubter flores admodum vifcofis foliis glabris fpiffis Bellidiformibus, ab aliis Lychnidum fpeciebus differt.

16. Lychnis Alpina minima *Hift. noft. II.* 1004. Caryophylleus 9. Clufio Caryophyllus, pumilio Alpinus *Ger. E-mac.* 593. Mufcus Alpinus flore infigni dilute rubente *J. B. III.* 768. Ocymoides mufcofus Alpinus *Park.* 639. Lychnis Alpina pumila folio gramineo, feu Mufcus Alpinus Lychnidis flore *C. B. Pin.* 206. *The leaft Mountain Campion or Moffe Campion.* On the fteep and higher Rocks of *Snowdon*-Hill in *Carnarvanfhire* almoft every where; obferved by Mr. *Lhwyd,* (and in Devonfhire by Mr. *Gidley.*)

Vide annon hæc fit etiam Gentianella omnium minima *C. B.* Prod?

* 17. Lychnis vifcofa purpurea latifolia lævis *C. B. Pin.* 205. Centaurium minus adulterinum, quibufdam Lychnidis vifcidæ genus *J. B. III.* 355. Lychnis fylveftris 1. *Cluf. Hift.* 288. On the Banks of the River half a Mile below *Chefter*; D. *Richardfon.*

* 18. Lychnis fylveftris anguftifolia caliculis turgidis ftriatis *C. B. Pin.* 205. Mufcipulæ majori calyce ventriofo fimilis *J. B. III.* 350. Lychnis fylveftris altera, incana, caliculis ftriatis *Lob. Ico.* 338. A little to the North of *Sandown* Caftle, plentifully ; Mr. *J. Sherard* in Company with Mr. *Rand.*

§. 1. Helianthemum vulgare *Park.* 656. vulgare flore luteo *J. II.* 15. Anglicum luteum *Ger.* 1100. item luteum Germanicum *Ejudem. Ibid.* Chamæciftus vulgaris flore luteo *C. B. Pin.* 465. *Dwarf Ciftus, or little Sun-Flower.* In montofis ficcioribus, præfertim cretaceis. Mr. *Lawfon* gathered it on *Gogmagog* Hills with a white Flower; which Variety is very rare in this Plant, and never obferved by me.

Flos amplus caducus luteus e calyce trifolio, cauliculi provoluti; folia adverfa, fuperne intenfius viridia, capfulæ trigonæ.

* 2. Helianthemum vulgare, petalis florum peranguftis. Vu'gare denominatur, non quod illius inftar vulgare fit, fed quod vulgari plane fimile exiftat, nec ab eo nifi florum petalis anguftis ftellatim difpofitis differat. In horto

fatum

fatum differentiam fervat, ut diftinctam fpeciem effe dubitare non liceat. Prope *Croyden* invenit Dn. *Du Bois*.

3. Helianthemum Alpinum folio Pilofellæ minoris Fuchfii *J. B. II.* 18. [Pilofella minor Fuchfii eft Gnaphalium montanum feu Pes cati] *Hoary Dwarf Mountain-Ciftus with Catsfoot Leaves.* Found by Mr. *Newton* on fome Rocks near *Kendal* in *Weftmorland*, and by him not unaptly named *Chamæciftus montanus folio latiore incano.* At *Buck Barrow* Bank Scar, betwixt *Brigfteer* and *Confwick*; alfo on the Rocks about *Cartmel*-wells in *Lancafhire* plentifully. Obferved by Mr. *Fitz Roberts.* (Uno circiter milliari a Kendalia, loco faxofo Betram-Beuke dicto, occidentem verfus copiofa; D. *Richardfon.*)

4. Chamæciftus montanus Polii folio D. Plukenet *Syn. II.* 203. Ciftus humilis Alpinus durior, Polii noftratis folio candicante *Pluk. Alm.* 107. *T.* 23. *f.* 6. *Dwarf Ciftus with Poley-mountain Leaves.* Found by the Doctor upon *Brent*-Downs in *Somerfetfhire*, near the *Severn*-Sea.

Vulneraria eft & adftringens, unde in fputo fanguinis, alvi profluvio, uvula, & (ut numero dicam) omnibus affectibus quibus fluxus nimius conjunctus eft Symphyti aliarumque Confolidarum more ufurpari poteft ; *J. B.* Hinc Panax Chironium nonnullis credita eft hæc herba, & Herbariorum Germanicorum vulgo Confolida aurea dicitur.

§. An. Ciftus flore pallido, punicante macula infignito *C. B. Pin.* 465. annuus 2. Clufio, flore pallido, punicante macula infignito *J. B. II.* 13. annuus flore maculato *Ger. Em.* 1281. annuus flore guttato *Park.* 661. Tuberaria minor Myconi *Lugd.* 1099. In the Ifle of *Jerfey*, on the Weft-fide near *Grofnez*-Caftle; Dr. *Sherard.*

§. Hyperici notæ characteriftica, præter foliorum in caule fitum adverfum, funt Flores flavi, ftaminibus multis, cum ftylo triplici: vafculum feminale e tribus partibus compofitum ; coma attritu fanguineum fuccum reddens.

1. Hypericum *Ger.* 432. vulgare *C. B. Pin.* 279. *Park.* 572. vulgare feu Perforata, caule rotundo, foliis glabris *J. B. III.* 381. *St. John's Wort.* In dumetis & ad fepes.

2. Hypericum pulchrum Tragi *J. B. III.* 383. quint. feu pulchrum Tragi *Ger. Emac.* 540. minus erectum *C. B. Pin.* 279. *Small upright St. John's Wort.* In ericetis inque

que dumetis, folo præfertim arenofo aut glareofo. In *Trowgill* near *Clibburn, Weftmorland*; Mr. *Lawfon.*

Minor & humilior eft præcedente fpecie, folia fuperne obfcure viridia, glabra, lata bafi caulem amplexa, mucrone acuto, ut triangula videantur; minora & folidiora funt quam illius.

3. Hypericum minus fupinum *Park.* 572. minimum fupinum *J.B. III.* 384. minus fupinum, vel fupinum glabrum *C. B. Pin.* 279. fupinum glabrum *Ger.* 541. *The leaft trailing St. John's Wort.* In pafcuis arenofis, & ftetilioribus requietis agris.

4. Hypericum Androfæmum dict. *J. B. III.* 382. defcr. Androfæmon hirfutum *C. B. Pin.* 280. alterum hirfutum *Col. Ec. l.* 74. Ic. & defcr. *Tutfan St. John's Wort.* In dumetis & ad fepes.

A vulgari differt quod' tota pallidior eft, caules hirfuti minus ramofi lineis extantibus carent; folia hirfuta majora, latiora & in caule crebriora; flores minores, pallidiorefque quam illius.

(Obfervandum eft, duas diverfas Plantas a C. *Bauhino in Pinace* fub hac fpecie tradi; quarum altera hujus loci eft, altera ad Hypericum paluftre caule quadrangulo pertinet.)

5. Hypericum elegantiffimum non ramofum folio lato *J. B. III.* 383. Afcyron feu Hypericum bifolium glabrum non perforatum *C. B. Pin.* 280. Androfæmum Matthioli *Park.* 575. quoad defcr. Androfæmum Campoclarenfe *Col. Ec. I.* 74. *Elegant imperforate St. John's Wort.* Frequent in the Weftern Parts of *England,* and not very rare in the North and Midland: præfertim in montofis dumetis, as upon St. *Vincent's* Rock near *Briftol,* and a Hill on the Weft fide of *Denbigh* in *Wales.* On *Conzick-Scar* by *Kendale,* and on the Rocks by the Rivulet between *Shap* and *Anna-*Well, *Weftmorland.* Obferved by Mr. *Lawfon.*

Folia inferna parte per margines punctulis rubris infcripta funt.

6. Hypericum maximum Androfæmum vulgare dictum. Androfæmum vulgare *Park.* 575. max. frutefcens *C. B. Pin.* 280. Siciliana, aliis Ciciliana vel Androfæmum *J. B. III.* 384. Clymenum Italorum *Ger.* 435. *Tutfan or Park-leaves.* In dumetis & fepibus. In the Lady *Holme* in *Winander-*Mere, *Weftmorland.*

Vafculum feminale rotundum baccam fimulat; ante exficcationem fc. pericarpio tegi videtur.

7. Hy-

7. Hypericum Afcyron dictum caule quadrangulo *J.B.* III 382. defcr. Afcyron *Ger.* 434. *Dod. Pemp.* 78. vulga-re *Park.* 575. *St. Peter's Wort.*

Caulibus quadratis, flofculis minoribus, loco natali circa rivu-los, inque riguis & pratenfibus humidis ab Hyperico facile di-ftinguitur.

8. Afcyron fupinum villofum paluftre *C. B. Pin.* 280. *Park.* 574. fupinum ἑλώδες Clufii *Ger. Emac.* 542. *Marfh St. Peter's Wort with hoary Leaves.* On boggy Grounds, Moffes, and fhallow Pools of Water in the Weftern Parts of *England*; efpecially towards the Land's-End in *Corn-wal*, abundantly. (In the little Bog near *Charlton*. Mr. *Doo-dy* obferved it on *Bagfhot-heath.*)

Statura humili, foliis lanuginofis, cæteris Hypericis rotundio-ribus; floribus paucioribus, locoque natali a congeneribus di-ftinguitur. Addit *Clufius* flores tritos fanguineo fucco non in-ficere.

Diureticum eft & vulnerarium infigne. Decoctum & potum febri tertianæ & quartanæ medetur, exfcreationes fanguinis fiftit, vulneribus & erofionibus internis auxiliatur: calculum renum at-terit & lumbricos expellit. Semina in pericarpiis feu fummitates ad vulneraria balfama nulli fecunda. Oleum ex iifdem in vulneri-bus fanandis balfamo cuivis naturali præferendum. Vid. *Hift. noft.* p. 1018. Idem præftat tum herba recens, tum ficca in decocto ad-hibita, interne æque ac externe in vulneribus ac ulceribus quibuf-vis. Tinctura florum Hyperici egregium eft medicamentum in mania intus fumptum; *Sala, Grembs*: mihi quoque fæpius ex-pertum: idem præftat & in melancholia; D. *Needham.*

§. Alfines notæ funt folia conjugatim in caule fita; calyx ad modum floris in plura fegmenta feu folia expanfus; vaf-cula feminalia fimplicia, unica intus cavitate, feminibus me-dium occupantibus, exterius protegente vafculo.

Alfine fpecies anomalæ, flore Tetrapetalo, Alfinellæ, Radi-olæ, & Alfinoidis, nomine diftinguendæ.

An. Alfinella foliis caryophylleis *Cat. G.* 47. Alfine tetra-petalos Caryophylloides, quibufdam Holofteum minimum. *Syn.* II.206. Alfine verna glabra *Botan. Monfp. defcr. The leaft Stich-wort.* Vere floret in glareofis fterilioribus frequens. (Common in the Spring on *Black-heath.*)

Parvitate

Parvitate sua, quodque cito evanescat ; foliis fere caryophylleis;
flore tetrapetalo, & florendi tempore facile innotescit. Figuram
vid. Tab. XV. f. 4. ubi litera *a. 1b.* vasculum & semina seorsim expressa sunt.

2. Alsinella muscoso flore repens *Cat. G.* 81. Saxifraga
graminea pusilla, flore parvo tetrapetalo *Syn. II.* 206. 2.
Alsine Saxifraga perexigua tenuifolia, flore parvo tetrapetalo,
radice reptatrice *Pluk. Alm.* 23. Caryophyllus minimus
muscosus nostras *Park.* 1340. Saxif. Anglicana Alsinefolia *Ger. Emac. descr.* 568 pusilla graminea,, flore parvo herbido & muscoso *Merr. Pin. Pearl-Wort, Chick-weed, Break-
stone.* In uliginosis inque pascuis sterilioribus & hortorum
ambulacris frequens.

Foliis perangustis obscure virentibus, flosculis petalis plerunque
mutilis, vasculis sem. Alsines rotundis, membranaceis pellucidis a
congeneribus distinguitur.

An. 3. Saxifraga Anglica Alsinefolia annua D. *Plot. Hist.
nat. Ox. C.* 6. §. 9. *T.* 9. *f.* 7, Alsine Saxifraga graminifolia,
flosculis tetrapetalis herbidis & muscosis *Pluk. Alm. T.* 74.
f. 2. *Annual Pearl Wort.* In ambulacris hortensibus Collegii Baliolensis Oxonii, inque novalibus & arvis requietis,
circa *Hedington* & *Cowley* agri Oxoniensis.

A præcedente differt caulibus & foliis sordide viridibus ex fusco
seu brunneo; radice annua, quodque non reptat ut illa, aut ex cauliculorum geniculis radices agat.

4. Saxifraga graminea pusilla foliis brevioribus, crassioribus & succulentioribus. Observed by Mr. *Lawson* on
Whinny-Field Bank by *Culler-Coats* near *Tinmouth* in *Nor-*
thumberland.

An. §. Radiola vulgaris serpyllifolia. Millegrana minima *Ger. Em.* 569. minima seu Herniaria minor *Park.* 447.
Polygonum minimum seu Millegrana minima *C.B. Pin.* 282.
Alsine minima polyspermos, Millegrana dicta *Pluk. Alm.*
20. *The least Rupture-wort, or All-seed.* Æstate viget in
ericetis sabulosis, humidioribus præsertim. (On the Common before you come to *Chiselhurst* ; Mr. *Sherard.*)

Cauliculis uncialibus ramosissimis, foliis Serpylli aut Alsines minimæ figura, sed multis numeris minoribus, absque pediculis adnatis ab aliis tetrapetalis Alsinis differt.

(Immo non his tantum notis, sed & calyce multifido & vasculo
in octo loculamenta, singula singula semina continentia, diviso, in
tantum ab Alsinis tetrapetalis differt, ut peculiare genus mereatur,

quamvis

quamvis una saltem ejus species adhuc nota sit.   Hæc quamvis a *Lobelio lc. I. 422. & Teut. 506.* satis bene fuerit expressa, & character ejus etiam descriptus fuerit in *Cat.G. & Eph.N.Cur.Cent.V. & vi. App.* tamen cum is forte omnibus nondum innotuerit, pro uberiori illustratione totius herbæ & characterismi iconem denuo exhibere liceat. Tab. xv. f. 3. autem ipsa plantula cum capitulis quæ florescentiæ etiam tempore,plerunque clausa sunt & granula referunt, lit. *a.* Flos apertus cum embryone & calycis foliis, *b.* vasculum apertum, *c.* idem clausum, *d. & e.* semina exhibentur. · Quæ omnia ob exilitatem, per microscopium aucta sunt, exceptis seminibus ad *d.* quæ naturali magnitudine depicta sunt.)

§ Alsine polygonoides tenuifolia, flosculis ad longitudinem caulis velut in spicam dispositis nostra *Raj. Syn. II.* 210. 7. *Pluk. Alm.* 22. *T.* 75. *f.* 3.   Polygonum angustissimo gramineo folio erectum *Magn. Bot. Monsp.* 211. In maritimis circa *Bostoniam* agri Lincolniensis. (On *Hown-flow*-heath; Mr. *Doody.*)

(Flos parvus tetrapetalus, calyx in quatuor angusta segmenta divisus, vasculum continens parvum compressum, bivalve & dispermum, seu duo saltem in simplici cavitate semina majuscula continens, qua ratione ab aliis hujus generis differt, & non immerito peculiare meretur genus cui *Alsinoidis* nomen tribui potest.)

* §. Alsinastrum Gratiolæfolio *Inst R. herb.* 244. & Alsinastrum Gallii folio *Ibid.*   Found by Mr. *J. Sherard* on boggy Ground, on the Common just by the Road from *Eltham* to *Chiselhurst.*   De flore nondum satis constat.

Alsinæ Pentapetalæ genuinæ.

1. Caryophyllus holosteus arvensis glaber flore majore C *B. Pin.* 210. Gramen leucanthemum *Ger.* 43. *Park.* 1325. Gram. Fuchsii sive leucanthemum *J. B. III.* 361. *The greater Stich-wort.*   In sylvis,dumetis & sepibus passim. Vere floret.   Folia huic graminea acuta & rigida; caules infirmi; flores ampli in oblongis pediculis.

2. Caryophyllus holosteus arvensis glaber flore minore C. B. *Pin.* 210. Gramen leucanthemum alterum *Ger.* 43. leucanthemum minus *Park.* 1325. Gramini Fuchsii leucanthemo affinis & similis herba *J. B. III.* 361. *The lesser Stich wort.*   In pascuis & vepretis, interque Genistas exit, præsertim solo arenoso.

Flores huic longe minores sunt quam præcedenti, & quod paucis admodum conceditur, apices rubicundi sunt.   Folia minora & breviora, plerumque viridia, interdum glauca.

An

An. 3. Caryophyllus holosteus arvensis medius. An Caryoph. holost. foliis gramineis *Mentzel.* in *Pugil?* D. *Stoneftreet* invenit in insula Eliensi & D. *Sherard* prope Oxonium. (In *Peckham*-fields; Mr. *J. Sherard.*)

A praecedente differt non solum caulibus firmioribus & brevioribus, verum etiam foliis acutis, rigidioribus, glaucis; & floribus majoribus: Ad primam speciem proprius accedit, omnibus tamen suis partibus minor est, nec ante Junium flores producit; D. *Stoneftreet.* Haec est quam in aggeribus fossarum in insula Eliensi copiosissimam observavi, & pro praecedentis varietate habui in *Catal. Angl.*

4. Alsine major repens perennis *J. B. III.* 362. Alsine altissima nemorum *C. B. Pin.* 250. item Alsine aquatica major *Ejusd.* 251. Alsine major & maxima *Park.* 759. 760. item aquatica seu palustris major *Ejusd.* 1259. Alsine major *Ger.* 488. & Alf. palustris *Ejusd.* 491. maxima solanifolia *Mentz. Pug T.* 2. Cochleariae longae facie N. B. *Ph. Br. Merr. P.*) *Great Marsh Chickweed.* In humidis & palustribus locis, & ad fluviorum ripas. Consule de hac planta J. Bauhin. & *Hist. nost.* p. 1030.

* 5. Alsine montana folio Smilacis instar, flore laciniato *H. Ox. II.* 550. *S.* 5. *T.* 23. *f.* 2. montana latifolia, flore laciniato *C. B. Pin.* 251. hederacea montana maxima *Col. Ec. I.* 290. *Park.* 761. Found by Dr. *Richardson* in *Bingley* Parish.

An. 6. Alsine vulgaris seu Morsus gallinae *J. B. III.* 363. media *C. B. Pin.* 250, media seu minor *Ger.* 489. *Common Chickweed.* In uliginosis ad sepes & vias, inque hortis inter olera passim per totam aestatem floret. Ratione loci aliorumque accidentium magnitudine insigniter variat, ut pro diversa habeatur.

Refrigerat & humectat moderate, unde inflammationes & calotes restinguit tum exterius applicata, tum intus sumpta. Pullis & aviculis esca salutaris censetur, unde nomen Anglicum *Chickweed* ei inditum.

An. 7. Alsine longifolia uliginosis proveniens locis *J. B. III.* 365. aquatica media *C. B. Pin.* 251. fontana *Tab. Ic.* 712. *Ger.* 490. aquatica folio Gratiolae, stellato flore *Cat. Giss.* 38. & *App.* 39. Hyperici folio Vaill *J. R. H.* 242. *Long leaved Water Chickweed.* On boggy Grounds, and by Rivulets and Ditch-sides that carry Water all the the Year. Folia hujus longa sunt, pallide virida, Gratiolae paria, sed minora; caules quadranguli, infirmi procum-

bente

bentes, flores parvi, petalis quinis, ad unguem usque bifidis, quod in figuris *J. B. Tabern.* & *Ger.* non exprimitur. (Caulem habet quadrangularem & flores ex alis
foliorum; D. *Doody.*)

Cæterum Alsines genuinæ notæ sunt, petala bifida, vasculum seminale brevius, quam in sequenti genere.

*Alsinæ petalis bifidis, vasculo corniculato oblongo, multis den-
ticulis dchscente, quas* Mysotides *vocat Tournefortius.*

§. 1. Caryophyllus arvensis hirsutus flore majore *C. B.
Pin.* 210. holosteus *Ger.* 477. holosteus arvensis hirsutus
Park. 1339. Auricula muris pulchro flore albo *J. B. III.*
360. *Long leaved rough Chickweed with a large Flower.* On
dry Banks and Heaths among the Bushes in *Cambridgeshire:*
I have also observed it in the gravelly *High-ways.* Floret
æstate.

Folia angusta oblonga, Caryophylleorum æmula, hirsuta, uti sunt
& florum calyces D. *Pluknet* ultimam speciem aut hanc ipsam
plantam esse, aut ejus varietatem existimat. Ego planta ipsa a D.
Lhwyd, ad me missa cum descriptione nostra Auriculæ muris pulchro flore albo collata, plane diversam judico.

*An. 2. Cerastium hirsutum minus, parvo flore *Cat. Giss.*
80. Alsine hirsuta minor *C. B. Pin* 251. Specie se-
quente minor est, & minus ramosa, florum pediculis brevioribus, foliis & caulibus non viscosis, seriusve aliquantum floret. In vicis circa *Londinum* passim primo vere
floret. Vid. Tab. XV. Fig. 1. quæ ad plantam juniorem
facta est, nam procedente tempore aliquanto ramosior observari solet.

An. 3. Alsine hirsuta Myosotis latifolia præcocior *Cat.
Angl.* hirsuta altera viscosa *C. B. Pin.* 251. viscosa *Park.*
764. A. Myositis humilior & rotundo folio *Merr. Pin.*
The broader leaved Mouse-ear-Chickweed. Aprili floret in
siccioribus areis & pascuis ubique. (Præcox est citoque
erit.)

Florem habet minorem, quam sequens, evanidum; folia breviora, latiora, pallidiora; caules erectiores; quin tota planta in siccioribus nonnihil viscosa est. (Erecta est rotundiore folio; *Doody.*)

An

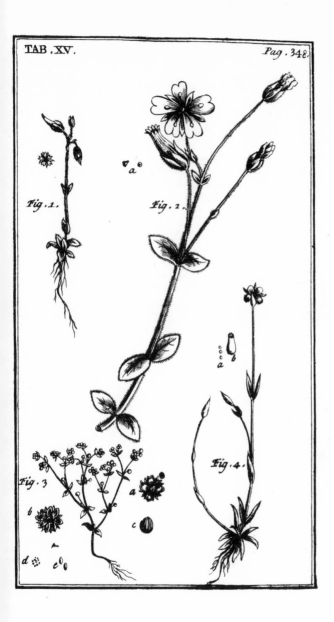

Fig . 1.

Fig . 2.

Fig . 3

Fig . 4.

An. 4. Alfine hirfuta Myofotis *Adv.* 193. hirfuta magno flore *C. B. Pin.* 251. A. Myofotis procerior & longiore folio *Merr. Pin.* Auricula muris, quorundam flore parvo, vafculo tenui longo *J. B. III.* 359. *Narrow leaved Moufe-ear Chickweed.* In arvis reftibilibus. (Ad ripas Thamefis prope *Baterfea* cum foliis glabris inveni; D. *Doody.* Perennis potius quam annua videtur.)

5. Alfines Myofotis facie, Lychnis Alpina flore amplo niveo repens D. Lhwyd *Syn. II.* 208. 7. Caryophyllus holofteus Alpinus latifolius *C. B. Pin.* 210. *Pr.* 104. Juxta aquas ad latera montis *Snowdon* copiofe. (Nullibi frequentius quam juxta fcaturigines aquarum montis excelfi *Widnah*, Boream verfus; Dr. *Richardfon.*) Floret circa initium Augufti, florefque pro plantulæ modulo amplos fane oftendit. Hujus generis alias plantas virides obfervavit D. *Lhwyd*, alias incanas & quærit an fpecie differant. Icon. vid. Tab. XV. Fig. 2. ubi ad Lit. *a.* femina angulofa feorfim exhibentur.

6. Alfine Myofotis lanuginofa Alpina grandiflora, feu Auricula muris villofa flore amplo membranaceo *Syn. II.* 209. 11. Caryophyllus holofteus tomentofus latifolius *C. B. Pin.* 210. *Pr.* 104. In rupe prope *Clogwyn y Garnedh* totius Cambriæ altiffima juxta *Llanberrys* in Arvonia copiofe. (Ad fummitatem rupis excelfiffimæ *Clogwyn y Garnedh*, ut recte notat D. *Lhwyd*, & nullo alio in loco mihi nunquam occurrit; Dr. *Richardfon.*) Prior fpecies ab hac diftinguenda eft, foliis glabris, crebrius in cauliculis difpofitis, *&c.*

Alfinæ petalis integris quæ Spergulæ *dici poffunt, aliæque affines, incerte fedis.*

An. 1. Alfine minor multicaulis *C. B. Pin.* 250. minima *Ger.* 488. *J. B. III.* 364. aquatica minima *Park.* 1259. *The leaft Chickweed.* In iifdem cum Alfine media locis invenitur, non raro etiam muris innafcitur. Folia hujus figura & magnitudine ad Serpyllum accedunt, flos quinque petalis indivifis conftat.

An. 2. Alfine Plantaginis folio *J. B. III.* 364. *Plantain-leaved Chickweed.* Ad fepes & in dumetis locis uliginofis.

Nervi

Nervi averſa parte foliorum elati Plantagineorum in modum; florum petala integra, ſemina nigra lucida reniformia hanc a cæteris diſtinguunt.

An. 3. Alſine tenuifol. *J. B. III.* 364. *Fine-leaved Chickweed.* In the Corn-fields on the Borders of *Triplow*-heath, *Gogmagog*-Hills, and other Places in *Cambridgeſhire.* Lino cathartico dum floret ſimilis eſt, ſed elatior. (In a Cloſe on the left Hand going down a Hill a Mile from *Deptford* towards Southfleet; Mr. *Newton.*)

4. Alſine puſilla pulchro flore folio tenuiſſimo noſtras, ſeu Saxifraga puſilla caryophylloides, flore albo pulchello *Syn.* *II.* 209. 4. Alpina glabra tenuiſſimis foliis, floribus albis *Par. Bat.* 12. *lc.* caryophylloides tenuifolia, flore albo punctato *Pluk. Alm. p.* 22. *T.* 7. *f.* 3. *Small fine-leaved Mountain Chickweed with a Milk-white Flower.*

In montoſis Eboracenſibus circa *Settle,* ut & Derbienſibus copioſe. (On the ſide of a watery Bank, at about three Miles and a half from the Land's-end; Mr. *Newton.*) Hæc eſt quam in *Cat. Ang.* pro Auricula muris pulchro flore, folio tenuiſſimo *J. B.* habui. Foliis anguſtiſſimis caryophylleis cauliculis numeroſis procumbentibus, floribus albis pulchellis & loco natali ab aliis ſpeciebus nullo negotio diſcernitur. (Quas pro maculis vel punctis habet *Plukenetius,* non niſi ſtamina ſunt. Not. in figura hujus calycem perperam eſſe locatum ad floris partem interiorem.)

An. 5. Alſine paluſtris foliis tenuiſſimis, ſeu Saxifraga paluſtris Anglica *Ger. Em.* 567. 568. paluſtris Ericæ folia polygonoides, articulis crebrioribus, flore albo pulchello *Pluk. Alm.* 23. *Tab.* 7. *f.* 4. nodoſa Germanica *C. B. Pin.* 251. *Pr.* 119. Arenaria *J. B. III. P.* 2. 723. Saxifraga paluſtris Anglica *Park.* 427. It. Alſine nodoſa Germanica *Ejuſd.* 764. Polygonum foliis gramineis alterum *Loeſel. Fl. Pruſ. p.* 204. *Ic.* 64. opt. Spergula minor foliis Knawel, flore majuſculo albo *Cat. Giſſ.* 156. *Engliſh Marſh-Saxifrage.* In paluſtribus menſe Julio floret. Flores majores quam pro plantulæ modo, caules erectiores quam præcedenti. In foliorum alis glomeruli foliorum minutiſſimorum ſedent velut ramulorum germina.

6. Alſine montana minima, Acini effigie, rotundifolia. An Alſines minoris alia ſpecies *Thal Harcyn?* In montoſis comitatus Hartfordiæ ad confina *Backs* prope vicum *Chalfont* D. Petri dictum; D. *Plukenet. Alm.* 20

An· 7

An. 7. Alsine Spergula dicta major *C. B. Pin.* 251. Spergula *J. B. III.* 722. Saginæ Spergula *Ger, Emac.* 1125. Saginæ Spergula major *Park.* 562. *Spurrey.* Inter segetes.

Foliis angustissimis, multis caulem ad genicula radiatim ambientibus, flosculis albis pentapetalis satis discriminatur.

An. 8. Spergula annua semine foliaceo nigro, circulo membranaceo albo cincto *Cat. Giss.* 46. *Eph. Nat. Cur. Cent.* V. & VI. *Ic. & descr.* Alsine Spergula dicta semine membranaceo fusco Mor. *Raj. Syn. Ed. II.* 210, 11. Alsine Spergula annua, semine foliaceo nigro circulo membranaceo albo cincto *H, Ox. II.* 351. 16, Tum a priori tum a sequentibus Spergulis omnino distincta est hæc species, & a priori quidem foliis ad genicula paucioribus & crassioribus, a sequenti flore albo majore, a marina ejusdem floris colore & loco, quodque annua sit, ab omnibus vero tempore florendi & quod præcox sit citoque pereat differt. In Hibernia locis arenosis observavit Dr. *G. Sherard.*

An. 9. Spergula purpurea *J. B. III.* 722. Alsineformis sive 5. cap. 463. lib. 2. *Ger. Emac.* Saginæ Spergula minima *Park.* 561. Alsine Spergulæ facie minor, seu Spergula minor flore subcœruleo *C. B. Pin.* 251. *Purple spurrey.* In arenosis frequens.

10. Alsine Spergulæ facie media *C. B. Pin.* 251. Spergula marina nostras *J. B. III.* 772. marina Dalechampii seu 4. cap. 463. *Ger. Emac.* 1125. Saginæ Spergula minor *Park.* 561. *Sea-spurry.* In salsis palustribus & maritimis passim.

* 11. Spergula maritima flore parvo cœruleo, semine vario *C. Giss. App.* 30 Annua hæc videtur & a priori differt, radice gracili, totius parvitate, floris præcipue ut & semine, quod minus & plerumque non marginatum est. Licet autem quandoque circulo membranaceo donetur, is tamen multo quam in priori angustior est. Accedit plurimum ad Spergulam purpuream *J. B.* manifeste tamen differt, flore aliquantum minore, loco natali & geniculis, quæ in hac longiora intervalla habent. Junio floret & Julio, copioseque reperitur cum vulgari in insula *shepy,* illa præsertim parte, quæ *shell-Coast* vocatur.

12. Alsine marina foliis Portulacæ *Fl. Pruss. p.* 12. *Ic. n.* 2. littoralis foliis Portulacæ *C. B. Pin.* 251. It. Anthyllis maritima lentifolia *Ej. Pin.* 282. *Park.* 282. lentifolia Peplios effigie maritima *J. B. III.* 374. lentifolia seu Alsine

cruciata

cruciata marina Ger. Em. 622.   Quod folia adversa situ alterno crebra cruciata nascuntur, cruciata videtur & dicitur. Vascula & semina quam pro plantæ modo multo majora sunt.   In littoribus maris arenosis frequens Junio floret. (Icon Lobelii & J. Bauhini parum exprimunt plantam; multo melior est, quæ in Flora Prussica prostat.)

*13. Alsine maritima supina, foliis Chamæsices Inst. R. H. App. 665. Anthyllis maritima, Chamæsicæ similis C. B. Pin. 282. Valentina Clus, H. CLXXXVI.   Found on the Coast of Sussex, and sent by Mr. Brower.   Forte Tithymali marini species minima ex Cornubia Merr, Pin.

An. §. Alsine parva palustris tricoccos, Portulacæ aquaticæ similis.   Alsineformis paludosa tricarpos, flosculis albis inapertis Pluk. Alm. 21. T. 7. f. 5.   Alsine flosculis conniventibus Merr. Pin.   Portulaca tricoccos Pet. H. B. 10.12. Portulaca exigua seu arvensis Camerarii J. B. III. 678. arvensis C. B. Pin. 288. Small Water Chickweed or Purslane, by some called Blinks.   Amat loca humida & palustria : vere pluvioso etiam inter segetes observavimus.

Foliis Portulacam aliquatenus referentibus, flosculis albis pentapetalis vix unquam se aperientibus, vasculo denique tricocco in tres carinas per maturitatem dehiscente, cuivis inquirenti se detegit.

(Flos accuratius inspicienti non nisi monopetalus apparebit, isque irregularis, in quinque plerumque inæquales, nonnunquam in quatuor valde breves lacinias divisus.   Ob quam floris, calycis & vasculi ab Alsine diversitatem peculiare genus meretur, quod Cameraria dictum fuit in Cat. Giss. P. 46, & 61. It. App. 114. T. 6. Cæterum in arvis humilior est, repit maturiusve floret, locis aquosis erectior est, & serius floret, cum posteriori Alsine aquatica surrectior J. B. III. 786. satis bene respondet.)

An. §. Alsine spuria pusilla repens foliis Saxifragæ aureæ Cat. Ang. Pluk. Alm. 23. T. 7, f. 6. Chrysosplenium Cornubiense Pet. H. Br. 6.11. Small round leaved Bastard Chickweed.

Parvula admodum est & tenella : Hederæ terrestris modo per terram repit.   Caules ejus seu propagines hirsutæ.   Folia longis pediculis insident, rotunda, hirsuta, per margines crenata, Morsus gallinæ, vel Saxifragæ aureæ foliorum æmula, quibus tamen longe minora sunt.   Ex alis foliorum singulis singuli flores exeunt, brevibus pediculis nixi, subrubri aut carnei, pentapetali, aut forte uno foliolo in quinque lacinias diviso, nam in tanta flosculorum parvitate accurate discernere non potui.   Semen in fundo calycis

pentaphylli,

pentaphylli. Ad margines rivulorum in aggeribus udis una cum
Campanula Cymbalariæ foliis in Cornubia & Devonia frequens
Julio & Auguſtomenſe floret. Hanc ſpeciem in Hiſtoria omiſi, ut
& Roſmarinum ſylv. minus noſtr. i. e. Viti Idxæ affinem, Poli-
foliam montanam *J. B.* Hieracium parvum in arenoſis naſcens,
ſeminum pappis denſius radiatis *Cat. Angl. &c.*

II. *Pentapetalæ foliis in caule alterno aut nullo ordine poſitis.*

1. *Flore regulari.*

§. Saxifragæ vaſculum eſt bicorne & bicapſulare, quod
Tournefortii obſervatione calyci ad mediam uſque partem
connatum in fructum abit ſubrotundum, ſeminibus ut
plurimum exiguis fœtum, & hac ratione tum a Sedo mul-
tiſiliquo, tum a Geo bicorni, cujus calyx vaſculo non con-
naſcitur, diſtinguitur.

1. Saxifraga Alpina ericoides, flore cœruleo *J. R. H.* 253.
Sedum Alpinum ericoides cœruleum *C. B. Pin.* 284.
Pr. 132. *J. B. III.* 694. *Mountain Heath-like Sengreen
with large purple Flowers.* In rupibus, ad latus Septentrio-
nale Montis *Ingleborough* copioſiſſime. (In rupibus montis
Ingleborough, non ad ſummitatem ſed ad latus occidentem
verſus, non ad Septentrionem ut notat D. Rajus; D.
Richardſon. Qui non dubitat quin hæc planta eadem ſit
cum Sanicula Alpina aizoide, foliis orbiculatis piloſis, Ro-
rellæ in modum ad oras fimbriatis, flore purpureo *Pluk.
Mantiſs:* 166.) Obſerved alſo by Mr. *Lhwyd* on the ſteep
and higher Rocks of *Snowdon* almoſt every where. Primo
vere flores ſuos ſpecioſos producit. Folia autem ad Serpyllum proprius quam Ericam accedunt.

2. Saxifraga Alpina anguſto folio, flore luteo guttato.
Sedum minus Alpinum luteum noſtras *Raj. Syn. Ed. II.* 212.
Hiſt. II. 1042. Alpinum flore pallido *C. B. Pin.* 284. *n.* 5.
parvum montanum luteum *J. B. III.* 693. minus 6. five
Alpinum 1. *Cluſ. Hiſt.* LX. it. Sedum Alpinum floribus
luteis maculoſis *C. B Pin.* 284. *Small yellow Mountain Sengreen.* On the ſides of *Ingleborough*-Hill about the Rivulets
and ſpringing Waters on the North-ſide of the Hill plenti-

tifully;

fully; and in the like Places about *Shap*, in *Weſtmorland*. (Eodem loco cum præcedente; D. *Richardſon*.)

3. Saxifraga muſcoſa trifido folio *J. R. H.* 252. Sedum Alpinum trifido folio *C. B. Pin.* 284. Alpinum laciniatis Ajugæ foliis *Park.* 739. Sedis affinis triſulca Alpina flore albo *J. B. III.* 696. *Small Mountain Sengreen with jagged Leaves.* On *Snowdon* and other high Mountains in *Wales*; as alſo on *Ingleborough* hill in *Yorkſhire*, and many other Hills in the North. Mr. *Lawſon* obſerved it by *Malham Cove* in *Yorkſhire*, and among the Rocks South of Sir *John Lowther's, Weſtmorland*.

An. 4. Saxifraga verna annua humilior *J. R. H.* 252. Sedum tridactylites tectorum *C. B. Pin.* 285. Tridactylites tectorum flore albo *J. B. III.* 762. Paronychia rutaceo folio *Ger.* 499. foliis inciſis *Park.* 556. *Rue-Whitlow-graſs.* In muris & tectis lociſque ruderatis paſſim.

5. Saxifraga foliis oblongo-rotundis dentatis, floribus compactis Sedum. ſerratum rotundifolium *Merr. P.* Sanicula aizoides, ſeu Sedum ſerratum floſculis compactis immaculatis *Syn. Ed. II.* 213. In ſummis Alpibus Arvoniæ, e rupibus *Clogwyn y Garnedh Crib y Diſtilh, Glogwyn du ymhen y Glyder*, &c. juxta *Lhan-Berys*; D. Lhwyd. Vid. Tab. xvi. fig. 1. ubi lit. *a.* flos, *b.* petalon, *c.* vaſculum cum calyce & flore, qui non decidit, *d.* idem vaſculum prouti ſe habet quando dehiſcit & ſemen maturum eſt, ubi anguſtius fit & contrahitur, ad *e.* vero ſemina ſeorſim exhibentur.

6. Saxifraga rotundifolia alba *C. B. Pin.* 309. alba *Ger.* 693. alba vulgaris *Park.* 424. alba radice granuloſa *J. B. III.* 706. *White Saxifrage.* In aggeribus ſepium & paſcuis ſiccioribus. (Flore pleno· On the Weſtſide of *Ingleborough*-Hills; *Merr. P.* Obſerved alſo by Mr. *Du-Bois* near *Mitcham.*)

Saxifraga ub effectu nomen habet, ſiquidem ultima ſpecies veſicæ ac renum vitiis ac doloribus mederi, calculos & arenas diſſolvere ac pellere, urinas provocare, ſtillicidioque auxiliari dicitur.

§. Geum vaſculum quidem habet bicorne & bicapſulare Saxifragæ inſtar, verum non cohærens calyci, ſed ſejunctum, quo palam fit Gei calycem profundius & ad baſin uſque diviſum eſſe.

1. Geum paluſtre minus, foliis oblongis crenatis *J. R. H.* 252. Cotyledon hirſuta *Ph. Br. Syn. Ed. II.* 213. aquatica hirſuta *Raj. Hiſt. II.* 1046. Saniculæ Alpinæ aliquatenus
affinis

affinis *J. B. III.*708. Sanicula Myofotis Alpina, floribus albicantibus fere umbellatis *Pluk. Alm.* 331. *T.* 58. *f.* 2. & *T.* 222. *f.* 4. *Hairy Kidney-wort.* By the Rills, and on moift Rocks of many Mountains of *Wales*, as *Snowdon*, *Carnedh-Llewellyn*, *Caderidis*, &c. Alfo in the North, on *Hard-Knot* and *Wrenofe* by *Buckbarrow-Well* in *Longlefdale*, *Weftmorland.*

(An Saniculæ Alpinæ aliquatenus affinis *J. B.* eadem huic fit, dubitavit Rajus in Syn. Ed. pr. &fec.Verum utriufque fpeciminibus collatis. non alia differentia apparuit, nifi quod *J. B.* planta ramofior videretur, quæ accidentalis merito cenfetur.)

* **2.** Geum anguftifolium auctumnale, flore luteo guttato *J.R. H.* 252. Saxifraga anguftifolia auctumnalis, flore luteo guttato, foliolis florum magis acuminatis *Breyn. Cent. I.* 106. Found by Dr. *Kingftone* on Knotsfordmoor, Chefhire, and there fhew'd to Dr. *Richardfon*, by him now growing in plenty.

* **3.** Geum folio fubrotundo majori, piftillo floris rubro *J. R. H.* 251. Sedum montanum ferratum guttato flore *Park.* 738. *lc.* Cotyledon, five Sedum montanum latifolium ferratum guttato flore *Ej.* 741. *defcr. Raj. Hift.* 1046. *London Pride, or None fo pretty.* It grows plentifully in *Ireland* on a Mountain called the *Mangerton* in *Kerry*, fix or feven Miles over, reputed the higheft in *Ireland*, two Miles from the Town of *Killarny*, and four Miles from the Caftle of *Rofs*, as Dr. *Molyneux* obferves in the *Philof. Tranf. Numb.* 227. *p.* 510. Ex montibus etiam *Sligo* Hiberniæ attulit D. Lhwyd; D.*Richardfon.*

§. Parnaffiæ vel Graminis Parnaffi dicti notæ funt, pericarpium conoides, e tribus carinis compofitum. Flos uniformis, fpeciofus, albus, in uno caule unicus, folia parva hederacea; Locus paluftris.

§. Parnaffia vulgaris & paluftris *J. R. H.* 246. Gramen Parnaffi minus *Ger.* 691. Parn. vulgare *Park.* 429. Parn. flore albo fimplici *C. B. Pin.* 309. Parn. Dodonæo, quibufdam Hepaticus flos *J. B.* III. 537. *Grafs of Parnaffus.* Augufto menfe floret in paluftribus. (Gramen Parnaffi flore pleno. In Lancafhire; *Merr. P.* About Edinburg; Mr. *Wood.*)

§. Ros folis dicta herbula foliis fetis feu ciliis rubentibus circumquaque fimbriatis, quibus guttulæ velut roris adhærefcunt, cauliculis nudis, locoque natali in aquofis & ad

aquarum fcaturigines ab aliis quibufcunque herbis difcrimi-
natur.

1. Ros folis folio rotundo *C. B. Pin.* 357. folis *J.B.III.*
761. major *Ger.* 1366. *Park.* 1052. *Rofa-folis, or Sun-
dew with round Leaves.* In humidis paluftribus non raro,
& inter mufcos aquaticos.

(An hæc fpecies a fequenti differat, merito dubitatur, videturque ideo eam bene fub eodem capite complexus effe *J. Bauhinus.*
Forte altera mas, altera fœmina, Cæterum Ros folis longifolius
Parkins. nullam convenientiam habet cum iis figuris, quas fub
fequenti enumerat *C. Bauhinus*, videturque ad 4. potius fpeciem
pertinere.)

An. 2. Ros folis folio oblongo *C. B. Pin.* 357. folis minor *Ger.* 1366. Ros folis fylveftris longifolius *Park.* 1052.
Long-leaved Rofa-folis or Sun-Dew. Upon *Hinton*-Moor
near *Cambridge.* (And on Bagfhot heath; Mr. *Dood.* An
annua fit cum priore, ut *Rajus* dicit *Syn. II.* 214. dubium
videtur.)

Befides thefe, *Tho. Willifel* obferved three other forts.

3. Rorella rotundifolia perennis. *Perennial round-leaved
Sun-dew.* Found in *Devonfhire.*

4. Rorella longifolia perennis. *Perennial long-leaved Sun-
dew.* In *Yorkfhire* between *Doncafter* and *Bautrey.* (By Mr.
J. Sherard in a Bog on *Weftfield*-Down near Haftings. Hæc
fpecies a 2 l differt; vid. defcriptionem in *Raj. Hift.* 1100.)

5. Rorella longifolia maxima. *The greateft long-leaved
Sun-dew.* Three Miles from *Carlifle* towards *Scotland.* De
his confule *Hift. noft.* p. 1100.

Herba cauftica eft, & cuti impofita ipfam exulcerat, unde ufus
ejus internus non immerito a peritioribus medicis interdicitur. O-
vibus maxime noxia cenfetur, unde noftratibus *Red rot* dicitur.
Aqua vitæ cui Rorella cum aromatis nonnullis infufa eft in frequenti ufu non ita pridem erat pro cordiali in lipothymia & de-
liquio.

§. Geranium vafculo pentacocco roftrato ab omnibus
cujufcunque generis plantis diftinguitur, ut non neceffe
fit aliam characterifticam notam quærere.

Geranium folio productiore.

An 1.Geranium pufillum fupinum maritimum, Althææ aut
Betonicæ folio noftras *Syn. II.* 216. *Pluk. Alm.* 169. *T.* 31.
f. 4. minimum Anglicum procumbens, foliis Betonica
H. Ox

H. Ox. II. p. 512. Sect. 5. App. T. 35. Betonicæ folio *Merr.*
P. *Small Sea Cranes-bill.* In arenofis & glareofis prope
littus Angliæ occidentale, v. g. in infulis *Mona & Preft-
holma;* in Wallia circa *Carnarvan,* Cornubia circa *Penfans* & alibi copiofiffime. *(In Suffexiæ ora prope Brackelfham;* D. *Dillenius.)*

Geranium foliis pinnatis, floribus in uno pediculo pluribus.

An. 2. Geranium Cicutæ folio inodorum *Ger. Em.* 945.
Cicutæ folio minus & fupinum *C. B. Pin.* 319. mofchatum inodorum *Ger.* 800 *Park.* 708. *Field Cranesbill without Scent.* In arenofis poft mediam æftatem floret.

J. Bauhinus Hift. III. 479. Geranii mofchati duas fpecies facere
videtur; non tamen feparat Geranium minus vel arvenfe *Tab.* i. e.
Geranium mofchatum inodorum *Ger.* a Geranio fuo mofchato
folio ad Myrrhidem accedente minore, at neque in hujus defcriptione ullam odoris mofchi mentionem facit: proinde fortaffe ob
fimilitudinem folam in externa figura cum Geranio mofchato,
Geranium minus mofchatum appellat, quomodo *Gerardus & Parkinfonus* mofchatum inodorum idem vocant. Nos ergo in fententia adhuc perfiftimus, *J. Bauhinum* duas tantum Geranii mofchati feu Cicutæ folio fpecies agnofcere; nimirum *majorem,* odore
mofchi, foliis non ita alte incifis, & nonnunquam tantum ferratis,
& *minorem,* feu Geranium arvenfe minus *Tab.* mofchatum inodorum *Ger. Park.* quo de nunc agimus. *C. Bauhinus* etiam duas tantum fpecies facit, nimirum Geranium Cicutæ folio mofchatum,
quod nonnunquam inodorum eft; & Geranium Cicutæ folio minus & fupinum. Utcunque non negaverim dari fpeciem quandam Geranii mofchati minorem, quamvis ipfe nondum eam viderim.

(Varias facies habet ratione loci. Prope *Camberwell* fpecies eft
diftincta, pinnis magis diffectis & floribus majoribus; Mr. *Dood.
Not.)*
*Geranium foliis pinnatis magis diffectis flore minore, an noct:-
florum? Near *Chelfea:* petala florum deliquium non patiuntur;
Idem.)

3. Geranium inodorum album *Ger.* 801. arvenfe album
Tab. Ic. 57. Hoc non floris colore tantum fed & aliis accidentibus a præcedente differt, unde fpecie diverfum judico.
v. defcriptionem *Hift. noft.* p. 1057. Caules huic craffiores funt, folia minus argute fecta; flores non tantum colore differunt, fed & majores funt. (Prope *Camberwell;*
Mr. *Doody.)*

An. 4. Geranium moſchatum 796. *Park*. 709. Cicutæ folio moſchatum *C. B. Pin.* 319. moſchatum folio ad Myrrhidem accedente majus *J. B. III.* 479. *Musked Cranesbill or Moſcovy.* I obſerved it near *Briſtol* on a little Green you paſs over going thence to St. *Vincent's* Rock. I have from Dr *Liſter*, that in *Craven* it is very common. (Near *Batteſea*; Mr. *Fiſher*.)

Præcedentes 3. Geranii ſpecies in eo conveniunt, quod in eodem communi pediculo plures geſtent flores velut in umbella. Prima ſpecies a tertia facile diſcernitur tum foliis altius inciſis, tum quod odore careat.

* An. 5. Geranium Pimpinellæ folio *C. G.* 173. Robertianum *Riv. Irr. P. icon.* Foliis minus profunde diſſectis, florum petalis latiuſculis, in æqualibus, duobus ſuperioribus, brevioribus macula viridante inſignitis, a ſuperioribus facile diſcernitur. Vere & autumno floret. Folia inodora ſunt. Prope *Hackney* obſervavit Dr. *Dillenius*.

Geranium foliis varie diſſectis, Umbellatarum fere in modum.

An. 6. Geranium Robertianum *C. B. Pin.* 319. *Ger.* 794. Robertianum vulgare *Park.* 710. Robertianum murale *J. B. III.* 480. *Herb Robert.* Ad ſepes ubique, inque muris & locis ruderatis. Flos commnniter purpureus, rarius albus. (Flore albo: Very plentifull in the Hedges of the Lane that leads from *Chiſſelhurſt* to *Eltham*; Mr. *J. Sherard*.)

Foliis ad aliquam umbelliferæ ſpeciem accedit. Odore tetro nobis & ingrato eſt.

7. Geranium lucidum ſaxatile, foliis Geranii Robertiani D Sher. *Syn. II.* 218. Ger. Saxat. Robertiano ſimile Anglicum *Schol. Botan.* 'Tis of the ſaxatile kind, having frequent Joynts. In ſeveral places near the Shore. I have found it near *Swanning* in *Dorſetſhire*; Dr. *Sherard.* (On the Shore of *Selſey-Iſland* plentifully; D. *Dillenius*, in Company with Mr. *Manningham.*)

Geranium foliis circumſcriptione rotundis ; ſeu integris, ſive laciniatis.

An. 8. Geraninm columbinum majus, flore minore cæruleo. *The greater blue flower'd Dovesfoot-Cranesbiil.* In locis ruderatis & glareoſis, ſepiumque aggeribus.

Variat

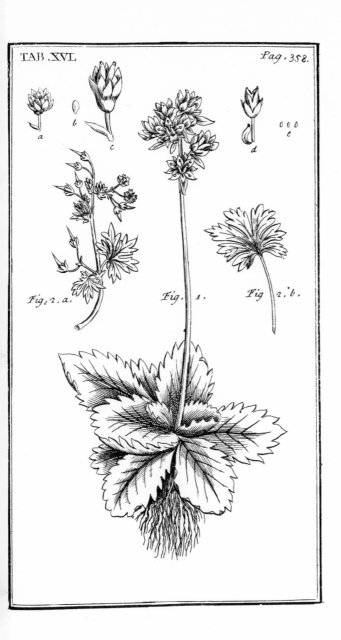

TAB. XVL. Pag. 358.

a

b

c

d

e

Fig. 2. a.

Fig. 1.

Fig. 2. b.

(Variat fubinde floris colore albo, quod variis circa Londinum locis, v. gr. pone molendinum tabulis plumbeis parandis accommodatum, *Hackney* flumini impofitum reperitur.)

* 9. Geranium columbinum humile, flore cæruleo minimo. Ger. malacoides feu columbinum minimum *Park.* 707. malacoides foliis diffectis minimum *Merr. P.* Hoc valde exiguum eft, duas faltem trefve uncias æquans, folia parva, flos fubcœruleus minimus, petalis bifidis æqualibus, non hiulcis, quod in priori perfæpe obfervatur. Ad fæpes elatiores : (On a Bank near *Low-Layton*:) locis minime fterilibus, ut pro varietate prioris haberi non queat, primo vere obfervavit D. *Dillenius.* Hujus ramulum ad radicem ufque depictum vid. Tab. xvi. f. 2. *a.* ad *b.* vero folium inferius, prouti e radice nafcitur.

An. 10. Geranium columbinum *Ger.* 793. columbinum vulgare *Park.* 706. folio rotundo, multum ferrato, five columbinum *J. B. III.* 473. folio malvæ rotundo *C. B. Pin.* 318. *Dovesfoot or Dovesfoot Cranesbill.* Ad fepes & femitas, inque locis fabulofis.

A penultimo differt foliis minoribus, mollioribus, villofis, floribus multo majoribus & hilari purpura nitentibus : eoque multo minus & humilius eft. (Variat etiam flore albo. Obferv'd by *Tho. Lawfon* under the Wall near the *Round Table* at *Eaton-Bridge* ; *Th. Robinf. Nat. Hift. of Weftm.* 92.)

An. 11. Geranium columbinum majus diffectis foliis *Ger. emac.* 938. malacoides laciniatum feu columbinum alterum *Park.* 706. gruinale, folio tenuiter divifo *J. B. III.* 474. quartum *Fuchs.* 207. *Ic.* bon. An columbinum tenuius laciniatum *C. B* ? malacoidis feu columbinum tenuius laciniatum *Park.* 707. *Dovesfoot Cranesbill with jagged Leaves.* In pafcuis fterilioribus locis glareofis & ad fepes, nec non arvis requietis.

Folia huic ad pediculum fere divifa, ut in Geranio Batrachoide, duriora & minus hirfuta quam in præcedentibus, flores purpure i amœni nullis lineolis ftriati.

An. 12. Geranium columbinum diffectis foliis, pediculis florum longiffimis *Syn. Ed. II.* 218. columb. annuum minus, folio tenuius laciniato, flore pediculo longiffimo infiftente *Hift. Ox. II.* 512. 5. *S.* 5. *T.* 15. *f.* 3. columbinum foliis magis diffectis, pediculis longiffimis, flore magno *Merr. P. Jagged Dovesfoot Cranesbill with Flowers on long-foot ftalks.* A *Jac. Bobarto* mihi primum oftenfum Oxonii, in agris vicinis collectum : poftea & ipfe obfervavi copiofum in agro

Can-

Cantiano circa *Swanley* non procul Darfordia; D. *Goodyer* in Southampt. comitatus locis plurimis. (Folia ad fingula genicula bina; D. *Doody*. Florum petala in medio leviter divifa, fecus ac in præcedente fpecie, folia profundius divifa minus hirfuta, caules glabri, cum in priori hirfuti vel pilofi obfcrventur. Figura *Morifoni* non valde bona eft.)

An. 13. Geranium columbinum maximum, foliis diffectis *Plot. Hift. Nat. Oxon. C. 6. §. 5. p.* 145. *T.* 9. *f.* 3. columbinum majus foliis imis longe ufque ad pediculum divifis *Hift. Ox. II.* 511.3. *The greateft Dovesfoot Cranesbill, with diffected Leaves.* In fylvis prope *Marfton* vicum &ali bi in Comit. Oxon. Defcriptionem vide *Hift. noft.* p. 1060. Floribus rubris majoribus a prima fpecie feu Geranio columbino primo differt. (D. *Dale* Geranio columbino majori diffectis foliis **G. E.** idem cenfet.)

14. Geranium hæmatodes *Park. Par.* 229. fanguinarium *Ger. Em.* 945. fanguineum maximo flore **C. B. Pin.** 318. fanguineum five hæmatodes craffa radice *J. B. III.* 478. *Bloody Cranesbill.* In ericetis & dumetis, præfertim montofis frequens occurrit.

Flore fanguineo fpeciofo in uno pediculo unico, foliis diffectis, parvis, obfcure viridibus ab aliis Geraniis diftinguitur.

15. Geranium hæmatodes foliis majoribus, pallidioribus & altius incifis. *Bloody Cranesbill with larger paler and more deeply divided Leaves.* Found by Mr. *Dale* on the Banks of the Devil's Ditch towards *Reche.* (On the left fide of Dallingham-gap going from Canvafs-hall.)

16. Geranium hæmatodes Lancaftrenfe flore eleganter ftriato *Hift. noft.* p. 1061. hæmatodes' album, venis rubentibus ftriatum Lawfon *Th. Robinf. N. Hift.* of *Weftm.* 92. *Bloody Cranesbill with a variegated Flower.* In infula *Walney* Lancaftriæ adjacente folo arenofo ad maris littus invenit D. *Lawfon.*

In hortis fatum non mutat floris colorem, unde ab hæmatode vulgari fpecie diftinctum effe conftat, a quo & aliis accidentibus, ut parvitate & humilitate fua differt.

17. Geranium batrachoides *J. B. III.* 475. *Ger.* 797. batrachoides flore cæruleo *Park. Par.* 228. batrachoides, Gratia Dei Germanorum Lobelio **C. B. Pin.** 318. *Crowfoot Cranesbill.* In pratis & pafcuis humidioribus non raro occurrit, inque agrorum marginibus inter vepres, (v. gr circa *Batterfea* & ad viam quæ *Kingftono* Richmondiam ducit.)

Vari

Variat floris colore: Flore eleganter variegato, quale in hortis colitur, obfervavit D. *Lawfon* in *Old Deer*-Park by *Thornthwait* in *Weftmorland*. Magnitudine fua, foliis ad pediculum fere diffe-ctis, rugofis, floribus fpeciofis ex purpura cærulefcentibus ftriatis, ab aliis Geraniis diftinguitur.

18. Geranium batrachoides montanum noftras Ger. batrachoides minus *Park.* 704. batrachoides alterum *Ger. Em.* 942. batrachoides minus feu alterum *Cluf. Hift.* xcix. batrachoides folio Aconiti *C. B. Pin.* 317. batrachoides aliud folio Aconiti nitente Clufii *J. B. III.* 476. *Mountain Crowfoot Cranesbill.* In pratis montofis & dumetis agri Weftmorlandici & Eboracenfis copiofe.

Folia hujus molliora & flaccidiora, minus profunde fecta, minufque rugofa funt quam batrachoidis vulgaris, magifque accedunt ad Geranii fufci folia: flores etiam minores funt & rubicundiores quam illius.

An. 19. Geranium faxatile *Ger. Emac.* 938. *Park.* 707. lucidum *J. B. III.* 481. lucidum faxatile *C. B. Pin.* 318. *Shining or Stone-Dovesfoot Cranesbill.* In tectis, muris & maceriis antiquis, præfertim umbrofis.

20. Geranium 5. nodofum Plateau *Cluf. Hift.* Ci. *Ger. Em.* 947. nodofum *C. B. Pin.* 318. *Park.* 704. magnum folio trifido *J. B. III.* 478. *Knotty Cranesbill.* In montofis Cumberlandiæ fponte ortum affirmavit D. *Archergen,* qui ad D. *Bobartum* attulit.

Foliis glabris lucidis, quam Geranii columbini minoribus, floribus Geranii Robertiani, fed minoribus, cauliculis rubentibus fe prodit.

* 21. Geranium montanum, fufcum *C. B. Pin.* 318. Geranium phæo five pullo flore Clufii *J. B III.* 477. maculatum five fufcum *Ger.* 799. pullo flore *Park.* 704. Found by Mr. *Drayton* Apothecary of Maidfton, at *Tovel,* in the Vally by the old Fulling-mill.

Valde vulnerarium eft tum Columbinum, tum Robertianum, tam potionibus vulnerariis additum, quam exterius applicatum, fluxum fanguinis fiftit ipfumque fanguinem coagulatum refolvit: colicos dolores fedat: autore *Lobelio* calculum veficæ & arenulas pellit. Hofpes quidam nofter Carleolenfis atrocibus calculi paroxifmis conflictari folitus, præ omnibus quæ expertus eft medicamentis fe maximum levamen ex decocto Geranii Robertiani percepiffe nobis retulit. Pulverem rad. & foliorum Ger. columb. ad hernias & rupturas perfanandas in veteri vino fumptum fingulare & efficaciffimum remedium effe experimento fuo confirmat *Gerardus.*

An.

An. §. Linum *J. B. III.* 450. fativum *C. B. Pin.* 214. *Ger. Emac.* 556. *Park.* 1335. *Manured Flax.* Seritur in agris. Radice annua, foliis glaucis, capitulis majoribus, femine melino, fibris caulium ad linteamina conficienda idoneis ab aliis fpeciebus dignofcitur.

An. 2. Linum fylveftre fativum plane referens *J. B. III.* 452. arvenfe *C. B. Pin.* 214. fylveftre vulgatius *Park.* 1334. *Common wild Flax.* Inter fegetes frequens. Nefcio an aliter a fativo differat, quam ut fylveftre a culto.

3. Linum fylveftre coeruleum perenne erectius, flore & capitulo majore. Linum perenne majus coeruleum, capitulo majore *Hift. Ox. II.* 573. 3. *Wild perennial blue Flax, the larger.* In agri Cantabrigienfis collibus, *Gogmagog* dictis, ad margines fatorum copiofe. Alfo at *Crosby Ravenfworth,* and between *Shap* and *Threapland* in *Weftmorland*; Mr. *Lawfon.* And on the Balks of Corn-fields about *Bernak*-Heath in *Northampton*-fhire.

4. Linum fylveftre coeruleum perenne procumbens, flore & capitulo minore. Linum perenne minus coeruleum; capitulo minore *Hift. Ox. II.* 573. 4. *Wild perennial blue Flax, the leffer.* Obferv'd by Mr. *Dale* in *Cambridgefhire*; the particular Place he doth not remember. I my felf faw both Species in his Garden, which came of Seeds he brought from thence. A praecedente tamen fpecie differre non fidenter affirmaverim.

5. Linum fylveftre anguftifolium, floribus dilute purpurafcentibus vel carneis *C. B. Pin.* 214. fylv. anguftifolium album, lineis in umbilico purpureis *J. B, III.* 453. Linum fylv. 6. anguftifolium *Cluf. Hift.* 318. *Narrow-leaved wild Flax.* In the Paftures by the Sea-fide about St. *Ives,* and *Truro* in *Cornwal* plentifully. (By Mr. *J. Sherard* plentifully in a Field on the left Hand of the Lane that leads from the Sea to Pett, a fmall Village four Miles from *Haftius,* and on *Beacon-hill* in *Kent.*)

Flores huic, ut recte *C. B.* ex diluta purpura candicant & quafi carnei funt, virgulae valde graciles, firmae tamen, folia angufta mucronata : ut dubitem annon haec fit Lini fyly. quinti Clufii varietas.

An. 6. Linum fylveftre catharticum *Ger. Emac.* 560. (Fig. vit.) pratenfe flofculis exiguis *C. B, Pin.* 214. Chamaelinum Clufii flore albo, five Linum fylveftre catharticum *Park.* 1336. (Fig. vit.) Alfine verna glabra flofculis albis, vel

vel potius Linum minimum *J. B. III.* 455. *Purging or wild Dwarf-Flax, or Mill-mountain.* In pafcuis ficcioribus præfertim montofis. Floret Junio & per totam æftatem.

Parvitate fua, floribus albis exiguis, vafculis Lini canaliculatis, & vi cathartica ab aliis Linis abunde diftinguitur.

Lini fativi ufus & utilitates non facile effet omnes enumerare Confule *Plinium* lib. 7. prooem. *J. Bauhinum* & *Hift. noft.* 1072.2.

Oleum Lini duritias & tumores omnes emollit ac maturat, dolores lenit, nervorum tenfiones, contractionefque laxat : magnarum virium eft in pleuriticis doloribus, peripneumonia, phthifi infuper & doloribus colicis. Pictoribus, ftatuariis, aliifque artificibus expetitur, ad lucernas etiam utile eft. Atramentum typographicum e fuligine lampadis & oleo Lini componitur. Lini fylv. cathartici herba integra cum caulibus & capitulis vino albo per noctem fuper cineres calidos infufa ferofos humores purgat fatis valide.

§. Pyrolæ notæ funt flores fpicati, fructus angulofi, in quinque cellulas divifi, feminibus minutiffimis repleti.

1. Pyrola *Ger.* 330. *J. B. III.* 535. noftras vulgaris *Park.* 508. rotundifolia major *C. B. Pin.* 191. *Common Winter-green.* In Septentrionalibus Angliæ variis in locis. We found it near *Halifax* by the Way leading to *Kighley.* It grows near *Halifax* plentifully in feveral Places: And on the *Moors* South of Heptenftal in the Way to Burnley in great plenty for near a Miles riding. It is alfo found in *Stoken-Church-Woods,* on the right-hand going towards *London,* as I am inform'd by Mr. *Bobart.*

*2. Pyrola minor *Riv. Irr. Pent.* folio minore & duriore *C. B. Pin.* 191. *Shol. Cluf. H.* Cxvi. Sent by Dr. *Richardfon,* and obferv'd amongft Dr. *Lifter's* Plants. Floris ftylo brevi nec recurvo, foliis minoribus & rigidioribus a præcedenti differt. Quæritur an non hæc fpecies, quæ priori vulgatior, pro ea paffim habita fuerint.

3. Pyrola folio mucronato ferrato *C. B. Pin.* 181. folio ferrato *J. B. III.* 536. tenerior *Park.* 509. fecunda tenerior *Cluf Hift.* Cxvii. *Ger. Em.* 408. This, or a fort very like was fhewn me by Mr. *Witham* in Hafelwood near Sir *Walter Vavafor's* Park in Yorkfhire. The Leaves were leffer and fharper pointed than the common, the Flowers alfo leffer and ftanding thicker together.

Vulneraria eft, ufu interno & externo celeberrima.

Flore

2. *Flore irregulari.*

§. Violæ notæ funt, flos Pentapetalos difformis,calcari donatus; vafculum feminaleternis alveolis dehifcens. Duplex eft, alia foliis fubrotundis, alia oblongis.

1. Viola Martia purpurea *J. B, II.* 542. Martia purpurea flore fimplici odoro *C. B. Pin.* 199. nigra five purpurea *Ger.* 699. fimplex Martia *Park. Par.* 282. *Purple fweet Violet.* Ad fepes & in aggeribus foffarum.

Flore faturatiore purpura tincto, paulo minore & odoratiore, foliis rotundioribus & tempore florendi præcociorej a Viola canina differt.

2. Viola Martia alba *C. B. Pin.* 199. Martia flore albo *Ger.* 669. Martia flore albo odorato *J. B. III.* 543. fimplex Martia flore albo *Park. Par.* 282. *White fweet-fcented Violet.* Cum priore, qua multo frequentior & a qua non videtur fpecie differre ; nam ex ejus femine hanc fæpiffime oriri experti fumus : ob ficcitatem aut fterilitatem foli florum color languefcit. (Verum & in pingui folo cum flore albo reperitur.)

3. Viola Martia inodora fylveftris *C. B. Pin.* 199. canina fylveftris *Ger.* 700. fylveftris *Park.* 755. cœrulea Martia inodora fylvatica, in cacumine femen ferens *J. B. III.* 543. *Wild or Dog's Violet.* Ad fepes & in dumetis paffim.

*4. Viola canina flore albo *Merr. P.* In *Hampfted*-Wood on that fide the *Chefnut-Walk,* where the two Ways meet.

Notis Violæ Martiæ odoræ & Violæ caninæ fuperius propofitis adde Violam caninam in cacumine femen ferre in vafculo productiore triquetro. .

*5. Violæ caninæ varietatem, fi non fpeciem diverfam obfervavit D. *Du-Bois,* vulgari omnibus partibus multo minorem, floris calcari luteolo, cum illa in id albefcat ; Maio menfe in pafcuis circa *Mitcham.* Hujus figuram vide inferius. Tab. xxiv. Fig. 2.

6. Viola paluftris rotundifolia glabra D. *Plot. H. N.Ox. C.* 6. §. 4. *p.* 144. *T.* 9. *f.* 2. *H. Ox. II.* 475. 55. *App. T.* 35. In humidis & paludofis locis Mufco obductis invenitur, as on the Banks of the River *Chervil,* between *Oxford* and *Water-Eyton.* (On *Oakenfhaw-moor* and *Roadefhall-woods,* locis humidis : Junio floret ; Dr. *Richardfon.* In the Bogs about a Mile from *Joan Coles*; Mr. *J. Sherard.*)

Folia,

Folia rotunda glabra; flores duplo triplove quam 'in ViolaMartia minores; capfnlæ oblongæ tenues.

7. Viola rubra ftriata Eboracenfis *Park.* 755. In palu-ftribus & humidis pratis hujufmodi Violam aliquando ob-fervaffe meminimus. (Forfan a priori non diverfa; Dr. *Ri-chardfon.*)

8. Viola Martia major hirfuta inodora D *Morifon H. Ox. II.* 475. 5. *V. App. T.* 35. & D. *Plot. H. N. Ox. C. 6.* §. 3. *p.* 144. *T.* 9. *f.* 1. foliis Trachelii ferotina hirfuta, radice lignofa *Merr. Pin.* Viola Trachelii folio vulgo. *Violet with Throat-wort Leaves.* In fylvis cæduis prope Oxonium copiofe, as in *Shotover*-Hill, *Stow*-Wood, *Magdalen*-Col-lege-Woods. Found alfo in feveral Places of *Effex* and *Cambridgefhire* by Mr. *Dale.* (In the Lane by *North-Cray-Church,* and in many Places about *Foots-Cray,* as one goes thence to *Chiffelhurft,*alfo near *Northfleet,* and in the Wood near *Purflett,* plentifully; Mr. *J. Sherard.* In *Charlton*-Wood, and in the Lane leadingt to *Sittingbourn,* and in the Way to *Lewfham* in a Gravel-Pit; *Mer. P.*) vid. *Hift. noft.* 1051.

Flores pallide cœrulei lineis albis ftriati; nec repit flagellis uti Viola Martia, neque in ramos dividitur ut canina.

An. 9. Viola tricolor *Ger.* 703. tricolor major & vulgaris *Park.* 756. tricolor hortenfis repens *C. B. Pin.* 199. Jacea tricolor five Trinitatis flos *J. B. III.* 546. *Panfies or Heart's Eafe,* vulgo *Three Faces \under a Hood.* In mon-tofis Septentrionalibus Angliæ inter fegetes, inque mace-riis & fepium aggeribus frequens.

An. 10. Viola montana lutea glandiflora noftras. Viola flore luteo majore *Riv. Irr. Pent. Icon.* flammea lu-tea feu 5. *Ger.* 700. *Emac.* 851. montana lutea gran-diflora *C. B. Pin.* 280. laciniata lutea *Pet. H. B.* 37. 10. Jacea elegantiffima flore luteo ampliffimo *Ph. Br. Panfies with a large yellow Flower.* In montofis pafcuis tum Sep-tentrionalibus, tum Wallicis, folo putrido & paluftri mul-toties obfervavimus. Specie differre videtur a præcedente. (In montofis pafcuis eundo a *Malham* ad *Settle* ubique, it. circa *Hallifax*; D. *Richardfon.*)

Gerardus in defcriptione intelligit hanc plantam, figura autem ipfius minime competit ei, cum illa de martiarum genere fit, hæc autem de arvenfium & tricoloris inftar caulifera fit & fimilia, ma-jora tamen, folia obtineat.)

An. 9.

An. 11. Viola bicolor arvensis *C. B. Pin.* 200. tricolor sylvestris *Park.* 755. Jacea bicolor, frugum & hortorum vitium *J. B. III.* 548. Inter segetes.

Flosculi multo minores sunt tricoloris hortensis floribus, colore albido aut luteo, minime venusto aut vivido.

12. Viola Martia Alpina folio tenello circinato. An forte Alpina lutea? florem enim nondum vidimus. In rupe *Clogwyn y Garnedh* supra lacum *Phynon lâs; D. Lhwyd.* (Hanc plantam in montibus *Cambriæ* mihi ostendit D. *Lhwyd,* verum a Viola Martia inodora sylvestri *C. B.* me Judice non differt; D. *Richardson.* Quo jure eam *Petiverus H. B.* 37.6. Violam rotundam luteam vocet, ipse viret.)

Flos recens refrigerat & humectat, emollit, laxat, e 4 cordalium numero est. Usus præcip. in fervore febrium compescendo, doloreque capitis inde nato; in tussi, asperitate gutturis & pleuritide. Syrupus ad hos usus, & ad alvum leniter subducendam præcipue commendatur. Violarum semen est lithontripticum insigne, D. *But ero* Cantabrigiensi olim inter arcana; D. *Needham.* Ast e-mulsionem seminum Violæ vomitum plerunque ac secessum movere monet *Schroderus.* Radices quoque ac floris umbilicus vim catharticam obtinent. Viola tricolor vulneraria est ac sudorifica. Utilis in torminibus & æstu puerorum, morbisque comitialibus eorundem; in pulmonum inflammationibus, asthmate, &c. in scabie & pruritu, in uteri obstructione & lue Venerea.

§. Resedæ & Luteolæ notæ sunt Flos hexapetalos, cujus partes difficulter admodum discerni & distingui possunt: Vascula seminalia vix unquam perfecte clauduntur, sed perpetuo hiant & in nonnullis adeo diducta sunt ac si, discreta & disjuncta essent.

An. 1. Reseda vulgaris *C. B. Pin.* 100. minor seu vulgaris *Park.* 823. Plinii *Ger.* 216. lutea *J. B. III.*467.*Base Rocket.* In arvis cretaceis, nonnunquam & in muris.

Folia huic obscure viridia, Erucæ marinæ fere divisura; flores ochroleuci.

* 2. Reseda crispa Gallica *Bocc. Pl. Rar.* 76. In the barren Closes about Roehill and Northfleet; Mr. *J. Sherard.* Caules in hac specie restibiles observantur, unde perennem & a priore specie distinctam esse minus dubium videtur.

An. 2. Luteola *Ger.* 398. vulgaris *Park.* 602. herba Salicis folio *C. B. Pin.* 100. Lutea Plinii quibusdam *J. B. III.* 465. *Wild Woad, Yellow-weed, Dyers-weed.* In muris & locis ruderatis, non raro etiam in arvis requietis. (Variat foliis crispis & eleganter undulatis, circa *Northfleet.*)

Folia

Folia longa angufta integra; thyrfi florum prælongi teretes vafcula feminalia tripartita hiulca.

*2. Luteola minima Polygalæ folio D. *Du-Bois.* Diverfa eft a Refeda Linariæ folio *C. B.* utpote quæ fecundum *Tournefortium* Sefamoidis fpecies eft. Caulis ipfi dodrantalis fimplex feu non ramofus, foliis amictus alternis, Polygalæ, longioribus tamen, fimilibus, cujus fummitas in fpicam definit bi & triuncialem, floribus vafculifve Luteolæ fimilibus veftitam. Flores autem minores funt, quam in Luteola vulgari & vafcula minus craffa, fed anguftiora obfervantur, tribus plerunque cufpidibus hiantia. Found in the *Corn-Fields* behind the Houfes on Mount *Ephraim,* at Tunbridge-Wells, by Mr. *Du-Bois.*

Lanarum infectoribus herbæ ufus eft ; rudes enim & albas cum alumine decocta luteo colore tingit, cæruleas autem viridi, idque magis minufque intenfo, quo faturatior dilutiorve fuerit color cæruleus, qua de caufa multis Angliæ locis in agris feritur.

GENUS VIGESIMUM QUINTUM.

HERBÆ HEXAPETALÆ & POLYPETALÆ VAS-CULIFERÆ.

§. 1. SALICARIA vulgaris purpurea foliis oblongis *Inft. R. H.* 253. Lyfimachia purpurea *Ger.* 386. *Park.* 546. purpurea, quibufdam fpicata *J. B. II.* 902. fpicata purpurea, forte Plinii *C. B. Pin.* 246. *Purple fpiked Willow-herb, or Loofe-ftrife.* In paluftribus & ad fluviorum ripas.

Lyfimachia purpurea trifolia, caule hexagono *Spigel. Ifag.* varietas potius præcedentis eft, quam fpecies diftincta.

2. Salicaria Hyffopifolio latiore] & anguftiore *Inft. R. H.* 253. Hyffopifolia *C. B. Pin.* 218. aquatica *J. B. III.* 792. Gratiola anguftifolia *Ger. Em.* 581. anguftifolia feu minor *Park.* 220. *Grafs-Poly, Small Hedge-Hyffop.* In aquofis & ubi per hyemem aquæ ftagnarunt, fed rarius.

Notas

Notas hujus generis characteristicas vid. *Meth. Em. p.* 110.

§. Portula *C. Gifs. App.* 133. *T.* 7. Alsine rotundifolia seu Portulaca aquatica *Ger. Em.* 614. aquatica minor folio oblongo, seu Portulaca aquatica *Park.* 1260. Anagallis serpyllifolia aquatica *J. B. III.* 372. *Water Purslane.* In paluftribus & aquosis, ubi per hyemem aquæ ftagnarant frequentissime. Foliis Portulacæ, floribus purpurantibus, hexapetalis, caducis, in singulis foliorum alis singulis sessilibus, locoque natali dignoscitur. Reliquas notas & qua ratione a Salicaria differat, videsis in *Cat. Gifs. App.*

§. Nymphææ notæ sunt flos polypetalos & vasculum in plura loculamenta divisum.

1. Nymphæa lutea *Ger.* 672. *J, B. III.* 771. major lutea *C. B. Pin.* 131. *Park.* 1252. Nenuphar luteum *Brunf.* 38. *Water-Lilly with a yellow Flower.* In fluviis & ftagnis majoribus. Vas feminale urceum affabre exprimit; odore aquam vitæ referre nobis visum est.

2. Nymphæa lutea minor flore fimbriato *J. B. II* 772. *C. B. Pin.* 194. *The lesser yellow Water Lilly with a fringed Flower.* In fluviis & ftagnis majoribus, non tamen admodum frequens.

(Ex hac peculiare genus facit *Tournefortius* Nymphoidis titulo, quod flore monopetalo pelviformi, fructu oblongo compresso, unica intus cavitate plura femina calyptra membranacea involuta continente a reliquis non immerito diftinguit, licet ex totius habitus convenientia non facile feparandam velit *Rajus Meth. Em.* 191.)

3. Nymphæa alba *J. B. III.* 770. *Ger.* 672. alba major *C. B. Pin.* 193. alba major vulgaris *Park.* 1251. In fluviis, fed rarius. Aqua gelida delectari videtur. Hujus flos multiplici petalorum ferie conftat.

Radix, folia, flores, femen in usu sunt adversus fluxus, præcipue vero gonorrhœam & pollutiones nocturnas, feminifque acrimoniam; compertum aiunt ufum feminis atque radicis homines reddere ad Venerem valde frigidos & tardos. Eadem in vino nigro decocta & pota menfium abundantiam efficaciter fiftunt. Extrinfecus adhibentur folia & flores ad febriles æftus & vigilias fopiendas.

GENUS

GENUS VIGESIMUM SEXTUM.

HERBÆ RADICE BUL-
BOSA PRÆDITÆ.

R ADICEM bulbosam voco quæ unico conftat tube-
re feu capite, fibras multas ex ima fede feu bafi e-
mittente, five fquamofa fit, five tunicata, five folida.

Hujus generis herbæ plantulam feminalem unifoliam feu
unica cotyledone inftructam obtinent, folia gramineis proxima feu fine pediculo in longitudinem producta; vafcula feminalia in terna loculamenta, fex feminum ordines continentia, difpertita; flores plurimum hexapetalos aut in fex
lacinias ad margines fectos.

§. Allii caules e fummo faftigio plurimos fundunt peti-
olos, flofculos fuftinentes in Corymbi aut Umbellæ formam difpofitos: Tota planta odore eft gravi. In plerifque
fpeciebus capitula proliferafunt, feu e multis bulbillis, quibus flores intermifcentur compofita, unde hujufmodi plantæ Amphicarpæ dicuntur.

1. Allium fylveftre *Park*. 870. *Ger. Emac.* 179 fylveftre
tenuifolium *Lob. lc.* 156. campeftre juncifolium capitatum
purpurafcens majus *C. B. Pin.* 74. *Crow-Garlick.* Gig-
nitur non raro in arvis inter fegetes, quin & in pafcuis locis aridioribus inque muris antiquis.

Foliis fiftulofis, capituli folliculo, ut in Cepa, fimplici non bicorni, capitulis ipfis e folis nucleis compofitis, nullis intermixtis
flofculis, velut in planta germinante fingula foliola viridia emittentibus, unde capitulum comofum videtur a reliquis Alliis differt.
Cum flofculis bubulis intermixtis mihi nunquam, *D. Doody* aliquoties obfervatum.

2. Allium montanum bicorne purpureum proliferum.
Purple-flowered Mountain Garlick. Folia huic neque fiftu
lofa funt, neque rotunda, fed fuperne plana, fubtus carina
ta, porracea, glauca, tria aut quàtuor in caule. Capitulum
duplici folliculo membranaceo, in acutum mucronem definente clauditur, conftatque nucleis feu bulbulis aliquot.

This

This I obferved on the Scars of the Mountains near *Settle* in *Yorkſhire*. (In rupibus prope *Settle* nunquam mihi contigit videre, ſed in Weſtmorlandia e rupibus *Longſledale* vicinis erui & in hortum attuli, ubi jam perennat; D. *Richardſon.*)

3. Allium ſylveſtre bicorne flore ex herbaceo albicante, cum triplici in ſingulis petalis ſtria atro-purpurea. Allium five Moly-montanum tertium *Cluſ. Hiſt.* 194. All. montanum bicorne, flore exalbido *C. B. Pin.* 75. *Wild Garlick with an herbaceous ſtriate Flower.* In a Corn-field in *Black Notley* in *Eſſex*, belonging to the Hall called *Weſtfield*, adjoyning to *Leeze-Lane*, plentifully. Hujus defcriptionem vide in *Hiſt. noſt.* p. 1119, (Inter ſegetes juxta *Kendall* occidentem verſus mihi oſtendit D. *Lawſon*, unde in hortum noſtrum tranſtuli, jam nulla arte eradicandum; D. *Richardſon.*)

4. Allium Holmenſe ſphærico capite. Scorodopraſum dictum *J. B. II.* 558. primum Cluſii *Ger. Emac.* 180. Allium ſphærico capite, folio latiore, five Scorodopraſum alterum *C. B Pin.* 74. *Great round-headed Garlick of the Holms-Iſland.*

Hujus defcriptionem vide *Hiſt. noſt.* p. 1125. ſub titulo Allii montani majoris Anglici *Newtoni*, ubi radix ejus nucleis aliquot majuſculis conſtare falſo aſſeritur ; eſt enim ſimplex & tunicata Cepæ in modum. In parva quadam inſula *Holms* dicta in Sabrinæ æſtuario copioſe ptovenientem obſervavit D. *Newton.* Flores in Corymbum Porri æmulum conglobati, colore purpuraſcente.

5. Allium ſylveſtre latitolium *C. B. Pin.* 74. urſinum *Ger.* 141. urſinum bifolium vernum ſylvaticum *J. B. II.* 565. *Ramſons.* In pratis humidis & ad rivulos frequens oritur & Aprili menſe floret.

Foliis latis, caule triquetro, floribus pulchris candidis a reliquis ſui generis differt. ut & odore Allii vehementiore.

6. Allium ſylveſtre amphicarpon, toliis porraceis, floribus & nucleis purpureis. *Broad-leaved Mountain Garlick with purple Flowers.*

Altitudo ei cubitalis aut ſeſquicubitalis: Folia lata carinata, ſtriata & plane porracea, in caule plurimum terna quæ infima parte eam ceu vagina amplectuntur, & includunt, poſtquam a caule abſceſſerint ſpithamam circiter longa, e radice bina vel terna primo vere exeunt, & caule adulto marceſcunt. Radix parva, ex multis nucleis pellicula e purpura nigricante veſtitis compoſita, uno reliquis majore, e quo ſequente anno caulis exit, in cujus faſtigio capituium globoſum, folliculo ſimplici (non bicorni) incluſum

Allii

Allii corvini in modum, fed in roftrum brevius productum, e nucleis plurimis denfe ftipatis, e purpura nigricantibus compofitum: e quorum inftertitiis eluctantur flofculi obfcure purpurei, hexapetali, non multum fe aperientes, pediculis tenuibus brevibus infidentes. Tota planta gravem Allii odorem fpirat. Junio menfe hac æftate 1689. floruit. In montibus Weftmorlandicis obfervavit D. *Lawfon*. In *Troutbeck-holm* by *Great-Strickland*.

Allium feu Moly montanum primum *Clufii Hift.* 193. huic accedit; differt quod quinque aut fex folia cauli appingantur, cum noftrum tria tantum habeat; deinde quod flores longis pediculis inhæreant, & pallide purpurafcant, cum noftrum hoc flores breviores (femiunciales fc. aut unciales) habeat, pediculos faturatius purpureos. Porri vitiginei icon apud *Gerardum Emac.* 176. huic plantæ optime convenit.

§. Narciffus a reliquis bulbofis tunicatis certiffima nota, calyce in medio flore, diftinguitur, ut plures addere non fit opus.

1. Narciffus fylveftris pallidus calyce luteo *C. B. Pin.* 52. Pfeudonarciffus Anglicus *Ger.* 115. Anglicus vulgaris *Park. Par.* 100 Bulbocodium vulgatius *J. B. II.* 593. *Wild* Englifh *Daffodil.* Girca margines agrorum humido præfertim folo, inque fylvis & dumetis, locifque arboribus confitis Martio ineunte floret. In fome Paftures about *Sutton-Cofield, Warwickfhire*, plentifully. (Prope *Hallifax*, nimis copiofe, ubi hujus plantæ foliis aliquot jugera terræ aliquando operiuntur, ut gramen vix appareat, præcipue juxta *Coley-hall*; D. *Richardfon.* In Charlton-wood, and about *Woolwich.* Flore pallido & albo obfervavit D. *Lawfon*, juxta ædes fuas ad *Strickland* & prope *Ulverfton* in Lancaftria, referente *Th. Robinf. Spec. Nat. Hift. Weftm.* 93.)

2. Narciffus medio-luteus vulgaris *Park.* 74. medio-luteus *Ger.* 110. pallidus circulo luteo *C. B. Pin.* 51. albidus medio luteus cum aliquot floribus *J. II.* 604. *Common pale Daffodil or Primrofe peerlefs..* Floret circa finem Aprilis. Hunc in Anglia nafci a viris fide dignis fe intellexiffe fcribit *Clufius.* Nos etiam vidimus in agris procul ab aliquo ædificio, fponte tamen provenire non audemus affeverare. (Near Hornfey-Church; Mr. *J. Sherard*.)

Prior fpecies unico in uno caule flore, ejufque tubo longiffimo, colore faturatiore aureo quam petala circumftantia tincto a reliquis diftinguitur: pofterior calyce breviffimo luteo, foliis circumftantibus amplis albidis.

Narcissi cujuscunque radix vomitum ciet; *Diosc. Cluf. Lob.* Ex trinsecus prodesse dicitur ambustis, vulneribus, & luxatis.

§. Ornithogali notæ sunt staminula florum lata spicata, quorum tria acuminata, tria bifida seu sinuata sunt, radix lactea, florum petala aversa parte lineis virentibus notata.

1. Ornithogalum angustifolium majus, floribus ex albo virescentibus *C· B. P.n.* 70. Asphodelus bulbosus *Ger.* 89. bulbosus Galeni, seu Ornithog. majus flore subrivescente *Park. Parad.* 136. Asphodelus bulbosus Dodonæi, seu Ornithogalum spicatum flore virenti *J. B. II.* 627 *Spiked Star of* Bethlehem *with a greenish Flower. Tho. Willisellus* observavit in colle quodam tribus cis *Bristoliam* milliaribus vii qua inde Bathoniam itur. (In the Way between *Bathe* and *Bradford,* not far from *Little Ashley*; Ph. B. On the left Hand of a Farm, half a Mile from *Cichester*, Southgate, in a Meadow plentifully; Mr. *Manningham.*)

2. Ornithogallum vulgare & verius, majus & minus *J.B. II.* 630. vulgare *Ger.* 132. *Park. Par.* 136. umbellatum medium angustifolium *C. B. Pin.* 70. *Common Star of* Bethlehem. In Anglia spontaneum inveniri aiunt, & nos quidem in pomerariis ad sepes vidimus copiosum, forte tamen ibi olim satum. (On the Top of a Hill, three Miles on this side *Bristol*; *Merr. P.*)

Flores umbellati intus lactei, exterius in medio linea virente notati; folia angusta & velut graminea; caulis humilis palmaris.

3. Ornithogalum luteum *C. B. Pin.* 71. *Park. Par.* 140. luteum seu Cepe agraria *Ger.* 132. Bulbus sylvestris Fuchsii flore luteo, seu Ornithogalum luteum *J. B. II.* 623. *Yellow Star of* Bethlehem. In Comitatus Eboracensis Septentrionali parte prope pontem *Greta* & *Bignal* vicum in sylvis ad fluvium Tesam observavit D. *Johnson*, unde & bulbulos ad nos transmisit. (Hujus plantæ bulbulos e Westmorlandia mihi transmisit D. Lawson; D. *Richardson.*) Omnium Ornithogalorum minimum est.

§. Hyacinthus spicam florum nudam, seu nullo perianthio involutam producit: Florum staminibus tenuibus & angustis, petalis puris seu unicoloribus ab Ornithogalo differt.

1. Hyacinthus stellatus Fuchsii *Ger.* 97. stellatus vulgaris sive bifolius Fuchsii *Park. Parad.* 126. stellatus bifolius & trifolius vernus dumetorum, flore cæruleo & albo
J. B.

J. B II 579. ftellaris bifolius Cermanicus *C B. Pin.*45. item trifolius *Ejufdem.* *Small vernal Star-Hyacinth.* In infulis quibuidam circa Cambriam copiofe provenit, ut v. g. *Bardfeia,* necnon in clivis maritimis ipfius Cambriæ.

2. Hyacinthus Anglicus *Ger.* 99. Anglicus five Belgicus *J. B II.* 585. oblongo flore cæruleus major *C. B. Pin.* 43. Anglicus, Belgicus vel Hifpanicus *Park. Parad.* 122. Englifh *Hyacinthor Harebells.* In fylvis, dumetis & fepibus paffim. Maio floret. Variat floris colore albo & carneo (Flore albo in Scadbury Park, Kent; Mr. *J. Sherard.*)

3. Hyacinthus Autumnalis minor *Ger. Em.* 110. *Park. Par.* 132. autumnalis minimus *J. B. II.* 574. ftellaris autumnalis minor *C. B. Pin.* 47. *The leſſer AutumnalStar-Hyacinth.* Florere incipit antequam folia emergunt fub initium Septembris. In rupe S. Vincentii prope Briftolium, inque promontorio, *The Lizard Point* dicto, copiofe. Eundem in ericeto *Black-heath* dicto, in Comit. Cantii invenit D. *Plukenet.* On *Mouldſworth* over-againft *Hampton-Court,* near *Ditton,* and on *Kingſton-Bridge,* and going to *Hounſlow-heath;* Merr. P.)

§. Colchicum flore Crocum refert, magnitudine fua, foliis latis Liliaceis, vafculis feminalibus majoribus ab eodem differt.

Colchicum commune *C. B. Pin.* 67. Colchicum Anglicum purpureum & Anglicum album *Park. Par.* 153. *Ger.* 127. Colchicum *J. B. II.* 649. *Meadow-Saffron.* In pratis tam planis quam montofis, folo pingui, in Occidentalibus, ut & Septentrionalibus Angliæ. (In the Parifh of *Mathon* in the Meadows under *Malverne*-Hills in *Worceſterſhire,* plentifully; Mr. *Manningham.* In Mr. *Moor*'s Meadow that comes down to the great Fifh pond near his Houfe at *Southgate;* Mr. *J. Skerard.*)

Colchicum Anglicum duplici ferie petalorum *Merr.* P. Anglicum faturatioris purpuræ *Ej.* & C. Anglicum petalis ex albo & purpureo dimidiatim mixtis *Ej.* Prioris varietates funt, a D. *Brown* in prato juxta *Comb* in agro Oxonienti obfervatæ.

Peritiores Botanici Colchici radicem ab Hermodactylo diverfam faciunt. Rationes vide apud *Jo. Bod. a Stapel.* & *J. B.* Colchici radices aliquid maligni habent, nec tuto intra corpus affumuntur, aut pilulis antipodragricis admifcentur: extrinfecus impofitas Arthritidi conducere poffe negaverim; *J. B.*

§. Croci

§. Croci notæ funt flores nudi, erecti, ab ipfa ftatim radice orti abfque pediculis herbaceis; folia angufta graminea, linea in medio alba, fecundum longitudinem decurrente.

Crocus *J. B.* 637. *Ger.* 123. fativus *C. B. Pin.* 65. verus fativus Autumnalis *Park. Parad.* 167 *Saffron.* In agro Cantabrigienfi & Effexienfi *Saffron-Walden* oppidum colitur. Crocus Anglicus reliquis palmam præripit. Pars illa cujus ufus eft in medicina funt ftamina (ftylus) terna prælonga flammei ruboris, quæ diligenter exficcant.

Moderatus Croci ufus cerebro prodeft, fenfus vegetiores reddit, fomnum & torporem excutit : copiofior e contra fomnum inducit & capitis dolorem ; nimia dofi, ʒiii, noxius & lethalis cenfetur. Corroborat cor & lætitiam gignit ; at nimia quantitate rifum immoderatum excitat. Ufus ejus frequens eft in Syncope, apoplexia, obftructionibus hepatis & ictero ; ad afthma & pulmonum affectus cum oleo Amygdalino : Urinam deducit, necnon menfes, fœtus & fecundinas. Noftrates mulierculæ ad variolas expellendas eo uti folent, & in facculis fub mento fufpendere ad materiam putridam ibidem ftagnare folitam, & ægrum ftrangulare, diffipandam. Verum nunc dierum hoc morbo laborantes aliter tractant Medici quam olim. Cæterum Crocus cum partium tenuium fit, facile penetrat, calefacit, & difcutit.

§. Bulbofa Alpina juncifolia, pericarpio unico erecto in fummo cauliculo dodrantali. *Syn. II.* 233. Cum florem non viderim, equo genere bulborum fit mihi non conftat. In cauliculo duo triave foliola anguftiora breviaque funt. In excelfis rupibus montis *Snowdon v. g. Trigvylchau y Clogwyn du ymhen y Gluder, Clogwyn yr Ardhu Crib y Diftlh, &c.* D. *Lhwyd.*

(Hanc plantam poftea florentem, me comite, adinvenit D. *Lhwyd,* ad latus occidentale montis *Trigvylchau,* loco admodum declivi, montem *Hyfvaë* fpectante, cui hoc nomen tribui :

Bulbocodium Alpinum, pumilum, juncifolium, flore unico, intus albo extus fqualide rubente. Flos ei hexapetalus, pro plantulæ modulo magnus, figura & magnitudine ad florem Lujulæ nonnihil accedens ; D. *Richardfon.* Vid. Tab. XVII. Fig. 1.

§. Iridis notæ funt flores enneapetali, folia gladii figuram referentia, acie cauli obverfa.

1. Iris paluftris lutea *Ger.* 46. paluftris lutea, feu Acorus adulterinus *J. B. II.* 732. Acorus adulterinus *C. Pin.* 34. paluftris, five Pfeudo-iris & Iris lutea paluftris *Park.* 1219. *Yellow Water Flower-de-luce.*

In

TAB. XVII.

Pag. 374.

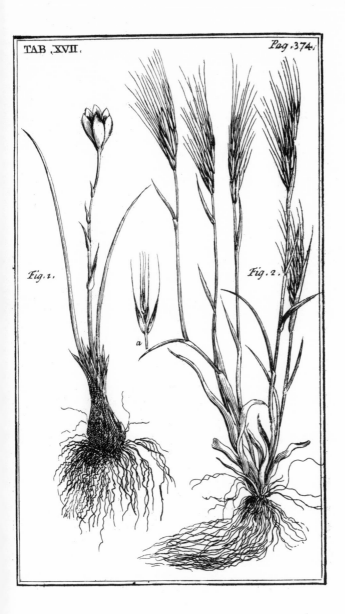

Fig. 1.

Fig. 2.

a

In pratis riguis, locis paluftribus & ad ripas fluviorum. Folia florum furrecta valde angufta & brevia funt, tota lutea. Obferved by Mr. *Dale* with a white Flower.

2. Iris paluftris pallida. *Pale or whitifh leaved Water-Flower-de-luce* By the River-fide, between *Hartford* and *Welling*. Obferved by Mr. *Dale*.

3. Iris fylveftris quam Xyrim vocant *Plin*. Lib. 21. cap. 20. Xyris *Ger.* 53. Xyris feu Spatula foetida *Park*. 256. Spatula foetida, plerifque Xyris *J. B. II.* 731. Gladiolus foetidus *C. B. Pin.* 30. *Stinking Gladdon or Gladwyn.* Ad fepes & in dumetis, fed rarius: where I now live at *Black Notley*, it grows in the Hedges by the Road, not far from the Parfonage towards *Braintree*. (Common in *Charlton-Wood*, all about *Sangate*-Caftle; Mr. *J. Sherard.*) Foliorum tritorum foetido odore cuivis inquirenti fe prodit, ut de lugubri florum colore, quos rarius producit, nihil dicam.

Radix Ir. luteae calidane an frigida fit controvertitur; quod validam aftringendi vim obtineat omnes confentiunt, unde ad dyfenteriam aliofque alvi & uteri fluxus, item ad haemorrhagiam quamcunque commendatur. Flores guftu acres & fervidi funt, unde non videntur convenire oculorum inflammationibus, ut vult *Tragus.*

§. Phalangii notae funt flores hexapetali ftellati in fpicas difpofiti; radices fibrofae.

1. Phalangium Anglicum paluftre Iridis folio *J. R.H.*368. Pfeudo-afphodelus paluftris vulgaris noftras *Syn. II.* 234. primus *Cluf. H.* 198. paluftris Anglicus *C. B. Pin.* 29. luteus acorifolius paluftris Anglicus Lobelii *J. B. II.* 633. Afphodelus Lancaftriae verus *Ger. Em.* 97. *defcr.* Lancafhire *Afphodel or Baftard Afphodel.* In paluftribus putridis & aquofis, tam Occidentali quam Septentrionali Angliae parte copiofe. (On a Bog on Putney-Heath; M. *Newton.* In Bogs in *Surry*, two miles beyond Mr. *Moor*'s Houfe; *Merr. Pin.*) Magnitudine fua & floribus ftellatis in fpica habitiore confertis a fequente differt.

2. Phalangium Scoticum paluftre minimum Iridis folio *J. R. H.* 369. Pfeudo-afphodelus paluftris Scoticus minimus *Raj. H.* 1195. *Syn. II.* 234. *The leaft* Scotifh *Afphodel.* Juxta rivulum non procul *Bervico* in Scotia.

GENUS

HERBÆ BULBOSIS AF-FINES.

§. ORCHIDES cenfentur herbæ cunctæ quæ bulbo-fas binas aut ternas habent radices, femen huma-num quodammodo redolentes ; *Spigel.* Fibræ fupra bulbos exeunt, flores labiati funt. Dividuntur ab Herbariis in *Tefticulatas* & *Palmatas. Tefticulatæ* dicuntur quarum radices feu bulbi integri funt & rotundi, tefticulo-rum modo plerumque gemini, interdum tamen finguli, aut terni. *Palmatæ* quarum bulbi in quofdam velut di-gitos divifi funt, palmæ modo.

Orchides Tefticulatæ.

1. Orchis barbata fœtida *J. B. II.* 756. Tragorchis maximus & Tragorchis mas *Ger.* 160 Tragorchis maxima & Tragorchis vulgaris *Park.* 1348. Orchis barbata odo-re hirci, breviore latioreque folio *C. B. Pin.* 82. it. Orch. odore hirci, longiore anguftioreque folio *Ejufd. Ib.* has enim non diftinguo. *The Lizard Flower or great Goat-ftones.* In Cantio via quæ a *Crayfod* ad *Dartford* oppidum ducit invenit D *Bowle.* Magnitudine & ftatura eximia præ re-liquis Orchidibus, odoreque gravi & virofo, a cæteris di-ftinguitur fpeciebus.

From the Street named *Lofield* in *Dartford*, is a Place called *Fleate-Lane*, and about a Bow-fhot on the left Hand are feveral Plants of it. Alfo beyond *Dartford* is a place named the *Brent*, and on the right Hand a great High-way going to a Village called *Grimfteed*-Green, a little way on the right Hand you may alfo find it. Obferved by Mr. *Roufe*, an ingenious Botanift, and eminent Apothecary in *London.*

2. Orchis barbata fœtida minor flore albo. *The leffer Lizzard Flower or Goatftones with a white Flower.*

3. Orchis morio mas foliis maculatis *C. B. Pin.* 81. *Park.* 1346. Cynoforchis moria mas *Ger. Emac.* 208. Or-chis major, tota purpurea, maculofo folio *J. B. II.* 763. *The Male Fool-ftones* In pafcuis & inter vepres. Floret circa finem Aprilis & initio Maii, & vel inde a reliquis dignofci poteft, quod noftratium prima floret.

Spica florum longa eft, multis floribus conftans, non tamen ar-cte ftipatis. Florum color purpureus, rarius carneus aut albus. Labellum interius punctis faturatioribus, fed paucis, notatur.

4. Orchis

4. Orchis morio fœmina *Park.* 1347. *C. B. Pin.* 82. Cynoforchis morio fœmina *Ger.*158.*Em.* 208.Orchis minor purpurea & aliorum colorum cum alis virentibus *J. B. II.* 761. *The Female Fool-ftones.* In pafcuis ubique fere obvia eft circa finem Maii florens.

Spica florum brevior eft quam præcedentis, & paucioribus floribus conftat. Florum color purpureus, raiius carneus aut albus.

Florum alis latis. concavis, & virentibus lineis ftriatis ab alia quacunque nobis cognita Orchidis fpecie differt.

4. Orchis Pannonica 4. *Cluf Hift.* 268. Orchis parvis floribus, multis punctis notatis, an Clufio Orchis Pannoninica 4. *J. B. II.* 765. Cynoforchis militaris pratenfis humilior *C. B. Pin.* 81. militaris Pannonica *Park.* 1345. minor Pannonica *Ger. Emac.* 207. *Little Purple-flower'd Orchis.* In collibus ficcioribus & fterilibus, præfertim cretaceis.

Parva eft, fpica conferta, flofculis purpurafcente vel ferruginea extus galea tectis, labello albicante crebris punctulis purpureis notato. Recte *J. Bauhino* flores in fpicam brevem digefti, antequam explicentur ferrugineum conum æmulantur. (Variat fubinde flore penitus albo, quæ Orchis f. Cynoforchis Pannonica flore albo dicitur; *Merr.*in *Pin.*)

* 5. Orchis obfcure purpurea odorata *Inft. R. H.* 433. Pannonica 3. *Cluf.H.*267.*defcr.* Cynoforchis militaris purpurea odorata *Park.* 1345. obfcure purpurea odorata *C. B. Pin.* 81. flore purpureo *H. Eyft.* O. 9. *fol.* 7. Found by *Th. Lawfon* about the *Fairy Holes* on *Lancemoor* near *Newby* in Weftmorland, and afterwards more plentifully in the Meadows upon the Banks of *Eden,* throughout feveral Parifhes; vid. *Robinf. Nat. Hift. p.* 93. & *Camb. Br. Ed. Gibs.p* 846.

6. Orchis purpurea fpica congefta pyramidali *Syn. II.*236. parvo flore rubro five phœnico *J. B. II.* 764. An Cynoforchis militaris montana fpica rubente conglomerata *Park.* 1345. *C. B. Pin.*81. *Pr.*28? *Purple late flowering Orchis.* Menfe Junio omnium Orchidum noftratium poftrema floret; eftque in pafcuis ficcioribus & cretaceis frequens.

Florum labella pura funt, hoc eft, nullis punctis notata, calcaii tenuia retrorfum longiffime extenfa; in labello utrinque procciffus in cavernulam flexus auriculam referens.

(Orchis Batavica 6. *Cluf. H.* 269. in multis huic accedit, differt quod fœtida dicatur. Figura deflorefcentem aliquatenus exprimit: noftra inodora prorfus eft. *C. Bauhinus* fuæ labrum in quatuor parvas barbulas divifum dicit, quod huic non convenit.
Qui

Qui Clufianam in loco natali obfervare poffunt, confiderent diligentius an eadem fit vel diverfa. Noftræ figuram, cum *J. B.*
bona non fit, accuratam & ad magnitudinem naturalem factam
vid. Tab. XVIII. ubi flores omni fitu delineati funt.)

7. Orchis odorata mofchata five Monorchis *C. B. Pin.*
84. pufilla odorata *Park.* 1354. parva Autumnalis lutea *J.*
B. II. 768. *The yellow fweet or Musk Orchis.* In paf-
pafcuis fterilioribus, præfertim cretaceo folo, fed rarius:
as on *Cawfham* Hills by the *Thames*-fide; and in fome Pits
about *Gogmagog*-Hills; alfo in the Parifh where I live, on
the Greens of a Field belonging to *Hall,* called *Waire-field,*
&c.

Flofculi perpufilli funt, ex herbido colore in luteum vergentes,
labello in tres apiculos divifo: vafcula breviora quam in plerifque
Orchidibus.

8. Orchis fpiralis alba odorata *J. B. II.* 769. Triorchis
Ger. 167. Triorchis alba odorata minor, atque etiam major *C. B. Pin.* 84. *Park.* 1354. *Triple Ladies Traces.* Autumno floret, in pafcuis ficcioribus, arenofis & cretaceis.
(Non tantum in pafcuis ficcioribus, fed etiam in pratis humidis juxta Rivulum ad *Dunsfoldiæ* Surreiæ oppidum, infra,
ecclefiam, quondam mihi in confpectum venit; D. *Rich-*
ardfon.)

Triplici tefticulo, & florum in fpiram rivolutorum pu-
fillorum arborum fpica infignis.

* 9. Orchis minima bulbofa D. Prefton *R. Hift. III.*587.
ubi vide defcriptionem. An Angliæ aut Scotiæ indigena
fit, dubium, locum enim non indigetat Auctor.

Orchides tefticulatæ Serapiades, quarum flores animalium
aut infectorum corpora imitantur.

10. Orchis galea & alis fere cinereis *J. B. II.* 755. latifolia
hiante cucullo major *J. R. H.* 432. *Tab.* 247. *A.* 6. 7. 8. Cynoforchis latifolia hiante cucullo major & minor *C. B. Pin.* 81.
latifolia minor *Park.* 1344. major altera *Ger. Em.* 205. Cynoforchis altera *Dod. de Floribus. The Man Orchis.* On
Cawfham-Hills by the *Thames* fide, not far from *Reading*
in *Barkfhire.* Floris labellum nudi hominis effigiem refert: ni magnitudo obftaret eandem dicerem cum Orchide
zoophora cercopithecum exprimente oreade *Col.*

* 11. Orchis magna latis foliis, galea fufca vel nigricante *J. B. II.* 759. At *Northfleet* near *Gravefend* Junio;
Mr,

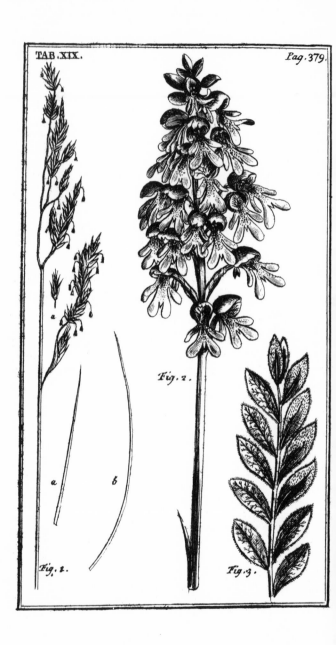

TAB.XIX.

Pag.379.

Fig.2.

Fig.1.

a b

Fig.3.

Mr. *J. Sherard.* Labium candicat, pilis purpureis variegatum: galea obtufa atro rubens minufque furrecta, qua
nota a præcedente diftinguitur. Ceterum cum figura *J.
Bauhini* admodum bona non fit, meliorem quoad florum
faltem fpicam exhibere confultum fuit vifum; vid. Tab.
XIX. Fig. 2.

12. Orchis anthropophora oreades *Col. Ec. I.* 320. anthropophora oreades fœmina *Park.* 1348. flore nudi ho·
minis effigiem repræfentans fœmina *C. B. Pin.* 82. Orchis
anthropophora flore ferrugineo nobis in *Catal. Ext. Man-
Orchis with a ferrugineous and fometimes a green Flower.*
Found by Mr. *Dale* in an old Gravel-pit at *Dalingon* near
Sudbury: and in the Borders of fome Corn-fields at *Belchamp* St. *Paul* towards *Ovington* in *Eſſex.* (At *Greenhithe*
and *Northfleet* in *Kent,* with the foregoing Mr. *J. Sherard.*)

Facie externa Orchidem palmatam flore viridi nonnullis Batra-
chiten dictam, refert, verum major eft: Flos calcari caret, labello anthropomorpho, alias ferrugineo, alias viridi ut in Batrachi-
te.

13. Orchis myodes gálea & alis herbidis *J. B. II.*767.
mufcæ corpus referens minor, vel galea & alis herbidis
C. B. Pin. 83. myodes minor *Park.* 1352. *The common
Fly-Orchis.* In *Anglia* invenitur, fed fparfim & rarius.
Nos in *Cantabrigienfi* agro, *Suffolcia* & *Eſſexia* obfervavimus; viz. in aggere foſſæ illius famofæ *the Devil's Ditch*
dictæ, in pratulo quodam ad fylvulam marifco *Teverfham-
Moor* dicto adjacentem in Comitatu *Cantabrigienfi,* &c.
Character flori infculptus nota hujus fufficiens eft, ut alia
non fit opus. (Flos calcari caret. Majo floret in colli-
bus cretaceis prope *Northfleet,* fed minus frequens.)

14. Orchis myodes major *Park.* 1351. myodes flore gran-
diufculo *J. B. II.* 768. mufcam referens major *C. B. Pin.*
83. *The greater Fly-Orchis.* Found by Mr. *Dale* in a Pa-
fture near *Peftingford* in *Suffolk*: and by Dr. *Eales* near
Welling in *Hartfordſhire.* (At *Greenhithe,* and in the old
Chalk-Pit near the white Houfe by *North-gray,* in great
plenty; Mr. *J. Sherard.*)

15. Orchis fuciflora galea & alis purpurafcentibus *J. B.
II.* 766. fphegodes feu fucum referens *Park.* 1350. Or-
chis five Tefticulus vulpinus 2. fphegodes *Ger. Em.* 212.
Orchis fucum referens major foliolis fuperioribus candidis
& purpurafcentibus *C. B. Pin.* 83. *The common Humble
Bee*

Bee-Satyrion. The Bee-flower, id eſt, Orchis Melittias vulgo. In paſcuis ſiccioribus non infrequens, Junio menſe floret. Flos fucum aut apem referens primo ſtatim occurſu ſpeciem hanc maniteſtat.

16 Orchis ſive Teſticulus ſphegodes hirſuto flore *J. B II.* 767. fucum referens colore rubiginoſo *C. B. Pin.* 83. ſphegodes altera *Park.* 1351. Teſticulus vulpinus major ſphegodes *Ger Em.* 212. *Humble Bee Satyrion with green Wings.* Solo ſicco & glareoſo ſed rarius invenitur, as in an old Gravil-pit in the open Field near *Great-Shelford* in *Cambridgeſhire*, and by the Roadſide near *Bartlow.* (In paſcuis ſiccioribus juxta *Bramham* non procul Tadcaſtria hujus plantæ rarioris ſpecimina aliquot legi ; D. *Richardſon.* Flos calcari caret. Aprili floret & ſatis frequens eſt in collibus cretaceis prope *Northfleet.*)

Fuliginoſus & triſtior corporis infecti ſeu labelli floris color abſque lineis luteis, quibus præcedens decoratur, cum galea & alis virentibus ab ea hanc diſtinguunt. Hanc eſſe exiſtimo quam pro Orchide Arachnite Herbarii noſtri habent.

17. Orchis hermophroditica bifolia *J.B.II.*772. ſerapias bifolia vel trifolia minor *Park.* 1350. bifolia altera *C. B. Pin.* 82. pſychodes diphylla *Lob. Ic.* 178. hermaphroditica *Ger* 162. *Em.* 211, *Butterfly Satyrion.* In dumetis & ſylvis, Maio menſe floret.

Flores in ſpica rarius diſpoſiti, albi, odoratiſſimi, labellis anguſtis, calcaribus prælongis; folia bina lata liliacea.

18. Orchis alba bifolia minor calcari oblongo *C. B. Pin.* 83. pſychodes *Ger. Em.* 211. ſphegodes, ſive Teſticulus vulpinus primus *Park.* 1351. alba calcari longo *J. B. II.* 771. *The leſſer Butter-fly Orchis.* In paſcuis, Junio menſe floret.

A præcedente differt ſtatura humiliore, ut quæ dodrantem non excedat, foliis ad radicem ternis, iiſque anguſtioribus, florendi denique tempore uno circiter menſe ſerius, obſervante D. *Dale.*

Orchides Palmatæ.

19. Orchis palmata pratenſis latifolia, longis calcaribus *C. B. Pin.* 85. palmata major mas, ſive Palma Chriſti mas *Park.* 1356, Palma Chriſti mas *Ger.* 169. Palmata non maculata *J. B. II.* 774. *The Male handed Orchis, or Male Satyrion Royal.* In pratis humidis, & paluſtribus putridis.

Variat

Variat floris colore purpureo faturatiore & dilutiore, carneo & interdum albo. Variat etiam magnitudine & fpicæ longitudine: unde a Botanicis in plures fpecies diftractam fufpicor.

20. Palmata fpeciofiore thyrfo, folio maculato *J. B. II.* 774. palmata pratenfis maculata *C. B. Pin.* 85. palmata fœmina feu Palma Chrifti fœmina, foliis maculatis *Park.* 1357. Palma Chrifti fœmina *Ger.* 169. *The Female-handed Orchis, or Female Satyrion Royal.* Spica florum plerunque denfa eft floribus confertis, interdum rarior. In fylvis & pratis pinguibus maximo & vel palmum longo thyrfo prodit ; in pafcuis fterilioribus (nam utrobique oritur) fpica eft dimidio minore & breviore. Hinc ex una fpecie plures factas exiftimo.

Folia in hac fpecie perpetuo maculata funt; in præcedente nunquam; viridiora etiam in hac, in præcedente pallidiora: caules graciliores, nec tam crebris foliis cincti: Folia ex quorum finibus flores exeunt in præcedente latiora & longiora funt, colore purpureo. Præcedens maturius floret, nimirum Maio menfe, hæc ferius non ante Junium.

21. Palmata rubella cum longis calcaribus rubellis *J. B. II.* 778. Orchis palmata minor calcaribus oblongis *C. B. Pin.* 85. [cui & eandem fufpicatur *J. Bauhinus* Palmatam anguftifoliam minorem *C. B*] Serapias minor nitente flore *Ger.* 171. *Em.* 222. Orchis palmata minor flore rubro *Park.* 1358. *Red handed Orchis with long Spurs.* In pratis & cuis humidioribus, Junio. (Hanc Orchidem In pratis humidis juxta ædes noftras diu obfervavi flore albo; odor admodum gratus eft ; D. *Richardfon.*)

22. Orchis palmata minor flore luteo-viridi *Syn. II.* 239. 18. palmata flore viridi *C. B. Pin.* 86. *Pr.* 30. Palmatæ cujufdam icon *J. B. II.* 776. Orchis palmata flore galericulato, dilute viridi *Fl. Pr. p.* 182. *ic.* 59. An Orchis palmata batrachites vel myodes *Lob. Park.* 1358 ? Serapias batrachites altera *Ger. Emac.* 224. *Hand Orchis with a green Flower, by fome called the Frog-Orchis.* In pafcuis ficcioribus floret circa finem Maii, & Junii initio. Labelli floris color variat, interdum ex fufco purpureus feu fuliginofus, alias luteo viridis.

23. Orchis pufilla alba odorata, radice palmata *Syn. II.* 239. 19 *White handed Musk-Orchis.* Ad latus montis *Snowdon* in *Wallia*, fecus viam quæ e *Llanberrys* ad *Carnarvan* oppidum ducit.

* 24. Orchis

* 24. Orchis palmata thyrfo fpeciofo, longo, denfe ftipa-
to, ex viridi albente. In pratis humidis non tantum Cambriæ, fed & juxta *Malham* in iifdem locis aliquando obfervavi ; D. *Richardfon.*

* 25. Orchis palmata paluftris, tota rubra *C. B. Pin.*
86. Palmata floribus impenfe rubris *J B. II. 777.*
Cynoforchis Dracontias, foliis & floribus impenfe rubris
Lob. lc. 191. Orchis palmata paluftris Dracontias D. *Ni-
cols.* Upon the old Mill-race at *Salkeld,* and on *Langwaith-
by-Holm,* Cumberland; *Camb. Br. Ed. Gibf. p. 846.*

Radices omnium Satyriorum ad Venerem ftimulos addunt feg-
nioribus, fi Botanicis fides, quod indicat fignatura lafciva. Aridæ
tamen & marcidæ Venerem inhibere dicuntur. Verum quicquid
fit de Orchide confectio Diafatyrion dicta ad venerem promovendam in utroque etiam fexu plurimum valet. Radices tufæ
inflammationes leniunt, tumores difcutiunt, ulcera fluentia purgant fanantque, veluti Aron & Dracunculus major.

§. Pfeudo-Orchis bifolia paluftris. Orchis Lilifolius minor fabuletorum Zelandiæ & Bataviæ *J. B. II. 770. Lob.
Adv. in Append. 506.* Chamæorchis lilifolia *C. B. Pin. 84.*
latifolia Zelandiæ *Park. 1354. Dwarf-Orchis of* Zeland
and Holland. In paluftribus aquofis, as on *Hinton* and
*Teverfham-*Moors, near *Cambridge.*

Radix huic fimplex bulbofa, e fquamis compactilis, e cujus
fundo feu ima fede fibræ exeunt, non fupra bulbum, ut in Orchidibus. Defcriptionem vid. in *Hift. noft.* p. 1226.

§. Nidus avis *Lugd.* 1673. Orobanche affinis Nidus avis
J. B. II. 782. Orchis abortiva rufa, five Nidus avis *Park.*
1362. Satyrion abortivum feu Nidus avis *Ger. 166.* Orchis abortiva fufca *C. B. Pin. 87. Mifhapen Orchis or
Birds Neft.* In fylvis & opacis, fed rarius. In Cantio
prope *Maidftone* obfervavimus ; in Suffolcia non longe ab
Aldeburgo. (On *Roehill* in Kent plentifully; *Merr. P.* In
feveral Woods in *Suffex* ; Mr. *Manningham*: In the Hedges
where the Calceolus Mariæ grows near *Ingleton*; Dr.*Richardfon.* In *Offley*-park, the fide next the Church-yard under the
fhady Trees, about 150 Yards from the Stile; *Th. Knowlton.*)

A radice fibris multis majufculis implexis, nidum avis imitantibus conftante nomen fortitus eft: color totius fufcus feu fordide ruffus.

§. Limodorum

§. Limodorum Auſtriacum *Cluſ. Pann.* 241. Oro-
banche & Nido avis affine, Pſeudolimodoron Auſtriacum
violaceum *J. B. II.* 782. Orchis abortiva violacea *C. B.
Pin.* 86. Nidus Avis purpureus *Park.* 1362. Nidus avis
flore & caule purpuro-violaceo : an Pſeudo-Limodoron
Cluſii *Merr. P. Ger. Emac.* 228? *Purple Birds Neſt.* In
Southamptoniæ Comitatu prope *Alton* oppidum invenit D.
Goodyer.

§. Helleborine radice fibroſa, foliiſque latioribus nervo-
ſis, quibus ad Helleborum album accedit, unde etiam nomen obtinuit, ab Orchide, cui quoad flores & vaſcula ſeminalia ſimilis eſt, differt.

1. Helleborine latifolia montana *C. B. Pin.* 186. Helleborine *Dod. Pempt.* 384. *Ger.* 358. Elleborine Dodonæi
J. B. III. 516. Elleborine flore viridante *Park.* 218. *The
moſt common baſtard Hellebore.* In ſylvis cæduis, lucis &
opacis ſæpius occurrit. Æſtate floret.

Nobis obſervata flore erat herbaceo ; verum *D. Plot* & *Oxo-
nienſibus Botanicis* purpureo etiam ſaturatiore quam Helleborines
flore atro-rubente dictæ; unde vel inſignis eſt varietas in colore
floris, vel hæ duæ ſunt diſtinctæ ſpecies. Forte noſtra hæc eſt
Damaſonium flore herbaceo intus nonnihil candicante *J. B.*
Si modo illud ab Helleborine *Dod.* ſit diverſum : de quo olim
dubitavimus, necdum nobis ſatisfactum eſt.

2. Helleborine altera atro-rubente flore *C. B. Pin.* 186.
Elleborine flore atro-rubente *Park.* 218. Elleborine bo-
tryodes ſive Aliſma racemoſum *J. B. III.* 517. *Baſtard
Hellebore with a blackiſh flower.* On the Sides of the
Mountains near *Malham,* four Miles from *Settle* in *Yorkſhire* plentifully, and in divers other places, eſpecially
·mountainous.

A præcedente differt foliis anguſtioribus, in caule crebrioribus,
floris colore atro-rubente, & tempore florendi poſt illam.

3. Helleborine flore albo *Ger.* 358. flore albo vel Damaſonium montanum latifolium *C. B. Pin.* 187. Damaſonium Alpinum, ſeu Elleborine floribus albis *J. B. III.*
516. Elleborine minor flore albo *Park.* 218, *White flower-
ed baſtard Hellebore.* In the Woods near *Stoken*-Church,
Oxfordſhire, not far from the way leading from *Oxford* to
London ; alſo in Sir *John Lowther's* Wood directly againſt
Askham-Hall, Weſtmorland; Mr. *Lawſon.*

4. Hellebo-

4. Helleborine latifolia flore albo clauſo *Syn. II.* 242. 4. *Broad-leav'd baſtard Heilebore with a white ſhat flower.* Found by Dr. *Eales* near *Digges-well* in *Hartfordſhire* (Eadem cum priore)

5. Helleborine foliis prælongis anguſtis acutis *Syn. II.* 242. 5. Helleborine anguſtifolia, flore albo, oblongo Meret. Pin. Hujus ſpecimen, ſed flore viduum nobis oſtendit D *Newton.* It grew under *Brackenbrow* near *Ingleton* in *Yorkſhire*, in the end of a Wood where *Calceolus Mariæ* grows. Since found in flower by Dr. *Richardſon* in the ſame place.

Hoc anno 1694. Helleborines quandam ſpeciem nobis communicavit D. *Sherard*, titulo *Helleborines* paluſtris anguſtifoliæ flore albo ; quam eandem eſſe exiſtimat cum Helleborine fol. præl. acut. anguſtis *Newtoni*, quocum & nos ſentimus. Found on a rotten Bog by a Lough-ſide near the Dairy-houſe in *Crevetenau Ballina-hinch*, Ireland. Eandem nuper accepi a D. *Eales* in Hartfortdia inventam. (Planta pedalem aliquando ſuperat altitudinem ; e radice plurimis fibris craſſiuſculis compoſita, folia profert longa arundinacea, e quorum medio ſe erigit caulis pedalis, erectus, plurimis foliis anguſtis inordinaté veſtitus, in cujus ſummo emergunt octo vel decem flores longi, nivei, in ſpica laxa diſpoſiti, quibus ſuccedunt vaſcula ſeminalia longa, trigone, ſemine ſcobiformi repleta. Eodem in loco cum Calceolo Mariæ invenitur, loco *Brakenwray* dicto ex adverſo ſylvæ *Helks* dictæ, uno circiter milliari ab Ingleton ; D. *Richardſon.*)

6. Helleborine paluſtris noſtras *Syn. II.* 242. 6. *Marſh-Hellebore.* An Helleborine anguſtifolia paluſtris *C. B. Pin.* 187? Nuſquam apud nos (quod hactenus viderim) quam in paluſtribus & aquoſis oritur. ('Tis very common in the old Chalk-pitts by the *White-houſe* in the road from *Eltham* to *North-Cray*, where the *Orchis myodes* grows, on dry chalky ground; Mr. *J. Sherard* On the bogs at *Chiſſelhurſt*; Mr. *Newton.*)

Folia anguſtiora ſunt quam Helleborines primæ ; flores penduli, exterius purpuraſcentes, interius albicantes; radix ſub terra reptat.

* 7. Helleborine montana anguſtifolia purpuraſcens *C. B. Pin.* 187. Elleborine Recentior. 6. *Cluſ. H.* 273. Elleborine anguſtifolia ſpicata verſicolor *Park.* 218. Damaſonium purpureum dilutum, ſive Elleborine 6. Cluſii *J. B. III.* 516. Ex *Hibernia* ſe accepiſſe *Plukenetius* teſtatur *Alm.* p. 182.

§. Calceolus

§. Calceolus Mariæ *Ger.* 359. Helleborine flore rotundo feu Calceolus *C. B. Pin.* 187. Elleborine major feu Calceolus Mariæ *Park.* 217. Damafonii fpecies quibufdam
feu Calceolus D. Mariæ *J. B. III.* 518. *Ladies-Slipper.*
In fome Woods in *Lancafhire*, and in *Helks* Wood by
Ingleborough in *Yorkfhire.*

Floris labellum calopodii figura, colore flavo, fufficit ad
hunc a reliquis difcriminandum.

§. 1. Bifolium majus feu Ophris major quibufdam *J. B.*
III. 533. Bifolium fylveftre vulgare *Park.* 504. Ophris
bifolia *Ger.* 326. *C. B. Pin.* 87. *Common Twayblade.* In
fylvis & dumetis, nec rarius in pratis & pafcuis.

Hujus notæ funt folia bina Plantaginea ; flores in fpica
herbacei Orchidum fimiles, calcaribus carentes, utriculis
brevioribus quam Orchidum infidentes.

2. Bifolium minimum *J. B. III.* 534. Ophris minima
C. B. Pin. 87. *Pr.* 31. *The leaft Twayblade.* I have
found it on feveral Moors and Heaths in *Derbyfhire, Yorkfhire,* and *Northumberland*; in *Yorkfhire* not far from *Al-
mondbury,* and on *Pendle*-Hill in *Lancafhire* near the Bea-
con ; (Juxta lacum uno milliari *Kaghlaia* diftantem, occidentem verfus, folo putrido mufcofo nafcitur copiofe ; D.
Richardfon.) Icon *J. Bauhini* hanc fpeciem optime repræfentat. Folia triangula funt feu cordata.

3. Bifolium paluftre *Park.* 505. *defcr.* Orchis bifolia minor paluftris *Pluk. Alm.* 270. *f.* 247. *f.* 2. *Marfh Twayblade.* Found by Mr. *Dent* and Mr. *Dale* in company, on
the boggy and fenny Grounds near *Gamlingay* in *Cambridgefhire* ; by *Parkinfon* on the low wet grounds between
Hatfield and St. *Albans,* and in divers places in *Romney-*
Marfh ; (by Mr. *Dubois* at *Hurfthill, Tunbridge-wells* ;
Mr. *Doody.*)

A bifolio vulgari differt parvitate fua, & quod interdum etiam
trifolium fit, virore infuper & glabritie foliorum, florum fpica
multo minore, tandem radicibus reptatricibus.

GENUS VIGESIMUM SEPTIMUM.

HERBÆ GRAMINIFOLIÆ FLORE IMPERFECTO CULMIFERÆ.

CUlmiferas voco quæ caulem teretem geniculatum & plerunque concavum habent, foliis cinctum ad singula genicula singulis, longis, angustis acuminatis, quarum etiam semina glumis acerosis septa sunt.

Culmiferæ autem sunt vel grano majore, vel grano minore.

CULMIFERÆ GRANO MAJORE FRUMENTACEA ET CEREALIA DICTÆ.

Hæ omnes annuæ sunt.

§. Triticum grano est majore, oblongo, nudo h. e. glumis non arcte adhærentibus, sed triturando facile abscedentibus tecto, turgido, lucido & flavescente, ab uno latere sulcato, farina candidiore & leviore, nutrimenti optimi.

1. Triticum spica mutica *Ger.* 58. *Park.* 1120. hybernum aristis carens *C.B. Pin.* 21. *H. Ox. III. p.*175. *S. VIII. T.* 1. *f.* 1. vulgare, glumas triturando deponens *J. B. II.* 407. *White or red Wheat without Awns.* Duplex est:

(1.) Triticum spica & granis rubentibus. Tritici hyberni aristis carentis genus primum: πύρος Veteribus, Robus Columellæ *C.B. Pin.* 21. *Th.* 354. *Red Wheat,* and in some places *Kentish-Wheat.* Hoc genus ponderosius est, & farina, cum furfures excussi sunt, candidiore.

(2.) Triticum spica & granis albis. Triticum siligineum *C. B. Pin.* 21. *Theatr.* 355. Græcorum & Galeni Σιλῆγνις, Hippocrati Τρύγις *Ejusd. White Wheat.* Huic granum mollius, levius, extrinsecus nitidum, medulla leviore & candida.

Utrumque hoc genus spicam aristatam interdum producit. Habetur etiam Triticum rubrum spica alba, aristata & non aristata, quod

quod fpurium & ambiguum quoddam genus eft inter album &
rubrum.

2. Triticum ariftis circumvallatum, granis & fpica rubentibus, glumis lævibus & fplendentibus. An Triticum ariftis
circumvallatum *Ger.* 59? *Red-eared bearded Wheat.* Hæc
fpecies ariftas per maturitatem fponte non deponit.

* 3. Triticum fpica villofa quadrata longiore, ariftis
munitum *H. Ox. III. p.* 176. *S. VIII. T.* 1. *f.* 13. cinereum maximis ariftis donatum, triturando glumas deponens
J. B. II. 408. conica figura hirfutum, cum & fine ariftis
Merr. P. Cone Wheat. Propter ariftarum afperitatem &
glumarum hirfutiem ab avibus aliisque injuriis liberum eft,
& ideo ad fepes vulgo feritur, obfervante *Bobarto.*

4. Triticum ariftatum, fpica maxima cinericea, glumis hirfutis *Syn. II.* 245. fpica villofa quadrata breviore & turgidiore
H. Ox. III. p. 176. *S. VIII. T.* 1. *f.* 14. *Gray Wheat,* and
in fome places *Duckbill Wheat,* and *gray Pollard.* Tritico
fpica mutica majus eft & elatius, fpica majore habitiore,
pondere fuo deorfum nutante, ariftis longis circumvallata,
quas non raro ante maturitatem amittit, glumis cinereis hirfutis.

5. Triticum majus, longiore grano glumis foliaceis inclufo, feu Triticum Poloniæ dictum *H. Ox. III. p.* 175.
S. VIII. T. 1. *f.* 8. Triticum Polonicum *Pluk. Alm.* 378.
T. 231. *f.* 6. *Polonian-Wheat.* This I received from *Worcefterfhire,* where it is fown in the Fields; Mr. *Bobart.*

6. Triticum fpica multiplici *C. B. Pin.* 21. *H. Ox. III.
p.* 175. *S. VIII. T.* 1. *f.* 7. *Ger.* 59. *Park.* 1120. Tritic:
cum multiplici fpica, glumas facile deponens *J. B. II.* 107.
caule farcto. D. *Moulins* obferved it in *Effex,* and other
places. *Many-eared Wheat.* Mr. *Dale* obferved it fown
at *Great Brackftead* in *Effex.*

* Triticum æftivum *C. B. Pin.* 21. *Th.* 358. trimeftre
Portæ *Park.* 1121. Vere feritur & æftivis menfibus ad maturitatem pervenit.

7. Triticum fpica hordei *Londinenfibus. Syn. II.* 245. æftivum fpica hordei polyftichi *H. Ox. III.* 176. *S. VIII. T.* 1.
f. 11. Hordeum nudum feu Gymnocrithon *J. B. II.* 430.
Zeopyrum five Tritico-fpeltum *C. B. Pin.* 22. *Park.* 1123.
Hordeum nudum *Ger.* 66. cujus figura huic plantæ minime
refpondet. *Naked Barley.* Inter Triticum & Hordeum am·

bigit,

bigit, fpicam enim habet hordei, granum Tiitici. It is
fown in the Fields about *Iſſip* in *Oxfordſhire*, and other places. Mr. *Bobart*.

Frumentorum omnium præftantiſſimum, de quo tacere præftat quam pauca dicere. Vide *Hiſt. noſt.* aut *Joan. Bauhini.*

§. Secale a Tritico differt culmo elatiore, grano ftrigo-
fiore, tenuiore & nigriore, glumis non operto, fed magna
ex parte nudo, farina nigriore, humidiore, lenta & ob-
ftruente.

1. Secale *Ger.* 61. *J. B. II.* 416. vulgatius *Park.* 1128.
hybernum vel majus *C. B. Pin.* 23 *Th.* 425. *Rie.* Arenofo
& levi folo gaudet. Menfe integro ante Triticum in fpicam abit.

* 2. Secale vernum vel minus *C. B. Pin.* 23. *Th.* 427.
deſcr. æftivum feu minus *Park.* 1129. Priore minus & gra-
cilius, fpica breviore & tenuiore. It's fown in the Spring;
Pet. Conc. Gr. n. 31.

Panis fecalinus ater & ponderofus eft, lentoris & obftruentis
naturæ particeps: inaſſuetis alvum interdum non fine torminibus
movens. Verum ob humiditatem fuam, quia non ita facile &
fubito ab aere aridus & exfuccus reddatur, a nonnullis Triticeo
præfertur: noftrates Triticum Secali admifcent ut panis tum le-
vior & tenerior, tum durabilior fit.

§. Hordeum a reliquis culmiferis frumentaceis fpicatis
grano cortice craſſiore undique arcte adhærente tecto differt, nullis præterea glumis; ab Oryza fpica fimplici compactiore, locoque natali.

1. Hordeum diftichum *Ger.* 66. *J. B. II.* 429. *Park.*
1130. diftichum quod fpica binos ordines habeat Plinio
C. B. Pin. 23. *Common long-ear'd Barley.*

2. Hordeum diftichum, fpica breviore & latiore, granis
confertis *Syn. II.* 246. An Hord. diftichum minus *Park.*
1129? Hord. dictum Germanis Oryza *J. B. II.* 429? Zeo-
crithon feu Oryza Germanica *C. B. Pin.* 22? *Sprat-Barley*
or Battle door-Barley.

3. Hordeum polyftichum *J. B. II.* 429. &, ut mihi
videtur, hexaftichum pulchrum *Ejuſd.* polyftichum hybernum *C. B. Pin.* 22. forte etiam vernum *Ejuſdem.* Polyftichum vel hybernum *Park.* 1130. *Winter or ſquare Bar-*
ley or Bear-Barley, & in montofis Septentrionalibus (ubi
vulgo feritur) *Big.* Priores duæ fpecies hyemem non fe-
runt,

runt, ideoque feruntur vere ; hæc frigus non reformidat, ideoque Septentrionalibus regionibus convenit.

Ex Hordeo fit Malta feu Byne, ex hac cerevifia, eaque vel cum Lupulo incocto *Biera* dicta, vel fine lupulo *Ala*. Modus conficiendi vulgo notus, ut non opus fit eum defcribere. Confule fi placet *Hiſt. noſt.* p. 1245. Ex Hordeo decorticato quomodo Ptifana Veterum decantatiffima fiebat vide *Hiſt. noſt.* p. 1244. Edulium eft in acutis morbis omnibus frumentaceis præferendum. Ptifana recentiorum differt nonnihil a Ptif. veterum. Ptifana Gallorum nihil aliud eft quam Hordei decorticati tenuius decoctum cum Glycyrrhiza rafa & uvis paffis.

§. Avena panicula fparfa, femine angufto oblongo, nunc nudo, nunc gluma craffiore tecto in locuftis bifidis a reliquis frumentaceis diftinguitur.

1. Avena alba *J. B.* 432. vulgaris, feu alba *C. B. Pin.* 23. vefca *Lob. Ic.* 31. *Ger.* 68. *Park.* 1134. *White Oats.*

* 2. Avena alba Scotica, femine fimplici, pediculo laxo pendente D. *Richardfon.*

3. Avena nigra *J. B. II.*432. *C. B. Pin.*23. *Black Oats.*
* 4. Avena cærulea *Merr. Pin.* Sown about *Kighlay,* Yorkfhire; D. *Richardfon.*

* 5. Avena fufca feu rubra *H. Ox. III.* 209. 2. rubra *Plot. H. N. Staff.* 204, Grana turgidiora funt coloris fubfufci aut ad rubedinem tendentis. Ab Agricolis Staffordienfibus feritur.

6. Avena nuda *J. B. II.* 433. *C. B. Pin.* 23. *Ger.* 68. *Park.* 1134. *Naked Oats.* In extrema Cornubia prope Belerium promontorium copiofe feritur, ubi non minore pretio divenditur quam Triticum ipfum, *Pillis* & *Pilcorn* incolis dicta. (In *Staffordfhire.* Dr. *Plot.*)

7. Ægilops quibufdam ariftis recurvis, feu Avena pilofa *J. B. II.* 433. Feftuca utriculis lanugine flavefcentibus *C. B. Pin.* 10. Ægilops bromoides *Ger. emac.* 77. bromoides Belgarum *Park.* 1148. *Bearded wild Oats or Haver.* Inter fegetes. Avena fativa elatior eft: Ariftæ recurvæ & utriculi lanuginofi funt.

Deficcat mediocriter & aftringit. Decorticati ufus eft ad jufcula tam pro fanis quam pro ægrotis. Cruda in fartagine tofta & facculo indita imponitur ad dolores colicos & tormina inteftinorum lenienda. Vid. *Hiſt. noſt. p.* 1254.

CULMI.

CULMIFERÆ GRANO MINORE GRAMINA DICTÆ.

I. Gramina spicata.

§. 1. Gramen spica triticea repens vulgare, caninum dictum *Syn. II.* 247: 1. repens, Officinarum forte, spicæ Triticeæ aliquatenus simile *J. B. II.* 457. *descr.* caninum *Ger.* 22. caninum vulgatius *Park.* 1173. *H. Ox. III. p.* 178. *S. VIII. T.* 1.*f.* 8. caninum arvense seu Gramen Dioscoridis *C. B. Pin.* 1. *Th.* 7. *Common Dogs Grass, or Quich-Grass, or Couch-Grass.* Hortorum & agrorum ob importunam reptandi licentiam pestis est.

Hujus varietatem cum spica aristata observavimus circa *Settle* & alibi in agro Eboracensi.

2. Gramen caninum aristatum, radice non repente, sylvaticum D. *Bobarti, Syn. II.* 247. 2. Gr. caninum non repens elatius, spica aristata *H. Ox. III. p.* 177. *n.* 2. caninum aristatum radice non repente *Ib. S. VIII. Tab.* 1.*f.*2. *Bearded Dogs-Grass of the Woods, not creeping.* In *Stoken-*Church Woods plentifully. (Circa Croydon; D. *Doody.* Near *Settle* in *Yorkshire*; Mr. *J. Sherard.*) Idem esse cum nobis observato suspicor; nam & nostrum inter yepres oriebatur; radices tamen non eruimus.

3. Gramen caninum maritimum spica triticea nostras *Syn. II.* 247. 3. ·caninum marinum spica siliginea *Merr. P.* it. Gr. caninum marinum ad aliquot cubitos extensum *Ej.* maritimum vulgato canino simile *Lob. Illustr.* 24. An Gram. caninum maritimum spicatum *C.B. Pin.* 1? caninum geniculatum maritimum spicatum *Park.* 1277? *Sea Dogs-Grass with a Wheat-ear.* In maritimis frequens.

(Figuræ quam de Gramine canino maritimo spicato exhibent *C. B. Th.* 14. *Lobelius Ic.* 21. *Parkinsonus* 1277. & *Pluken. Ph. T.*33.*f.* 3. nimis parvam monstrant plantam nec priori satis convenientem.)

Tota planta glauca est, altitudine Triticum æquat, vel etiam superat; spica Triticeæ similis & æque longa, verum strigosior minusque compacta; radicibus etiam reptat.

(Primæ

(Primæ fpeciei valde fimilis, folia autem glauca & rigidiora; D. *Doody.*)

* 4. Gramen maritimum, fpica loliacea, foliis pungentibus noftras *Pluk. Alm.* 173. *T.* 33. *f.* 4. *a.* loliaceum maritimum foliis pungentibus *Inft. R. H.* 516. phœnicoides foliis convolutis, junceis ac pungentibus alterum *J. B. II.* 478. defcr. fine fig. Prope *Sherne/s* in infula Sheppy, & ad *Delkey* prope Chichefter Junio & Julio. Spica breviore craffiore & rariore; totius parvitate & foliis anguftis, plerumque convolutis & pungentibus a præcedente fatis differt. Ceterum non nifi varietas videtur Graminis anguftifolii, fpica Tritici muticæ fimili *C. B.* loco ftrigofitatem & foliorum glaucedinem debens; D. *Dillen.*

* 5. Gramen loliaceum maritimum fupinum fpica craffiore *Inft. R. H.* 516. caninum maritimum fupinum, fpica craffa *Petiv. Ib.* caninum maritimum, fpicis rarioribus craffis *Petiv. Conc. Gr. n.* 17. A D. *Buddle* in littore Suffolciæ obfervatum. Priori fimile, foliis tamen minus acutis & convolutis, fpicis nonnihil craffioribus.

6. Gramen caninum maritimum fpica foliacea *C. B. Pin.* 2. *Th.* 15. caninum maritimum alterum *Ger.* 23. canin. marit. alterum longius radicatum *Park.* 1277. *Long-rooted Sea-Dog-Grafs, with a foliaceous ear.* Found by Mr. *Dale* on the fhore in *Merfey*-Ifland near *Colchefter* in *Effex.* Hæc fpecies fpicam Triticeam non habet, verum quia Graminibus caninis accenferi folet iis fubjungendam duximus.

Graminis canini κατ᾽ ἐξοχὴν Gramen dicti, radix ficcat & fub-adftringit. Ufus præcipui in obftructionibus hepatis, lienis, & ureterum, in expuitione fanguinis, & lumbricis necandis; *Schrœd.* Ad lumbricos necandos farinam radicum commendat D. *Bowle.* Aquam earundem ftillatitiam aliis omnibus aquis præferunt, quibus pulveres contra lumbricos diluere folemus. Aliis deobftruentibus, diureticis & lithontripticis medicamentis in hoc excellunt radices Graminis, quod fine calefactione opus fuum perficiant.

§. Gramen Secalinum nobis dicitur Hordeum fpurium Herbariorum, cum ejus fpica Secalis non Hordei fpicam referat.

1. Gramen fecalinum & Secale fylveftre *Johnfoni apud Ger.* 73. Hordeum fpurium vulgare *Park.* 1147. Gramen hordeaceum minus & vulgare *C. B. Pin.* 9. *Th.* 134. an Herba phœnicea Græcorum Plinio Lib. 22. cap. 25. Hor-

deum

deum murinum *J B*. II. 431. *Wild Rie or Rie-Grafs, Wall-Barley, Way Bennet.* Ad muros, macerias & femitas.

2. Gramen Secalinum *Ger. emac* Lib. 1. cap. 22. n. 4. fecalinum majus & minus *Park*. 1144. fecalinum pratenfe elatius *H. Ox. III.* 179. Secalinum minus pratenfe *Ib. S. VIII. T.* 2 *f.* 6. An Gram. fpica fecalina *C. B. Pin*. 9. *Pr.* 18? *Meadow tall Rie-Grafs.* In pratis frequens.

A praecedente proceritate fua, & fpicarum ariftarumque brevitate praecipue differt.

3. Gramen fecalinum paluftre & maritimum *Syn. II.* 248 3. fecalinum maritimum glaucifolium, fpicis brevioribus *H. Ox. III.* 179. fecalinum maritimum minus *Ib. S. VIII. T.* 6. *f.* 5. *Marfh Rie Grafs.*

A prima fpecie differt fpicis brevioribus & pyramidalibus, e fquamis crebrioribus & magis confertis compactis,iifdem & ariftis magis extantibus, imis longioribus, fuperioribus ordine brevioribus.

4. Gramen fecalinum majus fylvaticum *Hift. Ox. III. p.* 180. *n.* 12. hordeaceum montanum, fpica ftrigofiori brevius ariftata *J. Scheuchz. Agr Pr. p.* 14. *T.* 1. *Agr. p.* 16. fecalinum maxim. *Park.* 1144. *Merr. P.* an Gram. hordeaceum montanum five majus *C. B. Pin*. 9. *Th.* 135? *Great Wood Rie-Grafs.* In *Stoken*-Church Woods, *Oxfordfhire*, plentifully, found by Mr. *Bobart.* Hujus fpecimina aliquot mihi oftendit D. *Sherard.* Spica longe diverfa eft a reliquarum fpecierum fpicis, & Graminis fpartei marini noftratis fpicae fimilior. (In the Woods a Mile Weft from Petersfield; *Merr. P.* In the high Woods by *Hambleton*, in the road from *Henley* to *Great Marlborow*; Mr. *J. Sherard* in company with Mr. *Rand.*)

* 5. Gramen fecalinum altiffimum, fpica brevi, ariftis longis extantibus. Found by Mr. *Jam. Sherard.* Spica Secali vulgari fimillima, nec alia in re differt, quam quod brevior & obtufa magis velutique refecta fit, ariftis interea longis extantibus & in latus utrinque vergentibus. Vid. Tab. XX. fig. 1.

§. Gramen fpica Brizae majus *C. B. Pin*. 9. *Pr.* 19. *Th.* 148. *J. B. II.* 477. In Copfes and Hedges common enough about *Oxford*; D. *Bobart.* (In *Woodftock*-Park; Mr. *J. Sherard.* On all the Heaths and Commons for twenty Miles on this fide *York*; *Idem.*)

§. Gramina

§. Gramina fpartea dicta fpicam etiam habent Secalinæ nonnihil fimilem.

1. Gramen fparteum fpicatum foliis mucronatis longioribus, vel fpica fecalina *C. B. Pin.* 5. *Th.* 67 Spartum fpicatum pungens Oceanicum *J. B. II.* 511. marinum noftras *Park.* 1198. Anglicanum *Ger.* 38. *Englifh Sea-Matweed or Marram.* In arenofis tumulis & aggeribus ad maris littus copiofiffimæ.

* Gramen repens longiffimum decem pedes longum, *Dood.* Gr. caninum fupinum longiffimum nondum defcriptum *Ph. Br.* Found by Mr. *Boucher* on the Haven over againft *Browfea* or *Breakfea-Ifle,* which is *apeninfula* of the Ifle of *Purbeck.* I guefs by his defcription of it to be the Gramen fparteum foliis mucronatis &c. Mr. *Doody Not.*

2. Gramen fparteum juncifolium *C. B. Pin.* 5. *Th.* 69. Spartum parvum Lobelio *J. B. II.* 513. Spartum noftras parvum Lobelio *Ger. Emac.* 43. Spartum parvum Batavicum & Anglicum *Park.* 1199. *Small Mat-weed.* In paluftribus & ericetis. (On *Putney-heath* plentifully, flowering from the end of April, and holds its fpike till Winter; *Pet. Conc. Gr. n.* 29.)

Folia huic tenuia juncea, caulis palmaris, fumma parte reflexus, & pro fpica duplicem feriem glumarum acerofarum fuftinens.

* 3. Gramen fparteum pennatum *C. B. Pin.* 5. *Th* 70. pennatum, aliis Spartum *J. B. II.* 512. Spartum Auftriacum pennatum *Cluf. Hift. CCXXI.* Found by Dr. *Richardfon,* in company with *Tho. Lawfon,* on the Lime-ftone Rocks hanging over a little Valley, call'd *Long Sleadale,* about fix Miles North of *Kendale* in *Weftmorland.*

* 4. Spartum Effexianum, fpica gemina claufa *Pet. Conc. Gr. n.* 35. *Ej.* Hort. Sicc. *R. Hift. III. App.* 248. fparteum capite bifido vel gemino *Merr. P.* fparteum ferotinum, fpica totali in duas tresve fpicas alternas quafi fiffili, unam præcipue partem fpectante D. *Buddle.* At *Crixey* Ferry in Effex; *Merr.* Mr. *Buddle* found it in the Marfhes on the River *Wallfleet,* near *Fambridge* Ferry in Dengeyhundred in *Effex,* and Mr. *J. Sherard* in the Swail near the Mouth of *Feverfham* Creek, about Auguft and September.

§. 1. Gramen paniceum fpica fimplici lævi *Syn. II.* 249. paniceum fpica fimplici ἐλυμάγρωσις *C. B. Pin.* 8. paniceum feu panicum fylveftre fimplici fpica *Ej. Th.* 138. Panicum
fylveftre

ſylveſtre dictum, & Dens caninus 1. *J. B. II.* 433. Panicum ſylveſtre ſpica ſimplici *Park.* 1154. *Panick-Graſs with a ſingle ſmooth Ear.* In arvis ſed rarius. Nulla in hac ſpecie in ariſtis aut glumis aſperitas ſentitur. Qui Panicum ſativum norit hoc facile noverit.

2. Gramen paniceum ſpica diviſa *C. B. Pin.* 8. *Th.* 136. Graminis genus quibuſdam, Gallis Dens canis ſecundus, ſive Panicum ſylveſtre ſpica divulſa *J. B. II.* 443. Panicum vulgare *Ger. Em.* 85. ſylveſtre Herbariorum *Park.* 1154. *Panick-Graſs with a divided Spike.* Aquoſis delectatur, verum in Anglia rarius invenitur. *Tho. Williſell* found it in Mr. *Bleſſet*'s Garden between *Deptford* and *Greenwich.* Variat ſpica nuda & ariſtata. (Spica lævi: In a Lane by the *Neathouſe* Gardens; Spica ariſtata: By the Rivulet ſide near *Petersfield,* Hampſhire; Mr. *Goodyer*; *Merr. P.*)

3. Gramen paniceum ſpica aſpera *C. B. Pin.* 8. *Th.* 139. *Rough-eared Panick-Graſs.* Spicæ laxæ ſunt, aſperæ, ſeu lappaceæ & veſtibus adhærentes. In agro quodam inter Rapas, ultra Putneiam vicum, ad ſemitam quæ inde *Roughhampton* ducit. Alſo beyond the Neat-houſes by the *Thames*-ſide going from the Horſe-Ferry above *Weſtminſter* to *Chelſey*; obſerved by Mr. *Newton.*

4. Panicum ſerotinum arvenſe ſpica pyramidata *Inſt R. H.* 515. Gramen ſerotinum arvenſe ſpica laxa pyramidali *Raj. Hiſt. II.* 1288. ſerotinum arvenſe panicula contractiore pyramidali *Ej. Syn. II.* 259. Gram. Alepecuro accedens, ex culmi geniculis ſpicas cum petiolis longiuſculis promens *Pluk. Almag.* 177. *Tab.* 33. *fig.* 6. Eſt Graminis panicei ſpecies elegans. Inter ſegetes, locis præcipue ubi aquæ aliquandiu ſtagnant. Locuſtæ ſingulares minime ſquamoſæ ſunt, verum ſingula granula continent, glumis in mollem ariſtam exeuntibus. Integram deſcript. vid. in *R, Hiſt.* 1288.

* §. Phalaris major, ſemine albo *C. B. Pin.* 28. Phalaris *J. B. II.* 442. We obſerv'd ſeveral Fields ſown with *Phalaris* near *Sandwich*; Mr. *Sherard* & Mr. *Rand.*

§. Gramen Avenaceum dumetorum ſpicatum *Syn. II.* 249. An Feſtuca graminea nemoralis latifolia mollis *C. B. Pin.* 10. *Th.* 144? *Spiked Hedg-Oat-Graſs.* In ſepibus & dumetis frequentiſſimum. Folia huic lata ſunt, pallide viridia, ſtriata, piloſa, tractantibus aſpera, aridiuſcula. Spica ſtrigoſa,

gosa, e partialibus angustis squamosis spicis composita. Serius floret.

§. Lolium spica strigosa compressa, granis cum glumis utrinque ad scapum in eodem plano sitis a reliquis Graminum generibus distinguitur.

1. Lolium album *Ger.* 71. *Park.* 1145. gramineum spicatum, caput tentans *J. B. II.* 437. Gramen loliaceum spica longiore *C. B. Pin.* 9. *Th.* 121. *Darnel. Ivray* Gallis, quoniam inebriat, *Ray.* Inter segetes, praesertim Triticeas, nimis frequens. Magnitudine omnium partium reliquis sui generis excellit, & familiam ducit.

2. Gramen loliaceum angustiore folio & spica φοῖνιξ *Diosc. C. B. Pin.* 9. *Th.* 128. Lolium rubrum *Ger.* 71. *Em.* 78. Lolium rubrum sive Phœnix *Park.* 1145. Phœnix Lolio similis *J. B. II.* 436. *Red Darnel-Grass.* Ad vias & semitas, inque pascuis pinguioribus. Locis nonnullis pro jumentorum pabulo seritur, & *Ray-Grass* dicitur: est enim pingue & ponderosum adeoque jumentis saginandis aptissimum.

Duplicem hujus varietatem observavimus, alteram spicis partialibus totalem componentibus angustioribus, teretioribus, nec adeo compressis, longioribus etiam quam in vulgari, inferioribus non sessilibus in ala cujusdam folioli ut in illo, sed longis pediculis infidentibus; alteram cui omnia contraria. (Utrumque porro variat aliquando spica aristata.)

* Gramen loliaceum paniculatum. Phœnix multiplici spicata panicula *Park. Theat.* 1146. varietas secundæ speciei.

3. Gramen parvum marinum spica loliacea *Ger. Emac.* Lib. 1. cap. 22. n. 8. sine fig. Gramen loliaceum maritimum, spicis gracilibus articulatis recurvis *H. Ox. III.* 182. 8. Loliaceum maritimum, spicis articulatis *Ej. S. VIII. T.* 2. *f.* 8. Phœnix acerosa aculeata *Park.* 1145. 1146. An Gramen loliaceum minus spica simplici *C. B. Pin.* 9. *Pr.* 19? *Dwarf-Sea-Darnel-Grass.* Ad maris littus, & in palustribus maritimis frequens. Cauliculi huic ramosi; spica teres, nec ipso caule crassior, ut nisi cum floret ægre distingui possit.

4. Gramen pumilum Loliaceo simile *Syn. II.* 250. 4. exile duriusculum maritimum *Ej.* 259. 16. exile duriusculum maritimum foliolis circumvolutis, veluti junceis brevibus

vibus *Pluk. Alm.* 173. *T.* 32. *f.* 7. *Dwarf Darnel Grafs.*
Found by Mr. *Newton* at *Bare* about a Mile from *Lancafter*; as alfo nigh the *Salt-Pans*, about a Mile from *Whitea-
ven, Cumberland*; and at *Bright-Helmfton* in *Suffex*, and
elfewhere on the Sea-Coafts. Defcriptionem vide *Hift.
noft. p.* 1287.

Lolii farina aliis idoneis medicamentis admixta ad ulcera pu-
trefcentia, impetigines, lepras, ftrumas, dolorem ifchiadicum. &c.
a Veteribus commendatur. In pane aut cerevifia affumptum temulentiam feu potius vertiginem celerrime efficit, oculis quoque nocet.

§. Gramen Alopecuroides a fpica molli caudam vulpi-
nam referente nomen accepit.

1. Gramen Alopecuro fimile glabrum cum pilis longiufculis in fpica, Onocordon mihi denominatum *J. B. II.*
475. alopecuroides majus *Ger. Em.* 10. phalaroides majus
Park. 1164. phalaroides majus, five Italicum *C. B. Pin.* 4.
Tb. 55. forte etiam phalaroides fpica molli five Germanicum *C. B. Pin.* 4. *Pr.* 10. *Park.* 1164 *The moft common
Fox-Tail-Grafs.* In pafcuis frequentiffimum. Aprilis fine aut
ineunte Maio floret.

Folia glauco polline obducta, glabra; fpica mollis cinericea,
glumæ fingulæ arifta molli longiufcula donantur; altitudo fefquicubitalis aut bicubitalis.

2. Gramen aquaticum geniculatum fpicatum *C. B. Pin.*
3. *Tb.* 41. fluviatile fpicatum *Ger.* 13. aquaticum fpicatum
Park. 1275. *Spiked Flote-Grafs.* In aquofis frequens.

* Gramen fluviatile album *Tab. Icon.* 217. Tota planta
pallidior flofculis etiam albidis; D. *Buddle.* varietas hujus.

Spica perfimilis eft præcedentis fpicæ, fed gracilior & brevior ;
caules infirmi procumbentes, & e geniculis radices agentes.

3. Gram. pumilum hirfutum fpica purpuro-argentea molli
Syn. II. 250. 3. fpica criftata fubhirfutum *C. B. Pin.* 3.
Pr. 8. *H.Ox. III.* 194. *S. VIII. T.* 4. *f.* 7. montanum hirfutis
foliis, fpica leucophæa dirupta *Pluk. Alm.* 177. *T.* 33. *f* 7.
Dwarf Fox-tail Grafs with a purplifh filver-coloured Spike.
Found by Mr. *Dale.* In montofis & campeftribus fed ra-
rius. Spica fefcuncialis, e purpura argentea, mollis & laxior,
ariftis carens. (On Black heath *Pet. Conc. Gr.* 3.)

4. Alopecuros maxima Anglica *Park.* 1166 altera maxima Anglica paludofa *Ger Emac.* 88. altera maxima Anglica
paludofa, feu Gramen alopecuroides maximum *J. B. II.*

474·

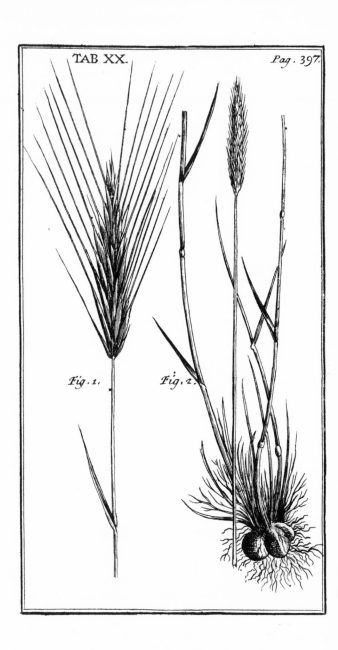

TAB XX.

Pag. 397.

Fig. 1.

Fig. 2.

474. *Lob. Adv. part. alt.* Gr. Alopecuroides Anglobritann. maximum *C. B. Pin.* 4. *Great English Marsh Fox-tail-Grass.* In riguis herbidis Comitatus Southamptoniæ proxime Saïnas & antiquas ædes *Drayton* vocatas, cis mare, duobus mill. Anglicis a *Portsmouth* ex adverso Vectis insulæ plurima; itemque in udis fossis lacustribus Essexiensis comitatus juxta Thamesis amœnissima fluenta. *Lob. ibid.* (Ad *Purfleet* in *Essex* over against the Mill towards *Raynam* on the other side of the great Ditch; Mr. *Newton.*)

5. Gramen alopecuroides spica aspera brevi *Park.* 1168. Gram. alop. spica aspera *C. B. Pin.* 4. *Th.* 59. Gramen cum cauda leporis aspera, sive spica murina *J. B. II.* 473. *Rough-eared Fox-tail-Grass.* Common on all the sandy grounds in *Jersey*; Dr. *Sherard.*

§. Gramen myosuroides spicæ angustia ab Alopecuroide differt.

1. Gramen myosuroides majus, spica longiore, aristis rectis *Syn. II.* 251. cum cauda muris purpurascente *J. B. II.* 473. typhoides spica angustiore *C. B. Pin.* 4. *Th.* 53. alopecuroides spica longa majus & minus *Park.* 1169. alopecurinum minus *Ger. Em.* 10. *The greater Mouse-tail-Grass.* Inter segetes.

Spica huic duriuscula, gracilis, longa, teres, purpurascens, aristis brevibus rectis. (Hanc speciem invenit D. *Buddle* non procul a *Paddington*, spica & glumis ablicantibus; D. *Doody.*)

2. Gramen myosuroides minus, spica breviore, aristis recurvis. *The lesser Mouse-tail-Grass, with crooked Awns.* D. *Dale.* In viis publicis, locis udis, provenit, nec ante Autumnum aut æstatis finem spicam producit. In editione prima Gram. spica gracili, aristis brevibus recurvis dicitur.

* 3. Gramen myosuroides nodosum. Found by Mr. *Jam. Sherard.*

Culmo est pedali, gracili, duobus tribusve geniculis distincto & ad inferiora genicula reflexo, cujus summo sp ca uncialis gracilis reliquis hujus generis similis insidet. Foia angusta, glabra, ad uncialem & sesquiuncialem longitudinem caulem cingunt & eadem longitudine ab eo extant. Radix nodosa plures emittit caules fibrasque. Vid. Tab. XX. fig. 2.

§. Gramen typhinum ab alopecuroide differt. spicis asperioribus, squamulis spicas componentibus bicornibus.

1. Gramen

1. Gramen typhinum majus feu primum *Ger. Emac.* 11 medium feu vulgatiffimum *Park.* 1170. cum cauda muris majoris longa, majus *J. B. II.* 472. typhoides afperum primum *C. B. Pin.* 4. ex fententia fratris *J. B. The greateſt Cats-tail-Graſs.* In pafcuis ad femitas & fepes.

(Subinde, tempore præfertim pluviofo, cum fpica foliacea reperitur, quam varietatem ad aggeres fluminis *Wandſor* Octobri menfe obfervavit D. *Martyn.*)

2. Gramen typhinum minus *Ger.* 10. *Park.* 1170. Gramen cum cauda muris minus *J. B. II.* 471. typhoides afperum alterum *C. B. Pin.* 4. *The leſſer Cats-tail-Graſs.* Cum priore, a quo ftatura minore & fpica anguftiore brevioreque differt.

* 3. Gramen nodofum fpica parva *C. B. Pin.* 2. *Pr.* 3. *Th.* 20. *Ic.* In Anglia provenit, fed locus memoria excidit. A præcedenti & Gramine myofuroide nodofo omnino differt.

4. Gramen typhinum maritimum minus *Syn. II.* 252. 3. *Pluk. Alm.* 177. *T.* 33 *f.* 8. An Gramen typhinum Danicum minus *Park.* 1170? *Sea Cats-tail-Graſs.* In fabulofis maritimis frequentiffimum eft. Spica uncialis, turgidula, ima plerunque parte anguftior eft. (Figura Parkinfoni caules magis foliofos exhibet, quam in hac fpecie obfervantur.)

§. Gramen vernum fpica brevi laxa, *Syn. II.* 252. Gramen anthoxanthon fpicatum *J. B. II.* 466. pratenfe fpica flavefcente *C. B. Pin.* 3. *Th.* 44. *Vernal Graſs with a looſe yellowiſh ſpike.* Floret vere inter prima fui generis, & in pratis & pafcuis ubique frequens eft.

Glumæ rariores a fpica brevi nonnihil extant, & in acutos apices exeunt, ariftis carentes. Apiculi florei purpurafcentes utrinque bifidi funt. (Variat & fubinde cum fpica divulfa, per vetuftatem præfertim reperitur, quale in Fl. Pr. p. 110. nomine Graminis montani odorati exhibetur.)

2. Gramen criftatum *J. B. II.* 468. criftatum Anglicum *Park.* 1159. criftatum Bauhini *Ger. Emac.* p. 29. pratenfe criftatum, feu Gramen fpica criftata læve *C. B. Pin.* 3. *Th.* 43. *Smooth creſted-Graſs.* In pratis & pafcuis ubique circa folftitium æftivum floret.

Calami tenues funt, pedales aut cubitales; fpica fefcuncialis aut major, gracilis, e glumarum duobus verfibus in unam partem vergentibus compofita.

3. Gramen

3. Gramen criftatum quadratum feu quatuor criftatarum glumarum verfibus. *Square-crefted-Grafs.* Found by Mr. *Dale* in the Fields at *Notley* in *Effex.*

4. Gramen parvum montanum fpica craffiore purpuro-cærulea brevi. *Syn.II.*253. glumis variis *C.B. Pin.* 10. *Pr.*21. *Th.* 158. *J. Sch. Agr.* 83. *Park.* 1152. Gramen verficolor *J. B. II.* 466. *Chabr.* 183. (defcr. non ic. ceu quæ eft Graminis ftriis picti & repetitur ac defcribitur in *J. B.* p. 476. *Ch.* 186.) Gr. montanum pumilum fpicatum noftras amethyftinis fplendentibus glumis *Pluk. Alm.* 173. *Small mountain fpiked Grafs with a thick fhort blue fpike.* This was fent Mr. *Petiver* out of the North, by Mr. *Fitz-Roberts* who communicated it to us.

(Huic idem eft, Gramen fpicatum montanum afperum *Syn. Ed. II.* 252. Gram. fpicatum Ingleburgenfe afperum Newt. *Pluk. Alm.* 173. *Spiked Mountain rough Grafs.* Quod e rupium fiffuris in monte Ingleborough denfis cæfpitibus exit. Folia ei longa, modice lata, carinata, margínibus afperis, fi deorfum digiti ducantur. Caulis tenuis cubitalis, fpicam in cacumine gerens brevem: femina longa nigra.)

§. Gramen Dactylon appellatur fequens genus, quod panicula in quaternas, quinas, fenas, aut plures partes divifa quafi digitos manus expanfos referat.

1. Gramen repens cum panicula graminis Mannæ *J. B. II.* 459. dactyloides radice repente *Ger. Em.* 28. canarium Ifchæmi paniculis *Park.* 1179. dactylon folio arundinaceo majus *C. B. Pin.* 7. *Th.* 112. quod nomen huic noftro, utpote minori & fupino, minime convenit. *Creeping Cocks-foot-grafs.* Found by Mr. *Newton* on the fandy fhores between *Penfans* and *Marketjeu* in *Cornwal* plentifully.

2. Gramen dactylon latiore folio *C. B. Pin.* 8. *Th.* 114. Graminis genus, Dens caninus 3. vel Gramen primum, five Galli crus *J. B. II.* 444. Ifchæmon fylveftre latiore folio *Park.* 1178. *Cocks-foot-grafs.* In Juftice *Eves* his Paftures at great *Witchingham* feven Miles from *Norwich* towards *Lynne*; alfo plentifully in the ploughed Fields about *Elden* in *Suffolk*; *T. Willifell.*

Gramina polyftachia, fpicis craffis unam partem fpectantibus.

§. 1. Gramen

§. 1. Gramen arundinaceum acerofa gluma noſtras *Park.* 1273. *Ic. H. Ox. III.* 203. *S. VIII. T. 6. f.* 41. *Great Reed-Graſs with chaffy Heads.* Ad fluviorum ripas paſſim.

Spica graminis aſperi, non multum ſparſa, plerumque purpuraſcens, interdum albicans. Caulis arundinaceus humanam altitudinem ſuperans, folia etiam arundinacea, glauca.

Gramen arundinaceum acerofa gluma Jerſeiánum D. *Sherard.* Mr. *Bobart* will have it to be the Gramen paniculatum folio variegato *C. B. Only not ſtriped.* On the Seacoaſt of *Jerſey,* over againſt *Normandy*; Dr. *Sherard.* (Near *Lhanperis* by the Rivulet going to the old Caſtle. Non videtur ſpecie differre a priori, ſaltem folia magis glauca ſunt.)

2. Gramen aſperum *J. B. II.* 467. ſpicatum folio aſpero *C. B. Pin.* 3. *Pr.* 59. *Th.* 45. pratenſe ſpica multiplici rubra *Park.* 1161. panicula toroſa pratenſe aſperum *H. Ox. III. S.VIII. T.6. f.*38. Calamagroſtis toroſa panicula *Park.* 1182. *Ic. Lob. Illuſtr.* 43. *Rough Graſs.* In pratis & paſcuis ſub finem Maii & Junii initium floret.

Culmus ſeſquicubitalis aut bicubitalis, aſper, uti ſunt & folia, panicula craſſa, albicans vel rubens, minus ſparſa, antrorſum duntaxat vergens, ex latiuſculis ceu muſcariis compoſita. (Locuſta ſquamoſa, prioris vero ſimplices.)

* Gramini aſpero ſimile, ſed lævius *Dood. Ann. Pet. Conc. Gr.* 63. Folia huic anguſtiora & leviora, ſpica etiam longior & tenuior. Variis circa Londinum locis; Mr. *Dood. Ann.* Prioris varietas potius quam diverſa ſpecies eſt.

II. *Gramina*

II. *Gramina paniculata.*

1. *Locuſtis ſimplicibus.*

§ Arundo planta eſt inter culmiferas maxima, panicula lanuginoſa, aquoſis gaudens.

1. Arundo vallatoria *Ger*. 32. vulgaris paluſtris *J. B.* II. 485. vulgaris ſive phragmites Dioſcoridis, κάλαμ⊙ χαρα-χίας Theophraſti *C. B. Pin.* 17. Harundo vulgaris ſive vallatoria *Park*. 1208. *Common Reed.* In aquis reſedibus ad fluviorum ripas, &c.

Hujus varietas foliis ex luteo variegatis a *D. Bobarto* inventa ſecus Thameſin fluvium, non procul *Oxonio*: in hortos tranſlata durabili colorum pulchritudine inſigni eis ornamento eſt.

2. Gramen arundinaceum panicula molli ſpadicea majus *C. B. Pin.* 7. *J. Scheuchz. Agr. Pr. T.* 5. plumoſum Lobelii, ſpica candida & ſerici modo lucens *J. B.* II. 476. tomentoſum arundinaceum *Ger. Em.* 9. Calamagroſtis ſive Gramen tomentoſum *Park.* 1182. *Reed-Graſs or Buſh-graſs with a pappoſe Panicle.* Locis ſenticoſis ſylvarum quarundam Flandriæ & Angliæ collegit *Lobelius*: ſimile ſi non i-dem & nos invenimus in dumetis quibuſdam agri Northamptonienſis & Eſſexienſis locis udis. Ad baſin ſeminis lanugo pappoſa naſcitur.

(Ipſius Lobelii judicio cum hoc convenit, Calamagroſtis ſylvæ D. Joannis *Park.* 1181. *Lob. Illuſtr.* 42.)

* 3. Calamagroſtis minor glumis ruffis & viridibus *Pet. Conc. Gr. n.* 69. *Small Reed-graſs.* An, quærit, Gramen a-rundinaceum panicula molli ſpadicea minus *C. B. Pin.* 7. 4. *Th.* 95 ? Its panicles ſome green, others brown and yellow-iſh, are ſmaller and more looſe than the *Wood-reed.* The firſt Diſcovery of this Graſs is owing to *Mr. John Scampton,* a curious Botaniſt, who ſent it me from *Leiceſterſhire.* (Circa *Oundle* repertum.)

§ Gramen miliaceum in panicula plerumque ſparſa locuſtas habet ſimplices non ariſtatas, grano lucido glabro fœtas. In hujus ſocietatem incerto lare errantes aliæ ſpecies recipi poſſunt, licet cum eo genere in omnibus parti-bus exacte non conveniant.

D d   1. Gramen

1. Gramen miliaceum *Lob. Icon.* 3. *Ger.* 6. *J. B. II.* 462. fylvaticum panicula miliacea fparfa *C. B. Pin.* 8. miliaceum vulgare *Park* 1153. *Millet-Grafs.* In fylvofis ad latera collium.

Culmus ei gracilis, tricubitalis ; panicula fparfa è locuftellis plurimis non fquamofis compofita. Semina longiufcula, e viridi albicantia, lucida, Miliaceis minora. Milio cæterum panicula & toto habitu valde fimile.

2. Gramen montanum miliaceum minus, radice repente *Syn. II.* 256. caninum fupinum minus *C. B. Pin.* 1. *Th.* 13. *J. Sch. Agr.* 128. parvum repens, purpurea fpica *J. B II.* 459. Upon the Mountains of *Mourn* in Ireland ; *Dr. Sherard.*

3. Gramen miliaceum aquaticum *Syn. II.* 255. miliaceum fluitans fuavis faporis *Merr. Pin.* fupinum paniculatum dulce *C. B. Pin.* 1. *Pr.* 1. *Th.* 13. *J. B. II.* 459. exile tenuifolium Canario fimile, feu Gr. dulce *Park.* 1174. dulce udorum *Lob. Illuftr.* 10. Ut certius innotefcat quam Graminis fpeciem intelligamus, defcriptionem ejus fubjiciemus.

Fibris multis albis longis, ex imi culmi, in terram plerumque reflexi geniculis demiffis radicatur. Hic poftquam erigi incipit ad pedis aut etiam cùlmi altitudinem affurgit, mollis, glaber, non admodum gracilis, præfertim fumma parte, tribus geniculis interceptus: e quibus exeunt folia culmum ipfum aliquoufque obvolventia, ut in aliis Graminibus, quæ poftquam ab eo abfceffèrunt, non ultra duos trefve digitos extenduntur, pro longitudine fatis lata, pyramidali figura, in tenuem mucronem fenfim definentia, pallidiufcula glabra. Summus culmus in paniculam Miliaceæ fimilem, nifi quod locuftæ deorfum non dependeant, laxam, undequaque fparfam, e locuftellis non fquamofis fpadiceis compofitam, terminatur. In aquofis oritur, fuavis eft faporis, & Maio menfe paniculam explicat.

4. Gramen miliaceum locuftis minimis, panicula fere a-rundinacea *R. Meth. Em.* 177. miliaceum minus panicula rubente *Pet. Conc. Gr.* 120. pratenfe vulgare panicula fere a-rundinacea *J. B. II.* 461. An Gramen montanum panicula fpadicea delicatiore *C. B. Pin.* 3. *Pr.* 6 ? In pafcuis ubique Junii initio paniculam promit

Panicula purpurea cum primo egreditur minus fparfa, fummitate inflexa arundinaceam æmulatur : Cum explicatur non amplius nutat, fed erigitur & in omnem partem diffunditur, numerofiffimis & creberrimis locuftellis non fquamofis, fed duabus tantum glumis compofitis conftans. (Mire magnitudine

dine ludit pro ratione loci. An duæ vel plures dantur species ?
D. *Doody Ann.*)

5. Gramen miliaceum fegetale majus *Pet. Conc. Gr. n.*
114. fegetum panicula fpeciofa *Park.* 1158. fegetum altiffimum panicula fparfa *C. B. Pin.* 3. *Th.* 34. *H. Ox. III.*
199. *S. VIII. T.* 5. *f.* 1. capillatum *J. B. II.* 462. fegetale
Ger. 5. *Fair panicled Corn-Grafs or Bent-Grafs.* Inter fegetes locis humidioribus, nec raro in fylvis & pafcuis, locis aquofis.

Juba pedalis in fummo caule, locuftellæ paniculas componentes perexiguæ funt, longiufculæ, ferici inftar fplen-
dentes, ex albo purpurantes.

Graminis fpeciem huic fimilem, fed multo minorem, caule fub
duplo, pulchre rubente, oftendit nobis D. *Lawfon*, a fe in foref-
ta de *Whinfield*, *Clibburnfield*, & *Great Strickland-field* in Weftmorlandia inventam (Gramen miliaceum minus, pulchre rubens vocat *Petiv. Conc. Gr. n.* 115.) Forte prioris faltem varietas eft.

6. Gramen avenaceum nemorenfe, glumis rarioribus ex
fufco xerampelinis *Syn. II.* 262. 12. avenaceum locuftis rarioribus *C. B. Pin.* 10. avenaceum rariore grano nemorenfe
Danicum *Lob. Ad. P. Alt.* 465. ic. *J. B. II* 434. avenaceum fpica mutica rariore gluma *H. Ox. III. S. VIII.*
T. 7. *f.* 49. An Gr. Angl. Britannicum avenaceum, Danico
nemorali fimile *Lob. ap. C. B. Pin p.* 10. In aggeribus fepium umbrofis juxta fylvas, non tamen admodum frequens.
(In a Hedge between *Highgate* and *Hamftead*, on the Left-
hand; Mr. *Newton.*)

Folia Graminis avenacei dumetorum; panicula fefquipalmaris
& longior, e raris locuftis compofita, quarum fingulæ glumis
duabus non ariftatis ex fufco xerampelinis, interius in finu fuo
utriculum, cui femen includitur, continentibus conftant. (Miliaceum eft, fingula locufta unicum femen continente; D.*Doody.*)

7. Gramen avenaceum locuftis rubris montanum *C. B.
Pin.* 10. *Pr* 20. locuftis rubris *J. B. II.* 434. *Park.*
1151. avenaceum gluma mutica montanum, locuftis rubris *H Ox. III. S. VIII. T.* 7. *f.* 48. This was fent Mr. *Petiver*, out of the North, by Mr. *Fitz Roberts*, who gathered it about *Kendal* in Weftmorland; and by him communicated to us. (Hoc ni male memini præcedenti fimile, brevibus pediculis in fpicam fere coactis D. *Doody.*)

8. Gra-

8. Gramen pratenſe ſerotinum, panicula longa purpuraſcente *Syn. II.* 260. 21. *H. Ox. III.* 201. *S. VIII. T.* 5. *f.* 22. pratenſe ſpica Lavendulæ *Merr. Pin.* Julio menſe floret, in pratis humidioribus frequens.

Culmus pedalis aut ſeſquipedalis, unico non longe a radice geniculo, ad quod duo aut tria folia. Panicula minus ſparſa, tres aut quatuor digitos longa, purpuraſcens.

* 9. Gramen miliaceum folio anguſtiſſimo *Pet. Conc. Gr.* 116. *Narrow Millet-Graſs.* Its Leaves long and very narrow, the Glumes plain and not thick ſet. Tufts in *June* and *July* in ſhady *Thickets.*

An hæc & ſequentia *Petiveri* Miliacea gramina revera diſtinĉta, & non potius varietates 4. ſpeciei ſint, non immerito dubitatur?

* 10. Gramen miliaceum anguſtifolium, glumis perexiguis *Pet. Conc. Gr.* 117. *Narrow fine Millet-Graſs.* Its Leaves ſhorter than the laſt, but narrow, the Panicles much ſpread with very ſmall Glumes. Tufts in *July*, in the *Grove* at the upper End of *Greenwich Park.*

* 11. Gramen miliaceum majus, panicula ſpadicea *Pet. Conc. Gr.* 118. *Great brown Meadow Millet-Graſs.* An Gr. montanum panicula ſpadicea delicatiore *C. B. Pr.* 6? Its Tufts large and brown, compoſed of fine forked or gaping beardleſs Glumes. In dry hilly Paſtures in *June* and *July.*

* 12. Gramen miliaceum majus, panicula viridi *Pet. Conc. Gr.* 119. In Meadows by River ſides, in *June* and *July.* (Prioris varietas potius, quam diverſa ſpecies videtur & merito dubitatur an a Gramine pratenſi vulgari panicula fere arundinacea *J. B.* utrumque ſpecie differat.)

* 13. Gramen miliaceum ſylveſtre glumis oblongis *Pet. Conc. Gr.* 121. *Buddles Wood Millet-Graſs.* Firſt diſcovered by him in *Biſhops-Wood*, Hamſtead.

14. Gramen miliaceum pratenſe molle *Pet. Conc. Gr.* 124. pratenſe paniculatum molle *C. B. Pin.* 2. *Pr.* 5. *ic. Park.* 1155. lanatum Dalechampii Lugd. *J. B. II.* 466. ſextum *Cap.* 22. *L.* 1. *Ger. Em. Soft-tufted Meadow Graſs.* In paſcuis frequens.

Culmo eſt pedali aut altiori, 4. plerumque geniculis intercepto, & totidem foliis cinereis veſtito.

15. Gramen miliaceum ariſtatum molle *Pet. Conc. Gr.* 125. paniculatum molle, radice Graminis canini repente
H. Ox.

H. Ox. III. 202. caninum longius radicatum majus &
minus *C.B. Pin.* 1. canarium longius radicatum latiore panicula *Lob. Adv. P. Alt.* 467. *J. B. II.* 457. caninum
paniculatum molle *Syn. II.* 257. 7. In arvis inter fegetes
Junio menfe paniculam promit.

Sub terra reptando Graminis canini vulgaris modo infinitum fe
propagat. Præcedente cui perfimile, majus eft & elatius, glumæ huic majores multo quam illi, & in breves ariftas terminatæ (quod in *Lobelii* figura non æque exprimitur, licet ea de cætero bona fit & Gramen hoc bene exprimat.

* 16. Gramen miliaceum maritimum molle *Pet. Conc.
Gr. n.* 126. foliolis junceis, radice jubata *C. B. Pin.* 5. *Th.*
74. (defcr. fine fig.) & Gr. fparteum variegatum *Ejufd. Ibid.
Th.* 72. (fine fig.) exile durius Norwegicum aut Danicum,
fcopario Gramini cognatum *Lob. Adv. P. alt.* 466. *ic. J.B.
II.* 463. In ora maritima Suffolciæ reperit D. *Buddle.* Folia habet dura juncea, paniculam vero mollem. An Gramen maritimum vulgatiffimo pratenfi Gramini congener
Lob. Illuftr. 8 ? quod *Petiverus* exiftimat.

17. Gramen miliaceum majus, glumis ariftatis, fpadiceis
& pallidis *Pet. Conc. Gr. n.* 122, 123. fegetum panicula a-
rundinacea *C.B. Pin.* 3. *Th.* 35. agrorum Lobelii *J. B. II.*
461. agrorum venti fpica *Park.* 1158. arundinaceum *Ger.* 5.
Inter fegetes, fed rarius.

Magnitudine fere æquale eft fegetum gramini feu capillato *J.B.*
quocum confunditur a quibufdam, fed differt locuftis ariftatis &
juba ramofiore in unum plerumque latus a ventis agitata & inflexa.

(§. Graminis avenacei locuftæ inter fimplices & fquamofas medio modo fe habent, ex locuftis plerumque geminis communi folliculo biglumi mutico comprehenfis conftantes. Pleræque omnes fere fpecies ariftatæ funt, arifta
e cujufque locuftæ exteriori dorfo medio, (rarius ad bafin)
egrediente, & circa fui medium infracta, crurum Locuftæ
inftar.)

1. Gramen avenaceum montanum fpica fimplici, ariftis
recurvis *Syn. II.* 252. Found by Mr. *Dale* upon *Bart-
low-Hills* in Effex on the Edge of Cambridgefhire, and between *New-Market* and *Exning* in the Borders of the Corn-
fields. (On the Chalk-hills between Northfleet and Gravesend ; D. *Dillenius.*) Spica raris locuftis alternatim fitis
compofita.

E x

Ex obfervatione D. *Doody Syn. II. App.* 345. a fequente omnino diverfum, eft. Hoc enim folia habet omnino glabra, anguftiora & rigidiora, fequens autem latiora, molliora & inferiora hirfuta, quæ cum caulem produxerit, ftatim marcefcunt, unde per errorem glabrum denominavit. (Verum præter has differentias, alia notabilis in co obfervatur, quod hoc fpicas partiales habeat cauli proxime adnatas nulli vel breviffimo pediculo infidentes, adeoque vere fpicatum fit, cum fequentis locuftæ pediculis innafcantur & plures conjunctæ obferventur paniculamve efficiant. Deinde ipfæ etiam locuftæ plurimum differunt, in hoc enim veluti fquamofæ funt, e quatuor locuftis partialibus feu totidem granis, glumis fuis obvolutis & quatuor ariftis terminatis, conftantes fecus ac in fequenti. Iconem vid. Tab. xxi. fig. 1.)

2. Gramen avenaceum 7. feu glabrum (potius hirfutum) panicula purpuro-argentea fplendente D. *Doody Syn. II.* 252. 3. it. Gr. avenaceum glabrum, panicula purpuro-argentea fplendente Ejufd. *Syn. II.* 262. 10. In the Paftures about the Earl of *Cardigan's* Houfe at *Twittenham* in Middlefex. (Inter *Northfleet* and *Gravefend* in collibus cretaceis Junio menfe ; D. *Dillenius.*)

Panicula non multum fparfa, nec e fpicis fquamofis compofita, fed ex locuftis Avenacearum (vere) æmulis quarum una quæ duo triave grana glumis obvoluta & ariftata continet : ariftæ prætenues funt, incurvæ, purpurafcentes. (Folia minus angufta, nec priorum inftar ubi abfcedunt in angulum flexa. Vid. Tab. xxi. fig. 2.

* 3. Gramen avenaceum panicula acerofa, femine pappofo *Cat. Giff.* 93. *App.* 48. *defcr.* avenaceum elatius, juba longa fplendente *Raj. Meth. Em.* 179. *H. Ox. III.* 214. 37. avenaceum elatius, juba argentea longiore *Ibid. S.VIII. T.* 7. *f.* 37. caninum avenacea panicula non nodofum *Merr. Pin.* Radix fibrofa eft. In pafcuis & ad fepes paffim circa *Londinum.* Granis ftrigofis, ad bafin pappofis facile a reliquis diftingui poteft.

4. Gramen nodofum avenacea panicula *C.B. Pin.* 2. *Pr.* 3. *Ic.* nodofum *J. B. II.* 456. caninum nodofum *Ger.* 22. caninum nodofum bulbofum vulgare *Park.* 1175. Ad fepes & in dumetis frequens, nonnunquam & inter fegetes.

Juba verfus unam partem plerumque inflexa deorfum nutat; ariftæ breves incurvæ fpadiceæ. Radices nodorum bulboforum elenchis conftant, (quibus apriori, quocum confunditur in *Syn. II.* 260. 1. differt, ut & panicula minus fplendente, ariftis & locuftis partialibus non geminis, fed plerumque folitariis.)

5. Gramen.

TAB. XXI.

Pag. 406.

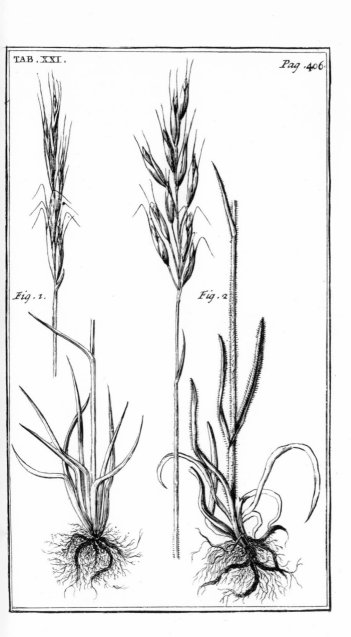

Fig. 1.

Fig. 2.

5. Gramen avenaceum pratenſe elatius, panicula flaveſcente, locuſtis parvis *Syn. II.* 256. 2. avenaceum panicula flaveſcente, locuſtis parvis Raji *H. Ox. III.* 215. 42.
avenaceum ſpica ſparſa flaveſcente, locuſtis parvis *Ibid. S.
VIII. T.* 7. *f.* 42. In pratis & paſcuis frequens.

Culmi ſeſquipedales graciles ; folia anguſta utrinque hirſuta, panicula ſparſa, pallide viridis, e locuſtellis parvis biſurcis & binis
brevibus ariſtis donatis, compoſita.

* 6. Gramen avenaceum ſparſa panicula ſpecioſa, locuſtis minimis *H.Ox. III.* 215. 14. *Raj. Hiſt. III.* 611. 4.
Locis gramineis, ſed rarius reperitur, auctore *Bobarto,* qui
tanquam a priori diſtinctum deſcribit loco allegato.

7. Gramen paniculatum locuſtis parvis purpuro-argen-
teis annuum *Syn. II.* 258. 11. paniculatum purpuro-argen-
teum, locuſtis parvis annuum *H.Ox.III.* 200. *S.VIII T.* 5.
f. 11. (bon.) paniculatum minimum molle *Bot. Monſp. App.*
296. *deſcr. J. Scheuchz. Agr.* 215. phalaroides ſparſa panicula minimum anguſtifolium *Barr. Ic.* 44. *O.* 1218. *Small
annual fair panicled Graſs.* In glareoſis & ſterilioribus.

Radices capillares, folia brevia anguſtiſſima, caulis palmaris &
nonnunquam pedalis, tenuis, glaber, uno alterove geniculo interceptus. Panicula ſparſa purpuro-argentea ab initio, per vetuſta-
tem dein caneſcens; locuſtæ parvæ, bina ſemina duabus glumis
obvoluta & ariſtis brevibus tenuibus donata, continent, duabus
glumis communibus tanquam calyce comprehenſa. Locuſtarum
pediculi tenues ſunt, ſparſi; ariſtæ præ exilitate vix conſpicuæ,
unde in icone *Barreliana* omiſſas eſſe mirum non eſt. Ex ſententia Petiveri *Syn. II. App.* 325. huic idem eſt, Gramen avenaceum capillaceum, minoribus glumis *C. B.* quod a *Lobelio Adv.
P. Alt.* p. 465. deſcribitur, in vivario ferarum Grenovicenſi, ubi
& ipſe viderit, repertum.

8. Gramen paniculatum locuſtis parvis, purpuro-argen-
teis, majus & perenne D. Doody *Syn. II.* 258. 12. *Small perennial fair-panicled Graſs.* A D. *Doodio* obſervatum & nobis oſtenſum eſt.

* 9. Gramen nemoroſum paniculis albis, capillaceo
folio *C.B. Pin.*7. *Pr.*14. *Th.* 7. *H.Ox. III.* 200. 9. *S.VIII.
T.* 7. *fig. ult.* In ericeto ſolo glareoſo haud longe ab Oxonio inventum a *J. Bobarto.*

10. Gramen parvum præcox panicula (potius ſpica) laxa
caneſcente *Syn. II.* 260. 22. *Pluk. Alm.* 177. *T.* 33. *f.* 9.
it. Gr. minimum ſpica brevi habitiore noſtrum *Syn.II.* 253.

In

In glareofis & fterilioribus plerumque nafcitur, ubi palmarem altitudinem affequitur; in lætiore folo femipedale eft.

Radices capillares, folia brevia anguftiffima, caulis tenuis geniculatus, fpica uncialis e viridi aut purpureo canefcens, pluribus locuftis in parvis ramulis laxius (quando floret, ab initio enim panicula contracta eft & fpicam refert) nafcentibus conftans. Singulæ locuftæ bina granula continent, ariftis geminis perbrevibus donata. (Figura *Plukenetiana* cum non bene repræfentet plantam, aliam & meliorem Tab. XXII. fig. 2. exhibere voluimus.)

11. Gramen avenaceum parvum procumbens, paniculis non ariftatis *Syn. II.* 262. 11. *Pluk. Alm.* 174. *T.* 34 *f.* 1. triticeum paluftre humilius, fpica mutica breviore *H. Ox. III.* 177. *S. VIII. T.* 1.*f.* 6 In pafcuis.

Locuftæ turgidulæ tria quatuorve grana duabus glumis obvelata continent. (Melius Triticeis cum *Bobarto* annumeratur Graminibus, vere enim paniculatum non eft, nec locuftæ Triticeis multum abfimiles funt.)

2. *Locuftis fquamofis.*

a. *Muticis.*

§. 1. Gramen pratenfe minus feu vulgatiffimum *Syn. II.* 256. paniculatum minus album & rubrum *J. B. II.* 465. pratenfe paniculatum minus *C. B. Pin.* 3. *Th.* 31. pratenfe minimum album & rubrum *Park.* 1156. *The moft common Meadow Grafs.* Ubique in pafcuis ad femitas & agrorum limites.

Vere in culmum abit & paniculam explicat, fparfam non tamen propendentem, glumis verfus unum præcipue latus vergentibus, cujus portiunculæ feu paniculæ fingulares e duplici glumarum fquamatim incumbentium non ariftatarum verfu compofitæ non multum diffimiles funt paniculis Graminis tremuli minoris. Culmus femipedalis aut non multum altior, ad terram paululum reclinatus · folia hilare viridia, glabra, tenera & fucculenta, gratiffimum jumentis pabulum. Si Gramen a gradiendo feu progrediendo dictum fit, quod fibras creberrimas agens & nova germina aggenerans mirifice fe diffundat & propaget, non alia fpecies hoc nomen magis meretur.

(Annuum eft & panicula unam præcipue partem fpectat; locuftæ nunc albentes, nunc rubentes, majufculæ; D. *Doody.*)

2. Gramen

TAB XXII

Fig. 1.

a *b*

Fig. 2.

2. Gramen pratenfe paniculatum medium *Syn. II.* 257.
C. B. Pin. 2. *Th.* 30. pratenfe minus *J. B. II.* 542. pratenfe minus *Ger.* 2. *Park.* 1156. *The greater or middlefort of Meadow-Grafs.* In pafcuis & ad fepes.

Hæc fpecies præcedente elatior eft multo ; panicula undequaque diffufa; fingulæ locuftæ e quibus panicula componitur fquamofæ funt, & majores etiam quam illius vel faltem æquales, cum fequentis minores fint. Differt etiam a fequente; quod panicula non ufque adeo fparfa feu diffufa fit, quodque caules fummi & folia lævia fint, cum in illo afpera nonnihil fentiantur.

3. Gramen pratenfe paniculatum majus latiore folio, πόα Theophr. *C. B. Pin.* 2. *Th.* 28. pratenfe *Ger.* 2. pratenfe vulgatius *Park.* 1156. *The greateft Meadow-Grafs.* In pafcuis.

Culmi pedales aut fefquipedales, nonnihil afperi, panicula fparfa, feu in omnem partem extenfa : fpicæ feu locuftæ paniculas componentes minimæ, breviores quam in præcedente, fquamofæ tamen.

4. Gramen pratenfe paniculatum majus anguftiore folio *C. B. Pin.* 2. *Pr.* 5. Oxonio ab amico benevolo D. *Tilleman Bobart* ad me tranfmiffum; *Petiv. Syn. II. App.* 325. Satis frequens dicitur in *H. Ox. III.* 201. & panicula fubinde tenuior effe animadvertitur. Ejus figuram vide *S. VIII. T.* 5. *f.* 19.

(Forte Gramen pratenfe majus anguftifolium, locuftis longioribus anguftis *Dood. Ann.* Duæ inquit, dantur fpecies Graminis pratenfis majoris; una elatior, foliis anguftioribus, altera humilior, foliis latioribus & locuftis majoribus durioribufque. Prior in pafcuis frequens occurrit; pofterior in muris. Ambæ per hyemem durant, radicibus fibrofis fe figunt & flagella non emittunt. Prius majus, alterum medium nominatur; D. *Doody.* Quod idem videtur cum fequenti fpecie.)

* 5. Gramen pratenfe paniculatum medium *Hift. Pl. Par.* 90. pratenfe medium, culmo compreffo *Budle H. S.* On the Walls about *Eltham* and in feveral other places; Mr. *J. Sherard.* Subinde in prata defcendit ; in muris vero plerumque reperitur, ubi radices oblique agit & a C. *Bauhino.* Gramen murorum radice repente vocatur, *Pr. p.* 2. *n.* 5. Locuftæ e pluribus fquamarum paribus compofitæ ad Eragroftin proxime accedunt.

6. Gramen paniculatum maritimum vulgatiffimum *Syn. II.* 259. 18. In paluftribus maritimis ubique.

Folia brevia, angufta, carinata & ita convoluta ut juncea videantur. Culmi pedales: panicula palmaris, non multum diffufa, purpurafcens, e fpicis feu locuftis oblongis, anguftis, fquamofis non ariftatis compofita. (Locuftæ e pluribus quam duobus fquamarum paribus componuntur & longiores quam priorum funt.) Alia hujus fpecies elatior & major bicubitalis, ftipulis etiam Triticeis majoribus a D. *Newton* collecta nobifque oftenfa eft. Utraque fpecies fubglauca eft.

7. Gramen caninum maritimum paniculatum *Syn.*II.259. 19. In arenofis maris littoribus denfis cefpitibus nafcitur.

Radicibus reptat Graminis Officinarum in modum. Panicula non multum fparfa, e locuftis parvis fquamofis, Graminis pratenfis vulgaris fimilibus compofita. Defcriptionem vid. *Hiſt. noſtr.* 1286. (Utrumque vel alterum faltem a *Lobelio in Illuſtr. p.* 8. nominari & defcribi videtur.)

8. Gramen exile duriufculum in muris & aridis proveniens *Syn. II.* 259. 15. minus duriufculum *Ger.* 4. minimum Monfpelienfe *J. B. II.* 464. quod Monfpelii Gramen exile durius appellari fcribit. Gramen panicula multiplici *C. B. Pin.* 3. *Pr.* 6. *Park.* 1157. *Small hard Grafs.*

Paniculæ e fpicis anguftis, oblongis, fquamofis compofitæ, in metam faftigiantur, & verfus unum duntaxat latus flectuntur.

9. Gramen capillaceum locuftellis pennatis non ariftatis *Hiſt. noſtr. II.* 1288. *Pluk. Alm.* 176. *T.* 34. *f.* 2. criftatum radiculis nigricantibus *Fl. Pr. p.* 110. *Ic.* 24. Gram. foliolis junceis brevibus, radice nigra & alba *C. B.* ex fententia D. *Bobarti.* In pafcuis ficcioribus. A D. *Dale* & D. *Bobarto* habuimus. Invenimus etiam inter plantas noftras ficcas olim collectas.

(Idem folio glauco. Varietas prioris. Gathered on the backfide of *Nottingham-Caſtle* by Mr. *J. Sherard.*

10. Gramen foliolis junceis oblongis, radice alba *C. B. Pin.* 5. *Th.* 73. *Syn. II.* 277. 11. Found at the head of the Bogs at *Wooten-heath,* three Miles from *Oxford.*

(Quomodo differt a præcedente fpecie? *Dood. Ann.*) Ex defcriptione *J. Scheuchzeri Agr. p.* 242. Gramen foliolis junceis oblongis radice alba *C. B.* Graminis avenacei fpecies eft.)

11. Gramen fparteum montanum fpica foliacea graminea majus & minus *Ph. Br. Merr. Pin. Syn. II.* 252. *Grafs upon Grafs.* In fummis altiffimorum Cambriæ monticum, *Snowdon, Caderidris* &c. verticibus inter faxa, ubi nulla fere planta præter Mufcum provenit, copiofe. Gramini arvenfi panicula crifpa *C. B. Park.* perfimile eft. (Non
nifi

nisi varietas penultimi videtur; id tamen fingulare eft, quod spica ftatim foliacea fit, antequam femina matura fiant. Vid. Tab. XXII. fig. 1.)

* 12. Gramen arvenfe panicula crifpa longiore noftras *Pluk. Alm.* 176. Cum defcriptionem non addiderit auctor, an hujus proprie loci fit, non conftat. Ceteroquin arvenfe panicula crifpa *C. B.* locuftas fquamofas muticas habet, Gramini pratenfi vulgatiffimo fatis fimiles.

13. Gramen aquaticum majus *Ger. Em.* 6. majus aquaticum Lobelii *J. B. II.* 462. paniculatum aquaticum latifolium *C.B. Pin.* 3. *H. Ox. III.* 201. *S. VIII. T.* 6. *f* 25. Gr. paluftre paniculatum altiffimum *C. B. Pin.* 3. *Great Water-Reed Grafs.* Ad aquas & rivos copiofe.

Ob altitudinem & culmi magnitudinem Arundinis æmulam non immerito a nonnullis Gramen arundinaceum vocatur, quamvis panicula ejus lanuginofa non fit, fed ex locuftis fquamofis (pluribus quam duobus paribus) compofita.

14. Gramen arundinaceum aquaticum, panicula avenacea *Syn. II.* 254. 2. Found by Mr. *Doody* on the Banks of the River *Thames,* between *London* and *Chelfey,* (and in the Woods by the Boarded River.)

Ad tricubitalem altitudinem affurgit, culmo gracili arundineo, geniculato, longis internodiis, in cacumine longam non multum fparfam, fubinde purpurafcentem, e fpicis fquamofis muticis compofitam paniculam geftans. Folia anguftiora quam pro magnitudine plantæ, longiffima. Spicæ illæ, feu locuftas mavis dicere, ex quibus panicula componitur, minores funt quam in præcedente.

* 15. Gramen paniculatum nemorofum, latiore folio, glabrum, panicula nutante non ariftata.

Hoc titulo a D. *Micheli* miffum Gramen in Anglia etiam nuper prope *Dover* repertum eft, quod radicibus varie implicatis magno denfoque cæfpite oritur. Culmus pennæ anferinæ & amplioris craffitudinis tricubitalis: folia nervofa femuncialis longitudinis funt, rigida: panicula dodrantalis, ex locuftis fquamofis, ejufdem cum duobus præcedentibus figuræ compofita. Found by Mr. *Rand* and Mr. *J. Sherard.*

16. Gramen paniculatum elatius, fpicis longis muticis fquamofis *Syn. II.* 258. 9. fparteum fpicata Brizæ panicula & corniculata *Barr. O.* 1154. *Ic.* 25. In pafcuis locis humidioribus.

Sequenti fimile eft, fed majus & elatius, fpicæ ex quibus panicula conflatur longiores, fquamis non ariftatis, circa margines
cinerafcentibus

cinerafcentibus feu incanis, cætera purpurafcentibus compofitæ. Panicula unum latus fpectat.

17. Gramen aquaticum cum longiffima panicula *J. B. II* 490. fluviatile *Ger. Emac.* 14. *Park.* 1275. aquaticum fluitans multiplici fpica *C. B. Pin.* 3. *Flote-Grafs.* In rivulis & foffis aquofis.

Panicula cubitalis, multiplicibus fpicis fquamofis teretibus compofita, glumarum fingularum marginibus cinereis feu argenteis.

* Gramen fluitans locuftis longis fpicam æmulantibus. Found by Mr. *Buddle.* Præcedentis varietas eft; Mr. *Doody Not.*

§ Gramen tremulum dicitur, quia fpicæ ejus ex quibus panicula componitur pulcherrimæ fquamofæ e filamentis tenuibus dependent, ut vel leviffimo flatu agitatæ tremifcant.

1. Gramen tremulum *J. B. II.* 469. tremulum majus *C. B. Pin.* 2. Phalaris pratenfis *Ger.* 80. Gramen tremulum feu Phalaris media Anglica prima, an fecunda *Park.* 1165. *Quaking-grafs, Cow-quakes, and in fome places Ladies-hair.* In pafcuis frequentiffimum.

† *Nobilis Domina* Henrici Vernon *militis foror, ut ab amiciffimo viro* P. Richardo Croffe *habeo.*

Maio menfe paniculam explicat, unde † nonnulli Adagium illud Anglicum; May, come fhe early come fhe late makes the Cow quake, de hoc gramine interpretantur, hoc eft, Majus citiusne an ferius advenerit, non vaccam facit tremulam, fed Gramen tremulum Cow-quakes dictum producit.

2. Gramen tremulum minus, panicula ampla, locuftis parvis triangulis *Syn. II.* 254. 2. tremulum minus *J. B. II.* 470. tremulum minus, panicula parva *C. B. Pin.* 2. *Pr.* 4. *H. Ox. III.* 208. *S. VIII. T.* 6. *f.* 46. it. Gram. tremulum minus locufta deltoide *Ej. Hift. Ib. f.* 47. Dr. *Sherard* firft found it in *Jerfey,* afterwards in many Meadows in *France.*

b. *Ariftatis.*

§. 1. Feftuca Avenacea fterilis elatior, feu Bromos Diofc. *C. B. Pin.* 9. *Th.* 146. Bromos herba five Avena fterilis *Park.* 1147. Bromos fterilis *Ger.* 69. Ægilops Matthiolo forte *J. B. II.* 439. *Great wild Oat-Grafs or Drank.* Ad fepes & in agrorum marginibus Maio menfe.

Panicula

Panicula multifariam dividitur, cujus portiunculæ e longis &
tenuibus velut filamentis pendulæ, ſquamatim e pluribus glumis,
ariſtis mollibus longis donatis compactiles, ſpicam parvam men-
tiuntur, locuſtis Avenæ non multum diſſimiles.

2. Feſtuca Avenacea ſterilis ſpicis erectis *Syn. II.* 261. 3.
Pluk. Alm. 174. *T.* 299. *f.* 2. avenacea ſterilis, pediculis
brevioribus & ſpicis erectis *H. Ox III.* 212. *n.* 13. graminea annua, ſpicis erectis *Ib. S. VIII. T.* 7. *f.* 13. *Great
wild Oat Graſs or Drank, with erected ſpikes*. In the Hedges
beyond *Botley* near *Oxford*; Mr. *Bobart.* Folia inferiora
pilis longis obſita ſunt.

3. Feſtuca Avenacea ſterilis paniculis confertis erectioribus, ariſtis brevioribus *Syn. II.* 261. 4. ſterilis humillima,
ſpica unam partem ſpectante *Pet. Conc. Gr. n.* 101. *Syn.
II.* 261. 5. *Wild Oat-Graſs or Drank, with a more compact Panicle, and more erected ſpikes with ſhorter awns.*
Found by Dr. *Sherard* on the ſandy grounds in *Jerſey* plentifully. (By Mr. *Dale* in *Merſey-Iſle* near *Colcheſter,* and by
D. *Dillenius* on the Coaſt of *Suſſex.* Locuſtæ ejus ſquamoſæ, vel ut J. *Scheuchzerus* vocat, compoſitæ ſunt, e quatuor plerumque locuſtis partialibus ſeu folliculis conſtantes.
Singulæ autem locuſtæ partiales ſeu folliculi e glumis con-
ſtant duabus, quarum exterior in ariſtam oblongam definit.
Semina in ſingulis folliculis latent ſingula, oblonga &
gracilia. Figura hujus Graminis ſuperius exhibetur eadem
Tabula cum Bulboſa Alpina Juncifolia Tab. nempe XVII.
fig. 2. ubi ad lit. a. locuſta ſeorſim deſignata eſt.) pag. 374.

4. Gramen pratenſe panicula duriore laxa, unam partem
ſpectante *Syn. II.* 257. 8. In paſcuis frequentiſſimum ſub
finem Maji paniculam promit.

Folia anguſtiſſima & fere capillacea, cum in ſepibus & frutetis
oritur longiſſima; (pedalia aut cubitalia.) Paniculæ laxæ, unam
partem ſpectantes, e ſpicis oblongis ſquamoſis, ſquamis in ariſtas
breviſſimas definentibus compoſitæ. Hujus icon ſuperius eadem
Tabula cum Orchide magna latis foliis galea fuſca vel nigricante
J. B. Tab. nempe XIX. fig. 1. exhibetur, ubi ad lit. a. & b. folia aliquot ſeorſim adpicta ſunt.

5. Feſtuca Avenacea hirſuta, paniculis minus ſparſis *Syn.
II.* 261. 5. Gramini murali Dalechampii ſimile ſi non idem
J. B. II. 438. avenaceum pratenſe, panicula ſquamata &
villoſa *H. Ox. III.* 213. *S. VIII. T.* 7. *f.* 18. bromoides
vernum ſpicis erectis *Merr. P. Rough Oat-Graſs with more
compact*

compact Panicles. In muris & aggeribus, inque agrorum marginibus & tumulis ficcioribus paffim.

Folia hirfuta & fere canefcentia, nec raro fpicæ, e quibus panicula componitur: hæ e fquamis feu glumis circum oras canefcentibus compactiles, ima parte latiores in acutum definunt, ariftis mollibus brevibus armatæ, & plerunque erectæ funt.

* 6. Gramen avenaceum pratenfe, gluma tenuiore glabra *H. Ox. III.* 213. *n.* 19. avenaceum pratenfe, fquamofa gluma longiore glabra *Ib. S. VIII. T.* 7 *f.* 19. Hujus mentio facta videtur ad Gramen pratenfe paniculatum medium *Syn. II.* 257. fub nomine Graminis pratenfis fquamofi, gluma tenuiore *Bob.* Diverfum vero ab iftius generis Graminibus & hujus potius loci effe figura *H. Ox.* allegata fuadet. Præcedenti plurimum accedit & non nifi fpicis tantillum longioribus & glabris differt. Varietas forte potius, quam diftincta fpecies cenfendum.

7. Feftuca Avenacea, fpicis ftrigofioribus, e glumis glabris compactis, a nobis & D. *Dale* obfervata. *Syn. II.* 261. *inter* 5. & 6. *Smooth Oat-Grafs with more compact Panicles.* In pratis & pafcuis. Spicæ non tantum minores & anguftiores huic fpeciei funt, fed & glabræ & colore plerunque purpurafcentes.

8. Feftuca Avenacea fpicis habitioribus, glumis glabris *Syn. II.* 261. 6. Gramen Gros Montbelgardenfe *J. B. II.* 438. avenaceum locuftis majoribus fquamatis, fegetale majus *H. Ox. III. p.* 212. *n.* 16. avenaceum fegetale majus, gluma turgidiore *Ib. S. VIII. T.* 7. *f.* 16. bromoides fegetum latiore panicula *Park.* 1149. *defcr.* 1150. *fig.* 2. Feftuca graminea glumis hirfutis & glabris *C. B. Pin.* 9. *Th.* 143. *Oat-Grafs with larger fmooth fpikes and fparfed Panicles.* In many places among the Corn.

A præcedente fpecie, cum qua Botanici eam confundunt, differt culmis elatioribus, fpicis habitioribus & latioribus, magis fparfis & dependentibus, glumis glabris, ut & loco inter fegetes, extra quas nondum eam invenimus. (Variat locuftis hirfutis, quam varietatem *Petiv. Conc. Gr.* 106. Feftucam fpicis habitioribus glumis incanis vocat. Eft vero hæc varietas minus quam prior in Anglia frequens. Si glumæ glabræ fint, folia etiam talia obfervantur, fi hirfutæ, folia etiam hirfuta funt : cum foliis hirfutis *Parkinfonus* & *Bobartus,* cum glabris *C. Bauhinus* depinxere.)

9. Feftuca elatior paniculis minus fparfis, locuftis oblongis ftrigofis, ariftis purpureis fplendentibus D Doody *Syn. II.* 261. 7. An Feftuca graminea effufa juba *C. B. Pr. p.* 19. *n.* 65?

Defcriptio

Defcriptio in omnibus nifi locuftarum colore huic convenit. Inter fegetes prope Southamptoniam invenit & nobis
communicavit Dr. *Sherard.*

10. Gramen avenaceum dumetorum panicula fparfa *Syn.*
II. 261. 8. avenaceum dumetorum paniculatum majus hirfutum *H. Ox. III.* 213. 27. avenaceum dumetorum, juba
longiore fpica divifa *Ib. S. VIII. T.* 7. *f.* 27. Feftuca graminea nemoralis latifolia mollis *C. B. Pin.* 9. *Th.* 144. *J.*
B. II. 479. *Bufh or Wood-Oat-Grafs, with a fparfed Pa-*
nicle.

Spicæ feu locuftæ primæ fpeciei fimiles funt, verum culmus
hujus elatior ; Panicula & calami altitudine exceptis perfimile eft
Gramini avenaceo dumetorum fpicato.

11. Gramen avenaceum glabrum, panicula e fpicis raris
ftrigofis compofita, ariftis tenuiffimis *Syn II.* 262. 9. bromoides aquaticum latifolium, panicula fparfa tenuiffime ariftata *J. Sch. Agr.* 264. *T.* 5. *f.* 17. *Fulhamiæ* prope Londinum obfervavit D. *Doody. Bockingæ* in Effexia ad fluvium
fupra molam fullonicam D. *Dale.*

12. Gramen murorum fpica longiffima *Ger. Em.* 31. *H.*
Ox. III. 215. 43. avenaceum murorum fpica longiffima
nutante ariftata *Ib. S. VIII. T.* 7. *f.* 43. fpica nutante longiffima *Park.* p. 1162. *Capons-tail-grafs,* i. e. Gramen
'Αλεκτρυόνερος. In muris & locis agrorum fterilioribus & ficcioribus.

Panicula fpicam fimulans, fefquipalmaris aut femipedalis, angufta & ftrigofa, nutans, e fpicis prætenuibus fquamofis, glumis
in oblongas, tenues, purpurafcentes ariftas definentibus, compofita. Annuum eft.

13. Gramen paniculatum bromoides minus, paniculis a-
riftatis unam partem fpectantibus *Syn. I.* 189. *II.* 258. 14.
Pluk. Alm. 174. *T.* 33. *f.* 10. *Small panicled Oat-Grafs*
with awns.

A præcedente, quocum in multis convenit, differt panicula
breviore latioreque, locuftis fquamofis eam componentibus multo majoribus & latioribus, caule pluribus geniculis [tribus aut
quatuor] intercepto. Iifdem cum præcedente in locis.

§. Gramen nemorofum hirfutum inter Culmiferas & Gra-
minifolias non culmiferas ambigere videtur : culmo enim
terete geniculato cum illis convenit; verum flore feu potius calyce hexaphyllo, feminibus angulofis, panicula juncea ad has accedit.

1. Gramen

1. Gramen exile hirſutum *Ger. 16.* nemoroſum hirſutum minus anguſtifolium *Park.* 1185. hirſutum capitulis
Pſylli *C. B. Pin.* 7. *Pr.* 15. Gramen Luzulæ minus *J. B.
II.* 493. *Small hairy Wood-Graſs.* In pratis & paſcuis frequens, floret ſub finem Aprilis; unde male inſcribitur nemoroſum.

2. Gramen hirſutum elatius, panicula juncea compacta
Syn. II. 263. 2. hirſutum capitulo globoſo *C. B. Pin.* 7.
Th. 104. *Park.* 1186. hirſutum capite globoſo ſimplici *Merr.
P.* capitulo lucido globoſo Tabernæ montani *J. B. II.* 468.
The greater hairy Graſs with a compact Ruſh-like Panicle.
(On the Moors in *Lancaſhire* near *Haſlenden*; *Merr. P.*)

Duplo elatius eſt præcedente, foliis duplo longioribus, panicula
multo majore, magiſque compacta, ex pluribus veluti globulis
coacervata.

3. Gramen nemoroſum hirſutum vulgare *Syn. II.* 263. 3.
Gr. nemoroſum hirſutum *Ger.* 17. *Lob. Ic.* 16 nemoroſum
hirſutum majus *Park.* 1184. nemoroſum hirſutum majus
latifolium *C. B. Pin.* 7. *Th.* 101. rore lucidum nemorenſe
ſive Lujulæ *J. B. II.* 492. *Common hairy Wood-Graſs.* Si
hoc intelligunt perperam majus vocant. In ſylvis frequens.

A reliquis hujus generis facile dignoſcitur, quod flores eoſque
ſequentia vaſcula ſeminalia non conſiſtant plura ſimul in eodem
pediculo, ſed ſingula ſeorſim, unum ſeſſile, alia filamentis longis
tenuibus appenſa.

4. Gramen nemoroſum hirſutum latifolium maximum
Syn. II. 263. 4. Gramen Luzulæ maximum *J. B. II.* 493.
The greateſt broad-leaved hairy Wood-Graſs. In umbroſis
ſaxoſis, ſed rarius. I obſerved it in the Ditch of a Cloſe
adjoyning to *Hampſtead*-Wood near *London* plentifully.

Cum Graminum omnium hirſutorum apud nos naſcentium
longe maximum ſit, foliis latis, panicula juncea diffuſa, non indiget deſcriptione.

Genus

Genus Vigesimum Octavum.

HERBÆ GRAMINIFOLIÆ NON CULMIFERÆ FLORE IMPERFECTO SEU STAMINEO.

§. **G**RAMINIS cyperoidis & Cyperi, præter toia graminea & ſtamineos flores toti huic generi communes, notæ ſunt Caules triquetri in omnibus, & in pleriſque etiam femina.

GRAMEN CYPEROIDES POLY- STACHION.

GRamina cyperoide dividi poſſunt in *polyſtachia*, h. e. quæ plures ſpicas fertiles, e foliorum alis alias ſupra alias exeuntes obtinent, & in ſummo caule, unam vel plures aceroſas & femine caſſas: *ſpicata*, quæ unam plureſve ſpicas fertiles in ſummo caule geſtant abſque ſpica paleacea; *paniculata*, quæ flores & femina ſparſa in paniculis ſeu jubis, vel in ſummo caule, vel e foliorum alis egreſſis geſtant, quæ Cyperos dicimus.

1. Gramen cyperoides cum paniculis nigris *J. B. II.* 494. cyperoides majus latifolium *Park.* 1265. cyperoides *Ger.* 11. cyper. latifolium ſpica rufa ſive caule triangulo *C. B. Pin. 6. Great vernal Cyperus-Graſs.* In aquoſis, inque ipſis aquis ad fluviorum ripas. Maio floret.

Maximum eſt inter Gramina cyperoide polyſtachia, hoc eſt quorum ſpicæ ſeminiferæ ſingulatim aliæ ſupra alias e foliorum ſinubus exeunt; ſummum autem caulem ſpicæ paleaceæ ſemine caſſæ terminant. (Hujus folia non ſolummodo duriora & aſperiora, ſed glauca, cum ſequentis molliora & viridiora ſint. Pro ratione loci multum variat; *D. Doody.*)

2. Gramen cyperoides majus anguſtifolium *Park.* 1265. *Ger. Em.* 29. paluſtre majus *Ger.* 11. Graminis nigro-lutei verni varietas major *J. B. II.* 494. *Great narrow-leaved vernal Cyperus-Graſs.* Cum priore, quo per omnia minus eſt, niſi quod in parem altitudinem aſſurgat, caule concinne triquetro.

Gramen

* Gramen cyperoides minus anguftifolium *Park*. 1266. *fig*. 3.
Mr. J. Sherard firft obferv'd this in a Pond near *Eltham* in *Kent*, about the End of *May*; and *Mr. Rand* in the Ditches at the *King's Arms* againft Whitehall; *Pet. Conc. Gr*. 159. Pertinet ad præcedentem fpeciem cujus varietas eft.

3. Gramen cyperoides foliis caryophylleis, fpicis e rarioribus & tumidioribus granis compofitis *Syn. II*. 264 3. *Pluk. Alm*. 178. *T*. 91. *f*. 7. *Many-fpiked, July-flow-er-leaved Cyperus-Grafs, with more thinly fet and tumia Grains*. On *Chiffelhurft* and other Bogs.

In hac fpecie unicam duntaxat fpicam femine caffam in fummo caule hactenus obfervavimus. Caules compreffi ad tactum molliores funt & velut juncei.

4. Gramen cyperoides foliis caryophylleis, fpicis ere-rectis feffilibus, e feminibus confertis compofitis *Syn. II*. 264. 4. cyperoides anguftifolium, fpica fpadiceo-viridi minus *C. B. Pin*. 6. *Pr*. 13. *July-flower-leaved Cype-rus-Grafs, with erect feffile Spikes*.

Spicæ erectæ, nullis fere pediculis, in foliorum alis feffiles prope fummos caules, e granis confertis compreffis & velut fquamatim incumbentibus conftant.

5. Gramen cyperoides, foliis caryophylleis, fpicis oblongis e pediculis longioribus pendulis *Syn. II*. 264. 5. Gr. cyperoides nemorofum, fpica fubnigra recurva C. Bauhini *H. Ox. III. S. VIII. T*. 12. *f*. 14. *Many-fpiked July-flower leaved Cyperus-Grafs, with pendulous Heads*. In pratis humidioribus.

Caules hujus magis concinne triquetri quam præcedentium duorum, fpicæ longiores, longioribus pediculis infidentes, & nonnihil pendulæ.

Sic pro unica Graminis Caryophyllei fpecie tres repofuimus, quæ omnes revera diftinctæ funt, certifque & manifeftis notis inter fe differunt. Caryophyllea vocamus hæc gramina, quia foliorum colore glauco Caryophyllos imitantur.

* 6. Gramen caryophylleum anguftiffimis foliis, fpicis feffilibus brevioribus erectis non compactis *H. Ox*. III. 243. 12. In fylvarum planitiebus & earum marginibus, inque pafcuis humidioribus ab utroque *Bobarto* obfervatum.

7. Gramen cyperoides polyftachyon lanuginofum *Syn. II*. 265. 6. *H. Ox. III*. 243. *S. VIII. T*. 12. *f*. 10. An. Gram. cyperoides Norwegicum parum lanofum *Park. p*. 1172. *Many-fpiked hairy Cyperus-Grafs*. In pafcuis, locis humidioribus.

Hujus

Hujus tum folia, tum caules, tum etiam spicæ in apricis la-
nuginosæ sunt. In summo caule duas tresve spicas habitiores
gerit, & inferius ad magnam distantiam e foliorum sinubus
duas tresve alias. Magnitudo ei Graminis Caryophyllei.

8. Gramen cyperoides polystachyon flavicans, spicis
brevibus prope summitatem caulis *Syn. II.* 265. 7. *H. Ox.*
III. 243. *S. VIII. T.* 12. *f.* 16. *Pluk. Alm.* 178. *T.* 34.
f. 5. *Yellowish Cyperus-Grass with short Spikes.* In
pratis & pascuis frequens.

Altitudo dodrantalis, folia angusta caule breviora : reliquas
notas titulus suppeditat.

9. Gramen cyperoides polystachyon majus, spicis teretibus erectis. Gramen cyperoides angustifolium, spicis
longis erectis *C. B. Pin.* 6. *Th.* 84. Gramen cyperoides
medium, angustifolium, spicis teretibus erectis, flavican-
tibus *H. Ox. III.* 242. *S.* VIII. *T.* 12. *f.* 8. *Great Cyperus-*
Grass with round upright Spikes. In several Pools
about *Middleton* in *Warwickshire.* (In the River at
Redbridge beyond *Epping*; *Mr. Doody.* In paludibus
& aquosis circa Oxoniam; v. g. apud Hodkley *M. Bo-*
bart.)

Spicæ ex utriculis membranaceis subrotundis mucrone donatis compositæ. Caulis adeo obscure triquetrus est ut vix possit discerni. Folia caulem longitudine superant : tres quatuorve spicæ tenues, longæ, disjunctæ, paleaceæ caulem finiunt.

10. Gramen cyperoides sylvarum tenuius spicatum
Park. 1171. *Lob. Ill. St.* 60. *H. Ox.* III. 243 *S.* VIII.
T. 12. *f.* 9. *Slender-eared Wood Cyperus-Grass.* In
sylvis passim : floret circa finem Aprilis & initio Maii.

Spicæ flavicant ut & tota planta : summus caulis in singula-
larem spicam acerosam semine cassam terminatur.

11. Gramen cyperoides polystachyon majusculum latifolium, spicis multis, longis, strigosis. *Slender-eared,*
broad-leaved Cyperus-Grass, with many Spikes. Found
in a Lane at *Black Notley* by *Mr. Dale.*

Folia pro Graminis magnitudine satis lata sunt. Spicæ sex
septemve prætenues & strigosæ, granis rarioribus, ut in cyperoide sylvarum, longæ, virides. Caulis in spicam unicam semine cassam exit. A priori specie, cui persimile, spicarum
pediculis vel nullis, vel valde brevibus differt. Tota etiam planta viridior est.

12. Gramen cyperoides spica pendula breviore *C. B.*
Pin. 6. *Th.* 86. Cyperus seu Pseudo-cyperus spica brevi pendula *Park.* 1266. Graminis cyperoidis genus,

E e 2   Pseudo-

Pſeudo-cyperus Lobelio, ſpicis vel paniculis pendenti-
bus ex longis pediculis *J. B. II.* 496. Pſeudo-cyperus
Ger. Em. 29. *Baſtard Cyperus with ſhort pendulous
Spikes.* In paluſtribus & aquaticis, ſtagnis vadoſis, &c.
Pulchrum eſt hoc gramen.

Spicæ cylindraceæ pendulæ ex ſingulis foliorum ſinubus ſingulæ exeunt, ſummo caule in ſpicam ſtrigoſam, aceroſam, ſemine caſſam terminato. (Hujus ſpicæ pendulæ nunc longiores
nunc breviores inveniuntur; *D. Doody.*)

13. Gramen cyperoides ſpica pendula longiore *Park.*
1267. ſpica pendula longiore & anguſtiore *C. B. Pin.*
6. *Pr.* 13. *J. B. II.* 497. *Many-ſpiked Cyperus-Graſs
with long pendulous Heads.* In foſſis circa *Brantriam* in
Eſſexia, & alibi.

Eſt e majoribus hujus generis, Gramini cyper. cum paniculis nigris altitudine non inferius. Spica in ſummo caule ſemine caſſa ſingularis habitior : Secundum caulis longitudinem e
ſinubus foliorum ſingulis ſingulæ exeunt ſpicæ longæ, anguſtæ,
& ob longitudinem & ſummæ partis craſſitiem pendulæ, flavi-
cantes, plurimum quinque.

* 14. Gramen cyperoides majus præcox, ſpicis turgidis teretibus flaveſcentibus *H. Ox.* III. 242. cyperoides
medium præcox, ſpicis teretibus flaveſcentibus *Ib. S.* VIII.
T. 12. *f.* 6. Cyperoides veſicarum majus *Cat. G.* 63. *App.*
42. Ad rivulos circa *Oxonium*, ſed rarius obſervavit
Bobartus.

* 15. Gramen cyperoides paluſtre, ſpicis tribus ſubrotundis vix aculeatis, ſpatio diſtantibus *H. Ox.* III. *S.* VIII.
T. 12. *f.* 18. Cyperoides veſicarium minus *C. G.* 63.
App. 42. Solo humid frigido & argilloſo, quale ultra
Iſley pagum, mille paſſus ab Oxonio diſſitum & aliis
conſimilibus locis invenit *J. Bobartus.* Ceterum pro
ſequenti ſpecie proponitur vel potius cum eo confunditur in *H. Ox. p.* 243. hoc Gramen, a quo toto habitu,
ſed præcipue foliis latioribus, ſpicis majoribus propius
admotis, & capſulis inflatis abunde differt.

16. Gramen cyperoides ſpicis parvis longiſſime diſtantibus. *Cyperus-Graſs with ſhort Spikes far diſtant
one from another.* Hoc genus primo a *D. Martino Liſter*
habui, poſt ipſe inveni in Eſſexia, loco putrido & paludoſo prope *Machius-Mill* non longe a *Witham* verſus
Camalodunum.

Caulis

Caulis bipedalis & pro longitudine tenuissimus; spicæ plerunque unciales pediculis tenuissimis uncialibus appensæ: præter quas spica paleacea, semine vacua singularis caulem terminat.

Huic simile si non idem observavimus loco squalido & aquoso in prato quodam juxta lupuletum *Panfeldia* in Essexia, altitudine pedali aut longiore, caule tenui, foliis angustis, e quorum alis spicæ seminiferæ duæ tresve breves & habitiores, vel sessiles in foliorum alis, vel pediculis brevibus innixæ. Caulem spica simplex foliacea terminat.

17. Gramen cyperoides vernum minimum. Gramen cyperoides spicatum *Ger. Em.* 22. spicatum foliis Caryophylleis *Park.* 1160. Caryophyllatæ foliis, spicâ divulsâ *C. B. Pin.* 3. *Th.* 46. *The least vernal Cyperus-Grafs.* Spicam producit & floret primo vere ante reliqua genera in pascuis sterilioribus passim.

Summum caulem tres quatuorve spicæ, superior semine cassa, reliquæ frœtæ confertæ occupant; interdum etiam inferius e folii sinu spica exit.

18. Gramen palustre echinatum *J. B. II.* 497. *Ger. Em.* 17. palustre aculeatum vel minus Germanicum *C. B. Pin.* 7. aculeatum Germanicum *Park.* 1187. *Marsh Hedge-hog Grafs, or small echinate Cyperus-Grafs.* In palustribus & humidioribus pratis copiose.

Parvitate sua & spicis compactis brevibus, habitioribus muricatis in foliorum alis sessilibus a congeneribus facile distinguitur. Spica strigosa acerosa, semine cassa singularis caulem finit.

* Cyperoides echinatum majus *Pet. Conc. Gr,* 169. Gramen palustre echinatum, majus *D. Vernon.* Gramen palustre aculeatum, Italicum, majus *C. B. Theat.* 110. This has rarely more than two sessil or close sharp grained Heads near the Top, the lower bearded, with a long Leaf. Grows plentifully in a Meadow with the *Cirsium Anglicum* near *Cambridge,* where I got it in Company with *Mr. J. Sherard,* about the middle of *June;* *Pet. Conc. Gr.* 169. (Non videtur specie differre a minore Germanico. Ad altitudinem sesquipedalem assurgit.)

19. Gramen cyperoides spicis brevibus congestis, folio molli. In ericeto Hampstediensi prope Londinum invenit *D. Doody.* (In solo putrido *Oakenshaw-moor* dicto *D. Richardson.*) Hujus descriptionem vide *Hist. nost. Append. p.* 1910.

Spica huic in summo caule paleacea unica, seminiferæ tres quatuorve, brevissimæ & globulorum æmulæ, absque pediculis cauli adnatæ. Inferius nonnunquam ex ala folii spica pedculo insidens egreditur. Ostendit nobis *D. Vernon* aliam hujus seu

speciem,

speciem, seu varietatem, spicis habitioribus non in alis foliorum sessilibus, sed pediculis longiusculis insidentibus.

20. Gramen cyperoides tenuifolium, spicis ad summum caulem sessilibus globulorum æmulis *Pluk. Alm.* 178. *T.* 91. *f.* 8. cyperoides una alterave spica rotunda præter cassam *Dood. Syn. Ed.* II. *App.* 345. Folia brevia mollia: Caulis fere pedalis, spica una vel duabus, subrotundis turgidis, sine pediculo sessilibus onusta. Singulis spicis folium apponitur. In palustribus putridis Ericeti prope *Croyden*; Julio.

* Gramen cyperoides angustifolium majus, spicis sessilibus in foliorum alis *Pet. Conc. Gr.* 187. Graminis cyperoidis angustifolii, spicis parvis sessilibus in foliorum alis, varietas insignis, si non species distincta *Buddl H.S.* 29. Majus est, & spicæ duplo quam in præcedenti majores sunt. Non tamen specie differre videtur.

Gramen cyperoides spicis brevibus crassis, una minore in ala folii sessili pluribus disjunctis in & prope summum caulem. *D. Vernon* communicavit. Cyperoides echinata capite longe distante *Pet. Conc. Gr.* 170.

GRAMINA CYPEROIDE CUM SPICIS IN SUMMO CAULE, QUAM SPICA PALEACEA NON TERMINAT.

1. GRamen cyperoides palustre elatius, spica longiore laxa *Syn.* II. 267. 1. *H. Ox.* III. 244. *S.* VIII. *T.* 12. *f.* 23. *Marsh Cyperus-Grass with loose Spikes.* In palustribus putridis & aquosis.

Caulis huic sesquicubitalis. Spica seu potius panicula longa, minus sparsa, lucida, e pluribus spicis secundariis composita, quæ ex aliis adhuc subrotundis exiguis squamosis constant. Denso & firmo cespite nascitur hoc genus, in solo aliàs cœnoso, Juncorum in modum, ut tuto ei insistere possis.

Hujus aliam speciem per omnia similem, sed minorem, spicis gracilioribus, sparsim nascentem, non in ejusmodi densis cespitibus, iisdem in locis observavimus.

2. Gramen cyperoides spica e pluribus spicis brevibus mollibus composita *Syn.* II. 268. 2. cyperoides palustre majus spica divisa C. B. *H. Ox.* III. 244. *S.* VIII. *T.* 12. *f.* 29. (sed perperam.) *Cyperus-Grass with a Head compounded of soft Spikes.* In pascuis & locis humidioribus copiose.

Cauliculi dodrantales aut pedales, concavi, enodes, spicas 4, 5, vel etiam 6 confertas, subrotundas nec tactu asperas in fasti-

gio

gio fuſtinentes. Hanc ſpeciem in *Cat. Angl.* pro Gramine cyperoide ex monte Ballon ſpicâ divulſâ *J. B.* habuimus.

3. Gramen cyperiodes ex monte Ballon ſpicâ divulsâ
J. B. II. 497. cyper. paluſtre majus ſpicâ divulſâ *C. B.
Pin.* 6. *Th.* 88. cyper. paluſtre minus *Park.* 1287. cyper.
parvum *Ger. ic.* 19. *Marſh Cyperus-Graſs of Mount*
Ballon *with a divided Head.* In the Meadows near the
Hithe at *Colcheſter* in *Eſſex,* and elſewhere, obſerved
by *Mr. Newton*; (by *Hithe* in *Kent*; *Mr. J. Sherard*).

Præcedente elatius eſt, caulibus gracilioribus, nec adeo manifeſte concavis; ſpicis partialibus minoribus, corigiato foliolo
oblongo ſpicæ ſubjecto, ſecus quam in illo, quo interdum recta
ſupra paniculam aſſurgente caulis Junci ſpeciem refert; foliis
longioribus & anguſtioribus.

4. Gramini cyperoidi ex monte Ballon ſimile, ſpica
totali e pluribus ſpicis compoſita *Syn.* II. 268. 4. *Pluk.
Alm.* 178. *T.* 34. *f.* 7. An Gram. cyper. elegans multifera ſpica *Park.* 1172? *Cyperus-Graſs with a ſoft more
compound Head.* In paluſtribus & aquoſis, Maio floret.

Spica in hac ſpecie coloris eſt ferruginei, & initio ad tactum
mollis: tertia ſpecie majus eſt & elatius.

5. Gramini cyperoidi ex monte Ballon ſimile humilius, in maritimis & arenoſis naſcens *Syn.* II. 268. 5.
Pluk. Alm. 178. *T.* 34. *f.* 8. *Low Sea Cyperus-Graſs
with a compound Spike.* In arenoſis maritimis frequens.
Multo humilius eſt præcedente, ſpica ferruginea, deorſum plerunque nutante.

6. Gramen cyper. paluſtre elegans ſpica compoſita
aſperiore. *Elegant Cyperus-Graſs with a rough compound
Head.* In a Pool at *Middleton* in *Warwickſhire* towards
Cole's Hill; alſo nigh *Wrexham* in *Denbighſhire,* and
other Places.

Folia anguſta, pallide viridia, dodrantalia: Caulis pedalis, nudus, enodis; ſpica in ſummo ex viridi flavicans, e 5 vel 6 ſpicis brevibus teretibus ſquamoſis, ſquamis acuminatis compoſita, nullo ei ſubjecto foliolo.

* 7. Gramen cyperoides elegans, ſpica compoſita molli *Pluk. Alm.* 178. *Tab.* 34. *fig.* 4. a Rajano hujus tituli
diverſum.

8. Gramen cyper. paluſtre majus ſpica compacta *C. B.
Pin.* 6. *Th.* 87. cyperoides paluſtre triquetrum ſpica integra *J. B. II.* 479. pal. cyperoides *Ger.* 19. cyp. paluſtre majus *Park.* 1266. *The greater-ſpiked Cyperus-
Graſs.* In aquoſis & ad fluviorum ripas.

E e 4 Spica

Spica fefcuncialis e fquamis compreffis acuminatis & quodammodo aculeatis compofita. Caulis fefquicubitalis, triquetrus, angulis acutis, lateribus velut fulcatis.

9. Gramen cyperoides fpicatum minus *Syn.* II. 269. 9,
cyper. fpicis minus compactis *Park.* 1268. cyper. parvum
Ger. defc. 19. *Em.* 18. cyp. fpicis minoribus minufque
compactis *C. B. Pin.* 6. *Pr.* 13. *J. B. II.* 497. *The leffer
fpiked Cyperus-Grafs.*

Praecedente multis numeris minus eft, aliàs fimillimum, fpicis, ut recte *J. B.* minoribus minufque compactis; cauliculis
plerunque terram verfus reclinatis. Iifdem cum priore in locis.

10. Gramen cyperoides fpicatum minus, fpica longa
divulfa feu interrupta *Syn.* II. 269. 10. cyperoides fpicis
curtis divulfis *Fl. Pr.* 117. *ic.* 32. cyperoides gracile alterum, glomeratis torulis fpatio diftantibus *Lob. Ill.* 61.
*The leffer-fpiked Cyperus-Grafs with a long interrupted
Ear.* In pafcuis & locis humidioribus.

Cauliculi dodrantales aut pedales tenues, terram verfus plerunque reclinati: Spica longa divulfa feu interrupta, ex fex nimirum feptemve fpicis parvis, fquamofis feffilibus, ex utriculis
aculeatis compofitis longiufcule diftantibus (inferiores intellige)
compofita. Folia longitudine interdum caulem ipfum aequant
vel excedunt, quo a duobus praecedentibus differt.

11. Gramen cyperoides anguftifolium, fpicis parvis
feffilibus in foliorum alis *Syn.* II. 267. 19. *H. Ox. III.*
243. *S.* VIII. *T.* 12. *f.* 17 *Pluk. Alm.* 178. *T.* 34. *f.* 3.
cyperoides minimum Bœlii tenuifolium, parvis per caulem diftinctis torulis *Lob. Ill.* 54. In aggeribus foffarum udis, praefertim umbrofis. Cauliculi tenues pedales, folia angufta longa, tum infima, tum fuperiora, in
quorum alis fpicae fedent.

12. Gramen cyperoides fpicatum minimum, fpica
divulfa aculeata *Syn.* II. 269. 11. fylvat. 3. *Tab. Ic.* 227.
parvum tenuifolium cum fpica aculeata *J. B. II.* 510.
nemorofum fpicis parvis afperis *C. B. Pin.* 7. *Th.* 100.
An Gram. cyper. echinatum montanum *Park.* 1172?
The leaft prickly-headed fpiked Cyperus-Grafs. Locis
paluftribus folo putrido & fpongiofo.

Folia angufta, brevia; cauliculi palmares & fefquipalmares in
fummo geftant fpicam laxam, e tribus plerunque glomerulis
feminum aculeatorum compofitam.

13. Gramen cyperoides minimum, feminibus deorfum
reflexis puliciformibus *Syn. II.* 269. 12. Gramen cyper.
fpica fimplici caffa *Syn. II.* 267. 20, *H. Ox. III.* 244.

S. VIII

S. VIII. T. 12. *f.* 21. 22. Cyperoides pulicare *Merr. Pin. Pet. Conc. Gr.* 172. *Flea-Grafs.* Obferved firft by *Mr. Goodyer*, and by him named *Flea-Grafs*, from the Likenefs of its Seeds, both for Figure and Colour. We have often found it in moorifh and boggy Places.

14. Gramen cyperoides fpica fimplici compreffa difticha *D. Plukenet Alm.* 178. *T.* 34. *f.* 9. Qui illud primus obfervavit. *Mr. Newton*, who firft fhewed it me, found it in watery Places about *Orton* in *Weftmorland*, and alfo about *Chiffelhurft in Kent.* (In the Rill near *Dulwich* Wells; *Mr. Doody.*)
Caulis femipedalis aliquoufque fupra fpicam producitur, ut fpica e finu caulis egredi videatur quemadmodum in Juncis.

15. Gramen cyperoides minimum Ranunculi capitulo rotundo *D. Bobart. H. Ox. III. S. VIII. T.* 12. *f.* 36. cyperoides fpica echinata fimplici *Merr. Pin. Small Cyperus Grafs with a Crowfoot-head.* Frequently found on the Bogs on the Weft-fide of *Oxford.*

16. Gramen cyperoides minus Ranunculi capitulo longiore *D. Sher. Syn.* II. 270. 15. Præcedentis varietas effe videtur capitulo longiore. In paluftribus fpongiofis *Bogs* dictis in comitatu *Down* Hiberniæ.
Huic fimile, fi non idem, obfervavit & ad nos detulit *D. Vernon.* Graminis cyperoidis minoris fpica fimplici, titulo, in paluftribus marifcis dictis prope *Hinton* & *Teverfham* in agro Cantabrigienfi frequens. Hujus cauliculum terminat fpica fingularis non paleacea, fed e mille feminibus compacta. Verno tempore juncum mentitur.

CYPERI BOTANICIS DICTI.

1. CYperus longus *Ger.* 28. longus odoratus *Park.* 146 odoratus radice longa feu Cyperus Officinarum *C. B. Pin.* 14. panicula fparfa fpeciofa *J. B. II.* 501. *The ordinary fweet Cyperus or* Englifh *Galingale.* Found by *Mr. Newton* in the Ifle of *Purbeck, Dorfetfhire,* near a Chapel on the Side that looks towards *Portland* Ifland. Panicula fparfa e fpicis parvis compreffis fquamofis compofita.
Urinam & menfes movet hujus radix, ventriculum roborat, fœtum & fecundinas expellit. Ufus frequens ad odoramenta & fuffitus (pulverifat.)

2. Gr. cyper. paluft. panicula fparfa *Park.* 1266. cyperoides panicula fparfa majus *C. B. Pin.* 6. cyperoid.
vulga-

vulgatius aquat *J.B.II.* 495. *Water or Marsh Cyperus-Grass with a sparsed Panicle.* In the Fen Ditches about *Wisbich* and *Marshland* in *Norfolk*, *Tolesbury* in *Essex*, and elsewhere near the Sea; as also in the River of *Thames* plentifully.

Planta est speciosa, caule concinne triquetro, angulis asperis; paniculis crassis rufescentibus, e variis spicarum congestarum agminulis compositis; quorum medium brevi pediculo insidens pluribus spicis constat; reliqua quæ illud circumstant pediculis oblongis inhærent, pauciorumque spicarum sunt. Spicæ autem singulares multo breviores sunt quam in Cypero rotundo littoreo inodoro.

3. Cyperus rotundus littoreus inodorus *Lob. Ic.* 77. *J. B. II.* 503. rotundus inodorus Anglicus *C. B. Pin.* 14. rotundus littoreus *Ger. Em.* 31. rotund. littoreus inodorus Anglicus *Park.* 1264. *Round-rooted bastard Cyperus.* In Angliæ Borealis fluminum littoreis leneque fluentium rivulorum & maris alluvionibus invenit *Lobelius.* By the *Thames* about *London* in many Places; *Mr. Doody.* Observed also about *Maldon* in *Essex* plentifully by *Mr. Dale.*

Radicibus in nodos extumescentibus; foliis latioribus; paniculâ congestâ ex unico spicarum agmine communi pediculo brevi insidentium; spicis singularibus longioribus & fere uncialibus, a præcedente differt.

4. Cyperus longus inodorus sylvestris *Ger. Em.* 29. longus inodorus vulgaris *Park.* 1263. longus inodorus sylvestris Lobelio *J. B. II.* 503. longus inodorus Germanicus *C. B. Pin.* 14. Gram. cyperoides altissimum foliis & carina serratis *P. Boccon. Rar.* 72. *Long-rooted bastard Cyperus.* On *Hinton* Moor near *Cambridge* plentifully: Also in boggy Places by the River *Thame* at *Dorsthill* near *Tamworth* in *Warwickshire*; and by the Seaside between *Pensans* and *Marketjeu* in *Cornwal.*

Caulis huic rotundus, folia utroque margine & media costa serrata; Jubæ acerosæ Junci e foliorum alis & summo caule, aliæ supra alias exeunt.

5. Cyperus gramineus *J. B. II.* 504. gramineus miliaceus *Ger. Em.* 30. Pseudo-cyperus miliaceus *Park.* 1171. Gram. cyperoides miliaceum *C. B. Pin.* 6. *Th.* 90. *Millet Cyperus-Grass.* We have found it in many Places as by the *Thame* Side near *Tamworth* in *Warwickshire:* In a Brook near *Haverford-West* in *Pembrokeshire. Mr. Dale* observed it by the River *Blackwater*,

at

at a Mill below *Bocking* in *Effex*. (In the Ditch by the Road to *Kentifh-Town*, a little beyond *Pancras* Church; *Mr. Newton.*) Panicula nigricans in latum diffunditur.

Caulis huic plantæ cubitalis est & interdum fefquicubitalis, triquetrus, medulla farctus, fumma parte parvo interdum foramine pervius, nodofus, & ad fingulos nodos (qui non raro fex, feptemve, aut etiam plures funt) foliis fingulis, ima parte ad duorum digitorum fpatium eum involventibus, inferioribus pedem aut dodrantem longis, unciam latis, carinatis, læte viridibus; veftitus; in fummo faftigio paniculam geftans nigricantem, fparfam, junceam potius quam miliaceam, cujus radii partiales majores, paniculas privatas fuftinentes, e finu folii exeunt. Paniculæ dictæ privatæ e fpicis fquamofis pluribus fimul in fummis pediculis coagmentatis conftant. Spicæ autem adeo parvæ funt ut fquamæ ægre poffint difcerni: fub fquamis latitant femina parva, oblonga pallida. Folia ima quæ e radice exeunt cubitalia, iis quæ in caule fimilia, verum anguftiora nonnihil. Carina & acies feu margines foliorum digitum deorfum ducentibus afpera fentiuntur.

6. Cyperus minor paluftris hirfutus, paniculis albis paleaceis *H. Ox. III.* 239. *S. VIII. T.* 9. *f.* 39. (*Ic.* non defcr. nec hirfutus, fed potius glaber eft) Gramini Luzulæ accedens glabrum in paluftribus proveniens, paniculatum *Pluk. Alm.* 178. *T.* 34. *f.* 11. Gramen cyperoides paluftre leucanthemum *Syn. II.* 266. 15. *J. Sch. Agr.* 103. *T.* 11. *f.* 11. cyperoides albis glumis *Merr. Pin.* junceum leucanthemum *Ger. Em. L.* 1. *C.* 22. *n.* 7. In paluftribus, fed rarius. We found it in many boggy Places in *Cornwal*, and in all the Moffes in *Lancafhire* and *Scotland*. (*Mr. Doody* obferved it on *Bag fhot-Heath*; *Mr. Petiver* in a large low Bog between *Wickham* and *Croyden*; *Mr. Du-Bois* near *Tunbridge* plentifully.)

Sub finem Julii paniculam promit: altitudo ei pedalis aut major; panicula e flofculis feu potius glumis acerofis albis elegantulis compofita e finu folii exit & ejufmodi duæ trefve confertæ fummum caulem, qui triquetrus occupant. (Folia plana, non juncea, fed graminea. Locuftæ fquamofæ teretes.)

* Cyperus minor anguftifolius paluftris, capitulis fufcis paleaceis *H. Ox. III. S. VIII. T.* 11. *f.* 40. In humidis occidentalis Angliæ locis provenit, obfervante *Bobarto*, qui totius parvitate, foliis anguftis, paniculis minoribus & paucioribus, fubfufci coloris a præcedente diftinguit. Forte varietas faltem eft, loci conditioni originem debens. I found, fays *Petiv. Conc. Gr.* 148. this plentifully in a Bog between *Southampton* and *Limington* in *Auguft*.

§. Scirpi

§. Scirpi notæ charaɛteriſticæ ſunt, flores ſtaminei ſemina nuda in capitulum ſquamoſum collecta, seminibus compreſſis, obtuſe triquetris, ſingulis ad ſingulas ſquamas, caules vel calami enodes, plerumque rotundi & medulla fungoſa repleti. Species ejus vel caule nudo ſunt, vel folioſo, quæ Gramina juncea paſſim dicta fuere.

I. Scirpi nudi.

1. Scirpus paluſtris altiſſimus *Inſt. R. H.* 528. Juncus maximus ſeu Scirpus major *C. B. Pin.* 12. maximus Holoſhoenos *J. B. II.* 522. lævis maximus *Park.* 1191. aquaticus maximus *Ger.* 31. *Bull-ruſh.* In fluminibus, piſcinis & ſtagnis majoribus. Paniculæ huic e ſummo ſcapo exeunt.

Hujus varietatem panicula glomerata, caule breviore & calamo ſupra paniculam minus producto in mariſcis inſulæ *Selſey* obſervavit *D. Dillenius.*

2. Juncus ſive Scirpus medius *C. B. Pin.* 12. *Th.* 181. ſylvaticus Tabernamontani *J. B. II.* 524. lævis vulgaris *Park.* 1191. *The leſſer Bull-ruſh.* In the Sea-Ditches at *Bricklesey* and *Merſey-Iſland*; *Mr. Dale.* (In a Pond of a Breach a little beyond *Limehouse*; *Mr. Doody.*)

* 3. Juncus aquaticus medius, caule carinato *Dood. Ann.* aquaticus major carinatus *Pet. Conc. Gr.* 199. On this Side *Batterſea* Meadow, and in the *Thames* by *Limehouse*; ubi creſcit etiam Juncus maritimus caule triangulari molli, item Graminis cyperoidis ſpecies, foliis anguſtioribus & durioribus panicula parva nigra congeſta: eſt Cyperi littorei ſpecies, radicem autem non vidi; *Dood.*

Horum uſus multiplex eſt, ad ſegetes & ſtragula, pedum ſcabella, cathedrarum ſedes, ſportas, &c. Junci lævis medullæ uſus eſt ad ellychnia. E cortice autem funes texunt in agro Staffordienſi; vid. *D. Plot Hiſt. Nat. Staff.*

4. Juncus acutus maritimus, caule triquetro maximo molli, procerior noſtras *Pluk. Alm.* 200. *T.* 40. *f.* 2. caule triangulari *Merr. P.* Ad ripam Thameſis fluvii tam infra quam ſupra Londinum.

Juncus hic a *D. Doody* mihi primum offenſus, longe diverſus eſt a Junco triangulo *C. B.* nec dum deſcriptus, magnitudine & proceritate inſignis, nec Scirpo maximo multo inferior. quocum & mollitie convenit.

* 5. Jun-

* 5. Juncus acutus maritimus caule triquetro, rigido, mucrone pungente *Pluk. Alm.* 200. *T.* 40. *f.* 1. acutus maritimus caule triangulo *C. B. Pin.* 11. *Pr.* 22. *Th.* 175. *Park.* 1194. *H. Ox. III.* 232. *S. VIII. T.* 10. *f.* 20. triangularis Jerſejanus D. Sherard *Buddl. H. S.* 34. In Inſula Jerſeia a *D. Sherard* inventus.

6. Scirpus maritimus, capitulis rotundioribus glomeratis *Inſt. R. H.* 528. Juncus acutus maritimus, capitulis rotundis *C. B. Pin.* 11. *Th.* 174. acutus maritimus alter *Park.* 1194. Found by *Mr. Stephens* in *Brounton Boroughs* in *Devonſhire.* (It alſo grows in Somerſet and Hantſhire; *Pet. Conc. Gr.* 195.)

7. Scirpus Equiſeti capitulo majori *Inſt. R. H.* 528. Juncus capitulis Equiſeti major *C. B. Pin.* 12. capitulis longis ſeu clavatus *J. B. II.* 523. aquaticus capitulis Equiſeti *Park.* 1196. minor capitulis Equiſeti *Ger. Em.* p. 34. *L.* 1. *C.* 29. *n.* 5. *& App.* 1630. *Club-ruſh, or aglet-headed Ruſh.* In rivulis frequentiſſimus. Scirpi pedales & cubitales ſunt, nec aliis præter titulum notis indiget.

Juncus clavatus major & altior *Pet. Conc. Gr.* 208. Prioris ſaltem varietas eſt, loci conditioni differentiam debens.

8. Scirpus minimus capitulis Equiſeti *Cat. G.* 165. Juncellus omnium minimus capitulis Equiſeti *D. Plot. Hiſt. N. Ox. p.* 145. *C.* 6. §. 5. *T.* 9. *f.* 3. *Pluk. Alm.* 20. *T.* 40. *f.* 7. Juncellus clavatus minimus capitulis Equiſeti Bocc. *H. Ox.* III. 234. *S.* VIII. *T.* 10. *f.* 37. *The leaſt upright Club-ruſh.* On *Binſey-Common, Oxfordſhire,* in the moiſt Ditches; hunc a ſe obſervatum mihi communicavit peritiſſimus Botanicus *D. Dodſworth.* (Poſtea in ericeto *Hounſlejano* verſus *Hampton* invenit *D. Doody.*)

Simplici ſcapo, ſetæ equinæ craſſitie, altitudine trium unciarum aſſurgit.

II. *Scirpi folioſi.*

9. Scirpus montanus capitulo breviori *Inſt. R. H.* 528. *J. Sch. Agr.* 363. *T.* 7. *f.* 18. Juncus parvus paluſtris, cum parvis capitulis Equiſeti *Syn.* II. 15. *Pluk. Alm.* 200. *T.* 40. *f.* 6. montanus parvus, cum parvis capitulis luteis *J. B. II.* 523. Gramen ſparteum capitulis Equiſeti *Merr Pin. Dwarf Marſh-Ruſh with ſmall Aglet Heads.* In pratis udis & locis paluſtribus circa *Middleton* vicum
in

in agro Warwicenfi & alibi. *Mr. Doody* obferved it in very dry Places among Heaths, and near a Foot high.

Styli palmares aut dodrantales, tenues, fatis firmi: capitulum ex fpadiceo nigricans, triplo brevius quam Junci clavati, (ftylo brevi capitulo adnato eoque vix altiore, unde capitulum fummo culmo non infidere apparet, qua nota & quod uno alterove brevi verfus caulis partem inferiorem folio donetur, a Junco capitulis Equifeti aliiifque abunde differt, ut an diftinéta fit fpecies cum *Doodio Syn. II. App.* 345. dubitare amplius non opus fit. Figura *Scheuchzeri* & *J. Bauhini* melior eft *Plukenetiana.*)

* Hujus in locis paluftribus, v.g. prope *Stretham* eodem loco cum Gramine piperino, varietas occurrit, ramis longis prociduis & fluitantibus, cum crebris ad fingula genicula radicibus, pro aquæ altitudine plus minufve longe demiffis. Et folia & cauliculi hujus fpeciei plani feu compreffi funt.

Juncello accedens graminifolia plantula capitulis Armeriæ proliferæ Lhwyd *Syn. II.* 275. Gramen cyperoides minimum Caryophylli proliferi capitulo fimplici fquamato *H. Ox. III.* 245. *S. VIII. T.* 12. *f.* 40. A *fmall Rufh-Grafs* with Heads like a childing *Sweet-Williams.* On the Mountains of *Wales.* Foliis eft ad imum tenellis gramineis, caule tenui palmari, enodi, capitulo in faftigio congefto, Armeriæ proliferæ æmulo. (Priori idem videtur.)

10. Juncus lævis minor panicula glomerata nigricante *Cat. Pl. A.* 174. *Syn. I.* 202. 10. *II.* 273. 10. paluftris panicula glomerata, ex rubro nigricante *Cat. Cant.* 81. Lithofpermi femine *H. R. Bl. & Bot. Monfp.* 145. *ic. & defcr.* capitatus Lithofpermi femine *H. Ox. III. S. VIII. T.* 10. *f.* 28. Gramen fparteum nigro capitulo *Merr. Pin. Round black-headed Marfh-rufh* or *Bog-rufh.* Locis paluftribus folo fpongiofo. Scirpi cubitales funt; reliquas notas tituli fuppeditant.

11. Scirpus foliaceus humilis *C. G.* 158. Juncellus omnium minimus, Chamæfhœnos *Adv. Lob.* 44. *Syn. II.* 274. 16. *H. Ox. III.* 232. *S VIII. T.* 10. *f.* 23. Juncellus Lobelii *Park.* 1192. Juncus humilis *J. B. II.* 522. it. J. minimus fontis admirabilis *Ej.* 523. Gram. junceum minimum capitulo fquamofo *C. B. Pin.* 6. *Pr.* 13. Et Juncellus inutilis five Chamæfhœnos *C.B. Pin.* 12. *Pr.* 22. Gramen juncoides exile, omniumque tenuiffimum Pleymuenfe *Lob. Ill.* 67. junceum maritimum exile Plimmoftii *Park.* 1270. *ic.* 1271. *defcr. The leaft Rufh* of *all.* In arenofis & glareofis humidioribus.

Paniculæ (fpicæ potius) huic in eodem fcapo plerumque duæ, interdum unica, rarius tres. Hunc *D. Merret. in Pin.* Gramen fparteum

3

fparteum capite bifido vel gemino denominavit, ut ex planta ipfa a *D. Lawfon* ad me tranfmiffa agnovi, unde in *Fafciculo noftro* titulus ille, Gramen fparteum capite bifido vel gemino delendus eft: male enim pro diftincta a Juncello fpecie habetur. (Sed vero magis fimile nomen *Merreti* pertinere ad gramen fparteum fuperius recenfitum.)

12. Scirpus Equifeti capitulo minori *Inft. R. H.* 528. Juncellus capitulis Equifeti minor & fluitans *C. B Pin.* 12. *Pr.* 23. *Syn.* II. 274. 13. Gramen junceum clavatum minimum, feu Holofteum paluftre repens, foliis, capitulis & feminibus Pfyllii *Syn.* II. 276. 7. *H. Ox.* III. 230. *S.* VIII. *T.* 10. *f.* 31. *Pluk. Alm.* 180. *T.* 35. *f.* 1. *Marfh Rufh-grafs with Fleawort Heads.* This was fhewn me by *Mr. Dodfworth.* I remember alfo to have found it at *Madern* near *Haverford-Weft* in *Pembrokefhire. Mr. Doody* gathered it in the Ponds of *Wandfworth* Common, next the new Churchyard in *Surrey*; and in the fame Place with the Pepper-grafs.

13. Gramen junceum polyftachyon *C. B. Pin.* 5. *Th.* 74. *Syn.* II. 277. 12. junceum vulgare *Park.* 1189. & Gram. juncoides Junci fparfa panicula *Ejufd.* 1190. Hanc fpeciem *D. Bobartus* in Anglia fpontaneam effe afferit. (An hujus proprie loci vel cujufnam familiæ Gramen fit, nondum conftat.)

JUNCUS.

§. **J**Uncus ftricte dictus calyce hexaphyllo, ftaminibus totidem, quot funt calycis folia, & femine multo in vafculo feminali recondito a Scirpo differt.

I. *Junci aphylli.*

1. Juncus acutus capitulis Sorghi *C. B. Pin.* 10. *Th.* 173. maritimus capitulis Sorghi *Park.* 1192. pungens feu Juncus acutus capitulis Sorghi *J. B.* II. 520. *Pricking large Sea-rufh.* In arenofis cumulis ad occidentale *Cambriæ* littus *Merionethenfe* copiofiffime.

Junci fefquicubitales, craffiufculi, rigidi, acumine pungente: capitula glomerata, fplendentia, fufca, Sorghi æmula.

2. Juncus acutus maritimus Anglicus *Park.* 1194. *H. Ox.* III. 232. *S.* VIII. *T.* 10. *f.* 14. *Englifh Sea-hard Rufh.* In maritimis paluftribus copiofe, ut circa *Camalodunum* in Effexia, & ad occidentale Cambriæ littus.

Scapi

Scapi fefquicubitales, folidiores & duriores quam Junci lævis vulgaris; medulla folidiore. E fcapo in finum excavato, & in duo cornua, altero admodum brevi, diducto, fefquipalmari ab apice Junci diftantia erumpit panicula ampla, albicans, in plures partes divifa, una præ aliis longo pediculo infidente & fupra reliquas-eminente, acfi feparata effet.

3. Juncus acutus *Ger.* 31. acutus vulgaris *Park.* 1193. acutus panicula fparfa *C. B. Pin.* 11. panicula arundinacea *J. B. II.* 220. defcr. *Common hard Rufh*, i. e. Juncus durus vulgaris. In pafcuis & ad vias publicas, præfertim folo humidiore paffim.

Junci fefquicubitales & altiores, graciles, ftriati, cortice craffo, medulla pauca, aridiufculi, in acutos mucrones exeunt: panicula fparfa, rufefeens, ad dimidii pedis diftantiam infra mucronem erumpit.

4. Juncus lævis vulgaris panicula fparfa noftras *Syn. II.* 273. 8. lævis panicula fparfa major *C. B. Pin.* 12. *Th.* 182. *Park.* 1191. foliaceus *J. B. II.* 521. defcr. lævis *Ger. Em.* 39. *Common foft Rufh.* In aquis vadofis aut juxta aquas.

Altitudo bicubitalis aut major, medulla folidior & ad ellychnia apta. Dodrantali cis apicem fpacio erumpit panicula late fparfa; in petiolis tenuibus vafcula propendent multo quam in fequenti Junco minora, pallidiora, quamvis planta ipfa major & elatior fit.

5. Juncus lævis vulgaris panicula compactiore *Syn. II.* 273. 9. lævis glomerato flore *Lob. Ic.* 84. *Park.* 1191. lævis panicula non fparfa *C. B. Pin.* 12. Matthioli *J. B. II.* 520. *Soft Rufh with a more compact Panicle.* In pafcuis & fylvis, locis humidioribus.

A præcedente differt calamis ftriatis, medulla rariore & fpongiofiore, panicula compactiore & vafculis feminalibus majoribus, cacumini propius erumpentibus, tempore etiam florendi maturiore.

6. Juncus parvus, calamo fupra paniculam compactam longius producto *Syn. II.* 273. 11. *Pluk. Alm.* 200. *T.* 40. *f.* 8. lævis panicula fparfa minor *C. B. Pin.* 12. *Th.* 183. *J. Sch. Agr.* 347. *T.* 7. *f.* 11. Found by *Mr. Newton* not far from *Amblefide* in *Weftmorland.* Altitudo ei femipedalis, fcirpus gracilis.

II. *Junci foliofi.*

7. Juncus montanus paluftris *Syn. II.* 272. 6. Gramen junceum femine acuminato *Fl. Pr.* 115. *Ic.* 29.

An

An Gramen junceum maritimum *Lob. Ic.* 18? *Ger* 18?
junceum maritimum majus *Park.* 1270? foliis & spica
Junci *C. B. Pin.* 5. 10. *Th.* 78?

Figura & descriptio (praeter paleaceam in summo spicam,
quae de Cyperoidum potius familia esse suadet) satis apte conveniunt huic nostro, locus autem minime; non enim maritimum est, sed montanum. *Mosi-Rush, Goose-Corn.* In montosis palustribus, solo bibulo & spongioso, per totam Angliam
copiose. (Frequent on *Putney-Heath.*)

Folia ad radicem numerosa, stellatim expansa, brevia, dura,
acuminata, superne canaliculata: Caulis dodrantalis, firmus, farctus, paniculam in fastigio junceam gestans; capsulae majuscu-
lae, subrotundae (tricapsulares; calyces hexaphylli.)

8. Juncus foliis articulosis floribus umbellatis *Inst. R.
H.* 247. foliaceus capsulis triangulis *J. B.* II. 521. Gramen junceum folio articulato aquaticum *C. B. Pin.* 5.
Pr. 12. aquaticum *Tab. Ic.* 214. *Ger.* 12. junceum aquaticum Bauhini *Park.* 1270. *The lesser Rush-grass, with
jointed Leaves and triangular Seed Vessels.* In udis &
palustribus ubique.

Capsu ae triquetrae ex rufo nigricant. Culmulis hujus alias
perbrevibus, oblongis alias spicae quaedam velut excrementitiae,
& ex foliaceo quodam genere squamatae rubentesque insident,
(insecto innidulanti ortum debentes, sub quo diverso statu nomine Graminis juncei folio articulato cum utriculis proposuit
C. Bauhinus in Pr. p. 12.)

* Locis palustribus & ubi aquae suppetunt fluitat, v. gr. prope
Stretham eodem cum Gramine piperino loco varietas nascitur,
ramis longis prociduis, cum crebris ad singula genicula radicibus, pro aquae profunditate plus minusve longis.

9. Juncus nemorosus folio articuloso *Inst. R. H.* 247.
Gramen junceum aquaticum magis sparsa panicula *Park.*
1269. junceum sylvaticum *Tab.* 223. *Ger.* 20. junceum
folio articulato sylvaticum *C. B. Pin.* 5. *The greater
Rush-grass, with jointed Leaves, and a more sparsed Panicle.* In aquosis passim, non raro & in sylvis humidis.
(In *Peckham-field* inveni cum glumis albis; *Dood. Not.*)

Priori elatior & major est, panicula magis sparsa, capsulis
tamen minoribus, minusque coloratis quam in illo.

10. Juncus parvus cum pericarpiis rotundis *J. B.* II.
522. Gramen junceum maritimum vel palustre, cum pericarpiis rotundis *Syn.* II. 276. 5. *Rush-grass with round
Seed-Vessels.* In pratis humidioribus, tum maritimis, tum
a mari procul remotis. Altitudo pedalis aut cubitalis.

Synony-

Synonyma quæ in prima *Syn.* editione hujus plantæ dedimus auctoritate *J. Bauhini* moti, ei non convenire olim monuimus in *Cat. Pl. circa Cantabr. nasc.* quapropter a D. *Plukenet* admoniti ea omisimus: verum hanc speciem Oxyshœno seu Junco acuto Alpino Cambrobritannico *Park* 1192. eandem esse, D. *Plukenet* non consentimus.

11. Gramen junceum capsulis triangulis minimum *Syn. II.* 275. 3. *H. Ox. III.* 227. *S. VIII. T.* 9. *f.* 3. Graminis juncei varietas minor *Ger. Em.* 4. *The leaſt Triangular-ſeeded Ruſh-graſs.* In paluſtribus & ad rivulos; ut in aquoſis ericeti *Hamſtedienſis* prope Londinum.

Palmarem altitudinem vix ſuperat, folia juncea capillaria: panicula 8. ſpeciei non diſſimilis, nec capſulæ ſpadiceæ multo minores.

Hujus varietatem obſervavit D. *Dale*, in ericeto de *Tiptre* in Eſſexia, loco paludoſo, prope *Braxted* magnum, inque ericeto quodam prope *Burntwood* oppidum, loco conſimili, quam Gram. junceum capſulis triangulis, cauliculis tenuibus, foliis ad nodos & panicul4arum divaricationes prælongis, denominavi. (Ea eſt Gramen junceum minimum, . paniculis foliaceis *H. Ox. III. S. VIII. T.* 9. *f.* 4. junceum aquaticum, capitulis cum foliis capillaribus ſimul ortis, proliferum *Pluk. Alm.* 179. *T.* 32. *f.* 3. Juncoides calyculis paleaceis glomeratis, folio varians *J. Sch. Agr.* 330. *T.* 7. *f.* 10.)

12. Juncus paluſtris humilior erectus *Inſt. R. H.* 246. Holoſteum Matthioli junceum *J. B. II.* 510. Gramen nemoroſum calyculis paleaceis *C. B. Pin.* 7. junceum *Ger.* 4. junceum parvum, ſive Holoſtium Matthioli, & Gramen bufonium Flandrorum *Park.* 1190. *Toad-Graſs.* In humidis & aquoſis.

Palmum & ſeſquipalmum altum eſt, cauliculis frequentibus & in plurimos ramulos diviſis, paniculis plurimis paleaceis. Hujus varietas eſt:

Graminifolia lacuſtris prolifera, ſeu plantulis quaſi novis hinc inde e cauliculis ſuccreſcentibus *Syn. II.* 283. Gramen fluviatile caule foliiſque capillaribus, ad articulos ſimul ortis *Merr. Pin.* In quibuſdam lacubus montis Snowdon; *D. Lhwyd.*

* 13. Gramen juncoides minimum Anglo-Britannicum, Holoſteo Matthioli congener, aut Bufonis Gramini Flandrico *Lob. Illuſtr.* 70. junceum minimum, Holoſteo Matthioli congener *Park.* 1270. icon. In udis collibus circa *Highgate* & prope *Dover* obſervavit olim *Lobelius*, nuper autem ſimilibus locis inter *Stretham* &

Dulwiſh

Dulwich animadvertit *D. Dillenius.* Nasci amat ad semitas quæ hyemali tempore aquas diu retinent, æstate
autem exsiccantur. Priori simile, sed multo minus, &
minus ramosum, coloris plerumque rubentis: florendi
etiam tempore differt, nam mensis & sesquimensis spatio illud antecedere solet. An ista differentia accidentalis tantum sit & loci saltem conditioni debeatur, nondum determinare licet, donec experimento certiore,
nempe cultura in horto, res determinetur.

GRAMINIFOLIÆ NON CULMIFE-
RÆ SINGULARES ET SUI GE-
NERIS.

§. JUncajo palustris & vulgaris *Inst. R. H.* 266. Gramen triglochin *J. B. II.* 508. junceum spicatum
seu triglochin *C. B. Pin.* 6. marinum spicatum *Ger. Em.*
18. marinum spicatum alterum *Park.* 1279. *Arrow-
headed Grass.* In palustribus frequens.

§. Gramen marinum spicatum *Lob. Ic.* 16. junceum &
spicatum alterum *C. B. Pin* 6. marinum spicatum
Park. 1270. *Sea spiked Grass.* In salsis maritimis
ubique.

Hoc genus folia habet majora & crassiora quam præcedens,
spicam densiorem; vascula seminalia breviora, majora, rotundiora. Male inscribitur a *J. B. II.* 508. Gramen spicatum cum
pericarpiis parvis rotundis; cum ea longiuscula & striata sint.

(Enimvero capsulæ vel semina ab initio sunt subrotunda, quales in plerisque Botanicorum figuris exprimuntur, foliolaque
illa ad basin locata perianthium constituunt, postea oblonga fiunt,
per siccitatem præsertim, & sub hoc statu designatur & describitur hæc planta a *J. B. II.* 508. nomine Hyacinthi parvi facie
Graminis triglochin; adeoque bis sub duobus nominibus proponitur eadem planta. Ad plenam vero maturitatem fructus
fit oblongo rotundus, sex constans seminibus presse junctis, inferius & de basi quidem abtecedentibus, minime autem in summitate velut in priore cohærentibus, qua de causa nonnihil a
prioris genere recedit & peculiare genus constituere videtur.)

§ 1. Linagrostis *Tab. Hist.* 599. Gramen pratense
tomentosum panicula spatsa *C. B. Pin.* 4. tomentarium
Ger. 27. Gnaphalium Tragi sive Juncus bombycinus
J. B. II. 514. Gram. junceum lanatum, vel Juncus
bombycinus vulgaris *Park.* 1271. *Cotton-grass.* In paludosis, inque humidis & cœnosis frequens.

Foliis

Foliis eft gramineis. Caulis pedalis aut cubitalis. Panicula tomentofa, nivea, multiplex. (Characterem hujus generis vid. in *Sch. Agr. p.* 302. *T.* 7. *f.* 1. 2. 3. 4.)

2. Juncus Alpinus cum cauda leporina *J. B. II.* capitulo lanuginofo five Schœnolaguros *C. B. Pin.* 12. Alpinus capitulo lanuginofo *Ej. Pr.* 23. Gramen plumofum elegans *Merr. P.* Gramen juncoides lanatum alterum Danicum *Park.* 1271. *Hairs-tail-rufh.* On *Elfemere* Meers in *Shropfhire*, and *Pillinmofs* in *Lancafhire.* (On the great Bog beyond *Joan Coles* towards *Croyden* in great plenty; *Mr. J. Sherard.*)

I underftood by *Mr. Lawfon*, that this is the fame Plant which *Parkinfon p.* 1188. calls *Gramen junceum montanum fubcœrulea fpica Cambro-britannicum.* The fame Obfervation I find in *Phytol. Britan.* So that *Parkinfon* errs in putting it for a diftinct Species, and I inadvertently following him in my Hiftory of Plants, *p.* 1306. Spicæ fubcœruleæ mox poft Natalitia Chrifti apparent. Oves eum avide depafcuntur, unde *Mofs-crops* Weftmorlandicis dicitur; *D. Lawfon.*

§. Typhæ nota eft florum effigies turbinata & in clavam compofita, &c. Vid. *Meth. Em.* 127. *Inft. R. H.* 530.

1. Typha *Ger.* 42. paluftris major *J. B. II.* 539. *C. B. Pin.* 20. paluftris maxima *Park.* 1204. *Great Cats-tail or Reed-mace.* In ftagnis & pifcinis majoribus, aut aquis lene fluentibus.

Altitudo humana & major, caulis teres gracilis, tomento rufefcente in cylindri formam compofito faftigium occupante, quod in pappos tandem cinereos faceffit.

2. Typha paluftris media *J. B. II.* 540. paluftris clava gracili *C. B. Pin.* 20. minor *Park.* 1204. media *Cluf. Pann.* 716. *The middle fort of Cats-tail.* Cum priore, qua non minus frequens oritur.

Utramque fpeciem crefcentem vidi in rivulo quodam prope ædes Nobiliffimi Comitis Warwicenfis *Leez-houfe* dictas. Priori folia latiora, glauca, fpica major, nigrior; ferius etiam floret. Pofteriori folia anguftiora, pallidius virentia; fpica gracilior minufque colorata, maturius etiam exeunt fpicæ feu clavæ.

* 3. Typha paluftris minor *C. B. Pin.* 20. minor *J. B. II.* 540. *Lob. Ic.* 81. Found by *Mr. Dandridge* on *Hounflow-Heath*, where the Sium alterum Olufatri facie grows.

§. Sparganium pilulis fuis echinatis fphæricis Platani pilulas æmulantibus a reliquis hujus generis abunde diftinguitur.

1. Spar-

1. Sparganium ramofum *Park.* 1205. *Ger. Em.* 45.
C. B. Pin. 15. Sparganium quibufdam *J. B.* II. 541.
Butomos difſecta panicula, vulgo Platanaria, quia pilu-
las habet Platani pilulis fimiles *Jo. Bod. in Theophr.
Hiſt.* 462. *Branched Bur-reed.* In aquis ad fluviorum
ripas, inque paluſtribus ubique.

2. Spargan. non ramoſ. *C. B. Pin.* 15. *Park.* 1205.
non ramoſ. five latifolium *Ger.* 41. *Em.* 45. Spargan.
alterum *J. B. II.* 541. *Bur-reed not branched.* Cum
priore. (On the Eaſt Side of *Scrooby* nigh a great
Wood, where the Foot-way is caſt up *Nottinghamſhire.
Merr. P.*)

3. Spargan. minimum *J. B. II.* 541. *C. B. Pin.*
15. *Pr.* 24. *Park.* 1205. *The leaſt Bur-reed.* In ſtagnis
& rivulis.

Folia cubitum longa, vix ſemiunciam lata, neque carinata,
neque ſtriata, ut in majore ſpecie, intus concava. In caule cubitali florum & feminum globuli 4 vel 5. Reliquam defcriptionem vid. *Hiſt. noſt. Append. p.* 1910.

§. Acorum ſpica quam profert fimplicem elegantem
Juli ſpecie, folia Iridis aromatica odorata ab aliis omnibus plantis abunde difcriminant. Nullæ hacttenus ſpecies aut varietates hujus in Europa nafcentes obſervantur.

Acorus verus five Calamus Officinarum *Park.* 140.
verus, five Calamus aromaticus Officinarum *C. B. Pin.*
34. verus, Officinis falſo Calamus *Ger. Em.* 62. Calamus aromaticus vulgaris, multis Acorum *J. B. II.* 734.
The ſweet-ſmelling Flag or Calamus. In the River *Yare*
near *Norwich*, obferved by Sir *Tho. Brown.* (Cloſe by
Sunning-Ferry, 3 or 4 Miles from *Norwich* down the
River; *Mr. Newton.*) Alſo about *Hedly* in *Surrey* found
by *Dr. Brown* of *Magdalen* College *Oxon*; and in
Cheſhire plentifully, as we were informed by *Dr. Walter
Needham. Mr. Dent* alſo ſent me fair *Juli* of it, ga-
thered ſomewhere near *Cambridge.*

Stomachicus eſt, calf. & ficc. Partium tenuium eſt. Uſus
præcip. in obſtructione menfium, hepatis & lienis, in dolore
colico *Schrod.* Ad urinæ deductionem commendat *Fallopius* in
vino tenui decoctam radicem cum ſucco Boraginis. Radix
etiam Alexipharmaca cenfetur : condita a Turcis manducari mane folet adverſus corrupti aeris contagia.

A R B O-

ARBORES & FRUTICES.

ARBORES FLORE APETA-LO A FRUCTU REMOTO SEU SEJUNCTO, &c.

I. NUCIFERÆ.

NUCES autem voco fructus majores putamine ficco & duriufculo nucleum claudentes; quæ vel funt tefta dura & fragili, ut *Juglans* & *Avellana*; vel molliore & coriaceo tegmine feu crufta obductæ, ut *Caftanea, faginæ nuces*: & hæ vel tegumento exteriore undique opertæ, ut prædictæ, vel femiopertæ & calyce tantum feu cupula exceptæ, ut *Quercus, Ilicis, Suberis*: cujufmodi fructus *Glandes* appellantur.

§. Nux Juglans *J. B. I.* 241. *Ger.* 1252. Juglans vulgaris *Park.* 1413. Juglans feu Regia vulgaris *C. B. Pin.* 417. *The Walnut-Tree.* Nux forte Perfica, forte Euboica Theophrafti, Bafilica feu Regia Diofcoridis & Galeni; Perfica & Bafilica Plinii *J. B.* Anglicæ originis non eft hæc arbor, verum cum paffim feratur, nec raro extra hortos & viridaria occurat, locum aliquem in hac Synopfi vendicat, quæ præter fpontaneas ftirpes in agris etiam cultas admittit. Folia huic arbori pinnata, odorata: Nuces tegumento exteriore viridi craffo undique tectæ: nucleus in 4 lobos profunde divifus, inque alios anfractus cerebri mæandros æmulantes.

Nuces recentes ventrem movent; ficcæ calidiores funt, concoctu difficiles, bilem augent & tuffim exafperant: virides & immaturæ cum exteriore cortice Saccharo conditæ, duæ trefve fi fumantur alvum leniter fubducunt. A veneno & pefte præfervant servant nuces mane comestæ. Oleum expressum ad lucernas utile est; præfertur quoque pictoribus ei quod e Lino exprimitur.

Cortex interior arboris siccatus vomitum ciet valide, juli seu nucamenta lenius. Fungosa substantia nuclei Juglandis lobos intercedens & separans, exsiccata & pulverisata, in vino exhibita modica quantitate exercitum Anglicanum in Hybernia dysenteriâ gravissimâ, medicorum solertiam eludente, aliisque remediis inexpugnabili, laborantem feliciter liberavit. Alii ejusmodi pulverem ad pleuritidem commendant 1 drachm. pondere bis terve exhibitum. Communicavit *D. Joan. Aubrey.*

§. Corylus sylvestris *C. B. Pin.* 418. *Ger.* 1250. Corylus seu Nux Avellana sylvestris *Park.* 1416. *J. B. I.* 269. *The Hasel-Nut Tree.* In sylvis & sepibus. Varia nomina apud Veteres sortitæ sunt hæ nuces. Nam & *Avellanæ* dictæ sunt, & antea *Abellinæ* patrio nomine, teste Plinio Lib. 15. cap. 22. & *Ponticæ* eodem autore loco cit. & *Prænestinæ* a Prænestino agro. Dioscoridi Λεπτοκάρυα lib. 1. c. 169. Hippocrati 2. de diæt. κάρυα πλατεῖα teste Casp. Hofman. *de Medicam. Officin.* Theophrasto arbor ipsa Ἡρακλεωτικὴ καρύα, ab Heraclea Ponti urbe. Sativæ (nostratibus *Filberds*) barbatæ dictæ sunt; sylvestres (*Hasel-Nuts*) calvæ: ratio manifesta est.

Folia huic arbori integra & subrotunda, ampla; nucis tegumentum exterius membranaceum, summa parte apertum.

Ex hujus virgis circuli doliares confici solent. E ligno carbones parant pictores ad delineationes accommodos. Nuces corpus pinguefaciunt, affatim sumptas anhelosos & asthmaticos efficere vulgo persuasum est; quod & nobis verisimile, siquidem obstruentis naturæ esse videntur. Juli & cortices Avellanarum astringere & ventris fluxiones sistere creduntur. Superstitiosa sunt & magicam vanitatem redolent quæ de virgula divinatoria colurna feruntur.

§. Fagus *C. B. Pin.* 419. *Ger.* 1255. *Park.* 1403. Fagus Latinorum, Oxya Græcorum *J. B. I.* 117. *The Beech-Tree.* In meridionalibus Angliæ v. g. Cantio, Sussexia, Southamptonia vulgatissima; observavi & in Hartfordiæ comitatu, unde miramur Cæsarem in *Comment. de Bello Gallico* Fagum Britanniæ denegasse.

Calyces echinati, quadripartiti, in quatuor cellis totidem nuces triangulares, læves, spadiceo cortice continent. Folia quam Carpini breviora, marginibus æqualibus.

Hujus

Hujus lignum in tenuiſſimas laminas flexiles diſſectum enſium vaginis firmandis inſeritur *J. B.* Folia recentia, tuſa & impoſita calidis tumoribus proſunt, eoſque diſcutiunt. Fagina glande delectantur & ſaginantur glires, mures, ſciuri, aviculæ, ac etiam ſues: virens & nondum exſiccata, ſi paulo copioſius ſumatur, Lolii inſtar caput tentat *J. B.*

§. Caſtanea *J. B. I* 121. *Ger.* 1253 vulgaris *Park.* 1400, ſylveſtris, quæ peculiariter Caſtanea *C. B. Pin.* 419. *The Cheſnut-Tree.* In ſylvis quibuſdam prope *Sittingburn* Cantii oppidum, & *Woburn* Bedfordiæ obſervavimus, an ſpontaneam, an olim ibi ſatam neſcimus. Sylveſtris fructus ſativæ triplo minores ſunt. Calyces echinati binas ternaſve nuces continent. Folia longa, majuſcula, profunde ſerrata.

Caſtaneæ glandes, ſed præcipue interior membrana rubens, quæ corticem & fructum diſcernit, ſiſtunt vehementer omnes alvi fluores & ſanguinis rejectiones: coctæ & cum melle jejunis datæ tuſſientibus prodeſſe dicuntur. In Italia ruſtici quamplurimi caſtaneis frixis ſe ſuoſque ſuſtentant. Urbani & lautiores ſub cineribus toſtas & decorticatas cum ſucco Limonum & tantillo Sacchari menſis ſecundis adjiciunt, & ſic præparatas *Piſtacias Italicas* vocitant. Verum quocunque modo paratæ flatulentæ ſunt, ventriculo & capiti inimicæ, viſcerum infarctibus opportunæ, colico dolori obnoxiis & iis qui ad colicam proclives ſunt minus commodæ, imo noxiæ.

§. 1. Quercus latifolia *Park.* 1385. vulgaris *Ger.* 1156. vulgaris longis pediculis *J. B. I.* 70. cum longis pediculis *J. B. I.* 420. *The common Oak-Tree.* In ſylvis & ſepibus. Hujus fructus reſpectu, plurimæ habentur varietates.

2. Quercus latifolia mas, quæ brevi pediculo eſt *C. B. Pin.* 419. vulgaris brevibus pediculis *J. B. I.* 70. platyphyllos mas *Lugd.* 2. *Oak with the Acorns on ſhort Foot-ſtalks.* Folia huic obſcurius viridia & minus profunde ſinuata quam vulgaris, unde a vulgo circa *Newberry* oppidum *The Bay-Oak*, i. e. Lauro-quercus dicitur. In *Bagley* Wood and divers other Places obſerved by *Mr. Bobart*, who gave us the firſt Intelligence of it.

Hujus partes omnes, folia, cortex, cupulæ, glandes, lignum ipſum vim adſtrictoriam validam obtinent; unde utilia ſunt ad fluxum quemcunque ſiſtendum. Cortex & cupulæ ad coria denſanda uſurpantur.

2. *CONI-*

II. *CONIFERÆ.*

COnos voco fructus fquamofos, polyfpermos, ligneos feu coriaceos, in metæ plerunque formam turbinatos: hoc etiam nomine comprehendo fructus pluribus partibus cruftaceis aut lignofis per maturitatem dehifcentibus, & femina intus concepta effundentibus, compofitos, quamvis neque fquamofi funt, neque conoides.

§. Abietis notæ funt folia fingularia non bina ex eadem theca prodeuntia ut in Pinu, ramulos undique cingentia, crebra, angufta, & in plerifque brevia; proceritas eximia, materies lævis.

1. Abies *Ger.* 1181 *Park.* 1539. Abies fœmina, five Ἐλάτη θήλεια *J. B. I.* 231. Abies conis furfum fpectantibus five mas *C. B. Pin.* 505. Abies Taxi foliis vulgo. *The Female or Yew-leaved Firr-Tree.* In Alpibus Scoticis copiofe provenire aiunt, [verum Piceam herbariorum effe fufpicor quæ ibi oritur] Hujus generis arbores proceræ & fpeciofæ in colle quodam juxta *Whorton* agri Staffordienfis vicum duobus m. p. a Neoporto Salopiæ oppidulo non incelebri remotum vifendum e longinquo accedentibus de fe fpectaculum præbent: an fponte ibidem ortæ (ut opinatur *D. Plot*) an olim fatæ nobis nondum plane conftat; quamvis prius verifimilius videatur.

Foliis eft in extremitate bifidis, fuperne viridibus, averfa parte cinereis, utrinque in ramulis Taxicorum modo pectinatim difpofitis, & conis five ftrobilis furfum fpectantibus, quorum nucamenta offert menfe Maio.

Speciem quandam Abietis, foliis Taxicorum modo difpofitis, verum fubtus viridibus, in hortis Batavicis enutriri nos certiores fecit *D. Tancredus Robinfon*, ramulo etiam inde allato, nobifque oftenfo, quam fortaffe Cl. Vir *D. P, Hermannus* in Catal. H. Med. Leydenfis pro Abiete mari conis furfum fpectantibus *C. B.* habet.

2. Abies mas *Theophrafti.* Picea Latinorum five ἐλάτη ἄῤῥην Abies mas Theophrafti *J. B. I.* 238. Picea *Park.* 1538. Picea major *Ger.* 1172. Picea major prima feu Abies rubra *C. B. Pin.* 493. *The common Firr-Tree or Pitch-Tree.* Hujus coni deorfum dependent, & longiores funt quam præcedentis. Folia rigida & pungentia incerto ordine ramulos cingunt. In Alpibus Scoticis copiofe provenire aiunt.

Hujus

Hujus refina duplex in ufu eft, 1. *Liquida*, quæ colligitur e tuberculis Abietum novellarum, fed pauca : Hanc Officinæ noftræ Terebinthinam Argentoratenfem vocant. 2. *Sicca*, quæ uti Thus figurâ ementitur, ita ufum ejus æmulatur.

Cerevifiâ diæteticâ diftâ, cui infufi funt Abietis maris feu Piceæ, *The common Firr-Tree*, ramuli feu fummitates, in affeftibus fcorbuticis bono cum fucceffu fæpenumero ufus fum; *D. Needham.*

§. Pinûs notæ funt folia longiora, bina ex eadem theca feu tubulo prodeuntia.

Pinus fylveftris foliis brevibus glaucis, conis parvis albentibus *Syn. II.* 288. Hortulanis noftris *The* Scotch *Firr*, i. e. Abies Scotica, perperam difta. In Scotia prope lacum *Loughbrun*, inter lacum & montem vicinum ; *D. Evelyn.* Found alfo by *Mr. Harrifon* in *Ireland*, who relates that the two foregoing Plants were found in the County of *Kerry*, (where the *Arbutus* grows) by a Perfon of good Integrity and Skill in the Knowledge of Plants. *Fafc. Syn. II. præm.* (Nullam aliam præter hanc, Pinus fpeciem, in Alpibus Scotiæ aut Angliæ borealibus olim aut nunc nafci, validis argumentis probat *D. Richardfon* literis 19. Aprilis 1723. datis, quæ hic referre nimis prolixum effet.)

Paffim in hortis & viridariis noftris colitur, in Alpibus Stiriacis fpontaneam obfervavimus, unde miramur eam a Botanicis vel præteritam, vel obfcure admodum defcriptam. In viridariis culta in proceram fatis arborem adolefcit, caudice refto, firmo & minime contorto, cortice minus fcabro quam Pinaftri vulgaris, cinereo feu albicante; foliis brevioribus, latioribus, glaucis; conis parvis, acutis, albentibus; feminibus minimis.

§. 1. Alnus *Ger.* 1249. vulgaris *Park.* 1408. *J. B. I.* 151. rotundifolia glutinofa viridis *C. B. Pin.* 428. *The common Alder-Tree.*   In aquofis.

Arbor eft conifera & julifera, fucco aqueo, foliis Coryli deciduis.

* 2. Alnus vulgaris, fub-conis ligulis membranaceis rubris donata. *The fcarlet Alder.* Found by *Mr. Brower* in the great Meadow below the Cowhoufe near *Longleet*, and at Mells not far from *Mr. Chamberlain*'s Houfe. An diftinfta fpecies fit, vel varietas infefti innidulationi ortum debens, nobis nondum fatis exploratum eft.

Folia viridia impofita tumores difcutiunt & inflammationes reftinguunt. Cortex pro atramento fcriptorio conficiendo gallæ læ vicem supplere potest. Lignum in ædificiorum fundamentis sub terra positum solo humido permanet immortale, ad æternitatem, & sustinet immania pondera structuræ: *Vitruv. Plin.*

§. Betula *J. B. I.* 148. *C. B. Pin.* 427. *The Birch-Tree.* In sylvis humidis, ericetis & montosis, solo spongioso cui arenæ subsunt.

Fructu squamoso semina continente ad Coniferarum arborum genus pertinere se prodit; folio deciduo ad Populneum accedente, minore; virgis tenuibus lentis rubentibus; cortice albicante, cuticulas annuatim exeunte, ab Alno differt.

Succus qui ex hac arbore veris initio vulnerata effluit ad calculum renum & vesicæ, necnon stranguriam & urinam cruentam a multis, nec immerito, celebratur. Viminum seu surculorum gracilium usus ad magistratuum olim, nunc ad pædagogorum virgas; ad scopas, ad qualos plectendos, visco illitorum ad aucupia. Cuticulæ candidæ quas annuatim exuit hæc arbor ad literas excipiendas idoneæ sunt, & chartarum usum supplere possunt. Vid. *Hist nost. p.* 1410.

Folia usus non minimi sunt in Hydrope, Scabie, &c. intus & extus adhibita. Cortex quia bituminosus calf. & emollit, adhibeturque in suffitibus aeri corrigendo destinatis. Fungus vi pollet astrictoria, unde ramenta ejus hæmorrhoidibus inspersa ad miraculum fluxum cohibent; *Schrod.* Plinius Gallias e Betula bitumen excoquere tradit Lib. 16. cap. 18.

§. Gale frutex odoratus Septentrionalium, Elæagnus Cordo *J. B. I.* 2. 224. Rhus myrtifolia Belgica *C. B. Pin.* 414. sylvestris sive Myrtus Brabantica vel Anglica *Park.* 1451. Myrtus Brabantica sive Elæagnus Cordi *Ger.* 1228. *Goule, sweet Willow, Dutch Myrtle.* In palustribus, as in the Fens of the Isle of *Ely*; about *Wareham* in *Dorsetshire*; by the Rivulet between *Shap* and *Anna Well*, Westmorland; and in many Places of the North.

Altitudo cubitalis; folia Salicis cum quadam gravitate odorata: fructus squamosi.

Folia & ramulos inter vestimenta recondunt tum ad tineas abigendas, tum odoris causa, quem suavissimum communicant. Poloni substrato utuntur ad pediculos porcorum interimendos non sine successu. Flores nonnulli lupulorum vice cerevisiæ incoquunt: unde caput tentat & temulentiam subito inducit.

Theæ arboris folia diversa omnino sunt ab Elæagni, non eadem, ut opinatus est *Sim. Paullus.*

3. BAC-

III. *BACCIFERÆ*.

§. 1. Juniperus vulgaris baccis parvis purpureis *J.B. I.*
293. vulgaris *Park.* 1028. vulgaris fruticofa *C. B. Pin.*
488. item vulgaris arbor *Ejufdem.* Juniperus *Ger.* 1189.
The common Juniper-Tree. In ericetis agri Cantiani,
Effexienfis, & alibi in Anglia copiofe.

Juniperi notæ genericæ funt lignum odoratum, folia
perpetua, angufta, acuta; terna in fingulis baccis grana.

2. Juniperus Alpina *J. B. I.* 301. *Cluf. Hift.* 83.
Park. 1028. Alpina minor *Ger. Em.* 1372. minor montana, folio latiore, fruﬅuque longiore *C. B. Pin.* 489.
Mountain Dwarf-Juniper. In altiffimo Cambriæ monte *Snowdon* diﬅo, inque montibus Weﬅmorlandicis in
Septentrionali Angliæ parte. (On *Kendal Fell* copiofe ; *D. Richardfon.*) Utrobique a vulgo *Sabina* dicitur.

Baccæ vim diureticam obtinent, & calculofis apprime conducunt. Elixir Juniperinum admirandarum virium in calculo
v. apud *Schroder.* Apud Germanos & Anglos etiam fingulari
remedio adverfus peﬅem & febres peﬅilentiales ufurpantur ;
D. Bowle in aceto maceratas, deinde exficcatas & in 'pulverem
redaﬅas exhibet. Eædem ﬅomacho conducunt, necnon peﬅo-
ris & pulmonum vitiis.

Lignum incenfum ad aerem emendandum, & odores noxios
aut contagiofos arcendos fuffumigatur. Vernix liquida faﬅitia
res eﬅ, non tamen a lachryma Juniperi in oleo lini foluta (ut
multi volunt) fed ex fcobe fuccini in oleo diﬅo decoﬅa. Vid.
Hift. noft. p. 1413. Carbo Juniperinus fuo cinere obrutus ignem
diutiffime fovet.

* §. Sabina *Ger.* 1193. vulgaris *Park.* 1027. folio Tamarifci Diofcoridis *C. B. Pin.* 487. baccifera & ﬅerilis
J. B. I. 2. 288. *Savin.* It grows in one of the Iflands
of *Lough-Lane,* in the County of *Kerry,* as *Dr. Molyneux* was inform'd by an Apothecary ; vid. *Philof.*
Tranf. N. 227. *p.* 511.

§. Empetrum montanum, fruﬅu nigro *Inft. R. H.*
579. Erica baccifera procumbens nigra *C. B. Pin.* 486.
baccifera Matthioli *J. B. I.* 526. baccifera procumbens
Ger. Em. 1383. baccifera nigra *Park.* 1485. *Black-berried*
Heath, Crow-berries or Crake-berries. In montibus udis
Derbienfibus, Staffordienfibus, Eboracenfibus, inque
ericetis elatioribus frequens.

Folia

Folia angusta brevia, ordine terno aut quaterno, in cauliculis infirmis, prociduis rubentibus; flores staminei; baccæ nigræ sparsim nascentes.

§. 1. Buxus *J. B. I.* 496. *Ger.* 1226. arborescens *C. B. Pin.* 471. arbor vulgaris *Park.* 1428. *The Box-tree.* In colle quodam prope *Darking* Surreiæ oppidum, *Box-hill* inde dicto, copiose provenit. At *Boxwel* in *Cotes-wold* in *Glocestershire*, and at *Boxley* in *Kent* there are Woods of them; *Mr. Aubry's Notes.*

* 2. Buxus angustifolia. In colle *Boxhill* dicto ; *Mr. Dood. Not.*

Notas characteristicas vid. *Meth. Em.* 139.

Rari usus est in medicina; sunt tamen qui oleum e ligno destillant summe narcoticum, idque magnopere commendant in Epilepsia, Odontalgia dentibusque corrosis; *Schrod.* Decoctum ligni ad luem Veneream a nonnullis non minus utile censetur quam Guajaci; Vid. *Hist. nost. II.* 1694. Rejicitur hodie ob ingratum & tetrum odorem. Ad ea quæcunque torno elaborari possunt, nihil hoc ligno præstantius, lautius, sequacius; *J. Bauhin.*

§. Rhamnoides fructifera, foliis Salicis, baccis leviter flavescentibus *J. R. H. Cor.* 53. Rhamnus 2. *Cluf. H.* 110. *Ger. Em.* 1334. Rh. Salicis folio angusto, fructu flavescente *C. B. Pin.* 477. vel Oleaster Germanicus *J. B. I.* 2. 33. primus Dioscoridis Lobelio, sive littoralis *Park.* 1006. *Sallow-thorn, or Sea Buck-thorn.* On the Sea-banks on *Lindsey-Coast*, Lincolnshire, plentifully; *Dr. Lister.* Also on the sandy Grounds about *Sandwich* and *Deal* and *Folkston* in *Kent.* Observed by *Mr. Lawson* on the Sea-bank between *Whitby* and *Lyth* in *Yorkshire* plentifully.

Folia Oleæ superne viridia, subtus candicantia, flores ad foliorum ortus herbacei apetali (*Tournefortio*) fructus rotundi flavescentes, monopyreni. Altitudo interdum tricubitalis, aut major.

§. Taxus *Ger.* 1187. *Park.* 1412 *J. B. I.* 241. *C. B. Pin.* 505. & omnium fere Botanicorum. Similax Dioscoridis Lib. 4. cap. 80. Μίλⲟ Theophrasti 3. Hist. 10. *The Yew-Tree.* In montosis sylvis & sepibus, in Occidentalibus & Meridionalibus Angliæ partibus frequens est.

Folia angusta, non pungentia, saturo virore prædita, pennatim in surculis disposita : Baccæ unico nucleo præditæ.

Quæ

Quæ de facultate venenofa & lethifera hujus arboris apud Veteres habentur, an vera fint necne, contraria recentiorum experimenta dubium faciunt. Vide *Hift. noft. p.* 1416. *Doody* ut ipfe refert *Syn. Ed. II. App.* 345. baccas abfque nota comedit.

IV. LANIGERÆ.

§. POpulus femine julis lanigeris inclufo cum Salice convenit, foliorum forma lata & angulofa ab ea differt.

1. Populus nigra *Ger.* 1301. *C. B. Pin.* 429. *Park.* 1410. nigra, five Ἀγειρ@~ *J. B. I.* 155. *The black Poplar.* Ad fluvios & in aquofis. Folia Hederaceis figura fua accedunt, ex rotundo mucronata, glabra, atro virore fplendentia.

2. Populus alba *Ger.* 1310. *Park.* 1410. alba, λεύκη *J. B. I.* 160. alba, quæ λευκη ab albedine dicitur, majoribus foliis *C. B. Pin.* 429. *The Poplar, or Abele-Tree.* In iifdem cum præcedente locis. Folia fuperne atro virore prædita, fubtus tomento denfo incano, ceu Tuffilaginis, pubefcunt.

Alia hujus fpecies habetur foliis minoribus, quæ Populus alba foliis minoribus *C. B. Park.* folio minore *J. B.*

3. Populus Lybica *Ger.* 1302. *Park.* 1411. Libyca Plinii, κερκίς Theophrafti *J. B. I.* 163. tremula *C. B. Pin.* 429. *The Afp or trembling Poplar.* In fylvis, locis uliginofis, & inter Betulas. Folio eft continue leviffimo flatu tremente, breviore & rotundiore quam nigræ, per ambitum inæqualiter dentato.

Cortex Populi albi adhibetur in dolore ifchiadico intus & extra in ftranguria, in ambuftis.

Populi nigræ gemmæ adhiberi folent a fexu muliebri ad capillos ornandos & promovendos, profunt itidem ad dolores fedandos; *Schrod.* Gemmæ feu furculi extremi poft mediam æftatem luteum, odoratum, pinguem, & tenacem fuccum exfudant. Unguentum inde factum Populeon dictum refrigerat & fomnum conciliat; verum id non vi gemmarum Populearum, quæ calidæ funt, fed aliorum ingredientium.

§. Salix julis feu nucamentis e multis vafculis feminalibus compofitis, quæ femen pappo involutum continent cum Populo convenit, foliis longis, aut faltem circumfcriptione æqualibus & minime angulofis viminibus lentis ab eadem differt. Salices autem funt vel *folio*

I

com-

compactiore densiore & duriore: vel *folio laxiore* molliore & rarioris texturæ, crassiore tamen seu spissiore.

Salix folio compactiore.

1. Salix *Ger.* 1203. maxima, fragilis, alba, hirsuta
J. B. I. 2. 212. vulgaris alba arborescens *C. B. Pin.*
473. arborea angustifolia, alba vulgaris *Park.* 1430. *The
most common white Willow.*

Hæc omnium nobis cognitarum Salicum maxima est, & in
satis crassam & proceram arborem adolescit.

* 2. Salix pumila Rhamni secundi Clusii folio. Sal.
oblongo incano acuto folio *C. B. Pr.* 159. humilis repens angustifolia *Lob. Ic. P.* 2. 137. (fig. bon.) *J. B. I.*
2. 214. Found amongst *Mr. J. Sherard*'s dried Plants,
the Place not named.

* 3. Salix pumila foliis utrinque candicantibus & la-
nuginosis *C. B. Pin.* 474. Observ'd by *Sandown* Castle
by *Mr. J. Sherard.* Ad hanc speciem referenda sunt
quæ ad sequentem annotata cernuntur. Folia utrinque
lanuginosa sunt, inferne præcipue ita ut nervi ea penitus obducantur. Icon hujus superius eadem Tabula
cum Orchide magna latis foliis galea fusa vel nigricante *J. B.* Tab. nempe XIX. fig. 3. exhibita est.

4. Salix pumila angustifolia inferne lanuginosa *J. B.*
I. 2. 212. pumila brevi angustoque folio incano *C. B.*
Pin. 474. humilis minor repens *Ph. Br.* humilis angu-
stifolia repens *Park.* 1434. *Narrow-leaved Dwarf-
Willow.*

Vel hanc, vel ejus varietatem folio utrinque lanuginoso &
argenteo invenimus in arenosis prope Sandvicum Cantii maritimum oppidum: cujus meminit *Clusius* foliis paulo latioribus,
in sabulosis Hollandiæ aggeribus inter Gramina & Spartum passim nascentis.

5. Salix pumila angustifolia prona parte cinerea *J. B.*
I. 2. 213. Salix pumila linifolia incana *C. B. Pin.* 474.
pumila angustifolia recta *Park.* 1434. Chamæitea sive
Salix pumila *Ger.* 1205. angustifolia pumila *Ph. Br.*
Common creeping Dwarf Willow. In ericetis & palu-
stribus, præsertim montosis.

Folio est angusto, oblongo, superne obscure virenti, subtus
cinereo; virgis tenuibus, interdum pedalibus aut cubitalibus,
sæpius humi procumbentibus, reptatricibus.

* 6. Sa-

* 6. Salix Alpina pumila, rotundifolia repens, infer‑ ne fubcinerea *C. B. Pin.* 474. pumila latifolia 1. *Cluf. H. 85. J. B. I. 2. 216.* humilis *Ger.* 1205. On *Putney* Heath, and in a Wood by *Weſt-Wickham* and *Adding-ton* near *Croyden*; *D. Dillenius.*

Aprili menſe julos breves craſſiuſculos profert, procedente autem tempore vaſcula ſeminalia parva in aliis ejuſdem ſpeciei plantis perficit. Folia oblongo-rotunda ſunt, ad Vitis Idææ fo‑ lia proxime accedentia, quibus ab aliis ſpeciebus dignoſcitur.

* 7. Salix Alpina, Alni rotundo folio repens *Bocc. Muf. P. II. T.* 1. Alpina minima lucida repens, Alni rotundo folio *Ej. p.* 19. Pyrola Mariana, ſubrotundo Ul‑ mi folio glabro Hort. Uvedal. *Pluk. Alm.* 179. *T.* 436. *f.* 7. In aſcenſu montis *Snowdon* copioſe; *D. G. Sherard.*

8. Salix folio longo latoque ſplendente fragilis *Syn. II.* 291. 4. An Salix fragilis *C. B. Pin.* 474? *Park.* 1431? Salix ſpontanea fragilis Amygdalino folio auriculata & non auriculata *J. B. I.* 2. 214. *The Crack-Willow.* In aquoſis & ſalicetis.

In mediocrem arborem ſi permittatur adoleſcit, foliis latis lon‑ gis ſerratis, ramorum ligno fragili. Deſcr. vide in *Cat. Cant.*

9. Salix folio articulato ſplendente flexilis *Catal. Cantab.* An Salix folio Amygdalino utrinque virente aurito *C. B. Pin.* 473? viminalis nigra *Park.* 1431? *The round-eared ſhining Willow.* In Salicetis.

Frutex potius eſt quam arbor: Auricularum ſubrotundarum ad exortum foliorum magnitudine inter Salices inſignis eſt. Fo‑ lia quam præcedentis minora ſunt. Corticem exuit hæc ſpecies.

10. Salix folio Amygdalino utrinque aurito, corticem abjiciens. *Almond-leaved Willow that caſts its Bark.* In Salicetis.

Foliis eſt Amygdalinis, in prælongos & tenuiſſimos mucro‑ nes productis; Cortex caudicis & ramorum adultiorum cine‑ reus rimas agit, & a ligno ſponte abſcedit. Præcedens etiam arbor corticem abjicit, verum non adeo manifeſte.

Qu. An Salix corticem abjiciens a Thoma Williſello *Darkin-ga* in Surreia obſervata cum julo denſiſſimo tomento ſeu co‑ tone conferto, ſit ab utraque diverſa, an alterutri harum eadem?

11. Salix humilior foliis anguſtis ſubcœruleis, ex adver‑ ſo binis *Syn. II.* 292 7. Salix tenuior, folio minore, utrin‑ que glabro, fragilis *J. B. I.* 2. 213. *deſc.* & *ic.* 2. *The yel-low Dwarf-Willow.* Juxta torrentes & udis locis creſcit.

Hæc ſpecies, ut & Salix arborea vulgaris, Salix humilis an‑ guſtifolia, Salix caprea latifolia, nobis obſervantibus, & aliæ

I   fortaſſe

fortaffe pleræque fpecies excrementum producunt in ramorum faftigio, Rofæ æmulum, foliis confertim ftipatis compactile · unde Salix rofea perperam a nonnullis pro diftincta Salicis fpecie habetur.

12. Salix folio laureo, feu lato glabro odorato *Ph. Br. Merr. P. Syn. II.* 292. 8. An Salix latifolia non hirfuta cum gallis *J. B. I.* 216. *Bay-leaved fweet Willow.* In Weftmorlandia, & montofa comitatus Eboracenfis parte ad rivos frequens.

Hujus folia pro magnitudine breviora latioraque funt, quam Salicis quintæ feu fragilis (Non tantum foliis cum Lauro convenit, fed etiam odora eft. Juxta fluvium fupra & infra *Bradford* copiofe; *D. Richardfon.* By the Pond Side at *Wimbleton*; *Mr. James Sherard.*)

13. Salix pumila folio rotundo *J. B. I.* 2. 217. *Roundleaved mountainous Dwarf-Willow.* On the Rocks on the uppermoft Part of *Ingleborough* Hill on the North-Side; and on a Hill called *Wheru-fide* over-againft *Ingleborough*, on the other Side the fubterraneous River ; *Tho. Willifell.* Alfo in *North Wales* on the Tops of moft high Mountains.

14. Salix minime fragilis, foliis longiffimis utrinque viridibus, non ferratis D. Sherard. *Syn. II.* 293. The Twigs are moft fought after by Basket-makers, Gardeners, &c. of a greenifh Colour tending to Rednefs. The Budds reddifh. The *Juli* firft red, afterwards of a greenifh yellow Colour. The Leaves like thofe of the 21ft, but wholly green. In the Ofier-holt, between *Maidenhead* and *Windfor.* (Found afterwards by the River near *Salisbury* by *Mr. J. Sherard* in Company with *Mr. Rand.*)

Salix folio laxiore.

15. Salix latifolia rotunda *C. B. Pin.* 474. caprea rotundifolia *Ger.* 1203. latifolia rotunda *Park.* 1432. latifolia inferne hirfuta *J. B.* qui hanc a fequente non vult fpecie differre. (Verum plantas ipfas comparanti, diverfæ apparebunt, videturque *J. Bauhini* nomen ad fequentem potius fpeciem pertinere.) *Round-leaved Sallow.* In fepibus.

16. Salix folio ex rotunditate acuminato *C. B. Pin.* 474. caprea latifolia *Ger.* 1203. latifolia inferne hirfuta *J. B. I.* 2. 215. *Common Sallow.* In fepibus paffim, præfertim humidioribus.

G g   * 17. Sa-

* 17. Salix folio rotundo minore *Cat. Giff.* 38. &
App. 37. Nondum defcripta Salicis hæc fpecies eft, nec
eft Salix fubrotundo argenteo folio *C. B.* quod in *App.*
dicti *Cat.* vifum fuit, ceu quæ foliis eft fubtus penitus
argenteis, minufque rotundis. In fepibus prope *Chiffel-*
hurft hujus aliquot arbores fatis altæ funt; *Dr. Dil-*
lenius.

* 18. Salix cuprea pumila folio fubrotundo, fubtus
incano. Vix humo fe attollit, ad altitudinem pedalem
raro affurgens. Found in *Norwood* near *Stretham* by
Mr. Stoneftreet.

Foliis cum priori convenit, fed cum valde pumila fit, diverfa merito fpecies cenfetur. Diverfa etiam eft a Salice pumila
folio rotundo *J. B. I.* 2. 217. ceu quæ folia nonnihil ampliora,
tenuiora & fuperne glabra habet, pediculis infidentia longioribus.

19. Salix caprea acuto longoque folio D. Sherard.
Syn. II. 293. Frequent about *Oxford.* 'Tis not of
young Shoots, but holds always fo.

20. Salix latifolia folio fplendente *Syn. II.* 293. *Sal-*
low with a fhining Leaf. This I obferved growing
plentifully about *Often* in *Cumberland,* fome twelve
or fourteen Miles from *Pereth* in the way from thence
to *Newcaftle.* (Varietas penultimæ fpeciei.)

21. Salix folio longiffimo *Cat. Cant.* anguftis & longiffimis foliis crifpis, fubtus albicantibus *J. B. I.* 2. 212.
The Ofier. Riguis gaudet locis, & ad aquas plerunque
exit.

22. Salix folio longo fubluteo, non auriculata, viminibus luteis; eademque viminibus rubris *Syn. II.* 293.
The long-leaved yellowifh Sallow. In Salicetis colitur
ad vitilia. Folia huic unciam lata, tres uncias longa, &
bina plurimum in furculis adverfa.

Cæterum Salices omnes celerrime crefcunt, & femeftri minus
fpatio virgas humanam altitudinem longe fuperantes emittunt

Salicis cortex, folia, juli refrigerant & fubaftringunt, [unde
rami in pavimento ftrati utiles funt in aere refrigerando]
hæmorrhagiam quamcunque fiftunt. Decoctum foliorum, &c.
libidinem arcere dicitur, unde forte ἀλισίκαρπ℗ Homero denominatur. Lachryma quæ ex cortice vulnerato extillat commendatur ad ruborem & lippitudinem oculorum.

V. *VASCU-*

V. *VASCULIS FOLIACEIS.*

§. OStrya Ulmo similis, fructu in umbilicis foliaceis *C. B. Pin.* 427. Ostrys sive Ostrya *Park.* 1406. Fagus sepium vulgo, Ostrys Theophrasti *J. B. I.* 2. 146. Betulus sive Carpinus *Ger.* 1296. *The Horn-beam or Hard-beam-tree, called in some Places the Horse-beech or Horn-beech, for some Likeness of the Leaves to Beech.* In sylvis & sepibus.

Cortex hujus arboris albidus & æqualis, unde etiam e longinquo facile dignosci potest. Folia ad Ulmum aut Fagum accedunt. Vascula seminalia alata seu membranis in longum productis aucta, plura simul conferta. Arbor est julifera, flore a fructu remoto, qua nota ab Ulmo satis distinguitur.

ARBORES ET FRUTICES FRUCTU FLORI PETA-LOIDI CONTIGUO.

HÆ vel sunt flore summo fructui insidente, vel eodem basi fructus cohærente. Priores fructu sunt plerunque ex residuo floris calyce umbilicato seu coronato, & dividi possunt in eas quarum fructus pulpa humida semina ambiente constat, seu majore, *Pomiferæ*, seu minore *Bacciferæ*, & eas quarum semina materia per maturitatem sicciore continentur. Posteriores, i. e. quarum flos basi fructus cohæret, sunt vel fructu polypyreno, seu majore, *Pomiferæ* dictæ; seu minore, *Bacciferæ*: vel fructu monopyreno; eoque itidem vel majore, *Pruniferæ*, vel minore, *Bacciferæ.*

ARBORES ET FRUTICES FLORE SUMMO FRUCTUI INSIDENTE.

Arbores Pomiferæ & Bacciferæ, i. e. fructu umbilicato, humido majore, & minore.

§. I. MAlus sativa. *The Apple-tree.* In pomariis & sepibus. Arbor est notissima, nec ulla indiget

indiget vel defcriptione, vel nota chara&eriftica. In-numeræ funt hujus arboris fructus refpectu varietates.

2. Malus fylveftris *Ger.* 1276. *Park.* 1502. fylv. five agreftis *J. B. I.* 26. Mala fylveftria, quæ & alba & ru-bra, & majora & minora *C. B. Pin.* 433 *The Crab-Tree or Wilding.* In fylvis & fepibus. A fativa Malo non aliter differre exiftimo, quam ut fpontanea a culta.

Succus Pomorum agreftium oculis inftillatus eorum inflam-mationes & lippitudines fpecifica proprietate fanare afferitur. Idem cum flore cerevifiæ mixtus & impofitus utilis eft adverfus ignem facrum, fcabiem, inflammationes quafcunque.

§. 1. Pyrus fativa. *The Pear-Tree.* Hæc etiam non minus frequens eft in Pomariis & fepibus quam Malus; nec minus nota quam illa. Fructus pariter infinitum variat.

2. Pyrafter feu Pyrus fylveftris *J. B. I.* 57. Pyrus fyl-veftris *C. B.* 439. *Park.* 1500. *Ger.* 1271. *The wild Pear-Tree.* In fylvis & fepibus paffim occurrit, & a fativa non aliter differt quam Malus fylveftris a fativa.

Cum Pyra fylv. acida fint & acerba, refrigerant & ficcant, proinde in fluxu alvi utilia funt.

§. Sorbus fructu acerbo, nec ante fracedinem eduli, cum Mefpilo convenit ; foliis pinnatis Fraxineorum æmulis & floribus eofque fequentibus fructibus umbel-latim congeftis ab eadem differt.

1. Sorbus *J. B. I.* 59. *Ger.* 1287. fativa *C. B. Pin.* 415. legitima *Park.* 1420. *The true Service or Sorb.* It hath been obferved to grow wild in many Places in the mountainous Part of *Cornwal,* by that ingenious young Gentleman, *Walter Moyle,* Efq; in Company with *Mr. Stevens* of that County. I fufpect this to be the Tree called *Sorbus pyriformis,* found by *Mr. Pitts,* Alderman of *Worcefter,* in a Foreft of that County, and faid to grow wild in many Places of the More-lands in *Staffordfhire,* by *Dr. Plot Hift. Nat. Stafford. p.* 208. Vid. *Fafciculum noft. p.* 27.

2. Sorbus fylveftris foliis domefticæ fimilis *C. B. Pin.* 415. fylveftris five Fraxinus bubula *Ger.* 1290. aucupa-ria *J. B. I.* 62. Ornus, five Fraxinus fylveftris *Park.* 1419. *Quicken-Tree.* In montofis & uliginofis, in Cambria, & Septentrionali Angliæ parte.

Parvitate omnium partium, præcipue fructu minime eduli, lo-coque natali a præcedente differt.

Aucupa-

Aucupariæ baccæ fuccum exhibent acidum hydragogon egregium, itemque Scorbuto aptum; Wallis in frequenti ufu, quibus vice dictæ purgantis quotannis exhibetur.

Sativæ fructus, immaturi præfertim, adftringunt & fluxus
quofcunque fiftunt; *Vid. Hift. noft. II.* 1456.

§. Mefpilus a Sorbo differt foliis fimplicibus non
pinnatis; fructu magis fparfo non umbellatim nafcente.

1. Mefpilus Alni folio fubtus incano, Aria Theophrafti dicta *Syn. II.* 296. Sorbus Alpina *J. B. I.* 65.
Syn. II. 295. Aria Theophrafti *Ger.* 1146. Sorbus fylveftris Aria Theophrafti dicta *Park.* 1421. Alni effigie lanato folio major *C. B. Pin.* 452. *The white
Beam-Tree.* In montibus fylvofis & petrofis, præfertim
in Occidentali Angliæ parte. Variat folio acuto &
obtufo.

Arbor illa quam in Hiftoria noftra, *Parkinfonum* fequuti, pro
diftincta Sorbi fpecie pofuimus, fub titulo Sorbi fylveftris Anglicæ, *Red Cheffe-Apples* and *Sea-Owlers,* in parco Witherflacenfi
crefcere dictæ, non alia eft quam Aria Theophrafti *Ger.* nec me
certiorem fecit *D. Lawfon.* Vide *Fafcic. noft. p. 26. Conſiek-
Scar, Silverdale, Arnſide,* Places in *Lancaſhire* and *Weſtmorland,*
where fo called.

* 1. Mefpilus *Ger.* 1265. vulgaris *J. B. I.* 64. *Park.*
1422. Germanica folio laurino non ferrato, five Mefpilus fylveftris *C. B. Pin.* 453. In all the Hedges about
Minehiville; Mr. Du Bois.

2. Mefpilus Apii folio fylveftris non fpinofa, feu
Sorbus torminalis *C. B. Pin.* 454. Sorbus torminalis
Ger. 1288. torminalis feu vulgaris *Park.* 1420. torminalis & Cratægus Theophrafti *J. B. I.* 63. *The common wild Service-Tree or Sorb.* Locis fylveftribus &
in fepibus.

Folia Sambuci aquaticæ æmula, pedis anferini forma.
Fructus Sorbo fativo minor, edulis tamen pariter, &
palato magis gratus.

3. Mefpilus Apii folio fylveftris fpinofa, five Oxyacantha *C. B. Pin.* 454. Oxyacanthus *Ger.* 1146. Oxyacantha vulgaris feu Spinus albus *J. B. I.* 249. Spina appendix vulgaris *Park.* 1025. *The white Thorn or Hawthorn.* In fepibus ubique. Folia Apii, fpinæ per ramos & furculos rigidæ & acutæ; fructus rubri, parvi.
Interdum variat baccis albis, luteis. That with a white
Fruit obferved by *Mr. Bobart* in the Bowling-green-

Hedge

Hedge at *Bampton* in *Oxfordshire*. (Variat & foliis tenuius incisis, qualis subinde circa Londinum reperitur.)

* 4. Mespilus Apii folio, sylvestris, spinosa, folio &
fructu majore. Mespilus sylvestris spinosa, sive Oxyacantha vulgaris pomo majore *Ponted. Comp. Tab. Bot.*
157. In sepibus occurrit. Found by *Mr. James Sherard*
in the Orchard Hedge at *Mr. Maidwell's* at *Gadington,*
Northamptonshire. Oxyacanthus folio & fructu majore. In *Ricot* Park, and elsewhere in Oxfordshire;
Merr. P.

Arbuscula hæc ad vivas sepes commodissima est, primo
ob densitatem ramorum & acutissimas spinas; tum quod frigo-
ris patientissima sit: tum denique quod radice non reptet, nec
agricolæ molestiam creet Pruni sylvestris modo.

Fructus tum aqua destillata, tum siccati pulvis calculosis prodesse traditur magno Botanicorum consensu.

Torminalis fructus refrigerat & adstringit, gustui gratus &
ventriculo amicus. Usus eximii in quibuscunque alvi fluxionibus.

§. Rosa folio pinnato, flore specioso, frutice infirmo,
medulloso, & plerunque spinis corticalibus obsito a reliquis hujus generis differt.

1. Rosa sylvestris inodora seu canina *Park.* 1017. canina inodora *Ger.* 1087. sylv. vulgaris flore odorato in-
carnato *C. B. Pin.* 483. sylv. alba cum rubore, folio
glabro *J. B. II.* 43. Cynosbatos & Cynorrhodon Officinarum. *The common wild Briar or Dogs-Rose, the*
Hep-tree. In sepibus passim.

2. Rosa sylvestris fructu majore hispido *Syn. II.* 296.
Wild Briar or Dogs-Rose with large prickly Heps. In
sepibus non infrequens a *D. Dale* observata. Calyx in
hac specie non decidit postquam fructus maturuit quemadmodum in præcedente, sed ei pertinaciter adhæret.

3. Rosa sylvestris odora *Ger.* 1087. sylv. foliis odo-
ratis *C. B. Pin.* 483. foliis odoratis, Eglantina dicta
J. B. II. 41. sylv. odora seu Eglanteria flore simplici
Park. Par. 418. *The sweet Briar or Eglantine.*

Cum vulgari specie convenire videtur: nec enim aliter
quam foliorum odore differt; cum inter alias Rosas caninas una
vel altera hujus generis in sepibus occurrat, nec unquam plures
simul. Adde quod Rosa Eglanteria transplantando interdum
degeneret & odorem amittat, ut observavit *Lobelius.*

In hortis culta flore pleno invenitur. (A seminibus pro-
pagatam odorem nunquam amittere observavi; *D. Dood.*)

3. Rosa

4. Rosa sylvestris altera minor, flore albo nostras *Syn. II.* 297. sylvestris folio glabro, flore plane albo *J. B. II.* 44. Rosæ sylvestris quarta species *Trag.* 988. Rosa arvensis candida *C. B. Pin.* 484. An Rosa canina humilior fructu rotundiore *D. Plot*? *White-flowered Dogs-Rose.* In sepibus frequens.

A vulgari Rosa canina differt virgis gracilioribus, spinis rarioribus & multo minoribus obsitis ; floribus albis, longioribus pediculis insidentibus, pluribusque simul in umbellæ formam compositis ; fructu minore & rotundiore; foliis minoribus & ad Rosæ Pimpinellæ formam accedentibus, pallidioribus: tota etiam planta minor est.

5. Rosa pumila spinosissima, foliis Pimpinellæ glabris, flore albo *J. B. II.* 40. Item, Rosa sylvestris pomifera Lobelio, sine spinis pumila *Ejusd.* Item, Rosa arvina Tabernamontani spinosa *Ejusd.* Rosa sylv. pomifera minor *C. B. Pin.* 484. campestris spinosissima flore albo odoro *Ejusd.* 483. Rosa Pimpinella sive pomifera minor *Park.* 1018. Rosa Pimpinellæ folio *Ger.* 1270. *The Pimpernel-Rose*, rectius *The Burnet-Rose.* In sabulosis.

Altitudo cubitalis aut sesqui : Fructus rotundi, per maturitatem nigri; reliquas notas synonyma suppeditant. Hujus minor species seu potius varietas invenitur in Scotia, flore eleganter variegato, Videsis *D. Sybbald.* & *Sutherland.*

(Rosa Pimpinella minor Scotica, floribus ex albo & carneo eleganter variegatis *Pluk. Alm.* 322. Rosa Ciphiana seu Rosa Pimpinellæ foliis minor nostras, flore eleganter variegato *Scot. Ill. P. II.* 46.)

6. Rosa sylvestris pomifera major nostras *Syn. II.* 297 pomifera major *Park. Parad.* 418. *The greater English Apple-Rose.* In montosis septentrionalibus Eboracensis & Westmorlandici agri copiose. Fructus Pyri parvi forma & magnitudine, spinulis obsiti, & per maturitatem pulchre rubentes.

(Rosa in Cantio, non procul a *Southfleet*, invenitur fructu glabro, cujus calix non decidit ; *D. Doody.*)

Flores Cynosbati qualitatibus conveniunt cum floribus Rosæ sativæ, sed majorem vim astringendi obtinent, proinde in profluvio uteri albo & rubro summæ sunt æstimationis. Fructus vi lithontriptica maxime celebrantur, in qua tamen excellunt exempti arilli ; *Schrod.* Antherarum pulvis egregiam vim habet anodynam, soporiferam, cardiacam. Vid. *Hist. nost. p.* 1471.

Hujus

Hujus poma cum maturuerunt pulpam continent faporata aciditate gratam, ad appetitum excitandum, æstum febrilem compefcendum, fcorbuticos affectus calidiores leniendos perutilem.

§. 1. Ribes vulgaris fructu rubro *Ger.* 1593. vulgaris acidus ruber *J. B. II.* 97. fructu rubro *Park.* 1561. Groffularia fylveftris rubra *C. B. Pin.* 455. *Red Currants.* In fylvis in feptentrionali comitatus Eboracenfis parte, inque Dunelmenfi Epifcopatu & Weftmorlandia; *D. Johnfon.*

Ribes vulgaris fructu dulci *Cluf. H.* 120. Groffularia vulgaris fructu dulci *C. B. Pin.* 455. *Sweet Currants.* In the Lord *Ferrer's* Garden at *Stanton* in *Leicefterfhire*, brought out of the neighbouring Woods; *D. Bobart.* (Near *Settle* in Yorkfhire; *Dr. Richardfon.*) Pro præcedentis varietate habeo. Nam experimento *Petri de Crefcentiis Agricult. Lib.* 2. *Cap.* 2. Ex Amygdalis amaris fatis aliquando oriuntur dulces, & ex dulcibus amaræ : qui & idem de Malogranatis obfervavit : nimirum ex acidis fatis dulcia ex dulcibus acida provenire.

Folia huic angulofa, laciniata & quodammodo vitiginea, fructus in racemulis; virgæ & furculi non fpinofi.

2. Ribes Alpinus dulcis *J. B. II.* 98. An Groffularia vulgaris fructu dulci *C. B. Pin.* 455. *Sweet Mountain-Currants.* In agro Eboracenfi invenit *D. Dodfworth.* (In fepibus juxta *Bradford* abundat; *D. Richardfon.*)

Folia plufquam dimidio minora quam præcedentis & Uvæ crifpæ æqualia : Uvæ breviores, acini minus rubri, fubdulces & fere infipidi.

* 3. Ribes fructu parvo *Merr. Pin.* At *Wimbleton* in *Surrey*, and many Places in *Lancafhire*. Found fince plentifully in *Wimbleton* Park by *Mr. J. Sherard.*

4. Ribes nigrum vulgo dictum folio olente *J. B. II.* 98. fructu nigro *Park.* 1562. *Ger. Em.* 1593. Groffularia non fpinofa fructu nigro *C. B. Pin.* 455. *Black Currants, Squinancy-Berries.* Ad fluviorum ripas. We obferved it at *Abington* in *Cambridgefhire*, *Blunham* in *Bedfordfhire*, in *Warwickfhire* alfo and *Cumberland*, and here in our Neighbourhood by the *Hoppet*-Bridge near *Braintree* : femper juxta aquas, ut non immerito *Gefnero* in Catalogo *Ribes fylv. aquaticum Sabinæ fere odore* denominetur.

Fructûs colore nigro, folio olente, locoque natali a reliquis fpeciebus abunde diftinguitur.

Vulgaris

Vulgaris acini, ferapia, eclegmata, gelatina & Rob fitim fedant, vomitiones fiftunt, ventriculum roborant, cibi appetentiam invitant, febriles ardores reftinguunt, bilem æftuantem reprimunt, dyfentericis ex calida caufâ utiles.

§. Vitis Idææ frutex parvus, montofis gaudens, flore
urceolum referente, non racematim nafcente, ut in
præcedente genere, fed fingulatim.

1. Vitis Idæa magna quibufdam, five Myrtyllus gran-
dis *J.B.I.*518. Idæa foliis fubrotundis exalbidis *C.B.
Pin.* 470. Idæa foliis fubrotundis major *Ger. Em.* 1416.
Vaccinia nigra fructu majore *Park.* 1455. *The great
Bill-berry Bufh.* In montofis Cumberlandiæ medio itinere inter *Hexham* & *Pereth* oppida; fed copiofius prope vicum *Gamblesby*, ad fextum ab oppido *Pereth* lapidem, via quæ Novum Caftellum ducit: utrobique in
pafcuis paluftribus. *Mr. Lawfon* obferved it, together
with the two following, in the Foreft of *Whinfield,
Weftmorland.* (Loco putrido & fpongiofo prope *Juli-
ans Bower* mihi oftendit D. Lawfon; *D. Richardfon.*)

Hæc fpecies maxima eft earum quæ apud nos fponte proveniunt, folio deciduo, non crenato.

2. Vitis Idæa angulofa *J.B.I.* 520. foliis oblongis
crenatis, fructu nigricante *C.B. Pin.* 470. Vaccinia
nigra *Ger. Em.* 1415. nigra vulgaria *Park.* 1455. *Black
Whorts or Whortle-berries or Bill-berries.* In ericetis &
fylvis humectis, folo paluftri & fpongiofo aquas reti-
nente.

Foliis deciduis crenatis, furculis angulofis, baccis nigris, polline cœruleo obductis innotefcit.

3. Vitis Idæa femper virens fructu rubro *J.B.I.*522.
Idæa foliis fubrotundis non crenatis, baccis rubris *C.B.
Pin.* 470. Vaccinia rubra *Ger. Em.* 1415. rubra buxeis
foliis *Park.* 1458. *Red Whorts or Whortle-berries.*
Cum priore, fed rarior. In montibus Derbienfibus,
Staffordienfibus, Eboracenfibus inter Ericas copiofam
obfervavimus.

Foliis fubrotundis non crenatis femper virentibus, baccis
rubris a reliquis facile dignofcitur. (Hujus baccæ edules funt,
& ob faporem ab incolis expetuntur; *D. Richardfon.*)

4. Vaccinia rubra foliis myrtinis crifpis *D. Merret.*
Four Miles from *Heptenftal* near *Widdop,* on a great
Stone by the River *Gorlp* in *Lancafhire.* Hanc fpeciem
loco fuo natali nobis oftendit *Tho. Willifel,* verum neque florem ejus neque fructum vidimus. Quod ad folia

lia & totum plantæ habitum refpondebat fatis apte Viti Idææ, fructu nigro *J. B. I.* 519. Idææ, foliis oblongis albicantibus *C. B. Pin.* 470. Vaccin. nigris Pannonicis *Park.* 1455. Pannonicis, feu Viti Idææ *Ger.* 1416. Verum fi fructus ruber fit, alia nefcio quæ fpecies erit.

(Found alfo by *Mr. Lhwyd* plentifully for fome Miles together in that ———— End of *Mull*, next to *Eycolumb-Kill*, *Scotland*. Planta eft valde diverfa a *Vite Idæa femper-virenti, fructu rubro*; major eft & ramofior, foliorum fuperficies crifpa; baccæ (quas toto anno retinet, uti referunt incolæ) Agrifolii baccis magis fimiles; *D. Lhwyd* in epiftola ad *D. Richardfon, Act. Phil. N.* 337. *p.* 100. Cum vite Idæa foliis buxeis nonnullis convenit. Pedalem aliquando fuperat altitudinem, priori ramofior & lignofior; foliorum fuperficies crifpa & quafi cæfia, ad ramulorum extremitates flores plerumque fpicatim protendit, Lilii convallium fimiles, fed minores, ex albo rubentes, quibus fuccedunt baccæ Agrifolii baccis ferme fimiles, fed propter aufteritatem ingratam non tantum ab incolis, fed etiam ab ipfis avibus per totam hyemem intactæ manent, in borealibus Scotiæ infulis abundant, præcipue in infula *Mull,* ut mihi literis communicavit D. Lhwyd; *D. Richardfon.*)

Baccæ, myrtilli dictæ, frigidæ funt, & cum manifefta adftrictione reficcant. Ventriculo æftuanti conveniunt, fitim fedant, febrium calores mitigant, alvum reprimunt, vomitum fiftunt, adverfus choleram morbum profunt. Sed ad hos ufus ob baccarum cruditatem earundem Rob longe præferendus eft; *Dod.*

Partes tenues harum fucco ineffe, eumque etiam vehementer aftringere oftendunt notæ pæne ineluibiles, manibus & labiis manducantium impreffæ; hinc tinctores eo utuntur ad chartas & linteamina cœruleo colore tingenda.

§. Caprifolium caule volubili fcandente, floribus tubulofis oblongis, cornu Venatorii quodammodo figura, odoratis, aggregatis, a reliquis bacciferis umbilicatis diftinguitur.

1. Caprifolium Germanicum Dod. *Pempt.* 411. *J. R. H.* 608. Periclymenum *Ger.* 743. five Caprifolium vulg. *Park.* 1460. non perfoliatum *J. B. II.* 104. non perfoliatum Germanicum *C. B. Pin.* 302. *Common Honeyfuckle* or *Woodbind.* In fepibus frequens.

* 2. Caprifolium non perfoliatum, foliis finuofis *Inft. R. H.* 608. Periclymenum foliis quercinis *Merr. P.* 92. Found firft near *Oxford* by *Mr. Jenner*, and afterwards by *Mr. Knowlton* in the way from *Hitchin* to *Wembly,*

Wembly. Folia glabra funt, Quercinorum inftar eleganter laciniata. Prioris elegans varietas eft.

Vehementer calefacit & deficcat. Diureticum validum ac
fpleneticum eft. Ufus præcipuus in afthmate & tuffi. Hinc
ufum foliorum decoctorum in collutionibus & gargarifmis ad
oris fauciumque tumores & inflammationes, aut eorundem flo-
rumve aquæ deftillatæ, a vulgo frequentatum merito improbant
medici peritiores.

§. Hedera frutex eft parafiticus, cirris fuis arboribus
aut parietibus adhærens & fcandens, fructu in corymbos
coacto.

Hedera communis major & minor *J. B. II. III.* arborea *C. B.* item major fterilis *Ejufd. Pin.* 305. nec diverfam putamus *Ejufd.* minorem repentem. Hed. arborea
five fcandens & corymbofa communis *Park.* 678. item
Hedera helix *Ejufdem* & *Ger.* 708. *Climbing or berried
Ivy, alfo barren or creeping Ivy.* Has enim non fepa-
ramus: cum Hederæ accidat pro loco in quo oritur, &
pro ætate, ut vel repat vel fcandat, vel fterilis fit, vel
fertilis. Cum fructum fert erigitur, obfervante Cæfal-
pino.

Theophraftus plures Hederæ fpecies feu varietates recenfet;
apud nos unica duntaxat fpecies habetur, quæ interdum fterilis
eft & provoluta, interdum fertilis & corymbofa, arbores aut
muros confcendens; alias folio angulofo, eoque vel venis albis
infigni, vel unicolore viridi, alias folio æquali, & in angulos
non procurrente; ut in ramis frugiferis, qui, ut diximus, erecti funt, & folia obtinent æqualia.

Falfum effe illud vulgo jactatum experimentum, quod vas ex
Hederæ ligno factum aquam, cui vinum admifcetur, tranfmittat
retento vino falfum effe comperit *Olaus Wormius*; nam cum
aliquandiu ftetiffent una tranfudabant ut erant mixta vinum &
aqua.

Quod prima Hederæ folia angulofa funt & varia, pofteriora
& fumma rotunda, non Hederæ proprium eft, fed aliis arboribus & herbis commune, ut Agrifolio, Smyrnio Cretico, Paftinacæ aquaticæ, &c.

Lignum de radice diffectum utile eft futoribus ad cultellos
lævigandos cum ad cotem acuendo afperiores facti funt. Foliorum ufus præcipue externus eft, iique in ichoribus exficcandis &
fanandis, in fonticulis ab inflammatione turandis, in ozænis
curandis, in aurium purulentarum dolore fedando [mifcetur
fuccus cum oleo ex gr. Liliaceo] *Schrod.* Pulvis baccarum plenam maturitatem adeptarum larga dofi exhibitus arcanum eft
contra peftem. Remedium eft Alexis Pedemontani *D. Boyle*
in

in *De Utilit. Philof. Nat. ad Medicinam.* Vide *Hift. noft.* Schroderus baccas per inferiora & fuperiora purgare fcribit.

§. Opulus *Ruellii* 281. *Inft. R. H.* 607. Sambucus aquatica *J. B. I.* 502. aquatica flore fimplici *C. B. Pin.* 564. aquatilis feu paluftris *Ger.* 1237. paluftris feu aquatica *Park.* 208. *Water-Elder.* Ad aquas & fluviorum ripas.

Folia Aceris minoris vel Sorbi torminalis foliorum æmula. Flores in umbella candidi. Acini rubri femen continent planum, latum, cordis effigie.

Sambucus rofea varietas eft præcedentis. Flos ejus ex obfervatione Doodiana *Syn. II. App.* 343. valde imperfeꝛus eft, fine ftylo vel apicibus, qua de caufa fruꝛum nunquam edit. Ceterum in illius etiam umbella flos ftamineus & non ftamineus, (uterque fimul) confpiciuntur; alter baccam præbet, alter autem femper fterilis eft.

§. Viburnum *Park.* 1448. *C. B. Pin.* 429. Lantana five Viburnum *Ger. Em.* 1490. Lantana vulgo, aliis Viburnum *J. B. I.* 557. *The pliant Mealy-tree* Park. *The Way-faring-tree* Ger. In fepibus, folo maxime inculto & argillofo. Arboris magnitudinem raro affequitur in Meridionali Angliæ parte, in Septentrionali fæpe.

Vimina huic lenta lanuginofa, folia fubrotunda, incana, prona præfertim facie, flores in umbellis, baccæ per maturitatem nigræ, compreffæ.

Baccæ ficcant & aftringunt, unde ad alvi fluxiones, columellæ procidentiam & oris glandularum tumores commendantur. E radicum corticibus paratur vifcum.

§. Cornus fœmina *C. B. Pin.* 447. *Ger.* 1283. *Park.* 1521. fœmina, putata Virga fanguinea *J. B. I.* 214. *The female Cornel, or Dog-berry-tree, or Gatter-tree, or Prickwood.* In fepibus, frutetis & fylvis.

Folia Corni-maris, materies folida & dura, unde lanionibus ad verucula adhibetur; vimina rubra; flores umbellatim difpofiti; baccæ per maturitatem nigræ, officulo dicocco. Frutex eft, non arbor dicenda.

E baccis aqua decoꝛis per expreffionem oleum eliciunt Ananienfes in agro Tridentino ad lucernas; *Matth.* Virgæ fi manibus teneantur donec concalefcant demorfos a cane rabido in rabiem agere dicuntur; *Idem.*

§. Sambucus ramis medulla plurima farꝛis, pauco ligno, flore & fruꝛu in umbellas aut racemos compofito, foliis alatis ab aliis arboribus diftinguitur.

1. Sambu-

1. Sambucus *Ger.* 1234. vulgaris *J. B. I.* 544. *Park.*
207. fructu in umbella nigro *C. B. Pin.* 456. *Common
Elder.* Ad macerias & fepes, inque dumetis & incultis locis, præfertim humectis & umbrofis.

2. Sambucus acinis albis *J. B. I.* 546. fructu albo
Ger. 1422. *Park.* 208. fructu in umbella viridi *C. B.
Pin.* 456. *White-berried Elder.* Obferved by *Dr. Plukenet* and by *Mr. Bobart* in the Hedges near *Watlington
Oxfordfhire.* (At *Halley* in Kent; *Mr. J. Sherard.*) Variat baccis albis & ex albo flavefcentibus.

3. Sambucus laciniato folio *C. B. Pin.* 456. *Park.*
208. *Ger.* 1234. laciniata *J. B. I.* 549. Prope *Mancunium* Lancaftriæ in fepibus; *Mr. Lawfon.* Near *Briftol*; *D. Jolliff.* (At *Halley* near *Dartford* in Kent ;
Mr. J. Sherard. At *Walfoken* near Wisbech; *Dr.
Maffey.)*

4. Sambucus humilis feu Ebulus *C. B. Pin.* 456.
Ebulus five Sambucus humilis *Ger.* 1238. *Park.* 209.
Ebulus feu Sambucus herbacea *J. B. I.* 546. *Dwarf
Elder, Walwort or Danewort*, quia e Danorum occiforum fanguine ortum fabulantur. Ad vias inque agrorum limitibus & cœmiteriis.

Cortices Ebuli & femina vim habent educendi aquam, conferunt
igitur in hydrope, Arthritide, ceterifque morbis a fero ortis:
in hydrope radicis & feminum decoctum, quod tamen ob vehementiam purgationis corrigi debet: ad podagricos dolores folia in lixivio decocta & externe applicata, fed efficacius oleum
feminis per expreffionem. Summa eifdem viribus pollet quibus Sambucus.

Sambuci vulgaris cortex interior educit ferofos humores, unde & hydropicos juvat. Idem fed mitius præftant turiones &
gemmæ acetariis adhiberi folitæ. Cortex interior impofitus valet ad ambufta. Flores fudoriferi & anodyni funt. Ufus præcipuus intrinfecus in Eryfipelate præcavendo & abigendo, extrinfecus etiam ad idem valent calefacti & impofiti. Contra Eryfipelas in frequenti ufu eft fotus ex aquæ Sambuci part. 2. & Spir. vini
part. 1. vid. *Hift. noft. p.* 1610. Baccæ Sambuci alexipharmacæ &
fudoriferæ funt, & ex eifdem multa medicamenta parantur.
Succus earundem infpiffatus valet ad movendos fudores: item
decoctum corticis mediani hujus vel Ebuli cum Syrupo Papaveris.

I *ARBO.*

ARBORES QUARUM FLOS BASI FRUCTUS SEU IMO FRUCTUI COHÆRET: ET PRIMO FRUCTU PER MATURITATEM HUMIDO.

1. Pruniferæ.

PRuniferas arbores voco quæ fructus majores proferunt, ossiculum intus unicum, rariffime geminum continentes, pericarpio feu pulpa etiam per maturitatem humida undique cinctum, & membrana exterius tenui tunicatum.

Prunum proprie & stricte dictum est fructus major pediculo mediæ longitudinis inhærens, & in uno unicus, pulpa molli, officulo fragili, oblongo & utrinque acuminato, compresso.

Ceterum Prunus arbor est mediocris, gummifera, folio minore oblongo crenato.

1. Prunus sylvestris *Ger.* 1313. *Park.* 1033. *J. B. I.* 193. *C. B. Pin.* 444. Acacia Germanica vulgo. Σπαδίας *Theophrasto.* Spinus *Virgilio. The black Thorn or Sloe-Tree.* In sepibus passim.

Incommoda est ad sepes vivas ob nimium reptatum; ad quas spina alba multo commodior: ad mortuas Spinæ albæ præfertur, quod durabilior sit. Frutex potius est quam arbor, foliis parvis, fructu etiam minimo & acerbo. Floret Martio aut Aprili pro Veris constitutione.

2. Prunus sylvestris major *J. B. I.* 196. Pruna sylvestria præcocia *C. B. Pin.* 444. Prunus sylvestris fructu majore nigro *Syn. II.* 301. *The black Bullace-tree.* In sepibus. In arborem mediocrem adolescit.

3. Prunus sylvestris fructu majore albo *Syn. II.* 302. *The white Bullace-tree.* Hæc etiam in sepibus non raro occurrit, an sponte, an sata nescio.

Hæ duæ Pruni, quamvis a Botanicis eodem Pruni sylvestris majoris nomine comprehendantur, utraque etiam nostratibus *Bullace-tree,* dicatur, si quæ aliæ Pruni, revera specie differunt: fructûs colore, figura aliiisque accidentibus, stirpium etiam magnitudine distantes: Hæc enim præcedente minor est.

4. Pru-

4. Prunus fylveſtris fructu rubro, acerbo & ingrato *Syn. II.* 302. This hath been obſerved by *Mr. Dale* in ſome Hedges both in *Eſſex* and *Suffolk*.

Folia, fructus, cortices refrigerant & adſtringuunt: unde uſus eorum in hæmorrhagia narium, in profluviis alvi, uteri, *&c.* frequens. E floribus fit per iteratam infuſionem ſyr. purgans. Gummi in aceto ſolutum & illitum herpetas ſanat. Aqua florum deſtillata ad laterum dolorem ſingulari facit experimento; *Trag.*

§. Ceraſus folio majore lucido, pediculis fructûs longis, fructu ipſo pendulo breviore & ad baſin latiore rotundioreque, oſſiculo pariter breviore ac tumidiore a Pruno differt.

1. Ceraſus fylveſtris fructu rubro *J. B. I.* 220. *Common wild Cherry-tree.* In ſylvis & ſepibus non infrequens, forte ex oſſiculis Ceraſorum hortenſium ab avibus eo delatis orta: Aiunt enim *Plinius* & *Athenæus* Ceraſa a *Lucullo* primum in Italiam advecta ex Ceraſunte oppido Ponti.

2. Ceraſus fylveſtris fructu nigro *J. B. I.* 220. major ac ſylveſtris fructu ſubdulci, nigro colore inficiente *C. B. Pin.* 450. *The black Cherry-tree.* In Suffolcia habetur in ſepibus.

3. Ceraſus fylveſtris fructu minimo cordiformi *Ph. Brit. The leaſt wild Heart Cherry-tree.* Circa *Buriam* & *Mancunium* in Lancaſtria, *Stockport* in Ceſtria, *Roſgil* in Weſtmorlandia.

Se nullam inter hanc & Ceraſum vulgarem differentiam, præterquam in fructûs figura cordiformi ſeu ovata, & parvitate differentiam obſervare potuiſſe ad nos ſcripſit *D. Lawſon.*

4. Ceraſus fylveſtris Septentrionalis fructu parvo ſerotino *Syn. II.* 302. *The wild Northern Cherry-tree with ſmall late-ripe Fruit.* Ad ripas fluvi Teſæ prope *Bernard-Caſtle* oppidum in Epiſcopatu Dunelmenſi copioſe.

Fructus parvus, rotundus, ruber, ante initium Septembris plenam maturitatem non aſſequitur; *D. Johnſon.*

§. Ceraſus avium nigra & racemoſa *Ger.* 1322. racemoſa ſylveſtris fructu non eduli *C. B. Pin.* 451. Ceraſus racemoſa quibuſdam, aliis Padus *J. B. I.* 228. Ceraſ. avium racemoſa *Park.* 1517. *The wild Cluſter-Cherry, or Birds-Cherry.* In *Weſtmorland* and the mountainous Part of the *Weſt-Riding* of *Yorkſhire*, and in the Woods of *Derbyſhire.*

Folia

Folia infra candidiora funt, fuperne nigriora, ut ad Salicis latifoliæ folia propius quam ad Cerafi accedere videantur. A Cerafo genere differt quod racemofa fit, commodior ergo Padi ob diftinctionem appellatio.

Cerafa acida refrigerant & aftringunt, fitim extinguunt, cibi appetentiam conciliant; unde ipfa in intinctibus fumpta, eorumve aqua ftillatitia ardorem febrilem compefcunt. Dulcia alvum fubducunt: nigra in morbis capitis, Epilepfia, Apoplexia, Paralyfi, in motibus convulfivis, inque balbutie & aliis loquelæ vitiis peculiariter proficua cenfentur; in ufu funt fpiritus & aqua ftillatitia. Officula Ceraforum, oleumque e nucleis expreffum, ut & gummi Cerafi celebrantur vi lithontriptica.

2. Bacciferæ.

Baccam voco fructum minorem, pericarpio feu pulpa humida donatum, cui femina feu nuclei includuntur vel folitaria, vel bina, terna, quaterna aut plura.

§. Arbutus *Ger*. 1310. *Park*. 1489. folio ferrato *C. B. Pin*. 460. Arbutus, Comarus Theophrafti *J. B. I*. 83. *The Strawberry-tree*. In occidentali Hiberniæ parte. Arbor eft femper-virens, folio Laurino eleganter ferrato: Floribus racematim pendulis, fructu Fragis fimili, polypyreno.

§. Vifcus eft planta parafitica, feu Frutex arboribus aut fruticibus aliis innafcens, baccifera, monopyrenos, femper-virens.

1. Vifcum *Ger*. 1168. vulgare *Park*. 1392. baccis albis *C. B. Pin*. 423. Vifcus Quercûs & aliarum arborum *J. B. I*. 89. Aureus Virgilii ramus *Æneid*. 6. nonnullis exiftimatus. *Miffel and Miffeltoe*. Multis arboribus innafcitur, Quercui, quod præftantiffimum habetur, Corylo, quod ejus fuccedaneum eft, & fecundum bonitatis locum obtinet: Malo frequentiffime, Pyro, Oxyacanthæ, Aceri minori, Fraxino, Tiliæ, Salici, Ulmo, Sorbo, &c.

Ligni hujus ufus eft præcipuus & fpecificus in Epilepfia. Præfcribitur etiam contra Apoplexiam & Vertiginem tum intus epotum, tum vero collo appenfum. Quibus in Morbis multum præftare Vifcum medicorum tum veterum, tum recentiorum unanimis eft fententia: contufum & aquis convenientibus maceratum pueris verminantibus egregio effectu fuafu fuo propinari folitum fcribit *J. B*. *E baccis* & cortice ligni parari poteft Vifcum ad aucupia,

§. Lau-

§. Laureola *Ger.* 1219. *Park.* 205. femper-virens flore luteolo *J. B. I.* 564. femper-virens flore viridi, quibufdam Laureola mas *C. B. Pin.* 462. *Dwarf-Laurel, Spurge-Laurel.* In fylvis & fepibus. Februario menfe aut Martii initio floret. Flos herbaceus e tubo oblongo in quatuor fegmenta expanditur; baccæ oblongæ, nigræ, nucleo intus unico, duro. Folia craffa, obfcure viridia, in fummis virgis denfa & velut in orbem diradiata.

Commanducata fauces inflammat; intus fumpta vomitum ciet, ventriculum & partes internas lædit & adurit, ideoque propter infignem ejus acrimoniam maligna cenfetur & a medicis raro præfcribitur. Pulvis in aceto maceratæ, exficcatæ & comminutæ cancris infperfus prodeft. Frigida & repellentia conveniunt in cancro occulto, in exulcerato non item; *D. Bowle.*

§. Liguftrum *J. B. I.* 528. *Ger.* 714. vulgare *Park.* 1446. Germanicum *C. B. Pin.* 475. *Privet or Prim.* In fylvis, vepretis & fepibus.

Floribus racemofis albis, baccis nigris dipyrenis, viminibus lentis ab aliis fruticibus diftinguitur.

Inter omnes frutices, arbores & herbas nihil eft quod in tot figuras & elegantias, effingi, flecti, aut formari tondendo queat ac Liguftrum; *P. Lauremberg. Horticult. L.* 1. *c.* 30. Ob viminum tenuitatem & flexibilitatem ad fepes tonfiles & opera topiaria expetitur. Baccæ infectoribus infervire poffunt.

§. Frangula feu Alnus nigra baccifera *Park.* 240. Alnus nigra baccifera *J. B. I.* 560. *C. B. Pin.* 428. five Frangula *Ger.* 1286. *The black Berry-bearing Alder.* In fylvofis udis, non tamen admodum frequens. In *Thorny-holme* in *Whinfield-Foreft*, *Weftmorland. D. T. Robinfon* fays it grows plentifully about *Hamfted.* (In the Hedges between *Dunftable* and *St. Albans* near *Kirkby-bridge* towards *Burrow*, and in the Woods about *Hamfted*; *Mr. Newton.*)

Foliis fubrotundis Alni, minoribus, baccis nigris, vi cathartica ab aliis fruticibus dignofcitur.

Cortex interior, potiffimum radicis, purgat humores omnes noxios, maxime ferum, unde hydropicis prodeft; verum ob purgandi violentiam male audit. In umbra ficcari debet, fiquidem viridis vomitiones movet. Vid. *Hift. noft. p.* 1604.

§. Berberis dumetorum *C. B. Pin.* 454. Berberis *Park.* 1559. Berberis vulgo, quæ & Oxyacantha putata *J. B. I.* 52. Spina acida five Oxyacantha *Ger.* 1144.

The

The Barberry or *Pipperidge-bush*. In collibus cretaceis: circa *Walden Effexiæ* oppidum copiofe.

Spinis acutis, foliis ex rotunditate oblongis eleganter
& argute denticulatis, fru&u parvo, oblongo, rubro, fapore acido, racematim nafcente, cortice candicante, **a**
reliquis fruticibus bacciferis haud difficulter diftinguitur.

Baccæ refrigerant & aftringunt, appetitum excitant, ventriculum roborant. Proinde cum Saccharo conditæ ufus funt frequentiffimi in morbis ubi refrigeratione & adftri&ione opus
eft, quales funt Diarrhœa, dyfenteria, &c. Cortex medianus
radicis aut ramorum vino albo aut Hifpanico infufus & potus
i&ero medetur: vinum ejufmodi mirifice purgare *Clufio* pro fecreto communicatum eft: in lixivio maceratus flavo colore tingit.

§. Agrifolio folia in ambitu longis acutis rigidis fpinis armata, femper-virentia ; baccæ parvæ, rotundæ,
rubræ quaterna femina triquetra, ftriata continentes.

1. Agrifolium *Ger.* 1155. Agrifolium five Aquifolium
Park. 1486. Aquifolium five Agrifolium vulgo *J. B.*
I. 114. Ilex V. five aculeata baccifera folio finuato
C. B. Pin. 425. *The Holly-tree.* In fepibus & frutetis.

Agrifolium folio leni non differt fpecie ab Agrifolio fpinofo;
fiquidem vetulæ duntaxat arbori accidit ut talis fiat: Sæpe etiam
in fpinofiffima Aquifolia occurrunt folia non fpinofa : imo in
arbore vetula & procera, cujus fuprema folia omnia lenia funt,
fiqua e ftolonibus aut imo caudice exeunt, finuofa & fpinofa
obfervantur. Non Agrifolii tantum fed & Ilicis glandiferæ folia hoc modo variant. (Foliis variegatis in hortis colitur, cujus
plurimæ varietates funt, *D. Eales*, qui primo invenit, ortum
debentes.)

2. Agrifolium baccis luteis nondum defcriptum *Ph.*
Br. Yellow-berried Holly. By *Warder-Caftle* belonging
to the Lord *Arundel. Mr. Dale* was fhewn it at *Wifton*
in *Suffolk*, not far from *Buers.* Agrifolii varietas eft
potius quam fpecies diftin&a.

Baccæ ad colicos dolores utiles effe perhibentur; quin & foliorum aculei in Zythogalo deco&i. Arbor ipfa ad fepes tonfiles commodiffima. E cortice vifcus paratur: modum vide
Hift. noft. L. 27. *c.* 4.

§. Rhamnus catharticus *J. B. I.* 55. folutivus *Ger.*
Em. 1337. folutivus, five Spina infe&oria vulgaris *Park.*
243. *Buckthorn or common purging Thorn.* In fepi
bus & fylvis.

Folia hujus fruticis ad Pruni accedunt ; baccæ per
maturitatem nigræ, fucco virente infe&orio plenæ.

Baccæ

Baccæ purgant bilem, pituitam & maxime serosos humores,
unde usus earum præcipuus in cachexia, hydrope, arthritide
Syrupus de Spina cervina specificum est ad hydropem. E baccis elicitur color quem *Sapgreen* vocant. Vide *Hist. nost.*

§. Rubus fructu e pluribus acinis dense stipatis composito uni & simplici flori succedente, foliis in plura
segmenta partitis, necnon parvitate & imbecillitate sua,
insignibus notis a reliquis Bacciferis fruticibus differt.

1. Rubus major fructu nigro *J. B. II.* 57. Rubus
vulgaris seu Rubus fructu nigro *C. B. Pin.* 479. Rubus
vulgaris major *Park.* 1013. *The common Bramble or
Black-berry Bush.* In sepibus & dumetis ubique.

2. Rubus vulgaris major fructu albo *Syn. II.* 309.
The common greater Bramble-bush, with white Berries.
Hujus non fructus tantum colore albo a vulgaris fructu
differt, sed & cortex & folia hilare viridia sunt, cum il-
lius plerunque fusca seu obscure rubentia observentur.
Found accidentally in a Hedge not far from *Oxford*;
D. Bobart.

* Rubus quinquefidus subtus glaber. An Rubus trifidus &
quinquefidus flore albo acinis plurimis nigris, foliis scabris. A
Rubo repente, &c. differt; *Dood. Ann.*

* Videntur sane duæ Rubi vulgaris species in sepibus & dumetis Angliæ sponte passim nasci, dum alteri flores albi majores
& præcociores, alteri serius nascentes, minores, purpurascentes.
In foliis hujus notabile discrimen non observatur. An in fructu etiam differentia sit inquiri meretur? Sane *J. Bauhinus* &
acidos, & dulces, & amaricantes, & fatuos fructus observavit.
Ceterum cujusnam illud nomen alterum a *Doodio* recensitum
sit, non constat.

3. Rubus minor fructu cæruleo *J. B. II.* 59. repens
fructu cæsio *C. B. Pin.* 479. *Ger. Em.* 1271. minor, Chamærubus sive Humirubus *Park.* 1013. *Dew-berry-bush
or small Bramble.* Inter segetes, & in arvis requietis.

4. Rubus Idæus spinosus fructu rubro *J. B. II.* 59.
Idæus spinosus *C. B. Pin.* 479. Idæus *Ger.* 1089. *Park.*
557. *The Rasp-berry-bush, Framboise or Hind-berry.*
In montibus saxosis & udis Walliæ & Septentrionalium
Angl. (In *Stoken-Church* Woods plentifully.)

Folia mollia tripartito divisa, subtus incana; baccæ
rubræ. Cauliculi teretes non angulosi ut in vulgari
Rubo.

Mora Rubi Idæi, tum odore suavissimo violaceo, tum sapore gratissimo inter dulcem & acidum, & naribus & palato se

commen

Commendant, corroborant & exhilarant. Ex eifdem parantur Conſervæ, gelatinæ, ſyrupi ad febres ardentes utiles. Ex iiſdem & vinum exprimi poteſt ad multa utile.

Fructus Rubi vulgaris aſtringit potenter, maturus temperatior eſt & ſubaſtringit. Uſus in quibuſcunque profluviis, alvi, uteri, narium, vomitu, &c. Extrinſecus in aphthis, aliiſque ulceribus oris, in vulneribus aſtringendis, &c. *Schrod.* Succus baccarum in forma exhibitus maximæ efficaciæ eſt in dyſuria; *D. Needham.*

§. Euonymi nucleos adeo pauca pulpa oblinit, ut rectius ad Arbores fructu ſicco referenda videatur.

1. Euonymus vulgaris *Park.* 241. vulgaris, granis rubentibus *C. B. Pin.* 428. Euonymus Theophraſti *Ger.* 1284. Euonymus multis, aliis Tetragonia *J. B. I.* 201. *Spindle-tree or Prickwood.* In ſepibus. Ramulis ob quatuor linearum rufarum extantium decurſum quadrangulis, fructu tetracocco quadrangulo rubente innoteſcit.

Hujus tres quatuorve baccæ tam per vomitum, quam per feceſſum purgant. Pulvis exſiccatarum in uſu eſt ad pediculos interimendos & furfures capitis abſtergendos, in pueris.

ARBORES FLORE IMO FRUCTUI ADNASCENTE, FRUCTU PER MATURITATEM SICCO.

§. STaphylodendron *J. B. I.* 274. Nux veſicaria *Ger.* 1249. *Park.* 1417. Piſtacia ſylveſtris *C. B. Pin.* 401. *The Bladder Nut-tree.* In ſepibus circa *Pontemfractum* Comit. Eboracenſis oppidum, non tamen ita copioſe ut auſim ſpontaneum aſſerere. In Cantio circa *Aſhfordiam* inveniri apud *Parkinſonum* legimus.

Folia Fraxini aut Sambuci; nuces geminæ in veſicis inflatis, in duos loculos ceu ſcrotum diſpertitis.

§. Ulmo arbori proceræ folia integra venoſa ſerrata, folliculi ſeminales compreſſi, Atriplicis hortenſis folliculorum æmuli, antequam folia erumpunt præcoci maturitate decidentes, & ſingula ſinguli ſemina continentes pro characteriſtica ſufficiunt.

1. Ulmus vulgatiſſima folio lato ſcabro *Ger. Em.* 1480. vulgaris *Park.* 1404. *The common Elm.* In ſepibus.

Suſpicatur *D. Evelynus* Ulmum in Anglia ſponte non provenire, verum aliunde initio advectam; ſupra *Grantham* aut *Stanfordiam* Septentrionem verſus non inveniri ex obſervatione generoſi

nerofi & ingeniofiſſimi Viri *D. Joan. Aubrey* habeo; quod fen-
tiam *D. Evelyni* aliquatenus confirmat. Verum aliæ arbores in
Septentrionalibus, aliæ in Meridionalibus, aliæ in Occidentalibus
tantum inveniuntur.

2. Ulmus minor folio angufto fcabro *Ger. Em.* 1480.
minor *Park.* 1404. *The narrow-leaved Elm.* Obferved
by *Mr. Goodyer* between *Chriſt-Church* and *Limmington*
in the *New-Foreſt*, Hampſhire. Non alias obfervavit
Auctor differentias præter parvitatem omnium partium.

3. Ulmus folio latiſſimo fcabro *Ger. Em.* 1481. latiore
folio *Park.* 1404. *The Wych-Haſel, or broad-leaved Elm.*
In fepibus.

Folia hujus magnitudine fua & figura Alni folia æmulantur,
vel potius Coryli, quibus adeo fimilia funt, ut pro iis incautum
fallant; mucrone tamen acutiore differunt.

4. Ulmus folio glabro *Ger. Em.* 1481. *Park.* 1404.
The ſmooth-leaved or Wych-Elm. Cum prioribus. (In
the Road beyond *Dartford*; *Mr. J. Sherard.*) Variat
fol. angufto, & magis acuminato.

Altitudine & craſſitie primæ fpeciei cedit; rami non adeo
erecti funt, fed in latum magis diffufi, fparfi & deorfum dependentes. Folia utrinque glabra, alias fimilia.

Radix, folia, cortex adftringendi & abftergendi vim habent,
unde & vulnera glutinant, & podagricos dolores mulcent. Ad
dolorem ifchiadicum cortex in aqua communi decoquatur ad
confiftentiam fere fyrupi, decocto admifceatur tertia pars aquæ
vitæ, & pars affecta eo ad ignem foveatur.

§. Fraxini notæ funt cortex cinereus, unde *Aſh-tree*
dicitur; folia pinnata, bina adverfa; folliculi membranacei oblongi, femine extremum inferius feu quod ad
pediculum eft occupante, non ante Autumnum maturo; flores ftaminei congefti, ante folia erumpentes, &
brevi evanefcentes.

Fraxinus *Ger.* 1289. vulgatior *J. B. I.* 2. 174. excelfior *C. B. Pin.* 416. cui & Βυμελία Theophrafti.
Fraxinus vulgaris Μελία Diofcoridi, Μελίας genus excel-
fum & procerum Theophrafto *J. B. Ib. Common Aſh-
tree.* In fylvis & fepibus.

Lignum ad ædificia & inftrumenta ruftica & fabrilia multi eft
ufus. Cortex & lignum fplenis duritiem fpecifice emolliunt,
diuretica funt & lithontriptica, eaque non e poftremis. Semen
Lingua avis dictum, calfacit & ficcat valide; conducit epaticis,
pleuriticis, calculofis: in calculo comminuendo omne tulit pun-
ctum. Ejus pulverem ad icterum & hydropen ut remedium

H h 3   præftanpræstantissimum commendat *D. Bowle.* Corticem medianum Fraxini in exteris regionibus in febribus intermittentibus frequenter præscribi, nec sine successu observavit *D. Tancr. Robinson.* Compositionem unguenti ad rupturas & hernias commodissimi, ingrediuntur gemmæ Fraxini nigricantes dum adhuc turgent, necdum aperiuntur. Mannam Calabrinam Fraxini speciei exsudationem quandam esse calore solis concrescentem extra controversiam certum est. Vid. *Hist. nost.*

§. Acer, fructu dicocco, membrana utrinque extante alato; folio laciniato aut anguloso ab aliis hujus generis arboribus distinguitur.

1. Acer majus *Ger. Em.* 1484. majus latifolium, Sycomorus falso dictum *Park.* 1425. majus, multis falso Platanus *J. B. I.* 2. 168. montanum candidum *C. B. Pin.* 430. *The greater Maple, commonly, yet falsely, the Sycomore-tree.* In cœmiteriis & circa nobilium ædes: nullibi tamen, quod sciam, in Anglia sponte oritur.

2. Acer minus *Ger. Em.* 1484. minus & vulgare *Park.* 1426. vulgare minori folio *J. B. I.* 2. 166. campestre & minus *C. B. Pin.* 431. *The common Maple.* In sepibus passim.

* 3. Acer campestre & minus, fructu rubente *Vaill. Bot. Par.* Fructu est villoso rubente, alis ex rubro eleganter purpurascentibus. Prioris elegans varietas, si non species diversa. Between *Lee-Common* and *Weston-Green* in the Road to *Eltham*, on the left Hand, over-against the Road that goes to *Mockingham*; *Dr. Sherard.*

Acer operum elegantia & subtilitate cedro [rectius citro] secundum *Plin. Lib.* 16. *cap.* 15. Quin & nunc dierum in Angliæ partibus Borealibus ex hoc ligno vasa elegantia adeo tenuia detornantur, ut etiam lumen transmittant.

Arbor hæc veris initio vulnerata dulcem & potulentum succum copiose effundit, ad Scorbutum (ut aiunt) utilem, quod nobis non videtur verisimile; cum succus hic eodem modo coctus & despumatus quo Arundineus Saccharum similiter præbeat. De motu succi & extillatione vernali, in Acere majore, Betula & Juglande vide *Hist. nost. Lib.* 1. *c.* 5. *p.* 8. item *p.* 1700.

§. Ericæ notæ sunt statura humilis, folium perpetuum, flos nudus & plerunque urceolaris; vasculum seminale in imo flore seu calyce clausum; in frigido sterili squalido palustri & spongioso solo vigere, quod paucissimis plantis conceditur.

1. Erica vulgaris *Park.* 1480. vulgaris seu pumila *Ger. Em.* 1380. folio Myricæ I. seu vulgaris glabra *C. B.*

C. B. Pin. 485. vulgaris humilis femper virens, flore purpureo & albo *J. B. I.* 354. *Common Heath or Ling.* In montofis Septentrionalibus omnia late occupat.

2. Erica vulgaris hirfuta *Ger.* 1380. Myricæ folio hirfuto *C. B. Pin.* 485. Myricæ folio, tomentofis & incanis foliis Clufii *J. B. I.* 355. vulgaris hirfutior *Park.* 1480. *Common rough-leaved Heath.* Cum priore, a qua certe eam non puto fpecie differre. (*Doodio* vero *Syn. Ed. II. App.* 345. diverfa fuit vifa propterea præcipue, quia per totum ericetum *Bagſhot* ut & *Redhill* per 6. aut 8. milliarium iter vix alia occurrat Erica, eaque Chamæcypariſſum canitie æmuletur.)

3. Erica tenuifolia *Ger.* 1198. virgata feu fexta Clufii *Park.* 1483. humilis, cortice cinereo, Arbuti flore *C. B. Pin.* 486. ramulis ternis, floribus faturatioribus purpureis *J. B. I.* 357. *Fine-leaved Heath.* In incultis.

Altitudo pedalis; cortex cinereus; Folia faturate viridia terno ordine difpofita, uti funt & ramuli; Flores Arbuti, faturatius purpurei, urceolos imitati, longa ferie verfus fummos caules.

4. Erica Brabantica folio Coridis hirfuto quaterno *J. B. I.* 358. pumila Belgarum Lobelio, Scoparia noſtras *Park.* 1482. ex rubro nigricans Scoparia *C. B. Pin.* 486. major flore purpureo *Ger. Em.* 1382. (quoad defcript.) folio Coridis 13. *Cluſ. H.* 46. *Low Dutch Heath,* or *Beſome Heath.* It is not ufed with us for Befoms, that I ever faw, nor is fit for fuch a Ufe. Rectius Erica paluſtris folio hirfuto quaterno diceretur, fiquidem paluſtribus & aquofis gaudet.

Flores in fummitatibus ramulorum conferti velut in umbella, ampli, pallide purpurei feu carnei, rarius albi.

5. Erica foliis Corios multiflora *J. B. I.* 356. Coris folio fecundæ altera fpecies *Cluſ. H.* 42. Juniperifolia Narbonenfis denfe fruticans *Lob. Obſ.* 620. *Fir-leaved Heath with many Flowers.* On *Goon* hilly Downs going from *Helſton* to the *Lizzard-Point* in *Cornwall.*

Hæc fpecies diverfa eſt ab Erica Coris folio fecundâ *Cluſii* fiquidem Clufius ipfe diftinguit, quantumvis C. Bauhinus, eumque fecutus Parkinfonus hanc cum illa eandem faciant.

Hæc autem ad cubiti, aut etiam ulnæ in lætiori folo altitudinem affurgit: Cortex furculorum tenuiorum cinereus eſt, majorum rufus: *Caules* tortuofi procumbentes: *Folia* longiufcula, angufta, Juniperinis aut potius Abiegnis quadantenus fimilia, acuta non tamen pungentia, fuperne viridia, inferne albicantia,

H h 4 tia,

tia, ut Abietis feminæ aut Juniperi, ad margines reflexa, adeo ut interna parte concava videantur, crebra & conferta, ut ramulos juniores fere celent, quemadmodum Juniperina, nullo ordine pofita, vel fi quem affectent quina fimul. *Flofculi*, ut in reliquis, pedicellis tenuibus appenfi, calyculati, breviufculi & tumidi, pallide plerunque carnei & pæne albi, interdum faturatiore purpura tincti, e quorum orificio extant apices novem atro purpurei, ftaminulis tenuibus infidentes. Succedit in vafculo exiguo femen parvum, rufum.

* 6. Erica Cantabrica flore maximo, foliis Myrti fubtus incanis *Inft. R. H.* 603. Er. St. Dabeoci Hibernis D. Lhwyd. *Raj. Hift. III. Dendr.* 98. Hibernica foliis Myrti pilofis, fubtus incanis *Petiv. Hort. Sicc. Raj. Hift. III. App.* 244. *Gaz. Nat. Tab.* 27. *f.* 4. In montibus *Mayo* fqualido & fpongiofo folo frequens eft, ut & per totum *Hiar-Connacht* in Gallovidia.

Tum fuccus Ericæ tum aqua florum deftillata oculorum ruborem tollit : eadem colica laborantibus utiliter exhibetur ; *Trag.* Oleo e floribus confecto ad tollendos herpetes fœdos & inveteratos totam faciem occupantes *Rondeletium* magno fuccceffu ufum fcribit *Clufius.* Decoctum herbæ potum & in balneo ufurpatum ad veficæ calculos comminuendos & expellendos commendat *Matthiolus.*

Ufus ejus eft in Scotia ad cafarum & hortorum parietes extruendos, atque etiam ad lectifternia. Circa *Shenfton* in comitatu Staffordiæ ad condiendam cerevifiam, ut fervetur diu, lupulorum loco Erica utuntur, quæ nullum ei ingratum faporem communicat; *D. Plot. Hift. Nat. Staff. C.* 9. *Sect.* 83. *p.* 379.

§. Ledum paluftre noftras Arbuti flore *Raj. Syn. I.* 142. *II.* 202. Ciftus Ledon paluftris Rofmarini folio, Arbuti flore *Ej. Syn. I. icon.* Rofmarinum fylveftre minus noftras *Park.* 76. Viti Idææ affinis politolia montana *J. B. T. I. L.* 5. *C.* 10. Erica humilis Rofmarini foliis, Unedonis flore, capfula ciftoide *Pluk. Alm.* 136. *T.* 175. *f.* 1. *Marfh Ciftus, or wild Rofemary.* We have obferved it in many Moffes and moorifh Grounds in *Chefhire, Lancafhire* and *Scotland.* Mr. *Lawfon* on *Brigfteer Mofs* not far from *Kendal,* Weftmorland, and *Middleton Mofs* by *Lancafter.* (Via ab *Hallifax* ad *Rochdale* agri Lancaftrienfis oppidum ducente, loco alto & putrido *Blackftone-edge* dicto, ad dextram copiofe. Circa finem Maii floret, ubi floribus Unedoniis pulchre rubellis, ad fummitatem caulium pofitis, tranfeuntibus curiofis facile fe prodit. Ceterum flores Mono-

petali

petali funt, ideoque a Pentapetalis vafculiferis quibus in
Synopfi annumeratur, merito removeri debet hæc planta; *Dr. Richardfon.*)

Flos ut ex icone ad vivum depicta a *D. Jo. Fitz-Roberts* & a
D. Tho. Lawfon ad me tranfmiffa apparet, Arbuti aut Ericæ paluftris florem imitatur: verum in notis ad iconem additis eum
defcribit auctor dilute rubentem, concavum ad modum floris
Lilii convallium, pentagonum: fructum flore coloratiorem.
Fructus autem ficcus una miffus in quinque cellulas divifus
erat Cifti in modum. (Floris figura ad Ericam, fructus ftructura & nafcendi modo ad Chamærhododendron accedit, ut de utriufque charactere æque participare videatur.)

Ledum paluftre foliis latioribus fucculentis *Syn. II.* 202. Prioris varietas eft a *D. Sherard* obfervata. Siquidem in eadem
planta folia in ramulis procumbentibus oblonga erant & angufta, in erectis latiora & fubrotunda. Eandem foliorum diver-
fitatem obfervavit idem in Vaccinio paluftri.

§. Tilia ligulis foliaceis oblongis communi flofculorum pediculo adnafcentibus; floribus pentapetalis, fructu rotundo parvo monococco; cortice lento & ad funes texendos habili ab aliis arboribus haud difficulter
diftinguitur.

1. Tilia vulgaris platyphyllos *J. B. I.* 133. fœmina
Ger. 1298. fœmina major *Park.* 1407. fœmina folio majore *C. B. Pin.* 426. *The common Lime, Line or Linden-tree.* In areis & compitis: an fponte ullibi inveni-
atur nefcio.

2. Tilia folio minore *J. B. I.* 137. fœmina folio
minore *C. B. Pin.* 426. fœmina minor *Park.* 1407.
Arbor piperifera *Cat. Altorff. The fmall-leaved Lime or
Linden-tree;* in fome Countries called *Baft.* In fylvis
& fepibus: In Effexia & Suffexia frequens, inque agro
Lincolnienfi & alibi. Folia Tiliæ feminalia ex obfervatione *Doodiana* trifida funt.

3. Tilia foliis molliter hirfutis, viminibus rubris,
fructu tetragono *Syn. II.* 316. 3. fylvatica noftras, foliis
amplis hirfutie pubefcentibus, fructu tetragono, pentagono aut hexagono *Pluk. Alm.* 368. Tilia hirfuta Coryli foliorum æmula, fructu angulofo *Ejufd. Mantiff.* 181.
'Tis known by the Name of the *Red Lime,* and grows
naturally in *Stoken-church* Wood; *D. Bobart.*

* 4. Tilia Ulmifolia, femine hexagono *Merr. Pin.*
Til. Betulæ noftratis folio *Pluk. Mantiff.* 181. At *Whit-
ftable* in *Surrey,* and near *Darking; Merr. Pin.*

Tiliæ

(Tiliæ tres fpecies inveniuntur in Vivario *Sti. Jacobi.*
1. Folio minore glabro. 2. Folio majore glabro. 3. Ad
tactum molliter hirfuta; forte a tertia in Synopfi non
diverfa. 4. Obfervatur foliis rugofis non hirfutis. Of
this there are feveral Trees on *Enfield* Green going to
the Chafa; *Mr. Doody.*)

Cortex & folia ficcant, repellunt, urinam & menfes cient.
Extrinfecus ambuftis fubvenit mucilago extracta & inuncta.
Baccæ in pulverem redactæ in profluviis alvi & hæmorrhagia
narium laudantur. Florum aqua deftillata utilis in morbis Capitis, Epilepfia, Apoplexia, &c. item ad uteri dolores, & calculum renum. E corticibus funes texunt; in interiore cortice
philyra dicto olim fcriptitatum.

§. Genifta angulofa trifolia *J. B. I.* 388. angulofa
& Scoparia *C. B. Pin.* 395. vulgaris & Scoparia *Park.*
228. Genifta *Ger.* 1130. & etiam Chamægenifta *Ejufd.*
ex fententia *C. B.* & *Johnfoni. Common Broom.*

Foliis in eodem pediculo ternis, viminibus tenuibus,
angulofis, confertis, ab aliis filiquofis flore papilionaceo
donatis fruticibus diftinguitur. (Genus hoc Cytifo-Ge-
nifta vocatur *Tournefortio*, cujus & fequentium notas
characterifticas vid. in *Meth. Em. p.* 162. 163.)

* Genifta angulofa, hirfuta, foliis frequentioribus. Prope
Charlton & alibi invenitur. Q. An diverfa a vulgari? *D. Doody.*

Splenetica & nephritica cenfetur, hinc & hepatica. Calculum
pellit, ferofos humores educit tam per vomitum, quam per alvum & urinas. Hinc ufus ejus infignis eft in obftructionibus
hepatis, lienis & mefenterii, adeoque in hydrope, catarrhis &
arthriticis affectibus *Schrod.* In ufu funt flores, femina & fummitates. Florum gemmæ dum adhuc virides funt & nondum
explicitæ, capparum modo cum aceto & fale conditæ menfis
inferuntur ad appetentiam excitandam. Obftructiones referare
& calculum comminuere creduntur: tantum abeft ut emeticæ
fint aut naufeam moveant.

§. Geniftella tinctoria *Ger.* 1136. Genifta tinctoria
Germanica *C. B. Pin.* 395. tinctoria vulgaris *Park.*
228. Tinctorius flos *J. B. I.* 2. 391. *Green-wood or Diers-
weed, or Wood-waxen.* In pafcuis nimis frequens: fiquidem vaccarum eam depafcentium lac amarore inficit,
unde & butyrum & cafeus ex eo facta amarefcunt.

Herba ejufve flos luteum vel flavum colorem præbet, Glafto
autem fuperinducta viridem reddit. Solent enim pictores ex
cœruleo & luteo fimul contritis viridem colorem efficere.

A Genifta vulgari parvitate fua, & foliis in eodem pediculo
non ternis fed fingularibus differt.

§. Genifta

§. Genista spinosa vulgaris *Ger. Em.* 1319. spinosa major longioribus aculeis *C. B. Pin.* 394. spinosa major vulgaris, sive Scorpius Theophrasti, quem Gaza Nepam transtulit *Park.* 1003. Genistellæ spinosæ affinis, Nepa quibusdam *J. B. I.* 2. 400. *Furze, Whins or Gorsse.* In sabulosis sterilioribus & ericetis passim. Primo vere florere incipit.

Ramuli conferti densissimo spinarum semper virentium vallo obsiti, ut nec lumen transmittant. Non destituitur tamen foliis hic frutex, nec spinam pro folio habet, ut nonnulli volunt, sed vere folia emittit parva, ex rotundo acuminata, interdum longiora, quæ brevi decidunt.

2. Genista spinosa minor *Park.* 1003. aculeata minor sive Nepa Theophrasti *Ger.* 1140. spinosa major, brevibus aculeis *C. B. Pin.* 394. *The lesser Furze-bush.* Cum priore, qua minor & humilior est, spinis brevioribus, tenuioribus, pallidius virentibus non tamen minus crebris. An specie a præcedente differat necne, mihi nondum constare fateor. Floret præcipue sub Autumnum, quando prior maximam partem jam florere desiit.

Genista spinosa minor *Park.* a vulgari majore ejusdem differt. Præterquam enim quod ramuli humi semper strati sunt & spinulæ breviores tenuiores & mitiores, flores ante Autumnum non producit, iique pallidiores quam majoris speciei sunt; *Dood. Syn. Ed. II. App.* 344.

§. Genista minor Aspalathoides, sive Genista spinosa Anglica *C. B. Pin.* 395. Genistella minor Aspalathoides *J. B. I.* 2. 401. *C. B. Pr.* 157. Genista aculeata *Ger.* 1140. Genistella aculeata *Park.* 1004. *Needle-Furze, or Petty Whin.* In ericetis & humidioribus solo spongioso.

Hanc Botanographi nostrates pro Genista spinosa minore Germanica *C. B.* (quæ nusquam, quod sciam, in Anglia invenitur,) habuerunt. Errandi ansam præbuit *C. Bauhinus,* qui Genistellam aculeatam *Lobelii* h. e. Genistam hanc aspalathoidem nostratem pro Genista spinosa minore Germanica perperam accepit.

Altitudo cubitalis, cortex cinereus, folia glabra, glauca, Chamæsyces paria, e quorum alis spinæ, alias parvas e lateribus emittentes. Flores in summis surculis velut in spica, siliquæ breves habitiores.

ADDEN-

ADDENDA & EMENDANDA.

TUBERA Terræ, quæ recenfentur pag. 28. circa *Tabley* in agro Ceftrienfi obfervata etiam fuere a *Dr. Maffey.*

Figura Corallinæ minus ramofæ, alterna vice denticulatæ pag. 35. num. 13. recenfitæ, naturali magnitudine major eft, quod de induftria factum, quo differentia clarius innotefcat. Idem valet de Veronica fpicata Cambro-britannica & Saxifraga foliis oblongo-rotundis dentatis, floribus compactis 278. & 354. enumeratis, quæ non quidem ftudio majores naturali magnitudine factæ, fed a fpeciminibus in horto cultis defumptæ funt.

Adianti aurei minimi facie planta marina p. 31. accedit ad Fucum fiftulofum nudum, fetas erinaceas æmulantem *Pluk.* p. 39. recenfitum, fed capitula quæ ipfi in *Actis Philof.* tribuuntur, in Plukenetiano non comparent ; an ea exficcatione evanefcant, vel fpecimina Plukenetii & noftra diverfo ftatu lecta fuerint, dubium videtur. Ceterum pro 81. Ibid. lin. 30. leg. Tab. 6. fig. 7.

* Fucus fufiformis hifpidus *D. Stevens.*

Accedit ad Fucum membranaceum rubentem anguftifolium, marginibus ligulis armatis *Dood. p.* 47. recenfitum, verum minor eft, nec compreffus, fed teres, foliis minoribus alternis, tumidioribus, & velut inflatis, utrinque anguftioribus, in medio latioribus vel craffioribus, fufi inftar, ligulis feu fpinulis ubique confertim erumpentibus armatis, unde hifpidum denominavit Auctor, qui eum in littore maritimo Cornubienfi invenit.

* Byffus tenerrime villofa & elegantiffime ramificata.

Ex bafi latiufcula mucida & villofa oriebantur variæ ramificationes tam in longum, quam in latum præcipue fparfæ, in minores alias elegantiffime divifæ & fubdivifæ, quæ ubi ad extremitates ventum erat, nunc in capillaceas fibras, nunc & plerumque in latiufculas expanfiones abfque numero & figura certa terminabantur, in eo vero omnes conveniebant, ut vegetationis principium aliquod & naturæ velut plantas efformare addifcentis ingenium

TAB.XXIII.

genium demonftrarent; nam tota ifta efformatio expanfionem
vegetativam ac dendroiden præcipue luculenter repræfentabat.
Subftantia erat mucido-villofa, color ex albo livefcens. Trabi
abietinæ in cella quadam innatam hanc fpeciem e Mufæo fuo Naturalium ampliffimo communicavit *D. Hans Sloane,* Angl. Bar.
Coll. Med. Lond. Præfes. Vid. Tab. XXIII.

* Conferva gelatinofa omnium tenerrima & minima,
aquarum limo innafcens.

Colore eft nunc fubvirente, nunc fubfufco, fubftantiæ tenerrimæ mollis, adeo exilis, ut an ramofa fit, necne, diftingui nequeat. Quamvis vero tam parva fit & tenera, glomerulos tamen fatis craffos efformat, quibus aquarum limo in earum fundo adnafcitur, a quo tum ob fuam, tum limi teneritudinem fe-
parari nequit, fed primo ftatim attactu diffolvitur. Gaudet limo nigro, tenero & pingui, & in foffis purioribus paffim circa
Londinum pone *Rotherhithe* & prope *Hackney* obfervatur toto
fere anno. Tum a 2. Confervæ fpecie p. 58. tum ab 18. diverfa eft; nempe prior fibrofa eft, altera figura diverfa conftat
& e lapidibus oritur, hæc vero e limo, & id peculiare habet,
quod femper glomeratim nafcatur. Locari poteft poft 18. Confervæ fpeciem.

* Conferva paluftris fubhirfuta filamentis brevioribus
& craffioribus. Alga brevioribus & craffioribus fetis
Fl. Jen. 368.

A prima fpecie p. 58. differt filamentis brevioribus, craffioribus & ramofis, a 6. cui proxime accedit, filamentis craffioribus,
longioribus & minus crebro divifis. Per ficcitatem colorem induit ex gryfeo obfcure virentem, ab initio autem viret. In
foffis fluitat, v. gr. pone *Hackney,* ramis nec nimis laxis, nec nimis denfe congeftis, variis infectis, buccinis, cochleis &c. ceu
aliæ paluftres Confervæ, quæ horum animalculorum foetificationi
inferviunt, referta. Locari poteft inter 5. & 6. fpeciem p. 58.

* Conferva paluftris fericea, filamentis craffioribus
& longioribus.

Filamenta hujus non ramofa funt, quam vulgaris fpeciei breviora & craffiora, nec in longum protenfa, illius adinftar, fed
late expanfa, tenuius tamen & rarius fibi invicem implexa,
fecus ac in plerifque aliis fpeciebus contingit. Craffitudo eorum humano pilo æqualis eft, longitudo pedalis aut bipedalis.
Color ipfi dilute viridis, fplendens, per ficcitatem maxime,
quod & in vulgari obfervatur, quæ Conferva fluviatilis fericea,
filamentis tenuiffimis & longiffimis ad differentiam aliarum dici poteft. In paludibus pafcuorum *Mitchamenfium* juxta ædes
D. Caroli Du-Bois, Viri Nobiliffimi Soc. Ind. Or. Thefaurarii occurrit.

* Liche-

* Lichenoides maritimum gelatinofum, inteſtinorum gyros referens.

Craſſum eſt & breve, varie ſinuoſum, inteſtinorum & meſenterii gyros non male referens, coloris ex viridi ſubfuſci, ſubſtantiæ durioris gelatinoſæ, inſtar tendinis diu coₑti. In mariſcis circa *Delkey* prope Ciceſtriam copioſe naſcitur. Referri poteſt ad pag. 72. poſt ſpeciem Lichenoidis 58.

Agarici ſpecies 3. pag. 21. eadem eſt cum ſpecie 25. pag. 25.

Hypni ſpecies 13. p. 82. provenit in foffis pratorum pone *Hackney*.

Pag. 97. poſt ſpeciem 28. inferatur

* Bryum hypnoides capitulis plurimis ereₑtis, non lanuginoſum. Muſcus trichoides montanus, capitulis ereₑtis, foliis Ericæ non hirſutis, cauliculis procumbentibus *Dr. Richardſ*. On the moiſt Rocks of *Widna*.

Delphinium p. 273. Non procul Londino etiam naſcitur, nempe in agris inter Ericetum *Blackheath* diₑtum, & inter vicum *Eltham* fitis. Julio floret.

Viciæ ſepium perennis p. 320. varietas flore candido reperitur in collibus cretaceis prope *Northfleet*.

Trifolium pumilum ſupinum &c. p. 327. idem eſt cum Moriſoniano; nam in horto ſatum, quin & extra hortum in ſolo lætiori majus fit & hirſutius, calyciſve laciniæ reticulatæ apparent, ſemina vero non unum alterumve aut tria, ſed plura ſæpe ſubnaſcuntur.

Saxifraga vel Alſinellæ ſpecies 3. p. 345. ſatis vulgaris eſt & occurrit in omnibus fere ambulacris hortorum circa *Londinum*.

* Roſa moſchata major *J. B. II. 45*. Roſæ moſchatæ ſpecies major *Lob. Icon. 208*. Obſerved in the Hedges in *Huntingtonſhire* by *Dr. Sherard*.

* Roſa ſylveſtris folio molliter hirſuto, fruₑtu rotundo glabro, calyce & pediculo hiſpidis. Diverſa ſpecies videtur a Roſa ſylveſtri fruₑtu majore hiſpido *D Dale* p. 454. ceu quæ vulgari propius accedit, in hac vero ſpecie folia molli hirſutie pubeſcunt, fruₑtus rotundus glaber eſt, verum calyces & pediculi crebris ſpinulis brevibus obſiti ſunt. Ceterum fruₑtus umbellatim naſcitur, & calyx non decidit in hac ſpecie: pediculi modice longi ſunt. Found by *Mr. J. Sherad* a little on this Side *Kingſton* by the *Thames*, where the Nymphæa lutea flore fimbriato grows.

Poſt

3

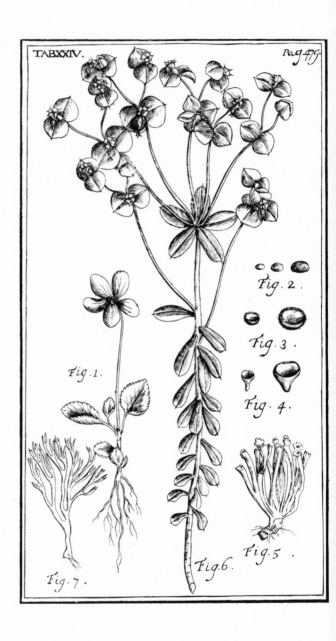

TAB.XXIV.

Fig. 2.

Fig. 3.

Fig. 4.

Fig. 1.

Fig. 5.

Fig. 6.

Fig. 7.

Poft impreffam fere Synopfin Tithymalum maritimum minorem *D. Stoneftreet* florentem nacti fumus,
cujus cum nova plane fpecies fit, figuram in laudem
inventoris cum aliis nonnullis pro implenda Tabula
adjectis exhibere libet. Eft vero Tab. XXIV. Fig. 1.
Viola canina minor p. 364. recenfita: Fig. 2. eft Peziza
lenticularis parva miniata: Fig. 3. Peziza lutea parva
marginibus pilofis. Fig. 4. Peziza lutea parva marginibus lævibus p. 18. enumeratæ: Fig. 5. eft Fungoides coralliforme luteum fœtidum & minus ramofum *Cat. Giff.*
191. quod in Angliæ pafcuis fub autumnum etiam nafcitur, & collatum cum Fungo parvo luteo ramofo *D. Sherard.* quod fig. 7. exhibetur, p. autem 16. recenfetur,
diverfum agnofcit Auctor: Fig. 6. eft Tithymalus maritimus minor Portlandicus *D. Stoneftreet,* cujus flores
lunulati & vafcula leviter rugofa funt, folia autem in
brevem fpinulam definunt; cætera tum icon, tum defcriptio brevis pag. 313. recenfita, fuppeditant.

CATA-

CATALOGUS PLANTARUM in Infula *Jamaica* fponte nafcentium, quæ etiam Angliæ Indigenæ funt. Communicatus ab eximio Botanico D. *Hans Sloane*, M. D. Coll. Med. Lond. Præf. Soc. Reg. Vice-Præf.

ALGA latifolia 1. id eft Mufcus marinus Lactucæ folio *C. B.* Hæc fluctibus maris fæpe in hujus infulæ littora rejicitur.

Alga viridis capillaceo folio *C. B.* in aquis ftagnantibus aut fluviis pigrioribus ubique fatis obvia & frequens.

Clematitis fylveftris latifolia *C. B.* In the Woods going to *Guanaboa* from the Town, and over the *Rio Cobre* near the Angels.

Clematis fylveftris latifolia feu Viorna *Park.* *Wild Climber or Travellers Joy.*

Equifetum fœtidum fub aqua repens *C. B.* In fluviis ubique fere.

Eruca maritima Italica filiquâ haftæ cufpidi fimili *C.B.* On Houfe *Cayos*, a fmall fandy Ifland without *Port-Royal* Harbour.

Fungus campeftris albus fuperne, inferne rubens *J. B.* In the *Savannas* after Rain.

Fungi albi venenati vifcidi *J. B.* In the *Savannas* with the former.

Fungus membranaceus auriculam referens, five Sambucinus *C. B.* On feveral Trees in this Ifland.

Juncus lævis Holofchœnos 2. five Juncus maximus & Scirpus major *C. B.* In the great *Laguna* in the *Caymanes*, and in feveral fuch Places of this Ifland very plentifully.

Lenticula paluftris vulgaris *C. B.* On all ftanding Waters it is very common.

Lichen petræus latifolius, five Hepatica fontana *C. B.* In umbrofis rivulorum ripis.

Millefolium aquaticum 13. five Stellaria aquatica *C. B.* In rivulis frequens eft.

Mufcus terreftris latioribus foliis major *Cat. Plant. Angl.* In the mountainous Woods, as *Mount Diabolo*, &c. It is fometimes to be met with.

Mufcus filicinus major *C. B.* In fylvis umbrofis mediterraneis.

Mufcus

Muſcus cruſtæ aut lichenis modo arboribus adnaſcens cine-reus *Cat. Pl. Angl.* In ſylvis, ſupra cortices arborum frequenter occurrit.

Muſcus cruſtæ aut lichenis modo arboribus adnaſcens flavus *Cat. Pl. Angl.* Cum priori.

Muſcus arboreus 7. ſive pulmonarius *C. B.* Arboribus grandio-ribus aliquando adnaſcitur.

Muſcus arboreus ramoſus *J. B.* In omnibus ſere arboribus reperitur.

Naſturtium aquaticum ſupinum *C. B.* Ad fontes & in ri-vulis frequenter luxuriat.

Nymphæa alba major *C. B.* Aguapè ſive Nymphæa *Piſ.* In a Pond near the *Angels*, and on the freſh Water River and *Laguna* in the *Caymanes* very plentifully.

Parietaria Officinarum & Dioſcoridis *C. B.* In umbroſis ru-pium fiſſuris. As on the Sides of the ſhady Rocks going to Sixteen-Mile-Walk, and ſeveral other Places of this Iſland.

Perſicaria urens ſive Hydropiper *C. B.* Hydropiper Braſilianum Marcgr. Ad rivulorum ripas & in locis paludoſis ubique naſ-citur.

Plantago latifolia ſinuata *C. B.* On this Side the Ferry going to *Liguanee* by Land, in the North Side of the Iſland near the Ruins of the old Town of *Sevilla*.

Plantago aquatica major *C B.* Near the Bridge over Black River going from the Town to Old Harbour.

Polytrichum aureum minus *C. B.* In humidis & umbroſis ſatis frequenter obſervavi.

Potamogiton aquis immerſum, folio pellucido, lato, oblon-go, acuto *D. Raj. Hiſt. Plant.* It grows very plentifully in the Salt and freſh Water Rivers in the *Caymanes*.

Ranunculus aquaticus Cotyledonis folio *C. B.* Cotyledon re-pens Braſilienſis, Erva do capitaon Luſitanis *Marcgr.* Acaricoba *Piſ.* An Umbellifera? On the moiſt Banks of the *Rio Cobre*, and the mariſh and wet Grounds in the *Caymanes* very co-piouſly.

Sagitta aquatica minor latifolia *C. B.* In aquis ſtagnantibus.

Solanum bacciferum 1. ſive officinarum *C. B.* Aguaraquiyà *Piſ.* An Solanum fruteſcens Braſilianum, folio Capſici baccis rubris *Prod. Parad. Batav. Herm?* An Solanum bacciferum vul-gari ſimile maximum Sirinamenſe *Ejuſdem?* Near Mrs. *Guys* Houſe on *Guanaboa*.

Soldanella maritima minor *C. B.* Convolvulus marinus ſeu Soldanella Braſilienſis. *Marcgr.* On *Gun Cayos* a ſmall ſandy Iſland near *Port-Royal*.

Sonchus lævis laciniatus muralis parvis floribus *C. B.* Ubique ſere vulgaris eſt.

Sonchus

Sonchus afper laciniatus & non laciniatus *C. B.* On the Side of a Hill near *Mr. Batchelor's* Houfe.

Typha paluftris major *C. B.* In the frefh Water *Laguna* in the *Caymanes,* and in *Black River* near *Mr. Bynelofs's Houfe.*

Veficaria marina ramofa & non ramofa *J. B.* This is frequently caft upon the Banks of the Sea by the Waves, beyond the Palifadoes near *Port-Royal.*

Vifcum baccis albis *C. B.* Omnibus arboribus frequentiffime innafcitur.

ERRATA.

PAG. 18. lin. 25. pro levibus lege *lævibus.* p. 41. lin. 20. lege *fimbriatis.* p. 64. lin. 17. pro III. *IV.* p. 70. lin. 15. pro 3. leg. 4. p. 83. lin. 26. leg. *humilius.* p. 89. lin. 24. pro 3. leg. 4. p. 90. lin. 14. poft 760. infere *Mufcus.* p. 96. lin. 10. pro 47. leg. 44. p. 101. lin. 21. poft *J.* infere *B.* p. 116. ad fpeciem 2. omiffus *. p. 117. lin. 33. dele *An.* p. 129. lin. antepen. *quidam.* p. 143. Vires 13. Lapathi fpeciei feu Acetofæ lanceolatæ fubjunctæ, referendæ funt ad initium pag. poft lin. 2. & de quovis Lapatho recenfito, fed præcipue acuto valent. p. 161. lin. 5. del. *. p. 179. lin. 36. leg. *Hawys.* p. 213. lin. 7, 21. 29. leg. *Saxifragia.* p. 290. lin. 16. *aquis.* p. 292. lin. 18. *vifa,* p. 296. lin. 18. poft *Ox.* adde *II.* p. 298. lin. 10. *farctui.* lin. 15. *renitentibus.* p. 300. lin. 31. poft Petiveriana adde: *Herb. Br. T. 50. f. 3.* ubi Nafturtium petræum Cambriæ dicitur. p. 301. poft Siliculofæ fubjunge 1. *Polyfpermæ.* Ibid. lin. 8. omiffus *. p. 304. lin. 32. verba *In a Clofe* &c. ad Near ufque, referenda funt ad lin. 35. poft Town's-end. p. 319. ad fpeciem 4. Pifi omiffus *. p. 320. lin. 37. pro 713. leg. 313. p. 359. *Gerranium columbinum* Ger. *flore albo reperitur ;* On the Eaft Side of the River *Lee,* as foon as you crofs the Bridge at *Temple Mills.* p. 366. lin. 13. *viderit.* p. 451. lin. 16. lege *Petalodi.*

Errata leviora & quæ literaria vocant, utpote Lectorem eruditum haud moratura, illius candori fidentes, indigitare operæ pretium non duximus.

INDEX.

INDEX.

Quæ charactere recto, quem Romanum hic vocant, impreffa funt, genus plantæ & nomen proprium, at quæ obliquo, quem curfivum & Italicum vocant, notantur, nomen improprium, feu Synonymon plantæ monftrant.

A Bïes 44 i
Abrotanum 190
Abfinthium 188,
189
Acacia Germanica 462
Acanthium 196
Acarna 175
Acer 470
Acetofa 143
Acetofella * 281
Acinos 238
Aconitum racemofum 262
Acorus 437
Acorus adulterinus 374
Actæa 262
Adiantum album 122
Adiantum ἀκρόσιχον 120
Adiantum 120, 122, 123,
124, 125
Adiantum aureum 91
Adiantum nigrum 126
Adiantum petræum perpufil-
lum 123
Ægilops bromoides 389
Agaricus 21, 22 ad 26
Agrifolium 466
Agrimonia 202
Aizoides 306
Aizoon 270
Aizoon paluftre 290

Alcea 252, 253
Alchimilla 158
Alcyonium 30, 31
Alga 52, 53
Algoides 135
Alleluja * 281
Alliaria 293
Allium 369, 370
Alnus 442
Alnus nigra baccifera 465
Aloë paluftris 290
Alopecuros, Graminis fpecies
395, 396
Alfinanthemos 286
Alfinaftrum 346
Alfine 346, 347
Alfine baccifera 267
Alfine cruciata marina 352
*Alfine Hederula, Triffaginis &
Veronicæ foliis, it. triphyllos*
279, 280
Alfine hirfuta 348, 349
Alfinella 344, 345
Alfine maritima 351
Alfine paluftris 278, 289
Alfine polyfpermos 345
Alfine fpuria 352
Alfine tricoccos 352
Alfine verna glabra 344, 362
Althæa 252

I i 2

Alyffon

INDEX.

Alyſſon Dioſc. 281
Alyſſon Germanic. echioides Lob. 228
Amanita 5
Amara dulcis 265
Ambroſia campeſtris repens C. B. 304.
Amomum Offic. 211
Anacampſeros 269
Anagallis 282
Anagallis aquatica 280, 283
Anblatum * 288
Anchuſa degener facie Milii Solis G. Em. 227
Androſæmum 343
Anemone nemorum 259
Angelica 208
Anonis 332
Anonymos 202
Anſerina 256
Antirrhinum * 283
Antirrhinum arvenſe minimum * 283
Anthriſcus 207, 219
Anthyllis leguminoſa 325
Anthyllis lentifolia 351
Anthyllis maritima 352
Aparine 225
Aparine major Plin. 228
Aphaca 320
Apium 214
Apium petræum 218
Apium Scoticum 214
Aponogeton 135
Aquilegia 273
Aracus 321
Arbor piperifera 473
Arbutus 464
Arenaria 350
Argemone 308, 309
Argentina 256
Aria 453
Armeria 336, 337
Armerius flos 338
Armoracia 301
Artemiſia 190

Artemiſia tenuifolia 190
Arum 266
Arundo 401
Aſarum 158
Aſcyrum 343, 344
Aſparagus 267
Aſperugo 228
Aſperula 224
Aſphodelus bulboſus 372
Aſplenium 118
Aſter 174, 175
Aſtragaloides 324
Aſtragalus 326
Aſtragalus ſylvaticus 324
Atragene 258
Atriplex 151, 152, 153
Atriplex 154, 155, 156
Atriplex olida 156
Avena 389
Auricula leporis 221
Auricula muris 348, 349
Auricula Urſi 284, 285

Baccharis 170
Ballote 244
Baiſamine 316
Barba Capri 259
Barbarea 294, 297
Bardana 197
Bardana minor 140
Beccabunga 280
Been album 337
Behen rubrum 201
Belladonna 265
Bellis 184
Bellis lutea 182
Bellis major 184
Berberis 465
Beta 157
Betonica 238
Betonica aquatica * 283
Betonica coronaria 335, 337
Betonica Pauli 279
Betula 442
Betulus 451
Bifolium 385

Biſmalva

INDEX.

Bismalva	252
Biftorta	147
Blattaria	288
Blitum	157
Blitum fylveftre	153, 154, 155, 156
Boletus	10, 11, 12, 13
Bonus Henricus	156
Borrago	228
Bovifta	26, 27, 28
Branca urfina	205
Braffica	293
Braffica marina	276, 307
Braffica fpuria	294
Braffica fylveftris	293
Britannica	140
Bromos	412
Bryon	91, 92, ad 103, 478
Bryonia alba	261
Bryonia nigra	262
Bugloffa	227
Bugloffa fylveftris caulibus procumbentibus C. B.	228
Bugloffum luteum	166
Bugula	245
Bulbocaftanum	209
Bulbocodium	374
Bulbocodium	371
Bulbofa juncifolia	374
Bulbus fylveftris	372
Bunias	295
Bupleurum	221
Buphthalmum	183
Burfa paftoris	306
Burfa paftoria	294
Burfa paftoris minor	292, 303
Butomus	273
Buxus	445
Byffus	56, 57, 476
C Akile	307
Calamintha	243
Calamagroftis	400, 401
Calamintha aquatica	232
Calamiftrum	306
Calamus aromaticus	437

Calathiana	274
Calceolus	385
Calcitrapa	196
Callitriche	289
Caltha paluftris	272
Camelina	298, 302
Cameraria	352
Campanula	276, 277
Cannabina aquatica	187
Cannabis	138
Cannabis fpuria	240, 241
Capillus Veneris	123
Capnos	204
Caprifolium	458, 459
Caput gallinaceum	327
Cardamine	299, 300
Cardiaca	239
Carduus	193, 194, 195, 196
Carlina	175
Careta	218
Carpinus	451
Carthamus	196
Carum	213
Caryophyllata	253, 254
Caryophyllus	335 ad 338
Caryophyllus	341
Caryophyllus arvenfis	348
Caryophyllus holofteus	346, 347, 349
Caryophyllus marinus	203
Caryophyllus mufcofus	345
Caryophyllus pratenfis	338
Caffida	244
Caftanea	440
Caffutha	281
Catanance	325
Caucalis	219, 220
Caucalis pulchro femine	206
Cauda muris	251
Centaurium	286
Centaurium adulterinum	341
Centaurium collinum	198
Centaurium luteum	287
Centimorbia	283
Centinodia	146
Ceraftium	348

I i 3

Cera-

INDEX

Cerasus 463
Cerefolium 207
Ceterach 118
Chamæcissus 243
Chamæcistus 341, 342
Chamædrys 231
Chamædrys spuria 253, 281
Chamæleon exiguus 195
Chamæmelum 184, 185, 186
Chamæmelum chrysanthemum 183
Chamæmorus 260
Chamænerion 310
Chamæpericlymenum 261
Chamærubus 261
Chamæpitys 244
Chara 132, 133
Cheiri 291
Chelidonia & Chelidonium majus 309
Chelidonium minus 246
Chenopodium 154, 155
Chondrilla viscosa humilis 162
Christophoriana 262
Chrysanthemum 182, 183
Chrysosplenium; vid. Saxifraga aurea
Cichoreum 172
Cichoreum pratense 167
Ciciliana 343
Cicuta 215
Cicuta aquatica 212
Cicutaria vulgaris 207
Cicutaria palustris 215
Cicutaria tenuifolia 215
Circæa 289
Cirsium 193
Cistus 342
Clematis 258
Clematis daphnoides 268
Clinopodium 238
Clinopodium Alpin. Pon. * 285
Clinopod. minus & arvense 238
Clymenum 319, 343
Cnicus sativus 196

Cnicus sylvestris 175
Cochlearia 302, 303
Colchicum 373
Comarus 464
Conferva 57, 58 ad 62, 477
Consiligo 271
Consolida major 230
Consolida media 245
Consolida minor: Bellis minor
Consolida regalis 273
Convolvulus 275, 276
Convolvulus niger 144
Conyza 174
Conyza major 179
Conyza palustris 176
Corallina 33 ad 37
Corallium 32
Coriandrum 221
Cornu cervinum 315
Cornus fœmina 460
Corona fratrum 195
Coronopus 315
Coronopus Ruell. 304
Corrigiola 160
Corylus 439
Cotonaria 180
Cotula 185
Cotyledon vera 271
Cotyledon aquatica J. B. 222
Cotyledon aquatica acris Ibid.
Cotyledon hirsuta 354
Cynocrambe 138
Cracca 322
Cracca major 321
Crambe 307
Crassula 269, 271
Cratægus 453
Crataeogonon * 284, 286
Crepitus Lupi seu Lycoperdon 26, 27, 28
Crista galli * 284
Crithmum 217
Crithmum chrysanthemum 174
Crithmum spinosum 220
Crocus 374
Cruciata 223

I

Cucu-

INDEX.

Cucubalus 267
Cuminum pratense 213
Cunila bubula 236
Cuscuta 281
Cyamos 323
Cyanus 198
Cymbalaria * 282
Cynocrambe 138
Cynoglossa 226
Cynosbatos & Cynorrhodon 454
Cynosorchis 376, 377, 378, 382
Cyperus & Gramen Cyperoides
417 ad 428

Damasonium 272
Damasonium montanum
383, 384
Daucus 218
Delphinium 273
Dens caninus 399
Dens leonis 170, 171
Dentaria major Matth. * 288
Diapensia 221
Digitalis * 283
Dipsacus 192
Diapensia 221
Dracunculus pratensis 183
Dryopteris 122, 125
Dulcamara 265

Ebulus 461
Echinophora 220
Echinophora 219
Echium 227
Echium Fuchs. 227
Echium lappulatum 228
Echium scorpioides 229
Eleagnus Cord. 443
Elaphoboscum 206
Elatine * 282
Eleoselinum 214
Elichrysum 181, 182
Empetrum 444
Enula campana 176
Equisetum 130, 131, 132
Equiset. pal. polysperm. 133, 136

Eranthemum 251
Erica 470, 471
Erica baccifera 444
Erica maritima 338
Erigeron 178
Eruca 296, 297
Eruca marina 307
Eruca spuria 297, 298
Ervum sylvestre 325
Eryngium 222
Erysimo similis 294
Erysimum 298
Erysimum vulgare 298
Eschara 31
Esula 313
Evonymus 468
Eupatorium 179, 180
Eupatorium cannabinum fœmina
187
Eupatorium Veterum 202
Euphrasia * 284, 285

Faba 323
Faba crassa 269
Fagotriticum 144
Fagus 439
Ferrum equinum 325
Fegopyrum 144
Festuca 412 ad 415
Filago 180, 181
Filipendula 259
Filipendula aquatica 209
Filix 118 ad 127
Flos Adonis 252
Flos cuculi 338
Flos Trinitatis 365
Fœniculum 217
Fœniculum marinum 217
Fœnugiæcum 331
Fœnugræcum sylvestre 326
Fontinalis 79
Fragaria 254
Frangula 465
Fraxinus 468
Fraxinus bubula 452
Frumenta 386 ad 389

I i 4 Fuci

INDEX.

Fuci   39, 40 ad 51, 476
Fucoides   37, 38
Fumaria   204, 335
Fungi   1, 2 ad 29
Fungoides   13, 14, 15,
                        479

G Ale   443
  Galeopfis   237
Galeopfis   240, 242
Gallitrichum   237
Gallium   224
Genifta   474, 475
Gentiana   274, 275
Gentianella   275
Geranium   356 ad 361
Geum   354, 355
Gladiolus foetidus   375
Gladiolus lacuftris   * 287
Gladiolus paluftris Cord. 273
Glaftum   307
Glaux   285
Glaux leguminofa & montana
                       326
Glycypicros   265
Glycyrrhiza   324
Glycyrrhiza fylveftris 326
Gnaphalium   180, 182
Gramen & ejus fpecies 386
                   ad 437
Gramen leucanthemum   346
Gramen marinum   203, 435
Gramen Parnaffi   355
Gramen tomentofum   435
Gramen triglochin   435
Graminifolia   136
Gratiola angustifolia 367
Gratiola coerulea   244
Gratiola latifolia   244
Groffularia   456

H Alimus   153
  Hedera   459
Hedera terreftris   243
Hederula aquatica   129
Hedyfarum   325, 326

Helenium   176
Helianthemum   341, 342
Helleborafter   271
Helleborine   383, 384
Helleborus   271
Helxine ciffampelos   144
Hepatica Offic.   115
Hepatica ftellaris   225
Heptaphyllon   158
Heracantha   176
Herba Gerardi   208
Herba impia   180
Herba Paris   264
Herba St. Kunigund.   179
Herba trientalis   286
Herniaria   160, 161
Herniaria minor   345
Hefperis   293
Hieracium   164, 165, 166,
                       167
Hieracium murorum   168
Hippofelinum   208
Hippuris   130
Holofteo affinis   251
Holofteum   316
Hordeum   388
Hordeum fpurium   391
Horminum   237
Hottonia   285
Hyacinthus   372, 373
Hydroceratophyllon   135
Hydrocotyle   222
Hydropiper   144
Hyofcyamus   274
Hyoferis   173
Hypericum   342 ad 344
Hypnon   79, 80 ad 89
Hypopitys   317
Hyffopifolia   367

J Acea   198
  Jacea tricolor   365
Jacobaea   177, 178
Iberis   299
Ibifcus   252
Illecebra   269, 270
                      Impe-

INDEX.

Imperatoria affinis 214
Irio. 298
Iris 374, 375
Isatis 307
Juglans 438
Juncago 435
Juncifolia 307
Juncus 431 ad 434
Juncus floridus 273
Juncus odoratus 210
Juniperus 444

K Ali 159
Kali album 156
Kali geniculatum 136
Keiri 291
Keratophyton 32
Knawel 159

L Abrum Veneris 192
Lactuca 161, 162
Lactuca agnina 201
Lactuca marina 62
Lactuca ranarum 149
Ladanum segetum 242
Lagopus 330
Lamium 240
Lamium 237, 242
Lampsana 173
Lantana 460
Lapathum 140 ad 143
Lappa 196, 197
Lappa minor 140
Lappula canaria 219
Lathyrus 319, 320
Lathyrus viciæformis 320
Laureola 465
Ledum 472
Lens 323
Lens palustris 129
Lentibularia * 286
Lenticula 129
Lepidium 304
Leucanthemum 184
Leucojum 291
Leucojum palustre * 287

Lichen 114, 115, 116
Lichenastrum 109 ad 113
Lichen marinus 62, 63
Lichenoides 64, 65 ad 77, 478
Ligusticum 214
Ligustrum 465
Lilium convallium 264
Limnopeuce 136
Limodorum 383
Limonium 201, 202
Linagrostis 435, 436
Linaria * 281, 282
Linaria adulterina 202
Lingua avis 176
Linum 362
Liquiritia 324
Lithophyton 32
Lithospermum 228
Lithospermum arvense radice rubente C. B. 227
Locusta 201
Lolium 394, 395
Lonchitis 118
Lotus 334
Lujula * 281
Lunaria 291
Lunaria botrytis 128
Lupulus 137
Luteola 366, 367
Lychnis 337 ad 341
Lychnis Alpina 349
Lychnoides 338
Lycopodioides 108
Lycopodium 107, 108
Lycopsis 227
Lycopus 236
Lysimachia cœrulea galericulata 244
Lysimachia lutea 282, 283
Lysimachia purpurea 367
Lysimachia siliquosa 310, 311

M Acerone 208
Majorana sylvestris 236
Malva 251, 252
Malva verbenacea 252
Malus

INDEX.

Malus	451, 452
Maratriphyllum	249, 250
Marrubium	239
Marrubium aquaticum	236, 242
Marrubium nigrum	244
Maru	237
Matricaria	187
Matricaria maritima	186
Medica	333
Melampyrum	* 286
Melilotus	331
Melilotus	242
Menianthes	285
Mentha	232 ad 234
Mentha cattaria	237
Menthastrum	234
Mercurialis	138, 139
Mercurialis sylvestris	316
Mespilus	453
Meum	207
Militaris aizoides	290
Milium Solis	228
Millefolium	183
Millefolium aquaticum	135, 150, 151, 216, 249, 250, 285, 316
Millefolium galericulatum	286
Millegrana major	160
Millegrana minima	345
Mnium	77, 78, 79
Mollugo	223, 224
Monorchis	378
Morsus Diaboli	191
Morsus gallina	280, 347
Morsus rana	290
Moschatellina	267
Musci	54, 55 ad 116
Muscipula	340
Muscus Alpinus	341
Myagrum	302
Myagrum	298
Myosotis Tourn.	348
Myosotis scorpioides	229
Myosuros	251
Myriophyllum	316
Myrrhis, vid. Cicutaria	207

Myrrhis sylvestris	207, 220
Myrtillus	457
Myrtus Brabantica	443

N Apus	295
Narcissus	371
Nasturtium	303, 304
Nasturtium	297, 298, 299, 300, 301, 303
Nenuphar	368
Nepa	475
Nepeta	237
Nidus avis	382
Nigellastrum	338
Noli me tangere	299, 316
Nucula terrestris	209
Nummularia	283
Nux avellana	439
Nux Juglans	438
Nux vesicaria	468
Nymphæa	368
Nymphæa minima	290
Nymphoides	368

O Cymoides	339, 340, 341
Ocymastrum verrucarium	289
Ocymum sylvestre	238
Oenanthe	210
Oleaster Germanicus	445
Onagra	310
Onobrychis	327
Ophioglossum	128
Ophris	385
Opulus	460
Orchis	376 ad 382
Orchis abortiva	382
Origanum	236
Ornithogalum	372
Ornithopod um	326
Ornithopodio affinis J. B.	327
Ornus	452
Orobanche	* 288
Orobanche	317, 382
Orobus	324
Oryza Germanica	388

Osmunda

INDEX.

Ofmunda	125
Oftrya five Oftrys	451
Oxalis	143
Oxyacantha	453, 465
Oxya Græcorum	439
Oxycoccus	267
Oxymirfine	262
Oxys	* 281
P Adus	463
Palma Chrifti	380
Palmata	381, 382
Paludapium	214
Panax coloni	242
Panicum	393, 394
Papas	265
Papaver	308, 309
Papaver fpumeum	337
Paralyfis	284, 285
Parietaria	158
Parnaffia	355
Paronychia vulgaris	292
Paronychia	291, 294
Parthenium	187
Paftinaca	206
Paftinaca marina	218, 220
Paftinaca tenuifolia	218
Pecten Veneris	207
Pedicularis	* 284
Pentaphyllum	255
Pentapterophyllon	316
Pentaphylloides	255, 256
Peplis	313
Peplus	313
Percepier	159
Perfoliata	221, 293
Perforata	342
Periclymenum	458
Periclymenum parvum Prutenicum Cluf.	261
Perficaria	144, 145, 146
Perficaria filiquofa	316
Perfonata	197
Pes anferinus	154
Pes cati	181
Pes columbinus	359

Pes leonis	158
Petafites	179
Petrofelinum Macedonicum	211
Peucedanum vulgare	206
Peucedanum minus	217
Peziza 17, 18, 19, 20,	479
Phalangium	375
Phalaris	394
Phellandrium	215
Phœnix	395
Phyllitis	116
Picea	441
Pilofella	170
Pilofella filiquofa	294
Pimpinella	213
Pimpinella fanguiforba	203
Pinguicula	* 281
Pinus	442
Piperitis	304
Piftacia fylveftris	468
Pifum	318, 319
Plantaginella	278
Plantago 314, 315, 316	
Plantago aquatica 257, 258	
Plantago aquatica ftellata	272
Platanaria	437
Pneumonanthe	274
Podagraria	208
Polemonium	288
Polemonium petræum	340
Polifolia montana	472
Polygala	* 287
Polygalon Gefn.	327
Polygonatum	263
Polygonum 146, 147	
Polygonum fœmina J. B.	136
Polygonum Germanicum	159, 160,
Polygonum minimum	345
Polygonum verticillatum	160
Polypodium	117
Polytrichon	91
Populago	272
Populus	446
Portula	368
Portulaca aquatica	368
	Portula-

INDEX.

Portulaca exigua arvensis 352
Potamogiton 134, 135, 145
Potamogiton 148, 149, 150
151
Potamogitoni affinis 136
Potentilla 256
Prassium: Marrubium
Primula veris 284
Prunella 238
Prunus 462
Pseudo-Asphodelus 375
Pseudo-Melanthium 338
Pseudo-Narcissus 371
Pseudo-Orchis 382
Ptarmica 183
Pulegium 235
Pulmonaria 226
Pulmonaria Gallica 167, 168
169, 170
Pulsatilla 260
Pyrola 363
Pyrola Alsines flore 286
Pyrus 452

Q Uercus 440
Quinquefolium 255

R Adicula 301
Radiola 345
Radix cava minima 268
Radix ursina 207
Ranunculus 247 ad 251
Ranunculus aquaticus Cotyledonis
folio C. B. 222
Ranunculus globosus 272
Ranunculus nemorosus & phrag-
mites 259, 267
Raphanistrum 296
Raphanus aquaticus 301
Raphanus maritimus 296
Raphanus rusticanus 301
Raphanus sativus 296
Raphanus sylvestris 296, 304
Rapistrum 295, 296, 301
Rapum 294
Rapum Genista * 288

Rapunculus 278
Rapunculus esculentus 277
Rapuntium 277
Regina prati 259
Reseda 366
Resta bovis 332
Rhamnoides 445
Rhamnus catharticus 466
Rhamnus Salicis folio 445
Rhodia radix 269
Rhus myrtifolia 443
Ribes 456
Rosa 454, 455, 478
Rosmarinum sylvestre minus 472
Ros Solis 356
Rubeola 225
Rubia cynanchica 225
Rubia 223
Rubus 467
Ruscus 262
Ruta muraria 122
Ruta pratensis 203

S Abina 444
Sagitta 258
Salicaria 367
Salicornia 136, 137
Salix 447 ad 450
Salvia agrestis 245
Sambucus 461
Sambucus aquatica 460
Samolus 283
Sanguisorba 203
Sanicula 221
Sanicula aizoides 354
Sanicula montana * 281
Saponaria 339
Satyrium 382
Saxifraga 353, 354
Saxifraga Anglica 216, 350
Saxifraga aurea 158
Saxifraga angustifolia aut. 355
Saxifraga graminea & palustris
345
Saxifragia J. B. 213
Scabiosa 195

INDEX.

Scabiosa major	198	Solanum quadrifolium		264
Seabiosa ovina	278	Soldanella		276
Scandix	207	Solidago Saracenica		177
Schoenolaguros	436	Sophia		298
Scirpus	428 ad 431	Sonchus	162, 163,	164
Sclarea	237	Sonchus muralis		162
Scolopendria	118	Sorbus	452,	453
Scordium	246	Sparganium		437
Scorodonia	245	Spartum	392,	393
Scorodoprasum	370	Spatula		375
Scorpius	475	Speculum Veneris		278
Scrophularia	* 283	Spergula	349 ad	351
Scrophularia minor	246	Sphagnum	104,	105
Secacul	220	Sphondylium		205
Secale	388	Spina acida		465
Sedum	269, 270, 271	Spina alba		453
Sedum Alpinum	353	Spina appendix		453
Sedum montanum	217, 355	Spina cervina		466
Sedum tridactylides	354	Spina infectoria		466
Selaginoides	106	Spina solstitialis		196
Selago	105, 106	Spongia		29
Selinum	211	Stachys		239
Sempervivum	269	Stachys arvensis & palustris		242
Sempervivum minus	270	Staphylinus		218
Senecio	178	Staphylodendron		468
Serapias	381	Statice		203
Serpyllum	230, 231	Stellaria	289,	290
Serratula	196	Stramonium		266
Sesamoides	340	Stratiotes		290
Seseli	216	Stratiotes terrestr.		183
Seseli Creticum	206	Subularia	306,	307
Siciliana	343	Succisa		191
Sideritis	242	Symphytum		230
Sigillum Solomonis	263			
Sinapi	295	Tamnus		262
Sinapi pumilum	300	Tanacetum		188
Sison	211	Taxus		445
Sisymbrium	300	Telephium		269
Sisymbrium	233, 299	Tertianaria		244
Sium	211, 212	Testiculus vulpinus	379,	380
Sium	297, 299, 300	Tetragonia		468
Smilax	275	Teucrium Alpinum	253, *	285
Smyrnium	208, 209	Thalictrum	203,	204
Solanifolia	289	Thapsus barbatus		287
Solanum	265	Thlaspi		305
Solanum lethale	265	Thlaspi	303,	306
				Tilia

INDEX.

Tilia	473	Verbena		236
Tinctorius flos	474	Verbetina	187,	188
Tithymalus 312, 313,	479	*Vermicularis minor*	269, 270,	
Tordylium	206			271
Tormentilla	257	*Vermicularis frutex*	156,	157
Trachelium 276,	277	Veronica	278 ad	281
Tragopogon	171	Viburnum		460
Tragopyrum	144	Vicia	320,	321
Tragorchis	376	*Vicia*	322,	325
Tragus	159	Vinca pervinca		268
Tribulus aquat. minor	149	Viola 364 ad 366,		479
Trichomanes 119,	120	*Viola aquatica*		285
Trifolium 327 ad 331,	478	*Viola barbata*		337
Trifolium acidum *	281	*Viola calathiana*		277
Trifolium cochleatum	333	*Viola lutea*		291
Trifolium corniculatum	334	*Viorna*		258
Trifolium fibrinum	285	Virga aurea	176,	177
Trifolium odoratum	331	*Virga pastoris*		192
Trifolium palustre	285	*Virga sanguinea*		460
Trifolium siliquosum	331	*Viscaria* Ger.		337
Trinitatis flos	365	Viscum		464
Triorchis	378	*Vitis alba*		261
Tripolium	175	Vitis Idæa		457
Triticum 386,	387	*Vitis Idæa palustris*		267
Triticum vaccinum *	286	*Vitis nigra*		262
Trollius flos	272			
Tubera	28	ULmaria		259
Tuberaria minor Myc.	342	Ulmus	468,	469
Turritis 293,	294	Ulva	62, 63,	64
Tussilago	173	*Umbilicus Veneris*		271
Typha	436	*Volubilis nigra*		144
		Urtica	139,	140
VAccinia nigra & rubra;		*Urtica aculeata*		240
it. palustria 267,	457	*Urtica mortua* seu iners	237,	
Vaccinium nubis	260		240.	
Valeriana	200	*Vulvaria*		156
Valeriana Græca	288	Vulneraria		325
Valerianella	201			
Verbasculum 284,	285	XAnthium		140
Verbascum 287,	288	Xyris		375

INDICULUS

PLANTARUM DUBIARUM

In *Phytologia Britannica* & *Merreti Pinace* recenfita-
rum, quæ vel Angliæ indigenæ non funt, quafque
pro alienis propofitas fuiffe fufpicio eft, vel fi fint, a
Rajo aliifve diligentioribus plantarum Angliæ invefti-
gatoribus hactenus non animadverfæ fuerunt, quas
ideo hic enumerare opportunum fuit vifum, ut qui
nativa adeunt loca reminifcantur & facilius in eas in-
quirendi occafionem habeant. Qua ratione fperamus
fore, ut innotefcat, quafnam per iftas plantas intel-
lexerint *Pinacis* & *Phytologiæ* auctores.

ABSINTHIUM album *Ger.* 943. *Em.* 1101. album feu
umbelliferum *Park.* 99. In montibus Walliæ. (An
Angliæ indigena fit hæc planta, plurimum dubitatur.)
Alchimilla minor *G. E.* 949. Four Miles North-
ward from *Stanford*, in a Lane on the right Hand, but not at
Wombwell.

Alnus cortice obfcure purpureo, foliifque parum diffectis.
Betwixt the South-gate and the Bridge at *Hereford.*

Alfine corniculata *Cluf.* Crefcit in parvo finu, dicto vulgo
Wefgate Bay in infula *Thanet.*

Alfine floribus adinftar Polygoni marini, ad fingulas alas albis.
This was fent me from *Cornwall*, N. D.

Alfine minor Androfaces alterius facie *C. B. Pr.* 118. Found
by *Mr. Halilah* Apothecary in *Lincolnfhire.*

Anagallis aquatica, flore parvo viridi, caule rubro. In a great
Ditch near the Moor at *Petersfield* Hampfhire; *Mr. Goodyer.*

Anchufa lutea *Columna.* By *Bexley* in *Suffex*, in the way to
Rumney Marfh.

Anemone tuberofa radice *Ph. Br. Syn. II.* 144. Upon *Cotf-
wold* Hills near *Black Burton* plentifully ; *Mr. Heaton.* D. *Lhwyd*
itinere illuc fufcepto nullam ejufmodi plantam invenire potuit,
(ut nec D. *Richardfon*, qui non aliam ibi obfervare potuit plantam, quam Anemonen nemorum *Ger.*)

Arme-

Armeria flore fimplici.   In a Wood beyond *Reading.*
Artemifia marina G. E. 1104.   Betwixt *Deal* and *Dover.*
Arundo vallatoria 30 pedes longa ex infula Vecti.
Afperula flore cœruleo, *Blew-Wood Roof* G. E. 1110. P. 454.
In the Woods near *Hampfted.*
Afperula quinta G. 1125.   *Small red-flowr'd Wood-roof.*   In
Tuthifields and *Blackheath.*
Afphodelus paluftr. carinat. folio, N.D. *Small Water Afphodil*; Ph.
Atriplex marina Kalifolia.   At *Bofton* Lincolnfhire, in the
Road from the Bridge to the Wafh.   (Dicto in loco nil nifi
Blitum Kali minus album dictum nafcitur; *D. Blair.*)
Atriplex marina latifolia tota rubra.   Plentifully near *Shoram*
in Suffex; *Mr. Brown.*
Atriplex autumnalis facie Mercurialis, flore parvo luteo.   In
St. George's Fields.
Avena caudata Cambrobritannica.   Commonly fowed in
Wales, and there call'd *Tailcorn.*
Bugioffum parvum longifolium minimo flore.   At *Rumney*
going into the Gate by the *Coney Borough.*   An Borrago minor
fylveftris *Col.* 183?
Cannabis fpuria humilis, caule pæne ad fummitatem foliis
viduato.   In the Cornfields in *Surrey.*
Carduus fpinofiffimus altiffimus.   *Heath Thiftle.*
Caryophyllus montanus purpureus G. E. 593   *Wild purple
jagged Pink.*   Near *Nottingham,* betwixt the Town and the
Gallows; *Mr. Stonehoufe.*
Caucalis tenuifolia' minor, flore cœruleo.   At a Chalkhole
at *Chenie* in *Surrey.*
Cochlearia longiori & finuato folio.   On the Banks of *Thames*
over-againft *Blackwall.*
Convolvulus minimus fpicæ foliis G. E. 862. fpicæ foliis
P. 172.   In the Fields about great *Dunmow* in *Effex,* and in
Tuddington Field.
Cratæogonum cubitalis altitudinis, flore luteo.   In the Ifle
of Wight; *Mr. Cole:* and in the King's Meadows at *Godftone* in
Surrey.   (Forte Euphrafia major lutea latifolia paluftris R. *Syn.*)
Cyperus typhinus P. 1171.   At the farther End of the
Neathoufe Garden in the way to *Chelfea.*
Cyperus repens radice longa, unicoque capite.   Betwixt
Sandwich and *Deal,* ad littus maris.
Doronicum majus Officinarum G. E. 759. P. 319.   On the
high Mountains of *Northumberland.*
Dryopteris foliis minutim incifis.   On the Rocks of the
Fels, three Miles from *Hawkfhead,* Lancafhire.
Dryopteris marina.   In the Clifts of the Rocks and fhady
Places, half a Mile from *Haftings,* by the Sea-fhore.

Efula

Efula major Germanica G. 404. E. 501. Tithymalus maximus *Tab. Ic.* 588. By a Wood Side a Mile from *Bath*, and betwixt *Guilford* and *Godliman* near *Compton*, in a Wheat-field by the Side of a Moor, near Mr. *Yaldon's* Houfe.

Filix Dauci foliis. On old Walls a Mile from *Haflenden*, going over the Hill towards *Goodfchaw* Chapel.

Fumaria alba fine claviculis. In *Pendle* Foreft, *Lancafhire*, & ad *Crediton* in *Devonfhire.*

Fungus folidus ex Betula & quandoque Ulmo *J. B. III.* 841. In plaga boreali *Birchball*, in Surrey *Swans-ball.* Hoc ludunt pueri loco pilæ palmariæ. Oritur ex putridis partibus dictarum arborum.

Fungus corallinus ad antiquarum arborum radices. In the Woods near *Petersfield* Hampfhire.

Fungus rotundus fcarlatinus odoratus. At *Church Lench* Worcefterfhire.

Gallium rubro flore P. 564. rubrum G. E. 1127. Near *Minehead* in *Somerfetfhire.*

Geniftella Anglica fpinofa fupina, five Chamæfpartum fupinum *Ph. Br.* Non procul a Caftro *South-Sea Caftle*, in Comitatu *Southampton*. provenit, ubi floret Julio & Augufto, fpithameis gracilibus ramulis procumbentibus; *Ph.* 45.

Geniftella five Chamæfpartum rectum, Spartum item minus aculeatum rectum, flore & acutis fpinis Sparto fupino paribus & fimilibus inter Spartum majus Julio florens. Verfus *Porti oftium* invenit *Lobelius*, qui hanc cum priori totidem verbis ad marginem fuæ *Hiftoriæ Plantarum* Teutonice editæ defcripfit; *Ph. Br.* 46.

Gentianella Alpina verna G. E. 436. Gentiana verna major *Park.* 403. In the Mountains betwixt *Gort* and *Galloway*; *Mr. Heaton.* Ph.

Gentianella autumnalis longifolia. On the Downs by *Lewis* in *Suffex.*

Gentianella flore albo. Near the *Devizes*, and by *Hachbury* in Wiltfhire; *Mr. Loggins*; Ph.

Gentianella minima Bavarica *Cam. P.* 407. By *Pontfract* plentifully.

Gentianella autumnalis flore albo, foliis longis anguftis. In old Paftures on the Northweft of *Church Lench* Worcefterfhire plentifully. Multum variat Gentianella autumnalis quoad foliorum longitudinem, latitudinem, florumque magnitudinem, & colorem dilutius profundiufve coeruleum.

Geranium columbinum, foliis magis diffectis, pediculis brevibus, flore parvo. At *Guilford* Towns-end in the way to *London*.

K k

Gnapha·

Gnaphalium odoratum flore albo, elegans pufilla planta. On a Heath by *Barneck*; *Dr. Bowles*. Ph.

Gramen arundinaceum 30. pedes longum. On the South of the Ifle of *Wight*, by the Sea-fide, towards the Point.

Gramen caninum nodofum duobus nodis, majori femper fuperimpofito minori. Below *Briftol* in the Meadows on the North of the River by the Ferry.

Gramen caninum fupinum longiffimum N. D. *Ph.* Two Miles from *Salisbury*, by Mr. *Tucker*'s at *Maddington*, wherewith they fat Hogs, and 'tis 24 Foot long; and in fome Places of *Wales*.

Gramen cyperoides foliis caulem ambientibus. Within two Miles of *Manchefter*, in the Place where they dig for Marle in the way to *Rochdale*.

Gramen cyperoides maximum, fpicis pendulis. At *Bocknam* in *Surrey*, in a Bog. Hujus radicibus utuntur pro fedilibus in agro Eboracenfi.

Gramen cyperoides tricubitale, glumis ad fingulas alas anguftis, longe diftantibus. (Forte Gr. cyperoides fylvarum tenuius fpicatum *Lob*. Hoc enim fubinde fat longum obfervatur.)

Gramen cyperoides cum glumis alternatim fitis. Betwixt *Kenfington* and *Hammerfmith*.

Gramen flore cœruleo minimum. On *Bodle Downs*, Chefhire. It makes a pretty Show, being lefs than an Inch long.

Gramen fluviatile fpica nigra. In *Chelfey* Meadows.

Gramen fluviatile, facie Cornu cervini, radice Morfus Diaboli. In the River near *Snowdon*.

Gramen junceum articulatum tricubitale, folio pedali. In the Meadows by the Bridge near *Cafalton*.

Gramen junceum parvum five Holofteum *Matth*. fpicis magis compactis. Near *Highgate*. (Forte Gramen junceum capfulis triangulis minimum *Raj*.)

Gramen junceum marinum fpicatum. On this Side *Woolwich* below *Charlton* in the Marfh Meadows plentifully.

Gramen junceum vix unciale flore Holoftei.

Gramen fparteum minimum Anglicum *P.* 1199. On the next Place betwixt *Windfor* Foreft and *Reading*, where they dig Furz.

Gramen fparteum capillaceo folio minimum *C. B. Th.* 69. 9. *G. E. C.* 22. 10. On *Hampftead Heath*.

Gramen fparteum aquaticum annuum. On *Hounflow-Heath* in the New River running to *Hampton Court*.

Gramen tremulum feu Phalaris pratenfis media elatior, albis glumis N. D. In a hollow Lane betwixt *Peafly* and *Mansfield* in *Nottinghamfhire*; Mr. *Stonehoufe*. Ph.

Gramen tremulum glumis albis. In a Meadow in *Garthforth* in Yorkfhire; Mr. *Witham*; and betwixt *Highgate* and *Hamftead*.

Gramen

Gramen typhoides maximum alterum. Betwixt *Deal* and *Sandwich*.

Afarina five faxatilis Hederula *Lob. Icon.* 601. In fome Places of *Somerfetfhire*, according to Lobel. *Park.* 677. Ph.

Helleborine multicaulis radice perplexa. By *Cumner-Wood* in the way from *Oxford* to Eynfham-Ferry; *Mr. Pink*.

Helleborine flore viridi. On the South Side of the great *Beech-wood* of *Mr. Evelyn*, two Miles from *Darking* in *Surrey*.

Hieracium angufto Tragopogi folio. On the Backfide of *Chelfey* College, *Hidepark*, and on *Banftead Downs*.

Holofteum vernum minus, flore majore. In the Ditches betwixt *Knights-bridge* and *Kenfington*.

Holofteum minimum. In *Hidepark*, and about the Mill on *Hamftead Heath*.

Holofteum hirfutum flore amplo. In the Field betwixt *Hampton-Week* and *Tuddington*.

Holofteum repens juncifolium. At the Bottom of the Moor on the Eaft Side of *Petersfield*, and in ftanding Waters in and about *Stretham* Ferry.

Hordeum præcox. Tis ripe three Weeks fooner than common Barley. At *Evefham* in *Worcefterfhire*.

Hordeum fpica longiffima. In many Places of *Wiltfhire* on rich Soil; *Mr. Jenner*.

Hyacinthus ftellaris vernus pumilus *Lob. Adv. P. A.* In *Barge-Ifland* in *North-Wales*, and at *King's-End* near Dublin; *Mr. Heaton*; and m *Anglefey*; Mr. Willoughby.

Jacea nigra vulgaris foliis diffectis, flore campliffimo. A Mile below *Briftol*, on the South Side of the River, and in *Upland* Meadows and Paftures near the *Batn*.

Jacea binis perpetuo capitibus infignita, majore & minore. Two Miles on this Side *Hereford*, where all the *Knapweeds* are fo.

Iberis Nafturtii folio *P.* 854. On the Clifts beyond *Deal Caftle* in *Kent*.

Juncus adinftar fpinæ acutus rigidufque. In the Midway twixt *Sandwich* and *Deal* in a fandy Conywarren.

Juncus capite globofo amplo. Half a Mile beyond *Acton* in *Middlefex*, and on *Shooterfhill*.

Lagopus altera anguftifolia *Adv.* 384. *G. E.* 1193. 3. At *Stretham* in *Surrey*.

Lathyrus binis ad fingulas alas filiquis. On the Banks of the Fields near *Pickadilly*.

Lathyrus major anguftifolius. *White flower'd Chitlings*. In citeriore Promontorioli parte prope *Barron-hill*; Ph.

Lathyrus major anguftifolius, flore pallide rubro : Hampfhire; *Mr. Goodyer*.

Lathyrus

Lathyrus major perennis. Near *Tewis* in Suffex ; *Idem*. And at the *Devizes* in *Wiltfhire*, in the way to *Lavendon* in a fhady Lane.

Lathyrus perennis filiqua lata glabra. Near a *Stone-bridge* in the way from *London* to *Harrow of the Hill*.

Lunaria minor ramofa. Three Miles from *Oxford* near the *Blind-Pinnocks*.

Lunaria minor foliis diffectis. Plentiful in *John Nun*'s Cow-pafture adjoining to his Houfe at *Methley* in *Yorkfhire*. An Lunaria minor folio rutaceo. *C. B. Pin.* 355 ? Mr. Witham.

Lychnis fylveftris flore carneo odorato. Near *Petersfield* in *Hampfhire* ; Ex Manufcripto Gooderiano.

Lyfimachia fpicata flore amplo lacteo. Abundantly near *Caftle Eaton* in *Wiltfhire* ; Mr. Jenner.

Lyfimachia omnium minima annua. In the Corn betwixt *Donington* and *Marifh*, in the *Ifle of Ely*.

Medica cochlea fimplici. Below *Brentford*, where they burn Chalk to Lime.

Medica marina. Trifolium cochleatum marinum G. E. 1200. P. 1114. At *Romney* betwixt the Town and Cony-Warren.

Mentha aquatica tota nigra. In many Places of *Lancafhire*, on *Ingleborough-Hill* fide towards *Settle*.

Mentha odorata, flore cinericeo. Five Miles from *Clocefter* in the way to *Hereford*.

Mentha balfamita vel latifolia odorata. In the way betwixt *Pemley* and *Lewis* in *Suffex*. Diutiffime durat odor ejus fuaviffimus.

Menthaftrum valde ramofum, flore violaceo rubro. At *Dartford* in *Kent*.

Mefpilus fylveftris fpinofa. In the Hedges betwixt *Hampftead Heath* and *Highgate*, and in a Holt of Trees three Miles Weftward from *Crediton* in *Devonfhire*.

Nardus Celtica *Matth. Lob. Tab.* Spica Celtica *Lugd. Celtick Spikenard*.

Nardus Celtica altera *Bauh.* five faftigiato flofculorum ordine *Cam. Epit. The other Celtick Nard. Gerard* faith thefe two grow about *Ingleborough-hill* in Yorkfhire; *Ph. Br.*

Oenanthe aquatica Selini folio N. D. *Water Dropwort* Ph. Br.

Oenanthe anguftifolia *Lob.* P. 894. Filipendula anguftifolia G. 1059. At *Eaft How* in the Parifh of *Subborton*, feven Miles from *Petersfield*, Hampfhire; *Mr. Goodyer*.

Onobrychis flore purpureo G. 1243. P. 1082. In fome mountainous Parts in *Surrey* plentifully. (Aftragali fpecies)

Orchis Andrachnites G. E. 216. arachnites P. 1352. In an old Stone-pit Ground hard by *Walcot* a Mile from *Barneck*. It flowers betimes; *Dr. Bowles.* Vid. *Ph. Br.*

Orchis

Orchis antropophora autumnalis *Col. II.* 9. mas P. 1347.

Orchis antropophora oreades altera *Col. I.* 320.

Orchis oreades trunco pallido, brachiis & cruribus faturate rubefcentibus. Thefe three Satyrions were found on feveral *Chalky Hills* near the Highway from *Wallingford* to *Reading* on *Berkſhire* Side the River by *Mr. Brown.*

Orchis batrachites, *Frog Satyrion G.* 224. P. 1352. By *Barkway* and in many Places about *Oxford*; Ph.

Orchis batrachioides autumnalis, flore luteo parvo. Three Miles on the Eaſt Side of *Lewis* in *Suffex.*

Orchis hermaphroditica elegans, fupremo petiolo purpureo maculato. By *Uden* Lodge in *Pennyſtone* Moor Yorkſhire; *Mr. Stonehouſe*; Ph.

Orchis melittias, *Bee Orchis G.* 213. P. 1352. In chalky Holes on *Banſted Downs* in *Surrey*, and in many Places about *Oxford*, and in *Yorkſhire.*

Orchis myodes lutea *G. E.* 214. In montofis pratis; *Ph.*

Orchis myodes elegans purpurafcens. In *Brodworth* Wood Yorkſhire; *Mr. Stonehouſe*; Ph.

Orchis myodes flore coccineo elegans. In *Swanſcomb* Wood; *Idem Ib.*

Orchis Zelandiæ minima. On the Bogs betwixt *Southampton* and *Rownams.*

Orchis caryophyllata, fpica longiffima rubra. In many *chalky* Grounds, Bogs and old Paſtures betwixt *Northfleet* an d the *Thames* in *Kent.* (Non eſt dubium quin fit Orchis palmata rubella cum longis calcaribus rubellis *J. B.* ceu quæ tum fpicam prælongam, tum odorem Caryophyllos æmulantem habet.)

Orchis flore albo minimo. Betwixt *Weymouth* and *Margate.*

Orchis tota lutea. Betwixt *Mitcham* and *Cafalton*, in the firſt Clofe over the River, at the Bridge-end.

Orchis Frifia lutea, *G. E.* 219. Frifia littoralis P. 1354. On *Gadſhill* in *Kent*, and near *Greenhithe*; Ph.

Orchis militaris polyanthos. On *Gadſhill* in *Kent.*

Orchis palma quadruplici, flore cineritio. At the Eaſt End of *Wickham* in a narrow Lane.

Orchis paluſtris lophodes N. D. Tufted Marifh Orchis; *D. Johnſ. MSS.* Ph.

Orchis grumofa radice. A Mile South from *Crediton* in *Devonſhire.*

Orchis abortiva rufa. In the Woods and Grounds by *Stoken Church* in the way from *London* to *Oxford.* (Exaridus dubio procul Nidi avis caulis.)

Orchis floribus purpureis. Near *Hampal* by *Robin Hood's* Well in *Yorkſhire.*

Orchis

Orchis fpicata flore luteo. In low Paſtures a Mile from *Long Preſton*, Lancaſhire.

Orchis flore nigro fplendente. In the Paſtures near *Settle*, Yorkſhire.

Orchis ſtrateumatica major & minor. In *Stoken-Church* Woods ; Mr. *Mitham*.

Orobanche vaſculo ſeminali pentagono vel hexagono. In *Surrey* near *Whiteſtable*.

Perſicaria mitis maculoſa ſpica viridi. At *Kingſton* upon *Thames*.

Piſum in extremitate clavatum, modo Trifolii ſiliquoſi. At *Bingley*, Yorkſhire.

Plantago aquatica major muricata. In a ſmall Pond betwixt *Clapham* and South *Lambeth* Common ; Mr. *Morgan*.

Plantago aquatica humilis, flore purpureo. At *Taxton*, five Miles from *Godmancheſter* in the Way to *London*, plentifully.

Pœonia fœmina G. E. 981. P. 1380. In a Cloſe belonging to Mr. *Stevenſon* at *Sunning-Well* in *Barkſhire*, of above fifty Years ſtanding, and in *Stancomb Wood* near *Winchcomb*, Glouceſterſhire; *Ph. B.*

Pœonia mas G. E. 980. P. 1381. In Mr. *Field*'s Well-Cloſe in *Darfield*, which, though far from any Houſe, I believe it came firſt out of a Garden with ſome Dung ; Mr. *Stonehouſe*. Ph. B.

Potamogeiton latifolium flore albo. At *Noſtal-Abby* four Miles from *Wakefield*, Yorkſhire.

Pulegium denſis furculis P. 29. 3. In *Wales*.

Pulmonaria maculoſa G. E. 808. Near *Kings-Wood* in Hampſhire; Mr. *Loggins*. Ph.

Pulſatilla rubra G. E. 385. P. 341. On a Heath towards *Barneck*, three Miles from *Stanford*, plentifully ; Dr. *Bowles*. Ph. B.

Pulſatilla flore cœruleo. Near *Pontfract*, Yorkſhire.

Quercus ſerotina procerior, foliis fructuque minoribus: *Dor-Oak*. Plentiful on *Linwood-Hill* in *Bramſhaw* Pariſh, *Wiltſhire*. Ex MSS. *Goodyer*.

Quercus natalitiis Chriſti florens. At *Glaſtonbury* Abby, and in the new Foreſt in *Hampſhire*.

Ranunculus Bulbocaſtani radice. Medium radicis craſſius longiuſque reliqua, ad cujus extremitatem oritur bulbus, & ex eo nova naſcitur planta. Below the City of *Exeter*.

Rapiſtrum aliud non bulboſum P. 862. In the broad Street by *White-Chappel* ; Mr. Goodyer.

Rapunculus ſylveſtris, flore rubro albeſcente. In the Paſtures and Hedge-ſides on the North-Weſt of the Moor, not far from the great Bog near *Petersfield* ; Mr. Goodyer.

Reticulum marinum viride & album. 'Tis of the Thickneſs of Cap-Paper, ſix Inches long and four broad, and ſeems to be made up of Plants matted together. Both were found on the *Beach* near *Dover*.

Rosa Pimpinellæ folio, flore Rosæ mundi variegato. On *Barns-Common*. (Est varietas illa inter Rosæ speciem 5. & 6. p. 455. memorata.)

Rosa Pimpinellæ folio, flore rubro. In some barren Fields near *Worcester*; Mr. *Brown*; and in a barren Field at *Church Lench* four Miles beyond *Eversham* in great Plenty.

Rosa canina suavissimi odoris. In *Brodard's* Field, going over *Hell-Ditch* not far from the River *Coln*, Lancashire.

Rosa canina sylvestris, unico flore & fructu. In the Fields near *Hackney*, in the Way thence to *London*. (Amongst Mr. *James Sherard's* dried Plants. In *Bishops-Wood*, and several other Places. *Mr. Martyn.*)

Rubia minima *G.* 1120. minima saxatilis *P.* 277. On *St. Vincent's* Rocks. (*Parkinson* mentions the chalky Hills of *Drayton*, over-against the Isle of *Wight*.)

Rubus scandens instar Viornæ. By *Maidenhead*, and near *Slough*.

Rubus morus, the *Mulberry Bramble*, so called by the Country People at *Sutton* in *Essex*.

Rubus fructu cæsio magno non repens. In *London* Road half a Mile on this side *Maidenhead-Bridge*.

Rubus suavis fructu rubro. In the Woods of Mr. *Parker* call'd *Runclehurst*, and on the Walls in *Lancashire*.

Salix folio laureo odorato angustiore. A quarter of a Mile on the River side from *Crediton* in *Devonshire*, seven Miles from *Exeter*.

Salix cortice intus flavo, folio angusto N. D. The Bark is as yellow as that of Berberries. At *Rippon*, and diverse other Places of *Yorkshire*.

Saxifraga antiquorum *Lob. G. E.* 605. By lower *Cheme*, in a Chalk-Pit near *Bansted* Downs on the left Hand from the Town.

Secale semine nigro. At *Leeds* in *Yorkshire*.

Sedum tridactylides five Alpinum trifido folio: *Handed Housleeck*. Tridactylites Alpina *J. B. III.* 761. This I had from the black Mountain in *Herefordshire*.

Sedum seu Vermicularis flore albo. At *Absum* below *Exeter*, and at *Oakhampton* in *Devonshire* plentifully.

Serpentaria minima five Coronopus *G.* 426. Holosteum minus, five Serpentaria minor *P.* 499. In maritimis; *Ph. B.*

Serpentaria major, five Holosteum angustifolium majus *P.* 499. Coronopus *G.* 425. In maritimis.

Serpyllum magnum latifolium. A Mile from *Bradford* in the Way to *Haworth*; and at *Saresden*, betwixt the House and the Pond, in *Yorkshire*.

Serpyllum

Serpyllum fœtidum. Two or three Miles from *Petersfield* on the chalky Downs; *Mr. Goodyer.*

Sinapi Genevenſe *J. B. II.* 858. Beyond *Southwark* in the Way to *Lambeth.*

Sium medium foliis elegantiſſime diſlectis. In ſome Ditches about *Oxford.*

Solanum veſicarium Halicacabum *Trag.* Alkekengi *Lon.* Hath been obſerved by Mr. *Gervaſe Dickſon* in a Hedge by *Bently* near *Doncaſter* in *Yorkſhire,* and by Mr. *Parker* of *Stockport* in *Cheſhire,* in ſeveral Places of that Country, wild. *Ph. B.*

Solidago Saracenica *G. E.* 429. Saracenica major *P.* 539. 2. fine ic. On the South Mile-Bank near *Wilt Sea,* and betwixt *Dudron* and *Gwarthlow* and other Places; *Dr. Bowles.*

Sonchus elegans flore albo, medio luteo. *Mr. Stonehouſe;* Ph. Br.

Sonchus foliis cauleque Ariſtolochiæ clematitis. In a dark Lane at the Bridge End a Mile from *Briſtol Ferry.*

Spergula flore rubro Icon, *Hiſt. Lund.* 1179. Sub titulo Chamæpeuces *Plin.* In *Tuthil-Fields* near *Weſtminſter.*

Telephium ſemper virens *G. E.* 520. floribus purpureis *P.* 727. On old Walls in many Places of the North.

Thlaſpi hederaceum *G. E.* 271. *P.* 848. In maritimis.

Thlaſpi aliud lunatis foliis, five Magorum Arabum *Lob. P.* 848. On the top of *Penigent Hill* in *Yorkſhire,* under Stones.

Thlaſpi vulgare ſerratifolium. On a Rock over-againſt the Minſter at *Durham.* An Thlaſpi montanum Burſæ paſtoris fructu primum *Col. p.* 276?

Tormentilla quadrifolia radice rotunda. At *Wiggan* in *Lancaſhire,* amongſt Furzes and in Ditches.

Tragopogon minus anguſtifolium *G. E.* 735. 3. A Mile on this ſide *Epping,* in the Foreſt.

Trifolium album umbella ſiliquoſa : *White Trefoil* with a codded *Umbel.* Apparet ſub variis faciebus diverſis creſcendi temporibus, unde varia induere nomina facile poterit. Videtur eſſe Trifolium flore viridi foliaceo *D. Stonehouſe* Ph. Br. Locis ſiccioribus ſatis familiare eſt. (Varietas videtur Trifolii pratenſis albi *C. B.* Floribus pediculis longioribus innaſcentibus, intermixtis ad umbellæ baſin pluribus foliis parvis.)

Trifolium album repens, capitulo ſpicato, ex apicibus ſurrectis compoſito. (Procul dubio eſt Trifolium floſculis albis, in glomerulis oblongis aſperis, cauliculis proxime adnatis *Syn. II.* 194. 10. *III.* 329. 11. Hoc enim procumbit, & flores albentes habet, in capitulis oblongis diſpoſitos.)

Trifolium flore albo rotundo capite *Ph. Br.* (Videtur eſſe Trifolium cum glomerulis ad caulium nodos rotundis *Syn. II.* 194. 9. *III.* 329. 10.)

Trifolium

Plantarum Dubiarum.

Trifolium flore cœruleo. Three Miles ſhort of *New-Market* from *Ely*.

Trifolium Lapatum *C. B.* capite albidiori minuſque aſpero. Two Miles beyond *Tilbury* towards *Lee* in *Eſſex*.

Trifolium Pentaphylli facie ex mari Sabriniano.

Trifolium pratenſe capite ſertaceo. In the Meadows ſeven Miles on this ſide *Oxford*.

Trifolium paluſtre nodoſum ſemine aſpero. In the Meadows near *Cardyff*.

Triticum ariſtis munitum glumis fuſcis hirſutis : *Dunover.* In agro *Wigornienſi* & *Glouceſtr.*

Verbaſcum fœmina flore luteo magno *Bauh.* Found by *Reading* and *Norwich*, Dr. Johnſ. Mſcr. *Ph. Br.*

Verbaſcum nigrum folio Papaveris corniculati *C. B. Pin.* 240. purpureum erucæfolium *Lob. Adv.* 242. intybaceum *Tab. Icon.* 565. In pratis & ruderibus. *Ph. Br.*

Verbaſcum octavum *Cæſ.* 347. Blattaria phœnicea *Tab. Icon.* 567. flore purpureo *Geſn. Hort. Lob.* Ic. 565. *Ger.* 633. Near *Oxford*, Mr. Thomas; *Ph. B.*

Vicia repens, flore rubro, ſiliquis longis, foliiſque brevibus. In a *Moor* between *Sunning* and *Maidenhead.*

Viola paluſtris ſtellata. In a ſtanding Pit a fourth Part of a Mile from *Biggleſworth*, in the Way to *St. Neots* in *Bedfordſhire.*

Uvæ marinæ ſimilis planta. A Mile from *Winchelſea Caſtle* towards *Haſtings* on the Sea Shore.

Plantæ a *Lobelio* in *Stirpium Illuſtrationibus* pro Angliæ indigenis recenſitæ, in quas vel ideo diligenter inquiri meretur, quod ipſum herbarum notitia ſuo tempore probe inſtructum, notas plantas (ſibi ad minimum) pro novis ſuppeditaſſe ſuſpicio eſſe non queat. Equidem Gramina, quæ potiorem harum plantarum partem conſtituunt, pieraque omnia nota eſſe minime dubitamus, & facili opera probabilive conjectura ſynonymice reliquis jungi poterant, præſtare tamen videbatur ea ſeorſim recenſere, quo iis diligentius examinatis & in propriis locis viſis, majori certitudine de iis pronunciari queat. Et quamvis *Lobelii* fides quibuſdam, plantas quaſdam in locis ab ipſo memoratis incaſſum quærentibus, dubia fuerit viſa; tamen cum varia hac in re accidere queant, fides ipſi temere deroganda non videtur. Quidni intereant & ſoli conditione, quod ſæpe fit, mutata, moriantur plantæ? quidni novæ in earum locum ſuccreſcant? Quidſi in locum, qui parvo ſubinde ſpatio circumſcribitur, exacte non incidant alii? quidſi alieno & incongruo tempore? Tanto vero magis fides ipſi habenda videtur, quod oculatus fuerit teſtis, non auritus, *Gerardi* inſtar

ſtar ac *Parkinſoni*. Duas ſane plantas ab ipſo memoratas *Sy-noplʃeos* huic editioni addere licuit, quarum altera eſt, *Lagopus perpuſillus ſupinus elegantiſſimus Anglicus*; altera vero Gramen juncoides minimum Anglo-Britannicum, aut Holoſtio-Mat-thioli congener, aut *Gramini Bufonis Flandrico* Illuſtr. p. 70. & p. 158.

A Triplex maritima anguſtifolia ſecunda & tertia *Ill. p.* 86. 87. In pratis maritimis prope *Portſmouth*. Foliis ſe-cunda eſt Atriplicis olidæ anguſtioribus multo, ad baſin tantil-lum laciniatis pinnatiſque : ſemen juxta foliola in cauliculis ſeſ-quiunucialibus, palmaribus & ſeſquipalmaribus, fuſcum, ſingula-re, compreſſum, Urticæ Romane fere par, folliculo parvo ro-tundiuſculo incluſum. Radix admodum gracilis, alba, pedalis, longius radicata. Tertia ſatis convenire videtur cum Atriplice maritima Oſyridis folio: Atriplice maritima foliis longis, ſed latioribus & racemoſis floribus ; ſeſquicubitalibus tamen ligno-ſis Solani caulibus, & radice alba, duriore lignoſa.

Beta maritima ſylveſtris minor *Ill.* 85. In littoribus maris. Folia Bellidis minora : caules pedales graciles, pedem longa, aut paulo longiore radice.

Braſſica pomifera capitata Anglo-Britannica *Ill.* 82. In qua-dam Inſula Lancaſtriæ vicina a *Hesketo* obſervata.

Calamagroſtis altera gluma aceroſa Norwegicæ ſimilis Anglo-Britannica *Ill.* 44. Stipulis & foliis Norwegicæ perſimilis, juxta radicis cervicem Mei modo glomeratis torulis, paniculis mollioribus. Non procul *Hackneo* locis udis provenit.

Campanula cœrulea ſupina *Ill.* 96. Ex inſula Avium, *Iʃle of Fowl*, Lincoln. Præfecturæ ab amicis accepi, cujus radices ex-creſcunt ad brachialem magnitudinem. Folium craſſum, inſipi-dum, ſubadſtringens, Bugloſſi folio jucundius. Flores aſpectu jucundiſſimi.

Cardamine Alpina ſive media *Ill.* 74. Juxta ædes *D. J. Scot* in villa *Nettleſted*, Comitatûs *Cantii*, in vepretis cum Ranunculo aureo *Trag.* devexis collibus ad fluminis ripas. Satis accedere videtur ad ſecundam *Cluſii* Cardaminen Alpinam: eleganti in or-bem foliorum ſerie, laciniis & crenis Siſymbrii Cardamines, ſed unciis duabus etiamque tribus longioribus, atrovirentibus, & quandoque ex phæo & xerampelino nitentibus, humique ſtratis. Floſculi albi in dodrantalibus cauliculis. Radix alba fibrata.

Gentiana altera dubia Anglica, punctato medio flore, Helle-borine forte cognata *Ill.* 92. *Syn II.* 156. Flos albus pentapeta-los, umbone medio luteo, tribus maculis nigris notato. This was brought to *Lobel* out of *Lancaſhire*, by *Mr. Hesketh*.

Gramen alopecuroides majus alterum villoſum *Ill.* 25. At Thameſin prope *Ratle*.

Gramen alopecuroides minus alterum & Gr. alopecuroides

aut

aut myofuroides mucronatum minus alterum *Ill.* 26. Juxta vias, agrorum foffas & margines. Utrumque idem forte : illud minus acuta & mucronata, afperaque fpica: hoc cubitali & bicubitali culmo, pauxillis foliis, fed longioribus, gracilioribus, fpicatis mucronatis caudis.

Gramen aquaticum longius radicatum, fpicata avenacea gluma *Ill.* 25. Ad Thamefin juxta *Ratle.* Cum gramine canario maritimo fapore & facie congener. Culmus bicubitalis, radices Graminis canarii, graciliores, fubalbidis craffioribus fibris præditæ. Folia prædura, longa anguftaque.

Gramen arvenfe fegetum aridorumque locorum æftivum alterum *Ill.* 16. Folia & panicula xerampelini Graminis. Alitibus femen, uti aliorum Graminum gratum.

Gramen arundinaceum fericea molliore & graciliore fpica *Ill.* 45. Rivulorum & fcrobium marginibus gaudet. Gramen arundinaceum acerofa gluma noftras *Park.* æmulatur, minus tamen, anguftioribus foliis: graciliore binum cubitorum ftipula, rare geniculata. Semen & flofculi Schœnanthi evolant in auras.

Gramen cufpidatum alopecuroides, latiore maximaque panicula, avenacea gluma. *Ill.* 38. In declivitatibus pratenfibus inter *Iflington* & *Highgate* nobis primum repertum perelegans hoc Graminis genus. E capillata radice folia Graminis arundinacei, ftriata, viridia edit, & geniculatum bipedalem & bicubitalem culmum, panicula elegantiffima cufpidata, uncias quatuor longa & unam infernè ad bafin lata, faftigiatum ; ftaminulis & apiculis florum albidis, aliorum Graminum aut Secalis inftar e congeftis acervatim & fpicatim avenaceis glumis prædita.

Gramen cufpidatum tenui torofa villofa fpicata gluma, Panici granulis prædita *Ill.* 39. In Comitatu Cantiano reperit *Boëlius* (Non immerito de hoc quæfiviffe videtur in *Amaltheo* fuo *Plukenetius p.* 109. An fit Gramen ferotinum arvenfe fpica laxa pyramidali *Raij ?*)

Gramen cyperoides aculeatum five echinatum aquaticum alterum *Ill.* 48. Locis aquaticis gaudet, graciliore fpithamæo caule, parvis compreffis paniculis præditum.

Gramen cyperoides aquaticum, tenui triquetro longoque caule, medullofo, junceo, bicubitali & altiore *Ill.* 57. Oritur in Anglo-Britanniæ aquaticis. Caulis torulis congeftis ferrugineis præditus, e cujus inferiore parte exoritur folium, & alterum juxta radicem Graminis pratenfis fimile inftar vaginulæ, longitudinis trium tranfverforum digitorum. Radix capillaris aquatico cœno merfa, ferruginei item coloris.

Gramen cyperoides comofa torulis diftincta fparfa panicula, paluftre Anglo-Britannicum *Ill.* 60. Graciles bipedales triquetri caules: angufta palmaris longitudinis folia: graciles fummo fparfæ paniculæ, e quibus longa anguftaque folia prodeunt : radices albidæ capillatæ.

*

Gramen

Gramen cyperoides echinatum montanis planis oriundum
Ill. 48. cyperoides echinatum montanum *Park.* 1172. *ic.*

Gramen cyperoides eleganti multifera congesta spica Anglo-
Britannicum *Ill.* 59. cyperoides elegans multifera spica *Park.* 1172.
ic. Cubitum & quatuor uncias æquat: graciles triquetri caules.
Spica multiplicibus torulis conflata, sesquiuncialis, mucronata.
Radices subdulces albidæ, mediocribus cirris capillatæ.

Gramen cyperoides palustre longius spicatum Anglo-Britannicum, acerosum & echinatum *Ill.* 50. Palustribus Altæ Portæ,
vernacule *Highgate* oritur. Sparsæ duarum unciarum spicæ
octo aut novem in caule binum aut ternum cubitorum, triquetro aspero.

Gramen cyperoides sparsa panicula Altæ Portæ *Ill.* 55. *Park.*
1172. *ic.* Variis aquaticis Altæ Portæ & alibi consimilibus nata-
libus provenit, foliis densis Junci, compressis & Graminis mediis ex fusco virentibus; caulis item compressus, cubitalis, binum & quandoque ternum cubitorum. Lata adeo comosa panicula, ut sæpe sternat pondere, innumerorum Junci capitulorum onere.

Gramen exile vicinorum maris aggerum, numerosa gracilli-
morum latiusculorum uncialium foliorum sobole *Ill.* 21. Sex
milliaribus Anglo-Britannicis a *Lio,* non procul ab ædibus D. *Med-*
ston oritur, digitales, unciales & sesquiunciales emittens cauliculos, congestis Salicis maritimæ minoris catulis confertos, co-
ryllis stipatim inter numerosa folia præditos. Radix exigua capillaris. (Forte Gramen exile duriusculum maritimum *Raj.*)

Gramen hirsutum minus nemorosum latiusculo folio *Ill.* 41.
Agrorum marginibus udis sabulosis Galliæ, Anglo-Britanniæ &
Belgii gaudet. Sequenti minus, tum caule cum simili stipula:
flos & spica comosa lanugine rubiginosa, magis compressa &
contracta. Radix sylvestris Cyperi, villosis cirris obsita.

Gramen hirsutum nemorum, latioribus majoribusque foliis,
præcox, vernum *Ill.* 39. nemorum hirsutum majus alterum præcox, tuberosa radice *Park.* 1184. *ic.* Repertu facile in sylvis &
sylvosis marginibus Altæ Portæ. Folia pilis multum hirtis
prædita. Calamuli summo partiti sparsive. Radices dense capillatæ, subfuscæ, torulo aut nodulo sub fibris condito, mediocrem Tormentillæ radicem æquante.

Gramen juncoides alterum minus granatum, Comitatus Cantii *Ill.* 64.

Gramen juncoides paucifolium tenuissimum exile *Ill.* 68.
junceum magis exile paucifolium *Park.* 1270. *ic.* 1271.
descr. Locis montosis udis circa *Plymouth.* (Hoc gramen idem
est cum Junco foliato minimo *J. B. II.* 523. exiguo montano
mucrone carente *C. B. Pin.* 12. *Pr.* 22. *J. B. II.* 522. Figura
autem *Parkinsoni* minus & strigosius exhibet, quam *J. Bauhini,*
quæ

quæ capitula majora facit, quæ differentia non nisi plantæ ætati debetur. Figura ceteroquin *J. Bauhini* valde bona est.)

Gramen juncoides tenuissimum, subfuscis torulis, apiculis carentibus præditum *Ill.* 68. Convallibus aquaticis reperitur trans *Portam altam* inter Osmundas regales, Tomentum *H. Trag.* & Lysimachiam minimam galericulatam.

Gramen maritimum vulgatissimo pratensi Gramini congener aut simile *Ill.* 8. Locis maritimis Cantii oritur, radice capillata crassiore, albi dilutioris coloris, unciæ, sesquiunciæ, aut duarum unciarum longitudinis. Folia unius, binum & ternum unciarum, Schœnanthi modo congesta e folio aut folliculo prodeunt, ex imo unciali, lato compresso, instar Vaginæ educto. Culmi ternum, quaternum & quinum unciarum foliosa vaginula decluduntur ex secundo emanant culmi geniculo. Spicæ speciosæ sparsæ, Panici sylvestris ritu, sesquiunciales, binum unciarum subrubentes.

Gramen maritimum alterum, sive secundum elatius *Ill.* 8. Consimili natali solo gaudet: spicis aut paniculis albis, arctioribusque. Caulis pedalis aut altior, cubitalisve, cætera haud dissimilia.

Gramen maritimum tertium vulgari simile supinum, exigua avenacea gluma *Ill.* 9. Maritimis gaudet Anglo-Britanniæ meridionalibus *Cantii.* Pedem æquant stipulæ, altioresve, tenues geniculatæ, foliis longis rigidis tenuibus junceis præditæ, glumis teretibus exiguis & oblongiusculis, digiti parvi transversi longitudinis fastigiatæ. Radix alba, fibrata, tenuissima, quæ reptatu propagatur instar canarii Graminis.

Gramen maritimum Vectis Insulæ Anglo-Britanniæ *Ill.* 34. Juxta maris alluviones. Radix circa genicula rubet, vagaturque.

Gramen minimum Anglo-Britannicum *Ill.* 20. Arenoso solo versus Oceanum aliquot milliaribus a *Lio,* prope Thamesis ostia. Folia admodum exilia, plura simul congesta, unciam & sesquiunciam longa: cauliculi ipsis foliolis paulo longiores, in quibus arctiores eminentiæ, raras spicas parvulas referentes.

Gramen nemorosum hirsutum minus angustifolium *Ill.* 40. Locis sylvosis circa *Highgate.* Priori Gramine hirsuto nemorum latioribus majoribusque foliis, longe aut altero tanto minus: foliis angustis, dense itidem stipatis, & hirtis stipulis spithamæis. Radice item multum dense fibrata, subfusca, minoreque panicula.

Gramen omnium minimum Anglo-Britannicum alterum *Ill.* 21. Aridis locis montosis & in ericetis provenit, unguem vix excedens.

Gramen Pseudo-cyperoides Anglo-Britannicum *Ill.* 57. Ad Thamesis fluenta juxta *Ratleum* frequentissimum. Idem cum Septentrionali Belgico superiore Gramine, aut congener opinor.

folia tamen longiora multo. Olivares radicum glandulæ. Caules tricubitales & grandiores, undarum forte recurfus frequentia: capitula Junci ut alterius.

Gramen quodammodo fupinum vulgare, latiufculo binum & ternum unciarum complicato folio *Ill.* 7. Suburbano rure Londinenfi *Epifcopi Portæ* provenit, ubi lateres crudi & cocti parari folebant, argiliofo glabro folo. Caulis pedalis: Graminis vulgatiffimi panicula, cenfior magifque fpiffa.

Gramen ruderum etiamque arvorum durius *Ill.* 6. Incultis locis agri Londinenfis gaudet. E fubrufa capillari radice folia edit ftriata, duriufcula, fpithamæa: caules fefquicubitales, ftriati, latiufculis foliis e geniculis donati, longiufculis acerofis, loliaceis, fpicatis, fparfis, imbricatis glumis faftigiati.

Gramen fylveftre Anglo-Britannicum Panici effigie *Ill.* 17. Locis glareofis, ruderibus etiam atque herbidis. Pedalis geniculatus tenuis culmus, fecundum genicula alis divifus, & foliis Graminis pratenfis donatus, molliufculis, tenellis, latiufculifque, fuperne anguftioribus, longitudinis ternum, quaternum & quinum unciarum. Tenues cufpidatæ, afperiufculæ, nonnihil hirtæ fpicatæ Panici Graminis paniculæ, fingulis culmorum faftigiis fingulæ. Radix ex albo fubfufca, capillata, binum & ternum unciarum.

Gramen tenuifolium exile Britannicum, ex genere Xerampelini Graminis *Ill.* 33. In arvis fabulofis & fqualidis.

Gramen xerampelinum exile Narbonenfe, etiamque Anglo-Britannicum aut Belgicum *Ill.* 11. Anglo-Britanniæ clivofis variis locis inter fegetes defertifque agris, etiamque editis pratenfibus pafcuifve ficcioribus ruris Londinenfis fæpiffime collegimus. Perpufilla Narbonenfi agro capillata & albida radix; calamuli item exilitate capillamentis fimiles dodrantales, eleganti purpura xerampelina, cum panicula molli latiufcula, nitida, fpeciofa, fericea: fed non æque molli aut fericea fpeciofa panicula eft in Anglia, ob foli & cœli ut plurimum afflatum humidum, gelidafque & rofcidas pruinas, imbrefque frequentes & plerumque affiduas.

Helleborines 2. Cluf. fimilis planta *Ill.* 93. In montium fylvis inter *Maidftone* & *Rocheftriam*. Folio, ortu & facie, & femine pulvereo Orchidem arachnitem refert, radix vero fine tefticulis, Valerianæ fylveftris modo fibrata; quia defloruerat, florem obfervare non licuit. (Non eft dubium quin hæc fit Helleborine paluftris noftras, quæ non tantum locis paluftribus, fed montofis cretaceis non raro oritur. Ea vero eadem plane eft, cum Helleborine anguftifolia paluftri five pratenfi *C. B.*)

Helleborines 3. Clufii fimilis facie *Ill.* 94. In pratis riguis *Mary-cray* æftate, feptem Londino milliaribus Anglicis. Spithamæus caulis, corniculatus flos, ex albo tantillum purpurafcens.

Helxine

Helxine ciffampelos altera minima *Ill.* 127. Juxta molendinum *D. Garth* e regione *Drayton.* Tota planta exigua, vix palmum fuperans.

Juncus cyperoides gramineus alter capitulis Equifeti *Ill.* 71. capitulis Equifeti alter *Park.* 1196. *ic.* Udis fylvofis Anglo-Britanniæ aut Cambro-Britanniæ per folis æftus aquis viduis. Cauliculi pedales & cubitales, torulis inter capillares fubfufcas fibras donati inftar Graminis fylvarum majoris.

Juncellus gramineus parvus gracilis Altæ Portæ *Ill.* 66. Prope Lyfimachiam omnium minimam provenit. Pedales exiles caules edit, raris capitulis parvis; digiti tranfverfi longitudinis per fummitates præditos. Foliola capillacea, palmum, duos & ternos digitos longa: capillatæ radices.

Limonium medium Anglicum *Ill.* 90. Herbidæ *Colcheftrienfis* amnis crepidines, pelagi æftu quandoque inundari folitæ, hoc Limonio uberi proventu glifcunt; it. uda maritima prata prope *Roceftriam* & *Gravefend.* Radix & folia Narbonenfi parvo Limonio triplo majora: triplo vero Adriatico aut Monfpelienfi vulgato minora. Spithamæus brachiatus caulis: flores Limonio vulgari majori fere pares.

Lonchitis altera minor *Ill.* 149. *Park.* 1043. *ic.* Prope *Colcheftriam* & alibi aquofis marginibus, & juxta fepes hujus fpecies tota minor reperitur.

Planta juxta *Highgate* reperta *Ill.* 76. Flofculi Chamælini, quatuor foliolis conflati lutei, Umbellæ inftar compacti, ramis fummo divifi. Hieracii fubfruticis fpecie aut facie, foliis Perfici aut Chamælini, triplo majoribus & longioribus. Flores lutei congefti, longo pediculo annexi, totidem ligulis fub flore præditi, multis ftaminibus luteis donati. Bicubitalis & tricubitalis ramofus caulis. Radix lignofa dura, decem unciarum. Similis fere planta Sabaudo Hieracio, fed elegantior.

Pulegium regium vulgare majus *Ill.* 105. Media via regia qua itur *Londino Colcheftriam,* majus reperitur, minus repens, cubitalis altitudinis.

Pufillum Pifum aliud fylveftre fpontaneum *Ill.* 164. Hoc genus Pifi, inquit *Lobelius,* in cretaceis collibus *Kings-Hey* (potius *Green-Hithe*) Cantii comitatus collegi non procul a Thamefi. (Verum dicto in loco, immo toto illo tractu Gravefendam ufque, nullum omnino Pifum fylveftre proprie dictum nafcitur, nec alia leguminofa planta, cui comparari defcriptio Lobeliana poffit, præter Viciam minimam præcocem Parifienfium *H. R. P.* Synopfeos huic editioni de novo infertam, quæ tamen foliola vulgari Pifo, ut *Lobelius,* defcribit, fimilia non habet, licet ipfi multo minora concedantur, nec flos albcat, fed rubefcit potius. Forte tamen non aliam intellexit plantam, cum filiquæ pufillæ hujus Viciæ Pifi filiquis valde accedant, tur-

gidæ

gidæ nempe & glabræ, figuraque fimili donatæ fint. Annua êft planta, procumbit, citoque evanefcit, poftquam enim floruit, quod Aprili fit, femen mox perficit & interit. Semen ceterum ab initio rotundum eft, dein vero ubi ficcefcit, angulofum fit, prout a *Morifono* defcribitur.)

Rapiftrum flore luteo alterum *Ill.* 73. Frequens oritur via qua itur ex fuburbio Londinenfi, vocato *Bednal-green* in agrorum marginibus, priufquam verfus Hacknæum defle&itur. Semine ex flavo albo, paulo minore a fativo variat: guftus item acris. Radix parum fibrofa. Flores lutei.

Synanchia altera Anglica, five minor *Ill.* 150. Cretaceis gaudet montofis prope *Drayton* e regione Ve&is infulæ. Minor eft, cauliculis copiofis humifufis, fefquipalmaribus, angulofis, geniculatis & tenuiffimis foliolis Gallii longe minoribus fimilibus. Flofculi fuaverubentes, racemofi.

Thlafpi alterum filiquofum *Ill.* 75. Propius ad effigiem accederet Thlafp. mont. 2. alia affinis herba locis declivibus inter fegetes nafcens non procul a *Martini* cœnobio, fex aut feptem milliaribus *Londino* diftante. Folia Alfines radiatim humiftrata, caulem imum exilem fenum unciarum & fpithamæum ambiunt, in quo rara foliola & fummo flofculi albi & fecundum caulem cornicula exilia, femen perpufillum, rufum, fubacre continentia. Radix alba gracilis & capillaris. At montano 2. *Clufii* Thlafpidio folia cæfia funt, compreffæ thecæ Thlafpi vulgares fimiles, & femen rufum longe majus compreffum, Thlafpi Cretico minus. Radix item fibrofa, candicans, & e lateribus fe propagans.

Sunt & aliæ nonnullæ plantæ a recentioribus Botanicis, *D. Leon. Plukenetio, Sam. Doodio* & *Jac. Petivero* pro Angliæ indigenis quidem memoratæ, fed extra dubitationem omnem non pofitæ, quæ licet fuis paffim locis in Synopfeos hac editione infertæ fint, diligentius tamen a Rei Herbariæ ftudiofis examinari merentur. Ex harum numero Hieracia & Gramina miliacea *Petiveriana* præcipue nominamus, ut & Echinophoram laciniatam *Ejufdem.* N. conftat, quid fit Millefolium aquaticum rubens folliculaceum fluitans *Muf. Pet. n.* 270. de quo *Petiverus* ait *This very odd Plant was lately difcovered, viz. about the middle of* Apri!, *by my ingenious Friend* Mr. Adam Buddle, *in a Pond near* Henly *in* Suffolk. Ejufmodi enim planta, quæ a reliquis Millefoliis aquaticis, Potamogetis vel Lentibulariis diftin&a fit, in *Horto Sicco Buddlejano* nullibi comparuit, ideoque plantam tantopere dubiam omifimus in Synopfi, fufficere rati, fi hic faltem levem eius mentionem faciamus, donec de ea certius conftet.

F I N I S.

Flora Anglica (1754), by Carl Linnaeus
Facsimile

D. D.

FLORA
ANGLICA,

QUAM

CUM CONSENS. EXPERIENT. FAC. MEDICÆ
IN REGIA ACADEMIA UPSALIENSI,

Sub PRÆSIDIO

VIRI NOBILISSIMI ATQUE *EXPERIENTISSIMI,*

Dn. Doct. CAROLI
LINNÆI,

S:æ R:æ M:tis Archiatri, Med et Bot. Profess.
Reg. et Ord. Acad. Londin. Socii,

Nec non

Equitis Aurati de Stella Polari.

SPECIMINIS ACADEMICI LOCO,
PUBLICÆ VENTILATIONI OFFERT

ISAACUS Olai GRUFBERG,

STOCKHOLMIENSIS.

IN AUDITORIO CAROLINO MAJORI D. III APRIL
ANNO MDCCLIV.

H. A. M. C.

UPSALIÆ,
Exc. LAUR. MAGNUS HOJER, Reg. Acad. Typogr.

S:Æ R:Æ MAJ:TIS
ARCHIATRO,
NOBILISSIMO atque EXPERIENTISSIMO

Dn. Doct. NICOLAO
ROSÉN,

Anat. & Med. ad Upf. Acad. PROFESSORI Reg.
& Ord. Acad. Scient. Stockh. ac Reg. Soc. Scient.
Upfal. MEMBRO longe Celeberrimo.

VIRO Ampliſſimo nec

D:no SACHARIÆ

Med. DOCTORI ac Reg. Colleg. Med. ADSES-
Dexter

PATRONIS ſumma animi

Late quæ loquitur longinquas fama per oras,
Et poſſim Veſtris me condere tutus in umbris,
Pro Veſtra, maneat nobis dum vita, ſalute,

Nobiliſſimorum & Celebratiſſimorum

Cliens
ISAACUS Ol.

S:Æ R:Æ MA*J*:TIS

ARCHIATRO,

NOBILISSIMO atque EXPERIENTISSIMO

Dn. Doct. ABRAH.

BÆCK,

Reg. Colleg. Med. Stockholm. Soc. PRÆSIDI, Acad.
Imperialis, Stockholm. Upfalienfis MEMBRO
Digniffimo.

non Experienttffimo,

STRANDBERG,

SORI, ac Reg. Acad. Scient Stockh. MEMBRO
rimo

veneratione Colendis.

Illuftrent chartas Nomina Veftra *meas:*
Et Veftro *liceat lumine, quæfo, frui.*
Patroni *Celebres, thura precesque feram.*

NOMINUM VESTRORUM

devotus,
GRUFBERG.

Et.

Provectior. Si. Quæ. Fuerit.

Mente. Omnino. Agnoscet. Venerabunda.

In. Caussa Fuere.

Cur.

Specimine. Hocce. Nominibus. Vestris. Sacrato.

Sancte Promiserim.

Gratissimam. Beneficiorum. Recordationem.

Et.

Perpetuam. Nominum. Vestrorum. Reverentiam.

Ex. Animo. Meo. Nunquam. Iri. Deletum.

Faxit. Summum. Numen.

Ut.

Sinceris. Meis.

Pro. Vestro. Perennaturo. Flore.

Satis. Fiat. Votis.

Sic.

Vobis Nulla. Deerit. Felicitas.

Et. Ego.

Dum. Vitales. Duxero. Spiritus.

Lætus. Manebo.

Plurimum Reverend. & Spectatiss.

NOMINUM VESTRORUM

Cultor obstrictissimus,

ISAACUS OL. GRUFBERG.

BORGAREN och HANDELS-MANNEN
I Stockholm,
Areborne och Högwälaktad

Herr O L O F
GRUFBERG,
Min Högtärade Käre FADER.

Likfom en Sådes-man pa en förhoppning får,
    At få en ymnig fkörd, men får den ej hwart år;
Ty litet han förmår, at hielpa wåxten klen,
    Men höge Himlens GUD wift giöret fielf allen;
Då han med Gudoms makt det ftora wårket för,
Och af fin Allwishet, at det ei ftanna tör,
    Ell' at et enda hjul, emot hans wilja går,
    Som Han på hoppet fer, hos den fom låden får.
Så har theslikes J, Min Hulde FAR och MOR,
Anwåndt på mig, Er' Son, wålgårning mång och ftor,
    J hopp at få nån' fkörd; men fkörden faknas ån;
    Och det för famma fak fom fads om Sådes-mån;
Ty famme Store GUD, fom wårket drifwer får,
Hans godhet wördas bör, fom enfam giöret får.
    Nog han' J wål fådt ut, men GUD har wåxten gett,
                                                    At

At jag den ringa frukt, hwarom jag Honom bett,
Likſom en tidig jord, åt Er förmått framte,
I hopp af fägnad, når J detta prof få ſe:
Alt derför tag emot, min Hulde FAR, jag ber
Helt wördſamt,ſom en ſkänk,hwad HimlenEder ger;
Men utaf mig, Er Son, ſom Förſtlings frukt jag ſer,
Med blida ögon ock J täckes den anſe;
Så ger Then nådigt fler, ſom ger alt mer och mer,
Att jag mitt ringa pund, ej ſkal då gråfwa ner.
Deſsutan ſkal ock jag, ſom mig ock ſtådſe bör,
Tilönſka Er alt godt, och wörda tils jag dör;
Anropa HErran GUD, i Hwilkens hand alt ſtår,
Det Han Er kröna tåcks, med långd af många år,
Med rik wålſignelſe af allehanda godt,
För all Er kärlek J mig wiſt i högſta mått;
Når jag af Faders hand jämt ſer mig hulpen fort,
att ingen ting har felts af litet eller ſtort.
Siſt wille Then, ſom alt allwiſligt ſer och wet,
Och alt gör ganſka wål i tid och ewighet,
Min Kåre FAR och MOR, Er ſkänka ewig frögd
Ther wi och mötas få! Jag år till wördnad bögd

Min Högtärade Kåre FADERS

Lydiſte Son
ISAAC OL. GRUFBERG.

Domino AUCTORI.

Purpureos colles ubi primum monſtrat Hymettus,
    Et viridi turget ceſpite mollis humus:
Mox ades, & flores vernos decerpis, Amice,
    Impiger & pratis frondea ſerta legis.
Sollicitum ſtudium prohibet vix frigida bruma,
    Cum latet immiti terra peruſta gelu.
Vix Tibi ſufficiunt herbæ, quas parturit Urſæ
    Terra licet dives, ſed procul ire cupis.
Pignora non omnis ſiquidem fert omnia tellus;
    Svecis quæ deſunt, hæc peregrinus habet.
Quâm juvat occultos mundi luſtraſſe receſſus?
    Rerum quâm pulcrum eſt ſemina noſſe ſatis?
Hæc admirandum late diffuſa per orbem,
    Innumeris referunt oribus, eſſe Deum.
Hos celebrat claros Heliconia turba labores,
    Hæc quoque lecturis pagina docta placet.

                    J. HÆGERSTEDT.

Pereximie Domine AUCTOR,

Amice exoptatiffime.

Specimen hocce Academicum feliciffimæ Tuæ indolis atque fingularis diligen-tiæ documentum longe certiffimum Tibi, Amice honoratiffime, ex animo gratulor. Annum agis decimum feptimum; fed eos tamen in variis bonarum literarum par-tibus fecifti profectus, ut non dubitemus, quin maturos jam fructus proferat ætas Juvenilis: accedit morum integritas & ftu-dium virtutis acerrimum, quo Tibi omnium ita devinxifti amorem, ut nihil fupra. Ad-fpiret igitur conatibus Tuis fummum ac propitium Numen, ut honores & præ-mia fuo tempore nancifcaris uberrima; fic enim parentum Tuorum & amicorum, atque adeo mea vota & gaudia implebis. Vale.

CHRISTOPHORUS CHRISTMAN.

Lyckönskan
Til
Herr ISAAC GRUFBERG,
Då han förfta gången i Upfala difputerade.

Det bådar lyckligt år, når wåxtren tidigt blomma;

    Men Sala bygden ftår båd wår och winter grön:

Mon fådant lånder ei til Rikets gagn och fromma

    Då ungdom tidigt ger få wackra prof och rön?

Wål an! min wårde Wån; jag bör det ej förtycka

    At Du på Pindi kull få tidigt ftiger opp.

Min fågnad år och blir Din heder, flit och lycka,

    Som öka wånners frögd och ge ofs allmånt hopp:

At fråmmand wåxter båft i Swerge wilja trifwas,

    Når de få tåckt och tidt, til högfta fågring drifwas.

                  Kort, dock wålment yttrad
                         Af
             JÖRAN A. WESTMAN.

CAPUT PRIMUM.

Cientia Botanices eſt illa pars Philoſo-
phiæ Naturalis, quæ propter plantarum infinitam varietatem, odore,
ſapore, colore & ſtruĉtura omnium
oculos allicit, & propter multiplicem plantarum uſum in arte Me-
dica, Oeconomica & Vita Communi, omni fere exculta fuit ævo.

Recentiori ævo ob has rationes etiam *Profeſſio-
nes Botanicæ* cum *Hortis*, infinita facile plantarum
varietate ſuperbientibus, ad præſtantiſſimas Europæ Academias ſunt ab Imperantibus inſtitutæ, ut
ſcientia amœniſſima ſimulque utiliſſima late per regna diſſeminaretur, faciliusque addiſceretur in uſum
& oblectamentum commune.

Succeſſit hoc inſtitutum feliciſſime, ut non modo plures eruditi in hac arte evaſerint, quam ullo
antea tempore, ſed etiam ut artis gnari, per plerasque

A

que

qve regiones Europæ, fponte nafcentes plantas inveftigaverint & enumeraverint in Libellis *Floris*
dictis, quibus docemur de plantis cujusvis regionis
propriis aut communibus; Unde etiam ingens copia
plantarum rariorum hodie evafit detecta & notiffima.

Ejusmodi *Floræ*, ut Compendia, ita haud parvo quidem funt fubfidio incolis, aliisque, qui intra ejusdem regionis plagas degunt, plantasque i-
ftius terræ fibi familiares reddere geftiunt; Deinceps, in illis itidem videre licet, quasnam & quam
diverfas quævis terra gignat producatque plantas, pro
ratione *fitus* atque *foli*, unde, uti Regionum, ita &
plantarum mutua & haud parva differentia originem trahat fui.

Circa ejusmodi *Floras* dolent plurimi, quod eædem plantæ a diverfis Auctoribus fint indigitatæ
nominibus fæpe diverfiffimis, cum aliis placuerit
hujus Auctoris, aliis vero alterius nomina adhibere, ut hæc nomina non ab aliis, quam qui vel inftructiffima Bibliotheca Botanica funt inftructi, vel
etiam longa experientia in arte demum evafere doctiffimi facile intelligentur.

Mecum confentientes hac in re certe habebo,
quotquot carent rariffimo libro PETIVERII *Herbario
Britannico* dicto, quo deftitutus plurimas plantas
anglicas'feponere debui.

Huic morbo facile mederentur artis periti, fi
omnes *Floræ* iisdem nominibus proponerentur, circa easdem plantas, tamquam communi lingua, ne
opus effet unicuique ob novam & diverfam *Floram*

evol-

evolvere Synonyma, & quasi e novo artem addiscere, sed dignoscerentur aeque facile nomina ac individua ejusdem speciei plantarum.

Glaciem igitur in hac parte Botanices soluturus, FLORAM ANGLICAM, in se perquam prolixam, succincte explicandam suscepi, modo, quo omnes exoptavi Floras propositas; quod enim si fieret cum reliquis Europae Floris, nullus sane dubitarem, quin longe luculentiori luce illucesceret tandem *Botanice*.

Quod ad obtinendum inceptum, eo breviorem inveni viam, quo longe compendiosiora aptioraque nobis porrigant *Species plantarum*, nuper editae, nomina TRIVIALIA, quae juxta plantas non modo definitas, sed & selectioribus Synonymis adornatas, offendimus; quo ipso non tantum dubia de planta quaestionis saepissime profligantur, sed etiam definitiones, ob novas plantas interdum mutandae, nulli obicem ponunt.

Brevitatis caussa, etiam ad quodlibet *nomen triviale* adposui *numerum paginae & paragraphi*; ut si quis desideraret harum plantarum locum natalem proprium, aut aliud quid, ut e. gr. Synonyma, Observationes &c. facilius ipsum librum evolvat.

Plantas has anglicanas enumeravi secundum *systema sexuale*, ut Commilitones concives facilius *Floram Anglicam* cum *Svecica* conferre queant, & inde perspiciant discrimen, quod *Anglicanas* & *Svecicas* intercedit, quodque ut eo felicius obtineretur, Species illas Plantarum, quae sponte, nostra hac in SVECIA, non inveniuntur, literis minuscunusculis , quæ communiter alioquin nominantur *literæ Cursoriæ*, exaravi; Unde mox patebit ducentascirciter species plantarum, in ANGLIA sponte nascentes dari, quæ per *Sveciam* nuspiam occurrunt; totidem etiam in SVECIA, quæ in *Anglia* non sint obviæ.

Muscos & *Fungos* quoque prætermisi, nimiæ prolixitatis evitandæ gratia, quippe cum plerique *Musci Dilleniani* in Anglia reperiantur, ut & , cum *Fungi* ob infinitam varietatem mutabilitatemque suam hoc tempore difficulter determinentur.

CEREALES plantas, quas uti spontaneas Floræ suæ inseruit Rajus, jure omni exclusi, cum hæ omnino sint extraneæ, uti *Hordeum*, *Triticum*, *Secale*, *Avena*, *juglans*.

CAPUT SECUNDUM.

BRITANNIÆ nomine continentur *Anglia*, *Scothia* atque *Hibernia*, quæ sunt insulæ, sitæ in Oceano Atlantico, intra 50 & 61 gradus in latitudine, & intra 12 & 19 gradus in longitudine; porrigitur ergo BRITANNIA, a plaga boreali, ad frigidas, & a Meridionali, ad calidas EUROPÆ regiones, quo ipso efficitur , ut varia tamque diversa vegetabilia in *Anglia* erescere seu vigere possint. Nimirum, tum illa , quæ communiter in Meridionalibus , tum etiam illa, quæ in EUROPÆ Septentrionalibus nascuntur. Præterea , cum hæc terra undique circumdetur mari, ita major inibi reperitur copia plantarum *Marinarum* atque *Maritimarum*, quam ulla in alia regione EUROPÆ. *Anglia*

Anglia hæc conſtat partim ſylvis & nemoribus, partim campis & apricis, & heic præcipue locorum occurrunt varii campi & monticuli CRETACEI, quos circa variæ etiam plantæ terram amantes ſiccam; humidam vero, atque putridam prorſus reſpuentes, creſcunt, ut e. gr. *Hedyſarum*, *Hippocrepis*, *Reſeda*, *Rubia cynanchica*, *Verbena* &c.

De cætero, dantur etiam hiſce in Regionibus variæ altiſſimæque ALPES, quæ per altitudinem loci, & perennem nivem, plantas producunt *Alpibus* proprias, quales ſunt in WALLIA *Snowdon* & *Caderidin*, in JORCKSCHIRE *Ingleborough*, *Hardknot*, nec non in ARRONIA, WESTMORLANDIA, ut & in SCOTHIA *Betaik*, atque in HIBERNIA *Mangarton* & *Sligo*, quibus in locis diverſæ plantæ mere *Alpinæ*, ut: *Saxifraga*, *Rhodiola*, *Papaver*, *Serratula*, *Dryas*, *Arbutus*, *Alchemilla*, *Sibbaldia* aliæque ſe ſiſtunt.

Hæc regio præſtat cuilibet alii, multitudine ſpecierum *Menthæ*, plurimisque gaudet *Euphorbiæ* ſpeciebus. Nonnullæ etiam heic occurrunt plantæ, in aliis terris EUROPÆIS perquam raræ, ut: *Potentilla fruticoſa*, *Sibthorpia*, *Dianthus glaucus*, *Ciſtus ſurrejanus*, *Bartſia viſcoſa*, *Siſymbrium monenſe*, *Mentha piperita*.

Gnaphalium margaritaceum, incola alias AMERICÆ ſeptentrionalis, in Anglia jus civitatis obtinuit.

CAPUT TERTIUM.

Differunt inprimis Plantæ SUECIÆ ab ANGLICANIS:
I;o

I:o, Quod longe plures plantæ ALPINÆ per *Lapponiam Sveciæ* occurrant, quam in alpibus *Britannicis*. E. gr.

Saxifraga	Betula	Erigeron.
Pediculares 3.	Diapensia	Tuffilago.
Azaleæ 2.	Veronica	Sonchus.
Junci 2	Lychnis	Ophrys.
Ranunculi 3.	Aftragalus	Rubus.
Andromedæ	Phaca.	
Violæ 2.	Arabis.	

II:o, Quod plures etiam, nefcio quam ob cau-fam, plantæ NEMOROSÆ in *Svecia* fe fiftant, quam per *Angliam* e. gr.

Acer platanoides	Anemone Hepatica.
Fumaria bulbofa	Orobus vernus.
Pulmonaria officinalis	Dentaria bulbifera.

III:o, Quod Plantæ plures CAMPESTRES, *Arenariæ* & *Apricæ* in *Svecia* fponte occurrant, quam in *Anglia*

Lonicera Xyloſteum	Mefpilus Cotoneaſter
Afclepias Vincetoxicum	Arbutus Uva urfi
Laferpiti latifolium	Orobus niger
Trifolium montanum	Androface feptentrion.
Anchufa officinarum	Alyffon incanum

IV:o Quod Plantæ pauciores MARINÆ & *mariti-mæ* in *Svecia*, quam in *Anglia* hucusque detectæ fint.

Convolvulus Soldanella
Beta vulgaris
Crithmum maritimum
Frankenia pulverulenta
Polygonum maritimum
Artemifia mon. var.
Inula crithmoides.

V:o

V:o, Plantæ in terra CRETACEA nafcentes fæpe exulant in *Svecia*, ubi *Creta* vix occurrit , contra vero in *Anglia*, ubi colles cretacei frequentiffimi.

CAPUT QUARTUM.

Initio proxime præcedentis Seculi, putabant *Botanici* nationem *Anglicanam*, minus aptam, immo, prorfus alienam effe a *Studio Botanices*; exitus vero ejusdem feculi contrarium fatis fuperque probabat, dum plures in *Anglia*, quam alias per totam *Europam*, uno eodemque tempore exorti funt *Botanici*, qui tam multas tamque varias detegebant plantas, tam per *Britanniam*, quam per *Indias* nafcentes, ut univerfus terrarum orbis literatus horum indefeffum ftudium & Rei herbariæ peritiam admiraretur. Quod qui *Raji*, *Morifoni*, *Bobarti*, *Plukeneti*, *Petiveri* aliorumque fcripta evolvit, adeo ex omni parte fufficienter demonftratum comperiet, ut nil fupra.

RAJUS (*Johannes*), *Collegii trinitatis Canthabrigienfis* Socius, erat inter primos, qui Botanicen infinita induftria heic loci excoluit, cujus rei teftes, *Hiftoria* ejus *plantarum* trium voluminum in folio, & *Obfervationes* ejus *Topographicæ* funt claræ & invincibiles.

Ille primo aggreffus eft, plantas circa Canthabrigiam nafcentes indagare, quas edidit in *Catalogo Plantarum circa Canthabrigiam nafcentium. Canthabr. A:o 1660. in 8:vo.* Una cum appendice *A:o 1663*, *&* *1685*, Quo circa non dum adquiefcebat, fed ulterius

cœpit

cœpit, omnes in Anglia nascentes colligere plantas, atque primam *Floram Anglicam* edidit, sub titulo: *Catalogi plantarum Angliæ & Insularum adjacentium. Lond. A:o 1670 & A:o 1677. in 8:vo.* auctam.

Altera ejus *Flora: Synopsis methodica stirpium Britannicarum* dicta, adhuc magis aucta, *Lond. 1690 & 1696 in 8vo*, 250 herbis ditata est.

Post obitum *Raji*, edita fuit hæc *Flora Britannica* tertia vice, opera *Joh. Jac. Dillenii* sub nomine: *Synopsis methodicæ stirpium Britannicarum editionis 3:iæ. Lond. 1724. in 8:vo* Tabulis 24; aucta 450 speciebus.

Recentior hæc *Flora*, omnium Florarum usque ad hunc diem existentium habetur perfectissima, quippe cum nulla alia, majori diligentia seu plurium unanimi studio collecta & enucleata sit; in ea enim reperiuntur, non modo quæ *Rajus* ipse indefesso labore investigare potuerit, verum etiam quæ *Petiverus, Plukenetius, Morisonus, Bobartus, Sloane, Sherardus, Dillenius, Dale, Rand, Buddle, Doody, Lawson, Lhwyd, Newton, Stonestreet, Camden, Brown, Vernon, Nicholson, Robinson, DuBois, Manningham, Richardson, Sibbald* observaverint; Quorum *Plukenetius, Sherardus, Richardson, & Dillenius* primum merentur locum.

CAPUT QUINTUM.

Ultima hæc *Flora*, ea præcise est, quam mihi jam adsumsi enucleandam, etenim ut ut pleræque plantæ facile extricari possunt, occurrunt tamen non paucæ, quæ omni illa opera, quam Botanici Angliæ

nava-

navarunt, adhuc dum obfcuriores certe mihi perfiftunt imprimis cum Herbario Petiveriano deftituor,
idque maxime in Graminum familia intricatiffima,
quam ob cauffam necefle etiam habui, has ad finem
hujus diflertatiunculæ proponere, certa fpe fretus,
Botanicos hodiernos Angliæ, eas propius introfpe-
Ĉtas, Charaĉteribus fuis a Congeneribus diftinĉtas
propofituros, quo ipfo Botanices pomeria extendun-
tur & Regionis Hiftoria Naturalis illuftratur.
Sententiam enim de non vifis plantis ferre, nixum dubiis Auĉtorum teftimoniis, nimis periculofum efle fatis fuperque inter omnes conftat, quippe
cum perfæpe inde contingat, ut varietates loco di-
ftinĉtarum fpecierum obtrudantur, & contra fpecies pro varietatibus fumantur.

CLASSIS I.
MONANDRIA.
MONOGYNIA.
alicornia europea herbac.136-1.
    fruticof.   -2
Iippuris vulgaris.   136.·1.

CLASSIS II.
DIANDRIA.
MONOGYNIA.

.iguftrum	vulgare	465.-1.
Circæa	lutetiana	289.-1.
Veronica	fpicata	279.-2.
	officinalis	281.-13.
	hybrida	279-1.
	ferpyllifolia	279·3.
	Beccabunga	280-8.

Anagallis ▽.280-9.
    fcutellata 280-10.
Chamædrys281-11.

	agreftis	279-4.
	arvenfis	279-5.
	hederifolia	280-7.
	triphyllos	276-6.
Pingvicula	vulgaris -	281-1.
	villofa	281-1.
Utricularia	vulgaris	286-1.
	minor	286-2.
Verbena	officinalis	236-1.
Lycopus	europæus	236-1.
Salvia	pratenfis	237-1.
	verbenaca	237-1.

DIGYNIA.
Anthoxanthum odoratum 398-1.

B   CLAS-

CLASSIS III.
TRIANDRIA.
MONOGYNIA.

Valeriana officinalis 200 - 1.
    dioica 200 - 3.
    Locufta 201 - 1.
Iris Pfevd-Acorus 374·1.
    foetidiffima 375-3.
Schœnus Marifcus 426 - 4.
    nigricans 430 - 10
    albus 427 - 6.
Cyperus *longus* 425 - 1.
Scirpus paluftris 429 - 7.
    acicularis 429 - 8.
    fluitans 431. - 12
    lacuftris 428 - 1.
    Holofcœnus 429 6.
    mucronatus 429-5.
    fetaceus 430 - 11.
    cefpitofus 429 - 9.
    fylvaticus 426 - 5.
    maritimus 426 - 3.
Eriophorum polyftachion 435-1.
    vaginatum 436 - 2.
Nardus ftricta 393 -2.
    articulata 395 - 3.

DIGYNIA.

Panicum *glaucum* 393 - 1.
    fangvinale 399 - 2.
    Crus galli 394 - 2.
    Dactylon 399-1.
Phalaris phleoides 398 - 2.
    arundinacea 400·1.
Phleum pratenfe 398 - 1.

    arenarium 398 - 4.
Alopecurus pratenfis 396 - 1.
    geniculatus 396-2.
Milium effufum 402-1.
Agroftis Spica venti 405-17.
    rubra 394 - 4.
    ftolonifera 402 - 2.
Aira cærulea 404 - 8.
    criftata 396 - 3.
    aquatica 402 - 3.
    cefpitofa 403 - 5.
    canefcens 405 - 16.
    precox 407 - 10.
    flexuofa 407 - 9.
    caryophyllea 407-7.
Melica nutans 403 - 6.
Poa aquatica 411-13.
    pratenfis 409 - 3.
    anguftifolia 409-4
    trivialis 409 - 2
    annua 408 - 1.
    rigida 410 - 8
Briza media 412 - 1.
    minor 412 - 2.
Dactylis glomerata 400 - 1.
    cynofuroides 393-4.
Cynofurus criftatus 398 - 2.
    echinatus 397-5.
    cæruleus 399 - 4.
    paniceus 394 - 3.
Feftuca ovina 410·9, 11.
    duriufcula 413-4.
    decumbens. 408-11
    fluitans 412-17.

Ame-

	amethystina	411·16
	myurus	415 - 12
	bromoides	415 - 13
Bromus	secalinus	414 - 8.
	arvensis	413 - 5.
	sterilis	412 - 1.
	tectorum	414 - 7.
	pinnatus	392 - 1.
	giganteus	415 - 11.
Stipa	*pennata*	393 - 3
Avena	fatua	389 - 7.
	spicata	405 - 1.
	flavescens	407 - 5.
	elatior -	406-3-4.
Arundo	phragmites	401 - 1.
	calamagrostis	401-2.
	arenaria	393 - 1.
Lolium	perenne	395 -2.
	annuum	395 - 1.
Elymus	arenarius	390 - 1.
Triticum	repens	390 ·1.
	caninum	390 - 2.
Hordeum	murinum	391 - 1.

TRIGYNIA.

| Montia | fontana | 352 - 1 |

CLASSIS IV.

TETRANDRIA.

MONOGYNIA.

Dipsacus	*fullonum*	192 -1,2.
	pilosus	192 - 3.
Scabiosa	arvensis	191 - 1.
	columbaria	191 - 2.
	Succisa	191 - 3.
Sherardia	arvensis	225 - 1.

Asperula	odorata	224 - 1.
	Cynanchica	225 - 1.
Galium	palustre	224 - 2.
	uliginosum	225 - 3.
	verum	224 - 1.
	Mollogo	223 - 1.
	? boreale	224 - 3.
	Aparine	225 - 1.
	parisiense	225 · 4.
Rubia	tinctorum	223-1·2.
Plantago	major	314 1-2.
	media	314 3.
	lanceolata	314-5.
	maritima	315 - 7.
	Coronopus	315 - 8.
	? *Loeflingii*	316-10
	uniflora	316-11
Sanguisorba	officinar:	203·2.
Cornus	sanguinea	460 - 1.
	herbacea	261 - 1.
Alchemilla	vulgaris	158 - 1.
	alpina	158 - 2

DIGYNIA.

Aphanes	arvensis	159 - 1.
Bufonia	*tenuifolia*	346 - 1.
Cuscuta	europea	281 - 1.

TETRAGYNIA.

Ilex	*Aquifolium*	466 - 1.
Potamogeten	natans	148 - 1.
	lucens	148 - 2.
	perfoliatum	149-4.
	serratum	149 - 6.
	crispum	149 -7.
	compressum	149 - 8.

gra·

gramineum 149-9-10.
pufillum   150-15
Ruppia maritima   134 - 1.
Sagina *erecta*   344 - 1.
   procumbens 345-2.

CLASSIS V.
PENTANDRIA.
MONOGYNIA.

Myofotis fcorpioides 229-1--4.
Lithofpermum officinale 228-1.
   arvenfe   227 - 3
   purpurocærul. 229-2.
Anchufa *fempervirens* 227 - 2.
Cynogloffum officinale 226 - 1.
Pulmonaria anguftifolia 226 - 1.
   maritima   228 - 4.
Symphytum officinale 230 - 1.
Borago   *hortenfis*   228 - 1.
Afperugo   procumbens 228-1.
Lycopfis   arvenfis   227 - 1.
Echium   vulgare   227 - 1.
   Lycopfis   227-2.
Primula   veris officinal. 284-3.
   elatior   2.
   acaulis   1.
   farinofa   285-1.
Menyanthes trifoliata 285 - 1.
   Nymphoides 368-2.
Hottonia paluftris   285 - 1.
Lysmachia   vulgaris   282 - 1.
   thyrfiflora   283 -3.
   Nummularia 283 -1.
   nemorum   282 - 5.
Anagallis arvenfis   282 - 1.

Convolvulus arvenfis   275 - 2
   fepium.   275-1.
   Soldanella   275 · 5.
Polemonium cæruleum 288 - 1.
Campanula latifolia   276 - 1
   Trachelium 276-2.
   glomerata   277 - 3.
   patula   277 - 4.
   rotundifolia 277-5.6.
   hederacea   277 - 7.
   Speculum ♀   278 - 1.
Phyteuma *orbicularis*   278 - 1.
Samolus valerandi   283 - 1.
Lonicera Periclymen.   418 1-2.
Verbascum Thapfus   287 - 1.
   Lychnitis   287 - 3.
   nigrum   288 - 4.
   Blattaria   288 - 1.
Datura Stramonium   266 - 1.
Hyofcyamus vulgaris   274 - 1.
Solanum nigrum   265 - 4.
   Dulcamara 265-1-2.
Ramnus   catharticus 466-1.
   Frangula   465 - 1.
Evonymus europæus   468 - 1.
Ribes   rubrum   456 - 1.
   alpinum   456 - 2.
   nigrum   456 - 4.
Hedera   helix   459 - 1.
Illecebrum *verticillatum* 160 - 1.
Glaux maritima   285 - 1.
Thefium Linophyllum   202 - 1.
Vinca   minor   268 - 1.
   major   268 - 2.

DI-

DIGYNIA.

Herniaria glabra 160 - 1.
    hirfuta 160 - 2.
    lenticulata 161-1.
Chenopod. Bonus Henr. 156-15.
    urbicum 155-11.
    ? rubrum 154-3.
    murale 154-2.
    album 154-1.
    hybridum 154-5.
    glaucum 155-7.
    polylpermum 156-18.
    Vulvaria 156-13.
    maritimum 156-14.
    fruticolum 156-16.
Beta vulgaris 157-1.
Safola kali 159-1.
Vlmus campeftris 468-1.
Gentiana Pnevmonanthe 274-1.
    amarella 275-2-3.
    campeftris 275-4.
    Centaurium 286-1.
    perfoliata 287-1.
Eryngium campeftre 212-1.
    maritimum 212 2.
Hydrocotyle vulgaris 222-1.
Sanicula europæa 221-1.
Bupleurum rotundifolium 221-1.
    tenuiffimum 221-2.
Echinophora fpinofa 220-1.
Tordylium maximum 206-1.
    latifolium 219-2.
    officinale 219-2.
    Anthrifcus 219-4.
    nodofum 220-6.

Caucalis leptophylla 219-1.
Daucus Carota 218-1.
Bunium Bulbocaftanum 209-1.
Conium maculatum 215-1.
Athamanta Meum 207-1.
    Libanotis 218-1.
Peucedanum officinale 206-1.
Crithmum maritimum 217-1.
Heracleum Sphondylium 205-1,2
Ligufticum fcothicum 214-1.
Angelica Archangelica 208-1.
    fylveftris 208-2.
Sium latifolium 211-3.
    nodiflorum 211-5.
Sifon Amomum 211-1.
    fegetum 211-2.
    inundatum 212-6.
Oenante fiftulofa 210-1-2.
    crocata 210-3.
    pimpinelloides 210-4.
Phellandrium aquaticum 215-1.
Cicuta virofa 212-7.
Æthufa Cynapium 215-2.
Scandix Anthrifcus 220-7.
    Pecten ♀ 207-1.
Chærophyllum fylveftre 207-1.
    temulentum 207-1.
Paftinaca fativa 206-1-2.
Smyrnium Olufatrum 208-1.
Anethum Fœniculum 217-1.
Carum Carvi 213-1 ?
Pimpinella faxifraga 213-1,-2.
Apium - graveolans 214-1.
Ægopodium Podagraria 208-3.
TRIGYNIA.
Viburnum Lantana 460-1.
    opu-

Opulus	460 - 1.	
Sambucus nigra	461 - 1.	
laciniata	1.	
Ebulus	461 - 4.	
Staphyllæa *pinnata*	468 - 1.	
Alfine media	347-6.	

TETRAGYNIA.

Parnaffia paluftris	355 - 1.	

PENTAGYNIA.

Statice	Armeria	203 - 1
	Limonium	201 - 1.
Linum	ufitatum	362-1-2.
	perenne	362 · 3.
	tenuifolium	362-5.
	catharticum	362-6.
	Radiola	345-1.
Drofera	rotundifolia	356-1.
	longifolia	356-2.
Sibbaldia procumbens	256-1.	

POLYGYNIA.

Myofuros minimus	251-1.	

CLASSIS VI.
HEXANDRIA.

MONOGYNIA.

Narciffus? *poëticus*	371-2.	
pfevdo-Narciffus	371-1.	
Bulbocodium *autumnale*	374-1.	
Allium	urfinum	370-5.
	vineale	369-1.
	oleraceum	370-3.
	Ampelohrafum	370-4
Ornithogalum	luteum	371-3.
	umbellatum	372-2.
	pyrenaicum	372-1.

Scilla	*bifolia*	373-2.
	autumnalis	372 1.
Anthericum offifragum	375-1.	
	calyculatum	375-2.
Afparagus officinalis	267 1-2.	
Convallaria majalis	264-1-2.	
	Polygonatum	263 1-2.
	multiflorum	263-3.
Hyacinthus non fcriptus	373-2.	
Acorus	Calamus	437-1.
Juncus	acutus	431-1.
	effufus	432-4.
	conglomeratus	432-5.
	filiformis	432-6.
	fqvarrofus	432 7.
	articulatus	433-8.
	bulbofus	434-11.
	bufonius	434-12.
	campeftris	416-1-2'
	pilofus	416-3
Berberis vulgaris	465-1	
Frankenia *lævis*	338-3.	
	pulverulenta	352-13.
Peplis Portula	368-1	

TRIGYNIA.

Rumex	aquaticus	140-1.
	obtufifolius	141-2.
	crifpus	141-3.
	acutus	142 7.
	pulcher	142-8.
	fangvineus	142-11.
	Acetofa	143-12.
	Acetofella	143 13.

digy-

꧁) 15 (꧂

digynus 143-14.
Triglochin paluftre 435-1.
  maritimum 435-2.
Colchicum autumnale 373-1.
  POLYGYNIA.
Alifma Plantago ▽ 257-1.
  Damafonium 272-1.
  ranunculoides 257-2.
  CLASSIS VII.

HEPTANDRIA.
  MONOGYNIA.
Trientalis europæa 286-1.
  CLASSIS VIII.

OCTANDRIA.
  MONOGYNIA·
Epilobium anguftifolium 310-1.
  hirfutum 311-2.
  montanum 311-4.
  tetragonum 311-5.
  paluftre 311-6.
  ?alpinum 311-7.
Vaccinium uliginofum 457-1.
  Myrtillus 457-2.
  Vitis idæa 457-3.
  Oxycoccus 467-1.
Erica vulgaris 470-1.
  cinerea 471-3.
  Tetralix 471-4.
  multiflora 471-5.
Daphne Laureola 465-1,
  TRIGYNIA.
Polygonum aviculare 146-1.
  maritimum 147-5.
  Perficaria 145-4.
  penfylvanicum 145-6.

Hydropiper 144-1.
 amphibium 145-9.
 Biftorta 147-1.
 vivipara 147-2-3.
Convolvulus 144-2.
  DIGYNIA.
Mœhringia mufcofa 345-3.
  TETRAGYNIA.
Paris quadrifolia 264-1.
Adoxa Mofchatella 267-1.
Elatine Alfinaftrum 346-1.
  CLASSIS. IX.

ENNEANDRIA.
  HEXAGYNIA.
Butomus umbellatus 273-1.
  CLASSIS X.

DECANDRIA.
  MONOGYNIA.
Monotropa Hypopitys 317-1.
Andromeda polifolia 472-1.
Arbutus Unedo 464-1.
  alpina 457-1.
Pyrola rotundifolia 363-1.
  minor 363-2.
  fecunda 363-3
  DIGYNIA.
Chryfoplenium alternifol. 158-2.
  oppofitifolium 158-1.
Saxifraga granulata 356-6.
  aizoides 353-2.
  ftellaris 354-1.
  nivalis 354-5.
  tridactylites 354-4.
  hypnoides 354-3.
  autumnalis 355-2.
  oppo-

oppofitifolia 353-1.
Scleranthus annuus 159-1.
perennis 160-2.
Saponaria *officinalis* 339-6-7.
Dianthus deltoides 335-1.
glaucus 336-2.
Armeria 337-4.
prolifer 337-5.
TRIGYNIA.
Cucubalus *baccifer* 267-1.
Behen 337-2-1.
?vifcofus 340-12.
Otites 340-15.
acaulis 341-16.
Silene *anglica* 339-10.
noctiflora 340-13.
Armeria. 341-17.
conica 341-18.
Stellaria holoftea 346-1.
graminea 346-2.
nemorum 347-5.
Arenaria peploides 351-12.
trinervia 349-2.
ferpyllifolia 349-1.
faxatilis 350-4.
tenuifolia 350-3.
rubra 351-9.10-11.
PENTAGYNIA.
Cotyledon *Umbilicus* 271-1
Sedum Telephium 269-1.?
rupeftre 269-1-2.
villofum 270-4.
acre 270.5.
album 271-7.

dafyphyllum 271-8.
Oxalis Acetofella 281-1-2.
Agroftema Githago 338-5.
Lychnis Flos. cuculi 338-4.
dioica 339-8.
vifcofa 340-14.
Cerastium tomentofum 249-6.
latifolium 349-5.
vifcofum 348-3.
arvenfe 348-1.
femidecandrum 348-2.
aquaticum 347-4.
Spergula arvenfis 351-7.
pentandra 351-8.
nodofa 350-5.

CLASSIS XI.

DODECANDRIA.

MONOGYNIA.
Afarum europæum 158-1.
Lythrum Salicaria 367-1.
Hyffopifolia 367-2.
DIGYNIA.
Agrimonia Eupatoria 202-1.
TRIGYNIA.
Refeda Luteola 366-2.
lutea 366-1.
Euphorbia Peplis 313-10.
Peplus 313-9.
Helioscopia 313-8.
platyphyllos 312-4.
verrucofa 312-3.
fegetalis 312-5.
exigua 313-7.
portlandica 313-6.

pa-

Paralius 312-4.
Chararias 312-2.
amygdaloides 312-1.
DODECAGYNIA.
Sempervivum tectorum 269-1.
CLASSIS XII.

ICOSANDRIA.
MONOGYNIA.
Prunus Cerafus 463-1.
Padus 463-1.
fpinofa 462-1.
DIGYNIA.
Cratægus Aria 453-1
torminalis 453-2.
Oxyacantha 453 3.
TRIGYNIA.
Sorbus aucuparia 452-2.
domeftica 452 1.
PENTAGYNIA.
Mefpilus *germanica* 453-1.
Pyrus Malus 451-1-2.
communis 452-1-2.
Spiræa Filipendula 259-1.
Ulmaria 259 1.
POLYGYNIA.
Rofa canina 454-1
eglanteria 454-3.
fpinofiffima 455-5.
Rubes fruticofus 467-1.
cæfius 467-3.
idæus 467-4.
faxatilis 261-2.
? Chamæmorus 260-1.
Fragaria vefca 254-1-2.

fterilis 254-3.
Potentilla argentea 255-2
reptans 255-1.
rupeftris 255-1.
fruticofa 256-4.
Anferina 256-5.
Tormentilla erecta 257-1.
reptans 257-2.
Geum urbanum 253-1-2.
rivale 253-3.
Dryas octopetala 253-4.
? *pent petala* 254-5
Comarum paluftre 256-1.

CLASSIS XIII.

POLYANDRIA.
MONOGYNIA.
Actæa fpicata 262-1.
Chelidonium majus 309-9.
hybridum 309-8.
Glaucium 309-7.
Papaver fomniferum 308-1.
Rhæas 308-2.
Argemone 308-3.
hybridum 308-4.
medium 309-5.
cambricum 309 6.
Nymphæa lutea 368 1.
alba 368 3.
Tilia europæa 473-1-2-3.
Ciftus Helianthemum 341-1.
furrejanus 341-2.
guttatus 341-1.

C

TRI-

TRIGYNIA'
Delphinium Confolida 27}-1.
PENTAGYNIA.
Aquilegia vulgaris 273-1.
HEXAGYNIA.
Stratiotes Aloides 290-1.
POLYGYNIA.
Anemone nemorofa 259-1.
apennina 259-2.
Pulfatilla 260-1.
Clematis Vitalba 258-1.
Thalictrum flavum 203-1.
minus 203,2.
alpinum 204-4.
Adonis annua atroruben. 251-1.
Ranunculus Flammula 250-7.
Lingva 250-8.
Ficaria 246-1
bulbofus 247-2.
acris 248-4.
repens 247-1
auricomus 248-1.
fceleratus 249-1.
muricatus 248-5.
hederaceus 249 2.
aquatilis 249-3-4-5.
Trollius europæus 272-1.
Helleborus viridis 271 1.
fœtidus 271-2.
Caltha paluftris 272-1.

CLASSIS XIV.

DIDYNAMIA.

GYMNOSPERMIA.
Teucrium Chamæpitys 244-1.
Scorodonia 245-1.

Scordium 246-1.
Ajuga reptans 245-1.
pyramidalis 245-2.
Nepeta Cataria 237-1.
Betonica officinalis 238-1.
Mentha /picata 233-1.
piperita 234-7.
aquatica 233-6.
gentilis 232-8.
arvenfis 233-1.
Pulegium 235-1.
Glechoma hederacea 243-3-4.
arvenfis. 242-2.
Lamium album 240-1.
purpureum 240-2.
amplexicaule 240-4.
Galeopfis Tetrahit 240-7
Ladanum 242-4.
Galeobdolon 240-5.
Stachys fylvatica 237-1.
germanica 239-1.
paluftris 232-1.
Ballota nigra 244-1.
Marrubium vulgare 239-1.
Leonurus Cardiaca 239-1.
Clinopodium vulgare 239-1.
Origanum vulgare 239-1.
onites 236-2.
Thymus Serpyllum 230-1.
Acinos 238-1.
Melittis meliffophyllum 242-1.
Meliffa Calamintha 243-1.
Nepeta 243-2.
Scutellaria galericulata 244-1.
Pru/

Prunella vulgaris 238-1.
ANGIOSPERMA.
Bartſia alpina 285-3.
    viſcoſa 285-4.
Rhinanthus Criſta galli 284-1.
Euphraſia officinalis 284-1.
    Odontites 284ˑ4.
Melampyrum criſtatum 286ˑ1.
    ſylvaticum 286-2.
    pratenſe 286-*
    arvenſe 286-3
Lathræa Anblatum 288-1
Pedicularis ſylvatica 284ˑ3.
    paluſtris 284-4.
Antirrhinum Linaria 281-1.
    monſpeſſulanum 282-2.
    arvenſe 282-3.
    Cymballaria 282-4.
    Elatine 282ˑ5.
    hybridum 282-6.
    minus 283-7.
    Orontium 283-1.
Scrophularia nodoſa 283-1.
    aquatica 283ˑ1.
    Scorodonia 283-3,
Digitalis purpurea 283ˑ1.
Sibthorpia europæa 352-1.
Limoſella aquatica 278-2.
Orobanche major 288-1.
    ramoſa 288-3,

CLASSIS XV.

TETRADYNAMIA.
SILICULOSA.
Myagrum ſativum 302-1.

Vella annua 304-3.
Subularia aquatica 307ˑ4.
Draba verna 291-1.
    muralis 292-2.
    incana 291-1.
Lepidium latifolium 304-1.
    ruderale 303-1.
    petræum 304-5.
Thlaſpi arvenſe 305-3.
    campeſtre 305-1.
    hirſutum 305-2.
    montanum 305-4.
    perfoliatum 305-6.
    Burſa paſtoris 306-1.
Cochlearia officinalis 302-1.
    danica 303-5-3ˑ4.
    groenlandica 302-2.
    Coronopus 304-6.
    Armoracia 301-1.
Iberis nudicaulis 303-2.
Cardamine pratenſis 299-2.
    hirſuta 300-4.
    Amara 299-1.
    impatiens 299-3.
    petræa 300-6.
    bellifolia 300-5.
Siſymbrum Naſturtium ▽300-1.
    amphibium 301-1ˑ2.
    ſylveſtre 297-1.
    monenſe 297-2.
    Sophia 298-3.
    Irio 298-2ˑ
Eryſimum officinale 298-4.
    cheiranthoides 298ˑ1.

Bar-

	Barbarea	297-2.
	Alliaria	293-2.
Arabis	thaliana	294-3.
CheiranthusCheiri		291-2.
Hesperis	Matronalis	293-1.
Turritis	glabra	293-1.
	hirfuta	294-2.
Braffica	oleracea	293-1.
	Napus	295-1.
	Rapa	294-1.
	orientalis	293-2.
	Erucaftrum	297-1.
Sinapis	nigra	295-1.
	alba	295 3.
	arvenfis	295-2.
Rhaphanus	Raphaniftrum	296-1.
Bunias	Cakile	307-1.
Ilatis	tinctoria	307-1.
Crambe	maritima	307-1.

CLASSIS XVI.

MONADELPHIA.

DECANDRIA.

Geranium	fangvineum	360-14.
	pratenfe	360-17.
	fylvaticum	361-18.
	phæum	361-21.
	nodofum	361-20.
	lucidum	361-19.
	columbinum	359-12.
	molle	359-11.
	robertianum	358-6.
	cicutarium	357-2-3.
	mofchatum	358-4.
	Malacoides	356-1

POLYANDRIA.

Althæa	*officinalis*	252.1.
Malva	fylveftris	251-1.
	rotundlfolia	251-2.
	Alcea	252-1.
Lavatera	*?arborea*	252-4.

CLASSIS XVII.

DIADELPHIA

HEXANDRIA

| Fumaria | officinalis | 204-1. |
| | *claviculata* | 335-1. |

OCTANDRIA·

| Polygala | vulgaris | 287-1-2. |

DECANDRIA.

Spartium	*fcoparium*	474-1.
Genifta	tinctoria	475-1.
	anglica	476-1.
Ulex	europæus	475-1.
Ononis	fpinofa	332-1-2.
	repens	332-3.
Anthyllis	Vulneraria	325-1.
Pifum	fativum	118-1-4-3.
	maritimum	319-6.
Lathyrus	latifolius	319-1.
	fylveftris	319-2.
	pratenfis	320-3.
	hirfutus	320-4.
	paluftris	320 5.
	aphaca	320-1.
	Niffolia	325-1.
	angulatus	321-7.
Vicia	fativa	320-1.
	dumetorum	320-1.

lu-

	lutea	321-6.
	Cracca	322-3.
	fylvatica	322-4:
	Faba	323-12.
Ervum	tetrafpermum	322-2.
	hirfutum	322-1.
Orobus	tuberof..	324-2.
	fylvaticus	324 1.
Glycyrrhiza *glabra*		324-1.
Ornithopus *pufillus*		326-1.
Hippocrepis *comofa*		325-1.
Hedyfarum *Onobrychis*		327-1.
Aftragalus	glycyphyllus	326-1.
	arenarius	326.2.
Trifolium	Melilotus offic.	331-1.
	Ornithopodioid.	331.1.
	repens	327-1.
	fubterraneum	327-2.
	pratenfe	328-4.
	glomeratum	329-10.
	fcabrum	329-11.
	fragiferum	329-12.
	arvenfe	330-14.15.
	agrarium	330-16.
	procumbens	330-17.
	filiforme	330-*.
Lotus	corniculata	334-1.
	tetragonolobus	334.5
Medicago	falcata	333-1.
	lupulina	331-2.
	polymor. arab.	331-1.
	minima	333-2.
	• • – –	333.3.
	– • – •	333.4
	– • – •	333.5.

CLASSIS XVIII.

POLYADELPHIA.

POLYANDRIA.

Hypericum	perforatum	342-1.
	quadrangulum	344.7.
	hirfutum	343-4-5.
	humifufum	343-3.
	pulchrum	342-2.
	Androfæmum	343-6.

CLASSIS XIX.

SYNGENESIA.

POLYGAMIA ÆQUALIS.

Tragopogon	pratenfe	171-1.
Picris	*echiodes*	166-13.
	hieracioides	167-15.
Sonchus	olerac.	162-1-2-3-4.
	arvenfis	163.7.
	paluftris	163-8.
Lactuca	*virofa*	161-1-2.
Prenanthes	muralis	162-5.
Leonthodon	Taraxacum	170-1.
	autumnale	164-1.
Hieracium	Pilofella	170-1.
	alpinum	169-10.
	murorum	168.6.
	fylvatic.	169-11.
	umbellatum	168-3.
	fabaudum	167-1.
Crepis	biennis	166-12.
	tectorum	165-9.
Hyoferis	minima	173-1.
Hypochær.	maculata	167-17.
	radicata	165-6.
		gla-

	glabra	166-14.		canadenfe	175-1.
Laplana	communis	173-1.	Tuffilago	Farfara	173-'.
Cichorium	Intybus	172-1.		Petafites	179-1.
Arctium	Lappa	196-1.		hybrida	179-2.
Serratula	tinctoria	196-1.	Senecio	vulgaris	178-1.
	arvenfis	194 3.		vifcofus	178-2.
	alpina	193-3.		montanus	178-3.
Carduus	marianus	194-12.		fylvaticus	177-2.
	lanceolatus	194-8.		Jacobæa	177 1.
	eriophorus	194-11.		paluftris	176-2.
	heterophyllus	193-1.		farracenus	177-5.
	helenioides	193-2.	After	Tripolium	175-2.
	nutans	193 1.	Solidago	Virgaurea	176-1.
	crifpus	194-2.	Inula	Helenium	176-1.
	acanthoides	194-3.		Dyfenterica	174-1.
	paluftris	194-4.		Pulicaria	174-2.
	acaulis	194-7		Crithmoides	174-1
Onopord.	Acanthium	196-14.	Bellis	perennis	184-1.
Carlina	vulgaris	175-1.	Chryfanth.	fegetum	182-1
Bidens	tripartita	187-1.		Levcanthem.	184-1
	cernua	187-2.	Matricaria	Parthenium	187-1.
Eupator.	cannabinum	179-1.		Chamomilla	184-1.
POLYGAMIA SUPERFLUA.				maritima	186-7.
Tanacetum	vulgare	188-1.	Anthemis	nobilis	185-2.
Artimefia	vulgaris	190-1.		Cotula	185-3.
	campeftris	190-1.	?	arvenfis	185-4.
	maritima	188-2.		tinctoria	183-1.
	Abfinthium	188-1.	Achillea	millefolium	183-1.
Gnaphalium	dioicum	181-1.		Ptarmica	183-1.
	margaritaceum	182-2	POLYGAMIA FRUSTRANEA.		
	luteo album	182-3.	Centaurea	Jacea	198-2.
	fylvaticum	180-2.		Scabiofa	198-1.
	uliginofum	181-6.		Cyanus	198-1.
Conyza	fquarrofa	179-1.		Solftitialis	196-16.
Erigeron	acre	175-3.		Calcitrapa	196-15.
					POLY-

POLYGAMIA NECESSARIA.

Othonna	paluftris	174-3.
	integrifolia	178-4.
Filago	maritima	180-1.
	pyramidata	180-3.
	montana	181-4.
	gallica	181-5.

MONOGAMIA.

Jafione	montana	278-2.
Lobelia	Dortmanna	287-1.
Viola	odorata	364-1.
	canina	364-3-
	paluftris	364-6,
	hirta	364 8.
	tricolor	364-9.
Impatiens	Noli tangere	316-1.

CLASSIS XX.

GYNANDRIA.

DIANDRIA.

Orchis	morio	376-3.
	militaris	378-10.
	uftulata	377-5.
	pyramidalis	377 6.
	bifolia	380-18.
	conopfea	381-21.
	latifolia	380-19
	maculata	381-20.
	abortiva	383-1.
Satyrium	hircinum	376-1.
	viride	381-22.
Ophrys	ovata	385-1.
	cordata	385-2,

	lilifolia	382-1.
	Monorchis	378-7.
	fpiralis	378-8.
	antropophora	379-12.
	infectifera	379-13.
	arachnites	380-16.
	Nidus avis	382-1
Serapias	Helleborine lat.	383-1.
	longifolia	384-5.
	paluftris	384-6.
Cypriped.	Calceolus	385-1.

POLYANDRIA.

Arum	maculatum	266-1.
Zoftera	marina	52-1.

CLASSIS XXI.

MONOECIA.

MONANDRIA.

Zanichellia	paluftris	135-1.
Callitriche	paluftris	289.1-2.3.

DIANDRIA.

Lemna	minor	129-1.
	polyrrhiza	129-2.
	trifulca	129-3.

TRIANDRIA.

Carex	dioica	425-15.
	pulicaris	424-13.
	leporina	422-2.
	vulpina	422-8.
	canefcens	424-10.
	muricata	424-13
	pilulifera	422-20.
	flava	421-18.
	veficaria	420-14.
		pale-

	pallefcens	419-12.
	hirta	418-7.
	panicea	418-3.
	acuta	417-1.
	Pfevdo.Cyp.	419-12
	remota	424-11.
Typha	latifolia	436-1,
	anguftifolia	436-2
Sparganium	erectum	437-1.
	natans	437-3.

TETRANDRIA.

Betula	alba	443-1.
	Alnus	442-1-2.
Buxus	*fempervirens*	445-1-2
Urtica	dioica	139-1.
	urens	140-2.
	pilulifera	140-3.

PENTANDRIA.

| Xanthium | ftrumofum | 140-1. |
| Amarantus | Blitum | 157-1. |

POLYANDRIA.

Ceratoph. demerfum		135-1-2.
Myriophyl.fpicatum		151-17.
	verticillatum	316-1.
Sagittaria	fagittifolia	258-1.
Poterium	*Sangviforba*	203-1.
Qvercus	Robur	440-1.
Fagus	fylvatica	439-1.
Carpinus	Betulus	451-1.
Corylus	avellana	439-1.

MONADELPHIA.

Pinus	Abies	441-2.
	? fylveftris	441-2-2.
	? Picea	441-1.

SYNGENEIA.

| Bryonia | alba | 261-1-2. |

CLASSSIS XXII.

DIOECIA.

DIANDRIA.

Salix	alba	447-1.
	arenaria	447-3.
	fragilis	448-8.
	amygdaloides	448-9.
	pentandra	449-12.
	rofmarinifolia	447-2.
	herbacea	448-7.
	reticulata	449-13.
	repens	448-6.
	caprea	449-15.
	viminalis	450-21.
	purpurea	450-22.

TRIANDRIA.

| Empetrum nigrum | | 444-1. |

TETRANDRIA.

Vifcum	album	464-1.
Hippophae	Rhamnoides	445-1.
Myrica	Gale	443-1.

PENTANDRIA.

| Humulus | Lupulus | 137-1. |

HEXANDRIA.

| Tamus | *communis* | 261-1. |

OCTANDRIA.

Populus	tremula	446-3.
	nigra	446-1.
	alba	446-2.
Rhodiola	Rofea	269-4.

ENNEANDRIA.

| Mercurialis | perennis | 138-1. |
| | *annua* | 159-2. |

Hydro-

Hydrocharis Morſus ranæ 290-2.
MONADELPHIA.
Juniperus communis 444-1-2.
Sabina 444-1.
Taxus baccata 445.4.
SYNGENESIA.
Ruſcus aculeatus 262-1.

CLASSIS XXIII.
POLYGAMIA.
MONOECIA.
Holcus lanatus 404-14.
Valantia Cruciata 223-1,
Aparine 225-2.
Parietaria officinarum 158-1.
Ariplex haſtata 151-1.
patula 151-2.
maritima 152-8.
pedunculata 153-10.
portulacoides 153 11.
littoralis 153-12.
Acer Pſevdo-Platan. 470-1.
campeſtre 470-2.
DIOECIA.
Fraxinus excelſior 469-1.
CLASSIS XIV.
CRYPTOGAMIA.
FILICES.
Eqviſetum arvenſe 130-2.
ſylvaticum 130-4.
paluſtre 131-7-9.
fluviatile 130-1.
limoſum 131-10.
hyemale 131 11.
Ophiogloſſ. vulgatum 128-1.

Oſmunda regalis 125-4.
Lunaria 128-1.
Spicant 118-1.
Acroſticum ſeptentrionale 120-1
ilvenſe 118-1.
Thelypteris 121-6.
Pteris aqvilina 124 1.
Aſplenium Scolopendr. 116-1.
Ceterach 118-1.
marinum 119 2.
Trichomanes 119-1.
Trich. ramoſ 119-2.
Ruta muraria 122-1.
Adiant nigr 126-10.
Polypodium vulgare 117 1-2.
cambricum 117-3.
Lonchitis 118-2.
Filix. mas 120-1.
aculeatum 12 -2.
Phegopteris 122-8.
Dryopteris 125 6.
fragile 125-7.
Adiantum Capillus ♀ 123-1.
Trichoman.tunbrigenſis 123-2.
Pilularia globulifera 136-1.
Iſoetis lacuſtris 306-1.
MUSCI.
Lycopodium.Selago 106-1.
Selaginoides 106-1.
clavatum 107-1.
annotinum 107 2.
alpinum 108 3.
inundatum 108-4.
denticulatum 108-1

D

DU.

DUBIA

137. Salicornia 3 myofuroides procumbens.
4 ramofior procumbens.
5 cupreffiformis erecta.

141. Lapathum 5 minimum. *C. B. Pet. t. 3. f. 4.*
6 viride. *Pet. t. 2. f. 6.*
9 Anthoxanthon *J. B.*
10 aureum *Pet. 1. 2. f. 7. Lob. 286.*

145. Perficaria 2 minor *C.B.*
3 anguftifolia *C.B.*
10 fubtus incana *Pet. t. 3. f. 10.*

148 Potamogeton 3. fol. pellucido gramineo.
11 folio longiffimo
13 maritimum *Pluk. t. 216. f. 5.*
14 tenuifolium *Pet. t. 5. f 12.*

151. Myriophyllum. 18 minus *Morif. 3. f. 15. 1. 4. f. 7.*

152, Atriplex. 3 maritima anguftifolia *C.B.*
4 anguftifolia laciniata *Raj.*
7. marina valerandi *J. B.*

154. Chenopodium 6. procumbes lucidum. *Morif.*
8. erect. chryfanth. folio.
9. ficus folio *Pet 8. f. 3.*
10. folio fubrotundo. *Pet. 8. f. 4.*
12. folio oblongo integro *Dill.*
13. oleo folio.
17. Sedum frutic. minus, alt. *C.B.*

162. Lactuca 3 fylveftris latifolia *Pet. 15: 1.*
4 Chondrilla vifcof. humil. *C. B.*

163. Sonchus 5 rotundo folio *Pluk. 61. f. 5. Pet. 14. 1.*
6 aphyllocaulis *Pluk. 62. f. 4.*

165. Hieracium 7 caftorei odore *Pet. 12. f. 8.*
11. mont. latif. glabr. min. *C:B.*)

16.

16. faxatile *C B. prodr. 66. Col. I. 21* .
2 frutic. latif. glabr. *C.B.*
7 Pulmonaria anguftifolia.
13.fruticof. alpinum.
14 flore fingulari *Pluk. 37. f. .*

171.	Leontodon	4. Hierac. mont. ang. *C.B.*
186.	Chamæmelum	5 inodorum annuum.
		8. marinum *J.B.*
189.	Artemifia	5. tenuifol. narbonenf. *J.P.*
		6. anglica maritima
209.	Smyrnium	2 tenuifolium *Tab. 8.*
217.	Peucedanum	1 minus *C. B.*
226.	Cynogloffum	2 fempervirens.
232	Mentha	4 crifpa verticillata *C.B.*
		8 aromatica. *tab. 10. f. 1.*
242.	Sideritis	3 hirfuta lutea *Pet. 33. f. 1*
244.	Scutellaria	2 fl. purpurafcente. *T.*
251.	Malva	3 fl. parvo cæruleo.
255.	Potentilla	3 minus rep. aur. *C.B.*
		4. repens aureum
270	Sedum	6. non acre album *t. 12.*
281.	Veronica	12 Chamædryoides.
286.	Centaurium	2 luteum minimum
287	Verbafcum.	2 pulverulentum.
291.	Cheiranthus	1 marit. folio finuato *C.B.*
294	Turritis	4 exilis *Pluk. 80. f. 2.*
301	Nafturt. aqu.	2 præcoius *Pet, 47. f. 3.*
303.	Cochlearia	3 folio finuato. *C.B.*
306.	Subularia	2. repens *Dill. mufc. t. 81.*

321

321	Vicia	4 femine rotundo nigro *C.B.*
328	Trifolium	3 ochroleucon.
		8 capit dipfaci *Pluk.* 113. f. 4.
		9. glomerulis mollioribus *t.13.*
334.	Lotus	2 fruticofior
		3 flore majore *C.B.*
336	Dianthus	3 fylveftres. 3. *Lob.* 443
340.	Lychnis	4. mont. vifc. latif. *C.B.*
342.	Ciftus	3. *Dill. elth. t.* 145. f. 173.
		4 *Dill. elth.* 4. 145 f. 172.
344.	Hypericum	8. eloides *Cluf.*
349	Ceraftium	4. hirfut. mag. flore *CB.*
356.	Drofera	3. 4. 5. perennis
358	Geranium	8. 9. 13. columbinum.
367	Refeda	2. polygalæ folio.
369	Allium	2 bicorne proliferum
		6 amphicarpon.
377	Orchis	5 obfcure purpurea.
		23 pufilla alba
		24 fpeciofa.
		25 rubra *CB.*
386	Ophrys.	3 minor *Pluk.* 247. f. 2.
391	Gramen	4 foliis pungent. *Pluk.* 33. f. 4.
		6. fpica foliaceua. *C.B.*
396	- -	4 alopecurus maximus.
397	- -	3 Myofuroides nodofum *t. 20. f. 4*
398	- -	3 typhynum nodofum.
404	- -	15 paniculat. molle.
410		10. fol. juncus rad. alba *C.B.*
411	- -	14 arundinac. aquatic.

		15 nemorofum.
413.	Feſtuca	2. ſpicis erectis.
		3. paniculis confertis.
		9 elatior
		10 avenaceum dumetorum.
418	Carex	4 ſpadiceo viridis.
		5 ſpica recurva.
		9. ſpicis teretibus.
		10 ſylvarum tenuius.
		13 ſpic, pend. longiore
		15 ſpic. 3. ſubrotundis.
		16 ſpic. longiſſime diſtant.
		17 ſpica divulſa
		19 folio molli.
422	-	1 paluſtre elatius
		4 ſpica multifera.
		9 ſpicis compactis.
		14 ſpica compreſſa
447.	Salix	4 inferne lanuginoſa.
		5. inferne cinerea.
		11. foliis ſubcæruleis.
		14. fol. longiſſimis viridibus.
		17 fol. rotund. minore
		18 Caprea pumila
455	Roſa	6 pomifera, fructu ſpinoſo.
471	Erica	2 myricæ folio.
		6 daboeci *Pet. gaz. t. 27.f. 4.*

Min HERRE.

Då jag förnummit det J, Min HERRE, fattat det wackra beslut att lämna under de Lärdas granskning, et prof af den kundskap J här wid wårt Helicon inhämtat, kunde jag ej nog förundra mig öfwer de framsteg J redan uti yngre åren på så kort tid gjordt; Hålst åmnet, efter mit omdöme, fordrar både erfarenhet ock mannavett. Wittre ock i den Swenska Hushåldningen ganska förtiente Män, hafwa långe nog, fulla af täflan ock nit, betragtat Engelands styrcka, som dess trefna Inbyggare utan twifwel grundat på sitt lands fördelacktiga natur. Till äfwentyrs wisar J, Min HERRE, att äfwen Swenska Jorden framföder många sådana foster, som en slug Engelsman, icke utan dryg ock kånbar winning för egit fosterland, sorgfälligt sköter och odlar til wår och andra Nationers nödtorftiga behof. Ert loford, Min HERRE, blir då priswårdare, ån att wara et åmne för min penna. Jag wore lyckelig nog, om jag kunde yttra den fägnad jag erfar däröfwer, ock hwilcken kårleken altid förenar med Vänners förkofring. Fortfar, Min HERRE, ock laga så, att Edra ungdoms frugter mogna till fäderneslandets tjenst. J skolen såkert förnimma, at lyckan, som bör wara Dygdens följeslagare, skal följa Eder på en sann ärans ban, hwilket Er egen frägd befaller mig mera att hoppas ån önska.

CARL HISINGH.

Flora Anglica (1759), by Carl Linnaeus

Facsimile

CAROLI LINNÆI

Equit. aur. de Stella polari ;
Archiatr. Reg Med. & Botan. Profeſſ. Upſal.
Acad. Upſal. Holm. Petrop. Berol. Imper.
Lond. Monſp. Toloſ. Flor. Soc.

AMOENITATES ACADEMICÆ;

SEU

DISSERTATIONES VARIÆ

PHYSICÆ, MEDICÆ, BOTANICÆ,

ANTEHAC SEORSIM EDITÆ,

NUNC COLLECTÆ ET AUCTÆ,

CUM TABULIS ÆNEIS.

VOLUMEN QVARTUM.

Cum Grat. & Priv. S. R. Maj:tis Svec.

HOLMIÆ,
Sumtu & Literis Direct. LAURENTII SALVII
1 7 5 9.

D. D.

LV

FLORA ANGLICA,

Sub PRÆSIDIO

D. D. Car. Linnæi,

Propofita ab

ISAAC Olai GRUFBERG,
Holmenf.

Upfaliæ 1754. *Apr.* 3.

CAPUT PRIMUM.

Scientia Botanices eft illa pars Philofophiæ Natu‐
ralis, quæ propter plantarum infinitam varie‐
tatem, odore, fapore, colore & ftructura o‐
mnium oculos allicit, & propter multiplicem planta‐
rum ufum in arte Medica, Oeconomica & Vita com‐
muni, omni fere exculta fuit ævo.

Recentiori ævo ob has rationes etiam *Profeffio‐
nes Botanicæ* cum *Hortis*, infinita facile plantarum va‐
rietate fuperbientibus, ad præftantiffimas Europæ
Academias funt ab Imperantibus inftitutæ, ut fcien‐
tia amœniffima fimulque utiliffima late per regna
diffeminaretur, faciliusque addifceretur in ufum &
oblectamentum commune.

Succeffit hoc inftitutum feliciffime, ut non mo‐
do plures eruditi in hac arte evaferint, quam ullo
antea

antea tempore, fed etiam ut artis gnari, per plerasque regiones Europæ, fponte nafcentes plantas inveftigaverint & enumeraverint in Libellis *Floris* dictis, quibus docemur de plantis cujusvis regionis propriis aut communibus; Unde etiam ingens copia plantarum rariorum hodie evafit detecta & notiffima.

Ejusmodi *Floræ*, ut Compendia, ita haud parvo quidem funt fubfidio incolis, aliisque, qui intra ejusdem regionis plagas degunt, plantasque iftius terræ fibi familiares redere geftiunt; deinceps in illis itidem videre licet, quasnam & quam diverfas quævis terra gignat producatque plantas, pro ratione *fitus* atque *foli*, unde, uti Regionum, ita & plantarum mutua & haud parva differentia originem trahat fui.

Circa ejusmodi *Floras* dolent plurimi, quod eædem plantæ a diverfis Auctoribus fint indigitatæ nominibus fæpe diverfiffimis, cum aliis placuerit hujus Auctoris, aliis vero alterius nomina adhibere; ut hæc nomina non ab aliis, quam qui vel inftructiffima Bibliotheca Botanica funt inftructi, vel etiam longa experientia in arte demum evafere doctiffimi facile intelligentur.

Mecum confentientes hac in re certe habebo, quotquot carent rariffimo libro PETIVERII *Herbario Britannico* dicto; quo deftitutus plurimas plantas anglicas feponere debui.

Huic morbo facile mederentur artis periti, fi omnes *Floræ* iisdem nominibus proponerentur, circa easdem plantas, tamquam communi lingua, ne opus effet unicuique ob novam & diverfam *Floram* evolvere Synonyma, & quafi e novo artem addifcere, fed dignofcerentur æque facile nomina ac individua ejusdem fpeciei plantarum.

Glaciem igitur in hac parte Botanices foluturus,

F 5

FLORAM ANGLCAM, in fe perquam prolixam, fuc-
cinĉte explicandam fufcepi, modo quo omnes e::-
optavi Floras propofitas; quod enim fi fieret cum
reliquis Europæ Floris, nullus fane dubitarem, quin
longe luculentiori luce illucefceret tandem *Botanice*.

Quod ad obtinendum inceptum, eo breviorem
inveni viam quo longe compendiofiora aptioraque
nobis porrigant *Species plantarum*, nuper editæ, nomina TRIVIALIA, quæ juxta plantas non modo
definitas, fed & feleĉtioribus Synonymis adornatas,
offendimus; quo ipfo non tantum dubia de planta
quæftionis fæpiffime profligantur, fed etiam definitiones, ob novas plantas interdum mutandæ, nullæ
obicem ponunt.

Brevitatis cauffa, etiam ad quodlibet *nomen triviale* adpofui *numerum paginæ* & *paragraphi*; *e Raji
Synopfi ftirp. Britanniæ, edit.* 3:*iæ*; ut fi quis defidera-
ret harum plantarum locum natalem proprium, aut
aliud quid, ut e. gr. Synonyma, Obfervationes &c.
facilius ipfum librum evolvat.

Plantas has anglicanas enumeravi fecundum *Sy-
ftema fexuale*, ut commilitones concives facilius
Floram Anglicam cum *Svecica* conferre queant, & inde perfpiciant difcrimen, quod *Anglicanas* & *Svecicas*
intercedit, quodque ut eo felicius obtineretur, Species illas Plantarum, quæ fponte, noftra hac in SVE-
CIA, non inveniuntur, literis minufculis, quæ communiter alioquin nominantur *literæ Curforiæ*, exaravi; Unde mox patebit ducentas circiter fpecies plantarum, in ANGLIA fponte nafcentes dari, quæ per
Sveciam nufpiam occurrunt; totidem etiam in SVE-
CIA, quæ in *Anglia* non fint obv:æ.

Mufcos & *Fungos* quoque prætermifi, nimiæ prolixitatis evitandæ gratia, quippe cum plerique *Mufci
Dilleniani* in Anglia reperiantur, ut &, cum *Fungi*
ob

ob infinitam varietatem mutabilitatemque fuam hoc tempore difficulter determinentur.

CEREALES plantas, quas uti fpontaneas Florae fuae inferuit Rajus, jure omni exclufi, cum hae omnino fint extraneae, uti *Hordeum*, *Triticum*, *Secale*, *Avena*, *juglans*.

CAPUT SECUNDUM.

BRITANNIÆ nomine continetur *Anglia*, *Scotbia* atque *Hibernia*, quae funt infulae, fitae in Oceano Atlantico, intra 50 & 61 gradus in latitudine, & intra 12 & 19 gradus in longitudine; porrigitur ergo BRITANNIA, a plaga boreali ad frigidas, & a Meridionali ad calidas Europæ regiones, quo ipfo efficitur, ut varia tamque diverfa vegetabilia in *Anglia* crefcere feu vigere poffint ; nimirum, tum illa, quae communiter in Meridionalibus, tum etiam illa, quae in Europæ Septentrionalibus nafcuntur. Praeterea, cum haec terra undique circumdetur mari, ita major inibi reperitur copia plantarum *Marinarum* atque *Maritimarum*, quam ulla in alia regione EUROPÆ.

Anglia haec conftat partim fylvis & nemoribus, partim campis & apricis, & heic praecipue locorum occurrunt varii campi & monticuli CRETACEI, quos circa variae etiam plantae terram amantes ficcam; humidam vero atque putridam prorfus refpuentes, crefcunt, ut e. gr. *Hedyfarum*, *Hipocrepis*, *Refeda*, *Rubia cynanchica*, *Verbena* &c.

De caetero, dantur etiam hifce in Regionibus variae altiffimaeque ALPES, quae per altitudinem loci, & perennem nivem, plantas producunt *Alpibus* proprias, quales funt in WALLIA *Snowdon* & *Caderidin*, in JORCKSCHIRE *Ingleborough*, *Hardknot*, nec non in ARRONIA, WESTMORLANDIA, ut & in SCOTHIA *Betaik*, atque in HIBER-
NIA

NIA *Mangarton* & *Sligo*, quibus in locis diverfæ plantæ mere *Alpinæ*, ut: *Saxifragæ*, *Rhodiola*, *Papaver*, *Serratula*, *Dryas*, *Arbutus*, *Alchemilla*, *Sibbaldia* aliæque fe fiftunt.

Hæc regio præftat cuilibet alii multitudine fpecierum *Menthæ*, plurimisque gaudet *Euphorbiæ* fpeciebus. Nonnullæ etiam heic occurrunt plantæ, in aliis terris Europæis perquam raræ, ut: *Potentilla frutisofa*, *Sibthorpia europæa*, *Dianthus glaucus*, *Ciftus furrejanus*, *Bartfia vifcofa*, *Erica cantabrica*, *Sifymbrium monenfe*, *Mentha piperita*, *Euphorbia portlandica*, *Smyrnium cornubienfe Lychnis drubenfis*, *Polypodium cambricum*, *Trichomanes tunbringenfis*.

Gnaphalium margaritaceum, & *Daftylis cynofyroides* incola alias AMERICÆ feptentrionalis, in Anglia jus civitatis obtinuerunt.

CAPUT TERTIUM.

Differunt inprimis Plantæ SUECIÆ ab ANGLICANIS.

I:o Quod longe plures plantæ ALPINÆ per *Lapponiam Sveciæ* occurrant, quam in alpibus *Britannicis*. E. gr.

Saxifraga	Betula	Erigeron.
Pediculares 3.	Diapenfia	Tuffilago.
Azaleæ 2.	Veronica	Sonchus.
Junci 2.	Lychnis	Ophrys.
Ranunculi 3.	Aftragalus	Rubus.
Andromedæ	Phaca.	
Violæ 2.	Arabis.	

II:o, Quod plures etiam, nefcio quam ob causfam, plantæ NEMOROSÆ in *Svecia* fe fiftant, quam per *Angliam* e. gr.

Acer *platanoides*.	Convallaria *bifolia*.
Fumaria *bulbofa*.	Anemone *Hepatica*.
Pulmonaria *officinalis*.	Orobus *vernus*.

III:o,

III:o, Quod Plantæ plures CAMPESTRES, *A-renariæ* & *Apricæ* in *Svecia* fponte occurrant, quam in *Anglia*

Lonicera Xylofteum	Mefpilus Cotoneafter
Afclepias Vincetoxicum	Arbutus Uvaurfi
Laferpitium latifolium	Orobus niger
Trifolium montanum	Androface feptentrion.
Anchufa officinarum	Alyffon incanum

IV:o, Quod Plantæ pauciores MARINÆ & *maritimæ* in *Svecia*, quam in *Anglia* hucusque de-tectæ fint.

Convolvulus *Soldanella*.
Beta *vulgaris*.
Crithmum *maritimum*
Frankenia *pulverulenta*.
Polygonum *maritimum*
Artemifiæ *maritimæ* variæ
Inula *crithmoides*.

V:o, Plantæ in terra CRETACEA nafcentes fæpe exulant in *Svecia*, ubi *Creta* vix occurrit, con-tra vero in *Anglia*, ubi colles cretacei frequentiffimi.

CAPUT QUARTUM.

Initio proxime præcedentis Seculi putabant *Botanici* nationem *Anglicanam* minus aptam, immo prorfus alienam effe a *Studio Botanices*; exitus vero ejusdem feculi contrarium fatis fuperque probabat, dum plures in *Anglia*, quam alias per totam *Euro-pam*, uno eodemque tempore exorti funt *Botanici*, qui tam multas, tamque varias detegebant plantas, tam per *Britanniam*, quam per *Indias* nafcentes, ut univerfus terrarum orbis literatus horum indefeffum ftudium & Rei herbariæ peritiam admiraretur. Quod qui *Raji, Morifoni, Bobarti, Plukeneti, Petiveri* ali-orumque fcripta evolvit, adeo ex omni parte fuffi-cienter demonftratum comperiet, ut nil fupra.

RA-

RAJUS (*Johannes*), *Collegii trinitatis Cantabrigienfis* Socius, erat inter primos, qui Botanicen infinita induftria heic loci excoluit, cujus rei teftes,
Hifloria ejus *plantarum* trium voluminum in folio, &
Obfervationes ejus *Topographicæ* funt claræ &˙ invincibiles.

Ille primo aggreffus eft, plantas circa Canthabrigiam nafcentes indagare, quas edidit in *Catalogo
Plantarum circa Canthabrigiam nafcentium. Canthabr.
A:o* 1660. *in* 8:*vo.* Una cum appendice *A:o* 1663,
& 1685. Quo circa non dum adquiefcebat, fed ulterius cœpit omnes in Anglia nafcentes colligere
plantas, atque primam *Floram Anglicam* edidit, fub
titulo: *Catalog. plantarum Angliæ & Infularum adjacentium. Lond. A:o* 1670 & 1677. *in* 8:*vo.* auctam.

Altera ejus *Flora: Synopfis methodica flirpium Britannicarum* dicta, adhuc magis aucta. *Lond.* 1690 &
1696 *in* 8:*vo* , 250 herbis ditata eft.

Poft obitum *Raji,* edita fuit hæc *Flora Britanni-
ca* tertia vice, opera *Joh. Jac Dillenii* fub nomine:
Synopfis methodicæ flirpium Britannicarum, editionis 3:*iæ.
Lond.* 1724. *in* 8:*vo* Tabulis 24; aucta 450 fpeciebus,

Recentior hæc *Flora*, omnium Florarum usque
ad hunc diem exiftentium habetur perfectiffima,
quippe cum nulla alia, majori diligentia feu plurium
unanimi ftudio collecta & enucleata fit; in ea enim
reperiuntur, non modo quæ *Rajus* ipfe indefeffo labore inveftigare potuerit, verum etiam quæ *Petiverus, Plukenetius, Morifonus, Bobartus, Sloane, Sherardus, Dillenius, Dale, Rand, Buddle, Doody, Lawfon, Lhwyd, Newton, Stonestreet, Camden, Brown,
Vernou, Nicholfon, Robinfon, Jonfon, Du Bois, Manningham, Richardfon, Sibbald* obfervaverint; Quorum
Plukenetius, Sherhardus, Richardfon, & Dillenius primum merentur locum.

CAPUT

CAPUT QUINTUM.

Ultima hæc *Flora*, ea præcife eft, quam mihi jam adfumfi enucleandam, etenim ut ut pleræque plantæ facile extricari poffunt, occurrunt tamen non paucæ, quæ omni illa opera, quam Botanici Angliæ navarunt, adhuc dum obfcuriores certe mihi perfiftunt, imprimis cum Herbario Petiveriano deftituor, idque maxime in Graminum familia intricatiffima, quam ob cauffam neceffe etiam habui, has ad finem hujus differtatiunculæ proponere, certafpe fretus, Botanicos hodiernos Angliæ, eas propius introfpeɛtas, charaɛteribus fuis a congeneribus diftinɛtas propofituros, quo ipfo Botanices pomoeria extenduntur & Regionis Hiftoria Naturalis illuftratur. Sententiam enim de non vifis plantis ferre, nixum dubiis Auɛtorum teftimoniis, nimis periculofum esfe fatis fuperque inter omnes conftat, quippe cum perfæpe inde contingat, ut varietates loco diftinɛtarum fpecierum obtrudantur, & contra fpecies pro varietatibus fumantur.

CLASSIS I.

MONANDRIA.

MONOGYNIA.

Salicornia europ. herbac. 136 1.
  fruticof.   -2.
Hippuris vulgaris.   136-1.
  DIGYNIA:
Callitricheautumnalis 290-3.
  verna   289-1.

CLASSIS II.

DIANDRIA.

MONOGYNIA.

Liguftrum vulgare   465.-1.
Circæa   lutetiana 289.-1.
Veronica fpicata   279.-2.
     officinalis 281.-13.

hybrida   279 -1.
ferpyllifolia 279-3.
Beccabunga   280-8.
Anagallis ∇.280-9.
fcutellata   280-10.
Chamædrys281-11.
montana   281·12.
agreftis   279- 4.
arvenfis   279- 5.
hederifolia 280 - 7.
triphyllos   276- 6.
Pingvicula vulgaris 281·1.
  villofa   281-1.
Utricularia vulgaris 286-1.
  minor   286-2.
Verbena officinalis 236-1.
Lycopus europæus 236-1.
Salvia   pratenfis 237-1.
     verbenaca 237-1.

MONO-

DIGYNIA.
Anthoxanthum odorat. 398-1.
Bufonia *tenuifolia* 346-1.
CLASSIS III.
TRIANDRIA.
MONOGYNIA.
Valeriana officinalis 200 - 1.
    dioica 200 - 3.
    Locusta 201 - 1.
Iris PseudAcorus 374-1.
    foetidissima 375-3.
Schoenus Mariscus 426 - 4.
    nigricans 430-10.
    ferrugineus 430-9.
    compressus 425 14.
    albus 427 - 6.
Cyperus *longus* 425 - 1.
Scirpus palustris 429 - 7.
    acicularis 429 - 8.
    fluitans 431-12.
    lacustris 428 1.
    Holoschoenus 429-6.
    mucronatus 429-5.
    setaceus 430-11.
    caespitosus 429-9.
    sylvaticus 426-5.
    maritimus 426-3.
Eriophorum polystach. 435-1.
    vaginatum 436-2.
Nardus stricta 393-2.
DIGYNIA.
Panicum *glaucum* 393-1.
    sanguinale 399-2.
    Crus galli 394-1.
    Dactylon 399-2.
Phalaris phleoides 398-2.
    arundinacea 400-1.
Phleum pratense 398-1.
    nodosum 398-3.
    arenarium 398-4.
Alopecurus pratensis 396-1.
    geniculatus 396-2.
Milium effusum 402-1.

Agrostis spica venti 405-17.
    rubra 394-4.
    stolonifera 402-2.
Aira caerulea 404-8.
    cristata 396-3.
    aquatica 402-3.
    caespitosa 403-5.
    canescens 405-16.
    praecox 407-10.
    flexuosa 407-9.
    caryophyllea 407-7.
Melica nutans 403-6.
Poa aquatica 411-13.
    pratensis 409-3.
    angustifolia 409-4.
    trivialis 409-1.
    annua 408-1.
    compressa 409 5.
    rigida 410-8.
Briza media 412-1.
    minor 412-2.
Dactylis glomerata 400-2.
    cynosuroides 393-4.
Cynosurus cristatus 398-2.
    echinatus 397-5.
    caeruleus 399-4.
    paniceus 394-3.
Festuca ovina 410-9,11.
    duriuscula 413-4.
    decumbens 408-11.
    fluitans 412-17.
    marina 395-4.
    amethistina 411-16.
    myurus 415-12.
    bromoides 415-13.
Bromus secalinus 414-8.
    arvensis 413-5.
    sterilis 412-1.
    tectorum 414-7.
    pinnatus 392-1.
    giganteus 415 11.
Stipa *pennata* 393-3.
Avena fatua 389-7.
    spicata 405-1.
flavel-

flavefcens 407-5.
elatior 406-3-4.
Arundo phragmites 401-1.
calamagroftis401-2.
arenaria 393-1.
Lolium perenne 395-2.
temulentum 395-1.
Elymus arenarius 390-1.
Triticum repens 390 1.
caninum 390-2.
Hordeum murinum 391-1.
TRIGYNIA.
Montia fontana 352-1.
CLASSIS IV.
TETRANDRIA.
MONOGYNIA.
Dipfacus fullonum 192-1,2.
pilofus 192-3.
Scabiofa arvenfis 191-1.
columbaria 191-2.
Succifa 191-3.
Sherardia arvenfis 225-1.
Afperula odorata 224-1.
cynanchica 225-1.
Galium paluftre 224-2.
uliginofum 225-3.
verum 224-1.
Mollugo 223-1.
?boreale 221-3.
Aparine 225-1.
parifienfe 225-4.
Rubia tinctorum 223-1,2.
Plantago major 314-1,2.
media 314-3.
lanceolata 314-5
maritima 315-7.
Coronopus 315-8.
?Læflingii 316-10.
uniflora 316-11.
Sangviforba officinal. 203-2.
Cornus fangvinea 460-1.
fvecica 261-1.
Alchemilla vulgaris 158-1.
alpina 158-2.
Tomus Quartus

DIGYNIA.
Aphanes arvenfis 159-1.
Cufcuta europea 281-1.
TETRAGYNIA.
Ilex Aquifolium 466 1.
Potamogeton natans 148-1.
lucens 148-2.
perfoliatum 149-4.
ferratum 149-6.
crifpum 149-7.
compreffum 149-8.
marinum 150-13.
gramin. 149-9-10.
pufillum 150-15.
Ruppia maritima 134-1.
Sagina erecta 344-1.
procumbens 345-2.
CLASSIS V.
PENTANDRIA.
MONOGYNIA.
Myofotis fcorpioid.229-1-4.
Lithofperm. officinale 228-1.
arvenfe 227-3.
purpurocær. 229-2.
Anchufa fempervir. 227-2.
Cynogloffum officin. 226-1.
Pulmonar.anguftifol. 226-1.
maritima 228-4.
Symphytum officinale 230-1.
Borago officinalis 229-1.
Afperugo procumb 228-1.
Lycoptis arvenfis 227-1.
Echium vulgare 227-1.
Lycopfis 227-2.
Primula veris officin.284 3.
elatior 2.
acaulis 1.
farinofa 285-1.
Menyanthes trifoliata 285-1.
Nymphoides 368-2.
Hottonia paluftris 285-1.
Lyfimachia vulgaris 282-1.
thyrfiflora 283-3.
Nummular.283-1
nemo

G

nemorum 282-5.
Anagallis arvenfis 282-1.
Convolvulus arvenfis 275-2.
     fepium 275-1.
     Soldanella 275-5.
Polemonium cæruleum 288-1.
Campanula latifolia 276 1.
     Trachelium 276-2.
     glomerata 277-3.
     patula 277-4.
     rotundifolia 277-5.6.
     hederacea 277-7.
     Speculum ♀ 278-1.
Phyteuma *orbicularis* 278-1.
Samolus valerandi 283 1.
Lonicera Periclymen. 458-1-2.
Verbafcum Thapfus 287-1.
     phlomoides 287-2.
     Lychnitis 287-3.
     nigrum 288-4.
     Blattaria 288-1.
Datura Stramonium 266-1.
Hyofcyamus vulgaris 274-1.
Solanum nigrum 265-4.
     Dulcamara 265-1-2.
Ramnus catharticus 466-1.
     Frangula 465-1.
Evonymus europæus 468-1.
Ribes rubrum 456-1.
     alpinum 456-2.
     nigrum 456-4.
Hedera Helix 459-1.
Illecebrum *verticillatum* 160-1.
Glaux maritima 285-1.
Thefium Linophyllum 202 1.
Vinca minor 268-1.
     major 268-2.
     DIGYNIA.
Herniaria glabra 160-1.
     hirfuta 160-2.
     lenticulata 161-1.
Chenop. Bonus Henr. 156 15.
     urbicum 155-11.
     ? rubrum 154-3.

murale 154-2.
album 154-1.
ferotinum 155-9.
hybridum 154-5.
glaucum 155-7.
viride 155 12.
polyfpermum 156 18.
Vulvaria 156-13.
fruticofum 156-16.
Beta *vulgaris* 157-1.
Salfola kali 159-1.
     fedoides 156-14.
Vlmus campeftris 468-1.
Gentiana Pneumonant. 274-1.
     amarella 275-2-3.
     campeftris 275-4.
     Centaurium 286-1.
     perfoliata 287-1.
Eryngium *campeftre* 222-1.
     maritimum 222-2.
Hydrocotyle vulgaris 222-1.
Sanicula europæa 221-1.
Bupleurum *rotundifol.* 221-1.
     tenuiffimum 221-2.
Echinophora *fpinofa* 220-1.
Tordylium *maximum* 206-1.
     latifolium 219-2.
     officinale 219-2.
     Anthrifcus 219-4.
     nodofum 220-6.
Caucalis *leptophylla* 219-1.
Daucus Carota 218-1.
Bunium *Bulbocaftan.* 209-1.
Conium maculatum 215-1.
Athamanta *Meum* 207-1.
     Libanotis 218-1.
Peucedanum *officinale* 206-1.
     Silaus 216-0.
Crithmum *maritimum* 217-1.
Heracleum Sphondyl. 205-1,2
Ligufticum fcothicum 214-1.
     cornubienfe 209-2.
Angelica Archangelic. 208-1.
     fylveftris 208-2.
         Sium

Sium   latifolium 211-3.
     nodiflorum 211,5.
Sifon *Amomum* 211,1.
    fegetum 211-2.
    inundatum 212-6.
Oenanhe fiftulofa 210-1-2.
    crocata 210-3.
    pimpinelloides 210-4.
Phellandrium aquaticum 215-1.
Cicuta virofa 212-7.
Æthufa Cynapium 215-2.
Scandix Anthrifcus 220-7.
    Pecten ♀ 207-1.
Chærophyllum fylveftre 207-1.
    temulentum 207-1.
Paftinaca fativa 206-1-2.
Smyrnium *Olufatrum* 208-1.
Anethum *Fœniculum* 217-1.
Carum Carvi 213-1?
Pimpinella faxifraga 213-1,-2.
Apium - graveolans 214-1.
Ægopodium Podagraria 208-3.
    TRIGYNIA.
Viburnum *Lantana* 460-1.
    Opulus 460-1.
Sambucus nigra 461-1.
    laciniata 3.
    Ebulus 461-4.
Staphillæa *pinnata* 468-1.
Alfine media 347-6.
    TETRAGYNIA.
Parnaffia paluftris 355-1.
    PENTAGYNIA.
Statice Armeria 203-1.
    Limonium 201-1.
Linum ufitatum 362-1-2.
    perenne 362-3.
    tenuifolium 362-5.
    catharticum 362-6.
    Radiola 345-1.
Drofera rotundifolia 356-1.
    longifolia 356-2.
Sibbaldia procumbens 256-1.
    POLYGYNIA.
Myofur. minimus 251-1.

CLASSIS VI.
HEXANDRIA.
MONOGYNIA,
Narciffus ? *poëticus* 371-2.
  *pfevd Narciffus*371-1.
Bulbocodium *autumn.* 374-1
Allium urfinum 370-5.
   vineale 369-1.
   oleraceum 370-3.
   Ampelobraf. 370-4.
Ornithogalum luteum 372-3.
   umbellatum 372-2.
   pyrenaicum 372-1.
Scilla. *bifolia* 373-2.
   autumnalis 372-1.
Antheric. offifragum 375-1.
   calyculatum375-2.
Afparagus officinalis 267-1-2.
Convallaria majalis 264-1-2.
   Polygonatum263-1-2.
   multiflora 263-3.
Hyacinthus *non fcirpt.*373-2.
Acorus Calamus 437-1.
Juncus *acutus* 431-1.
   effufus 432-4.
   conglomerat. 432-5.
   filiformis 432-6.
   fqvarrofus 432-7.
   ftygius 427-6.
   articulatus 433-8.
   bulbofus 434-11.
   bufonius 434-12.
   campeftris 416-1-2.
   pilofus 416-3.
Berberis vulgaris 465-1.
Frankenia *lævis* 338-3.
   pulverulenta 352-13.
Peplis Portula 368-1.
   TRIGYNIA.
Rumex aquaticus 140-1.
   obtufifolius 141-2.
   crifpus 141-3.
   acutus. 142-7.
   perficarioides 142-9.
G 2   *pulcher*

pulcher 142-8.
fanguineus 142-11.
Acetofa 143-12.
Acetofella 143-13.
digynus 143-14.
Triglochin paluftre 435-1.
maritimum 435-2.
Colchicum *autumnale* 373-1.
POLYGYNIA.
Alifma Plantago ▽ 257-1.
Damafonium 272 1.
ranunculoides 257-2.

CLASSIS VII.

HEPTANDRIA.

MONOGYNIA.
Trientalis europæa 286-1.

CLASSIS VIII.

OCTANDRIA.

MONOGYNIA.
Epilobium anguftifolium 31c-1.
hirfutum 311-2.
montanum 311-4.
tetragonum 311-5.
paluftre 311-6.
?alpinum 311-7.
Vaccinium uliginofum 457-1.
Myrtillus 467-2.
Vitis idæa 457-3.
Oxycoccus 467-1.
Erica vulgaris 470-1.
cinerea 471-3.
Tetralix 471-4.
multiflora 471-5.
Daphne *Laureola* 465-1.
TRIGYNIA.
Polygonum aviculare 146-1.
maritimum 147-5.
Perficaria 145-4.
penfylvanic. 145-6.
Hydropiper 144-1.
amphibium 145-9.

Biftorta 147-1.
vivipara 147-2-3.
Convolvulus 144-2.
DIGYNIA.
Mœhringia *mufcofa* 345-3.
TETRAGYNIA.
Paris quadrifolia 264-1.
Adoxa Mofchatelina 267-1.
Elatine Alfinaftrum 346-1.

CLASSIS IX.

ENNEANDRIA.

HEXAGYNIA.
Butomus umbellatus 273-1.

CLASSIS X.

DECANDRIA.

MONOGYNIA.
Monotropa Hypopytis 317-1.
Andromeda polifolia 472-1.
Arbutus *Unedo* 464-1.
alpina 457 I.
Pyrola rotundifolia 363-1.
minor 363-1.
fecunda 363-3.
DIGYNIA.
Chryfoplen. alternifol. 158-2.
oppofitifolium 158-1,
Saxifraga granulata 350-6.
aizoides 353-2.
ftellaris 354-1.
nivalis 354-5.
tridactylites 354-4.
hypnoides 354-3.
autumnalis 355-2.
oppofitifolia 353-1.
Scleranthus annuus 159-1.
perennis 160-2.
Saponaria *officinalis* 339-6-7.
Dianthus deltoides 335-1.
glaucus 336-2.
Armeria 337-4.
prolifer 337-5.

TRIGY-

TRIGYNIA,

Cueubalus *baccifer* 267-1.
Behen 337-2-1.
vifcaria 340-12.
Otites 340 15.
acaulis 341-16
Silene *anglica* 339-10.
nutans 340-11.
noctiflora 340-13.
Armeria 341-17.
amœna 337-1.
conica 341-18
Stellaria holoftea 346-1.
graminea 346 2.
nemorum 347-5.
Arenaria peploides 351-12.
trinervia 349-2.
ferpyllifolia 349-1.
faxatilis 350-4.
tenuifolia 350-3.
rubra 351-9-10-11.

PENTAGYNIA.

Cotyledon *Umbilicus* 271-1.
Sedum Telephium 269-1.?
rupeftre 269-1-2.
villofum 270-4.
acre 270-5.
album 271-7.
dafyphyllum 271-8.
Oxalis Acetofella 281-1-2.
Agroftema Githago 338-5.
Lychnis Flos cuculi 338-4.
dioica 339-8.
vifcofa 340-14.
Ceraftium *tomentofum* 349 6.
vulgatum 349-4.
alpinum 349-5.
vifcofum 348-3.
arvenfe 248-1.
femidecand. 348-2.
aquaticum 347-4.
Spergula arvenfis 351-8.
pentandra 351-8.
nodofa 350-5.

CLASSIS XI.

DODECANDRIA.

MONOGYNIA.

Afarum europæum 158-1.
Lythrum Salicaria 367-1.
Hyffopifolia 367-2.
DIGYNIA.
Agrimonia Eupatoria 202-1.
TRIGYNIA.
Refeda Luteola 366-2.
lutea 366-1.
Euphorbia Peplus 313-9.
Peplis 313- 0.
Heliofcopia 313-8.
platyphyllos 312-4.
verrucofa 312-3.
fegetalis 312-5.
exigua 313-7.
portlandica 313-6.
Paralius 312-4.
Chararias 312-2.
amygdaloides 312-1.
DODECAGYNIA.
Semperviv. tectorum 269-1.

CLASSIS XII.

ICOSANDRIA.

MONOGYNIA.

Prunus Cerafus 463-1.
Padus 463-1.
fpinofa 462-1.
DIGYNIA.
Cratægus Aria 453-1.
torminalis 453 2.
Oxyacantha 453-3.
TRIGYNIA.
Sorbus aucuparia 452-2.
domeftica 452-1.
PENTAGYNIA.
Mefpilus *germanica* 453 1.
Pyrus Malus 451-1-2.
communis 452-1-2.
Spiræa Filipendula 259-1.
Ulmaria 259-1.
POLY-

POLYGYNIA.

Rofa   canina   454-1.
     eglanteria   454-3.
     fpinofiffima   455-5.
Rubus   fruticofus   467-1.
     cæfius   467-3.
     idæus   467-4.
     faxatilis   261-2.
     ?Chamæmorus260·1.
Fragaria vefca   254-1-2.
     fterilis   254-3.
Potentilla argentea   255-2.
     reptans   255-1.
     opaca   255-3.
     rupeftris   255-1.
     fruticofa   256-4.
     Anferina   256-5.
Tormentilla erecta   257-1.
     reptans   257·2.
Geum   urbanum   253-1-2.
     rivale   253-3.
Dryas   octopetala   253-4.
     ?pentapetala   254-5.
Comarum paluftre   256-1.

CLASSIS XIII.

POLYANDRIA.

MONOGYNIA.

Actæa fpicata   262-1.
Chelidonium majus   309-9.
     hybridum   309-8.
     Glaucium   309-7.
Papaver *fomniferum*   308-1.
     Rhæas   308-2.
     Argemone   308-3.
     hybridum   308-4.
     dubium   309-5.
     cambricum   309-6.
Nymphæa lutea   368-1.
     alba   368-3.
Tilia   europæa   473-1-2-3.
Ciftus   Helianthemum 341-1.

furrejanus   341-2.
guttatus   341-1.
TRIGYNIA.
Delphinium Confolida273·1.
PENTAGYNIA.
Aquilegia vulgaris   273-1.
HEXAGYNIA.
Stratiotes Aloides   290-1.
POLYGYNIA.
Anemone nemorofa   259-1.
     apennina   259-2.
     Pulfatilla   260·1.
Clematis *Vitalba*   258-1.
Thalictrum flavum   203-1.
     minus   203-2.
     alpinum   204-4.
Adonis *annua atrorub.*251-1.
Ranunculus Flammul 250-7.
     Lingva   250-8.
     Ficaria   246-1.
     bulbofus   247-2.
     acris   248-4.
     reptans   247-1.
     auricomus   248-1.
     fceleratus   249-1.
     parviflorus   248-5.
     hederaceus   249-2.
     aquatilis 249-3-4-5.
Trollius europæus   272-1.
Helleborus *viridis*   271-1.
     foetidus   271-2.
Caltha paluftris   272-1.

CLASSIS XIV.

DIDYNAMIA.

GYMNOSPERMIA.

Teucrium *Chamæpitys* 244-1.
     Scorodonia   245-1.
     Scordium   246·1.
Ajuga   *reptans*   245-1.
     pyramidalis   245-2.
Nepeta Cataria   237-1.
Betonica officinalis   238-1.

Men-

Mentha *spicata* 233-1.
 piperita 234-7.
 aquatica 233-6.
 gentilis 232-8.
 exigua 232-2.
 arvenfis 233-1.
 Pulegium 235-1.
Glechoma hederacea 243-3-4.
 arvenfis 242-2.
Lamium album 240-1.
 purpureum 240-2.
 amplexicaule 240-4.
Galeopfis Tetrahit 240-7.
 Ladanum 242-4.
 Galeobdolon 240-5.
Stachys fylvatica 237-1.
 germanica 239-1.
 paluftris 232-1.
Ballota nigra 244-1.
Marrubium vulgare 239-1.
Leonurus Cardiaca 239-1.
Clinopodium vulgare 239-1.
Origanum vulgare 239-1.
 onites 236-2.
Thymus Serpyllum 230-1.
 Acinos 238-1.
Melittis *meliffophyllum* 242-1.
Meliffa *Calamintha* 243-1.
 Nepeta 243-2.
Scutellaria galericulata 244-1.
Prunella vulgaris 238-1.
ANGIOSPERMA.
Bartfia alpina 285-3.
 vifcofa 285-4.
Rhinanthus Crifta galli 284-1.
Euphrafia officinalis 284-1.
 Odontites 284-4.
Melampyrum criftatum 286-1.
 fylvaticum 286-2.
 pratenfe 286-*
 arvenfe 286-3.
Lathræa Squamaria 288-1.
Pedicularis fylvatica 284-3.
 paluftris 284-4.

Antirrhinum Linaria 281-1.
 monfpeffulanum 282-2.
 arvenfe 282-3.
 Cymbalaria 282-4.
 Elatine 282-5.
 hybridum 282-6.
 minus 283-7.
 Orontium 283·1.
Scrophularia nodofa 283-2.
 aquatica 233-1.
 Scorodonia 283-3.
Digitalis purpurea 283-1.
Sibthorpia *europæa* 352-1.
Limofella aquatica 278-2.
Orobanche major 288-1.
 ramofa 288-3.

CLASSIS. XV.

TETRADYNAMIA.

SILICULOSA.

Myagrum fativum 302-1.
Vella *annua* 304-3.
Subularia aquatica 307-4.
Draba verna 291-1.
 muralis 292-2.
 incana 291-1.
Lepidium latifolium 304-1.
 ruderale 303-1.
 petræum 304-5.
Thlafpi arvenfe 305-3.
 campeftre 305-1.
 hirfutum 305-2.
 montanum 305-4.
 petfoliatum 305-6.
 Burfa paftor. 306-1.
Cochlearia officinalis 302 1.
 danica 303·5-3·4.
 anglica 303·3.
 grœnlandica 302-2.
 Coronopus 304-6.
 Armoracia 301-1.
Iberis nudicaulis 303·2.
Dentaria bulbifera.

Carda-

Cardamine pratenfis 299-2.
   hirfuta 300-4.
   amara 299 I.
   impatiens 299-3.
   petræa 300-6.
   bellidifolia 300-5.
Sifymbrium Nafturt. ▽ 300-1.
   amphibium 301-1-2.
   fylveftre 297-1.
   monenfe 297-2.
   Sophia 298-3.
   Irio 298-2.
Eryfimum officinale 298-4.
   cheiranthoides 298-1.
   Barbarea 297-2.
   Alliaria 291-2.
Arabis thaliana 294-3.
Cheiranthus *Cheiri* 291-2.
   finuatus 291-1.
Hefperis *Matronalis* 293-1.
Turritis glabra 293-1.
   hirfuta 294-2.
Braffica oleracea 293-1.
   Napus 295-1.
   Rapa 294-1.
   orientalis 263-2.
   Erucaftrum 297-1.
Sinapis nigra 295-1.
   alba 295-3.
   arvenfis 295-2.
Raphanus Raphaniftrum 296-1.
Bunias Cakile 307-1.
Ifatis tinctoria 307-1.
Crambe maritima 307-1.

CLASSIS XVI.

MONADELPHIA.

DECANDRIA.

Geranium fangvineum 360-14.
   pratenfe 360-17.
   fylvaticum 361-18.
   phæum 361-21.
   nodofum 361-20.

rotundifolium 358-8.
pufillum 359-9-10.
lucidum 361-19.
columbinum 359-12.
diffectum 360t13.
molle 359-11.
robertianum 358-6.
cicutarium 357-2-3.
mofchatum 358-4.
maritimum 356-1.
POLYANDRIA.
Althæa *officinalis* 252-1.
Malva fylveftris 251-1.
   rotundifolia 251-2.
   parviflora 251-3.
   Alcea 252-1.
Lavatera ?*arborea* 252-4.

CLASSIS XVII.

DIADELPHIA.

HEXANDRIA.

Fumaria officinalis 204-1.
   claviculata 335-1.
OCTANDRIA.
Polygala vulgaris 287-1-2.
DECANDRIA.
Spartium fcoparium 474-1.
Genifta tinctoria 475-1.
   anglica 476-1.
Ulex *europæus* 475-1.
Ononis fpinofa 332-1-2.
   repens 332-3.
Anthyllis Vulneraria 325-1.
Pifum fativum 118-1-4-3.
   maritimum 319-6.
Lathyrus latifolius 319-1.
   fylveftris 319-2.
   pratenfis 320-1.
   hirfutus 320-4.
   paluftris 320-5.
   Aphaca 320-1.
   Niffolia 325-1.
Vicia fativa 320-1.
   dume-

dumetorum 320-2.
anguftifolia 327-5.
lutea 321-6.
Cracca 322-1.
fylvatica 322-4.
Faba 323-1-2.
Ervum tetrafpermum 322-2.
hirfutum 322-1.
foloxienfe 321-7.
Orobus tuberofus 324-2.
fylvaticus 324-1.
Glycyrrhiza *glabra* 324-1.
Ornithopus *pufillus* 326-1.
Hippocrepis *comofa* 325-1.
Hedyfarum *Oxobrychis* 327-1.
Aftragalus glycyphyllus 326-1.
arenarius 326-2.
Trifolium Melilot offic. 331-1.
*Ornithopodiiod.*331-1.
repens 327-1.
fubterraneum 327-1.
fquamofum 329-8.
pratenfe 328-4.
medium 328-7.
glomeratum 329-10.
fcabrum 329-11.
fragiferum220-12-13.
arvenfe 330-14-15.
agrarium 330-16.
procumbens 330-17.
filiforme 330-*.
Lotus corniculata 334-1-2.
tetragonolobus 334-5.
Medicago falcata 333-1.
lupulina 331-2.
polymor. arab. 331-1.
minima 333-2.
- - - - 333-3.
- - - - 333-4.
• - - - 333-5.

CLASSIS XVIII.
POLYADELPHIA.
POLYANDRIA.
Hypericum perforat. 342-1.
quadrangulum 344-7.
elodes 344-8.
hirfutum 343-4-5.
montanum 343-5.
bamifufum 343-3.
pulchrum 342-2.
Androjæmum 343-6.

CLASSIS XIX.
SYNGENESIA.
POLYGAMIA ÆQUALIS.
Tragopogon pratenfe 171-1.
Picris *echiodes* 166-13.
hieracioides 160-15.
Sonchus olerac 162-1-2-3-4.
arvenfis 163-7.
paluftris 163-8.
Lactuca *virofa* 161-1.
feriola 161-1.
faligna 162-4.
Prenanthes muralis 162-5.
Leonthod Taraxacum170-1.
autumnale 164-1.
Hieracium Pilofella 170-1.
alpinum 169-10.
paludofum 166-11.
murorum 168-6.
umbellatum168-3.
fabaudum 167-1.
Crepis biennis 166-12.
tectorum 165-9.
fœtida 165-7.
Hyoferis minima 173-1.
Hypochær.maculata 167-17.
radicata 165-6.
glabra 166-14.
Lapfana communis 173-1.
Cichorium Intybus 172-1.
Arctium Lappa 196-1.
G 5
Serra-

Serratula tinctoria	196-1.	
arvenfis	194-3.	
alpina	193-3.	
Carduus *marianus*	194-12.	
lanceolatus	194-8.	
eriophorus	194-11.	
diffectus	193-1.	
helenioides	193-2.	
nutans	193-1;	
crifpus	194-2.	
acanthoides	194-3.	
paluftris	194-4.	
acaulis	194-7.	
Onopord. Acanthium	196-14.	
Carlina vulgaris	175-1.	
Bidens tripartita	187-1.	
cernua	187-2.	
Eupator cannabinum	179-1.	
POLYGAMIA SUPERFLUA		
Tanacetum vulgare	188-1.	
Artemifia vulgaris	193-1.	
campeftris	190-1.	
maritima	188-2.	
Abfinthium	188-1.	
Gnaphalium dioicum	181-1.	
margaritaceum	182-2.	
luteo-album	182-3.	
fylvaticum	180-2.	
uliginofum	181-6.	
Conyza *fquarrofa*	179-1.	
Erigeron acre	175-3.	
canadenfe	175-1.	
Tuffilago Farfara	173-1.	
Petafites	179-1.	
hybrida	179-2.	
Senecio vulgaris	173-1.	
vifcofus	178-2.	
montanus	178-3.	
fylvaticus	177-2.	
Jacobæa	177-1.	
paludofus	176-2.	
farracenus	177-5.	

After Tripolium	175-2.	
Solidago Virgaurea	176-1.	
Inula Helenium	176-1.	
dyfenterica	174-1.	
Pulicaria	174-2.	
Crithmoides	174-1.	
Bellis perennis	184-1.	
Chryfanth. fegetum	182-1.	
Leucanthem.	184-1.	
Matricaria *Parthenium*	187-1.	
Chamomilla	184-1.	
inodora	186-6.	
maritima	186-7.	
Anthemis *nobilis*	185-2.	
Cotula	185-3.	
maritima	186-5.	
? arvenfis	185-4.	
tinctoria	183-1.	
Achillea Millefolium	183-1.	
Ptarmica	183-1.	
POLYGAMIA FRUSTRANEA.		
Centaurea *nigra*	198-2.	
Scabiofa	198-1.	
Cyanus	198-1.	
Solftitialis	196-16.	
Calcitrapa	196-15.	
POLYGAMIA NECESSARIA.		
Othonna paluftris	174-3.	
integrifolia	178-4.	
Filago *maritima*	180-1.	
pyramidata	180-3.	
montana	181-4.	
gallica	181-5.	
MONOGAMIA.		
Jafione montana	278-2.	
Lobelia Dortmanna	287-1.	
Viola odorata	364-1.	
canina	364-3.	
paluftris	364-6.	
hirta	364-8.	
tricolor	364-9.	
Impatiens Noli tangere	316-1.	

CLASSIS XX.
GYNANDRIA.

DIANDRIA.

Orchis	maſcula	376-2.
	morio	376-2.
	militaris	378-10.
	uſtulata	377-5.
	pyramidalis	377-6.
	bifolia	38c-18.
	conopſea	381-21.
	latifolia	380-19.
	maculata	381 20.
	abortiva	383-1.
Satyrium	hircinum	376-1.
	viride	381-22.
Ophrys	ovata	385-1.
	cordata	385-2.
	paludoſa	378-9.
		385-3.
	lilifolia	382-1.
	Monorchis	378-7.
	ſpiralis	378-8.
	antropophora	379-12.
	infectifera	379-13.
	arachnites	380-16
	Nidus avis	382-1.
Seiapias	Helleborine lat	383-1.
	longifolia	384-5.
	paluſtris	384-6.
Cypriped.	Calceolus	385-1.

POLYANDRIA.

Arum	maculatum	266-1.
Zoſtera	marina	52-1.

CLASSIS XXI.
MONOECIA.

MONANDRIA.

Zanichellia paluſtris		135-1.

DIANDRIA.

Lemna	minor	129-1.
	polyrhiza	129-2.
	triſulca	129-3.

TRIANDRIA.

Carex	dioica	425-15.
	capitata	425-15.
	pulicaris	424-13.
	leporina	422-2.
	vulpina	422-8.
	caneſcens	424-10.
	muricata	424-13.
	brizoides	423-6.
	pilulifera	422-20.
	flava	421-18.
	veſicaria	420-14.
	palleſcens	419-12.
	hirta	418-7.
	panicea	418-3.
	acuta	417-1.
	Pſevdo-Cyp.	419-12.
	axillaris	424-11.
	diſtans	420-16.
Typha	latifolia	436-1.
	anguſtifolia	436-2.
Sparganium erectum		437-1.
	natans	437-3.

TETRANDRIA.

Betula	alba	443-1.
	Alnus	442-1-2.
Buxus ſempervirens		445-1-2.
Urtica	dioica	139-1.
	urens	140-2.
	pilulifera	140-3.

PENTANDRIA.

Xanthium ſtrumoſum	140-1.
Amarantus Blitum	157-1.

POLYANDRIA.

Ceratoph. demerſum	135-1-2.
Myriophyl. ſpicatum	151-17.
verticillatum	316-1.
Sagittaria ſagittifolia	258-1.
Poterium Sangviſorba	203-1.
Qvercus Robur	440-1.
Fagus ſylvatica	439-1.
Carpinus Betulus	451-1.
Corylus Avellana	439-1.

MONA-

MONADELPHIA.
Pinus Abies 441-2.
? fylveftris 441-2.
? *Picea* 441-1.
SYNGENESIA.
Bryonia alba 261-1-2.

C L A S S I S XXII.

DIOECIA.

DIANDRIA.
Salix alba 447-1.
arenaria 447-3.
fragilis 448-8.
amygdaloides 448-9.
pentandra 449-12.
rofmariuifolia 447-2.
herbacea 448-7.
reticulata 449-13.
repens 448-6.
caprea 449-15.
viminalis 450-21.
purpurea 450-22.
TRIANDRIA.
Empetrum nigrum 444-1.
TETRANDRIA.
Vifcnm album 464-1.
Hippophaæ Rhamnoides 445-1.
Myrica Gale 443-1.
PENTANDRIA.
Humulus Lupulus 137-1.
HEXANDRIA.
Tamus *communis.* 262-1.
OCTANDRIA.
Populus tremula 446-3.
nigra 446-1.
alba 446-2.
Rhodiola Rofea 269-4.
ENNEANDRIA.
Mercurialis perennis 138-1.
annua 139-2.
Hydrochar Morfus ranæ290 2.
MONADELPHIA.
Juniperus communis 444-1-2.

Sabina 444-1.
Taxus baccata 445-4.
SYNGENESIA.
Rufcus *aculeatus* 262-1.

CLASSIS XXIII.

POLYGAMIA.

MONOECIA.
Holcus lanatus 404-14.
mollis 404-15.
Valantia *Cruciata* 223-1.
Aparine 225-2.
Parietaria officinarum 158-1.
Atrplex haftata 151-1.
patula 151-2.
maritima 152-8.
pedunculata 153-10.
portulacoid. 153-11.
littoralis 153-12.
Aeer *PfevdoPlatan.* 470-1.
campeftre 470-2.
DIOECIA.
Fraxinus excelfior 469-1.

CLASSIS XXIV.

CRYPTOGAMIA.

FILICES.
Eqvifetum arvenfe 130-2.
fylvaticum 130-4.
paluftre 131-7-9.
fluviatile 130-1.
limofum 131-10.
hyemale 131-11.
Ophiogloff. vulgatum 128-1.
Ofmunda regalis 125-4.
Lunaria 128-1.
Spicant 118-1.
Acrofticum feptentr. 120-1.
ilvenfe 118-1.
Thelypteris 121-6.
Pteris aquilina 124-1.
AfpleniumScolopendr. 116-1.
Ceterach 118-1.
mari-

marinum	119-2.	Adiantum *Capillus* ♀	123-1.
Trichomanes	119-1.	Trichom *tunbrigensis*	123-2.
Trich. ramof.	119-2.	Pilularia globulifera	136-1.
Ruta muraria	122-1.	Ifoetis lacuftris	306-1.
Adiant. nigr.	126-10.	MUSCI	
Polypodium vulgare	117-1-2.	Lycopodium Selago	106-1.
cambricum	117-3.	Selaginoides	106-1.
Lonchitis	118-2.	clavatum	107-1.
Filix mas	120-1.	annotinum	107-2.
aculeatum	121-2.	alpinum	108-3.
Phegopteris	122-8.	inundatum	108-4.
Dryopteris	125-6.	*denticulatum*	108-1.
fragile	125-7.		

OBSCURÆ.

137. Salicornia   3   myofuroides procumbens.
                   4   ramofior procumbens.
                   5   cupreffiformis erecta.

141. Lapathum   5   minimum. *C. B. Pet. t.* 3. *f.* 4.
                   6   viride. *Pet. t.* 2. *f.* 6.
                10   aureum *Pet.* 1. 2. *f.* 7. *Lob.* 286.

145. Perficaria   2   minor *C. B. Morif.* 2. *f.* 5. *t.* 29.
                   3   anguftifolia *C.B.*
                10   fubtus incana *Pet. t.* 3. *f.* 10.

148. Potamogeton   3.   fol. pellucido gramineo.
                12   folio longiffimo.
                14   tenuifolium *Pet. t.* 5. *f.* 12.

151. Myriophyllum.   18   minus *Morif.* 3. *f.* 15. 1. 4. *f.* 7.
152. Atriplex.   3   maritima anguftifolia *C. B.*
                   4   anguftifolia laciniata *Raj.*
                   7   marina valerandi *J. B.*

154. Chenopodium   6   procumbes lucidum. *Morif.*
                   8   erect. chryfanth. folio.
                   9   ficus folio *Pet.* 8. *f.* 3.
                10   folio fubrotundo. *Pet.* 8. *f.* 4.
                13   oleo folio.
                17   Sedum frutic. minus, alt. *C. B.*

162. Lactuca   3   fylveftris latifolia. *Pet.* 15 1.
163. Sonchus   5   rotundo folio *Pluk.* 61. *f.* 5. *Pet.* 14.1.
                   6   aphyllocaulis *Pluk.* 62. *f.* 4.

165. Hieracium   16   faxatile *C B. prodr.* 66. *Col.* 1 : 243.
                   2   frutic. latif glabr. *C.B.*
                   7   Pulmonaria anguftifolia.

                                     13: fru.

13. fruticof. alpinum.
14. flore fingulari. *Pluk.* 37. *f.* 3.

171. Leontodon   4. Hierac. mont. ang. *C. B.*
186. Chamæmelum   5.
     8. marinum. *J. B.*
189. Artemifia   5. tenuifol. narbonenf. *J. B.*
     6. anglica maritima.
217. Peucedanum   1 minus *C. B.*
226. Cynogloffum   2. fempervirens.
232. Mentha   4. crifpa verticillata *C. B.*
     8. aromatica. *tab.* 10. *f.* 1.
242. Sideritis   3. hirfuta lutea. *Pet.* 33. *f.* 10.
244. Scutellaria   2. fl. purpurafcente. *T.*
254. Caryophyllata   5. pentaphyllea. *J. B.*
255. Potentilla   3.
     4. repens aureum.
270. Sedum   6. non acre album. *t.* 12.
286. Centaurium   2. luteum minimum.
294. Turritis   4. exilis *Pluk.* 80. *f.* 2.
301. Nafturt. aquat.   2. præcoius *Pet.* 47. *f.* 3.
303. Cochlearia   3. folio finuato. *C. B.*
306. Subularia   2. repens. *Dill mufc. t.* 81.
321. Vicia   4. femine rotundo nigro *C. B.*
328. Trifolium   3. ochroleucon.
     9. glomerulis mollioribus *t.* 13.
334. Lotus   2. frutieofior.
     3. flore majore *C. B.*
336. Dianthus   3. fylveftris. 3. *Lob.* 443.
342. Ciftus   3. *Dill. elth. t.* 145. *f.* 173.
     4. *Dill. elth.* 4. 145. *f.* 172.
349. Ceraftium   4. hirfut. mag. flore *C. B.*
356. Drofera   3. 4. 5. perennis.
367. Refeda   2. polygalæ folio.
369. Allium   2. bicorne proliferum.
377. Orchis   5. obfcure purpurea.
     23. pufilla alba.
     24. fpeciofa.
     25. rubra *C. B.*
386. Ophrys.   3. minor *Pluk.* 247. *f.* 2.
391. Gramen   4. foliis pungent. *Pluk.* 33. *f.* 4.
     6. fpica foliacea. *C. B.*
396. - -   4. alopecurus maximus.
397. - -   3. Myofuroides nodofum *t.* 26. *f.* 4.
404 - -   15. paniculat. molle.
411. - -   14. arundinac. aquatic.   15. ne-

413. Feftuca

15. nemorofum.
2. fpicis erectis.
3. paniculis confertis.
9. elatior.
10. avenaceum dumetorum.

418. Carex

4. fpadiceo viridis.
5. fpica recurva.
9. fpicis teretibus.
10. fylvarum tenuinus.
13. fpic. pend. longiore.
15. fpic. 3. fubrotundis.
16. fpic. longiffime diftant.
17. fpica divulfa.
19. folio molli.

422 ·

1. paluftre elatius.
4. fpica multifera.
9. fpicis compactis.

447. Salix

4. inferne lanuginofa.
5. inferne cinerea.
11. foliis fubcœruleis.
14. fol. longiffimis viridibus.
17. fol. rotund. minore.
18. caprea pumila.

455. Rofa
471. Erica

6. pomifera, fructu fpinofo.
2.
6. cantabrica. *Pet.gaz. t. 27. f. 4. Raj. dendr. opp.* 98.